BAUSTOFFKUNDE

AF707960

BAUSTOFFKUNDE

für Studium und Praxis

von

Prof. Dipl.-Ing. Rolf Möhring

Begründet von

Prof. Dr. Dipl.-Ing. Hans Backe

Fortgeführt von

Prof. Dipl.-Ing. Wolfram Hiese

13. überarbeitete und aktualisierte Auflage

Bundesanzeiger
Verlag

1. Auflage 1959
2. Auflage 1969
3. Auflage 1973
4. Auflage 1976
5. Auflage 1983
6. Auflage 1990
7. Auflage 1993
8. Auflage 1997
9. Auflage 2001
10. Auflage 2004
11. Auflage 2009
12. Auflage 2013
13. Auflage 2018

Bibliografische Information der Deutschen Nationalbibliothek
Die Deutsche Nationalbibliothek verzeichnet diese Publikation in der Deutschen Nationalbibliografie; detaillierte bibliografische Daten sind im Internet über http://dnb.d-nb.de abrufbar.

Ihre Meinung ist uns wichtig!
http://www.bundesanzeiger-verlag.de/Meinung

Bundesanzeiger Verlag GmbH
Amsterdamer Straße 192
50735 Köln

Internet: www.bundesanzeiger-verlag.de
Weitere Informationen finden Sie auch in unserem Themenportal unter www.betrifft-bau.de

Beratung und Bestellung:
Tel.: +49 (0) 221 97668-306
Fax: +49 (0) 221 97668-236
E-Mail: bau-immobilien@bundesanzeiger.de

ISBN (Print): 978-3-8462-0714-7

© 2018 Bundesanzeiger Verlag GmbH, Köln

Alle Rechte vorbehalten. Das Werk einschließlich seiner Teile ist urheberrechtlich geschützt. Jede Verwertung außerhalb der Grenzen des Urheberrechtsgesetzes bedarf der vorherigen Zustimmung des Verlags. Dies gilt auch für die fotomechanische Vervielfältigung (Fotokopie/ Mikrokopie) und die Einspeicherung und Verarbeitung in elektronischen Systemen. Hinsichtlich der in diesem Werk ggf. enthaltenen Texte von Normen weisen wir darauf hin, dass rechtsverbindlich allein die amtlich verkündeten Texte sind. Zahlenangaben ohne Gewähr.

Herstellung: Günter Fabritius

Satz: MainTypo, Reutlingen

Druck und buchbinderische Verarbeitung: Medienhaus Plump GmbH, Rheinbreitbach
Printed in Germany

Vorwort

Das vorliegende Werk Baustoffkunde in der nunmehr 13. Auflage wurde von Prof. Dr. Backe gegründet und erschien erstmals 1959 im Werner Verlag. Es wurde von ihm als Herausgeber bis zur 4. Auflage 1976 bearbeitet. Die 5. bis 10. Auflage, 1983 bis 2004, wurde von Prof. Dipl.-Ing. Wolfram Hiese fortgeführt. Seit der 11. Auflage, 2009, wird das Buch vom jetzigen Herausgeber bearbeitet. Die aktuelle 13. Auflage erscheint im Bundesanzeiger Verlag, Köln.

Die grundsätzliche Ausrichtung mit den beiden primären Zielgruppen in Ausbildung / Studium und Baupraxis hat sich im Kontinuum der Auflagen nicht geändert. Unter der Prämisse, dass ein materialgerechtes Bauen und in Folge ein mangelfreies langlebiges Bauwerk die profunde Kenntnis der eingesetzten Werkstoffe voraussetzt, ist die vertiefte Kenntnis der Einzelkomponenten und deren Wechselverhältnis untereinander unabdingbar. Der Einsatz von Baustoffen und damit die Umsetzung von Planung in die räumlich – materielle Umwelt kann nur dann mit hoher Qualität erfolgen, wenn die Anwendungsanforderungen eindeutig identifiziert werden und die spezifischen zu fügenden Materialien hinsichtlich ihrer Eignung für das zu erreichende Ziel erkannt und damit optimal eingesetzt werden können. Diese Sichtweise will das vorliegende Werk anbieten, gleichzeitig aber die zwingende Aufgabe zu selbstverantwortlichem Handeln hervorheben.

Zur Aneignung des aktuellen Standes der Baustoffentwicklung schließen die jeweiligen Kapitel wieder mit einem Fragenkatalog ab. Dieser bietet eine Vertiefung durch Rekapitulieren und damit eine Erweiterung zum Selbststudium, aber auch zum Nachschlagen, an. Für komplexere Fragen werden die Lösungen im Kapitel 19 vorgestellt.

Holzminden, im Mai 2017 — Prof. Dipl.-Ing. R. Möhring

Inhaltsverzeichnis

Vorwort V

0 Belastungsparameter für Bauwerk und Nutzer 1

0.1 Einführung 1
0.2 Zeitliche Einordnung als Maßstab 4
0.3 Stofflicher Aufbau der Erde 10
0.4 Aufbau der Atmosphäre 14
0.4.1 Grundschicht 16
0.4.2 Luftdruck 17
0.4.3 Wetter 19
0.4.4 Strömungen am Gebäude 24
0.5 Solare Aspekte 28
0.5.1 Sehen 28
0.5.2 Solarenergie 31
0.5.3 Ekliptik / Deklination / Geometrie 37
0.6 Feuchten 42
0.7 Fragen zum Kapitel 0 49

1 Bausteine 51

1.1 Naturstein im Bauwesen 51
1.1.1 Stofflicher Aufbau der Erde 51
1.1.2 Die wichtigsten gesteinsbildenden Minerale 55
1.1.3 Die drei Gesteinsgruppen 56
1.1.4 Übersicht über die wichtigsten Gesteine 58
1.1.5 Abbau der Gesteine 62
1.1.6 Bearbeitung von Naturstein 62
1.1.7 Verarbeitung von Naturwerkstein (DIN 18 332 (2012–09)) 63
1.1.8 Verwitterung und Verwitterungsschutz von Naturstein 66
1.1.9 Fragen und Aufgaben zu Naturstein 67
1.2 Keramische Baustoffe 68
1.2.1 Rohstoffe 68
1.2.2 Aufbereitung der Rohstoffe und Formgebung 69
1.2.3 Trocknen und Brennen der Tonprodukte 69
1.2.4 Allgemeine Eigenschaften von Ziegeln 70
1.2.5 Mauerziegel und Klinker (Siehe auch [17], [18]) 72
1.2.6 Ziegel für Decken und Vergusstafeln (DIN 4159 (2014–05), DIN 4160 (2000–04)) 82
1.2.7 Tonhohlplatten (DIN 278 (1978–09)) 85
1.2.8 Dachziegel 86
1.2.9 Schornsteinziegel (DIN 1057-1 (1985–01)) 95
1.2.10 Keramische Fliesen und Platten 96
1.2.11 Feuerfeste Steine 97
1.2.12 Steinzeug für Abwassersysteme (Siehe auch [4]) 98

1.2.13 Ziegelfehler ... 101
1.2.14 Lehmbau (Siehe auch [8]) ... 101
1.2.15 Fragen und Aufgaben zu keramischen Baustoffen ... 104
1.3 Mineralisch gebundene Baustoffe ... 105
1.3.1 Kalksandsteine (DIN 106 E (2015–06)) (Siehe auch [5]) ... 106
1.3.2 Hüttensteine (DIN 398 (1976–06)) ... 112
1.3.3 Bauteile aus Leichtbeton ... 112
1.3.4 Mauersteine aus Beton (Normalbeton) nach DIN V 18 153-100 (2005–10) ... 118
1.3.5 Bauteile aus Porenbeton (Siehe auch [6]) ... 118
1.3.6 Zwischenbauteile aus Beton für Stahlbeton- und Spannbetondecken (DIN 4158 (1978–05)) ... 123
1.3.7 Betonwerksteine ... 125
1.3.8 Pflastersteine aus Beton (DIN EN 1338 (2010–08)) ... 126
1.3.9 Betondachsteine DIN EN 490 (Siehe auch [9b]) ... 130
1.3.10 Rohre aus Beton (s.a. [3]) ... 132
1.3.11 Bauteile aus Faserzement (Siehe auch [7], [11]) ... 135
1.3.12 Fragen und Aufgaben zu mineralisch gebundenen Baustoffen. 139

2 Anorganische Bindemittel ... 140
2.1 Nichthydraulische und hydraulische Bindemittel ... 140
2.2 Baugips DIN EN 13 279-1 (2008–11) und -2 (2014–03) ... 140
2.2.1 Rohstoffe ... 140
2.2.2 Herstellung aus Gipsstein ... 141
2.2.3 Anmachen und Erhärten ... 141
2.2.4 Eigenschaften ... 142
2.2.5 Gipssorten (Baugipse) ... 143
2.2.6 Gipskartonplatten ... 145
2.2.7 Gips-Wandbauplatten ... 146
2.2.8 Gips-Faserplatten ... 147
2.2.9 Weitere Gipsbaustoffe ... 149
2.3 Anhydritbinder (AB) ... 149
2.3.1 Rohstoff und Herstellung ... 149
2.3.2 Eigenschaften und Verwendung ... 149
2.4 Magnesiabinder ... 151
2.5 Baukalk ... 152
2.5.1 Rohstoffe und Herstellung ... 152
2.5.2 Luftkalke (CL, DL) ... 152
2.5.3 Hydraulisch erhärtende Kalke (HL) ... 153
2.5.4 Handelsformen der Kalke ... 155
2.6 Puzzolane und latent-hydraulische Stoffe ... 155
2.6.1 Puzzolane ... 156
2.6.2 Latent-hydraulische Stoffe ... 156
2.7 Zement ... 157

2.7.1 Allgemeines ... 157
2.7.2 Portlandzementklinker ... 160
2.7.3 Zementarten nach DIN EN 197-1 (2011–11) und DIN 1164-10 (2013–03) (s.a. Tafel 2.4) ... 161
2.7.4 Zemente für spezielle Anwendungsgebiete ... 163
2.7.5 Eigenschaften der Zemente ... 164
2.7.6 Prüfung von Zement ... 167
2.8 Putz- und Mauerbinder MC ... 170
2.9 Hydraulische Boden- und Tragschichtbinder HRB ... 170
2.10 Fragen und Aufgaben zu anorganischen Bindemitteln ... 171

3 Gesteinskörnungen für Mörtel und Beton ... 173
3.1 Allgemeines ... 173
3.2 Natürliche Gesteinskörnungen ... 173
3.3 Künstlich hergestellte Gesteinskörnungen ... 174
3.4 Sonderzuschläge ... 174
3.5 Anforderungen an Gesteinskörnungen für Beton ... 176
3.6 Kornzusammensetzung ... 182
3.6.1 Bezeichnungen der Gesteinskörnung, Anforderungen an Korngruppen (s.a. Tafeln 3.6, 3.11 und 3.12) ... 182
3.6.2 Korngrößenverteilung, Sieblinien (s.a. Abb. 3.4a bis d) ... 186
3.6.3 Siebversuch ... 188
3.6.4 Sieblinienkennwerte ... 192
3.6.5 Rechnerisches Zusammensetzen von Gesteinskörnungen aus einzelnen Korngruppen ... 193
3.6.6 Rechnerisches Zusammensetzen von Zuschlaggemischen aus einzelnen Korngruppen ... 196
3.7 Eigenfeuchte ... 199
3.7.1 Allgemeines ... 199
3.7.2 Bestimmung der Eigenfeuchte ... 200
3.8 Güteüberwachung, Übereinstimmungsnachweis ... 200
3.9 Fragen und Aufgaben zu Gesteinskörnungen ... 201

4 Mörtel und Estrich ... 202
4.1 Allgemeines ... 202
4.2 Mörtelarten ... 202
4.2.1 Übersicht ... 202
4.2.2 Werkmörtel ... 203
4.2.3 Nichthydraulische Mörtel ... 203
4.2.4 Hydraulische Mörtel ... 204
4.3 Mauermörtel ... 205
4.4 Putzmörtel ... 207
4.4.1 Allgemeines ... 207
4.4.2 Anforderungen an Putzmörtel ... 211
4.4.3 Leichtputze ... 212
4.4.4 Kunstharzputze ... 212

4.4.5 Wärmedämmputze ... 212
4.4.6 Brandschutzputze ... 212
4.4.7 Sanierputze ... 213
4.5 Weitere Mörtelarten ... 213
4.6 Estriche ... 214
4.6.1 Allgemeines ... 215
4.6.2 Zementestrich CT (cementious screed) ... 215
4.6.3 Calciumsulfatestrich CA (calcium sulfat screed)/CAF (Fließestrich) ... 215
4.6.4 Gussasphaltestrich AS (mastic asphalt screed) ... 216
4.6.5 Hochbeanspruchbare Estriche, Industrie-Estriche ... 216
4.6.6 Reaktionsharzestriche SR (synthetic resin screed) ... 216
4.7 Fragen und Aufgaben zu Mörtel und Estrich ... 217

5 Beton ... 218
5.1 Allgemeines ... 218
5.2 Betonbestandteile ... 223
5.2.1 Zement ... 223
5.2.2 Betonzuschlag / Gesteinskörnungen ... 224
5.2.3 Mehlkorn ... 224
5.2.4 Betonzusatzmittel ... 225
5.2.5 Anorganische Betonzusatzstoffe ... 228
5.3 Betoneigenschaften ... 228
5.3.1 Rohdichteklassen ... 228
5.3.2 Druckfestigkeitsklassen ... 229
5.3.3 Luftgehalt ... 231
5.3.4 Konsistenz ... 232
5.3.5 Betonbegriffe ... 232
5.4 Festlegung des Betons ... 233
5.4.1 Allgemeines ... 233
5.4.2 Beton nach Eigenschaften ... 233
5.4.3 Beton nach Zusammensetzung ... 233
5.4.4 Standardbeton ... 234
5.5 Anforderungen an Zusammensetzung und Eigenschaften von Beton ... 234
5.5.1 Betone für die verschiedenen Expositionsklassen ... 234
5.5.2 Beton mit hohem Wassereindringwiderstand ... 238
5.5.3 Beton für hohe Gebrauchstemperaturen bis 250 °C ... 239
5.5.4 Unterwasserbeton ... 239
5.5.5 Flüssigkeitsdichter Beton (FD-Beton) ... 239
5.6 Berechnung der Betonzusammensetzung ... 239
5.6.1 Wasserzementwert ... 240
5.6.2 Wassergehalt ... 241
5.6.3 Mischungsberechnung ... 242
5.7 Verarbeiten von Beton ... 245
5.7.1 Herstellen und Mischen von Beton (Transportbeton) ... 245

5.7.2 Bestellen und Liefern von Transportbeton 246
5.7.3 Fördern auf der Baustelle 247
5.7.4 Schalung für Beton 247
5.7.5 Einbringen des Betons in die Schalung 248
5.7.6 Verdichten des Betons 249
5.7.7 Nachbehandeln von Beton 250
5.7.8 Ausschalfristen 251
5.7.9 Warmbehandlung von Beton 251
5.8 Spritzbeton 252
5.9 Vakuumbeton 252
5.10 Sichtbeton 252
5.11 Beton mit rezyklierter Gesteinskörnung 253
5.12 Leichtbeton 254
5.13 Hochfester Beton 255
5.14 Qualitätssicherung 255
5.14.1 Erstprüfung 256
5.14.2 Produktionskontrolle (Konformitätskontrolle) 256
5.14.3 Produktionskontrolle der Festigkeit 256
5.14.4 Produktionskontrolle bei anderen Eigenschaften 257
5.14.5 Betonfamilien 258
5.14.6 Bauüberwachung 259
5.15 Prüfung von Beton 261
5.15.1 Ausbreitversuch (DIN EN 12 350-4 (2009–08)) 261
5.15.2 Verdichtungsversuch (DIN EN 12 350-4 (2009–08)) 261
5.15.3 Slump-Test und Vébé-Test 261
5.15.4 Luftgehalt des Frischbetons (DIN 1048-1) (s.a. DIN EN 12 350-7 (2009–08)) 262
5.15.5 Druckfestigkeit an Probekörpern (DIN 1048-05) 263
5.15.6 Druckfestigkeit am Bauwerk 265
5.15.7 Biegezugfestigkeit (DIN 1048-5 (1991–06)) 265
5.15.8 Spaltzugfestigkeit (DIN 1048-5) 266
5.15.9 Wassereindringtiefe (DIN 1048-5) 266
5.16 Betoninstandsetzung [2] 266
5.16.1 Allgemeines 266
5.16.2 Depassivierung und Korrosion von Beton 267
5.16.3 Instandsetzungsverfahren bei Bewehrungskorrosion 268
5.16.4 Instandsetzungsmörtel 269
5.16.5 Oberflächenschutzsysteme 270
5.16.6 Rissinstandsetzung 272
5.17 Fragen und Aufgaben zu Beton 273
6 Stahlbeton und Spannbeton 276
6.1 Stahlbeton (DIN 1045-1, -3 (2008–08), -4 (2001–07) mit Berichtigungen: 2005–06, 2007–05, 2007–06, 2008–01 276
6.1.1 Allgemeines 276

6.1.2 Betondeckung DBV-Merkblätter „Betondeckung und Bewehrung" und „Abstandhalter" (Fassungen 1997) ... 277
6.1.3 Statisch relevante Festbetoneigenschaften ... 278
6.2 Spannbeton (DIN 1045-1/A1 (2007–05)) und DIN EN 1992-1 (2011–01) -2 (2010–12) ... 280
6.3 Fragen und Aufgaben zu Stahlbeton und Spannbeton ... 282

7 Eisen und Stahl ... 283
7.1 Gefüge von Eisen und Stahl (siehe auch [13]) ... 283
7.2 Ausgangsstoffe bei der Stahlherstellung ... 285
7.3 Verfahren der Stahlherstellung ... 287
7.3.1 Direktreduktions-Verfahren ... 288
7.3.2 Schmelzreduktions-Verfahren ... 288
7.3.3 Der Hochofenprozess ... 288
7.3.4 Vom Roheisen zum Gusseisen ... 290
7.3.5 Vom Roheisen zum Stahl ... 292
7.3.6 Nachbehandlungsverfahren (Sekundärmetallurgie) ... 295
7.4 Vergießen von Stahl ... 295
7.4.1 Blockguss ... 295
7.4.2 Stranggießen ... 295
7.4.3 Stahlguss ... 296
7.5 Formgebung von Stahl ... 296
7.5.1 Warmwalzen ... 296
7.5.2 Schmieden ... 298
7.5.3 Strangpressen ... 298
7.5.4 Kaltumformen ... 299
7.6 Wärmebehandlung von Stahl ... 299
7.7 Stähle für den Stahlbau ... 300
7.7.1 Einteilung der Stähle ... 300
7.7.2 Unlegierte Baustähle (DIN EN 10 025-2 (2005–04)) ... 302
7.7.3 Wetterfeste Baustähle ... 310
7.7.4 Nichtrostende Stähle ... 310
7.7.5 Weitere Stahlsorten ... 311
7.8 Walzstahlerzeugnisse DIN EN 10 021 (2007–03) ... 312
7.8.1 Flacherzeugnisse ... 312
7.8.2 Langerzeugnisse ... 314
7.9 Betonstahl ... 317
7.9.1 Allgemeines ... 317
7.9.2 Betonstahlmatten DIN 488-4 und DIN EN 15 630-1/-2 ... 318
7.9.3 Betonstabstahl ... 322
7.9.4 Betonstahl in Ringen ... 323
7.9.5 Gitterträger ... 323
7.10 Spannstahl ... 326
7.11 Korrosionsschutz ... 327

7.11.1 Korrosion ... 327
7.11.2 Aktiver Korrosionsschutz ... 330
7.11.3 Passiver Korrosionsschutz ... 330
7.12 Verhalten von Stahl und Gusseisen im Brandfall ... 335
7.13 Fragen und Aufgaben zu Eisen und Stahl ... 335

8 Nichteisenmetalle (NE-Metalle) ... 338
8.1 Aluminium (3-wertig) ... 338
8.1.1 Herstellung ... 338
8.1.2 Eigenschaften ... 339
8.1.3 Aluminiumlegierungen ... 339
8.1.4 Verwendung im Bauwesen ... 341
8.2 Magnesium ... 342
8.3 Blei ... 342
8.3.1 Herstellung und Eigenschaften ... 342
8.3.2 Sorten und Legierungen ... 343
8.3.3 Verwendung im Bauwesen ... 343
8.4 Zinn ... 343
8.5 Zink ... 344
8.5.1 Herstellung und Eigenschaften ... 344
8.5.2 Sorten und Legierungen ... 344
8.5.3 Verwendung im Bauwesen ... 344
8.6 Kupfer ... 345
8.6.1 Herstellung und Eigenschaften ... 345
8.6.2 Sorten und Legierungen ... 346
8.6.3 Verwendung im Bauwesen ... 346

9 Holz und Holzbaustoffe ... 347
9.1 Allgemeines ... 347
9.2 Aufbau des Holzes ... 348
9.2.1 Chemischer Aufbau des Holzes ... 348
9.2.2 Makroskopischer Aufbau des Holzes ... 348
9.2.3 Mikroskopischer Aufbau des Holzes ... 349
9.2.4 Holzfehler ... 350
9.3 Feuchteverhalten von Holz ... 350
9.3.1 Holzfeuchte ... 350
9.3.2 Holztrocknung ... 350
9.3.3 Schwinden und Quellen ... 352
9.4 Holzarten und ihre Anwendung ... 353
9.5 Konstruktives Bauholz ... 357
9.5.1 Bauschnittholz ... 358
9.5.2 Baurundholz ... 359
9.5.3 Brettschichtholz BSH, Balkenschichtholz, Kreuzbalken ... 360
9.5.4 Konstruktionsvollholz (KVH®), Massivholz (MH®) ... 361
9.6 Technische Eigenschaften des Holzes ... 363
9.7 Vergütetes Vollholz ... 365

9.8 Holzwerkstoffe ... 366
9.8.1 Holzwerkstoffklassen ... 366
9.8.2 Sperrholz ... 368
9.8.3 Spanplatten ... 369
9.8.4 Faserplatten ... 371
9.8.5 Langspanholz Timber Strand™ ... 372
9.8.6 Furnierstreifenholz PSL, Furnierschichtholz FSH ... 372
9.9 Holzpflaster ... 373
9.10 Parkett ... 373
9.11 Holzzerstörer ... 374
9.11.1 Holzzerstörende Insekten ... 374
9.11.2 Holzzerstörende Pilze ... 376
9.12 Holzschutz ... 377
9.12.1 Vorbeugende bauliche Holzschutzmaßnahmen ... 377
9.12.2 Vorbeugende chemische Holzschutzmaßnahmen ... 378
9.12.3 Bekämpfende Holzschutzmaßnahmen ... 383
9.12.4 Arbeitsschutzmaßnahmen ... 384
9.13 Brandverhalten und Brandschutz von Holz ... 385
9.14 Fragen und Aufgaben zu Holz ... 385

10 Glas ... 387
10.1 Herstellung von Flachglas ... 390
10.1.1 Rohstoffe ... 390
10.1.2 Schmelzen und Formen ... 392
10.1.3 Glasstruktur ... 394
10.2 Eigenschaften und Arten von Flachglas ... 394
10.2.1 Allgemeine Eigenschaften (DIN EN 572-1) ... 394
10.2.2 Gartenbauglas (DIN 11 525) ... 395
10.2.3 Floatglas (DIN EN 572-2) ... 395
10.2.4 Poliertes Drahtglas (DIN EN 572-3) ... 396
10.2.5 Gezogenes Flachglas (DIN EN 572-4) ... 397
10.2.6 Ornamentglas (DIN EN 572-5) ... 398
10.2.7 Drahtornamentglas (DIN EN 572-6) ... 398
10.2.8 Profilbauglas (DIN EN 572-7) ... 398
10.2.9 Borosilicatglas (DIN EN 1748-1 (2004–12) ... 399
10.3 Sicherheitsgläser ... 399
10.3.1 Einscheiben-Sicherheitsglas ESG (DIN EN 1863-1) ... 399
10.3.2 Verbundsicherheitsglas VSG, Verbundglas VG (DIN EN ISO 12 543) ... 400
10.4 Isoliergläser ... 402
10.4.1 Allgemeines (DIN 673, DIN 674, DIN 675) ... 402
10.4.2 Wärme- und Sonnenschutzgläser ... 404
10.4.3 Schallschutzgläser ... 408
10.5 Brandschutzgläser ... 409
10.5.1 Brandschutzgläser der F-Klassen (F-Gläser)/EI-Klassen ... 409

10.5.2 Brandschutzgläser der G-Klassen (G-Gläser)/E-Klassen 410
10.5.3 Neue europäische Normung 410
10.6 Pressglas 410
10.6.1 Glasbausteine 410
10.6.2 Betongläser (DIN EN 1051, auch Anhang C) 411
10.6.3 Glasfliesen 411
10.7 Glasfasern 411
10.8 Beschichtungen von Funktionsgläsern 412
10.9 Fragen und Aufgaben zu Glas 414

11 Grundbegriffe der Baustoffphysik 416
11.1 Physikalische Einheiten 416
11.2 Statistische Auswertung von Messergebnissen 416
11.3 Kraft, Masse, Gewicht, Spannung 418
11.4 Dichte, Porigkeit, Hohlraum 419
11.5 Stoffwerte 423
11.6 Festigkeitsarten 427
11.6.1 Zugfestigkeit, Zugversuch 427
11.6.2 Druckfestigkeit 428
11.6.3 Biegefestigkeit 429
11.6.4 Kerbschlagbiegeversuch, Schlagfestigkeit 429
11.7 Härte (Mohs, Brinell) 430
11.8 Zähigkeit 430
11.9 Kapillarität 431
11.10 Aus der Wärmelehre 431
11.10.1 Wärme, Temperatur, spezifische Wärme 431
11.10.2 Wärmedehnung 432
11.10.3 Wärmeübertragung 432
11.11 Aus der Lehre vom Schall 433
11.12 Fragen und Aufgaben zur Baustoffphysik 433

12 Grundbegriffe der Baustoffchemie 435
12.1 Atomaufbau 435
12.2 Das Periodensystem 436
12.3 Chemische Prozesse 436
12.4 Stöchiometrische Berechnungen 438
12.5 Kristalline und amorphe Körper 438
12.6 Chemische Bindungsarten, Wertigkeit 438
12.7 Wichtige chemische Grundstoffe (Elemente) 439
12.8 Säuren, Basen, Salze 441
12.9 Technisch wichtige Stoffe 443
12.10 Fragen und Aufgaben zur Baustoffchemie 446

13 Kunststoffe 447
13.1 Allgemeines 447
13.2 Zur Chemie der Kunststoffe 448
13.2.1 Allgemeines 448

13.2.2 Polymerisation 451
13.2.3 Polyaddition 452
13.2.4 Polykondensation 452
13.3 Allgemeine Eigenschaften der Kunststoffe 452
13.4 Thermoplaste 453
13.4.1 Polyvinylchlorid PVC 454
13.4.2 Polyethylen PE 456
13.4.3 Polypropylen PP 456
13.4.4 Polymethylmetacrylat (Acrylglas) PMMA 457
13.4.5 Polystyrol PS 457
13.4.6 Polyvinylacetat PVAC 458
13.4.7 Polycarbonat PC 458
13.4.8 Polyamide PA 458
13.5 Duroplaste (Duromere) 459
13.5.1 Phenoplaste PF 459
13.5.2 Aminoplaste UF, MF und Schichtpressstoffe 460
13.5.3 Ungesättigte Polyesterharze UP 461
13.5.4 Epoxidharze EP 461
13.5.5 Glasfaserverstärkte Kunststoffe GFK 462
13.6 Thermoelaste (Plastomere) 462
13.7 Thermoplastische Elastomere 462
13.8 Polyurethane PUR 463
13.9 Elastomere (Elaste) 464
13.9.1 Allgemeines 464
13.9.2 Naturkautschuk 464
13.9.3 Synthesekautschuk 464
13.10 Silikone SI 465
13.11 Abgewandelte Naturstoffe 465
13.12 Fragen und Aufgaben zu Kunststoffen 466

14 Dämmen, Sperren, Schall- und Brandschutz 467
14.1 Allgemeines 467
14.1.1 Innenraumklima 467
14.1.2 h,x-Diagramm von Mollier 468
14.1.3 Aufgabenstellung 470
14.2 Wärmeschutz 471
14.2.1 Wasserdampfdiffusion 472
14.2.2 Definitionen und Bemessungswerte 473
14.2.3 Wärmeübergang 475
14.2.4 Wärmedurchgang 475
14.2.5 Wärmeschutznachweise 480
14.2.6 Wärmeschutz in Aufenthaltsräumen 480
14.2.7 Wärmespeicherung 482
14.2.8 Fragen und Aufgaben zum Wärmeschutz 483
14.3 Schallschutz nach DIN 4109 484

14.3.1 Allgemeines ... 484
14.3.2 Schallpegel (dB) ... 486
14.3.3 Luftschallschutz ... 486
14.3.4 Trittschallschutz ... 488
14.3.5 Anforderungen an den Schallschutz ... 489
14.3.6 Schallschutzmaßnahmen ... 492
14.3.7 Fragen und Aufgaben zum Schallschutz ... 497
14.4 Dämmstoffe für Wärme-, Schall- und Brandschutz ... 498
14.4.1 Faserdämmstoffe nach DIN 18 165-1 und -2 ... 510
14.4.2 Schaumkunststoffe nach DIN EN 13 163 bis 13 166 ... 510
14.4.3 Mineralische Schaumstoffe nach DIN EN 13 167 und 13 169 ... 510
14.4.4 Wärmedämm-Verbundsysteme (WDVS) ... 511
14.4.5 Leichtbauplatten nach DIN EN 13 168 ... 511
14.4.6 Gips-Deckenplatten nach DIN 18 169 ... 511
14.4.7 Holzfaserdämmstoffe nach DIN EN 13 171 ... 511
14.4.8 Dämmstoffe aus Kork nach DIN EN 13 170 ... 512
14.4.9 Weitere lose Füllstoffe ... 512
14.5 Brandschutz ... 513
14.5.1 Normen ... 513
14.5.2 Brennbarkeit von Baustoffen ... 515
14.5.3 Feuerwiderstandsdauer von Bauteilen ... 516
14.5.4 Fragen zum Brandschutz ... 517
14.6 Abdichtung gegen Feuchtigkeit ... 517
14.6.1 Allgemeines ... 518
14.6.2 Abdichtungsstoffe ... 519
14.6.3 Abdichtung gegen Bodenfeuchtigkeit ... 522
14.6.4 Abdichtung gegen nichtdrückendes Wasser ... 522
14.6.5 Abdichtung gegen drückendes Wasser ... 523
14.6.6 Schutzschichten und Schutzmaßnahmen ... 523
14.6.7 Dränanlagen ... 524
14.6.8 Dachabdichtungen ... 526
14.6.9 Fragen und Aufgaben zur Abdichtung gegen Feuchtigkeit ... 526

15 Bitumen und Asphalt ... 527
15.1 Allgemeines ... 527
15.2 Herstellung von Bitumen ... 527
15.3 Eigenschaften des Bitumens ... 528
15.3.1 Konsistenz ... 528
15.3.2 Haftfestigkeit und Alterung ... 529
15.3.3 Verhalten gegenüber Wasser und Chemikalien ... 529
15.4 Bitumensorten ... 530
15.4.1 Destillationsbitumen ... 530
15.4.2 Oxidationsbitumen ... 530
15.4.3 Polymermodifizierte Bitumen ... 530

15.5 Aus Bitumen abgeleitete Produkte nach DIN EN 12 597 (früher: Bitumenhaltige Bindemittel) 533
15.6 Asphalt 534
15.6.1 Naturasphalt 534
15.6.2 Technischer Asphalt 534
15.6.3 Walzasphalt im Heißeinbau 534
15.6.4 Gussasphalt, Asphaltmastix 534
15.6.5 Wiederverwendung von Asphalt 535
15.7 Weitere Anwendungen von Bitumen und Asphalt 536
15.8 Fragen und Aufgaben zu Bitumen und Asphalt 537

16 Vorschriften zur Verwendung von Baustoffen 538
16.1 Allgemeines 538
16.2 Bauprodukte 538
16.3 Regelwerke für Bauprodukte 539
16.4 Bauregellisten 540
16.4.1 Allgemeines 540
16.4.2 Bauregelliste A Teil 1 (2003–01) 542
16.4.3 Bauregelliste A Teil 2 und 3 (2003–01) 544
16.4.4 Bauregelliste B 544
16.4.5 Bauregelliste C 545
16.5 Fragen und Aufgaben zu Bauprodukten 545

17 Quellenangaben 547

18 Weiterführende Literatur, Adressen von Verbänden 549
Allgemeines 549
18.0 Einführung 550
18.1 Bausteine 550
18.1.1 Natürliche Bausteine 550
18.1.2 Keramische Baustoffe, Lehmbau 551
18.1.3 Mineralisch gebundene Baustoffe 551
18.2 Anorganische Bindemittel 552
18.3 Gesteinskörnungen für Mörtel und Beton 552
18.4 Mörtel und Estrich 552
18.5/18.6 Beton, Stahlbeton und Spannbeton 552
18.7 Eisen und Stahl 553
18.8 NE-Metalle 554
18.9 Holz und Holzbaustoffe 554
18.10 Glas 554
18.11 Baustoffphysik 555
18.12 Baustoffchemie 555
18.13 Kunststoffe 555
18.14 Dämmen, Sperren, Schall- und Brandschutz 555
18.15 Bitumen und Asphalt 556
18.16 Vorschriften zur Verwendung von Baustoffen 556

19 Lösungen zu einzelnen komplexen Aufgaben 558
Anorganische Bindemittel (Abschn. 2.10) 558
Aufgabe 18 558
Gesteinskörnungen für Mörtel und Beton (Abschn. 3.9) 558
Aufgabe 13 558
Aufgabe 14 558
Beton (Abschn. 5.16) 559
Aufgabe 25 559
Aufgabe 26 560
Baustoffphysik (Abschn. 11.12) 561
Aufgabe 4 561
Aufgabe 6 561
Aufgabe 8b 561
Baustoffchemie (Abschn. 12.10) 561
Aufgabe 6 561
Aufgabe 7 561
Feuchte (Abschn. 14.1.3) 562
Wärmeschutz (Abschn. 14.2.8) 564
Aufgabe 7 564

Stichwortverzeichnis 565

0 Belastungsparameter für Bauwerk und Nutzer

0.1 Einführung

Das einleitende Kapitel will eine zeitliche Einordnung zum Entstehen anorganischer Stoffe und der erst viel später entstandenen organischen Stoffe als Basis für Baustoffe anbieten. Gleichzeitig wird ein Überblick über die Belastungen eines Bauwerks aus der natürlichen Umwelt gegeben, sodass die Baustoffe in den nachfolgenden Kapiteln auch unter diesen Aspekten eingeordnet werden können mit dem Ziel, eine mangelfreie und langlebige Bauaufgabe zu erstellen. Die Betrachtung reicht damit von der Stoffauswahl über die Nutzungsdauer, die Instandhaltung und Instandsetzung bis zum Umbau und möglichen Abriss unter Berücksichtigung der Stoffkreisläufe.
Die Abbildung 0.1.1 veranschaulicht diese Betrachtungsweise und zeigt die Wechselverhältnisse auf.

ATMOSPHÄRE KLIMA, FEUCHTE, KORROSION, UV-STRAHLUNG, „4. HAUT DES MENSCHEN"

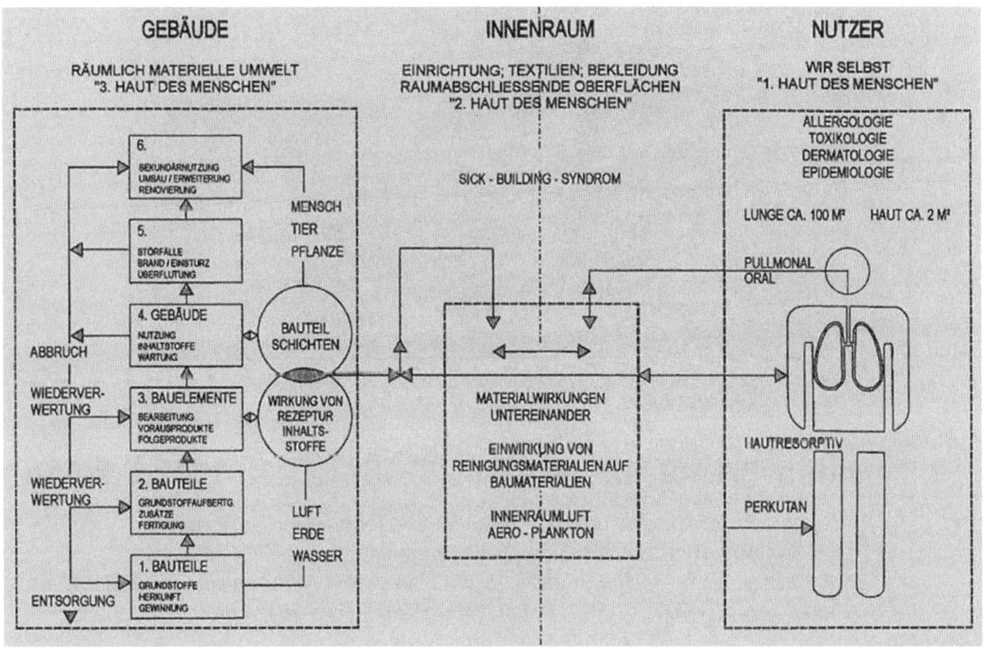

LITHOSPHÄRE KRYOSPHÄRE, HYDROSPHÄRE, BIOSPHÄRE; FEUCHTE, RADON, „5. HAUT DES MENSCHEN"

Abb. 0.1.1 Schalenmodell als Darstellung der Wechselverhältnisse Mensch zu Umwelt

Bauen ist kein Selbstzweck, als Gebäude bedeutet es für den Nutzer das Sesshaftwerden mit bergen, bleiben und beschützen.
Das Bauen beruhte immer auf Empirie. Das Fügen erfolgte additiv. Die Erfahrungen führten zu Regeln, die weitergegeben wurden. Das Baumaterial wurde möglichst örtlich gewonnen, die Anzahl der verwendeten Stoffe war überschaubar.
Mit der Industrialisierung änderte sich dies in immer schnellerer Folge. Geblieben ist, dass die Immobilie standortbezogen ist, sie also an ihrem Standort ein Unikat ist und den orts-

spezifischen Bedingungen und Belastungen unterliegt. Geblieben ist aber auch, dass sie damit nahezu ausschließlich instationären Bedingungen ausgesetzt ist, wogegen Normen sich auf stationäre Bedingungen mit reproduzierbaren Ergebnissen beziehen.
Dass bereits eine Basisgröße weltweit höchst unterschiedlich ist, die Gravitationskraft insoweit nicht unmittelbar fühlbar und in ihrer Auswirkung auf z.B. Standortgeschwindigkeit, Tag- und Nachtlängen sowie Dämmerungszeiten (Äquator sehr kurz, Pole lang bzw. zeitweise immer hell oder dunkel) ist, verdeutlicht die Abbildung 0.1.2 (siehe auch Abschnitt 0.5).

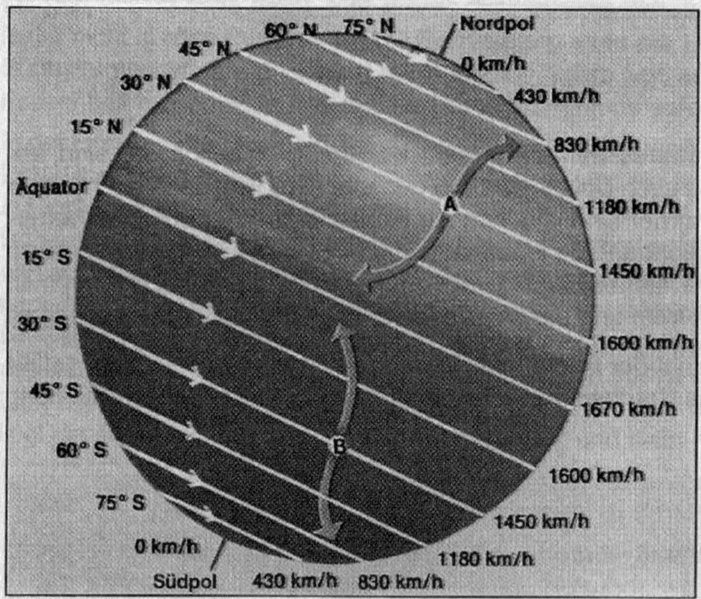

Bild 10.7 Umfangsgeschwindigkeit der Erdoberfläche an verschiedenen Breitenkreisen

Holzminden 51°49' 12" N (09° 28' 36" E) → 1017,3 km/ h

Abb. 0.1.2 Unterschiede der Geschwindigkeit durch die Breitengrade (Kleinkreise)
(nur 0° als Äquator ist ein Großkreis, alle Längengrade sind Großkreise)
360° : 24h = 15°/h → 1h = 60min : 15 = 4'/° → jede 4 Minuten ein Längengrad
U-Äquator = 40.000 km : 360° = 111,11 km/4min, Pole gegen null

Die o.a. angesprochenen empirischen Regeln des Handwerks machen es erforderlich, zunächst einige für das heutige Baugeschehen wesentliche Regeln einzuordnen, die „allgemein anerkannten Regeln der Technik" (a.a.R.d.T.), evtl. Herstellervorgaben (Produkthaftung bzw. „in Verkehr bringen") und die nachgeordneten DIN-Normen.
Weder die a.a.R.d.T. noch Normen sind Selbstzweck, sondern lediglich Mittel zum Zweck des eigentlichen Zieles, dem eines mangelfreien Bauwerkes.
Mit den Vorgaben aus den allgemein anerkannten Regeln der Technik, als solche müssen sie veröffentlicht und unwidersprochen sein, wird dynamisch versucht, bei Einhaltung dieser Regeln letztlich ein mangelfreies Bauwerk zu erstellen. Dynamisch deshalb, weil der Kenntnisstand sowohl aus der stofflichen Sicht, den konstruktiven Überlegungen, aber

auch der Herstellung einem permanenten Entwicklungsprozess unterliegt. Die Folge ist eine stetige Angleichung der Regeln an die Praxis mit Rückkopplungen und Erfolgskontrollen. Die Aktualität ist soweit als möglich gegeben.

Die Betrachtung und das ausschließliche Fixieren auf die Einhaltung von Normen würden das Baugeschehen erstarren lassen und Entwicklungen fast unmöglich machen. Darüber hinaus muss erkannt werden, das Normen in einem privatwirtschaftlichen Institut für Normung (DIN) entstehen. Die Normen sind in aller Regel als retardierend dynamisch zu betrachten, dem Ist-Zustand des Bauens deutlich hinterher eilend, in der Regel viele Jahre.

Hierzu das Zitat aus den Vorgaben des Beuth-Verlages zur Nutzung der eigenen Normen: „Die Normen des Deutschen Normenwerkes stehen jedermann zur Anwendung frei. Festlegungen in Normen sind aufgrund ihres Zustandekommens nach hierfür geltenden Grundsätzen und Regeln fachgerecht. Sie sollen sich als *„anerkannte Regeln der Technik"* einführen. Bei sicherheitstechnischen Festlegungen in DIN-Normen besteht überdies eine *tatsächliche Vermutung* dafür, dass sie *„anerkannte Regeln der Technik"* sind.

Die Normen bilden einen Maßstab für einwandfreies technisches Verhalten, dieser Maßstab ist auch im Rahmen der Rechtsverordnung von Bedeutung.

Eine Anwendungspflicht kann sich aufgrund von Rechts- oder Verwaltungsvorschriften, Verträgen oder sonstigen Rechtsgründen ergeben. DIN-Normen sind nicht die einzige, sondern eine Erkenntnisquelle für technisch ordnungsgemäßes Verhalten im Regelfall. Es ist auch zu berücksichtigen, dass DIN-Normen nur den zum Zeitpunkt der jeweiligen Ausgabe herrschenden Stand der Technik berücksichtigen können. *Durch das Anwenden von Normen entzieht sich niemand der Verantwortung für eigenes Handeln. Jeder handelt insoweit auf eigene Gefahr.* Jeder, der beim Anwenden einer DIN-Norm auf eine Unrichtigkeit oder eine Möglichkeit einer unrichtigen Auslegung stößt, wird gebeten, dies dem DIN unverzüglich mitzuteilen, damit etwaige Mängel beseitigt werden können."

Dies bedeutet letztlich, dass eine Norm selbstverständlich als eine Erkenntnisquelle herangezogen werden kann. Sie bedarf aber grundsätzlich der Abwägung im Einzelfall, besonders auch unter Berücksichtigung von mitgeltenden Normen. Damit sind Normen nur eine von möglicherweise vielen Erkenntnisquellen und sollten auch juristisch nachrangig eingeordnet werden:

Auszug: Bundesverwaltungsgericht, Aktenzeichen 4C, 33-35 / 83, Urteil vom 22.5.1987

„Abgesehen davon darf der Erkenntniswert von DIN-Normen nicht überbewertet werden. Technische Regelwerke des Deutschen Instituts für Normung e.V. dienen in erster Linie einer Standardisierung von Produkten im Interesse ihrer Einheitlichkeit, Vergleichbarkeit, Austauschbarkeit. Darüber hinaus kommt ihnen praktische Bedeutung für die Vereinheitlichung behördlicher Anforderungen an Qualität und Sicherheit von Materialien, Bauwerken und dergleichen im Interesse der Gleichbehandlung und Verfahrensvereinfachung zu.

Die Normenausschüsse des Deutschen Instituts für Normung sind so zusammengesetzt, dass ihnen der für ihre Aufgabe benötigte Sachverstand zu Gebote steht. Daneben gehören ihnen aber auch Vertreter bestimmter Branchen und Unternehmen an, die deren Interessenstandpunkte einbringen. Die Ergebnisse ihrer Beratungen dürfen deswegen im Streitfall nicht unkritisch als „geronnener Sachverstand" oder als reine Forschungsergebnisse verstanden werden.

Zwar kann den DIN-Normen einerseits Sachverstand und Verantwortlichkeit für das allgemeine Wohl nicht abgesprochen werden. Andererseits darf aber nicht verkannt werden, dass es sich dabei zumindest auch um Vereinbarungen interessierter Kreise handelt, die eine bestimmte Einflussnahme auf das Marktgeschehen bezwecken. Den Anforderungen, die etwa an die Neutralität und Unvoreingenommenheit gerichtlicher Sachverständiger zu stellen sind, genügen sie deswegen nicht."

„Beachtet muss anderseits werden, dass für die Ausführung einer Bauleistung oder eines Bauwerkes die genaue Erfüllung bestimmter, für den *Regelfall*entwickelter Normen nicht allein ein einwandfreies Ergebnis garantieren kann. Sowohl Planer als auch Bauausführende haben in eigener Verantwortung zu überprüfen, ob im Einzelfall sogar Abweichungen von Festsetzungen der Normen geboten sein können." (Baurecht, Sonderdruck DIN 18195, Werner Verlag Düsseldorf 10/98).

Demnach sind Normen immer dann hilfreich und unentbehrlich, wenn es primär um Vergleichbarkeit oder Vereinheitlichung geht, um Gewinde, Legierungen, Kalibrierungen, Prüfungen mit dem Ziel reproduzierbarer Ergebnisse etc. Bei Gesteinskörnungen (siehe Kapitel 3) stehen außer Frage die für einen bestimmten Mörtel oder Beton notwendigen Sieblinien und Zusammensetzungen, bei einem Edelsplitt wird zwar eine spezifische Größe definiert, ob das Material aber Basalt oder kalkhaltiger Buntsandstein mit der möglichen Folge von Ausblühungen der applizierten Pflasterklinker ist, erschließt sich nicht sofort. Bei komplexen Zusammenhängen können sich Anforderungen an den Brandschutz (DIN-4102), den Wärmeschutz (DIN-4108) und den Brandschutz (DIN-4109) deutlich widersprechen.

Es bleibt somit dem Planenden und Ausführenden vorbehalten, verantwortungsvoll und mit der erforderlichen Kompetenz ein Bauwerk so zu generieren, dass es den Aspekten der Abbildung 0.1 entspricht.

0.2 Zeitliche Einordnung als Maßstab

Für das Handeln des Individuums Mensch wird zunächst als überschaubare Größe das eigene Leben wahrgenommen. Größere Zeitspannen und daraus folgende Einschätzungen für das eigene Handeln erscheinen dagegen oft abstrakt oder sind zumindest im Tagesgeschehen von geringerer Bedeutung.

Die folgenden Abbildungen wollen deshalb einen Ansatz anbieten, den eigenen Lebensraum bewusster zu sehen und, gebündelt für die relevanten Aspekte des vorliegenden Buches, einen Maßstab beim Umgang mit und der Auswahl von Baustoffen und -materialien über den Tag hinaus zu geben.

Ein solcher Maßstab sollte deshalb berücksichtigen, dass aufgrund der Zeitabläufe der Erdgeschichte bis zum Leben des Individuums sowohl eine genügende große Zeitspanne zur Verfügung steht, gleichzeitig aber auch eine persönlich erlebbare bzw. vertraute und damit überblickbare Periode eine Einordnung möglich macht.

Deshalb erscheint die Zeitdauer eines Jahres eine sinnvolle Überlegung zu sein, zählen wir doch von Geburt an das Lebensjahr und definieren damit das Lebensalter, in unseren Breiten teilt sich das Jahr in vier Jahreszeiten und ist weiter geteilt in 12 Monate, diese in Tage und diese Tage wiederum in Stunden, Minuten und Sekunden, also eine umfangreiche Skala mit erlebbaren und nachvollziehbaren Unterteilungen.

Somit ist der aus jetzigem Kenntnisstand viereinhalb Milliarden Jahre alte Planet Erde komprimiert als ein abstraktes Jahr dargestellt. Da die externe Energiequelle, die Sonne, voraussichtlich noch knapp fünf Milliarden Jahre, wenngleich mit abnehmender Intensität, existieren kann, hat die Erde zum jetzigen Zeitpunkt Halbzeit. Das seit Entstehung der Erde vorhandene Element Uran 238 hat eine Halbwertzeit von eben 4,5 Milliarden Jahren, begleitet den Planeten also bis zum Ende. Dieser wird sich bis dahin deutlich langsamer drehen als noch heute, die Verhältnisse sind also instationär.

Umrechnung der 4.500 Millionen Jahre der Erdgeschichte auf 365 Tage eines Erdenjahres

4.500 Millionen : 12 entspricht ca. 375 Millionen Jahren für jeden Monat

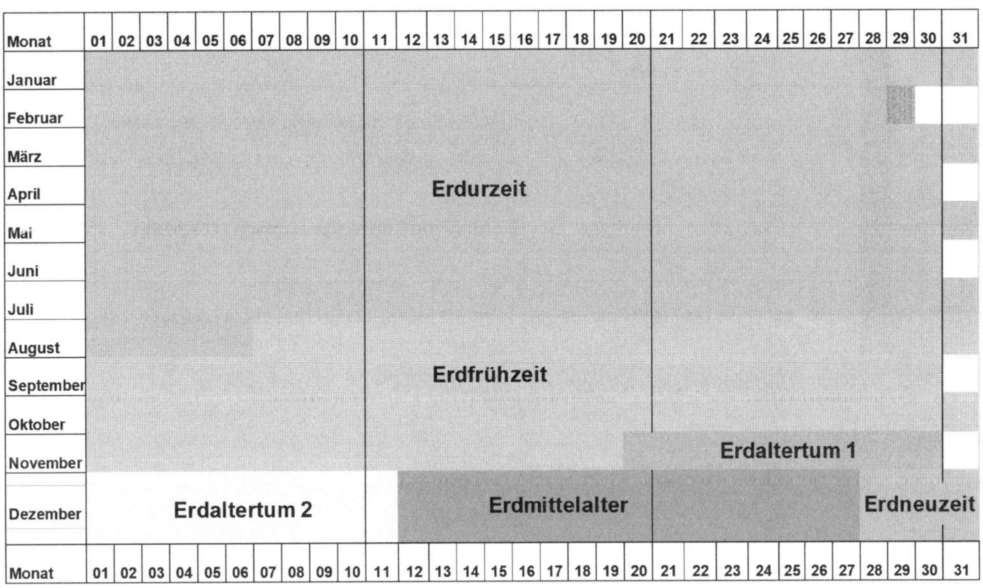

Abb. 0.2.1 Darstellung der Komprimierung auf den Maßstab 1 Jahr zu 4,5 Milliarden Erdenjahren Siehe auch Tafel 0.2

Um näher in Richtung Gegenwart zu kommen, wird der letzte Monat des Jahres, der Dezember betrachtet. Ab dem dritten Dezember befindet sich die Erde in einer stofflich stabilen Atmosphäre. (siehe auch Tafel 0.2)

An zwei Beispielen ist die Bildung von Stoffen, die wir heute bei der Herstellung von Baustoffen bzw. deren Produkten nutzen, dargestellt. Am 12. Dezember lagerte sich Steinsalz ab. In einem solchen Salzstock wurde ein Bergwerk abgeteuft, das zur Ein- und Endlagerung für hochradioaktives Material konzipiert war. Als Argument wurde die Zeitspanne von ca. 250 Millionen Jahren angeführt, die dieser Salzstock ohne anthropogene Einwirkungen in Gorleben offenbar ohne Schaden überdauert hat. Die Auswirkungen der Erschließung des Salzstocks mit Schächten und Stollen, die exothermen Temperaturen des einzulagernden

Materials und die Kontrolle über die Anlage selbst sind nicht abschließend geklärt. Ab dem 30. Dezember, also einer Zeitspanne von ca. 25 Millionen Jahren, bildeten sich im Oligozän die Tone, mit deren Abbau die Baustoffindustrie Mauerziegel und Dachziegel herstellt.

Umrechnung von ca. 375 Millionen Erdenjahren auf einen Erdenmonat (Dezember)
375 Millionen Jahre : 30 entspricht ca. 12,5 Millionen Jahren je Tag

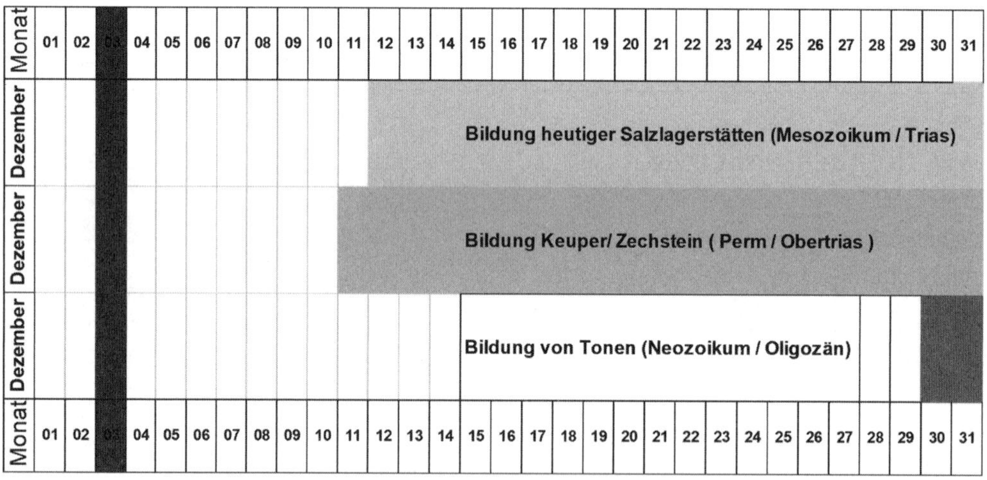

Abb. 0.2.2 Darstellung des letzten Monats mit Eintragung des 3. Dezembers

Siehe Tafel 0.1 und Tafel 0.2

| ← Stoffliche Zusammensetzung der Atmosphäre →|

|→ 250 Mio (z.B. Gorleben) Salz

25 Mio Oligozän (1/10 von Salz) Ton |→ |

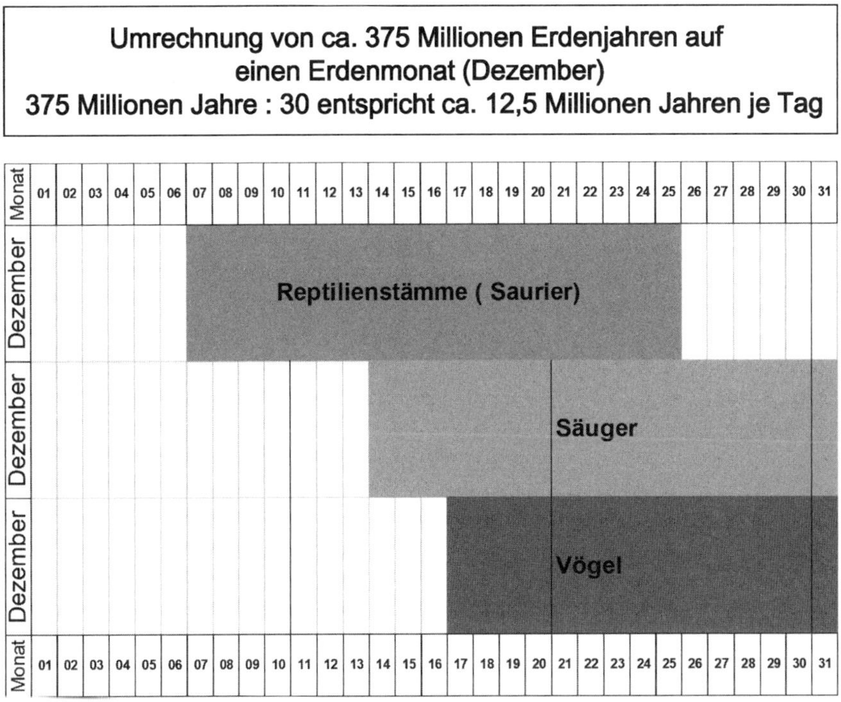

Abb. 0.2.3 Darstellung des letzten Monats mit Eintragung der Fauna

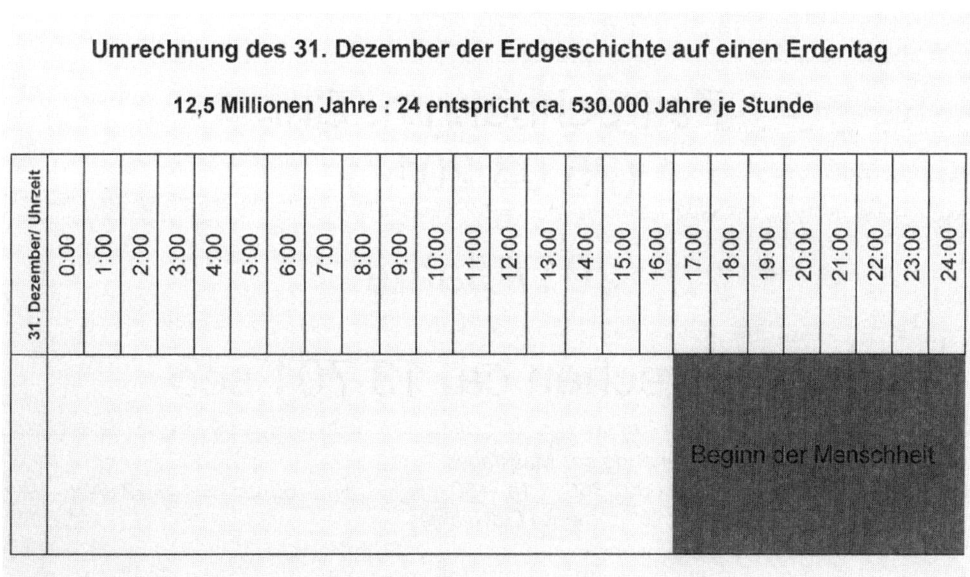

|→ Orrorin tugensis

|→ Australopithecus afarensis

|→ homo erectus

Abb. 0.2.4 Darstellung des letzten Tages des Monats Dezember

Erst am letzten Tag des letzten Monats betritt kurz nach 22 Uhr der homo erectus die Bildfläche. Seit knapp zwei Stunden verweilt der Urahn auf dem Planeten, bis zum Mittelalter unserer Zeitrechnung unter der Milliardengrenze, heute in Richtung der 8 Milliarden (Abb. 0.2.5).

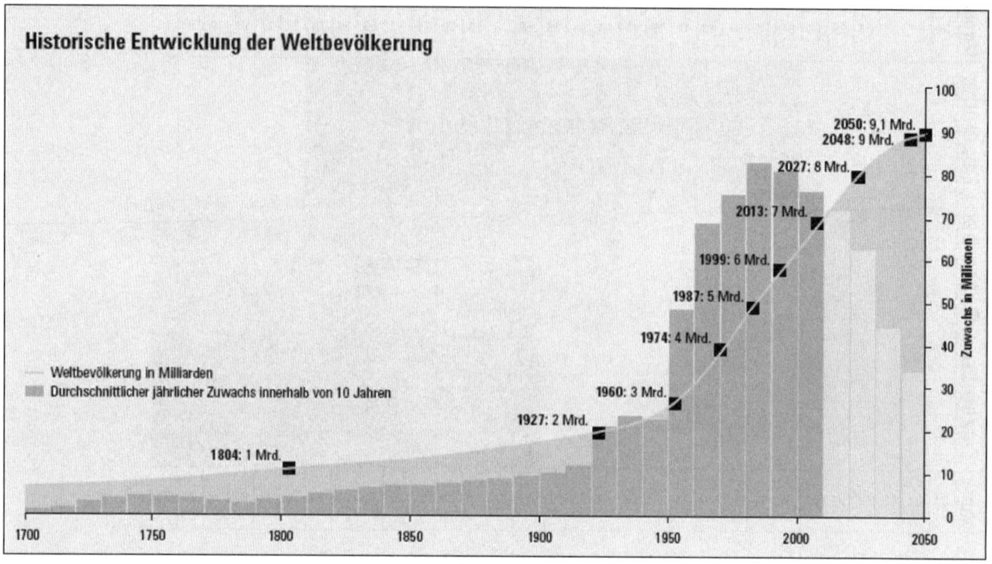

Abb. 0.2.5 Historische Entwicklung der Weltbevölkerung

Zeitrechnung n. Chr. (25.03.2017) 2017 Jahre entsprechen ca. 13,701 sec

Abb. 0.2.6 Resultat einer Anwendung des Maßstabes
530.000 a/h → 530.000 : 3600 (1h →60 min →1min →60 sec) = 147,22 a/sec
2017 : 147,22 = 13,701 sec eines Erdenjahres

In Tafel 0.1 sind die Einteilungen im Erdzeitalter angegeben und beispielhaft technisch nutzbare Gesteine aufgezeigt, welche sich in den verschiedenen Formationen in Deutschland gebildet haben.

Tafel 0.1 Erdgeschichte und Gesteinsbildungen

Zeitalter	vor Mio. Jahren	Formation	Abteilung	technisch nutzbare Gesteine
Erdneuzeit (Neozoikum)		Quartär	Holozän (Alluvium)	Kalktuffe, Flusssande
	1		Pleistozän*) (Diluvium)	Kalktuffe, Bims, Trass, Sande, Lavaschlacke, Basalte, Kieselgur
	70	Tertiär	Pliozän, Miozän, Oligozän, Eozän, Paleozän	Basalte, Phonolite, Trachyte, Andesite, Kalksteine
Erdmittelalter (Mesozoikum)		Kreide	Oberkreide	Mergelkalksteine, Sandsteine
	135		Unterkreide	Mergelkalksteine, Sandsteine
		Jura	Malm, weißer Jura	Kalksteine, Dolomitsteine
	180		Dogger, brauner Jura	Sandsteine, Kalksteine
			Lias, schwarzer Jura	Kalkmergelsteine
		Trias	Keuper	Sandsteine, Dolomitsteine
	225		Muschelkalk	Kalksteine, Kalkmergelsteine, Dolomitsteine
	275		Buntsandstein	Sandsteine
Erdaltertum (Paläozoikum)		Perm	Zechstein	Kalksteine, Dolomitsteine
	345		Rotliegendes	Sandsteine, Konglomerate, Porphyre, Melaphyre
		Karbon	Oberkarbon	Sandsteine, Grauwacken, Quarzite, Kalksteine
	400		Unterkarbon	Granite, Syenite, Diorite, Gabbros, Porphyre
	440 500	Devon		Diabase, Keratophyre, Kalksteine, Grauwacken, Quarzite, Sandsteine, Tonschiefer
	580	Silur		Tonschiefer
	1.800 4.000	Ordovicium		Quarzite, Grauwacken, Kalksteine, Diabase
		Kambrium		Sandsteine, Grauwacken, Tonschiefer, Kalksteine, Diabase
Erdfrühzeit		Algonkium		Sandsteine, Quarzite, Granite, Diabase, Porphyre
Erdurzeit		Archaikum		Metamorphite: Gneise, Quarzite

*) Innerhalb des Pleistozäns: die Eiszeiten.

0.3 Stofflicher Aufbau der Erde

Der Planet Erde ist ca. 4,5 Milliarden Jahre alt, dies entspricht einer einzigen Halbwertzeit von U 238. Energetisch wird er extern von der Sonne, die noch ca. 5 Milliarden Jahre aktiv sein kann, durch deren Strahlung sowohl versorgt als auch belastet, intern durch die Wärmequelle des Erdkerns. Während die anorganische gesteinsbildende Phase ab ca. 2 Milliarden Jahre datiert werden kann, besteht die heutige Atmosphäre in ihrer Zusammensetzung erst seit ca. 375 Millionen Jahren (Tafel 0.2). Erst ab dieser Zeit konnte sich nach dem Abklingen der großen Oxidationsprozesse organisches Wachstum entwickeln.
Der Planet hat als nahezu exakt kugelförmiger Rotationskörper einen Durchmesser am Äquator von 12 756 km, zwischen den Polen einen Durchmesser von 12 714 km und einen Umfang von 40 000 km am Äquator. 75 % der Erdoberfläche sind mit Wasser bedeckt, die Masse der nicht vom Wasser bedeckten Erdoberfläche liegt auf der nördlichen Halbkugel.

Höhe Troposphäre 1/ 1000 mm

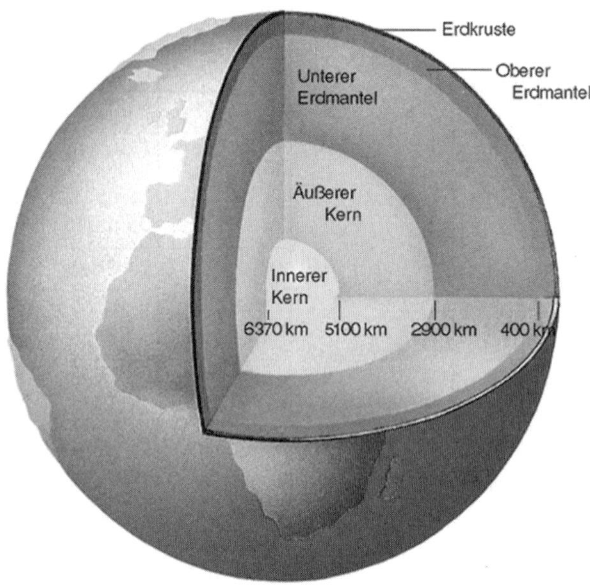

Dicke Erdschale 3 – 4/ 1000 mm

(Bei Proportion d = Durchmesser der Erdkugel Äquator mit 12.756 km ≙ 1m = 1.000 mm (siehe auch Seite 16 unter Abb. 0.4.1))

Abb. 0.3.1 Aufbau des Erdkörpers

Tafel 0.2 Stoffliche Zusammensetzung der Atmosphäre

Bezeichnung	Chemisches Symbol	Volumenanteil in %	Dichte des Gases bei 0 °C/760 Torr/1013,25 hPa
Stickstoff	N_2	78,03	0,972
Sauerstoff	O_2	20,99	1,105
Argon	Ar	0,933	1,380
Kohlendioxyd	CO_2	0,03	1,529
Wasserdampf	H_2O	0,01	0,992
Neon	Ne	0,0018	0,700
Helium	He	0,0005	0,138
Andere Anteile			

Die Erde ist aus einer Reihe konzentrischer Schalen aufgebaut, die aus heterogenen Materialien bestehen. Diese Schalen werden durch so genannte Diskontinuitäten getrennt. Dabei bildet die feste Erdkruste als oberste Schale zusammen mit der darunter liegenden obersten Schicht des Erdmantels die Lithosphäre mit einer Tiefe von 30 bis 40 km. Es schließen sich der obere, bis 400 km Tiefe, und der untere Erdmantel bis 2900 km Tiefe an, deren Konsistenz plastisch fest ist. Der folgende äußere Erdkern, bis 5100 km Tiefe, ist dagegen flüssig und umschließt den festen inneren Kern.

Für die Baustoffe ist im Wesentlichen die Lithosphäre von Bedeutung. Die Erdkruste ist jedoch nur nach dem menschlichen, individuellen Maßstab scheinbar fest. Der sich langsam abkühlende Erdkern (4500 °C) liefert genügend Kristallisationswärme, um den darüber liegenden Mantel aufzuheizen. Der Temperaturgradient beträgt 3,5 bis 4 °C pro 100 m Tiefe. Dadurch kommt es zu Konvektionsbewegungen im Material, die für die Bewegung der Platten in der Erdkruste und für die Gebirgsbildung verantwortlich sind (Grundlage der Plattentektonik nach der Theorie Alfred Wegeners (Abb. 0.3.3)).

Im Laufe der Erdgeschichte bricht die Lithosphäre immer wieder in einzelne starre Platten auseinander. Da sich die verschiedenen Platten unabhängig voneinander bewegen, stoßen sie an manchen Stellen zusammen, während sie sich anderenorts trennen. Die Plattengrenzen sind demnach geologisch höchst aktive Bereiche der Erdkruste. Es sind die Orte der Gebirgsbildung, des Vulkanismus, der Neubildung von Meeresboden und des Erdkrustenrecyclings. In den genannten Subduktionszonen tauchen die Platten wieder ein in die Asthenosphäre, wo sie geschmolzen werden. Bei diesem Vorgang kommt es zwangsläufig zu Erdbeben auslösenden Spannungen.

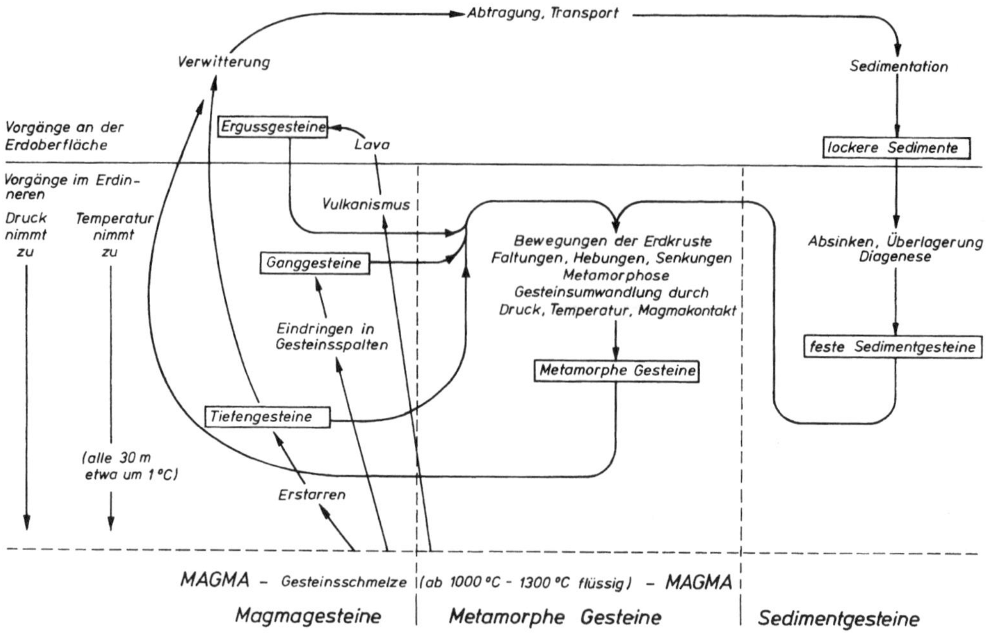

Abb. 0.3.2 Kreislauf der Gesteine

Durch diese Bewegungen im Erdmantel und plattentektonischen Prozesse in der Erdkruste stehen alle Gesteinsgruppen im Kreislauf der Gesteine miteinander in Verbindung. Die wichtigsten geologischen Vorgänge, in deren Verlauf ein Gestein in das eine oder andere übergeht, sind:

- Verwitterung
- Abtragung
- Sedimentation
- Versenkung und Diagenese
- Metamorphose
- Teilaufschmelzung/Anatexis
- Aufschmelzung/Magmenbildung
- Plutonismus und Vulkanismus
- tektonische Heraushebung

Alle Vorgänge bewirken eine Vielzahl von mineralogischen und/oder chemisch-physikalischen Prozessen, in deren Folge Mineralauflösungen, -umbildungen und -neubildungen ablaufen.

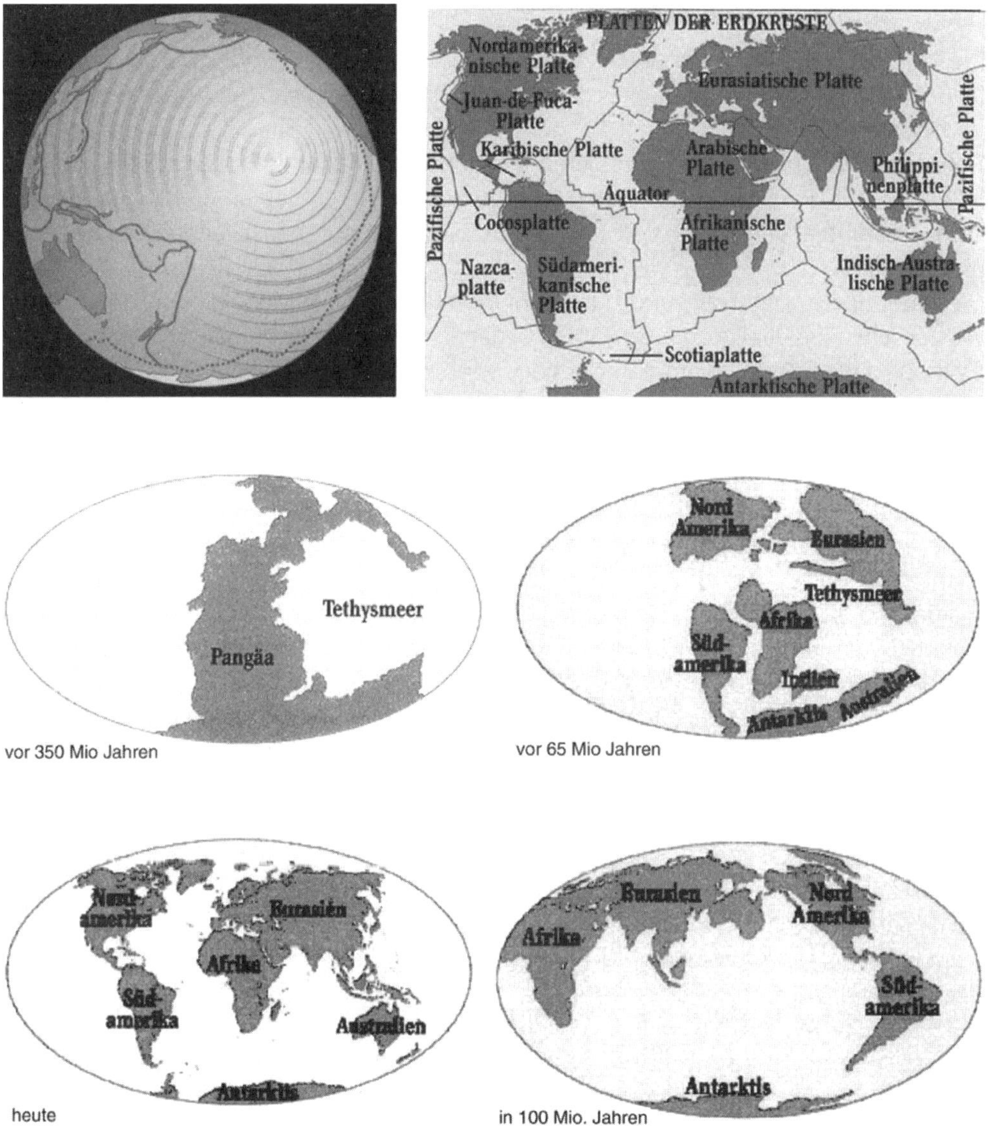

Abb. 0.3.3 Plattentektonische Prozesse der Erdkruste in der Vergangenheit bis heute und in der Zukunft

0.4 Aufbau der Atmosphäre

Die Uratmosphäre entstand durch Ausgasung leichtflüchtiger Stoffe aus der noch sehr heißen Erde. Die sauerstofffreie Atmosphäre bestand überwiegend aus Kohlendioxid (CO_2) und Wasser (H_2O).

Dazu kamen noch in deutlich geringeren Mengen Stickstoff (N_2), Wasserstoff (H_2), Schwefelwasserstoff (H_2S), Schwefeldioxid (SO_2), Ammoniak (NH_3), Methan (CH_4), Chlorwasserstoff (HCl) und andere. Sauerstoff (O_2) konnte sich unter den herrschenden Bedingungen nicht bilden.

Die Erde kühlte weiter ab, und durch Kondensation großer Mengen atmosphärischen Wassers entstand der Urozean. Im Ozean begannen vor etwa dreieinhalb Milliarden Jahren Cyanobakterien durch Photosynthese nachweisbare Mengen Sauerstoff zu produzieren. Bei der Photosynthese bilden sich aus Kohlendioxid und Wasser unter der Einwirkung von Sonnenlicht Kohlenhydrate und Sauerstoff.

Der im Ozean gebildete Sauerstoff wurde von oxidierbaren Substanzen gebunden. Erst als diese vor etwa zwei Milliarden Jahren aufgebraucht waren, konnte sich der Sauerstoff in der Atmosphäre anreichern. Der Sauerstoffgehalt war über lange Zeit sehr niedrig, da oxidierbare Stoffe auch auf der Erdoberfläche den Sauerstoff verbrauchten. Beispielsweise wurde FeO zu Fe_2O_3 oxidiert. Erst vor ca. dreihundertfünfundsiebzig Millionen Jahren (siehe Abb. 0.2.2) näherte sich der Sauerstoffgehalt der Atmosphäre den heutigen Werten an.

Der Sauerstoff in der Atmosphäre war Voraussetzung für die Möglichkeit zur Ozonbildung und damit zum Schutz von organischen Strukturen und sich bildenden Lebewesen vor schädigender UV-Strahlung, die sich erst ab dann in aller Vielfalt entwickeln konnten.

Es ist insoweit etwas ganz Normales, dass chemische Prozesse die Lithosphäre, die Hydrosphäre und die Atmosphäre veränderten und verändern (siehe auch Abb. 0.1.1). Es existieren heute relativ stabile Stoffkreisläufe, die die Atmosphäre, Lithosphäre und Hydrosphäre einbeziehen bzw. im Wechselverhältnis zueinander beeinflussen. Diese Kreisläufe sorgen dafür, dass Stoffkonzentrationen in einem Bereich der Atmosphäre oder in einem See konstant bleiben. Man beschreibt diese Stoffkreisläufe für Elemente, z.B. Kohlenstoffkreislauf, Stickstoffkreislauf, Schwefelkreislauf, ...

Die Elemente treten in bestimmten Verbindungen an so genannten Quellen in die Atmosphäre ein, es finden Umwandlungsprozesse statt und das Element wird in Senken gebunden, z.B. in einer unlöslichen und reaktionsträgen Verbindung, die sich im Ozean ablagert. Man spricht von der Deposition des Stoffes. Transport und Umwandlungsprozesse können dazu führen, das Quellen den Stoff wieder freisetzen. Es hat sich eine Art Gleichgewichtszustand eingestellt. Beispielsweise entspricht die Gesamtmasse durch Deposition gebundenen Kohlenstoffs pro Zeiteinheit der Masse Kohlenstoff, die von allen Kohlenstoffquellen in die Atmosphäre abgegeben wird.

Diese Gleichgewichtszustände werden jedoch nicht in individuellen menschlichen Zeitabschnitten erreicht, sondern sind im Maßstab des Abschnitts 0.2.2 zu bewerten. Industrielle und landwirtschaftliche Prozesse können allerdings zusätzliche Quellen, anthropogene Quellen, bilden und damit innerhalb relativ kurzer Zeit die Stoffkreisläufe empfindlich stören. Dies gilt gleichermaßen für den weltweiten Verkehr, sei es auf der Straße, auf dem Wasser oder in der Luft. Erhebliche Schädigungen der Ozonschicht erfolgen durch den Flugverkehr oberhalb der Tropopause, also über 11 km Höhe (siehe Abb. 0.4.1). Die hohen Temperaturen in den Triebwerken bewirken die Oxidation des Stickstoffs zu Stickoxiden und diese reagieren mit dem Ozon zu Stickstoffdioxid und Sauerstoff:

$NO + O_3 \rightarrow NO_2 + O_2$.

Es gibt aber auch eine Reihe natürlicher Quellen für ozonschädigende Stoffe, die bis in die Stratosphäre gelangen. Beispiele sind starke Vulkanausbrüche und ozeanische Emissionen. Die chemische Zusammensetzung der Luft ist, mit Ausnahme der Komponente Wasserdampf, zumindest bis in ca. 100 km Höhe in allen Gebieten der Erde annähernd konstant. Die Atmosphäre wird nach ihrem typischen vertikalen Temperaturverlauf in fünf Sphären unterteilt (siehe Abb. 0.4.1). Vom Erdboden beginnend:

– Troposphäre einschließlich der Grundschicht (Abb. 0.4.2) **Temperaturgradient -0,65 °C pro 100 m**	11 km	(äquatoriale Höhe : 16 bis 18 km) (mittlere Höhe : 11 km) (polare Höhe : 6 bis 8 km)
– Stratosphäre	11 bis 50 km	
– Mesosphäre	50 bis 85 km	
– Thermosphäre (Ionosphäre)	85 bis 400 km	
– Exosphäre	400 bis ca.1200 km	

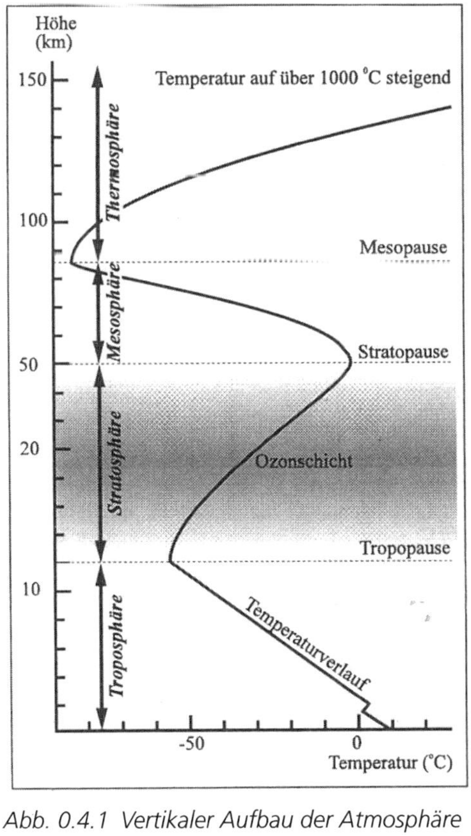

Abb. 0.4.1 Vertikaler Aufbau der Atmosphäre

Für den Menschen ist die Troposphäre der Lebensraum. Sie reicht bis zu einer Höhe von 11 km und wird durch die Tropopause nach oben begrenzt. In ihr finden alle Wettergeschehen statt. Um zu einem begreiflichen Maßstab zu gelangen, analog dem Erdenjahr in Abschnitt 0.2, stellen wir die Erdkugel, Durchmesser 12.756 km am Großkreis Äquator, als einen Kreis mit 1,00 m = 1000 mm dar. Die Troposphäre könnte jetzt mit einem zweiten Kreis hinzugefügt werden, der mit einem Durchmesser knapp unter 1002 mm eine Distanz von unter 1,0 mm zur Erdoberfläche aufweist (siehe auch Abb. 0.3.1). Die Troposphäre hat also nur eine Schichthöhe, die weniger als ein Tausendstel des Erddurchmessers beträgt.
Da sich oberhalb der Tropopause kein Wasser befindet, spielt sich das gesamte Wettergeschehen, auch alle Wolkenbildungen, hier ab. In drei Höhenstufen erhalten die Wolken ihre Bezeichnungen:

- tiefe Wolken **stratus** 0 bis 2 km Höhe z.B. Stratocumulus (haufenförmig)
- mittelhohe Wolken **alto** 2 bis 7 km Höhe z.B. altolenticularis (linsenförmig)
- hohe Wolken **cirrus** 7 bis 11 km Höhe z.B. cirrus fibratus (feinflockig)

0.4.1 Grundschicht

Die Grundschicht ist in unseren Breiten der Lebens- und Haupttätigkeitsraum des Menschen. Sie reicht von der Erdoberfläche bis in ca. 1500 m Höhe. Sie wird im Zusammenspiel mit Inversionen, generell sehr stabilen Luftschichten, durch die Peblopause nach oben begrenzt. Dies ist der Grund für ein relativ ausgeprägtes meterologisches Eigenleben mit spezifischen Besonderheiten (Abb. 0.4.2).
Chrakteristisch für die Grundschicht ist:

- in ihr findet der Wärme- und Feuchteaustausch zwischen Erdboden und Wasseroberfläche und der Atmosphäre statt,
- an ihrer Obergrenze, in Höhe der Peplopause, ist häufig (ca. 50 % des Jahres) eine starke Dunstschicht zu erkennen,
- bedingt durch die Rauigkeit der Erdoberfläche treten Turbulenzen und Deformationen des Windfeldes auf, und
- in ihr treten niedertroposphärische Starkwindfelder auf mit teilweise ausgeprägten Windscherungen.

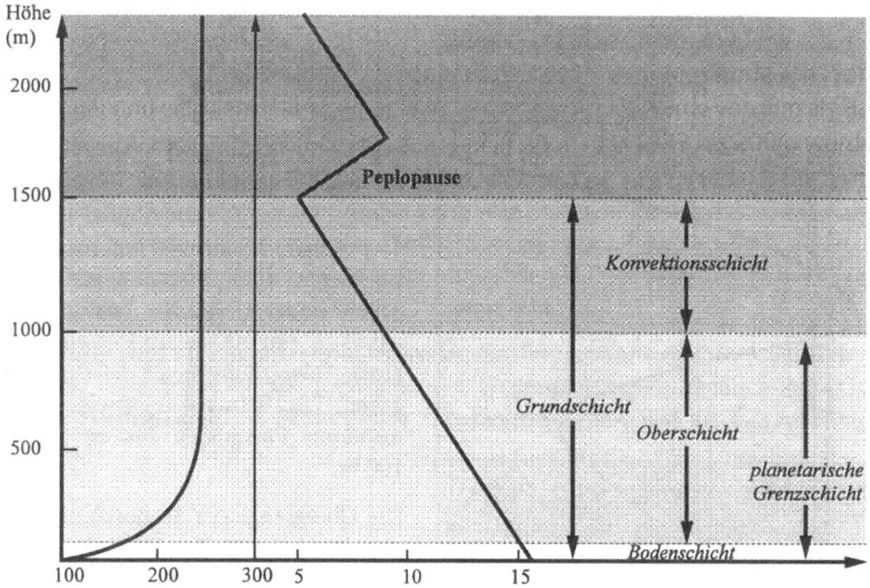

Abb. 0.4.2 Die Grundschicht der Troposphäre

Von besonderem Interesse für Bauwerke ist die direkt auf dem Erdboden aufliegende Bodenschicht (auch Prandtlschicht) mit einer Höhe bis zu 100 m. Gekennzeichnet ist diese Schicht durch eine starke Windzunahme in der Höhe ohne die zunächst wirksamen Reibungsverluste durch Topographie bzw. Bewuchs unmittelbar auf der Erdoberfläche. In Abb. 0.4.2 sind von links nach rechts ablesbar die relative Änderung der Windgeschwindigkeit (%) und der Temperaturverlauf (°C). Darüber schließt sich die Oberschicht (auch Ekmanschicht) bis zu einer Höhe von 1000 m an.

Genau hier sind die Bebauungen plaziert und werden entsprechend belastet. Hier liegt auch der Grund für die Belastungsklassen der Gebäude hinsichtlich ihrer Höhenentwicklung, insbesondere für die Windlasten des Gebäudes an sich (siehe Abschnitt 0.4.4) bzw. für Einzelelemente wie Fassade, Fenster oder die Flachdachrichtlinien mit ihren spezifischen Vorgaben für die Mittel-, Rand- und Eckbereiche:

Belastungsklasse A:	Gebäude bis	8,00 m	Höhe
Belastungsklasse B:	Gebäude bis	20,00 m	Höhe
Belastungsklasse C:	Gebäude bis	100,00 m	Höhe
Belastungsklasse D:	Gebäude über	100,00 m	Höhe (Sonderkonstruktionen) (z.B. Eiffelturm 324 m (Paris), Burj al Arab 321m (Dubai))

0.4.2 Luftdruck

Wie jeder andere Körper auf der Erde unterliegt auch das Gasgemisch Luft der Gravitationskraft.

Dadurch erhält sie ein Gewicht und drückt mit der Kraft dieses Gewichtes auf die Erdoberfläche, sie übt also einen Druck aus. Luft als Gemisch aus Gasen ist kompressibel. Durch das Eigengewicht wird die Luft in Erdbodennähe stärker zusammengedrückt als in höheren Schichten. Ihre Dichte nimmt also umgekehrt mit zunehmender Höhe ab. Chemisch gesehen

bringt Druck Ordnung. Um das Wettergeschehen besser zu verstehen (siehe Abschnitt 0.4.3), ist der gesetzmäßige Zusammenhang zwischen Druck und Höhe wesentlich, insbesondere da dieser Zusammenhang nicht linear erfolgt, sondern logarithmisch.
Aus Abb. 0.4.3 ist ablesbar, dass bereits bei ca. 5.500 m Höhe die Hälfte des gesamten Luftdruckes der Atmosphäre und in Höhe der Tropopause bei ca. 11.000 m dreiviertel der Gesamtmasse Luft erreicht ist. Da die Zusammensetzung der Luft bis ca. 100 km unverändert bleibt, wird deutlich, dass die einzelnen Moleküle entsprechend weit auseinander liegen.
Wenn man von der Erdoberfläche mit der geodätischen Höhe NN (Normal Null) bzw. MSL (mean sea level) 8,00 m nach oben steigt, so fällt der Luftdruck um 1 hPa. Auf 2000 m Höhe muss man dagegen bereits 10,00 m und bei 5000 m Höhe 14,00 m nach oben steigen, um eine Druckveränderung von 1 hPa zu erreichen. Diese Höhendifferenzierung wird als barometrische Höhenstufe bezeichnet.
Ihre Definition: Die barometrische Höhenstufe ist die Höhendifferenz, die zwei Druckflächen mit einem Abstand von 1 hPa haben. Beim Heranziehen eines Sturmtiefs ist ein stündlicher Druckabfall von 3 bis 4 hPa nicht selten (siehe 0.4.3).
Für Messgeräte, z.B. Barometer, gilt als Grundeichung eine Standardatmosphäre:

Standardatmosphäre:

Luftdruck	1013,25 hPa (siehe auch Periodensystem bei Dichte, Umschlag)
Lufttemperatur	15 °Celsius
relative Luftfeuchte	0 %
Luftdichte	1,225 kg/m³
Temperaturabnahme bis 11 km Höhe	0,65 °C/100 m
Höhe der Tropopause	11 km
Temperatur der Tropopause	- 56,5 °C

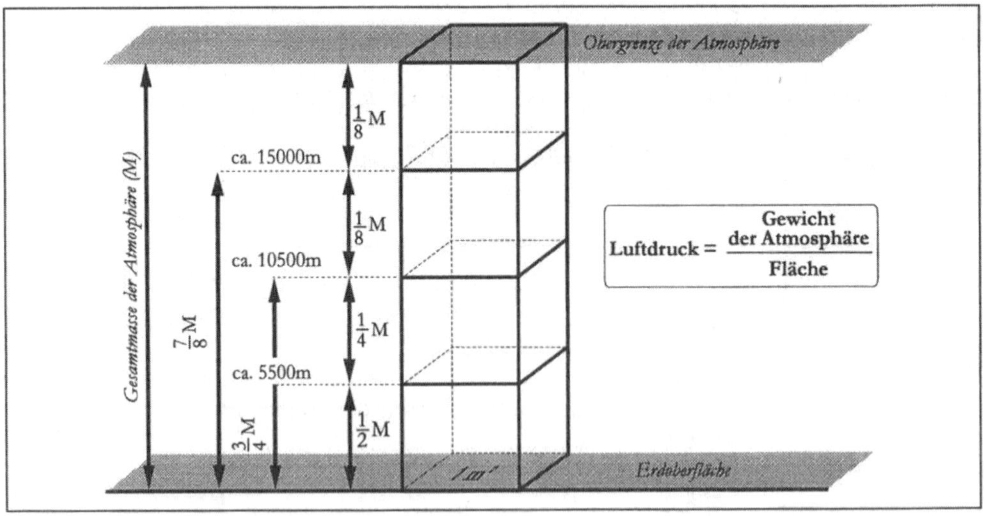

Abb. 0.4.3 Höhen des aproportionalen Luftdrucks der Atmosphäre (1N/m² = 1 Pa, 100 N/m² = 1 hPa; Standard 1013,25 hPa)

Der Gesamtluftdruck des Gasgemisches Luft ist die Summe aller Partialdrücke der Gemischkomponenten (Daltonsches Gesetz):

$P_{Luft} = P_{Stickstoff} + P_{Sauerstoff} + P_{Kohlendioxid} + P_{Argon} + P_{Wasserdampf} + \ldots + P_{andere\ Gase}$

Der Partialdruck des Sauerstoffes am Erdboden unter Standardbedingung beträgt ca. 210 hPa, der des Stickstoffes ca. 790 hPa, der des Argons ca. 10 hPa etc. Der Gesamtluftdruck ergibt sich also aus der Summe der Partialdrücke zu 1013,25 hPa (siehe Tafel 0.2).

0.4.3 Wetter

Der Begriff des Wettergeschehens gliedert sich in drei spezifische Zeiten:

- Klima: bezeichnet den mittleren Zustand der Troposphäre im Ablauf des Jahres unter Berücksichtigung von langjährigen statistischen Mittel- und Extremwerten in einem Betrachtungszeitraum von 30 bis 40 Jahren
  (Einordnungen z.B.: subtropisch, arktisch, gemäßigte Zonen)
- Witterung: typischer Wetterablauf über einige Tage bis zu einem Jahr
  (Einordnungen z.B.: Frühling, Herbst)
- Wetter: augenblicklicher Zustand der Troposphäre zu einer bestimmten Zeit, an einem bestimmten Ort mit Aussagen zu Temperatur, Luftdruck, Wind, Strahlung, Luftfeuchte, Bewölkung und Niederschlag
  (Wetterkarte siehe Abb. 0.4.8)

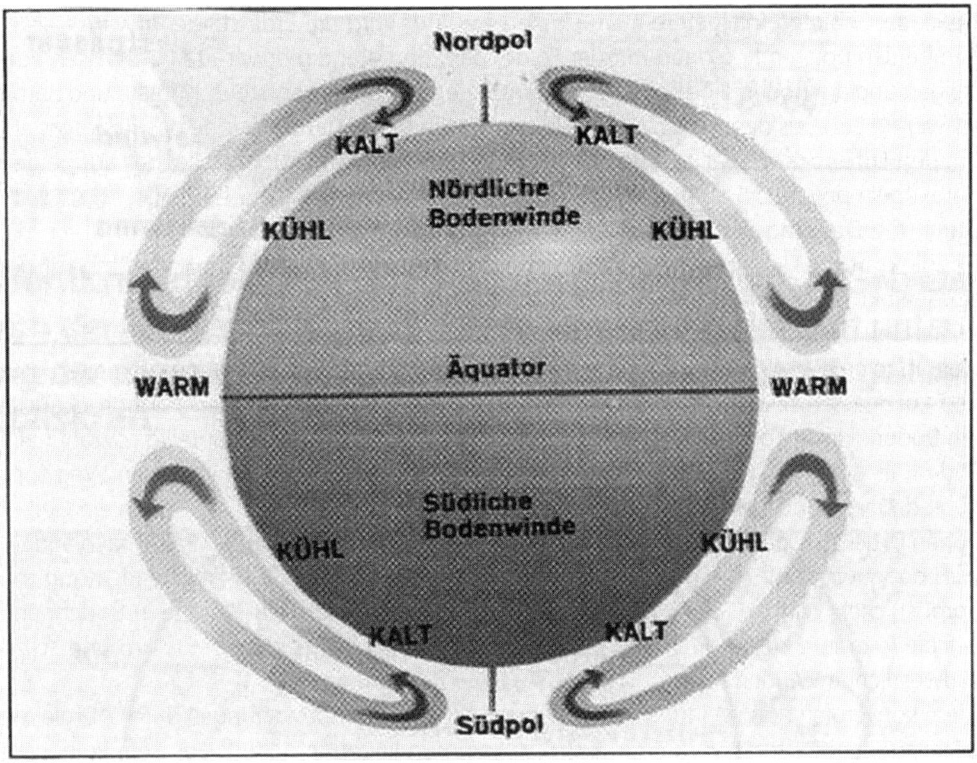

Abb. 0.4.4 Luftzirkulation auf stillstehender Erde

Druck- und Temperaturunterschiede verursachen zwei Arten von Luftbewegungen in der Atmosphäre:

- vertikale Luftbewegungen (Auf- und Abwinde)
- horizontale Luftströmungen (fühlbar als Wind)

Die auf die Erdoberfläche einwirkende solare Strahlung erwärmt nicht alle Gebiete gleich stark (siehe auch Abschnitt 0.5). Sowohl polare als auch äquatornahe Gebiete sowie Landmassen und Ozeane erwärmen sich ungleichmäßig. Damit entsteht zwischen Gebieten mit starker Erwärmung und kühleren ein Druckgefälle. Die Druckflächen neigen sich zum kühleren Gebiet, wobei das so entstandene Druckgefälle in einer bestimmten Höhe eine Luftbewegung vom hohen zum tiefen Druck hin bewirkt. Dort, wo die Luft in der Höhe zum tieferen Druck abfließt, sinkt am Boden der Luftdruck (Luftabtransport), während er in dem Gebiet, in welches die Luft hineinströmt (Luftzufuhr), am Boden ansteigt. Als Ergebnis entsteht in Bodennähe ein umgekehrtes Druckgefälle mit einer Luftströmung vom hohen zum tiefen Druck oder vom kälteren zum wärmeren Gebiet. Aufsteigende Luft über warmen Gebieten und absinkende Luft über kalten Gebieten stellen eine Verbindung zu den horizontalen Strömungen in der Höhe und am Boden dar.
Würde die Erde bewegungslos sein, so würde sich eine simple Luftzirkulation gemäß Abb. 0.4.4 einstellen.
Die Atmosphäre tendiert dazu, über der gesamten Erde eine gleichmäßige Luftdruckverteilung herzustellen. Bei Abweichungen hiervon strömt sofort Luft von Gebieten mit höherem Druck zu Gebieten mit tieferem Druck. Am Äquator wird die Erde stärker erwärmt als in den beiden polaren Regionen mit der Folge, dass dort ständig erwärmte Luftmassen aufsteigen und am Boden eine Zone permanent tiefen Luftdrucks entsteht. Kühlere und damit schwerere Luft aus den Polarzonen fließt am Boden in die Tiefdruckzone des Äquators ab, um den Luftdruck wieder auszugleichen. Es besteht also ein Druckgefälle, das auf beiden Halbkugeln polwärts gerichtet ist.
Durch die Drehung der Erde, einmal am Tag gegen den Uhrzeigersinn, wird durch die Corioliskraft die Fließrichtung der Luftströmung abgelenkt, und zwar nach rechts auf der Nordhalbkugel und nach links auf der Südhalbkugel (siehe auch Abb. 0.1.2).
In der Höhe werden nach Norden wehende Winde in ca. 30° bis 40° nördlicher Breite so weit abgelenkt, dass sie als Westwind in Richtung Osten fließen. Die angesammelten großen Luftmassen bilden dabei einen um den ganzen Erdball führenden Hochdruckgürtel am Boden. Ein Teil dieser Luftmassen sinkt ab und strömt am Boden anteilig sowohl nach Süden als auch nach Norden. Der verbleibende Teil setzt in der Höhe seinen Weg fort, kühlt dabei ab und sinkt über den kalten Polargbieten ab, wobei sich am Boden ein Gebiet hohen Drucks ausbildet. Die sehr dichte und kalte Polarluft strömt in der Folge nach Süden, wird dabei wiederum nach rechts abgelenkt, es entsteht eine südwestliche Richtung mit nordöstlichen Winden. Sie trifft dabei bei ca. 30° bis 40° nördlicher Breite in Bodennähe auf die wärmere Luft in Richtung Norden, die ihrerseits rechts abgelenkt wird und so zu südwestlichen Winden führt.
Diese konvergierenden Winde verursachen aufsteigende Luftbewegungen durch Aufgleiten der wärmeren Luftmassen auf die keilförmige unten liegende Kaltluft aus dem Polgebiet. Dieser Vorgang spielt sich in ca. 60° nördlicher Breite ab (Abb. 0.4.5, 0.4.6).

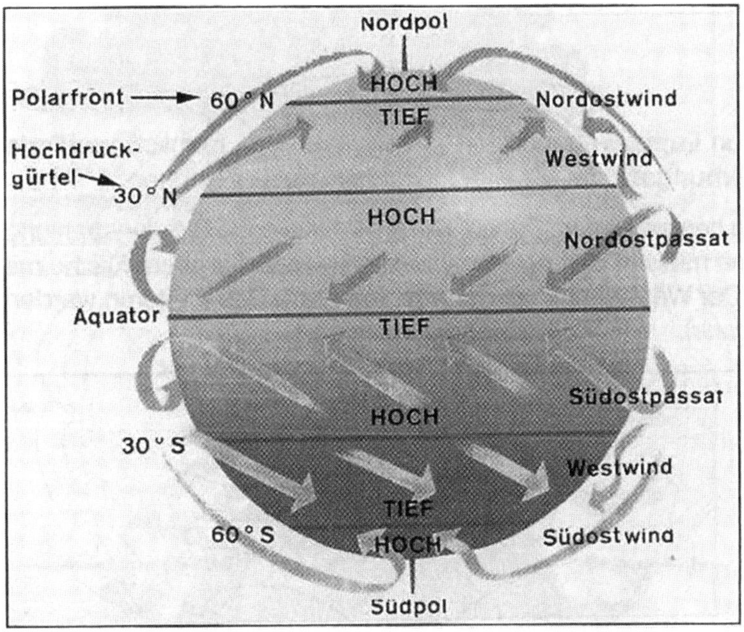

Abb. 0.4.5 Allgemeine Zirkulation der Luft auf der sich drehenden Erde

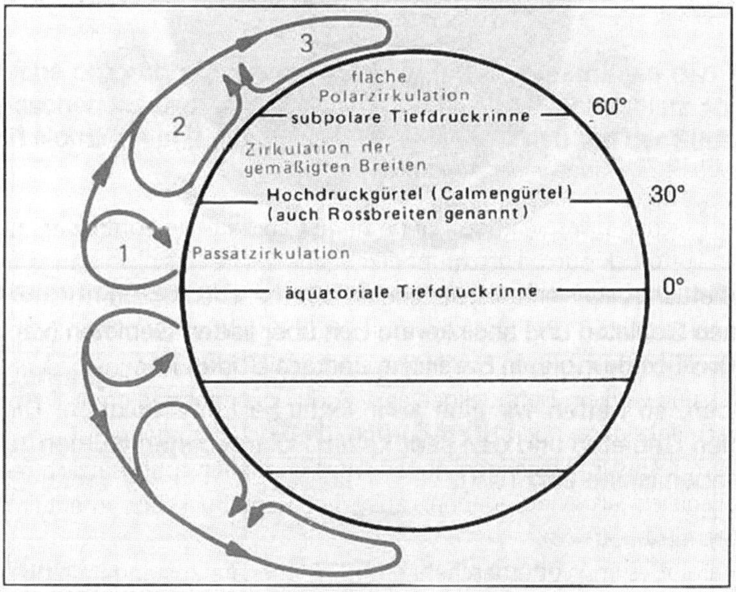

Abb. 0.4.6 Die drei Zirkulationsräder

1. *Hadley-Zirkulation, eine sehr hochreichende Passatzirkulation zwischen dem Äquator und 30° N/S*
2. *Ferrel-Zirkulation, eine hochreichende Zirkulation der gemäßigten Breiten zwischen 30° N/S und 60° N/S*
3. *Polarzirkulation, flach zwischen 60° N/S und Nord- bzw. Südpol*

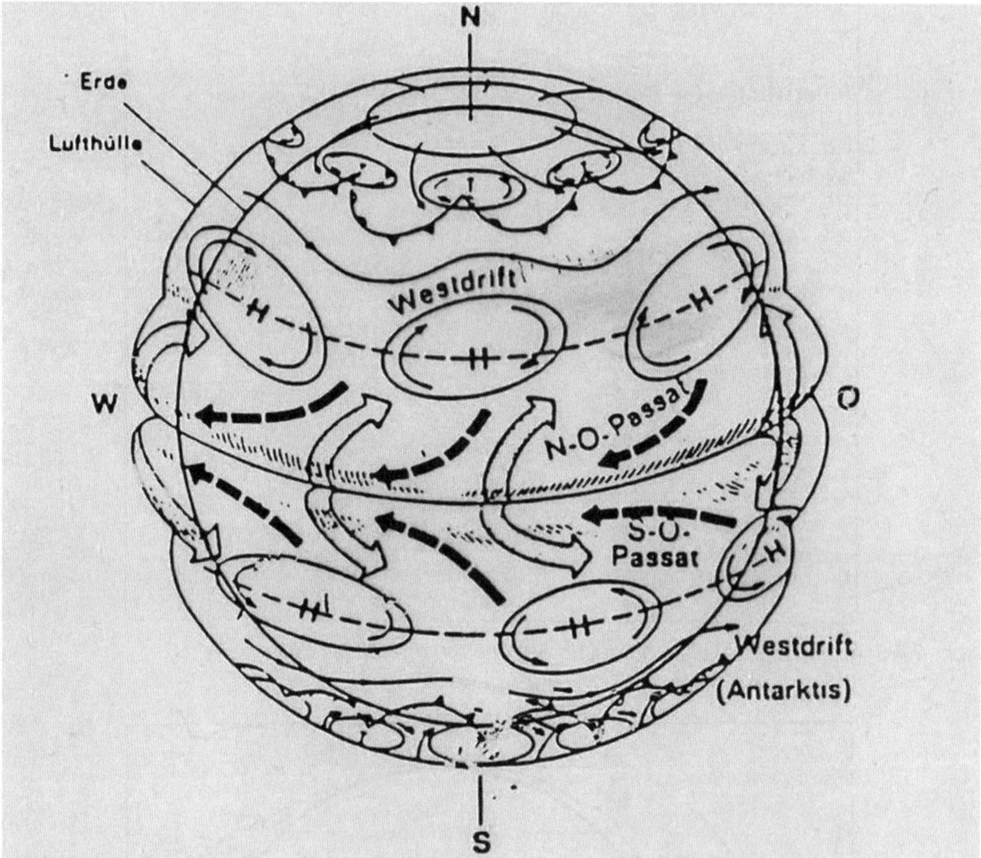

Abb. 0.4.7 Globale Zirkulation in der Atmosphäre

Dagegen verursachen divergierende Winde immer absinkende Luftbewegungen, die am Boden hohen Luftdruck durch Luftzufuhr erzeugen. Solche Absinkvorgänge finden in den 30°-Breiten statt und bilden erdumspannend die subtropischen Hochdruckgürtel. Am Äquator finden, analog den 60°-Breiten, konvergierende Winde mit dem Nordost- und Südostpassat die Vorgänge statt, die am Boden die äquatoriale Tiefdruckrinne bilden (Abb. 0.4.7). Zusammenfassend wird ein Tiefdruckgebiet „Zyklon" genannt und dreht sich auf der Nordhalbkugel nach links gegen den Uhrzeigersinn, ein Hochdruckgebiet ist ein „Antizyklon" und dreht nach rechts im Uhrzeigersinn. Luftmassen fließen grundsätzlich rechtsdrehend zum Druckausgleich, als Wind erlebbar, aus einer Hochdruckzone in ein linksdrehendes Tiefdrucksystem (Abb. 0.4.8).

Grundsätzlich gibt es im Wettergeschehen nur instationäre Zustände mit hieraus resultierenden Auswirkungen auf ein Bauwerk.

Ausgehend von zyklogenetischen Punkten wird das Wetter in Mitteleuropa durch Tiefdruckgebiete des „Islandtiefs" (Zyklon) oder durch Hochdruckgebiete des „Azorenhochs" (Antizyklon) bestimmt. Die Darstellung des Wetters erfolgt mittels Isobaren (Linien gleichen Luftdrucks) als Bodendruckfeld, sodass alle Orte gleichen Luftdrucks im Abstand von jeweils 5 hPa eingezeichnet sind. Durch die Isobaren schälen sich auf der Wetterkarte Gebiete mit tiefem und hohem Luftdruck heraus. Der Abstand der Isobaren gibt visuell sofort Auskunft über die Windgeschwindigkeiten:

- kleine Isobarenabstände = großes Druckgefälle = hohe Windgeschwindigkeiten
- große Isobarenabstände = kleines Druckgefälle = geringe Windgeschwindigkeiten

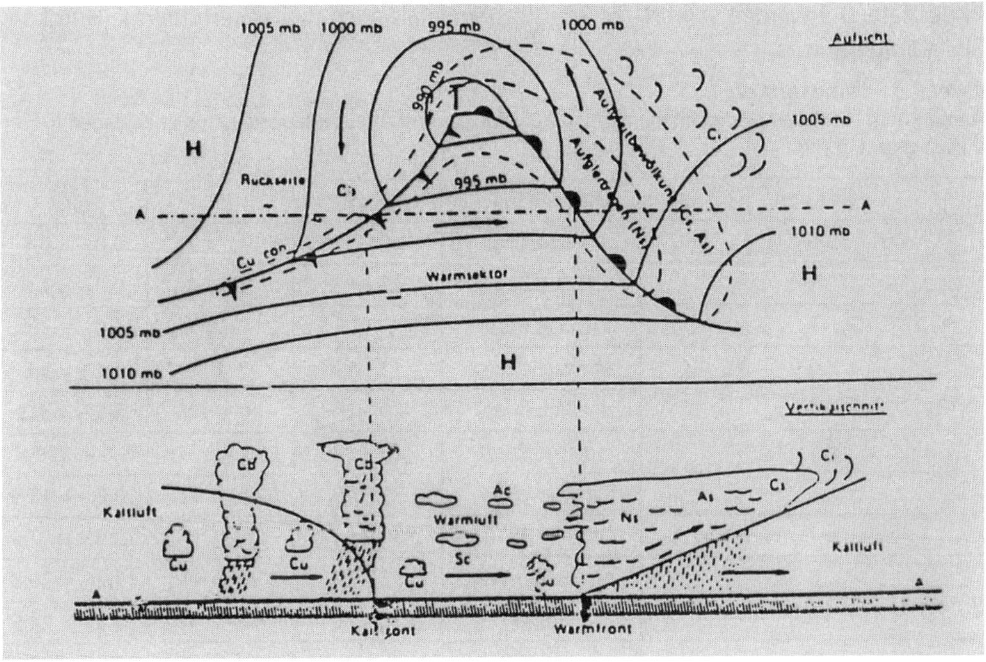

Abb. 0.4.8 Zyklon in Aufsicht (Isobaren) und Schnitt

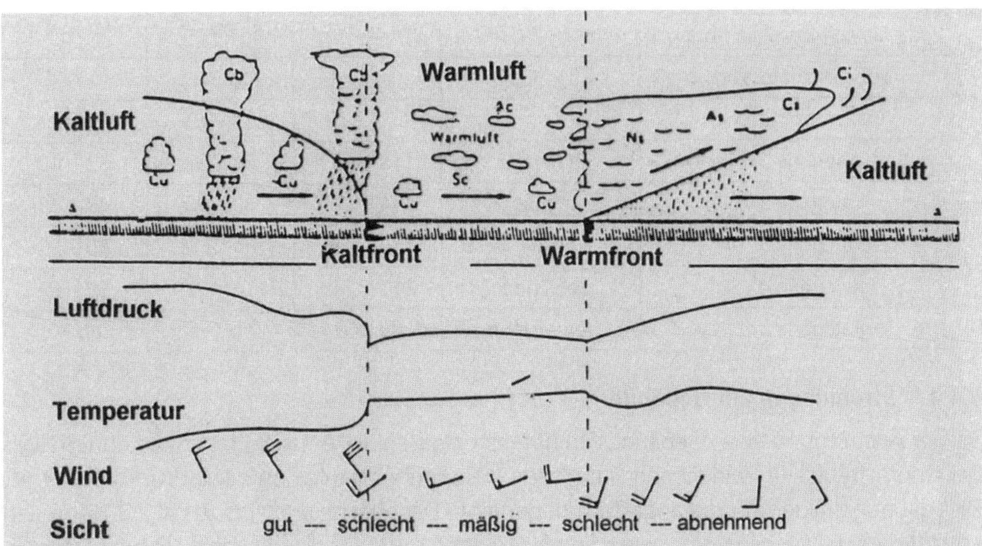

Abb. 0.4.9 Zyklon (Tief); Verlauf von Luftdruck, Temperatur, Wind und Sicht

Im Gegensatz zu den letztlich zweidimensionalen Bodenwetterkarten werden in der Höhe die dreidimensionalen schrägen Druckflächen infolge des Druckausgleiches zwischen Hoch und Tief mit Isohypsen dargestellt. Ihr Abstand wird in geopotentiellen Metern (gpm) angegeben. Als für Gebäude wichtige Ergebnisse aus den vorangegangenen Wetterbetrachtungen wird neben den Niederschlägen die Kraft der Luftmassenbewegungen zu beachten sein. In der Tafel 0.3 werden sowohl die Beaufort-Skala als auch die weiterführende Hurrikan-Skala aufgeführt.

Tafel 0.3 Windstärken
Anmerkung: Luftgeschwindigkeiten im Innenraum für Zu- und Abluftanlagen (auch Klimaanlagen) 0,2 bis max. 0,4 m/s

Beaufort	Bezeichnung	km/h	kn	m/s
0	Windstille	0 – 1	0 – < 1	0,0 – < 0,3
1	leiser Zug	1 – 5	1 – < 4	0,0 – < 1,6
2	leichte Brise	6 – 11	4 – < 7	1,6 – < 3,4
3	schwache Brise	12 – 19	7 – < 11	3,4 – < 5,5
4	mäßige Briese	20 – 28	11 – < 16	5,5 – < 8,0
5	frische Prise	29 – 38	16 – < 22	8,0 – < 10,8
6	starker Wind	39 – 49	22 – < 28	10,8 – < 13,9
7	steifer Wind	50 – 61	28 – < 34	13,9 – < 17,2
8	stürmischer Wind	62 – 74	34 -< 41	17,2 – < 20,8
9	Sturm	75 – 88	41 – < 48	20,8 – < 24,5
10	schwerer Sturm	89 – 102	48 – < 56	24,5 – < 28,5
11	orkanartiger Sturm	103 – 117	56 – < 64	28,5 – < 32,7
12	Orkan	ab 117	ab 64	ab 32,7
Saffir-Simson-Hurrikan-Skala				
Tropische Depression		< 62	< 34	< 17
Tropischer Sturm		62 – 117	34 – 63	17 – 32
Kategorie 1	schwach	118 – 153	64 – 82	33 – 42
Kategorie 2	mäßig	154 – 177	83 – 95	43 – 49
Kategorie 3	stark	178 – 210	96 – 113	50 – 58
Kategorie 4	sehr stark	211 – 249	114 – 135	59 – 69
Kategorie 5	verwüstend	ab 250	ab 136	ab 70

0.4.4 Strömungen am Gebäude

Bei der Anströmung eines Gebäudes im untenstehenden Systemschnitt ist zu erkennen, dass bei einem traufseitig wirksamen Staudruck die zugehörige Außenwand druckbelastet ist. Dies gilt abgemildert für die angeströmte geneigte Dachfläche auch bis zu ca. 2/3 Höhe und schlägt dann in Windsog um. Dieser Sog bleibt annähernd für die windabgewandte Dachfläche gleich und auch in der dann folgende Totluftsee an der windabgewandten Außenwand.

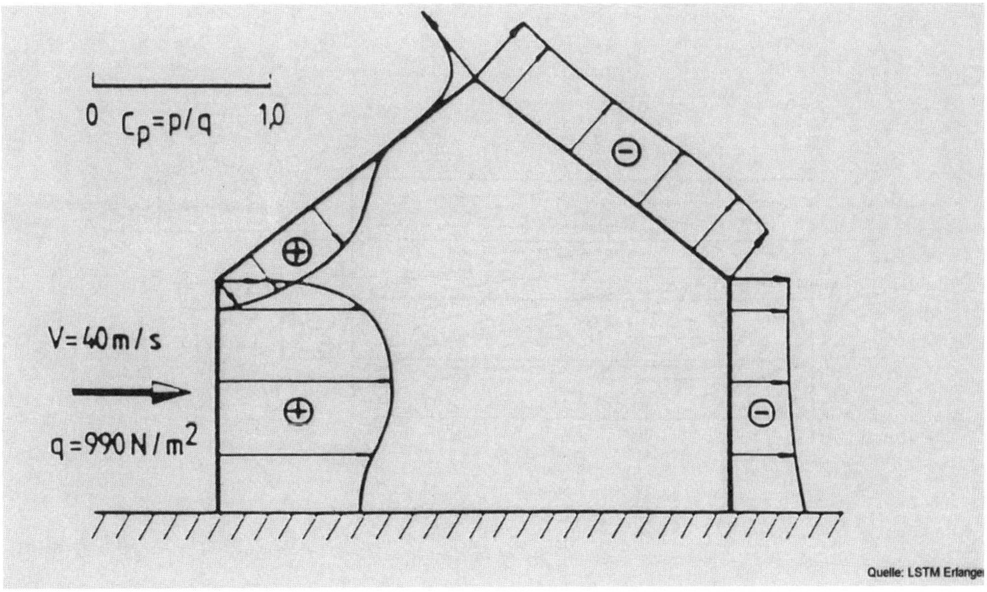

Abb. 0.4.10 Druckverteilung an einem Hausquerschnitt

Unter den Bedingungen der Abb. 0.4.10 mit Anströmung unter dem rechten Winkel zur Außenwand ergibt sich das axialsymetrische Druck- bzw. Sogverteilungsbild.

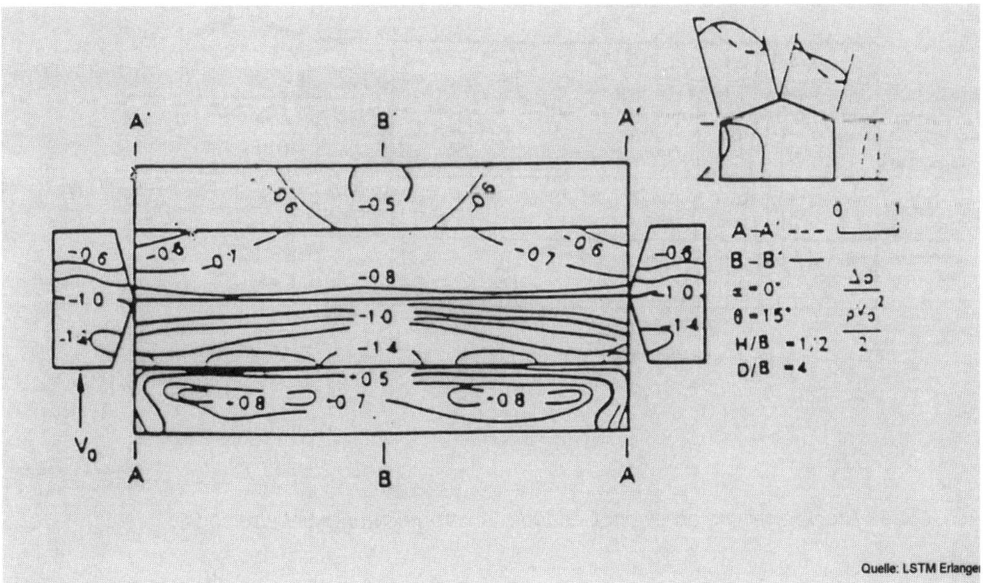

Abb. 0.4.11 Druckverteilung an einem Gebäude, Anströmrichtung traufseitig 90°

Durch die fast immer instationären Zustände verändern sich die Druck- bzw. Sogverteilungsbilder signifikant. Der Bereich des Ortgangs wird stark druckbelastet, während die Dacheindeckung abhebend beansprucht wird.

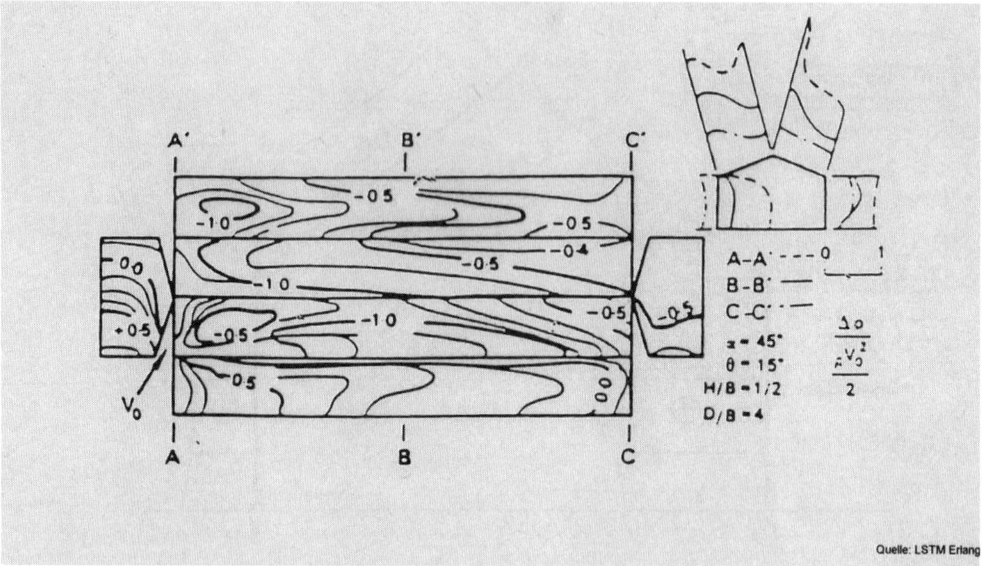

Abb. 0.4.12 Druckverteilung an einem Gebäude, Anströmrichtung Gebäudeecke 45°

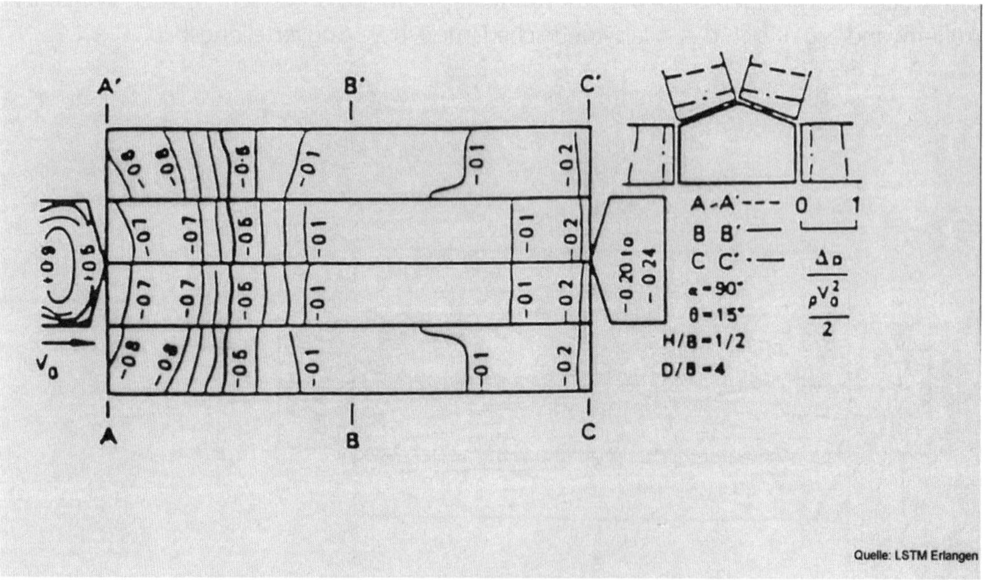

Abb. 0.4.13 Druckverteilung an einem Gebäude, Anströmrichtung giebelseitig 90°

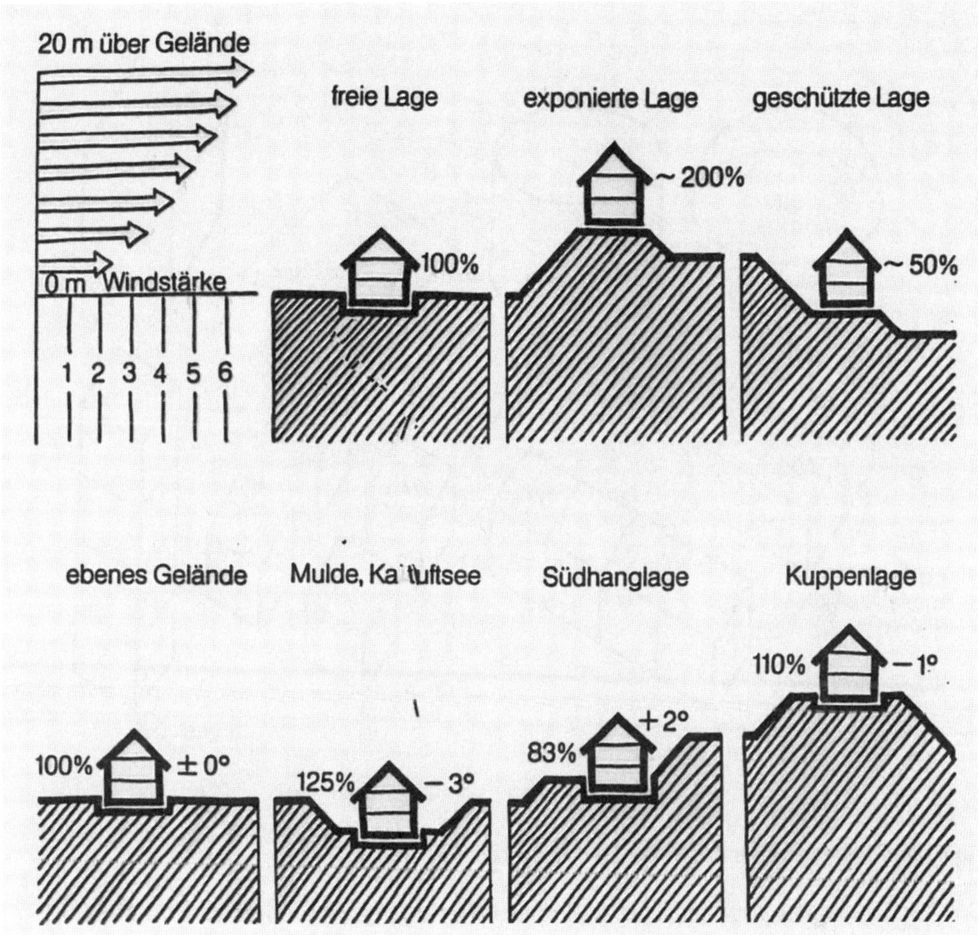

Abb. 0.4.14 Energetische Auswirkungen durch topographische Gegebenheiten

Einflüsse von Standort und Topographie wirken sich auf den Energiebedarf eines Gebäudes (Abb. 0.3.13) ebenso aus wie die Stellung mehrerer Gebäude zueinander (Winddüse). Bei Bebauungen in Mitteleuropa sind, abgesehen von situativ zu berücksichtigen orographischen Windeinflüssen, vornehmlich südwestliche Anströmungen zu berücksichtigen, im Winter auch östliche.

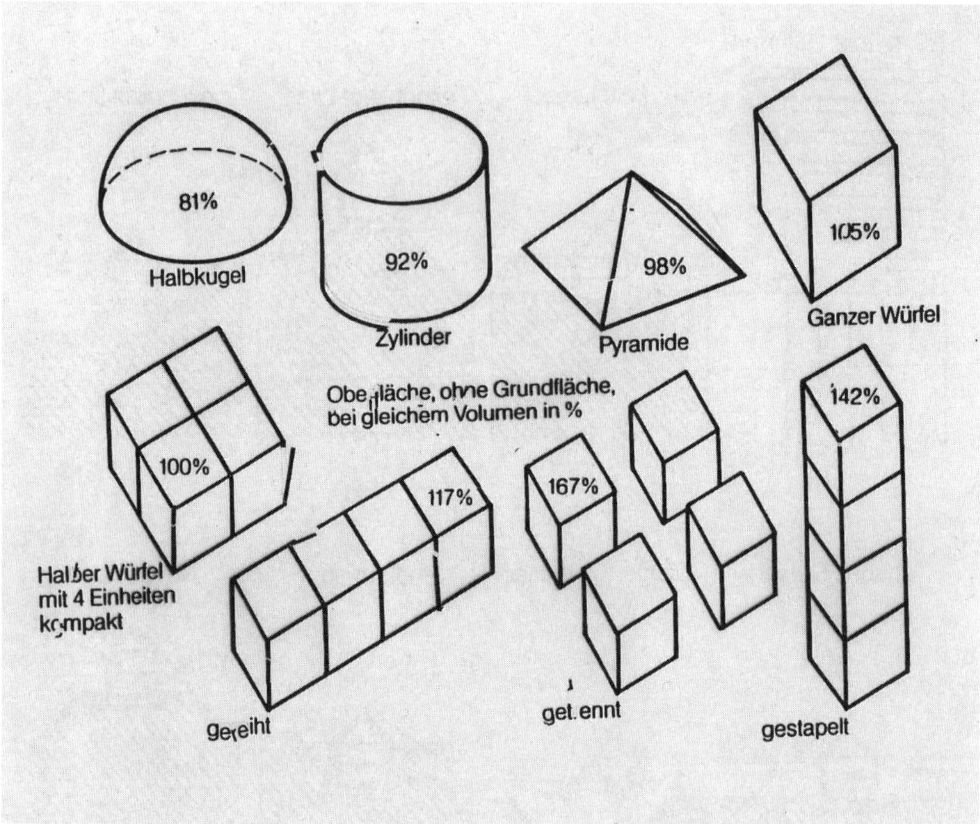

Abb. 0.4.15 Energetische Auswirkungen durch Kubatur

Das Verhältnis von Volumen und Außenfläche ist energetisch ebenfalls von erheblichem Belang, in Bezug auf die Durchströmung von Gebäudegruppen ergibt sich ein noch deutlich größerer Verlust bei dem in vier Würfel geteilten Volumen.

0.5 Solare Aspekte

0.5.1 Sehen

In ihren Erscheinungsformen und Auswirkungen überlagern sich beim Bauen unter Berücksichtigung der Sonnenenergie die Begriffe Licht und Energie. Ein Teilbereich der relevanten Energie ist der sichtbare Bereich mit den Wellenlängen von 380 bis 780 nm (Abb. 0.5.1). Das Auge als Sehorgan ist für seine Aufgabe zum visuellen Erfassen seiner Umwelt und des räumlichen Sehens auf eine externe Energiequelle zum Erzielen von Helligkeit angewiesen. Es nimmt die von einer Lichtquelle auf eine Oberfläche projizierte und von dort reflektierte Energie auf und bewertet sie. Zu unterscheiden ist das Tagessehen mittels der Zapfenzellen und das Dämmerungssehen mittels der Stäbchenzellen (Abb. 0.5.3).

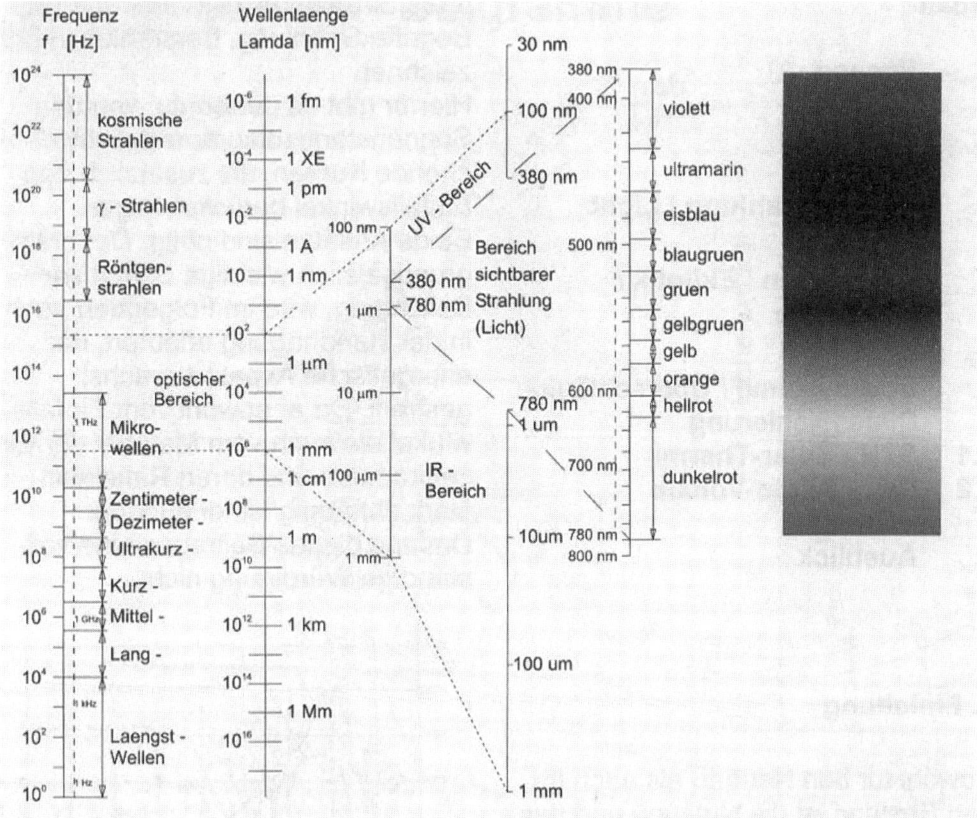

Abb. 0.5.1 Spektrum der elektromagnetischen Wellen

Die Sonne als natürliche Energiequelle mit einer Oberflächentemperatur von ca. 5700 K hat ihr Strahlungsmaximum nach dem Wienschen Verschiebungsgesetz bei ca. 0,51 µm (Tafel 0.4). Dies entspricht der Farbe Grün mit ca. 530 nm (Abb. 0.5.1), also der Farbe, an die das menschliche Auge am besten angepasst ist und die somit zum schärfsten Sehen führt (Abb. 0.5.2).

Tafel 0.5.1 Strahlungsenergie der Wellenlängen

Bezeichnung des Wellenlängenbereiches	Wellenlänge in µm	Farbeindruck	Anteil der Energie pro Wellenlängenbereich in %
ultraviolett	0,20 – 0,45	–	7
sichtbar	0,45 – 0,50 0,51 – 0,58 0,59 – 0,62 0,63 – 0,75	Blau Grün Gelb Rot	46
infrarot	0,75 – 100	–	47

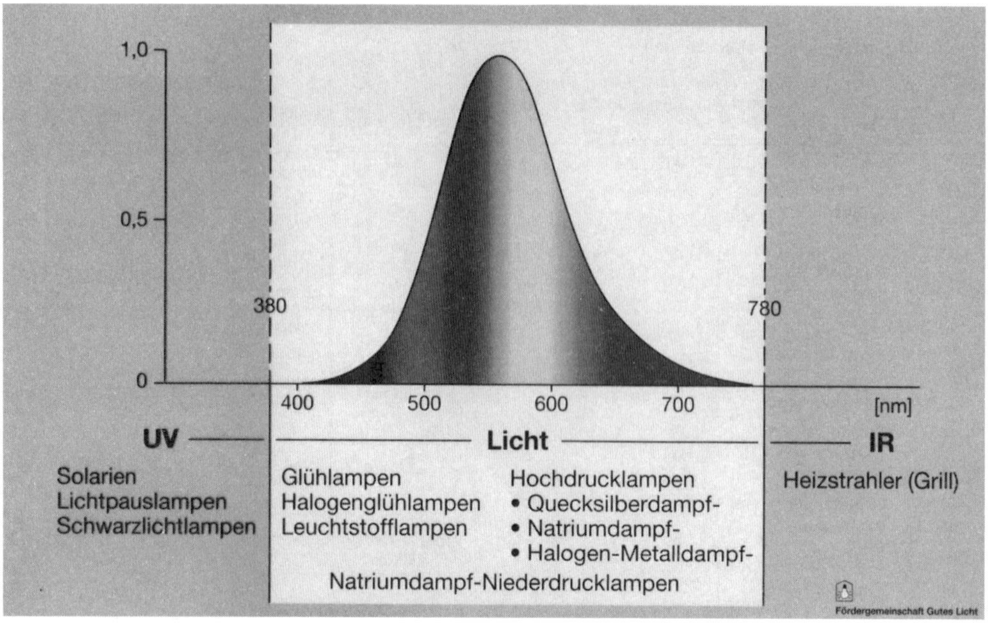

Abb. 0.5.2 Relative Helleempfindlichkeit für Tagessehen (Zapfenzellen)

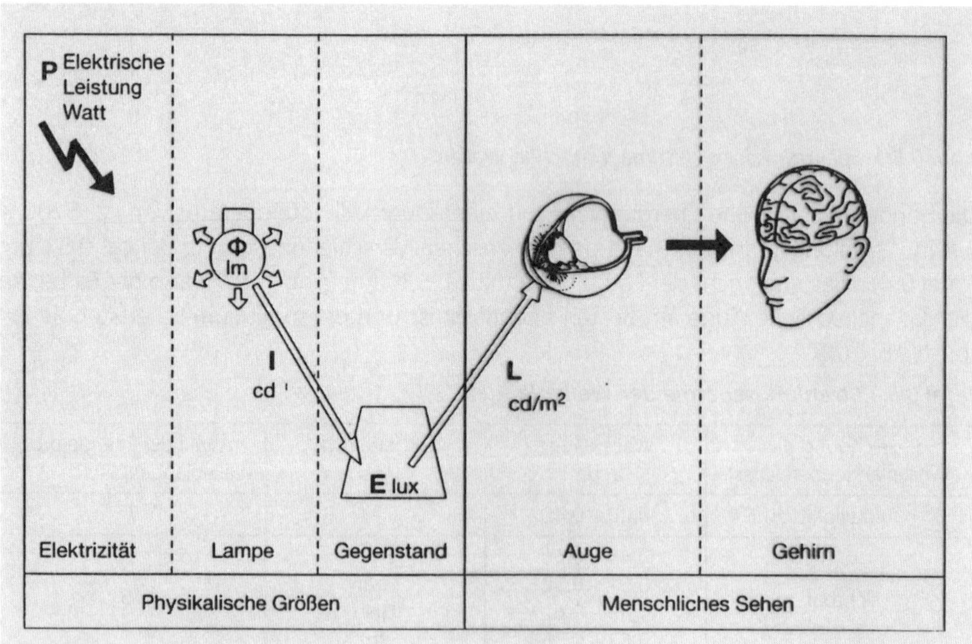

Abb. 0.5.3 Visueller Wahrnehmungsgang

Die Seheindrücke werden nach Aufnahme in der Netzhaut im primären Sehfeld verarbeitet. Durch die Brechung der Lichtstrahlen an den gekrümmten Flächen von Hornhaut und Linse wird ein umgekehrtes verkleinertes Bild auf der Netzhaut erzeugt. Von dort wird das Bild über Photorezeptorzellen, Stäbchenzellen für das Dämmerungssehen mit hoher Lichtempfindlichkeit, aber keinem Farbsehen, und Zapfenzellen für das Tagessehen, Farbsehen, aber geringe Lichtempfindlichkeit, zu den folgenden Nervenzellen der Netzhaut weitergeleitet und verarbeitet. Beim Fixieren eines Blickpunktes mit beiden Augen (binokular) überschneiden sich die Gesichtsfelder der jeweiligen Einzelaugen (monokular) weitgehend. Bilder aus dem seitlichen Gesichtsfeld werden auf der Nasenseite der Netzhaut abgebildet, aus dem mittleren Gesichtsfeld auf der Schläfenseite. Die Nervenfasern ziehen mit dem Sehnerv zur Sehnervenkreuzung (Chiasma opticum, Abb. 0.5.4). Dort kreuzen die Axone der mittleren Netzhautanteile, sodass in Sehstrang (Tractus opticus) und Sehstrahlung (Radiatio optica) die Bilder der linken Netzhauthälfte (der rechten Gesichtsfeldhälften) in der linken, die der rechten Netzhauthälfte (der linken Gesichtsfeldhälften) in der rechten Gehirnhälfte verlaufen. Die Verarbeitung erfolgt dann in der primären Sehrinde des Hinterhauptlappens. Durch den Abstand der Augen untereinander ist das räumliche Sehen möglich.

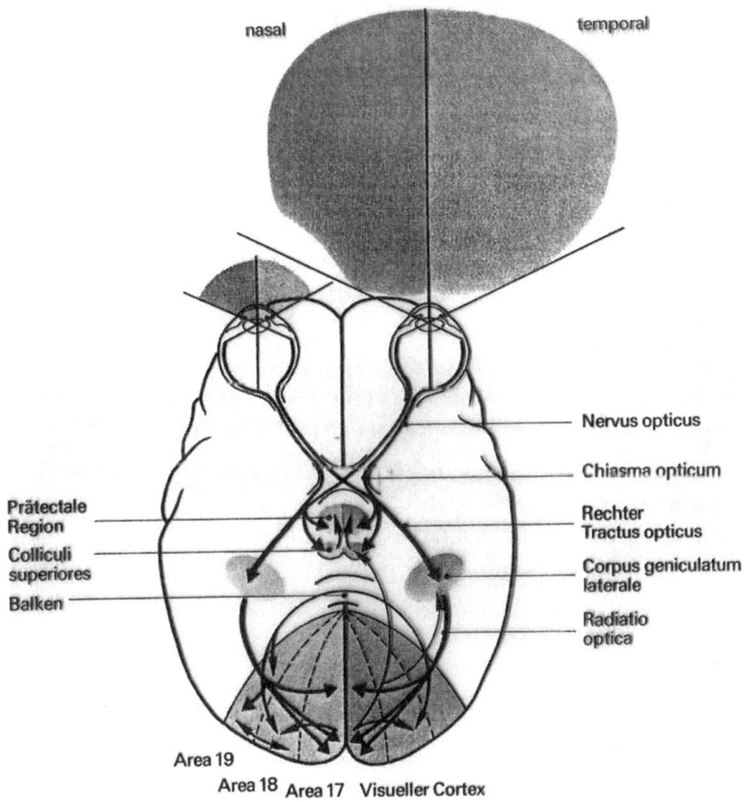

Abb. 0.5.4 Schema der Sehbahnen im Gehirn des Menschen

0.5.2 Solarenergie

Übergreifend wirksam wird für die energetische Nutzung der Sonne ein breiteres Spektrum als die Eingrenzung auf das für den Menschen sichtbare Licht mit seinen Begriffen wie Belichtung (natürlich) und Beleuchtung (künstlich). Dies kennzeichnen die Begriffe Strah-

lung und Bestrahlung, die zusätzlich den Einfallswinkel sowie Materialbeschaffenheiten und Oberflächen sowie deren Reflexion und Absorption berücksichtigen.
Mit AM 0 (air mass null) wird die durch den luftleeren Raum nicht reduzierte Energie der Sonne als extraterrestrische Energie mit ca. 1353 W/m² als Solarkonstante bezeichnet. Die am Äquator auftreffende terrestrische, durch das Gasgemisch der Atmosphäre und Stäube reduzierte, Energie wird mit AM 1 und ca. 1000 W/m² bezeichnet und mit AM 1,5 die für unsere Breiten geltende, durch den längeren Weg innerhalb der Atmosphäre weiter reduzierte Energie mit ca. 800 W/m² definiert.
Die Solarstrahlung wird im Baugeschehen apparativ hauptsächlich zur Energieerzeugung, PV bzw. Photovoltaik zur direkten Erzeugung von elektrischer Leistung und STH bzw. Solarthermie zur Erwärmung eines Mediums angewandt, welches üblicherweise seine Energie über Wärmetauscher an Brauchwarmwasser oder Heizung abgibt. Ebenfalls kann mittels eines Elektrolyseur Wasserstoff erzeugt und gelagert werden, um bei Bedarf mithilfe einer Brennstoffzelle beispielsweise umweltneutral Heizenergie zu gewinnen.
Die durchschnittliche Sonnenscheindauer im Bereich 48 bis 54° nördliche Breite wird in einer Bandbreite von 1300 bis 1900 Std./a angenommen und ergibt einen Energieeintrag von ca. 500 bis 600 W/m². Nachteilig wirkt sich in diesen Breiten der klimabedingte antizyklische Bedarf zum solaren Angebot aus.
Neben der apparativen sind seit jeher die passiven Gewinne zu beachten. Dabei kommt insbesondere der Ausrichtung der wirksamen Flächen zur Sonne die größte Bedeutung zu, gefolgt von der Materialienauswahl, ob transparent oder opak. Grundsätzlich sind aber auch hier wieder die instationären Zustände zu berücksichtigen. Die Wirksamkeit der „Solarernte" beginnt zwingend sehr früh, bereits bei der Aufstellung der Bebauungspläne, dann des Baukörpers und nachfolgend bei der Materialwahl.
Während für das Auge nicht die direkte, sondern nur die reflektierte Strahlungsleistung des sichtbaren Lichts (380 bis 780 nm) wirksam wird, ist die gesamte solare Strahlungsleistung dem sich ständig veränderndem Einfallswinkel (siehe Abschnitt 0.5.3) mit den Anteilen aus reflektierender, absorbierender und transmittierender Leistung von Bedeutung. Dazu beeinflussen die spezifischen Eigenschaften der bestrahlten Materialien selbst und deren Oberflächen mit großen Auswirkungen den Wirkungsgrad (Abb. 0.5.7).
Die einmal am Tage durchlaufende Drehung der Verbindung gegen den Uhrzeigersinn in Verbindung mit der um ca. 23,5° geneigten Erdachse zur Erdumlaufbahn verändert durch schnellen Wechsel des Azimutwinkels (360°/d) und den sich langsam vollziehenden Wechsel des Höhenwinkels (47°/a) den Einfallswinkel und die jahreszeitlichen Schwankungen des Energieangebotes in sich verändernden Tages- und Nachtzeiten, Beispiel:

Position 52° N, 12:00 Ortszeit:	Höhenwinkel zur Ebene	21.06.	61,5°
		21.03. / 21.09	38°
		21.12.	14,5°
	Azimutwinkel 180°	21.06.	46° bis 314°
		21.03. / 21.09	90° bis 270°
		21.12.	135° bis 225°

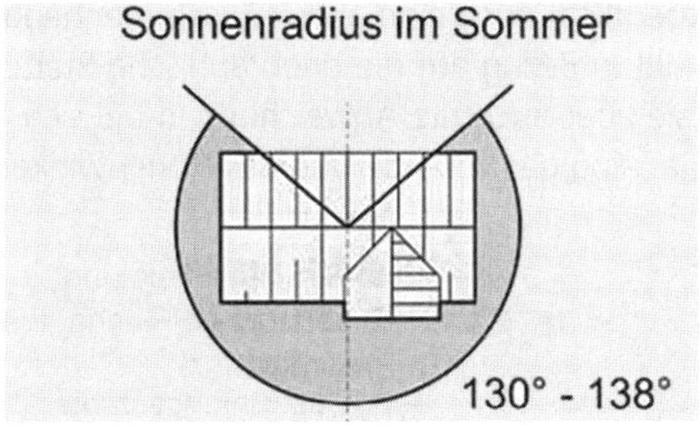

*Abb. 0.5.5 Einstrahlungswinkel der Sonne bei Azimutausrichtung Gebäude 180°
21.06. (SSW = längster Tag / kürzeste Nacht)
für 48° – 50° – 52° – 54°N → 137,5° – 135° – 132,5° – 130° von NO bis S
für 48° – 50° – 52° – 54°N → 137,5° – 135° – 132,5° – 130° von S bis NW*

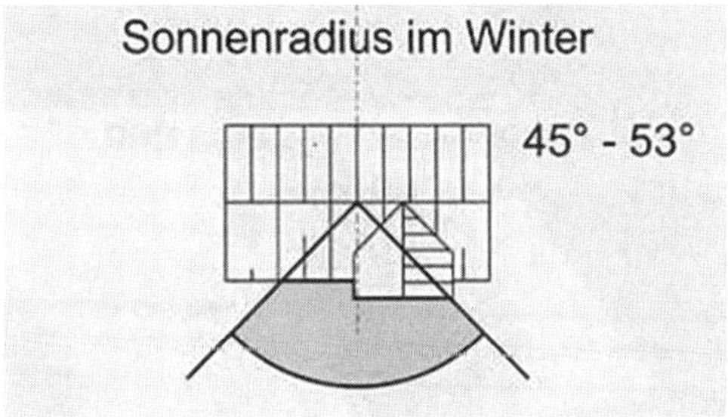

*Abb. 0.5.6 Einstrahlungswinkel der Sonne bei Azimutausrichtung Gebäude 180°
21.12. (WSW = kürzester Tag / längste Nacht)
für 48° – 50° – 52° – 54°N → 52,5° – 50° – 47,5° – 45° von NO bis S
für 48° 50° – 52° – 54°N → 52,5° – 50° – 47,5° – 45° von S bis NW*

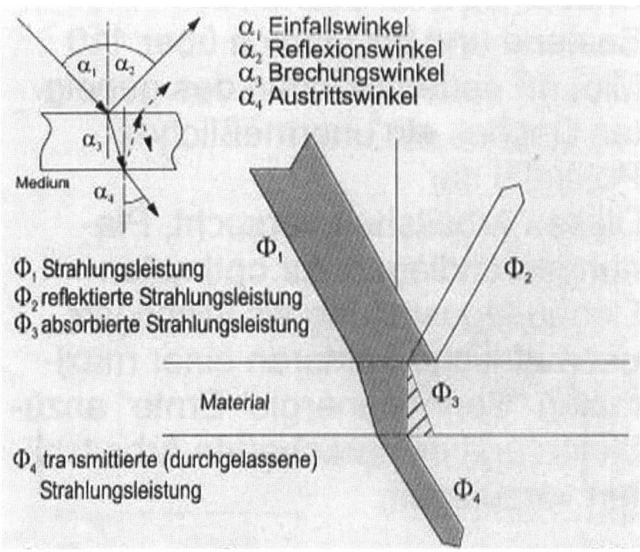

Abb. 0.5.7 Strahlungsfluss

Die Abbildung 0.5.8 verdeutlicht noch einmal den Zusammenhang der Strahlungsleistung an einem beliebigen Punkt in Bezug auf die geographische Breite und die ebene Fläche. Gleichzeitig beschreibt sie aber auch die Abweichungen bei sich änderndem Winkel der bestrahlten Fläche bzw. analog der Veränderung des Höhenwinkels der Sonne.

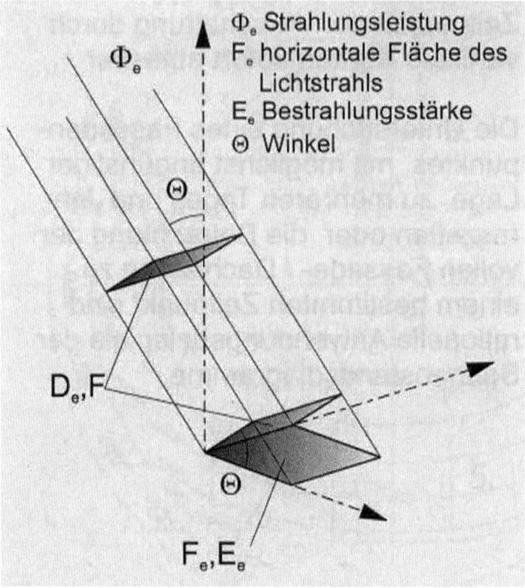

Abb. 0.5.8 Bestrahlungsstärke eines Lichtstrahls

Die Abbildung 0.5.9 beziffert die Auswirkungen für eine Energieernte solarer Bestrahlungsleistungen an einem Beispielvolumen mit einem Satteldach, 45° Dachneigung und mit südlicher Traufausrichtung der Fassade (Azimutwinkel 180°).

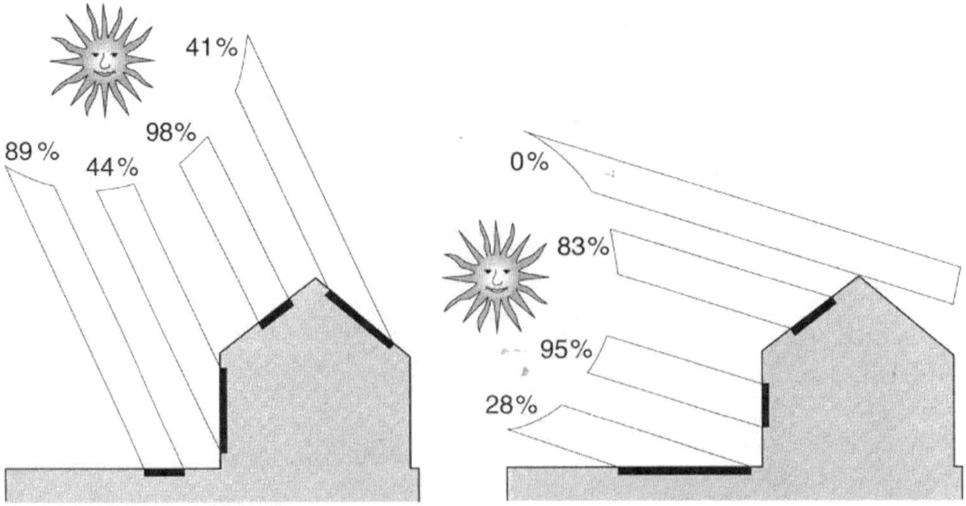

Abb. 0.5.9 Beispiele für 59,5° – 83° – 106,5° und 12:00 OZ , 52° NB

Bei Modulen der Photovoltaik (PV) oder Solarthermie (STH) mit Glasoberflächen, also spiegelnden Eigenschaften, kann es somit durch die Winkelveränderungen zu Minderungen des Wirkungsgrades (eta) durch Reflexionen bis zur Totalreflexion kommen. Die Reflexion bzw. die Gegengröße der Absorption kann als Kennwert eines Materials auch mit dem Begriff „Hellebezugswert" ausgedrückt werden.
Die Tafel 0.4 gibt zunächst die Auswirkung von anteiliger Reflexion bzw. Absorption wieder mit dem Grundtenor, dass helle Oberflächen durch stärkere Reflexion niedrigere Oberflächentemperaturen aufweisen als dunklere. Bei maximaler Strahlungsintensität tritt beispielsweise bei dem Bauteil Fenster mit der deckenden Farbbeschichtung im Farbton RAL 9010 (reinweiß) eine Temperatur von max. 42 °C auf.
Das gleiche Fenster im Farbton RAL 9005 (schwarz) würde bei Flügel und Blendrahmen auf bis zu 83 °C erwärmt, was letztlich eine Verdoppelung der Temperaturgrade bedeutet. Unterstellt man für diesen Fall, dass diese Fenster aus Holz gefertigt worden wären, so wären die Schlitz- Zapfenverbindungen der Rahmenecken in der Verleimungsgruppe B3 (Propellerleim) ausgeführt worden. Diese zulässige und bewährte Verleimung ist bis +75 °C zugelassen.

Tafel 0. 5.2 Oberflächentemperaturen für Beschichtungen

RAL – Farbton	Farbton	Temperatur °C	Farbwert
9010	reinweiß	40 – 50	hellgetönt
1004	gelb	40 – 50	
1015	hellelfenbein	40 – 50	
2002	blutorange	50 – 60	mittelgetönt
3000	feuerrot	50 – 60	
3003	rubinrot	65 – 80	dunkelgetönt
5007	brilliantblau	65 – 80	
5010	enzianblau	65 80	
6001	resedagrün	65 – 80	
7001	silbergrau	65 – 80	
7011	eisengrau	65 – 80	
7031	blaugrau	65 – 80	
8003	siena	65 – 80	
9005	schwarz	65 – 80	

Alleine die Farbwahl könnte also bereits zum Versagen führen. Randbedingungen, dass bei einem südorientierten Fenster bei großem Höhenwinkel durch einen nicht fassadenbündigen, sondern einen tieferen Einbau mit Anschlag der obere Rahmenbereich und der zugehörige Glasanteil verschattet wären, sind nur bedingt beruhigend. Der untere Rahmenteil, insbesondere der Flügel im Übergangsbereich zur Verglasung und Fensterbank, sind extrem belastet. Die zonenweise unterschiedliche Temperierung der Verglasungseinheit führt zu Spannungen, und der Randverbund bei Mehrscheibenverglasung mit der zweistufigen gasdichten Verklebung mittels Thiokol und Butyl wird beansprucht. Sollte die Fensterbank ein

Aluminiumelement sein, wäre dringend der unterschiedliche Dilatationsweg bei Kontraktion und Expansion mit zu bedenken, auch der Übergang zur Laibung, evtl. ausgeführt mit Putz. Zusätzlich ist die Problematik der Beanspruchung aus Bewitterung wie Schlagregen zu bedenken. Dieses fiktive Detail will hinweisen auf die instationären Bedingungen und die erforderliche sorgfältige Materialauswahl.

Die Tafel 0.5 bezieht sich auf ubiquitäre Materialien und deren Reflexionswerte sowie im Umkehrschluss mit deren Absorptionswerten. Die Differenz von 100 % zu den angegebenen Albedo-werten entspricht damit der Absorption.

Die o.a. angeführte Totalreflexion bei einer Glasabdeckung für ein PV-Modul ist hier direkt vergleichbar mit der letzten Zeile „Wasser, streifende Sonne" mit dann 100 %.

Tafel 0.5.3 Albedo (lat. Albus, „Helligkeit")

Material	**Albedo**
Neuschnee	75 – 95 %
Metalle, poliert	ca. 80 %
Wolken	60 – 90 %
Kleidung, hell	bis 80 %
Papier, weiß	65 – 75 %
Altschnee	60 -70 %
menschliche Haare, blond	50 – 65 %
menschliche Haut, hell	50 – 60 %
Kalkstein, hell	40 – 50 %
Erde insgesamt	34 – 42 %
Apfel, rotbackig	ca. 40 %
Sand, trocken	30 – 40 %
Herbstlaub	ca. 35 %
Getreide, reif	ca. 30 %
Wiesen, Gräser, Weinberg	20 – 30 %
Heide, Moor	15 – 30 %
landwirtschaftliche Flächen	15 – 25 %
menschliche Haut, dunkel	15 – 25 %
menschliche Haare, dunkel	15 – 25 %
Laubbäume im Sommer	15 – 25 %
Siedlungen	20 – 30 %
Laubbäume im Winter	8 – 12 %
Fichten	5 – 10 %
Asphaltstraße, schwarz	5 – 10 %
Mond	ca. 7 %

Material	Albedo
Wasser, tief	
– Sonnenhöhe 90 Grad	3 – 6 %
– 40 bis 50 Grad	7 – 10 %
– 20 Grad	20 – 25 %
– 5 Grad	ca. 80 %
– streifende Sonne	bis 100 %

0.5.3 Ekliptik / Deklination / Geometrie

Die Erde dreht sich einmal am Tag gegen den Uhrzeigersinn um sich selbst und im Laufe eines Jahres einmal um die Sonne. Da wir ein Teil des Systems sind, scheint sich die Sonne um uns zu drehen. Die Neigung Erdachse und die elliptische Erdkreisbahn um 23,5° (exakter 23,27°) sind der Grund für die sich ständig ändernden Einfallswinkel der Sonnenstrahlen. Den höchsten Punkt für die nördliche Halbkugel erreicht die Sonne am 21. Juni (23,5° nördliche Breite = nördlicher Wendekreis).

Am 21. März und 21. September steht die Sonne senkrecht über dem Äquator und fällt bis zum 21. Dezember auf den für die nördliche Halbkugel tiefsten Punkt (23,5° südlicher Breite = südlicher Wendekreis). Dies ist gleichzeitig für unsere Antipoden der höchste Punkt und damit Beginn des Sommers.

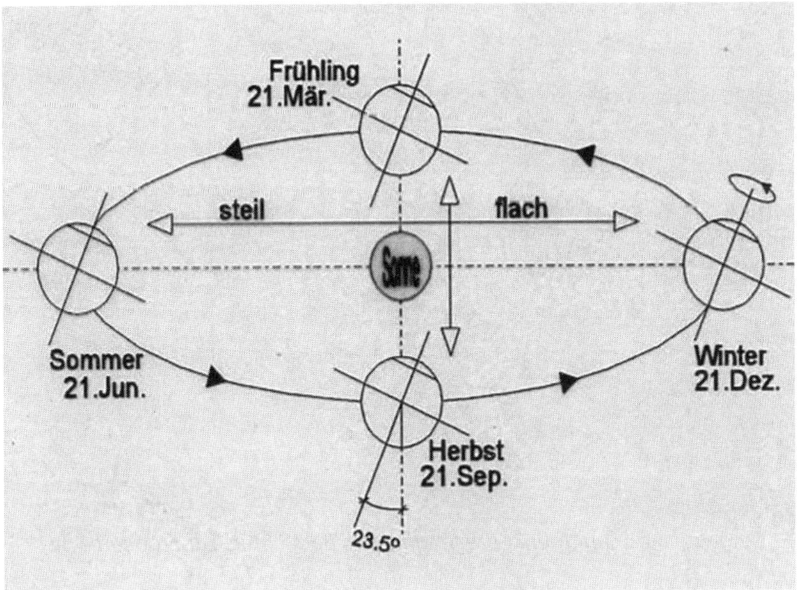

Abb. 0.5.10 Erdkreisbahn für ein Jahr

Die Extreme werden auf der nördlichen Halbkugel mit Sommersonnenwende (SSW), Tag- und Nachtgleiche (TNG – die Sonne geht an allen Orten um 06:00:00 Uhr (sunrise) auf und um 18:00:00 Uhr (sunset) Ortszeit unter) und Wintersonnenwende (WSW) bezeichnet.

Durch die Zusammenfassung von 15 Längengeraden zu einer Zeitzone, GMT = Greenwich mean time bzw. MEZ = Mitteleuropäische Zeitzone, ergeben sich für zwei Orte auf der gleichen geographischen Breite und für den gleichen Zeitpunkt innerhalb einer Zeitzone, aber mit weiter voneinander entfernten Längengeraden verschiedene exakte Azimutwinkel. Für die praktische Handhabung und unter Betrachtung des Jahresmittels ist dies vernachlässigbar. Für eine sehr spezifische Bauaufgabe kann aber eine genaue Berechnung bzw. Vermessung erforderlich sein.

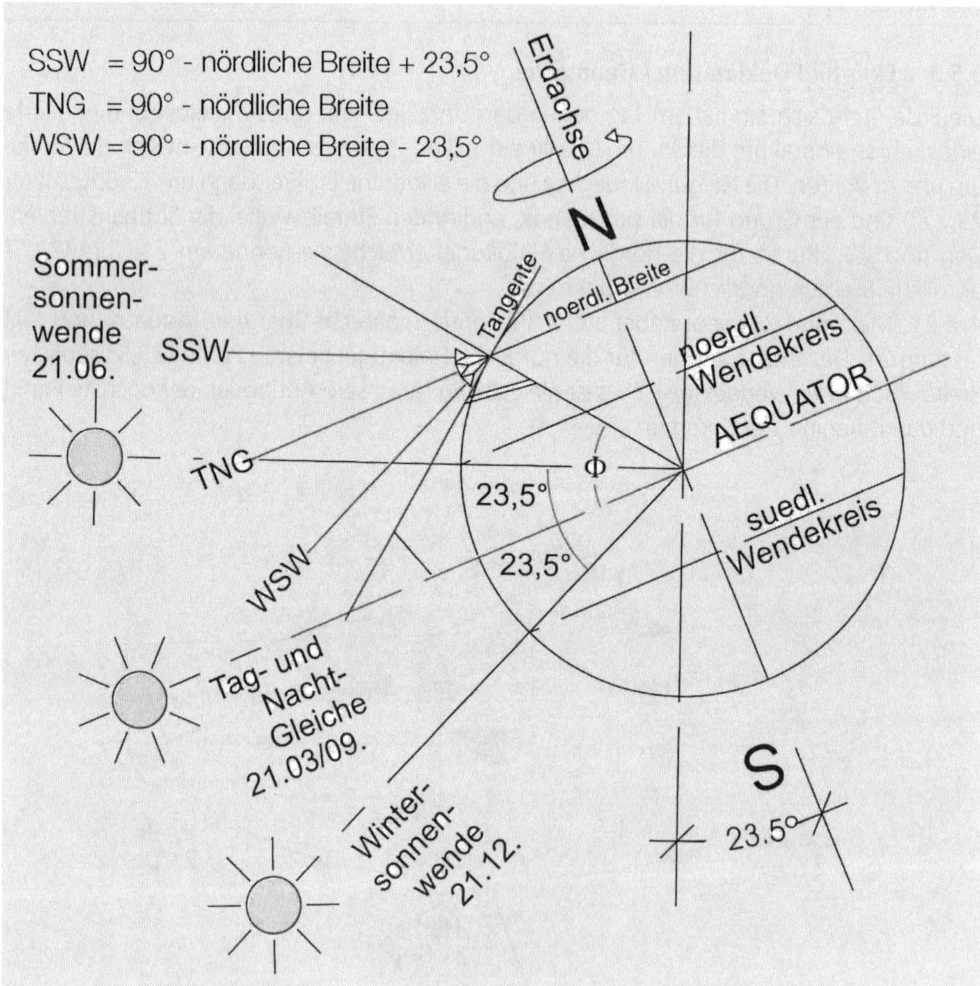

Abb. 0.5.11 Tangente am Schnittpunkt Breitengrad des Betrachters zur Erdoberfläche

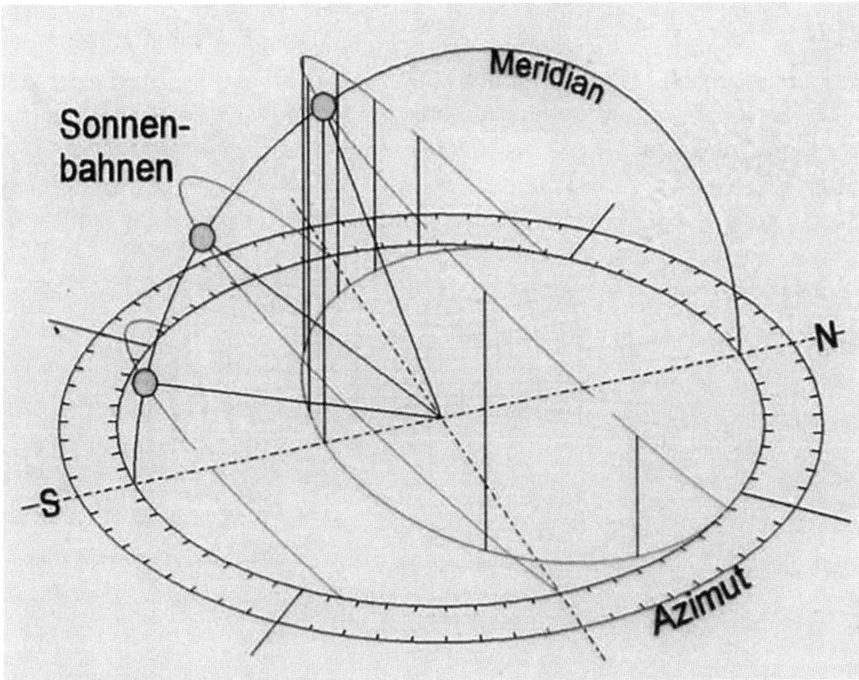

Abb. 0.5.12 Projektion der sphärischen Sonnenlauflinien auf die Planebene als Sonnenstandslinien

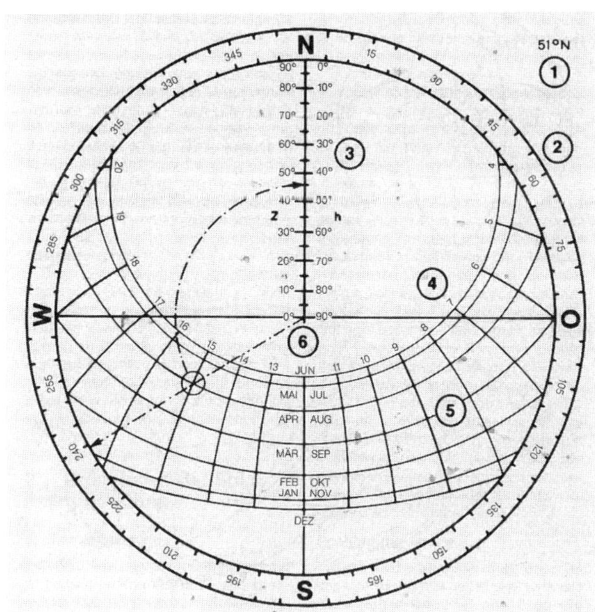

1. Geographische Breite = Geltungsbereich des Diagramms, hier 51 ° nördliche Breite
2. Skala der Azimutwinkel 0 bis 360 °
   0° = 360 ° Nord, 45° NO, 90° Ost, 135° SO,
   180° Süd, 225° SW, 270° West, 315° NW
3. Skala der Höhenwinkel der Sonne
   h = Höhenwinkel vom Horizont
   (terrestrische Messung)
   z = Höhenwinkel vom Zenit
   (nautische Vermessung)
4. Uhrzeit (Ortszeit = local time)
5. Projektionen der sphärischen Sonnenbahnen für die 12 Monate, jeweils für den 21. Tag des Monats (siehe Abb. 0.5.13)
6. Standort des Betrachters

Ablesebeispiel:

Am 21. April bzw. 21. August scheint die Sonne um 15: 00 Uhr an einem Ort 51° nördlicher Breite unter einem Azimutwinkel von 239° bei einem Höhenwinkel von h = 45°

Zirkelschlag von 6 mit Radius Schnittpunkt

Monat und Uhrzeit zur Höhenskala.

Monat und Uhrzeit interpolierbar.

Abb. 0.5.13 Beispiel eines Sonnenstanddiagramms, hier 51° nördliche Breite

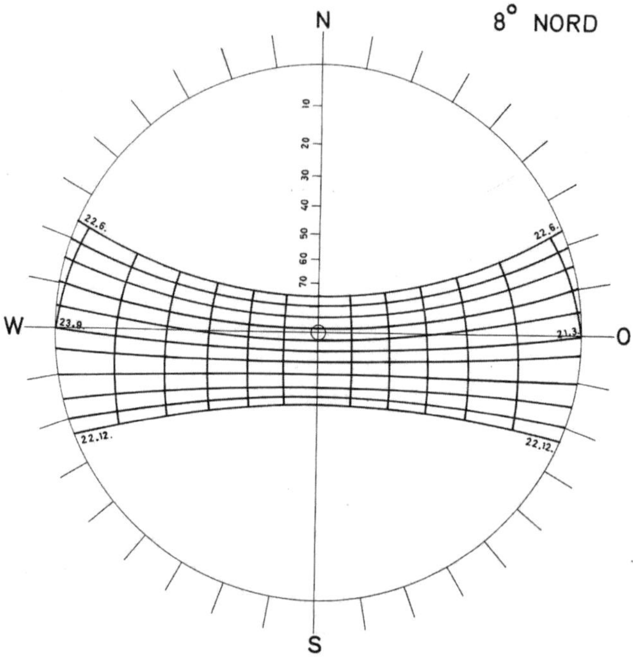

Abb. 0.5.14 Beispiel eines Sonnenstanddiagramms, hier 8° nördliche Breite

(in 0° am Äquator sind die Sonnenstandslinien spiegelgleich, die Sonne steht am 21.3. und 21.9. um 12:00 Uhr Ortszeit exakt im Zenit)

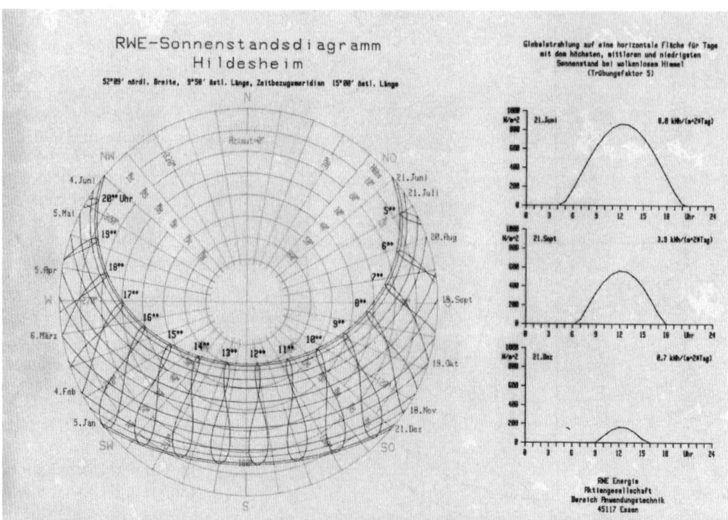

Abb. 0.5.15 Jährliche Sonnenbahnen für Standort 52° N, Zeitmeridian 15° O,
Globalstrahlung auf eine horizontale Fläche für den
21.06. (höchster Sonnenstand) 8,0 kwh / m² / Tag
21.03. bzw. 21. 09. (mittlerer Sonnenstand) 3,9 kwh / m² / Tag
21.12. (niedrigster Sonnenstand) 0,7 kwh / m² / Tag

Die Auswirkungen der solaren Bestrahlung auf Außenwände mit unterschiedlichem konstruktiven Aufbau verdeutlichen das Dilemma von geforderten U-Werten durch die EnEV (01.2016) und die davon abweichenden Überlegungen im Einzelfall des Unikates Bauwerk mit den spezifischen Gegebenheiten des Ortes (siehe auch Abb. 0.4.13) hinsichtlich der Berücksichtigung der Azimutausrichtung.

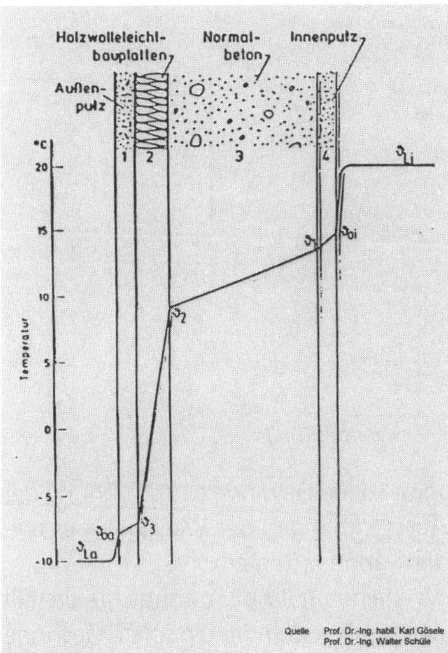

Abb. 0.5.16 Stationärer Temperaturverlauf im Beharrungszustand mehrschichtiger heterogener Wandaufbau

Ein Wandaufbau mit mehreren Schichten für ihre jeweiligen spezifischen Aufgaben wie in Abb. 0.5.16 unterteilt z.B. Außenputz für den Witterungsschutz, eine opake Dämmung für den Wärmeschutz, ein tragendes Substrat für die Standsicherheit und einen Innenputz für eine gleichmäßige Ansicht der geschlossenen Räume. Die eingebaute Dämmung ist jedoch nicht nur für den U-Wert im Sinne der Dämmeigenschaften innen – außen wirksam, sie dämmt auch im umgekehrten Sinn bei einem Temperaturgradienten außen – innen. Inwieweit das eingebaute Dämmmaterial den sd-Wert erhöht und damit auf der kalten Seite negative Auswirkungen haben könnte, sei an dieser Stelle nicht weiter verfolgt. Ein solarer Zugewinn kann dagegen nicht erwartet werden.

Im Gegensatz dazu wird in Abb. 0.5.17 eine monolithische Konstruktion aufgezeigt, wobei ein Innen- und Außenputz zu keiner gravierenden Änderung der energetischen Interpretation führen würde. Die angenommene nach Süden orientierte Außenwand hat einen verschlechterten U-Wert. Bezogen auf Heizgradtage und Jahreszeiten wird sie bei tiefen Außentemperaturen höhere Wärmeverluste von innen nach außen haben.

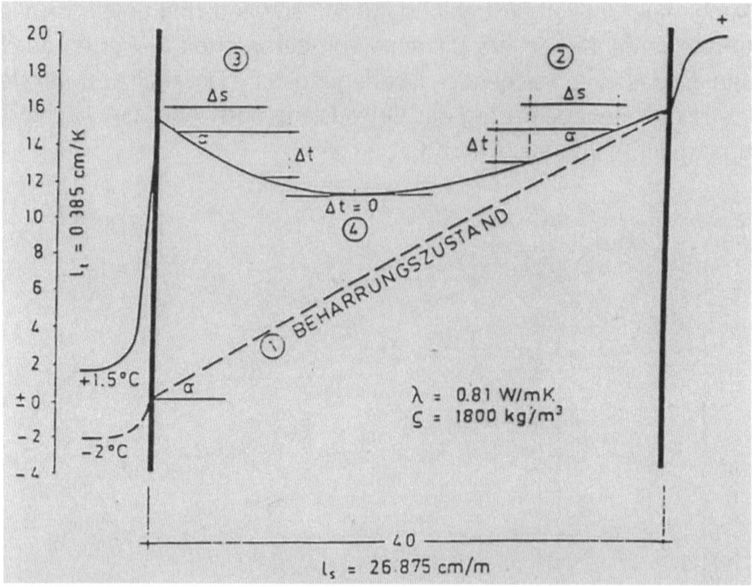

Abb. 0.5.17 Instationärer Temperaturverlauf monolithischer Wandaufbau

In der Jahresgesamtbetrachtung werden aber temporär solare Gewinne eine Erhöhung der Wandtemperatur zur Folge haben, die sowohl zu Austrocknungen des Wandgefüges beiträgt als auch den U-Wert gegenüber den definierten Laborwerten erhöht.
Würde eine solche Wand mittels Mauerziegeln bzw. -steinen mit hoher Rohdichte erstellt und mit einer transparenten Wärmedämmung (z.B. Aerogel) gedämmt, die solare Gewinne auf diesen Absorber abgeben kann, so wäre für eine Jahresbilanz das Ergebnis positiv.
Als Ergebnis kann festgestellt werden, das bei einer sorgfältigen Planung unter Berücksichtigung der ortsspezifischen Gegebenheiten und der solaren Orientierung ein unterschiedlicher Materialeinsatz sinnvoll sein kann. Für die Nordfassade sind keine direkten Strahlungsgewinne möglich, sondern nur indirekte, da auch in den Sommermonaten die Sonnenhöhen aus NO bzw. NW (siehe Abb. 0.5.6) unter 10° liegen und damit noch unwirksam sind.
Zusätzlich zur Beachtung der instationären Bedingungen sollten auch weiterführend für die solare Nutzung schon vorhandene, aber auch sich möglicherweise ändernde Situationen beachtet werden. Dies könnten sein die Nachbarbebauung, die sich aus einem B-Plan erkennbare weitere Bebauung, aber auch das Großgrün als Baumbestand oder als Neubepflanzung mit sich ändernden Größen. Eine Rotbuche als Schattenbaum erreicht 45 m Höhe und einen Kronendurchmesser von 20 bis 30 m. Eine Kastanie wird bis zu 30 m hoch mit runder breiter Krone, und ein Nussbaum erreicht als Solitär ebenfalls eine Höhe von 30 m. Zur Pflanzzeit sind Bäume relativ klein!

0.6 Feuchten

Der überwiegende Teil der Menschen lebt in unseren Breiten im Durchschnitt ca. 90 % seines Lebens in Innenräumen. Dies im Wesentlichen in Gebäuden, aber auch im Auto, in der Bahn, im Flugzeug. Dem Innenraum und seiner Qualität als Nutz- und Lebensraum kommt daher eine überaus große Bedeutung zu. Eine Übersicht über die durch das Bauen beeinflussbaren Parameter wird im Folgenden erläutert mit dem Schwerpunkt auf den untrennbaren Aspekten Temperatur und Feuchte.

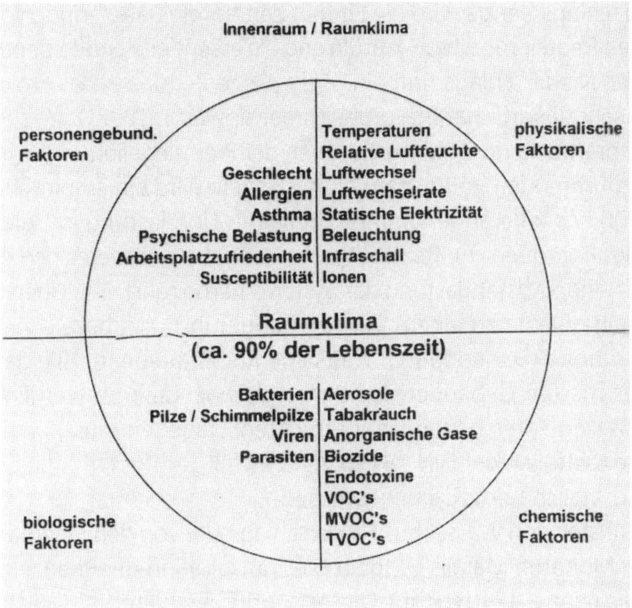

Abb. 0.6.1 *Faktoren des Innenraumklimas*

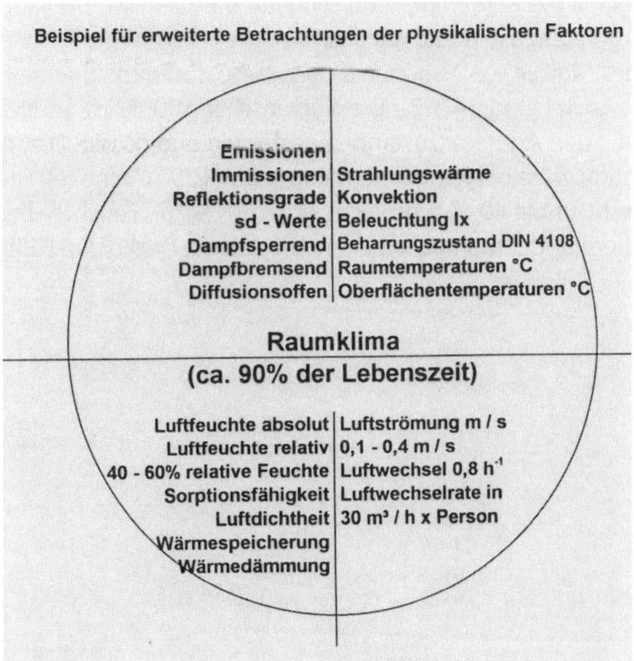

Abb. 0.6.2 *Erweiterte physikalische Faktoren des Innenraumklimas*

In unseren Breiten fallen jährlich ca. 980 mm Niederschlag, davon der größte Anteil in den Monaten Juli und August, also fast 1 m^3 Wasser pro 1 m^2 Fläche. Der Aggregatzustand flüssig wird im Weiteren als absolute Feuchte angewendet. Neben dem statistischen Mittel der jährlichen Niederschlagsmenge wird die Einheit Zeit für die Berechnung von Niederschlagswasser und dessen Regulierung bzw. Abführung als essentielle Größe benötigt. Würde man das Maximum des Niederschlags und eine sehr kurze Zeitdauer des Ereignisses zugrunde legen, wäre eine sehr unwirtschaftlich große Dimensionierung der Querschnitte erforderlich, die gleichzeitig störanfällig durch Inkrustationen der Freispiegelleitungen in Zeitabschnitten mit geringen abzuführenden Volumina wären. Deshalb wird ein empirischer Wert mit einer Belastung von 300 l / s x ha angenommen. Bei einer Überlastung hat dies zur Folge, dass bei Zuschlagen des Rohrquerschnitts das Wasser in den Schachtbereichen die Schachtdeckel anhebt und somit eine Selbstentlastung des Systems herbeiführt. Das Überschusswasser wird drucklos an der Oberfläche zu einem Vorfluter abgeführt und bezeichnet deshalb an der jeweiligen Schachthöhe die geodätisch wirksame Rückstauebene. Alle darunter liegenden nicht rückstaugesicherten Gebäudeteile können deshalb geflutet werden.
Der o.a. Fall ist als singulärer Zustand zu betrachten. Dagegen muss, unabhängig von den unterschiedlichen Lastfällen der DIN 18195, der Lastfall „erdfeucht" für jedes Gebäude mit Erdkontakt grundsätzlich berücksichtigt werden.
Neben dem Verdunsten von Wasser aus Niederschlag oder von den Oberflächen von Gewässern spielt in den Monaten Mai bis Oktober die Transpiration der Pflanzen eine große Rolle im Hinblick auf die relative Luftfeuchte. Dieser Begriff beinhaltet das Wechselverhältnis von Wasser im Aggregatzustand gasförmig, dem Wasserdampf und der Temperatur der Luft. Je niedriger die Lufttemperatur, desto weniger Wasserdampf kann die Luft aufnehmen. Bei Sättigung, 100 % Wasserdampf, unterschreitet das Gemisch die Taupunktgrenze und Wasser fällt im Aggregatzustand flüssig aus.
Die Abb. 0.6.3 des Mollier-h,x-Diagramms zeigt diese Zusammenhänge (siehe auch Kapitel 14, Abschnitt 14.1.1 und 14.1.2). Die Kurvenschar 100 % ist als Nebelisotherme die Trennung zwischen den Aggregatzuständen gasförmig und flüssig. Die für den Menschen günstigste Kondition wäre bei Rauminnentemperatur +20 °C eine rel. Feuchte von 56 %, als Bandbreite nicht unter 40 % und nicht über 60 % rel. Feuchte, begleitet von einer Oberflächentemperatur der raumabschließenden Wände, Decke und Fußboden von 17 °C.

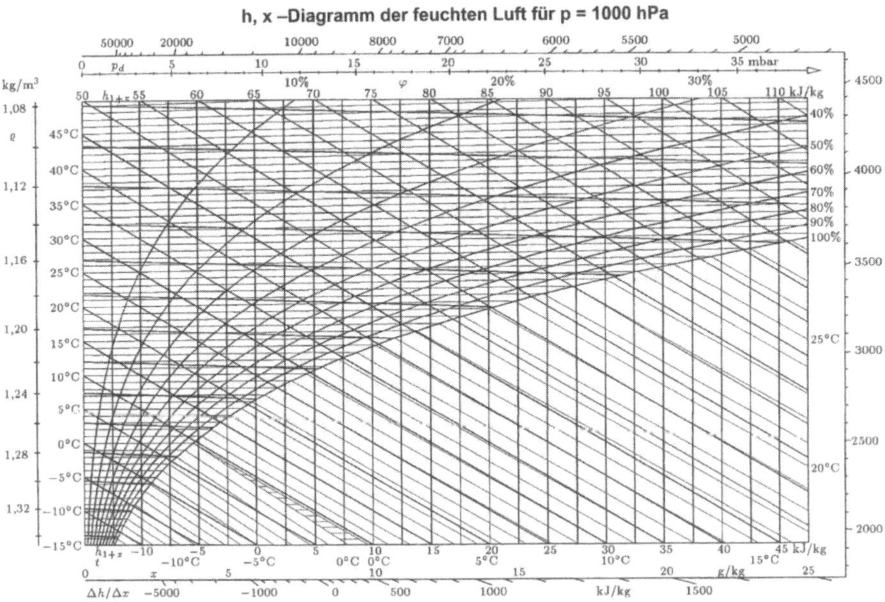

Abb. 0.6.3 Mollier-h, x-Diagramm für Temperatur in °C, relative Feuchte und absolute Feuchte

Bei der Betrachtung der angestrebten Innenraumkonditionen für Temperatur und relative Feuchte, die für den Menschen sowohl den Schutz des pulmonalen Bereichs – kein Austrocknen der Schleimhautbereiche Nase und Rachen mit dem sonst durchlässigen Zustand z.B. für Stäube und Feinststäube – als auch unterhalb der erforderlichen Feuchte für das Wachstum von Schimmelpilzen, ist erkennbar, dass „trockene" Baustoffe dennoch unterschiedliche Ausgleichsfeuchten annehmen, die materialspezifischen Feuchten. Holz z.B. enthält bezogen auf das Darrgewicht bei 55 % rel. Feuchte ca. 10 % Wasser, Stahl hingegen korrodiert bereits ab ca. 70 % relativer Feuchte.

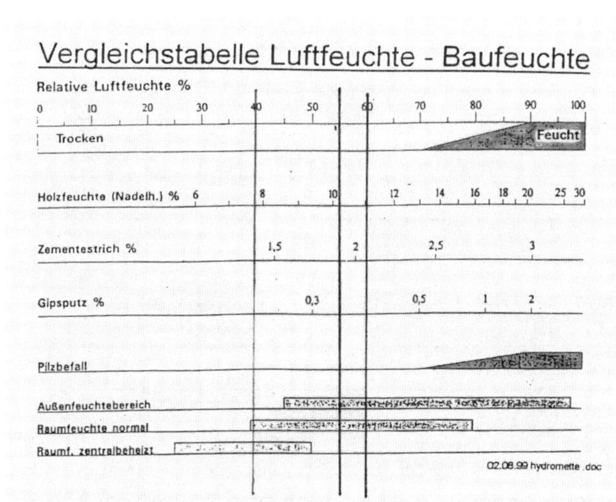

Abb. 0.6.4 Vergleichstabelle relative Luftfeuchte – Baufeuchte

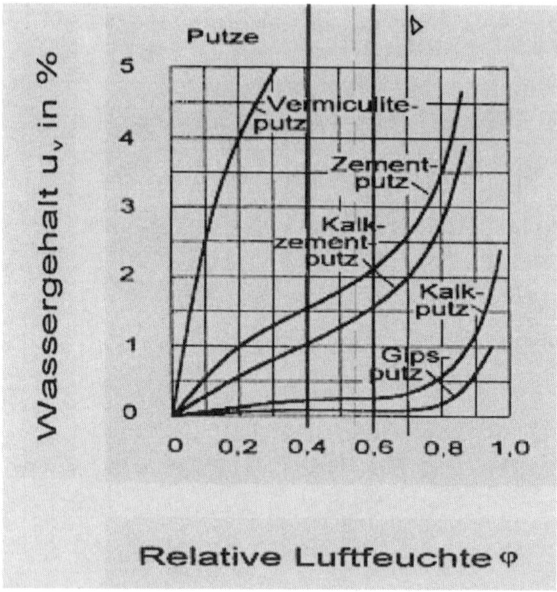

Abb. 0.6.5 Vergleichstabelle relative Luftfeuchte zu Ausgleichsfeuchten von Putzen

Tafel 0.3 ausgleichsfeuchten in Gewichtsprozenten

Baustoff	20 °C / 50 % rel. F.	20 °C / 65 % rel. F.	20 °C / 90 % rel. F.
Zementestrich (verdichtet) rel. trocken eingebracht	1,5	1,7 – 1,8	3.1
rel. nass eingebracht	2,0	2,4 – 2,6	3,8
Zementmörtel	1,5	1,7 – 1,8	3,2
Kalkmörtel	1,6	1,8 – 1,9	3,4
Gipsputz, Gipsplatten	0,5	0,6 – 0,7	1,0
Gipsestrich	0,6	0,8 – 0,9	1,3
Holzzementestrich	7,0	8,3 – 8,7	13,0
Steinholz	11,0	13,5 – 14,5	16,7
Porenbeton	8,5	11,0 – 12,0	18,0
Elastizell-Estrich	1,6	1,8 – 2,2	2,8
Anhydrit-Estrich	0,5	0,6 – 0,7	0,9
Beton (250 kg Zement / m³)	1,4	1,6 – 1,7	3,0
Beton (350 kg Zement / m³)	1,6	1,8 – 2,0	3,4
Beton (500 kg Zement / m³)	1,8	2,0 – 2,2	3,8

Für die Lebensbedingungen einzelner Spezies gibt es signifikant unterschiedliche Raumkonditionen. Diese ändern sich, es kann nicht oft genug wiederholt werden, bei permanent instationären Zuständen im Wechselverhältnis von Temperatur und relativer Luftfeuchte unter Berücksichtigung der Referenzwerte des instationären Außenklimas. Die Abb. 0.6.6 gibt Hinweise darauf, dass z.B. Bakterien sowohl bei sehr trockenen als auch feuchten Bedingungen überlebensfähig sind, nicht jedoch in dem anzustrebenden Bereich von 40 % bis 60 % rel. Feuchte. Schimmelpilze benötigen dagegen eine rel. Feuchte von mindestens 70 %, bei trockenen Bedingungen sind sie nicht lebensfähig, obwohl in der Luft (innen und außen) ubiquitär vorhanden. Ein Kubikmeter Luft enthält ca. 5.000 Keime, insbesondere an exponierten Orten deutlich mehr, z.B. Kompostanlagen bis zu 100.000/m³.

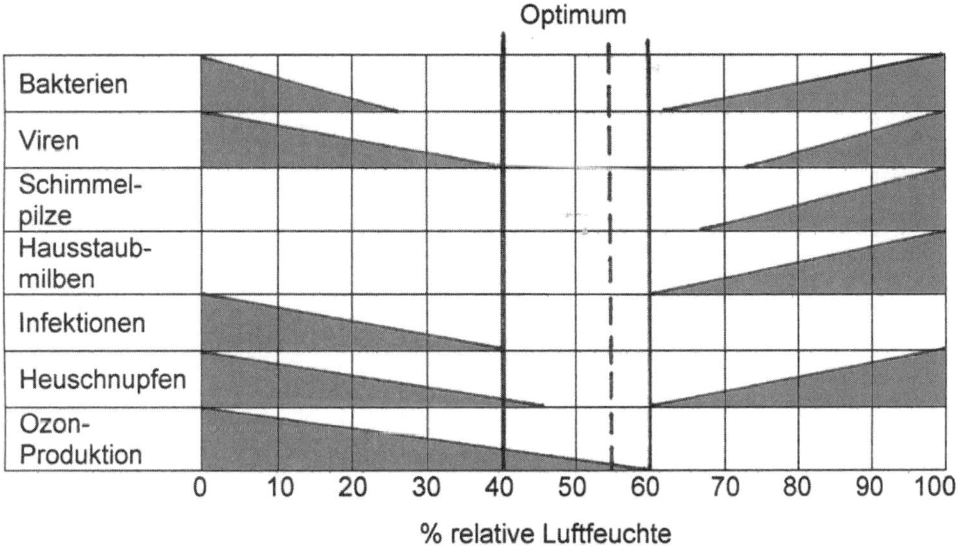

Abb. 0.6.6 Feuchtebedingte Wachstumsbedingungen einzelner Spezies

Die drei folgenden Abbildungen 0.6.7, 0.6.8 und 0.6.9 spiegeln die Daten eines Fallbeispiels wieder, welches aufgrund von gesundheitlichen Auffälligkeiten der Bewohner bearbeitet wurde. Es soll dargestellt werden, dass grundsätzlich zur Datenerhebung der relevanten Innenräume die parallele Erhebung des Referenzklimas außen erforderlich ist (siehe Kapitel 14). Die Abbildung 0.6.7 stellt die Monatsaufzeichnung dar mit den sehr deutlichen Graphen: hohe Feuchte und niedrige Temperatur und umgekehrt. Darüber hinaus lassen sich diese Konditionen mittels des h,x-Diagramms interpretieren und Aussagen über die absolute Feuchte treffen.

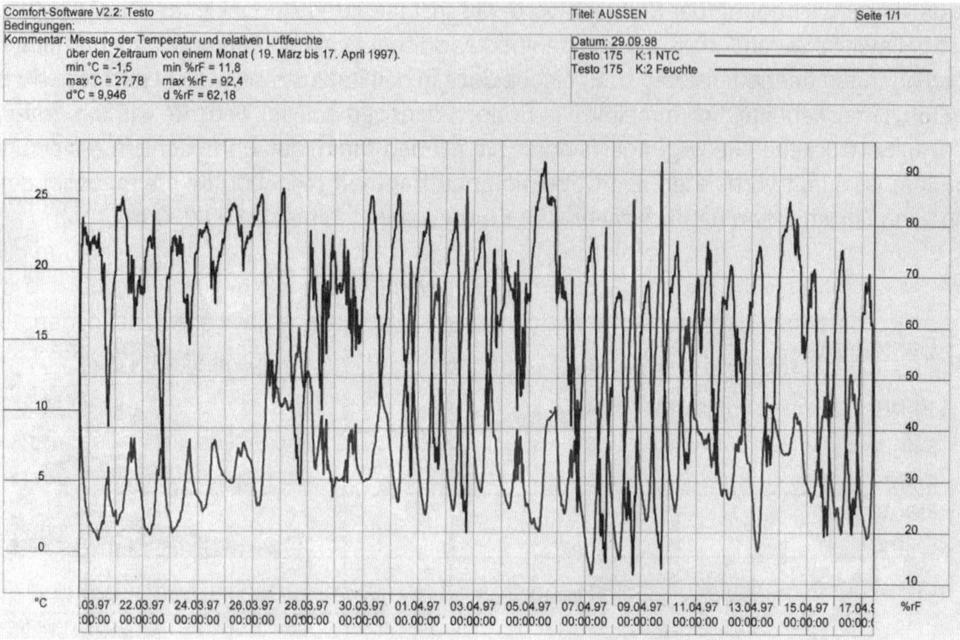

Abb. 0.6.7 Aufzeichnung Temperatur und rel. Feuchte als Referenzwert Außen, 1 Monat

Als Teilausschnitt zur obigen Abbildung ist die Aufzeichnung einer Woche, vom 1. bis 7. April, in der Abbildung 0.6.8 für das Außenklima angeführt.

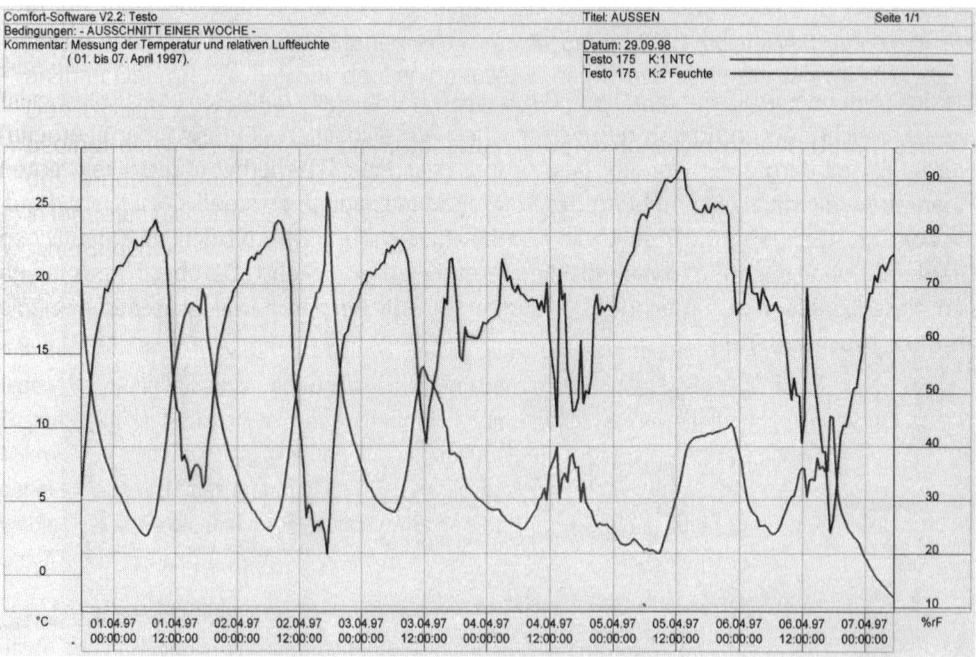

Abb. 0.6.8 Aufzeichnung Temperatur und rel. Feuchte als Referenzwert Außen, 1 Woche

Um die lufthygienischen Bedingungen eines Raumes zu gewährleisten, geht man von einer Luftwechselrate von $\beta = 0{,}5$ aus, also einem Austausch von 50 % des Raumluftvolumens gegen Außenluft pro Stunde. Die Norm ging früher von dem Begriff Frischluft aus, heute wird die Bezeichnung Zuluft gewählt!
Die effizienteste Lüftungsleistung bei Fensterlüftung bzw. unkontrollierter Lüftung ist die Querlüftung. Die energetisch unsinnigste Lüftung ist der Luftaustausch durch Fenster in der Kippstellung eines Dreh-Kipp-Fensters.
Die Abbildung 0.6.9 dokumentiert die Konditionen der Innenraumluft mit dem Nutzerverhalten.

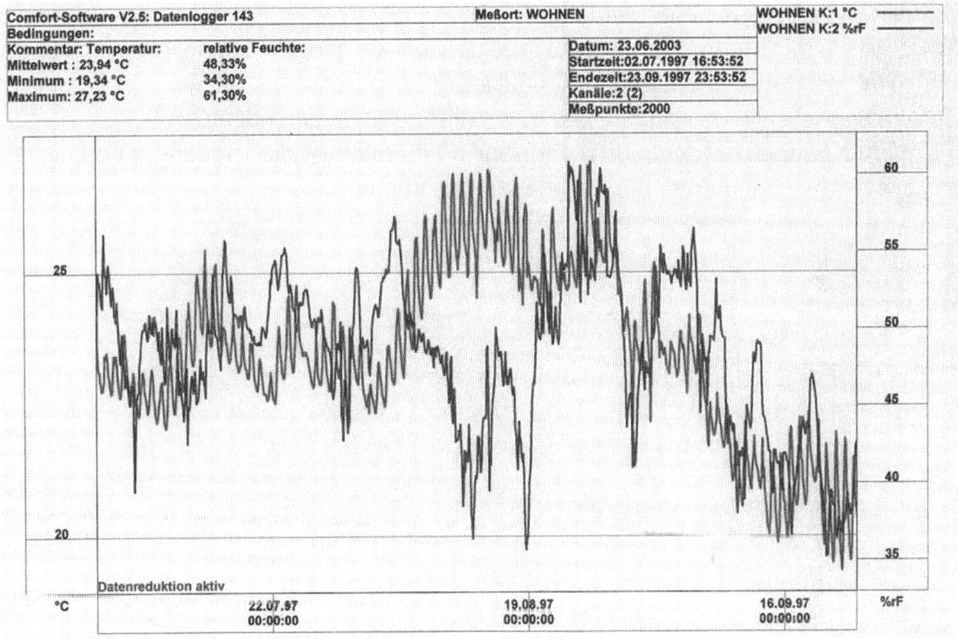

Abb. 0.6.9 Aufzeichnung Temperatur und rel. Feuchte Wohnbereich, 1 Monat

Laborwerte geben Messwerte unter festgelegten stationären Bedingungen zum Zweck der Reproduzierbarkeit wieder und erlauben unter eben diesen Bedingungen verlässliche Aussagen. Das Bauen und die Nutzung eines Bauwerkes finden im gesamten Lebenszyklus instationär statt.

0.7 Fragen zum Kapitel 0

1. Welcher Stoff wurde im Oligozän gebildet und wofür wird er heute als Baustoff verwendet?
2. Welche Stärke hat die Erdkruste und damit die Lithosphäre?
3. Welchen Temperaturgradienten kennen Sie für die Lithosphäre?
4. Was verstehen Sie unter der Plattentektonik?
5. Etwa seit wann ist die Zusammensetzung der heutigen Atmosphäre stabil?
6. In welchem Abschnitt der Atmosphäre spielt sich das gesamte Wettergeschehen ab?

7. Welchen Temperaturgradienten kennen Sie für die Atmosphäre?
8. Welche Wolkenstockwerke kennen Sie?
9. Weshalb ist die Bodenschicht für das Bauen von besonderer Bedeutung?
10. In welcher Richtung dreht sich ein Zyklon auf der Nordhalbkugel?
11. Was ist ein Antizyklon?
12. Was verstehen Sie unter Isobaren?
13. Welches Druckgefälle ist bei dichtliegenden Isobaren zu erwarten?
14. Was verstehen Sie unter der Standardatmosphäre?
15. Wie entwickelt sich der Luftdruck mit zunehmender Höhe bis zur Tropopause?
16. Was verstehen Sie unter dem Begriff Klima?
17. Was verstehen Sie unter dem Begriff Witterung?
18. In welcher Richtung dreht sich die Erde und warum geht die Sonne im Osten auf und im Westen unter (Morgenland/Abendland)?
19. Welche Wellenlängen sind für das menschliche Auge von Bedeutung?
20. Warum hängen bei der Beurteilung von Luftkonditionen die Temperatur und die relative Luftfeuchte untrennbar miteinander zusammen?

1 Bausteine

Im Kapitel Bausteine werden behandelt
- Naturstein im Bauwesen (Abschn. 1.1)
- keramische Baustoffe (Abschn. 1.2)
- mineralisch gebundene Baustoffe (Abschn. 1.3).

Naturstein findet in unbearbeiteter und in bearbeiteter Form Anwendung im Bauwesen. Zu den keramischen Baustoffen gehören die verschiedenen Ziegelarten (Mauerziegel und -klinker, Dach- und Deckenziegel und Klinker für Straßen- und Wasserbau), Steinzeugrohre und Sanitärkeramik. Mineralisch gebundene Baustoffe sind Kalksand- und Hüttensteine, Betonsteine und -rohre, Porenbeton und Faserzement.

1.1 Naturstein im Bauwesen

Naturstein besitzt im Bauwesen vielfältige Anwendungsgebiete. Bearbeitet (siehe Abschn. 1.1.6) wird Naturstein als Naturwerkstein auf verschiedene Art und Weise verwendet: Massiv- und Verblendmauerwerk (siehe Abschn. 1.1.7b), Fassadenbekleidungen (siehe Abschn. 1.1.7c), Bodenbeläge (siehe Abschn. 1.1.7d), Fensterbänke, Treppenstufen, Dachdeckung etc. sowie im Wasserbau als Ufer- und Küstenbefestigung und im Wegebau als Pflaster- und Bordsteine. Am häufigsten werden dabei Granite, Sandsteine und Kalksteine, auch in Form von Kalktuff und Travertin, verwendet, daneben von den Magmatiten Basalt und Basalttuff, Gabbro, Diorit und Trachyt, von den Sedimentgesteinen Dolomit und Tonschiefer und von den Metamorphiten echter Marmor und Serpentinit. In Deutschland gibt es etwa 60 Granit- und 120 Sandstein-Steinbrüche.

Unbearbeitet findet Naturstein in noch größerem Maße Anwendung: Gesteinskörnungen für Mörtel und Beton; Frostschutzmaterial im Straßenbau, Schotter, Splitt, Brechsand, Kies und Sand für Beton- und Asphaltstraßen; Gleisbettungsstoffe für Bahnanlagen. Naturstein ist auch Ausgangsmaterial für die Herstellung anderer Baustoffe: Schmelzen und Verspinnen zu Steinwolle; Brennen von Kalkstein, Kalkmergel und Gipsstein zu Baukalk, Zement und Baugips; Brennen von Ton zu Ziegeln und anderen keramischen Baustoffen. Beschreibungen der einzelnen Gesteinsarten siehe Abschn. 1.1.4.

1.1.1 Stofflicher Aufbau der Erde

Ein Gestein ist ein natürlich entstandenes Gemenge von Mineralen. Minerale sind stofflich einheitliche, kleinste Teile der Gesteine und in der Regel kristallin.
Es gibt Gesteine, die nur aus einer einzigen Mineralart (z.B. Kalkstein, Gipsstein) bestehen. Die meisten Gesteine sind aus mehreren verschiedenen Mineralen zusammengesetzt.

Es gibt sehr viele Minerale (etwa 2.600), aber nur ein verhältnismäßig kleiner Teil von ihnen bildet Gesteine (siehe Abschn. 1.1.2). Ein Mineral ist eine anorganische chemische Verbindung aus mehreren Elementen in Form eines Kristalls. Einige Minerale, wie z.B. das Gipsmineral, enthalten chemisch gebundenes, nicht flüssiges Wasser, sog. Kristallwasser. In einem Kristall sind die Bausteine (Atome, Ionen, Moleküle) regelmäßig angeordnet und haben bestimmte feste Abstände voneinander. Beispiel: Im Kochsalz (NaCl) sitzen positive Na^+-Ionen und negative Cl^--Ionen an den Ecken eines Würfels (Kantenlänge = 0,28 nm)[1] und bilden ein räumliches Gitternetz.

Können sich Minerale ungehindert entwickeln, z.B. in Gesteinsspalten oder Drusen, bilden sie von ebenen Flächen begrenzte, regelmäßig geformte Kristalle (Bergkristall, Amethyst, Calcit usw.). Die Winkel zwischen zwei gleichen Flächen (Kantenwinkel) an Kristallen desselben Minerals sind stets gleich (Gesetz von der Winkelkonstanz; Nikolaus Steno, 1638 bis 1686). Beim Erstarren des Magmas, einer heißflüssigen Schmelze, bilden sich unregelmäßig geformte Kristallkörner (Kristallite), wie man sie z.B. im Granit mit bloßem Auge gut erkennen kann (rötlicher Feldspat, heller Quarz und dunkler Glimmer). Auf frischen Bruchflächen eines Gesteins erkennt man ebene, glitzernde Spaltflächen (z.B. Glimmer und Feldspat im Granit).

Tafel 1.1 Kristallsysteme

Name	Kristallachsen		Name	Kristallachsen	
kubisch	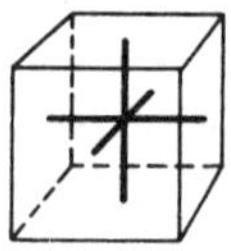	3 aufeinander senkrecht stehende, gleich lange Achsen	rhombisch	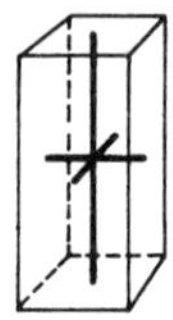	3 aufeinander senkrecht stehende, verschieden lange Achsen
tetragonal	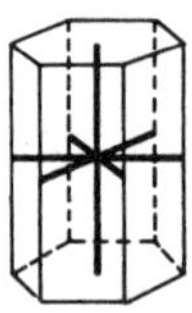	3 aufeinander senkrecht stehende Achsen. Die senkrecht stehende hat eine andere Länge als die beiden gleich langen anderen.	monoklin	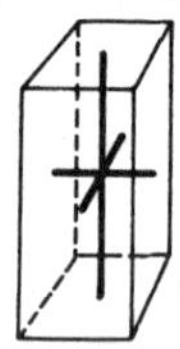	3 verschieden lange Achsen; 2 davon bilden keinen rechten Winkel, die 3. steht auf der durch sie beschriebenen Ebene senkrecht.
hexagonal trigonal	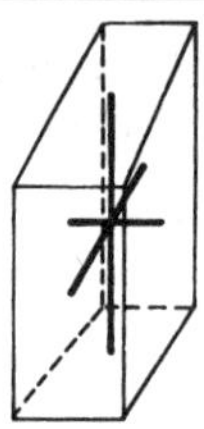	3 gleich lange Achsen in einer Ebene, Winkel untereinander 120° (bzw. 60°), eine 4. Achse senkrecht dazu	triklin		3 verschieden lange, in verschiedenen Winkeln aufeinander stehende Achsen

1 nm = Nanometer = 10^{-9} m.

Tafel 1.2 Beispiele einer Verwitterung von Granit

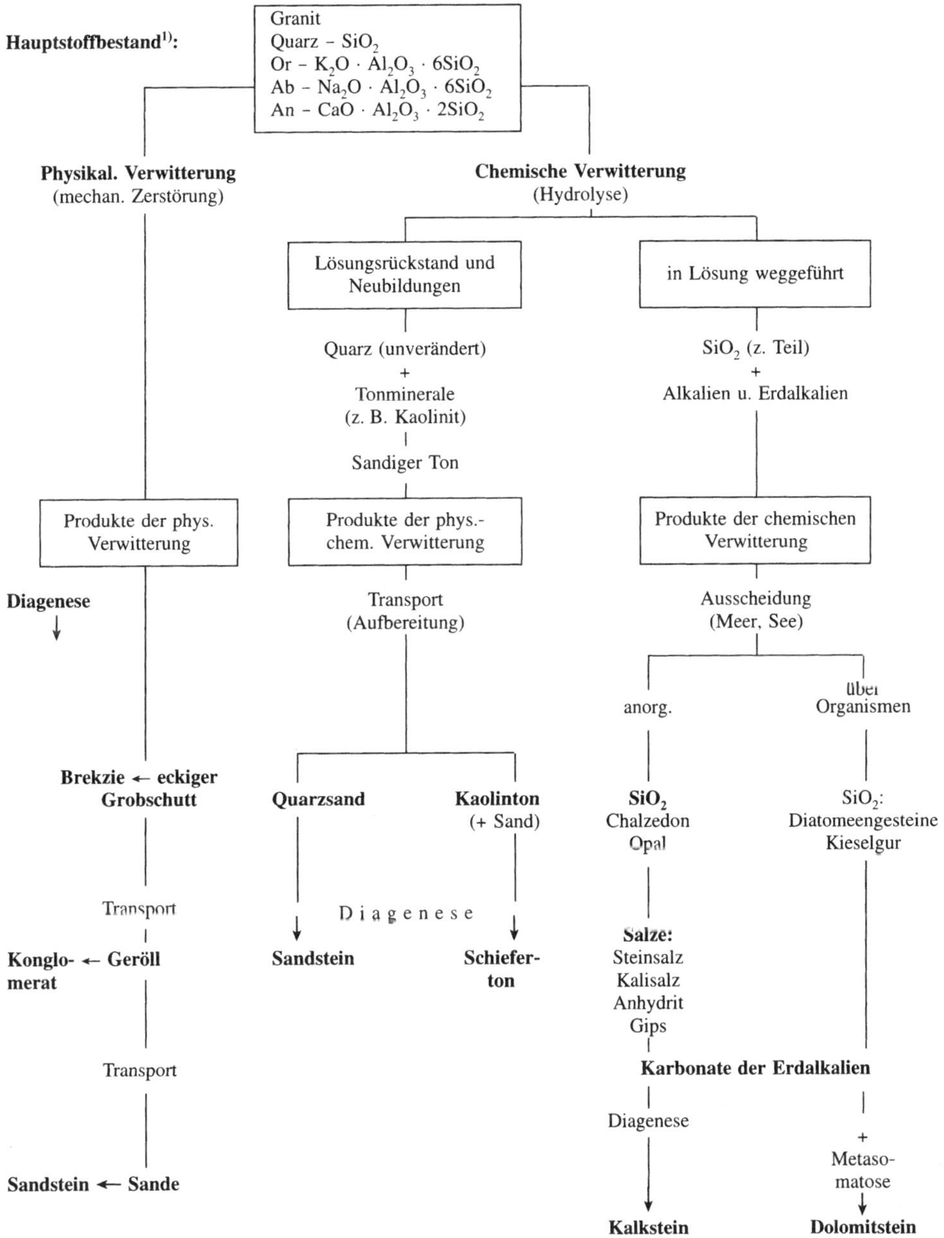

[1] Or = Orthoklas Ab = Albit An = Anorthtit

Insgesamt ergeben sich darunter 32 Kristallklassen.

Die beiden wichtigsten physikalischen Eigenschaften eines Minerals sind seine Härte und seine Spaltbarkeit. Zum Beurteilen der Härte dient die Mohs'sche Härteskala, die auf zehn Mineralen mit steigender Härte aufgebaut ist. Jedes dieser Minerale ritzt das nächst weichere und wird vom nächst härteren geritzt (Ritzhärte). Die Härtegrade sind nicht gleichmäßig abgestuft; am größten ist der Härteunterschied zwischen 9 (Korund) und 10 (Diamant).

Tafel 1.3 Härteskala nach Mohs mit Härtevergleichsangaben

Mohs'sche Ritzhärte	Mineral	Fingernagel	Kupfermünze	(Fenster-) Glas	Messer (Stahl)	*Vickers*-Härte in N/mm² (gerundet)	relative*) Schleifhärte nach *Rosival*
1	Talk	ritzt				20	0,03
2	Gips		ritzt		ritzt leicht	300	1
3	Kalkspat			ritzt		1 700	3,75
4	Flußspat					2 430	4,17
5	Apatit				ritzt schwer	5 980	5,42
6	Feldspat	ritzt nicht				9 120	31
7	Quarz		ritzt nicht			10 980	100
8	Topas			ritzt nicht		12 260	146
9	Korund				ritzt nicht	20 590	833
10	Diamant					98 070	117 000

*) Auf Quarz = 100 bezogen.

Die Spaltbarkeit eines Minerals ist von der Molekularkraft (Kohäsion) abhängig. Es gibt schwer spaltbare und leicht spaltbare Minerale; manche lassen sich nach einer Richtung, andere nach mehreren Richtungen spalten, d.h., ohne große Kraft zerkleinern. Sehr gut spaltbar sind z.B. Glimmer und Kalkspat.

Chemische Zusammensetzung der Erdkruste: Nur 8 Elemente bilden 98,5 Gew.-% der erforschten Teile der Erdkruste (siehe Abb. 1.1). An der Spitze steht der (stets chemisch gebundene) Sauerstoff (O) mit 46,6 %; dann folgen Silicium (Si) mit 27,7 %, Aluminium (Al) mit 8,1 %, Eisen (Fe) mit 5,0 %, Calcium (Ca) mit 3,6 %, Natrium (Na) mit 2,8 %, Kalium mit 2,6 % und Magnesium mit 2,1 %. Im Rest sind der (stets chemisch gebundene) Wasserstoff (H) mit 0,14 % und Kohlenstoff (C) mit 0,03 % enthalten.

Mineralische Zusammensetzung der Erdkruste: 91,5 % Silicate; 3,5 % Eisenerze; 1,5 % Calcit; 0,1 % Dolomit und Magnesit. Alle übrigen Minerale bilden den Rest von ca. 3,4 %. Zur großen Gruppe der Silicate gehören u.a. die Feldspäte (58 %), die Ca-Mg-Fe-Silicate wie z.B. Augit und Hornblende (16,5 %), der Quarz (12,5 %), Glimmer (3,5 %) und die Tonmineralien (1,0 %).

Die Silicate sind allesamt aufgebaut aus $(SiO_4)^{4-}$-Tetraedern (4fach negativ geladene Anionen) und anderen, meist positiv geladenen Ionen, wie z.B. K^+, Na^+, Ca^{2+}, Mg^{2+}, Fe^{2+}, Fe^{3+}, Al^{3+}, OH^-, F^-. Die SO_4-Tetraeder enthalten im Inneren ein Si-Atom und an den vier Ecken je ein O-Atom, an denen sie miteinander verbunden sind. Im Kristall treten sie entweder einzeln auf (Inseln) oder bilden unterschiedlich große Gruppen, Ringe, Ketten bzw. Bänder, Schichten bzw. Blätter oder Gerüste, die durch die dazwischen gelagerten positiven Ionen K^+, Na^+, Ca^{2+} usw. zusammengehalten werden. Im Quarz bilden die Tetraeder ein besonders fest zusammenhängendes Gerüst (Gerüstsilikat), was der Grund für seine Härte und Witterungsbeständigkeit ist.

Erze sind Mineralgemenge, in denen Metalle (Fe; NE-Metalle; Edelmetalle) rein (= gediegen) oder in Form von Erzmineralien (metallhaltige Mineralien) in so großem Prozentsatz enthalten sind, dass sie durch Verhüttung daraus gewonnen werden können. Die übrigen im Gemenge enthaltenen Mineralien, z.B. Kalk oder Silicate, bezeichnet man als Gangart des Erzes.

1.1.2 Die wichtigsten gesteinsbildenden Minerale

Quarz (Siliciumdioxid SiO_2) ist ein sehr häufiges und für das Bauwesen bedeutendes Mineral. Es tritt z.B. in den Sanden als wichtigster Gemengeteil auf und ist farblos; durch Spuren von Schwermetallen kann es auch verschieden gefärbt sein (weißlich, rot, braun, schwarz usw.). Quarz ist sehr säurefest und durchlässig für ultraviolette Strahlen (Verwendung des aus ihm erschmolzenen Glases in Quarzlampen). Er ist sehr hart und witterungsbeständig, ferner grundsätzlich spröde, von muscheligem Bruch ohne ebene Spaltflächen. Er ist der wichtigste Rohstoff für die allgemeine Glasherstellung.

Feldspäte (Al-Gerüstsilicate mit K-, Na- und Ca-Ionen) sind gut in drei Richtungen spaltbar, sehr hart, jedoch verhältnismäßig wenig wetterfest. Man unterscheidet Kalifeldspat (Orthoklas) und Kalknatronfeldspäte (Plagioklase mit unterschiedlichen Gehalten an Natrium und Calcium; z.B. Albit: nur mit Na, Anorthit: nur mit Ca; Labradorit mit 40 % Na und 60 % Ca). Die Farbe ist sehr verschieden, oft schmutzig gelb, rötlich oder weiß.

Augit und Hornblende (Ketten- bzw. Bändersilicate mit Ca-, Mg- und Fe-Ionen, auch Al) sind sehr hart, spröde, wetterfest und gut spaltbar, gewöhnlich dunkelgrün bis braunschwarz. Eine weiße, biegsame und faserig verwitterte Hornblende ist der Asbest. Er ist feuerfest und wärmedämmend.

Olivin (Inselsilicat mit Mg- und Fe-Ionen) ist durchscheinend grün, gut spaltbar, sehr hart, jedoch nicht wetterfest. Durch Verwitterung entsteht daraus Serpentin.

Muskovit, heller Glimmer (Al-Blattsilicat mit K-, OH- und Fe-Ionen) ist vorzüglich spaltbar und ziemlich wetterfest; seine Farbe ist hellgrau oder braun.

Biotit, dunkler Glimmer (Al-Blattsilicat mit K-, Mg-, Fe- und OH-Ionen) ist weniger wetterfest als Muskovit, seine Farbe ist dunkelbraun bis schwarz. Wegen ihrer ausgezeichneten Spaltbarkeit können die Glimmer leicht in dünne, glänzende, durchsichtige Blättchen gespalten werden. Gesteine, die in größeren Mengen Glimmer lagenweise enthalten, verwittern leicht.

Talk (Steatit, Blattsilicat mit Mg- und OH-Ionen) ist weißlich, weich und blättrig spaltbar.

Kalkspat (Calcit, Calciumcarbonat $CaCO_3$) ist meist farblos. Er ist ausgezeichnet spaltbar, jedoch nur von geringer Härte. Er ist außerdem nicht säurefest, sondern zersetzt sich z.B. in Salzsäure unter starkem Aufbrausen, dabei entweicht Kohlendioxid CO_2 (Nachweis mit 10 %-iger Salzsäure).

Dolomit ist ein Doppelsalz aus Calciumcarbonat und Magnesiumcarbonat: $CaCO_3 \cdot MgCO_3$. Er ist nur wenig härter als Kalkspat und ebenfalls nicht säurefest. Er ist meist grau oder weißlich gefärbt.

Gips (wasserhaltiges Calciumsulfat $CaSO_4 \cdot 2\,H_2O$) ist sehr weich und in einer Richtung ausgezeichnet spaltbar (Marienglas); er ist so weich, dass man ihn mit dem Fingernagel ritzen kann. Er ist farblos, grau oder weiß. Wir dürfen dieses wasserhaltige Mineral Gips nicht mit dem wasserfreien „Anhydrit"-Gestein und dem gebrannten Gips in Pulverform verwechseln, der durch das Brennen sein Kristallwasser teilweise oder ganz verliert (siehe Abschn. 4.2.2).

Schwefelkies (Pyrit, Eisensulfid FeS_2) ist goldgelb glänzend und sehr hart (härter als Bauglas). Er ist nicht spaltbar und verwittert an der Luft (unter Bildung von Schwefelsäure) zu Brauneisenerz (Limonit), das zu Zerstörungen und bräunlichen Verfärbungen von Gesteinen führt.

1.1.3 Die drei Gesteinsgruppen

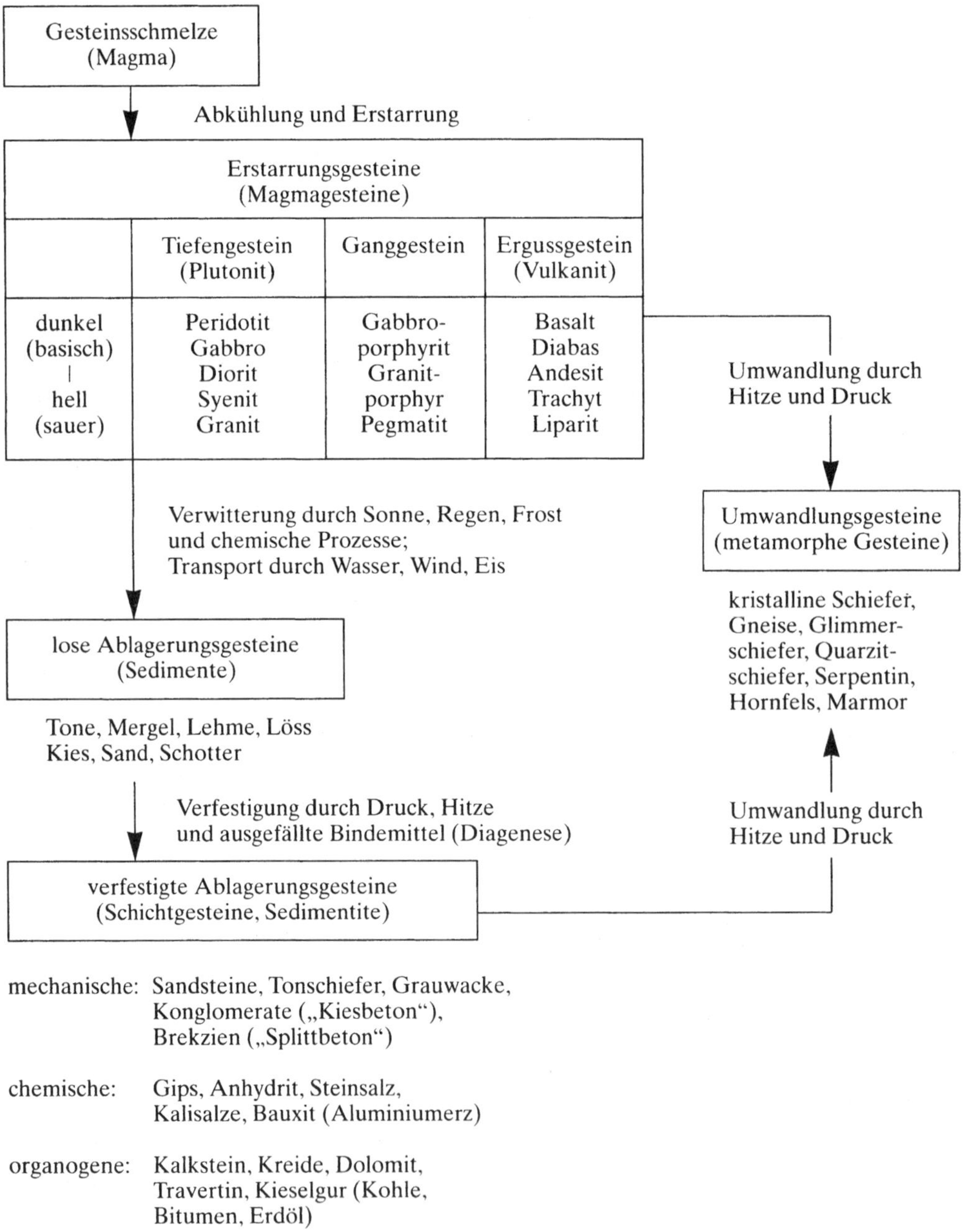

Tafel 1.4 Entstehung der natürlichen Gesteine (mit Beispielen)

Wir unterscheiden nach ihrer Entstehungsart die drei großen Gruppen Magmagesteine (Magmatite), Sedimentgesteine (Sedimente) und metamorphe Gesteine (Metamorphite).
Magmagesteine (früher Eruptivgesteine genannt) sind Erstarrungsgesteine (lateinisch: eruptio = das Hervorbrechen); sie wurden als flüssige Schmelze (Magma) aus dem Erdinnern in die Erdkruste gepresst und teilweise darüber hinaus in vulkanischen Ausbrüchen auf die Erdoberfläche geschleudert.
Hinsichtlich des Mineralbestandes unterscheidet man helle („saure") Magmatite, die mehr Quarz und Feldspat enthalten, und die dunkleren bis schwarzen („basischen") Magmatite mit einem höheren Anteil von Hornblende, Olivin und Augit. Saure (helle) Gesteine enthalten viel SiO_2 (Kieselsäure), basische (dunkle) wenig.
Die in der Erdrinde in größeren Tiefen stecken gebliebenen Erstarrungsgesteine heißen Tiefengesteine (Plutonite; Pluto = Gott der Unterwelt); sie kühlten in der Wärme haltenden Erdkruste nur langsam ab und bildeten dabei ein grobkörniges Gefüge. Hierzu gehören Granit, Diorit, Syenit, Gabbro, Peridotit und Dunit.
Der Teil des Schmelzflusses, der bis an die Erdoberfläche durchstoßen konnte (Lava), erstarrte dort schnell und bildete ein feinkörniges, zum Teil glasiges, stellenweise blasig-schaumiges Material (Ergussgesteine, Vulkanite). Oft sind in der feinkörnigen Grundmasse der Ergussgesteine einzelne größere Kristalle eingebettet, die sich bereits in der Tiefe vor Erstarren der Grundmasse gebildet hatten. Diese Struktur heißt porphyrische Struktur („Blutwurst"-Struktur). Sie ist ein wesentliches Merkmal der meisten Ergussgesteine. Zu dieser Gruppe der Ergussgesteine gehören z.B. die Basalte, Porphyre, Porphyrite, Diabas und Melaphyr.
Blieb der Schmelzfluss beim Aufsteigen an die Erdoberfläche in Gesteins- und Erdspalten (Gängen) stecken, so entstanden die Ganggesteine, die oft eine Fließstruktur aufweisen. Hierzu gehören ebenfalls die Porphyre und Porphyrite.
Sedimentgesteine (lateinisch: sedimentum = Niederschlag, Bodensatz, das Abgelagerte) sind abgelagerte Verwitterungsprodukte verschiedener Gesteine. Sie entstanden auf drei Arten:

1. Klastische Sedimente entstehen durch physikalische Verwitterung der Gesteine, z.B. durch Zerkleinern und Zerreiben in Wasser und Wind, Sprengen durch Frost und Eisdruck, Hitze und Salzdruck. Die Teilchen, die meist durch Wind, Wasser oder Eis umgelagert wurden, setzten sich ab, und zwar zusammen mit „Zwischenmitteln" wie Ton, Lehm, Kalk, Kies und Eisenoxid. Das geschah oft in Schichten von großer Mächtigkeit. Die oberen Schichten drückten auf die darunter liegenden und pressten die Gesteinsteilchen fest zusammen, diese wurden „verkittet" (Diagenese, griechisch: danach entstanden). Die wichtigsten so entstandenen Gruppen von „mechanischen Sedimentgesteinen" sind Sandstein, Tonschiefer, Grauwacke, Konglomerate („Kiesbeton") und Brekzien („Splittbeton"). Die unverkitteten klastischen Sedimente sind Geröll, Schotter, Kies, Sand, Schluff, Lehm und Ton.
2. Chemische Sedimente entstehen durch chemische Verwitterungsprozesse. So können wasserlösliche Mineralien, wie z.B. Gips, gelöst, durch das Wasser an andere Orte transportiert und beim Verdunsten des Wassers wieder ausgeschieden und abgelagert werden. Durch Hydrolyse können Silicate aufgespalten werden (Aufnahme von H^+-Ionen und Abgabe von Ca^{2+}-, Mg^{2+}-, K^+- und N^a+-Ionen). So entstehen z.B. bei der Verwitterung von Granit durch Hydrolyse der Feldspäte Tonmineralien sowie aus dem Na, K und Ca Steinsalz, Kalisalze, Gips und Kalkstein, außerdem aus dem unverwitterbaren Quarz

Sand. Kohlensäure H_2CO_3 wandelt den schwer wasserlöslichen Kalkstein $CaCO_3$ in das leichter lösliche Calciumhydrogencarbonat $Ca(HCO_3)_2$ um. Rauch- und Abgase wirken auf Gesteine chemisch ein und können sie allmählich zerstören.

3. Organische Sedimente (organogene S.) entstehen unter Beteiligung von Organismen. So werden im Meerwasser gelöste Anteile von Kalk $CaCO_3$ und Kieselsäure SiO_2 von dort lebenden Organismen zu Hartteilen verarbeitet und nach ihrem Absterben wieder abgelagert. So entstehen aus Kalk z.B. Muschelkalk, Kreide (Insel Rügen) und Korallenkalk und aus Kieselsäure über Kleinstorganismen Kieselgesteine, z.B. aus Diatomeen (Kieselalgen) Kieselgur und Diatomeenerde.

Die metamorphen Gesteine (Metamorphite; griechisch: Metamorphose = Umwandlung; umgewandelte Steine) sind in größerer Tiefe der Erdrinde durch sehr hohe Drücke oder Temperaturen oder durch beides entstanden, und zwar aus magmatischen Gesteinen oder aus Sedimentgesteinen. Sie haben sehr oft ein schieferiges Gefüge (nicht zu verwechseln mit Schichtung!). Wichtige metamorphe Gesteine sind die kristallinen Schiefer, Glimmerschiefer, die Gneise, Hornfelse, Quarzite und die Marmore.

1.1.4 Übersicht über die wichtigsten Gesteine

Die Beschreibung der Gesteine erfolgt in folgender Reihenfolge:
Gesteinsgruppe: mineralische Bestandteile/Farbe/Rohdichte in kg/dm³/Druckfestigkeit in N/mm²/sonstige Eigenschaften/Vorkommen (Auswahl)

A. Magmagesteine (Erstarrungsgesteine)

1. Granit: Quarz, Feldspäte, Glimmer/hell- bis dunkelrot, grau-weiß, grau-grün, blaugrün/2,6 bis 2,8/160 bis 240/häufigstes Gestein der Erdrinde (60%), sehr hart (durch Quarz) und wetterfest, schwer zu bearbeiten, gleichmäßig mittel- bis feinkörnig, je feinkörniger, umso härter, gut schleif- und polierbar/Schwarzwald, Odenwald, Thüringen, Sachsen, Bayern, Schweden, Österreich, Schweiz, Italien, Polen, Tatra.
2. Syenit: Feldspäte, dazu Hornblende oder Augit oder Biotit, geringe Menge an Quarz/grünlich-schwarz, braunrot/2,6 bis 2,8/160 bis 240/weniger hart als Granit, da weniger Quarz und mehr Feldspat, daher besser zu bearbeiten, gleichmäßig körnig, wetterfest/Schwarzwald, Odenwald, Thüringen, Sachsen, Schweden, Italien.
3. Diorit, Gabbro: Kalknatronfeldspat, Augit oder Biotit, Gabbro bisweilen auch Olivin/grau bis schwarz/2,8 bis 3,0/170 bis 300/hart, sehr zäh, schwer polierbar, wetterfest, körnig, äußerlich dem Granit ähnlich/Diorit: Harz, Sachsen, Thüringen, Odenwald, Fichtelgebirge, Schwarzwald, Tschechien, Slowakei; Schweden, Norditalien, Belgien; Gabbro: Vogesen, Sachsen, Harz, Schweden, Italien, Polen.
4. Quarzporphyr (Porphyr), Andesit, Porphyrit: feinkörnige Grundmasse aus Feldspäten, darin große Einsprenglinge aus Quarz und Feldspäten/grau bis schwarz, rötlich, grünlich/2,55 bis 2,8/180 bis 300/sehr hart und zäh, polierfähig, wetterfest; Porphyre mit Einsprenglingen = Andesite; durch Verwittern veränderte Andesite = Porphyrite/Odenwald, Schwarzwald, Sachsen, Thüringen, Vogesen, Norditalien.
5. Basalt, Melaphyr, Diabas: Kalknatronfeldspat, Augit oder Hornblende, gelegentlich auch Olivin (wie bei Gabbro); die leicht zerfallenden „Sonnenbrenner" sind Basaltstückchen mit nicht wetterfesten Mineralbestandteilen/bläulich bis grau-schwarz bis schwarz/2,8 bis 3,0/180 bis 400/sehr hart, außerordentlich druckfest, meist säulenförmiges Wachs-

tum; dichtes Gefüge, daher muscheliger Bruch; schwer zu bearbeiten, polierfähig, wetterfest; verwitterte feinkörnige Basalte = Melaphyre bzw. grobkörnige dunkelgrüne Diabase; wegen des hohen Gewichts wird Basalt häufig im Küstenschutz eingesetzt/ Basalt: Siebengebirge, Rhön, Ahrtal, Hessen, England, Polen; Melaphyre und Diabase: Fichtelgebirge, Thüringen, Sachsen, Harz, Westfalen, Lahntal, Norwegen.

6. Trachyt: wie Syenit, Einsprenglinge in der dichten Grundmasse sind Kalifeldspäte/hell- bis dunkelgrau/2,4 bis 2,8/60 bis 70 (selten bis 150)/hart, gut zu bearbeiten, wetterfest, bleibt rau; kühlt schmelzflüssiger Trachyt schnell ab, entsteht der feste, glasartige, dunkle Obsidian; Trachyt in schaumiger Form = Bims/Siebengebirge, Italien.

B. Sedimentgesteine (Ablagerungsgesteine)

7. Sandstein: vorwiegend Quarz, aber auch andere Mineralien, die durch natürliche Bindemittel, wie z.B. Kieselsäure, Eisenoxide, Kalk und/oder Ton miteinander verkittet sind/2,0 bis 2,7/Festigkeit: s.u./in bergfeuchtem Zustand gut zu bearbeiten, schleifbar, gut mörtelbindend/Rheinpfalz, Ruhrgebiet, Wesergebirge, Deister, Württemberg, Bayern, Thüringen, Sachsen, Karpaten, Schweiz, Polen.
   a) Kieseliger Sandstein: weißlich, gelblich, grau/120 bis 150/hart, schwer zu bearbeiten, wetterfest.
   b) Eisenschüssiger Sandstein: zusätzlich Eisenoxide/gelblich rotbraun, rot, oft geflammt/100 bis 130/ziemlich hart, wetterfest.
   c) Kalkiger Sandstein: gelblich bis grünlich-grau/60 bis 100/wenig fest und wetterbeständig (säurehaltige Luft zerstört den Stein), nicht feuerfest, leicht zu bearbeiten, braust in verdünnter Salzsäure auf.
   d) Toniger und/oder mergeliger Sandstein: gelblich, bräunlich/weich, meist nicht wetterfest, minderwertige Sandsteinart.
8. Grauwacke: wie Sandstein/grau, rötlich/2,6/150 bis 300/sehr hart, wetterfest, feuerbeständig/Thüringen, Harz, Lausitz, Rheinisches Schiefergebirge, Sachsen, Polen.
9. Kalkstein: Kalkspat $CaCO_3$, mineralische Beimengungen beeinflussen Färbung und Festigkeit/weiß bis grau, gelblich, bräunlich, rötlich bis rot, auch geädert/1,7 bis 2,85/20 bis 160/dichte und reine Kalke sind sehr witterungsbeständig, Tongehalt mindert die Wetterbeständigkeit; polierfähig, enthält oft Fossilien (Schnecken, Ammoniten, Belemniten)/ Münstersche Bucht, Rheinisches Schiefergebirge, Schwäbische Alb, Mainzer Becken, Thüringen, Franken, Hannover, Harz (Iberg), Berlin (Rüdersdorf), Bernburg (Saale), südl. Schleswig-Holstein, Kalkalpen (Wetterstein), Rügen (Kreide = sehr feinkörniger, weißer, abfärbender Kalkstein, hauptsächlich aus Schalen winziger Meerestierchen, wie z.B. Foraminiferen, Muscheln), Polen, Österreich, Rumänien, Italien, Tirol, Frankreich, Belgien, Griechenland, Kleinasien, Ägypten.
   a) Marmor: Handelsbezeichnung für alle polierbaren Kalksteine. „Echter" Marmor dagegen ist durch Metamorphose aus Kalkstein entstanden, hat durchscheinende Bruchkanten, enthält keine Fossilien/in Deutschland: Juramarmor in Bayern (Altmühltal), in Italien: Carrara.
   b) Solnhofener Platten: fälschlich auch Solnhofener Schiefer genannt, sehr dichter, leicht spaltbarer Jurakalkstein, Verwendung in geschliffenem oder poliertem Zustand für Wand-, Abdeck- und Bodenplatten/gelblich, enthält oft Dendriten (farnartige Absonderungen) von Eisenerz (braun) oder Manganerz (schwarz).

c) Kalktuffe: Ausscheidung von Kalk aus Süßwasser/gelblich, rötlich/2,7/20 bis 30/ sehr porös, weich; Verwendung z.B. als Ausfachung von Fachwerkwänden.
d) Travertin: wie Kalktuff/hellgelb bis dunkelgrau, meist gebändert, polierfähig, im Allg. wetterfest, enthält oft Versteinerungen (Schnecken, Blätterabdrücke). Verwendung häufig für Wandbekleidungen und Bodenbeläge/Cannstatt bei Stuttgart, Gauingen (Schwäbische Alb), Bad Langensalza, Weimar, Sabinerberge nordöstl. von Rom.

10. Dolomit: Dolomit $CaCO_3 \cdot MgCO_3$ und Kalkspat $CaCO_3$/grau-gelblich/2,9/50 bis 150/ dem Kalkstein ähnlich, etwas schwerer und härter, braust nur in warmer verdünnter Salzsäure auf/Westfalen, Fränkische Schweiz, Thüringen, Polen, Norditalien.
11. Gipsstein, Anhydritgestein: $CaSO_4 \cdot 2H_2O$ (Gipsstein) bzw. $CaSO_4$ (natürlich entwässerter Gipsstein)/weiß oder hell, auch marmoriert/2,3 (Gipsstein) bzw. 2,9 bis 3,0 (Anhydrit)/ Gipsstein: geringe Druckfestigkeit und Härte (Härte 2 nach Mohs, mit Fingernagel ritzbar), nicht wetterfest, wasserlöslich; Anhydrit ist dichter und körniger; Alabaster: reinster, gut polierfähiger Gipsstein; Marienglas: durchsichtiger kristalliner Gips/Süddeutschland, Thüringen, Harz, Niedersachsen, Elsass, Polen.
12. Vulkanische Tuffe: großenteils glasige Gesteinsmasse aus verkitteten vulkanischen Porphyr-, Trachyt- und/oder Basaltsanden/rot, grau-gelb, grau-braun, grünlich, rot/1,8 bis 2,0/20 bis 30/porös, wärmedämmend, bergfeucht leicht zu bearbeiten, später hart, polierfähig, wetterfest/Sachsen (roter Rochlitzer Porphyrtuff), Eifel, Siebengebirge (Trachyttuff; aufgeschäumt: Bims), Habichtswald (graubrauner Basalttuff), Nettetal.

C. *Metamorphe Gesteine (Umwandlungsgesteine)*

13. Tonschiefer, Dachschiefer: Tonschiefer ist durch Druck, teilweise Entwässerung sowie chemische Umbildungen und Umkristallisationen (Diagenese) verfestigter Ton, Mergel und/oder Lehm. Dachschiefer ist aus Tonschiefer im Laufe sehr langer geologischer Zeiträume durch weiteren Druck, Hitze und Silikatisierung entstanden/blaugrau, dunkelgrau bis schwarz, grünlich, rötlich (durch Eisenoxide)/2,7 bis 2,8/Biegezugfestigkeit 50 bis 80/Dachschiefer ist bei höherem Quarzgehalt hart, wetter- und feuerfest sowie in den Schicht- bzw. Schieferungsflächen besonders gut spaltbar/Rheinischer Schiefer bei St. Goar, im Moselgebiet, Hunsrück und Westerwald; Sauerland (Nuttlar), Waldeck im Harz bei Goslar, Frankenwald (südl. von Saalfeld), Lehesten bei Jena; Frankreich, Belgien, England.
14. Gneis, Granitgneis: Gneise sind umgewandelte Magma- oder Sedimentgesteine; Granitgneis enthält die gleichen Minerale wie Granit/grau bis schwarz, rötlich/2,65 bis 3,0/160 bis 180/leicht in Platten spaltbar; Gneise mit viel Quarz und wenig Glimmer sehr druck- und wetterfest/Schwarzwald, Odenwald, Thüringen, Sachsen, Bayern, Schweden, Österreich, Schweiz, Polen.
15. Serpentingestein (Schlangenstein): enthält fast nur Serpentin/hell- bis dunkelgrün, geadert, meliert/2,6 bis 2,75/140 bis 250/feinkörnig bis dicht, bergfeucht leicht zu bearbeiten, später sehr hart, polierbar, wenig wetterfest, feuerbeständig/Erzgebirge (Zöblitz), Fichtelgebirge, Tschechien (Böhmen), Slowakei, Elsass, Oberitalien, Polen.
16. Glimmerschiefer: durch Umwandlung aus Ton und Schieferton entstanden, viel Quarz und Glimmer (Biotit, Muskovit), etwas Feldspat/grau, dunkel- bis silbrig-grau/2,65 bis 3,0/100/leicht spaltbar, Verwendung für Dach- und Bodenplatten/deutsche Mittelgebirge, Zentralalpen, Skandinavien.

D. Weitere Sedimentgesteine

17. Tone sind Gemenge sehr verschiedener Minerale in feinster Korngröße (≤ 0,002 mm). Gemengeteile sind: Quarz, Feldspäte, Glimmer, Chlorit und Tonminerale (z.B. Kaolinit = Porzellanerde, Al-Blattsilicat mit OH-Ionen; Montmorillonit = wasserhaltiges Al-Blattsilicat mit Na-, Mg- und OH-Ionen). Manche Tone enthalten auch carbonatische Bestandteile, die für die Ziegelherstellung ebenso unerwünscht sind wie die gleichfalls oft vorkommenden Sulfide (Pyrit) oder Sulfate (Gips). Der Ton ist in feuchtem Zustand plastisch, d.h. formbar. Beim Trocknen und Brennen „schwindet" er, das bedeutet, er verringert sein Volumen. Die Brennprodukte der Tone sind sehr hitzebeständig. Die Farbe der Tone ist grau, gelb und rot.
18. Bentonit (Bleicherde) ist ein durch Verwitterung vulkanischer Aschen und Tuffe entstandener montmorillonitreicher Ton, der ein hohes Wasseraufnahmevermögen besitzt (5- bis 6-fache Menge Wasser). Suspensionen von Bentonit zeigen thixotropes Verhalten: im Ruhezustand sind sie fest, bei mechanischer Beanspruchung werden sie flüssig bzw. weich. Sie werden z.B. als Stützflüssigkeit bei der Herstellung von Schlitzwänden verwendet.
19. Lehm ist ein Gemenge aus Ton und sehr feinen Quarzkörnern (Sand und Schluff) und fast immer durch Verwitterung braungelb gefärbt, in feuchtem Zustand knetbar. Die Braunfärbung entsteht durch Umwandlung (Oxidation) der vorhandenen Eisenverbindungen zu Brauneisenstein.
20. Mergel sind eine Mischung aus Ton und Kalk. Viele Mergel enthalten auch einen merklichen Sandanteil (Sandmergel). Im Tonmergel ist überwiegend Ton, im Kalkmergel überwiegend Kalk vorhanden. Mergel sind ein wichtiger Rohstoff für die Herstellung von Zement und hydraulischen Kalken; als Baustein sind sie meist unbrauchbar.
21. Aus Lehm, Ton oder Tonmergel und besonderen Zusätzen (Magerungsmitteln zum Verringern des Schwundes, z.B. Sand) werden Ziegel und Tonwaren gebrannt.
22. Löss ist ein von eiszeitlichen und nacheiszeitlichen Winden zusammengewehtes, mehlfeines (Korngröße hauptsächlich 0,02 bis 0,06 mm), loses oder durch Kalk verkittetes Sedimentgestein, durch Eisenhydroxyd gelb gefärbt.
23. Lösslehm ist umgelagerter, entkalkter Löss. Er ist weniger porös als dieser und hat geringe Festigkeit.
24. Kies und Sand sind chemisch und mechanisch widerstandsfähige klastische Sedimente, die bei der Verwitterung zurückbleiben. Sie werden verwendet als Gesteinskörnungen (Zuschlag) für die Herstellung von Mörtel und Beton (siehe Kapitel 5 bis 7). Flusssand ist dazu besser geeignet als der häufig lehmhaltige Grubensand. Reiner Quarzsand wird zur Glasherstellung verwendet (siehe Kapitel 10). Korngrößen im Erdbau (DIN 18 196): Sand 0,06 bis 2 mm, Kies 2 bis 63 mm. Korngrößen ab 63 mm werden als Schotter bzw. Steine oder Blöcke bezeichnet. Die Korngrößen im Betonbau lauten anders (siehe 5.2.2). Schluff ist ein staubfeiner Sand (Korngrößen 0,002 bis 0,06 mm). Er enthält Quarz, Glimmer, Feldspate und Karbonate, etwas Ton, z.T. auch Huminstoffe.
25. Bimskies und Bimssand sind vulkanischen Ursprungs mit den oben genannten Korngrößen. Er ist ziemlich fest, leicht und infolge seiner Porigkeit (Porosität) ein schlechter Wärmeleiter, außerdem gut mörtel- und zementbindend. Er wird verwendet für besonders leichte Bausteine (rheinische Schwemmsteine), Dämmsteine, Leichtbeton und Leichtmörtel.

26. Findlinge. Die Findlinge (meist Silicatgesteine) sind von den Gletschern während der Eiszeit aus Skandinavien in die Norddeutsche Tiefebene transportiert worden. Sie werden für Grundmauern und Straßenpflaster verwendet.

1.1.5 Abbau der Gesteine

Massengewinnung von Naturstein als Straßenbaumaterial oder als Ausgangsstoff für die Herstellung von Zement, Kalk, Gips usw. wird durch Sprengen und Brechen durchgeführt, wobei bereits beim Sprengen möglichst kleinteiliges Bruchgut anfallen soll.
Der Abbau von Naturwerkstein für die Herstellung von massiven Werkstücken (Dicke > 80 mm) für Mauerwerk und von Platten (Dicke ≤ 80 mm) für Fassadenbekleidungen, Treppenstufen, Fensterumrahmungen usw. erfolgt demgegenüber sehr behutsam, um das Gefüge des Gesteinsvorkommens nicht zu zerstören. Dabei macht man sich soweit wie möglich bei magmatischem und metamorphem Gestein die Klüftung, bei Sedimentgestein die Schichtung des Gesteins zunutze. Der Abbau aus dem Verband erfolgt durch Bohren, Keilen, Sprengen, Seilsägen, Sauerstofflanzen oder Wasserschneiden (Hochdruckwasserstrahlen). Kalkstein und Marmor werden mit diamantbestückten Seilsägen oder mit umlaufenden diamantbestückten Ketten (Schrämmmaschinen) abgebaut. Bei magmatischen und metamorphen Gesteinen, z.B. Granit, werden mehrere Kubikmeter große Blöcke, die unverwittert, fest, rissefrei und witterungsbeständig sein sollen, i.d.R. durch Bohren aus dem Gesteinsverband herausgelöst. In die Bohrlöcher werden kleine Sprengladungen gefüllt und gezündet. Die Blöcke werden später durch weitere, engerständige Bohrungen in kleinere Maßblöcke zerlegt, durch Kreissägen (Sägeblattdurchmesser bis 4,5 m) oder Gattersägen zu Platten der gewünschten Dicke und Größe weiterverarbeitet.

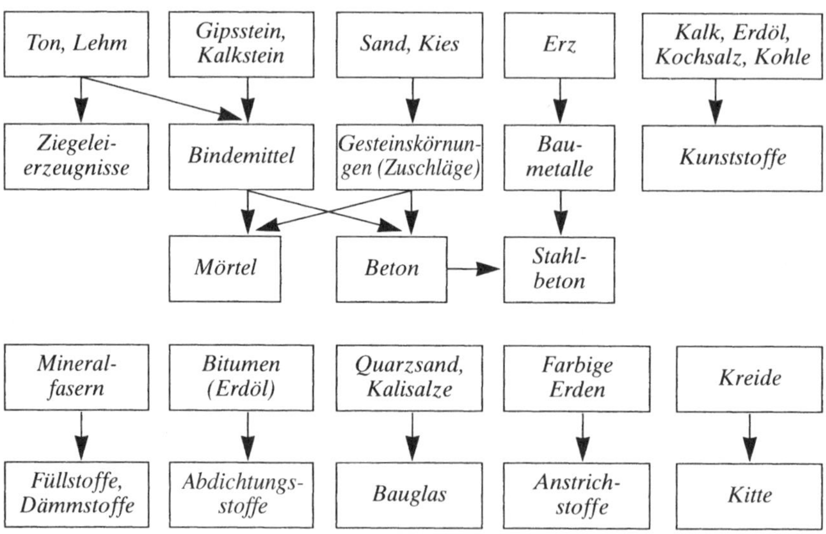

Tafel 1.5 Anwendung der natürlichen Gesteine im Bauwesen (außer Naturwerkstein)

1.1.6 Bearbeitung von Naturstein

Die maschinelle Bearbeitung der Oberfläche von natürlichem Gestein mit Steinbearbeitungsmaschinen und -werkzeugen umfasst im Allgemeinen die folgenden Arten: gesägt (stahlsand-

oder diamantgesägt), besonders bei Basaltlava; geschurrt; gefräst, besonders bei Hartgesteinen wie z.B. Granit, Syenit, Diorit, Diabas, Gabbro, Porphyr o. Ä.; gesandelt; abgerieben, besonders bei Sand- und Tuffstein; geschliffen und poliert, besonders bei Hartgesteinen sowie bei Travertin, Kalken, Marmor, Serpentin u. Ä. Bei Hartgestein kann die Oberfläche auch kurzzeitig mit einer heißen Flamme bestrichen werden (beflammt). Je feiner die Bearbeitungsart, umso prägnanter erscheint das „Innenleben" des Gesteins (Grabsteine!).
Bei der manuellen Bearbeitung werden Bruchsteine nur roh mit dem Maurerhammer behauen („bruchrau", „spaltrau"), die Werksteine (Hausteine, Quader) dagegen genau maßgerecht steinmetzmäßig bearbeitet. Mit Bossierhammer und Zweispitz gibt man die rohe Form vor. Die Hartgesteine werden dann „gespitzt" oder mit dem Stockhammer auf feines, gleichmäßiges Korn „gestockt", oft noch geschliffen und poliert. Allgemein gebräuchlich sind folgende Arten der manuellen Oberflächenbearbeitung: bruchrau; bossiert (bevorzugtes manuelles Bearbeitungsverfahren); gespitzt; gestockt, besonders bei Hartgesteinen und Basaltlava; gebeilt; gekrönelt, besonders bei Sand- und Tuffstein; aufgeschlagen; scharriert oder abgerieben, nicht bei Hartgesteinen; gesandelt, geflächt oder gezahnt, besonders bei Sand- und Tuffstein, Travertin, Kalkstein, Marmor, Serpentin o. Ä.

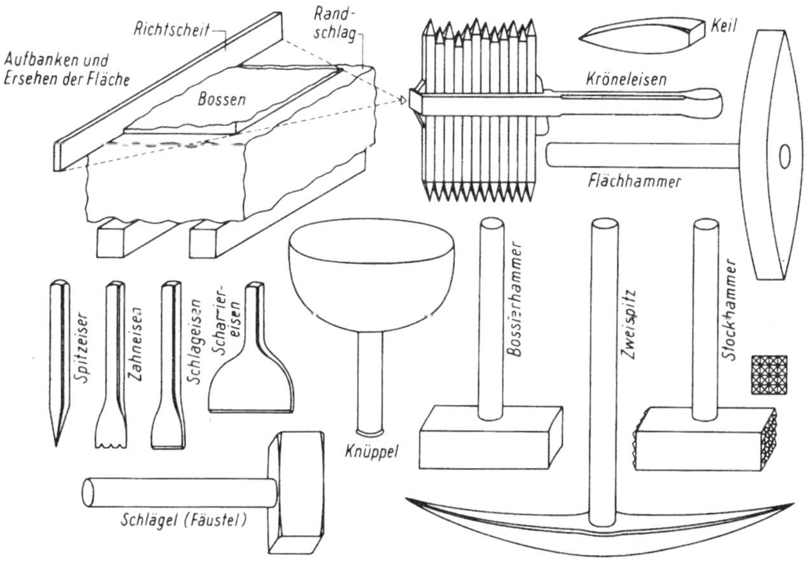

Abb. 1.1 Werkzeuge zur manuellen (steinmetzmäßigen) Bearbeitung von Naturstein [2]

1.1.7 Verarbeitung von Naturwerkstein (DIN 18 332 (2012–09))

a) Versetzen von Naturwerkstein

Das Versetzen von Naturwerkstein soll nicht „auf Spalt" oder schräg (querflächig bzw. schrägflächig), sondern „auf Lager" (lagerhaft) geschehen. Das lagerhafte Versetzen hindert das Wasser, in die Schichtflächen einzudringen; außerdem haben die Werksteine ihre größte Druck- und Biegefestigkeit senkrecht zur natürlichen Schichtung. Um einen guten Wasserablauf zu sichern, sind nur abgeschrägte, niemals waagerechte Flächen (auch nicht mit Kunststoff- oder Metallabdeckung) am Werksteingesims zulässig. Freitreppen, Terrassen und dergleichen müssen ausreichendes Gefälle haben.

b) Mauerwerk aus Naturwerkstein nach DIN 1053-1 (1996–11)
   Massivmauerwerk aus Naturwerkstein (siehe Abb. 1.2) in Form von Trocken-, Zyklopen- oder Bruchsteinmauerwerk sowie hammerrechtem Schichtenmauerwerk wird heute vorwiegend nur noch bei Restaurierungsarbeiten und im Landschafts- und Gartenbau angewendet, unregelmäßiges und regelmäßiges Schichtenmauerwerk auch bei Neubauten. Verblendmauerwerk wird im Brückenbau oder bei Stützmauern i.d.R. ohne Luftschicht (siehe Abb. 1.3), im Hochbau meist mit Luftschicht ohne oder mit Wärmedämmschicht ausgeführt. Die Mauerwerksschalen sind dabei durch Anker aus nichtrostendem Stahl (DIN EN 10 088-3 (2014–12)) miteinander zu verbinden (siehe Abb. 1.4).

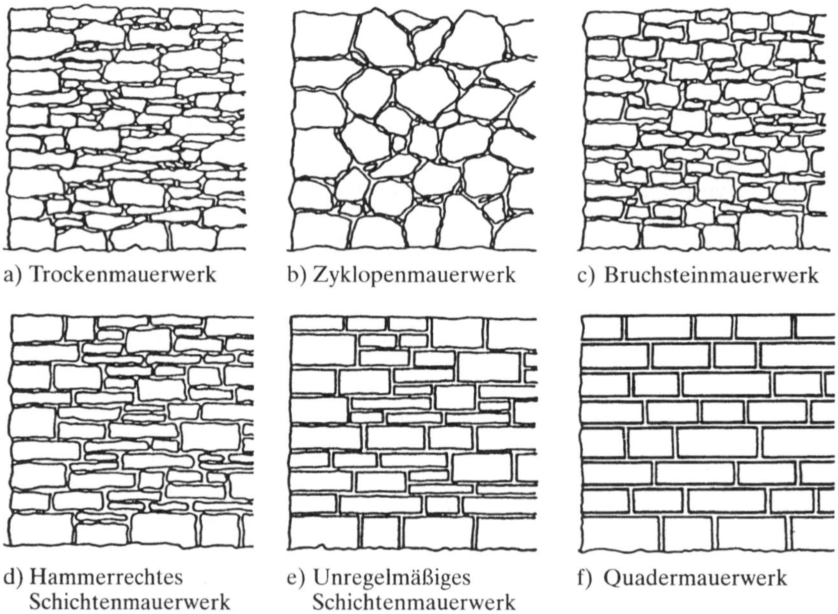

Abb. 1.2 Arten von Natursteinmauerwerk nach DIN 1053-1 (1996–11)

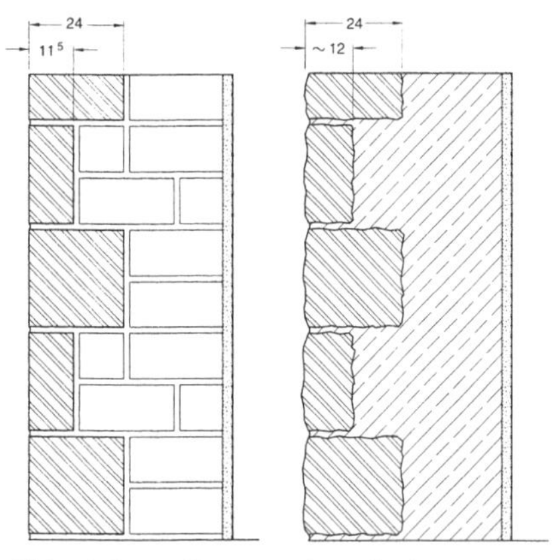

Abb. 1.3 Mittragendes Mischmauerwerk mit Naturwerkstein [29]
links: mit Hintermauerung; rechts: mit Betonhinterfüllung

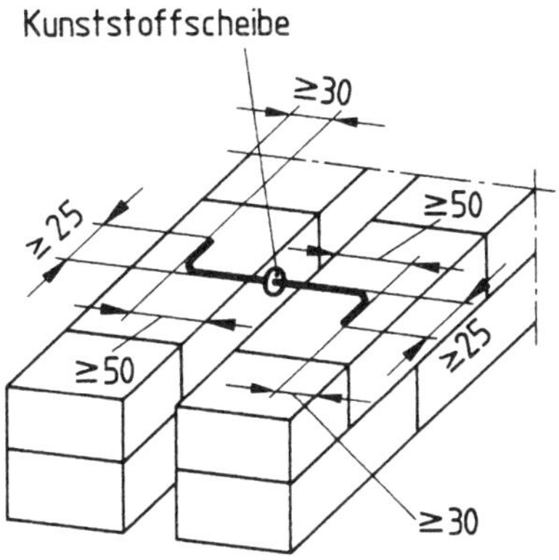

Abb. 1.4 Verbindung der Mauerwerksschalen von zweischaligem Mauerwerk nach DIN 1053-1 mit Drahtankern aus nichtrostendem Stahl (DIN EN 10 088-3 (2014–12)) Die Kunststoffscheibe soll das Eindringen von Feuchtigkeit aus der Außen- in die Innenscheibe verhindern.

c) Fassadenbekleidungen aus Naturwerkstein nach DIN 18 516-1 (2010–06) und DIN 18 516-1, -3 (2013–09)
Fassadenbekleidungen werden i.d.R. als hinterlüftete Außenwandbekleidung mit Wärmedämmschicht ausgeführt. Plattendicke ≥ 3 cm, freier Luftspalt zwischen Platte und Wärmedämmschicht ≥ 2 cm. Die Anker müssen aus nichtrostendem Stahl nach DIN EN 10 088-3 bestehen. Bei der Befestigung der Natursteinplatten am Untergrund werden vier Befestigungsarten angewendet: Anker- oder Steckdorn, Schraubanker und Profilsteg. Ankerdorne und Profilstege greifen in vorgebohrte Löcher in den Plattenstirnflächen am Seiten- oder unteren Rand ein (siehe Abb. 1.5), Schraubanker in die Plattensichtfläche (siehe Abb. 1.6). Im Regelfall werden die Platten an vier, mindestens jedoch an drei Punkten befestigt.

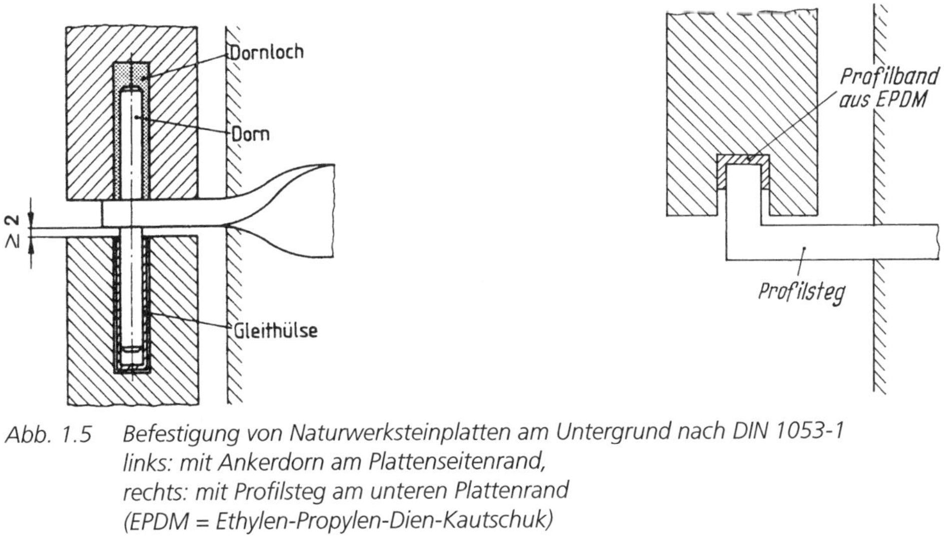

Abb. 1.5 Befestigung von Naturwerksteinplatten am Untergrund nach DIN 1053-1 links: mit Ankerdorn am Plattenseitenrand, rechts: mit Profilsteg am unteren Plattenrand (EPDM = Ethylen-Propylen-Dien-Kautschuk)

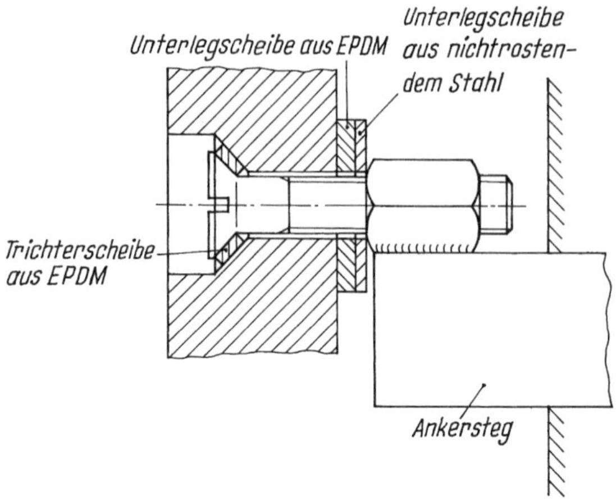

Abb. 1.6 Befestigung von Naturwerksteinplatten am Untergrund mit Schraubanker nach DIN 1053-1 (EPDM = Ethylen-Propylen-Dien-Kautschuk)

d) Bodenbeläge aus Naturwerkstein
Bodenbeläge aus Naturwerkstein sind starre Beläge, weswegen die Unterkonstruktion besonders sorgfältig ausgeführt werden muss. Im Innenbereich werden die Platten i.d.R. mit Verbund auf Beton oder Estrich oder ohne Verbund auf Dämmschicht verlegt. Heizestriche müssen vor dem Verlegen vorschriftsmäßig auf- und abgeheizt werden. Für den Außenbereich muss das verwendete Natursteinmaterial abriebfest, frostsicher und tausalzbeständig sein. Die Platten (Größe $\geq$ 0,16 m^2, Kantenlänge $\geq$ 30 cm, Dicke $\geq$ 30 mm) sind mit ausreichendem Gefälle zu verlegen und die Fläche mit zweilagigen Gullys zu versehen. Als Abdichtung unter den Platten gegen Oberflächenwasser wie auch gegen Wasser aus dem Unterbau kommen Bitumenbahnen, Kunststoff-Dichtungsbahnen und Asphaltmastix in Frage. Der Unterbau kann aus Dick- oder Dünnbettmörtel, Splitt- oder Kiesbett oder Stelzlagern bestehen.

1.1.8 Verwitterung und Verwitterungsschutz von Naturstein

DIN EN 1996-1-1/NA	(2012-05)	Nationaler Anhang – Eurocode 6 : Bemessung und Konstruktion von Mauerwerksbauten – Teil 1-1: Allgemeine Regeln für bewehrtes und unbewehrtes Mauerwerk, NCI Anhang NA.L – Konstruktion, Ausführung und Bemessung von Mauerwerk aus Naturstein
DIN 18 332	(2012-09)	Naturwerksteinarbeiten (VOB)
DIN 18 515-1	(2015-05)	Außenwandbekleidungen – Grundsätze für Planung und Ausführung – Teil 1: Angemörtelte Fliesen und Platten
DIN 18 516-1	(2010-06)	Außenwandbekleidungen, hinterlüftet – Teil 1: Anforderungen, Prüfgrundsätze
DIN 18 516-3	(2013-09)	Außenwandbekleidungen, hinterlüftet – Teil 3: Naturwerkstein; Anforderungen, Bemessung
DIN EN 12 004	(2014-02)	Mörtel und Klebstoffe für Fliesen und Platten – Anforderungen, Konformitätsbewertung, Klassifizierung und Bezeichnung

Weitere Informationen über Natursteinmauerwerk und Außenwandbekleidungen:
Reul, H., Handbuch Bautenschutz und Bausanierung, Verlag Rudolf Müller, Köln, 2007
Snethlage, R., Leitfaden Steinkonservierung, Fraunhofer IRB Verlag, Stuttgart, 2013
Informationen vom Deutschen Naturstein-Verband e. V. (DNV), Sanderstraße 4, 97070 Würzburg

Verwitterungsschäden entstehen durch die Einwirkung der Luft, durch Temperaturwechsel und Frost sowie durch organische Substanzen.
Die in der Luft befindlichen Abgase enthalten u.a. Kohlendioxid CO_2, Schwefeldioxid SO_2 und Stickoxide. Zusammen mit Feuchtigkeit bilden sie Säuren, die besonders stark poröse Kalksteine und kalkig gebundene Sandsteine angreifen. Staub und Ruß setzen sich auf der Oberfläche und in oberflächennahen Poren fest. Sie behindern dadurch die Wasserdampfdiffusion und hindern so das durch Fugen und Risse eingedrungene Wasser am Wiederaustritt. Hierdurch kann es zu Frostschäden kommen. Starke Temperaturwechsel sind mit unterschiedlichen Längenänderungen der Mineralbestandteile der Gesteine verbunden und können so zu Verwitterungserscheinungen führen. Bei Frost gefriert das in Risse und Poren eingedrungene Wasser und schädigt durch seine Sprengkraft besonders glimmerreiches oder poriges Gestein. Organische Substanzen wie Pilze, Flechten, Moose und Gräser dringen in Poren und Haarrisse ein und schädigen das Gestein durch die sich mit dem Wachstum allmählich entwickelnde Sprengkraft ihrer verschiedenen Bestandteile. Bestimmte Bakterien bilden Schwefel- oder Salpetersäure und führen in Gegenwart von Feuchtigkeit zu Gesteinsschäden. Auch Algenbewuchs, der sich besonders auf der Nord- und Wetterseite bildet, kann das Gestein chemisch angreifen und ist damit gleichzeitig Indikator für latente Feuchte.
Gesundes Naturgestein besitzt i.d.R. eine ausreichende Wetterbeständigkeit. Ein zusätzlicher Verwitterungsschutz kann durch Behandlung mit Siliconharzen oder Silanen erreicht werden, die das Wasser von der Oberfläche fernhalten (Hydrophobierung), oder z.B. durch Behandlung mit Kieselsäureester, das in den Oberflächenporen $SiO_2 \cdot nH_2O$ als verfestigendes Bindemittel abscheidet.
Die Reinigung verschmutzter Werksteinfassaden durch Sandstrahlen oder Kaltabsäuern ist problematisch, da stets auch die Gesteinssubstanz angegriffen wird. Gut bewährt hat sich das Dampfstrahlen (3 bis 8 bar), ggf. unter zusätzlicher Verwendung eines von der Industrie angebotenen Reinigungsmittels auf Säurebasis (Vorsicht bei polierten oder kalkhaltigen Gesteinen!) oder auf Alkalibasis. Wichtig ist hierbei stets das intensive Vornässen und Nachspülen mit reichlich Wasser.

1.1.9 Fragen und Aufgaben zu Naturstein

1) Beschreiben Sie Arten, Entstehung und Aufbau der drei verschiedenen Hauptgruppen der Natursteine.
2) Nennen Sie die verschiedenen Anwendungsgebiete von Naturstein im Bauwesen.
3) Beschreiben Sie Arten und Eigenschaften der wichtigsten gesteinsbildenden Mineralien.
4) Erläutern Sie den Unterschied von Mineralien und Gesteinen.
5) Beschreiben Sie an Hand einer Skizze Arten und Entstehung der natürlichen Gesteine.
6) Beschreiben Sie die verschiedenen Abbauverfahren von Naturstein.
7) Was ist beim Versetzen von Naturstein zu beachten?
8) Warum ist Quarz so besonders witterungsbeständig und welche Folge hat diese Tatsache?
9) Beschreiben Sie Arten und Eigenschaften der verschiedenen Sedimentgesteine.
10) Welches Bindemittel ist für das Mörtelbett bzw. die Verfugung von Natursteinplatten (Sandstein) zwingend erforderlich und welche Folgen hätte eine Nichtbeachtung dieser Vorgabe?

11) Beschreiben Sie die verschiedenen Arten der Anbringung von Fassadenplatten aus Naturwerkstein.
12) Erläutern Sie Verwitterung, Verwitterungsschutz und Reinigungsmöglichkeiten von Natursteinfassaden.
13) Beschreiben Sie die verschiedenen Arten von Massiv- und Verblendmauerwerk aus Naturwerkstein (Skizzen).
14) Wie beurteilen Sie die die Auswirkungen von Natursteinplatten im Außenbereich im verschatteten Nordbereich eines Gebäudes?
15) In welcher Position ist ein Natursteinpflaster aus einem Sedimentgestein einzubauen hinsichtlich seiner Lage aus dem Steinbruch?

1.2 Keramische Baustoffe

Keramische Baustoffe entstehen durch Brennen von Ton oder Lehm. Nach der Struktur des Scherbens und der Reinheit und Mahlfeinheit der Rohstoffe teilt man keramische Baustoffe in verschiedene Gruppen ein (siehe Tafel 1.6). Bei der Herstellung der keramischen Baustoffe unterscheidet man die folgenden Prozesse: Aufbereiten der Rohstoffe, Formgebung und Brennen.

Tafel 1.6 Einteilung der keramischen Baustoffe [2]

	Grobkeramik	Feinkeramik
Irdengut mit porösem Scherben (unterhalb der Sintergrenze gebrannt)	Mauerziegel Deckenziegel Dachziegel	Irdengutfliesen (farbig) Steingutfliesen und -geschirr (weiß) mit Glasur
Sinterzeug		
mit dichtem Scherben (bis zur Sinterung gebrannt)	Klinker Riemchen Spaltplatten Steinzeug	Steinzeugfliesen Porzellan mit und ohne Glasur (einschl. Sanitärporzellan)
Feuerfeste Steine (oberhalb der Sintergrenze gebrannt)	Steine Formstücke	

1.2.1 Rohstoffe

Rohstoffe für die Herstellung von Tonwaren sind Lehm, Löss und Tonmergel. Sie bestehen im Wesentlichen aus Ton, Quarzsand, Eisenoxiden und Kalkstein (s.a. Abschn. 1.1.4). Chemisch gesehen ist Ton ein hydratwasserhaltiges Aluminiumsilicat mit der Formel $Al_2O_3 \cdot 2SiO_2 \cdot 2H_2O$, das aus der Verwitterung von Feldspat hervorgegangen ist. Die blättchenförmige Struktur der Tonminerale (Korngröße ≤ 0,002 mm) ist in Verbindung mit der Wasserzugabe die Ursache für die Plastizität des feuchten Tons und die Standfestigkeit der Formlinge. Besonders wertvoller Ton ist das weißliche Kaolin, das zur Herstellung von Porzellan verwendet wird (Porzellanerde).

Zur Herstellung von Ziegelwaren wird hauptsächlich Lehm verwendet. Er enthält neben Ton auch unterschiedliche Anteile von Quarzsand. Ton allein ist zur Herstellung von Tonwaren nicht geeignet, da er beim Trocknen und Brennen zu stark schwindet. Durch „Magerungsmittel", wie Schamotte (gebrannter und gemahlener Ton) und/oder Sand, wird das Schwinden zwar verringert, muss aber beim Herstellungsprozess stets berücksichtigt werden. Ein zu hoher Sandanteil verringert die zur Formgebung notwendige Plastizität der Tonmasse und die Festigkeit und Dichte der fertigen Ziegelwaren. Durch Zugabe von „Flussmitteln" wie Kalk, Eisenoxiden und Feldspat kann die Brenntemperatur herabgesetzt werden.
Ein zu hoher Anteil an Kalk, vor allem größerer Kalkkörner über 1 mm, kann später bei Feuchtigkeitseinwirkung zum Ablöschen des beim Brennen der Ziegel entstehenden Branntkalkes und damit zu Rissen und Absprengungen führen. Daher ist auch die Feinmahlung der Rohstoffe besonders wichtig. Wasserlösliche Salze, insbesondere sulfathaltige Verbindungen, können später zu Ausblühungen und ebenfalls zu Abblätterungen führen. Sie werden durch Schlämmen der Rohstoffe beseitigt oder durch Zugabe von Bariumcarbonat in wasserunlösliches Bariumsulfat überführt. Eisenverbindungen bewirken bei rotbraunen, kalkhaltigen Tonen die mehr gelbliche Farbe der Ziegel. Sehr hohe Brenntemperaturen führen zu blau-schwarzer, Zugabe von Mangan zu schwarzbrauner und von Graphit zu grauer Färbung. Künstlich zugegebene organische Stoffe, wie Sägemehl (Unipor) und/oder Styroporkügelchen (Poroton) hinterlassen beim Brennprozess im Ziegel zusätzliche Poren, die seine Wärmedämmfähigkeit erhöhen (Leichthochlochziegel; siehe Abschn. 1.2.5c).

1.2.2 Aufbereitung der Rohstoffe und Formgebung

Die Aufbereitung dient dazu, eine homogene Tonmasse gleichmäßiger Zusammensetzung und Feuchtigkeit zu erzeugen. Dazu werden die Rohstoffe aus verschiedenen Bereichen der Tongrube gemischt. Danach wird bei der Nassaufbereitung der grubenfeuchte Ton in Kollergängen und Walzwerken durchgearbeitet, wobei gröbere Bestandteile, wie Steine und Kalkstücke, zerkleinert und verteilt, schädliche Bestandteile entfernt und notwendige Zusätze beigegeben werden. Bei der Trockenaufbereitung wird der Ton zunächst mit Heißluft getrocknet, danach gemahlen und wieder mit der für die Formgebung notwendigen Wassermenge versetzt. Um die gleichmäßige Durchfeuchtung und die Verarbeitbarkeit zu verbessern, wird die fertig gemischte Tonmasse vor der Formgebung längere Zeit in sog. Mauktürmen oder Sumpfhäusern gelagert.
Die Formgebung geschieht weitgehend vollautomatisch. In Strangpressen (Prinzip Fleischwolf) wird die Tonmasse durch ein Mundstück zu einem Tonstrang geformt und durch einen mitlaufenden gespannten Draht auf Länge geschnitten. Zur Herstellung von gelochten Ziegeln enthält das Mundstück einen entsprechend ausgebildeten Kern. Auf Drehtisch-Stempelpressen werden insbesondere zweiseitig gefalzte Dachziegel hergestellt.

1.2.3 Trocknen und Brennen der Tonprodukte

Durch das Trocknen wird den Tonrohlingen das dem Ton zur Formgebung zugegebene Wasser wieder entzogen. Es geschieht in Trockenkammern oder -kanälen bei Temperaturen von bis zu 80 °C. Dabei verringern die Rohlinge das erste Mal ihr Volumen (Trockenschwinden). Nach dem Trocknen werden die Rohlinge ggf. durch Auftragen oder Tauchen mit Glasuren oder Engoben versehen (s.a. Abschn. 1.2.4f und g).

Das Brennen, bei dem ein zweiter Schwindprozess stattfindet, geschieht heute in bis über 100 m langen Tunnelöfen (siehe Abb. 1.7). Dabei durchwandern Gleiswagen mit den getrockneten Rohlingen drei Temperaturzonen: Vorwärm-, Brenn- und Abkühlzone. Die Brenndauer beträgt Stunden bis Tage. Bei den früher üblichen Ringöfen wanderte das Feuer über die in den einzelnen Segmenten des Ofens aufgebauten Ziegel. Die Brenntemperatur hängt von der Zusammensetzung der Tonmasse und der gewünschten Scherbenrohdichte ab:

900 bis 1100 °C	Ziegelwaren (Mauer-, Dach-, Deckenziegel)
1150 bis 1300 °C	Steinzeug, Klinker
1100 bis 1300 °C	Steingut
1300 bis 1450 °C	Porzellan
1300 bis 1800 °C	feuerfeste Steine.

Folgende Vorgänge laufen in der Tonmasse beim Erhitzen ab:

bis 120 °C	Austreiben des Wassers
450 bis 600 °C	Umwandlung der Tonminerale unter Abspaltung des Hydratwassers
800 °C	Verfestigung durch Reaktion an den Grenzflächen der Mineralkörner
1000 bis 1500 °C	Beginnendes Schmelzen mit Verdichtung der Tonmasse (Sintern)
ab 1200 °C	Schmelzen

Unterhalb der Sintergrenze entsteht ein Scherben, der durch das ausgetriebene Wasser Poren enthält, die später eine hohe Wasseraufnahme ermöglichen. Die Kristallstruktur der Tonminerale bleibt jedoch erhalten. Enthält die Tonmasse künstlich zugegebene organische Bestandteile wie Sägemehl oder Styroporkügelchen, steigen der Porenraum und damit die Wärmedämmfähigkeit stark an. Wird beim Brennen die Sintergrenze erreicht, entsteht ein mehr glasartiger Scherben. Sein Porenraum und damit seine Wasseraufnahme sind entsprechend geringer.

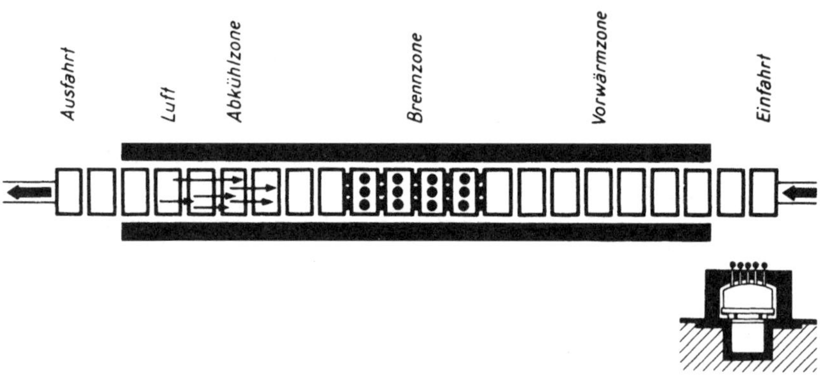

Abb. 1.7 Tunnelofen für die Ziegelherstellung, Anordnung der Zonen und Schnitt

1.2.4 Allgemeine Eigenschaften von Ziegeln

Zu den Eigenschaften Druckfestigkeit, Rohdichte und Wärmedämmung sowie Frost- und Wetterbeständigkeit siehe auch die Abschnitte 1.2.5 bis 1.2.9.

a) Zur Bestimmung der Druckfestigkeit werden Vollziegel der Formate DF und NF vor der Druckprüfung halbiert und gegenläufig aufeinander gemauert, bei Lochziegeln dieser

Formate werden zwei ganze Ziegel aufeinander gemauert. Alle übrigen Ziegelformate werden einzeln als ganze Ziegel geprüft. Die gemessenen Festigkeitswerte sind mit einem Formfaktor f zu multiplizieren: $f = 1{,}0$ bei Ziegelhöhen $h < 175$ mm, $f = 1{,}1$ bei $175 \geq h < 238$ mm und $f = 1{,}2$ bei $h > 238$ mm.

b) Zur Bestimmung der Rohdichte werden die Steine getrocknet und das äußere Volumen einschließlich der Grifflöcher und Mörteltaschen mit einem Messschieber gemessen, dessen Schenkel über den ganzen Ziegel reichen müssen. Unter der Scherbenrohdichte versteht man die Rohdichte des getrockneten Ziegelmaterials ohne Löcher, aber einschließlich der Poren. Dazu muss der Ziegel zerschlagen werden.

c) Die Härte ist von der Herstellung abhängig: ob der Rohling bis zum Sintern gebrannt wird oder nicht. Harte Ziegel in diesem Sinne sind Klinker. Frostbeständigkeit wird bei Klinkern und Vormauerziegeln gefordert und nach DIN 52 253 (Beiblatt 1, Ausgabe 1990–04; zurückgezogen) geprüft.

d) Durch den Klang des Ziegels kann man in gewissen Grenzen auf dessen Dichte schließen. Je heller der Klang, umso größer ist seine Dichte und umso höher sind die damit verbundenen Eigenschaften Festigkeit, Härte und Frostbeständigkeit. Ein Klinker „klingt" heller als ein Mauerziegel. Ein dumpfer Klang deutet auf zu schwachen Brand oder schlechte Stellen im Ziegel hin.

e) Die Porigkeit (Porosität) ist das Verhältnis zwischen dem Porenvolumen und dem Gesamtvolumen des Ziegels. Sie beeinflusst den Grad der Wasseraufnahme, Frostbeständigkeit und Wärmedämmung des Ziegels.

f) Zum Auftragen einer Engobe werden die Rohlinge vor dem Brand in eine mit anderer Farbe brennende Tonschlämme, die färbende Metallionen enthält, getaucht. Nach dem Brennen hat der Ziegel eine gleichmäßige oder geflammte, farbige, dichte Haut, die zugleich gegen Wettereinflüsse schützt.

g) Um eine deckende Glasur zu erhalten, bringt man aufgeschlämmtes Glasurpulver auf den gebrannten Ziegel und brennt mit niedriger Temperatur nach. Bei dieser Glasur muss man darauf achten, dass die Glasur genau das gleiche Schwindmaß wie der Scherben (Dachziegel, Verblender oder Klinker) hat; andernfalls springt die Glasur ab.

h) Die Wasseraufnahmefähigkeit wird durch den Gewichtsunterschied zwischen dem trockenen und dem mit Wasser gesättigten Ziegel ermittelt; sie wird in Gewichtsprozenten bezogen auf das Trockengewicht ausgedrückt.

$$\text{Wasseraufnahmefähigkeit in Gew.-\%} = \frac{(\text{Nassgewicht} - \text{Trockengewicht}) \cdot 100}{\text{Trockengewicht}}$$

i) Eine Unterscheidung zwischen Klinkern und Vormauerziegeln ist durch das unterschiedliche Wasseraufsaugevermögen möglich: Die Steine werden bei 105 °C getrocknet und nach dem Abkühlen 1 Minute lang mit ihrer Lagerfläche 1 cm tief in Wasser getaucht. Bei Klinkern liegt der Wert i. Allg. unter 20 g/dm^2.

$$\text{Wasseraufsaugefähigkeit in g/dm}^2 = \frac{(\text{Nassgewicht} - \text{Trockengewicht})}{\text{Lagerfläche}}$$

k) Die Wärmedehnung muss man stets beachten, wenn man zwei verschiedene Baustoffe miteinander verbindet, z.B. Ziegel und Putz. Dehnen sich beide verschieden stark aus, so besteht die Gefahr, dass der Außenputz abplatzt. Kalk- und Kalkzementmörtel haben z.B. einen Längenausdehnungskoeffizienten von $\alpha_T = 11 \cdot 10^{-6}$ 1/K, Gips- und Kalkgipsmörtel $25 \cdot 10^{-6}$ 1/K, Mauerwerk aus Klinkern $4 \cdot 10^{-6}$ 1/K, aus Ziegeln, hochfesten Ziegeln und Leichtziegeln $5 \cdot 10^{-6}$ 1/K.

Die Längenänderung Δl von Ziegelmauerwerk von $l = 1$ m Länge bei einer Temperaturänderung ΔT ergibt sich zu:

$\Delta T = 1$ K: $\Delta l = \alpha_T \cdot l \cdot \Delta T = (5 \cdot 10^{-6} \cdot 1/\text{K}) \cdot (1000 \text{ mm/m}) \cdot (1 \text{ K}) = 0{,}005$ mm/m,

$\Delta T = 20$ K: $\Delta l = (0{,}005 \text{ mm/m}) \cdot 20 = 0{,}1$ mm/m.

1.2.5 Mauerziegel und Klinker (Siehe auch [17], [18])

Normen

DIN 105-100	(2012-01)	Mauerziegel – Mauerziegel mit besonderen Eigenschaften
DIN 105-5	(2013-06)	Mauerziegel – Leichtlanglochziegel und Leichtlangloch-Ziegelplatten
DIN 105-6	(2013-06)	Mauerziegel – Planziegel
DIN 1053-4	(2013-04)	Mauerwerk; Fertigbauteile
DIN EN 1996-1-1	(2013-02)	Eurocode 6: Bemessung und Konstruktion von Mauerwerksbauten – Allgemeine Regeln für bewehrtes und unbewehrtes Mauerwerk
DIN EN 1996-1-1/NA/A2	(2015-01)	Nationaler Anhang – Eurocode 6: Bemessung und Konstruktion von Mauerwerksbauten – Allgemeine Regeln für bewehrtes und unbewehrtes Mauerwerk
DIN EN 1996-2	(2010-12)	Eurocode 6: Bemessung und Konstruktion von Mauerwerksbauten – Planung, Auswahl der Baustoffe und Ausführung von Mauerwerk
DIN EN 1996-2/NA	(2012-01)	Nationaler Anhang – Eurocode 6: Bemessung und Konstruktion von Mauerwerksbauten – Planung, Auswahl der Baustoffe und Ausführung von Mauerwerk
DIN EN 771-1	(2015-11)	Festlegungen für Mauersteine; Teil 1: Mauerziegel
DIN 20 000-401	(2012-11)	Regeln für die Verwendung von Bauerzeugnissen – Mauerziegel nach DIN EN 771-1

a) Allgemeines
Die in den folgenden Abschnitten, insbesondere in b) bis d), beschriebenen Ziegel dienen zur Herstellung von Mauerwerkswänden. Sie können an den Stirnflächen (Stoßflächen) mit Nuten und Federn oder bei Ziegelbreiten ≥ 175 mm mit Mörteltaschen versehen sein. Die Seitenflächen der Mauerziegel sind i.d.R. zur besseren Putzhaftung flächenhaft profiliert. Maße und Formate siehe Tafel 1.7 und 1.8. In Tafel 1.7 (Maße) sind die Fußnoten besonders zu beachten. Rohdichte- und Festigkeitsklassen siehe Tafel 1.9 und 1.10. Großformatige Steine > 25 kg werden mit Versetzgeräten vermauert. Steine ≤ 25 kg besitzen, wo zur Handhabung erforderlich, Grifflöcher (siehe Abb. 1.9). Ziegel mit einer Breite von 115 mm (1 DF, NF, 2 DF; siehe Tafel 1.8) besitzen i.d.R. zwei mittig angeordnete Daumenlöcher ≤ 16 cm^2. Der Querschnitt der Grifflöcher ist dem Gesamtlochquerschnitt hinzuzurechnen.

b) Vollziegel und Hochlochziegel der Rohdichteklassen ≥ 1,2 nach DIN V 105-1
Vollziegel (Mz) sind Ziegel, deren Querschnitt durch Lochung senkrecht zur Lagerfläche bis 15 % gemindert sein darf, Einzellochquerschnitt ≤ 6 cm^2. Die Löcher sollen möglichst gleichmäßig über die Lagerfläche verteilt sein, ihr Querschnitt kann rechteckig (kleinere Seite ≤ 15 mm), rund (Ø ≤ 20 mm) oder elliptisch (kleinere Diagonale ≤ 18 mm) sein. Hochlochziegel (HLz; siehe Abb. 1.8) sind senkrecht zur Lagerfläche gelochte Ziegel mit einem Lochquerschnitt von 15 bis 50 % der Lagerfläche. Je nach Einzellochquerschnitt unterscheidet man HLzA (≤ 2,5 cm^2), HLzB (≤ 6 cm^2) und HLzC (≤ 16 cm^2).

Mauertafelziegel (HLzT) sind Ziegel mit der Lochung A oder B, die für die Erstellung von bewehrtem Mauerwerk oder von Mauertafeln geeignet sind. Ziegellängen: 247, 307, 372 oder 497 mm. Die Mauertafelziegel müssen im mittleren Bereich mindestens einen Lochkanal und dürfen an den Stoßflächen Aussparungen aufweisen (siehe Abb. 1.9), die im Mauerwerk senkrecht durchlaufende Vergusskanäle ergeben.

Vormauer-Vollziegel (VMz) und Vormauer-Hochlochziegel (VHLz) sind Ziegel, deren Frostbeständigkeit durch Prüfung nachgewiesen ist. Vormauerziegel werden auch als Verblender bezeichnet (s.u.).

Formziegel sind Vollziegel und Hochlochziegel in einer nicht nur von Rechtecken begrenzten Form. Handformziegel sind Ziegel mit unregelmäßiger Oberfläche, deren Gestalt von der prismatischen Form geringfügig abweicht.

Klinker (KMz bzw. KHLz) sind oberflächig gesinterte, frostbeständige Ziegel mit einer Scherbenrohdichte $\geq 1{,}90$ kg/dm^3 und einer Wasseraufnahme bis etwa 7 Gew.-%. Sie müssen mindestens der Festigkeitsklasse 28 (s. Tafel 1.10) angehören.

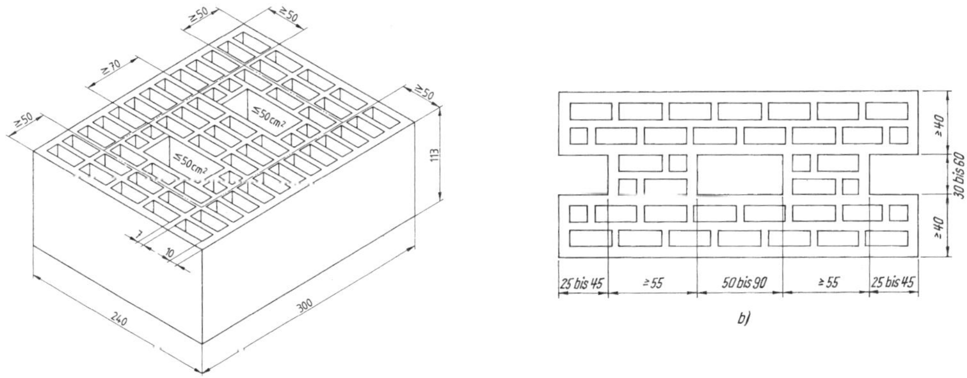

Abb. 1.8 Beispiele für Ziegel nach DIN V 105-100 (Maße in mm)
a) Hochlochziegel HLz, Format 5 DF mit Grifflöchern
b) Mauertafelziegel HLzT mit Aussparung an den Stoßflächen

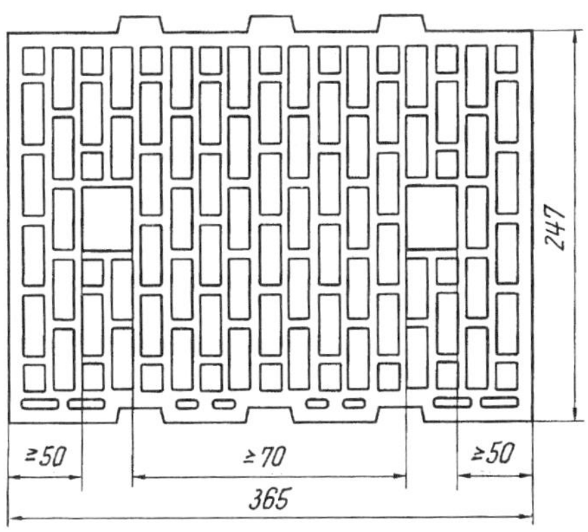

Abb. 1.9 Leichthochlochziegel W (HLzW) nach DIN V 105-100 ff. (Maße in mm)

Als Verblender bezeichnet man Vollziegel (VMz), Klinker (KMz) und Hochlochziegel (VHLz) der Abmessungen 240 × 115 × 52 mm (DF) und 240 × 115 × 71 (NF) sowie als Sondermaß auch 240 × 115 × 65 (RF), die als Vormauerziegel nicht verputzt zu werden brauchen. Die Oberfläche kann glatt (Glattformziegel) oder strukturiert (Handformziegel, Wasserstrichziegel) sein.

Die Farbpalette ist groß: sehr viele Rot-Nuancen, sowohl einfarbig als auch gefleckt bzw. geflammt, aber auch rot-gelb, rot-blau-bunt, grau.

Als Riemchen oder Sparverblender bezeichnet man Ziegel der Formate 240 × 25 × 52 mm (DF) und 240 × 25 × 71 mm (NF). Sie sind ebenfalls in den verschiedensten Färbungen lieferbar. Als Außenschalen gelten sie als Bekleidungen und werden entsprechend DIN 18 515-1 bis -3 (Außenwandbekleidungen) verarbeitet.

Die Bezeichnung eines Vollziegels (Mz) lautet z.B.

Ziegel DIN 105 Mz 12 – 1,8 – 2 DF,

dabei bedeuten 12 die Festigkeitsklasse und 1,8 die Rohdichteklasse, 2 DF das Format (siehe Tafel 1.9 – 1.10).

c) Wärmedämmziegel und Hochlochziegel der Rohdichteklassen ≤ 1,0 nach DIN V 105-2

Viele dieser bisher und auch im Folgenden vereinfacht als Leichtziegel bezeichneten Steine besaßen bisher vom DIBt Berlin eine besondere Zulassung und werden von den Herstellern i.d.R. mit einer Kurzbezeichnung gemäß der Wärmeleitfähigkeit λ_R versehen, z.B. T 12 oder GZP 12 bei λ_R = 0,12 W/(m · K). Bei der Herstellung der Leichtziegel werden dem Ton Sägemehl (Unipor) und/oder Styroporkügelchen (Poroton) zugegeben, die beim Brennen im Ziegelmaterial gleichmäßig verteilt kleine Poren hinterlassen. Außerdem besitzt der Ziegelquerschnitt zur Erzielung besonders niedriger Wärmeleitzahlen spezielle Lochungen und möglichst dünne Stege, um das Luftkammervolumen zu erhöhen. Zur Erzielung eines besonders niedrigen λ_R-Wertes können die Hohlkammern bei der Herstellung der Ziegel mit Perlite gefüllt werden.

Leichtziegelarten nach DIN V 105-2 sind Hochlochziegel HLzW der Lochung B mit besonderen Anforderungen an die Lochung (siehe Abb. 1.9), Wärmedämmziegel WDz mit engeren Rohdichtegrenzen und erhöhten Anforderungen an die Wärmedämmung sowie außerdem gemäß DIN V 105-1 Vormauer-Hochlochziegel VHLz und Mauertafelziegel HLzT. Leichtziegel gibt es als Blockziegel oder als Planziegel (siehe Abb. 1.10).

Blockziegel werden in der Lagerfuge (Dicke 12 ± 3 mm) und in der glatten Stoßfuge mit Leichtmörtel LM 21 oder LM 36 gemauert. Bei Mittelbett-Mauerwerk beträgt die Lagerfugendicke 6 ± 2 mm, was eine bessere Mauerwerksfestigkeit zur Folge hat. Mit LM 21 werden Wärmedämmzahlen λ_R = 0,14 bis 0,37 W/(m · K) erreicht. Wichtig ist der vollflächige Auftrag des Mörtels (i.d.R. mit Mörtelschlitten), wobei der Mörtel so steif sein muss, dass er nicht in die Löcher läuft. Besitzen die Ziegel Mörteltaschen, können sie knirsch gestoßen werden. Leichtziegel sind im Verband zu mauern mit einem Mindest-Überbindemaß von 0,4 × Ziegelhöhe.

Ziegelwände können unter Verwendung von Flachstahlankern oder faserarmierten Kunststoffbändern stumpf gegeneinander gestoßen werden. Die Stirnfuge (≥ 1,5 cm) an der Stoßstelle ist dann vollflächig bzw. zug- und druckfest zu vermörteln. Leichtziegel können mit hartmetallbestückten Sägeblättern gesägt und mit Hartmetallbohrern (ohne Schlagen!) gebohrt werden. Für Lochziegel gibt es eine ganze Reihe spezieller

Dübelsysteme. Aus Leichtziegeln kann auch Kellermauerwerk hergestellt werden, auch als bewehrtes Mauerwerk nach DIN 1053-3, mit gitterförmiger Bewehrung in den Lagerfugen versehen. Außerdem gibt es Deckenelemente und geschosshohe Wandelemente aus Leichtziegeln und für Zwischenwände Ziegelwandplatten (siehe Abb. 1.10) mit Dicken von 11,5 – 17,5 – 24,0 cm, Längen von 373 und 498 mm und Höhen von 238 mm bei Block- bzw. 249 mm bei Planziegeln.

d) Planziegel nach DIN 105-6

Leichtziegel werden heute vorwiegend als Planziegel hergestellt. Sie haben plangeschliffene Lagerflächen und können daher in Dünnbettmörtel in einer Lagerfugendicke von 1 bis 3 mm versetzt werden, wodurch eine kürzere Verarbeitungszeit und eine bessere Wärmedämmung mit Wärmedämmzahlen λ_R = 0,09 bis 0,18 W/(m · K) erreicht wird. Planziegel gibt es als Voll-, Hochloch-, Mauertafel- und Vormauerziegel sowie als Planklinker. Die Kurzzeichen lauten PMz, PHLz, PKLzT, PVMz und PKMz. Wegen der geringen Lagerfugendicke kann bewehrtes Mauerwerk mit Planziegeln nicht hergestellt werden. Beispiele für heute übliche Planziegel (siehe Abb. 1.10).

Die Verarbeitung der Planziegel geschieht wie folgt: Die erste Ziegellage wird stets auf einer Ausgleichsschicht aus Normalmörtel MG III (i.d.R. mit eingebetteter Sperrschicht), exakt lot- und waagerecht ausgerichtet, versetzt. Die nächsten Steinschichten werden in Dünnbettmörtel gemauert. Dazu werden die Steine zunächst über die gesamte Wandlänge, Stoßfuge an Stoßfuge, ohne Vermörtelung jeweils in die Verzahnung (Nut und Feder) des Nachbarziegels gesetzt. Der Mörtel wird dann auf jede gesetzte Schicht in einem Arbeitsgang über die gesamte Wandlänge mit einer Mörtelrolle aufgetragen. Zur Verbesserung der Statik und des Schallschutzes kann dabei ein Vliesband von der Breite des Ziegels mitgeführt werden, das dabei voll in den Mörtel eingebettet wird. Gemauert wird im Verband mit einem Überbindemaß von ca. 10 cm (0,4 × Ziegelhöhe).

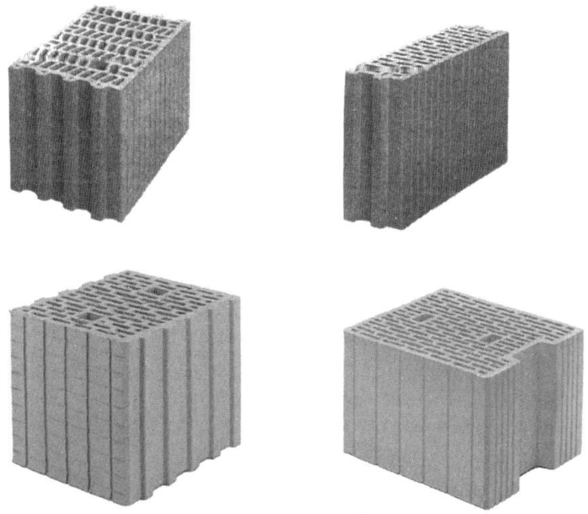

Abb. 1.10 Beispiele für Leichtziegel nach DIN V 105-2 und -6
a) Block- bzw. Planziegel 24,0 cm [17], b) Ziegelwandplatte 11,5 cm [17], c) Planziegel 30,0 cm mit Flachverzahnung [18], d) Wärmedämmziegel WDz 30,0 cm mit einseitiger Mörteltasche [18]

Schallschutzziegel werden als Planziegel mit großen rechteckigen Hohlräumen als sog. Verfüllziegel hergestellt (siehe Abb. 1.11). Sie werden zunächst mit Dünnbettmörtel im Verband versetzt und anschließend in einem Arbeitsgang geschosshoch mit Beton ≥ C 12/15, Körnung 0/16, verfüllt, zweckmäßigerweise zusammen mit dem Vergießen der aufliegenden Geschossdecke. Schallschutzziegel gibt es auch als Schwerziegel HLzB ohne Betonverfüllung in den Rohdichteklassen 1,4 bis 2,0, die mit Normalmörtel verarbeitet werden.

Als Ziegel-Systemergänzungen gibt es u.a. (siehe auch Abb. 1.11):

1) Anschlagziegel für Fenster- und Türlaibungen
2) U- und L-förmige Ziegel, auch mit integrierter Wärmedämmschicht, für die Herstellung von Ringbalken, als Ummauerung von Massivdecken, zur Überbrückung von Maueröffnungen und hochkant gestellt als vertikale Schlitze für Installationsleitungen
3) Ziegelstürze und -bögen mit wärmedämmender Innenschicht und bewehrtem Betonkern
4) Ziegelrollladenkästen, gerade, ein- und mehreckig (für Erker)
5) Verschiebeziegel zum Schließen von Mauerwerkslücken von 106 bis 256 mm Breite

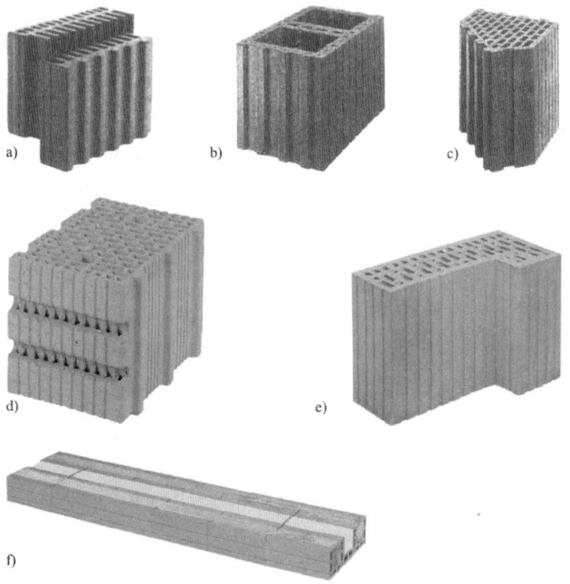

Abb. 1.11 Beispiele für Systemergänzungen von Leichtziegeln
a) Verschiebeziegel für Mauerwerkslücken von 10 bis 25 cm [17]
b) Schallschutz-Verfüllziegel für geschosshohe Verfüllung [17]
c) Winkelziegel für 135°- und 45°-Eckausbildung
d) Elektroinstallationsziegel [18]
e) Fensteranschlagziegel [18]
f) Ziegelflachsturz mit innenliegender Wärmedämmung [18]
Länge 1000 bis 3000 mm; Breite 300, 365 mm; Höhe 113 mm

Tafel 1.7 Ziegelmaße[1)] nach DIN 105 (2012-01)

	Länge[2)] und Breite in mm								Höhe[3)] in mm					
Nennmaß	90	115	145	175	240	300	365	490	52	71	113	155	175	238
Kleinstmaß	85	110	139	168	234	290	355	480	50	68	108	150	170	233
Größtmaß	95	120	148	178	245	308	373	498	54	74	118	160	180	243
Maßspanne[4)]	5	6	7	8	10	12	12	12	3	4	4	5	5	6

1) Ziegel dürfen auch in den Breiten 60, 80, 100, 150, 200, 225, 250 und 275 mm und in den Längen 190, 210, 290 und 390 mm hergestellt werden.
Bei Vormauerziegeln und Klinkern, die für nichttragende Verblendschalen verwendet werden, sind auch Werkmaße möglich, die in folgenden Grenzen (in mm) liegen müssen: Länge 190 bis 390, Breite 90 bis 120, Höhe 40 bis 240 mm.

2) Bei Ziegeln mit Mörteltaschen, die ohne sichtbar vermörtelte Stoßfuge versetzt werden sollen, ist das Nennmaß um 5 mm, bei Ziegeln mit Nut und Feder um 7 mm größer als der angegebene Tafelwert.

3) Bei Planziegeln ist das Nennmaß um 11 mm größer als der angegebene Tafelwert.

4) Unterschied zwischen den Maßen der größten und der kleinsten Ziegel innerhalb der Lieferung für ein Bauwerk.

e) Hochfeste Ziegel und hochfeste Klinker nach DIN 105-3 (1984–05) werden als Vollziegel Mz, Hochlochziegel HLz und Mauertafelziegel HLzT hergestellt. Sie sind besonders geeignet für hochbeanspruchte Außen- und Innenwände. Vollklinker und Hochlochklinker werden mit KMz bzw. KHLz bezeichnet. Maße und Formate s. Tafel 1.7 und 1.8, Rohdichten (≥ 1,00 kg/dm³) und Druckfestigkeit (≥ 36 N/mm²) siehe Tafel 1.9 und 1.10. Scherbenrohdichte ≥ 1,90 kg/dm³.

Tafel 1.8 Ziegelformate (Auswahl) nach DIN 105 (2012-01)

	Vollziegel Hochlochziegel				Hochlochziegel				
Formatkurzzeichen	DF	NF	2 DF	3 DF	5 DF	6 DF	10 DF	12 DF	16 DF
Länge in mm	240	240	240	240	300	240	300	365	490
Breite in mm	115	115	115	175	240	365	240	240	240
Höhe in mm	52	71	113	113	113	113	238	238	238

f) Keramikklinker nach DIN 105-4 (1984–05) gibt es als Vollklinker (KK) sowie als Hochlochklinker mit Lochung A, B oder C (KHKA, KHKB, KHKC). Sie werden vorwiegend für die Herstellung von Fassaden verwendet sowie überall dort, wo aggressive Stoffe wirken oder die Oberfläche besonders stark mechanisch beansprucht wird. Die Druckfestigkeit muss mindestens 60 N/mm², die Scherbenrohdichte mindestens 1,9 kg/dm³ und die Wasseraufnahme darf höchstens 6 Gew.-% betragen. Maße, Formate und Rohdichten siehe Tafel 1.7 bis 1.9.

g) Leichtlanglochziegel (LLz) und Leichtlangloch-Ziegelplatten (LLp) nach DIN 105-5 (2013–06) sind parallel zur Lagerfläche gelochte Ziegel. Sie werden vorwiegend für Innenwände verwandt, LLp nur für nichttragende Wände. Für die Leichtlanglochziegel (s. Abb. 1.14) gelten Maße, Formate, Rohdichten und Druckfestigkeiten entsprechend Tafel 1.7 bis 1.10.

Tafel 1.9 Rohdichteklassen für Ziegel nach DIN 105 (nach [2])

Ziegelart	Rohdichteklasse									
Wärmedämmziegel	0,55	0,60	0,65	0,70	0,75	0,80	0,85	0,90	0,95	1,00
Hochlochziegel ≤ 1,0		0,6		0,7		0,8		0,9		1,0
Vollziegel und Hochlochziegel ≥ 1,2		1,2	1,4	1,6	1,8	2,0	2,2	2,4		
Hochfeste Ziegel und Klinker		1,2	1,4	1,6	1,8	2,0	2,2			
Keramikklinker			1,4	1,6	1,8	2,0	2,2			
Leichtlanglochziegel und -ziegelplatten	0,5	0,6	0,7	0,8	0,9	1,0				

Tafel 1.10 Druckfestigkeitsklassen von Ziegeln nach DIN 105[1)] (nach [2])

Festigkeitsklasse nach				Druckfestigkeit in N/mm²		Farbkennzeichnung
Teil 1	Teil 2 + Teil 6	Teil 3	Teil 5	Mittelwert	kleinster Einzelwert	
–	2	–	2	2,5	2,0	grün
4	4	–	4	5,0	4,0	blau
6	6	–	6	7,5	6,0	rot
8	8	–	–	10,0	8,0	Stempel schwarz
10				12,5	10,0	Stempel schwarz
12	12	–	12	15,0	12,0	ohne
16	16	–	–	20,0	16,0	Stempel schwarz
20	20	–	–	25,0	20,0	gelb
28	28	–	–	35,0	28,0	braun
–	–	36	–	45,0	36,0	1 violetter Streifen
–	–	48	–	60,0	48,0	2 schwarze Streifen
–	–	60	–	75,0	60,0	3 schwarze Streifen
[1)] Keramikklinker nach DIN 105-4 gehören zur Festigkeitsklasse 60.						

Leichtlangloch-Ziegelplatten (siehe Abb. 1.13) haben folgende Abmessungen: Länge l = 330, 495 und 995 mm; Höhe h = 175, 238 und 320 mm; Dicke s = 40, 50, 60, 70, 80, 100 und 115 mm. Die Format-Kurzzeichen lauten LLp 50s[2)], LLp 60s usw. Da Leichtlangloch-Ziegelplatten nur für nichttragende Wände verwendet werden, gibt es keine Anforderungen an die Druckfestigkeit. Eine flach liegende Platte muss allerdings eine mittig aufgebrachte Schneidenlast von mindestens 500 N vertragen.

2 Der Zusatz s zur Plattendicke erfolgt bei einer Ziegellänge von 330 mm und einer Ziegelhöhe von 238 mm; andernfalls ist die vollständige Angabe von l × b × h erforderlich.

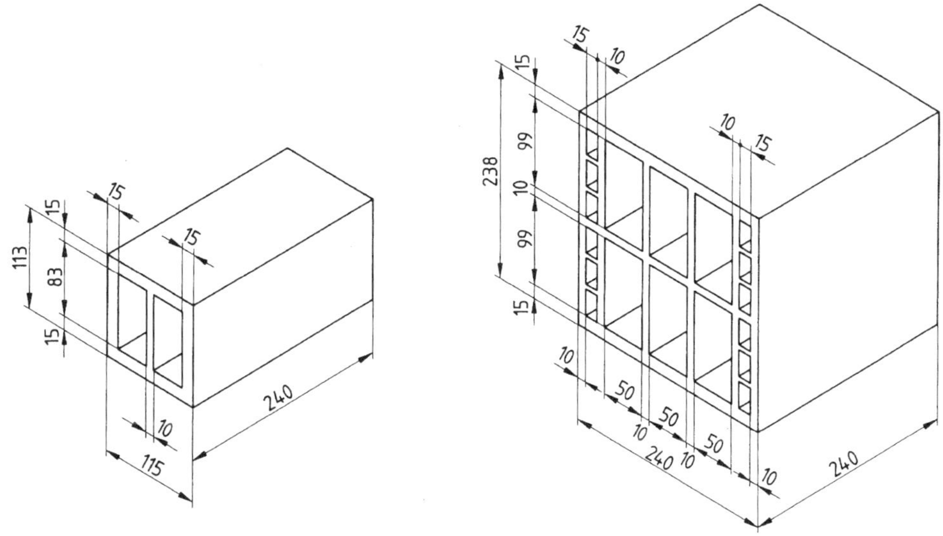

Abb. 1.12 Leichtlanglochziegel (LLz) 2 DF und 8 DF mit doppelter Außenwand nach DIN 105-5 (1984–05)

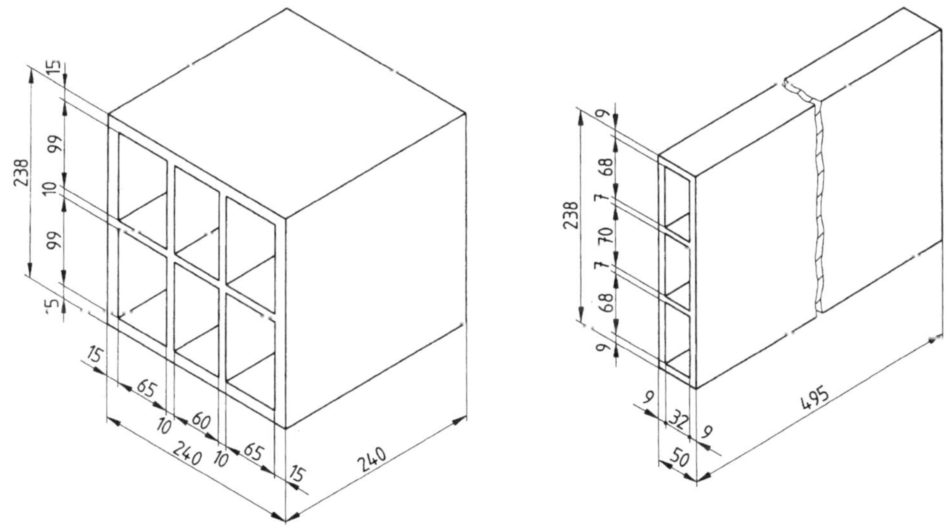

Abb. 1.13 Leichtlanglochziegel 8 DF und Leichtlangloch-Ziegelplatte (LLp 50s) nach DIN 105-5 (1984–05)

h) Kanalklinker (DIN 4051 (2002–04)) gibt es im normalen Klinkerformat bzw. in drei Keilformaten A, B und C. Sie werden zum Mauern von Gewölben und Schächten verwendet. Sie sind besonders druckfest (≥ 45 N/mm²) und abriebfest, ihre Wasseraufnahme darf höchstens 6 Masse-% betragen. Ähnliche Anforderungen werden an Klinker im Tunnelbau und Wasserbau (Kanäle, Schleusen, Brücken) gestellt (β_D > 50 N/mm²). Kanalklinker müssen besonders verschleißfest sowie frost- und säurebeständig sein.

j) Pflasterziegel nach DIN EN 1344 (2015–10) (früher Pflasterklinker nach DIN 18 503) werden flach oder hochkant entweder im Sandbett mit schmalen sandgefüllten Fugen oder im Mörtelbett mit Fugenmörtel verlegt. Es gibt eine große Zahl unterschiedlicher Formen (z.B. Reichsformat RF 25 × 12 × 6,5 cm; Oldenburger Format OF 22,5 × 10,5 × 5,2 cm; Normal- und Dünnformat; auch gelocht zur Regenwasserversickerung) und Farbtönungen.

Die Norm schreibt keine bestimmten Maße vor, Nenndicken sollen ≥ 40 mm (Sandbett) bzw. ≥ 30 mm (Mörtelbett), Länge:Dicke < 6 sein. Sie können abgeschrägt oder abgerundet gefast sein (Tiefe ≤ 7 mm). Je nach der Beanspruchung (z.B. Innen- oder Außenverlegung) werden unterschiedliche Anforderungen an Abrieb- und Kantenfestigkeit, Rutsch- und Gleitsicherheit sowie Säure-, Frost- oder Frost-Tausalz-Beständigkeit gestellt.

k) Fertigteile aus Leichthochlochziegeln

Geschosshohe, mit Tür- und Fensteröffnungen versehene Wandtafeln (bis 7 m Breite), die in ein auf der Decke vorbereitetes Mörtelbett und ggf. auf Nivellierungskeilstücke aufgesetzt und mit schrägen Montagestützen in der vertikalen Lage gehalten werden. In den Drittelspunkten der Wandhöhe ragen in die vertikalen Fugen schlaufenförmige VHA-Anker hinein, in die vor dem Verpressen der Fugen mit Leichtmauermörtel Bewehrungsstahl (Durchmesser z.B. 8 mm) eingelegt wird. Ziegel-Elementdecken aus speziell geformten Deckenziegeln, Baustahlbewehrung und Vergussbeton und fertigem Verputz auf der Unterseite, Breite bis 2,5 m. Die Deckenelemente werden auf Zwischenlagen aus unbesandeter Bitumenpappe auf die Mauerwerksoberkante aufgelegt und sind sofort begehbar.

l) Ziegelwandaufbau

Wände aus Ziegeln werden ein- oder zweischalig hergestellt. Einschalige Wände (siehe Abb. 1.14) können außen einen einfachen Leichtputz, eine geputzte Zusatzdämmung (Wärmedämmverbundsystem WDVS) oder eine Bekleidung aus aufgemauerten keramischen Riemchen oder Sparverblendern (5,5 cm dicke Verblendziegel) besitzen. Das WDVS besteht häufig aus Polystyrol-Hartschaumplatten, die mit kunststoffmodifizierten Zementmörteln oder Dispersionskleber auf das Mauerwerk geklebt werden (ggf. mit Verdübelung) und außen einen armierten (Glasseiden-Gittergewebe) Außenputz besitzen. Darauf kommt i.d.R. ein Kunstharz-, Silicat- bzw. Siliconputz oder eine Flachverblenderschicht als Wetterschutz. Zweischalige Wände (siehe Abb. 1.15) bestehen aus einer äußeren, mit rostfreien Stahlankern mit dem Hintermauerwerk verbundenenen Verblendschale (9 oder 11,5 cm dick) aus frostsicheren Vormauerziegeln oder Klinkern. Der Zwischenraum zwischen den beiden Schalen kann aus einer reinen Luftschicht, aus Luftschicht + Dämmmaterial auf der Hintermauerschale oder ganz aus Dämmmaterial (sog. Kerndämmung; wegen der fehlenden Luftschicht aus dauernd wasserabweisendem Dämmstoff) bestehen.

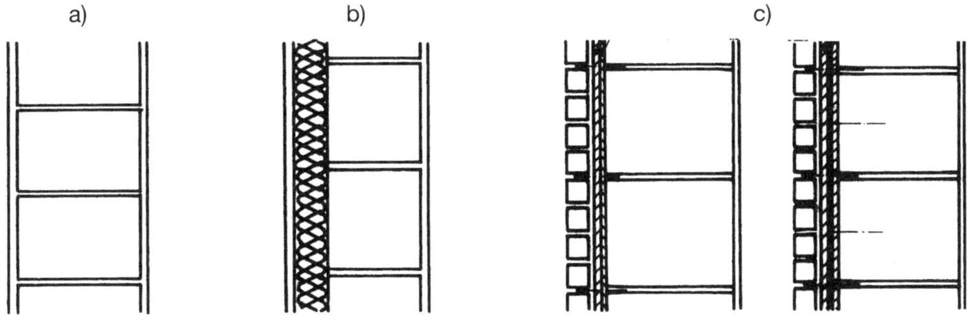

Abb. 1.14 Einschalige Ziegelwände aus Leicht-Hochlochziegeln (Beispiele nach [28]) (Wandaufbau von außen nach innen)

a) Einschalige Wand mit Leichtputz
Beispiel 1: Leichtputz 2 cm; HLz-Mauerwerk 36,5 cm, λ = 0,14 W/(m · K); Kalkputz 1,5 cm; Gesamtdicke 40 cm, k = 0,35 W/(m^2 · K).
Beispiel 2: Wärmedämmputz 6 cm, λ = 0,07 W/(m · K); HLz-Mauerwerk 30 cm, λ = 0,16 W/(m · K); Kalkputz 1,5 cm; Gesamtdicke 37,5 cm, k = 0,34 W/(m^2 · K).

b) Einschalige, zusatzgedämmte Wand (WDVS: Wärmedämmverbundsystem)
Zweischichtiger Außenputz 1,5 bis 2,5 cm; Dämmmaterial 8 bis 12 cm, z.B. aus Polystyrol-Hartschaumplatten; HLz-Mauerwerk 17,5 oder 24 cm; Kalkputz 1,5 cm; Gesamtdicke 27 bis 38,5 cm,
k = 0,3 bis 0,2 W/(m^2 · K).

c) Wände mit Bekleidung aus angemauerten Sparverblendern
Bekleidung (Riemchen) 5,5 cm; Mörtel 1,5 cm; Unterputz (links ohne, rechts mit Bewehrung) 2,0 cm;
HLz-Mauerwerk 36,5 cm, λ = 0,16 W/(m · K); Kalkputz 1,5 cm; Gesamtdicke 47 cm, k = 0,39 W/(m^2 · K).

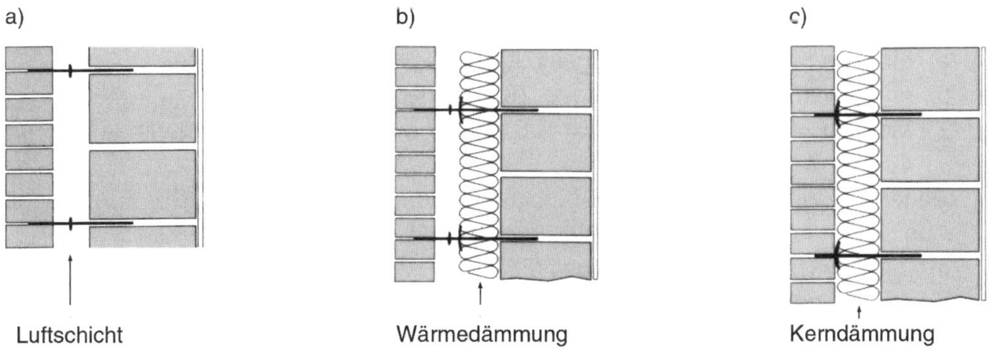

Abb. 1.15 Zweischaliges Verblendmauerwerk (Beispiele nach [28]) (Wandaufbau von außen nach innen)

a) Verblendmauerwerk mit Luftschicht
Vormauerschale 11,5 oder 9 cm (auch 24 cm); Luftschicht 6 bis 15 cm; HLz-Mauerwerk 17,5 bis 30 cm (auch 36,5 cm); Innenputz 1,5 cm; Gesamtdicke 34 bis 58 cm, k = 0,64 bis 0,40 W/(m^2 · K).

b) Verblendmauerwerk mit Luftschicht + Dämmmaterial
Vormauerschale 11,5 oder 9 cm; Luftschicht 6 bis 15 cm, darin Dämmmaterial einer Dicke, sodass stets eine restliche Luftschichtdicke von 4 cm verbleibt; HLz-Mauerwerk 17,5 bis 30 cm (auch 36,5 oder 49 cm); Innenputz 1,5 cm; Gesamtdicke 34 bis 58 cm, $k \geq 0{,}20\ W/(m^2 \cdot K)$.
c) Verblendmauerwerk mit Kerndämmung
Vormauerschale 11,5 oder 9 cm; Kerndämmmaterial 6 bis 15 cm; HLz-Mauerwerk 17,5 bis 30 cm (auch 36,5 oder 49 cm); Innenputz 1,5 cm; Gesamtdicke 34 bis 58 cm, $k \geq 0{,}16\ W/(m^2 \cdot K)$.

1.2.6 Ziegel für Decken und Vergusstafeln (DIN 4159 (2014–05), DIN 4160 (2000–04))

Diese Deckenziegel werden für die Herstellung von Ziegeldecken, Stahlbetonrippendecken nach DIN 1045 (Plattenbalkendecken; (siehe Abb. 1.19)) und Vergusstafeln nach DIN 1053-4 (2013–04) liegend hergestellte vorgefertigte Wandtafeln verwendet und dienen der Gewichtsersparnis, bei Decken als verlorene Schalung und guter Putzgrund sowie bei statisch mitwirkenden Ziegeln zur Kraftübertragung. Zu den Ziegeldecken gehören Stahlsteindecken nach DIN 1045 und liegend hergestellte vorgefertigte Stahlstein-Deckenplatten nach DIN 1053-4 (Fertigbauteile).

a) Statisch mitwirkende Deckenziegel nach DIN 4159 (1999–10) mit Berichtigung 1 (2000–6)
Rohdichten (Mittelwerte): 0,60 bis 1,40 kg/dm^3; Druckfestigkeiten (Mittelwerte): 20 bis 45 N/mm^2; Nennfestigkeiten f_k (kleinste Einzelwerte):16,0 bis 36,0 N/mm^2.
Ziegel für Ziegeldecken (ZD) nach DIN 1045 (2008–08) und DIN 1053-4 (2013–04), siehe Abb. 1.16:
    a) mit teilvermörtelbaren Stoßfugen (ZDT);
    Maße: b = 250 mm; l = 166 bis 500 mm; s_0 = 115 bis 340 mm; a ≥ 25 mm
    b) mit vollvermörtelbaren Stoßfugen (ZDV; für negative Momente);
    Maße: b = 250 mm; l = 166 bis 500 mm; s_0 = 90 bis 340 mm; a ≥ 25 mm.
Ziegel für Stahlbetonrippendecken (ZR) nach DIN 1045, siehe Abb. 1.16:
    a) mit teilvermörtelbaren Stoßfugen (ZRT)
    b) mit vollvermörtelbaren Stoßfugen (ZRV; für negative Momente);
    Maße: b = 250 bis 625 mm; l = 166 bis 500 mm; s_0 = 115 bis 340 mm; a ≥ 25 bis 40 mm.
Ziegel als Zwischenbauteile (ZZ) für Stahlbetonrippendecken nach DIN 1045, siehe Abb. 1.17:
    a) mit teilvermörtelbaren Stoßfugen (ZZT)
    b) mit vollvermörtelbaren Stoßfugen (ZZV; für negative Momente);
    Maße für a) und b): l = 166 bis 500 mm; s_0 = 115 bis 340 mm; Rippenachsabstände: 333 bis 750 mm; Auflagertiefen auf vorgefertigten Rippen ≥ 25 mm.
Ziegel für Vergusstafeln (ZV) nach DIN 1053-4, siehe Abb. 1.16:
    a) mit teilvermörtelbaren Stoßfugen (ZVT);
    Maße: b = 250 mm; l = 166 bis 500 mm; s_0 = 115 bis 365 mm; a ≥ 20 mm
    b) mit vollvermörtelbaren Stoßfugen (ZVV; für negative Momente);
    Maße: b = 250 mm; l = 166 bis 500 mm; s_0 = 90 bis 365 mm; a ≥ 20 mm.

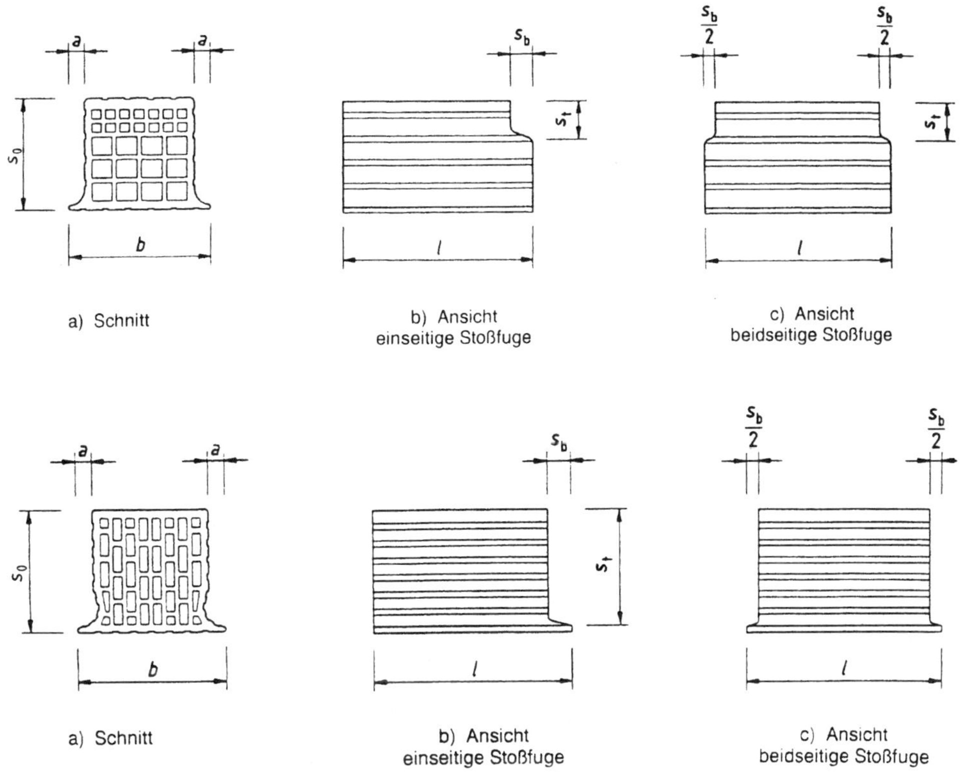

Abb. 1.16 Statisch mitwirkende Deckenziegel (Beispiele) nach DIN 4159 für die Herstellung von Ziegeldecken (ZD), Stahlbetonrippendecken (ZR) und Vergusstafeln (ZV) nach DIN 1045 und DIN 1053-4
oben: für teilvermörtelbare Stoßfugen (ZDT, ZRT, ZVT)
unten: für vollvermörtelbare Stoßfugen (ZDV, ZRV, ZVV)

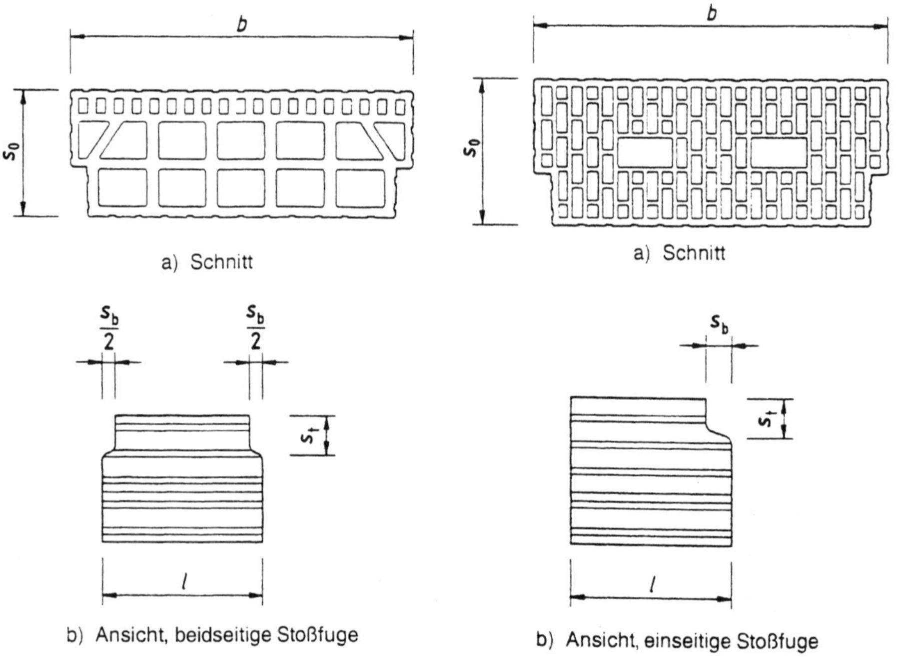

Abb. 1.17 Statisch mitwirkende Deckenziegel (Beispiele) für Zwischenbauteile (ZZ) nach DIN 4159 für die Herstellung von Stahlbetonrippendecken nach DIN 1045
links: für teilvermörtelbare Stoßfugen (ZZT)
rechts: für vollvermörtelbare Stoßfugen (ZZV)

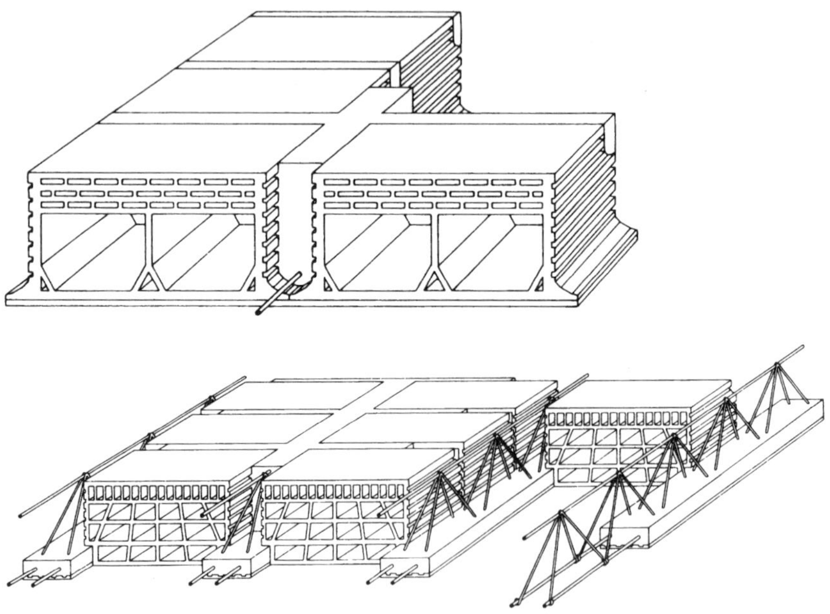

Abb. 1.18 Stahlbetonrippendecken (Plattenbalkendecken; Beispiele) mit statisch mitwirkenden Ziegeln ZRT (oben) und Zwischenbauteilen ZZT auf vorgefertigten Rippen (unten) [2]

b) Statisch nicht mitwirkende Deckenziegel nach DIN 4160 (2000–04) werden verwendet (siehe Abb. 1.19):
   - als Ziegel für Stahlbetonrippendecken mit Ortbetonrippen (Form A)
   - als Zwischenbauteile für Stahlbetonrippen- und Plattenbalkendecken mit ganz oder teilweise vorgefertigten Rippen (Form B)
   - als Ziegel für Balkendecken mit Ortbetonrippen (Form C)
   - als Zwischenbauteile für Balkendecken mit ganz oder teilweise vorgefertigten Rippen (Form D).

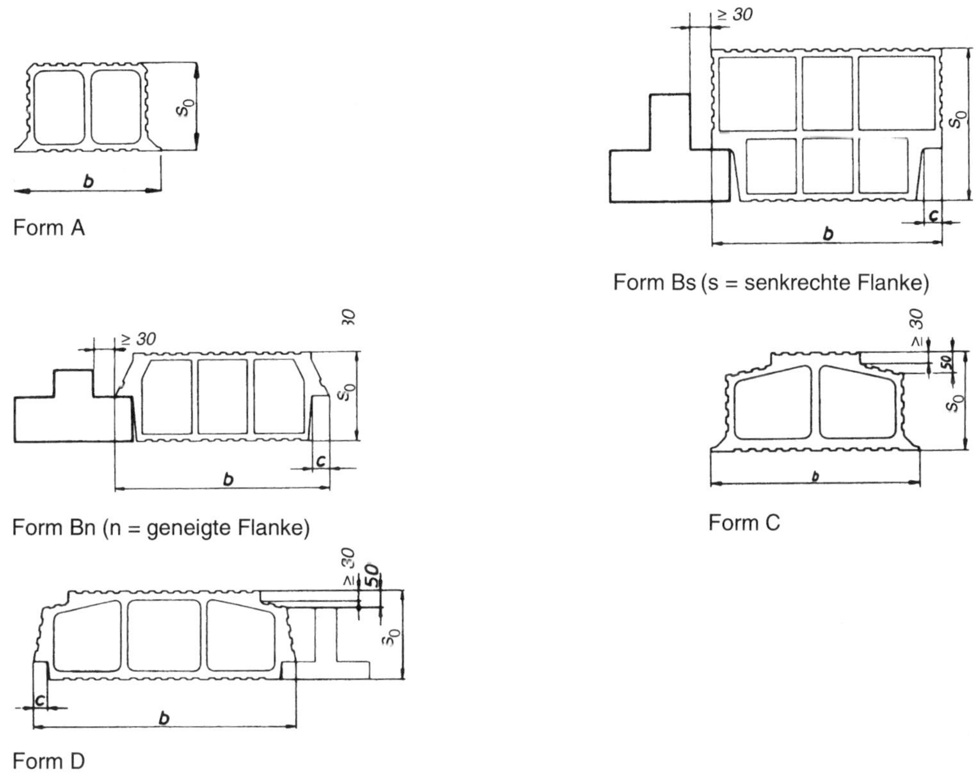

Abb. 1.19 Statisch nicht mitwirkende Deckenziegel nach DIN 4160 (Beispiele)

1.2.7 Tonhohlplatten (DIN 278 (1978–09))

Tonhohlplatten, auch Hourdis genannt, werden als lastabtragende Zwischenbauteile zwischen Deckenträgern aus Stahl, Stahlbeton, Spannbeton oder Holz (Kurzbezeichnung HD) sowie als Langlochziegel für leichte Trennwände (HT) verwendet. Ihr Trockengewicht (Masse) liegt zwischen 48 und 130 kg (siehe Abb. 1.20). Ebenfalls in DIN 278 genormt sind Hohlziegel für vorgefertigte Wandtafeln (Verbundtafeln HV), s.a. DIN 1053-4, Mauerwerk, Bauten aus Ziegelfertigbauteilen.

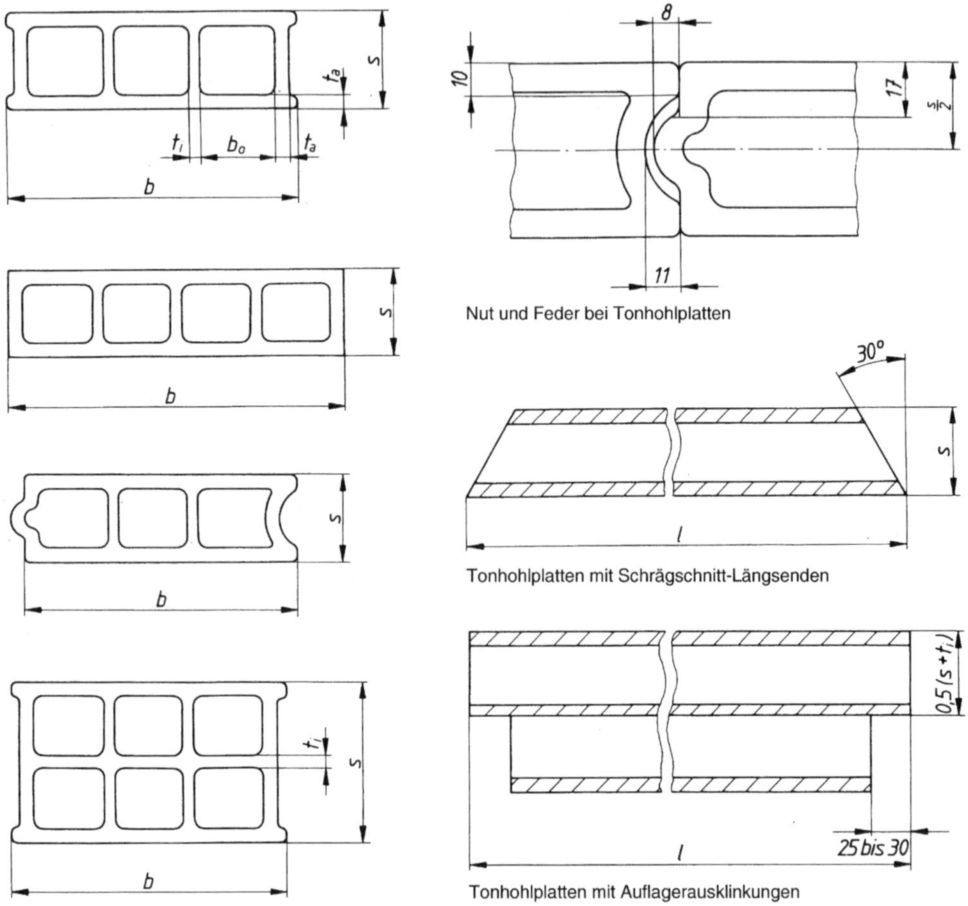

Abb. 1.20 Tonhohlplatten HD nach DIN 278 (Maße in mm)

1.2.8 Dachziegel

Normen

DIN EN 1304	(2013–08)	Dachziegel für überlappende Verlegung – Definition und Produktanforderungen
DIN EN 538	(1994–11)	Tondachziegel für überlappende Verlegung – Prüfung der Biegetragfähigkeit
DIN EN 539-1	(2005–12)	Tondachziegel; T1: Prüfung der Wasserundurchlässigkeit
DIN EN 539-2	(2013–08)	Tondachziegel; T2: Prüfung der Frostwiderstandsfähigkeit
DIN EN 1024	(2012–06)	Tondachziegel für überlappende Verlegung – Prüfung der geometrischen Kennwerte

Dachziegel sind flächige oder profilierte grobkeramische Bauelemente für Dacheindeckungen. Für Außenwandbekleidungen werden die Dachziegel wie auf dem Dach mit ihren Nasen auf Latten aufgehängt, müssen allerdings gelocht sein und zusätzlich, wie stets bei Dachneigungen ≥ 65°, durch Schrauben, Klammern o. Ä. gesichert werden. Dachziegel werden aus tonigen Massen durch Strangpressen oder Stempelpressen geformt und anschließend gebrannt (s.a. Abschn. 1.2.2 und 1.2.3).

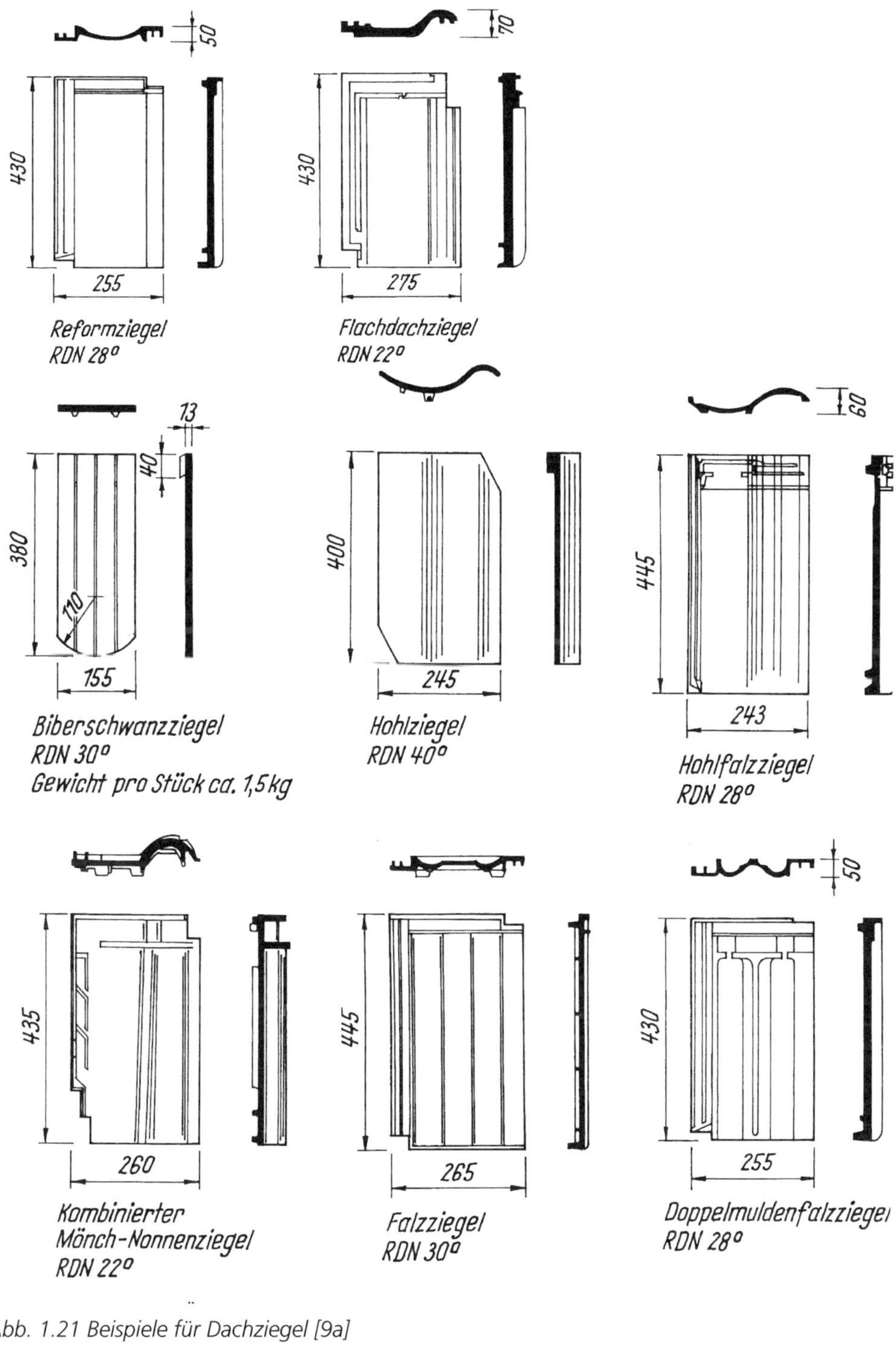

Abb. 1.21 Beispiele für Dachziegel [9a]

a) Arten (s.a. Abb. 1.24 bis 1.29)
   1. Strangdachziegel. a) ohne Falz: Biberschwanz-Dachziegel, Hohlziegel; b) mit Falz nur im seitlichen Überdeckungsbereich: Strangfalzziegel, Hohlfalzziegel o.Ä.
   2. Pressdachziegel. a) ohne Falz: Mönch- und Nonnen-Dachziegel, Krempziegel; b) mit Falz (diese Ziegel besitzen Ober- und Unterseitenverfalzung, sog. Ringverfalzung): Falzziegel, z.B. Doppelmuldenfalzziegel, Reformziegel (auch als Verschiebeziegel für variable Lattweiten, besonders als Umdeckziegel geeignet) u.Ä.; Flachdachziegel.
   3. Formziegel (gibt es als Zubehör i.d.R. für alle Dachziegelarten), z.B.: Ortgangziegel rechts und links bei Verwendung von Ortgangplatten, Doppelkremper bei Verwendung von Ortgangbrettern, Ortgangziegel mit verlängerten Lappen; ein- oder zweiteilige Durchgangsziegel für Sanitär- oder regensichere Dunstrohre; First- bzw. Walmdachziegel, First-Walm-Kappen; Kehlziegel, Lüftungsziegel; Turmfalzziegel (kleinformatig mit Löchern für Schraubbefestigung); Dachziegel für die Anbringung von Sicherheitstrittstufen und Schneefanggittern, auch aus Aluminium.
   4. Solarwärme-Systeme, üblicherweise oberhalb der Eindeckung
      Solarthermie-Systeme (ST) gibt es als Thermokollektoren oder als Photovoltaik-System (PV). Die Thermokollektoren sind großflächige vorgefertigte Dachelemente von ca. 2 m^2 Fläche oder Vakuumröhrenkollektoren (heat-pipe). Photovoltaiksysteme bestehen aus Solarmodulen (Flächenelemente aus gekoppelten Modulen mit ca. 160 bis 200 kWp-Leistung) mit poly- oder monokristallinen Zellen und einer Abdeckung aus spezialgehärtetem Glas. Der von den Solarzellen produzierte Gleichstrom wird über einen Wechselrichter ins öffentliche Stromnetz eingespeist und entsprechend dem Erneuerbare-Energien-Gesetz (EEG) vergütet oder direkt selbst genutzt.

b) Die Anforderungen an Dachziegel sind in der DIN EN 1304 (2013–08) – Tondachziegel für überlappende Verlegung – genormt. Sie beziehen sich auf Biegetragfähigkeit (DIN EN 538; je nach Ziegelart 600 bis 1200 N pro Ziegel); Wasserundurchlässigkeit (DIN EN 539-1; Anforderungsstufe 1: $\leq 0{,}5\ cm^3/(cm^2 \cdot Tag)$, Anforderungsstufe 2: $\leq 0{,}8\ cm^3/(cm^2 \cdot Tag)$); Frostwiderstandsfähigkeit (DIN EN 539-2; mind. 150 Frost-Tau-Wechsel); Toleranzen der geometrischen Kennwerte (DIN EN 1024): Ebenheit und Geradlinigkeit der Ziegel, Gleichförmigkeit der Querprofile, Abmessungen der Einzelziegel, Deckmaße (siehe Abb. 1.24). Die geometrischen Kennwerte selbst sind nicht genormt, sondern werden vom Hersteller angegeben. Die Normtoleranzen (i.d.R. ≤ 2 %) beziehen sich auf diese Herstellerangaben.
   Bezüglich der Oberfläche eines Ziegels sind zulässig: geschlossene blasenförmige Erhebungen mittl. Ø $\leq$ 10 mm, kleine Krater und Absplitterungen mittl. Ø $\leq$ 7 mm, Haarrisse im Oberflächenbereich, produktionsbedingte Farbnuancen, Reibungsspuren und Schleierbildungen (Ausblühungen, die allmählich durch Niederschlag verschwinden). Das Gewicht der üblichen Dachziegel beträgt etwa 3 bis 3,5 kg, der Bedarf pro m^2 14 bzw. 15 Stück, Großformatziegel bis 4 kg mit ca. 11 Stück/m^2.

c) Die natürliche Farbe der Dachziegel durch Brennen bei ca. 1000 bis 1100 °C ist rot. Durch Aufbringen von Tonschlämmen (Engoben) oder Glasuren vor dem Brand können praktisch auch alle anderen Farben erreicht werden: blau, grün, braun, schwarz usw., uni oder geflammt. Durch intensive Reduktion beim Brennprozess ergibt sich eine grauschwarze Farbe.

d) Die Güteüberwachung (Nachweis der Konformität mit DIN EN 1304) geschieht durch laufende Eigenüberwachung (Qualitätskontrolle) des Herstellers und teilweise durch freiwillige Fremdüberwachung (mind. 1 × jährlich) durch eine amtliche Materialprüfanstalt. Der Hersteller kann zur Güteüberwachung auch ein Qualitäts-Management-System nach DIN EN ISO 9000 anwenden. Zur Kennzeichnung (kodiert oder im Klartext) sind mind. 50 % aller Dachziegel mit Angaben über Herstellfirma und -zeitpunkt (Jahr und Monat) sowie Herkunftsland zu versehen.

e) Das Verlegen der Dachziegel geschieht nach den Regeln des Deutschen Dachdeckerhandwerks (siehe Abschn. 18.15). Zur Gewährleistung der Regensicherheit dürfen bestimmte **R**egel**d**ach**n**eigungen (RDN) nicht unterschritten, sondern sollen möglichst überschritten werden (siehe Tafel 1.9). Bei erhöhten Anforderungen, z.B. Unterschreitung der RDN, stark gegliederten Dachflächen, besonderen klimatischen Verhältnissen oder Nutzung des Dachgeschosses zu Wohnzwecken, sind Zusatzmaßnahmen erforderlich, wie z.B. Unterspannungen, Unterdeckungen oder Unterdächer (siehe Abb. 1.29). Deckmaße siehe Abb. 1.24.

Tafel 1.11 Regeldachneigung von Ziegeldächern [31]

	Form	Deckungsart	Regeldachneigung
Dachziegel mit Verfalzung			
Mehrfache Ringverfalzung	Flachdachziegel	Einfachdeckung	22°
Unterbrochene Ringverfalzung	Doppelmuldenfalz-/ Reformziegel		30°
Verschiebefalz			30°
Seitenverfalzung			35°
Dachziegel ohne Verfalzung			
Seitenaufkantung	Krempziegel	Einfachdeckung	35°
gewölbt	Hohlpfanne	Aufschnittdeckung	35°
	Hohlpfanne	Vorschnittdeckung	40°
	Mönch und Nonne	Einfachdeckung	40°
eben	Biberschwanzziegel	Doppel- und Kronendeckung	30°
		Einfachdeckung mit Spließen	40°

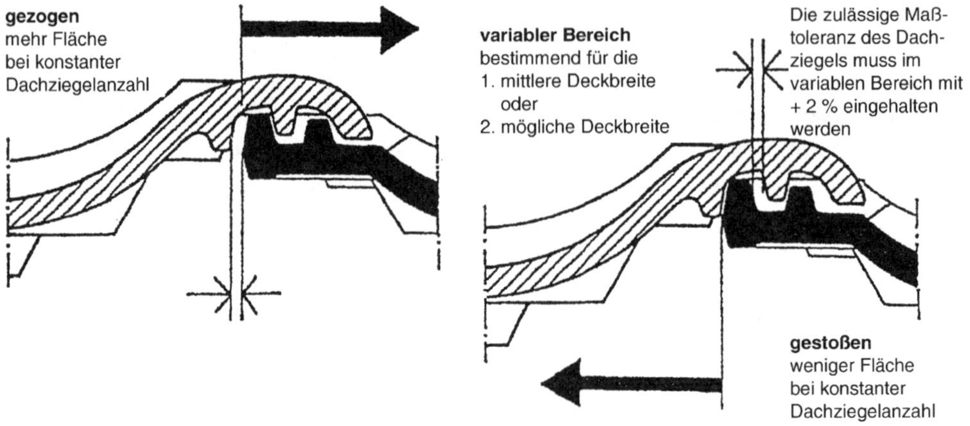

Abb. 1.23 Darstellung der variablen Bereiche in Krempe und Seitenfalz

Grundlage für die Prüftechnik
Nachfolgend wird eine Beispielrechnung zur Ermittlung der zulässigen Maßtoleranz im Zuge der Einzelabmessungen durchgeführt.

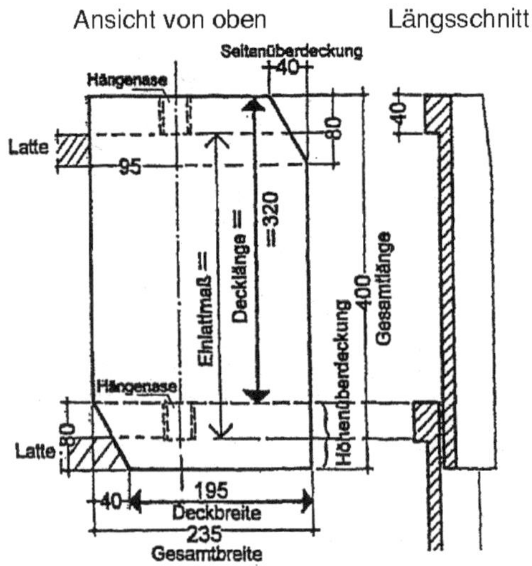

Abb. 1.24 Prinzip: Decklänge und Deckbreite am Beispiel einer Langschnittpfanne

Zulässige Abweichungen gemäß DIN EN 1024: ± 2,0 %
Vom Hersteller angegebene Einzelabmessungen, Beispiel Langschnittpfanne

l = 400 mm
b = 235 mm

Ermittlung des zulässigen Höchstmaßes: 400 + (400 · 0,02) = 408 mm
Das Vier-Ziegel-Eck ist der Bereich des Kreuzungspunktes der vier benachbarten Ziegel innerhalb der Deckung.

Prinzip A	Prinzip B
Bei den meisten Deckungsarten, insbesondere bei Falzziegeldeckungen, überdecken sich alle vier Ziegel in vier Ebenen.	Bei der Vorschnittdeckung im Hohlpfannendach und einigen anderen Falzziegeldeckungen überdecken sich vier Ziegel in 3 Ebenen.

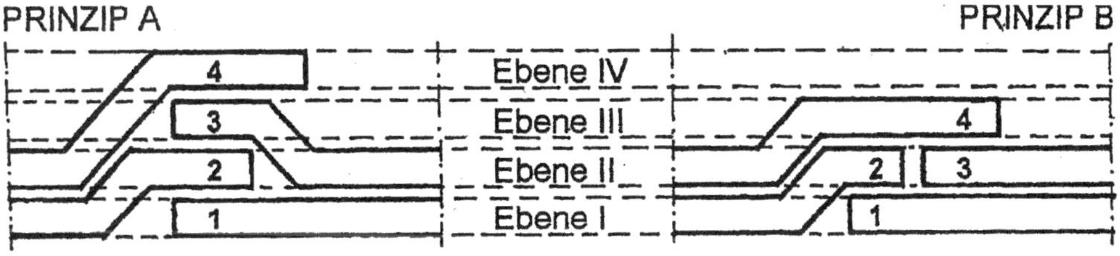

Schematische Darstellung

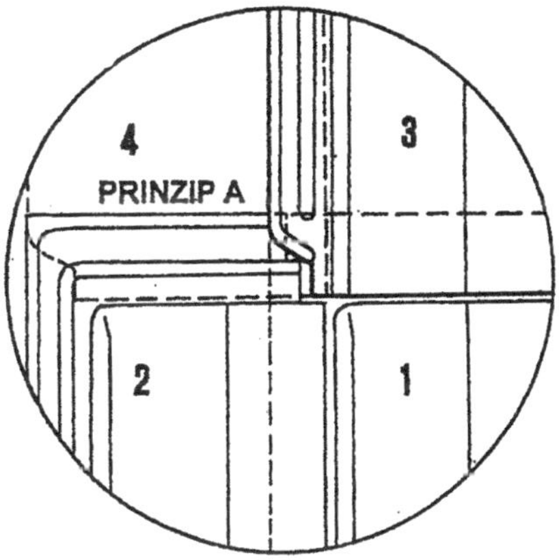

Beispiel:
Vier-Ziegel-Eck bei der Deckung mit Flachdachziegeln (gerade Krempe)

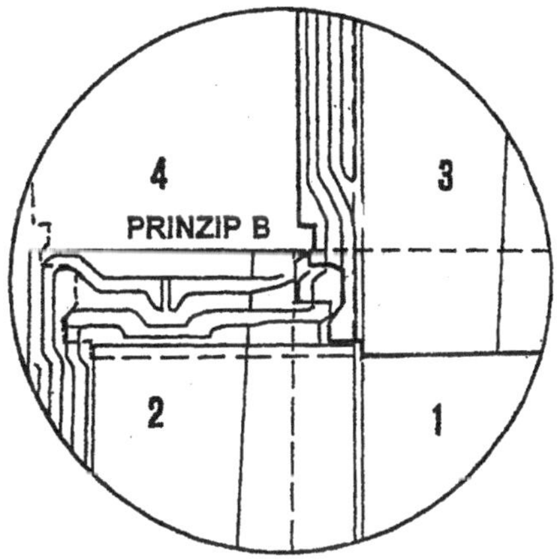

Beispiel:
Vier-Ziegel-Eck bei der Deckung mit Flachdachziegeln (konische Krempe)

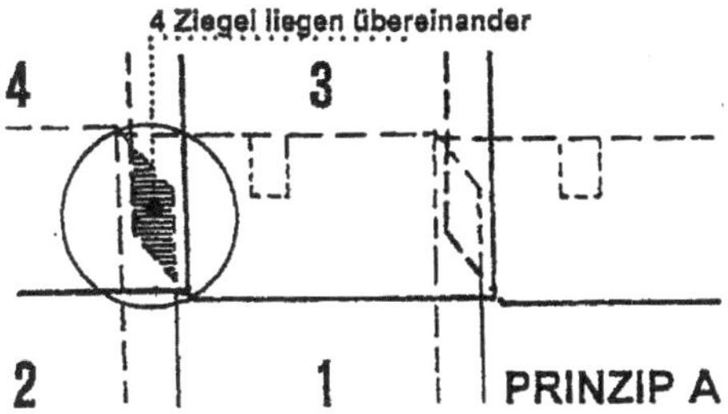

Vier-Ziegel-Eck bei der Aufschnittdeckung (Kurzschnittziegel, Hohlpfanne)

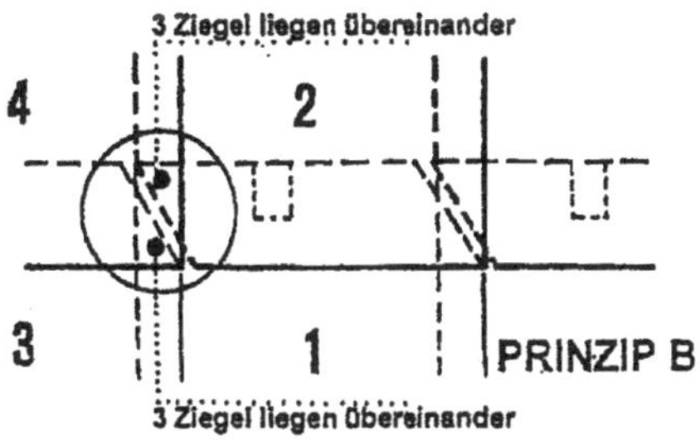

Vier-Ziegel-Eck bei der Vorschnittdeckung (Langschnittziegel, Hohlpfanne)

Abb. 1.25 Vierziegeleck

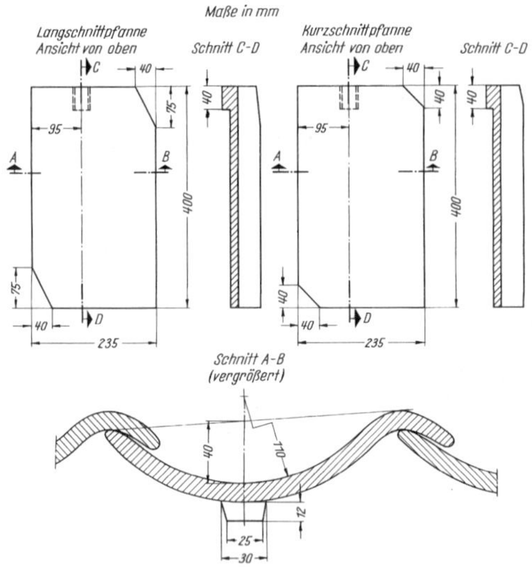

Abb. 1.26 Hohlpfannen

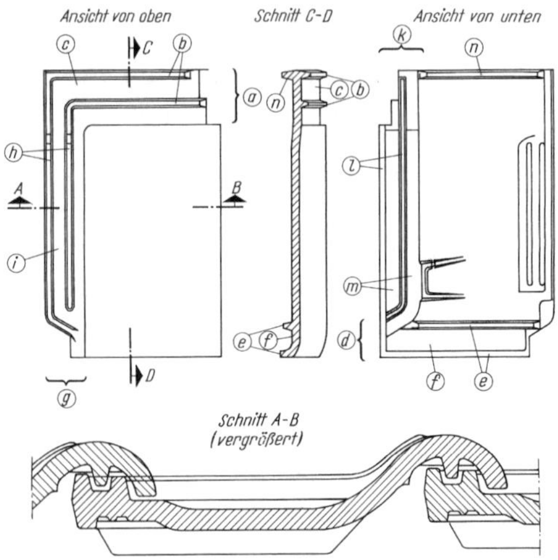

Abb. 1.27 Flachpfanne, einfach gefalzt

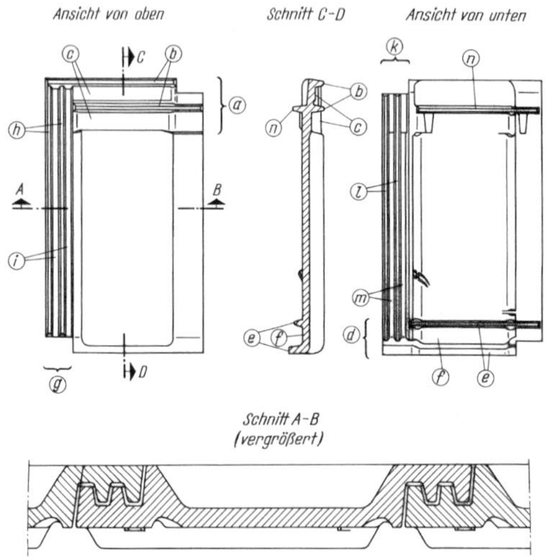

Abb. 1.28 Doppelfalzziegel

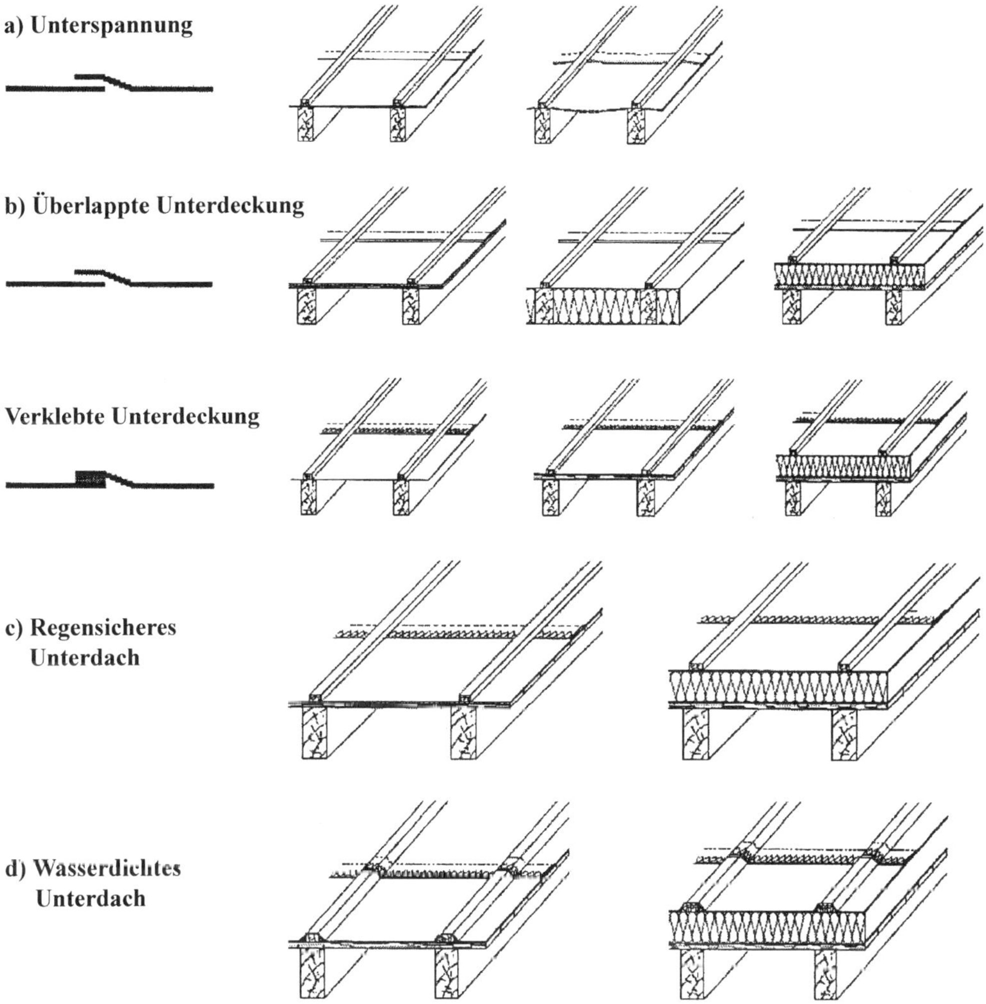

Abb. 1.29 Zusatzmaßnahmen zur Regensicherheit von Dachdeckungen [9a]

a) Unterspannung mit Unterspannbahnen ohne oder mit (ca. 2 cm) Durchhang. Unterspannungen werden als belüftete Konstruktion ausgeführt.
b) Unterdeckung (regensicher) mit überdeckenden und aufliegenden Bahnen. Die Konterlattung ist nicht eingebunden.
c) Unterdach (regensicher). Die Konterlattung ist i.d.R. nicht eingebunden. Lüftungsöffnungen sind zulässig.
d) Unterdach (wasserdicht). Naht- und Stoßverbindungen der Unterspannbahnen müssen wasserdicht sein. Die Konterlattung ist wasserdicht eingebunden.

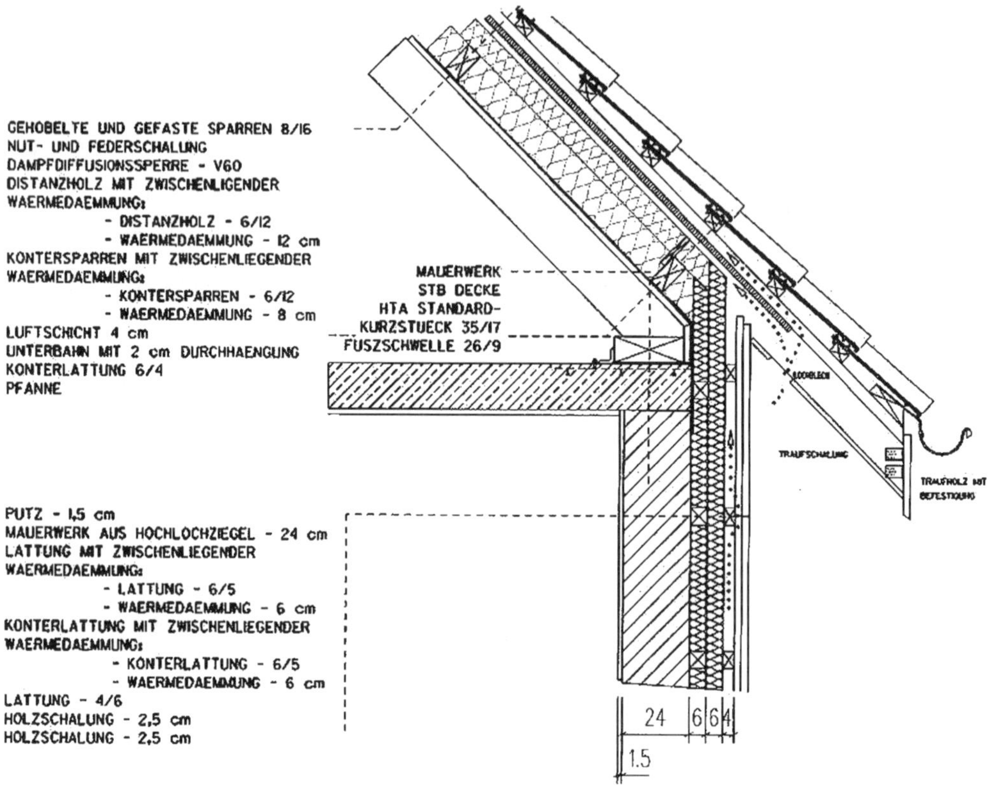

Abb. 1.30 Traufdetail

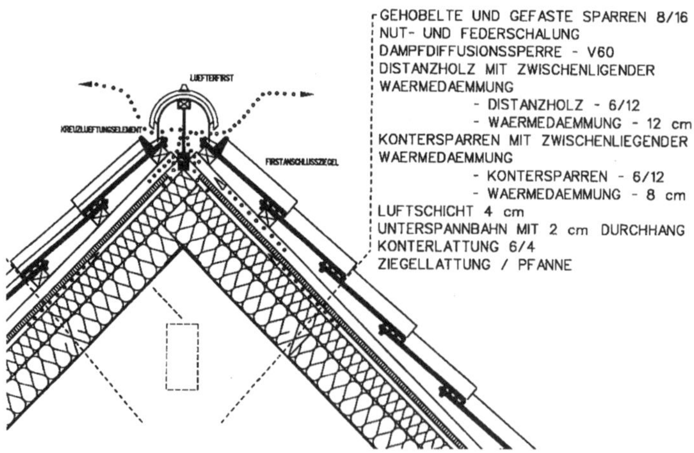

Abb. 1.31 Firstdetail

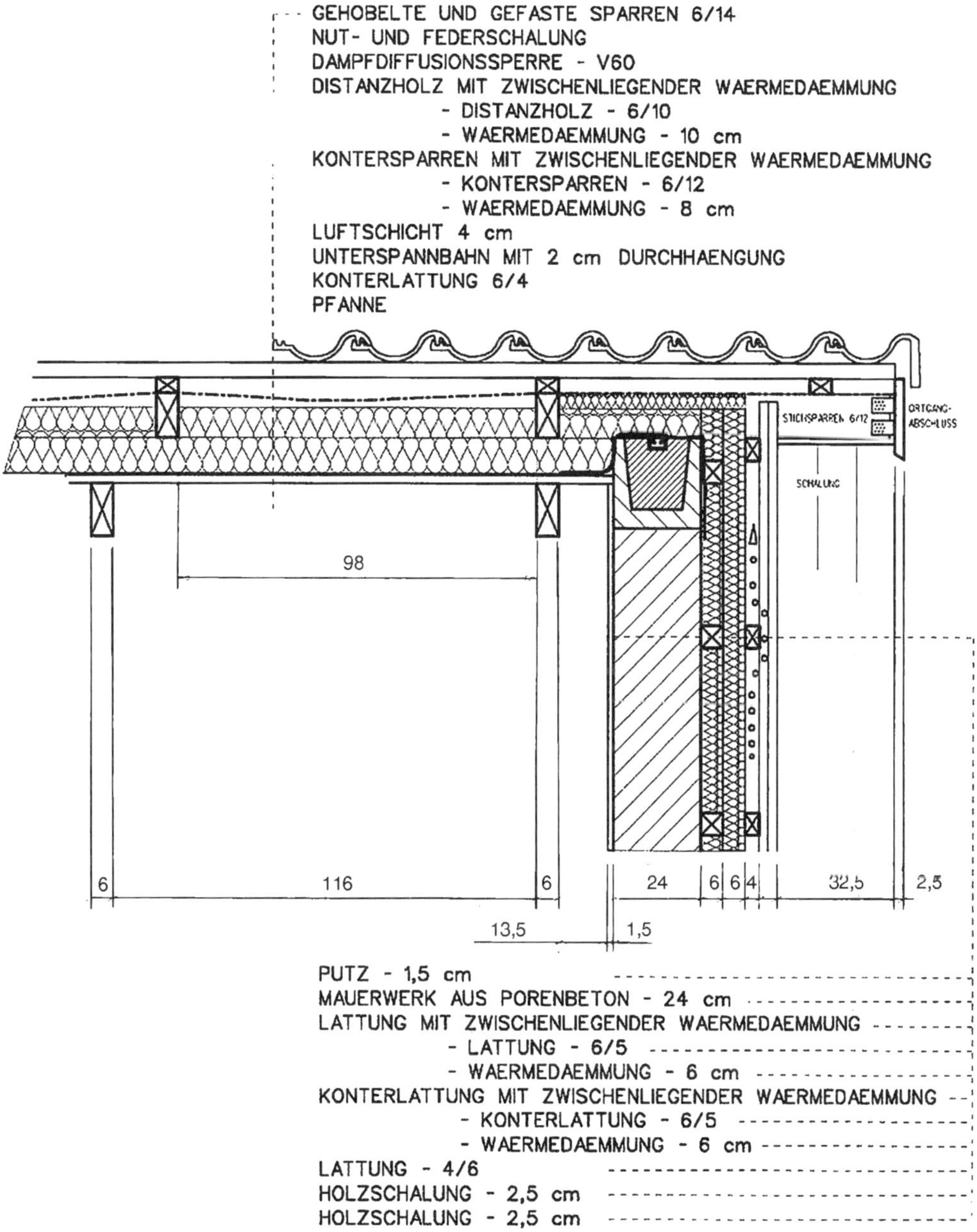

Abb. 1.32 Ortgangdetail

1.2.9 Schornsteinziegel (DIN 1057-1 (1985–01))

Schornsteinziegel für frei stehende massive Schornsteine nach DIN 1056 können Klinker, Ziegel oder Kalksandsteine als Vollsteine ohne oder mit Lochung (≤ 15 % der Lagerfläche) sein; diese müssen frostbeständig sein. Radialziegel sind Mauerziegel im Radialformat (Abmessungen siehe Abb. 1.34) und für Schornsteinaußenradien von 500 bis 4500 mm ausgelegt. Es gibt Radialvollziegel (Rz) bzw. Radialklinker (R) in den Rohdichteklassen 1,8 bzw. 2,0 und in den Druckfestigkeitsklassen 12 bis 36 bzw. 28 und 36 (siehe Tafeln 1.10 und 1.11).

Die Bezeichnung für einen Radialvollziegel der Druckfestigkeitsklasse 20, Rohdichteklasse 2,0, Höhe 71 mm und Form-Kurzzeichen 2403 (l = 240 mm, b = 100 mm, r_a = 700 mm für Schornsteinaußenradien von 600 bis 800 mm (siehe Abb. 1.33) lautet:
Radialziegel DIN 1057 – Rz 20 – 2,0 – 71 – 2403

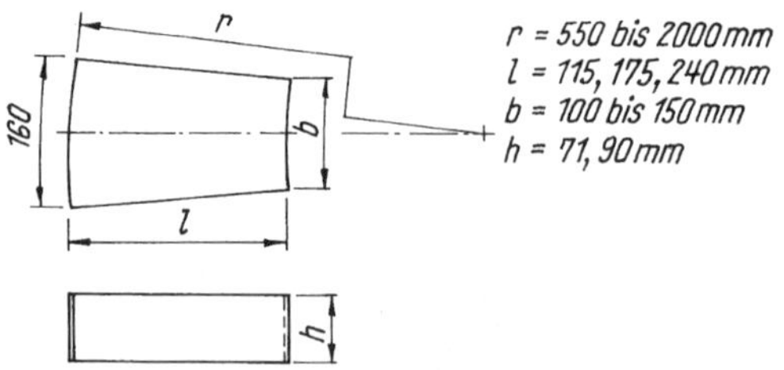

Abb. 1.33 Radialziegel nach DIN 1057 (Schornsteinziegel)

1.2.10 Keramische Fliesen und Platten

Normen

DIN EN 14 411	(2012-12)	Keramische Fliesen und Platten – Definitionen, Klassifizierung, Eigenschaften, Konformitätsbewertung und Kennzeichnung
DIN EN ISO 10 545-1	(2015-02)	Keramische Fliesen und Platten – Probenahme und Grundlagen für die Annahme
-2	(1997-12)	wie vor; Bestimmung der Maße und der Oberflächenbeschaffenheit
-3	(1997-12)	wie vor; Bestimmung der Wasseraufnahme, offenen Porosität, scheinbarer relativer Dichte und Rohdichte
-4	(2014-11)	wie vor; Bestimmung der Biegefestigkeit und der Bruchlast
-6	(2012-05)	wie vor; Bestimmung des Widerstandes gegen Tiefenverschleiß, unglasierte Fliesen und Platten
-7	(1999-03)	wie vor; Bestimmung des Widerstandes gegen Oberflächenverschleiß – Glasierte Fliesen und Platten
-9	(2013-12)	wie vor; Bestimmung der Temperaturwechselbeständigkeit
-12	(1997-12)	wie vor; Bestimmung der Frostbeständigkeit
DIN EN 12 004	(2014-02)	Mörtel und Klebstoffe für keramische Fliesen und Platten; Anforderungen, Konformitätsbewertung, Klassifizierung und Bezeichnung
DIN 18 157-1 E	(2016-01)	Ausführung von Bekleidungen und Belägen im Dünnbettverfahren; Zementhaltige Mörtel
DIN 18 158 E	(2016-01)	Bodenklinkerplatten
DIN 18 352	(2012-09)	Fliesen- und Plattenarbeiten
DIN 18 515-1	(2015-05)	Außenwandbekleidungen: Angemörtelte Fliesen oder Platten; Grundsätze für Planung und Ausführung

Keramische Fliesen und Platten werden aus einem Gemisch aus Ton, Kaolin, Sand und anderen mineralischen Rohstoffen stranggepresst oder unter hohem Druck in Stahlformen geformt und bei über 900 °C gebrannt. Sie werden im Dickbett-Verfahren mit Zementmörtel oder nach neueren Verfahren im Dünnbett-Verfahren mit hydraulischen Mörteln oder Dispersions- bzw. Epoxidharz-Klebstoffen (DIN 18 157-1(2016–01)) mit dem Untergrund verbunden.

Für keramische Fliesen und Platten gilt die DIN 14 411 (2012–12). Sie ist die Grundlagennorm und regelt Begriffe, Klassifizierung, Gütemerkmale und Kennzeichnung von keramischen Fliesen und Platten.

Man unterscheidet:

a) Trockengepresste keramische Fliesen und Platten (Verfahren B)

a.1) mit einer Wasseraufnahme E > 10 % (Gruppe B III) nach DIN EN 159 (1991–12, zurückgezogen). Maße: 108×108 bis 400×400 mm. Oberfläche (s.u.) GL. Anwendung: Wand- und Bodenbeläge vorwiegend im Innenbereich, da nicht frostbeständig.

a.2) mit einer Wasseraufnahme E ≤ 3 % (Gruppe B I) nach DIN EN 176 (2005–01). Maße: 100×100 bis 400×300 mm. Oberfläche (s.u.) GL oder UGL. Anwendung: Wand- und Bodenbeläge im Innen- und Außenbereich.

Die Oberfläche der keramischen Fliesen und Platten kann eben, profiliert, wellig, dekoriert oder auf andere Weise gestaltet sein, außerdem glänzend, matt oder halbmatt glasiert (GL) oder unglasiert (UGL).

b) Stranggepresste keramische Fliesen und Platten (Verfahren A) mit niedriger Wasseraufnahme E ≤ 3 % (Gruppe A I) nach DIN EN 121 (1991–12, zurückgezogen). Sie werden als Doppelplatten geformt und nach dem Brennen gespalten (Spaltplatten; siehe Abb. 1.34) oder als einzeln gezogene Platten vom gezogenen Strang abgeschnitten und vielfach nachgepresst. Bevorzugte Maße: 240×115, 240×73, 220×110, 219×66, 217×105 mm. Die Oberfläche kann eben oder profiliert sowie glasiert (GL) oder unglasiert (UGL) sein. Anwendung: Wand- und Bodenbeläge im Innen- und Außenbereich.

c) Bodenklinkerplatten nach DIN 18 158 (2016–01). Sie haben ein dichtes Gefüge und sind abriebfest sowie widerstandsfähig gegen Frost sowie Witterungs- und chemische Einflüsse. Ansichtsfläche eben oder profiliert, Kanten gefast oder ungefast. Maße: 100×200 bis 300×300 mm, Dicke 10 bis 40 mm.

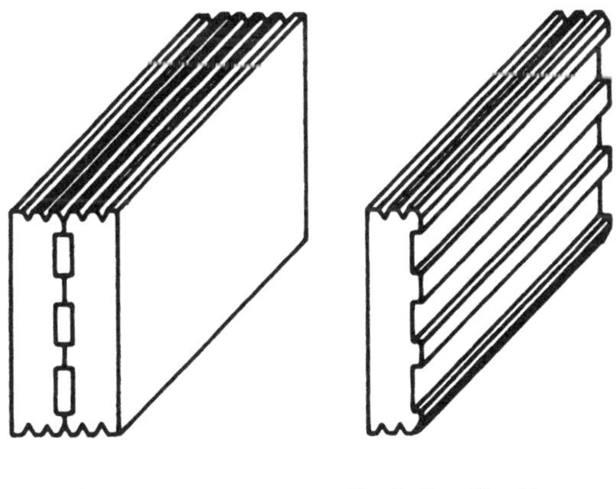

Abb. 1.34 Keramische Spaltplatte

1.2.11 Feuerfeste Steine

Feuerfeste Steine haben einen höheren Schmelzpunkt als Mauerziegel (bei 1580 °C noch keine Verformung) und werden daher zum Ausmauern von Feuerungsanlagen (z.B. Hoch-

öfen, Stahlkonverter) verwendet. Normen sind u.a. DIN EN 51 060 (Definition der Begriffe feuerfest und hochfeuerfest (2000–06)), DIN 1081 (1998–04) und 1082-1 bis -4 (Maße von keramischen feuerfesten Werkstoffen) sowie DIN 1089-1 (1988–01) bis -3 (Feuerfeste Werkstoffe für Koksöfen: Silicasteine, Schamottesteine, Mörtel (1995–02)).
Schamottesteine werden aus feuerbeständigem Ton unter Zusatz von Schamottemehl scharf gebrannt. Schamottemehl ist gemahlener (gekörnter), gebrannter, feuerfester Ton. Schamotterohre für Rauch- und Abgasschornsteine werden als Vierkantrohre von 10,5/14 cm bis 60/60 cm oder als Rundrohre bis 60 cm Durchmesser hergestellt (Baulänge 50 cm). Anstelle von Rohren nimmt man auch Einzelplatten mit Nut und Feder, aus denen die Querschnitte zusammengesetzt werden können.
Silica- und Dinassteine werden aus Quarzsand oder zerkleinertem Quarzsandstein (Dinassand) mit Quarzmehl und wenig Ton gebrannt. Wird außerdem Schamottemehl zugefügt, so erhält man den Quarzschamottestein.
Magnesitsteine sind hochfeuerbeständig und zum Ausfüttern von Schmelzöfen usw. geeignet. Magnesit ($MgCO_3$) wird bei 1500 °C bis zur Sinterung gebrannt.
Weitere Arten: Forsteritstein (Magnesiumsilicat), Dolomitstein, Chrom-Magnesitstein, Sillimanitstein (Schmelzpunkt 1800 °C), Korundstein (Al_2O_3), Kohlenstoffsteine, Siliciumcarbidsteine.

1.2.12 Steinzeug für Abwassersysteme (Siehe auch [4])

Normen

DIN EN 295-1	(2013-05)	Steinzeugrohrsysteme für Abwasserleitungen und -kanäle; Anforderungen an Rohre, Formstücke und Verbindungen
-2	(2013-05)	wie vor; Bewertung der Konformität und Probenahme
-3	(2012-03)	wie vor; Prüfverfahren
-4	(2013-05)	wie vor; Anforderungen an Übergangs- und Anschlussbauteile und flexible Kupplungen
-5	(2013-05)	wie vor; Anforderungen an gelochte Rohre und Formstücke
-6	(2013-05)	wie vor; Anforderungen an Bauteile für Einstieg- und Inspektionsschächte
-7	(2013-05)	wie vor; Anforderungen an Rohre und Verbindungen für Rohrvortrieb
DIN 18 902	(1986-06)	Steinzeugteile für den Stallbau; Schalen, Platten, Tröge; Maße, Anforderungen, Prüfung

a) Herstellung: Die Rohmasse besteht aus einem Gemisch aus verschiedenen Tonarten, dem als Magerungsmittel Schamotte zugesetzt wird. Aus dem Ringspalt am Mundstück einer Schneckenpresse mit Unterdruckkammer werden Muffe und Schaft der Rohre in einem Arbeitsgang geformt. Dabei wird in den noch weichen Ton die Kennzeichnung eingeprägt: DIN EN 295, Hersteller, Nennweite, Tragfähigkeit, Verbindungssystem. Die Rohre werden auf der Muffe stehend bei 80 °C getrocknet und im Tunnelofen bis zur Sintertemperatur von 1150 °C gebrannt (Brenndauer etwa drei Tage). Vor dem Brennen wird der Rohling in einen Glasurschlicker (Lehm, Ton, Kalk, Dolomit, Quarz, Metalloxide) eingetaucht, der sich mit dem Rohr fest verbindet und ihm die Glasoberfläche gibt. Hieraus ergeben sich auch die wichtigsten Eigenschaften wie Langlebigkeit, chemische Beständigkeit, Abriebfestigkeit und geringe Wandrauigkeit.

b) Arten (siehe Abb. 1.35): b.1) Steinzeugrohre mit Nennweiten von DN 100 bis 200 (Baulängen 1 bis 2,50 m). Sie haben eine mit der Muffe fest verbundene Lippendichtung aus Kautschuk-Elastomer-Kunststoff: einseitige Steckmuffe L nach dem Verbindungssystem F. b.2) Rohre ab DN 200 bis 1200 (Baulänge 2 bzw. 2,5 m). Sie besitzen in der

Muffe harte und am Spitzende weiche Dichtelemente aus Polymerwerkstoff: zweiteilige Steckmuffe K nach dem Verbindungssystem C. Bei Steinzeugrohren mit der Steckmuffe S nach dem Verbindungssystem C, Baulänge 2,5 m, werden Muffe und Spitzende nach dem Brennen der Rohre präzisionsgeschliffen. Anschließend wird auf dem Spitzende ein Kautschuk-Elastomer-Dichtring aufgebracht. b.3) Für die Aufnahme von Sickerwasser gibt es gelochte Steinzeugrohre DN 100 bis 300 mit Steckmuffe L nach Verbindungssystem F.

Vortriebsrohre DN 150 bis 1000, Baulängen 1 bis 2 m, ermöglichen wie bei den Stahlbetonrohren (siehe Abschn. 1.3.10) die geschlossene Bauweise ohne Baugrube. Die Kupplung besteht bei DN 150 aus glasfaserverstärktem Polypropylen, sonst aus V4A-Edelstahl (ähnlich Abb. 1.35c). Für den Vortrieb gibt es auch Schachtanschlussstücke DN 200 bis 1000 für den Einbau in vorhandene Ortbeton- oder gemauerte Schächte.

c) Zubehör und Sonderbauteile: c.1) Gelenkstücke zum Anschluss an Gebäude, DN 150 bis 1200; Bögen DN 100 bis 300 (15 bis 90°); Abzweigungen DN 100 bis 300 (45° und 90°); Übergangsstücke zwischen Rohren mit unterschiedlichen Nennweiten DN_1/DN_2 100/125 bis 250/300; Anschlussstutzen DN 150 bis 200, die in vorgebohrte Scheitellöcher eingeklebt werden; Verschlussteller DN 100 bis 300. c.2) Schächte DN 800 bis 1200, ähnlich Abb. 1.58. c.9) Halbschalen (180°; DN 100 bis 400); Sohlschalen (90° und 120°; DN 250 bis 600); Steinzeugteile für den Stallbau, wie Schalen, Platten, Tröge (DIN 18 902).

d) Eigenschaften: Die Tragfähigkeit der Rohre reicht je nach Nennweite (DN 100 bis 1200) von 34 kN/m bis 60 kN/m bei der Normallastreihe N bzw. bis 96 (auf Anfrage 128) kN/m bei der Hochlastreihe H mit verstärkter Wanddicke. Außerdem erfüllen die Rohre die Normanforderungen u.a. an chemische Beständigkeit, Wasser- und Luftdichtheit, Wandrauheit und Abriebfestigkeit, die Muffenverbindungen an Dichtheit, Wurzelfestigkeit, biologische, chemische und Alterungsbeständigkeit.

e) Anwendung: Steinzeugrohre werden als Freispiegel- und Niederdruckleitungen in der Abwassertechnik verwendet. Besonders wichtig ist hierbei ihre Dichtheit in Wassereinzugsgebieten und Trinkwasserschutzzonen.

f) Montage: f.1) Rohre DN 100 bis 200 (einseitige Lippendichtung L): Muffe und Spitzende werden vor dem Zusammenschieben gesäubert und mit Gleitmittel eingerieben. f.2) Rohre mit Steckmuffe K und S: die Muffendichtung wird mit Gleitmittel eingerieben. Dann wird das nächste Rohrstück mit einer Brechstange über ein gegen die Muffe gelegtes waagerechtes Kantholz in die Muffe eingeschoben. f.3) Das Kürzen von Rohren bis DN 300 geschieht mit der Schneidkette. Die verloren gegangene Dichtung am Spitzende wird durch Aufsetzen eines Passrings ersetzt.

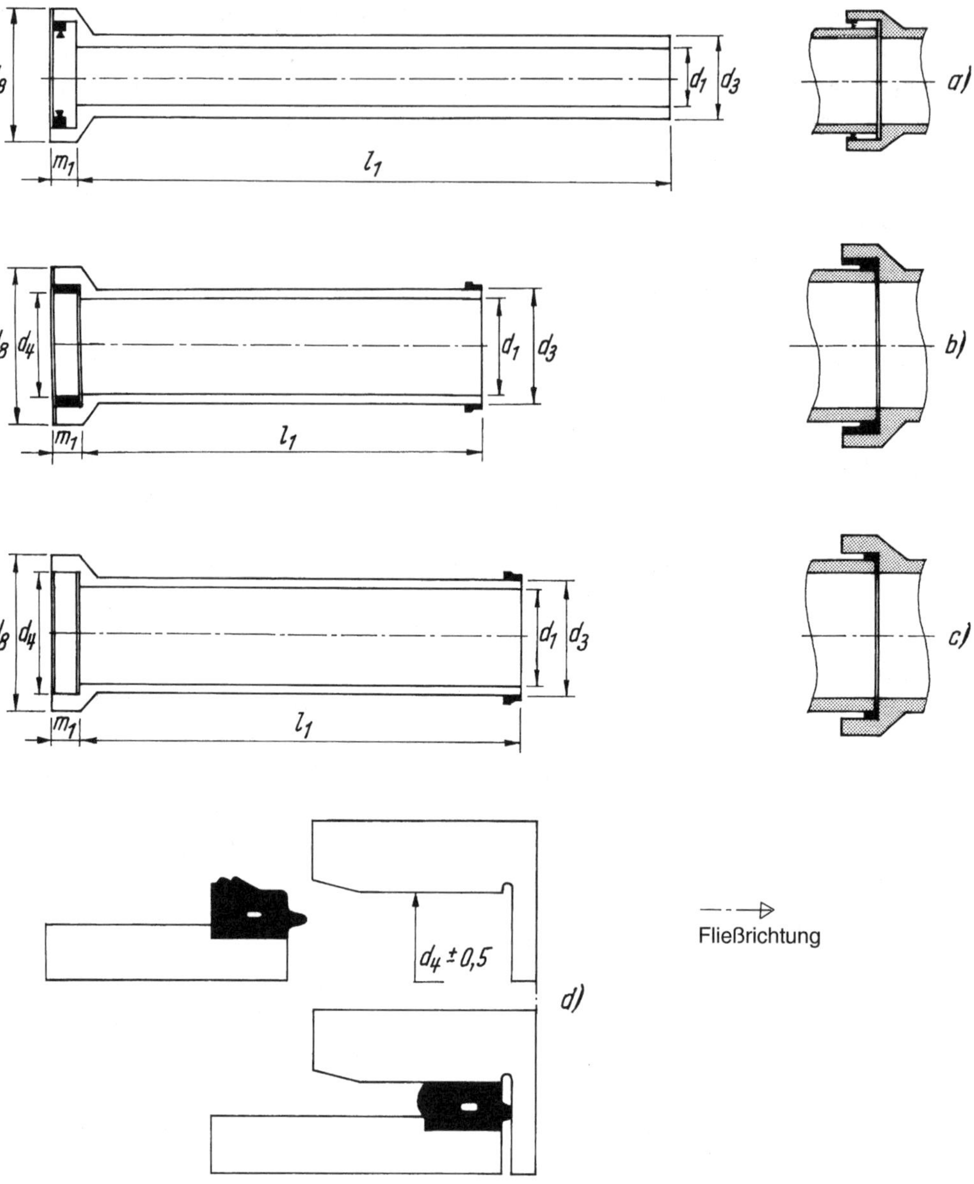

Abb. 1.35 Steinzeugrohre nach DIN EN TB 50 (2000–05) (schematisch) [4]
a: einteilige Steckmuffe L (Lippendichtung) nach Verbindungssystem F.
b: zweiteilige Steckmuffe K nach Verbindungssystem C aus Polymerwerkstoff: weich am Spitzende und hart in der Muffe.
c: einteilige Steckmuffe S nach Verbindungssystem C. Spitzende und Muffe werden nach dem Brennen präzisionsgeschliffen. Danach wird auf dem Spitzende ein Kautschuk-Elastomer-Dichtring aufgebracht.
d: Funktionszeichnung der Steckmuffe S nach Verbindungssystem C.

1.2.13 Ziegelfehler

Als Fehler an Ziegeln sind insbesondere Abplatzungen und Ausblühungen auf der Ziegeloberfläche zu betrachten.

a) Abplatzungen entstehen durch sog. Kalkknollen, kleine Calciumcarbonat-Stückchen ($CaCO_3$), im plastischen Ton. Sie werden beim Ziegelbrennen zu Branntkalk (CaO). Sobald Feuchtigkeit an und in den Ziegel gelangt, bilden die Branntkalkstücke mit dem Wasser gelöschten Kalk [Calciumhydroxid $Ca(OH)_2$]; ihr Volumen vergrößert sich dabei, und Teile des Ziegels werden dadurch abgesprengt. Es ist daher wichtig, dass der Kalk bei der Aufbereitung des Ziegeltons gut zerkleinert (Korngröße höchstens 1 mm) und in der Tonmasse fein verteilt wird. Ein gewisser Kalkgehalt (bis etwa 25 Gew.-%) ist unter diesen Umständen zulässig.

b) Helle Ausblühungen können dadurch entstehen, dass im gebrannten Ziegel enthaltene Salze durch eingedrungenes Wasser aufgelöst werden und beim Austrocknen wieder auskristallisieren. Die Salze sind vor allem Glaubersalz (Natriumsulfat $Na_2SO_4 \cdot 10\ H_2O$), ferner Gips (Calciumsulfat $CaSO_4 \cdot H_2O$) und kohlensaurer Kalk (Calciumcarbonat $CaCO_3$), nur selten echter Mauersalpeter = Calciumnitrat $Ca(NO_3)_2$. Das Entfernen der Ausblühungen geschieht am besten durch trockenes Abbürsten. Bei nassem Abbürsten gehen die ausgeblühten Salze zurück in Lösung und werden teilweise wieder vom Stein aufgesogen. Bei Carbonatausblühungen nach dem Abbürsten ggf. Absäuern mit 5- bis 6-%-iger Essigsäure oder Salzsäure (1:10 verdünnt für Mauerflächen, 1:50 verdünnt für Putzflächen). Dabei ist ausgiebiges Vornässen und kräftiges Nachwaschen der Mauerfläche wichtig, damit zunächst die Ziegelporen mit Wasser gefüllt und anschließend die löslichen Chloride abgewaschen werden.

1.2.14 Lehmbau (Siehe auch [8])

a) Allgemeines

Lehmbau ist eine der ältesten Bautechniken der Menschheit und wurde bereits in historischen Städten, wie z.B. Jericho in Jordanien oder Mohenjo Daro am Indus, für den Hausbau verwendet. Lehmbauweisen gewinnen in Deutschland wieder an Bedeutung. Als Baulehm wird heute ein Lehm verwendet, der sich nach eingehender Untersuchung für Bauzwecke eignet. Seine Bindekraft beruht auf der Anziehungskraft zwischen den flächigen Seiten der plättchenförmigen Tonkristalle (siehe Abschn. 1.1.4 D). Durch Wasserzugabe wird der Ton in eine verarbeitbare steife bis flüssige Konsistenz gebracht. Die Erhärtung geschieht dann durch Austrocknung. Ton ist wasserempfindlich und muss gegen Wasser, insbesondere gegen Schlagregen, geschützt werden. Baulehm lässt sich durch Zerkleinerung und erneute Wasserzugabe wieder aufbereiten und erneut als Baustoff verwenden (Recycling!).

b) Lehmbaustoffe

Lehmbaustoffe werden aus Baulehm und faserförmigen organischen und mineralischen Zuschlägen hergestellt, die zur Magerung dienen, d.h. die Trockenschwindung verringern und seine Festigkeit und Wärmedämmung optimieren sollen. Sie sind als Fertigmischung trocken oder erdfeucht, aber auch verarbeitungsfertig plastisch bis nass lieferbar. Zwecks besserer Trocknung sollte der Einbau nasser Lehmbaustoffe auf die Sommermonate beschränkt werden. Andernfalls sind besondere Trocknungsmaßnahmen vorzusehen.

Man unterscheidet folgende Arten von Lehmbaustoffen:

- Stampflehm: Rohdichte ca. 2000 kg/m³. Er wird in erdfeuchter Konsistenz in Schalungen gestampft oder zu Steinen oder Blöcken gepresst und ist für tragende Wände geeignet. Steine und Blöcke, die zusätzlich mit Zement stabilisiert werden, sind der weltweit verbreitetste Lehmbaustoff (compressed blocs).
- Stroh- oder Faserlehm: weichplastische Mischung aus Baulehm und pflanzlichen Faserstoffen, i.d.R. Stroh. Er wird verwendet für Fachwerkausfachungen, z.B. auf einem Geflecht aus Staken und Ruten (siehe Abb. 1.36). Strohlehm dient auch zur Verfüllung historischer Stakendecken (siehe Abb. 1.37).
- Leichtlehm: Rohdichte ≤ 1200 kg/m³. Er wird breiig bis flüssig mit Holzhackschnitzeln (Holzleichtlehm), Stroh (Strohleichtlehm) oder mineralischen Leichtzuschlägen angemacht und vor allem für Ausfachungen von Tragskeletten (meist Holzfachwerke) und für die Herstellung wärmedämmender Innenschalen im Altbau verwendet. Aus Leichtlehm werden auch Steine (Leichtlehmsteine) und Platten hergestellt.
- Lehmschüttungen: Rohdichte 400 bis 2000 kg/m³. Mischung aus erdfeuchtem Baulehm und organischen oder mineralischen Zuschlägen. Dient z.B. für die Verfüllung waagerechter Balkendecken.
- Lehmsteine werden aus Lehmbaustoffen im Handstrich-, Press- oder Strangpressverfahren hergestellt. Sie werden für die Ausfachung von Fachwerk und als Außenputzträger (siehe Abb. 1.38) verwendet und sind bei ausreichender Festigkeit auch für tragende Wände geeignet. Sie werden auch für nicht tragende Innenwände, Stapelschalen (siehe Abb. 1.39) und Deckenfüllungen verwendet. Hierfür kommen auch ungebrannte Strangziegel aus Ziegeleien, sog. Grünlinge, zum Einsatz.
- Lehmbauplatten bestehen aus Baulehm mit einer zusätzlichen Einlage aus Schilfrohr und Jute. Bevorzugte Abmessung: 1500×625×20 mm. Sie werden z.B. im Innenausbau als Trockenbauplatten verwendet (siehe Abb. 1.40).
- Lehmmörtel wird als Mauer-, Putz- und Spritzmörtel verwendet. Er enthält neben dem Baulehm Sand oder Leichtzuschläge und Fasern. Die mineralischen Zuschläge dienen der Abmagerung, die Fasern auch der Armierung. Im Außenbereich muss Lehmmörtel gegen Regen geschützt werden, z.B. mit Kalkdeckputzen. Putzoberflächen im Innenausbau können mit einem dünnen Kalkmörtel überzogen werden. Meistens werden jedoch die Putzoberflächen unmittelbar mit einem Anstrich versehen, z.B. mit Kalkkasein-, Naturdispersions- oder Leimfarben oder in ihrer natürlichen Färbung sichtbar belassen. Eine Besonderheit sind Lehmmörtel für reinweiße oder farbige Lehmputze. Sie sind entweder mit Pigmenten eingefärbt oder haben ausgesuchte farbige Tone als Bindemittel. Lehmstreichputze sind mit Feinkorn gefüllte Anstrichstoffe. Die ausreichende Anhaft- und Abriebfestigkeit wird durch die Zugabe von z.B. Stärke oder Zellulose erreicht.

c) Lehmbauregeln

Die bereits 1944 als „Lehmbauordnung" erlassene und 1951 bauaufsichtlich eingeführte DIN 18 951 sowie die darauf folgenden Vornormen 18 952 bis 18 956 wurden 1971 zurückgezogen, galten aber weiterhin als Stand der Lehmbautechnik. Seit 1999 gibt es die vom „Dachverband Lehm" herausgegebenen „Lehmbau Regeln" (siehe Abschn. 18.1.2b), die vom Deutschen Institut für Bautechnik Berlin als technische Regel anerkannt sind und in den meisten Ländern der BRD bauaufsichtlich eingeführt wurden.

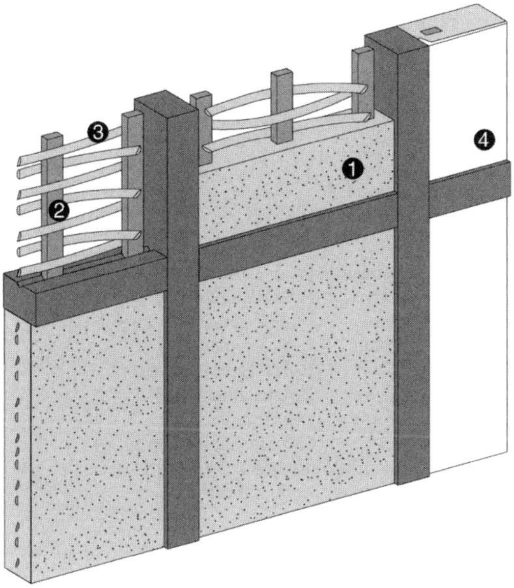

Abb. 1.36 Fachwerk-Ausfachung mit Strohlehm [8]
(1) Strohlehm
(2) Eichenstaken 26×60 mm
(3) Weidenruten ca. 25 mm
(4) Außenputz, Dicke 15 mm

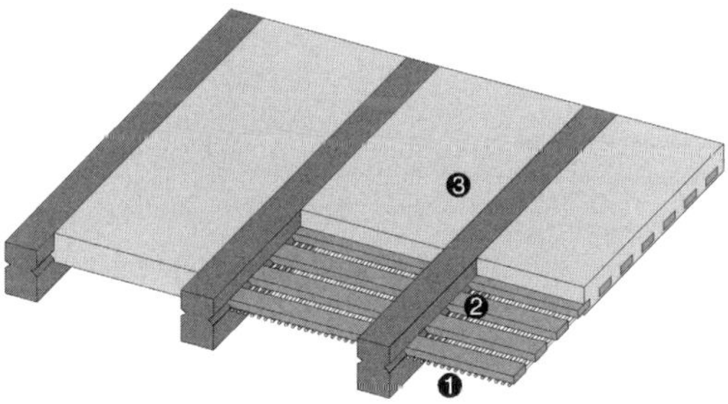

Abb. 1.37 Stakendecke mit Strohlehm [8]
(1) Rohrgewebe als Putzträger
(2) angespitzte und gesägte Eichenstaken 26×60 mm
(3) Strohlehm

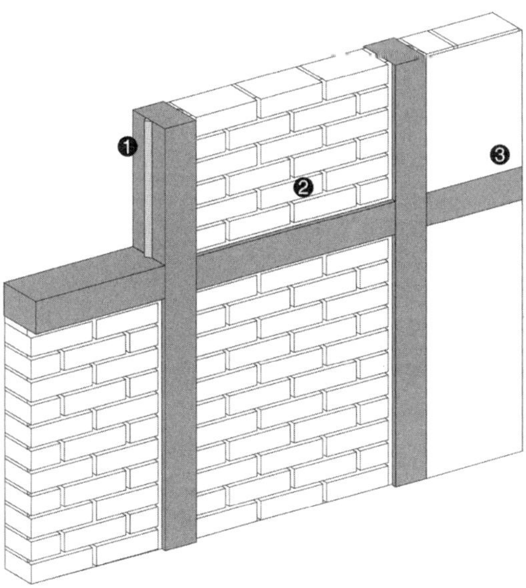

Abb. 1.38 Ausfachung von Holzfachwerk mit Lehmsteinen [8]
(1) Dreikantleisten
(2) Leichtlehmsteine, Dicke z.B. 115 mm
(3) Außenputz, z.B. magerer Trasskalkmörtel, Dicke 15 mm

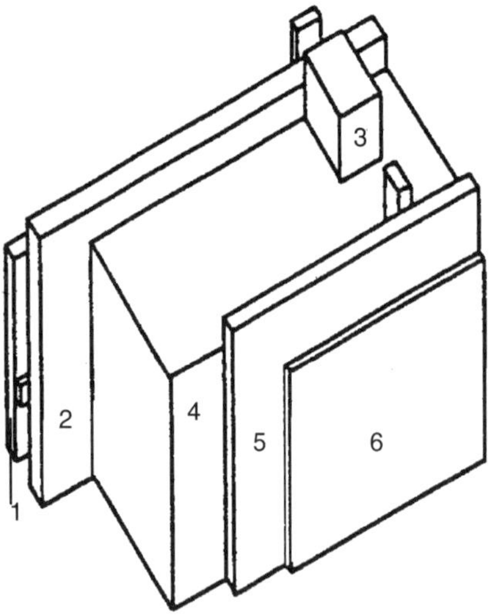

Wandaufbau:

2,5 cm	Hozschalung (1)
4 cm	Lüftungsebene
2,5 cm	Lehmbauplatte (2)
	Holzskelettbalken (3)
25 cm	Holzleichtlehm (4)
2,5 cm	Lehmbauplatte (5)
1 cm	Lehminnenputz (6)

Gesamt-Wandstärke: 37,5 cm
Flächengewicht: 235 kg/m2

Abb. 1.39 Lehmbau: Neubau-Außenwand aus Holzleichtlehm [8]

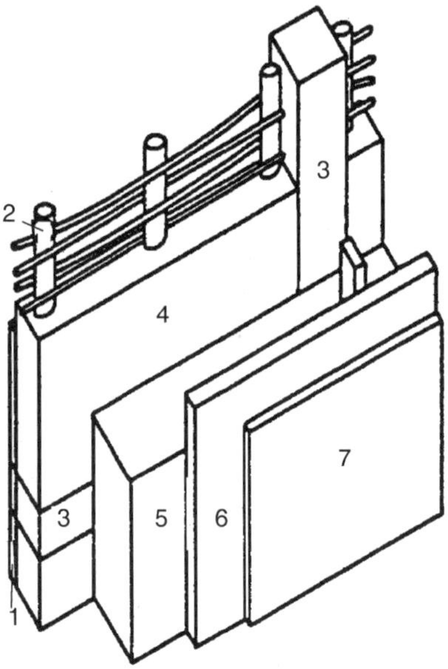

Wandaufbau:

2 cm	Kalkaußenputz (1)
	Stakung und Flechtwerk (2)
	Fachwerkbalken (3)
8 cm	Flechtwerk und Strohlehmbewurf (4)
12 cm	Holzleichtlehm (5)
2,5 cm	Lehmbauplatte (6)
1 cm	Lehminnenputz (7)

Abb. 1.40 Lehmbau: Fachwerk-Außenwand mit Holzleichtlehm [8]

1.2.15 Fragen und Aufgaben zu keramischen Baustoffen

1) Wie werden die keramischen Baustoffe eingeteilt?
2) Beschreiben Sie die Herstellung keramischer Baustoffe. Welche Rolle spielt dabei der zur Tonmasse zugegebene Sand?
3) Beschreiben Sie die beiden wichtigsten Arten von Ziegelfehlern und ihre Vermeidung bzw. Beseitigung.
4) Beschreiben Sie die Vorgänge beim Brennen der keramischen Baustoffe.

5) Beschreiben Sie die verschiedenen Arten von Ziegeln, ihre unterschiedlichen Eigenschaften und Anwendungsgebiete.
6) Was versteht man unter der Rohdichte und der Scherbenrohdichte von Ziegeln und wie bestimmt man sie?
7) Warum werden bei den flachen Ziegelformaten DF und NF vor der Druckfestigkeitsprüfung die Ziegel halbiert und aufeinander gemauert?
8) Was ist bei Leichtziegeln der Unterschied zwischen Block- und Planziegeln und wie werden sie verarbeitet?
9) Auf welche Weise wird bei Leichtziegeln und dem daraus hergestellten Mauerwerk die hohe Wärmedämmung erreicht?
10) Warum und auf welche Weise wird bei Hochlochziegeln erreicht, dass kein Mauermörtel in die Löcher gelangt?
11) Wie werden Maueröffnungen bei Leichtziegel-Mauerwerk überbrückt?
12) Was versteht man bei Mauerziegeln unter der Maßspanne?
13) Was versteht man bei Mauerziegeln unter der Rohdichteklasse (z.B. 1,0) und der Festigkeitsklasse (z.B. 12)?
14) Beschreiben Sie die verschiedenen Arten des Wandaufbaus bei Leichtziegel-Mauerwerk.
15) Beschreiben Sie Arten und Anwendung von Deckenziegeln. Wann werden teil- und wann vollvermörtelbare Stoßfugen angewendet?
16) Führen Sie die verschiedenen Arten von Dachziegeln auf.
17) Wovon hängt bei Dachziegeln die Regeldachneigung ab? Aus welchen Gründen müssen u.U. sog. Zusatzmaßnahmen bei der Dachdeckung ergriffen werden und welche sind dies?
18) Erklären Sie den Begriff Regensicherheit einer Dachziegeldeckung.
19) Wie bestimmt man bei Dachziegeln die Decklänge und -breite?
20) Welche Aufgabe hat die Glasur bei keramischen Fliesen und Platten?
21) Welche Arten von feuerfesten Steinen gibt es und wo finden sie Verwendung?
22) Beschreiben Sie die verschieden Arten und Anwendungsmöglichkeiten von Lehmbaustoffen.
23) Welches sind die Vorzüge von Lehmbaustoffen?
24) Was ist bei der Verwendung von Lehmbaustoffen besonders zu beachten?
25) Welche beiden Deckungsarten von Biberschwanzziegeln kennen Sie?

1.3 Mineralisch gebundene Baustoffe

Mineralisch gebundene Baustoffe werden aus körnigen Mineralstoffen und einem anorganischen Bindemittel hergestellt. Sie erfordern zu ihrer Herstellung weniger Wärmeenergie als die keramischen Baustoffe.

1.3.1 Kalksandsteine (DIN 106 E (2015–06)) (Siehe auch [5])

Kalksandsteine sind Mauersteine, die aus Kalk und kieselsäurehaltigen Zuschlägen durch Dampfhärtung hergestellt werden. Die Beigabe von Wirkstoffen und Farbstoffen ist zulässig. Die Steine haben nach dem Härten und Abkühlen ihre endgültige Festigkeit erreicht und sind gebrauchsfertig.

Normen

DIN 106	(2015–06)	Kalksandsteine mit besonderen Eigenschaften
DIN EN 771-2	(2015–11)	Festlegungen für Mauersteine – Teil 2: Kalksandsteine
DIN V 20 000-402	(2016–03)	Anwendung von Bauprodukten in Bauwerken – Regeln für die Anwendung von Kalksandsteinen nach DIN EN 771-2

a) Herstellung
Sand und Kalk (CaO) werden im Verhältnis von etwa 12:1 maschinell gut gemischt. Durch Zugabe von Wasser wird der Kalk in Reaktoren gelöscht ($CaO + H_2O \rightarrow Ca(OH)_2$) und das Gemisch im Nachmischer auf Pressfeuchte gebracht. Mit vollautomatischen Pressen werden die Steinrohlinge geformt. Diese kommen auf Transportwagen in Härtekessel (Autoklaven), wo sie in 4 bis 8 Std. bei 160 bis 220 °C unter Wasserdampfdruck von etwa 16 bar Druck aushärten. Dabei bilden sich an den Oberflächen der Zuschlagkörner kristalline Calciumsilicathydrate, die zu einer sehr festen dauerhaften Verkittung führen.

b) Arten: Nach DIN V 106-1 unterscheidet man Voll- und Blocksteine (KS) mit Lochquerschnitt ≤ 15 % und Höhen ≤ 123 mm (Vollsteine) oder > 123 mm (Blocksteine) sowie Loch- und Hohlblocksteine (KS L) mit Lochquerschnitt > 15 und ≤ 55 % der Lagerfläche und Höhen wie vorstehend. Die Voll-, Block-, Loch- und Hohlblocksteine sind fünfseitig geschlossen und besitzen ab 2 DF Griffhilfen, und zwar entweder durchgehende Grifföffnungen oder seitliche Griffhilfen, die in den Mörteltaschen angebracht sein dürfen. Sie werden mit Normalmörtel mit einer Stoßfuge von 10 mm und einer Lagerfuge von 12 mm gemauert.
KS-R-Steine besitzen an den Stirnseiten ein Nut-Feder-System, sodass die Stoßfugen dann nicht vermörtelt werden (R steht für rationell). Blocksteine KS-R und Hohlblocksteine KS L-R werden mit 12 mm dicker Lagerfuge gemauert.
KS-Plansteine KS-R (P) und KS L-R (P) sind Voll-, Loch-, Block- und Hohlblocksteine, an die erhöhte Anforderungen an die Maßgenauigkeit gestellt werden. Sie haben Lagerfugen aus 2 mm dickem Dünnbettmörtel. Fasensteine KS F sind KS-Plansteine mit abgefasten Kanten und werden an den Stirnseiten mit einem Nut- und Federsystem hergestellt.

c) Die Formate (siehe Abb. 1.41 und 1.42) der KS-Steine entsprechen den Ziegelformaten in Tafel 1.9, die Maße der Tafel 1.8. Zusätzlich sind weitere Formate lieferbar. Üblich sind die folgenden Formate und Maße: Vollsteine KS: bis 6 DF, Höhe 52, 71, 113 mm; Blocksteine KS-R und Plansteine KS-R(P): 4 bis 24 DF, Höhe 238 mm bzw. 248 mm (P); Lochsteine KS L: bis 6 DF, Höhe 113 mm; Hohlblocksteine KS L: 10 und 12 DF, Höhe 238 mm; Hohlblocksteine KS L-R und KS L-R(P): 4 bis 24 DF, Höhe 238 mm (6 DF auch 113 mm) bzw. 248 mm (P). Regionale Lieferprogramme sind zu beachten.

Tafel 1.12 Nennmaße von Kalksandsteinen nach DIN 106 E (2015–06): Voll-, Loch-, Block-, Hohlblock-, Plan- und Fasensteine

Maße in mm		
Länge[1),3)]	Breite[2)]	Höhe[2),4)]
	115	52
240 (248)	150	71
300 (308)	175	113 (123)
365 (373)	200	155
490 (498)	240	238 (248)
(623)	300	
	365	

1) Bei Steinen mit Nut- und Feder-System gelten die Maße als Abstand zwischen der Außenfläche der einen Stirnseite und der Nutengrundfläche der anderen Stirnseite.
2) Steine dürfen auch in den Breiten 123, 140, 190, 214, 248, 265 und 298 mm und in den Höhen 175, 190 und 198 mm sowie in den für Sanierungen erforderlichen historischen Steinabmessungen hergestellt werden.
3) Für Steine mit Nut-Feder-System gelten zusätzlich die Klammerwerte.
4) Die Klammerwerte gelten nur für Plan- und Fasensteine.

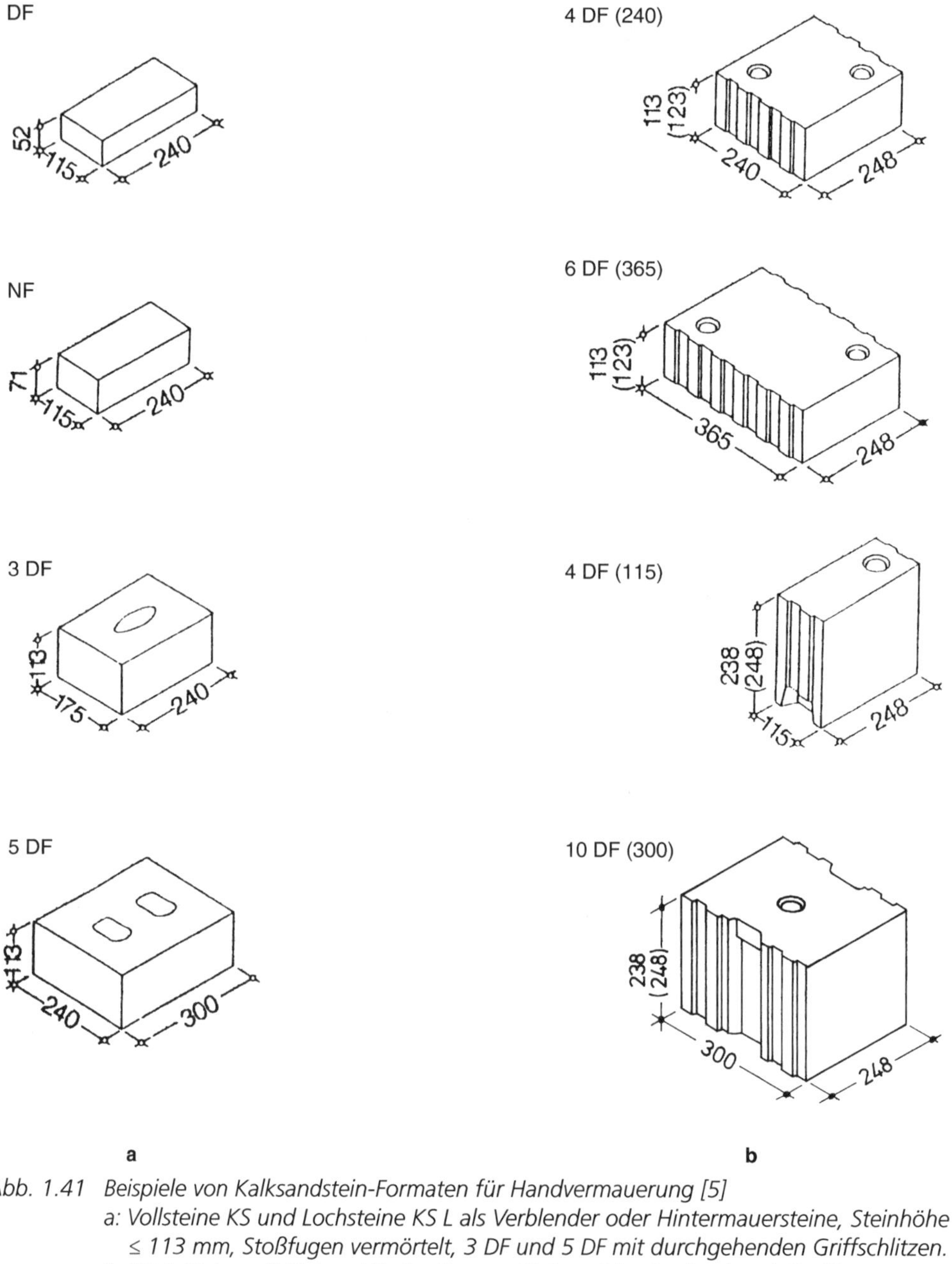

Abb. 1.41 Beispiele von Kalksandstein-Formaten für Handvermauerung [5]
a: Vollsteine KS und Lochsteine KS L als Verblender oder Hintermauersteine, Steinhöhe ≤ 113 mm, Stoßfugen vermörtelt, 3 DF und 5 DF mit durchgehenden Griffschlitzen.
b: KS-R-Steine mit Nut und Feder, Daumenlöcher nicht durchgehend, Stoßfugen unvermörtelt.

Die Klammerwerte hinter den Formatbezeichnungen sind die Wanddicken, die Klammerwerte unter den Höhen beziehen sich auf Plansteine. Die Löcher von Lochsteinen (im Bild nicht eingezeichnet) sollen gleichmäßig über die Lagerfläche verteilt und annähernd gleich groß sein.

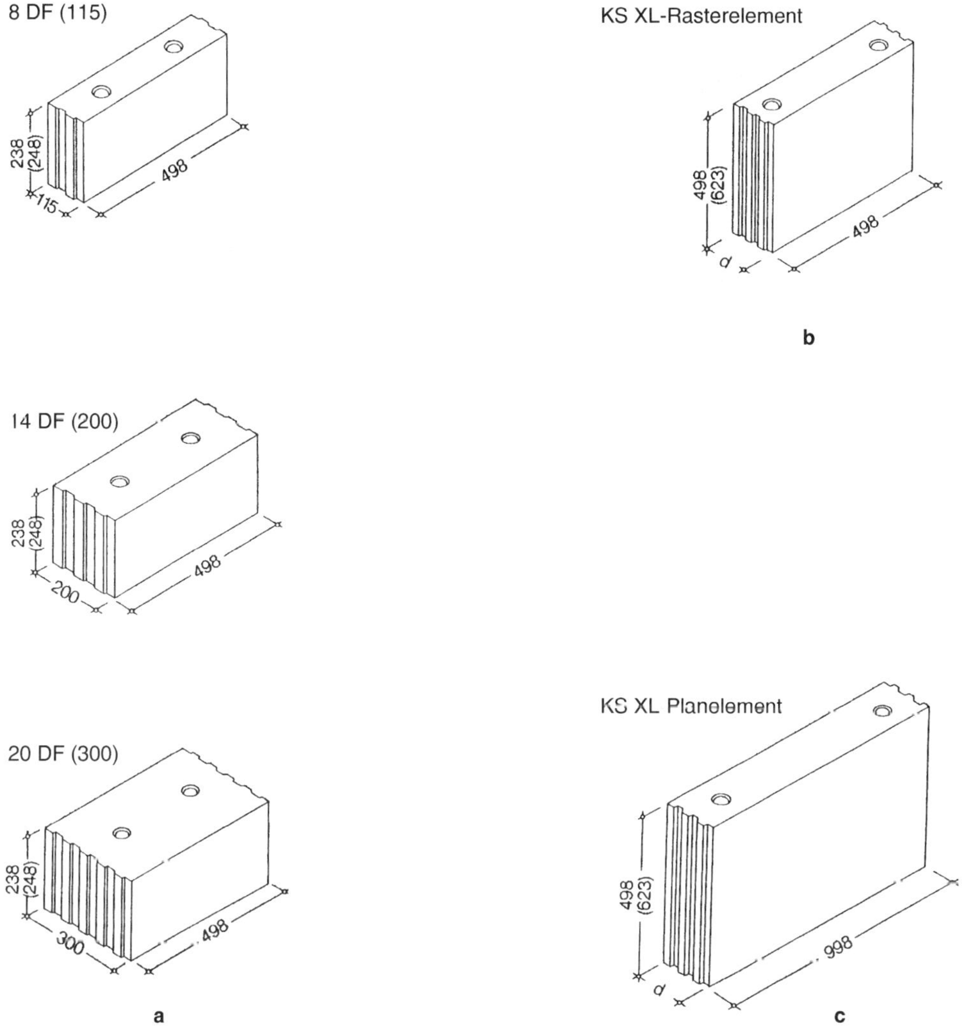

Abb. 1.42 Beispiele von Kalksandstein-Formaten für Vermauerung mit dem Versetzgerät [5]
a: KS-R-Steine mit Nut und Feder, Stoßfugen unvermörtelt, die Klammerwerte unter den Höhen gelten für Plansteine; die Löcher von Lochsteinen sind nicht eingezeichnet.
b: Rasterelement KS XL-RE (z.B. KS-Quadro); Wanddicken d = 100 (nur für nichttragende Wände) bis 365 mm; Längen auch 373 und 248 mm, Höhen auch 248 und 123 mm als Systemergänzung.
c: Planelement KS XL-PE (z.B. KS Plus); Wanddicken d = 100 (nur für nichttragende Wände) bis 365 mm.

d) Die Rohdichte- und Druckfestigkeitsklassen sowie die Prüfverfahren (siehe Abschn. 1.2.4) entsprechen in etwa denen der Mauerziegel (siehe Tafeln 1.8 und 1.9); Rohdichteklassen: 0,6 bis 2,2, bevorzugt 1,4 bis 2,0; Druckfestigkeitsklassen 4 bis 60, bevorzugt 12 bis 28. Die Kennzeichnung der Steine erfolgt zweckmäßig durch Stempelung in der Reihenfolge Werkkennzeichen, Druckfestigkeits- und Rohdichteklasse oder durch Farbkennzeichnung ähnlich den Mauerziegeln (siehe Tafel 1.9). Kurzbezeichnung eines Kalksandsteins siehe Abb. 1.43.

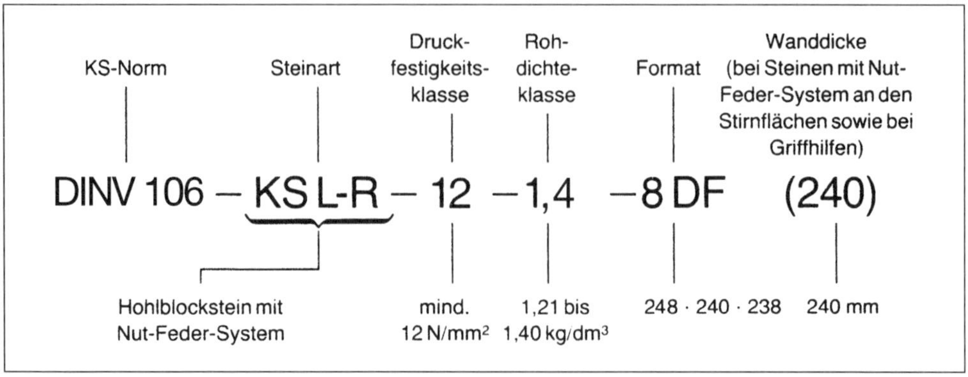

Abb. 1.43 Kurzbezeichnung eines Kalksandsteins (Beispiel) [5]

e) Arten nach DIN V 106-2 sind frostbeständige Kalksandsteine, die für witterungsbeanspruchtes Mauerwerk geeignet und in allen Steinformaten erhältlich sind. Man unterscheidet KS-Vormauersteine KS Vm, Druckfestigkeitsklassen 10 bis 28, und KS-Verblender KS Vb, Druckfestigkeitsklassen 16 bis 28 und höhere Anforderungen an Maßgenauigkeit und Frostwiderstand als KS Vm. Rohdichteklassen für beide Arten 1,0 bis 2,2. KS-Verblender sollen je eine kantensaubere Kopf- und Läuferseite besitzen. Sie sind i.d.R. weiß, können regional aber auch andere Farbtöne aufweisen. Riemchen sind KS-Verblender mit einer Steinbreite d von $10 < d < 90$ mm und werden für Fassadenbekleidungen verwendet.

f) KS XL-Steine sind bauaufsichtlich zugelassene großformatige Kalksandsteine mit Nut-Feder-System, die grundsätzlich mit Dünnbettmörtel und Versetzgerät verarbeitet werden. Rohdichteklassen 1,8 und (bevorzugt) 2,0, Festigkeitsklassen 12 und (bevorzugt) 20, Höhen 498 und 623 mm. KS XL-Planelemente KS XL-PE (Maße siehe Abb. 1.42c) werden auf der Basis von Architektenzeichnungen als komplette Wandsätze inklusive aller Passelemente zusammen mit EDV-Versetzplänen geliefert (bekannt als KS Plus). KS-XL-Rasterelemente KS XL-RE (Maße siehe Abb. 1.42b) sind auf das oktametrische Raster ausgelegt, sodass übliche Wandlängen in beliebigen Vielfachen von 12,5 cm möglich sind. KS-Bauplatten KS-P für 70 und 100 mm Wanddicke gibt es für nichttragende Zwischenwände in den Standardabmessungen 498 × 248 mm.

g) Bauteile zur Systemergänzung sind z.B.: KS-Kimmsteine mit Nut-Feder-System in unterschiedlichen Höhen und dienen beim Mauern mit DM zum Anlegen einer genau einnivellierten horizontalen ersten Ausgleichsschicht auf NM der MG III am Wandfuß oder zum Höhenausgleich am Wandkopf. KS-ISO-Kimmsteine (grau gefärbt; $\lambda_R \leq 0{,}33$ W/(m · K), Festigkeitsklasse 12 bzw. 20) werden mit natürlichen Leichtzuschlägen hergestellt und sind Kimmsteine für Wandpunkte mit geometrisch bedingten Wärmebrücken, z.B. über nichtbeheizten Kellern oder auf Fundamentplatten. Bewehrte KS-Stürze in verschiedenen Breiten gibt es als Flachstürze bis 3 m Länge zur Übermauerung oder als KS-Fertigteilstürze (Höhe 248 bis 498 mm, Länge 1 bis 2 m). KS-U-Schalen, z.B. für

Ringbalken oder horizontale Installationsleitungen. KS-E-Steine mit durchgehenden vertikalen Installationskanälen (Ø 60 mm) im Abstand von 12,5 und 25 cm.

h) Zubehör und Hilfsmittel: Versetzgeräte, Mörtelschlitten, Steintrennsägen, Wandschlitzfräsen, Edelstahlflachanker oder für KS-Bauplatten gewinkelt, Drahtanker für zweischaliges Mauerwerk, Luftschichtanker für Dämmschichtbefestigung.

i) Für die Herstellung von KS-Mauerwerk ist wie bei jedem Mauerwerk das Merkblatt „Handhaben von Mauersteinen" (1991) der Bauberufsgenossenschaft zu beachten. Die max. zulässigen Gewichte von Einhandsteinen betragen 6 kg (Greifspanne ≥ 115 mm) bzw. 7,5 kg (Greifspanne 40 bis 70 cm). Steine, die mehr als 25 kg wiegen, müssen mit Versetzgeräten verarbeitet werden. Die Länge von KS-R-Blocksteinen beträgt vorzugsweise 25 cm. Sichtmauerwerk ist besonders sorgfältig zu mauern: Einloten von Köpfen und Fugen, die übereinander liegen sollen; gleichmäßige Fugendicke; beschädigte Steine aussondern; Mauerwerk gegen Mörtelspritzer oder andere Verschmutzungen durch Abhängen mit Folie schützen; Fugenglattstrich oder nachträgliches Verfugen (15 mm tief auskratzen und anschließend verfugen). Es empfiehlt sich, für Sichtmauerwerk zunächst Musterflächen anzulegen. Deckende Beschichtungen (z.B. Dispersions-Silicatfarben) und farblose Imprägnierungen (z.B. Silicon-, Silan- oder Siloxan-Imprägniermittel) vermindern die Feuchtigkeitsaufnahme der KS-Steine durch Regen und Schlagregen und wirken dadurch der Verschmutzung entgegen. Regen wäscht imprägnierte Fassaden leichter sauber. Putze für KS-Mauerwerk müssen den allgemeinen Anforderungen nach DIN 18 550 (2014–12) genügen. Die Steine sollen je nach Witterung ausreichend vorgenässt werden.

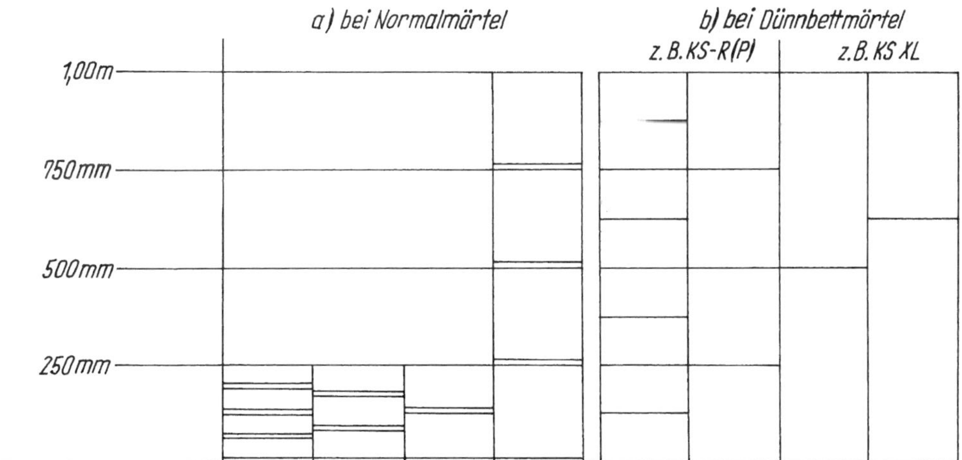

	a) bei Normalmörtel				b) bei Dünnbettmörtel			
Steinhöhe in mm	52	71	113	238	123	248	498	623
Lagerfugendicke in mm	10,5	12,3	12	12	2	2	2	2
Schichthöhe in mm	62,5	83,3	125	250	125	250	500	625
Schichten pro m	16	12	8	4	8	4	2	1,6

Abb. 1.44 Gegenseitige Abhängigkeit der Steinhöhenmaße bei Vermauerung

1.3.2 Hüttensteine (DIN 398 (1976–06))

Hüttensteine sind nach DIN 398 Mauersteine, die aus künstlich gewonnenen Zuschlägen, wie z.B. Hüttensand (siehe Abschn. 4.6.2), und mineralischen Bindemitteln bestehen, durch Pressen oder Rütteln verdichtet werden und an der Luft oder in kohlensäurehaltigen Abgasen oder unter Dampf erhärten.
Es gibt ähnlich den Kalksandsteinen (siehe Abb. 1.41 und 1.42) Hütten-Vollsteine HSV (Lochquerschnitt ≤ 25 % der Lagerfläche) sowie Hütten-Lochsteine HSL und großformatige Hütten-Hohlblocksteine HHbl, die fünfseitig geschlossen sind, mit entsprechenden Lochungen bzw. Hohlräumen ≥ 25 % der Lagerfläche. Grifföffnungen gehen durch.
Druckfestigkeitsklassen: 6 bis 28 N/mm² (siehe Tafel 1.11). Rohdichteklassen: 1,00 bis 2,00 (siehe Tafel 1.10). Werden Hüttensteine der Druckfestigkeitsklasse 12, 20 und 28 als frostbeständige Vormauersteine verwendet, bezeichnet man sie z.B. wie folgt: Hütten-Vollstein VHSV 1,6 – 15 DF DIN 398.
Hüttensteine (außer Vormauersteine) sind auf jedem 200. Stein durch Farbmarkierung zu kennzeichnen: 6 N/mm² rot, 12 N/mm² schwarz oder ohne, 20 N/mm² weiß, 28 N/mm² braun.

1.3.3 Bauteile aus Leichtbeton

a) Allgemeines

Bauteile aus Leichtbeton bestehen zumeist aus haufwerkporigem Leichtbeton. Verwendet werden Gesteinskörnungen nach DIN 4226-2 (2002–02, zurückgezogen); (siehe Kap. 5; außer Blähglas) und als Bindemittel Zement nach DIN EN 197-1 (2011–11) und DIN 1164 (2013–03) oder hydraulische Bindemittel, die zu diesem Zweck bauaufsichtlich zugelassen sind. Es dürfen auch Gesteinskörnungen mit dichtem Gefüge nach DIN 4226-1 bis max. 25 Vol.-% zugegeben werden. Als Zusatzstoffe können Kalk, Gesteinsmehl, Trass, Steinkohlenflugasche und anorganische Farbstoffe beigegeben sein, außerdem Zusatzmittel nach DIN EN 12 878 (2014–07).

Bauteile aus Leichtbeton gibt es in folgenden Arten: Vollsteine und Vollblöcke nach DIN 18 152 (2005–10), Hohlblöcke nach DIN 18 151 (2005–10), unbewehrte Wandplatten nach DIN 18 148 ((2000–10) Hohlwandplatten) und DIN 18 162 ((2000–10) Wandbauplatten, unbewehrt) sowie vorgefertigte bewehrte Bauteile nach DIN EN 1520 (2003–07), wie z.B. Dach- und Deckenbauteile, Wandbauteile, Balken und Pfeiler. Daneben gibt es eine Reihe von bauaufsichtlich zugelassenen neuen Steinformaten. Gemauert wird i.d.R. mit Leichtmörtel LM 21. Wände mit diesen Steinarten erreichen Wärmeleitzahlen λ_R = 0,24 bis 0,12 W/(m· K), Schalldämm-Maße R_w = 40 bis 50 dB (je nach Rohdichte und Wanddicke) und stets die Feuerwiderstandsklasse F 180 A (s. unter b).

Da Leichtbeton-Steine i.d.R. haufwerkporig sind, haftet der Putz gut und kann ohne Vorspritzen und Vornässen (außer bei heißer Witterung) aufgebracht werden. Es können auch andere Oberflächenbehandlungen vorgenommen werden. Zum Beispiel können Naturschieferplatten ohne Unterkonstruktion direkt mit Schiefernägeln aufgebracht oder Fliesen angemörtelt werden. Die Steine können aber auch als Sichtmauerwerk stehen bleiben, auch in Außenflächen, da sie frostbeständig sind.

Als Sonderformen gibt es u.a.: Endsteine mit einer glatten Stirnseite für Gebäudeecken und Fensterlaibungen; Anschlagsteine, Erkersteine, Dränsteine; U-Steine für Ringanker; statisch tragende Rollladenkästen aus LB 35 mit integrierter Wärmedämmung bis 4,75 m

Länge, Gurtwicklerkästen; Schallschutz-Vollsteine. Stürze aus vorgespanntem Leichtbeton LB 35.

b) Vollsteine und Vollblöcke aus Leichtbeton (DIN V 18 152 (2005–10))[3]
Steine und Blöcke aus Leichtbeton werden vorwiegend für die Herstellung von tragenden und nichttragenden Außen- und Innenwänden nach DIN 1053-1 verwendet. Es gibt kleinformatige Vollsteine ohne Schlitze (V), Vollblöcke (Vbl), Vollblöcke mit Schlitzen (Vbl S). Vollblöcke mit Schlitzen und besonderen Wärmedämmeigenschaften (Vbl S-W) werden mit Naturbims und/oder mit Blähton hergestellt. Die Steine werden sämtlich mit Dickbettmörtel (i.d.R. Leichtmörtel LM 21) der Fugensollhöhe 12 mm verarbeitet. Plansteine haben planparallel geschliffene Lagerflächen, die mit Dünnbettmörtel („Kleber") der Sollfugenhöhe 1 bis 3 mm verarbeitet werden und die die Bezeichnungen V-P, Vbl-P, Vbl S-P usw. tragen. Die Stirnflächen der Steine bzw. Blöcke können ebenflächig oder entsprechend Abb. 1.45 ausgebildet sein. Stirnflächen mit Nut und Feder werden knirsch gestoßen. Die Anwendung von Plansteinen und Planblöcken bedarf einer allgemeinen bauaufsichtlichen Zulassung.

Tafel 1.13 Steindruckfestigkeiten und Kennzeichnung von Vollsteinen und Vollblöcken aus Leichtbeton nach DIN V 18 152 (2005–10)

Steinfestigkeitsklasse	Anforderungen an die Druckfestigkeit		Kennzeichnung	
	Mittelwert N/mm²	kleinster Einzelwert N/mm²	Anzahl der lotrechten Nuten auf einer Längsseite	Farbzeichen
2	2,5	2,0	–	grün
4	5,0	4,0	1	blau
6	7,5	6,0	2	rot
8	10,0	8,0	–	a)
12	15,0	12,0	3	schwarz
20[1)]	25,0	20,0	–	gelb

1) Nur V, Vbl und Vbl-P.
a) Keine Farbkennzeichnung. Kennzeichnung erfolgt durch Aufstempelung der Festigkeitsklasse und Rohdichteklasse in schwarzer Farbe.

Die Nuten zur Kennzeichnung laufen lotrecht über eine Längsseite; sie sind etwa 70 bis 200 mm breit und 20 mm lang. Die Steinrohdichten liegen je nach Art der Zuschläge zwischen 0,45 und 2,00 kg/dm³. Die Abmessungen sind in Tafel 1.15 angegeben, die Druckfestigkeiten in Tafel 1.13. Beispiele siehe Abb. 1.45.
Bezeichnung von Leichtbetonsteinen (Beispiele):
Vollstein DIN 18 152 – V6 – 1,2 – 2 DF – 240/115/113
Vollblock DIN 18 152 – Vbl SW – P 2 – 0,50 – 20 DF – 497/300/248 – N+F
Im zweiten Beispiel bedeutet N+F: Stirnflächen mit Nut und Feder.

c) Hohlblöcke aus Leichtbeton (DIN V 18 151 (2005–10))
Hohlblöcke (Hbl) und Plan-Hohlblöcke (Hbl-P) aus Leichtbeton sind großformatige, fünf-

3 Siehe auch DIN EN 771-3 (2004–01).

seitig geschlossene Mauersteine mit Kammern senkrecht zur Lagerfläche (s. Abb. 1.46) für tragendes und nichttragendes Mauerwerk, vorwiegend für einschalige Außen- und Innenwände nach DIN 1053-1, die wie Steine nach DIN V 18 152 (s.o. Abschn. b) verarbeitet werden.
Festigkeitsklassen s. Tafel 1.15. Rohdichteklassen: 0,45 bis 1,6; Maße siehe Tafel 1.14.
Die Anwendung von Plan-Hohlblöcken bedarf einer allgemeinen bauaufsichtlichen Zulassung.
Bezeichnung eines Zweikammer-Hohlblocks:
Hohlblock DIN 18 151 – 2 K Hbl 2 – 0,7 – 16 DF – 497/240/238 – SN
SN = Stirnseiten-Nut

Tafel 1.14 Maße und Formate von Leichtbetonsteinen nach DIN V 18152 (2005–10) (Maße in mm)

	Format	Systemlänge l_s[1)]	Breite b	Höhe h	
			± 3	V ± 3	V-P ± 1,0
Vollsteine V	DF	250	115	52	60
	NF	250	115	71	81
	2DF	250	115	113	123[2)]
	2NF bis 3DF	250	140; 150; 175	113	123[2)]
	3,5 bis 7DF	250	200 bis 425	115	123[2)]
	8 und 10DF	500	240; 300	115	123[2)]
Vollblöcke Vbl	5DF bis 16DF	250	150 bis 490	Vollblöcke: 238 ± 4 mm Planblöcke: 238 ± 1,0 mm 248 ± 1,0 mm[2)]	
	10DF	310	240		
	7,5 bis 24DF	375	150 bis 490		
	10 bis 24DF	500	150 bis 365		

1) Die Steinlänge l ergibt sich aus der Systemlänge l_s je nach Ausbildung der Stirnseiten wie folgt:
- Stirnseite ebenflächig: $l = l_s - 10$ (Vbl); $l = l_s - 2$ (Vbl-P);
- Stirnseiten-Nut (SN) bzw. Stirnseiten-Nut mit Nut und Feder (SN/N+F): $l = l_s - 5$ (Vbl);
- nur Nut und Feder ohne Stirnseitennut (N+F): $l = l_s - 3$.

2) Auch 1 mm größere Höhe zulässig, innerhalb eines Werks jedoch nur eine Höhe.

Tafel 1.15 Druckfestigkeiten und Kennzeichnung von Hohlblöcken aus Leichtbeton nach DIN V 18 151 (2005–10)

Festigkeits-klasse	Anforderungen an die Druckfestigkeit		Kennzeichnung	
	Mittelwert N/mm²	kleinster Einzelwert N/mm²	Anzahl der lotrechten Nuten auf einer Längsseite	Farbzeichen
2	2,5	2,0	–	grün
4	5,0	4,0	1	blau
6	7,5	6,0	2	rot
8	10,0	8,0	–	[1]
12	15,0	12,0	3	schwarz

[1] Keine Farbkennzeichnung. Kennzeichnung erfolgt durch Aufstempelung der Festigkeitsklasse und Rohdichteklasse in schwarzer Farbe.

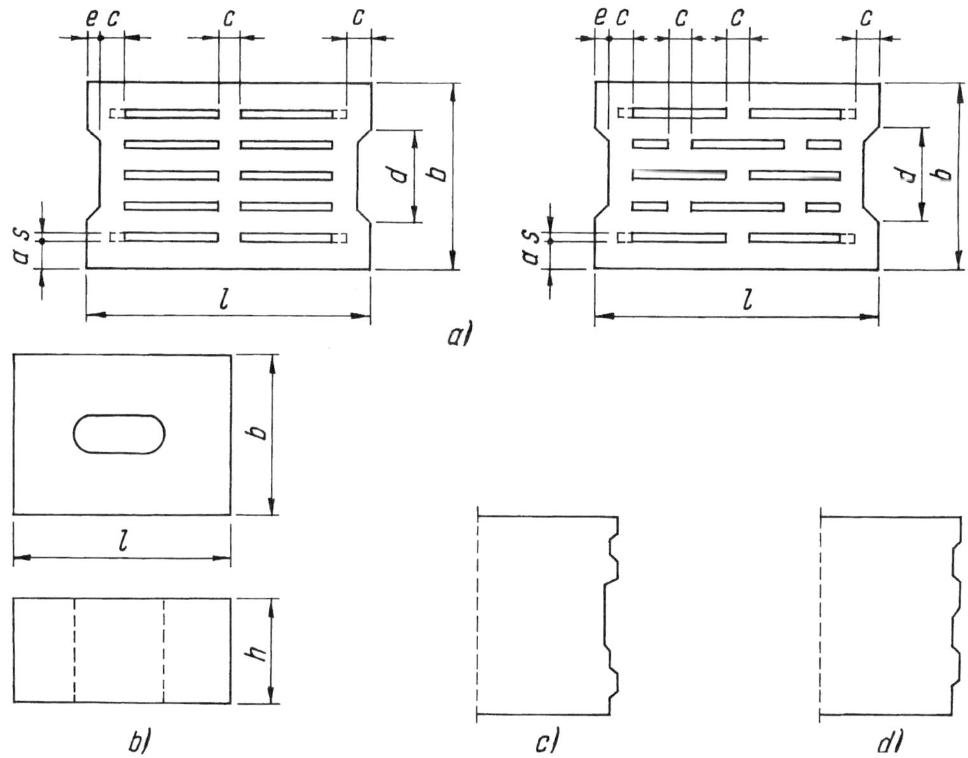

Abb. 1.45 Leichtbetonsteine nach DIN V 18 152 (2005–10)
a) Vollblöcke mit Schlitzen (Vbl S) und Stirnseiten-Nut (SN)
b) Vollstein (V) mit Griffloch
c) Stirnseiten-Nut mit Nut und Feder (SN/S+F)
d) nur Nut und Feder (N+F; Labyrinthverzahnung) (l Länge; b Breite; h Höhe)

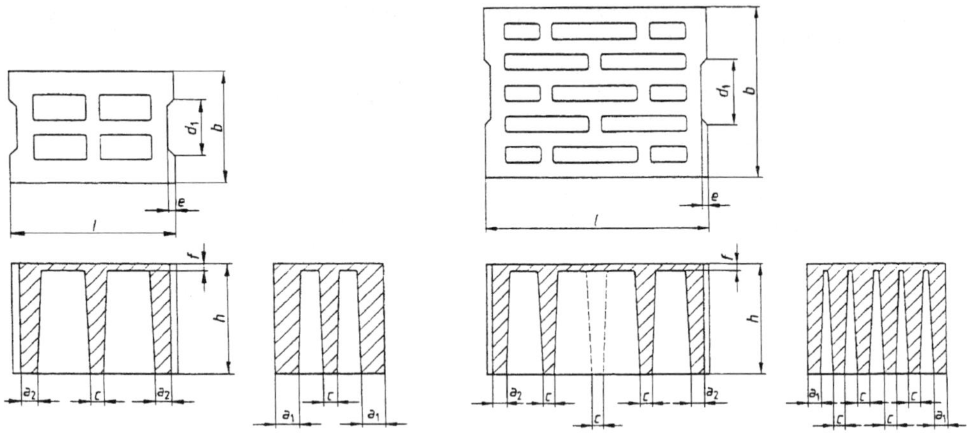

Abb. 1.46 Hohlblöcke aus Leichtbeton nach DIN V 18 151 (2005–10) bzw. Normalbeton nach DIN V 18 153 (2005–10)
links: Zweikammer-Hohlblock 2 K Hbl bzw. 2 K Hbn (Beispiel)
rechts: Fünfkammer-Hohlblock 5 K Hbl bzw. 5 K Hbn (Beispiel)
(l Länge; b Breite; h Höhe)
Zur Ausbildung der Stirnflächen siehe Abb. 1.46.

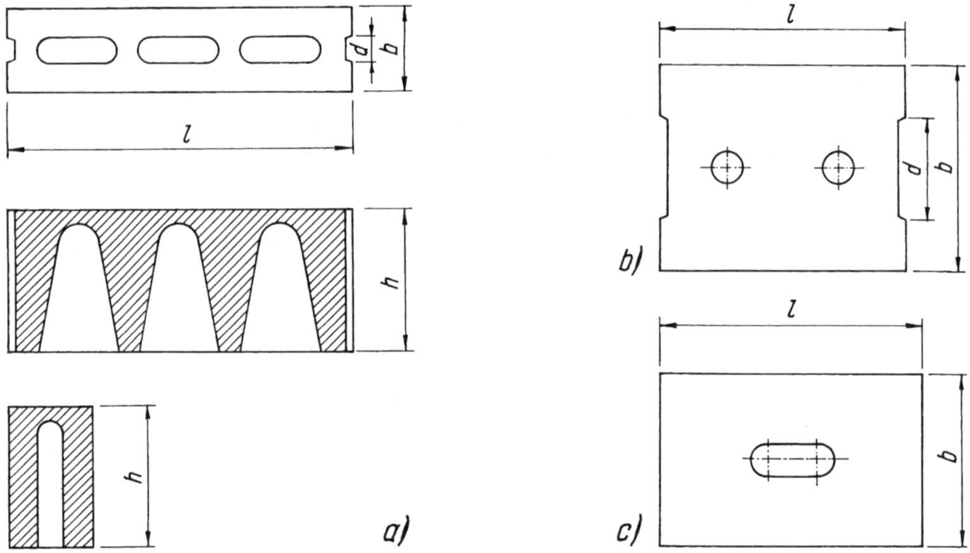

Abb. 1.47 Mauersteine aus Normalbeton (Beispiele) nach DIN V 18 153 (2005–10)
a) Vormauerblock (Vbm), Form C
b) Vollblock (Vbn)
c) Vollstein (Vn) mit Griffloch
(l = Länge; b = Breite; h = Höhe)
Die Stirnseiten können wie in Abb. 1.46 ausgebildet sein.

Tafel 1.16 Maße und Formate von Hohlblöcken aus Leichtbeton nach DIN V 18151 (2005–10) (Maße in mm)

Form	Format	Systemlänge l_s[1]	Breite b	Höhe h	
			± 3	Hbl ± 4	Hbl-P ± 1,0
1 und 2 K Hbl	9, 10, und 12DF	500; 375	150; 175; 200	238[3]	238 oder 248[2]
2, 3, 4 und 5 K Hbl	10, 15 und 20DF	250; 375; 500	300		
3, 4, 5, und 6 K Hbl	12, 18 und 24DF	365			
5 und 6 K Hbl	14 und 16DF	250	425; 490		

[1] und [2] siehe entsprechende Fußnoten in Tafel 1.12.
[3] Regional auch 175 und 190 mm.

d) Wandplatten aus Leichtbeton (unbewehrt)
Man unterscheidet Hohlwandplatten Hpl nach DIN 18 148 (2000–10) und Wandbauplatten Wpl (ohne Hohlräume) nach DIN 18 162 (2000–10).
Hpl: Länge 490 mm; Breite 100 und 115 mm; Höhe 175 und 238 mm (siehe Abb. 1.49); Rohdichteklassen 0,6 bis 1,4 kg/dm³.
Bezeichnung (Beispiel): Hohlwandplatte aus Leichtbeton DIN 18 148 – Hpl 0,8 – 11,5.
Wpl: Länge 490 (497) und 990 (997) mm; Dicke (Breite) 50 bis 100 mm; Höhe 240 und 320 mm; Rohdichteklassen 0,80 bis 1,40 kg/dm³ (Klammerwerte: Wpl mit Nut und Feder).
Bezeichnung (Beispiel): Wandbauplatte aus Leichtbeton DIN 18 162 Wpl 1,2 – 6 – 990; 6 = Formatbezeichnung

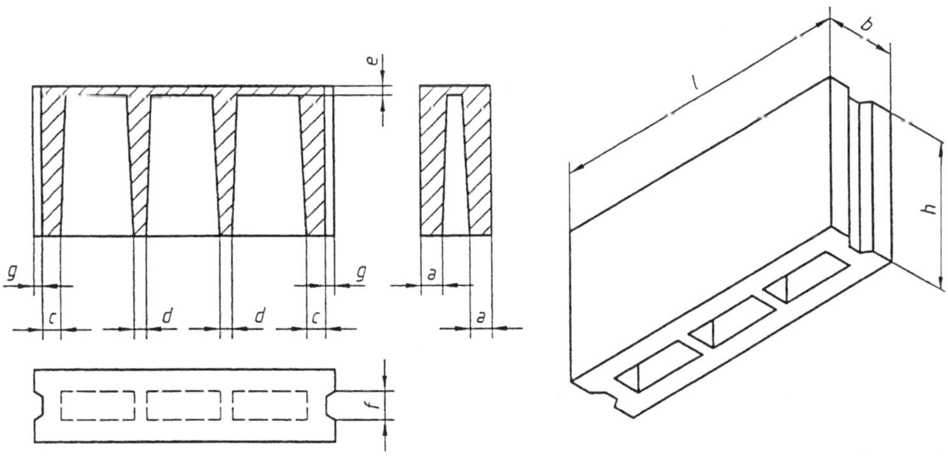

Abb. 1.48 Leichtbeton-Hohlwandplatte Hpl mit Stirnseitennut nach DIN 18 148 (Beispiel) (l Länge; b Breite; h Höhe)

1.3.4 Mauersteine aus Beton (Normalbeton) nach DIN V 18 153-100 (2005–10)[4]

Steine und Blöcke aus Normalbeton (siehe Abb. 1.47 und 1.48) sind ähnlich geformt wie die entsprechenden Steine und Blöcke aus Leichtbeton und werden wie diese verwendet (siehe Abschn. 1.3.3). Es gibt sie als Hohlblöcke (1 K Hbn bis 6 K Hbn), Vollblöcke (Vbn) und Vollsteine (Vn) sowie als Vormauersteine ohne Kammern (Vm) und Vormauerblöcke mit Kammern (Vmb). Planblöcke (Hbn-P und Vbn-P) und Plan-Vollsteine (Vn-P) bedürfen zur Verarbeitung mit Dünnbettmörtel einer allgemeinen bauaufsichtlichen Zulassung.
Die Maße entsprechen denen der Leichtbetonsteine (siehe Tafeln 1.12 und 1.14), ebenso die Ausbildung der Stirnflächen (siehe Abb. 1.48). Rohdichteklassen: 0,8 bis 2,4; Druckfestigkeitsklassen: 2 bis 12 (Hbn), 4 bis 28 (Vbn und Vn), 6 bis 48 (Vm und Vmb).
Die Kennzeichnung der Festigkeitsklassen geschieht durch Farbmarkierung auf dem Steinpaket oder mind. auf jedem 50. Stein (auch durch Nuten). Klasse 2: grün; Klasse 4: 1 Nut, blau; Kl. 6: 2 Nuten, rot; Kl. 8: schwarzer Stempel „8"; Kl. 12: 3 Nuten, schwarz; Kl. 20: gelb; Kl. 28: braun; Kl. 36: violett; Kl. 48: 2 schwarze Streifen.
Bezeichnung (Beispiele):
Vormauerblock DIN 18 153 – Vmb 6 – 1,6 – 4 DF – 115 – SN
Hohlblock DIN 18 153 – 4 K Hbn 4 – 1,4 – 15 DF – 370/300/238 – SN/N + F
Vollstein DIN 18 153 – Vn – P 20 – 1,8 – 6 DF – 240/365/123

1.3.5 Bauteile aus Porenbeton (Siehe auch [6])

Normen

DIN V 4165	(2005–10)[5]	Porenbetonsteine – Plansteine und Planelemente
DIN 4166	(1997–10)	Porenbeton-Bauplatten und Porenbeton-Planbauplatten
DIN 4223	(2003–12)	Bewehrte Bauteile aus dampfgehärtetem Porenbeton
DIN EN 771-4	(2015-11)	Festlegung für Mauersteine; Teil 4: Porenbetonsteine
DIN 20 000-404	(2015-12)	Anwendung von Bauprodukten in Bauwerken – Regeln für die Verwendung von Porenbetonsteinen nach DIN 771-4

Porenbeton ist ein feinkörniger Leichtbeton mit einem Porenvolumen bis zu 80 Vol.-%. Er wird zu werkmäßig hergestellten bewehrten und unbewehrten Bauteilen verarbeitet. Grunddaten der Porenbeton-Bauteile siehe Tafeln 1.17 und 1.18.

a) Herstellung
Rohstoffe sind: quarzhaltiger Sand, der frei von Verunreinigungen sein muss; gemahlener Branntkalk und/oder Zement (Portlandzement CEM I, aber auch andere Zemente); feines Aluminiumpulver oder -paste; ggf. Zusatzstoffe wie z.B. Flugasche, Gips oder Anhydrit; daneben auch Porenbeton-Recyclingmaterial. Beispiel für eine Rezeptur für 1 m^3 Porenbeton: 350 kg Sand, 100 kg Branntkalk, 25 kg Zement, 0,5 kg Al-Pulver, 330 kg Wasser; Rohdichte 500 kg/m^3.
Der Sand wird zementfein gemahlen, mit den übrigen Komponenten zu einem sämigen Brei (Suspension) gemischt und in Gießformen gefüllt. Das Wasser löscht den Branntkalk, das Aluminium reagiert mit dem $Ca(OH)_2$-haltigen Wasser und bildet gasförmigen

4 Siehe auch DIN EN 771-3 (2005–05).
5 Siehe auch DIN EN 771-4 (2005–05).

Wasserstoff H_2, der im Brei Kugelporen von ca. 0,5 bis 1,5 mm Durchmesser erzeugt. Der Brei treibt dabei zu einem standfesten, die ganze Form ausfüllenden Kuchen auf, der mit gespannten Stahldrähten in die gewünschten Formate geschnitten wird. Für bewehrte Bauteile werden vorher in die Formen Bewehrungskörbe oder -matten eingelegt, die zum Schutz gegen Korrosion mit einem Überzug aus Bitumen, Zementschlämme o.Ä. versehen worden sind.
Der fertig geschnittene Rohblock wird in Härtekesseln in einer Sattdampf-Atmosphäre (190 °C, 12 bar) gehärtet. Die Wände der kugelförmigen Makroporen bestehen im Wesentlichen aus hochdruckfesten Calcium-Silicat-Hydraten. Die in den Wänden befindlichen Mikroporen sind verantwortlich für den guten Feuchtigkeitsausgleich mit der umgebenden Luft.

b) Allgemeine Eigenschaften
Porenbeton ist ein Baustoff, der wegen seiner hohen Wärmedämmung (λ = 0,08 bis 0,21 W/(m · K)) und seiner guten Druckfestigkeit ohne zusätzliche Wärmedämmschichten als tragendes Wandbaumaterial für Wohngebäude bis zu neun Geschossen eingesetzt werden kann. Porenbeton besitzt ein gutes, die Luftfeuchtigkeit regulierendes Verhalten, d.h., er nimmt bei hoher Luftfeuchte Wasser auf und gibt dieses bei trockener Luft wieder ab. Zum Schutz gegen Regen und Frost muss Porenbeton geputzt bzw. beschichtet werden, z.B. mit Dünnspachtel auf Acrylharzbasis. Es lassen sich jedoch auch hinterlüftete Wandbekleidungen anbringen: Trapezprofile aus Stahl- oder Aluminiumblech mit Dübeln oder kleinformatige Elemente aus Schiefer- oder Faserzementplatten auf einem Gitter aus Lattung und Konterlattung.
Porenbeton ist ein nicht brennbarer Stoff (Baustoffklasse A I) und besitzt einen guten Schallabsorptionsgrad. Bauteile aus Porenbeton lassen sich leicht durch Sägen, Bohren und Fräsen bearbeiten, weitgehend mit Werkzeugen, die auch zur Holzbearbeitung dienen.
Weitere Eigenschaften (in Abhängigkeit von der Rohdichte s.a. Tafel 1.17/1.18): Elastizitätsmodul 1200 bis 2500 N/mm^2, Schwindmaß nach DIN 1053-1 0,2 mm/m, spez. Wärmekapazität bei hygroskopischer Ausgleichsfeuchte 1,00 kJ/(kg · K), lineare Wärmedehnzahl zwischen 20 und 100 °C 0,008 mm/(m · K), Wasserdampf-Diffusionswiderstandszahl 5 bis 10, Wärmespeicherzahl 350 bis 800 kJ/(m^3 · K). Im eingebauten Zustand gibt Porenbeton auch ohne Oberflächenbehandlung weder feste (staub- oder faserförmige) noch gasförmige Emissionen ab. Die natürliche radioaktive Strahlung liegt im unteren Bereich der üblichen Baustoffe.

Tafel 1.17 Grunddaten für unbewehrte Porenbetonbauteile [6]

Porenbeton-produkte	Festigkeits-klasse (Farbkenn-zeichnung)	Mindestdruckfestigkeit (Steinfestigkeit)		Rohdichte-klasse[2)] kg/dm³
		Mittelwert N/mm²	kleinster Einzelwert N/mm²	
DIN V 4165 und Zulassung: Plansteine PP Planelemente PPE	2 (grün)	2,5	2,0	0,35; 0,40; 0,45; 0,50
	4 (blau)	5,0	4,0	0,50; 0,55; 0,60; 0,65; 0,70; 0,80
	6 (rot)	7,5	6,0	0,65; 0,70; 0,80
	8 (ohne)	10,0	8,0	0,80; 0,90; 1,00
DIN 4166: Bauplatten Ppl[1)] Planbauplatten PPpl	–	–	–	0,35 bis 1,00 (Schritte wie oben)

[1)] Bauplatten Ppl werden heute nicht mehr hergestellt.
[2)] Rohdichteklasse 0,40 bedeutet z.B.: der Mittelwert der Trockenrohdichte liegt zwischen > 0,35 bis 0,40.

c) Unbewehrter Porenbeton (Grunddaten siehe Tafel 1.18) wird zu folgenden Bauteilen verarbeitet (siehe Abb. 1.49 und 1.50):
Plansteine PP nach DIN V 4165-100 (2005–10) für tragendes Mauerwerk; Planbauplatten PPpl nach DIN 4166 für nichttragende leichte Trennwände; Planelemente PPE nach DIN V 4165 und nach Zulassung für tragende und nichttragende Wände; geschosshohe Wandtafeln (mit Transportbewehrung) nach Zulassung für tragende Wände: Höhe bis 3500 mm, Breite bis 1500 mm (oder bis 2800 mm Höhe und 6000 mm Breite), Dicke bis 375 mm. Alle genannten Pb-Bauteile besitzen eine Maßgenauigkeit von ± 1,0 mm in der Höhe und ± 1,5 mm in der Länge und Breite und werden in Dünnbettmörtel mit einer Lagerfugenhöhe von 1 bis 3 mm versetzt, die Planelemente mit leichten, die Wandtafeln mit schweren Hebewerkzeugen.
Blocksteine PB nach DIN 4165 und Bauplatten Ppl nach DIN 4166, die mit konventioneller 10-mm-Lagerfuge und i.d.R. mit Leichtmauermörtel LM vermauert wurden, werden nur noch selten hergestellt und verwendet.
Sonderbauteile: U-Steine (siehe Abb. 1.50) und U-Schalen als verlorene Schalung für Ringanker, Stürze oder auch Mauerpfeiler sowie für senkrechte Schlitze im Mauerwerk. Mehrzweck-Steine, bei denen durch Herausbrechen einzelner Scheiben U-Schalen entstehen (siehe Abb. 1.50). Verblendsteine für Deckenauflager oder Ringanker.
Die Stirnflächen der Porenbetonbauteile können verschieden ausgebildet sein: glatt, mit Nut und Feder, vereinzelt auch mit beidseitiger Vergussnut oder mit gefasten Kanten. Die Stoßfugen werden i.d.R. nicht vermörtelt, das Versetzen erfolgt knirsch gemäß DIN 1053-1. Ausnahme: der Stoß der geschosshohen Wandtafeln wird mit Dünnbett-

mörtel vermörtelt. Trockenmauerwerk aus Porenbeton-Plansteinen ohne Vermörtelung der Stoß- und Lagerfuge ist nach Zulassung möglich.
Die Bezeichnung der Steine und Platten geschieht z.B. wie folgt:
Porenbeton-Planstein DIN 4165 – PP2 – 0,50 – 499 × 300 × 249
Porenbeton-Planbauplatte DIN 4166 – PPpl – 0,50 – 499 × 100 × 249
Porenbeton-Planelement DIN 4165 – PPE4 – 0,60 – 999 × 300 × 499
Die Zahlen in PP2 und PPE4 bedeuten die Festigkeitsklasse.

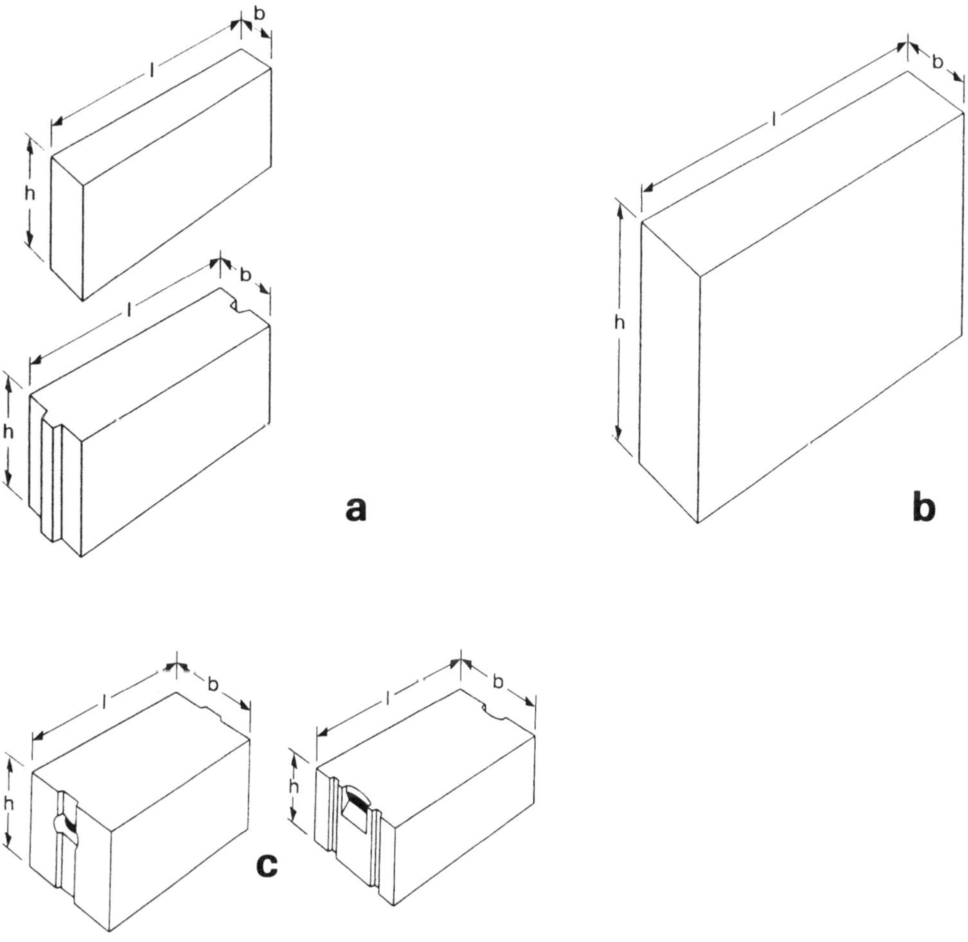

Länge: 499, 599, 624, 749 mm
Höhe: 249 mm
Dicke/Breite: 50 bis 150 mm

Länge: 499, 599, 624, 749, 999, 1499, 1999, 2499, 2999 mm
Höhe: 374, 499, 599, 624, 749 mm
Dicke/Breite: 100 bis 400 mm

Abb. 1.49 Unbewehrte Porenbeton-Bauteile [6]
a: Planbauplatten PPpl nach DIN 4166
b: Planelemente nach DIN V 4165 und Zulassung
c: Plansteine PP nach DIN V 4165

d) Bewehrter Porenbeton nach DIN 4223 (2003–12) und bauaufsichtlicher Zulassung kann auf Biegung beansprucht werden und dient zur Herstellung von (Grunddaten siehe Tafel 1.18):
Wandplatten, die z.B. zur Ausfachung von Skelettbauten aus Stahl, Stahlbeton oder auch Holz verwendet werden. Länge bis 7500 mm, Breite 750 mm, Dicke 300 mm. Horizontale Fugen (Lagerfugen) glatt oder mit Nut und Feder ausgebildet, Stirnseiten glatt oder mit Nut zum Mörtelverguss.
Geschosshohe tragende Wandtafeln, die auch horizontale Lasten, z.B. Erddruck, aufnehmen können. Maße wie unbewehrte Wandtafeln. Sie werden in Mörtel versetzt und an den Stirnseiten knirsch gestoßen. Die vertikalen Fugen werden mit Dünnbettmörtel (Nut und Feder) oder mit Zementmörtel (Vergussnut) miteinander verbunden;
Decken- und Dachplatten mit bis zu 7500 mm Länge und 750 mm Breite, Dicken 100 bis 300 mm. Ausbildung der Plattenlängsränder.
Sonderbauteile, z.B. Stürze und Treppenstufen.

Abb. 1.50 U-Steine (links) und flexibel anpassbare Mehrzwecksteine (rechts) aus Porenbeton zur Herstellung von Ringankern, Stürzen, senkrechten Schlitzen und Aussteifungen in Porenbeton-Mauerwerk [6]

Tafel 1.18 Grunddaten für bewehrte Porenbetonbauteile [6]

Porenbeton-Produkte	Festigkeitsklasse	Mindestdruckfestigkeit		Rohdichteklasse[1)] kg/dm³
		Mittelwert N/mm²	kleinster Einzelwert N/mm²	
DIN 4223 und Zulassung: Bauteile mit statisch anrechenbarer Bewehrung	2,2	2,2	2,1	0,40; 0,45; 0,50
	3,3	3,3	3,2	0,45; 0,50; 0,55; 0,60
	4,4	4,4	4,2	0,55; 0,60; 0,65; 0,70; 0,75; 0,80
DIN 4223 und Zulassung: Bauteile mit statisch nicht anrechenbarer Bewehrung	2	2,5	2,0	0,35; 0,40; 0,45; 0,50; 0,55
	4	5,0	4,0	0,55; 0,60; 0,65; 0,70; 0,80; 0,90; 1,00
	6	7,5	6,0	0,65; 0,70
	8	10,0	8,0	0,80; 0,80; 1,00
Zulassung: Stürze	4,4	5,0	4,4	0,55; 0,60; 0,65; 0,70

[1)] Rohdichteklasse 0,60 bedeutet: Mittelwert der Trockenrohdichte liegt zwischen > 0,50 bis 0,60.
[2)] Nur für unbewehrte geschosshohe Wandtafeln.

1.3.6 Zwischenbauteile aus Beton für Stahlbeton- und Spannbetondecken (DIN 4158 (1978–05))

Die Zwischenbauteile aus Beton sind mit Hohlräumen versehene Körper und plattenförmige Bauteile aus Normalbeton ($\rho > 2{,}0$ kg/dm³) oder aus Leichtbeton ($\rho \leq 2{,}0$ kg/dm³) mit offenem oder geschlossenem Gefüge, hergestellt unter Verwendung hydraulischer Bindemittel und mineralischer Zuschläge nach DIN 4226-1 und -2.
Sie werden als statisch nicht mitwirkend für Balken- und Rippendecken sowie als statisch mitwirkend für Rippendecken benutzt, mit Rippen aus Ortbeton oder mit teilweise vorgefertigten Stahlbetonrippen (entsprechend Abb. 1.19).

a) Statisch nicht mitwirkende Zwischenbauteile gibt es in sechs Formen: A (für Stahlbetonrippendecken aus Ortbeton), B (für Stahlbetondecken aus Ortbeton mit verbreiterter Druckzone), C (für Stahlbetonbalkendecken mit verbreiterter Druckzone mit ganz oder teilweise vorgefertigten Balken), D, E und F (für Stahlbetonbalken- oder Rippendecken mit ganz oder teilweise vorgefertigten Balken oder Rippen). Abb. 1.52 zeigt einige dieser Formen.
   Die Breiten b werden so gewählt, dass sich für die jeweiligen Decken die Balken- und Rippenachsmaße 333, 500, 625 oder 750 mm ergeben; bei bewehrten Zwischenbauteilen (für Stahlbetonbalkendecken) auch 1000 oder 1250 mm. Die Regellängen sind 250 und 333 mm; bewehrte Zwischenbauteile dürfen länger sein. Die Dicken s_0 wer-

den so bemessen, dass sich Dicken der Rohdecken ab 120 mm in Stufen von je 20 mm ergeben. Weiterhin sind die Maße für Auflagetiefe, Flankenneigung, Innenstege und Auflageflächen festgelegt, desgleichen die Maße für plattenförmige Zwischenbauteile.

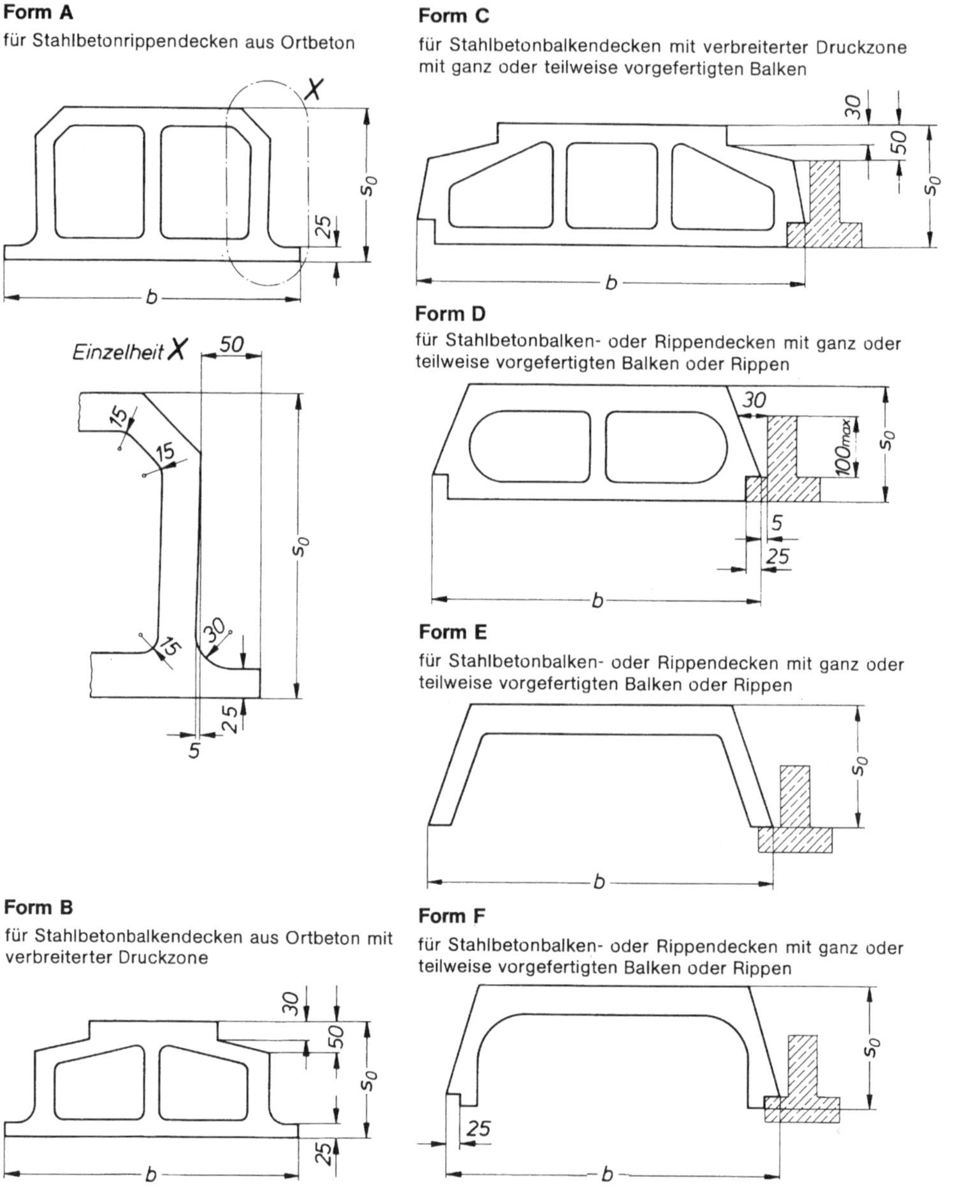

Abb. 1.51 Statisch nicht mitwirkende Zwischenbauteile aus Beton nach DIN 4158 für Decken, Form A, B, C, D, E und F

b) Statisch mitwirkende Zwischenbauteile haben dieselben Maße wie unter a) genannt. Sie haben jedoch vier andere Formen: DM, EM, FM und GM (für Stahlbetonrippendecken mit teilweise oder ganz vorgefertigten Rippen, Abb. 1.52).

Bei mitwirkenden Bauteilen müssen die Außenwandungen mindestens 30 mm, notwendige Innenstege (Form DM) mindestens 25 mm und Platten (Abb. 1.52, Schnitt A-B) mindestens 50 mm dick sein.

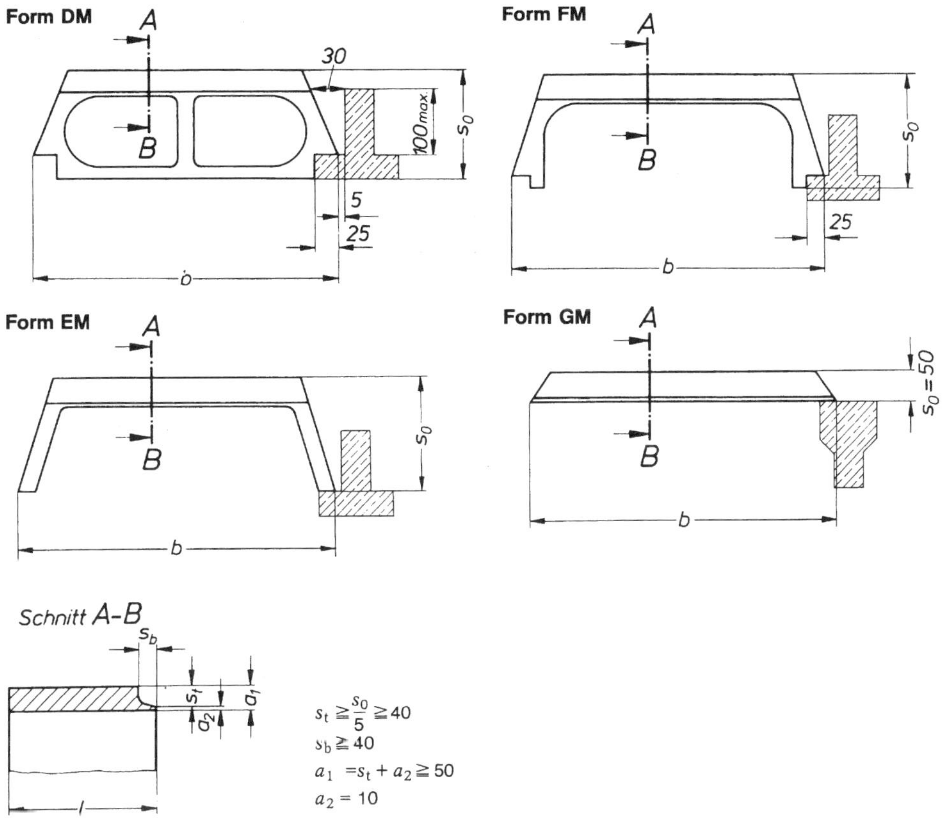

Abb. 1.52 Statisch mitwirkende Zwischenbauteile aus Beton für Decken nach DIN 4158, Form DM, EM FM und GM

1.3.7 Betonwerksteine

a) Betonwerkstein nach DIN V 18 500 (2006–12) ist der Sammelbegriff für vorgefertigte Bauteile (Werkstücke) aus bewehrtem oder unbewehrtem Beton, z.B. Bodenplatten, Stufen und Stufenbeläge, Fassadenplatten und -elemente, deren Oberflächen werksteinmäßig bearbeitet oder die in besonders ausgebildeten Formen oder Schalungen hergestellt sind. Bearbeitungsarten sind z.B. Spalten (bruchraue Oberfläche), Bossieren, Spitzen, Stocken, Scharrieren, Sand- und Flammstrahlen, Absäuern, Auswaschen (s.u. Waschbeton), Schleifen und Polieren (Schleifen mit feinstem Schleifmittel bis zum Glanz). Als Oberflächenbehandlung kann Polierwachs, Versiegelungsmasse oder Fluat aufgetragen werden. Betonwerkstein kann ein- oder mehrschichtig aus Kern- und Vorsatzbeton ausgeführt werden. Die Dicke des Vorsatzbetons muss mindestens 8 mm, bei Stufen und Stufenbelägen mindestens 15 mm betragen. Als Bindemittel wird Zement nach DIN 1164 (2013–08) verwendet. Die Zuschläge müssen DIN 4226 (2001–07) genügen und u.U. frostbeständig sein.

Bodenplatten, Stufen und Stufenbeläge müssen bei Auslieferung, spätestens 28 Tage nach Herstellung, eine mittlere Biegezugfestigkeit von mindestens 5 N/mm² (kleinster Einzelwert ≥ 4 N/mm²) aufweisen. Für alle übrigen Bauteile gilt entweder die genannte Biegezugfestigkeit oder eine mittlere Druckfestigkeit von ≥ 30 N/mm² (kleinster Einzelwert ≥ 25 N/mm²). Schleifverschleiß siehe Tafel 1.16. Weitere Anforderungen der DIN V 18 500 beziehen sich z.B. auf Maße und Maßtoleranzen, Beschaffenheit (z.B. zulässige Beschädigungen) und Wasseraufnahme für Teile im Freien (max. 15 Vol.-%).

b) Bei Platten aus Waschbeton, die z.B. als Fassadenelemente Verwendung finden, bleibt das grobe Zuschlagkorn an der Oberfläche sichtbar, ist aber fest im Mörtelbett verankert. Dies kann z.B. erreicht werden

- durch Auswaschen des oberflächlichen Mörtels mit Bürste und Wasser aus dem noch frischen Beton, oder
- durch Auftragen einer die Zementerhärtung verzögernden Paste auf die Schalung, sodass der Feinmörtel nach Abnehmen der Schalung ausgespült werden kann, oder
- durch Einsetzen einzelner gröberer Körner in das noch frische Mörtelbett, ohne dass sie vom Mörtel voll umschlossen werden.

c) Terrazzo, der z.B. als Fußbodenplatte oder Treppenstufe Verwendung findet, besitzt in der Vorsatzschale Zuschlagkörner (meist aus Kalkstein) besonderer Farbe oder Größe und/oder mit Steinmehl eingefärbten Feinmörtel. Die Oberfläche ist geschliffen.

Tafel 1.19 Härteklassen und Schleifverschleiß von Betonwerkstein, der schleifender Beanspruchung ausgesetzt ist

Härteklasse	Bei Prüfung nach DIN 52 108[1)]			
	Volumenverlust cm³/50 cm²		Dickenverlust mm	
	Mittelwert max.	Einzelwert max.	Mittelwert max.	Einzelwert max.
I	15	18	3	3,6
II	26	30	5,2	

[1)] Prüfung mit der Böhme-Schleifscheibe.

1.3.8 Pflastersteine aus Beton (DIN EN 1338 (2010–08))

a) Allgemeines: Pflastersteine aus Beton (siehe Abb. 1.56) mit oder ohne Vorsatzbeton (Dicke ≥ 4 mm) werden aus frostbeständigen Zuschlägen nach DIN 4226-1, Zement nach DIN 1164-1 sowie ggf. Zusatzmitteln bzw. Zusatzstoffen hergestellt. Sie dienen der Befestigung von Straßen, Wegen und Plätzen. Für den Bau von Pflasterdecken und Plattenbelägen sind die ZTV P-StB 2000 und die DIN 18 318 ((2000–12); VOB Teil C, ATV) maßgebend.

b) Nach der Form werden Quadrat-, Rechteck- und Sechseckpflastersteine unterschieden. Es gibt aber auch zahlreiche andere Formen, wie z.B. S-, H- oder winkelförmige Verbundsteine (siehe Abb. 1.54). Die Steine werden häufig in ca. 1 m² großen Einheiten mit Hydraulik-Klammer und Kleinbagger oder Handverlege-Karren mechanisch verlegt. Die Höhe beträgt vorzugsweise 60, 80 und 100, die Länge bis 200 mm, Verhältnis Gesamtlänge:Dicke ≤ 4:1. Die übrigen Maße richten sich nach Verlegeart und Fugenraster. Zulässige Maßabweichungen: max ± 3 mm bei Länge und Breite bzw. ± 4 mm bei der Höhe. Die Differenz zwischen den Diagonalen eines rechtwinkligen Pflastersteins darf 5 mm (Klasse J) bzw. 3 mm (Klasse K) nicht überschreiten. Ausbuchtungen in Seitenflächen bzw. -kanten dürfen nicht tiefer als 3 mm sein. Die Kanten der Nutzflächen können gefast, die Flächen selbst betonwerksteinmäßig bearbeitet, profiliert, getrommelt, wasser- oder kugelgestrahlt sowie eingefärbt sein, z.B. anthrazit, basalt, dkl.-braun, ziegel- und dkl.-rot, rotbraun und geflammt, sandsteinfarben.

c) Besondere Bedeutung hat Ökopflaster zur Entsiegelung großer gepflasterter Flächen. Hierfür gibt es eine ganze Reihe von Steinarten: Steine mit vertikalen Rippen an zwei Flanken, die im verlegten Pflaster Fugen hinterlassen für begrünte Parkflächen. Denselben Effekt erreicht man mit T-förmigen Abstandhaltern aus Kunststoff, die zwischen normale Rechtecksteine gelegt werden. Durch solche Maßnahmen erreicht man Fugenanteile bis etwa 20 % der Gesamtfläche. Oder man verwendet sog. Rasenplatten mit bis zu 30 % Grünflächenanteil. Schließlich werden heute auch Steine wasserdurchlässig aus haufwerkporigem Dränbeton hergestellt, die auch mit kleinrädrigen Einkaufswagen befahren werden können.
Für Tankstellen gibt es spezielle flüssigkeitsdichte (Wasser, Kraftstoff) Pflasterelemente, z.B. 400 × 400 mm, mit seitlichen Verzahnungen in den Fugen. Diese werden nach dem Verlegen mit speziellem, ebenfalls flüssigkeitsdichtem und dauerelastischem Fugenmaterial geschlossen.

d) Anforderungen werden u.a. an folgende Eigenschaften der Pflastersteine gestellt:
1) Witterungswiderstand: Klasse A keine; Klasse B Wasseraufnahme ≤ 6 Masse-%; Klasse C Masseverlust bei der Frost-Tausalz-Prüfung ≤ 1 kg/m^2. 2) Festigkeit: Spaltzugfestigkeit im Mittel ≥ 3,6, Einzelwerte ≥ 2,9 MPa (= N/mm^2); Bruchlast ≥ 250 N pro mm Spaltflächenlänge. 3) Abriebwiderstand gemessen mit der Böhme-Schleifscheibe: Klasse F keine; Klasse H ≤ 20 cm^3/50 cm^2; Klasse I ≤ 18 cm^3/50 cm^2. 4) Ausreichender Gleit- und Rutschwiderstand. 5) Äußere Beschaffenheit: Nach den vorgeschriebenen Prüfungen dürfen sich an den Steinen keine Schäden, wie z.B. Abplatzungen oder Risse, zeigen, und bei zweischichtigen Steinen darf kein Ablösen der Schichten voneinander eintreten. Die Prüfverfahren sind im Anhang zur DIN EN 1338 beschrieben.

e) Zur Kennzeichnung der Steine sind die o.a. Klassen, die Norm und die Produkt-Identifikation anzugeben.

f) Für die Pflasterverlegung ist neben der o.a. Norm die ZTV P-StB 2000 und die DIN 18 318 (VOB Teil C, ATV (2000–12)) zu beachten. Pflasterflächen haben folgenden Schichtaufbau (s.a. Abb. 1.54): Frostschutzschicht (bis etwa 80 cm unter Pflasteroberkante) und Tragschicht aus Kies oder Hartsteinschotter 0/32, 0/45 oder 0/56; Tragschicht: Dicke für Terrassen, Gehwege oder Garagenzufahrten 20 bis 30 cm, Einrütteln mit Flächenrüttler (ca. 300 kg); Pflasterbett: Sand 0/2, 0/4 oder Hartsteinsplitt 1/3 oder Brechsand-Splitt-Gemisch 0/5, Dicke nach dem Einrütteln 3 bis 5 cm; Pflaster: Fugenabstand 3 bis 5 mm, Fugenmaterial Sand 0/2, 0/4 oder Hartsteinsplitt 1/3, Abrütteln mit leichtem Flächenrüttler (130 bis 200 kg), danach Einfegen von Fugenmaterial bis zum Fugenverschluss. Bei Ökopflaster sind besondere Bedingungen zu beachten.

Aufbau einer Pflasterdecke

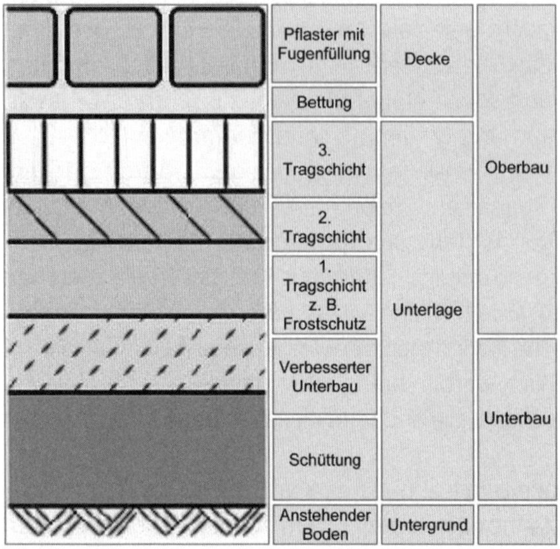

Abb. 1.53 Schichtaufbau von Pflasterflächen aus Betonsteinen [10]

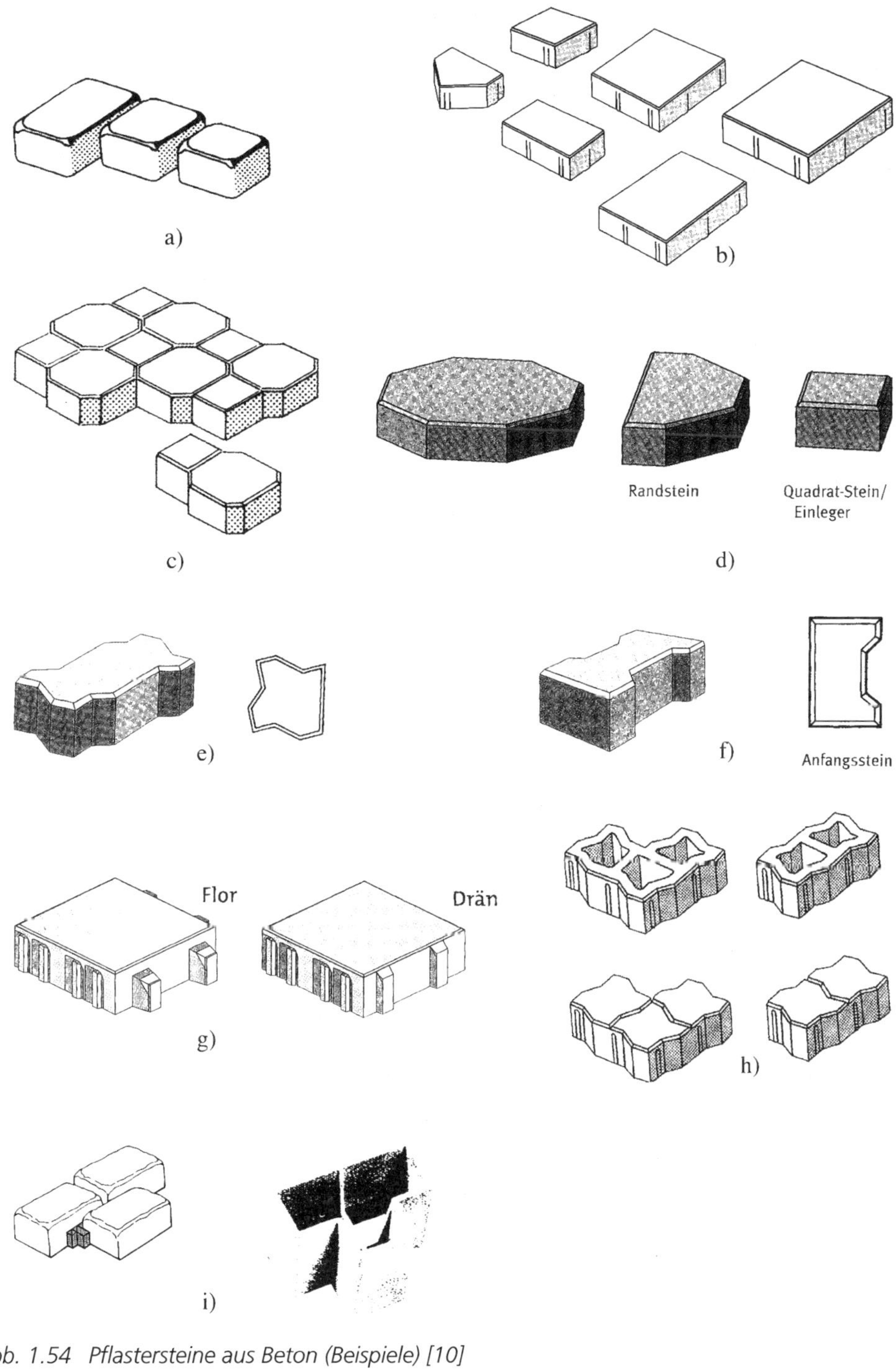

Abb. 1.54 Pflastersteine aus Beton (Beispiele) [10]
a bis d: ohne Verbund; e, f: Verbundsteine
g: Ökosteine, Flor 20 %, Drän 8 % Fugenfläche
h: Ökostein, auch für Wirtschaftswege, 30 % Rasenanteil
i: Kunststoff-Abstandhalter für 3 cm Rasenfuge, Höhe ca. 4 cm, 30 % Rasenanteil

1.3.9 Betondachsteine DIN EN 490 (Siehe auch [9b])

Normen

DIN EN 490	(2012–01)	Dach- und Formsteine aus Beton; Produktanforderungen
DIN EN 491	(2011–11)	Dach- und Formsteine aus Beton; Prüfverfahren

a) Betondachsteine sind in der Form (siehe Abb. 1.56) den Dachziegeln ähnlich, haben jedoch größere Abmessungen als diese und sind daher schwerer. Häufig anzutreffende und altbewährte Modelle sind die Frankfurter Pfanne und die Doppel-S-Pfanne, jüngere Modelle die Taunus- und die Harzer Pfanne sowie der ebene Dachstein Tegalit. Bei der Verlegung der Dachsteine sind wie bei Dachziegeln die Regeln des Deutschen Dachdeckerhandwerks einzuhalten, insbesondere sind die die Dachneigung betreffenden Vorschriften zu beachten (siehe Abschn. 1.2.8 und [31]). Dachsteine werden im Strangpressverfahren hergestellt und besitzen daher keinen Kopffalz.

b) Ausgangsstoffe bei der Herstellung sind: Zuschlag aus natürlichen und/oder künstlichen Mineralstoffen (ungebrochen oder gebrochen); ggf. Zusatzstoffe (siehe Abschn. 7.2.5), darunter i.d.R. Farbpigmente; ggf. Zusatzmittel (siehe Abschn. 7.2.4). Die Oberfläche der Betondachsteine ist i.d.R. glatt, gelegentlich auch granuliert. Farben: vornehmlich Schattierungen von rot und braun sowie grau und granit, auch blau und grün.

c) Herstellerangaben müssen enthalten: Hängelänge und Rechtwinkligkeit (Abweichung ≤ 4 mm); mittlere Deckbreite (Abw. ≤ 5 mm; siehe Abb. 1.29); Masse in kg (Abw. ≤ 10 %). Meist werden auch Angaben gemacht zu: Regeldachneigung RDN (22°, 25°, 30°), Dachlattenabstand und -dicke (meist 21,2 bis 34,5 mm; 24/48 mm) und zum Bedarf in Stück/m^2 (meist 10 bis 15).

d) Anforderungen an Betondachsteine sind: Ebenheit (Abw. ≤ 3 mm); Tragfähigkeit (unter Biegebeanspruchung; je nach Modell 500 bis 2000 N); Wasserundurchlässigkeit (unter einer Wasserauflast von 10 bis 15 mm dürfen Wassertropfen an der Unterseite frühestens nach 20 Stunden auftreten); Frostbeständigkeit (25 Frost-Tau-Wechsel zwischen ± 20 °C dürfen die Tragfähigkeit und Wasserundurchlässigkeit nicht beeinträchtigen); Funktionstüchtigkeit der Hängenase (darf bei senkrechter Aufhängung frühestens nach 1 Minute abrutschen).

e) Als Formsteine und Systemteile gibt es u.a.: Pult-, Winkel-, Giebel- und Ortgangsteine, Walmglocken (Übergang zwischen First und Grat bei Walmdächern), Biegekehlen aus beschichtetem Aluminium; halbe Steine, Lüftersteine; Standsteine mit Sicherheitsstufen; Schneefangsteine, Rundholzhalter, Schneestoppsteine; Durchgangssteine für Sanitärlüfter und Dunstrohr, Antennenaufsatz und Abgaskalotte; Lichtpfannen.

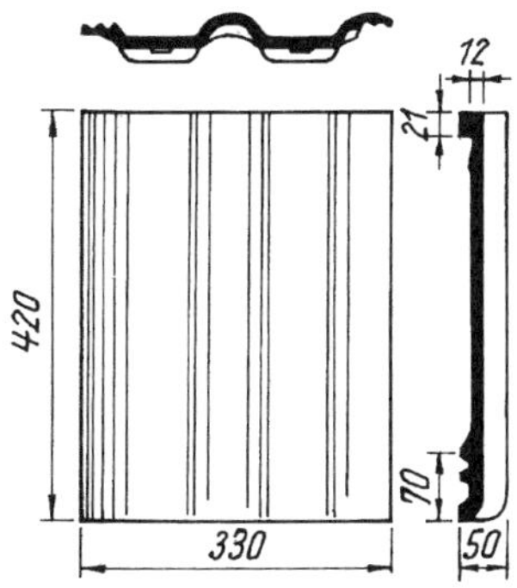

Frankfurter Pfanne
Gewicht: ca 4,5 kg
RDN: 22°

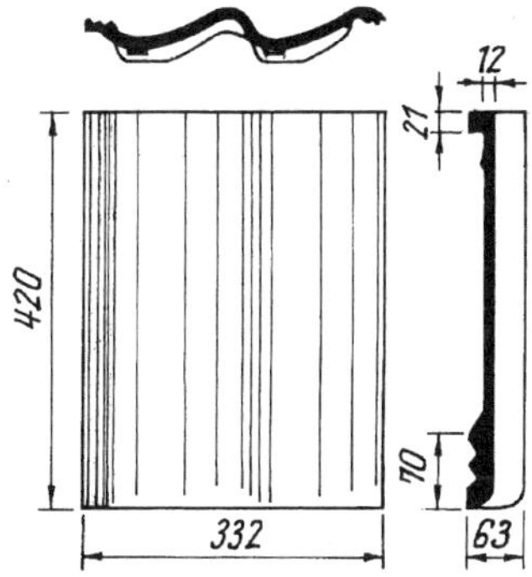

Doppel-S
Gewicht: ca 4,6 kg
RDN: 22°

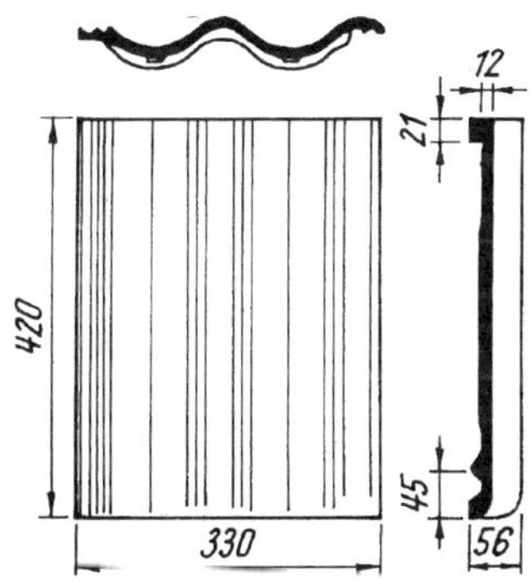

Harzer Pfanne
Gewicht: ca. 4,3 kg
RDN: 22°

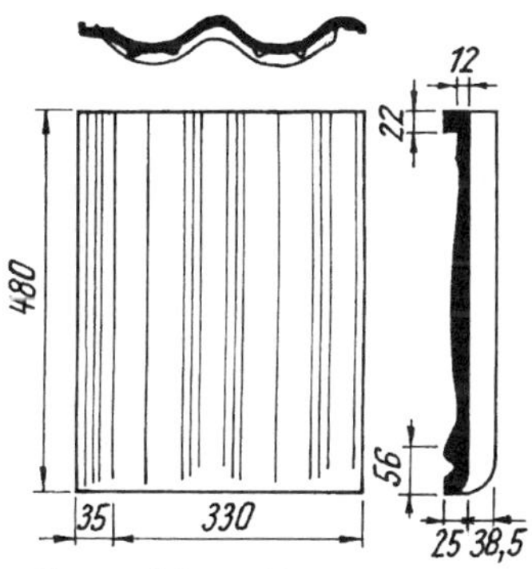

Harzer Pfanne BIG
Gewicht: ca. 4,9 kg
RDN: 22°

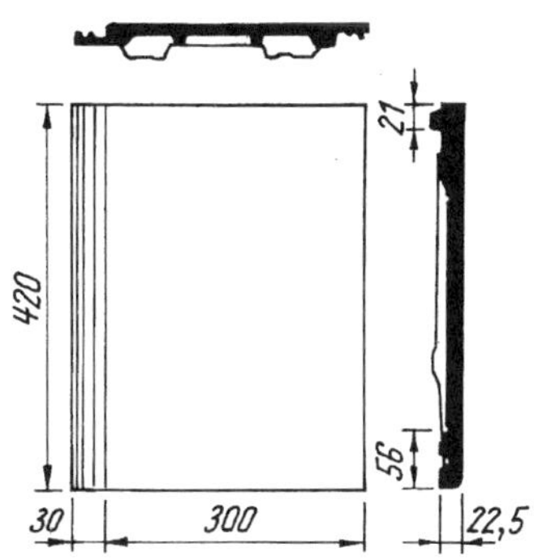

Tegalit-Dachstein
Gewicht: ca. 5,2 kg
RDN: 25°

Abb. 1.55 Beispiele für Betondachsteine [9b]

1.3.10 Rohre aus Beton (s.a. [3])

Normen

DIN EN 1916	(2003–04)	Rohre und Formstücke aus Beton, Stahlfaserbeton und Stahlbeton
DIN V 1201	(2004–08)	Rohre und Formstücke aus Beton, für Abwasserleitungen und -kanäle
DIN EN 1917	(2003–04)	Einstieg- und Kontrollschächte aus Beton, Stahlfaserbeton und Stahlbeton
DIN V 4034-1	(2004–08)	Schächte aus Beton-, Stahlfaserbeton- und Stahlbetonfertigteilen

Gültig sind die DIN EN 1916 und 1917 gemeinsam mit den beiden nationalen Ergänzungsnormen DIN V 1201 und DIN V 4034-1.

a) Allgemeines

Vorgefertigte Rohre und Formstücke aus Beton, Stahlfaserbeton und Stahlbeton werden im Wesentlichen für den Transport von Abwasser, Regenwasser und Oberflächenwasser in Form von in der Erde verlegten Freispiegelleitungen (gelegentlich auch unter geringem Überdruck) verwendet. Sie besitzen an den Enden flexible Verbindungen in Form von im Bauteil eingebauten oder getrennt mitgelieferten Dichtungen aus vulkanisiertem Gummi nach DIN EN 681-1 (2006–11) (Elastomer-Dichtungen).

Neben den o.a. Normen gibt es eine Reihe weiterer Normen: DIN EN 639 (Druckrohre aus Beton (1994–12)), DIN EN 640 (Stahlbeton-Druckrohre (1994–12)) und DIN EN 642 (Spannbeton-Druckrohre (2000–01)); DIN V 4034-1 (2004–08), DIN EN 476 (zurückgezogen) und DIN EN 1917 (Schächte (2003–04)). Daneben gibt es ATV-DVWK-Richtlinien der Gesellschaft zur Förderung der Abwassertechnik e.V.

b) Herstellung

Die Verdichtung des in die Stahlschalungen mit Kern eingebrachten wasserundurchlässigen steifen Betons (Wasserzementwert 0,37 bis 0,45) erfolgt stehend durch Stampfen, Pressen und/oder Rütteln (Außenrüttler, Flaschenrüttler oder Vibrationstische) oder liegend durch Schleudern oder Walzen. Die Erhärtung erfolgt zur Feuchtigkeits- und Wärmezufuhrregelung i.d.R. in Klimakammern frei stehend (Entschalung unmittelbar nach dem Verdichten), bei großformatigen Stahlbetonrohren auch liegend in der Schalung.

c) Arten (s.a. Abb. 1.56 und 1.57)

Man unterscheidet: Beton-, Stahlbeton- und Vortriebsrohre (B, Sb, VT); Rohre mit Kreisquerschnitt ohne oder mit Fuß (K, KF); Rohre mit Eiquerschnitt mit Fuß (EF); Rohrverbindungen in Form von Glockenmuffe (GM), Falzmuffe (FM) oder Vortriebsrohr-Muffe (VM). Vortriebsrohre werden hydraulisch durch das Erdreich getrieben. Sie haben eine größere Wanddicke und flexible Rohrverbindungen aus Stahl oder bewehrtem Kunststoff innerhalb der Wanddicke (siehe Abb. 1.57d). Die Rohre können bei der Herstellung Abzweige und Zuläufe erhalten, außerdem gibt es ringförmige Bauteile zur Herstellung von Einstieg- und Kontrollschächten (Abb. 1.58).

d) Maße

Kreisförmige Betonrohre: DN 100 bis DN 1500 (DN Diameter Nominal = Rohr-Innen-Durchmesser). Kreisförmige Stahlbetonrohre: DN 250 bis DN 4000. Eiförmige Beton-, Stahlbeton- und Stahlfaserbetonrohre: WN/HN 300/450 bis 1400/2100 (WN/HN = innere Breite/Höhe). Rohre mit fest in der Muffe eingebauter Dichtung: DN 300 bis 1500. Normale Baulängen sind je nach Nennweite 2000 bis 3000 mm, Wanddicken je nach Nennweite und Querschnittsform 60 bis 235 mm. Es gibt auch Rohre mit größeren Weiten und anderen als kreis- oder eiförmigen Querschnitten.

e) Anforderungen

Rohre Typ 1: Beton C35/45, Expositionsklasse XA1, widerstandsfähig gegen chemisch schwach angreifende Umgebung, eignen sich vorwiegend für Regenwasser. Rohre Typ 2: Beton C40/50, Expositionsklasse XA2 und XM2, widerstandsfähig gegen chemisch mäßig angreifende Umgebung und gegen starke Verschleißbeanspruchung, eignen sich besonders für Misch- und Schmutzwasser. Die Rohre erhalten als Kennzeichnung das CE-Zeichen sowie DIN V 1201 und Typ 1 oder Typ 2 (s.a. Abb. 1.56).

Die Betonoberfläche muss von gleichmäßiger und geschlossener Beschaffenheit sein. Die Scheiteldruckkräfte betragen je nach Querschnittsform 20 bis 540 kN/m (kreisförmig) bzw. 75 bis 189 kN/m (eiförmig). Zur Prüfung der Wasserdichtheit werden zwei Rohrteile zusammengefügt, verschlossen und leicht abgewinkelt. Dann dürfen unter einem 15 Minuten lang andauernden Prüfdruck von 0,5 bar keine Undichtigkeiten oder andere sichtbare Mängel auftreten. Betonrohre müssen eine geringe Wandrauheit besitzen, ausreichend abriebfest und für ständige Wassertemperaturen von 45 °C (bis DN 200) bzw. 35 °C (über DN 200) geeignet sein. Der Fasergehalt von Stahlfaserbetonrohren richtet sich nach dem DBV-Merkblatt „Stahlfaserbeton". Die Betondeckung (Nennmaß) von Stahlbetonrohren muss je nach Umweltbedingungen 25 mm (XC2), 30 mm (XC4 oder XA1) oder 35 mm (XA2) betragen.

Vortriebsrohre werden hydraulisch durch das Erdreich getrieben. Sie erfordern eine größere Wanddicke und eine besondere Ausbildung der Rohrverbindung mit einer Manschette aus normalem oder nichtrostendem Stahl (s. Abb. 1.57d).

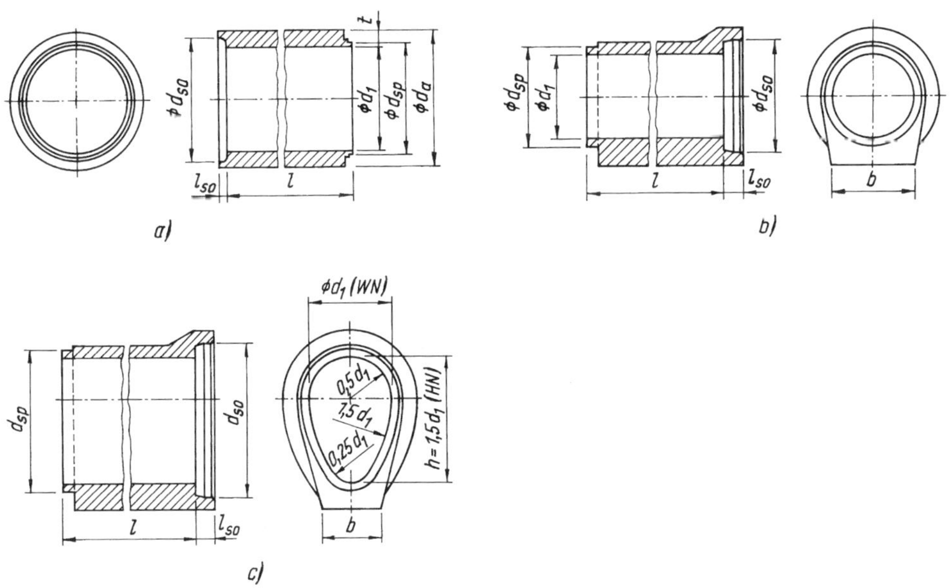

Abb. 1.56 Betonrohre (Beispiele) nach DIN V 1201 (2004–08):
a) Stahlbeton DIN V 1201 – Typ 2 – SB – K – FM – 1800 × 3000
b) Betonrohr DIN V 1201 – Typ 2 –B– KF – GM – 300 × 2500
c) Betonrohr DIN V 1201 – Typ 2 –B– EF – GM WH/HN 500/700 × 200
(K = Kreis ohne Fuß; FM = Falzmuffe; KF = Kreis mit Fuß; GM = Glockenmuffe; EF = Ei mit Fuß)

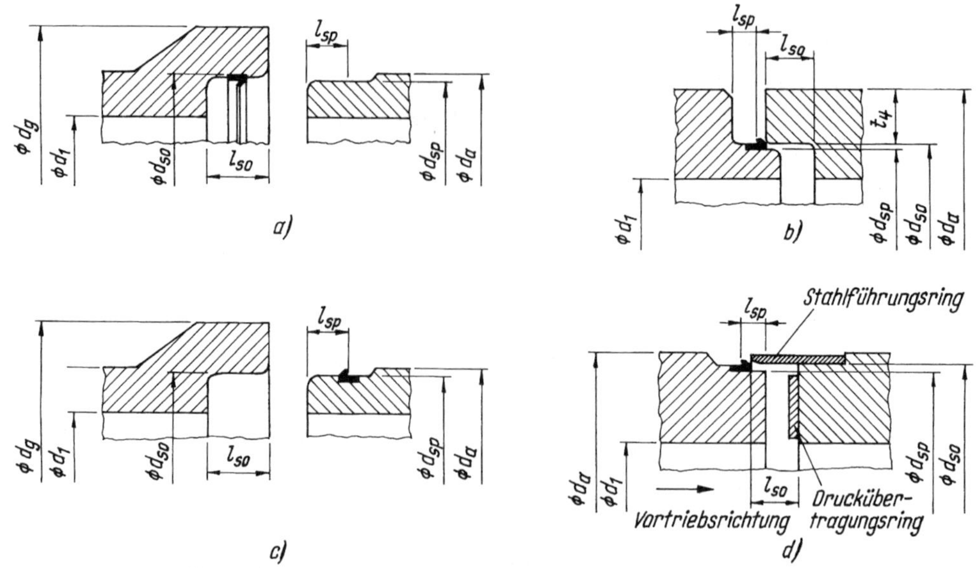

Abb. 1.57 Gleitringdichtungen (Beispiele für Betonrohre nach DIN V 1201 (2004–08))
a) fest in der Muffe eingebaut c) mit Stufenausbildung
b) mit Kammerausbildung d) für Vortriebsrohre

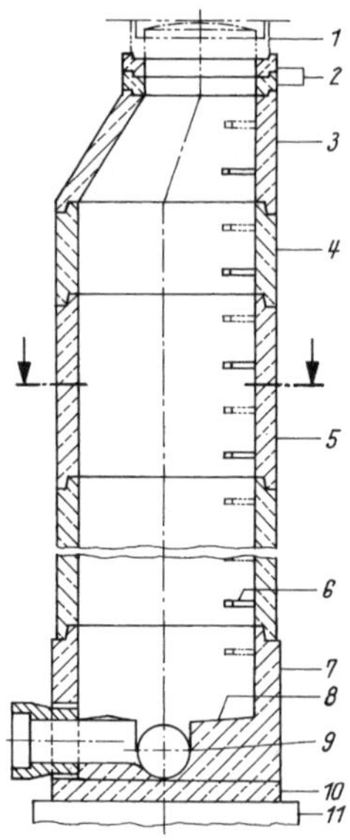

Abb. 1.58 Einstiegschacht aus Betonfertigteilen [3]
1 Schachtabdeckung; 2 Auflagerringe; 3 Schachthals (Konus) mit Muffe; 4, 5 Schachtringe mit Muffe; 6 Steigeisen; 7 Schachtunterteil; 8 Auftritt; 9 Gerinne; 10 Sohlplatte; 11 Sauberkeitsschicht

1.3.11 Bauteile aus Faserzement (Siehe auch [7], [11])

Normen

DIN EN 12 763	(2000–10)	Faserzementrohre und -formstücke für Hausentwässerungssysteme; Maße und technische Lieferbedingungen
DIN EN 492	(2012–12)	Faserzement-Dachplatten und dazugehörige Formteile
DIN EN 494	(2015–12)	Faserzement-Wellplatten und dazugehörige Formteile
DIN EN 512	(2002–04)	Faserzement-Produkte – Druckrohre und Verbindungen
DIN EN 588-1	(1996–11)	Faserzementrohre für Abwasserleitungen und -kanäle – Rohre, Rohrverbindungen und Formstücke für Freispiegelleitungen
-2	(2002–05)	wie vor; Einsteig- und Kontrollschächte
DIN EN 12 467	(2012–12)	Faserzement Tafeln

Für Bauteile aus Faserzement gibt es neben den o.a. Normen eine ganze Reihe von bauaufsichtlichen Zulassungen des Deutschen Instituts für Bautechnik Berlin. Abmessungen, Formen und Verarbeitungshinweise richten sich nach den Fachregeln des Deutschen Dachdeckerhandwerks [31] bzw. nach den Produktregeln der Hersteller (siehe [7], [11]).

a) Herstellung
   Bauteile aus Faserzement werden aus einer Mischung von Kunststoff- und Zellstofffasern, Portlandzement (CEM I) nach DIN 1164 und Wasser hergestellt. Die Kunststofffasern bestehen aus Polyacrylnitril oder Polyvinylalkohol und dienen der Armierung. Die Zellstofffasern dienen als sog. Prozessfasern der gleichmäßigen Verteilung der Zementteilchen im wässrigen Zement-Faser-Brei. Nach 28 Tagen Erhärtungszeit besteht Faserzement zu rd. 40 % aus Portlandzement, 11 % feinen Zusatzstoffen (z.B. Kalksteinmehl und gemahlener Faserzement), 2 % Kunststofffasern, 4 bis 6 % Zellstofffasern und bis zu 12 % Wasser (trägt zur weiteren Erhärtung bei). Die %-Sätze sind in Vol.-%. Mikroluftporen (ca. 30 %) in feiner Verteilung und machen den Baustoff dampfdurchlässig und trotzdem wasserdicht sowie frostbeständig. Oberflächenbeschichtungen bieten Schutz gegen sauren Regen, Abwitterung und UV-Strahlung und dienen der farblichen Gestaltung.

b) Eigenschaften
   Baustoffklasse A2 (nichtbrennbar nach DIN 4102); Wasseraufnahmefähigkeit 18 bis 23 Masse-%; Gleichgewichtsfeuchte bei Raumklima 6 bis 10 Masse-%; Wasserdampfdiffusionswiderstandszahl: Wellplatten ohne/mit Beschichtung $\mu = 70/130$, Fassadenplatten je nach rel. Luftfeuchte $\mu = 140$ bis 350; Wärmeleitfähigkeit $\approx 0{,}6$ W/(m · K); Temperaturdehnzahl 0,010 bis 0,014 mm/(m · K); Rohdichte $\geq 1{,}65$ g/cm^3; Alterungs- und chemische Beständigkeit ähnlich wie C 35/45.

Faserzementbauteile gibt es in folgenden Arten:

c) Dachplatten nach DIN EN 492 für kleinformatige Dacheindeckungen und Wandbekleidungen, i.d.R. 4 mm dick, sind hochgepresst und besitzen eine Reinacrylat-Beschichtung. Farben (Beispiele): dunkelgrau und -braun, ziegel- und klassikrot, lichtgrau, kristallweiß, dunkelblau, blauschwarz.
   Lieferformen (Beispiele) siehe Abb. 1.59, Deckungsbilder (Beispiele) Abb. 1.60, Befestigung an den Dachlatten Abb. 1.61. Als Wandbekleidung können Dachplatten z.B. auf Lattung aufgebracht werden (siehe Abb. 1.62). Faserzementplatten gibt es auch als diffusionsoffene Unterdeckplatten (Maße: 2830 bzw. 2530 × 1280 × 4 mm) zur Herstellung regensicherer Unterdächer. Dämmstoffe können ohne zusätzlichen Belüftungs-

zwischenraum unter den Unterdeckplatten angebracht werden, sodass die Sparrenhöhe voll für die Wärmedämmung ausgenutzt werden kann.
Als Formstücke gibt es z.B. Fuß-, Kehl-, First- und Gratplatten, Windfederwinkel; aus Kunststoff außerdem Entlüfterstutzen, Antennendurchgang, Dachfenster.

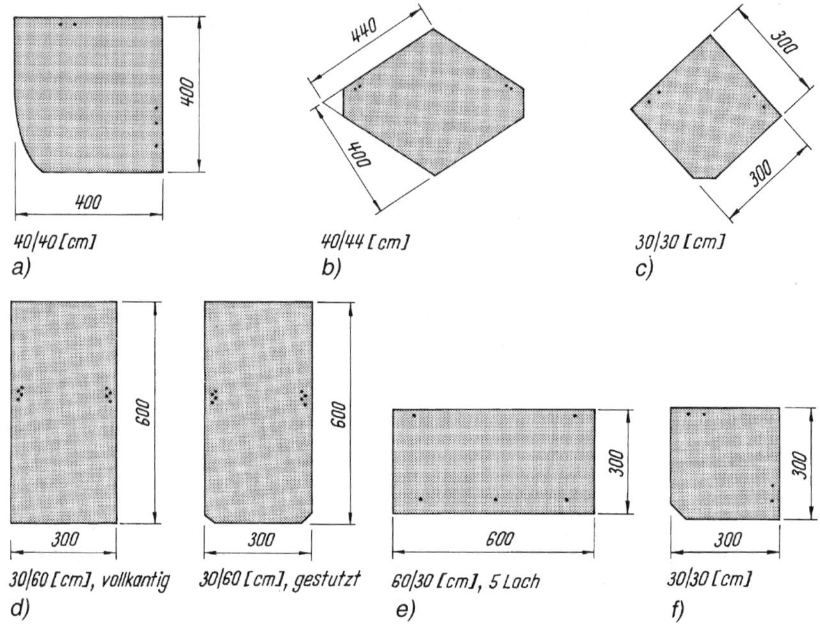

Abb. 1.59 Faserzement-Dachplatten (Beispiele; Maße in cm) [7]
Platten verlegefertig vorgelocht, Loch- 3,5 mm, Plattendicke 4 mm
a) Deutsche Deckung, außerdem 30/40, 30/30, 25/25, 20/20; b) Rhombus-Deckung;
c) Wabendeckung, außerdem 20/20; d) Doppeldeckung, außerdem 20/40
e) Waagerechte Deckung, außerdem 60/30 (2 Loch), 40/20, 30/20
f) Geschlaufte Deckung, außerdem 20/20

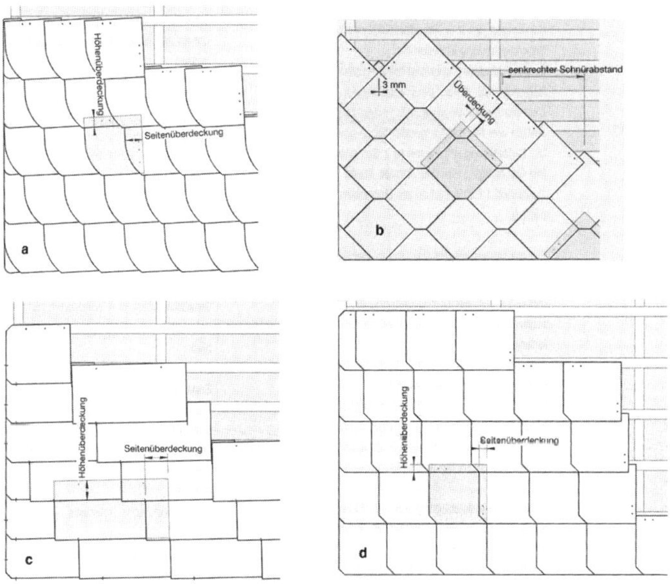

Abb. 1.60 Deckungsbilder von Faserzement-Dachplatten (Beispiele) [7]
a) Deutsche Deckung c) Waagerechte Deckung
b) Wabendeckung d) Geschlaufte Deckung

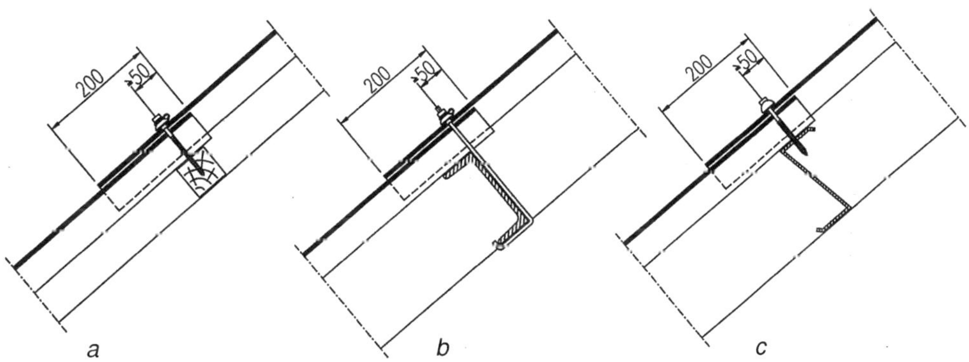

Abb. 1.61 Befestigung von Faserzement-Wellplatten auf Dächern (Beispiele) [7]
a) mit verzinkten Sechskant-Holzschrauben auf Holzlatten oder Holzpfetten
b) mit Stahlhaken auf Stahlpfetten
c) mit gewindefurchenden Stahlschrauben auf Stahl-Blechträgern (Z-Pfetten)

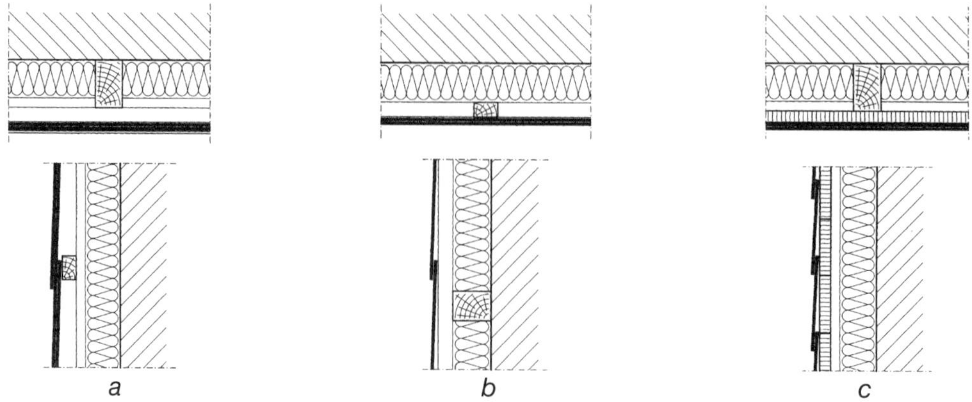

Abb. 1.62 Unterkonstruktionen für Wandbekleidungen aus kleinformatigen Faserzement-Dachplatten (Beispiele) [7]
a) Waagerechte Traglattung auf senkrechter Konterlattung
b) Senkrechte Traglattung auf waagerechter Konterlattung
c) Holzschalung auf senkrechter Konterlattung

d) Wellplatten nach DIN EN 494 naturbelassen zementgrau oder farbig beschichtet (Farben wie Dachplatten). Es gibt Wellplatten mit 5, 6 oder 8 Wellen, Dicke 6,0 bzw. 6,5 mm, Breite 920, 1097 bzw. 1000 mm, Längen 625 bis 2500 mm. Für Dacheindeckung und Fassadenbekleidung. Auch für Wellplatten gibt es für An- und Abschlüsse, Übergänge, Belichtung und Belüftung entsprechende Form- und Passstücke.
e) Ebene Tafeln nach DIN EN 12 467 naturbelassen zementgrau. Dicke 6 bis 20 mm; Länge 2030, 2530 und 3130 mm; Breite 1280 mm. Anwendung innen und außen vielfältig: Wände auf tragenden Metall- und Holzkonstruktionen, Außenwand- und Balkonbekleidungen, Gesimsabdeckungen, Fensterlaibungen, Tischplatten, abgehängte Decken, Regalbau, Behälterbau in der Landwirtschaft, Gleitlager (Deckenauflager). Bei Bewitterung wird als Oberflächenschutz ein Anstrich empfohlen. Beim Schneiden und Bohren etc. sind entsprechende Arbeitsschutzvorschriften einzuhalten. Großformatige Fassadentafeln nach bauaufsichtlicher Zulassung, farbbeschichtet, lasierend beschichtet oder durchgefärbt ähnlich Dachplatten in großer Farbauswahl für Fassadenbekleidung. Dicke 8 und 12 mm; Länge 2530, 2850 und 3030 mm; Breite 1250 und 1500 mm.
f) Rohre aus Faserzement werden nicht mehr hergestellt.
g) Asbesthaltige Baustoffe
Bei Beurteilung der Gesundheitsgefährdung durch eingebaute asbesthaltige Baustoffe, wie z.B. Asbestose (Lungenkrankheit, die als Berufskrankheit bei Arbeitern in Asbest herstellenden und verarbeitenden Betrieben auftrat) und Asbestkrebs, ist zu unterscheiden zwischen schwach gebundenen asbesthaltigen Produkten (meist im Innenausbau) mit Rohdichten unter 1 kg/dm^3 einerseits (z.B. Spritzasbest, Leichtbauplatten), bei denen eine erhöhte Gefahr der Faserfreisetzung besteht, und Asbestzementbaustoffen für Bedachungen und Außenwandbekleidungen andererseits, bei denen eine wesentlich geringere Faserfreisetzung auftritt. Für Erstere gelten die Asbest-Richtlinien (1996–01), herausgegeben vom Deutschen Institut für Bautechnik Berlin. Des Weiteren sind zu beachten: Merkblatt „Entsorgung asbesthaltiger Abfälle" (1996–01) der Länder-

arbeitsgemeinschaft Abfall (LAGA) und des Umweltbundesamtes sowie die Technischen Regeln für Gefahrstoffe „Asbest: Abbruch-, Sanierungs- und Instandhaltungsarbeiten" TRGS 519.

Der **Ersatz von Asbestfasern** durch physiologisch unbedenkliche, aber technisch gleichwertige Fasern hat nach einer jahrelangen intensiven Forschungsarbeit zu dem Ergebnis geführt, dass die Armierung der Zementmatrix durch modifizierte Polyacrylnitril-Fasern (Dolanit) bzw. Polyvinylalkohol-Fasern (Kuralon) erfolgt. Sie erfüllen die Forderungen nach ausreichender Zugfestigkeit, E-Modul, Haftung an der Zementmatrix und chemischer Beständigkeit sowohl gegenüber der alkalischen Umgebung des Zements als auch gegenüber den Witterungseinflüssen. Die größere Bruchdehnung der Fasern hat in dem Faserzementprodukt ein vorteilhaftes zäh-elastisches Verhalten mit größeren Verformungen vor dem Bruch zur Folge. Die letzte Entwicklung führte zu einem Fasertyp, der Faserdurchmesser von 13 bis 100 µm und Faserlängen von 2 bis 24 mm hat, je nach Anwendungsbereich. Diese Abmessungen liegen weit über den Grenzen von „lungengängigem" Feinstaub.

Durch natürliche Bewitterung von Asbestzementbaustoffen im Freien entstehen nach heutiger Auffassung keine gesundheitsgefährdenden Konzentrationen der Luft mit asbesthaltigem Feinstaub (in den alten Bundesländern 1994 etwa 100 Fasern pro m^3 Luft; Faserlänge > 5 µm). Insofern ist hier eine Sanierung nicht generell erforderlich.

1.3.12 Fragen und Aufgaben zu mineralisch gebundenen Baustoffen

1) Geben Sie einen Überblick über die verschiedenen Arten von mineralisch gebundenen Baustoffen.
2) Was ist der Unterschied zwischen keramischen und mineralisch gebundenen Baustoffen?
3) Beschreiben Sie die Herstellung von Kalksandsteinen und Bauteilen aus Porenbeton.
4) Welche verschiedenen Kalksandstein-Formate gibt es und wie werden sie verarbeitet?
5) Erläutern Sie die Schreibweise „DIN 106 – KS L-R – 12 – 1,4 – 8 DF (240)".
6) Was versteht man unter KS XL-PE und KS XL-RE?
7) Was sind KS-Kimmsteine bzw. KS-ISO-Kimmsteine und wie werden sie verwendet?
8) Was ist der Unterschied von KS-Vormauersteinen bzw. KS-Verblendern zu normalen KS-Steinen?
9) Wie kann KS-Verblendmauerwerk gegen Witterungseinflüsse geschützt werden?
10) Beschreiben Sie die Eigenschaften von Porenbeton.
11) Welche Verwendung finden U-Schalen und Mehrzwecksteine aus Porenbeton?
12) Was ist bei Betonsteinen der Unterschied zwischen Hbl und Hbn?
13) Beschreiben Sie Arten und Anwendungsmöglichkeiten von Betonwerkstein.
14) Beschreiben Sie Arten und Verwendungsmöglichkeiten von Pflastersteinen aus Beton. Skizzieren Sie einige Verlegearten.
15) Beschreiben Sie die verschiedenen Arten von Betonwerkstein.
16) Was ist der Unterschied zwischen Dachziegel und Dachstein?
18) Beschreiben Sie Arten und Anwendungsmöglichkeiten von Betonrohren.
19) Skizzieren Sie die Anbringung von Faserzement-Dachplatten bei Wandbekleidungen.
20) Skizzieren Sie Faserzement-Dachplatten, ihre Deckungsbilder und ihre Befestigung an den Dachlatten.

2 Anorganische Bindemittel

Bei den Bindemitteln unterscheidet man im Bauwesen anorganische Bindemittel, die hauptsächlich zur Herstellung von Mörtel und Beton verwendet werden, bitumenhaltige Bindemittel, die im Straßenbau und in der Dichtungstechnik Anwendung finden, und Bindemittel auf Kunstharzbasis, die z.B. zur Herstellung von sehr abriebfesten Kunstharzputzen oder von schnell erhärtenden Reparaturmörteln verwendet werden. Im Kapitel 2 werden die anorganischen Bindemittel behandelt, die – mit Wasser angemacht – nach dem Erhärten die Körner des Zuschlags im Mörtel und Beton fest miteinander verbinden. Sie erhärten aufgrund chemischer und physikalischer Vorgänge.

2.1 Nichthydraulische und hydraulische Bindemittel

1. Bindemittel, die nur an der Luft erhärten, dürfen während des Erhärtens nicht mit Wasser (griechisch: hydro) zusammenkommen und heißen daher nichthydraulische Bindemittel. Zu den nichthydraulischen Bindemitteln gehören Weißkalk und Dolomitkalk (Graukalk). Das sind Baukalke, die nur an der Luft, jedoch nicht unter Wasser erhärten, so genannte Luftkalke. Zu den nichthydraulischen Bindemitteln rechnet man ferner Gips, Carbidkalk, Magnesiabinder und Anhydrit.
2. Bindemittel, die sowohl an der Luft als auch unter Wasser erhärten, z.T. erst nach einer gewissen Erhärtungszeit an der Luft, und die nach dem Erhärten „wasserfest" sind, d.h. in Wasser unlöslich sind, werden hydraulische Bindemittel genannt.
   Zu den hydraulischen Bindemitteln gehören die hydraulischen Kalke, Putz- und Mauerbinder sowie die Zemente. Nichthydraulische Bindemittel können durch Zugabe von hydraulischen Zusätzen hydraulisch gemacht werden, z.B. Luftkalk durch Zugabe von Trass (Trasskalk).

2.2 Baugips DIN EN 13 279-1 (2008–11) und -2 (2014–03)

Gips ist ein nichthydraulisches Bindemittel. Er erhärtet nur an der Luft. Er wird – teilweise mit Zusätzen und Zuschlägen – vor allem verwendet zu Stuckarbeiten, Rabitzwänden, Putz, Estrich und zur Herstellung von Platten: Gipskartonplatten, Wandbauplatten und Gipsfaserplatten. Erhärteter Gips (z.B. von Modellen) kann unter bestimmten Bedingungen wieder regeneriert, d.h. erneut gebrannt und verwendungsfähig gemacht werden.

2.2.1 Rohstoffe

Der Rohstoff für das Bindemittel Gips ist der Gipsstein (siehe Abschn. 1.1.4). Er ist ein Calciumsulfat, exakt ein Calciumsulfatdihydrat mit zwei Molekülen Kristallwasser (Doppelhydrat $CaSO_4 \cdot 2\ H_2O$).

Als Rohstoff kommt für die Herstellung von Gipsbaustoffen auch REA-Gips in Frage. Er fällt in den Rauchgas-Entschwefelungs-Anlagen von Kohlekraftwerken an, in Deutschland mengenmäßig etwa 50 % des verbrauchten Rohgipses. Beim Nassverfahren wird in die Rauchgase $Ca(OH)_2$-Suspension eingesprüht. Dabei entsteht ein Schlamm aus sehr reinem

$CaSO_4 \cdot 2\,H_2O$ (99 %), der auf 7 bis 10 % Feuchtigkeit entwässert und danach zu α- oder β-Halbhydrat (siehe Abschn. 2.2.2) weiterverarbeitet wird. Das Endprodukt ist ein feinkörniger, sehr reiner Gips (ca. 95 % $CaSO_4 \cdot 2\,H_2O$). Er ist gesundheitlich unbedenklich und kann wie natürlicher Gipsstein zu Baugips weiterverarbeitet werden.

2.2.2 Herstellung aus Gipsstein

Der Gipsstein $CaSO_4 \cdot 2\,H_2O$ wird in Brechern und in Mühlen zerkleinert, und zwar für das Brennen von Stuckgips (Niederbrandgips) in Drehöfen (siehe Abb. 2.2a) auf eine Korngröße bis 60 mm, für das Brennen in Groß-Kochern (siehe Abb. 2.2b) auf Korngrößen bis 2 mm. Beim Brennen entsteht bei Temperaturen von 120 bis 190 °C das sog. β-Halbhydrat $CaSO_4 \cdot ½\,H_2O$. Bei höheren Temperaturen (ca. 500 °C) wird der Gipsstein total entwässert. Es entsteht Anhydrit $CaSO_4$ in den Modifikationen I, II und III (Hochbrandgips). Je mehr Anhydrit der gebrannte Gips enthält, umso langsamer erhärtet er, wird aber auch härter und fester. Hochbrandgips wird aus auf Korngrößen von 5 bis 60 mm zerkleinertem Rohgips z.B. in Rostbandöfen hergestellt. Gemischt mit Stuckgips ergibt er den sog. Mehrphasengips (Putzgips). Beim Autoklav-Verfahren wird der Rohgips unter Dampfdruck bei 4 bar und Temperaturen von 100 bis 150 °C gebrannt. Dabei entsteht das sog. α-Halbhydrat $CaSO_4 \cdot ½\,H_2O$. Es besteht aus kompakt ausgebildeteten Gipskristallen und ergibt etwa dreimal so hohe Festigkeiten wie das β-Halbhydrat. α-Halbhydrat-Gips dient z.B. der Herstellung von Formgips, Gipsbaustoffen und Spezialgipsen.

2.2.3 Anmachen und Erhärten

Beim Anmachen ist der Gips langsam und gleichmäßig in das Wasser einzustreuen, nie umgekehrt (siehe Abb. 2.1), bis auf der Wasseroberfläche kleine trockene Gipsinseln entstehen. Man lässt ihn etwa 1 Minute quellen und rührt dann gut durch, am besten mit dem Motorquirl. Nur mit sauberen Gefäßen arbeiten, da alte Gipsreste als Kristallisationskeime wirken und den Gips zu schnell erhärten lassen.

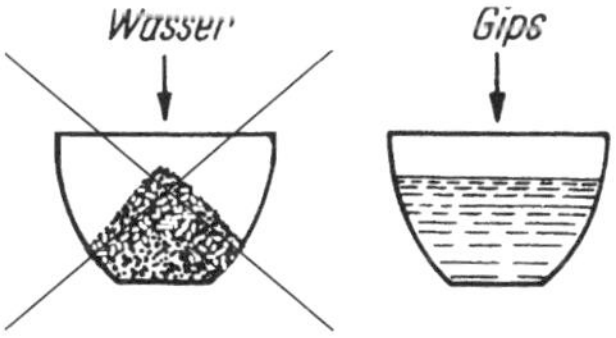

Abb. 2.1 Anmachen von Gips: Gips in das Wasser schütten, niemals umgekehrt!

Das Erhärten des Gipses geht verhältnismäßig schnell vor sich, und zwar durch Wiederaufnahme des beim Brennen ausgetriebenen Kristallwassers. Es entsteht dabei wieder das Ausgangsprodukt $CaSO_4 \cdot 2\,H_2O$. Nach dem Versteifen braucht Gips nicht wie Kalk oder Zement längere Zeit feucht gehalten zu werden, sondern kann sofort getrocknet werden. Gips bindet 21 % seines Gewichtes an Kristallwasser. Das beim Anmachen verwendete Überschusswasser verdunstet und hinterlässt im Gipsputz einen Porenraum von etwa 50 bis 65 Vol.-%. Die Ausgleichsfeuchte von Gipsputz ist selbst bei sehr hoher Luftfeuchte (bis ca. 80 % relativer Feuchte) sehr gering (unter 1 Vol.-%).

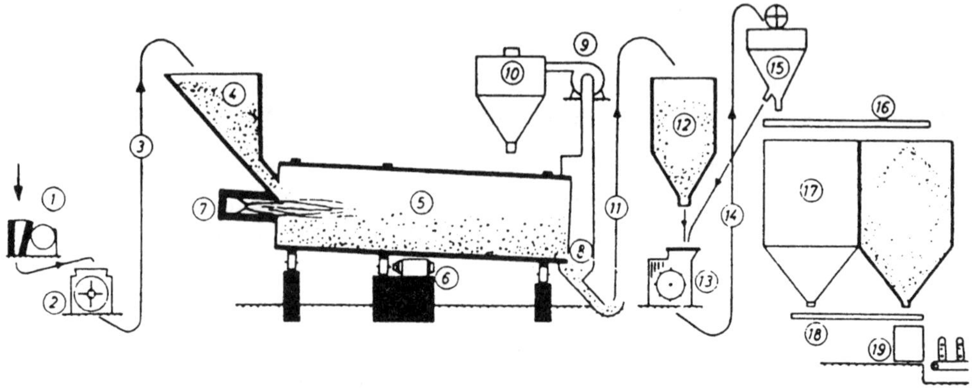

a)

1	Brecher	6	Motor und	11	Becherwerk	16	Verteilerschnecke
2	Hammermühle	7	Feuerung	12	Silo	17	Silo
3	Becherwerk	8	Auslauf	13	Mühle	18	Schnecke
4	Aufgabesilo	9	Exhaustor	14	Becherwerk	19	Absackmaschine
5	Drehofen mit	10	Entstaubungsanlage	15	Windsichter		

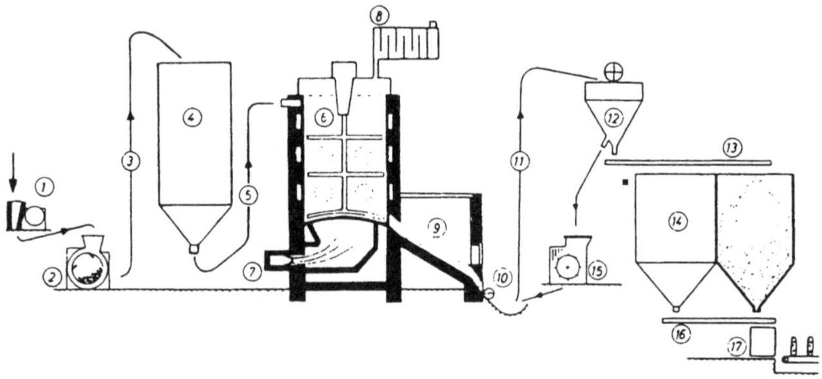

b)

1	Brecher	6	Groß-Kocher	11	Becherwerk	16	Schnecke
2	Mühle	7	Feuerung	12	Windsichter	17	Absackmaschine
3	Becherwerk	8	Entstaubung	13	Verteilerschnecke		
4	Silo	9	Kühlbucht	14	Silo		
5	Becherwerk	10	Schnecke	15	Mühle		

Abb. 2.2 Herstellung von Stuckgips
a) im Drehofen
b) im Groß-Kocher

2.2.4 Eigenschaften

Gipsbaustoffe haben eine hohe Feuerschutzwirkung. Im Brandfall wird das im Gips gebundene Kristallwasser (etwa 21 M.-%) frei und bildet einen schützenden Wasserdampfschleier, der die Temperatur des mit Gips bekleideten Bauteils für längere Zeit niedrig hält. 15 mm dicker Gipsputz z.B. macht ein Bauteil feuerhemmend. Gipsputz gehört der Baustoffklasse Al (nicht brennbar) an.

Die Kristallwasseraufnahme beim Abbinden des Gipses bewirkt eine Volumenvergrößerung von etwa 1 %, weswegen Gips ohne Sand als Putz verarbeitet werden kann und sich besonders gut zum Ausgießen von Formen eignet.
Gips ist wasserlöslich (etwa 2 g pro Liter) und daher nur an trockenen und trocken bleibenden Bauteilen zu verarbeiten. Kurzzeitige Feuchtigkeitsaufnahme, z.B. in Wohnhausküchen und -bädern, ist unproblematisch. Eine dauernde oder oft wiederholte Durchfeuchtung von Gipsputzen mit Wasser muss allerdings vermieden werden, da es durch Umkristallisationen und Gefügeänderungen zu Schädigungen kommt. Wegen der Wasserlöslichkeit ist bei der Verarbeitung von Gipsmörtel auf Beton Vorsicht geboten, wenn der Beton noch nicht abgebunden oder feucht ist oder Feuchtigkeit nach dem Erhärten ausgesetzt wird, da es dann zum sog. Gipstreiben oder Sulfattreiben kommen kann (siehe Abschn. 2.7.2b). Aus demselben Grund darf einem Zementmörtel niemals Gips zugesetzt werden oder umgekehrt.
Beim Verlegen von Gussasphaltestrich in Räumen mit Gipsbaustoffen ist für schnelle Wärmeabführung (Lüften) zu sorgen, da sonst Gipsumwandlungen möglich sind; die Fugen von Gipskartonplatten sind erst nach dem Auskühlen zu schließen (Rissbildungen).
Der Versteifungsbeginn wird geprüft, indem man mit einem spitzen Messer in einen Kuchen aus Gipsbrei schneidet. Fließen die Gipsränder nicht mehr zusammen, so hat die Versteifung begonnen. Der Gipsbrei wird hergestellt, indem man in 100 cm³ Wasser so lange Gips einstreut (s. Abb. 2.1), bis die Wasseroberfläche verschwunden ist (Einstreumenge!). Der Gipsbrei wird durchgerührt und auf einer Glasplatte zu Kuchen ausgegossen.
Die Anforderungen an Baugipse nach DIN EN 13 279-1 (2008–11; Definitionen und Anforderungen) sind: Versteifungsbeginn bei Stuckgips zwischen 8 und 25 Min., bei Putzgips ≥ 3 Min., bei Spachtelgips ≥ 15 Min., bei allen übrigen Gipsen ≥ 25 Min. Die Biegezugfestigkeit beträgt 1 bis 2,5 N/mm², die Druckfestigkeit ist ≥ 2,5 N/mm², bei Ansetzgips ≥ 6 N/mm², bei Fugengips ≥ 3 N/mm². Die Festigkeit wird an Prismen 40 × 40 × 160 mm geprüft, die ohne Sand nur aus Gips und Wasser mit dem in der DIN EN 13 279-2 (2014–03; Prüfverfahren) angegebenen Wassergipswert = (100 g Wasser)/(Einstreumenge in g) hergestellt sind. Die Einstreumenge ist diejenige Gipsmenge, die beim Einstreuen in 100 g Wasser völlig durchfeuchtet wird.
Weitere Eigenschaften sind: Rohdichte von Stuckgips 800 bis 1200 kg/m³, E-Modul von Stuck- und Putzgips etwa 5000 N/mm², Porenvolumen von Gipsputz ca. 50 bis 60 Vol.-%, Ausgleichsfeuchte von Putzgips 0,1 bis 0,4 Vol.-%, Wärmeleitfähigkeit λ = 0,1 bis 0,4 W/(m · K), Wärmedehnzahl i.M. $20 \cdot 10^{-6}$/K.

2.2.5 Gipssorten (Baugipse)

a) Gipse ohne Zusätze

Stuckgips. Bei 120 bis 180 °C verliert der Gipsstein 1½ Moleküle Kristallwasser, übrig bleibt das weiße „Halbhydrat" $CaSO_4 \cdot ½\ H_2O$, sog. Niederbrandgips, vorwiegend β-Halbhydrat. Er wird aus besonders gut ausgewähltem Gipsstein gebrannt und fein gemahlen. Diese Gipsart ist verhältnismäßig weich und erhärtet schnell. Stuckgips wird zur werkmäßigen Herstellung von Gipskartonplatten, Gipsbauplatten, Innenputzen wie Gipsputz, Gipskalkputz und Kalkgipsputz, sowie für Stuck-, Form- und Rabitzarbeiten verwendet.

Putzgips wird im Hoch- und Niedertemperaturbereich gebrannt und enthält neben dem β-Halbhydrat auch Anhydrit II. Er wird vor allem, wie der Name schon sagt, zu Putzzwecken verwendet, und zwar wie Stuckgips zu Innenputzen und Rabitzarbeiten. Er beginnt früher zu versteifen als Stuckgips, ist aber an Putzflächen länger als dieser bearbeitbar.

Der Putzgrund muss trocken, staubfrei und frei von losen und mürben Bestandteilen sein. Bei Betonuntergrund stellt man mit einer Benetzungsprobe mittels einer gut angenässten Deckenbürste fest, ob z.B. noch Reste von Schalungstrennmitteln vorhanden sind oder der Beton noch feucht ist (Aufbringen eines Haftgrundes, z.B. Betokontakt).

b) Gipse mit Zusätzen

Dies sind Gipse aus Stuckgips und/oder Putzgips + werkseitig zugegebenen Stellmitteln, wie z.B. Haftmittel (Zellulosederivat) oder Abbindeverzögerer, und/oder Füllstoffen, wie z.B. Perlite, Kalksteinmehl oder Quarzsand.

Maschinenputzgips für den Einsatz von Putzmaschinen; Verarbeitungszeit 120 bis 240 min.

Fertigputzgips (Handputzgips) zur Herstellung einlagiger Innenputze auf Mauerwerk; Verarbeitungszeit 60 bis 120 min.

Haftputzgips (Handputzgips) für einlagige Innenputze auf schwierigen Putzuntergründen, z.B. glattgeschalte Betonflächen; Verarbeitungszeit 60 bis 120 min.

Ansetzgips zum Ansetzen von Gipskarton-Bauplatten und Gipskarton-Verbundplatten an Wände.

Fugengips zum Verbinden von Gipskartonplatten und Gips-Wandbauplatten.

Spachtelgips zum Verspachteln von Fugen von Gipskarton-Bauplatten und anderen ebenen Flächen, z.B. Poren- und Schwerbeton.

Nicht in der DIN EN 13 279 genormt sind:

Estrichgips. Bei 800 bis 1000 °C verliert der Gipsstein sein Kristallwasser völlig; übrig bleiben $CaSO_4$ und CaO. Das CaO wirkt als Anreger zur Hydratation. Estrichgips erstarrt extrem langsam (20 Stunden). Verwendung für die Herstellung von schwimmenden, nicht direkt begangenen Estrichen. Wird in Deutschland nicht mehr hergestellt, ist ersetzt durch Anhydrit-Estrich (siehe Abschn. 2.3.2) bzw. Fließestrich auf α-Halbhydrat-Basis.

Marmorgips entsteht aus Stuckgips, wenn dieser mit Alaun getränkt und nochmals gebrannt wird. Er wird besonders hart (Druckfestigkeit bis 40 N/mm^2) und ist schleif- und polierfähig. Wird verwendet zum Ausfugen von Wandplatten und zur Herstellung von Kunstmarmor: weißer oder gefärbter, mit Leimwasser angemachter Gipsmörtel, nach dem Erstarren geschliffen und poliert. Marmorgips ist lange bearbeitbar, da er erst nach etwa 2 bis 6 Stunden versteift.

Leichtgips (Porengips) wird durch Zusatz von Treibmitteln, z.B. Wasserstoffperoxid H_2O_2, hergestellt.

2.2.6 Gipskartonplatten

Normen

DIN 4103		Nichttragende innere Trennwände
-1	(2015–06)	Anforderungen und Nachweise
-2	(2010–11)	Trennwände aus Gips-Wandbauplatten
-4	(1988–11)	Unterkonstruktion in Holzbauart
DIN 18 168		Gipsplatten-Deckenbekleidungen und Unterdecken
-1	(2007–04)	Anforderungen an die Ausführung
-2	(2008–05)	Nachweis der Tragfähigkeit von Unterkonstruktionen und Abhängern aus Metall
DIN 18 180	(2014–09)	Gipsplatten; Arten und Anforderungen
DIN 18 181	(2008–10)	Gipsplatten im Hochbau; Verarbeitung
DIN 18 182		Zubehör für die Verarbeitung von Gipsplatten
-1	(2015–11)	Profile aus Stahlblech
-2	(2010–02)	Schnellbauschrauben, Klammern und Nägel
DIN 18 183-1	(2009–05)	Trennwände und Vorsatzschalen aus Gipsplatten mit Metallunterkonstruktion; Beplankung mit Gipsplatten
DIN 18 184	(2010–08)	Gipskarton-Verbundelemente mit Polystyrol- oder Polyurethan-Hartschaum als Dämmstoff
DIN EN 520	(2009–12)	Gipsplatten – Begriffe, Anforderungen und Prüfverfahren
DIN EN 12 859	(2011–05)	Gips-Wandbauplatten – Begriffe, Anforderungen und Prüfverfahren
DIN EN 12 860	(2002–07)	Gipskleber für Gips-Wandbauplatten – Begriffe, Anforderungen, Prüfverfahren
DIN EN 13 963	(2014–09)	Materialien für das Verspachteln von Gipsplattenfugen – Begriffe, Anforderungen und Prüfverfahren
DIN EN 13 964	(2014–08)	Unterdecken – Anforderungen und Prüfverfahren
DIN EN 14 190	(2014–09)	Gipsplatten-Produkte aus der Weiterverarbeitung – Begriffe, Anforderungen und Prüfverfahren
DIN EN 14 195	(2015–03)	Metall-Unterkonstruktionsbauteile für Gipsplatten-Systeme – Begriffe, Anforderungen und Prüfverfahren
DIN EN 15 318	(2008–01)	Planung und Ausführung von Bauteilen aus Gips-Wandbauplatten

a) Allgemeines

Gipskartonplatten nach DIN 18 180 ((2014–09); Arten, Anforderungen, Prüfung) und DIN 18 181 ((2008–10); Grundlagen für die Verarbeitung) sind Platten aus modifiziertem Stuckgips, z.T. mit organischen oder anorganischen Fasern, der mit fest haftendem Karton ummantelt ist. Leicht zu bearbeiten: sägen, bohren, fräsen, schrauben, nageln. Anhängen von Lasten ggf. mit Hilfe von Hohlraumdübeln.

Die i.d.R. bandgefertigten Gipskartonplatten haben kartonummantelte Längskanten, die Querkanten sind geschnitten und daher nicht ummantelt. Die Kanten sind voll (VK) oder abgeflacht (AK), rund (RK) oder halbrund (HRK). Nach dem Anbringen der Gipskartonplatten sind die Fugen zu verspachteln (z.B. Fugengips), ggf. mit Bewehrungsstreifen aus Papier oder Glasfasergewebe oder mit selbstklebenden Bewehrungsgitterstreifen. Auch sichtbare Teile von Befestigungsmitteln sind zu verspachteln.

b) Arten von Gipskartonplatten nach DIN 18 180 (s.a. Tafel 2.1):

Gipskarton-Bauplatten B (GKB) zum Befestigen auf flächiger Unterlage, zum Ansetzen als Wand-Trockenputz nach DIN 18 181 und zur Herstellung von Gipskarton-Verbundplatten (s.u.); ab 12,5 mm Dicke für die baustellenmäßige Verarbeitung zum Befestigen auf Unterkonstruktion aus Holz und Stahl für Wand- und Deckenbekleidungen nach

DIN 18 181, für leichte Unterdecken und Deckenbekleidungen nach DIN 18 168-1 (2007–04); für die Beplankung von Montagewänden nach DIN 18 183-1(2009–05), (siehe Abb. 2.3) und von nichttragenden inneren Trennwänden nach DIN 4103-2 (2010–11).
Gipskarton-Bauplatten F (Feuerschutzplatten GKF), Baustoffklasse A2 (nicht brennbar) mit Faserzusatz (z.B. aus Glas).
Wasserabweisend imprägnierte Platten (grünliche Farbe des Kartons) haben zur Kennzeichnung den Buchstaben I: GKBI und GKFI. Sie haben eine geringere Wasseraufnahme und eine größere Sicherheit gegen Pilzbefall.

Tafel 2.1 Flächenbezogene Massen von Gipsplatten

Nenn-dicke t mm	Flächenbezogene Masse kg/m²				
	GKB	GKBI	GKF	GKFI	GKP
≥ 9,5	≥ 6,5	≥ 6,5	≥ 8	≥ 8	≥ 6,5
12,5	≥ 8,5	≥ 8,5	≥ 10	≥ 10	–
15	≥ 10,2	≥ 10,2	≥ 12	≥ 12	–
≥ 18	≥ 0,68 · t	≥ 0,68 · t	≥ 0,8 · t	≥ 0,8 · t	–

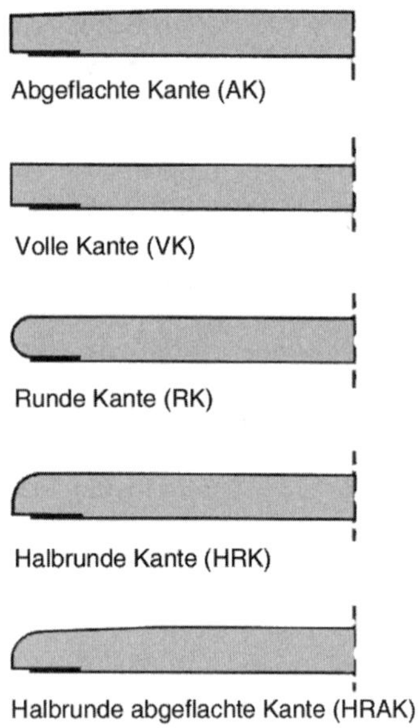

Abb. 2.3 Verschiedene Längskanten von Gipskartonplatten

Gipskarton-Putzträgerplatten (GKP) als Putzträger auf Unterkonstruktion.
Gipskarton-Verbundplatten nach DIN 18 184 (2010–08) sind Gipskarton-Bauplatten (GKB), die werkmäßig mit Polystyrol (PS)- oder Polyurethan (PUR)-Hartschaum verbunden sind und ggf. dampfbremsende oder dampfsperrende Zwischenschichten besitzen. Die Dämmschichtdicke liegt zwischen 20 und 60 mm.
Gipskartonkassetten 625 mm × 625 mm, glatt, gelocht, mit Kunststoff (Dekor), Aluminiumfolie (Dampfsperre) oder Bleifolie (Strahlenschutz) kaschiert.

2.2.7 Gips-Wandbauplatten

Gips-Wandbauplatten mit glatten Sichtflächen nach DIN EN 12 859 (2011–05) werden werkmäßig aus Stuckgips mit oder ohne Zusatzstoffe (Fasern, Füll- und Zuschlagstoffe) oder auch mit porenbildenden Stoffen (Porengips-Wandbauplatten) hergestellt. Sie dienen hauptsächlich zur Herstellung von nichttragenden Trennwänden (nicht aber Decken), frei stehenden Wand-Vorsatzschalen sowie Brandschutzbekleidungen z.B. von Stützen und Schächten.
Zur Erhöhung der Schalldämmung erhalten Gipsbauplatten röhrenförmige Kanäle, die mit Sand gefüllt werden können. Die Platten besitzen an mindestens zwei gegenüberliegenden Stoß- und Lagerfugen Nut und Feder. Sie werden im Verband mit Fugengips versetzt. Die

Fugen werden abschließend übergespachtelt. Vorzugsmaße sind: Dicke 50, 60, 70, 80, 100 mm; Länge 666 mm; Höhe 5000 mm.

2.2.8 Gips-Faserplatten

(Siehe auch [12].)

Gipsfaserplatten (FERMACELL) sind Bauplatten, die dieselben Anwendungsbereiche wie Gipskarton-Bauplatten besitzen, aber nicht genormt sind. Sie besitzen stattdessen Zulassungsbescheide des Instituts für Bautechnik/Berlin als nichtbrennbarer Baustoff der Baustoffklasse A2 (DIN 4102).

Gipsfaserplatten bestehen aus Gips und anorganischen und/oder organischen Fasern bzw. Vliesarmierung. Die beiden Ausgangsstoffe werden mit Wasser versetzt und unter hohem Druck zu Platten gepresst, die auf der einen Seite geschliffen und auf der anderen Seite leicht strukturiert sind.

Maße: Formate (in mm) 1500 × 1000, 2000/2500/2540/2750/3000 × 124,9; Dicken in mm/Flächengewicht in kg/m^2 10/11,5–12,5/15–15/18–18/21. Die 1500 × 1000-Platte und alle 10 mm dicken Platten sind sog. Einmannplatten. Die Kanten der Platten sind i. Allg. stumpf. Beim Verarbeiten (Kleben, Schrauben, Nageln) bleibt zwischen den Platten eine Fuge (Breite max. 6 mm), die mit Fugenfüller (Kleber oder Spachtel) ohne Fugendeckstreifen o.Ä. voll ausgedrückt wird. Die 12,5 mm dicken 2000 × 1249- und 2500 × 1249-Platten besitzen eine abgeflachte Kante (sog. Trockenbaukante TK), bei der die Fuge mit einem Bewehrungsstreifen verspachtelt wird.

Verarbeitung: Die glatte Oberfläche der Platten kann nach Erhärten des Fugenspachtels auf verschiedene Weise beschichtet werden: Anstriche mit Latex-, Dispersions- und Lackfarben; Tapeten, auch Raufaser; Struktur-Dünnputz bis 4 mm Dicke, hierbei sind auf die Fugen Glasvliesstreifen mit PVAC-Leim zu kleben; Fliesen aus Keramik oder Kunststoff, in Dünnbettmörtel verlegt. Gipsfaserplatten sind auch in häuslichen Feuchträumen, wie Bädern und Küchen, anwendbar. Neben den normalen Platten gibt es Verbundplatten mit aufkaschierten Dämmstoffen und Estrichelemente (siehe Abb. 2.5).

Anwendungsmöglichkeiten:

- Ausbau von Dachgeschossen, Wohn- und Feuchträumen mit Ein-Mann- oder raumhohen Platten auf Unterkonstruktion für Wand und Decke. Es sind Konstruktionen von F 30 bis F 120 möglich.
- Montagewände mit raumhohen Platten auf Ständerwerken aus verzinkten U- oder C-Blechprofilen (C50, C75, C100) oder Holz-Ständern (60/60, 50/80) bzw. Querhölzern (40/60, 40/80) mit Zwischenlagen aus Mineralwolle (siehe Abb. 2.4). Es sind Konstruktionen mit F 30 bis F 120 und Schalldämmwerten bis $R_{w,R}$ = 66 dB möglich.

Vorsatzschalen aus Gipsfaserplatten und Mineralwolle, z.B. zur Verbesserung der Schalldämmung.

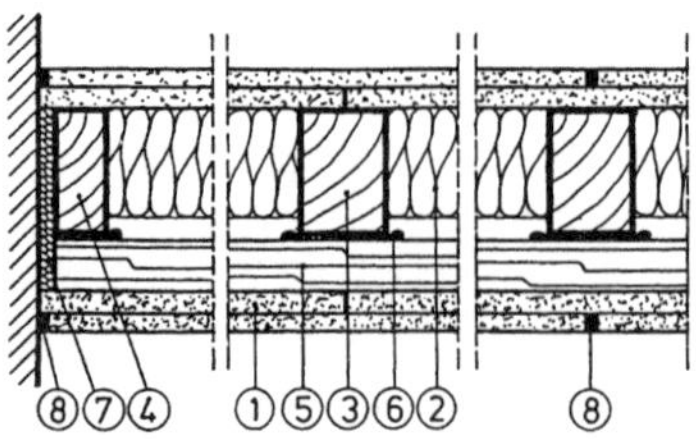

1 FERMACELL-Gipsfaserplatten 12,5 + 10 mm dick
2 Mineralfaserdämmstoff 60 mm
3 Kantholz 50 70 mm Fichte Güteklasse II
4 Kantholz 30 70 mm Fichte Güteklasse II
5 Lattung 30 50 mm Fichte Güteklasse II
6 Weiche Zwischenlage aus Mineralfaser-Randdämmstreifen
7 Mineralfaser-Randdämmstreifen
8 FC-Fugenspachtel (durch Trennstreifen keine Verbindung zur Massivwand)

Abb. 2.4 Holzständerwand mit Gipsfaserplatten (FERMACELL) [12]
Anschluss an Massivwand. Entsprechender Aufbau ist auch mit Gipskartonplatten üblich.

Verbundplatten (Format 1,0 × 1,5 m) zur nachträglichen Wärmedämmung auf der Innenseite von Außenwänden. Verbundplatten siehe Abb. 2.5. Sie bestehen aus 10 mm dicken Gipsfaserplatten mit 15 bis 50 mm dickem Polystyrol (PS)-Hartschaum nach DIN 18 164-1. Für Räume mit hoher Luftfeuchtigkeit und dampfdichter Außenwand (Beton, Klinker) wird eine Aluminiumfolie als Dampfsperre eingeklebt. Anbringung der Verbundplatten: auf Mauerwerk direkt durch punktförmiges Kleben mit Spezialkleber oder mit korrosionsgeschützten Schrauben auf Holzlattung oder Metallprofilen. Die durch den umlaufenden Überstand des Schaumstoffs entstehenden 5 bis 7 mm breiten Fugen zwischen den Gipsfaserplatten werden ohne Bewehrungsstreifen verspachtelt.
Estrich-Elemente (Format 1,50 × 0,50 m) bestehen aus zwei 10 oder 12,5 mm dicken Gipsfaserplatten ohne Kaschierung oder aus zwei 10 mm dicken Gipsfaserplatten mit Kaschierung auf der Unterseite (siehe Abb. 2.5). Die Kaschierung kann sein: hochverdichtete Mineralwolle 11/10 mm (Gesamtdicke 30 mm); Schaumkunststoff 20 bzw. 30 mm oder Hartschaum 60 mm; Holzfaser-Dämmplatte 10 mm. Die beiden Gipsfaserplatten sind versetzt geklebt, sodass ein 50 mm breiter Auflagefalz entsteht. Bei Unebenheiten der Rohdecke wird zunächst eine Ausgleichsschüttung (Körnung 0,2/4) aus Porenbeton-Granulat aufgebracht, bei Holzdielen auf Natron- oder Bitumenpapier (Rieselschutz!) oder dünner dampfdurchlässiger Folie. Zur Verbesserung des Trittschallschutzes gibt es auch Estrich-Elemente mit Mineralwolle und Holzfaser auf einer 30 bzw. 60 mm hohen Wabenplatte mit Schüttung (Verbesserung auf Leichtdecken ca. 34 bis 36 dB). Für Fußboden-Heizsysteme gibt es spezielle 25 mm dicke FERMACELL-Estrichelemente.

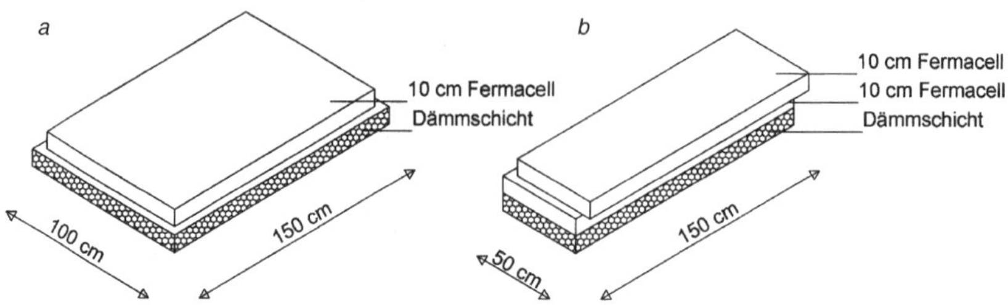

Abb. 2.5 FERMACELL-Gipsfaserplatten (schematisch) [12]
a: Verbundplatte; die Dämmschicht steht ringsum über, die dadurch entstehende 5 bis 7 mm breite Fuge zwischen den Deckplatten wird verspachtelt.
b: Estrichelement; der Auflagefalz dient der festen Verbindung der Elemente untereinander.

2.2.9 Weitere Gipsbaustoffe

Gipsdielen 2 bis 2,5 m lang, enthalten oft Leichtfüllstoffe, wie z.B. Sägespäne, Holzwolle, Bims, Schlacke; für Verkleidungen und Zwischenwände, werden i.d.R. verputzt.
Gipsbausteine, massiv oder mit Hohlräumen, zum Mauern.
Leibungsplatten und Formstücke zum Ummanteln von Stützen, Leitungen o.Ä.

2.3 Anhydritbinder (AB)

Normen

DIN EN 13 454-1	(2005–01)	Begriffe und Anforderungen
DIN EN 13 454-2	(2007–01)	Prüfverfahren
DIN EN 13 813	(2003–01)	Estrichmörtel und Estrichmassen, Eigenschaften und Anforderungen
DIN EN 18 560-1	(2015–11)	Estriche im Bauwesen; Allgemeine Anforderungen, Prüfung und Ausführung

Anhydritbinder sind nichthydraulische Bindemittel, bestehend aus Anhydrit und Anreger. Man unterscheidet natürlichen Anhydrit (NAT) und synthetischen Anhydrit (SYN).

2.3.1 Rohstoff und Herstellung

Rohstoff ist natürlicher (NAT) oder synthetischer (SYN) Anhydrit.

a) Natürlicher Anhydrit (NAT) (griechisch: ohne Wasser) ist ein in der Natur vorkommender wasserfreier Gips $CaSO_4$, der sein Kristallwasser durch geologische Vorgänge verloren hat. Er wird meist in Verbindung mit Gips- oder Steinsalzlagern gefunden, z.B. im Südharz oder in Unterfranken (Iphofen).
Es liegt nahe, diesen natürlichen Anhydrit, d.h. Gips, als Bindemittel zu benutzen, denn er braucht nicht mehr gebrannt zu werden. Er muss zwar fein gemahlen werden; aber die Kosten dafür sind im Verhältnis zu den Brennkosten gering.
Der Anhydrit hat jedoch auch gemahlen noch keine Bindekraft. Er wird erst zum Bindemittel Anhydritbinder, wenn man ihm 3 bis 7 % seines Gewichtes Anreger zusetzt, die ihn zum Binden anregen. Solche Anreger sind Abbindebeschleuniger, z.B. Portlandzement, Baukalk oder salzartige Stoffe, z.B. Sulfate, einzeln oder gemischt (sog. gemischte Anreger).
Das Anhydritgestein wird vorgebrochen und zugleich mit dem Anreger fein gemahlen. Der Anreger bewirkt, dass der Anhydrit erhärtet, d.h., Kristallwasser aufnimmt, sich also wie Gips verhält. Er wird zum Anhydritbinder, einem nichthydraulischen Bindemittel.

b) Synthetischer Anhydrit (SYN) fällt bei der Flusssäureherstellung aus Flussspat an: Flussspat CaF_2 + Schwefelsäure H_2SO_4 = Anhydrit $CaSO_4$ + Flusssäure 2 HF.
Synthetischer Anhydrit ist gegenüber dem natürlichen von stets gleich bleibender Qualität. Daher ist er bautechnisch ebenfalls von großer Bedeutung.

2.3.2 Eigenschaften und Verwendung

Eigenschaften: Anhydritbinder wird in drei Güteklassen (siehe Tafel 2.2) geliefert. Anhydritsäcke sind mit einer Reihe schwarzer Punkte (AB 5) oder drei Reihen schwarzer Punkte (AB 20) gekennzeichnet (siehe Abb. 2.6). Anhydritbinder wird auch lose in Silos geliefert. Wird der Anreger getrennt zugegeben, muss der erforderliche Massenanteil in % angegeben werden.

Die Prüfung des Anhydritbinders ist ähnlich der des Zements. AB trocken lagern. Anhydrit ist nur für Bauteile geeignet, die dauernd trocken bleiben oder nur kurzfristig der Feuchtigkeit ausgesetzt sind.

Tafel 2.2 Güteklassen und Festigkeiten des Anhydritbinders

Festigkeitsklasse	Mindestfestigkeit in N/mm² im Alter von			
	3 Tagen		28 Tagen	
	Biegezug-festigkeit	Druck-festigkeit	Biegezug-festigkeit	Druck-festigkeit
AB 20	1,5	8,0	4,0	20,0
AB 30	2,0	12,0	5,0	30,0
AB 40	2,5	16,0	6,0	40,0

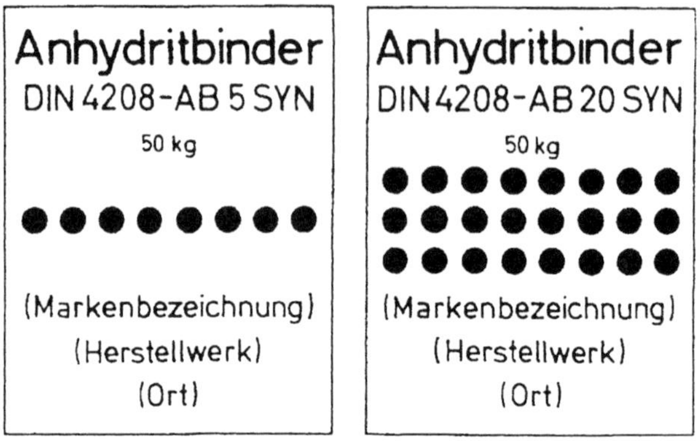

Abb. 2.6 Beispiele für die Sackbeschriftung bei synthetischem Anhydritbinder

Verwendung für Estriche, Innenputzmörtel nach DIN 18 550 und Bauteile, wie z.B. Wandbauplatten und -steine für Innenwände, Deckenplatten. Diese sollen nur mit Anhydritmörtel verarbeitet werden.

Zur Herstellung von Estrich verwendet man Binder, die zu mindestens 85 % aus Anhydrit bestehen, daneben aber auch α-Halbhydrat und weitere Zusatzmittel, wie z.B. Anreger, Verzögerer oder Fließmittel, enthalten können. So genannte Compoundmittel enthalten zusätzlich noch Zusatzstoffe, wie z.B. Puzzolane, Kunstharz oder Zement. Der Anhydrit-Anteil beträgt hier mindestens 50 %.

Estriche erfahren beim Abbinden und Trocknen praktisch keine Volumenveränderung, können also auch in großen Flächen fugenlos verlegt werden. Die Wärmeleitfähigkeit beträgt bei erdfeucht verlegtem Estrich ca. 1,2 W/(m · K). Festigkeitsklassen: AE 12, AE 20, AE 30 und AE 40 (Zahl = Mindestdruckfestigkeit, geprüft an Prismen 4 × 4 × 16 cm).

Der Estrich kann mit Bodenbelägen versehen werden, wenn er genügend ausgetrocknet ist; bei Teppichboden (wasserdampfdurchlässig) bei einer Restfeuchte von $\leq$ 1 Gew.-%, bei PVC-Belag (wasserdampfdicht) $\leq$ 0,5 Gew.-%. Da Anhydrit- und Gips-Estriche stark saugend sind, müssen sie vor dem Belegen grundiert werden. Messung der Restfeuchte mit dem CM-Gerät (siehe Abschn. 3.7.2b).

Bei erdfeucht angemachtem Estrich beträgt das Verhältnis Anhydrit:Sand 1:3 RT. Es können Fließmittel oder Porenbildner zugesetzt werden. Das Wasser-Bindemittel-Verhältnis

liegt zwischen 0,35 und 0,40. Nach dem Einbau ist der Estrich mindestens drei Tage vor Zugluft zu schützen.
Fließestrich aus Anhydrit oder Gips gibt es als vorgemischten Werktrockenmörtel. Er wird nach Vorschrift auf der Baustelle mit Wasser angemacht und mit Pumpen auf den Untergrund aufgebracht. Er ist so dünnflüssig, dass er selbst verläuft und nach dem sog. „Durchschlagen" mit einem Spezialbesen absolut eben ist (selbstnivellierend). Je nach Zusammensetzung der Trockenmörtelmischung und Wasserzugabe ist der Estrich nach 3 bis 24 Stunden begehbar und nach drei Tagen belastbar. Er eignet sich auch gut für Heizestrich, da er eine gute Wärmeleitfähigkeit zwischen 1,2 und 1,8 W/(m · K) besitzt und wegen seiner weichen Konsistenz die Heizrohre gut umschließt.
Innenputz aus Anhydrit (Mischungsverhältnis 1 oder 1,5:0 bis 2,5 RT) hat eine hohe Stoß- und Abriebfestigkeit. Wegen der schnellen Austrocknung und hohen Festigkeit kann Anhydritputz auch bei bevorstehendem Frost verwendet werden.

2.4 Magnesiabinder

Normen

DIN EN 14 016		Bindemittel für Magnesiaestriche – Kaustische Magnesia und Magnesiachlorid
-1	(2004–04)	Begriffe und Anforderungen
-2	(2004–04)	Prüfverfahren
DIN EN 13 813	(2003–01)	Estrichmörtel und Estrichmassen
DIN 18 560-1	(2015–11)	Estriche im Bauwesen; Begriffe, Allgemeine Anforderungen, Prüfung

Magnesiabinder ist Bindemittel für Magnesiaestrich, Steinholz und Holzwolle-Leichtbauplatten. Er wurde früher nach seinem Erfinder Sorelzement genannt, ist aber kein hydraulisches Bindemittel.
Magnesiaestrich wird aus kaustischer Magnesia MgO (aus $MgCO_3$ gebrannt; kaustisch = griech. ätzend) und i.d.R. wässriger $MgCl_2$-Lösung + Füllstoffen (Sand, Bims, Korund; Sägemehl oder -späne, Weichholzfasern, Kork, Gummi, Textilfasern, Papier) + ggf. Pigmenten hergestellt. Mischungsverhältnis von wasserfreiem $MgCl_2$:MgO in Masseteilen soll 1:2 bis 1:3,5 betragen. Zunächst MgO mit Füllstoffen trocken mischen, dann $MgCl_2$-Lösung zugeben. Zu wenig oder zu schwache $MgCl_2$-Lösung: Mörtel erhärtet nicht genügend, staubt ab. Zu viel oder zu starke Lösung: hygroskopische Feuchtigkeitsaufnahme, Quellen. Freies $MgCl_2$ fördert die elektrochemische Korrosion. Vor Verlegung Metallteile, auch verzinkte, mit Bitumen oder Korrosionsschutzbinden isolieren. $MgCl_2$-Lösung greift Emaille an, das beim Erhärten entstehende $Mg(OH)_2$ außerdem auch Aluminium und Blei.
Magnesiaestrich ist nach dem Verlegen feuchtigkeitsempfindlich und verträgt keine dauerhafte Feuchtigkeitsbeanspruchung. Gegen Feuchtigkeit von unten absperren, von oben mit säurefreien Mineralölen oder durch Bohnern schützen, häufiges Wischen vermeiden. Beim Erhärten schwindet Magnesiaestrich je nach Füllstoff mehr oder weniger stark. Bei Seitenlängen $\geq$ 8 m unbedingt Fugen anordnen. Festigkeitsklassen: ME 5 bis ME 50 (Mindestdruckfestigkeit an 4 × 4 × 16-cm-Prismen geprüft). Rohdichteklassen: 0,4 bis 2,2.
Als Steinholz, auch als Steinholzestrich, wird Magnesiaestrich mit Rohdichten $\leq$ 1,6 kg/dm³ bezeichnet, er ist angenehm fußwarm. Für Unterböden: grobes Sägemehl als Füllstoff; MgO: Füllstoff 1:4; schwache $MgCl_2$-Lösung. Für Nutzschichten: feineres Holzmehl

+ anorganische Füllstoffe + Farbpigmente; MgO:Füllstoffe 1:2; stärkere $MgCl_2$-Lösung. Der Estrich ist nach zwei Tagen begehbar, höhere Belastung nach fünf Tagen.
Für Holzwolle-Leichtbauplatten wird anstelle der hygroskopischen und daher rostfördernden $MgCl_2$- lieber $MgSO_4$-Lösung verwendet (geringere Festigkeit!). Trotzdem stets verzinkte oder anderweitig rostgeschützte Nägel verwenden.

2.5 Baukalk

Normen

DIN EN 459-1 (2015–07) Baukalk; Definitionen, Anforderungen und Konformitätskriterien
-2 (2010–12) Baukalk; Prüfverfahren
-3 (2015–07) Baukalk; Konformitätsbewertung (Güteüberwachung)
DIN 51 043 (1979–08) Trass; Anforderungen, Prüfung

2.5.1 Rohstoffe und Herstellung

Baukalke werden durch Brennen von Kalkstein bei Temperaturen von etwa 1000 bis 1250 °C hergestellt, d.h. unterhalb der Sintergrenze, und damit bei niedrigeren Temperaturen als Zement. Man unterscheidet Luftkalke und hydraulisch erhärtende Kalke.

Die einzelnen Kalksteinvorkommen enthalten neben dem reinen Kalkstein $CaCO_3$ auch noch Dolomit $MgCO_3$ und Ton (SiO_2, Al_2O_3 und Fe_2O_3, sog. Hydraulefaktoren). Liegt der Tongehalt unter 5 %, werden daraus die Luftkalke (Weißkalk, Dolomitkalk) gebrannt. Bei höheren Tongehalten (etwa bis 35 %) spricht man von mergeligem Kalk bis Kalkmergel. Er ist Ausgangsstoff für die hydraulischen Kalke (siehe Abschn. 2.5.3). Die verschiedenen Kalkarten sind in Tafel 2.3 zusammengestellt. Die dort angegebene Druckfestigkeit wird nach DIN EN 459-2 (2010–12) an Mörtelprismen bestimmt, wie sie auch bei der Zementprüfung verwendet werden (siehe Abschn. 2.7.6c).
Alle Kalke können untereinander gemischt werden, Luftkalke auch mit Zement, Gips und Anhydrit, hydraulisch erhärtende Kalke jedoch nicht mit Gips und Anhydrit wegen der Gefahr des Sulfattreibens (siehe Abschn. 2.7.6b).

2.5.2 Luftkalke (CL, DL)

Zu den Luftkalken gehören der Weiß- und Dolomitkalk. Durch Brennen des Kalksteins $CaCO_3$ entsteht Branntkalk CaO, der mit Wasser(-Dampf) zu Kalkhydrat $Ca(OH)_2$ = Löschkalk gelöscht wird und durch Aufnahme von Kohlendioxid CO_2 aus der Luft (deshalb Luftkalk), das mit dem Anmachwasser des Mörtels Kohlensäure H_2CO_3 bildet, wieder zu Kalkstein $CaCO_3$ erhärtet. Dolomitkalk wurde früher bei geringem MgO-Gehalt auch als Graukalk bezeichnet, bei höherem MgO-Gehalt als Schwarzkalk.
Carbidkalk fällt als Carbidkalkteig oder Carbidkalkhydrat $Ca(OH)_2$ bei der Gewinnung von Acetylen C_2H_2 aus Calciumcarbid CaC_2 an:

$CaCO_3 + 4\,C$ j $CaC_2 + 3\,CO$ $\qquad$ $CaC_2 + 2\,H_2O \rightarrow C_2H_2 + Ca(OH)_2$

Carbidkalk ist wegen evtl. vorhandener treibender Carbidrückstände zum Putzen weniger, zum Tünchen und Mauern gut geeignet. Er ist nicht so ergiebig wie Weißkalk.
Das Brennen, Löschen und Erhärten von Luftkalk erfolgt nach den folgenden chemischen Reaktionsgleichungen (sog. Kalkkreislauf):

Brennen:	$CaCO_3$	=	CaO	+	CO_2
	Kalkstein wird gebrannt zu		gebranntem Kalk, dabei		entweicht Kohlendioxid
Löschen:	CaO	+	H_2O	=	$Ca(OH)_2$
	Gebrannter Kalk wird		mit Wasser gelöscht zu		gelöschtem Kalk (Calciumhydroxid, Kalkhydrat)

Durch die Wasseraufnahme beim Löschen „gedeiht" der Kalk, d.h., er vergrößert sein Volumen (Sprengwirkung beim Nachlöschen im Bau!).

Erhärten:	$Ca(OH)_2$	+	H_2O	+	CO_2	=	$CaCO_3$	+	$2\ H_2O$
	gelöschter Kalk mit		Mörtelwasser nimmt		Kohlensäure aus der Luft auf H_2CO_3		Erhärteter Kalk (Kalkstein)		Frei werdende Baufeuchtigkeit verdunstet

Da bei dem länger andauernden Prozess des Erhärtens zusätzlich Wasser entsteht (Baufeuchtigkeit), bleiben in frisch geputzten Räumen noch monatelang die Wände feucht. Man kann diese Zeit z.B. durch das Aufstellen von Koksöfen verkürzen.
Das Löschen von Weißfeinkalk oder Dolomitfeinkalk (Feinkalk ist gemahlener Branntkalk) und Stückkalk (stückiger ungelöschter Branntkalk) geschieht in bis zu 60 cm hohen Löschpfannen. Dabei entsteht Wärme (exothermer Vorgang), sodass das Wasser anfangs brodelt. Das Nasslöschen von Feinkalk und das anschließende Lagern (Einsumpfen) vor der Weiterverarbeitung zu Mörtel gehörte früher zu den ersten Arbeiten auf der Baustelle, damit der Kalk genügend Zeit zum Gedeihen hatte und später im Putz keine unabgelöschten CaO-Körnchen enthalten waren, die durch Ablöschen zu Absprengungen auf der Putzoberfläche führen konnten (die Bildung von $Ca(OH)_2$ ist mit Volumenvergrößerung verbunden!). Heute werden die Luftkalke fabrikmäßig trocken gelöscht und kommen als Kalkhydrat(-Pulver) auf die Baustelle.
Kälte verzögert das Erhärten des Kalkmörtels, Frost während des Erhärtens zerstört den Mörtel. Zugluft, Sonneneinstrahlung und zu starke Heizung sowie stark saugende Steine entziehen dem Mörtel das Wasser. Dieses ist aber zum Abbinden erforderlich, da ohne Wasser, nur mit dem CO_2 der Luft allein, ein Erhärten nicht möglich ist.

2.5.3 Hydraulisch erhärtende Kalke (HL)

Die „natürlichen hydraulischen Kalke", bezeichnet als NHL, enthalten neben freiem CaO (Gehalt siehe Tafel 2.3), das fabrikmäßig gelöscht wird und wie Luftkalk erhärtet, Hydraulefaktoren (SiO_2, Al_2O_3, Fe_2O_3), die aus dem Ton stammen. Beim Brennen von tonhaltigen Kalken entstehen Verbindungen aus dem CaO des Kalks und diesen Hydraulefaktoren (z.B. Dicalciumsilicat $2\ CaO \cdot SiO_2$, Tricalciumaluminat $3\ CaO \cdot Al_2O_3$). Beim Erhärtungsvorgang nehmen diese Verbindungen wie beim Zement Kristallwasser auf (Hydratbildung, Hydratation). Die gebildeten Hydrate sind in Wasser beständig. Das Wort hydraulisch hat also eine Doppelbedeutung: „wasserbindend" und „wasserfest". Zur anfänglichen Luftkalkerhärtung (auch Carbonathärtung genannt) benötigt Wasserkalk (HL 2) anfänglich etwa sieben Tage Luftzutritt, hydraulischer Kalk (HL 3,5; früher HK) fünf Tage und hochhydraulischer Kalk (HL 5, früher HHK) ein bis drei Tage. Danach erhärten diese Kalke auch unter Wasser weiter.

Hydraulisch erhärtende Kalke können auch durch werkmäßiges Mischen von Luftkalk mit bis zu 20 % Hüttensand, Zement oder Trass hergestellt werden. Sie werden mit NHL-Z bezeichnet. Trasskalk, ein HL 5, ist ein fabrikfertiges Gemisch von Trass mit $Ca(OH)_2$.

Tafel 2.3 Klassifizierung und Anforderungen an Baukalke nach DIN EN 459-1 (2010–12)

Baukalkart	Kurzbezeichnung	Chemische Anforderungen Anteile in M.-%					Druckfestigkeit (f_c) in N/mm² nach	
		CaO + MgO	MgO	CO_2	SO_3	verfügbarer Kalk	7 Tagen	28 Tagen
Weißkalk 90	CL 90	≥ 90	≤ 5[1),2)]	≤ 4	≤ 2	≥ 80	–	–
Weißkalk 80	CL 80	≥ 80	≤ 5[1)]	≤ 7	≤ 2	≥ 65	–	–
Weißkalk 70	CL 70	≥ 70	≤ 5	≤ 12	≤ 2	≥ 55	–	–
Dolomitkalk 90–30	DL 90–30	≥ 90	≥ 30	≤ 6	≤ 2	–	–	–
Dolomitkalk 90–5	DL 90–5	≥ 90	> 5	≤ 6	≤ 2	–	–	–
Dolomitkalk 85–30	DL 85–30	≥ 85	≥ 30	≤ 9	≤ 2	–	–	–
Dolomitkalk 80–5	DL 80–5	≥ 80	>5[1)]	≤ 9	≤ 2	–	–	–
Natürlicher hydraulischer Kalk 2	NHL 2	–	–	–	≤ 2	≥ 35	–	2 bis 7
Natürlicher hydraulischer Kalk 3,5	NHL 3,5	–	–	–	≤ 2	≥ 25	–	3,5 bis 10
Natürlicher hydraulischer Kalk 5	NHL 5	–	–	–	≤ 2	≥ 15	≥ 2	5 bis 15
Hydraulischer Kalk 2	HL 2	–	–	–	≤ 3	≥ 10	–	2 bis 7
Hydraulischer Kalk 3,5	HL 3,5	–	–	–	≤ 3	≥ 8	–	3,5 bis 10
Hydraulischer Kalk 5	HL 5	–	–	–	≤ 3	≥ 4	≥ 2	5 bis 15
Formulierter Kalk 2	FL 2	–	–	–	≤ 2	≥ 15	–	2 bis 7
Formulierter Kalk 3,5	FL 3,5	–	–	–	≤ 2	≥ 15	–	3,5 bis 10
Formulierter Kalk 5	FL 5	–	–	–	≤ 2	≥ 15	≥ 2	5 bis 15

Bei Kalkhydrat, Kalkteig und hydraulischem Kalk gelten obige Werte für das wasserfreie und kristallwasserfreie Produkt.

1) Für die Bodenverfestigung bzw. Bodenverbesserung ≤ 10 %.

2) Ein MgO-Anteil bis 7 % ist zulässig, sofern die Prüfung der Raumbeständigkeit nach DIN EN 459-2 bestanden wurde.

Bei ungelöschtem Weißkalk werden außerdem die Raumbeständigkeit nach dem Löschen (nach Anweisung des Kalkherstellers) und die Ergiebigkeit geprüft.

Der Feuchtigkeitsgehalt (freies Wasser, durch Trocknen bei 105 °C bestimmt) darf 2 M.-%, bei HL 5 aber 1 M.-%, nicht überschreiten. Bei Kalkteig liegt der freie Wasseranteil zwischen 45 % und 70 %.

Alle Baukalke dürfen geringe Anteile an Zusatzmitteln enthalten, sofern sie Mörteleigenschaften nicht nachteilig beeinflussen. Bei Anteilen über 0,1 % sind Menge und Art anzugeben.

Sonstige physikalische Anforderungen sind im Abschnitt 4.4.2 Prüfungen angegeben.

Romankalk ist ein aus Kalkmergel gebrannter hochhydraulischer Kalk, der wegen seines hohen Gehalts an Calciumaluminaten bereits nach 15 bis 30 Minuten erstarrt ist. Bis 1967 wurde er in der DIN 1060 als gesonderter Baukalk aufgeführt. Die Römer verwendeten ein dem Romankalk ähnelndes Bindemittel zur Herstellung betonartigen Gussmauerwerks.

2.5.4 Handelsformen der Kalke

Kalk wird heute vorwiegend pulverförmig als Kalkhydrat geliefert. Auf den Verpackungen müssen angegeben werden: Kalksorte, Verarbeitungsvorschrift, Masse, Mindestdruckfestigkeit, ob gelöschter oder ungelöschter Kalk, Hersteller.
Stückkalk ist grobkörniger oder stückiger gebrannter Kalk, Feinkalk ist feingemahlener gebrannter Kalk; in beiden Fällen ungelöscht (CaO). Kalkhydrat ist im Werk zu Pulver gelöschter Kalk, also $Ca(OH)_2$. Kalkteig ist eine Aufschlämmung von gelöschtem Kalk. Stückkalk und Kalkteig werden heute nur noch selten verarbeitet.
Feinkalke und Stückkalke dürfen erst nach einer bestimmten Einsumpfdauer oder Mörtelliegezeit verarbeitet werden (Raumbeständigkeit!). Kalkhydrate sind im Anlieferungszustand verarbeitbar. Mörtel aus HL 3,5 (HK) bzw. HL 5 (HHK) muss nach dem Anmachen bis zu einem bestimmten Zeitpunkt wegen der hydraulischen Erhärtung verarbeitet sein. Aufschriften auf Kalksäcken siehe Abb. 2.7. Die Zeiten werden vom Hersteller angegeben.

Abb. 2.7 *Kennzeichnung von Baukalken (Beispiele)*
oben: Übereinstimmungszeichen; unten: Gütezeichen
Beispiele für Sackaufschriften:
(Ungelöschte Kalke tragen ein Q, gelöschte ein S, halbgelöschte Dolomitkalke ein S 1.)
a) Gelöschter Weißkalk: DIN EN 459-1 Cl 80-S. 20 kg. Im Anlieferungszustand verarbeitbar für Mauermörtel (DIN 1053) und Putzmörtel (DIN 18 550). Für Mörtelgruppe I kein Zusatz weiterer Bindemittel erforderlich. Dieser Mörtel ist mind. 24 Stunden verarbeitbar. Nach den ersten vier Stunden Liegezeit ist eine erneute Wasserzugabe von max. 5 % der ursprünglichen Wassermenge erforderlich. Chromatarm gemäß TRGS 613 (Technische Regeln für Gefahrstoffe). Chromate gelangen durch die Rohstoffe in den Baukalk. Gefahrhinweis: Xi, reizend.
b) Natürlicher hydraulischer Kalk mit Zusätzen: DIN 459-1 NHL 3,5-Z. 40 kg. Mischanweisung für Mauermörtel (DIN 1053) und Putzmörtel (DIN 18 550): Mischungsverhältnis 1:3 RT. Im Anlieferungszustand spätestens nach drei Stunden Mörtelliegezeit zu verarbeiten. Zu Mörtelgruppe II ohne Zusatz weiterer Bindemittel zugelassen. Zusatz von Mischöl und dergleichen nicht erforderlich. Chromatarm nach TRGS 613. Gefahrhinweis: Xi, reizend.

2.6 Puzzolane und latent-hydraulische Stoffe

Puzzolane und latent-hydraulische Stoffe erhärten nicht mit Wasser allein. Erst in Verbindung mit Calciumhydroxid $Ca(OH)_2$ oder Zement entstehen wasserunlösliche Calcium-Silicat-Hydrate (CSH-Verbindungen), die zu einer zementartigen Verbindung führen.

2.6.1 Puzzolane

Natürliche Puzzolane sind Trass, Puzzolan- und Santorinerde (vulkanische Tuffe aus Pozzuoli bei Neapel bzw. von der griechischen Insel Santorin). Künstliche Puzzolane sind z.B. Steinkohlenflugasche, Silicastaub und Ziegelmehl.
Trass nach DIN 51 043 (1979–08) ist ein sehr fein gemahlener Trachyt-Tuff (spezifische Oberfläche nach Blaine 6000 bis 10 000 cm^2/g), der in Deutschland in der Eifel (Laacher See) und in Neuwied sowie bei Nördlingen in Schwaben (Suevit-Trass) gefunden wird. Er wird in braunen Säcken mit grünem Aufdruck geliefert. Die Druckfestigkeit muss nach 28 Tagen mindestens 5 N/mm^2 betragen. Sie wird an Prismen 40 mm × 40 mm × 160 mm geprüft, die aus 720 g Trass, 180 g Kalkhydrat (mindestens 95 Gew.-% $Ca(OH)_2$), 1350 g Normsand und 450 g Wasser hergestellt werden (wie Zementprüfung).
Beton wird durch die Zugabe von Trass dichter und dadurch widerstandsfähiger gegen chemischen Angriff.
Steinkohlenflugasche (Kurzbezeichnung: FA oder SFA) nach DIN EN 450-1 (2008–05) ist ein Nebenprodukt in Steinkohlekraftwerken. Es handelt sich dabei um nichtbrennbare mineralische Bestandteile der Steinkohle. Diese schmelzen beim Brennprozess auf, werden im Rauchgasstrom mitgerissen, erstarren in Form von kleinen glasigen Kügelchen und werden in den Elektrofiltern, die der Rauchgasreinigung dienen, abgeschieden. Flugasche wird daher auch als Elektrofilterasche oder EFA-Füller bezeichnet. Wegen der schnellen Erstarrung der Gesteinspartikel besitzt sie puzzolanische Eigenschaften. Chemische Zusammensetzung in Masse-%: 40 bis 55 % SiO_2, 23 bis 35 % Al_2O_3, 4 bis 17 % Fe_2O_3, daneben geringe Anteile an Mg, K, Na, Ti und S.
Die Farbe von FA ist bräunlich, Rohdichte 2,0 bis 2,5 kg/dm^3; Schüttdichte 0,8 bis 1,1 kg/dm^3; mittlere Korngröße 0,01 bis 0,03 mm, also feiner als Zement. Flugasche wird als Mörtel- und Beton-Zusatzstoff angewendet. Sie verbessert die Verarbeitbarkeit, z.B. die Pumpbarkeit, des Frischbetons und die Festbetoneigenschaften, wie z.B. Festigkeit, Dichtigkeit und Widerstand gegen chemischen Angriff, und verringert die Wärmeentwicklung des Betons beim Erhärten. Üblicherweise liegt der Anteil von FA bei 40 bis 80 kg/m^3. Er kann mit bis zu 40 % seines Gewichts auf den erforderlichen Wasser/Zement-Wert w/z angerechnet werden.
Silicastaub SF (Silica-Fume; Microsilica) fällt z.B. bei der Aluminiumherstellung als Filterstaub an und ist ein sehr feiner Staub, der zu etwa 90 % aus amorphem SiO_2 besteht. Teilchengröße 0,10 bis 0,15 mm (1 µm = 10^{-6} m), d.h. 50- bis 100-mal feiner als Zement, Dichte 2,16 g/cm^3. Wird als Pulver für Trockenmörtel und Trockenbeton, als Suspension (50 % Feststoffanteil) für Beton geliefert. Durch Zugabe von Silicastaub (≤ 10 %) zu Beton können hohe Betonfestigkeiten erreicht werden (bis B140), sog. hochfester Beton. Verbessert auch die Haftung von Putzmörtel und Spritzbeton.
Auch getemperte Gesteinsmehle GG, wie z.B. getemperter Phonolith (basaltähnliches junges Ergussgestein) oder getempertes Lavamehl, sowie fein gemahlenes Ziegelmehl können puzzolanische Eigenschaften haben.

2.6.2 Latent-hydraulische Stoffe

Von den latent-hydraulischen Stoffen hat im Bauwesen nur die schnell gekühlte und daher glasig erstarrte Hochofenschlacke (Hüttensand) geeigneter Zusammensetzung (45 bis 55 %

CaO; 28 bis 40 % SiO_2; 10 bis 23 % Al_2O_3) Bedeutung. In Verbindung mit Anregern wie Kalk, Portlandzement oder Gips erhärtet der Hüttensandzement ähnlich.

2.7 Zement

Normen

DIN 1164-10	(2013–03)	Zement mit besonderen Eigenschaften; Zusammensetzung, Anforderungen und Übereinstimmungsnachweis von Zement mit niedrigem wirksamen Alkaligehalt
DIN 1164-11	(2003–11)	Zement mit besonderen Eigenschaften; Zusammensetzung, Anforderungen und Übereinstimmungsnachweis von Zement mit verkürztem Erstarren
DIN 1164-12	(2005–06)	Zement mit besonderen Eigenschaften; Zusammensetzung, Anforderungen und Übereinstimmungsnachweis von Zement mit einem erhöhten Anteil an organischen Bestandteilen
DIN EN 196		Prüfverfahren für Zement
-1	(2005–05)	Bestimmung der Festigkeit
-2	(2013–10)	Chemische Analyse von Zement
-3	(2009–02)	Bestimmung der Erstarrungszeiten und der Raumbeständigkeit
-5	(2011–06)	Prüfung der Puzzolanität von Puzzolanzementen
-6	(2010–05)	Bestimmung der Mahlfeinheit
-7	(2008–02)	Verfahren für die Probenahme und Probenauswahl von Zement
-8	(2010–07)	Hydratationswärme – Lösungsverfahren
-9	(2010–07)	Hydratationswärme – Teiladiabatisches Verfahren
10	(2006–10)	Bestimmung des Gehaltes an wasserlöslichem Chrom in Zement
DIN EN 197		Zement
-1	(2011–11)	Zusammensetzung, Anforderungen und Konformitätskriterien von Normalzement
-2	(2014–05)	Konformitätsbewertung
DIN EN 14 216	(2015–09)	Zement – Zusammensetzung, Anforderungen und Konformitätskriterien von Sonderzement mit sehr niedriger Hydratationswärme
DIN EN 15 743	(2015–06)	Sulfathüttenzement – Zusammensetzung, Anforderungen und Konformitätskriterien

2.7.1 Allgemeines

Zement ist ein fein gemahlenes hydraulisches Bindemittel, das, mit Wasser gemischt, durch Hydratation (siehe Abschn. 2.7.5a) erhärtet und nach einer bestimmten Zeit eine festgelegte Festigkeit erreicht, sowie nach dieser Zeit auch unter Wasser fest und raumbeständig bleibt. Hauptbestandteile der Zemente sind feingemahlene Calciumsilicate und Calciumaluminate, die bei Reaktion mit Wasser entsprechende Hydrate bilden und damit die hohe Festigkeit der Zemente bewirken.

Die verschiedenen Normzemente unterscheiden sich durch Art und Menge der Hauptbestandteile (siehe Tafel 2.4). Nebenbestandteile (max. 5 Masse-%) sind anorganische mineralische Stoffe, wie z.B. schwach oder latent hydraulische oder puzzolanische Stoffe, die die physikalischen Eigenschaften der Zemente verbessern, wie z.B. die Verarbeitbarkeit oder das Wasserrückhaltevermögen. Außerdem können geringe Zusätze, wie z.B. Mahlhilfen (meist Glykole oder Ethanolamine) und Pigmente, zugegeben werden.

Tafel 2.4 Zementarten und Zusammensetzung (Massenanteile in %) nach DIN EN 197-1 (2011–11)

Haupt-zement-arten	Bezeichnung der 27 Produkte (Normalzementarten)		Zusammensetzung: (Massenanteile in Prozent)[a]										
			Hauptbestandteile[b]										Neben-bestand-teile
			Portland-zement-klinker	Hütten-sand	Silica-staub	Puzzolane		Flugasche		gebrannter Schiefer	Kalkstein		
						natürlich	natürlich getempert	kiesel-säurereich	kalk-reich				
			K	S	D[c]	P	Q	V	W	T	L	LL	
CEM I	Portland-zement	CEM I	95–100	–	–	–	–	–	–	–	–	–	0–5
CEM II	Portland-hütten-zement	CEM II/A-S	80–94	6–20	–	–	–	–	–	–	–	–	0–5
		CEM II/B-S	65–79	21–35	–	–	–	–	–	–	–	–	0–5
	Portland-silicastaub-zement	CEM II/A-D	90–94	–	6–10	–	–	–	–	–	–	–	0–5
	Portland-puzzolan-zement	CEM II/A-P	80–94	–	–	6–20	–	–	–	–	–	–	0–5
		CEM II/B-P	65–79	–	–	21–35	–	–	–	–	–	–	0–5
		CEM II/A-Q	80–94	–	–	–	6–20	–	–	–	–	–	0–5
		CEM II/B-Q	65–79	–	–	–	21–35	–	–	–	–	–	0–5
	Portland-flugasche-zement	CEM II/A-V	80–94	–	–	–	–	6–20	–	–	–	–	0–5
		CEM II/B-V	65–79	–	–	–	–	21–35	–	–	–	–	0–5
		CEM II/A-W	80–94	–	–	–	–	–	6–20	–	–	–	0–5
		CEM II/B-W	65–79	–	–	–	–	–	21–35	–	–	–	0–5
	Portland-schiefer-zement	CEM II/A-T	80–94	–	–	–	–	–		6–20	–	–	0–5
		CEM II/B-T	65–79	–	–	–	–	–	–	21–35	–	–	0–5

Tafel 2.4 (Fortsetzung)

Hauptzementarten	Bezeichnung der 27 Produkte (Normalzementarten)		Zusammensetzung: (Massenanteile in Prozent)[a]										
			Hauptbestandteile[d]										Nebenbestandteile
			Portlandzementklinker	Hüttensand	Silicastaub	Puzzolane		Flugasche		gebrannter Schiefer	Kalkstein		
						natürlich	natürlich getempert	kieselsäurereich	kalkreich				
			K	S	D[c]	P	Q	V	W	T	L	LL	
CEM II	Portlandkalksteinzement[d]	CEM II/A-L	80–94	–	–	–	–	–	–	–	6–20	–	0–5
		CEM II/B-L	65–79	–	–	–	–	–	–	–	21–35	–	0–5
		CEM II/A-LL	80–94	–	–	–	–	–	–	–	–	6–20	0–5
		CEM II/B-LL	65–79	–	–	–	–	–	–	–	–	21–35	0–5
	Portlandkompositzement[e]	CEM II/A-M	80–94	6–20									0–5
		CEM II/B-M	65–79	21–35									0–5
CEM III	Hochofenzement	CEM III/A	35–64	36–65	–	–	–	–	–	–	–	–	0–5
		CEM III/B	20–34	66–80	–	–	–	–	–	–	–	–	0–5
		CEM III/C	5–19	81–95	–	–	–	–	–	–	–	–	0–5
CEM IV	Puzzolanzement[e]	CEM IV/A	65–89	–	11–35					–	–	–	0–5
		CEM IV/B	45–64	–	36–55					–	–	–	0–5
CEM V	Kompositzement[e]	CEM V/A	40–64	18–30	–	18–30			–	–	–	–	0–5
		CEM V/B	20–38	31–50	–	31–50			–	–	–	–	0–5

[a] Die Werte in der Tabelle beziehen sich auf die Summe der Haupt- und Nebenbestandteile, ohne Berücksichtigung von Calciumsulfat.
[b] Der Anteil von Silicastaub ist aus Gründen des Korrosionsschutzes für Bewehrungsstahl auf 10 % begrenzt.
[c] In den Portlandkompositzementen CEM II/A-M und CEM II/B-M, in den Puzzolanzementen CEM IV/A und CEM IV/B und in den Kompositzementen CEM V/A und CEM V/B müssen die Hauptbestandteile außer Portlandzementklinker durch die Bezeichnung des Zements angegeben werden.
[d] Erläuterung der Kurzzeichen der Hauptbestandteile: S = Slag = engl. Schlacke; V = cendre Volantes = franz. Flugasche; L = Limestone = engl. Kalkstein; D = Dust = engl. Staub.
[e] L bzw. LL = Gesamtgehalt an organischem Kohlenstoff ≤ 0,20 bzw. 0,50 Masse-%.

2.7.2 Portlandzementklinker

a) Rohstoffe und Herstellung (s.a. Abb. 2.8)
Der Begriff „Portlandzement" geht auf den von dem Engländer Aspdin 1824 zum Patent angemeldeten Zement zurück. Dieser ergab im abgebundenen Zustand eine helle Farbe, die dem gelblich-weißen „Portlandstone", einem damals beliebten natürlichen Sandstein (Südküste Englands), sehr ähnlich war.
Rohstoffe für die Herstellung von Portlandzement sind Kalkstein und Ton. Das Verhältnis von Kalkstein $CaCO_3$ zu Ton soll etwa 78 zu 22 % betragen und der Ton etwa aus 66 % SiO_2, 19 % Al_2O_3 und 9 % Fe_2O_3 (Hydraulefaktoren) sowie 7 % gebundenem Wasser bestehen. Das Gestein wird zerkleinert, zu feinem Rohmehl gemahlen und gleichmäßig vermischt. In einem Drehrohrofen, der am unteren Ende mit Kohlenstaub, Öl oder Gas beheizt wird, wird das Rohmehl bei 1400 bis 1450 °C bis zur Sinterung gebrannt. Dabei gibt das $CaCO_3$ zunächst das CO_2 ab, und anschließend verbindet sich das verbleibende CaO mit den Hydraulefaktoren zu dem harten, etwa walnussgroßen Portlandzementklinker, der aus den im Abschn. 2.7.2b beschriebenen Klinkerphasen besteht (Klinker von hell „klingend").

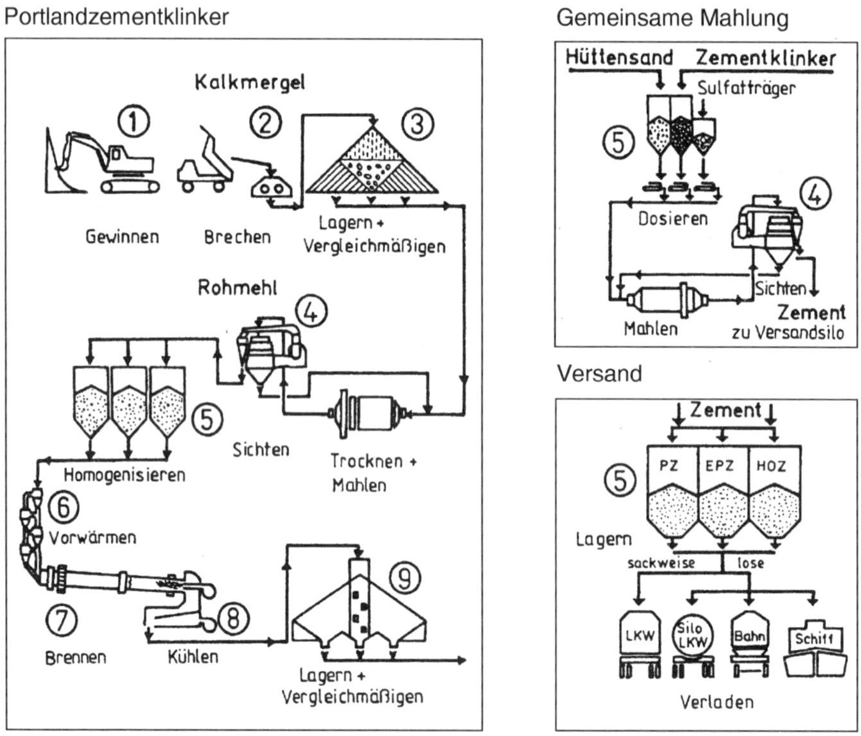

Abb. 2.8 Schematische Darstellung der Zementherstellung [24]
① Steinbruch ② Brecheranlagen ③ Lager oder Mischbetten ④ Windsichter ⑤ Silos ⑥ Vorwärmer ⑦ Drehrohrofen ⑧ Kühler ⑨ Großraumsilo

b) Klinkerphasen

Portlandzementklinker enthält folgende chemische Verbindungen (Klinkerphasen):
Tricalciumsilicat 3 $CaO \cdot SiO_2 = C_3S$ 45 bis 80, i.M. 63 Gew.-%
Dicalciumsilicat 2 $CaO \cdot SiO_2 = C_2S$ 0 bis 32, i.M. 16 Gew.-%
Calciumaluminatferrit (Aluminatferrit)
4 $CaO \cdot (Al_2O_3, Fe_2O_3) = C_4$ (A, F) 4 bis 14, i.M. 8 Gew.-%
Tricalciumaluminat (Aluminat) 3 $CaO \cdot Al_2O_3 = C_3A$ 7 bis 15, i.M. 11 Gew.-%
freies CaO + MgO 0,6 bis 7,5, i.M. 2,5 Gew.-%

Die Klinkerphasen haben unterschiedliche Eigenschaften und wirken sich auf die Zementeigenschaften wie folgt aus (H = Hydratationswärme in Joule/g):

C_3S erhärtet schnell und ergibt sehr hohe Endfestigkeit, H = 500.

C_2S erhärtet langsam, ergibt u.U. höhere Endfestigkeiten als C_3S, H = 260.

C_4 (A, F) trägt zur Erhärtung wenig bei, H = 420.

C_3A schnelles Erstarren, geringe Endfestigkeit, H sehr hoch. C_3A ist für das Sulfattreiben verantwortlich durch Bildung des sog. Zementbazillus = Ettringit = $3\,CaO \cdot Al_2O_3 \cdot 3\,CaSO_4 \cdot 32\,H_2O$.

CaO, MgO rufen Kalk- und Magnesiatreiben hervor, wenn sie grobkristallin und in größerer Menge vorkommen. Überprüfung durch die Raumbeständigkeitsprüfung (siehe Abschn. 2.7.6b). Normgerechte Zemente weisen kein Kalk- und Magnesiatreiben auf.

2.7.3 Zementarten nach DIN EN 197-1 (2011–11) und DIN 1164-10 (2013–03) (s.a. Tafel 2.4)

Die DIN EN 197-1 enthält die in Tafel 2.4 zusammengefassten Zemente. Zuordnung zu den bisherigen Zementbezeichnungen siehe Tafel 2.5, Festigkeitsklassen siehe Tafel 2.6. CEM I (Portlandzement) ist der am häufigsten verwendete Zement und in allen Festigkeitsklassen lieferbar. Er hat die höchste Hydratationswärme (siehe Abschn. 2.7.5b) und erhärtet schnell (Winterbau!).

Tafel 2.5 Zuordnung der alten und neuen Zementbezeichnungen

neu (DIN EN 197-1), siehe Tafel 2.4		alt (DIN 1164)	
Portlandzement Portlandhüttenzement	(CEM I) (CEM II)	Portlandzement Eisenportlandzement	(PZ) (EPS)
Portlandpuzzolanzement Portlandflugaschezement	(CEM II) (CEM II)	Trasszement Flugaschezement	(TrZ) (FAZ)
Portlandschieferzement Portlandkalksteinzement	(CEM II) (CEM II)	Portlandölschieferzement Portlandkalksteinzement	(PÖZ) (PKZ)
Portlandkompositzement Hochofenzement	(CEM II) (CEM III)	Flugaschehüttenzement Portlandkalksteinhüttenzement Hochofenzement	(FAHZ) (PKHZ) (HOZ)
Kompositzement	(CEM V)	Trasshochofenzement	(TrHOZ)

Portlandhüttenzement CEM II/A-S und/B-S (früher Eisenportlandzement EPZ) und Hochofenzement CEM III (früher HOZ) wurden früher unter der Bezeichnung Hüttenzemente zusammengefasst (heute spricht man von Kompositzementen). Je höher der Hüttensandanteil, umso geringer die Hydratationswärme. Besonders geeignet für massige Bauteile und/oder bei aggressiven Einflüssen. Nicht anwenden bei Frostgefahr. Für Spannbeton nur verwendbar, wenn der Hüttensandanteil < 50 M.-%, meist wird jedoch Portlandzement CEM I verwendet. Ähnliches gilt für Puzzolanzement und Kompositzement.

Portlandpuzzolanzement CEM II/A-P und /B-P (früher Trasszement TrZ) enthält Trass (siehe Abschn. 2.6.1). Trass besitzt eine hohe Mahlfeinheit und quillt beim Erhärten mit PZ-Klinker. Er ergibt daher einen sehr dichten Beton, der eine gute chemische Widerstandskraft besitzt (Wasserbau, aggressive Wässer!). Lange nass halten! Nicht zugelassen für Spannbeton.

Portlandflugaschezement CEM II/A-V und /B-V (früher Flugaschezement FAZ) besitzt niedrige Anfangsfestigkeit, starke Nachhärtung und niedrige Hydratationswärme, daher für Massenbeton günstig. Nicht zulässig für Spannbeton mit sofortigem Verbund und für Einpressmörtel.

Portlandschieferzement CEM II/A-T und /B-T (früher Portlandölschieferzement PÖZ) besteht aus PZ-Klinker und gebranntem Ölschiefer, einem natürlichen Gestein, das z.B. in der Schwäbischen Alb abgebaut wird. Durch oxidierende Atmosphäre beim Brennprozess entsteht ein rotbrauner PÖZ, auch als Terrament bezeichnet, der z.B. gern für Sichtbeton oder Betonwaren verwendet wird (Buntsandstein-Aussehen). Portlandschieferzement ist feiner als Portlandzement.

Portlandkalksteinzement CEM II/A-L bzw. /LL und /B-L bzw. /LL (früher Portlandkalksteinzement PKZ) besitzt wegen des weicheren Kalksteins höhere Mahlfeinheit als Portlandzement. Er zeigt daher geringeres Bluten (Absondern von Wasser nach oben) und dadurch geringeren Wasseranspruch. Er erhärtet schnell und hat eine hohe Frühfestigkeit.

Portlandkompositzement CEM II/A-M und /B-M (früher Portlandkalksteinhüttenzement PKHZ) verhält sich ähnlich wie PKZ, hat aber etwas geringere Anfangsfestigkeit und Wärmeentwicklung als dieser.

Kompositzement CEM V/A (S-P) und /B (S-P) (früher Trasshochofenzement TrHOZ) hat geringe Frühfestigkeit und langsame Wärmeentwicklung, wird auch als NW/HS-Zement hergestellt, findet Verwendung für massige Bauteile und im Wasserbau.

Portlandkompositzement CEM II/B-M (S-V) (früher Portlandflugaschehüttenzement FAHZ) verhält sich ähnlich wie FAZ und EPZ, hat geringe Anfangsfestigkeit, gute Nachhärtung, langsame (niedrige) Wärmeentwicklung.

Zemente mit besonderen Eigenschaften nach DIN 1164-10 (2013–03) erhalten zusätzliche Kennbuchstaben: NW für niedrige Hydratationswärme, HS für hohen Sulfatwiderstand, NA für niedrigen, wirksamen Alkaligehalt (Na, K).

NW-Zemente dürfen in den ersten sieben Tagen der Erhärtung nur eine Wärmemenge von 270 J pro g Zement entwickeln; dies sind i.d.R. hüttensandreiche Hochofenzemente.

HS-Zemente sind Zemente mit C_3A-Gehalt ≤ 3 % und Al_2O_3-Gehalt ≤ 5 % oder mit mindestens 66 Masse-% Hüttensand. Es tritt kein schädliches Sulfattreiben auf. Unbedingt erforderlich bei hohem Sulfatgehalt im Grundwasser (ab 600 mg SO_4/l Wasser) oder im Boden (ab 3 mg SO_4/kg Boden).

NA-Zemente sind Zemente mit niedrigem wirksamem Alkaligehalt (Na, K), ausgedrückt durch das sog. Na_2O-Äquivalent in Masse-%. Als solche gelten: Zemente mit Na_2O ≤ 0,6; CEM II/B-S mit Na_2O ≤ 0,7; Hochofenzemente mit einem Hüttensandanteil ≥ 66 bzw. 50 bzw. 49 Masse-% und Na_2O ≤ 2,0 bzw. 1,1 bzw. 0,95. Verwendung bei alkaliempfindlichen

Zuschlägen (Opalsandstein, poröser Flint, präkambrische Grauwacke). Die reaktionsfähige Kieselsäure solcher Zuschläge reagiert in feuchter Umgebung (z.B. Viehställe) mit Treiben und führt zu Absprengungen und Rissen.
Das Na_2O-Äquivalent von K_2O = (22,990/39,098) × K_2O in g; Werte für die relativen Atommassen siehe Tafel 12.1. NA-Zemente werden eingesetzt, wenn alkaliempfindliche Zuschläge, wie z.B. Opalsandstein, poröser Flint oder präkambrische Grauwacke, verwendet werden, wie sie z.B. im Ostseeküstenraum, in den angrenzenden norddeutschen Gebieten und in der Lausitz vorkommen.

2.7.4 Zemente für spezielle Anwendungsgebiete

a) Weißer Zement, ein Portlandzement, der kein C_4 (A, F) enthält, i.d.R. CEM I 42,5 R, weiße Säcke mit schwarzem Aufdruck, für Stahl- und Spannbeton aller Festigkeitsklassen. Besonders geeignet für Betonwerkstein, Waschbeton, Ornamentbeton usw.
b) Pectracrete, hydrophobierter (wasserabweisender) Zement, i.d.R. CEM I 32,5 R, zur Bodenverfestigung im Straßen- und Wegebau, kann bei jedem Wetter ungeschützt an der Baustelle lagern; bei Einarbeitung in den Boden wird die wasserabweisende Umhüllung der Zementkörper zerstört und der Zement bindet dann normal ab.
c) Sulfathüttenzement SHZ, (hoch-)basische, d.h. CaO-reiche Hochofenschlacke + Gips oder Anhydrit als Anreger, wird in Deutschland nicht mehr hergestellt. In Frankreich und Belgien verbreitet.
d) Tonerde(schmelz)zement TSZ, aus Kalkstein und Bauxit gebrannt. Schnelle Betonerhärtung (nach 24 Std. 40 N/mm_2), mit PZ im Verhältnis 1:1 gemischt für Dichtungsarbeiten (erhärtet nach vier bis fünf Minuten), in Deutschland für tragende Bauteile verboten, Verwendung im Feuerungsbau, mit geeigneten Zuschlägen bis 1600 °C hitzebeständig.
e) Quellzement, vergrößert beim Erhärten sein Volumen, in Deutschland nicht mehr hergestellt, jedoch in USA, Japan, Russland.
f) Tiefbohrzement, Bohrlochzement, zur Auskleidung von Bohrlöchern, aggressivbeständig, Erhärten in großer Tiefe, selbst bei Temperaturen bis 150 °C und Drücken bis 1000 bar.
g) Schnellzement, spezieller PZ, nach vier Std. 10 N/mm^2, nach zwei Tagen 40 N/mm^2 Druckfestigkeit, Reparaturarbeiten an geschädigtem Beton.
h) Ferrozement, kein Zement, sondern Bezeichnung für Verbundwerkstoff aus Zementmörtel und hohem Bewehrungsanteil, für dünnwandige Flächentragwerke, Bootsbau.
i) Injektionszement, Feinstzement, feingemahlene Zemente zur Herstellung gut fließfähiger Zementsuspensionen. Verwendung zum Verfestigen und/oder Abdichten von klüftigem Gestein oder Lockergestein sowie für Rissinjektionen in Beton; Blainwerte 4500 bis 15 000 cm^2/g (siehe Abschn. 2.7.6d), entspricht Korngrößen von ≤ 16 µm.
j) Dämmer, hydraulisches Bindemittel mit Anteil an tonhaltigem Steinmehl zur Herstellung gut fließfähiger Suspensionen. Verwendung im Tiefbau zum Ausfüllen unterirdischer Hohlräume; auch zum Verpressen von Bohrungen für Erdspieße (Sonden) von Sole-Wärmepumpen. Blainwert etwa 6000 cm^2/g.

2.7.5 Eigenschaften der Zemente

a) Erstarren und Erhärten

Das Erstarren und Erhärten des Zements beruht auf seiner Reaktion mit dem Wasser. Der chemische Prozess wird Hydratation genannt, weil die Klinkerphasen dabei Kristallwasser aufnehmen.

Chemische Formel der Hydratation z.B.
$2\,(3\,CaO \cdot SiO_2) + 6\,H_2O \rightarrow 3\,CaO \cdot 2\,SiO_2 \cdot 3\,H_2O + 3\,Ca(OH)_2$
Die Verbindung $3\,CaO \cdot 2\,SiO_2 \cdot 3\,H_2O$ wird als Calcium-Silicat-Hydrat- bzw. CSH-Phase bezeichnet. Es handelt sich dabei um feinste submikroskopische, kolloidale Reaktionsprodukte, die eine allmählich immer fester werdende Masse bilden: Aus dem Zementleim (Wasser + Zement) entsteht zunächst das sog. Zementgel und daraus schließlich der harte Zementstein, der die Gesteinskörnung des Betons miteinander verbindet (siehe Abb. 2.9).

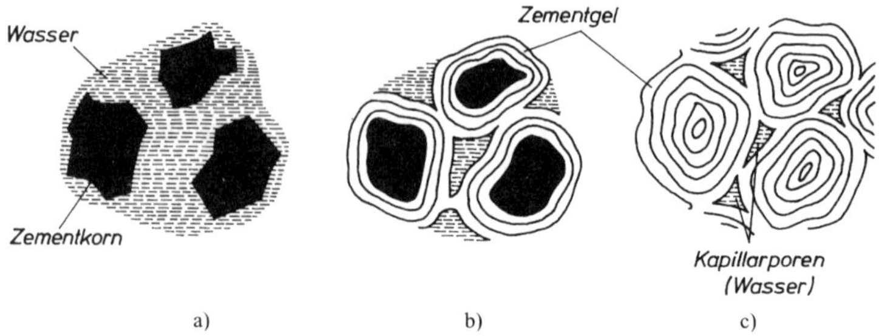

Abb. 2.9 Erhärtungsvorgang von Zement (Hydratation; schematisch) [2]
a) Zementleim unmittelbar nach dem Anmachen: Wasser und Zementkörnchen
b) Zementleim nach einer gewissen Hydratationszeit: Wasser und Zementkörnchen, auf deren Oberfläche sich Zementgel (CSH-Verbindungen + Gelwasser, das zur Hydratation nicht mehr zur Verfügung steht) gebildet hat.
c) Abgeschlossener Hydratationsvorgang bei w/z > 0,40: Zementgel und Kapillarporen, die zunächst das Überschusswasser enthalten. Bei seiner Austrocknung kommt es zum Schwinden. Bei w/z < 0,4 bleiben unhydratisierte Zementkörnchen übrig, die von Zementgel umhüllt sind. Bei w/z = 0,40 gibt es weder unhydratisierte Zementkörnchen noch Kapillarporen.

Der Wasserbedarf des Zements bis zur vollständigen Hydratation beträgt etwa 40 % des Zementgewichts, das entspricht einem Wasserzementwert von 0,40 (Verhältnis von Wasser zu Zement in Gewichtsanteilen). Etwa 25 % des Wassers wird chemisch, 10 bis 15 % werden physikalisch als sog. Gelwasser im Zementgel gebunden. Das Gelwasser steht für die chemische Reaktion nicht zur Verfügung.
Das über w/z = 0,4 hinausgehende Wasser hinterlässt im Zementstein Kapillarporen (Ø 10^{-2} bis 10 mm). Je größer der w/z-Wert, umso geringer sind Dichtigkeit und Festigkeit des Zementsteins und damit des Betons. Günstig für Beton sind w/z-Werte zwischen 0,40 und 0,60.

b) Hydratationswärme

Der chemische Prozess der Hydratation ist ein exothermer Vorgang, bei dem Wärme frei wird. Die kalkreichen Klinkerphasen C_3S und C_3A setzen dabei mehr und schneller

Wärme frei als die kalkärmeren Verbindungen C_2S und C_4AF. Hüttenzemente und Trasszement entwickeln weniger Wärme als Portlandzement. Nach [33] ergeben sich für die verschiedenen Zemente folgende Hydratationswärmen in J/g: Portlandzement 375 bis 525, Hochofenzement 355 bis 440, Portlandpuzzolanzement 315 bis 420, Tonerdezement 545 bis 585, Portlandschieferzement 360 bis 480.

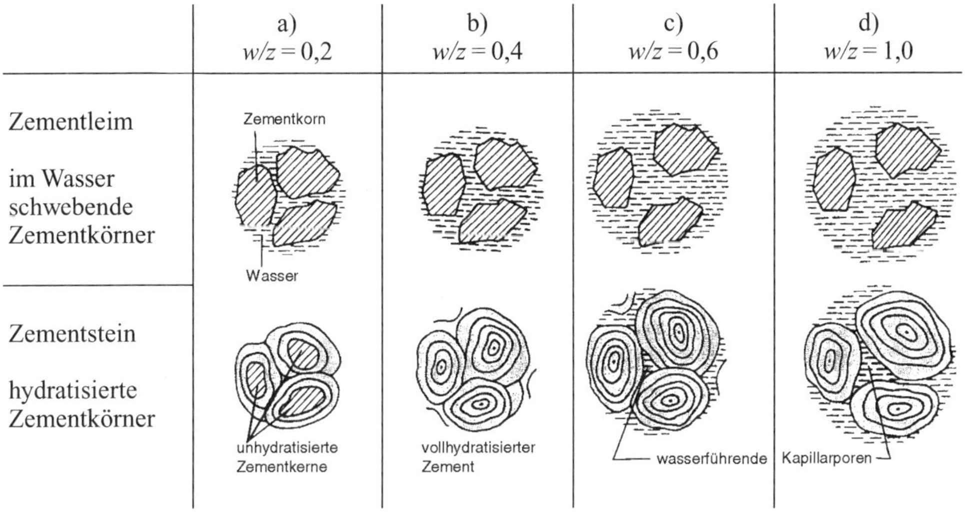

Abb. 2.10 Einfluss des w/z-Werts auf Beschaffenheit und Dichte des Zementsteins
a) w/z = 0,2: zu wenig Abbindewasser, keine Hydratation im Kernteil der Zementkörner
b) w/z = 0,4: idealer w/z-Wert; Wasser fast vollständig für Hydratation verbraucht, dichtes Zementsteingefüge
c) w/z = 0,6: Überschusswasser hinterlässt Kapillarporen
d) w/z = 1,0: sehr hoher Gehalt an Überschusswasser ergibt sehr porigen, saugfähigen Zementstein

c) Rostschutz und Kalkausblühungen
Das sich beim Erhärten bildende $Ca(OH)_2$ hat eine große Bedeutung für den Rostschutz der Bewehrung. Es verleiht dem den Stahl umgebenden Beton basischen Charakter (pH-Wert etwa 12,6), bei dem trotz Vorhandenseins von Wasser und Luftsauerstoff O_2 ein Rosten nicht möglich ist. Erst wenn durch eindringendes CO_2 aus der Luft das $Ca(OH)_2$ wieder in $CaCO_3$ verwandelt wird (siehe Abschn. 2.5.2) und dadurch die Basizität auf einen pH-Wert unter 9,5 abgenommen hat, kann die Rostbildung wieder einsetzen und der Beton über der Bewehrung durch die Volumenvergrößerung des Eisens beim Rosten (Fe:FeOOH = 1:2,5) abplatzen. Dies ist jedoch bei gut verdichtetem und dichtem Beton (w/z-Wert = 0,5) und ausreichender Betonüberdeckung (siehe Abschn. 6.1.2) erst nach mehr als 100 Jahren der Fall.
Da $Ca(OH)_2$ wasserlöslich ist, kann es durch Feuchtigkeit (z.B. Schlagregen, abfließendes Regenwasser) aus dem Inneren auf die Oberfläche transportiert werden und dort mit dem CO_2 der Luft Kalkausblühungen ($CaCO_3$) bilden.

d) Festigkeit

Die Festigkeitsentwicklung des Zements hängt von der Schnelligkeit des chemischen Prozesses der Hydratation ab. Fein gemahlene Zemente haben eine schnellere Festigkeitsentwicklung als gröber gemahlene, weil sie eine größere Reaktionsoberfläche besitzen (Mahlfeinheit siehe Abschnitt 2.7.6d). Ebenso wird die Festigkeitsentwicklung durch die Temperatur beeinflusst: Wärme wirkt beschleunigend; niedrige Temperaturen verzögern den Erhärtungsprozess, der bei Temperaturen um etwa –10 °C vollständig zum Erliegen kommt.

Die Festigkeit von Zement wird nach DIN EN 196-1 geprüft (siehe Abschnitt 2.7.6). Danach werden die Zemente in bestimmte Festigkeitsklassen eingeteilt (siehe Tafel 2.6). Die mittleren 28-Tage-Festigkeiten der deutschen Zemente liegen etwas über dem jeweiligen Mittelwert: etwa bei 13 N/mm^2 über der Mindestfestigkeit, bei Z 52,5 etwa bei 70 N/mm^2.

Tafel 2.6 Festigkeitsklassen der Zemente nach DIN EN 197-1 (2011–06)

Festigkeitsklasse	Druckfestigkeit in N/mm^2				Erstarrungsbeginn	Kennfarbe[1]	Farbe[1] des Aufdrucks
	Anfangsfestigkeit		Normfestigkeit				
	2 Tage	7 Tage	28 Tage		Min.		
32,5 L [2]	–	≥ 12	≥ 32,5	≤ 52,5	≥ 60	hellbraun	–
32,5 N	–	≥ 16					schwarz
32,5 R	≥ 10	–					rot
42,5 L [2]	–	≥ 16	≥ 42,5	≤ 62,5		grün	–
42,5 N	≥ 10	–					schwarz
42,5 R	≥ 20	–					rot
52,5 L [2]	≥ 10	–	≥ 52,5	–	≥ 45	rot	–
52,5 N	≥ 20	–					schwarz
52,5 R	≥ 30	–					weiß

[1] Nur in DIN 1164 gefordert.
[2] Nur für CEM III-Zemente

e) Saul'scher Reifegrad

Für Beton kann man die Verzögerung der Festigkeitsentwicklung durch unter +20 °C liegende Tagestemperaturen mit Hilfe des Saul'schen Reifegrades R abschätzen:

$R = \sum a_i (T_i + 10)$

a_i Erhärtungszeit in Tagen bei einer Temperatur T_i in °C.

Beispiele für die Anwendung des Saul'schen Reifegrades:

1) Lagerungsdauer a = 14 Tage, mittlere Tagestemperatur T = +5 °C
a) Um wie viel ist die erreichte Festigkeit gegenüber T = 20 °C verringert?
$R_1 = 14\,(5 + 10) = 210$; $R_2 = 14\,(20 + 10) = 420$; $R_1/R_2 = 210/420 = 50\ \%$.
b) Welchem Betonalter a_w („wirksames" Betonalter) für T = 20 °C entspricht das?
$210 = a_w\,(20 + 10)$; $a_w = 210/30 = 7$ Tage

2) Die Schalung von Beton-Deckenplatten kann bei Z 32,5 und T = 20 °C nach ca. 10 Tagen entfernt werden. Um wie viele Tage ist die Ausschalfrist zu verlängern, wenn in den ersten 5 Tagen nur T = 10 °C vorhanden war?
   T = 20 °C: R = 10 (20 + 10) = 300;*0300 = 5 (10 + 10) + x (20 + 10);
   x = (300 – 100)/30 ≈ 7,
   d.h. a = 5 + 7 = 12 Tage, Verlängerung also 2 Tage.

Tafel 2.7 Richtwerte für die Rohdichte und Schüttdichte von Zementen

Zementart Zementbestandteile	Dichte in kg/dm³	Schüttdichte in kg/dm³ (Litergewicht) lose eingelaufen
Portlandzement Portlandzement – HS Portlandhüttenzement Hochofenzement Portlandpuzzolanzement Portlandschieferzement Flugaschezement	3,11 3,20 3,05 2,99 2,90 } +/– 0,1 3,00 2,95	} 0,9–1,2 meist 1,0–1,1 (eingerüttelt 1,6–1,9)
Hüttensand Trass Steinkohlenflugasche	2,85 2,4–2,7 2,2–2,6	0,6–1,4 0,7–1,0 0,7–1,2

2.7.6 Prüfung von Zement

Die Zementhersteller sind verpflichtet, die geforderten Zementeigenschaften zu überwachen (Eigenüberwachung). Diese wiederum wird von einer amtlich anerkannten Güteüberwachungsgemeinschaft (VDZ) oder durch ein entsprechendes Materialprüfungsinstitut überwacht (Fremdüberwachung); Prüfumfang und Prüfhäufigkeit sind in DIN EN 197-1 und -2 festgelegt. Die Übereinstimmung (Konformität) der Zemente mit den Normenanforderungen wird durch das EG-Konformitätszeichen CE auf Verpackung und Lieferschein gekennzeichnet (siehe Abb. 2.11).

a) Erstarrungszeiten (DIN EN 196-3 (2009–02))
   Die Erstarrungszeiten von Zement werden mit dem Vicat-Gerät (siehe Abb. 2.12) geprüft. 500 g Zement und etwa 125 g Wasser werden sorgfältig miteinander gemischt. Der Zementleim wird in einen konischen Hartgummiring gefüllt, der auf einer leicht eingefetteten Glasplatte steht. Erstarrungsbeginn ist eingetreten, wenn die Nadel des Vicat-Gerätes (Ø 1,13 mm) im Zementleim 3 bis 5 mm über der Glasplatte stehen bleibt; Erstarrungsende, wenn sie nur noch 0,5 mm eindringt. Der frische Zementleim muss Normsteife besitzen. Dies wird ebenfalls mit dem Nadelgerät geprüft, indem die Nadel durch einen Tauchstab 4 ersetzt wird. Normsteife ist erreicht, wenn der Tauchstab im fünf Minuten alten Zementleim nach 30 Sekunden 5 bis 7 mm über der Glasplatte stehen bleibt. Erstarrungsbeginn nach DIN EN 197-1: bei Z 32,5 ≥ 75 Min., bei Z 42,5 ≥ 60 Min., bei Z 52,5 ≥ 45 Min.
b) Raumbeständigkeit (DIN EN 196-3 (2009–02))
   Zur Bestimmung der Raumbeständigkeit (Dehnungsmaß) wird Zementleim von Normsteife (siehe Abschn. 2.7.6a) in einen mit zwei Nadeln versehenen Federring aus Cu-Zn-Legierung

Abb. 2.11 Kennzeichnung von Zement
EG-Konformitätszeichen (CE-Zeichen), Überwachungszeichen (Fremdüberwachung), Zeichen der Überwachungsgemeinschaft des Vereins Deutscher Zementwerke (VDZ) [2]

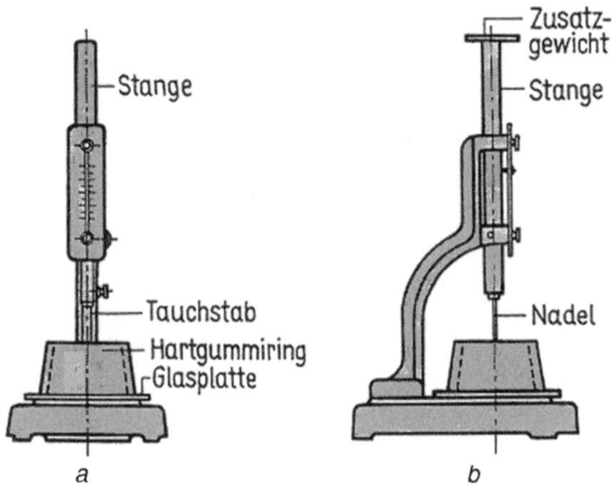

Abb. 2.12 Vicat-Gerät zur Bestimmung der Erstarrungszeiten von Zement nach DIN EN 196-3 (Maße in mm)
a) Nadelgerät mit Tauchstab
b) Nadelgerät mit Nadel

gefüllt (siehe Abb. 2.13), der auf einer Glasplatte steht und anschließend mit einer zweiten Glasplatte abgedeckt wird. Nach 24 Stunden wird der Ring mit dem erhärteten Zementleim drei Stunden lang in einem Wasserbad gekocht. Die durch das Kochen entstehende Aufweitung der Nadelspitzen muss bei einem raumbeständigen Zement ≤ 10 mm sein. Ziel des Versuches ist es, die mögliche Gefahr einer späteren Ausdehnung des erhärteten Zements abzuschätzen, die auf der Hydratation von freiem CaO und/oder MgO beruht: $CaO + H_2O \rightarrow Ca(OH)_2$

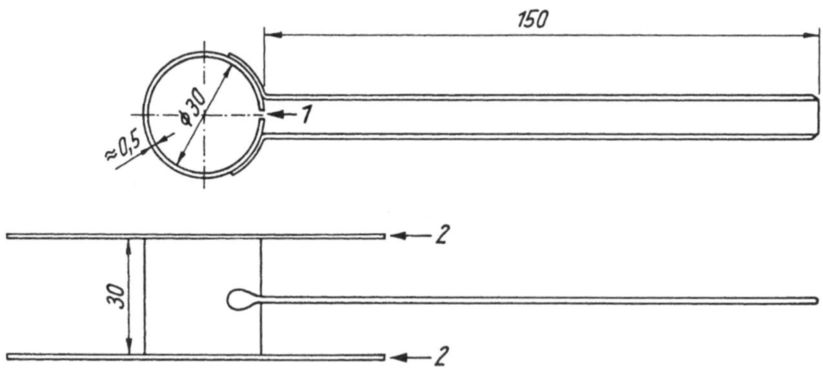

Abb. 2.13 Le-Chatelier-Ring zur Bestimmung der Raumbeständigkeit von Zement nach DIN EN 196-3 (Maße in mm)
1 Spalt
2 Glasplatte

c) Festigkeit (DIN EN 196-1 (2005–05))
Die Festigkeit wird an Prüfkörpern mit den Maßen 40 mm × 40 mm × 160 mm geprüft. Zur Herstellung der Prüfkörper wird ein Mörtel aus 1350 g Normsand, 450 g Zement und 225 g Wasser (w/z-Wert = 0,5) maschinell gemischt, in zwei Lagen in Dreierformen (siehe Abb. 2.14) gefüllt und auf einem Schock- oder Vibrationstisch verdichtet.
Die Prismen werden nach 24 Stunden ausgeschalt und bis zum Tage der Prüfung (2, 7, 28 Tage) in Wasser von 20 °C gelagert. Zur Bestimmung der Biegezugfestigkeit werden die drei Prismen als Balken auf zwei Stützen mit einer mittigen Einzellast belastet (Stützweite 100 mm). Die sechs Prismenhälften werden anschließend zwischen zwei Druckplatten (Fläche 40 mm × 40 mm) auf Druck geprüft.

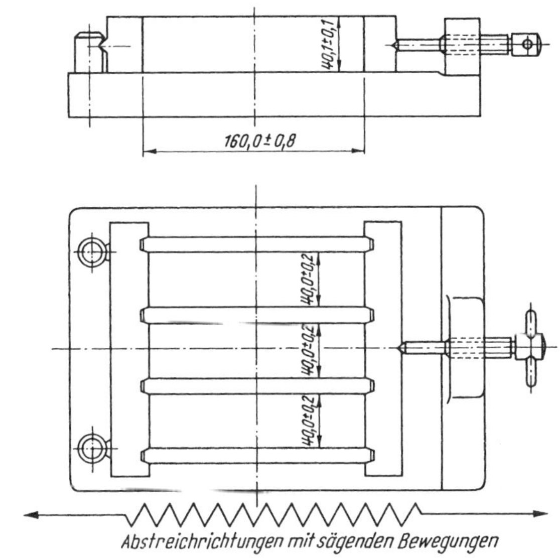

Abb. 2.14 Dreierform zur Herstellung von Probekörpern zur Bestimmung der Festigkeit von Zement nach DIN EN 196-1 (Maße in mm)

d) Mahlfeinheit (DIN 196-6 (2010–05))
Die Mahlfeinheit wurde früher durch den zulässigen Rückstand von Zementpulver auf dem 0,2-mm-Prüfsieb bestimmt: ≤ 3,0 Masse-%. Heute wird dazu die spezifische Oberfläche des Zements in cm²/g angegeben. Die Norm gibt keinen Mindestwert an. Übliche Werte liegen zwischen 2700 cm^2/g bei Portlandzement 32,5 R und 5200 cm^2/g bei Z 52,5 und Portlandkalksteinzement. Feinstzemente haben Werte zwischen 4500 und 15 000 cm^2/g (siehe Abschn. 2.7.4i).
Beim Luftdurchlässigkeits-Verfahren nach Blaine wird die Zeit gemessen, die eine bestimmte Luftmenge (unter Druck) benötigt, um durch eine kleine Säule aus verdichtetem Zementpulver hindurchzuströmen. Grobe Zemente haben ein geringeres Wasserrückhaltevermögen, neigen also zum „Bluten" (Wasserabsonderung nach oben), feine Zemente haben u.U. einen höheren Wasserbedarf zu gleich guter Verarbeitbarkeit. Je feiner ein Zement gemahlen ist, umso besser wird seine Frühfestigkeit, allerdings verkürzt sich damit auch seine Lagerfähigkeit.

2.8 Putz- und Mauerbinder MC

Normen

DIN EN 413-1	(2011–07)	Putz- und Mauerbinder, Zusammensetzung, Anforderungen und Konformitätskriterien
DIN EN 413-2	(2005–08)	Putz- und Mauerbinder, Prüfverfahren

MC-Binder (früher PM-Binder; MC = masonry cement = engl. Mauerwerkszement) ist ein fein gemahlenes hydraulisches Bindemittel, das mit Wasser angemacht sowohl an der Luft als auch unter Wasser erhärtet und fest bleibt. Hauptbestandteile sind Zement und Gesteinsmehl.

MC-Binder darf auch Kalkhydrat nach DIN 1060-1 und Zusätze, wie z.B. Luftporenbildner, Plastifizierer und Verzögerer, enthalten. MC-Binder wird in güteüberwachten Werken hergestellt (Eigen- und Fremdüberwachung). Arten und Eigenschaften siehe Tafel 2.8.
Verwendung als Putz- und Mauermörtel der Mörtelgruppen I und II. Übliche Mischungsverhältnisse 1:3 bis 4 für Außenputz, 1:3 für Mauermörtel, 1:4 bis 5 für Innenputz. Sehr ergiebig, gut verarbeitbar, gute Haftung, schnelle Erhärtung (Winterbau!), gute Sperrwirkung gegen Feuchtigkeit. Mit Gips und Anhydrit nicht mischbar, dagegen mit Zement und Baukalk.

Tafel 2.8 Arten und Eigenschaften von Putz- und Mauerbinder (MC) nach DIN 4211 (1995–03)

Art[1)]	Druckfestigkeit nach 28 Tagen N/mm²	Luftgehalt Vol.-%	Anteil an PZ-Klinker Masse-%	Erstarrungs-	
				beginn	ende
MC 5	≥ 5, ≤ 15	≥ 8, ≤ 20	≥ 25	≥ 1h	≤ 15 h
MC 12,5MC 12,5X[2)]	≥ 12,5, ≤ 32,5≥ 22,5, ≤ 42,5		≥ 40		
MC 22,5X[2)]			≤ 6		

[1)] Die Zahlen 5 bzw. 12,5 geben die Festigkeitsklasse an. Die Festigkeit wird wie bei Zement an Mörtelprismen 40 × 40 × 160 mm geprüft.
[2)] In DIN EN 413-1 auch MC 22,5X vorgesehen. Sonstige Eigenschaften wie MC 12,5X.
X bedeutet: enthält keine LP-Mittel.

Lieferung in gelben 25-kg-Säcken mit blauem Aufdruck, auch lose in sauberen Transportbehältern.
Mischbinder (MB) war ein hydraulisches Bindemittel, das heute nicht mehr hergestellt wird (ehemals DIN 4207). Mischbinder wurde z.B. für unbewehrten Beton mit niedrigen Festigkeitsanforderungen (B 5) verwendet.

2.9 Hydraulische Boden- und Tragschichtbinder HRB

Normen

DIN EN 13282-1	(2006–13)	Hydraulische Tragschichtbinder: Schnell erhärtende hydraulische Tragschichtbinder – Zusammensetzung, Anforderungen und Konformitätskriterien
DIN EN 13282-2	(2007–15)	Hydraulische Tragschichtbinder: Normal erhärtende hydraulische Tragschichtbinder – Zusammensetzung, Anforderungen und Konformitätskriterien

HRB (engl. Hydraulic Road Binder) nach DIN EN 13 282 ist ein hydraulisches Bindemittel zur Herstellung von Hydraulischen Tragschichten (HGT; früher HT) sowie für Bodenverfestigungen und -verbesserungen im Straßenbau.

HRB besteht aus Portlandzement und/oder Luftkalk bzw. Hydraulischem Kalk HL 5 sowie ggf. Hüttensand, Trass, Ölschiefer, Flugasche oder getempertem Phonolith-Gesteinsmehl, außerdem aus anorganischen Stoffen aus der PZ-Klinker-Produktion bis 5 Masse-% und anderen Zusätzen bis 1 Masse-%. Festigkeitsklassen: 12,5; 12,5E und 32,5E (Mindestfestigkeit nach 28 Tagen)
Die Tragschichtbinder nach EN 13 282-1 werden in den Festigkeitsklassen E 2, E 3, E 4 und E 4 – RS hergestellt und erhärten nach Wasserzugabe sowohl an der Luft als auch unter Wasser und bleiben unter Wasser fest.
Anforderungen: Mahlfeinheit Siebrückstand auf Sieb 0,09 mm ≤ 15 Masse-%; Raumbeständigkeit; Druckfestigkeit entsprechend Tafel 2.9. Weitere Anforderungen beziehen sich auf chemische Kennwerte (SO_3-Gehalt, Zusammensetzung). Alle Prüfungen werden entsprechend der Zementnorm durchgeführt.

Tafel 2.9 Druckfestigkeit von schnell erhärtenden hydraulischen Tragschichtbindern

Festigkeitsklassen	Druckfestigkeit in N/mm² nach		
	7 Tagen	28 Tagen	
	mind.	mind.	max.
E 2	5,0	12,5	32,5
E 3	10,0	22,5	42,5
E 4	16,0	32,5	52,5
E 4 – RS	16,0	32,5	–

2.10 Fragen und Aufgaben zu anorganischen Bindemitteln

1) Nennen Sie die verschiedenen Arten von hydraulischen und nichthydraulischen Bindemitteln. Welcher wesentliche Unterschied besteht zwischen ihnen?
2) Beschreiben Sie die Vorgänge beim Anmachen und Erhärten von Gips.
3) Welche beiden Gipsrohstoffe gibt es und wie wird aus ihnen Baugips hergestellt?
4) Erläutern Sie die drei Gipseigenschaften Feuerschutz, Volumenveränderung und Wasserlöslichkeit.
5) Wie unterscheiden sich die beiden Baugips-Hauptsorten und welche weiteren Gipssorten werden aus ihnen hergestellt?
6) Welche verschiedenen Arten von Platten aus Gips gibt es? Wie werden sie angewendet?
7) Was ist der Unterschied zwischen Baugips und Anhydritbinder?
8) Welche Anwendungsmöglichkeiten für Anhydritbinder gibt es?
9) Erläutern sie die verschiedenen Arten von Baukalk. Welche Unterschiede bestehen zwischen ihnen?
10) Erläutern und skizzieren Sie den sog. Kalkkreislauf.

11) Beschreiben Sie Arten und Eigenschaften von Puzzolanen und latent hydraulischen Stoffen.
12) Beschreiben Sie die Zementarten CEM I, II und III, ihre verschiedenen Zusammensetzungen, Eigenschaften und Anwendungsmöglichkeiten.
13) Beschreiben Sie die Herstellung von Portlandzement.
14) Aus welchen Klinkerphasen besteht PZ-Klinker und welche Eigenschaften haben sie?
15) Beschreiben Sie anhand einer Skizze den Erhärtungsvorgang von Portlandzement.
16) Welche Rolle spielt das bei der chemischen Reaktion von Portlandzement und Wasser entstehende $Ca(OH)_2$?
17) Womit hängt der unterschiedliche Festigkeitsverlauf der verschiedenen Festigkeitsklassen von Zement zusammen?
18) Erläutern Sie den Begriff „Saul'scher Reifegrad" von Beton.
    Rechnen Sie anhand der Formel für eine Erhärtungstemperatur von 15 °C den Festigkeitsverlust nach 28 Tagen gegenüber der Normaltemperatur von 20 °C aus. Welches wirksame Betonalter hat der Beton zu diesem Zeitpunkt?
19) Wie werden Mahlfeinheit, Erstarrungszeiten, Raumbeständigkeit und Festigkeit von Zement bestimmt?
20) Beschreiben Sie Arten und Anwendungsmöglichkeiten von Putz- und Mauerbinder (MC). Was bedeutet die Abkürzung MC?

3 Gesteinskörnungen für Mörtel und Beton

Die Harmonisierung von Normen in Europa hat zur Einführung einer neuen Regelwerkstruktur geführt. Zum eindeutigen Verständnis wurde dabei der Begriff „Gesteinskörnung" in den Vordergrund gestellt gegenüber dem bisher gebräuchlichen Begriff „Zuschlag", der sich somit seinerseits nur noch auf nicht aus Gesteinskörnungen bestehende Zugabebestandteile beschränkt.

Normen

DIN 1045-2	(2008–08)	Tragwerke aus Beton, Stahlbeton und Spannbeton Beton, Festlegung, Eigenschaften, Herstellung und Konformität, Anwendungsregeln zu DIN EN 206-1
DIN 1053-1	(1996–11)	Mauerwerk; Rezeptmauerwerk; Berechnung und Ausführung
DIN 1100	(2004–05)	Hartstoffe für zementgebundene Hartstoffestriche
DIN 4226-100	(2002–02)	Gesteinskörnungen für Beton und MörtelRezyklierte Gesteinskörnungen
DIN 4301	(2009–06)	Eisenhüttenschlacke und Metallhüttenschlacke im Bauwesen
DIN EN 12 620	(2008–07)	Gesteinskörnung für Beton (mit Berichtigung (2004–12) und Änderungsentwurf (2006–10) mit Anforderungen an rezyklierte Gesteinskörnungen)
DIN EN 13 055		Leichte Gesteinskörnungen
-1	(2002–08)	Teil 1: für Beton, Mörtel und Einpressmörtel
-2	(2004–09)	Teil 2: für ungebundene und gebundene Anwendungen
DIN EN 13 139 E	(2015–07)	Gesteinskörnungen für Mörtel
DIN EN 13 242 E	(2015–07)	Gesteinskörnungen für ungebundene und hydraulisch gebundene Gemische für Ingenieur- und Straßenbau

Gesteinskörnungen sind auch noch genormt in DIN 1053 (für Mauermörtel) und DIN 18 550 (für Putzmörtel). Außerdem in Vorschriften der Deutschen Bahn AG (z.B. ZTV Beton), in Technischen Vorschriften (TV) und Lieferbedingungen (TL) der Forschungsgesellschaft für das Straßenwesen und des Bundesverkehrsministers (z.B. ZTV Beton StB 01, TL Min-StB 00, ZTVT-StB 95, TP Min-StB sowie ZTV-ING).

3.1 Allgemeines

Gesteinskörnungen sind Gemenge von Körnern unterschiedlicher Korngröße, in Sonderfällen auch Fasern, vorwiegend mineralischer Natur, die mit Bindemitteln (Gips, Kalk, Zement) und Wasser vermischt zur Herstellung von Mörtel (Korngröße ≤ 4 mm) und Beton (Korngröße ≥ 4 mm) dienen, deren mineralisches Gerüst sie bilden und deren Raumbeständigkeit sie günstig beeinflussen, da sie im Gegensatz zu den Bindemitteln nicht nennenswert schwinden und quellen.

Man unterscheidet demnach natürliche Gesteinskörnungen und künstlich hergestellte Gesteinskörnungen und bei beiden solche mit dichtem und porigem Gefüge.

3.2 Natürliche Gesteinskörnungen

a) Zuschläge mit dichtem Gefüge / normale Gesteinskörnungen
   - Sedimentäre Lockergesteine: Kies, Sand, mehr oder weniger gerundet; Ablagerungen aus Flüssen sind arm an Feinstteilen (Mehlkorn), die aus Gruben lehmhaltig und weniger abgeschliffen (Gletscherablagerungen).

- Festgesteine: in Brechanlagen (Backen-, Kegel-, Walzenbrecher oder Prallmühlen) künstlich gebrochenes festes Naturgestein, das nicht stark angewittert oder schiefrig oder tonig sein darf, wie z.B. Granit, Gabbro, Basalt, Diabas, Quarzit, dichter (fester) Kalkstein, Grauwacke. Normale Gesteinskörnungen haben Rohdichten zwischen 2 und 3 kg/dm³, Kies und Sand 2,65 bis 2,96 kg/dm³.

b) Zuschläge mit porigem Gefüge / leichte Gesteinskörnungen
Bims, z.B. Rheinischer Bims (enthält offene Kapillarporen, Schüttdichte 0,3 bis 0,5 kg/dm³), z.B. aus dem Neuwieder Becken (s.a. Abschn. 18.5); Schaumlava; vulkanische Lockergesteine (Tuffe) aus gasreichen Laven; Holzspäne und -wolle, Sägemehl. Leichte Gesteinskörnungen haben Rohdichten ≤ 2 kg/m³ und Schüttdichten ≤ 1,2 kg/m³.

3.3 Künstlich hergestellte Gesteinskörnungen

a) Zuschläge mit dichtem Gefüge / normale Gesteinskörnungen
Langsam gekühlte Hochofenschlacke nach DIN 4301 (auch gebrochen, offenporig, aber keine Kapillarporen); Hüttensand (ist schnellgekühlte Hochofenschlacke), hell (schaumig, Schüttdichte etwa 0,9 bis 1,4 kg/dm³), dunkel (körnig, Schüttdichte 0,9 bis 1,4 kg/dm³); Metallhüttenschlacken (nur örtlich); Ziegelsplitt (Ziegeltrümmergut oder Ziegeleibruch, Gefüge dicht bis porös).

b) Zuschläge mit porigem Gefüge / leichte Gesteinskörnungen
Hüttenbims (schnell gekühlte und geschäumte Hochofenschlacke, gebrochen, geschlossenporig, Schüttdichte 0,2 bis 0,75 kg/dm³); Kesselsand, Kesselasche (Schüttdichte 0,6 bis 1,0 kg/dm³); Blähton, Blähschiefer (aus besonderen Tonen bei 1200 °C hergestellt, geringe Wasseraufnahme, da geschlossene Oberfläche, Schüttdichte 0,3 bis 1,0 kg/dm³); Blähglas-Leichtsand (bis 2 mm Korngröße, aus Recyclingglas hergestellt, Rohdichte 0,19 bis 0,30 kg/dm³).

3.4 Sonderzuschläge

- Synthetischer Korund Al_2O_3 (Elektrokorund) und Siliciumkarbid SiC (Carborundum): Mohs-Härte 9 bzw. 9 ½ für verschleißfeste Schichten.
- Perlite (durch Erhitzen stark aufgeblähtes vulkanisches Glas, Schüttdichte 0,06 bis 0,2 kg/dm³); Vermiculite (durch Erhitzen aufgeblähtes Glimmermineral mit typischer Blättchenstruktur, Schüttdichte 0,046 bis 0,058 kg/dm³); geschäumtes Polystyrol (Styropor, geschlossenporige, nichtsaugende Kunststoffkügelchen, Schüttdichte ca. 0,012 kg/dm³); Schaumglas (siehe Abschn. 14.4) sind extrem leichte Zuschläge für Wärmedämmung und Feuerschutz.
- Schwere Gesteinskörnungen für den Strahlenschutz oder Tresorbau (in Verbindung mit Polypbewehrung), wie z.B. Schwerspat (Baryt, Rohdichte 4,1 bis 4,3 kg/dm³), Eisenerze (Rohdichte 4,4 bis 5,0 kg/dm³), Stahlgranulat (Korngröße bis 7 mm), Brauneisenstein, Serpentin, borhaltige Stoffe (z.B. Borcalcit, Borcarbid).
- Schamotte (gebrannter, feuerfester Ton mit hohem Schmelzpunkt, auch bei Temperaturen ≥ 1000 °C volumenbeständig) für feuerfesten Beton und Mörtel. Quarzsand und -kies sind ungeeignet, da bei höheren Temperaturen Kristallumwandlungen und starke Volumenvergrößerung vorkommen.

Tafel 3.1 Eigenschaften natürlicher Gesteine

		Gesteinsgruppen	1	2	3	4	5	6	7	8	9	10
			(Rein-) Dichte	Rohdichte (Trockenrohdichte)	Wasser-aufnahme	Quellen und Schwinden	Wärme-dehnung	Schleif-verschleiß Volumenver-lust je 50 cm² Prüffläche	Druckfes-tigkeit des luft-trockenen Gesteins	Biegezug-festigkeit	Widerstandsfähigkeit gegen Schlag	
			in g/cm³	in g/cm³	in Masse-%	in mm/m	in mm je m und 100 K	in cm³/50 cm²	in N/mm²	in N/mm²		
								Schotter SD 10[6] in Masse-%	Splitt/Kies SZ8/12[7] in Masse-%			
1	Magma-gestein	Granit, Granodiorit, Syenit	2,62 ... 2,85	2,60 ... 2,80	0,2 ... 0,5	0,06 ... 0,18	0,80	5,0 ... 8,0	160 ... 240	10 ... 20	10 ... 22	12 ... 27
2		Diorit, Gabbro	2,85 ... 3,05	2,30 ... 3,00	0,2 ... 0,4	0,12 ... 0,13	0,88	5,0 ... 8,0	170 ... 300	10 ... 22	8 ... 18	10 ... 20
3		Quarzporphyr, Porphyr, Porphyrit, Keratophyr, Phonolith, Liparit, Andesit, Trachyt	2,58 ... 2,83	2,55 ... 2,80	0,2 ... 0,7	0,08 ... 0,10	[3]	5,0 ... 8,0	180 ... 300	15 ... 20	9 ... 22	11 ... 23
4		Basalt, Melaphyr	3,00 ... 3,15	2,95 ... 3,00	0,1 ... 0,3		1,00	5,0 ... 8,5	250 ... 400	15 ... 25	7 ... 17	9 ... 20
5		Basaltlava	3,00 ... 3,15	2,20 ... 2,35	4,0 ... 10,0	0,10	0,75	12,0 ... 15,0	80 ... 150	8 ... 12		
6		Diabas	2,85 ... 2,95	2,80 ... 2,90	0,1 ... 0,4			5,0 ... 8,0	180 ... 250	15 ... 25	7 ... 17	9 ... 20
7	Sediment-gestein	Grauwacke, Quarzit[1], Gangquarz[2]	2,64 ... 2,68	2,60 ... 2,65	0,2 ... 0,5		1,20	7,0 ... 8,0	150 ... 300	13 ... 25	10 ... 22	12 ... 27
8		Quarzitischer Sandstein	2,64 ... 2,68	2,60 ... 2,65	0,2 ... 0,5	0,30 ... 0,70	1,20	7,0 ... 8,0	120 ... 200	12 ... 20	10 ... 22	12 ... 27
9		Sonstiger Quarzsandstein	2,64 ... 2,72	2,00 ... 2,65	0,2 ... 9,0		1,20	7,0 ... 14,0	30 ... 180	3 ... 15		
10		Dichter Kalkstein, Dolomit, Kristalliner Marmor[1]	2,70 ... 2,90	2,65 ... 2,85	0,2 ... 0,6	0,10	0,75 0,40[4,5]	15,0 ... 40,0	80 ... 180	6 ... 15	16 ... 30	17 ... 28
11		Sonstiger Kalkstein, Kalkkonglomerat	2,70 ... 2,74	1,70 ... 2,60	0,2 ... 10,0	0,10 ... 0,16	0,70		20 ... 90	5 ... 8		14 ... 34
12		Travertin, Kalktuff	2,69 ... 2,72	2,40 ... 2,50	2,0 ... 5,0	0,10 ... 0,12		0,68	20 ... 60			4 ... 10
13		Vulkanischer Tuffstein, Lavaschlacke	2,62 ... 2,75	1,80 ... 2,00	6,0 ... 15,0				20 ... 30			2 ... 6
14		Bims[4]	2,25 ... 2,40			0,35 ... 1,55		–				
15		Kies[4]	2,65 ... 2,69			2,55 ... 2,65		0,2 ... 0,5				
16		Sand[4]	2,65 ... 2,69			2,55 ... 2,65		0,2 ... 0,5				
17	Metamor-phes Gestein	Gneis, Granulit	2,67 ... 3,05	2,65 ... 3,00	0,1 ... 0,6		0,60[4,5]	4,0 ... 10,0	160 ... 280		10 ... 22	12 ... 27
18		Amphibolit	2,75 ... 3,15	2,70 ... 3,10	0,1 ... 0,4			6,0 ... 12,0	170 ... 280		10 ... 22	12 ... 27
19		Serpentin	2,62 ... 2,78	2,62 ... 2,75	0,1 ... 0,7	0,10 ... 0,13	0,50[4,5]	8,0 ... 18,0	140 ... 250			
20		Tonschiefer (Dachschiefer)	2,82 ... 2,90	2,70 ... 2,80	0,5 ... 0,6					50 ... 80		
21	Schwere Mineralien	Baryt	–	4,10 ... 4,30	–							
22		Magnetit, Hämatit, Ilmenit	–	4,6	–							
23		Limonit, Goethit	–	3,6	–							

[1] Metamorphes Gestein.
[2] Magmagestein.
[3] 1,25 mm/(m · 100 K) für Quarzporphyr und Keratophyr; 0,53 mm/(m · 100 K) für Porphyrit.
[4] Keine Zahlenwerte in DIN 52 100 festgelegt.
[5] Gilt für norwegische Natursteine.
[6] Siebdurchgang der Prüfkörnung 35/45 nach dem Schlagversuch durch das Rundlochsieb Ø 10 mm.
[7] Schlagzertrümmerungswert, berechnet aus den mittleren Siebdurchgängen durch die fünf Prüfsiebe: 8; 5; 2; 0,63 und 0,2 mm, nach dem Schlagversuch an der Prüfkörnung 8/12.

- Asbest (heute verboten; s.a. Abschn. 1.3.11g); Stahlfasern (Ø 0,25 bis 1 mm, Länge 20 bis 60 mm); Glasfasern (s.a. Abschn. 10.7); Kunststofffasern (aus Polyacrylnitrit, Polyvinylalkohol, Aramid, Ø 20 bis 50 mm, Länge 5 bis 40 mm) für Faserzement und Faserbeton.
- Rezyklierte Gesteinskörnungen, bei Abbrucharbeiten oder beim Straßenaufbruch anfallend, mit härteren (Beton, Naturstein, Ziegel, Keramik) und/oder weniger harten (Mörtel, Blähton, Leichtbeton, Asphaltbeton) Bestandteilen. Anforderungen werden in DIN 4226-100 beschrieben. Die Inhaltsstoffe rezyklierter Gesteinskörnungen müssen zweimal jährlich chemisch untersucht werden (z.B. PAK, PCB).

3.5 Anforderungen an Gesteinskörnungen für Beton

Zuschläge sollen eine ausreichende Druckfestigkeit besitzen (bei dichtem Gestein ≥ 100 N/mm^2, bei Oberbeton im Straßenbau ≥ 150 N/mm^2) und witterungsbeständig, insbesondere frostbeständig sein. Sie dürfen keine schädlichen Bestandteile enthalten, die das Erstarren des Betons stören und seine Festigkeit und Dichtheit herabsetzen, zu Absprengungen und Verfärbungen führen oder den Korrosionsschutz der Bewehrung beeinträchtigen. Sie sollen eine günstige Kornzusammensetzung (siehe Abschn. 3.6.2) und eine günstige Kornform haben. Natürliche dichte Zuschläge, insbesondere auch die üblichen Kiese und Sande, haben i.d.R. eine ausreichende Festigkeit und sind witterungs- und frostbeständig.

Normen

DIN 52 098	(2005–06)	Prüfverfahren für Gesteinskörnungen – Bestimmung der Korngrößenverteilung durch Nasssiebung
DIN 52 099	(2013–10)	Prüfung von Gesteinskörnungen – Prüfung auf Reinheit
DIN 52100-2	(2007-06)	Naturstein; Gesteinskundliche Untersuchungen; Allgemeines und Übersicht
DIN 52 102	(2013–10)	Prüfverfahren für Gesteinskörnungen – Bestimmung der Trockenrohdichte mit dem Messzylinderverfahren und Berechnung des Dichtigkeitsgrades
DIN 52 104-2	(1982–11)	Prüfung von Gesteinskörnungen – Frost-Tau-Wechsel-Versuch
DIN 52 106	(2013–12)	Prüfung von Gesteinskörnungen – Untersuchungsverfahren zur Beurteilung der Verwitterungsbeständigkeit
DIN EN 932		Prüfverfahren für allgemeine Eigenschaften von Gesteinskörnungen
-1	(1996–11)	Teil 1: Probenahmeverfahren
-2	(1999–03)	Teil 2: Verfahren zum Einengen von Laboratoriumsproben
-3	(2003–12)	Teil 3: Durchführung und Terminologie einer vereinfachten petrographischen Beschreibung
-5	(2012–05)	Teil 5: Allgemeine Prüfeinrichtungen und Kalibrierung
DIN EN 933		Prüfverfahren für geometrische Eigenschaften von Gesteinskörnungen
-1	(2012–03)	Teil 1: Bestimmung der Korngrößenverteilung, Siebverfahren
-2	(1996–01)	Teil 2: Bestimmung der Korngrößenverteilung
-3	(2012–04)	Teil 3: Bestimmung der Kornform – Plattigkeitskennzahl
-4	(2015–01)	Teil 4: Bestimmung der Kornform – Kornformkennzahl
-5	(2005–02)	Teil 5: Bestimmung des Anteils an gebrochenen Körnern in groben Gesteinskörnungen
-6	(2014–07)	Teil 6: Beurteilung der Oberflächeneigenschaften (mit Berichtigung (09–04) zzt. in Änderung)
-7	(1998–05)	Teil 7: Bestimmung des Muschelschalengehaltes – Prozentsatz von Muschelschalen in groben Gesteinskörnungen
-8	(2015–07)	Teil 8: Beurteilung von Feinanteilen – Sandäquivalent-Verfahren
-9	(2013–07)	Teil 9: Beurteilung von Feinanteilen – Methylenblau-Verfahren

-10	(2009–10)	Teil 10: Beurteilung von Feinanteilen – Kornverteilung von Füller (Luftstrahlsiebung)
-11	(2011–05)	Teil 11: Prüfung zur Einteilung der Bestandteile von rezyklierter grober Gesteinskörnung
DIN EN 1097		Prüfverfahren für mechanische und physikalische Eigenschaften von Gesteinskörnungen
-1	(2011–04)	Teil 1: Bestimmung des Widerstandes gegen Verschleiß (Micro-Deval)
-2	(2010–07)	Teil 2: Verfahren zur Bestimmung des Widerstandes gegen Zertrümmerung
-3	(1998–06)	Teil 3: Bestimmung von Schüttdichte und Hohlraumgehalt
-4	(2008–06)	Teil 4: Bestimmung des Hohlraumgehaltes an trocken verdichtetem Füller
-5	(2008–06)	Teil 5: Bestimmung des Wassergehaltes durch Ofentrocknung
-6	(2013–09)	Teil 6: Bestimmung der Rohdichte und der Wasseraufnahme
-7	(2008–06)	Teil 7: Bestimmung der Dichte von Füller – Pyknometer-Verfahren
-8	(2009–10)	Teil 8: Bestimmung des Polierwertes
-9	(2014–03)	Teil 9: Bestimmung des Widerstandes gegen Verschleiß durch Spikereifen – Nordische Prüfung
-10	(2014.09)	Teil 10: Bestimmung der Wassersaughöhe
DIN EN 1367		Prüfverfahren für thermische Eigenschaften und Verwitterungsbeständigkeit von Gesteinskörnungen
-1	(2007–06)	Teil 1: Bestimmung des Widerstandes gegen Frost-Tau-Wechsel
-2	(2010–02)	Teil 2: Magnesiumsulfat-Verfahren
-3	(2001–06)	Teil 3: Kochversuch für Sonnenbrand-Basalt (mit Berichtigung (09–04))
-4	(2008–06)	Teil 4: Bestimmung der Trockenschwindung
-5	(2011–04)	Teil 5: Bestimmung des Widerstandes gegen Hitzebeanspruchung
DIN EN 1744		Prüfverfahren für chemische Eigenschaften von Gesteinskörnungen
-1	(2013–03)	Teil 1: Chemische Analyse
-3	(2002–11)	Teil 3: Herstellung von Eluaten durch Auslaugung von Gesteinskörnungen
-5	(2006–12)	Teil 5: Bestimmung der säurelöslichen Chloride
-6	(2006–12)	Teil 6: Bestimmung des Einflusses von rezyklierter Gesteinskörnung auf den Erstarrungsbeginn von Zement

a) Schädliche Bestandteile sind u.a.

– Abschlämmbare Bestandteile ≤ 0,063 mm Korngröße wie Ton und Lehm und sehr feiner Gesteinsstaub, die den festen Verbund zwischen dem Bindemittel und dem Zuschlag stören. Ihr zulässiger Anteil wird durch Indexzahlen angegeben (s.u.).

  Der Anteil an abschlämmbaren Bestandteilen kann überschläglich mit dem Absetz-Versuch abgeschätzt werden. Dazu werden 500 g lufttrockener bis mäßig feuchter dichter Zuschlag oder 250 g trockener poriger Zuschlag (Körner über 4 mm absieben) in einen 1000-cm^3-Messzylinder gegeben und dreimal im Abstand von je 20 Minuten kräftig geschüttelt. Nachdem die überstehende Flüssigkeit klar geworden ist (entweder nach 1 oder nach 24 Stunden), wird die Dicke J der abgesetzten Schlämmeschicht in cm^3 abgelesen und in Masse-% umgerechnet (siehe Abb. 3.1). Zur Berechnung des Anteils A an trockenen Bestandteilen wird angenommen, dass sich in 1 cm^3 Schlämmeschicht nach 1 h 0,6 g/cm^3 und nach 24 h 0,9 g/cm^3 Trockenmasse befinden. Die Berechnungsformel lautet dann: $A = J \cdot 0{,}6$ (bzw. 0,9) $\cdot$ 100/Einwaage in Masse-%.

  Auf diese Weise kommen die Faktoren 0,12/0,18 bzw. 0,24/0,36 in Abb. 3.1 zustande. Ein genaueres Verfahren zur Bestimmung der abschlämmbaren Bestandteile ist der Auswaschversuch, der für die Beurteilung maßgebend ist. Dabei wird eine bestimmte Probemenge so lange durch ein 0,063-mm-Sieb ausgewaschen, bis die durchtretende

Flüssigkeit klar ist. Der Rückstand wird getrocknet und gewogen und der Durchgang berechnet. Nach diesem werden für die einzelnen Korngruppen (siehe Abschn. 3.6.1c) Kategorien festgelegt, z.B. für feine Gesteinskörnungen (Sand) f_4, für grobe Korngruppen $f_{1,0}$. Die Indexzahlen 4 und 1,0 bedeuten den maximal zulässigen Durchgang. f_{NR} bedeutet keine Anforderung (no requirement).

- Organische Stoffe, insbesondere in fein verteilter Form, können durch Bildung von Huminsäure das Erhärten des Zementes stören. Prüfung mit 3%iger Natronlauge: Zuschlagprobe (Körner über 8 mm absieben) wird in eine kleine, etwa 300 cm³ fassende und verschließbare Glasflasche bis zur 130-cm³-Marke eingefüllt, bis zur 200-cm³-Marke mit 3%iger Natronlauge übergossen und kräftig durchgeschüttelt. Verfärbt sich nach 24 Stunden die Natronlauge von farblos bis hellgelb: Zuschlag unbedenklich; tiefgelb, bräunlich, rötlich: Vorsicht! Zuschlag bedenklich, besondere Eignungsprüfung erforderlich.

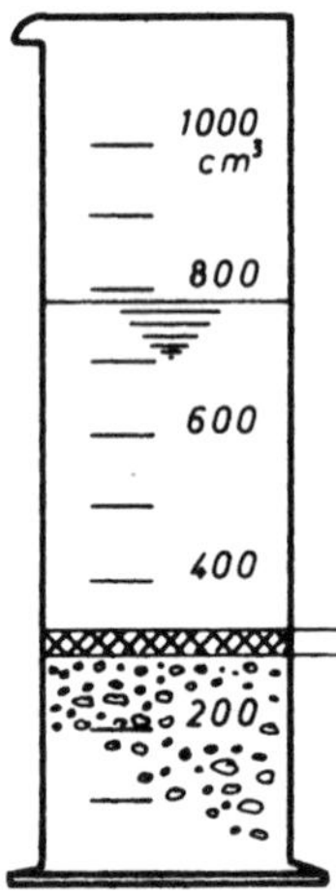

Abb. 3.1 *Absetzversuch*
Berechnung der abschlämmbaren Bestandteile:
bei dichtem Gefüge (Einwaage 500 g):
1 Stunde Absetzzeit: 0,12 · J Gew.-%
24 Stunden Absetzzeit: 0,18 · J Gew.-%
bei porigem Gefüge (Einwaage 250 g):
1 Stunde Absetzzeit: 0,24 · J Gew.-%
24 Stunden Absetzzeit: 0,36 · J Gew.-%

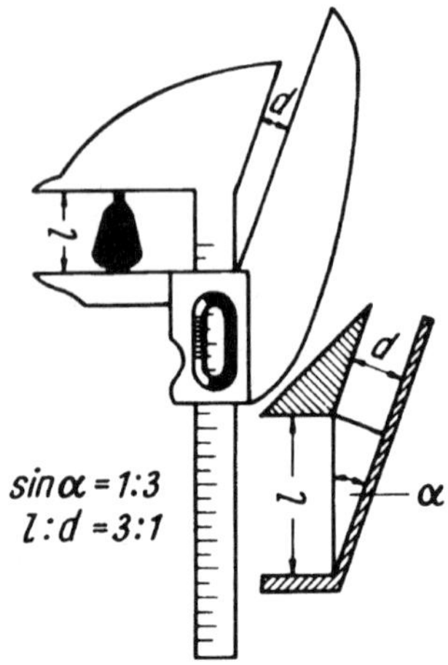

Abb. 3.2 *Kornform-Messschieber nach DIN 52 114*
Der schräge Messschlitz stellt sich stets auf d = l/3 ein. Geht das mit l gemessene Korn durch d hindurch, ist es „ungünstig" geformt.

- Schädliche Salze, hier insbesondere Chloride (Tausalze), die die Stahlkorrosion fördern. Ihr Anteil ist bei Beton auf 0,04 Masse-%, bei Spannbeton auf 0,02 Masse-% begrenzt. Des Weiteren Sulfate und Sulfide, die zum Sulfattreiben führen können (siehe Abschn. 2.7.2). Ihr Anteil ist auf 1 Masse-% begrenzt.

Der in der Praxis bewährte Versuch mit einem schnellen Ergebnis nach meist weniger als zwei Stunden ist nach Einführung der DIN EN 12 620 (2008–07) durch einen Auswaschversuch mittels eines 0,063-Siebes ersetzt worden. Die prozentual ermittelten Massenanteile ergeben die festgelegten Kategorien der Gesteinskörnung (Sieb 8 mm, 1 mm und 0,063 mm).

Tafel 3.2 Höchstwerte und Kategorien des Gehalts an Feinanteilen nach DIN EN 12 620 (2008–07)

Gesteinskörnung	Siebdurchgang durch das 0,063-mm-Sieb in Massenanteil in Prozent	Kategorie f
Grobe Gesteinskörnung	≤ 1,5 ≤ 4 > 4	$f_{1,5}$ f_4 $f_{angegeben}$
	keine Anforderung	f_{NR}
Natürlich zusammengesetzte Gesteinskörnung 0/8 mm	≤ 3 ≤ 10 ≤ 16 > 16	f_3 f_{10} f_{16} $f_{angegeben}$
	keine Anforderung	f_{NR}
Korngemisch	≤ 3 ≤ 11 > 11	f_3 f_{11} $f_{angegeben}$
	keine Anforderung	f_{NR}
Feine Gesteinskörnung	≤ 3 ≤ 10 ≤ 16 ≤ 22 > 22	f_3 f_{10} f_{16} f_{22} $f_{angegeben}$
	keine Anforderung	f_{NR}

b) Alkalilösliche Kieselsäure SiO_2 in feinkristalliner oder amorpher Form kann bei Feuchtigkeitseinfluss von außen mit den im Beton vorwiegend aus dem Zement stammenden Alkalien K und Na reagieren und wegen der damit verbundenen Volumenausdehnung (Alkalitreiben) im Beton zu Ausblühungen, Abplatzungen oder Rissen führen. Alkaliempfindliche Zuschläge finden sich in manchen Gegenden Norddeutschlands und der Lausitz (Opalsandstein, Kieselkreide und poröser Flint) und im Oberrheingebiet um Basel und Karlsruhe (präkambrische Grauwacke). Die Zuschläge werden in drei Alkaliempfindlichkeitsklassen E I (unbedenklich), E II (bedingt brauchbar) und E III (bedenklich) eingeteilt. Vorbeugende Maßnahmen sind die Verwendung von NA-Zementen (siehe Abschn. 2.7.3) oder Austausch der Zuschläge.

Tafel 3.3 Alkali-Empfindlichkeitsklassen von Gesteinskörnungen nach „Alkali-Richtlinie" (2013)

Klasse	Gesteinskörnungen	Maßnahmen
E I-O	Opalsandstein einschließlich Kieselkreide	keine Maßnahmen erforderlich
E II-O		ggf. Maßnahmen erforderlich
E III-O		
E I-OF	Opalsandstein einschließlich Kieselkreide und Flint	keine Maßnahmen erforderlich
E II-OF		ggf. Maßnahmen erforderlich
E III-OF		
E I-S	Gebrochene Grauwacke, gebrochener Quarzporphyr (Rhyolith), gebrochener Oberrhein-Kies, rezyklierte Körnungen, Kies mit > 10 M-% der vorgenannten Körnungen, Kiese und gebrochene Kiese aus den rezenten und fossilen Flussläufen und deren Einzugsgebieten in den Gebieten der Saale, Elbe, Mulde und Elster im angrenzenden Bereich	keine Maßnahmen erforderlich

c) Die Kornform von groben Gesteinskörnungen soll möglichst gedrungen (kugelig, würfelig) sein. Ein Korn gilt als ungünstig geformt, wenn das Verhältnis Länge zu Dicke (nicht Breite) größer als 3:1 ist (Prüfung mit dem Kornform-Messschieber; siehe Abb. 3.2). Ihr Anteil soll bei Kieskörnern über 8 mm Korngröße sowie bei Splitt über 5 mm ≤ 50 Masse-%, bei Edelsplitt ≤ 20 Masse-% sein. Für die Kornform werden die Kornformkennzahlen SI_{15} bis SI_{55} (**S**hape Index) festgelegt.
Für die Plattigkeit von Zuschlagkörnern (Verhältnis von Dicke zu Breite ≤ 0,5) gibt es die Plattigkeitskennzahlen FI_{15} bis FI_{50} (**F**lakiness Index). Für ihre Bestimmung dient ein Stabsieb mit Schlitzweiten zwischen den Stäben von D/2 (D = Größtkorn-Ø in mm). Die Indexzahlen bedeuten den maximal zulässigen Anteil in % an ungünstig geformten Körnern. Index NR: keine Anforderung.

Die Tafel 3.4 zeigt die zur Beschreibung von Kornform und Plattigkeit bei groben Gesteinskörnungen verwendeten Einteilungen in Kategorien.

Tafel 3.4 Kornformkennzahl und Plattigkeitskennzahl von groben Gesteinskörnungen nach DIN EN 12 620 (2008–07)

Kornformkennzahl nach Masseanteil in %	**Kategorie SI**	**Plattigkeitskennzahl** nach Masseanteil in %	**Kategorie FI**
≤ 15	SI_{15}	≤ 15	FI_{15}
≤ 20	SI_{20}	≤ 20	FI_{20}
≤ 40	SI_{40}	≤ 35	FI_{35}
≤ 55	SI_{55}	≤ 50	FI_{50}
> 55	$SI_{angegeben}$	> 50	$FI_{angegeben}$
keine Anforderung	SI_{NR}	keine Anforderung	FI_{NR}

Nach vorliegendem **Entwurf (2015–07)** sind weitere Kategoriegrenzen vorgesehen für
Kornformkennzahl bei: ≤ 25, ≤ 30, ≤ 35 und ≤ 50 sowie
Plattigkeitskennzahl bei: ≤ 10, ≤ 25, ≤ 30 und ≤ 40.
Hierbei wird auf die Bedeutung der Beschaffenheit der Oberfläche eingegangen, da eine mäßig raue Oberfläche sehr viel besser am Zementleim haftet, dies aber gleichzeitig durch die Vergrößerung der Oberfläche zu einem erhöhten Wasseranspruch führt.

d) Rezyklierte Gesteinskörnungen
   Unter dem Aspekt der Ressourcenschonung gewinnt immer mehr die Wiederverwertung gebrauchter Baustoffe an Bedeutung. Dies wird bereits seit geraumer Zeit durch die verpflichtende sortenreine Trennung der Baustoffe bei Abriss- bzw. Umbauarbeiten im Hoch- und Ingenieurbau unterstützt. Somit kann mineralisches Material unter Berücksichtigung der Anforderungen gemäß DIN EN 12 620 in den Kreislauf eingebracht werden. Nach DIN 4226-100 werden je nach stofflicher Zusammensetzung und Herkunftsanteilen insgesamt vier Liefertypen von rezyklierten Gesteinskörnungen unterschieden:
   Typ 1: Betonsplitt/Betonbrechsand
   Typ 2: Bauwerksplitt/Bauwerkbrechsand
   Typ 3: Mauerwerksplitt/Mauerwerkbrechsand
   Typ 4: Mischsplitt/Mischbrechsand

Die Einteilung in die vier Typen erfolgt durch Bestimmung der Bestandteile und Ermittlung ihrer Anteile (durch Auswägen), siehe Tafel 3.5.

Tafel 3.5 Bestandteile der Liefertypen von rezyklierten Gesteinskörnungen

Bestandteile	**Zusammensetzung Massenanteil in Prozent**			
	Typ 1	Typ 2	Typ 3	Typ 4
Beton und Gesteinskörnungen	≥ 90	≥ 70	≤ 20	≥ 80
Klinker, nicht porosierter Ziegel	≤ 10	≤ 30	≥ 80	
Kalksandstein			≤ 5	
Andere mineralische Bestandteile[a)]	≤ 2	≤ 3	< 5	≤ 20
Asphalt	≤ 1	≤ 1	≤ 1	
Fremdbestandteile[b)]	≤ 0,2	≤ 0,5	≤ 0,5	≤ 1

[a)] Andere mineralische Bestandteile sind zum Beispiel: porosierter Ziegel, Leichtbeton, Porenbeton, haufwerkporiger Beton, Putz, Mörtel, poröse Schlacke, Bimsstein.
[b)] Fremdbestandteile sind zum Beispiel: Glas, Keramik, NE-Metallschlacke, Gips, Gummi, Kunststoff, Metall, Holz, Pflanzenreste, Papier, sonstige Stoffe.

e) Frost- und Frost-Tausalz-Widerstand
   Sand und Kies haben i.d.R. einen ausreichenden Frostwiderstand, ebenfalls gebrochenes natürliches Gestein, wenn seine Wasseraufnahme ≤ 0,5 Masse-% oder die Festigkeit im durchfeuchteten Zustand ≥ 150 N/mm² beträgt. Zur Prüfung werden Gesteinsproben in mit Wasser gefüllte Dosen geschüttet und einem zehnmaligen Frost-Tau-Wechsel zwischen +20 °C und –17,5 °C unterworfen. Nach Trocknung wird der Durchgang in % durch ein Sieb mit der Lochweite D/2 (D = Größtkorn-Ø) bestimmt. Die Frostbeständigkeitskategorien lauten F_1, F_2, F_4 und F_{NR}, die Indexzahlen bedeuten den maximal zulässigen Durchgang in % (NR: keine Anforderung).

Die Prüfung des Frost-Tausalz-Widerstands kann wie beim Frostwiderstand erfolgen, allerdings mit 1%iger NaCl-Lösung in den Dosen. Weitere Verfahren: Tränkung der Körner mit $MgSO_4$-Lösung, die in den getrockneten Körnern einen Kristallisationsdruck erzeugt, oder Beaufschlagung von Betonproben mit 3%iger NaCl-Lösung, die zu Abwitterungen führt. Die Kategorien lauten dann z.B. MS_{18}, wobei der Index den Prozentanteil der zerstörten Körner angibt.

f) Betonhersteller konnten sich bis 31.12.2004 noch auf die DIN 1045 (1988) und damit auf die DIN 4226 (1983) beziehen. Dort gibt es für die Eigenschaften der Zuschläge neben den üblichen Regelanforderungen auch verminderte (v) und erhöhte (e) Anforderungen. Dabei werden folgende Kennzeichnungen verwendet: K, vK, eK (Kornform); D, vD (Druckfestigkeit); F, vF, eF, eFT (Frost- bzw. Frost-Tausalz-Widerstand); A, vA (abschlämmbare Bestandteile); O, vO (fein verteilte organische Bestandteile); Q, eQ (quellfähige Bestandteile); S, vS (Schwefelverbindungen); Cl, vCl, eCl (Chloride); s.a. [2].

3.6 Kornzusammensetzung

Normen

DIN ISO 3310		Analysensiebe – Technische Anforderungen und Prüfung
-1	(2001–09)	Analysensiebe mit Metalldrahtgewebe
-2	(2015–07)	Analysensiebe mit Lochblechen
DIN ISO 565	(1998–12)	Analysensiebe – Metalldrahtgewebe, Lochplatten und elektrogeformte Siebfolien – Nennöffnungsweiten
DIN EN 12 620	(2008–07)	Gesteinskörnungen für Beton (zzt. Entwurf 2015–07)

3.6.1 Bezeichnungen der Gesteinskörnung, Anforderungen an Korngruppen (s.a. Tafeln 3.6, 3.11 und 3.12)

Innerhalb der Anwendung von Gesteinskörnungen, hier insbesondere hinsichtlich der geometrischen Anforderungen bei Bezeichnung und Ausweisung von Korn- und Körnungszusammenhängen, ergeben sich weit reichende Ordnungsstrukturen (Tafel 3.6).

Tafel 3.6 In der Baupraxis gebräuchliche Bezeichnungen abhängig von Gesteinskörnungsgrößen

<table>
<tr><td colspan="2">Zuschlag mit</td><td colspan="4">Zusätzliche Bezeichnung für</td></tr>
<tr><td>Kleinstkorn in mm</td><td>Größtkorn in mm</td><td colspan="2">ungebrochenen Zuschlag</td><td colspan="2">gebrochenen Zuschlag</td></tr>
<tr><td>–
–
1</td><td>0,25[1)]
1
4</td><td>Feinst-
Fein-
Grob-</td><td>Sand</td><td>Feinst-
Fein-
Grob-</td><td>Brechsand</td></tr>
<tr><td>4
32</td><td>32
63</td><td colspan="2">Kies
Grobkies</td><td colspan="2">Splitt
Schotter</td></tr>
<tr><td colspan="6">1) Körner ≤ 0,063 werden als Feinanteil bezeichnet.</td></tr>
</table>

Nach DIN EN 12 620 (Entwurf 2015–07) gelten künftig die folgenden Begriffe:

- **Gesteinskörnung:** körniges Material zur Verwendung im Bauwesen, welches entweder natürlich, industriell hergestellt oder rezykliert sein kann.
- **Kornklasse:** beschreibt den Anteil einer Gesteinskörnung, der durch das größere von

zwei Sieben hindurchgeht und auf dem kleineren liegen bleibt.

- **Korngruppe:** bezeichnet eine Gesteinskörnung, die zwischen zwei Prüfsieben ermittelt wird, wobei als *d*/*D* jeweils die untere (*d*) und obere (*D*) Siebgröße angegeben wird.

Diese Bezeichnung schließt in der Lieferpraxis die beiden nachfolgend durch weitere Begriffe erklärten Zusammenhänge ein:

- **Unterkorn**: der Anteil einer Gesteinskörnung, der feiner ist als die kleinere Siebgröße (und deshalb durch das untere Prüfsieb noch hindurchfällt).
- **Überkorn**: der Anteil einer Gesteinskörnung, der gröber ist als die gröbere Siebgröße (und daher auf dem oberen Prüfsieb liegen bleibt)
- **feine Gesteinskörnung:** wird für kleinere Korngruppen mit *D* nicht größer als 4 mm und d = 0 verwendet, während für **grobe Gesteinskörnung** die Einteilungsgrenzwerte *D* größer als 4 mm und *d* mindestens 1 mm gelten.
  Die durch das 0,063-mm-Sieb hindurchgehende Kornklasse einer Gesteinskörnung wird mit **Feinanteile** bezeichnet und Gesteinskörnung, deren überwiegender Teil durch das 0,063-mm-Sieb durchgeht, als **Füller** benannt.
- **Gesteinskörnungsgemisch:** ist eine Mischung aus grober und feiner Gesteinskörnung, wobei die Herstellung sowohl ohne vorherige Trennung als auch durch das Zusammenfügen von groben und feinen Gesteinskörnungen erfolgen kann. Hierbei muss *D* größer als 4 mm und *d* = 0 mm sein.

Die Kornzusammensetzung muss auch bei Korngemischen Anforderungen an den Siebdurchgang erfüllen.

- **Korngrößenverteilung:** ist die Kornzusammensetzung, welche durch den Siebdurchgang durch eine festgelegte Anzahl von Sieben als Massenanteil in % ausgedrückt wird.
  Die Beurteilung der Kornzusammensetzung und die dabei zur Bezeichnung von Korngrößen zu verwendenden Siebgrößen ergeben sich aus den in der Tafel 3.7 wiedergegebenen Einteilungsfolgen und bedingen dabei eine Heranziehung des **Grundsiebsatzes**, des **Grundsiebsatzes + Ergänzungssiebsatz 1** oder des **Grundsiebsatzes + Ergänzungssiebsatz 2**. Dabei gilt, dass das Verhältnis *D*/*d* bei Korngruppen nicht kleiner als 1,4 sein darf und eine Kombination von Sieben aus beiden Ergänzungssiebsätzen nicht zulässig ist.

Tafel 3.7 Siebgrößen zur Bezeichnung von Korngrößen nach DIN EN 12 620

Grundsiebsatz (in mm)																	
0	1	2	4			8					16			31,5 (32)			63
Grundsiebsatz + Ergänzungssiebsatz 1 (in mm)																	
0	1	2	4	5,6 (5)		8		11,2 (11)			16		22,4 (22)	31,5 (32)		45	63
Grundsiebsatz + Ergänzungssiebsatz 2 (in mm)																	
0	1	2	4		6,3 (6)	8	10		12,5 (12)	14	16	20		31,5 (32)	40		63
ANMERKUNG: Die in Klammern gesetzten gerundeten Größen können zur vereinfachten Bezeichnung der Korngruppen verwendet werden.																	

a) Die Korngrößenbegrenzung eines Gesteinskörnunggemisches wird durch Prüfsiebe nach DIN ISO 3310 / DIN EN 12 620 (bis 2 mm Maschensiebe, ab 4 mm Quadratlochsiebe) festgelegt. Öffnungsweiten des Grundsiebsatzes in mm: 1 – 2 – 4 – 8 – 16 – 31,5 (32) – 63; Ergänzungssiebsatz 1 : 5,6 (5) – 11,2 (11) – 22,4 (22) – 45; im Feinbereich auch die Siebe 0,063 – 0,125 – 0,25 – 0,5. Ergänzungssiebsatz 2 : 6,3 (6) – 10 – 12,5 (12) – 40. Als Korngruppe oder Lieferkörnung wird Zuschlag mit Korngrößen zwischen zwei beliebigen Sieben einschließlich Unterkorn und Überkorn bezeichnet, als Kornklasse zwischen zwei benachbarten Sieben. Unterkorn: Anteil der Körner, die durch das untere Sieb (Siebgröße d) einer Korngruppe fällt. Überkorn: Anteil, der auf dem oberen Sieb (Siebgröße D) liegen bleibt.

b) Bei groben Gesteinskörnungen unterscheidet man enggestufte Korngruppen (z.B. D/d = 2/4, 2/8, 4/8, 8/16 und 16/32; Unterkornanteil ≤ 20 %, Überkornanteil = 15 %) und weitgestufte Korngruppen (z.B. D/d = 2/16, 4/16, 4/32, 8/32, 0/8, 0/16, und 0/32; Unterkornanteil ≤ 15 %, Überkornanteil ≤ 10 %; Durchgang durch das mittlere Sieb 25 bis 70 %).

c) Feine Gesteinskörnungen (Sand 0/1, 0/2, 0/4. s.a. Tafel 3.2) teilt man in grob-, mittel- und feinkörnig ein. Der Siebdurchgang durch das 0,5-mm-Sieb beträgt bei diesen 5 bis 45 % (grob; C) bzw. 30 bis 70 % (mittel; M) bzw. 55 bis 100 % (fein; F), der Überkornanteil in allen drei Fällen = 15 %. Der Durchgang durch das Sieb 0,063 mm beträgt ≤ 4 %. Füller (Gesteinsmehl) ist eine Gesteinskörnung ≤ 2 mm mit einem Kornanteil von 70 bis 100 % ≤ 0,063 mm und mindestens 85 % ≤ 0,125 mm. Nach dem Feinanteil ≤ 0,063 werden die Gesteinskörnungen in Kategorien $f_{1,0}$, $f_{1,5}$, f_4 usw. bis f_{22} eingeteilt. Die Indexzahlen bedeuten den maximal zulässigen Masseanteil in % (f_{NR}: keine Anforderung).

d) Die Kategorien G_D der Gesteinskörnungen d/D geben den Mindestdurchgang durch das obere Sieb D an. Bei einem Unterkornanteil von ≤ 20 % und einem Überkornanteil von 15 % spricht man z.B. von der Kategorie G_{D85}. Es kann zusätzlich auch die Kategorie für den Feinanteil ≤ 0,063 mit angegeben werden, z.B. $G_{D85;\,f4}$ für einen Feinanteil ≤ 4 Masse-%. Weitere Siebdurchgangswerte der einzelnen Korngruppen bei Zwischensieben sind den entsprechenden Tabellen der DIN 4226 zu entnehmen (siehe dort), für Sand siehe Tafel 3.8.

e) Weitere Bezeichnungen: Kiessand oder Splitt-Sand ist ein Gemisch aus Sand und Kies bzw. Splitt (s.a. Tafel 3.6 bis 3.10). Edelbrechsand und Edelsplitt (Straßenbau) genügen höheren Anforderungen z.B. an Unter- und Überkorn, Kornform und Frostbeständigkeit. Das Größtkorn D eines Zuschlaggemisches darf ein Drittel der kleinsten Bauteilabmessung nicht überschreiten und soll bei eng liegender Bewehrung überwiegend kleiner sein als die Stabzwischenräume.

Tafel 3.8 Kornzusammensetzung für Sand (alt) für allgemeine Verwendungszwecke

Korngruppe	Grenzwerte (absolut) und Grenzabweichungen[a] als Massenanteil in Prozent für den Siebdurchgang durch die Prüfsiebe								
	0,063	0,250	1	1,4	2	2,8	4	5,6	8
0/1	3		85 bis 99	95 bis 100	100				
	± 5	± 25	± 5						
0/2	3				85 bis 99	95 bis 100	100		
	± 5	± 25	± 20		± 5				
0/4	3						85 bis 99	95 bis 100	100
	± 3	± 20	± 20			± 5			

[a] Die Grenzabweichungen gelten für die vom Lieferanten angegebene typische Kornzusammensetzung; die Grenzwerte (absolut) sind einzuhalten (siehe Tafel 3.9).
Für alle drei Korngruppen gelten die Kategorien G_F85 (mind. Siebdurchgang bei D).

Die DIN EN 12 620 unterscheidet sich von bisher üblichen Regelwerken dadurch, dass sie keine absoluten Grenzwertfestlegungen kennt. Es werden für Beton und Mörtel insbesondere im Bereich der feinen Gesteinskörnungen prozentuale Grenzabweichungen auf die im Mittel anzugebende Sieblinie eingeräumt (Tafel 3.9).
Allgemein werden für Korngruppen und Korngemische die Siebdurchgänge durch die Siebe mit Öffnungsweiten von *d*/2; *d; D;* 1,4 *D* und 2 *D* festgelegt. Der Mindestdurchgang durch das Sieb *D* und der Höchstdurchgang durch das Sieb *d* wird zur Angabe der kennzeichnenden **Kategorie G** verwendet.

Tafel 3.9 Anforderungen an die Kornzusammensetzung nach DIN EN 12 620 E (2015–07)

Gesteinskörnung	**Korngruppe** mm	**Durchgang** Massenanteil in %					**Kategorie G**
		2 *D*	**1,4** *D*	*D*	*d*	*d*/**2**	
Grob	$D > 4$ $d \geq 1$	100 100 100 100 100 100	100 98 bis 100 98 bis 100 98 bis 100 98 bis 100 98 bis 100	90 bis 99 90 bis 99 90 bis 99 85 bis 99 80 bis 99 85 bis 99	0 bis 10 0 bis 15 0 bis 20 0 bis 20 0 bis 20 0 bis 15	0 bis 2 0 bis 5 0 bis 5 0 bis 5 0 bis 5 0 bis 2	$G_C90/10$ $G_C90/15$ $G_C90/20$ $G_C85/20$ $G_C80/20$ $G_{CA}85/15$
	$D \leq 4$ $d \geq 1$	100 100	95 bis 100 98 bis 100	85 bis 99 85 bis 99	0 bis 15 0 bis 20	– 0 bis 5	$G_G85/15$ $G_G85/20$
Fein	$D \leq 4$ $d = 0$	100 100	95 bis 100 98 bis 100	85 bis 99 80 bis 99	– –	– –	G_F85 G_F80
Natürlich gestufte Gesteinskörnung	$D = 8$ $d = 0$	100	98 bis 100	90 bis 99	–	–	$G_{NG}90$
Gesteinskörnungs gemisch	$D > 4$ $d = 0$	100 100	98 bis 100 98 bis 100	90 bis 99 85 bis 99	–	–	G_A90 G_A85

3.6.2 Korngrößenverteilung, Sieblinien (s.a. Abb. 3.4a bis d)

Die Korngrößenverteilung (Sieblinie) der Gesteinskörnung und deren Kornzusammensetzung sind von großer Bedeutung für Mörtel und Beton. Man mischt die Korngrößen so, dass die großen Hohlräume durch kleine Körner weitgehend ausgefüllt werden (siehe Abb. 3.3). Eine günstige Kornverteilung hat ein Minimum von Zement und Wasser (Zementleim) zur Folge, ebenso ist diese für die Verarbeitbarkeit (z.B. Pumpbeton) und die Güte (Dichtheit und Festigkeit) des Betons erforderlich.

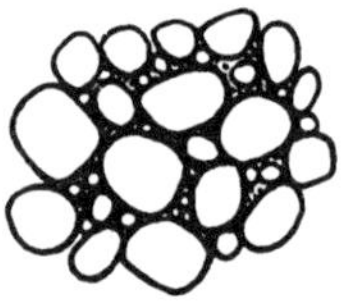

Abb. 3.3 Gesteinskörnung mit gemischter Körnung ergibt ein dichtes Gefüge

a) In der DIN 1045-2 (2002–07) werden bestimmte Grenzsieblinien A, B, C angegeben. Die dadurch begrenzten Korngemische haben folgende Eigenschaften: geringer Hohlraum (dicht), kleine Kornoberfläche, gut verarbeitbarer und verdichtbarer Beton. Bereich A-B: günstig, soll möglichst eingehalten werden. Bereich B-C: brauchbar. Unterhalb A: zu viel Grobkorn, Beton schwer verarbeitbar und verdichtbar. Oberhalb C: zu sandreich, große Kornoberfläche, benötigt viel Zementleim, daher technologisch (Schwinden) und wirtschaftlich (teuer) ungünstig.
b) Die Sieblinie U grenzt den Bereich für Ausfallkörnungen, denen bestimmte mittlere Korngruppen fehlen, nach unten ab. Ausfallkörnungen werden angewendet, wenn bestimmte Korngruppen schwer beschafft werden können. Sie werden aber auch gezielt eingesetzt, weil sie gegenüber den stetigen Sieblinien zwischen A und C gewisse Vorteile haben (leichtere Verdichtung, Luft entweicht schneller, Entmischungsneigung und Bluten geringer, gröbere Körner werden gut mit Zementmörtel umhüllt, geringerer Platzbedarf für Zuschläge im Betonwerk). Ausfallkörnungen müssen aus mindestens zwei Lieferkörnungen (mind. eine unter 2 mm) zusammengesetzt werden und erfordern stets Eignungsprüfungen.

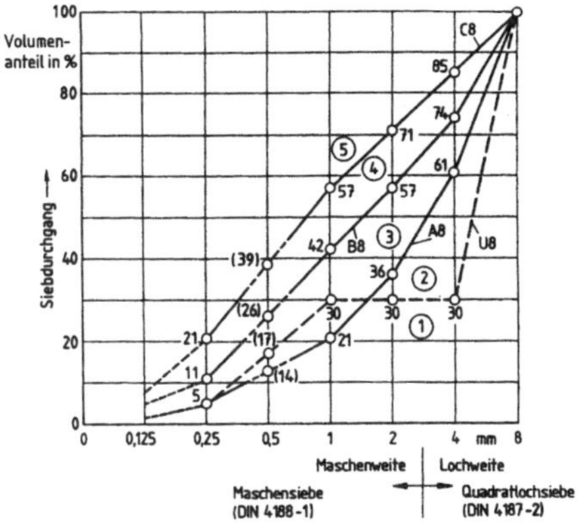

a) Sieblinien mit einem Größtkorn von 8 mm

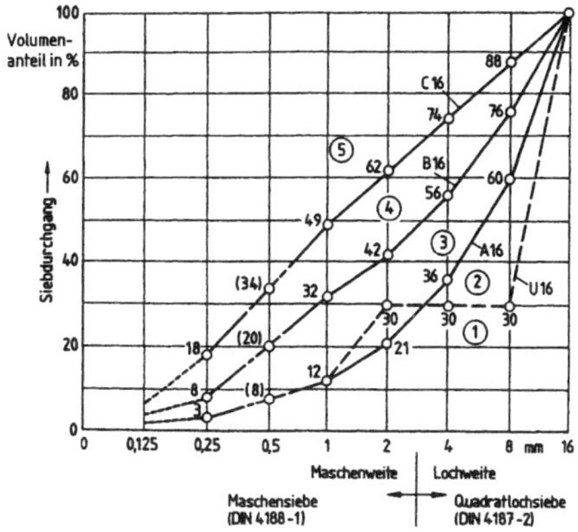

b) Sieblinien mit einem Größtkorn von 16 mm

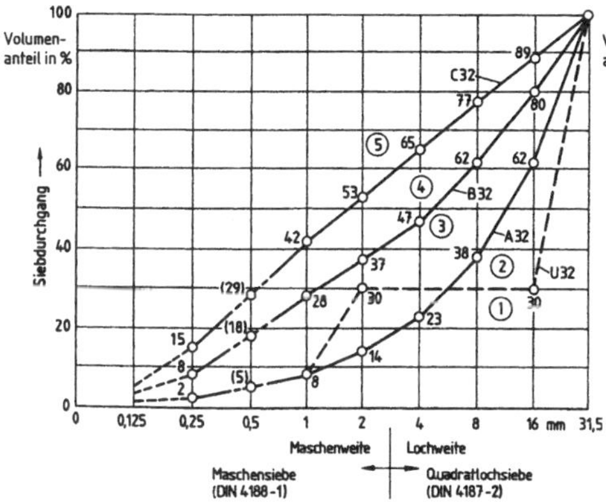

c) Sieblinien mit einem Größtkorn von 32 mm

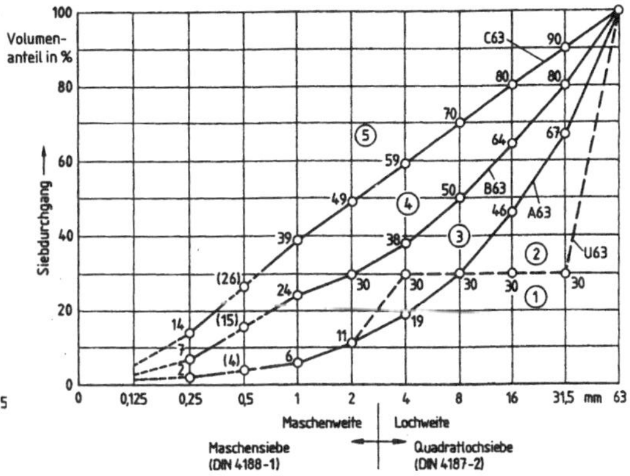

d) Sieblinien mit einem Größtkorn von 63 mm

(1) *zu grob (unterhalb A bzw. unterhalb U)*
(2) *günstig für Ausfallkörnung (zwischen A und U)*
(3) *günstig (zwischen A und B)*
(4) *brauchbar (zwischen B und C)*
(5) *zu fein (oberhalb C)*

Abb. 3.4 Sieblinien von Betonzuschlag nach DIN 1045

c) Für kugelige Körner hat der Amerikaner Fuller für ein trockenes Betongemisch aus Zuschlag und Zement eine ideale Sieblinie, die sog. Fuller-Parabel, nach der folgenden Gleichung berechnet:

$$A = 100 \cdot \sqrt{\frac{d}{D}} \quad \text{bzw.} \quad A = 100 \cdot \left(\frac{d}{D}\right)^{0,5}$$

Hierin bedeuten:

A Anteil einer Korngruppe von 0/d mm

d beliebiger Korndurchmesser zwischen 0 und D

D Durchmesser des Größtkorns des Gemisches in mm

Die sich daraus ergebende Linie liegt etwa in der Mitte zwischen den Sieblinien A und B. Für natürliche Kiessande ist der Exponent etwa 0,4 und für gebrochenes Korn etwa 0,3.

d) Mit Zuschlag aus gebrochenem Naturstein wird Splittbeton hergestellt. Die dafür günstigen Kornzusammensetzungen liegen im Sandbereich nahe an der Sieblinie B, im Splittbereich nahe A. Auch Ausfallkörnungen ohne die Körnung 2/5 sind für Splittbeton günstig. Korngemische für Pump- und Sichtbeton und für wasserundurchlässigen Beton sollen eine ausreichende Menge Feinstsand unter 0,25 mm und einen ausreichenden Sandanteil 0/2 enthalten (bei 0/32 etwa 33 bis 35 %).

Die Sieblinien U 16, U 32, U 63 gelten für Ausfallkörnungen.

Bei wesentlich unterschiedlichen Kornrohdichten der verschiedenen Anteile ist der Siebdurchgang in Stoffraum-Vol.-% zu berechnen (siehe Abschnitt 3.6.3).

Tafel 3.10 Kornzusammensetzung für Sand (alt: siehe Tafel 3.8)

Spalte	1	2	3	4	5	6	7	8	9	10
Zeile	Korn-gruppe	Grenzwerte (absolut) und Grenzabweichungen[a)] als Massenanteil in Prozent für den Siebdurchgang durch die Prüfsiebe								
		0,063	0,250	1	1,4	2	2,8	4	5,6	8
1	0/1	4		85 bis 99	95 bis 100	100				
			± 25	± 5						
2	0/2	4				85 bis 99	95 bis 100	100		
			± 25	± 20		± 5				
3	0/4	4						85 bis 99	95 bis 100	100
			± 20	± 20			± 5			

[a)] Die Grenzabweichungen gelten für die vom Lieferanten angegebene typische Kornzusammensetzung; die Grenzwerte (absolut) sind einzuhalten (siehe Tafeln 3.8 und 3.9).
Für alle drei Korngruppen gelten die Kategorien G_{D85} (mind. Siebdurchgang bei D) und f_4 (Feinanteile).

3.6.3 Siebversuch

Zur Bestimmung der Korngrößenverteilung muss aus dem Vorrat einer Lieferkörnung eine ausreichend große Durchschnittsprobe entnommen werden. Für jede Siebung ist daraus eine vom GrößtkornØ abhängige Mindestprüfmenge zu entnehmen und zu trocknen.

GrößtkornØ in mm / Mindestprüfgutmenge in kg: 63/40; 32/10; 16/2,6; 8/0,6; ≤ 4/0,2. Die Siebe des verwendeten Siebsatzes (siehe Abschn. 3.6.1a) werden übereinander gesetzt, das größte nach oben. Die Rückstände auf den einzelnen Sieben werden nacheinander in eine gemeinsame Schüssel gegeben und jeweils gewogen. Die Werte werden in eine Tabelle eingetragen und der Durchgang durch die einzelnen Siebe berechnet (siehe Tafel 3.8). Die Differenz zwischen Einwaage und Auswaage darf nicht größer als 1 % sein.

Liegen die Kornrohdichten der Gesteinsproben außerhalb des Bereiches von 2,0 bis 3,0, sind die gewogenen Massen u.U. entsprechend dem Dichteverhältnis zu korrigieren.

Tafel 3.11 Anforderungen an die Kornzusammensetzung für enggestufte grobe Gesteinskörnungen nach DIN EN 12 620[1)]

Korngruppe	Grenzwerte (absolut) als Massenanteil in Prozent für den Siebdurchgang durch die Prüfsiebe										
	1	2	2,8	4	5,6	8	11,2	16	22,4	31,5	45	63
2/4	0 bis 5	0 bis 20		85 bis 99	98 bis 100	100						
2/8	0 bis 5	0 bis 20				85 bis 99	98 bis 100	100				
4/8		0 bis 5		0 bis 20		85 bis 99	98 bis 100	100				
8/16				0 bis 5		0 bis 20		85 bis 99	98 bis 100	100		
16/32						0 bis 5		0 bis 20		85 bis 99	98 bis 100	100
2/5	0 bis 5	0 bis 20			85 bis 99	98 bis 100	100					
5/8			0 bis 5		0 bis 20	85 bis 99	98 bis 100	100				
5/11			0 bis 5		0 bis 20		85 bis 99	98 bis 100	100			
8/11				0 bis 5		0 bis 20	85 bis 99	98 bis 100	100			
11/16					0 bis 5		0 bis 20	85 bis 99	98 bis 100	100		
11/22					0 bis 5		0 bis 20		85 bis 99	98 bis 100	100	
16/22						0 bis 5		0 bis 20	85 bis 99	98 bis 100	100	
22/32							0 bis 5		0 bis 20	85 bis 99	98 bis 100	100

[1)] In der Tabellendarstellung ist zur Erhöhung von Übersichtlichkeit und Verständnis einheitlich die Kategorie G_C85/20 angegeben. Für alle Korngruppen gelten demnach Ansätze mit Anforderungen an den zulässigen Über- und Unterkornanteil sowie weitere Begrenzungen der Massenanteile auf dem Sieb der Nennweite d/2 bzw. dem Prüfsieb mit dem 1,4-fachen Wert des Nenngrößtkorns D.

Tafel 3.12 Anforderungen an die Kornzusammensetzung für weitgestufte grobe Gesteinskörnungen und für Korngemische 0/8, 0/16 und 0/32 nach DIN EN 12 620

Korngruppe[a)]	Grenzwerte (absolut) und Grenzabweichungen[b)] als Massenanteil in Prozent für den Siebdurchgang durch die Prüfsiebe										
	1	2	2,8	4	5,6	8	11,2	16	22,4	31,5	45	63
2/16	0 bis 5	0 bis 15				25 bis 70		90 bis 99	98 bis 100	100		
						± 17,5						
4/16		0 bis 5		0 bis 15		25 bis 70		90 bis 99	98 bis 100	100		
								± 17,5				
4/32		0 bis 5		0 bis 15				25 bis 70		90 bis 99	98 bis 100	100
								± 17,5				
8/32				0 bis 5		0 bis 15		25 bis 70		90 bis 99	98 bis 100	100
								± 17,5				
5/16			0 bis 5		0 bis 15		25 bis 70	90 bis 99	98 bis 100	100		
							± 15					
5/22			0 bis 5		0 bis 15		25 bis 70		90 bis 99	98 bis 100	100	
							± 17,5					
5/32			0 bis 5		0 bis 15			25 bis 70		90 bis 99	98 bis 100	100
								± 17,5				
8/22				0 bis 5		0 bis 15		25 bis 70	90 bis 99	98 bis 100	100	
									± 15			
11/32					0 bis 15		0 bis 15		25 bis 70	90 bis 99	98 bis 100	100
									± 15			

Korngemische[c]												
0/8	40			70		90 bis 99	98 bis 100	100				
	± 20			± 20								
0/16		40				70		90 bis 99	98 bis 100	100		
		± 20				± 20						
0/32				40				70		90 bis 99	98 bis 100	100
				± 20				± 20				

[a] Für alle Korngruppen ist in der Übersicht die Kategorie $G_C90/15$ zu sehen.[b] Die Grenzabweichungen gelten für den vom Lieferanten angegebenen typischen Siebdurchgang durch das betreffende Prüfsieb; die Grenzwerte (absolut) sind einzuhalten (siehe Tafel 3.5).[c] Für alle Korngemische ist in der Übersicht die Kategorie G_A90 zu sehen.

3.6.4 Sieblinienkennwerte

Sieblinienkennwerte (siehe Tafel 3.13) dienen zur technologischen Beurteilung von Korngemischen und zum Abschätzen des Wasseranspruchs (siehe Tafel 5.17 in Abschn. 5.5.2) eines Betons. Berechnet werden die Kennwerte mit Hilfe der Kornverteilung über die Prüfsiebe 0,25 mm bis 32 mm.

a) Die Körnungsziffer k ergibt sich als Summe der Siebrückstände in %, dividiert durch 100. Die Körnungsziffer kennzeichnet die Fläche oberhalb der Sieblinie, d.h., je größer das Größtkorn und je sandärmer das Gemisch ist, umso größer ist k.

b) Die D-Summe ist die Summe aller Siebdurchgänge in %. Grobe, d.h. sandärmere Korngemische haben eine kleinere D-Summe. Zwischen der Körnungsziffer k und der D-Summe besteht folgende Beziehung:

$$k = \frac{(Anzahl\ der\ Siebe) \cdot 100 - D}{100}$$

c) Die Feinheitsziffer (F-Wert) nach Hummel kennzeichnet ähnlich der Körnungsziffer k die Fläche oberhalb der Sieblinie, und zwar in cm^2. Dazu wird die Sieblinie in einem Koordinatensystem mit bestimmten Maßstäben eingetragen: auf der x-Achse (logarithmische Teilung) ist der Abstand 0,1 bis 1 bzw. 1 bis 10 und 10 bis 100 jeweils 10 cm, auf der y-Achse 100 % ebenfalls 10 cm. Der F-Wert in cm^2 ließe sich in einem solchen Diagramm durch Ausplanimetrieren der Fläche oberhalb der Sieblinie bestimmen. Er lässt sich auf einfache Art und Weise mit hinreichender Genauigkeit aus der Körnungsziffer k berechnen:

$F = 30{,}1 \cdot k + 24{,}3\ cm^2$

Der F-Wert geht auf den Feinheitsmodul von Abrams (Chicago) zurück, der bereits vor 1930 feststellte, dass Betone mit Zuschlag mit gleichem Feinheitsmodul bei gleicher Frischbetonkonsistenz gleiche Festigkeiten besitzen.

d) Der in der Betontechnologie gebräuchlichste Sieblinienkennwert ist die Körnungsziffer k. Berechnung von k für die Sieblinie B32:

$$\begin{aligned} 100 \cdot k &= (100–100) + (100–80) + (100–62) + (100–47) + (100–37) + (100–28) + \\ &\quad (100–18) + (100–8) \\ &= 0 + 20 + 38 + 53 + 63 + 72 + 82 + 92 \\ &= 420 \\ k &= 4{,}20 \end{aligned}$$

oder einfacher

$$\begin{aligned} 100 \cdot k = 800 - D_{32} &= 800 - (100 + 80 + 62 + 47 + 37 + 28 + 18 + 8) \\ &= 800 - 380 \\ &= 420 \\ k &= 4{,}20 \end{aligned}$$

e) Die spezifische Oberfläche O_s ist die auf das Volumen bezogene Oberfläche. Bei kugeliger Form ergibt sich

$O_s = O : V = (\pi\ d^2) : (\pi\ d^{3/6}) = 6/d.$

Bei einer mittleren Rohdichte des Zuschlags von 2600 kg/m³ ergibt sich: O_s = 2,308/d in m²/kg, wenn d in mm eingesetzt wird. Die spezifische Oberfläche spielt betontechnologisch eine wichtige Rolle, da im Mörtel und Beton die Oberfläche mit Bindemittelleim umhüllt werden muss. 1 kg 30-mm-Kugeln hat eine O_s von 0,077m_2, 1 kg 0,1-mm-Kugeln 23 m², also 300-mal so viel. Bei anderen Kornformen als der Kugelform vergrößern sich diese Werte bis auf das 2- bis 3-fache. Bei der Sieblinie B32 bildet die Körnung 0/0,25 etwa 2/3 der Gesamtoberfläche, der Rest 0,25/32 nur 1/3.

f) Die Wasseranspruchzahlen geben an, wie viel Wasser ein bestimmtes Korngemisch (hohlraumfrei!) benötigt, um eine bestimmte Betonkonsistenz zu erreichen (in Tafel 3.13 die Konsistenz F2, siehe Tafel 5.9). Der Wasseranspruch des Zements beträgt 0,80 bis 0,85 dm³ je dm³ Zement (hohlraumfrei; Dichte etwa 3,1) und ist in Tafel 3.13 nicht berücksichtigt.

Tafel 3.13 Kennwerte[1)] der Sieblinien nach DIN 1045-2 (2001–07) [2]

Regelsieblinie	Körnungsziffer k	D_{63}-Wert	F-Wert	Spezifische Oberfläche m²/kg	Wasseranspruchszahlen[2)] in dm³/100 dm³
A 8	3,64	536	134	2,24	10,96
B 8	2,89	611	111	3,94	14,46
C 8	2,27	673	92	5,93	18,60
U 8	3,87	513	141	2,36	11,05
A 16	4,61	439	163	1,38	8,90
B 16	3,66	534	134	2,97	12,28
C 16	2,75	625	107	5,14	16,89
U 16	4,88	412	171	1,37	8,72
A 32	5,48	352	189	0,95	7,54
B 32	4,20	480	151	2,73	11,53
C 32	3,30	570	123	4,38	15,13
U 32	5,65	335	194	1,05	7,53
A 63	6,15	285	209	0,80	7,09
B 63	4,91	409	172	2,35	10,53
C 63	3,72	528	136	4,07	14,37
U 63	6,57	243	222	0,81	7,04

1) Bei der Berechnung der Körnungsziffer k des D-Wertes sind die Klammerwerte in Abb. 3.4 beim 0,5-mm-Sieb und die Durchgangswerte stets bis zum 63-mm-Sieb berücksichtigt worden.
2) Die Wasseranspruchszahlen sind wegen der Stoffraumrechnung in dm³ je dm³ hohlraumfreier Gesteinskörnung angegeben.

3.6.5 Rechnerisches Zusammensetzen von Gesteinskörnungen aus einzelnen Korngruppen

Die natürlichen Kiessandvorkommen entsprechen fast nie der idealen Siebkurve. Die norddeutschen Geschiebe-Vorkommen sind durchweg zu sandreich, während in Süddeutschland i. Allg. das Grobkorn vorherrscht. Darum werden Gesteinskörnungen in den Kiesgruben in einzelne Korngruppen getrennt und dann wieder zweckentsprechend zusammengesetzt. In der Praxis werden Korngemische mit stetigem Kornaufbau und 16 mm Größtkorn meist aus drei Korngruppen (0/2; 2/8; 8/16 oder 0/4; 4/8; 8/16), bei 32 mm Größtkorn meist aus vier Korngruppen (wie vor, zusätzlich 16/32) zusammengesetzt.

Die Festlegung der Anteile der einzelnen Korngruppen zur Erzielung eines bestimmten Korngemischs kann durch Probieren oder durch einfache Berechnung erfolgen.
Beispiele für die Berechnung der Zusammensetzung eines Korngemischs 0/8 aus den Korngruppen 0/2 und 2/8 sind nachfolgend unter a) und b) angegeben.

a) Zusammensetzen aus zwei Korngruppen mit Hilfe der Sieblinienkennwerte
Die Berechnung der Einzelanteile kann über den *D*- oder den *k*-Wert (auch *F*-Wert) erfolgen, nachfolgendes Beispiel zeigt den Rechengang.
Gegeben sind die Korngruppen KG 1 0/2 und KG 2 2/8 mit folgender Kornzusammensetzung (durch Siebanalyse ermittelt):

Korngruppe	**Durchgang** in Masse-% **durch die Siebe** in mm							
	0,25	0,50	1	2	4	8	Σ	*k*-Wert
KG 1 0/2	13	45	71	96	100	100	425	1,75
KG 2 2/8	0	0	0	3	39	98	140	4,60

Gewünscht: Korngemisch für einen Estrich mit einer Sieblinie nahe B 8.

B 8	11	27	42	57	74	100	311	2,89

x % = gesuchter Anteil der Korngruppe KG 1 am Gesamtgemisch
y % = gesuchter Anteil der Korngruppe KG 2 am Gesamtgemisch
$k_{KG\,1}$ und $k_{KG\,2}$ sind die *k*-Werte der Korngruppen.
$x + y = 100$
$x = 100\ (k_{B\,8} - k_{KG\,2})$
Allgemein wird für $k_{B\,8}$ der gewünschte *k*-Wert eingesetzt.
y damit = 40,0 %
Es ergibt sich also folgendes Gemisch:

Korngruppe	**Anteil** in %	**Durchgang** in Masse-% **durch die Siebe** in mm							
		0,25	0,50	1	2	4	8	Σ	*k*-Wert
KG 1: 0/2	60	7,8	27	42,6	57,6	60	60	–	–
KG 2: 2/8	40	–	–	–	1,2	15,6	39,2	–	–
Gesamt: 0/8	100	7,8	27	42,6	58,8	75,6	99,2	311	2,89

Die Berechnung kann auch mit dem **Mischkreuz** über die Differenzen der *k*-(bzw. *D*- oder *F*-)Werte der Korngruppen zu der gewünschten Sieblinie erfolgen:

$$= 0{,}40 = 40\ \%\ \text{(Korngruppe 2/8)}$$

$$= 0{,}60 = 60\ \%\ \text{(Korngruppe 0/2)}$$

b) Zusammensetzen aus zwei Korngruppen nach dem Differenzverfahren
Wird für die gewünschte Kornzusammensetzung nur der Anteil über und unter einer bestimmten Korngröße festgelegt (z.B. für den Sandanteil), so kann das einfache Differenzverfahren angewendet werden:

Zum Beispiel sind gegeben: Korngruppen 0/2 und 2/8 wie im vorigen Beispiel.
Gesucht: Korngemisch 0/8 mit 60 % Durchgang (= *a*) bei 2 mm.
Durchgang durch das Sieb 2 mm bei Korngruppe 0/2 etwa 96 % und zusätzlich
bei Korngruppe 2/8 weitere 3 %
Ähnlich wie bei der Berechnung mit dem *k*-Wert ergibt sich:
Zusammensetzung des Korngemischs:

Korngruppe	**Anteil** in %	Durchgang in Masse-% durch die Siebe					
		0,25	0,50	1	2	4	8
KG 1	61,3	8	27,6	43,5	58,8	61,3	61,3
KG 2	38,7	–	–	–	1,2	15,1	37,9
Gesamt 0/8	100	8	27,6	43,5	60,0	76,4	99,2

Berechnung mit dem Mischkreuz:

$$= 0{,}613 = 61{,}3\ \%\ (0/2)$$

$$= 0{,}387 = 38{,}7\ \%\ (2/8)$$

c) Zusammensetzen aus drei oder mehr Korngruppen

Soll ein Korngemisch aus drei oder mehr Korngruppen zusammengesetzt werden, kann dies mit dem **Unterkorn-Überkorn-Verfahren** oder durch das **Mischkreuz-Verfahren** erfolgen. Beim Unterkorn-Überkorn-Verfahren werden die einzelnen Korngruppenanteile zunächst nach dem Anteil in der angestrebten Sieblinie festgelegt. Danach werden diese Werte durch Berücksichtigung der Unter- und Überkornanteile der vorhandenen Korngruppen korrigiert. Da das Mischkreuz-Verfahren nur zur Berechnung von zwei Unbekannten anwendbar ist, bei z.B. vier Korngruppen aber vier unbekannte Korngruppenanteile zu ermitteln sind, muss das Mischkreuz-Verfahren in Teilschritte zerlegt werden. Hierbei werden zunächst drei Korngruppen zu einer Hilfskorngruppe zusammengefasst und die vierte Korngruppe berechnet. Im zweiten Schritt werden von den verbleibenden drei Korngruppen zwei zu einer neuen Hilfskorngruppe zusammengefasst und die dritte Korngruppe berechnet. In einem dritten Schritt werden die letzten beiden Korngruppenanteile berechnet.
Die Berechnung erfolgt über einen Sieblinienkennwert. Die nachfolgende Übersicht zeigt die Beispielrechnung zum Mischkreuzverfahren bei vier verschiedenen Korngruppen.

Beispiel 5.1: Zusammensetzung aus vier Korngruppen nach dem Mischkreuz-Verfahren

1. Vorhandene Korngruppen

Korngruppe	0,25	0,5	1	2	4	8	16	32	k-Wert
0 / 2	18,7	46,9	78,8	90,9	100	100	100	100	1,65
2 / 8			0,8	2,1	21,9	89,1	100	100	4,86
8 / 16				0,3	4,1	7,9	91,4	100	5,96
16 / 32						0,8	4,6	100	6,95

2. Angestrebte Sieblinie A 32

Gewählt:	2,0	5,0	8,0	14,0	23,0	38,0	62,0	100,0	5,48

3. Hilfsgruppen bzw. Korngruppenanteile

0 / 16	3,2	8,1	12,9	22,6	37,1	61,3	100	100	4,55
0 / 8	5,3	13,2	21,1	36,8	60,5	100	100	100	3,63

4. Berechnung der Korngruppenanteile

1. Schritt

16 / 32 — 6,95 — 0,93 — 38,7% — 16 / 32: 38,7%

5,48

0 / 16 — 4,55 — 1,47 — 61,3%

2,40

2. Schritt

8 / 16 — 5,96 — 0,92 — 39,5% → 24,2% — 8 / 16: 24,2%

4,55

0 / 8 — 3,63 — 1,41 — 60,5% → 37,1%

2,33

3. Schritt

2 / 8 — 4,86 — 1,98 — 61,7% → 22,9% — 2 / 8: 22,9%

3,63

0 / 2 — 1,65 — 1,23 — 38,3% → 14,2% — 0 / 2: 14,2%

3,21

Kontrolle: 100,0%

5. Berechnung der tatsächlichen Sieblinie

Korngruppe	%	0,25	0,5	1	2	4	8	16	32	k-Wert
0 / 2	14,2%	2,7	6,7	11,2	12,9	14,2	14,2	14,2	14,2	
2 / 8	22,9%	0,0	0,0	0,2	0,5	5,0	20,4	22,9	22,9	
8 / 16	24,2%	0,0	0,0	0,0	0,1	1,0	1,9	22,1	24,2	
16 / 32	38,7%	0,0	0,0	0,0	0,0	0,0	0,3	1,8	38,7	
Summe		2,7	6,7	11,4	13,4	20,2	36,8	61,0	100,0	5,48
Angestrebt war:		2	5	8	14	23	38	62	100	5,48

3.6.6 Rechnerisches Zusammensetzen von Zuschlaggemischen aus einzelnen Korngruppen

Zuschläge werden von den Kieswerken getrennt nach einzelnen Korngruppen geliefert, i.d.R. in den Korngruppen 0/2, 2/8, 8/16 oder 0/4, 4/8, 8/16 und 16/32. Mit Hilfe der Körnungsziffern kann man mit einem einfachen Berechnungsverfahren, dem Mischkreuz-Verfahren, aus mehreren Korngruppen eine gewünschte Gesamtsieblinie zusammensetzen.

Beim Mischkreuz-Verfahren erhält man eine Gesamtsieblinie, die mehr oder weniger nahe an der gewünschten Sieblinie liegt. Stets sind die beiden Körnungsziffern etwa gleich. Das Mischkreuzverfahren kann mit den Sieblinienkennzahlen durchgeführt werden, im folgenden Beispiel mit den Körnungsziffern der verwendeten Korngruppen. Es beruht auf dem folgenden Gleichungssystem:

$g_1 + g_2 = 100$ Daraus folgt: $g_2 = [(k_m - k_1) : (k_2 - k_1)]\ 100$

$g_1 k_1 + g_2 k_2 = k_m$ $g_1 = [(k_2 - k_m) : (k_2 - k_1)]\ 100$

Kontrolle: $g_1 + g_2 = 100$

Hierin sind: k_1, k_2 die Körnungsziffern und g_1, g_2 die gesuchten Anteile der gegebenen Korngruppen in %, k_m die Körnungsziffer der gewünschten Sieblinie.

Bsp. 3.6.5a: Gegeben die Korngruppen KG 1 0/2 und KG 2 2/8 mit folgender Kornzusammensetzung (durch Siebanalyse ermittelt):

Tafel 3.14 Sieblinie der gegebenen Korngruppen zu Beispiel 3.6.5a [2]

Korngruppe	Durchgang in Masse-% durch die Siebe						Σ	k-Wert
	0,25	0,50	1	2	4	8		
KG 1*00/2	13	45	71	96	100	100	425	1,75
KG 2*02/8	0	0	0	3	39	98	140	4,60

a) Zusammensetzen aus 2 Korngruppen

Gegeben seien die Korngruppen 0/2, 2/8 und 0/8 (siehe Tafel 3.11 und 3.12). Die Sieblinien der Körnungen 0/2 und 2/8 sind durch Siebversuche bestimmt worden, die gewünschte Sieblinie der Körnung 0/8 entspricht der Sieblinie B8 in Abb. 3.4 (z.B. für einen Estrich).

Mischkreuz-Verfahren

2/8 4,60 $1{,}14 \cdot 100 : 2{,}85 = 40{,}0$ % Korngruppe 2/8

0/8 2,89

0/2 1,75 $1{,}71 \cdot 100 : 2{,}85 = 60$ % Korngruppe 0/2

2,85 2,85

Erläuterung der Rechnung mit den Körnungsziffern im Mischkreuz:

1. Spalte: 4,60 – 1,75 = 2,85; 2. Spalte: 1,14 + 1,71 = 2,85; beide Werte müssen stets gleich sein (Kontrolle!).

Kreuz: 1,71 = 4,60 – 2,89; 1,14 = 2,89 – 1,75.

Tafel 3.15 Tabellarische Berechnung der Gesamtsieblinie 0/8 zu Beispiel 3.6.5a

Korngruppe	in %	Durchgang in Masse-% durch die Siebe						Σ	k-Wert
		0,25	0,50	1	2	4	8		
KG 10/2	60	7,8	27	42,6	57,6	60	60	–	–
KG 22/8	40	–	–	–	1,2	15,6	39,2	–	–
0/8	100	7,8	27	42,6	58,8	75,6	99,2	311	2,89

Erläuterung zur Berechnung in Tafel 3.8:

Zeile 1 und 2: Die Durchgänge ergeben sich durch Multiplikation der Durchgänge in Tafel 3.5 mit den im Mischkreuz ermittelten Prozentzahlen.

Zeile 3: Die Durchgänge ergeben sich durch Addition der Zeilen 1 und 2.

Die berechnete Sieblinie „schlängelt" sich um die gewünschte Sieblinie herum. Die Körnungsziffern der gewünschten und der errechneten Sieblinie 0/8 sind bei der Rechnung nach dem Mischkreuz-Verfahren stets gleich oder etwa gleich.

b) Zusammensetzen aus drei oder mehr Korngruppen

Soll ein Korngemisch aus drei oder mehr Korngruppen entstehen, kann dies sowohl durch das Mischkreuz-Verfahren als auch durch das Unterkorn-Überkorn-Verfahren erfolgen.

Da das Mischkreuz-Verfahren nur zur Berechnung von zwei Unbekannten anwendbar ist, muss bei weiteren Korngruppenanteilen das Verfahren in Teilschritte zerlegt werden. Zunächst sind als Hilfskorngruppe drei Korngruppen zusammenzufassen und dann die 4. Korngruppe zu berechnen. Im folgenden Schritt werden von den verbleibenden drei Korngruppen zwei zu einer neuen Hilfsgruppe zusammengefasst und die 3. Korngruppe berechnet. Im finalen Schritt werden die letzten beiden Korngruppenanteile berechnet.

Beispiel 3.6.5b: Zusammensetzung aus vier Korngruppen nach dem Mischkreuz-Verfahren

1. Vorhandene Korngruppen

Korngruppe	0,25	0,5	1	2	4	8	16	32	k-Wert
0 / 2	18,7	46,9	78,8	90,9	100	100	100	100	1,65
2 / 8			0,8	2,1	21,9	89,1	100	100	4,86
8 / 16				0,3	4,1	7,9	91,4	100	5,96
16 / 32						0,8	4,6	100	6,95

2. Angestrebte Sieblinie A 32

Gewählt:	2,0	5,0	8,0	14,0	23,0	38,0	62,0	100,0	5,48

3. Hilfsgruppen bzw. Korngruppenanteile

0 / 16	3,2	8,1	12,9	22,6	37,1	61,3	100	100	4,55
0 / 8	5,3	13,2	21,1	36,8	60,5	100	100	100	3,63

4. Berechnung der Korngruppenanteile

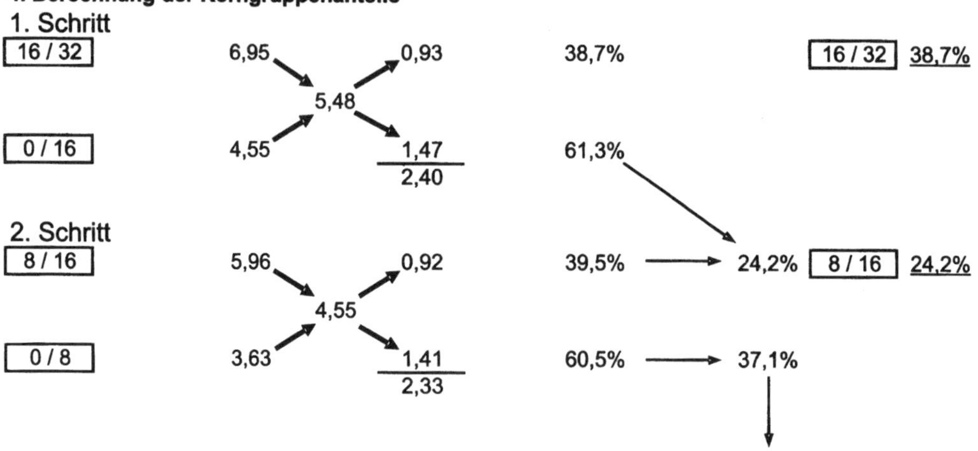

Beispiel 3.6.5b: Fortsetzung

3. Schritt

2 / 8	4,86 ↘		↗ 1,98	61,7%	→ 22,9%	2 / 8	22,9%
		3,63					
0 / 2	1,65 ↗		↘ 1,23	38,3%	→ 14,2%	0 / 2	14,2%
			3,21				
						Kontrolle:	100,0%

5. Berechnung der tatsächlichen Sieblinie

Korngruppe	%	0,25	0,5	1	2	4	8	16	32	k-Wert
0 / 2	14,2%	2,7	6,7	11,2	12,9	14,2	14,2	14,2	14,2	
2 / 8	22,9%	0,0	0,0	0,2	0,5	5,0	20,4	22,9	22,9	
8 / 16	24,2%	0,0	0,0	0,0	0,1	1,0	1,9	22,1	24,2	
16 / 32	38,7%	0,0	0,0	0,0	0,0	0,0	0,3	1,8	38,7	
Summe		2,7	6,7	11,4	13,4	20,2	36,8	61,0	100,0	5,48
Angestrebt war:		2	5	8	14	23	38	62	100	5,48

Tafel 3.16 Tabellarische Berechnung der Gesamtsieblinie 0/16 zu Beispiel 3.6.5b

Korngruppe	Anteil %	Durchgang in Masse-% durch die Siebe							Körnungsziffer k
		0,25	0,5	1	2	4	8	16	
0/2	48,0	5,8	17,8	30,7	44,6	48,0	48,0	48,0	
2/8	27,4			0,3	0,8	11,8	27,4	27,4	
8/16	24,6				0,2	1,0	2,5	22,6	
0/16	100	5,8	17,8	31,0	45,6	60,8	77,9	98,0	3,63

3.7 Eigenfeuchte

3.7.1 Allgemeines

Die Eigenfeuchte der Gesteinskörnung setzt sich zusammen aus dem Wasser auf der Oberfläche der Körner und zwischen den Körnern (Oberflächenfeuchte) und dem Wasser in den Kornporen (Kernfeuchte). Oberflächenfeuchte und Zugabewasser zusammen bilden den Wassergehalt des Frischbetons (siehe Abschn. 5.6.2).

Anhaltswerte für die Kernfeuchte dichter Gesteinskörnungen gibt Tafel 3.17. Porige Zuschläge können wesentlich höhere Kernfeuchten besitzen (siehe Abschn. 5.12).

Tafel 3.17 Anhaltswerte für die Kernfeuchte von dichter Gesteinskörnung 0/32 [2]

Herkunft der Zuschlagart	Bei der Bestimmung der Eigenfeuchte mitgemessene Kernfeuchte in Masse-%
Basalt	0,5
Moränenkies	0,8
Rheinkies	0,8
Weserkies	1,5
Elbekies	1,5
Mainkies	2,2

Den höchsten Anteil an Eigenfeuchte der Gesteinskörnung besitzt der Sand 0/2 mit bis zu 20 Masse-%, bei gröberen Körnungen beträgt sie max. 5 Masse-% (Körnung 2/8) bzw. max. 3 Masse-% (Körnungen > 8 mm).

3.7.2 Bestimmung der Eigenfeuchte

Zur Bestimmung der Eigenfeuchte der Gesteinskörnung gibt es verschiedene Verfahren:

a) Trocknen im Trockenschrank bei + 105 °C (Oberflächenfeuchte + Kernfeuchte) oder im offenen Gefäß über einer Propangasflamme (Oberflächenfeuchte + Teil der Kernfeuchte):

$$f = \frac{G_f - G_t}{G_t} \cdot 100 \text{ bzw. } f' = \frac{G_f - G_t}{G_f} \cdot 100 \text{ in Masse} - \%;\ f = \frac{f'}{100 - f'}$$

G_f Gewicht der feuchten Probe in g, G_t Gewicht der getrockneten Probe in g.
Für kleinere Probemengen bis 100 g gibt es Infrarot-Feuchtigkeitswaagen, an denen man die Feuchtigkeit direkt ablesen kann.

b) Calciumcarbid-Methode (CM-Gerät), nur für dichten Zuschlag bis 4 mm Korngröße. Probemengen zwischen 3 und 20 g (je nach geschätztem Feuchtigkeitsgehalt) werden in eine Druckflasche eingefüllt, dazu zwei Stahlkugeln und eine Ampulle mit Calciumcarbid CaC_2. Die Flasche wird fest verschlossen und so lange geschüttelt, bis der Druck auf dem Manometer nicht mehr steigt. Der Druck entsteht durch die Bildung von Azetylengas nach der chemischen Formel: $CaC_2 + 2\,H_2O \rightarrow C_2H_2 + Ca(OH)_2$. Anhand einer dem CM-Gerät beigegebenen Tabelle kann man den Feuchtigkeitsgehalt f', ablesen (Oberflächenfeuchte + Teil der Kernfeuchte, bezogen auf die Feuchteinwaage).

c) Abflamm-Methode (AM-Gerät): etwa 500 g Probematerial bis 32 mm Korngröße werden mit einer brennbaren Flüssigkeit, z.B. Spiritus, übergossen und entzündet. Dabei verdampft das anhaftende Wasser (Oberflächenfeuchte + Teil der Kernfeuchte). Auch hier gibt es Waagen, an denen die Feuchtigkeit direkt in Masse-% abgelesen werden kann.

3.8 Güteüberwachung, Übereinstimmungsnachweis

Die Hersteller von Gesteinskörnungen müssen sicherstellen, dass diese den Anforderungen der DIN 4226 entsprechen. Dazu muss eine werkseigene Produktionskontrolle (Eigenüberwachung) durchgeführt werden. Hinzu kommt die übliche Fremdüberwachung, z.B. durch einen Güteüberwachungsverband (siehe Abb. 3.5). Diese überprüft die schriftliche Niederlegung der Ergebnisse der Eigenüberwachung, kann aber auch an den Gesteinskörnungen selbst Prüfungen durchführen. Auskünfte darüber und zu Gesteinskörnungen: Bundesverband der Deutschen Kies- und Sandindustrie, Adresse siehe Abschn. 18.3.

Abb. 3.5 Überwachungskennzeichen für Zuschlag nach DIN 4226-100 (2002–02) und Recycling-Baustoffe (Übereinstimmungskennzeichen) [2]

3.9 Fragen und Aufgaben zu Gesteinskörnungen

1) Nennen Sie die verschiedenen Arten von Gesteinskörnungen und ihre Anwendungsgebiete.
2) Welche allgemeinen Anforderungen werden an Gesteinskörnungen gestellt? Erläutern Sie die Kurzbezeichnungen F_1, F_{NR}.
3) Nennen Sie die verschiedenen Arten von schädlichen Bestandteilen in den Gesteinskörnungen und ihre schädigende Wirkung im Beton und Mörtel. Wie werden sie bestimmt?
4) Erläutern Sie den Begriff „Alkalilösliche Kieselsäure"! Was bedeuten die Kurzbezeichnungen EI, EII, EIII?
5) Welche Anforderungen an Zuschläge bestehen hinsichtlich ihrer Kornform? Was bedeuten die Kurzbezeichnungen SI_{15} und FI_{50}?
6) Erläutern Sie die Bezeichnungen für Gesteinskörnungen hinsichtlich der Korngröße und die Begriffe grobe und feine Gesteinskörnungen. Was versteht man unter den Kurzbezeichnungen G_{D85}, C, M, F und f_4?
7) Erklären Sie die Begriffe Gesteinskörnung, Kornklasse, Korngruppe und Gesteinskörnungsgemisch.
8) Was versteht man unter der Fuller-Parabel von Gesteinskörnung? Berechnen Sie sie für einen Kiessand-Zuschlag 0/32 und tragen Sie die Kurve in Ihre Skizze von Aufgabe 7 ein.
9) Was versteht man unter Ausfallkörnungen und welche Vorteile haben sie?
10) Was versteht man unter den Begriffen Unterkorn und Überkorn? Nennen Sie die Grenzwerte.
11) Erläutern Sie die drei verschiedenen Sieblinienkennwerte und geben Sie die Berechnungsverfahren an.
12) Setzen Sie die Sieblinie B32 mit Hilfe des Mischkreuz-Verfahrens mit den drei Korngruppen 0/2, 2/8 und 8/16 der Tafel 3.11 in Abschn. 3.6.5 und einer zusätzlichen Korngruppe 16/32 (Durchgang durch das 16-mm-Sieb 5 % und durch das 32-mm-Sieb 97 %) zusammen. Wie groß sind die %-Anteile der vier gegebenen Korngruppen? Welche Sieblinie 0/32 ergibt sich? Vergleichen Sie die Körnungsziffern der gewünschten SL B32 und der berechneten Sieblinie.
13) Was versteht man unter der spezifischen Oberfläche von Gesteinskörnungsgemischen und wie ändert sie sich in Abhängigkeit von der Korngröße und der Korngruppe?
14) Erläutern Sie den Begriff „Eigenfeuchte" der Gesteinskörnungen und beschreiben Sie die verschiedenen Bestimmungsverfahren.
15) Was ist der Unterschied zwischen Kies und Splitt?
16) Was verstehen Sie unter dem Begriff Edelsplitt?

4 Mörtel und Estrich

4.1 Allgemeines

Allgemeine Normen

DIN EN 998-1	(2010–12)	Festlegungen für Mörtel im Mauerwerksbau; Putzmörtel
-2	(2010–12)	Festlegungen für Mörtel im Mauerwerksbau; Mauermörtel
-3	(E 2006–09)	Festlegungen für Mörtel im Mauerwerksbau; Organisch gebundene Außen- und Innenputze
DIN EN 12 878	(2014–07)	Pigmente – Pigmente zum Einfärben von zement- und kalkgebundenen Baustoffen – Anforderungen und Prüfverfahren
DIN EN 1015-1 bis -21	(2007–05)	Prüfverfahren und Bestimmungen
DIN 18555-1 bis -9		Prüfung von Mörteln mit mineralischen Bindemitteln

Mörtel dienen zur Herstellung von Mauerwerk (Mauermörtel; siehe Abschn. 4.3), zum Verputzen (Putzmörtel; siehe Abschn. 4.4) und zum Herstellen von Estrich (siehe Abschn. 4.6). Weitere Mörtelarten sind in Abschn. 4.5 beschrieben.

Mörtel sind Gemische aus Bindemittel, Gesteinskörnungen bis 4 mm Größtkorn (Sand) und Wasser. Bindemittel sind Gips, Anhydrit, Kalk und Zement. Daneben gibt es kunststoffmodifizierte hydraulische Mörtel oder reine Kunstharzmörtel, die auch organische Füllstoffe, wie z.B. Styroporkügelchen, enthalten können. Dem Mörtel können auch Zusatzstoffe (Trass, Flugasche) und/oder Zusatzmittel zugegeben werden. Zusatzmittel dienen dazu, dem Mörtel wie dem Beton besondere Eigenschaften zu verleihen.
Das Mischungsverhältnis Bindemittel zu Sand ist wichtig für die Festigkeit und die Raumbeständigkeit des Mörtels. Zu wenig Bindemittel (magerer Mörtel) führt zu geringer Festigkeit und zum Absanden, zu viel Bindemittel (fetter Mörtel) schwindet leicht und wird u.U. rissig. Nur Gips- und Anhydritmörtel quillt leicht und ist daher auch ohne Sand raumbeständig (siehe Abschn. 4.2.3). Mischungsverhältnisse sind für Mauermörtel (siehe Tafel 4.2) und für Putzmörtel (siehe Tafel 4.4) festgelegt, für Estrichmörtel in der DIN 18 560 angegeben.

4.2 Mörtelarten

4.2.1 Übersicht

Mörtel werden heute i.d.R. als Werkmörtel verarbeitet (siehe Abschn. 4.2.2). Baustellenmörtel werden auf der Baustelle aus Bindemitteln und Sand nach Raumteilen gemischt. Wasser wird so lange zugesetzt, bis die gewünschte Verarbeitungskonsistenz erreicht ist.
Je nach Art des verwendeten Bindemittels wird unterschieden in nichthydrauliche Mörtel (Luftmörtel), die an der Luft erhärten, und hydraulische Mörtel, die nach einer kurzen Erhärtungszeit an der Luft auch unter Wasser erhärten (siehe Tafel 4.1).

Tafel 4.1 Übersicht über die Mörtelarten mit anorganischen Bindemitteln

Art der Erhärtung	Nichthydraulische Mörtel	Hydraulische Mörtel
physikalisch	Lehmmörtel	–
physikalisch-chemisch	Gipsmörtel Anhydritbindemörtel Luftkalkmörtel	Kalkmörtel[1)] Kalkzementmörtel Zementmörtel

[1)] Wasserkalk, hydraulischer Kalk, hochhydraulischer Kalk; jetzt: Hydraulische Kalke HL 2, HL 3,5 und HL 5 (s. Tafel 4.2).

4.2.2 Werkmörtel

Werkmörtel ist ein in einem Werk aus Ausgangsstoffen zusammengesetzter und gemischter Mörtel, der die Anforderungen der jeweiligen Anwendungsnorm, z.B. DIN V 18 580 (Mauermörtel) oder DIN EN 998, erfüllen muss. Bei Mörteln, deren Hauptbindemittel Gips ist, gilt die DIN EN 13279. Es werden die folgenden Arten unterschieden:

- Werk-Trockenmörtel: Gemisch von Ausgangsstoffen, das auf der Baustelle ausschließlich mit Wasser nach Angaben des Herstellers versetzt und anschließend gemischt wird. Der Trockenmörtel wird in Gebinden, z.B. Säcken, oder lose auf die Baustelle geliefert. Werk-Trockenmörtel gibt es als Mauermörtel (NM, LM und DM; siehe Abschn. 4.3) und für eine ganze Reihe weiterer Mörtelarten (siehe Abschn. 4.4 bis 4.5).
- Werk-Vormörtel: Gemisch aus Zuschlägen und Luftkalk (CL, DL), Wasserkalk (HL 2) und ggf. Zusätzen, das auf der Baustelle mit Wasser und ggf. zusätzlichen Bindemitteln (z.B. Zement) versetzt und anschließend gemischt wird.
- Werk-Frischmörtel: gebrauchsfertiger Mörtel in verarbeitbarer Konsistenz, der wie Transportbeton auf die Baustelle geliefert wird.
- Mehrkammer-Silomörtel: Mörtel, dessen Ausgangsstoffe in getrennten Kammern eines im Werk befüllten Silos enthalten sind. Sie werden auf der Baustelle nach einem nicht veränderbaren Programm unter Wasserzugabe gemischt und am Mischerauslauf in verarbeitbarer Form entnommen.

Werkmörtel müssen auf der Verpackung (Säcke) oder auf dem Lieferschein bzw. auf den Begleitpapieren Angaben zur Verarbeitung enthalten, Werk-Vormörtel auch über Art und Menge der Bindemittelzugabe.

4.2.3 Nichthydraulische Mörtel

Luftkalkmörtel verwenden als Bindemittel Luftkalke. Sie erhärten nur an der Luft (s. Abschn. 2.5.2). Zuschläge und verdunstender Wasserüberschuss machen den Mörtel porös; H_2CO_3 kann eindringen, der Kalkmörtel erhärtet sehr langsam von außen nach innen. Kalkmörtel haben geringe Festigkeit. Die Bindemittel sind ergiebig (höhere Mörtelausbeute). Die Kalkmörtel sind leicht zu verarbeiten und haften gut.

Das Mörtelwasser darf dem Mörtel während des Erhärtens nicht durch Zugluft, Sonnenbestrahlung oder Heizung entzogen werden. Ohne Wasser, nur mit CO_2 der Luft allein, ist ein Erhärten nicht möglich. Beim Mauern saugender Steine sowie beim Putzen trockener Putzgründe sind diese gut vorzunässen. Der Prozess der Abgabe der beim Erhärten allmählich frei werdenden Baufeuchtigkeit (siehe Abschn. 2.5.2) darf nicht durch Heizen, sondern

kann lediglich durch Zufuhr von CO_2, z.B. mittels Koksofen, beschleunigt werden.
Gipsmörtel erhärten ohne Lufteinwirkung durch Wiederaufnahme des Kristallwassers (Anmachwassers), sind jedoch nicht feuchtigkeitsbeständig (siehe Abschn. 2.2.4) und daher nur in Innenräumen (auch in Wohnküchen und -bädern) verwendbar, z.B. für Innenputz und Stuckarbeiten. Sie werden ohne und mit Sand, ggf. unter Zugabe von Kalk angemacht: Gipsmörtel, Gipssandmörtel, Gipskalkmörtel und Kalkgipsmörtel. Mischungsverhältnisse siehe Tafel 4.4 (Putzmörtel).
Anhydritbindermörtel wird wie Gipsmörtel zubereitet (siehe Abschn. 2.3).
Lehmmörtel siehe Abschn. 1.2.14b.

4.2.4 Hydraulische Mörtel

Hydraulische Mörtel stellt man unter Verwendung von Sand und hydraulischen Kalken und/ oder Zement her: Kalkmörtel, Kalk-Zement-Mörtel, Zementmörtel.
Bei Verwendung hydraulischer Kalke benötigen Mörtel zur Erhärtung zunächst einige Tage Luftzutritt (siehe Abschn. 2.5.3) und erhärten dann wie Zementmörtel auch unter Wasser weiter. Gegenüber nichthydraulischen Mörteln haben hydraulische Mörtel eine kürzere Erhärtungszeit sowie größere Festigkeit und Witterungsbeständigkeit, haben aber wegen der hydraulischen Erhärtung nach dem Anmachen eine kürzere Verarbeitungszeit (siehe Text unter Abb. 2.7). Reine Zementmörtel schwinden stärker. Sie werden durch Kalkzusatz geschmeidiger gemacht.
Verwendung finden hydraulische Mörtel als Mauermörtel, auch für hochbelastetes Mauerwerk, und als Putzmörtel (Mischungsverhältnisse siehe Tafel 4.2 und 4.4); Kellermauerwerk; Außenputz; Fugenmörtel. Im Tief- und Wasserbau eignet sich besonders gut Trasszementmörtel wegen seiner größeren Dichtigkeit.

Tafel 4.2 Normalmörtel als Baustellenmörtel, Mischungsverhältnisse in Raumteilen

Mörtelgruppe	Luftkalk		Hydraulischer Kalk (HL 2)	Hochhydraulischer Kalk (HL 5), Putz- und Mauerbinder (MC 5)	Zement	Sand[1] aus natürlichem Gestein
	Kalkteig	Kalkhydrat				
I	1	–	–	–	–	4
	–	1	–	–	–	3
	–	–	1	–	–	3
	–	–	–	1	–	4,5
II	1,5	–	–	–	1	8
	–	2	–	–	1	8
	–	–	2	–	1	8
	–	–	–	1	–	3
IIa	–	1	–	–	1	6
	–	–	–	2	1	8
III	–	–	–	–	1	4
IIIa[2]	–	–	–	–	1	4

[1] Die Werte des Sandanteils beziehen sich auf den lagerfeuchten Zustand.
[2] Mörtelgruppe IIIa hat eine höhere Festigkeit als Mörtelgruppe III, was vor allem durch besonders günstig zusammengesetzten Sand erreicht wird.

4.3 Mauermörtel

Mauermörtel nach DIN 18 555-1 bis -9 dient zur Herstellung von Mauerwerk aus natürlichen, keramischen und mineralisch gebundenen Bausteinen. Seine Festigkeit bestimmt maßgeblich die Tragfähigkeit des Mauerwerks.

Man unterscheidet (s.u.) Normalmörtel NM, Leichtmörtel LM und Dünnbettmörtel DM (für Plansteinmauerwerk). Die Zusammensetzung von Leicht- und Dünnbettmörtel ist aufgrund einer Eignungsprüfung festzulegen. Leichtmörtel ist nicht zulässig für Gewölbe und der Witterung ausgesetztes Sichtmauerwerk, Dünnbettmörtel nicht für Gewölbe.

Bindemittel für Mauermörtel sind Baukalk, Zement und Putz- und Mauerbinder (siehe Abschn. 2.8, MC-Binder; früher PM-Binder).

Der Sand muss gemischtkörnig sein und darf mörtelschädliche Bestandteile nur in begrenztem Umfang enthalten: abschlämmbare Bestandteile ≤ 8 %, fein verteilte, organische Stoffe nur bis zu gelber Verfärbung im Natronlaugeversuch (siehe Abschn. 3.4), anderenfalls sind Eignungsprüfungen erforderlich.

Zusatzstoffe können Trass, Betonzusatzstoffe (siehe Abschn. 2.6 und 5.2.5) sowie geeignete Farbpigmente (DIN EN 12 878) sein.

Zusatzmittel wie bei Beton (s. Abschn. 5.2.4). Sie müssen ein Prüfzeichen des Instituts für Bautechnik Berlin besitzen. Außerdem ist vor Verwendung auf der Baustelle eine Eignungsprüfung im Labor durchzuführen.

Normalmörtel (NM): Trockenrohdichte $\rho_d \geq 1,5$ kg/dm³; Zuschlag mit dichtem Gefüge nach DIN 4226-1; Zusammensetzung und Mörtelgruppen siehe Tafel 4.2, Anforderungen Tafel 4.3.

Leichtmörtel (LM): Trockenrohdichte $\rho_d < 1,5$ kg/dm³; i.d.R. poriger Zuschlag nach DIN 4226-2 oder Perlite. Wenn $\rho_d \leq 1,0$ kg/dm³, dann Wärmedämmmörtel; nur als Werk-Trockenmörtel oder Werk-Frischmörtel hergestellt, Einteilung nach der Wärmeleitfähigkeit: LM 21 mit $\rho_d \leq 0,7$ kg/dm³ und $\lambda \leq 0,18$ W/(m· K), LM 36 mit $\rho_d \leq 1,0$ kg/dm³ und $\lambda \leq 0,27$ W/(m· K).

Tafel 4.3 Anforderungen an Mauermörtel nach DIN EN 998-2 und DIN V 20 000-412

<table>
<tr><th rowspan="2">Geforderte Mörtel-gruppe nach DIN 1053</th><th colspan="8">Erforderliche Mörteleigenschaften nach DIN EN 998-2 und DIN V 20 000-412</th></tr>
<tr><th>Druck-festig-keits-klasse</th><th>Trocken-rohdichte
kg/m³</th><th>Wärme-leitfähig-keit
W/(m · K)</th><th>Verbund-festigkeit[1)]
N/mm²</th><th>Chlorid-gehalt
M.-%</th><th>Verarbeit-barkeits-zeit
h</th><th>Korrigier-barkeits-zeit
min</th><th>Brandver-haltens-klasse</th></tr>
<tr><td colspan="9">Normalmauermörtel</td></tr>
<tr><td>I</td><td>M 2,5</td><td rowspan="5">≥ 1500</td><td rowspan="5">Keine Anforde-rung</td><td>–</td><td rowspan="5">≤ 0,1</td><td rowspan="5">Keine Anforde-rung</td><td rowspan="5">Keine Anforde-rung</td><td rowspan="5">A 1</td></tr>
<tr><td>II</td><td>M 5</td><td>≥ 0,04</td></tr>
<tr><td>IIa</td><td>M 10</td><td>≥ 0,08</td></tr>
<tr><td>III</td><td>M 15</td><td>≥ 0,10</td></tr>
<tr><td>IIIa</td><td>M 30</td><td>≥ 0,12</td></tr>
<tr><td colspan="9">Leichtmauermörtel</td></tr>
<tr><td>LM 21</td><td>M 10</td><td>≤ 700</td><td>≤ 0,18</td><td>≥ 0,08</td><td rowspan="2">≤ 0,1</td><td rowspan="2" colspan="2">Keine Anforderung</td><td rowspan="2">A 1</td></tr>
<tr><td>LM 36</td><td>M 10</td><td>> 700
≤ 1000</td><td>≤ 0,27</td><td>≥ 0,08</td></tr>
<tr><td colspan="9">Dünnbettmörtel[2)]</td></tr>
<tr><td>DM</td><td>M 15</td><td>≥ 1300[3)]</td><td>k.A.</td><td>≥ 0,20</td><td>≤ 0,1</td><td>≥ 4</td><td>≥ 7</td><td>A 1</td></tr>
<tr><td colspan="9">[1)] Maßgebende Verbundfestigkeit nach DIN EN 1052-3 mit der Anfangsscherfestigkeit (Referenzsteine) multipliziert mit dem Prüffaktor 1,2.
[2)] Nur mit Gesteinskörnung bis zu einem Größtkorn von 1,0 mm zulässig.
[3)] Der Wert ist als Anhaltswert zu verstehen.</td></tr>
</table>

Dünnbettmörtel (DM): Zementmörtel der Mörtelgruppe III (MG III) mit Sand der Korngröße ≤ 1 mm und Zusätzen, die u.a. verhindern sollen, dass aus der dünnen Mörtelschicht der Lagerfuge (Dicke 1 bis 3 mm) dem Zement das zur Hydratation erforderliche Wasser vorzeitig entzogen wird, stark saugende Steine ggf. vornässen. Anwendung nur für Plansteine. Dünnbettmörtel wird nur als Werk-Trockenmörtel geliefert. Mittelbettmörtel (Größtkorn des Zuschlags 2 bis 3 mm) hat Fugendicken von 5 bis 7 mm und kann bei Steintoleranzen von ± 3 mm verwendet werden.

Nach DIN EN 1996-3 (2010-12) und DIN EN 1996-3/NA (2012–01) gilt für die einzelnen Mörtelgruppen von Normalmörtel:

Mörtelgruppe I (MG I): zulässig bis max. zwei Vollgeschosse, bei Wanddicken ≥ 24 cm; nicht zulässig für Gewölbe, bewehrtes Mauerwerk, Kellermauerwerk (außer bei Instandsetzung von altem, mit MG I hergestelltem Mauerwerk), Außenschale bei zweischaligen Außenwänden.

Mörtelgruppe II und IIa: keine Einschränkungen; Druckfestigkeit ≥ 2,5 N/mm² (MG II) und ≥ 5 N/mm² (MG IIa). Beide Mörtelgruppen sollen nicht gleichzeitig auf der Baustelle verwendet werden (Verwechslungsgefahr).

Mörtelgruppe III und IIIa: nicht zulässig für das Vermauern der Außenschale von zweischaligem Außenmauerwerk (außer nachträglichem Verfugen), Druckfestigkeit ≥ 10 N/mm² (MG III) und ≥ 20 N/mm² (MG IIIa). Anwendung bei bewehrtem Mauerwerk Vorschrift.

4.4 Putzmörtel

Normen

DIN EN 998-1	(2010–12)	Festlegungen für Mörtel im Mauerwerksbau Teil 1: Putzmörtel
DIN EN 13 279-1	(2008–11)	Gipsbinder und Gips-Trockenmörtel – Begriffe und Anforderungen
DIN EN 13 279-2	(2014–03)	Gipsbinder und Gips-Trockenmörtel – Prüfverfahren
DIN 18 550-1	(2014–12)	Putz und Putzsysteme – Ausführung
DIN 18 558	(1985–01)	Kunstharzputze; Begriffe, Anforderungen, Ausführung

4.4.1 Allgemeines

Putzmörtel dienen der Herstellung von Putz auf Wänden und Decken. Sie werden heute vorwiegend als Werkmörtel (Trocken- oder Frischmörtel) verarbeitet. Putz wird einlagig, doppellagig (Unter- und Oberputz) oder mehrlagig aufgebracht. Der Unterputz ist dabei die tragende Schicht des Putzes.

a) Die Aufbringung geschieht per Hand oder heute oft mit Spritzmaschinen (Spritzputz). Dazu muss der Mörtel geschmeidig und gut haftend sein und darf nicht zu schnell erhärten. Zur besseren Haftung oder bei schwachem oder ungleichmäßigem Saugvermögen des Putzgrundes kann zunächst ein sämiger Spritzbewurf aus Zement und grobkörnigem Sand aufgebracht werden. Die Oberfläche des Putzes kann unterschiedlich gestaltet werden. Bei Außenputz z.B. als Rapp-, Kellen-, Rau- oder Kratzputz und gewaschener Putz, bei Innenputz z.B. als gescheibter, gefilzter oder geglätteter Putz.
b) Als Putzgrund kommen Beton, Mauersteine (Ziegel, KS-Steine, Porenbetonsteine) oder Holzwolle-Leichtbauplatten in Frage. Auf schlechtem oder ungeeignetem Putzgrund werden Putzträger aufgebracht, z.B. Rohrgewebe, Staußziegelgewebe (Drahtziegelgewebe, Ziegelrabitz, Sterndelrabitz), Drahtgewebe (sog. Rabitzgewebe; nach dem Berliner Baumeister Rabitz, 1878), Rippenlochmetall, Streckmetall und Rippenstreckmetall (z.B. Flach-, Voll- oder Lochrip, ggf. galvanisch verzinkt und volllackiert für Feuchträume oder bei korrosionsfördernder Umgebung; Kurzzeichen: F), Holzwolle-Leichtbauplatten, Mehrschichtplatten oder Gipskarton-Putzträgerplatten.
c) Eine besondere Bedeutung kommt der Kornzusammensetzung der Mörtelsande zu: Natursande, Brechsand, Schlackensand, in Sonderfällen mineralische Fasern (z.B. Schlackenwolle, Glasfasern), leichte organische oder mineralische Zuschläge, wie z.B. Sägespäne oder Perlite. Die Mörtelsande sollen gemischtkörnig mit einer möglichst geringen Hohlräumigkeit sein. Besonders geeignet sind Sande, deren Anteil mit einem Korndurchmesser von 0 bis 0,25 mm zwischen 10 und 30 Gew.-% liegt. Die Kornform soll möglichst gedrungen sein. Der Anteil an abschlämmbaren Bestandteilen ≤ 0,063 mm (Ton, Lehm) soll ≤ 5 Masse-% sein, der Durchmesser des Größtkorns ≤ 1/3 der Putzlagendicke. Für Spritzbewurf und Unterputz Sand 0/4.
d) Als Bindemittel dürfen für Putzmörtel verwendet werden: Baukalk, PZ, EPZ, HOZ, TrZ, Baugips, Anhydritbinder, MC-Binder. Mischungsverhältnisse siehe Tafel 4.4.

Tafel 4.4 Mischungsverhältnisse in Raumteilen von Putzmörtel

Zeile	Mörtelgruppe		Mörtelart	Baukalk DIN 1060-1[7]				Putz- und Mauerbinder	Zement	Baugipse ohne werkseitig beigegebene Zusätze		Anhydritbinder	Sand[1]
				Luftkalk Wasserkalk		Hydraulischer Kalk	Hochhydraulischer Kalk[8]						
				Kalkteig Rohdichte	Kalkhydrat					Stuckgips	Putzgips		
					Schüttdichte der Ausgangsstoffe[2] in kg/dm³								
				1,25[3]	0,5	0,8	1,0	1,0	1,2	0,9	0,9	1,0	1,3[4]
1 2	P I	a	Luftkalkmörtel	1,0[6]	1,0[6]								3,5 bis 4,5 3,0 bis 4,0
3 4		b	Wasserkalkmörtel	1,0	1,0								3,5 bis 4,5 3,0 bis 4,0
5		c	Mörtel mit hydraulischem Kalk			1,0							3,0 bis 4,0
6	P II	a	Hochhydraulischer Kalkmörtel, Mörtel mit Putz- und Mauerbinder				1,0	1,0					3,0 bis 4,0 3,0 bis 4,0
7		b	Kalkzementmörtel	1,5	2,0				1,0 1,0				9,0 bis 11,0 9,0 bis 11,0
8	P III	a	Zementmörtel mit Kalkzusatz		≤ 0,5				2,0				6,0 bis 8,0
9		b	Zementmörtel						1,0				3,0 bis 4,0
10	P IV	a	Gipsmörtel							1,0[5]			–
11		b	Gipssandmörtel							1,0[5]			1,0 bis 3,0
12		c	Gipskalkmörtel		1,0						1,0 bis 2,0		3,0 bis 4,0
13		d	Kalkgipsmörtel		1,0						0,2 bis 0,5		3,0 bis 4,0

[1] Die Werte dieser Tafel gelten nur für mineralische Zuschläge mit dichtem Gefüge.
[2] Schüttdichte in kg/dm³, die bei der Umrechnung von Raumteilen in Gewichtsteile zugrunde zu legen sind, wenn die Schüttdichten nicht bekannt sind.
[3] Für die nachträgliche Bestimmung des Mischungsverhältnisses ist bei Kalkteig mit einem Feuchtigkeitsgehalt von 65 Masse-%, bezogen auf das Teiggewicht, bei Branntkalk mit einer Ergiebigkeit von 28 Liter/10 kg zu rechnen, falls die Kennwerte des verarbeiteten Kalks nicht bekannt sind.
[4] Bei etwa 2 bis 5 Masse-% Feuchtigkeit, bezogen auf den trockenen Sand.
[5] Um die Geschmeidigkeit zu verbessern, kann Weißkalk in geringen Mengen, zur Regelung der Versteifungszeiten können Verzögerer zugesetzt werden.
[6] Ein begrenzter Zementzusatz ist zulässig.
[7] In der Putznorm DIN V 18 550 beziehen sich die Mischungsverhältnisse noch auf die früheren Kalkbezeichnungen.
[8] Bezeichnungen nach neuer Kalknorm: HL 5.

Tafel 4.5 Außenwandputze und Außendeckenputze

Zeile	Anforderung bzw. Putz-anwendung	Mörtelgruppe für Unterputz	Druckfestigkeits-kategorie des Unterputzes DIN EN 998-1	Mörtelgruppe bzw. Beschich-tungsstofftyp für Oberputz	Druckfestigkeits-kategorie des Oberputzes DIN EN 998-1
1	ohne besondere Anforderung	–	–	P I	CS I
2		P I	CS I	P I	CS I
3 a		–	–	P II	CS II
3 b		–	–	P II	CS III
4 a		P II	CS II	P I	CS I
4 b		P II	CS III	P I	CS I
5 a		P II	CS II	P II	CS II
5 b		P II	CS III	P II	CS II
5 c		P II	CS III	P II	CS III
6		P II	CS III	P Org 1	–
7		–	–	P Org 1[1)]	–
8		–	–	P III	CS IV
9	wasserhem-mend	P I	CS I	P I	CS I
10		–	–	P I	CS I
11 a		–	–	P II	CS II
11 b		–	–	P II	CS III
12 a		P II	CS II	P I	CS I
12 b		P II	CS III	P I	CS I
13 a		P II	CS II	P II	CS II
13 b		P II	CS III	P II	CS II
13 c		P II	CS III	P II	CS III
14		P II	CS III	P Org 1	–
15		–	–	P Org 1[1)]	–
16		–	–	P III	CS IV
17	wasserabwei-send	P Ic	CS I	P I	CS I
18 a		P II	CS II	P I	CS I
18 b		P II	CS III	P I	CS I
19		–	–	P I	CS I
20 a		–	–	P II	CS II
20 b		–	–	P II	CS III
21 a		P II	CS II	P II	CS II
21 b		P II	CS III	P II	CS II
21 c		P II	CS III	P II	CS III
22		P II	CS III	P Org 1	–
23		–	–	P Org 1[1)]	–
24		–	–	P III	CS IV
25	Kellerwand-außenputz	–	–	P III[2)]	CS IV
26	Außensockel-putz	–	–	P III[2)]	CS IV
27		P III	CS IV	P III[2)]	CS IV
30		P III	CS IV	P II[2)]	CS III
31		P II	CS III	P II[2)]	CS II[3)]
32[4)]		P II	CS II[2)]	P II[2)]	CS II[3)]

[1)] Nur bei Beton mit geschlossenem Gefüge als Putzgrund.
[2)] Ein Sockelputz sowie ein Kelleraußenwandputz sind im erdberührten Bereich immer abzudichten. Der Putz dient als Träger der vertikalen Abdichtung.
[3)] > 2,5 N/mm^2
[4)] Gilt nur für Sanierputze.

Tafel 4.6 Innenwandputze

Zeile	Anforderung bzw. Putzanwendung	Mörtelgruppe für Unterputz	Druckfestigkeitskategorie des Unterputzes DIN EN 998-1	Mörtelgruppe bzw. Beschichtungsstofftyp für Oberputz[1]	Druckfestigkeitskategorie des Oberputzes DIN EN 998-1
1	übliche Beanspruchung	–	–	P I	CS I
2		P I	CS II	P I	CS I
3		–	–	P II	CS II
4 a		P II	CS II	P I	CS I
4 b		P II	CS II	P II	CS II
4 c		P II	CS II	P IV	[2]
4 d		P II	CS II	P Org 1	–
4 e		P II	CS II	P Org 2	–
5		–	–	P III	CS IV
6 a		P III	CS III	P I	CS I
6 b		P III	CS III	P II	CS II
6 c		P III	CS IV	P II	CS III
6 d		P III	CS IV	P III	CS IV
6 e		P III	CS III	P Org 1	–
6 f		P III	CS III	P Org 2	–
7		–	–	P IV	[2]
8 a		P IV	[2]	P I[4]	CS I
8 b		P IV	[2]	P II[4]	CS II
8 c		P IV	[2]	P IV	[2]
8 d		P IV	[2]	P Org 1	–
8 e		P IV	[2]	P Org 2	–
9 a		–	–	P Org 1[3]	–
9 b		–	–	P Org 2[3]	–
10	Feuchträume	–	–	P II	CS II
11		P II	CS II	P I4)	CS I
12 a		P II	CS II	P II	CS II
12 b		P II	CS III	P Org 1	–
13 a		–	–	P III	CS III
13 b		–	–	P III	CS IV
14 a		P III	CS III	P II	CS II
14 b		P III	CS IV	P III	CS IV
14 c		P III	CS III	P Org 1	–
14 d		P III	CS IV	P Org 1	–
15		–	–	P Org 1[3]	–

[1] Oberputze dürfen mit abschließender Oberflächengestaltung oder ohne ausgeführt werden (z.B. bei zu beschichtenden Flächen).
[2] Druckfestigkeit ≥ 2,0 N/mm^2.
[3] Nur bei Beton mit geschlossenem Gefüge als Putzgrund.
[4] Dünnlagige Oberputze.

4.4.2 Anforderungen an Putzmörtel

Aufgabe des Putzes ist es, Wände und Decken vor direkten Witterungseinflüssen zu schützen und in Innenräumen zur Regulierung der Luftfeuchtigkeit beizutragen, also ausreichend wasserdampfdurchlässig zu sein und dadurch Feuchtigkeit aufnehmen und abgeben zu können. Um diese Aspekte erfüllen zu können, muss allerdings auf die Applikationsmaterialien wie Farben (Mineralfarben dampfoffen, Dispersionsfarben bremsend bis sperrend (Latex)) besonderes Augenmerk gelegt werden.

Einteilung der Putze

Die DIN EN 998-1 unterscheidet folgende Putzmörtel und Abkürzungen:

- Normalputzmörtel GP
- Leichtputzmörtel LW
- Edelputzmörtel CR
- Einlagenputzmörtel OC
- Sanierputzmörtel R
- Wärmedämmputzmörtel T

Die Putze werden nach Art, Anwendung, Putzgrund, Lagen, Mörtel und Putzweise bezeichnet. Die nationale Ausführungsnorm DIN 18 550 nennt weiterhin die folgenden Putzmörtelgruppen:

- P I Luftkalkmörtel; Wasserkalkmörtel, Mörtel mit hydraulischem Kalk,
- P II Kalkzementmörtel, Mörtel mit hochhydraulischem Kalk oder mit Putz- und Mauerbinder,
- P III Zementmörtel mit oder ohne Zusatz von Kalkhydrat,
- P IV Gipsmörtel und gipshaltige Mörtel.

Außerdem werden weiterhin an den Regenschutz folgende Anforderungen gestellt:

Wasserhemmendes Putzsystem $0{,}5 < w < 2{,}0$ kg/(m² × $h^{0,5}$)

Wasserabweisendes Putzsystem $w < 0{,}5$ kg/(m² × $h^{0,5}$).

Putzmörtel werden im Gegensatz zu Mauermörtel mechanisch weniger beansprucht, sodass der Festigkeit i.d.R. keine beherrschende Bedeutung zukommt. Es werden im Gegenteil Mörtel bevorzugt, die ausreichend elastisch (weich) sind, damit es infolge von Temperatur- und Feuchtigkeitsschwankungen nicht zu Putzrissen kommt. Wichtig ist weiterhin die gute Haftung am Putzgrund und der einzelnen Putzlagen untereinander. Die Mörtelfestigkeit der einzelnen Putzlagen soll vom Putzgrund nach außen hin abnehmen. Der Oberputz kann sich ablösen, wenn er fester ist als der Unterputz.

Außenputze (siehe Tafel 4.5) müssen zusätzlich witterungsbeständig, ggf. auch wasserhemmend oder wasserabweisend sein. Sockelputze und Außenputze unterhalb der Erdoberfläche müssen eine besonders geringe Wasseraufnahmefähigkeit sowie ausreichende Frostbeständigkeit und Druckfestigkeit (5 bis 10 N/mm²) besitzen. Sie müssen sich als Untergrund für wassersperrende bzw. abdichtende Maßnahmen (DIN 18 195) eignen.

Innenputze (siehe Tafel 4.6) müssen eine gute Wasserdampfdurchlässigkeit und ein gutes Kapillarsaugvermögen (s.o.) besitzen und sich als Untergrund für Anstriche und Tapeten eignen, in Sonderfällen auch für dichte Anstriche, schwere Tapeten, Kunststoffbeschichtungen und Schallschluckplatten (Druckfestigkeit dann mind. 2,5 N/mm²). Für Treppenhäuser,

Flure in Schulen o.Ä. muss der Putz eine erhöhte Abriebfestigkeit und ebenfalls eine Druckfestigkeit von mind. 2,5 N/mm^2 besitzen.

4.4.3 Leichtputze

Leichtputze (P I oder P II) werden nur als Werkmörtel hergestellt und haben eine niedrige Trockenrohdichte (0,6 bis 1,3 kg/dm^3). Als Zuschlag enthalten sie mineralische und/oder organische Zuschläge mit porigem Gefüge, z.B. Blähton, Perlite oder EPS-Perlen. Verwendung finden sie als Putz von Mauerwerk aus Porenbeton- oder Leichtbetonsteinen oder aus Leichtziegeln mit unvermörtelter Stoßfuge und Leichtmauermörtel. Leichtputze finden auch als schallschluckende Putze Anwendung.

4.4.4 Kunstharzputze

Kunstharzputze nach DIN 18 558 (1985–01) sind Beschichtungen mit putzartigem Aussehen aus organischen Bindemitteln (i.d.R. Polymerisatharzdispersionen oder -lösungen) und mineralischen oder ebenfalls organischen Zuschlägen (auch als Füllstoff bezeichnet, Korngröße überwiegend > 0,25 mm). Sie werden verarbeitungsfertig vom Hersteller geliefert. Zur Regulierung der Konsistenz sind lediglich geringe Zugaben von Wasser oder Lösungsmittel zulässig. Die Kunstharzputze werden in zwei Typen unterteilt: P Org 1 für Außen- und Innenputz, P Org 2 nur für Innenputz. Sie werden häufig als dünne Streich- oder Spachtelputze ausgeführt und haben eine breite Anwendung als Deckschicht außenliegender Wärmedämmsysteme (Thermohaut) gefunden. Die Wasserdampfdurchlässigkeit ist, auch je nach Schichtdicke, niedriger als bei mineralischen Putzen.

4.4.5 Wärmedämmputze

Wärmedämmputze werden ebenfalls als Werkmörtel geliefert und besitzen als Zuschlag expandiertes Polystyrol (EPS) und/oder Perlite bzw. Vermiculite. Sie besitzen Rohdichten von 0,15 bis 0,60 kg/dm^3 und Wärmeleitzahlen von 0,08 bis 0,20 W/(m · K). Die Wärmedämmung eines 2 cm dicken Wärmedämmputzes entspricht etwa der einer 115 mm dicken Ziegelwand.

Wärmedämmputzsysteme (BaustoffklasseB1) nach DIN 18 550-3 bestehen aus einem Wärmedämmputz als Unterputz (Dicke 20 bis max. 100 mm) und einem Oberputz (Dicke 8 bis 15 mm), der den Unterputz vor Feuchtigkeitseinwirkung und mechanischer Beschädigung schützen soll.

Wärmedämm-Verbundsysteme bestehen aus Dämmschichtplatten, z.B. aus EPS mit rauer Oberfläche, oder Faserdämmstoffen, z.B. Mineralwolle, die auf den Untergrund aufgeklebt, ggf. zusätzlich angedübelt, und anschließend mit einem Armierungsmörtel mit eingelegtem Armierungsgewebe überzogen werden. Darauf kommt ein Oberputz (P Ic oder P II oder Leichtputz mit Oberputz).

Problematisch kann auch hier die Erhöhung des sd-Wertes sein. Es bedarf der sorgfältigen Planung.

4.4.6 Brandschutzputze

Brandschutzputze dienen der Feuerschutzbekleidung von Bauteilen. Dafür kommen Putze P II oder P IV oder Perlite- und Vermiculiteputze in Frage. Sie können ohne Putzträger auf Mauerwerk oder Beton, auf einer mind. 5 mm dicken Spritzbewurfschicht aufgebracht werden. Auf Stahlteilen oder sehr glattem Beton (Stahlschalung!) müssen zunächst Putzträger ausreichend fest verankert werden, z.B. Ziegeldrahtgewebe, Drahtgewebe, Streckmetall oder Rippenstreckmetall. Perlite- und Vermiculiteputze sind i.d.R. zweilagig aufzubringen: Unterputz (Dicke mind. 10 mm) ohne Sand, Oberputz (Dicke ca. 5 mm) mit bis zu 30 % Sand 0/1. Die Dicke von Brandschutzputzen, z.B. P II oder P IVc auf Stahlstützen mit Putzträger, schwankt zwischen 15 mm (F 30-A) und 65 mm (F 180-A).

4.4.7 Sanierputze

Sanierputze werden verwendet zur Sanierung von Putzschäden auf Mauerwerk, die z.B. durch aufsteigende Feuchtigkeit wegen fehlender oder defekter Sperrschicht oder Abdichtung entstanden sind, oder durch Spritzwasser oder schädliche, aus dem Boden aufsteigende Salze oder Streusalze im Sockelbereich. Diese Mörtel haben geringes Saugvermögen, gute Wasserdurchlässigkeit und hohe Porosität. Dadurch kann keine neue Feuchtigkeit tief eindringen oder aufsteigen, das Mauerwerk allmählich austrocknen und evtl. im Mauerwerk vorhandene Salze im Putz ohne schädigende Wirkung auskristallisieren. Zur Anlegung einer nachträglichen horizontalen Feuchtigkeitssperre im Mauerwerk gibt es Sperrflüssigkeiten auf der Basis von Wasserglas (K_2SiO_3) sowie Edelstahlbleche oder Paraffintränkungen. Siehe auch WTA Merkblatt 2-9-04/D.

4.5 Weitere Mörtelarten

a) Fugenmörtel wird zum Verfugen von Verblendmauerwerk oder Natursteinmauerwerk in den Mörtelgruppen I bis III verwendet. Der Fugenmörtel muss wasserundurchlässig und wetterfest sein und sehr steif gehalten werden. Fugen 1,5 bis 2 cm tief auskratzen und vor dem Verfugen längere Zeit vornässen und, falls das Mauerwerk vorher abgesäuert werden musste, gründlich nachspülen, damit keine Säurereste in den ausgekratzten Fugen verbleiben.
Der Bindemittelgehalt ist etwas höher als beim Mauermörtel; Farbzusätze sind möglich. Die Korngröße des Sandes soll 2 mm nicht überschreiten. Besonders geeignet sind trasshaltige Mörtel (Zement + hochhydraulischer Trasskalk oder + Trasspulver), da der Trass einen besonders wasserdichten Mörtel ergibt (siehe auch Abschn. 2.6 und 2.7.3).
b) Feuerfeste Mörtel für Feuerungsanlagen sind Gemische aus feuerfesten Magerungsmitteln und Zuschlägen mit Binde- und Sinterungseigenschaften: Schamottemörtel (S), Silicatmörtel (Si), Korundmörtel (K), Silicatcarbidmörtel (SiC) und Magnesitmörtel (M).
c) Einpressmörtel nach DIN EN 447 (1996–07) wird in die Hüllrohre der Spannbetonstähle eingepresst, um den Verbund zwischen Beton und Spannstahl herzustellen und die Spannstähle vor Korrosion zu schützen (s.a. Abschn. 6.2). Er muss eine solche Konsistenz besitzen, dass er beim Einpressen die Hüllrohre ausreichend ausfüllt und Wasser und Luft aus ihnen austreibt. Einpressmörtel besteht aus Zement (PZ CEM I; ggf. + Hochofenschlacke, Anteil max. 20 %), Wasser (Wasserzementwert 0,35 bis 0,45) und Zusatzmitteln (Einpresshilfen EH; bewirken Plastifizierung des Mörtels und geringes Quellen beim Erhärten). Der Chloridgehalt im Mörtel muss $\leq$ 0,1 Masse-% des Zementgewichts sein, die Festigkeit nach 28 Tagen $\geq$ 30 N/mm², gemessen an 4 × 4 × 16-cm-Prismen.
d) Reine Kunstharzmörtel enthalten als Bindemittel Kunstharze (UP, EP, PUR, PMMA; siehe Kapitel 13) und besitzen eine hohe Festigkeit, bis 150 N/mm². Kunstharze werden auch

zementgebundenen Mörteln zur Erhöhung der Festigkeit zugesetzt. Anwendung z.B. als dünne Fußbodenbeläge in Industriebetrieben, als Oberflächenschutz gegen aggressive Wässer sowie als schnell härtende Flick- und Reparaturmörtel. Kunstharzgebundene Putze bestehen aus Dispersionen von Mischpolymerisaten (PVC, PMMA u.a.) und mineralischen Füllstoffen.

e) Saniermörtel werden bei Betonsanierungen für Handverarbeitung oder Trockenspritzverfahren als Haftbrücke (Körnung 0 bis 0,4 mm) oder Reparaturmörtel (0 bis 4 mm) oder Spritzbeton (0 bis 8 mm) verwendet. Als Zusatzstoff wird ggf. Silicastaub zur Erhöhung der Festigkeit und Verringerung des Rückpralls zugegeben.

f) Vergussmörtel werden verwendet zum Vergießen von Fertigtreppen, Befestigen von Stahlankern und -bolzen, Befestigen bzw. Unterfüllen von Maschinen und Kranbahnschienen auf dem Fundament. Sie sind fließfähig, dimensionsstabil, schlagfest, frost- und tausalzbeständig. Es gibt sie normal abbindend (Verarbeitungszeit ca. 60 Min.) und schnell bindend (ca. 8 Min.).

g) Pflasterfugenmörtel werden für wasserdurchlässige Verfugung von Pflastersteinen aus Naturstein verwendet. Sie bestehen aus Kunstharzbindemitteln und besonders aufbereiteten Zuschlägen. Die Lieferung erfolgt in feuchtegeschützten Säcken mit getrennter Harzkomponente, die Erhärtung erfolgt durch Einwirkung von Luftsauerstoff. Das Material wird nach dem Mischen auf die Pflasterfläche aufgeschüttet, mit Gummiwischern in Fugen eingebracht und eingedrückt.

h) Weitere Mörtel, u.a.
   - Edelputzmörtel, z.B. für Reibeputz, Rauputz, Kratzputz und Kellenwurfputz
   - Fliesenkleber und -ansetzmörtel für keramische Materialien sowie die dazu erforderlichen Fugenmörtel und Schlämmmörtel, auch als Kunstharz-Dispersionskleber
   - Dachdeckermörtel zum Verlegen von Trauf-, Grat- und Firstziegeln sowie als Verstrichmörtel
   - Glasbausteinmörtel
   - Trassmörtel zum Ansetzen und Verlegen von Natursteinplatten im Dickbettverfahren

4.6 Estriche

Normen

DIN 4109	(1989–11)	Schallschutz im Hochbau
DIN 1100	(2004–05)	Hartstoffe für zementgebundene Hartstoffestriche
DIN 18 202	(2013–04)	Toleranzen im Hochbau; Bauwerke
DIN 18 560		Estriche im Bauwesen
-1	(2015–11)	Begriffe, Allgemeine Anforderungen, Prüfung
-2	(2009–09)	Estriche und Heizestriche auf Dämmschichten (schwimmende Estriche)
-3	(2006–03)	Verbundestriche
-4	(2012–06)	Estriche auf Trennschicht
-7	(2004–04)	Hochbeanspruchbare Estriche (Industrieestriche)
DIN EN 13 318	(2000–12)	Estrichmörtel und Estriche – Begriffe
DIN EN 13 813	(2003–01)	Estrichmörtel, Estrichmassen und Estriche – Eigenschaften und Anforderungen
DIN EN 13 892		Prüfverfahren für Estrichmörtel und Estrichmassen
DIN EN 13 892-3	(2015–03)	Bestimmung des Verschleißwiderstandes nach Böhme
DIN EN 13 892-6	(2003–02)	Bestimmung der Oberflächenhärte

DIN EN 13 892-8	(2003–02)	Bestimmung der Haftzugfestigkeit
DIN EN 12 697-20	(2012-06)	Asphalt – Prüfverfahren für Heißasphalt – T 20: Eindringversuch an Würfeln oder zylindrischen Probekörpern
DIN 18 354	(2015–08)	Gussasphaltarbeiten

AGI-Arbeitsblätter der Arbeitsgemeinschaft Industriebau e.V. (Adresse siehe Abschn. 18.0) als Ergänzung zur DIN 18 560 u.a. zu den Themen Zementestrich/Zementgebundener Hartstoffestrich, Konventioneller Anhydritestrich, Gussasphaltestrich, Reaktionsharzestrich.

4.6.1 Allgemeines

a) Estriche gemäß DIN EN 13 318 werden nach der Art des verwendeten Bindemittels als Calciumsulfatestrich CA, Magnesiaestrich MA, Zementestrich CT oder Gussasphaltestrich AS bezeichnet. Die Estriche werden nach Festigkeitsklassen unterschieden: z.B. CA 12 bis 40 (vier Klassen) oder MA 5 bis MA 50 (sieben Klassen). Die Zahl bedeutet die kleinste Druckfestigkeit nach 28 Tagen, gemessen an 4 × 4 × 16-cm-Prismen (wie bei Zementprüfung, siehe Abschn. 2.7.6c). Estriche können auch im Trockenbau aus vorgefertigten Estrichelementen (siehe z.B. Abschn. 2.2.6 und 2.2.8) hergestellt werden.
b) Nach der Verbindung mit dem Untergrund unterscheidet man:
   - Verbundestriche: werden direkt auf den tragenden Untergrund aufgebracht, ggf. auf einer Haftbrücke (Anstrich, dünne Schicht)
   - Estriche auf Trennschicht: werden durch eine dünne Zwischenlage, z.B. Folien, Ölpapier, Pappe, vom tragenden Untergrund getrennt
   - Schwimmende Estriche: werden als lastverteilende Platte auf einer Dämmschicht aufgebracht, sind auf der Unterlage beweglich, haben keine direkte Verbindung zu den angrenzenden Bauteilen (Schallschutz), auch als Heizestriche
   - Heizestriche

4.6.2 Zementestrich CT (cementious screed)

Für die Herstellung von Zementestrich gelten die gleichen Grundsätze wie für Beton. Festigkeitsklassen CT 12 bis CT 50 (fünf Klassen; Prüfung wie bei Zement). Günstig sind Korngemische 0/8 (Estrichdicke ≤ 4 cm) und 0/16 im Sieblinienbereich A/B (obere Hälfte; siehe Abb. 3.4), Zementgehalt 340 bis 480 kg/m^3. Estriche im Freien sollen wegen des Frostschutzes mit LP-Mitteln hergestellt werden (siehe Abschn. 5.2.4d). Fugen sind etwa alle 5 bis 6 m anzuordnen.

Tafel 4.7 Verschleißwiderstandsklassen nach Böhme für Zement- und sonstige Estrichmörtel

Klasse	A 22	A 15	A 12	A 9	A 6	A 3	A 1,5
Abriebmenge in cm^3/50 cm^2	22	15	12	9	6	3	1,5

Terrazzo ist ein Zementestrich mit weißem und/oder farbigem Zuschlag aus schleif- und polierbarem Gesteinsmaterial, z.B. Marmorbruch. Zement: vorzugsweise weißer Zement („Dyckerhoff Weiß"; siehe Abschn. 2.7.4a).

4.6.3 Calciumsulfatestrich CA (calcium sulfat screed)/CAF (Fließestrich)

Calciumsulfatestrich wird aus Calciumsulfat-Binder und Sand hergestellt, gegebenenfalls unter Zugabe von Zusatzmitteln (z.B. Fließmittel). Als Bindemittel wird zunehmend auch

Calciumsulfat-Binder aus REA-Gips sowie Alpha-Halbhydrat eingesetzt. In DIN 18 560 werden Calciumsulfat-Fließestriche als nationale Festlegung mit CAF bezeichnet.
Der Estrich ist eben abzuziehen und zu verdichten (bei der stark zunehmenden Ausführung als Fließestrich kaum erforderlich), die Oberfläche gegebenenfalls abzureiben und zu glätten; die Oberfläche darf dabei nicht gepudert oder genässt werden. Die Estrichtemperatur darf bei der Herstellung und während der ersten beiden Tage +5 °C nicht unterschreiten. Während der ersten zwei Tage soll die Erhärtung nicht durch Schlagregen, starke Erwärmung, Zugluft (zu schneller Wasserentzug) oder ähnliche schädliche Einwirkungen gestört werden. Calciumsulfatestrich darf ständiger Feuchtigkeitseinwirkung nicht ausgesetzt werden. Muss mit Feuchtigkeit durch Dampfdiffusion gerechnet werden, ist eine Dampfsperre anzuordnen.

4.6.4 Gussasphaltestrich AS (mastic asphalt screed)

Gussasphaltestrich besteht aus Steinmehl (Füller), Sand, Splitt bis 5 mm (25 bis 35 Masse-%) und etwa 7 bis 10 Masse-% Bitumen, und zwar Bitumen nach DIN 1995 oder Hochvakuumbitumen oder Hartbitumen oder Gemische daraus. Härteklassen AS 10 bis AS 100 (vier Klassen; Prüfung durch Eindringtiefe eines Stempels; G 10: 1 mm bei 22 °C, Fläche 100 mm^2; G 100: 10 mm bei 40 °C, Fläche 500 mm^2). Gussasphalt ist wasserundurchlässig und unempfindlich gegenüber Feuchtigkeit.
Durch geringen Bindemittelüberschuss im Gemisch ist AS gut streichbar und wird bei einer Temperatur von ca. 220 bis 250 °C eingebaut und vor dem Erkalten mit feinem Sand abgerieben. Dicke mind. 2 cm, meist aber 3 cm. Gussasphalt-Estrich erfordert keine Fugen, ist nach 2 bis 3 Stunden begehbar und nach etwa 4 Stunden mit Bodenbelägen belegbar.

4.6.5 Hochbeanspruchbare Estriche, Industrie-Estriche

Arten von hochbeanspruchbaren Estrichen sind Gussasphaltestriche, Magnesiaestriche und zementgebundene Hartstoffestriche. Je nach der mechanischen Beanspruchung unterscheidet man die drei Beanspruchungsgruppen I (schwer), II (mittel) und III (leicht), denen die entsprechenden Festigkeits- oder Härteklassen der Estriche zugeordnet werden.
Die für zementgebundene Hartstoffestriche verwendeten Hartstoffe werden als Buchstaben hinter die Festigkeitsklassen gesetzt: CT 55 M, CT 65 A und CT 65 KS. Die Buchstaben haben die folgende Bedeutung: M = Metalle; A (Allgemein) = feste Natursteine, dichte Schlacke; K = Korund; S = Siliciumcarbid. Den Bezeichnungen der Estriche wird außerdem ein F für „hochbeanspruchbarer Estrich" angehängt. Beispiel: Hartstoffestrich DIN 18 560 – CT 65 KS – V 5/25F (V = Verbundestrich; 5 mm Hartstoffschicht; 25 mm Übergangsschicht).

4.6.6 Reaktionsharzestriche SR (synthetic resin screed)

Reaktionsharzestriche werden i.d.R. als dünne Schicht auf Beton, Estrich oder andere vorhandene Beläge aufgebracht. Sie enthalten unterschiedliche Zuschläge geringer Korngröße, oft Farbpigmente und als Bindemittel Epoxid-, Polyester-, Polymethacryl- oder Polyurethanharz. Übliche Dicke 8 bis 15 mm. Sie sind praktisch dampfdicht. Temperaturen ≥ 100 °C widerstehen sie i.d.R. nicht.

4.7 Fragen und Aufgaben zu Mörtel und Estrich

1) Welche Bedeutung hat bei Mörteln der Bindemittel- und Sandanteil?
2) Welche Arten von nichthydraulischen und hydraulischen Mörteln gibt es und wie unterscheiden sie sich voneinander?
3) Welche Arten von Werkmörteln gibt es und wie werden sie angewendet?
4) Welche Arten von Mauermörteln und Mauermörtelgruppen gibt es und wie werden sie angewendet?
5) Welche Anforderungen werden an Mauermörtel gestellt?
6) Welche Arten von Putzmörteln und Putzmörtelgruppen gibt es und wie werden sie angewendet?
7) Welche Anforderungen werden allgemein an Putzmörtel und speziell an Außen- und Innenmörtel gestellt?
8) Beurteilen Sie bitte das Ergebnis der Applikation eines Zementmörtels als Außenputz auf einem Hochlochziegel.
9) Wo und warum verwendet man Dünnbettmörtel und Wärmedämmputze?
10) Wie werden Putze zu Feuerschutzzwecken eingesetzt?
11) Erläutern Sie die Begriffe Fugenmörtel, feuerfeste Mörtel, Einpressmörtel und Kunstharzmörtel.
12) Welche Arten von Estrichen gibt es nach Art des verwendeten Bindemittels?
13) Wie unterscheidet man Estriche nach ihrer Verbindung mit dem Untergrund?
14) Wie sollte ein Zementestrich zusammengesetzt sein?
15) Was versteht man unter Terrazzo?
16) Was bedeuten die Zahlen in den verschiedenen Estrichbezeichnungen?
17) Welche Zuschlagstoffe verwendet man für hochbeanspruchbare Zementestriche?
18) Was bedeutet die Bezeichnung CT 65 KS – V 5/25 F?
19) Warum benötigen Gussasphaltestriche keine Fugen?
20) Welche Korngröße der Gesteinskörnungen bildet die Trennung von Mörtel und Beton?

5 Beton (Siehe auch [13], [21], [24], [33], [39].)

Normen		(Siehe auch in den folgenden Abschnitten des Kap. 5.)
DIN EN 206-1+	(2001–07)	Teil 1: Beton – Festlegung, Eigenschaften, Herstellung, Konformität
Änderung A1	(2004–10)	
	(2015–09)	
DIN 1045	(2001–07)	Tragwerke aus Beton, Stahlbeton und Spannbeton
-1	(2007–05)	Teil 1: Bemessung und Konstruktion; Berichtigung (2008–01)
-2	(2008–08)	Teil 2: Beton; Festlegung, Eigenschaften, Herstellung, Konformität
-3	(2008–08)	Teil 3: Bauausführung
-4	(2007–01)	Teil 4: Ergänzende Regeln für Fertigteile
DIN-Fachbericht 100		Technische Regel, 2005 DIN-FB 100 Beton – Zusammenstellung von DIN EN 206-1 Teil 1: Festlegung, Eigenschaften, Herstellung und Konformität und DIN 1045-2 Tragwerke aus Beton, Stahlbeton und Spannbeton Teil 2: Beton – Festlegung, Eigenschaften, Herstellung und Konformität – Anwendungsregeln zu DIN EN 206-1
DIN EN 12 350+	(2009–08)	Prüfung von Frischbeton
Berichtigungen	(2006–05)	T. 1: Probenahme; T. 2: Setzmaß (Slump-Test); T. 3: Setzzeit (Vébé); T. 4: Verdichtungsmaß; T. 5: Ausbreitmaß; T. 6: Rohdichte; T. 7: Luftgehalt
DIN EN 12 390	(2000–12)	Prüfung von Festbeton an Proben T. 1: Maße; T. 2: Herstellung; T. 3: Druckfestigkeit; T. 4: Prüfmaschinen; T. 5: Zugfestigkeit; T. 6: Spaltzugfestigkeit; T. 7: Dichte; T. 8: Wassereindringtiefe; T. 9 (Entw.): Frostwiderstand (mit Wasser) und Frost-Tausalz-Widerstand (mit NaCl)
DIN EN 12 504-1	(2009–07)	Prüfung von Beton in Bauwerken
und -2	(2012-12)	

Zusätzliche Technische Vertragsbedingungen (ZTV) des Bundesverkehrsministers, wie z.B. ZTV-K (Kunstbauten), ZTV-Ing. (Ingenieurbauten), ZTV-W (Wasserbau), ZTV-StB (Straßenbau).
Außerdem: Richtlinien des DAfStb (Deutscher Ausschuss für Stahlbeton), DBV (Deutscher Beton- und Bautechnik-Verein), Merkblätter und Veröffentlichungen des BDZ (Bundesverband der Deutschen Zementindustrie); Adressen siehe Abschn. 18.5/18.6.

5.1 Allgemeines

Beton ist ein künstlicher Stein, der aus einem Gemisch von Zement, Gesteinskörnungen ≥ 4 mm und Wasser durch Erhärten des Zementleims (Zement-Wasser-Gemisch) entsteht. Gegebenenfalls werden dem Beton Zusatzmittel und/oder Zusatzstoffe zugesetzt. Zementmörtel enthält Gesteinskörnungen ≤ 4 mm Korngröße. Beton wird heute vorwiegend als Transportbeton eingesetzt.

a) Die Bedeutung des Betons im Bauwesen ist wegen seiner guten Eigenschaften nach wie vor groß. Durch Umweltbedingungen (z.B. Industrieabgase, saurer Regen, Frost, Taumittel) wird der Beton immer stärker beansprucht. Deshalb hatte bereits die DIN 1045 (1988) zur Sicherung der Dauerhaftigkeit von Beton für Außenbauteile folgende Aussagen gemacht, die von der Sache her im Prinzip auch heute noch gelten: weicher, gut verdichtbarer Beton (Konsistenz KR = Regelkonsistenz); Zementgehalt ≥ 300 kg/m³; Wasserzementwert ≤ 0,60; ausreichende Betonüberdeckung der Stahlbewehrung ≥ 3,5 cm. Außerdem ist für eine einwandfreie Verarbeitung und Verdichtung sowie eine sorgfältige Nachbehandlung (Feuchthalten) zu sorgen. Nur so ist gewährleistet, dass der Beton ein gleichmäßiges, dichtes und festes Gefüge besitzt und die Bewehrungsstäbe satt und vollständig von Beton umschlossen sind. Nur dadurch ist ein fester Verbund zwischen Beton und Stahl vorhanden und der Stahl ist ausreichend lange vor Korrosion (Rosten) geschützt.

b) Die neue Normengeneration stellt die Dauerhaftigkeit des Beton-Bauwerks an oberste Stelle. Sie hat zu diesem Zweck in Abhängigkeit von den Umgebungsbedingungen sieben Expositionsklassen eingeführt (s.u. und Tafeln 5.1; 5.2) und diesen bestimmte Anforderungen an den Beton zugeordnet: Festigkeitsklasse, Zusammensetzung und weitere Anforderungen an andere wichtige Eigenschaften (siehe Tafeln 5.11 bis 5.14). Der Planer eines Bauwerks muss auf der Basis der Expositionsklassen eigenverantwortlich eine für alle Beteiligten verbindliche „Festlegung" vornehmen, die nachprüfbare Aussagen zu dem geplanten Betonbauwerk macht (siehe Abschn. 5.4).
Die Expositionsklassen tragen folgende Bezeichnungen:
   - X0 ohne Korrosions- oder sonstiges Angriffsrisiko
   - XC Korrosionsgefahr durch Karbonatisierung
     (C = Carbonation)
   - XD Korrosionsgefahr durch Chloride nicht aus Meerwasser
     (D = Deicing Salt; de-ice = enteisen)
   - XS Korrosionsgefahr durch Chloride aus Meerwasser
     (S = Sea)
   - XF Gefahr durch Frostangriff mit und ohne Taumittel
     (F = Frost)
   - XA Gefahr durch chemischen Angriff
     (A = Attack)
   - XM Gefahr durch Verschleißangriff
     (M = Mechanical Abrasion = Abrieb)

Betonbauteile im Wasserbau unterliegen wasserbauspezifischen Belastungen. Um die Planungselemente der ZTV-W der DIN 1045 anzupassen, wurden die Expositionsklassen geschaffen:
   - XW Wasserbeaufschlagung durch Süß- oder Meerwasser sowie
   - XRD Rückseitige Durchfeuchtung

Tafel 5.1 Expositionsklassen

Klassenbezeichnung	Umgebungsbedingungen mit Beispielen
Kein Korrosions- oder Angriffsrisiko ● X0	Bauteile ohne Bewehrung oder eingebettetes Metall in nicht betonangreifender Umgebung wie unbewehrte Fundamente ohne Frost, unbewehrte Innenbauteile
Durch Karbonatisierung ausgelöste Bewehrungskorrosion ● XC1	trocken oder ständig nass – Bauteile in Innenräumen mit normaler Luftfeuchte; Beton, der ständig in Wasser getaucht ist
● XC2	nass, selten trocken – Teile von Wasserbehältern; Gründungsbauteile

Klassenbezeichnung	Umgebungsbedingungen mit Beispielen
● XC3	mäßige Feuchte – Bauteile, zu denen die Außenluft häufig oder ständig Zugang hat (z.B. offene Hallen); Innenräume mit hoher Luftfeuchtigkeit
● XC4	wechselnd nass und trocken – Außenbauteile mit direkter Beregnung; Bauteile in Wasserwechselzonen
Bewehrungskorrosion, ausgelöst durch Chloride ● XD1	mäßige Feuchte – Bauteile im Sprühnebelbereich von Verkehrsflächen; Einzelgaragen
● XD2	nass, selten trocken – Solebäder; Bauteile, die chloridhaltigen Industrieabwässern ausgesetzt sind
● XD3	wechselnd nass und trocken – Bauteile im Spritzwasserbereich von taumittelbehandelten Verkehrsflächen; Parkdecks (mit zusätzlichen Maßnahmen)
Bewehrungskorrosion, ausgelöst durch Chloride aus Meerwasser ● XS 1	salzhaltige Luft, aber kein unmittelbarer Kontakt mit Meerwasser – Außenbauteile in Küstennähe
● XS 2	unter Wasser – Bauteile in Hafenbecken, die ständig unter Wasser liegen
● XS 3	Tidebereiche, Spritzwasser- und Sprühnebelbereiche – Kaimauern in Hafenanlagen
Frostangriff mit und ohne Taumittel ● XF1	mäßige Wassersättigung, ohne Taumittel – Außenbauteile
● XF2	mäßige Wassersättigung, mit Taumittel – Betonbauteile im Sprühnebelbereich von taumittelbehandelten Verkehrsflächen; Betonbauteile im Sprühnebelbereich von Meerwasser
● XF3	hohe Wassersättigung, ohne Taumittel – offene Wasserbehälter; Bauteile in der Wasserwechselzone von Süßwasser
● XF4	hohe Wassersättigung, mit Taumittel – Straßenbeläge, die mit Taumittel behandelt werden; Bauteile im Spritzwasserbereich von taumittelbehandelten Verkehrsflächen; Meerwasserbauteile in der Wasserwechselzone
Chemischer Angriff ● XA1	chemisch schwach angreifend – Güllebehälter; Behälter von Kläranlagen
● XA2	chemisch mäßig angreifend und Meeresbauwerke – Betonbauteile, die mit Meerwasser in Berührung kommen; Bauteile in betonangreifenden Böden
● XA3	chemisch stark angreifend – Industrieabwasseranlagen mit stark chemisch angreifenden Abwässern; Kühltürme mit Rauchgasableitung
Verschleiß ● XM1	mäßiger Verschleiß – Industrieböden mit Beanspruchung durch luftbereifte Fahrzeuge
● XM2	schwerer Verschleiß – Verkehrsflächen mit schwerem Gabelstaplerverkehr (luft- oder vollgummibereift)

Klassenbezeichnung	Umgebungsbedingungen mit Beispielen
● XM3	extremer Verschleiß – Beläge von Flächen, die häufig mit Kettenfahrzeugen befahren werden; Wasserbauwerke in geschiebebelasteten Gewässern
WO (trocken) – Innenbauteile des Hochbaus – Außenbauteile, ohne Niederschlag, Oberflächenwasser, Bodenfeuchte WF (feucht) – ungeschützte Außenbauteile, Bauteile in einer Umgebung > 80 % rel. Luftfeuchte – Massige Bauteile (Dicke > 50 cm); Bauteile mit häufiger Taupunktunterschreitung – Innenbauteile in Feuchträumen (überwiegend re. Feuchte > 80 %) WA (feucht + Alkalizufuhr von außen) – Bauteile mit Meereseinwirkung, Bauteile mit Tausalzeinwirkung – Bauteile von Industriebauten und landwirtschaftlichen Bauwerken mit Alkalisalzeinwirkung WS (feucht + Alkalizufuhr von außen und hohe dynamische Beanspruchung) – Bauteile unter Tausalzeinwirkung mit zusätzlich hoher dynamischer Beanspruchung	

c) Die nach einer bestimmten Zeit erreichbare Festigkeit und die Endfestigkeit eines Betons sowie seine Dauerhaftigkeit werden von folgenden Faktoren maßgeblich beeinflusst: Normendruckfestigkeit des Zements; Gesteinskörnungen (Eigenschaften, Sieblinie); Massenverhältnis von Wasser zu Zement (Wasserzementwert); Mischen, Verdichten, Erhärtungsbedingungen, insbesondere die Temperatur- und Feuchtigkeitsverhältnisse, Nachbehandlung.

Tafel 5.2 Beispiele für die Zuordnung von Umgebungsbedingungen zu den Expositionsklassen von Beton nach DIN-Fachbericht 100 (2005)

1	2	3	4
Klasse	Beschreibung der Umgebung	Beispiele für die Zuordnung von Expositionsklassen (informativ)	Mindestbetonfestigkeitsklasse
1 Kein Korrosions- oder Angriffsrisiko			
X0	Für Beton ohne Bewehrung oder eingebettetes Metall: alle Umgebungsbedingungen, ausgenommen Frostangriff, Verschleiß oder chemischer Angriff	Fundamente ohne Bewehrung ohne Frost, Innenbauteile ohne Bewehrung	C12/15 LC12/13
2 Bewehrungskorrosion, ausgelöst durch Karbonatisierung			
XC1	trocken oder ständig nass	Bauteile in Innenräumen mit üblicher Luftfeuchte (einschließlich Küche, Bad und Waschküche in Wohngebäuden); Beton, der ständig in Wasser getaucht ist	C16/20 LC16/18
XC2	nass, selten trocken	Teile von Wasserbehältern; Gründungsbauteile	C16/20 LC16/18

1	2	3	4
XC3	mäßige Feuchte	Bauteile, zu denen die Außenluft häufig oder ständig Zugang hat, z.B. offene Hallen, Innenräume mit hoher Luftfeuchte, z.B. in gewerblichen Küchen, Bädern, Wäschereien, in Feuchträumen von Hallenbädern und in Viehställen	C20/25 LC20/22
XC4	wechselnd nass und trocken	Außenbauteile mit direkter Beregnung	C25/30 LC25/28
3 Bewehrungskorrosion, ausgelöst durch Chloride, ausgenommen Meerwasser			
XD1	mäßige Feuchte	Bauteile im Sprühnebelbereich von Verkehrsflächen; Einzelgaragen	C30/37 LC30/33
XD2	nass, selten trocken	Solebäder; Bauteile, die chloridhaltigen Industriewässern ausgesetzt sind	C35/45 LC35/38
XD3	wechselnd nass und trocken	Teile von Brücken mit häufiger Spritzwasserbeanspruchung; Fahrbahndecken; direkt befahrene Parkdecks	C35/45 LC35/38
4 Bewehrungskorrosion, ausgelöst durch Chloride aus Meerwasser			
XS 1	salzhaltige Luft, aber kein unmittelbarer Kontakt mit Meerwasser	Außenbauteile in Küstennähe	C30/37 LC30/33
XS 2	unter Wasser	Bauteile in Hafenanlagen, die ständig unter Wasser liegen	C35/45 LC35/38
XS 3	Tidebereiche, Spritzwasser- und Sprühnebelbereiche	Kaimauern in Hafenanlagen	C35/45 LC35/38
5 Betonangriff durch Frost mit und ohne Taumittel			
XF1	mäßige Wassersättigung ohne Taumittel	Außenbauteile	C25/30 LC25/28
XF2	mäßige Wassersättigung mit Taumittel	Bauteile im Sprühnebel- oder Spritzwasserbereich von taumittelbehandelten Verkehrsflächen, soweit nicht XF4; Bauteile im Sprühnebelbereich von Meerwasser	C25/30 (LP) C35/45 LC25/28
XF3	hohe Wassersättigung ohne Taumittel	Offene Wasserbehälter; Bauteile in der Wasserwechselzone von Süßwasser	C25/30 (LP) C35/45 LC25/28
XF4	hohe Wassersättigung mit Taumittel	Verkehrsflächen, die mit Taumitteln behandelt werden; Überwiegend horizontale Bauteile im Spritzwasserbereich von taumittelbehandelten Verkehrsflächen; direkt befahrene Parkdecks; Räumerlaufbahnen von Kläranlagen; Meerwasserbauteile in der Wasserwechselzone	C30/37 LC30/33

1	2	3	4
6 Betonangriff durch chemischen Angriff der Umgebung			
XA1	chemisch schwach angreifende Umgebung	Behälter von Kläranlagen; Güllebehälter	C25/30 LC 25/28
XA2	chemisch mäßig angreifende Umgebung und Meeresbauwerke	Betonbauteile, die mit Meerwasser in Berührung kommen; Bauteile in betonangreifenden Böden	C35/45 LC35/38
XA3	chemisch stark angreifende Umgebung	Industrieabwasseranlagen mit chemisch angreifenden Abwässern; Futtertische der Landwirtschaft; Kühltürme mit Rauchgasableitung	C35/45 LC35/38
7 Betonangriff durch Verschleißbeanspruchung			
XM1	mäßige Verschleißbeanspruchung	Tragende oder aussteifende Industrieböden mit Beanspruchung durch luftbereifte Fahrzeuge	C30/37 LC30/33
XM2	schwere Verschleißbeanspruchung	Tragende oder aussteifende Industrieböden mit Beanspruchung durch luft- oder vollgummibereifte Gabelstapler	C30/37 C35/45 LC30/33
XM3	extreme Verschleißbeanspruchung	Tragende oder aussteifende Industrieböden mit Beanspruchung durch elastomer- oder stahlrollenbereifte Gabelstapler; Oberflächen, die häufig mit Kettenfahrzeugen befahren werden; Wasserbauwerke in geschiebebelasteten Gewässern, z.B. Tosbecken	C35/45 LC35/38

5.2 Betonbestandteile

5.2.1 Zement

Je höher die Normendruckfestigkeit des Zements, umso höher ist unter sonst gleichen Voraussetzungen die Betondruckfestigkeit.

Wichtig für die Wahl der Zementart und -menge sind: Zementnormendruckfestigkeit; Widerstandsfähigkeit des Zements gegen angreifende Wässer (HS-Zement); Zement mit niedrigem Alkaligehalt bei alkaliempfindlichen Zuschlägen (NA-Zement); geringes Schwinden des Betons (hängt ab von der Zementmenge/Gesteinskörnung), Wärmeentwicklung beim Erstarren und Erhärten.
Für Massenbeton (Dicke ≥ 1 m, z.B. bei Staumauern) verwendet man NW-Zemente, um Wärmestau und dadurch hervorgerufene Spannungen und Risse im Bauteil zu vermeiden. Weitere Maßnahmen bei Massenbeton sind: niedriger Zementgehalt, grobkörnige Gesteinskörnung (Größtkorn z.B. 125 mm), Zugabe von Flugasche, Zugabewasser z.T. als Scherbeneis. Beim Betonieren im Winter verwendet man bei dünnen Bauteilen CEM I 42,5 R oder 52,5, und/oder man erwärmt das Anmachwasser auf bis zu 70 °C und den Zuschlag (z.B. mit Dampflanzen). Siehe auch Abschn. 5.7.5a.

5.2.2 Betonzuschlag / Gesteinskörnungen

Die Gesteinskörnung bildet im Beton das tragende mineralische Gerüst. Für die Festigkeit des Betons sind daher Kornform und Kornzusammensetzung entscheidend.

Die Gesteinskörnung besteht bei Normalbeton i.d.R. aus Körnern mit dichtem Gefüge, bei Leichtbeton mit porigem Gefüge (siehe Abschn. 5.12). Die Kornfestigkeit beeinflusst die Betondruckfestigkeit praktisch nur bei Leichtbeton, da poriger Leichtzuschlag eine geringere Festigkeit als der Zementstein hat. Beim Normalbeton ist es umgekehrt: Sand, Kies und Splitt haben eine größere Festigkeit als der Zementstein.
Bei Verwendung alkaliempfindlicher Gesteinskörnung ist die DAfStB-Richtlinie „Alkalireaktion von Beton" zu beachten. Zur Verwendung von rezyklierter Gesteinskörnung siehe Abschn. 5.11. Die Sieblinien der DIN 1045 (siehe Abb. 3.4) gelten im Wesentlichen für Sand und Kies. In manchen Gebieten kommt zunehmend gebrochenes Gestein zur Herstellung von Splittbeton zum Einsatz.
Splittbeton[1] (s.a. Abschn. 3.6.2d) wird i.d.R. mit etwa 35 bis 40 % Natursand 0/2 und 60 bis 65 % Splitt der Körnungen 2/5, 5/16 und 16/22 hergestellt. Doch kommt auch Brechsand 0/2 zum Einsatz. Wegen zu hoher und/oder stark schwankender Feinstkornanteile muss dieser jedoch durch zusätzliche Maßnahmen (Sieben, Sichten, Waschen) besonders aufbereitet werden. Die Biege- und Spaltzugfestigkeit von Splittbeton ist wegen der unregelmäßigen, kubischen bis splitterigen Kornform und der kantigen und rauen Oberfläche i.d.R. um 10 bis 20 % größer als die von Kiesbeton mit etwa gleicher Druckfestigkeit.

5.2.3 Mehlkorn

Der Beton muss eine bestimmte Menge an Mehlkorn enthalten, damit er gut verarbeitbar ist und ein geschlossenes Gefüge erhält (siehe Tafel 5.3). Dies ist besonders wichtig bei Pumpbeton, bei Unterwasserbeton und Sichtbeton sowie bei feingliedrigen und engbewehrten Bauteilen. Der Mehlkorngehalt setzt sich aus dem Zementgehalt und dem in der Gesteinskörnung enthaltenen Kornanteil 0 bis 0,125 mm zusammen. Außerdem gehören dazu die Zusatzstoffe (siehe Abschn. 2.6 und 5.2.5), die dem Beton zugegeben werden. Im Übrigen gilt die Regel: So viel Mehlkorn wie nötig, so wenig wie möglich. Mit dem Mehlkorngehalt steigt der Wasseranspruch des Betons, verringern sich Frost- und Tausalzwiderstand sowie der Abnutzungswiderstand und nehmen Schwinden und Kriechen des Betons zu.

---

1 Siehe auch „Bauen mit Splittbeton" und „Brechsand-Handbuch", herausgegeben vom Bundesverband Naturstein-Industrie e.V., Buschstraße 22, 53113 Bonn.

Tafel 5.3 Höchstzulässiger Mehlkorngehalt von Beton mit einer Gesteinskörnung mit dem Größtkorn von 16 bis 63 mm[1)] (DIN EN 206-1)

Betonfestigkeitsklasse		Expositionsklasse	Gehalt[3)] an Zement in kg/m³	höchstzulässiger Gehalt [4)] an Mehlkorn in kg/m³
Normal- und Schwerbeton	Leichtbeton			
bis C 50/60	bis LC 50/55	XF, XM[2)]	≤ 300	400
			≥ 350	450
ab C 55/67	ab LC 55/60	alle	≤ 400	500
			450	550
			≥ 500	600

[1)] Bei Größtkorn 8 mm kann der Mehlkorngehalt 50 kg/m³ höher sein.
[2)] Bei allen anderen Expositionsklassen Mehlkorngehalt ≤ 550 kg/m³
XF = Frostangriff ohne und mit Taumittel
XM = Verschleißbeanspruchung.
[3)] Bei Gehalten an Zement zwischen den aufgeführten Werten ist der Mehlkorngehalt geradlinig zu interpolieren.
[4)] Die Werte für den Mehlkorngehalt dürfen insgesamt um max. 50 kg/m³ erhöht werden, wenn
- ein puzzolanischer Zusatzstoff des Typs II (siehe Abschn. 5.2.5) verwendet wird, um den Gehalt des Zusatzstoffs, jedoch insgesamt nicht mehr als 50 kg/m³
- der Zementgehalt 350 kg/m³ übersteigt, um den über 350 kg/m³ hinausgehenden Zementgehalt.

5.2.4 Betonzusatzmittel

a) Allgemeines

Betonzusatzmittel sind in der DIN EN 934-2 genormt. Bis zur bauaufsichtlichen Einführung dieser Norm gelten allgemeine bauaufsichtliche Zulassungen. Betonzusatzmittel (siehe Tafel 5.4) sind Betonzusätze, die durch chemische und/oder physikalische Wirkungen bestimmte Eigenschaften des Betons, z.B. Verarbeitbarkeit (BV, FM, LP), Erstarrungsverhalten (VZ, BE), Frostbeständigkeit (LP), Fließverhalten von Einpressmörtel für Spannkanäle im Spannbetonbau (EH), Wasserdichtheit von Beton (DM) beeinflussen. Als Volumenanteil für Beton können sie vernachlässigt werden, da die Zusatzmengen gering sind. Die Zugabemengen eines Mittels/mehrerer Mittel in ml bzw. g je kg Zement betragen höchstens 50/60 (bis Beton C 50/60), 70/80 (bei hochfestem Beton ab C 55/67) und 50/60 (bei Spannbeton) sowie mindestens 2/2, es sei denn, sie sind in einem Teil des Anmachwassers aufgelöst. Mindestmengen bei FM siehe Abschn. 5.2.4c.

Flüssige Zusatzmittel sind bei der Bestimmung des w/z-Wertes dem Wassergehalt hinzuzurechnen, wenn die gesamte Zugabemenge ≥ 3 l/m³ verdichteten Betons beträgt.

Tafel 5.4 Betonzusatzmittel[1)]

Wirkungsgruppe	Kurzzeichen	Farbkennzeichen
Betonverflüssiger	BV	gelb
Fließmittel	FM	grau
Luftporenbildner	LP	blau
Dichtungsmittel[2)]	DM	braun
Verzögerer	Vz	rot
Beschleuniger	BE	grün
Einpresshilfen[3)]	EH	weiß
Stabilisierer[4)]	ST	violett
Chromatreduzierer[5)]	CR	rosa
Recyclinghilfe für Waschwasser[6)]	RH	schwarz
Schaumbildner	SB	orange

1) Siehe auch Abschn. 5.2.4a bis e.
2) Dichtungsmittel verringern die kapillare Wasseraufnahme von Beton.
3) Einpresshilfen verbessern die Fließeigenschaften von Einpressmörtel für Spannkanäle im Spannbetonbau.
4) Stabilisierer verringern das Absondern von Wasser im Frischbeton („Bluten") und werden z.B. bei Pump-, Sicht- oder Spritzbeton eingesetzt.
5) Chromatreduzierer werden bei Mörtel und Beton eingesetzt, die von Hand verarbeitet werden, zur Eindämmung des Chromatekzems (Maurerkrätze).
6) Recyclinghilfen werden dem Reinigungswasser von Mischern zugesetzt, wenn dieses bei der Betonherstellung wiederverwendet werden soll, um die Hydratation des im Waschwasser enthaltenen Zements zu verzögern.

b) Betonverflüssiger (BV)
Betonverflüssiger machen den Beton weicher, ohne dass der Wassergehalt erhöht werden muss. Die Wassereinsparung liegt i. Allg. zwischen 5 und 15 %. Durch einen niedrigeren Wasserzementwert erhöhen sich Festigkeit und Dichtigkeit des Betons. Verringert man auch den Zementgehalt, bleibt also der w/z-Wert unverändert, ergibt sich z.B. bei Massenbeton eine geringere Wärmeentwicklung infolge Hydratation. Wirkungsweise von BV-Mitteln: Herabsetzung der Oberflächenspannung des Wassers (Tenside) und Reibungsverringerung zwischen den Zementteilchen sowie durch elektrische Aufladung gegenseitige Abstoßung derselben. Als Nebenerscheinungen der BV und auch der FM (s.u.) können Entmischungen (Bluten), Luftporenbildung und/oder Erstarrungsverzögerungen auftreten. Da entspanntes Wasser schneller aus den Betonkapillarporen verdunstet als normales Wasser, muss dieser Beton besonders gut feucht gehalten werden.

c) Fließmittel (FM)
Fließmittel (FM), auch als Superverflüssiger bezeichnet, sind in ihrer Wirkung stärker als die normalen Betonverflüssiger BV. Es entsteht ein sehr weicher bis flüssiger Beton. Die Wirkungsweise von FM ist die gleiche wie bei den BV. Wirkstoffe sind Ligninsulfonate, Melaminharze, Naphthalinsulfonate oder Polycarboxylate.

Fließbeton ist ein Beton mit sehr weicher, fließfähiger bis sehr fließfähiger Konsistenz (siehe Tafel 5.10) mit gutem Fließ- und Zusammenhaltevermögen. Er wird durch Zugabe von Fließmitteln erreicht. Die Zugabemenge pro kg Zement soll bei steifem Beton mind. 8 ml, bei plastischem Beton mind. 4 ml und bei weichem Beton mind. 2 ml betragen, beim Nachdosieren mind. 2 ml. Die verflüssigende Wirkung der Fließmittel lässt 30 bis 60 Minuten nach Zugabe nach. Bei höheren Temperaturen verkürzen sich diese Zeiten noch. Bei Transportbeton wird das Fließmittel erst nach Ankunft des Fahrmischers auf der Baustelle dem Beton zugemischt (Mischdauer mindestens 5 Min.). In stationären Mischern mit besonders guter Mischwirkung muss die Mischzeit mind. 1 Minute betragen. Für die Anwendung von Fließmitteln gibt es die DAfStb-Richtlinie „Fließbeton – Herstellung, Verarbeitung und Prüfung" (1995–08).

Durch Verwendung besonderer Fließmittel (z.B. auf Polycarboxylatbasis) in hoher Dosis (z.B. 2 bis 3 Masse-% vom Zementgewicht) und eines hohen Anteils an Sand 0/2 und Feinststoffen, z.B. Gesteinsmehl, kann sog. Selbstverdichtender Beton (SVB; auch „Self Compacting Concrete", SCC, genannt) hergestellt werden, der die Schalung ohne Verdichtungsarbeit satt ausfüllt. Siehe auch DAfStb-Richtlinie „Selbstverdichtender Beton" (Entw. 2002–03).

d) Luftporenbildner (LP)

LP-Mittel erhöhen die Frost- und Frost-/Tausalzbeständigkeit von Beton. Für Beton, der häufig mit Tausalzen in Berührung kommt, ist die Zugabe von LP-Mitteln vorgeschrieben, für Beton mit hohem Frostwiderstand empfohlen (siehe Tafel 5.13).

Durch LP-Mittel werden in den Beton gleichmäßig verteilt kugelförmige Mikroluftporen (Ø bis 0,3 mm) eingeführt, die die Kapillarporen des Zementsteins (10^{-2} mm bis 10 mm) und damit ihre Saugfähigkeit unterbrechen. Durch den in den Kugelporen frei bleibenden Porenraum vermindert sich der Kristallisationsdruck des im Beton gefrierenden Wassers und der in den Beton eingedrungenen Tausalze.

Die kugelförmigen Luftporen bewirken auch, dass der Frischbeton weicher wird, wodurch sich der Wasseranspruch und der Mehlkorngehalt des Betons verringern. Die durch Luftporenbildner zusätzlich eingebrachten Luftporen sind bei der Berechnung des w/z Wertes zu berücksichtigen (siehe auch Abschn. 5.6.1).

e) Verzögerer (VZ) und Beschleuniger (BE)

Verzögerer bewirken eine deutliche Verlängerung der Verarbeitbarkeitszeit beim Übergang der Mischung vom plastischen in den festen Zustand. Sie werden angewendet z.B. bei massigen und großen Bauteilen, wenn bei diesen Arbeitsfugen vermieden werden sollen, bei Transportbeton bei langen Anfahrtswegen und Wartezeiten auf der Baustelle und bei heißem Wetter. Die Wirkung hängt stark von der Temperatur und vom verwendeten Zement ab. Wenn die Verarbeitbarkeitszeit um mehr als drei Stunden verlängert werden soll, ist die DAfStb-Richtlinie „Verzögerter Beton" (1995–08) zu beachten

Beschleuniger verlegen den Zeitpunkt des Erstarrens (Erstarrungsverzögerer) und/oder des Erreichens einer bestimmten Anfangsfestigkeit (Erhärtungsbeschleuniger) vor. Sie werden angewendet zur Erhöhung der Standfestigkeit von Betonwaren, zur schnellen Wiedergewinnung der Schalungen in Beton-Fertigteilwerken oder als Gefrierschutz für jungen Beton.

5.2.5 Anorganische Betonzusatzstoffe

a) Typen: Bei anorganischen Betonzusatzstoffen unterscheidet man zwei Typen. Zum Typ I gehören chemisch nahezu inaktive (sog. inerte) Zusatzstoffe, wie z.B. Gesteinsmehle nach DIN EN 12 620 (2003–04) und Farbpigmente, zum Typ II puzzolanische oder latent-hydraulische Zusatzstoffe, wie z.B. Flugasche nach DIN EN 450 (2005–05) und Silicastaub (DIN EN 13 263 (2005–10)) nach allgemeiner bauaufsichtlicher Zulassung. Es handelt sich dabei um fein aufgeteilte Betonzusätze, die bestimmte Betoneigenschaften beeinflussen und als Volumenbestandteile zu berücksichtigen sind.

b) Farbpigmente nach DIN EN 12 878 (2006–05) sind z.B. Eisenoxid-rot Fe_2O_3, Eisenoxid-hydroxid-gelb FeOOH, Eisenoxid-schwarz Fe_3O_4, braunes Eisenoxid (Gemisch aus den vorgenannten), Chromoxid-grün Cr_2O_3, Chromoxidhydrat-grün CrOOH, Kobalt-Aluminium-Chromoxid-blau $CoO/Al_2O_3/Cr_2O_3$, Titan-Nickel-Antimonoxid-gelb oder Titandioxid-weiß TiO_2. Auch Ruß wird verwendet. Farbpigmente müssen licht- und wetterfest sowie alkalibeständig sein.

c) Flugasche FA (Menge f in kg/m³) und Silicastaub SF (Menge s in kg/m³) (siehe Abschn. 4.6.1) dürfen bei Beton auf den Wasserzementwert w/z und den Mindestzementgehalt z wie folgt angerechnet werden:

   1) Wasserzementwert w/z über den k-Wert-Ansatz: äquivalenter w/z-Wert $(w/z)_{eq} = w/(z + k_f \cdot f)$ bzw. $= w/(z + k_s \cdot s)$ oder $w/(z + k_f \cdot f + k_s \cdot s) \leq 0{,}6$; $k_f = 0{,}4$, $k_s = 1{,}0$ für alle Expos.-Klassen außer XF 2 und XF 4 (Taumittel); maximal angerechnet werden dürfen nur $f = 0{,}33 \cdot z$ bzw. $s = 0{,}11 \cdot z$. $(w/z)_{eq}$ wird auch als Wasser-Bindemittel-Wert bezeichnet.

   2) Mindestzementgehalt:
   z + f bzw. z + s $\geq$ 240 kg/m³ bei XC 1, 2 und 3,
   $\geq$ 270 kg/m³ bei allen übrigen Expos.-Klassen.

   3) Beispiel:
   Ein Beton der Expos.-Klasse XC 4 muss haben $w/z \leq 0{,}60$ und $z \geq 270$ kg/m³ (siehe Tafel 5.12).
   Der Wassergehalt w betrage 170 kg/m³. Bei Zugabe von f kg/m³ Flugasche ergibt sich: $170/(z + 0{,}40 \cdot f) = 170/(z + 0{,}40 \cdot 0{,}33\ z) = 0{,}60$, d.h. $170/(1{,}13 \cdot z) = 0{,}60$, also $z = 170/(0{,}60 \cdot 1{,}13) = 270$ kg/m³; $f = 0{,}33 \cdot 250 = 83$ kg/m³ Flugasche
   Daraus ergibt sich: $(w/z)_{eq} = 170/(250 + 0{,}4 \cdot 83) = 170/283 = 0{,}60$ und $z + f = 333 > 270$ kg/m³.

5.3 Betoneigenschaften

5.3.1 Rohdichteklassen

Nach der Festbeton-Trockenrohdichte wird der Beton in Leichtbeton, Normalbeton und Schwerbeton eingeteilt (siehe Tafel 5.5 und 5.6). Wenn keine Verwechslung möglich ist, spricht man bei Normalbeton einfach von Beton.

Tafel 5.5 Rohdichteklassen von Beton nach DIN 1045 (2008–08)

Betonart[1]	Kurz-zeichen	Festbeton-Trockenrohdichte kg/dm³ bzw. t/m³	Gesteinskörnung[1] z.B.
Leichtbeton	LC	0,8 bis ≤ 2,0	Blähschiefer Blähton Hüttenbims Naturbims
(Normal-)Beton[2]	C	> 2,0 bis ≤ 2,6	Sand Kies Splitt ggf. Hochofenschlacke
Schwerbeton (Strahlenschutzbeton)	HC	> 2,6	Schwerspat (Baryt) Eisenerz Stahlgranulat

[1] Ein Gemisch aus Zement, Wasser und Gesteinskörnungen bis 4 mm Größtkorn heißt Zementmörtel.
[2] Wenn keine Verwechslungen mit Schwer- oder Leichtbeton möglich sind, wird der Normalbeton als „Beton" bezeichnet.

Tafel 5.6 Rohdichteklassen von Leichtbeton nach DIN 1045-1 (2001–07)

Zeile	Spalte		1	2	3	4	5	6
			Rohdichteklasse					
	D 1,0	D 1,2	D 1,4	D 1,6	D 1,8	D 2,0		
1	Rechenwert R der Trockenrohdichte zur Bestimmung der Baustoffeigenschaften in kg/m³		801–1000	1001–1200	1201–1400	1401–1600	1601–1800	1801–2000
2	charakteristischer Wert der Wichte zur Lastermittlung in kg/m³	unbewehrter Leichtbeton	1050	1250	1450	1650	1850	2050
		bewehrter Leichtbeton	1150	1350	1550	1750	1950	2150

5.3.2 Druckfestigkeitsklassen

Nach der Druckfestigkeit wird der Beton in Druckfestigkeitsklassen eingeteilt (siehe Tafel 5.7/5.8). Die dort aufgeführten charakteristischen Festigkeiten f_{ck} geben diejenigen Festigkeitswerte an, die erwartungsgemäß von 5 % aller möglichen Festigkeitsmessungen einer betrachteten Betonproduktion (sog. Grundgesamtheit) unterschritten werden (entspricht dem 5 %-Quantil; siehe Abschn. 1.2). Sie werden i.d.R. an Probewürfeln mit 150 mm Kantenlänge ($f_{ck,cube}$) oder an Zylindern mit 150 mm Durchmesser und 300 mm Höhe ($f_{ck,cyl}$) bestimmt (siehe Abschn. 5.15.5). Eine Beurteilung der Festigkeitsentwicklung an Hand von Festigkeits-Messwerten nach 2 und 28 Tagen ist mit den Angaben in Tafel 5.10 möglich. Die Festigkeitsklassen nach DIN 1045 (2008–08) sind in Tafel 5.8 aufgeführt.

Tafel 5.7 Druckfestigkeitsklassen von Beton nach DIN 1045-2 (2008–08)

Druckfestigkeitsklasse[1)]	Charakteristische Druckfestigkeit in N/mm²	
	$f_{ck,cyl}$	$f_{ck,cube}$
C8/10	8	10
C12/15	12	15
C16/20	16	20
C20/25	20	25
C25/30	25	30
C30/37	30	37
C35/45	35	45
C40/50	40	50
C45/55	45	55
C50/60	50	60
C55/67	55	67
C60/75	60	75
C70/85	70	85
C80/95	80	95
C90/105[2)]	90	105
C100/115[2)]	100	115

[1)] Betone ab Druckfestigkeitsklasse C55/67 werden als hochfeste Betone bezeichnet.
[2)] Zusätzliche Nachweise erforderlich.

Zahlen bedeuten $f_{ck,cyl}$ / $f_{ck,cube}$:
$f_{ck,cyl}$ Charakteristische Festigkeit von Zylindern, Ø 150 mm, Länge 300 mm, Alter 28 Tage.
$f_{ck,cube}$ Charakteristische Festigkeit von Würfeln, Kantenlänge 150 mm, Alter 28 Tage
Die Lagerung der Zylinder und Würfel geschieht nach DIN EN 12 390-2, d.h. nach dem Entformen ständig unter Wasser.
Die Charakteristische Festigkeit f_{ck} ist diejenige Festigkeit, die erwartungsgemäß von 5 % aller Festigkeitsmessungen einer Betonproduktion unterschritten wird. Sie entspricht dem 5 %-Quantil.

Tafel 5.8 Druckfestigkeitsklassen von Beton nach DIN EN 206-1 (2001–07)/DIN 1045-2 (2008–08) in Gegenüberstellung nach DIN 1045 (1988)

Druckfestigkeitsklasse (DIN 1045; Ausgabe 1988)		Druckfestigkeitsklasse nach DIN EN 206-1/DIN 1045-2
DIN 1045: 1988	B 5	C8/10
	B 10	C8/10
	B 15	C12/15
	B 25	C20/25
	B 35	C30/37
	B 45	C35/45
	B 55	C45/55
DAfStb-Richtlinie Hochfester Beton	B 65	C55/67
	B 75	C60/75
	B 85	C70/85
	B 95	C80/95
	B 105	C90/105
	B 115	C100/115

Druckfestigkeitsklasse (DIN 1045; Ausgabe 1988)		Druckfestigkeitsklasse nach DIN EN 206-1/DIN 1045-2
DIN 4219-1: 1979	LB 8 LB 10 LB 15 LB 25 LB 35 LB 45 LB 55	LC8/9 LC12/13 LC16/18 LC25/28 LC35/38 LC45/50 LC50/55

Tafel 5.9 Festigkeitsklassen von Beton nach DIN 1045 (1988–07)

Beton-gruppe	Betonfestigkeits-klasse	Nennfestigkeit[1)] β_{WN} N/mm²	Serienfestigkeit[2)] β_{WS} N/mm²	Anwendung
Beton B I	B 5 B 10	5 10	8 15	Nur für unbewehrten Beton
	B 15 B 25	15 25	20 30	Für unbewehrten und bewehrten Beton
Beton B II	B 35 B 45 B 55	35 45 55		40 50 60

[1)] Mindestdruckfestigkeit jedes 20-cm-Würfels einer Würfelserie bzw. 5 %-Quantil bei statistischer Auswertung (siehe Abschn. 1.2).
[2)] Mittlere Druckfestigkeit jeder Würfelserie.

Tafel 5.10 Schätzwerte für die Festigkeitsentwicklung von Beton bei 20 °C nach DIN-Fachbericht 100 (2005)

Festigkeitsentwicklung	Schätzwert des Festigkeitsverhältnisses[1)] $f_{cm,2} / f_{cm,28}$
schnell	$\geq 0{,}5$
mittel	$\geq 0{,}3$ bis $< 0{,}5$
langsam	$\geq 0{,}15$ bis $< 0{,}3$
sehr langsam	$< 0{,}15$

[1)] $f_{cm,2}$ und $f_{cm,28}$ sind die mittleren Druckfestigkeiten, gemessen nach 2 bzw. 28 Tagen, z.B. bei der Erstprüfung an 15-cm-Würfeln, wassergelagert.

5.3.3 Luftgehalt

Beton enthält nach dem Verdichten Luftporen, sog. Verdichtungsporen. Ihr Gehalt unmittelbar nach dem Verdichten liegt zwischen 1 und 3 Vol.-%. LP $\leq$ 1 Vol.-% entspricht einer sehr guten, 1 bis 2 Vol.-% einer guten Verdichtung (siehe auch Abschn. 5.15.4). Sandreicher Beton kann einen LP-Gehalt bis 6 Vol.-% besitzen. Luftgehalte bei Verwendung von LP-Zusatzmitteln siehe Tafel 5.12 und Abschn. 5.2.4d.

5.3.4 Konsistenz

Eine wichtige Frischbetoneigenschaft ist die Konsistenz. Sie ist ein Maß für die Verarbeitbarkeit des Betons und wird beeinflusst durch den Wassergehalt und Zementgehalt, durch Form und Oberfläche der Gesteinskörnung sowie durch die Sieblinie des Korngemisches. Konsistenzmessungen stellen eine wichtige Überwachungsmöglichkeit des Frischbetons dar und sind stets bei Lieferung von Transportbeton durchzuführen. Nach der Konsistenz wird Frischbeton in verschiedene Konsistenzbereiche eingeteilt (siehe Tafel 5.11). Nach dieser Tafel gibt es insgesamt sieben Konsistenzklassen: 0 = sehr steif, 1 = steif usw. bis 6 = sehr fließfähig. Selbstverdichtender Beton SVB (siehe Abschn. 5.2.4c) hat die Konsistenzklasse 7. Die bisherigen Konsistenzbereiche nach DIN 1045 (1988–07) lauteten: KS = steifer Beton (= C 0), KP = plastischer Beton (= F 2), KR = weicher Beton (= F 3) und KF = Fließbeton (F 4/F 5). Die Konsistenz KR wurde als sog. Regelkonsistenz für Außenbauteile empfohlen.

5.3.5 Betonbegriffe

Frischbeton heißt der Beton, solange er verarbeitet werden kann, Festbeton, wenn er erhärtet ist. Beton unmittelbar nach dem Verdichten und noch vor dem Erstarren wird als grüner Beton bezeichnet. Die so genannte Grünstandfestigkeit ist bei Betonwaren von Wichtigkeit. Beton nach dem Erstarren, der nicht mehr verarbeitbar ist, wird als junger Beton bezeichnet. Ortbeton ist Beton, der als Frischbeton in die Schalung von Bauteilen, die sich in ihrer endgültigen Lage befinden, eingebracht wird und dort auch erhärtet.

Tafel 5.11 Konsistenzklassen[1)] von Frischbeton (DIN 1045-2 (2008–08))

Ausbreitmaßklassen[2)]		
Klasse	Ausbreitmaß a in cm	
F 1	≤ 34	steif
F 2	35 bis 41	plastisch
F 3	42 bis 48	weich
F 4	49 bis 55	sehr weich
F 5	56 bis 62	fließfähig
F 6	≥ 63	sehr fließfähig
Verdichtungsmaßklassen[3)]		
Klasse	Verdichtungsmaß c	
C 0	≥ 1,46	sehr steif
C 1	1,45 bis 1,26	steif
C 2	1,25 bis 1,11	plastisch
C 3	1,10 bis 1,04	weich

[1)] Weitere Konsistenzklassen: Setzmaß-Klassen S 1 bis S 5; Setzzeit-Klassen (Vébé) V0 bis V4 (s.a. Abschn. 5.15.1 bis 5.15.3). Die Konsistenzklassen sind untereinander nicht direkt vergleichbar. Die bevorzugten Konsistenz-Prüfverfahren sind das Ausbreitmaß und bei steiferen Betonen das Verdichtungsmaß.

[2)] Empfohlener Bereich ≥ 340 mm und ≤ 620 mm. Bei Ausbreitmaßen ≤ 700 mm ist die DAfStb-Richtlinie „Selbstverdichtender Beton" zu beachten. Beton der Klassen ≥ F4 ist mit Fließmitteln herzustellen.

[3)] Empfohlener Bereich ≥ 1,04 und ≤ 1,46.

Betonfertigteile werden nicht am endgültigen Ort der Verwendung, sondern im Werk hergestellt, im erhärteten Zustand im Bauwerk eingebaut und ggf. durch Ortbeton miteinander verbunden.
Baustellenbeton ist Beton, dessen Bestandteile vom Verwender auf der Baustelle in einen dort befindlichen Mischer gegeben und in diesem gemischt werden.
Tansportbeton (siehe Abschn. 5.7.1) ist Beton, dessen Bestandteile nicht vom Verwender außerhalb (ggf. auch auf) der Baustelle, i.d.R. im Transportbetonwerk, zugemessen werden und der auf der Baustelle einbaufertig übergeben wird. Er wird i.d.R. im Transportbetonwerk fertig gemischt, sog. werkgemischter Transportbeton, kann aber auch erst im Mischfahrzeug gemischt werden, sog. fahrzeuggemischter Transportbeton.
Trockenbeton und Trockenmörtel sind werkmäßig hergestellte Mischungen aus Zement, Gesteinskörnungen und ggf. Zusatzstoffen, die nach Zugabe von Wasser zu Beton oder Mörtel verarbeitet werden können. Die Anlieferung geschieht in Säcken, Großgebinden oder lose in Silos. Hinweise gibt die Trockenbeton-Richtlinie des DAfStb (2000–12).

5.4 Festlegung des Betons

5.4.1 Allgemeines

Vor Herstellung und Verarbeitung des Betons ist eine sog. Festlegung zu treffen. Darunter versteht man die endgültige Zusammenstellung dokumentierter technischer Anforderungen, die dem Hersteller als Eigenschaften oder Zusammensetzung des Frisch- und Festbetons vorgegeben werden.
Der Verfasser der Festlegung ist für ihre Richtigkeit und Vollständigkeit verantwortlich und lässt ggf. eine dazu erforderliche Erstprüfung durchführen. Der Hersteller ist die Person oder Stelle, die den Frischbeton herstellt, der Verwender die Person oder Stelle, die den Frischbeton zur Herstellung eines Bauwerks oder Bauteils verwendet.
Nach der Art der Festlegung wird unterschieden: Beton nach Eigenschaften, Beton nach Zusammensetzung und Standardbeton.

5.4.2 Beton nach Eigenschaften

Dies ist ein Beton, dessen Eigenschaften und ggf. zusätzlichen Anforderungen vom Ausschreibenden (Verfasser der Festlegung) dem Hersteller gegenüber verantwortlich festgelegt sind. Der Hersteller wählt die Zusammensetzung und die Ausgangsstoffe, führt eine Erstprüfung (früher Eignungsprüfung) durch und ist dafür verantwortlich, dass der geliefert Beton den geforderten Eigenschaften und zusätzlichen Anforderungen entspricht.
Wichtige grundlegende Festlegungen sind u.a.: Druckfestigkeits- und Expositionsklasse, Größtkorndurchmesser, Konsistenz. Zusätzliche Festlegungen können sich z.B. auf die Arten der Ausgangsstoffe, Frischbetontemperatur, Festigkeitsentwicklung, Widerstand gegen Wassereindringen und gegen Abrieb, Spaltzugfestigkeit beziehen.

5.4.3 Beton nach Zusammensetzung

Dies ist ein Beton, dessen Ausgangsstoffe und Zusammensetzung vom Ausschreibenden (Besteller, Verfasser der Festlegung) dem Hersteller gegenüber verantwortlich festgelegt sind. Der Verfasser ist dafür verantwortlich, dass seine Festlegung den geforderten Eigenschaften des Betons entspricht und prüft dies ggf. durch eine Erstprüfung (Eignungsprüfung)

nach. Der Hersteller ist nur dafür verantwortlich, dass der gelieferte Beton den Angaben der Festlegung entspricht.
Wichtige grundlegende Festlegungen sind u.a.: Menge, Art und Festigkeitsklasse des Zements; Wasserzementwert oder Konsistenz; Art, Kategorie und Sieblinie der Gesteinskörnung; Art und Menge der Zusatzstoffe und -mittel. Zusätzliche Festlegungen können sich z.B. auf Herkunft der Ausgangsstoffe, weitere Anforderungen an die Gesteinskörnungen, Frischbetontemperatur bei Lieferung beziehen.

5.4.4 Standardbeton

Dies ist ein Normalbeton nach Zusammensetzung für unbewehrte und bewehrte Bauwerke der Festigkeitsklassen ≤ C16/20 und der Expositionsklassen X0, XC1 und XC2. Die Zusammensetzung ist in einer am Ort der Verwendung gültigen Norm vorgegeben. Zusatzmittel und -stoffe sind nicht zugelassen. Zementgehalte siehe Tafel 5.12.

Tafel 5.12 Mindestzementgehalte für Standardbeton (nach DIN EN 197-1)
Zement: Festigkeitsklasse 32,5 / Gesteinskörnung: Größtkorn 32,0 mm

Festigkeitsklasse des Betons	Mindestzementgehalt in kg/m³ [1)] verdichteten Betons für Konsistenzbereich		
	steif	plastisch	weich
C 8/10	210	230	260
C 12/15	270	300	330
C 16/20	290	320	360

[1)] Der Zementgehalt muss vergrößert werden um:
- 10 % bei einem Größtkorn der Gesteinskörnung von 16 mm
- 20 % bei einem Größtkorn der Gesteinskörnung von 8 mm

Der Zementgehalt darf verringert werden um:
- max. 10 % bei Zement der Festigkeitsklasse 42,5
- max. 10 % bei einem Größtkorn des Zuschlags von 63 mm.

5.5 Anforderungen an Zusammensetzung und Eigenschaften von Beton

Diese Anforderungen beziehen sich auf die Betone der verschiedenen Expositionsklassen (siehe Tafeln 5.1/5.2) und auf Betone für besondere Anwendungen. Die „Betone mit besonderen Eigenschaften" der DIN 1045 (2008–08) sind teils in der ersten, teils in der zweiten Gruppe enthalten.

5.5.1 Betone für die verschiedenen Expositionsklassen

Die den unterschiedlichen Umgebungsbedingungen entsprechenden Expositionsklassen sind in Abschn. 5.1 und in Tafel 5.1/5.2 genannt. Die Anforderungen an Betone, die diesen Umgebungsbedingungen ausgesetzt sind, sind in den Tafeln 5.12 bis 5.16 zusammengefasst.

Tafel 5.13 Grenzwerte für Zusammensetzung und Eigenschaften von Beton – DIN 1045-2 (2008–08) (Zementarten siehe Tafel 5.15)

	kein Korrosions- oder Angriffsrisiko	Bewehrungskorrosion									
		durch Karbonatisierung verursachte Korrosion				durch Chloride verursachte Korrosion					
						Chloride außer aus Meerwasser			Chloride aus Meerwasser		
Expositionsklassen	X0[1)]	XC1	XC2	XC3	XC4	XD1	XD2	XD3	XS 1	XS 2	XS 3
1 Höchstzulässiger w/z	–	0,75		0,65	0,60	0,55	0,50	0,45	siehe XD1	siehe XD2	siehe XD3
2 Mindestdruckfestigkeitsklasse[2)]	C8/10	C16/20		C20/25	C25/30	C30/37[3)]	C35/45[3)]	C35/45[3)]			
3 Mindestzementgehalt[4)] in kg/m³	–	240		260	280	300	320[5)]	320[5)]			
4 Mindestzementgehalt[4)] bei Anrechnung von Zusatzstoffen in kg/m³	–	240		240	270	270	270	270			
5 Mindestluftgehalt in %	–	–		–	–	–	–	–			
6 Andere Anforderungen	–	–									

[1)] Nur für Beton ohne Bewehrung oder eingebettetes Metall.
[2)] Gilt nicht für Leichtbeton.
[3)] Bei Verwendung von Luftporenbeton, z.B. aufgrund gleichzeitiger Anforderungen aus der Expositionsklasse XF, eine Festigkeitsklasse niedriger.
[4)] Bei einem Größtkorn der Gesteinskörnung darf der Zementgehalt um 30 kg/m³ reduziert werden. In diesem Fall darf [2)] nicht angewendet werden.
[5)] Für massige Bauteile (kleinste Bauteilabmessung 80 cm) gilt der Mindestzementgehalt von 300 kg/m³.

Tafel 5.14 Grenzwerte für Zusammensetzung und Eigenschaften von Beton – DIN 1045-2 (2008–08) (Zementarten siehe Tafel 5.15)

		Betonangriff												
		Frostangriff						Aggressive chemische Umgebung			Verschleißangriff[6]			
	Expositionsklassen	XF1	XF2		XF3		XF4	XA1	XA2	XA3	XM1	XM2		XM3
1	Höchstzulässiger w/z	0,60	0,55[7]	0,50[7]	0,55	0,50	0,50[7]	0,60	0,50	0,45	0,55	0,55	0,45	0,45
2	Mindestdruckfestigkeitsklasse[3]	C25/30	C25/30	C35/45	C25/30	C35/45	C30/37	C25/30	C35/45	C35/45[5]	C30/37[5]	C30/37[5]	C35/45[5]	C35/45[5]
3	Mindestzementgehalt[4] in kg/m³	280	300	320	300	320	320	280	320	320	300[8]	300[8]	320[8]	320[8]
4	Mindestzementgehalt[4] bei Anrechnung von Zusatzstoffen in kg/m³	270	[7]	[7]	270	270	[7]	270	270	270	270	270	270	270
5	Mindest-Luftgehalt in %	–	[9]	–	[9]	–	[9][10]	–	–	–	–	–	–	–
6	Andere Anforderungen	Gesteinskörnungen mit Regelanforderungen und zusätzlich Widerstand gegen Frost- und Taumittel (siehe DIN 4226-1 und Abschn. 3.5d)						–	–	[11]	–	Oberflächenbehandlung des Betons[12]	–	Hartstoffe nach DIN 1100
		F_3	MS_{25}		F_2		MS_{18}							

[3], [4] und [5] siehe Fußnoten in Tafel 5.13.

[6] Die Gesteinskörnungen bis 4 mm Größtkorn müssen überwiegend aus Quarz oder aus Stoffen mindestens gleicher Härte bestehen, das gröbere Korn aus Gestein oder künstlichen Stoffen mit hohem Verschleißwiderstand. Die Körner aller Gesteinskörnungen sollen mäßig raue Oberfläche und gedrungene Gestalt haben. Das Gesteinskorngemisch soll möglichst grobkörnig sein.

[7] Zusatzstoffe des Typs II dürfen zugesetzt, aber nicht auf den Zementgehalt oder den w/z angerechnet werden.

[8] Höchstzementgehalt 360 kg/m³, jedoch nicht bei hochfesten Betonen.

[9] Der mittlere Luftgehalt im Frischbeton unmittelbar vor dem Einbau muss bei einem Größtkorn der Gesteinskörnung von 8mm ≥ 5,5 Vol.-%, 16mm ≥ 4,5 Vol.-%, 32mm ≥ 4,0 Vol.-% und 63 mm ≥ 3,5 Vol.-% betragen. Einzelwerte dürfen diese Anforderungen um höchstens 0,5 Vol.-% unterschreiten. Für Fließbeton sind die Werte um 1 Vol.-% zu erhöhen und das „Merkblatt für die Herstellung und Verarbeitung von Luftporenbeton" der FGSV zu beachten (Adresse siehe Abschn. 18.13).

[10]) Erdfeuchter Beton mit w/z ≤ 0,40 darf ohne Luftporen hergestellt werden.

[11] Schutzschichten oder dauerhafte Bekleidungen sind erforderlich.

[12] Zum Beispiel Vakuumieren und Flügelglätten des Betons.

Tafel 5.15 Zuordnung der Zementarten zu den Expositionsklassen der Tafeln 5.1 und 5.2

Gruppe	Expositionsklasse	CEM I	CEM II	CEM II	CEM II	CEM II	CEM III	CEM III	CEM IV	CEM V
			A/B-S A/B-T A-D A-LL	A/B-V A/B -P/Q	B-LL A/B-L[1] A-M[2] A-W	B-M[2] B-W	A[3] B[3]	C	A B	A B
0	X0 und außerhalb DIN EN 206-1	X	X	X	X	X	X	X	X	X
1	XC1; XC2	X	X	X	X	0[5]	X	0[5]	0[5]	0[5]
2	XC3	X	X	X	0[5]	0	X	0	0	0
3	XC4; XF1; XA1	X	X	X	0[5]	0	X	0[5]	0	0
4	LP-Betone: XF2; XF3; XS 1; XD1	X	X	0[5]	0[5]	0	X	0	0	0
5	XS 1; XD1; XM1; XM2 (mit Oberflächen-behandlung)	X	X	X	0[5]	0	X	0	0	0
6	LP-Betone: XF4; XD2; XS 2	X	X	0[5]	0[5]	0	X	0[5]	0	0
7	XS 2; XD2; XA2[4]; XF2 (ohne LP); XF3 (ohne LP)	X	X	0[5]	0[5]	0	X	0[5]	0	0
8	XS 3; XD3; XA3[4]; XM2; XM3 mit HS	X	X	X	0[5]	0	X	0[5]	0	0
9	Sonstige (z.B. LP-Beton)	X	X	X	0	0	X	0	0	0

X = gültiger Anwendungsbereich
0 = nach DIN 1045-2 nicht anwendbar
[1] CEM II/A-L erfüllt vollständig Expositionsklassengruppe 8.
[2] Anwendung nach DIN 1045-2 Tabelle F.3.2.
[3] Anwendung für XF4; Bedingung DIN 1045-2 Tabelle F.3.2 beachten.
[4] Bei Sulfatangriff muss HS-Zement verwendet werden.
[5] Anwendung einzelner Zemente für bestimmte Expositionsklassen möglich.

Tafel 5.16 Grenzwerte für die Expositionsklassen XA 1, XA 2 und XA 3 bei chemischem Angriff durch natürliche Böden und Grundwasser

Vorkommen	chemisches Merkmal		Expositionsklasse		
			XA 1 schwach	XA 2 mäßig	XA 3 stark
Grundwasser	pH-Wert		≤ 6,5–5,5	< 5,5–4,5	≤ 4,5–4,0
	angreifende Kohlensäure[1] (CO_2)	mg/l	≥ 15–40	> 40–100	> 100 bis zur Sättigung
	Ammonium (NH^+_4)[2]	mg/l	≥ 15–30	> 30–60	> 60–100
	Magnesium (Mg^{2+})	mg/l	≥ 300–1000	> 1000–3000	> 3000 bis zur Sättigung
	Sulfat (SO^{2-}_4)	mg/l	≥ 200–600	> 600–3000	> 3000–6000
Boden	Säuregrad nach Baumann-Gully	ml/kg	> 200	in der Praxis nicht anzutreffen	
	Sulfat (SO^{2-}_4)[3]	mg/kg	≥ 2000–3000	> 3000–12 000	> 12 000–24 000

1) Für die Beurteilung ist der höchste Angriffsgrad maßgebend, auch wenn er nur von einem der Werte erreicht wird. Liegen zwei oder mehrere Werte in einer Klasse, erhöht sich der Angriffsgrad um eine Stufe (ausgenommen Meer- und Niederschlagswasser).
2) Gülle kann unabhängig vom NH^+_4-Gehalt in die Expositionsklasse XA 1 eingeordnet werden.
3) Tonböden mit einer Durchlässigkeit < 10^{-5} m/s dürfen eine Klasse tiefer eingestuft werden.

5.5.2 Beton mit hohem Wassereindringwiderstand

Dieser Beton übernimmt auch dichtende Funktion gegenüber eindringendem Wasser in flüssiger Form. Er entspricht dem „wasserundurchlässigen Beton" nach DIN 1045 (2008–08). Die Wassereindringtiefe soll ≤ 50 mm sein. Betonzusammensetzung: bei Bauteildicken ≥ 40 cm soll w/z ≤ 0,7 sein. Bei Bauteildicken ≤ 40 cm soll w/z ≤ 0,60 sein, z ≥ 280 kg/m³, bei Anrechnung von Flugasche ≥ 270 kg/m³, Betonfestigkeitsklasse ≥ C25/30. Der Einbau des Betons soll zügig erfolgen. Er darf sich beim Fördern und Einbringen nicht entmischen.

Neben wasserundurchlässigem Beton werden Keller auch als weiße Wannen ausgebildet. Bei diesen übernimmt der Beton (d ≥ 30 cm) sowohl die tragende als auch die abdichtende Funktion. Weitere Abdichtungsmaßnahmen mit anderen Stoffen sind nicht mehr erforderlich. Besonderes Augenmerk ist der Bewehrung zu schenken, die die Rissbildung so weit beschränken muss, dass die Wasserundurchlässigkeit gesichert bleibt, und dem Übergang von Sohle zu Wand.

Hinweise gibt die DAfStb-Richtlinie „Wasserundurchlässige Bauwerke aus Beton". Sie unterscheidet zwischen WU-Beton für normale Anforderungen, bei dem der Feuchttransport in flüssiger Form durch Angabe einer zulässigen Wassereindringtiefe festzulegen ist, und WUH-Beton für hohe Anforderungen, bei dem ein Feuchtetransport in flüssiger Form nicht zulässig ist.

5.5.3 Beton für hohe Gebrauchstemperaturen bis 250 °C

Hierfür verwendet man Gesteinskörnungen mit möglichst kleiner Wärmeausdehnung, wie bestimmte Kalksteine oder Hochofenschlacke. Die erste Erhitzung, vor der der Beton ausgetrocknet sein soll, soll möglichst langsam erfolgen. Die Nachbehandlung des Betons muss mind. doppelt so lange erfolgen wie in der Richtlinie „Nachbehandlung" (siehe Tafel 5.19/Tafel 5.20) für „starke Sonneneinstrahlung und/oder starken Wind und/oder geringe rel. Luftfeuchte ≤ 50 %" gefordert wird. Weitere Informationen siehe Heft 337 des DAfStb.

5.5.4 Unterwasserbeton

a) Zusammensetzung: Für Unterwasserbeton soll die Konsistenz mindestens weich (F3) sein, auch Fließbeton (F4 bis F6). Wasserzementwert ≤ 0,6; Gesteinskörnungsieblinie etwa in der Mitte zwischen A und B. Der Mehlkorngehalt muss ausreichend groß sein, damit der Beton beim Einbringen auch ohne Verdichtung ein geschlossenes Gefüge erhält. Er darf die Werte der Tafel 5.3. überschreiten.
b) Das Einbringen des fertig gemischten Betons geschieht auf verschiedene Art und Weise. Durch senkrechte Fallrohre, die stets ausreichend tief in den bereits ausgelaufenen Beton eintauchen müssen (sog. Contractor-Verfahren). Erosionsfester Beton kann frei durchs Wasser fallend eingebracht werden, z.B. großflächig von einer schwimmenden, aus Lamellen bestehenden Palette aus auf eine unter Wasser befindliche Steinschüttung (Hydrocrete-Beton). Beim Ausgussbeton werden in die Steinschüttung im Abstand von 2 bis 3 m Stahlrohre gerammt, die beim Verpressen des Injektionsmörtels langsam gezogen werden. Der Mörtel besteht aus Zement, Sand und Wasser sowie einem verflüssigenden und treibenden Zusatzmittel (Prepact-Verfahren). Der Mörtel kann auch dadurch erzeugt werden, dass in einem Spezialmischer zunächst der Zementleim hochtourig vorgemischt und danach erst mit Sand versetzt wird (Colcrete- bzw. Tectocrete-Verfahren).

5.5.5 Flüssigkeitsdichter Beton (FD-Beton)

Wird Beton flüssigen oder pastösen wassergefährdenden Stoffen ausgesetzt, z.B. bei Bodenbefestigungen von Tankstellen, ist die DAfStb Richtlinie „Betonbau beim Umgang mit wassergefährdenden Stoffen" zu beachten. Sie unterscheidet FD-Beton und FDE-Beton.
FD-Beton ist ein flüssigkeitsdichter Beton mit begrenzter Eindringtiefe von wassergefährdenden Stoffen, für den die Richtlinie u.a. folgende Angaben macht: Alle Zemente zulässig außer CEM II/B-P; w/z bzw. $w/(z + 0{,}4 \cdot f) \leq 0{,}50$, $f \leq 0{,}25 \cdot z$; Zementleimgehalt ≤ 290 kg/m^3 (einschl. angerechneter Flugasche $0{,}4 \cdot f$); Gesteinskörnung: Größtkorn 16 bis 32 mm, Sieblinie A/B; LP-Beton zulässig, möglichst Konsistenz KR (= F3).
FDE-Beton ist ein flüssigkeitsdichter Beton, bei dem die Eindringtiefe für eine Betonzusammensetzung nachgewiesen ist, die von der für FD-Beton abweichen kann.

5.6 Berechnung der Betonzusammensetzung

Um die Betonzusammensetzung für eine gewünschte Betonfestigkeitsklasse und Betonkonsistenz berechnen zu können (Mischungsberechnung), benötigt man Angaben über den erforderlichen Wasserzementwert (siehe Abschn. 5.6.1) und den benötigten Wassergehalt (siehe Abschn. 5.6.2). Mischungsberechnungen sind in Abschn. 5.6.3 durchgeführt.

5.6.1 Wasserzementwert

Unter dem Wasserzement w/z, auch mit dem griechischen Buchstaben o (Omega) bezeichnet, versteht man das Verhältnis des Gesamtwassers (siehe Abschn. 5.6.2) zum Zement im Beton:

$$\text{Wasserzementwert } \omega = w\,/\,z = \frac{\text{Masse des Gesamtwassers in kg}}{\text{Masse des Zementsinkg}}$$

Der Wasserzementwert ist von ausschlaggebender Bedeutung für den Porenraum des Zementsteins und damit für die Dichtigkeit und Festigkeit des Betons. Werden außer Zement auch Zusatzstoffe vom Typ II dem Beton zugegeben, die auf den Zementgehalt angerechnet werden dürfen (siehe Abschn. 5.2.5c), spricht man auch vom Wasser-Bindemittelwert w/(z + f), w/(z + s) bzw. w/(z + f + s). f = Flugasche, s = Silicastaub, Masse in kg.

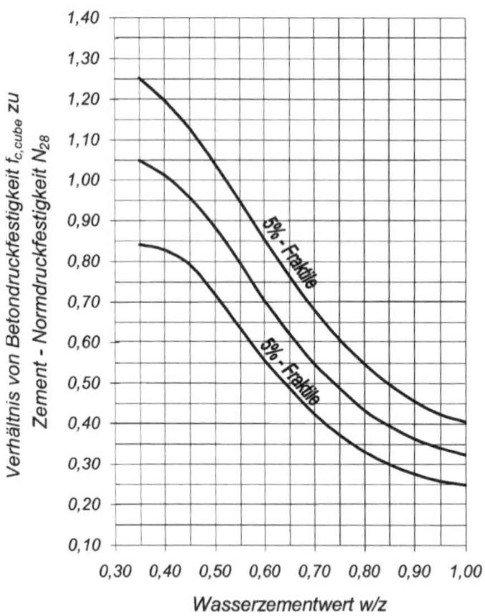

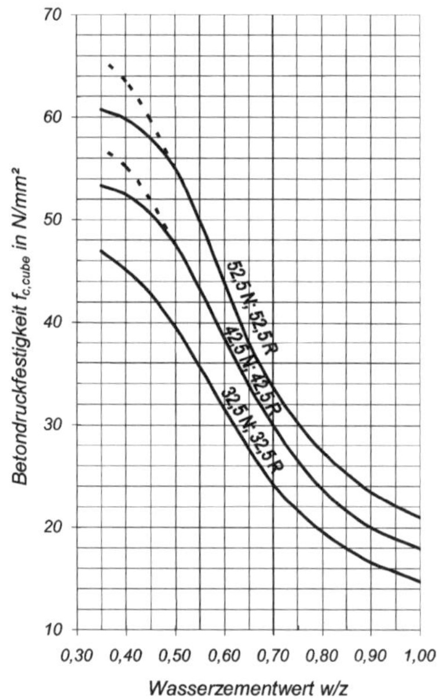

Abb. 5.1 Walz-Kurve: Verhältnis von Beton-Druckfestigkeit zu Zement-Normendruckfestigkeit in Abhängigkeit vom Wasserzementwert [33]
LP-Gehalt des Betons: 1,5 Vol.-%
$f_{cm, dry, cube, 28}$ mittlere Beton-Druckfestigkeit nach 28 Tagen, gemessen an 150-mm-Würfeln, gelagert nach DIN 1048-5 („Luftlagerung", siehe Abschn. 5.15.5b)
N_{28} Zement-Normendruckfestigkeit nach 28 Tagen

Den Zusammenhang zwischen Beton-Würfeldruckfestigkeit $f_{cm,28}$, Zement-Normendruckfestigkeit N_{28} und Wasserzementwert (w/z-Wert) veranschaulicht das Wasserzementwert-Gesetz (sog. Walz-Kurve).

Die Grenzwerte für den Wasserzementwert nach DIN 206-1/1045-2 sind den Tafeln 5.12 bis 5.13 zu entnehmen. In der Walz-Kurve ist ein normaler Luftporengehalt im Beton von 1,5 Vol.-% berücksichtigt. Werden in den Beton durch LP-Mittel künstliche Luftporen eingeführt, so ist der über 1,5 Vol.-% hinausgehende LP-Gehalt bei der Berechnung des w/z-Wertes zu berücksichtigen, bevor die Walz-Kurve angewendet werden kann.

Beispiele ($f_{cm,28}$ = mittlere Betondruckfestigkeit nach 28 Tagen):

1. Beton ohne LP-Mittel
   LP-Gehalt = 1,5 Vol.-%; Wassergehalt w = 170 kg/m³, Zementgehalt z = 300 kg/m³, w/z = 170: 300 = 0,57; verwendeter Zement CEM I 32, 5 R mit N_{28} = 45 N/mm²; aus Abb. 5.1 folgt $f_{cm,28}$: N_{28} = 0,86 → $f_{cm,28}$ = 0,86 · 45 = 39 N/mm².
2. Beton mit LP-Mittel (ohne Verringerung von w)
   LP-Gehalt = 4,5 Vol.-%, davon 3 Vol.-% zusätzlich, d.h. 30 l/m³; w = 170 kg/m³, z = 300 kg/m³, w/z = (170 + 30): 300 = 0,67; $f_{cm,28}$: N_{28} = 0,68 → $f_{cm,28}$ = 0,68 · 45 = 31 N/mm².
3. Beton mit LP-Mittel (mit Verringerung von w)
   Je 1 Vol.-% zusätzlicher LP-Gehalt kann 5 kg/m³ Wasser eingespart werden, hier also 15 kg/m³; d.h., w = 155 kg/m², w/z = (155 + 30): 300 = 0,62; $f_{cm,28}$: N_{28} = 0,78 → $f_{cm,28}$ = 0,78 · 45 = 35 N/mm².

5.6.2 Wassergehalt

Das Wasser ist für die physikalischen und chemischen Erstarrungs- und Erhärtungsvorgänge im Beton erforderlich (siehe Abschn. 2.7.5a) und dient wie beim Mörtel als Gleitmittel für die Zuschlagkörner beim Verdichten. Die Menge des Gesamtwassers (Zugabe- bzw. Anmachwasser + Oberflächenfeuchte der Gesteinskörnung, besonders des Sandes), die zur Erreichung einer bestimmten Betonkonsistenz (steif, plastisch oder weich) erforderlich ist, der sog. Wasserbedarf, hängt im Wesentlichen von der Kornzusammensetzung und dem Größtkorn der Gesteinskörnung ab (s.a. Abschn. 3.6.4 und Tafel 3.5). Enthält der Beton, wie z.B. beim Leichtbeton (siehe Abschn. 5.12), auch poröse Gesteinskörner, die Wasser aufsaugen können, ist dies bei der Bemessung der Anmachwassermenge zu berücksichtigen. Tafel 5.17 gibt die auf Prof. Walz (siehe [40]) zurückgehenden Wassergehalte in Abhängigkeit von der Körnungsziffer k bzw. der Sieblinie und der Konsistenz an.
Man kann den Wasserbedarf auch nach einer empirischen Formel von Tietze errechnen:

$$w = \frac{1100}{k+3} + a$$

wobei a = 0 bei Konsistenz steif
a = 20 bei Konsistenz plastisch
a = 40 bei Konsistenz weich
k = Körnungsziffer des Gesteinskörnungsgemisches

Alle diese Wassergehalte sind angenäherte Werte für normalen Kiesbeton. Bei Verwendung von Splitt oder bestimmten Zusatzmitteln oder Zusatzstoffen müssen die Werte korrigiert werden (siehe unten).
Beispiel: Gesteinskörnungsgemisch 0/32, SL B/C 32, Körnungsziffer k = 3,80; Konsistenz weich (oberer Bereich)

1) nach Tafel 5.17
   (interpoliert mit den Körnungsziffern von B/C 32 = 3,80, B 32 = 4,20 und C 32 = 3,30)

$$\text{hoch: } 215 - \frac{3,80-3,30}{4,20-3,30} \cdot (215-195) = 215 - \frac{0,50}{0,90} \cdot 20 = 215 - 11 = 204$$

$$\text{niedrig: } 215 - \frac{3,80-3,30}{4,20-3,30} \cdot (205-180) = 205 - \frac{0,50}{0,90} \cdot 25 = 205 - 14 = 191$$

im Mittel = 198
w = 198 kg/m³ verdichteter Beton

Tafel 5.17 Abschätzung des Wasseranspruchs w in kg/m³ von Frischbeton für verschiedene Konsistenzbereiche (Gesteinskörnung: Kiessand) [13]

Konsistenzbereich	Wasseranspruch der Gesteinskörnung	Sieblinie								
		A 8	B 8	C 8	A 16	B 16	C 16	A 32	B 32	C 32
steif	hoch niedrig	155 145	190 175	210 195	140 120	170 150	190 175	130 105	145 130	165 160
plastisch	hoch niedrig	180 170	205 195	230 220	160 140	185 170	210 200	155 135	180 165	200 190
weich	hoch niedrig	200 185	230 215	250 235	185 170	215 195	235 220	175 155	195 180	215 205
Körnungsziffer k		3,64	2,89	2,27	4,61	3,66	2,75	5,48	4,20	3,30

2) nach der Formel von Tietze

$$w = \frac{1100}{3{,}80 + 3} + 40 = 162 + 40 = 202$$

w = 202 kg/m³ verdichteter Beton

Korrekturen an den Wasserbedarfszahlen sind in folgenden Fällen erforderlich (Richtwerte):

1. Steigt der Mehlkorngehalt aus Zement + gesondert zugegebenen Zusatzstoffen über 350 kg/m³, dann erhöht sich der Wassergehalt um 1 kg/m³ für je 10 kg/m³ Mehlkornanteil. Der Mehlkornanteil der Gesteinskörnung entsprechend den Sieblinien ist in den Wasserbedarfszahlen bereits berücksichtigt.
2. Verwendung von Splitt (gebrochenes Korn) ab 8 mm Korngröße erhöht den Wasseranspruch um wenigstens 5 %, ab 4 mm Korngröße um 7 bis 10 %.
3. Bei der Verwendung eines Verflüssigers (BV) kann der abgelesene Wassergehalt um wenigstens 5 % vermindert werden. Bei Verwendung von Luftporenbildnern (LP) können im Mittel für 1 Vol.-% zusätzlicher Luftporen etwa 5 kg/m³ Wasser abgezogen werden (siehe Abschn. 5.2.4d).

Der tatsächliche Wasserbedarf ist in einer Erstprüfung (siehe Abschn. 5.14.1) im Labor zu bestimmen. Eine Kontrolle der richtigen Wasserzugabe auf der Baustelle ist durch die Konsistenzprüfung (Ausbreitversuch, Verdichtungsmaß, siehe Abschn. 5.15.1 und 5.15.2) möglich. Außerdem kann der Wassergehalt durch Trocknen einer Frischbetonprobe überprüft werden.

5.6.3 Mischungsberechnung

Will man im Einzelfall den genauen Baustoffbedarf zur Herstellung von 1 m³ Beton wissen, so kann man nach zwei Verfahren vorgehen: Zementleim-Methode oder Stoffraumrechnung.

a) Zementleim-Methode (Herstellen einer Probemischung)

Zunächst muss man den für die gewünschte Betonfestigkeitsklasse erforderlichen Wasserzementwert ω (w/z) aus der Walz-Kurve (siehe Abb. 5.1) entnehmen. Dann gibt man zu einer abgewogenen Menge Gesteinskörnung G in kg bei laufendem Mischer so viel Zementleim zl in kg hinzu, bis die Mischung die gewünschte Konsistenz hat. Aus der fertigen Probemischung stellt man Probewürfel her, an denen man die Frischbetonrohdichte ρ_{bf} feststellt und als Kontrolle die Würfelfestigkeit überprüfen kann.

Rechenbeispiel:

1) Zusammensetzung der Probemischung
   G = 48 kg; zl = w + z = 12 kg und w/z = 0,5, d.h. 0,5 · z + z = 1,5 · z = 12 kg;
   z = 8,0 kg; w = 4,0 kg
2) Zusammensetzung von 1 m³ verdichtetem Frischbeton (G, Z, W)
   ρ_{bf} = 2,375 kg/dm³ (gemessen) = 2375 kg/m³;
   Die Anteile G, Z und W lassen sich aus Verhältnisgleichungen wie folgt berechnen:

Zement Z:	z/(z + g + w)	= z/(8 + 48 + 4)	z/60 = Z/2375
	Z	= 317 kg/m³	
Gesteinskörnung G:	g/(z + g + w)	= g/(8 + 48 + 4)	g/60 = G/2375
	G	= 1900 kg/m³	
Wasser W:	w/(z + g + w)	= w/(8 + 48 + 4)	w/60 = W/2375
	W	= 158 kg/m³	

3) Mischungsverhältnis MV
   Gesteinskörnung, trocken in kg, Gesamtwasser in kg

$$MV = 1 : \frac{\text{Zuschlag, trocken in kg}}{\text{Zement in kg}} = \frac{\text{Gesamtwasser in kg}}{\text{Zement in kg}} = 1 : k : \omega$$

= 1: 1900/317: 158/317 = 1: 5,99: 0,50

Die obige Verhältnisgleichung für Zement Z lässt sich auch wie folgt schreiben:

$$\frac{z}{z+g+w} = \frac{1}{1+k+\omega} = \frac{Z}{1000 \cdot \rho_{bf}}; \; Z = \frac{1000 \cdot \rho_{bf}}{1+k+\omega} = \frac{1 \cdot 2375}{7{,}49} = 317 \text{ kg/m}^3$$

Entsprechend erhält man: G = k · z = 5,99 · 2375/7,49 = 5,99 · 317 = 1900 kg/m³
W = ω · z = 0,50 · 2375/7,49 = 0,50 · 317 = 158 kg/m³
Summe = 2375 kg/m³

b) Stoffraumrechnung
   Für die Durchführung der Stoffraumrechnung benötigt man das Wasserzementwert-Gesetz (Walzkurve; siehe Abb. 5.1) und Schätzwerte für den Gesamtwassergehalt (siehe Tafel 5.17 oder Formel von Tietze).
   Die Stoffraumrechnung beruht auf der Überlegung, dass 1 m³ = 1000 dm³ verdichteter Frischbeton sich zusammensetzt aus dem Stoffraum der beteiligten Stoffe, ausgedrückt in der sog. Stoffraumgleichung:

$$1000 = V_z + V_g + V_w + V_1 = \frac{z}{\rho_z} + \frac{z}{\rho_q} + \frac{z}{\rho_w} + V_1 \text{ indm}^3/\text{m}^3$$

Hierin bedeuten für 1 m³ verdichteten Frischbeton (Volumen in dm³/m³, Menge in kg/m³, Dichte in kg/dm³):

Vg, g, ρ_g Volumen, Menge und Dichte der Gesteinskörnung
Vz, g, ρ_z Volumen, Menge und Dichte des Zements
Vw, w, ρ_w Volumen, Menge und Dichte (= 1) des Gesamtwassers
Vl Luftporenvolumen in dm³/m³

Bei Verwendung von Zusatzstoffen Flugasche (f) und/oder Silicastaub (s) erweitert sich die Stoffraumgleichung um die Summanden f /ρ_f und/oder s/ρ_s.

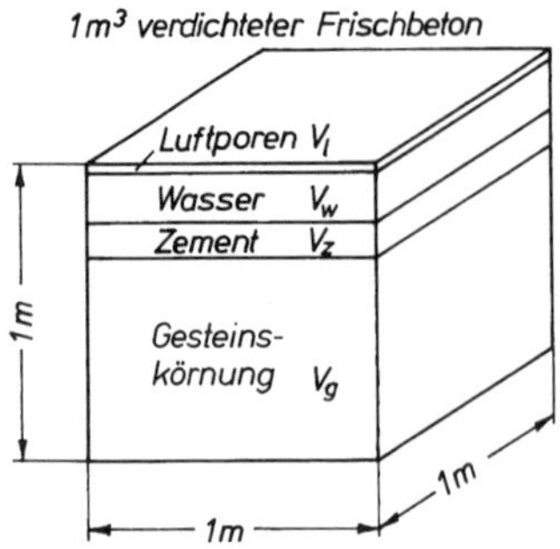

Beispiel:

1. Angestrebte Beton-Druckfestigkeitsklasse C 45/55
   $f_{ck,cube,28}$ = 45 N/mm²
   Verwendeter Zement CEM I 32,5 R
   N_{28} = 45 N/mm²
   Wasserzementwert aus Abb. 5.1 für $f_{ck,cube,28}/N_{28}$ = 1,0
   $\omega = 0,5$
2. Verwendete Gesteinskörnung (trocken): Kiessand der Sieblinie B32
   Gewünschte Konsistenz des Betons: plastisch, F2
   Gesamtwasser aus Tafel 5.17 (niedriger Wasseranspruch)
   w = 165 kg/m³
3. Zementgehalt z = w/o = 165/0,5 z = 330 kg/m³
4. Stoffraumrechnung

Gesamtwasser		165 l/m³
Zement = z/Dichte des Zements = 330/3,1 (Tafel 2.7)		= 106 l/m³
Luftporengehalt im verdichteten Frischbeton		15 l/m³
zusammen		286 l/m³
Gesteinskörnung (trocken) in l/m³	= 1000 – 286 = 714 l/m³	
Gesteinskörnung (trocken) in kg/m³	= 714 × Rohdichte der Gesteinskörnung = 714 · 2,65 g = 1892 kg/m³	

   Summe = w + z + g= 2387 kg/m³
5. Mischungsverhältnis

$$MV = 1 : \frac{1892}{330} \cdot \frac{165}{330} = 1 : 5,7 : 0,5$$

   Mit diesem Mischungsverhältnis werden eine Probemischung und Probewürfel hergestellt, an denen die Betondruckfestigkeit überprüft werden kann.
6. Baustoffanteile für 1 m³ verdichteten Beton bei trockener Gesteinskörnung
   Zement z = 330 kg; Gesteinskörnung (trocken) g = 1892 kg; Gesamtwasser w = 165 kg;
   Summe: 330 + 1892 + 165 = 2387 kg
7. Baustoffanteile für 1 m³ verdichteten Beton bei feuchter Gesteinskörnung
   Oberflächenfeuchte des Zuschlags: 4,5 Masse.-% (bezogen auf trocken)
   Zement z = 330 kg; Gesteinskörnung (feucht) g = 1892 · 1,045 = 1977 kg;

Oberflächenwasser: 1977–1892 = 85 kg; Zugabewasser = 165–85 = 80 kg;
Summe: 330 + 1977 + 80 = 2387 kg

8. Baustoffanteile für einen 1,5-m³-Mischer bei feuchter Gesteinskörnung (siehe Abschn. 5.7.1b)
Nenninhalt des Mischers = 1,5 m³ (steifer Beton, C1, c = 1,45);
Umrechnungsfaktor (plastischer Beton, F2) = 1,21;
Nutzinhalt des Mischers = 1,21 · 1,5 = 1,82 m³;
Baustoffanteile: Zement z = 1,82 · 330 = 600 kg; Gesteinskörnung (feucht) = 1,82 · 1977 = 3598 kg;
Zugabewasser = 1,82 · 80 = 146 kg;
Summe (Kontrolle) = 600 + 3598 + 146 = 4344 kg = 1,82 · 2387 = 4344 kg

Mit den Schritten 1 bis 8 kann die Zusammensetzung auch für andere Betone auf gleiche Weise berechnet werden.

5.7 Verarbeiten von Beton

5.7.1 Herstellen und Mischen von Beton (Transportbeton)

Beton wird heute nur noch selten auf der Baustelle hergestellt (Baustellenbeton), sondern im Werk gemischt und in Mischfahrzeugen (Fahrmischern) als werkgemischter Transportbeton oder als fahrzeuggemischter Transportbeton zur Baustelle transportiert. Bei letzterem kann zwar auch während der Fahrt, meistens jedoch nach Eintreffen auf der Baustelle gemischt werden. Die Mischdauer beträgt mindestens 50 Umdrehungen bei einer Drehzahl von 4 bis 12 Umdrehungen pro Minute. Nach Beendigung des Mischvorgangs darf der Frischbeton nicht mehr verändert werden.

a) Die Zusammensetzung einer Mischerfüllung muss als schriftliche **Mischanweisung** dem Mischerführer vorliegen und die folgenden Angaben enthalten: Festigkeitsklasse des Betons; Expositionsklasse; Art, Festigkeitsklasse und Menge des Zements in kg/m³ verdichteten Betons; Art und Menge der Gesteinskörnung sowie Menge der getrennt zuzugebenden Korngruppenanteile; Konsistenzmaß des Frischbetons; gegebenenfalls Art und Menge von Betonzusatzmitteln und -zusatzstoffen; außerdem Wasserzementwert *w/z*; Wassergehalt *w* (Zugabewasser, Oberflächenfeuchte der Gesteinskörnung und Zusatzmittelmenge, wenn diese drei l/m³ verdichteten Betons oder mehr beträgt).
In den Mischer der Anlage gelangen zunächst die Feststoffe Gesteinskörnung und Zement, danach das Wasser und ggf. Zusatzmittel. Die Wasserzugabe geschieht unter Berücksichtigung der automatisch gemessenen Gesteinskörnungsfeuchte, die gewünschte Konsistenz wird über die Leistungsaufnahme der Mischwerkzeuge eingestellt. Je Mischerfüllung dauert der Mischvorgang nach Zugabe aller Stoffe etwa eine Minute. Werkgemischter Beton darf sich während des Transports zur Baustelle nicht entmischen. Deshalb ist plastischer bis fließfähiger Beton in Misch- oder Muldenfahrzeugen ständig zu bewegen (zwei bis sechs Umdrehungen pro Minute). Steifer Beton darf auch in Fahrzeugen ohne Rührwerk transportiert werden.
Bei Zugabe von Fließmitteln FM oder Verzögerern VZ auf der Baustelle ist nach Zugabe nochmals zu mischen. Bei FM: mind. 1 Minute je m³ Beton, insgesamt aber mind.

5 Minuten. Bei VZ: für Verarbeitungszeit ≥ 12 Stunden mind. 5 Minuten, bei Mischern ≥ 6 m^3 Nenninhalt mind. 10 Minuten.

b) Bei den Mischern handelt es sich i.d.R. um Tellermischer (Zwangsmischer), bei denen sich die Mischtrommel und die innen meist exzentrisch angeordneten Mischwerkzeuge gegenläufig drehen. Mischergrößen sind nach DIN 459-1 (1995–11) Mischer für Beton und Mörtel) 0,05 bis 12 m^3, üblich sind für stationäre Mischer 1 bis 3 m^3, bei Fahrmischern 6 bis 9 m^3 Nenninhalt. Der Nenninhalt gibt das in einem Mischvorgang herstellbare Volumen des verdichteten Frischbetons bei einem Verdichtungsmaß c von 1,45 an. Mit einem Mischer von 1 m^3 Nenninhalt kann man also die für 1 m^3 eines sehr steifen Betons der Konsistenz C1 (c = 1,45) erforderlichen Bestandteile mischen. Der Nutzinhalt ist also hier gleich dem Nenninhalt. Bei weicheren Betonen mit kleineren Verdichtungsmaßen wird der Nutzinhalt größer als der Nenninhalt: Nutzinhalt = (1,45/Verdichtungsmaß c) × Nenninhalt. Für plastischen Beton (C2, F2) kann man c = 1,20 ansetzen, für weichen Beton (C3, F3) c = 1,07. Die Umrechnungsfaktoren 1,45/c werden dann 1,21 für plastischen und 1,36 für weichen Beton.

c) Das Entladen der Mischfahrzeuge von Transportbeton soll spätestens 90 Minuten nach Wasserzugabe geschehen sein, der Fahrzeuge ohne Rührwerk mit steifem Beton spätestens nach 45 Minuten, bei verzögertem Beton angemessen später (siehe Abschn. 5.2.4e). Warme Witterung oder starke Sonneneinstrahlung können kürzere Zeiten erforderlich machen. Nach Beendigung des Mischvorgangs dürfen dem Beton kein Wasser und, außer bei Fließbeton (siehe Abschn. 5.2.4c), keine Zusatzmittel mehr zugegeben werden.

5.7.2 Bestellen und Liefern von Transportbeton

a) Beim Bestellen von Transportbeton sind dem Transportbetonwerk (dem Hersteller) die Angaben zu machen, die der Festlegung des bestellten Betons entsprechen (siehe Abschn. 5.4). Diese Angaben sind z.T. auch im Sortenverzeichnis des Transportwerkes enthalten.

b) Bei der Lieferung von Transportbeton muss dem Abnehmer (Verwender) ein Lieferschein übergeben werden, in dem zusätzlich zu den Angaben der Festlegung (siehe Abschn. 5.4) mindestens folgende Angaben enthalten sein oder handschriftlich eingetragen werden müssen:
   - Name des Transportbetonwerks
   - Nummer des Lieferscheins und des Sortenverzeichnisses
   - Zeitpunkt des Beladens des Lieferfahrzeuges, d.h. der ersten Reaktion Zement/Wasser
   - Kennzeichen des Lieferfahrzeugs
   - Name des Käufers, Bezeichnung und Lage der Baustelle
   - Verweise auf die Leistungsbeschreibung
   - Menge des Betons in m^3
   - Zeitpunkt des Eintreffens des Betons auf der Baustelle, Zeitraum des Entladens
   - bauaufsichtliches Übereinstimmungszeichen nach DIN 206-1/1045-2
   - bei Fließbeton: Menge und Zugabezeitpunkt des Fließmittels
   - bei Standardbeton: Druckfestigkeits- und Expositionsklasse, Größtkorndurchmesser der Gesteinskörnung, Konsistenz und, falls festgelegt, Festigkeitsentwicklung (siehe Tafel 5.9).

d) Die Überwachung des auf die Baustelle gelieferten Transportbetons geschieht nach Abschn. 5.14.6 und Tafel 5.26, 5.27 und 5.28. Das Konsistenz-Messverfahren ist vorher zu vereinbaren, da die verschiedenen Verfahren zu unterschiedlichen Ergebnissen führen können.

5.7.3 Fördern auf der Baustelle

Übliche Fördergeräte auf der Baustelle sind Förderbänder (für Beton F2), Betonpumpen (s.u.), Kran- und Aufzugskübel (für Beton F2 und F3), Muldenfahrzeuge (z.B. Karren, für Beton F1 und F2). Sie müssen in dem Maße vorhanden sein und eingesetzt werden, dass der Fahrmischer innerhalb 90 Minuten nach Herstellen der Mischung (Zugabe des Wassers) entladen ist. Kran- und Aufzugskübel werden bei größeren Förderhöhen und -weiten eingesetzt.

Das Pumpen von Beton ist heute eine sehr häufige Förderart. Mit Hilfe von Pumpfahrzeugen, meist sind es Verteilermastpumpen mit eigenem Verteilermast, kann der Beton über große Strecken zur Einbaustelle gefördert werden: möglich sind Förderhöhen bis 400 m und Weiten bis 600 m, ggf. mit mehreren hintereinander geschalteten Pumpen. Die Rohre sollen möglichst wenige Richtungsänderungen aufweisen und bei Hochförderung senkrecht verlegt werden. Das Längenverhältnis von Vertikal- zu Horizontalleitung soll nicht mehr als 2:1 betragen, damit die Reibung in der Horizontalleitung den senkrechten Betondruck sicher auffängt. Bei Abwärtsleitungen sind ggf. Rohrkrümmer (sog. Staubögen) vorzusehen, damit die Betonsäule nicht abreißt.

Pumpbeton muss gut zusammenhalten, damit er sich beim Pumpen nicht entmischt und die Betonsäule nicht abreißt. Gut geeignet ist Beton der Konsistenz F2, weniger gut F3 (Entmischungsgefahr, Rohrverstopfung). Zugabe von Zusatzmitteln BV und FM kann die Pumpfähigkeit besonders bei großen Förderweiten verbessern. Günstig ist eine Gesteinskörnung-Sieblinie nahe SL B. Der Mehlkorn- und Feinstsandgehalt soll möglichst an der oberen Grenze der Normwerte (siehe Tafel 5.3) liegen, da diese Bestandteile einen guten Schmierfilm an den Rohrwandungen bilden.

5.7.4 Schalung für Beton

a) Zu den Schalungselementen gehören die eigentliche Schalhaut, die Unterstützungs- und Aussteifungskonstruktion, Verbindungsmittel, wie z.B. Nägel, Nagel- und Holzschrauben, Rödeldraht, Schalungsschlösser und -anker und Spannketten, sowie Zubehör wie z.B. Abstandhalter für die Bewehrung, Spindeln, Hülsen und Streben. Abstandhalter bestehen i.d.R. aus Beton, faserbewehrtem Mörtel und Hart-PVC. Abstandhalter aus Beton und faserbewehrtem Mörtel besitzen i.d.R. Drahtverbinder oder Klemmen, mit denen sie an den Bewehrungsstäben befestigt werden können.
b) Als Schalungsmaterial für die Schalhaut kommen Holz, Stahl, Aluminium und Kunststoffe in Frage. Raue Bretter aus Tanne und Fichte, unbeschichtete Tischlerplatten sowie Stahl- und Alu-Platten ergeben Betonoberflächen, an die keine besonderen Anforderungen gestellt werden. Polyesterbeschichtete Tischlerplatten ergeben glatte Betonoberflächen, Kunststoffschalungen werden vorwiegend für Sichtbeton verwendet (siehe Abschn. 5.10). Alternativ kann auch eine „verlorene" Schalung aus z.B. HWL-Platten auf die tragende Schalung appliziert werden. Damit können weitergehende Maßnahmen der Abschnitte c) und d) entfallen. Monolithische oder dreischichtige HWL-Platten können zusätzliche

Funktionen des Wärmeschutzes (Kellerdecken) oder des Brandschutzes (Parkdecks F 180) erfüllen.

c) Vorbereitung der Schalflächen: Sie sind vor Einbringen des Betons von allen losen Teilen (Bindedrahtreste, Abstandhalter, Nägel, Holzspäne usw.) zu reinigen und ggf. bei stark ausgetrockneten Holzschalungen ausreichend vorzunässen. Auch Wasserlachen, etwa nach Regenfällen, sind z.B. durch Auspusten mit ölfreier Druckluft zu entfernen.

d) Trennmittel werden auf die Schalflächen aufgetragen, um das einwandfreie Lösen der Schalung von der Oberfläche des erhärteten Betons sicherzustellen. Als Trennmittel werden Mineralöle ohne und mit Zusätzen (sog. Schalöle), Emulsionen „Wasser in Öl" oder „Öl in Wasser", Schalungslacke, Wachse oder chemische Trennmittel verwendet. Bei der Auswahl der Trennmittel und dem Anwendungsverfahren sind die Angaben der Schalungs- und Trennmittelhersteller zu beachten.

5.7.5 Einbringen des Betons in die Schalung

Die freie Fallhöhe beim Einbringen des Betons in die Schalung sollte 2 m nicht überschreiten. Anderenfalls sind Schüttrohre oder Schlauchkübel zu verwenden oder es muss Fließbeton bestellt werden. Der Beton ist zügig „frisch in frisch" zu verarbeiten und zu verdichten. Unbeabsichtigte Fugen durch zu große zeitliche Betonierabstände oder -verzögerungen sind spätere Störstellen im erhärteten Beton. Die Höhe der Schüttlagen (Richtmaß 50 cm) hängt von der Stabilität der Schalung ab und wird vorher oder an Ort und Stelle vom Bauleiter oder Polier festgelegt.

a) Beim Einbau im Winter kann eine Verzögerung des Erhärtungsverlaufs eintreten. Nach DIN 206-1/1045-2 sind folgende Frischbetontemperaturen einzuhalten:

Lufttemperatur über +5 °C	keine Vorschriften
Lufttemperatur +5 bis –3 °C	Frischbeton mind. +5 °C, bei z < 240 kg/m³ oder NW-Zement: Frischbeton mind. +10 °C
Lufttemperatur unter –3 °C	Frischbeton mind. +10 °C.

Die Frischbetontemperatur von +10 °C muss bei Frost mindestens drei Tage lang gehalten werden, z.B. durch Abdecken mit wärmedämmenden Matten oder durch Einkleiden des Bauwerks mit Planen und durch Heizen (Winterbau); ggf. müssen Wasser oder Zuschläge (z.B. durch Dampf) erwärmt werden. Zugabewasser von mehr als 70 °C ist zunächst mit der Gesteinskörnung zu mischen, um ein verfrühtes Ansteifen des Betons zu verhindern. Zweckmäßigerweise sollte ein „schneller" Zement gewählt werden, z.B. Z 42,5 R und höher. Die Frischbetontemperatur von +30 °C darf dabei aber nicht überschritten werden.

Bei Frost kommt die Erhärtung des Betons praktisch zum Stillstand. Damit junger Beton ein einmaliges Durchfrieren ohne Schädigung überstehen kann, muss er eine Festigkeit von mind. 5 N/mm² besitzen, die sog. Gefrierbeständigkeit. Dazu muss er einen Zementgehalt ≥ 270 kg/m³ und einen w/z-Wert ≤ 0,60 besitzen, gegen Niederschläge geschützt sein und bei Verwendung von Zement ≥ Z 32,5 R eine Frischbetontemperatur von ≥ +10 °C mind. drei Tage lang halten.

b) Beim Einbau im Sommer ist die maximale Frischbetontemperatur von +30 °C ebenfalls zu beachten. Diese Temperatur kann im Sommer aber ohne weiteres erreicht werden, und der Beton steift dann schneller als gewöhnlich an. Daher müssen die Fahrmischer zügig und schnell entladen werden. Der Beton ist ggf. gekühlt anzuliefern, z.B. durch Berieseln der Zuschläge mit Wasser oder durch Verwendung von Eiswasser (Wasser + Eissplitter). Möglichst „langsamen" Zement (Z 32,5) verwenden. Durch Wind und Sonneneinstrahlung kann dem Beton an der Oberfläche das zur Hydratation erforderliche Wasser entzogen werden. Dadurch können sich besonders in den ersten 4 bis 16 Stunden Risse bilden, was durch intensive Nachbehandlung verhindert werden muss (siehe Abschn. 5.7.7).

c) Die sich durch Erwärmen oder Kühlen des Wassers und der Gesteinskörnung einstellende Frischbetontemperatur kann näherungsweise durch die folgende Formel berechnet werden ($z = 300\ kg/m^3$):
$T_B = 0{,}1 \cdot T_Z + 0{,}2 \cdot T_W + 0{,}7 \cdot T_G$
Hierin bedeuten B, Z, W, G: Beton, Zement, Wasser und Gesteinskörnung.

5.7.6 Verdichten des Betons

Beton muss nach dem Einbau in der Schalung verdichtet werden, da anderenfalls, insbesondere bei steiferen Konsistenzen, im Beton Hohlstellen verbleiben und die Bewehrung nicht genügend dicht von Beton umschlossen ist. Besondere Sorgfalt ist in Bereichen dicht liegender Bewehrung erforderlich, besonders intensives Verdichten bei Beton der Konsistenz C1/F1 und C2/F2. Dabei ist die DIN 4235-1 bis -5 („Verdichten von Beton durch Rütteln" (1978–12)) zu beachten.

Folgende Verdichtungsverfahren kommen zum Einsatz:

- Oberflächenrüttler (Vibrationsplatten oder -walzen, Rüttelbohlen). Sie sind so langsam fortzubewegen, dass der Beton unter ihnen weich wird und sich nach dem Verdichten eine geschlossene Oberfläche bildet. Schichtdicke nach dem Verdichten bei kräftig wirkenden Rüttlern ≤ 20 cm. Plattenrüttler nur für Konsistenz KS, Bohlen für alle Konsistenzen. Walzen werden eingesetzt bei Verwendung von Walzbeton im Straßenbau. Walzbeton, auch als „roller compacted concrete" (RCC) oder einfach „rollcrete" bezeichnet, ist ein erdfeuchter Beton, der bereits im frischen Zustand befahren werden kann.
- Schalungsrüttler (Außenrüttler) werden hauptsächlich in Fertigteilwerken eingesetzt, manchmal auch für großflächige senkrecht geschalte Bauteile, z.B. Brückenpfeiler. Sie werden i.d.R. an den Versteifungskonstruktionen der Schalplatten befestigt. Für plastischen, weichen und fließfähigen Beton.
- Stampfen (Handstampfer, besser Vibrationsstampfer) kommen nur für untergeordnete Bauteile (z.B. Fundamentstreifen) der Konsistenz C0/C1 (sehr steif, steif) in Frage. Dicke der fertig gestampften Schicht ≤ 15 cm.
- Stochern, leichtes Rütteln oder mehrmaliges Abziehen kann bei sehr weichem Beton der Konsistenz F4 angewendet werden. Zusätzliches Klopfen an der Schalung bei schlanken vertikalen Bauteilen kann bei Beton der Konsistenzen F2, F3 und F4 (plastisch, weich, sehr weich) angewendet werden.
- Innenrüttler (Rüttelflaschen) sind die am häufigsten eingesetzten Verdichtungsgeräte. Sie werden durch einen in der Rüttelflasche eingebauten Elektromotor oder bei Verwendung einer biegsamen Schlauchwelle durch Druckluft oder einen externen Motor angetrieben. Die Eintauchabstände liegen je nach Größe (Durchmesser) der Flasche zwischen 70 und

25 cm. Bei sehr feingliedrigen Bauteilen und zum Herstellen von Ecken und Kanten von Sichtbetonflächen verwendet man sehr dünne Flaschen, sog. Nadelrüttler. Der Innenrüttler wird rasch in den bereits verdichteten Beton („Vernähen" der einzelnen Betonlagen) eingetaucht und nach kurzem Verharren im Tiefstpunkt langsam herausgezogen, bis sich das Rüttelgeräusch nicht mehr verändert und sich die Oberfläche mit Feinmörtel schließt. In hohen Stützen hängt man den Rüttler bis unten hinein und zieht ihn langsam mit Betonierfortschritt nach oben. Die Rüttelflasche darf dabei die Bewehrung nicht in Schwingungen versetzen, da dadurch die Haftung zwischen Beton und Bewehrung gestört werden kann.

Tafel 5.18 Mindestdauer der Nachbehandlung des Betons für alle Expositionsklassen nach DIN 1045-3 [2]

Expositionsklasse	Erforderliche Festigkeit im oberflächennahen Bereich	Ohne genaueren Nachweis der Festigkeit
X0; XC1	$0{,}30 \cdot f_{ck}$	0,5 Tage[1)]
Alle, außer X0; XC1; XM	$0{,}50 \cdot f_{ck}$	Mindestdauer nach Tafel 5.17
XM	$0{,}70 \cdot f_{ck}$	Mindestdauer nach Tafel 5.17 verdoppeln
[1)] Verarbeitbarkeit < 5 Std., Temperatur der Betonoberfläche ≥ 5 °C.		

Nachrütteln, je nach Erstarrungsverhalten des Betons nach einer Stunde oder später, jedoch nur bei noch verformbarem Beton, ist eine zusätzliche, Güte steigernde Maßnahme, um Hohlräume unter waagerechten Bewehrungsstäben oder unter Aussparungen zu schließen.

5.7.7 Nachbehandeln von Beton

Die Nachbehandlung nach dem Verdichten dient dem Schutz des Betons während des Erstarrens und der anfänglichen Erhärtung gegen Erschütterungen; gegen strömendes Wasser und Regen; gegen Frost; gegen Hitze, Sonne und Wind (Frühschwinden und Risse durch vorzeitiges Austrocknen) und zur Sicherstellung einer ausreichenden Festigkeit und Dauerhaftigkeit der Betonrandzone.

Zum Schutz gegen Austrocknen („Verdursten") ist der Beton ausreichend lange feucht zu halten. Dies kann auf folgende Art und Weise geschehen: Belassen in der Schalung, Abdecken mit Folien; Aufbringen wasserhaltender Abdeckungen, z.B. Jutematten, unter ständigem Feuchthalten; Aufbringen flüssiger Nachbehandlungsmittel[2]; kontinuierliches Besprühen mit Wasser. Die Dauer der Nachbehandlung liegt je nach Festigkeitsentwicklung des Betons (schnell, mittel, langsam) und den Umgebungsbedingungen (Sonneneinstrahlung, Wind, relative Luftfeuchte) zwischen 1 und 15 Tagen (s.a. Tafeln 5.18 und 5.19).

2 Techn. Lieferbedingungen für flüssige Beton-Nachbehandlungsmittel FGSV (Adresse s. Abschn. 18.3).

Tafel 5.19 Mindestdauer der Nachbehandlung des Betons in Tagen für alle Expositionsklassen außer X0, XC1 und XM nach DIN 1045-3 (2008–08)[1)2)]
(Die Werte entsprechen einer Festigkeit im oberflächennahen Bereich von 50 % von f_{ck} des verwendeten Betons; s.a. Tafel 5.18.)

Oberflächentemperatur[3)] in °C	Festigkeitsentwicklung des Betons bei 20 °C $b_{cm\,2}/b_{cm\,28}$ [4)]			
	schnell ≥ 0,50	mittel ≥ 0,30 < 0,50	langsam ≥ 0,15 < 0,30	sehr langsam < 0,15
≥ 25 < 25 ≥ 15	1 1	2 2	2 4	3 5
< 15 ≥ 10 < 10 ≥ 5[5)]	2 3	4 6	7 10	10 15

[1)] Expositionsklasse X0 (unbewehrte Bauteile) und XC1 (Innenbauteile):
½ Tag bei Beton mit einer Verarbeitbarkeitszeit < 5 h und einer Oberflächentemperatur ≥ 5 °C.
Expositionsklasse M (Verschleißbeanspruchung): Tafelwerte sind zu verdoppeln.
[2)] Bei Beton mit einer Verarbeitbarkeitszeit ≥ 5 h sind die Tafelwerte bei allen Expositionsklassen angemessen zu erhöhen.
[3)] Anstelle der Oberflächentemperatur des Betons darf die Lufttemperatur angesetzt werden.
[4)] Verhältnis mittlere Druckfestigkeit nach 2 Tagen zur mittleren Druckfestigkeit nach 28 Tagen bzw. zur Druckfestigkeit zu einem späteren Termin (z.B. 56 Tage), ermittelt entweder bei der Erstprüfung oder aus bekanntem Verhältnis von Betonen vergleichbarer Zusammensetzung.
[5)] Bei Temperaturen < 5 °C ist die Nachbehandlungsdauer um die Zeit zu verlängern, während der die Temperatur unter 5 °C lag.

Da die ordnungsgemäße Durchführung der Nachbehandlung für die Dauerhaftigkeit des Betons von großer Bedeutung ist, sollte sie wie alle anderen Arbeitsgänge vor der Herstellung eines Betonbauwerks oder -bauteils vorgeplant und in der Kalkulation kostenmäßig berücksichtigt werden.

5.7.8 Ausschalfristen

Ein Bauteil darf erst dann ausgerüstet oder ausgeschalt werden, wenn der Beton ausreichend erhärtet ist. Herrschten während der Betonerhärtung durchgehend Temperaturen ≥ +5 °C, gelten die Fristen der Tafel 5.18 nach DIN 1045 (2012–03). Die DIN 1045-3 gibt keine Werte an. Bei Temperaturen unter +5 °C sind die Werte zu vergrößern, u.U. zu verdoppeln. Frostzeiten sind den Zeiten der Tafel 5.20. hinzuzurechnen (s.a. Saul'sche Regel, Abschn. 2.7.5e).
Lange Ausschalfristen sind stets günstig, da sie gegen evtl. Rissbildung vorbeugen. Stützen, Pfeiler und Wände sollten zeitlich vor den von ihnen getragenen Balken und Decken ausgeschalt werden. Schalungsstützen unter Decken und Balken sollten zunächst noch stehen bleiben.

5.7.9 Warmbehandlung von Beton

Die Warmbehandlung ist ein Schnellerhärtungsverfahren, mit dem Betone (vor allem Fertigbauteile) standfest oder frühhochfest gemacht werden.
Man benutzt dazu niedergespannten Nassdampf oder Heißluft von etwa 80 % relativer Feuchte und 40 bis 70 °C in 4 bis 6 Stunden. Das Verfahren wird vorwiegend für Betonfertigbauteile angewendet; der schnellere Umlauf der Formen wiegt die höheren Kosten

auf. Für die Wärmebehandlung gibt es eine DAfStb-Richtlinie „Wärmebehandlung von Beton" (1989–09).

Tafel 5.20 Ausschalfristen (Anhaltswerte)

1	2	3	4
Festigkeitsklasse des Zements	Für die seitliche Schalung der Balken und für die Schalung der Wände und Stützen	Für die Schalung der Deckenplatten	Für die Rüstung (Stützung) der Balken, Rahmen und weitgespannten Platten
	Tage	Tage	Tage
32,5 N	3	8	20
32,5 R und 42,5 N	2	5	10
42,5 R; 52,5 N und 52,5 R	1	3	6

5.8 Spritzbeton

Spritzbeton (Torkretbeton) nach DIN 18 551 (2014–08) und DIN EN 14 487-1 und -2 (2006–03) wird über Schlauch- und/oder Rohrleitungen mit einer Spritzdüse auf die Schalung oder die Wand aufgebracht. Beim Trockenmischverfahren wird die Ausgangsmischung aus Zuschlag, Zement und Zusätzen mit Druckluft zur Spritzdüse befördert und dort erst mit Wasser versetzt. Beim Nassspritzverfahren wird die fertige Betonmischung zur Spritzdüse befördert, entweder auch mit Druckluft oder durch Pumpen. Der an der Wand oder Schalung abfallende Rückprall muss bei der Zusammensetzung der Ausgangsmischung berücksichtigt werden. Als Gesteinskörnung kann auch Edelsplitt, i.d.R. der SLB 8, verwendet werden. Spritzbeton wird vielfältig angewendet: Ausbesserung von schadhaften Bauteilen (Brandschäden!), Bergsicherung im Tunnelbau, Hangsicherung, Behälterbau, Kanalauskleidungen, Schalenbau usw.

5.9 Vakuumbeton

Vakuumbeton ist 1967/68 von der schwedischen Firma Tremix entwickelt worden. Er wird für die Herstellung von Industriefußböden, Parkdecks usw. verwendet. Der Beton wird i.d.R. mit Innenrüttlern verdichtet und mit Vibrationsbohlen abgezogen. Anschließend wird über aufgelegte Vakuumteppiche aus dem Oberflächenbereich des Betons durch Unterdruck ein Teil des Wassers abgesogen. Der Beton ist danach sofort begehbar und wird mit Rotorglättern bearbeitet. Die Oberfläche des Vakuumbetons besitzt eine hohe Ebenflächigkeit, Festigkeit, Frostbeständigkeit und Widerstandsfähigkeit gegen chemischen Angriff.

5.10 Sichtbeton

Unter Sichtbeton versteht man Betonflächen, an deren Aussehen bestimmte Anforderungen gestellt werden. Man unterscheidet: mit Schalhaut gestaltete Betonflächen (DIN 18 217 – Betonflächen und Schalungshaut – (1981–12)), bearbeitete Betonflächen (DIN V 18 500 (2006–12) – Betonwerkstein – (1991–04)) und farbig gestaltete Betonflächen; siehe auch DBV-Merkblatt „Sichtbeton" (Ausg. 1997). Von Betonflächen mit technischen Anforderun-

gen (DIN 18 217: s.o.) spricht man z.B. bei Schleusen, Kläranlagen und Kühltürmen oder bei „tapezierfähigem" Beton und Betonunterlagen für Estriche.
Für farbig gestaltete Betonflächen werden Zemente mit besonderer Farbwirkung, z.B. Weißzement oder Portlandölschieferzement, und/oder Zuschläge mit besonderer Farbwirkung, z.B. roter Granit, und/oder Pigmente, z.B. Eisenoxidpigmente, verwendet (s.a. Abschn. 5.2.5). Es kann zweckmäßig sein, auf solche Flächen zum Schutz gegen das Eindringen von Feuchtigkeit, Schmutz und Schadstoffen Hydrophobierungen, Versiegelungen (lasierend oder deckend) oder Beschichtungen aufzubringen.
Einflüsse auf Farbton, Porengröße und -verteilung haben z.B. Betonzusammensetzung und -herstellung, Art der Schalungshaut, verwendete Trennmittel, Verdichtung des Betons, Witterungsverhältnisse und Nachbehandlung. Die Art der Schalhaut spielt eine wichtige Rolle. Saugende Schalung, wie z.B. sägeraue oder gehobelte Bretter oder unbeschichtete Spanplatten, entziehen den oberflächennahen Schichten des Betons Luft und/oder Wasser und ergeben eine porenarme Oberfläche mit relativ gleichmäßigem Farbton. Sehr schwach und nichtsaugende Schalungen, wie z.B. glatte, oberflächenbehandelte Spanplatten, filmvergütete Sperrholzplatten (Siebdruck) oder Stahlplatten ergeben nahezu glatte Oberflächen, die aber die Entstehung von Poren, Marmorierungen, Wolkenbildungen und Farbunterschieden begünstigen.
Die Zusammensetzung des Betons ist möglichst durch Vorversuche unter Einbeziehung der gewählten Schalhaut festzusetzen. Allgemein gilt: Der Beton darf sich beim Einbringen nicht entmischen und kein Wasser absondern. Es ist ein ausreichend hoher Mehlkorngehalt (≤ 0,25 mm) anzustreben, und zwar je nach Größtkorn 550 (Größtkorn 8 mm), 500 (16 mm G.) oder 450 (32 mm G.) kg/m^3. Der Gesamtwassergehalt sollte möglichst gering sein, ggf. Zugabe von BV-Mitteln, der w/z-Wert ≤ 0,55. Konsistenz möglichst an der oberen Grenze von F2, ggf. auch im Bereich F3. Zementart und -werk sowie Gesteinskörnungsart und -herkunft nicht wechseln, Mischdauer (nur Mischer mit guter Mischwirkung) ≥ 2 Minuten.

5.11 Beton mit rezyklierter Gesteinskörnung

Rezyklierter Beton ist Beton, der mit rezyklierter Gesteinskörnung aus Betonsplitt (> 2 mm Korngröße) und/oder Betonbrechsand (≤ 2 mm) hergestellt wird, der in Altbeton-Aufbereitungsanlagen gewonnen wird. Maßgebend für die Herstellung des rezyklierten Betons ist DIN EN 206-1/1045-2 und die DAfStb-Richtlinie „Beton mit rezyklierter Gesteinskörnung" (Ausg. 1998–08; Teil 1 und 2). Rezyklierte Gesteinskörnung weist eine erhöhte Wasseraufnahme auf, die regelmäßig überprüft werden muss. Dies ist bei der Festlegung des Wasserzementwertes zu berücksichtigen (s.a. Abschn. 5.6.2).
Rezyklierte Gesteinskörnung aus Betonsplitt bzw. -brechsand darf nur verwendet werden, wenn die Herkunft des Altbetons und der darin verwendete Zuschlag bekannt und seine Alkaliempfindlichkeit von einem vom DIBt Berlin anerkannten Gutachter untersucht worden ist. Die Zugabemengen von Splitt > 2 mm darf bei Innenbauteilen 35 % der Gesamtzuschlagmenge nicht überschreiten, bei allen übrigen Betonen (nicht bei hochfestem Beton) 20 % nicht überschreiten. Brechsand ≤ 2 mm darf nur bei Innenbauteilen bis zu einem Anteil von 7 % zugegeben werden. Für rezyklierte Gesteinskörnungen gelten die DIN 4226-100 und allgemeine bauaufsichtliche Zulassungen.

Für die Herstellung von Beton unter Verwendung von Restwasser, Restbeton und Restmörtel existiert ebenfalls eine DAfStb-Richtlinie (Ausg. 1995–08). Diese Reste fallen z.B. beim Waschen von Mischern oder Betonpumpen an. Sie müssen sauber ausgewaschen werden. Das dabei anfallende Restwasser enthält i.d.R. Feinstanteile ≤ 0,25 mm (Zement, Mehlkorn, Feinstsand), die Restgesteinskörnung hat Korngrößen ≥ 0,25 mm. Das Restwasser muss in Absetzbecken durch Rührvorrichtungen homogenisiert werden und kann dann wie die Restgesteinskörnung in kleinen Mengen dem Beton zugegeben werden (nicht bei hochfestem Beton). Der Anteil der Feststoffe ≤ 0,25 mm im Restwasser muss durch Dichtemessungen des Wassers bestimmt und in der Betonzusammensetzung berücksichtigt werden.
Für diese Betone sind Erstprüfungen erforderlich (siehe Abschn. 5.14.1).

5.12 Leichtbeton

Bei Leichtbeton unterscheidet man gefügedichten Leichtbeton mit poriger Gesteinskörnung und haufwerkporigen Leichtbeton mit dichten und porigen Gesteinskörnungen und Porenbeton (siehe Abschn. 3.3.5).
Gefügedichter Leichtbeton (Konstruktionsleichtbeton) mit poriger Gesteinskörnung (vorwiegend Blähton und Blähschiefer; siehe Abschn. 5.3) erreicht die gleichen Festigkeitsklassen wie Normalbeton (auch als hochfester Leichtbeton, siehe Tafel 5.6) und kann für die Herstellung von Bauwerken aus Stahlleichtbeton und Spannleichtbeton verwendet werden. Die Rohdichte liegt je nach den verwendeten Zuschlägen zwischen 0,8 und 2,0 kg/dm^3. Wegen der geringeren Kornfestigkeit der Leichtgesteinskörnung hängt die Festigkeit von gefügedichtem Leichtbeton im Gegensatz zu Normalbeton stärker von der Festigkeit des Zementsteins ab. Deshalb gilt das Wasserzementwert-Gesetz (siehe Abb. 5.1) nur mit Einschränkung. Anhaltswerte für die Festigkeitsklassen in Abhängigkeit von der Rohdichte geben die Tafeln 5.5/5.6. Blähkörnungen saugen Wasser auf. Das muss bei der Wasserzugabe und bei der Berechnung des wirksamen Wasserzementwertes berücksichtigt werden. Zementgehalt ≥ 300 kg/m^3, Konsistenz möglichst F2 (F3 neigt zum Entmischen), ggf. Stabilisierer als Zusatzmittel zugeben. Für gefügedichten Leichtbeton gilt die DIN EN 206-1/1045-2.

Tafel 5.21 Anhaltswerte für die Zuordnung von Festigkeitsklassen und Rohdichteklassen von Konstruktionsleichtbeton

Festigkeitsklasse1[1]	Rohdichteklasse[2]	
	mit Natursand	mit Leichtsand
LC 8/9	–	ab D 1,0
LC 12/15	ab D 1,4	ab D 1,2
LC 16/18	ab D 1,4 oder ab D 1,6	ab D 1,2 oder ab D 1,4
LC 25/28	ab D 1,6	ab D 1,4
LC 35/38	ab D 1,6 oder ab D 1,8	ab D 1,4 oder ab D 1,6
LC 45/50	ab D 1,8	ab D 1,6
LC 55/60	ab D 1,8	–

[1] Festigkeitsklassen wie Normalbeton; siehe Tafel 5.6.
[2] Rohdichteklassen siehe Tafel 5.5.

Haufwerkporiger Leichtbeton wird als Einkornbeton hergestellt (z.B. Korngröße 8/16). Die Zementleimmenge wird so dosiert, dass die Zuschlagkörner nur umhüllt sind und punktweise verkittet werden. Dadurch befinden sich zwischen den Körnern mehr oder weniger große Hohlräume. Einkornbeton mit dichten Zuschlägen wird verwendet z.B. bei der Herstellung von Sickerrohren, Drainsteinen und Drainbeton, Mauersteinen (DIN 18 151; siehe Abschn. 3.3.4). Einkornbeton mit porigen Zuschlägen findet wegen seiner guten Wärmedämmfähigkeit vor allem bei geschütteten Wänden (DIN 4232 (1987–09)) und bei der Herstellung von Mauersteinen Verwendung (siehe Abschn. 3.3.3). Mit poriger Gesteinskörnung werden bei haufwerkporigem Leichtbeton Rohdichten bis 0,5 kg/dm³ und Wärmeleitfähigkeiten bis 0,12 W/(m · K) erreicht, die Festigkeiten liegen zwischen 2 und 12 N/mm². Mit Verbundwänden aus einer Innenschale aus gefügedichtem Leichtbeton LC 12/15 (Dicke 150 mm) und einer Außenschale aus haufwerkporigem Leichtbeton (Dicke 200 mm; Gesteinskörnung z.B. rezykliertes Blähgasgranulat) lässt sich ein U-Wert von 0,32 W/(m² · K) erreichen.

5.13 Hochfester Beton

Hochfester Beton, auch als Hochleistungsbeton bezeichnet (s.a. ehemalige „DAfStb-Richtlinie für hochfesten Beton", Ausg. Aug. 1995), erreicht Festigkeitsklassen von C 55/67 bis C 100/115 (siehe Tafel 5.7). Grund für die hohe Festigkeit ist die enorm hohe Dichtheit des Betons, die durch extrem niedrige Wasserbindemittelwerte (deutlich unter 0,40) und einen hohen Anteil an Feinststoffen (Flugasche und Silicastaub) erreicht wird. Silicastaub (s.a. Abschn. 4.6.1) hat puzzolanische Eigenschaften und besteht aus > 90 % amorphem SiO_2 mit einer Korngröße ≤ 0,2mm (µ = 10^{-6} m).

Als Zemente werden vornehmlich Portlandzemente CEM I der Festigkeitsklassen 42,5 R und 52,5 R verwendet mit Zementgehalten von 400 bis 500 kg/m³. Gedrungene Gesteinskörnung mit mäßig rauer Oberfläche, gebrochene Gesteinskörnung und Sieblinie A/B nahe SL A sind vorteilhaft. Der Wassergehalt liegt zwischen 120 und 160 kg/m³, die Zugabe von Fließmitteln FM ist daher allgemein unumgänglich. Hier kommen neue, hoch wirksame Fließmittel auf Polycarboxylatbasis zum Einsatz. Bei der Herstellung des Betons ist es zweckmäßig, die Bestandteile in der Reihenfolge Gesteinskörnung – Zement + ggf. Flugasche – Microsilica-Suspension (sog. Slurry) – Wasser – Fließmittel in den Mischer zu geben. Die Mischzeit bei der Fließmittelzugabe auf der Baustelle soll nach der o.a. Richtlinie mind. 8 Minuten betragen. Der Wassergehalt der Suspension ist bei der Gesamtwassermenge zu berücksichtigen. Wichtig ist außerdem eine äußerst sorgfältige Nachbehandlung.

Ultrahochleistungsbeton (UHPC = Ultra-High Performance Concrete) erreicht Druckfestigkeiten von rd. 200 N/mm² und bei Verwendung von Stahl- oder hochfesten Kunststofffasern Biegezugfestigkeiten von rd. 50 N/mm². Der UHPC carbonisiert extrem langsam und besitzt wegen seiner hohen Dichtheit einen Frost- und Frost-Tausalz-Widerstand, der noch um ein Mehrfaches höher ist als bei hochfestem Beton. (Siehe auch: www.uni-kassel.de/fb14/baustoffkunde.)

5.14 Qualitätssicherung

Die Qualitätssicherung bei der Herstellung von Betonbauwerken besteht aus den Elementen
- Erstprüfung
- Produktionskontrolle
- Bauüberwachung.

5.14.1 Erstprüfung

Die Erstprüfung (Eignungsprüfung) wird vor der Verwendung des Betons auf der Baustelle vom Betonhersteller durchgeführt. Sie dient der Feststellung, ob ein Beton bestimmter Zusammensetzung und Konsistenz unter den zu erwartenden Baustellenbedingungen einwandfrei verarbeitet werden kann und ob er die geforderten Eigenschaften sicher erreicht. Erstprüfungen werden i.d.R. bei 15 bis 22 °C durchgeführt. Ist mit wesentlich davon abweichenden Baustellentemperaturen zu rechnen, ist dies durch besondere Prüfungen zu berücksichtigen. Die für die Produktion geplante mittlere Festigkeit wird als Zielfestigkeit bezeichnet. Die mittlere Festigkeit bei der Erstprüfung soll je nach der erwarteten Standardabweichung bei der Betonproduktion (Streuung der Festigkeits-Messwerte) um 6 bis 12 N/mm^2 über dieser Zielfestigkeit liegen.

5.14.2 Produktionskontrolle (Konformitätskontrolle)

Die vom Betonhersteller, i.d.R. dem Transportbetonwerk, durchzuführende laufende Produktionskontrolle (Eigenüberwachung) umfasst die Kontrolle der Ausgangsstoffe, der Betriebseinrichtungen und der Eigenschaften des Frisch- und Festbetons. Wichtiges Ziel der Produktionskontrolle ist die Feststellung der Übereinstimmung (Konformität) des Betons mit der Festlegung (siehe Abschn. 5.4), sie dient somit der Konformitätskontrolle. Die Prüfungen geschehen nach genormten Prüfverfahren (siehe Abschn. 5.15). Die damit erzielten Prüfergebnisse müssen bestimmte Konformitätskriterien erfüllen, d.h., bestimmte vorgegebene Grenzwerte erreichen.

Die Produktionskontrolle muss von einem erfahrenen Betontechnologen geleitet werden, der seine Kenntnisse durch eine Bescheinigung einer hierfür anerkannten Stelle nachweisen kann (E-Schein). Sie wird von einer anerkannten Überwachungsstelle überwacht und bewertet (Fremdüberwachung). Eine Zertifizierungsstelle stellt die Übereinstimmung des Betons mit den Anforderungen der Normen fest, bewertet die Ergebnisse der Fremdüberwachung und erteilt ein Zertifikat. Transportbeton (Beton nach Eigenschaften), der auf die Baustelle geliefert wird, ist ein zertifiziertes Produkt. Die Übereinstimmung mit DIN EN 206-1/1045-2 wird durch das Übereinstimmungszeichen (Muster siehe Abb. 16.1) dokumentiert, für das Kennzeichnungspflicht besteht.

5.14.3 Produktionskontrolle der Festigkeit

Hier unterscheidet man

- Erstherstellung: Herstellung bis zum Erreichen der ersten mindestens 35 Prüfergebnisse
- Stetige Herstellung: wenn nach Abschluss der Erstherstellung innerhalb eines Zeitraums von max. 12 Monaten mindestens 35 Prüfergebnisse erhalten werden.

Die Häufigkeit der Probenahme für Erst- und stetige Herstellung ist Tafel 5.22 zu entnehmen. Der Nachweis der Konformität wird (i.d.R. im Rahmen einer statistischen Produktionskontrolle) anhand von Prüfergebnissen aus max. den letzten 12 Monaten geführt. Die beiden Konformitätskriterien 1 und 2, die erfüllt werden müssen, sind Tafel 5.23 zu entnehmen. Für die Spaltzugfestigkeit gelten ähnliche Regelungen.

Tafel 5.22 Mindesthäufigkeit der Probenahme durch den Betonhersteller (Transportbetonwerk) zur Beurteilung der Konformität nach DIN EN 206-1/1045-2

Herstellung	Mindesthäufigkeit[1)] der Probenahme
Erstherstellung (bis mind. 35 Ergebnisse erhalten wurden)	Erste 50 m^3 der Produktion: 3 Proben Nach den ersten 50 m^3 der Produktion[2)]: – 1/200 m^3 oder 2/Produktionswoche – hochfester Beton: 1/100 m^3 oder 1/Produktionstag
Stetige Herstellung[3)] (wenn mindestens 35 Ergebnisse verfügbar sind)	Erste 50 m^3 der Produktion: keine Nach den ersten 50 m^3 der Produktion[2)]: – 1/400 m^3 oder 1/Produktionswoche – hochfester Beton: 1/200 m^3 oder 1/Produktionstag

[1)] Die höhere sich ergebende Häufigkeit ist maßgebend.
[2)] Die Probenahme muss über die Herstellung verteilt sein und für je 25 m^3 sollte höchstens eine Probe genommen werden.
[3)] Wenn die Standardabweichung der letzten 15 Prüfergebnisse $1{,}37 \cdot \sigma$ überschreitet, ist die Probenahmehäufigkeit für die nächsten 35 Prüfergebnisse auf diejenige zu erhöhen, die für die Erstherstellung gefordert wird (σ Anfangswert der Standardabweichung aus mindestens 35 aufeinander folgenden Prüfergebnissen).

Tafel 5.23 Kriterien für den Nachweis der Konformität der Druckfestigkeit durch den Betonhersteller (Transportbetonwerk) nach DIN EN 206-1/1045-2

Herstellung	Anzahl n der Ergebnisse in der Reihe	Kriterium 1: Mittelwert von n Ergebnissen f_{cm} N/mm²	Kriterium 2: Jedes einzelne Prüfergebnis f_{ci} N/mm²
Erstherstellung	3	$\geq f_{ck} + 4$ hochfester Beton: $\geq f_{ck} + 5$	$\geq f_{ck} - 4$ hochfester Beton: $\geq f_{ck} - 5$
Stetige Herstellung	15	$\geq f_{ck} + 1{,}48 \cdot \sigma$ $\sigma \geq 3$ N/mm² hochfester Beton: $\geq f_{ck} + 1{,}48 \cdot \sigma$ $\sigma \geq 5$ N/mm²	$\geq f_{ck} - 4$ hochfester Beton: $\geq 0{,}9 \cdot f_{ck}$

σ Anfangswert der Standardabweichung aus mind. 35 aufeinander folgenden Prüfergebnissen

5.14.4 Produktionskontrolle bei anderen Eigenschaften

Bei anderen Eigenschaften wie z.B. Wasserzementwert, Zementgehalt, Luftgehalt und Konsistenz wird die Gesamtzahl der Messergebnisse mit der Anzahl von nicht ausreichenden Messergebnissen verglichen, die nicht über- oder unterschritten werden darf (sog. Annahmezahlen; siehe Tafel 5.24). Die Konformitätskriterien sind der Tafel 5.25 zu entnehmen.

Tafel 5.24 Annahmezahlen für den Nachweis der Konformität anderer Eigenschaften als die Festigkeit durch den Betonhersteller (Transportbetonwerk) nach DIN EN 206-1/1045-2

Tafel 5.24a		Tafel 5.24b	
Anzahl der Prüfergebnisse	Annahmezahl	Anzahl der Prüfergebnisse	Annahmezahl[1)]
1–12	0	1–2	0
13–19	1	3–4	1
20–31	2	5 –7	2
32–39	3	8–12	3
40–49	4	13–19	5
50–64	5	20–31	7
65–79	6	32–49	10
80–94	7	50–79	14
95–100	8	80–100	21

[1)] Anzahl von nicht ausreichenden Messergebnissen

Tafel 5.25 Kriterien für den Nachweis der Konformität anderer Eigenschaften als die Festigkeit durch den Betonhersteller (Transportbetonwerk) nach DIN EN 206-1/1045-2 [2]

Eigenschaft[1)]	Mindestanzahl von Bestimmungen	Annahmezahlen	Grenzwerte	
			Untergrenze	Obergrenze
Wasserzementwert	1 Beurteilung pro Tag	Tafel 5.22a	[2)]	+ 0,02
Zementgehalt	1 Beurteilung pro Tag	Tafel 5.22a	– 10 kg/m³	[2)]
Luftgehalt von Beton mit LP	1 Probe je Herstellungstag nach Stabilisierung	Tafel 5.22a	– 0,5 %	+ 1,0 %
Konsistenz – Ausbreitmaß – Verdichtungsmaß	 [3)] [3)]	 Tafel 5.22b Tafel 5.22b	 – 15 mm[4)] – 0,05[4)]	 + 30 mm[4)] + 0,03[4)]

[1)] Prüfverfahren s. Abschnitt 5.15.
[2)] Keine Beschränkung, falls keine Grenze festgelegt.
[3)] Wenn Proben für die Prüfung von Festbeton hergestellt bzw. Luftgehalte geprüft werden bzw. in Zweifelsfällen nach Augenscheinprüfung.
[4)] Bei Konsistenzprüfung zu Beginn des Entladens eines Fahrmischers etwas größere Werte (siehe DIN 1045-2).

5.14.5 Betonfamilien

Um den Prüfaufwand bei der Betonherstellung zu reduzieren, können Betonhersteller verschieden zusammengesetzte Betone zu sog. Betonfamilien zusammenfassen, wenn diese mit gleichen Zementen (Art, Festigkeitsklassen, Herkunft) und/oder gleichen Gesteinskörnungen (Art, geologischer Ursprung) hergestellt werden. Betone der Festigkeitsklassen C 12/15 bis C 55/67 müssen in mindestens zwei Familien zusammengefasst werden. Für Betone mit Zusatzstoffen des Typs II (siehe Abschn. 5.2.5) oder mit VZ-Mitteln (Verzögerungszeit = 3 h) oder mit LP-, BV- bzw. FM-Mitteln, die die Druckfestigkeit beeinflussen, sind separate Familien zu bilden. Enthält eine Betonfamilie verschiedene Festigkeitsklassen, werden diese auf einen sog. Referenzbeton umgerechnet (meist eine mittlere oder die am häufigsten vorkommende Betonfestigkeitsklasse der Familie), bevor der Konformitätsnachweis nach Tafel 5.23 durchgeführt werden kann. Zur Umrechnung (Transformation) kann z.B. die Differenz der Zielfestigkeit eines beliebigen Betons der Familie zur Zielfestigkeit des Referenzbetons verwendet werden. Beispiel: Zielfestigkeit des Referenzbetons C20/25 = 32,2 N/mm²; Zielfestigkeit des umzurechnenden Betons C30/37 = 43,5 N/mm²; Festigkeitsdifferenz = –11,3 N/mm²; ermittelte Druckfestigkeit von C30/37 f_{ci} = 39 N/mm²; umgerechnete Festigkeit $f_{ci,trans}$ = –11,3 + 39 = 27 N/mm². Dieser Wert ist mit Kriterium 2 der Tafel 5.23 zu vergleichen: $f^{ci,trans}$ = 30 – 4 = 26 N/mm², d.h., das Kriterium ist erfüllt.

5.14.6 Bauüberwachung

Nach DIN 1045-3 (Bauausführung) hat das Bauunternehmen den gelieferten Transportbeton zu überwachen. Dazu müssen die Ergebnisse der maßgebenden Eigenschaften des Frisch- und Festbetons, die Lufttemperatur und die Witterungsverhältnisse, Bauabschnitt und Bauteil sowie Art und Dauer der Nachbehandlung z.B. in einem Bautagebuch dokumentiert werden. Zu diesem Zweck wird der Beton in drei Überwachungsklassen eingeteilt (siehe Tafel 5.26). Umfang und Häufigkeit der Prüfungen bei Beton nach Eigenschaften sind Tafel 5.27 zu entnehmen, die Annahmekriterien für die Druckfestigkeit Tafel 5.28. Ähnliche Annahmekriterien gelten auch für Beton nach Zusammensetzung.

Tafel 5.26 Überwachungsklassen für Beton bei Überwachung durch das Bauunternehmen nach DIN 1045-3 [2]

Kenngröße	Überwachungsklasse		
	1	2[1)]	3[1)]
Druckfestigkeitsklasse für Normal- und Schwerbeton	≤ C 25/30[2)]	≥ C 30/37 u. ≤ C 50/60	≥ C 55/67
Expositionsklasse	X0; XC; XF1	XS; XD; XA; XM[3)]; ≥ XF2	
Besondere Eigenschaften wie – Beton für wasserundurchlässige Baukörper[4)] (z.B. weiße Wannen) – Unterwasserbeton – Verzögerter Beton[5)] – FD/FDE-Beton[5)]		 × × × ×	

[1)] Beton nach Überwachungsklasse 2 und 3 erfordert eine Überwachung sowohl durch das Bauunternehmen als auch durch eine dafür anerkannte Überwachungsstelle.
[2)] Spannbeton der Festigkeitsklasse C 25/30 ist in Überwachungsklasse 2 einzuordnen.
[3)] Gilt nicht für übliche Industriefußböden.
[4)] Beton mit hohem Wassereindringwiderstand darf in Überwachungsklasse 1 eingeordnet werden, wenn der Baukörper nur zeitweilig aufstauendem Sickerwasser ausgesetzt ist.
[5)] Richtlinien des DAfStb beachten.

Tafel 5.27 Umfang und Häufigkeit der Prüfungen bei Überwachung durch das Bauunternehmen nach DIN 1045-3 (Beton nach Eigenschaften – Transportbeton) [2]

Prüfgegenstand	Mindestprüfhäufigkeit bei Überwachungsklasse		
	1	2	3
Lieferschein	jedes Lieferfahrzeug		
Konsistenz[1)]	im Zweifel	beim ersten Einbringen jeder Betonzusammensetzung; bei Herstellung von Probekörpern für die Festigkeitsprüfung sowie in Zweifelsfällen	
Frischbetonrohdichte	bei Herstellung von Probekörpern für die Festigkeitsprüfung sowie in Zweifelsfällen		
Gleichmäßigkeit des Betons (Augenschein)	Stichprobe	jedes Lieferfahrzeug	
Druckfestigkeit[2)]	im Zweifel	3 Proben je 300 m^3 oder[3)] je 3 Betoniertage	3 Proben je 150 m^3 oder[3)] je 2 Betoniertage
Luftgehalt bei „LP-Beton"	entfällt	zu Beginn jedes Betonierabschnitts sowie in Zweifelsfällen	

[1)] Zusätzliche Augenscheinprüfungen bei ÜK 1 als Stichprobe, bei ÜK 2 und 3 an jedem Lieferfahrzeug.
[2)] Prüfung an in Formen hergestellten Probekörpern muss an jedem Beton erfolgen. Betone mit gleichen Ausgangsstoffen und gleichem Wasserzementwert, aber anderem Größtkorn gelten als ein Beton.
[3)] Maßgebend ist die Forderung mit der größten Probenanzahl.

Die Betonproben müssen gleichmäßig über die Betonierzeit verteilt sein und aus verschiedenen Lieferfahrzeugen entnommen werden.

Tafel 5.28 Annahmekriterien für die Druckfestigkeit von Beton bei Überwachung durch das Bauunternehmen nach DIN 1045-3 (Beton nach Eigenschaften – Transportbeton)

	Kriterium 1	Kriterium 2
Anzahl „n" von nicht überlappenden Einzelwerten	Mittelwert von „n" Einzelwerten f_{cm} [1)] N/mm²	Jeder Einzelwert f_{ci} N/mm²
3 bis 4	$\geq f_{ck} + 1$	$\geq f_{ck} - 4$
5 bis 6	$\geq f_{ck} + 2$	$\geq f_{ck} - 4$

[1)] Werden mehr als 6 Einzelwerte ermittelt, ist f_{cm} wie folgt zu bewerten:
$f_{cm} \geq f_{ck} + (1,65 - 2,58/n) \cdot \sigma$ für n A 6
Dabei ist
σ die Standardabweichung der Stichprobe für $n \geq 35$
$\sigma \geq 3$ N/mm² für Überwachungsklasse 2
$\sigma \geq 5$ N/mm² für Überwachungsklasse 3
$\sigma \geq 4$ N/mm² für $6 < n < 35$ ist unabhängig von der Überwachungsklasse.

5.15 Prüfung von Beton

DIN EN 12350-1 bis -7 (2009–08); -8 bis -12 (2010–12)

5.15.1 Ausbreitversuch (DIN EN 12 350-4 (2009–08))

Zum Ausbreitversuch sind ein Ausbreittisch und ein Trichter erforderlich (Abb. 5.2) und ein Stößel. Tischplatte und Trichter feucht auswischen. Beton in zwei etwa gleich dicken Schichten einfüllen, jede Schicht mit dem Stößel ausgleichen. Beton bündig abstreifen, Trichter senkrecht nach oben abziehen. Auf die Fußleiste stellen. Tischplatte 15-mal langsam ohne Ruck bis zum Anschlag anheben und frei fallen lassen. Durchmesser a_1 und a_2 in cm messen. Mittelwert $a = (a_1 + a_2)/2$ ist das Ausbreitmaß. An auseinander gefallenen Proben darf das Ausbreitmaß nicht bestimmt werden. Konsistenz F1 bis F6 (steif bis sehr fließfähig, siehe Tafel 5.11).

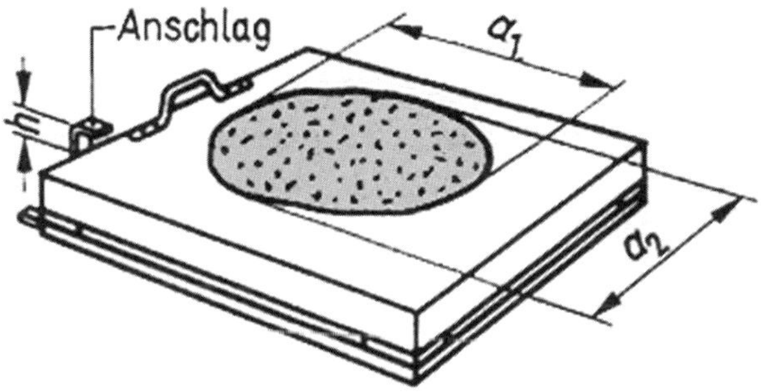

Abb. 5.2 Ausbreittisch und Trichter für Ausbreitversuch

5.15.2 Verdichtungsversuch (DIN EN 12 350-4 (2009–08))

Ein feucht ausgewischter Blechbehälter mit den Abmessungen 200 mm × 200 mm × 400 mm wird mit dem zu prüfenden Frischbeton gleichmäßig von der Kante aus reihum mit einer Kelle lose gefüllt. Der Beton wird dann verdichtet (Rütteltisch oder Innenrüttler). Das Abstichmaß s wird gemessen (in den Kantenmitten; Mittelwert bilden). Das Verdichtungsmaß c ist dann

$$c = \frac{40}{h} = \frac{40}{40 - s}$$

Auch beim Verdichtungsmaß kann man die Zeit nach der Wasserzugabe als Index angeben, z.B. c_{45} = Verdichtungsmaß nach 45 Minuten.
Konsistenzklassen C0 bis C3 (sehr steif bis weich, siehe Tafel 5.11).

5.15.3 Slump-Test und Vébé-Test

Nach DIN EN 206-1/1045-2 kann die Konsistenz auch nach folgenden Verfahren bestimmt werden:

a) Slump-Test (Setzversuch) nach DIN EN 12 350-2 (2009–08)
   Beim Slump-Test wird ähnlich wie beim Ausbreitversuch eine Kegelstumpfform (Höhe ca. 300 mm) in drei Schichten mit Beton gefüllt, der schichtweise leicht verdichtet wird. Die Form wird vorsichtig abgezogen. Danach wird das Setzmaß in mm (Höhendifferenz)

gemessen. Nach DIN EN 206-1/1045-2 liegt es bei den verschiedenen Setzmaßklassen S 1 bis S 5 zwischen 10 und ≤ 220 mm.

b) Vébé-Test (Setzzeitversuch) nach DIN EN 12 350-3 (2009–08)
Auch hier wird eine Kegelstumpfform, die in einer fest auf einer Rüttelplatte montierten Zylinderform steht, in drei Schichten mit Beton gefüllt. Die Kegelstumpfform wird vorsichtig abgezogen und die Rüttelplatte eingeschaltet. Gemessen wird die Zeit in Sekunden, in der der Kegelstumpf aus Beton ganz in einen Zylinder umgeformt ist. Nach DIN EN 206-1/1045-2 liegt die Zeit bei den verschiedenen Setzzeitklassen (Vébé) V0 bis V4 zwischen ≥ 31 und 13 Sekunden. Für weichen Beton und Fließbeton eignet sich das Verfahren nicht.

5.15.4 Luftgehalt des Frischbetons (DIN 1048-1) (s.a. DIN EN 12 350-7 (2009–08))

Er wird mit dem Luftgehaltsprüfer, kurz LP-Topf genannt, geprüft (siehe Abb. 5.3). Der Beton wird in den Topf (1) gefüllt und verdichtet. Der Deckel (2) wird fest aufgeschraubt. In der Druckkammer (5) wird mit der Pumpe (4) ein Überdruck erzeugt. Der Zwischenraum zwischen Deckel und Beton wird über die beiden Ventile (3) aus einer Spritzflasche mit Wasser gefüllt. Der Überdruck wird durch ein weiteres Ventil (7) in den Beton abgelassen. Der Luftporengehalt wird auf dem Manometer (6) abgelesen.

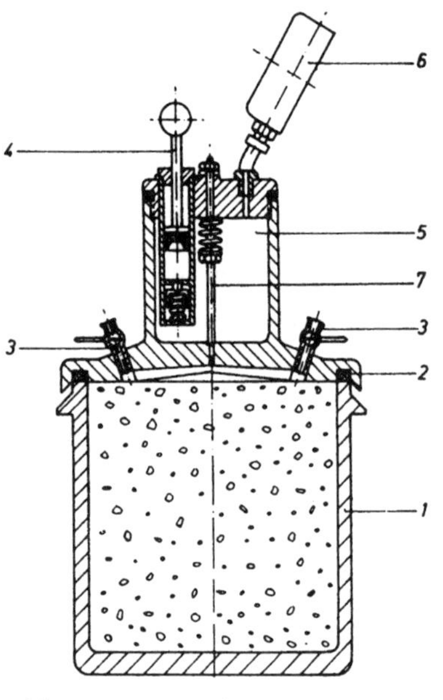

Abb. 5.3 LP-Topf (Erläuterungen der Ziffern siehe oben)

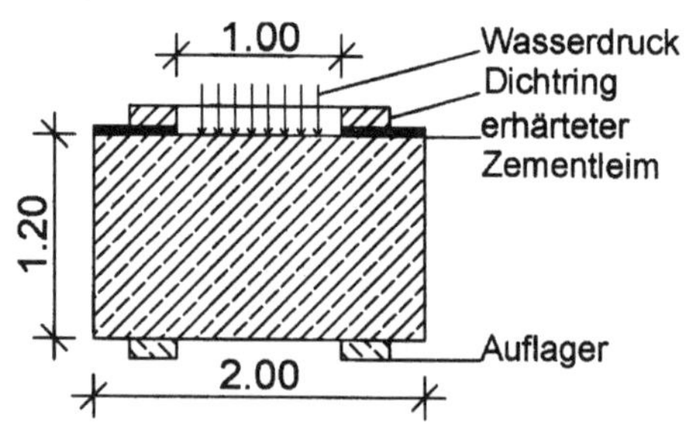

Abb. 5.4 Wasserdurchlässigkeitsprüfung

Für Normalbeton mit 32 mm Größtkorn und einer Sieblinie im günstigen Bereich (siehe Abb. 5.5) gilt:

LP	≤ 1 Vol.-%	sehr gute Verdichtung
	= 1 ... 2 Vol.-%	gute Verdichtung
	= 2 ... 3 Vol.-%	mittlere Verdichtung
	> 3 Vol.-%	schlechte Verdichtung

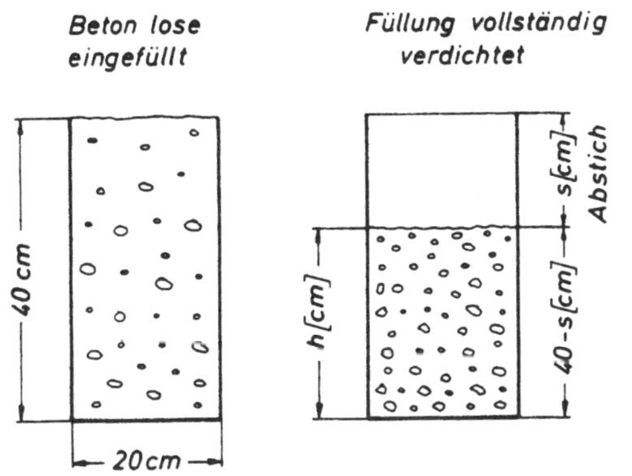

Abb. 5.5 Verdichtungsversuch nach Walz

5.15.5 Druckfestigkeit an Probekörpern (DIN 1048-05)

a) Herstellung der Probekörper
Die Probekörperformen für die Würfel (cube) mit 150 mm bzw. 100 mm Kantenlänge bzw. für die Zylinder (cyl) mit 150 mm Durchmesser und 300 mm Höhe werden leicht eingefettet und mit einem Aufsatzrahmen versehen. Der eingefüllte Beton wird auf einem Rütteltisch oder mit einem Innenrüttler verdichtet. Nach dem Verdichten und Abnehmen des Aufsatzrahmens soll der Beton etwa 20 bis 30 mm über der Form überstehen und bündig abgestrichen werden. Die Formen werden einen Tag lang erschütterungsfrei und zugluftgeschützt bei 15 bis 22 °C aufbewahrt. Das kleinste Maß der Probekörper soll mindestens das Vierfache des Größtkorndurchmessers betragen.

b) Lagern der Probekörper
Die Lagerung der Probekörper geschieht in Deutschland nach DIN EN 12 390-2, Anhang NA, d.h. wie in DIN 1048-5 (1991–06) vorgeschrieben: 1 Tag in der Form, danach unter den in a) genannten Temperaturen 6 Tage lang unter Wasser und anschließend bis zum Prüftermin, normalerweise bis zum 28. Tage, vor Zugluft geschützt an der Luft. Die an diesen Probekörpern ermittelten Druckfestigkeiten werden mit $f_{c,\,dry,\,cube}$ bzw. $f_{c,\,dry,\,cyl}$ bezeichnet.
Werden die Probekörper bis zum Prüftermin nach dem Referenzverfahren DIN 12 390-2 gelagert, d.h. durchgehend unter Wasser, werden die daran ermittelten Druckfestigkeiten mit $f_{c,\,cube}$ bzw. $f_{c,\,cyl}$ bezeichnet. Diese so ermittelten Druckfestigkeiten sind mit den in Tafel 5.8 angegebenen charakteristischen Druckfestigkeiten $f_{ck,\,cube}$ bzw. $f_{ck,\,cyl}$ zu vergleichen. Zur Umrechnung siehe Abschn. 5.15.5d).
Bei der Erhärtungsprüfung sind die Probekörper in unmittelbarer Nähe des Bauteils zu lagern, für das die Erhärtungsprüfung durchgeführt werden soll.

c) Prüfung der Druckfestigkeit

Die Prüfung der Druckfestigkeit geschieht mit einer Druckprüfmaschine, mit der die maximale Bruchlast F_{max} bestimmt wird (s.a. Abschn. 11.6.2 und Abb. 11.8). Die Druckfestigkeit bei Luftlagerung wird dann wie folgt berechnet:

$f_{c,\, dry,\, cube}$ bzw. $f_{c,\, dry,\, cyl} = F_{max} / A$ in N/mm²

A ist Querschnittsfläche in halber Höhe des Probekörpers. f_c wird bei Werten ≥ 10 N/mm² auf 1 N/mm², bei Werten ≤ 10 N/mm² auf 0,1 N/mm² gerundet angegeben.

d) Umrechnungsfaktoren

Nach DIN EN 206-1/1045–2

- „wassergelagert" zu „luftgelagert" $\quad f_{c,\, cube} = 0{,}92 \cdot f_{c,\, dry,\, cube}$
  Normalbeton bis einschl. C 50/60:
  hochfester Beton ab C 55/67 $\quad f_{c,\, cube} = 0{,}95 \cdot f_{c,\, dry,\, cube}$
- 100-mm-Würfel in 150-mm-Würfel: $\quad f_{c,\, dry\, (150\, mm)} = 0{,}97 \cdot f_{c,\, dry\, (100\, mm)}$

Nach DIN 1045 (1988–07) werden für „luftgelagerte" Probekörper folgende Umrechnungsfaktoren angegeben

$\beta_{W,200\, mm} = 0{,}95 \cdot \beta_{W,150\, mm}$

$\beta_{W,200\, mm} = 1{,}25 \cdot \beta_{Zyl,\, 150/300\, mm}$ für ≤ B15

$= 1{,}18 \cdot \beta_{Zyl,\, 150/300\, mm}$ für ≥ B25

Für hochfesten Beton (siehe Abschn. 5.13) gelten folgende Werte:

$\beta_{W,200\, mm} = 0{,}92\, \beta_{W,100\, mm}$

$= 0{,}95\, \beta_{W,150\, mm}$

$= 1{,}10\, \beta_{Zyl,\, 150/300\, mm}$

Zeitfaktoren siehe Tafel 5.27.

e) Prüfung der Rohdichte und des Zementgehalts

In der Regel wird im Rahmen der Druckfestigkeitsprüfung auch die Rohdichte des Betons bestimmt. Die Frischbetonrohdichte ρ_{bf} wird z.B. mittels der frisch verdichteten und bündig abgestrichenen Probekörper bestimmt (s.a. DIN EN 12 350-6 (2009–08)).

$\rho_{bf} = (m_2 - m_1) / V$ in kg/dm³ mit m_1, m_2 = Masse der leeren bzw. gefüllten Form, V Volumen, beim 15-cm-Würfel z.B. 3,375 dm³.

Mit Hilfe ρ_{bf} kann der Zementgehalt z von 1 m³ verdichtetem Beton wie folgt berechnet werden:

$$z = \frac{1000 \cdot \rho_{bf} \cdot Z}{Z + G + W} \ \text{kg/m}^3$$

Hierin sind Z, G und W die Anteile Zement, Zuschlag und Wasser einer Betonmischung in kg.

Die Festbetonrohdichte ρ_b wird nach der Formel $\rho_b = m/V$ berechnet (mit m Masse und V Volumen des Probekörpers). m und V werden vor der Festigkeitsprüfung durch Wiegen und Vermessen bestimmt.

Tafel 5.29 Richtwerte für die Umrechnung der 7-Tage- auf die 28-Tage-Würfeldruckfestigkeit

Festigkeitsklasse des Zements	28-Tage-Würfeldruckfestigkeit $f_{c,cube,28}$
Z 32,5 N	$1{,}3 \cdot f_{c,cube,7}$
Z 32,5 R und 42,5 N	$1{,}2 \cdot f_{c,cube,7}$
Z 42,5 R und 52,5 R	$1{,}1 \cdot f_{c,cube,7}$

5.15.6 Druckfestigkeit am Bauwerk

Normen
DIN 1048-2 (1991–60)
DIN EN 12504 (2012–12)
DIN EN 13791 (2008–05)

Die Druckfestigkeit kann auch direkt am Bauwerk gemessen werden. Dazu werden z.B. Bohrkerne entnommen, die wie die gesondert hergestellten Würfel oder Zylinder in einer Druckprüfmaschine geprüft werden. Die Bohrkerne haben i.d.R. einen Durchmesser (= Höhe!) von 100 bzw. 150 mm. Die gemessenen Festigkeiten β_c dürfen dann mit den 200-mm-Würfel-Festigkeiten β_{WN} und β_{WS} der Tafel 5.7 verglichen werden. Bei 50-mm-Bohrkernen (Sonderfall) gilt $\beta_{W,200} = 0{,}9 \cdot \beta_{c,50}$.

Tafel 5.30 Mittlere Rückprallstrecken und vergleichbare Betonfestigkeitsklassen

Vergleichbare Betonfestigkeitsklasse	Mindestwert fürjede Messstelle[1] R_m Skalenteile	Mindestwert fürjeden Prüfbereich R_m Skalenteile
B 10 B 15	26 30	30 33
B 25 B 35	35 40	38 43
B 45 B 55	44 48	47 51
[1] Je Messstelle 10 Messwerte R; R_m und R_m = Mittelwerte.		

Einfacher wird die Prüfung zerstörungsfrei mit einem Rückprallhammer durchgeführt. Aus den am Rückprallhammer abgelesenen Rückprallstrecken in Skalenteilen wurde anhand der Tafel 5.30 die Festigkeitsklasse des Betons beurteilt.

5.15.7 Biegezugfestigkeit (DIN 1048-5 (1991–06))

Die Biegezugfestigkeit wird an Betonbalken 150 mm × 150 mm × 700 mm gemessen, die auf zwei Auflager im Abstand l = 600 mm gelegt und mit zwei Einzellasten F/2 in den Drittelspunkten bis zum Bruch belastet werden. Die Biegezugfestigkeit f_{ct} wird dann wie folgt berechnet:

$$f_{ct} = \frac{F_{max} \cdot l}{b \cdot h^2} \text{ N/mm}^2$$

b = h = 150 mm, l = 600 mm. f_{ct} wird bei Werten ≥ 1 N/mm² auf 0,1 N/mm², bei Werten ≤ 1 N/mm² auf 0,01 N/mm² angegeben.

Die Balken werden bis zum Tage der Prüfung unter Wasser gelagert.

5.15.8 Spaltzugfestigkeit (DIN 1048-5)

Die Zugfestigkeit von Beton wird i.d.R. als Spaltzugfestigkeit bestimmt, da die reine Zugfestigkeitsprüfung mit einem relativ hohen Prüfaufwand verbunden ist. Der Zusammenhang wird angenähert mit der Formel $f_c = 0{,}75 \cdot f_{c,t}$ beschrieben. Bei der Spaltzugfestigkeitsprüfung werden Betonzylinder (Höhe h = 30 cm, Ø d = 15 cm) liegend in einer Druckprüfmaschine gespalten. Zwischen den Zylinder und die Druckplatten der Prüfmaschine werden schmale Streifen aus Holzfaserplatten oder Hartfilz gelegt. Die Spaltzugfestigkeit wird dann nach der Formel $f_{ct} = 0{,}64 \cdot F_{max} / d \cdot h$ berechnet. Lagerung bis zur Prüfung unter Wasser.

5.15.9 Wassereindringtiefe (DIN 1048-5)

Auf einer unmittelbar nach dem Ausschalen mit einer Drahtbürste aufgerauten kreisrunden Fläche von 10 bis 15 cm Durchmesser wird auf hochkant betonierten Betonplatten 200 mm × 200 mm × 120 mm senkrecht zur Einfüllrichtung drei Tage lang ein Druck von 5 bar = 0,5 N/mm² aufgebracht (siehe Abb. 5.5). Danach werden die Platten wie bei der Spaltzugfestigkeitsprüfung aufgespalten und nach kurzem Abtrocknen der Spaltfläche wird die größte Wassereindringtiefe in cm gemessen. Nach DIN 1045 (1988–07) betragen die Grenzwerte bei

wasserundurchlässigem Beton	≤ 5,0 cm
schwachem chemischem Angriff	≤ 5,0 cm
starkem und sehr starkem chemischem Angriff	≤ 3,0 cm

Weitere Angaben siehe Abschn. 5.5.2 und 5.5.5.
Die Probekörper werden bis zur Prüfung 28 Tage unter Wasser gelagert.

5.16 Betoninstandsetzung [2]

Normen

DIN EN 1504-1 bis -10	(2004–2006)	Produkte und Systeme für den Schutz und die Instandsetzung von Betontragwerken

Richtlinie für Schutz und Instandsetzung von Betonbauteilen. Deutscher Ausschuss für Stahlbeton; Oktober 2001 einschließlich Berichtigungen (2005 und 2014)

5.16.1 Allgemeines

Der Schutz von Beton ist, analog zum Stahl, unter den beiden Aspekten aktive und passive Korrosionsschutzmaßnahme zu definieren. Dabei sind aktive Schutzmaßnahmen im Sinne eines präventiven Handelns und Umsetzens gegen auf längere Zeit einwirkende Belastungen zu betrachten, passive Schutzmaßnahmen dagegen bei aus unmittelbar einwirkenden Belastungen resultierenden Schäden.
Schäden am Beton können sehr differenzierte, sich dabei auch überlagernde, Vorgänge zur Ursache haben, beispielsweise mechanische Einwirkungen (Anprall, Überlastung, Setzungen etc.) oder chemische, biologische sowie physikalische Einflüsse (Frost-Tau-Vorgänge, thermische Rissbildung, Salzkristallisation, Erosion etc.). Über die Prinzipien und Verfahren zur Behebung dieser Schäden gibt die Tafel 5.31 einen Überblick. Bei Stahlbeton ist hingegen die Schädigung durch Korrosion der Bewehrung der häufigste Schaden und wird deshalb im Folgenden primär behandelt.

Tafel 5.31 Verfahren zur Behebung von Schäden im Beton nach DIN EN 1504

Prinzip-Nr.	Kurzzeichen	Grundprinzip	Ausgewählte Verfahren
Prinzip 1	PI (Protection Ingress)	Schutz gegen das Eindringen von korrosionsfördernden Medien und biologischen Lebensformen	• Versiegelnde Imprägnierung[1)] • Oberflächenbeschichtung mit und ohne rissüberbrückende Eigenschaften • Rissversiegelung oder Abdeckung • Umwandlung von Rissen in Dehnungsfugen • Montage von Vorsatzplatten
Prinzip 2	MC (Moisture Control)	Regulierung des Wasserhaushaltes des Betons innerhalb eines festgelegten Wertebereiches	• Hydrophobierende Versiegelung • Oberflächenbeschichtung • Schutzdächer oder Verkleidung
Prinzip 3	CR (Concrete Restauration)	Betonersatz zur Wiederherstellung eines Betontragwerkes (geometrische Form und Funktion, Wiederherstellen der Eigenschaften)	• Mörtelauftrag von Hand • Querschnittsergänzung durch Betonieren • Beton- oder Mörtelauftrag durch Spritzverarbeitung • Auswechseln von Bauteilen
Prinzip 4	SS (Structural Strengthening)	Verstärkung, also Erhöhung oder Wiederherstellung der Tragfähigkeit eines Bauteils des Betontragwerkes	• Zufügen oder Auswechseln von Bewehrungsstahl • Einbau von Verbindungs- und Bewehrungsstäben in den Beton in vorgebildete Nuten oder gebohrte Löcher • Verstärkung durch Laschen (Stahl oder Faserlaminat) • Querschnittsergänzung mit Mörtel oder Beton • Injizieren in Risse, Hohlräume oder Fehlstellen • Vorspannen mit externen Spanngliedern
Prinzip 5	PR (Physical Resistance)	Physikalische Widerstandsfähigkeit gegen physikalischen oder mechanischen Angriff erhöhen	• Überzüge oder Beschichtungen • Imprägnierung (versiegelnd oder hydrophobierend)
Prinzip 6	RC (Resistance to Chemicals)	Widerstandsfähigkeit gegen Chemikalien erhöhen, Betonoberfläche gegen Zerstörungen durch chemische Substanzen schützen	• Überzüge oder Beschichtungen • Imprägnierung (versiegelnd oder hydrophobierend)

[1)] Durch dünnflüssige Reaktionsharze tritt eine Verfestigung der Betonoberfläche und damit eine Verringerung der Porosität ein.

5.16.2 Depassivierung und Korrosion von Beton

Voraussetzung für den wirksamen Korrosionsschutz des Stahls im Beton ist die Ausbildung von Passivschichten auf der Oberfläche des Betonstahls im basischen Milieu des Betons mit einem pH-Wert von etwa 12,6. Die hohe Alkalität führt zur Bildung der erforderlichen Passivierungsschicht auf der Stahloberfläche, die diese auch bei Zutritt von Wasser und

Sauerstoff, bei vollständiger Einbettung der Bewehrung im Beton, vor weiterer abtragender Korrosion schützt.
Diese Passivierung der Betonstahloberfläche wird dann aufgehoben (Depassivierung), wenn der pH-Wert des an den Betonstahl angrenzenden Betons unter den zur Passivierung erforderlichen Mindestwert absinkt. Aggressive Anionen, insbesondere Chloride, können den passiven Zustand des Betonstahls im basischen Milieu bei Unterschreitung der Mindestkonzentration aufheben.
Bewehrungskorrosion hat somit im Wesentlichen folgende Ursachen:

a) physikalischen Verlust der schützenden Betondeckung,
b) chemischen Verlust des basischen Milieus (Alkalität) in der schützenden Betondeckung als Ergebnis der Reaktion mit dem Kohlendioxid (CO_2) der Luft,
c) Verunreinigungen der schützenden Betondeckung mit korrosionsfördernden Stoffen (insbesondere Chloridionen), die bereits beim Mischen in den Beton eingetragen wurden oder aus der Umgebung in den Beton gelangt sind (Tausalz).
   Durch das stetige Eindringen von Kohlendioxid wird der Beton fortschreitend von außen nach innen neutralisiert (siehe auch Mindestbetonüberdeckungen), wobei dieser Prozess, die Karbonatisierung, den pH-Wert letztlich bis unter 9 fallen lässt, wobei die Schwelle von 11,5 bereits die Passivierung aufhebt. Mit einer 1- bis 2%igen Phenolphtaleinlösung als Indikator kann dieser Vorgang visuell deutlich gemacht werden, wobei die rotviolette Farbe bei Erreichen des pH-Wertes von ca. 9 in farblos umschlägt. Da der pH-Wert exakt nur in wässeriger Phase präzise Ergebnisse generiert, gilt das Phenolphtalein insoweit als korrekt, als bei einer Betonaufschlämmung der Umschlagpunkt bei 11,5 liegt. Durch das Rosten des Bewehrungsstahls erfolgt eine Volumenvergrößerung mit Betonabsprengung nach außen und reduziertem Querschnitt der Bewehrung bis zum Versagen.
   Der Karbonatisierungsfortschritt wird durch folgende Faktoren beeinflusst:
d) relative Luftfeuchte, insbesondere bei 50 bis 70 % (siehe hierzu auch 14.1)
e) unter Wasser und bei relativer Feuchte unter 30 % vernachlässigbar
f) in Außenatmosphäre witterungsgeschützt ca. dreimal schneller als bewittert, da Poren nicht wassergefüllt
g) Beschleunigung durch Industrie- und Stadtatmosphäre

5.16.3 Instandsetzungsverfahren bei Bewehrungskorrosion

Zur Vorbereitung und zur Auswahl des Korrosionsschutzes bei der Betoninstandsetzung müssen von der Stahlbetonkonstruktion mindestens bekannt sein:

- Karbonatisierungstiefen (Phenolphthaleinlösung auf frische Bruchflächen/Kernbohrungen)
- noch vorhandene Betondeckungen (z.B. durch magnet-induktive Messgeräte)
- Anteil an aggressiven Ionen (insbesondere Chloridionen)
- Betonfestigkeit, -dichtheit, Oberflächenzugfestigkeit
- Korrosionsgrad der Bewehrung.

Unter Berücksichtigung der weiteren Nutzungsbedingungen kann auf der Grundlage dieser Ergebnisse die Entscheidung getroffen werden, ob Korrosionsschutzmaßnahmen allein ausreichend sind oder weiterreichend konstruktive Verstärkungen erforderlich werden. Bei der Instandsetzung können für den Korrosionsschutz folgende Grundsatzlösungen zur Anwendung kommen (Tafel 5.31):

- Wiederherstellung des alkalischen Milieus (Instandsetzungsprinzip R)
- Begrenzung des Wassergehalts im Beton (Instandsetzungsprinzip W)
- Beschichtung der Bewehrung (Instandsetzungsprinzip C)
- Kathodischer Korrosionsschutz (Instandsetzungsprinzip K).

Die Richtlinie für Schutz und Instandsetzung von Betonbauteilen stellt ein Handlungsangebot dar, das von der Planung über die Bauausführung bis zur Qualitätskontrolle alle wesentlichen Details enthält. Die angebotenen Instandsetzungsmaßnahmen beziehen sich auf den dauerhaften Schutz der Stahlbetonbauteile, bei denen korrodierender Bewehrungsstahl zum Bauschaden führte und die Wiederherstellung des Korrosionsschutzes erforderlich ist. Im Fall der Depassivierung durch Karbonatisierung können folgende Grundsatzlösungen angewendet werden:

- Realkalisierung mit alkalischem Beton bzw. Mörtel durch flächigen Auftrag
- örtliche Ausbesserung mit alkalischem Beton bzw. Mörtel
- Begrenzung des Wassergehalts im Beton
- Beschichten der Bewehrung nach Prinzipien des Stahlbaus

In der DIN EN 1504 erfolgt eine andere Einteilung der Prinzipien und Verfahren bei Schäden durch Bewehrungskorrosion. Es wurden auch Grundprinzipien und Verfahren aufgenommen, die seltener zum Einsatz kommen. Die Nummerierung der Prinzipien beginnt mit Nummer 7 in Fortsetzung der Tafel 5.31:

- Prinzip 7: PR (**P**reserving or **R**estoring Passivity) hat zum Ziel den Erhalt oder die Wiederherstellung der Passivität
- Prinzip 8: IR (**I**ncreasing **R**esistivity) bewirkt über die Begrenzung des Feuchtegehaltes und die Erhöhung des elektrischen Widerstandes des Betons eine geringe Korrosionsrate
- Prinzip 9: CC (**C**athodic **C**ontrol) schafft Bedingungen durch Kontrolle der kathodischen Bereiche, sodass keine anodischen Reaktionen ausgelöst werden können.
- Prinzip 10: CP (**C**athodic **P**rotection) hat den kathodischen Korrosionsschutz als Ziel
- Prinzip 11: CA (**C**ontrol of **A**nodic Areas) schafft Bedingungen durch Kontrolle der anodischen Bereiche, sodass die Bewehrung nicht an der Korrosionsreaktion teilnimmt.

Zur Entrostung der Bewehrung dürfen nur mechanische Verfahren, wie Strahlen mit trockenem oder feuchtem Strahlmittel und Hochdruckwasserstrahlen, angewendet werden. In der Regel reicht der Oberflächenvorbereitungsgrad Sa 2 außer bei zu beschichtenden Stahloberflächen beim Instandsetzungsprinzip C (Sa 2 ½).

5.16.4 Instandsetzungsmörtel

Die Rezepturen für Instandsetzungsbetone und -mörtel richten sich zunächst auf die Problematik der Verbindung alt/neu und damit der Optimierung im Grenzflächenbereich von Altbeton zum applizierenden Mörtel. Ein Instandsetzungsmörtel sollte daher möglichst schwindarm sein und damit Spannungen verhindern. Zur Sicherung des Korrosionsschutzes kommen kunststoffmodifizierte Zementmörtel (PCC – polymer cement concrete) sowie Spritzbeton nach DIN 18 551 zum Einsatz. Spritzfähiger PCC hat die Bezeichnung SPCC.

Bei jeder geplanten Instandsetzung muss für den spezifischen Fall eine Beanspruchungsgruppe festgelegt werden (Tafel 5.32). Die zur Anwendung in den einzelnen Beanspruchungsgruppen kommenden Systeme entsprechen dann vollumfänglich den Anforderungsprofilen für die Aufgabe.

Tafel 5.32 Beanspruchbarkeitsklassen mit Anwendungsbereichen

Beanspruchbarkeitsklasse und Baustoffart		Eignung für Prinzip R	dynamische Beanspruchung	statische Mitwirkung	Flächengröße und Lage
M 1	zementgebunden	–	–	–	örtlich begrenzt; beliebige Lage
M 2	zementgebunden				
	• PCC1	+	+	–	beliebige Flächengröße; waagerechte/ schwach geneigte Oberfläche
	• PCC2	+	+	–	beliebige Flächengröße in beliebiger Lage
	• SPCC	+	+	–	beliebige Flächengröße; Unterseiten, vertikale und stark geneigte Flächen
	reaktionsharzgebunden • PC II	–	+	–	örtlich begrenzt; beliebige Lage
	• PC I	–	+	–	örtlich begrenzt; waagerechte/schwach geneigte Oberflächen
M 3	zementgebunden	+	+	+	beliebig

5.16.5 Oberflächenschutzsysteme

Mit Imprägnierungen und Kunststoffbeschichtungen kann die Dauerhaftigkeit des Betonschutzes erhöht werden. Imprägnierungen (Silane, Siloxane) wirken hydrophobierend, sind aber nicht filmbildend und verändern den sd-Wert der Konstruktion nicht. Beschichtungen bestehen in der Regel aus mehreren Einzelschichten, von der Grundierung (Haftgrund) über Zwischenbeschichtungen bis zur Deckbeschichtung. Je nach System sind erhebliche Veränderungen des Wasserdampfdiffussionsverhaltens zu berücksichtigen. Die spezifischen Systeme des Oberflächenschutzes werden mit OS 1 bis OS 13 charakterisiert (Tafel 5.33).

Tafel 5.33 Kennzeichnung von Oberflächenschutzsystemen mit Anwendungshinweisen

Oberflächenschutzsysteme[1)]	Anwendungshinweis
OS 1	Hydrophobierung für bedingten Feuchteschutz
OS 2	Beschichtung für nichtbegeh- und -befahrbare Flächen
OS 4	Beschichtung mit erhöhter Dichtheit für nichtbegeh- und -befahrbare Flächen
OS 5	Beschichtung mit geringer Rissüberbrückungsfähigkeit für nichtbegeh- und -befahrbare Flächen

Oberflächenschutzsysteme[1)]	Anwendungshinweis
OS 7	Beschichtung unter Dichtungsschichten für begeh- und befahrbare Flächen
OS 8	Starre Beschichtung für befahrbare, mechanisch stark belastete Flächen
OS 9	Beschichtung mit erhöhter Rissüberbrückungsfähigkeit für nichtbegeh- und -befahrbare Flächen
OS 10	Beschichtung als Dichtungsschicht mit hoher Rissüberbrückung unter Schutz- und Deckenschichten für begeh- und befahrbare Flächen
OS 11	Beschichtung mit erhöhter dynamischer Rissüberbrückungsfähigkeit für begeh- und befahrbare Flächen
OS 13	Beschichtung mit nichtdynamischer Rissüberbrückungsfähigkeit für begeh- und befahrbare, mechanisch belastete Flächen
[1)] Einige Oberflächenschutzsysteme sind weggefallen; trotzdem Beibehaltung der ursprünglichen Bezeichnung OS 1 usw.	

Aufgrund unterschiedlicher Eigenschaften des Betons und der Oberflächenschutzsysteme werden in beide Baustoffe Spannungen eingetragen, wobei die Grenzfläche Beton/Schutzsystem besonders anfällig ist (siehe 5.16.4). An den Betonuntergrund sind deshalb folgende Anforderungen zu stellen:

- Die Oberflächenzugfestigkeit des Betons muss so hoch sein (siehe Tafel 5.34), dass die auftretenden Belastungen aufgenommen werden können.
- Die zu schützende Betonoberfläche sollte von sich leicht lösenden arteigenen Schichten (z.B. Zementhaut) frei sein oder z.B. durch Schleifen oder Druckstrahlen gesäubert werden.
- Der Untergrund muss staubfrei sein sowie frei von Verunreinigungen wie Ölen und Fetten. Zu beachten ist außerdem ein geringer Porenanteil der Betonoberfläche (< 5 %) zur Erreichung eines geschlossenen Anstrichfilms.
- Die Forderung hinsichtlich der Einhaltung von Grenzwerten der Betonfeuchtigkeit hängt vor allem vom Bindemittel des Oberflächenschutzsystems ab. Die Gründe hierfür liegen in der unbefriedigenden Benetzung von feuchten Untergründen und in der möglichen Beeinflussung der Aushärtung mancher Schutzsysteme. Die Feuchte des Betonuntergrunds soll z.B. bei Epoxidharz in der Regel weniger als 4 Masse-% betragen. (Beachtung von relativer Feuchte bzw. Taupunkttemperaturen).

Die aufgeführten Anforderungen an den Betonuntergrund werden in Tafel 5.34 für dessen Oberflächenzugfestigkeit bei den einzelnen Oberflächenschutzsystemen konkretisiert. Je höher die Belastungen des Oberflächensystems sind, umso besser muss auch die Qualität des Betonuntergrunds sein. Die Oberflächenzugfestigkeit erfasst insbesondere den Beton im Oberflächenbereich, der gegenüber dem Kernbereich häufig schlechtere Eigenschaften aufweist.

Tafel 5.34 Geforderte Oberflächenzugfestigkeit des Betonuntergrunds bei der Schutzmaßnahme „Örtliche Ausbesserung bzw. flächige Beschichtung"

Schutz- bzw. Instandsetzungssystem	Oberflächenzugfestigkeit in N/mm² (Mindestwert)	
	Mittelwert	kleinster Einzelwert
Mörtel und Beton	1,5	1,0
OS 2	0,8	0,5
OS 5 ohne Feinspachtel	1,0	0,6
OS 4; OS 5; OS 9 mit Feinspachtel	1,3	0,8
OS 8	2,0	1,5
OS 11; OS 13	1,5	1,0

5.16.6 Rissinstandsetzung

Vor einer Rissinstandsetzung muss durch eine Bestandsaufnahme die Ursache eindeutig geklärt sein einschließlich eventuell aktiver oder zu erwartender Rissbewegungen. Bei Rissbewegungen über 0,2 mm reichen die Überbrückungsfähigkeiten von Oberflächenschutzsystemen nicht mehr aus.

Die Rissfüllung bei Betonbauteilen hat in der Regel folgende Ziele:

- Schließen zur Reduzierung des Eindringens korrosionsfördernder Medien
- Abdichten zur Beseitigung rissebedingter Undichtheiten
- Dehnfähiges, dichtendes Verbinden zur Herstellung einer begrenzten Dehnbarkeit beider Rissflanken
- Kraftschlüssiges Verbinden zur Wiederherstellung der Tragfähigkeit
- Füllen der Hohlräume.

Je nach den spezifischen Erfordernissen des jeweiligen Risses können die Ziele entweder durch Tränkung oder Injektion erreicht werden.

Beim Schließen des Risses durch Tränkung muss eine ausreichende ununterbrochene Zufuhr des Epoxidharzes (EP-T) bzw. der Zementleime (ZL-T) oder Zementsuspensionen (ZS-T) bis zur Beendigung des kapillaren Saugens gewährleistet sein. Vor Tränkungsbeginn ist die Risszone von Feinstoffen und haftungsmindernden Verunreinigungen zu säubern. Die Richtwerte für notwendige Rissbreiten betragen bei der Tränkung mit EP-T etwa 0,2 mm, bei ZS-T etwa 0,4 mm, bei ZL-T etwa 0,8 mm. Eine Wiederholung der Tränkung ist nicht möglich.

Zum Schließen und Abdichten von Rissen und Hohlräumen durch Injektionen setzt man Systeme auf Basis von Epoxidharzen (EP-I), Polyurethanen (PUR-I) bzw. Zementleimen (ZL-I) und Zementsuspensionen (ZS-I) ein. Bei Letzteren muss bei trockenen Rissflanken vorgenässt werden (siehe Tafel 5.35).

Bei Injektionen kommen als Einfüllstutzen sowohl Bohrpacker als auch Klebepacker zur Anwendung. Der Injektionsdruck ist abhängig von Füllart und Füllgut. Das Füllen oberflächennaher Hohlräume erfordert besondere Sorgfalt. Die Einfüllstutzen werden in Injektionsrichtung von unten nach oben nacheinander jeweils nach Austritt des Injektionsmittels aus dem vorhergehenden Füllvorgang genutzt.

Zum kraftschlüssigen Verbinden eignen sich vor allem Epoxidharzsysteme (EP-I) bei trockenen Rissflanken. Während die Zugfestigkeit der Verbindung beim Einsatz von EP-I durch die Qualität des Betons bestimmt wird, hängt diese bei der Verwendung von ZL-I bzw. ZS-I i.d.R. von den Füllguteigenschaften ab.

Tafel 5.35 Rissfüllstoffspezifische Anwendungsbedingungen für die Füllart Injektion

Merkmal	Epoxidharz EP-I	Polyurethanharz PUR-I	Zementleim ZL-I	Zement-suspension ZS-I
Rissart	Trennriss oder oberflächennaher Riss	Trennriss	Trennriss	Trennriss bzw. oberflächennaher Riss
Rissbreite w	≥ 0,10 mm	≥ 0,30 mm; kleiner beim Ziel Abdichtung	≥ 0,80 mm	≥ 0,25 mm
Feuchtezustand	trocken	feucht (evtl. vornässen); wasserführend	feucht (evtl. vornässen); wasserführend	feucht (evtl. vornässen); wasserführend
Vorangegangene Maßnahme	nicht zulässig, wenn mit EP oder PUR gefüllt	wiederholte Füllung zulässig	Wiederholung der Füllung zulässig nur nach Einsatz von ZL-I bzw. ZS-I	
Rissbreitenänderung • kurzzeitig (während der Erhärtung)	$\Delta w \leq 0{,}10\ w$ bzw.[1)] $\leq 0{,}03$ mm	keine Anforderungen	nicht zulässig	
• täglich (während Erhärtung)	abhängig von Festigkeitsentwicklung	keine Anforderungen	nicht zulässig	
• nach Erhärtung	nicht zulässig	bei $w \geq 0{,}3$ mm: $\Delta w \leq 0{,}05\ w$ bei $w \geq 0{,}5$ mm: $\Delta w \leq 0{,}1\ w$ (bei etwa 15 °C)	nicht zulässig	

[1)] kleinerer Wert maßgebend

5.17 Fragen und Aufgaben zu Beton

1) Was verstehen Sie unter Standardbeton?
2) Was versteht man unter Expositionsklassen von Beton? Erläutern Sie die verschiedenen Klassen.
3) Von welchen Faktoren wird die Festigkeit und Dauerhaftigkeit von Beton im Wesentlichen beeinflusst?
4) In welcher Weise beeinflussen speziell der Zement und die Gesteinskörnung die Eigenschaften von Beton?
5) Was versteht man unter Splittbeton? Wie unterscheidet er sich von normalem Kiesbeton?
6) Welche Bedeutung hat der Mehlkorngehalt für die Eigenschaften von Beton?
7) Welche Arten von Beton-Zusatzmitteln gibt es und welchem Zweck dienen sie?

8) Was versteht man unter Fließbeton und Selbstverdichtendem Beton?
9) Welche Bedeutung haben Zusatzstoffe vom Typ II für den Beton? Welche Arten gibt es und wie können sie auf den Zementgehalt angerechnet werden?
10) Wie wird der Beton nach der Höhe seiner Rohdichte eingeteilt?
11) Erläutern Sie die Druckfestigkeitsklassen von Beton. Was bedeuten die beiden Kennzahlen in der Klassenbezeichnung?
12) Erläutern Sie die Begriffe Frisch-, Fest-, grüner und junger Beton.
13) Was versteht man unter den Begriffen Baustellen- und Transportbeton?
14) Wie wird der Luftgehalt von Frischbeton bestimmt und welche Größe hat er bei normalem Beton ohne LP-Mittel?
15) Wie wird die Konsistenz von Frischbeton bestimmt und welche Konsistenzklassen unterscheidet man?
16) Erläutern Sie die Begriffe Beton mit hohem Eindringwiderstand, für hohe Gebrauchstemperaturen, Unterwasserbeton und FD- bzw. FDE- Beton.
17) Nach welchen Verfahren wird Unterwasserbeton eingebracht? Wie sollte seine Zusammensetzung sein?
18) Erläutern Sie die Begriffe Beton nach Eigenschaften, Beton nach Zusammensetzung und Standardbeton.
19) Was verstehen Sie unter einer „verlorenen Schalung“ und welche Aufgabe könnte sie in Hinsicht eines Parkhauses haben?
20) Für welche chemischen Merkmale werden in DIN EN 206-1/1045-2 für die Expositionsklassen XA (chemischer Angriff) Grenzwerte angegeben?
21) Welche Bedeutung hat der Wasserzementwert für Beton?
22) Erläutern Sie die sog. Walz-Kurve. Was ist bei ihrer Anwendung bei Zugabe von LP-Mitteln zu beachten?
23) Wovon hängt der Wasserbedarf von Beton ab? Welche Korrekturen sind an den Tabellenwerten zu machen?
24) Was versteht man unter dem Mischungsverhältnis? Erläutern Sie die beiden Verfahren zur Mischungsberechnung.
25) Führen Sie eine Berechnung nach der Zementleim-Methode mit folgenden Werten durch: Festigkeitsklasse C20/25; Gesteinskörnungsmenge G = 60 kg; Zementleimmenge zl = 14,5 kg.
26) Führen Sie eine Mischungsberechnung nach der Stoffraumrechnung durch mit folgenden Werten: Festigkeitsklasse: C25/30; Zement: CEM I 32,5R; Gesteinskörnung: Kiessand der Sieblinie A/B 32 mit mittlerem Wasseranspruch; Konsistenz: weich. Berechnen Sie auch die Baustoffanteile für einen 2,0-m^3-Mischer bei einer Gesteinskörnungsfeuchte von 4 Masse-%.
27) Welche Angaben sind beim Bestellen von Transportbeton zu machen?
28) Welche Angaben müssen auf einem Lieferschein für Transportbeton enthalten sein?
29) Wie wird auf der Baustelle der Beton durch Pumpen befördert? Was ist bei der Zusammensetzung von Pumpbeton zu beachten?
30) Welche Temperaturen muss Beton beim Einbringen in die Schalung haben? Was ist im Winter und im Sommer besonders zu beachten? Was versteht man unter dem Begriff „Gefrierbeständigkeit“?

31) Wie ist die Schalung vor Einbringen des Betons vorzubereiten?
32) Erläutern Sie die verschiedenen Verdichtungsverfahren? Welche Ziele muss eine gute Verdichtung erreichen?
33) Welchen Zweck hat die Nachbehandlung von eingebrachtem und verdichtetem Beton? Wovon hängt die Nachbehandlungsdauer ab?
34) Wann darf ein Bauteil ausgeschalt werden? Welche Möglichkeit gibt es, den richtigen Zeitpunkt abzuschätzen?
35) Erläutern Sie die Begriffe Sichtbeton, Beton mit rezyklierter Gesteinskörnung und/oder mit Restbeton, Leichtbeton, Hochfester Beton und Ultrahochleistungsbeton. Wie wird bei den beiden Letzteren die hohe Festigkeit und Dichtheit erreicht?
36) Aus welchen Teilen besteht die Qualitätssicherung bei der Herstellung von Betonbauwerken? Erläutern sie dieselben.
37) Erläutern Sie den Begriff Betonfamilie.
38) Was ist der Unterschied zwischen Produktionskontrolle und Bauüberwachung?
39) Erläutern Sie die Verfahren zur Bestimmung der Betondruckfestigkeit.
40) Erläutern Sie die Bezeichnungen $f_{c,\,cube}$, $f_{c,\,dry,\,cube}$, $f_{c,\,cyl}$ und die damit zusammenhängenden Umrechnungsfaktoren.
41) Wie wird die Wassereindringtiefe von Beton bestimmt? Für welche Betone ist sie wichtig?
42) Erläutern Sie den Unterschied zwischen Tränkung und Injektion bei einer Risssanierung.
43) Bei dem Setzen von Packern handelt es sich um welche Methode der Rissanierung?
44) Warum muss bei der Verwendung von PU-Systemen der Untergrund befeuchtet werden?
45) Was verstehen Sie unter dem Systembegriff PCC?

6 Stahlbeton und Spannbeton

6.1 Stahlbeton (DIN 1045-1, -3 (2008–08), -4 (2001–07) mit Berichtigungen: 2005–06, 2007–05, 2007–06, 2008–01

6.1.1 Allgemeines

Stahlbeton (schlaff bewehrter Beton) ist ein Verbundbaustoff aus Beton und Stahl (in der Regel Betonstahl) für Bauteile, bei denen das Zusammenwirken von Beton (Druck) und Stahl (Zug) für die Aufnahme der Belastungen erforderlich ist.

Der Baustoff Beton weist eine hohe Druckfestigkeit, jedoch nur eine geringe Zugfestigkeit auf. Druck- und Zugfestigkeit stehen etwa im Verhältnis 10:1. Bei Druck- und Biegezugfestigkeit liegt das Verhältnis darunter. Damit in einem Biegebalken die Druckfestigkeit des Betons in der oben liegenden Druckzone auch voll zum Tragen kommen kann, wird in der unten liegenden Zugzone eine Bewehrung aus Betonstahl eingelegt (siehe Abb. 6.1 und 6.2). Erst dadurch wird der Betonbalken als Ganzes voll tragfähig. Zur Erhöhung der Tragfähigkeit des Betons werden auch in der Druckzone, z.B. bei Stützen, Stahlstäbe als Bewehrung eingelegt.
Je nach Art der Beanspruchung unterscheiden wir Zugbewehrung, Druckbewehrung und Schubbewehrung. Die Wirkungsweise der Zugbewehrung zeigen die Abb. 6.1 und 6.2.

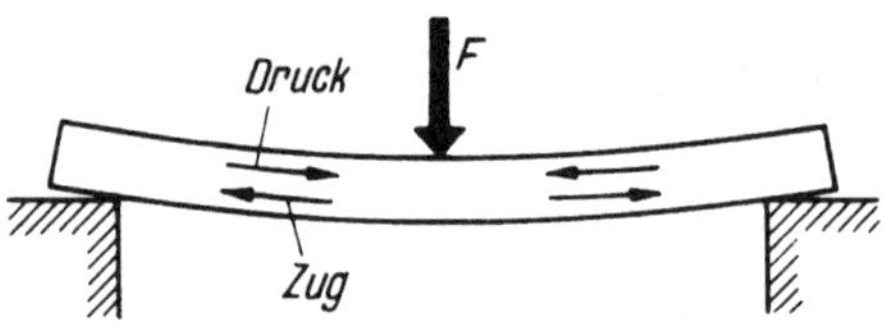

Abb. 6.1 Belasteter Betonbalken auf zwei Stützen (Einfeldträger)

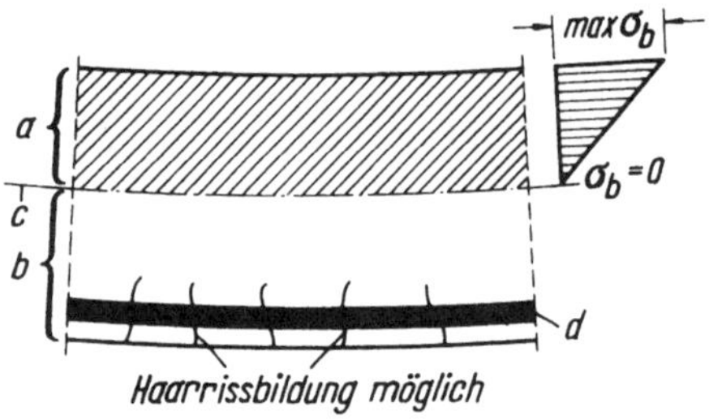

a Betondruckspannungen
b Betonzugspannungen
c Nulllinie (neutrale Faser)
d Stahleinlagen zur Aufnahme der Zugspannungen

Abb. 6.2 Spannungszustand im belasteten Betonbalken

Der Stahlbeton wird durch das Zusammenwirken des Stahls mit dem Beton zu einem Verbundbaustoff. Zwischen beiden muss eine feste Verbindung bestehen. Dafür ist eine satte Umhüllung der Stahlstäbe durch den Beton von größter Wichtigkeit. Nur so können die Zugkräfte in den Stahlstäben durch Haftung, Reibung und Oberflächenverbund an den umhüllenden Beton abgegeben werden. Dies war der Grund zum einen für die Entwicklung der Stahlstäbe weg von den glatten Stäben, die mit Endaufbiegungen (Dornmass) versehen werden mussten, hin zu den gerippten bzw. profilierten Stäben, zum anderen für die genaue Festlegung der Betondeckung der Stahlstäbe (siehe Tafel 6.1). Beton und Stahl haben annähernd die gleiche Wärmedehnzahl von 0,01 mm/(m · K). Bei Temperatur-

änderungen dehnen sie sich also gleich stark aus oder ziehen sich gleich stark zusammen, sodass die Haftung zwischen beiden erhalten bleibt.
Bei der Berechnung der Tragfähigkeit z.B. eines Stahlbetonbalkens wird die Zugfestigkeit des Betons nicht in Rechnung gestellt. In der Zugzone trägt allein der Stahl und es bilden sich dort feine, gleichmäßig über die gesamte Länge der Zugzone verteilte (kontrollierte) Risse im Beton. Ihre Breite muss durch eine entsprechend ausgewählte Bewehrung auf 0,1 bis 0,3 mm begrenzt werden, um die Tragfähigkeit und Dauerhaftigkeit der Stahlbetonbauteile unter den heutigen Umweltbedingungen (siehe Tafel 5.1) für die üblicherweise angesetzte Lebensdauer von 50 bis 80 Jahren zu gewährleisten. In der Druckzone trägt der Beton entsprechend seiner Druckfestigkeit und einer max. zulässigen Bruchstauchung von 3,5 n (s.a. Abb. 6.4).

6.1.2 Betondeckung DBV-Merkblätter „Betondeckung und Bewehrung" und „Abstandhalter" (Fassungen 1997)

Die Bewehrungsstäbe müssen eine ausreichend dicke und dichte Betonüberdeckung besitzen, damit sie gegen Korrosion und Brandeinwirkung geschützt sind und ein sicherer Verbund zwischen Beton und Stahlbewehrung vorhanden ist. Die erforderlichen Betondeckungsmaße sind der Tafel 6.1 zu entnehmen. Hierin ist das Mindestmaß c_{min} dasjenige Überdeckungsmaß jedes Bewehrungsstabes, auch der Bügel, das nach allen Seiten nicht unterschritten werden darf und nach dem Erhärten des Betons zu gewährleisten ist. Zur Sicherstellung dieses Mindestmaßes sind dem Entwurf und der Ausführung die Nennmaße c_{nom} der Tafel 6.1 zugrunde zu legen. Die Nennmaße sind also die Verlegemaße der Bewehrung. Die Differenz zwischen c_{nom} und c_{min} ist das sog. Vorhaltemaß Δc, das i.d.R. 1,0 cm beträgt. Das Nennmaß c_{nom} ist das für Planung, Entwurf und Bauausführung maßgebende Maß. Es darf abgemindert werden, wenn bei der Verlegung besondere Maßnahmen ergriffen werden, wie z.B. das Freilassen von Rüttelgassen oder die Anordnung einer ausreichenden Zahl von Bindestellen und Abstandhaltern, des Weiteren eine besonders sorgfältige Kontrolle durchgeführt wird. Hierfür gelten die beiden o.a. Merkblätter des Deutschen Betonvereins.
Zur sicheren Übertragung der Verbundkräfte auf den Beton und aus Verdichtungsgründen soll bis zu einem Größtkorndurchmesser von D = 16 mm der Gesteinskörnung die Betondeckung nicht kleiner als der Stabdurchmesser, bei D > 16 mm um 5 mm größer als der Stabdurchmesser sein.
Die DIN 4102-4 (Brandschutz; siehe Abschn. 14.5) gibt für die verschiedenen Feuerwiderstandsklassen nicht Überdeckungsmaße c, sondern Achsabstände u an. u ist dabei der Abstand der Längsachse der tragenden Bewehrungsstäbe von der Betonoberfläche. Die in der DIN 4102 angegebenen Achsabstände ergeben oft größere Überdeckungswerte als in Tafel 6.1 gefordert (Beispiel siehe Abb. 6.3).

Tafel 6.1 Anforderungen an die Betondeckung für Betonstahl in Abhängigkeit von der Expositionsklasse nach DIN 1045-3 [2]

Expositionsklasse[1)]	Stabdurchmesser in mm	Betondeckung[2)] in mm	
		Mindestmaß c_{min}	Nennmaß c_{nom}
XC1	bis 10 12, 14 16, 20 25 28	10 15 20 25 30	20 25 30 35 40
XC2; XC3	bis 20 25 28	20 25 30	35 40 45
XC4	bis 25 28	25 30	40 45
XD1; XD2; XD3[3)]	bis 28	40	55
XS 1; XS 2; XS 3	bis 28	40	55

1) Für die Expositionsklassen XA, XF, XM darf die Betondeckung nicht kleiner sein als die für die Bewehrungskorrosion maßgebende Expositionsklasse. Für die Expositionsklasse XM kann die Mindestbetondeckung bei XM1 um 5 mm, bei XM2 um 10 mm, bei XM3 um 15 mm durch Opferbeton vergrößert werden.

2) Abminderung möglich, wenn
- f_{ck} um zwei Festigkeitsklassen höher liegt als erforderlich (Abminderung 5 mm); für XC1 unzulässig
- Bauteile eine kraftschlüssige Verbindung Fertigteil/Ortbeton aufweisen
- eine Qualitätskontrolle von Planung bis Bauausführung entsprechend DBV-Merkblatt Betondeckung und Bewehrung gesichert ist (Abminderung i.d.R. 5 mm).

3) Im Einzelfall besondere Korrosionsschutzmaßnahmen für die Bewehrung.

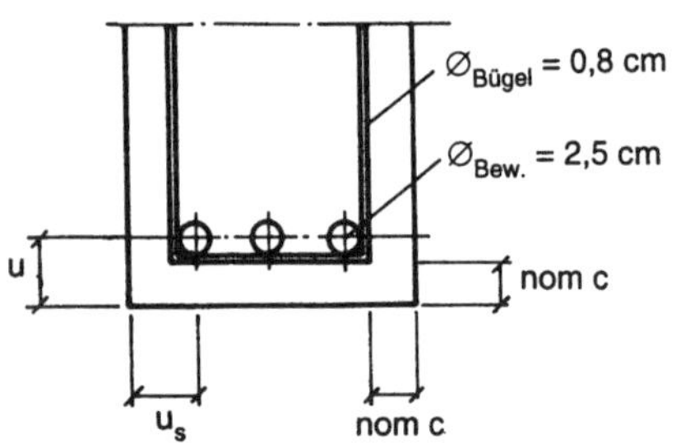

Unterzug, Innenbauteil, B35
Feuerwiderstandsklasse 120

Betondeckung nach Tafel 6.1:
nom c ≥ 3,5 cm

Achsabstand nach DIN 4102-4:
u ≥ 6,5 cm, u_s ≥ 7,5 cm

Daraus ergibt sich als Überdeckung
in Richtung u: c = 4,5 cm,
in Richtung u_s: c = 5,5 cm.

Abb. 6.3 Beispiel für die Betondeckung nach DIN 4102-4 (1994–03) (Brandschutz) [2]

6.1.3 Statisch relevante Festbetoneigenschaften

Außer der Festigkeit sind zu den statisch wichtigen Eigenschaften des Festbetons zu rechnen:
- Schwinden und Quellen
- Feuchtigkeitsdehnungen
- Kriechen und Relaxation
- Spannungs-Dehnungs-Linie und Elastizitätsmodul.

a) Unter Schwinden von Beton versteht man die Volumenverringerung des unbelasteten Betons während des ersten allmählichen Austrocknens nach der Herstellung des Betons. Das Schwinden ist umso größer, je größer der Wasserzementwert und der Zementgehalt des Betons, je geringer die Luftfeuchtigkeit und je dünner das Bauteil ist. Das Endschwindmaß ist je nach der Größe der genannten Einflussgrößen bei dünnen Bauteilen nach etwa 1 bis 3 Jahren abgeklungen, bei dickeren wesentlich später, und kann Werte zwischen 0,1 und 0,8 mm/m annehmen. Für langsame Austrocknung unter normalen Umgebungsbedingungen werden in der Literatur auch folgende Werte angegeben: Zementstein 3 bis 4 mm/m, Mörtel 1 bis 2 mm/m, Beton 0,2 bis 0,5 mm/m.
b) Unter Quellen von Beton versteht man die Volumenvergrößerung, die nach dem Austrocknen wieder einsetzen kann, wenn der Beton z.B. wieder wassergelagert oder auf andere Weise durchfeuchtet wird. Das Quellen beträgt etwa 40 bis 80 % der vorangegangenen Schwindverformung.
c) Feuchtigkeitsdehnungen treten bei Beton wie bei jedem porösen Baustoff auf: bei Feuchtigkeitsaufnahme, z.B. durch Kondensation der Luftfeuchtigkeit in den Poren des Betons, besonders in den Kapillar- und Gelporen des Zementsteins, wird der Beton länger, bei Feuchtigkeitsabgabe wieder kürzer. Die Feuchtigkeitsdehnungen sind deutlich geringer als die Schwindverformungen.
d) Unter Kriechen von Beton versteht man die zeitabhängige Zunahme der Verformungen des Betons unter Dauerlast, unter Relaxation die zeitabhängige Abnahme von Spannungen infolge von aufgezwungenen Verformungen. So würden z.B. die Spannungen in einem Betonwürfel, der in einer Prüfmaschine unter Druck eingespannt ist, allmählich abnehmen. Die Kriechverformungen sind zum größten Teil irreversible (plastische) Verformungen und nehmen (u.U. erst nach fünf Jahren) Endwerte von 0,1 bis 1 mm/m an. Sie sind umso größer, je größer die Belastung, je höher der Volumenanteil des Zementsteins und je geringer seine Festigkeit (hoher Wasserzementwert), je dünner das Bauteil und je trockener die umgebende Luft ist. Sie sind umso kleiner, je später die Belastung auf den Beton einwirkt und je fester der Beton dabei ist.
e) Die Spannungs-Dehnungs-Linie von Beton (siehe Abb. 6.4) verläuft im Gegensatz zu Stahl bereits im Anfangsbereich leicht gekrümmt und weist dort auch bereits erste bleibende (plastische) Verformungen auf. Der Elastizitätsmodul E von Beton wird in diesem Diagramm gebildet, indem von seinem Nullpunkt bis zur Spannung $0{,}4 \cdot f_{ck}$ eine Sekante eingezeichnet wird (Sekantenmodul). Die Größe des E-Moduls hängt vom E-Modul der Gesteinskörnung und des Zementsteins ab. DIN 1045-1 gibt für den E-Modul von Beton folgende Werte in N/mm² an: 26 (C12/15), 30,5 (C25/30), 36 (C45/55) und 38,8 (C60/75).
f) Unter der Querdehnungszahl μ von Beton versteht man das Verhältnis von Querdehnung e_q zu der durch eine Belastung hervorgerufenen Längsdehnung ε_l:$\mu = \varepsilon_q/\varepsilon_l$. Bei Normalbeton liegt sie je nach der Gesteinskörnung zwischen 0,1 und 0,35. Die DIN 1045 gibt als Rechenwert $\varepsilon = 0{,}2$ an.

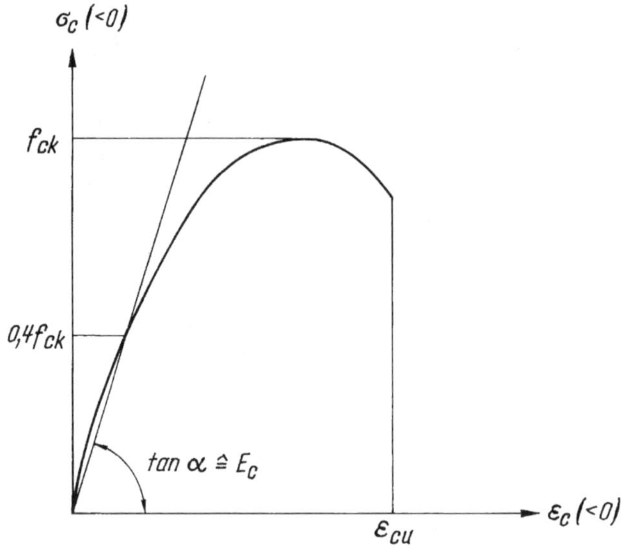

Abb. 6.4 Schematische Darstellung einer Spannungs-Dehnungs-Linie von Beton [2]

s_c	*Betondruckspannung in N/mm²*
f_{ck}	*Druckfestigkeit des Betons in N/mm²*
E_c	*Elastizitätsmodul von Beton in N/mm²*
e_{cu}	*Bruchstauchung in der äußeren Faser des gedrückten Betons (max. 3,5 n)*
e_c	*Betonstauchung in n*

Tafel 6.2 Festigkeits- und Formänderungskennwerte von Beton nach DIN 1045

Kenngröße	Festigkeitsklasse										
	C12/ 15	C16/ 20	C20/ 25	C25/ 30	C30/ 37	C35/ 45	C40/ 50	C45/ 55	C50/ 60	C55/ 67	C60/ 75
f_{ck}[1)] in N/mm²	12	16	20	25	30	35	40	45	50	55	60
f_{ck}[2)] in N/mm²	15	20	25	30	37	45	50	55	60	67	75
E_{cm}[3)] in kN/mm²	25,8	27,4	28,8	30,5	31,9	33,3	34,5	35,7	36,8	37,8	38,8

[1)] f_{ck} =ù $f_{ck,cyl}$ charakteristische Druckfestigkeit (Prüfkörper Zylinder mit 150 mm Ø und 300 mm Höhe)
[2)] f_{ck} charakteristische Druckfestigkeit (Prüfkörper Würfel mit 150 mm Kantenlänge)
[3)] E_{cm} Elastizitätsmodul des Betons (Mittelwert); die Werte gelten für Spannungen < 0,4 f_{ck}.

6.2 Spannbeton (DIN 1045-1/A1 (2007–05)) und DIN EN 1992-1 (2011–01) -2 (2010–12)

Spannbeton-Bauteile sind Bauteile, bei denen der Beton durch Einleiten von Druckkräften derart vorgespannt ist, dass er unter der Gebrauchslast im Bauwerk nur auf Druck, dagegen nicht oder nur sehr begrenzt auf Zug beansprucht wird.

Im Stahlbeton kann die eingelegte Stahlbewehrung, die sog. schlaffe Bewehrung, nicht im vollen Umfang ihren Möglichkeiten entsprechend beansprucht werden, da anderenfalls der Beton zu breite Risse im Zugbereich bekommen würde. Es kommt daher darauf an, die Eigenschaften dieser beiden Baustoffe besser aufeinander abzustimmen. Dies geschieht im Spannbetonverfahren (Abb. 6.5), dessen praktische Anwendungsgebiete hauptsächlich im Brückenbau und bei weitgespannten Trägern oder bei Fertigteilen liegen. Beim Spannbetonverfahren wird der Beton durch Einleiten von Druckkräften derart vorgespannt, dass er unter der Nutzlast nicht oder nur begrenzt auf Zug beansprucht wird. Im Beton werden durch Vorspannen künstlich Druckspannungen erzeugt, sodass er in diesem Zustand in gleichem Maße Druck- und Zugspannung aufnehmen kann.

Die für die Druckvorspannung erforderlichen Kräfte werden durch angespannte Stahlzugglieder erzeugt. Beim Spannbeton unterscheiden wir folgende Arbeitsverfahren:

1. Je nachdem, ob im Gebrauchszustand Zugspannungen auftreten: volle, beschränkte oder teilweise Vorspannung.
2. Nach dem Zeitpunkt des Spannens der Vorspannglieder: sofortiger oder nachträglicher Verbund.
3. Nach der Art der Verbundwirkung: mit oder ohne Verbund.

Es gibt heute für die Vorspannung viele bewährte Systeme. Sie verfolgen aber alle den Grundgedanken, in den Beton Druck einzuleiten. Im Wesentlichen unterscheiden sie sich durch die Art der Verankerung und den Aufbau der Spannglieder.

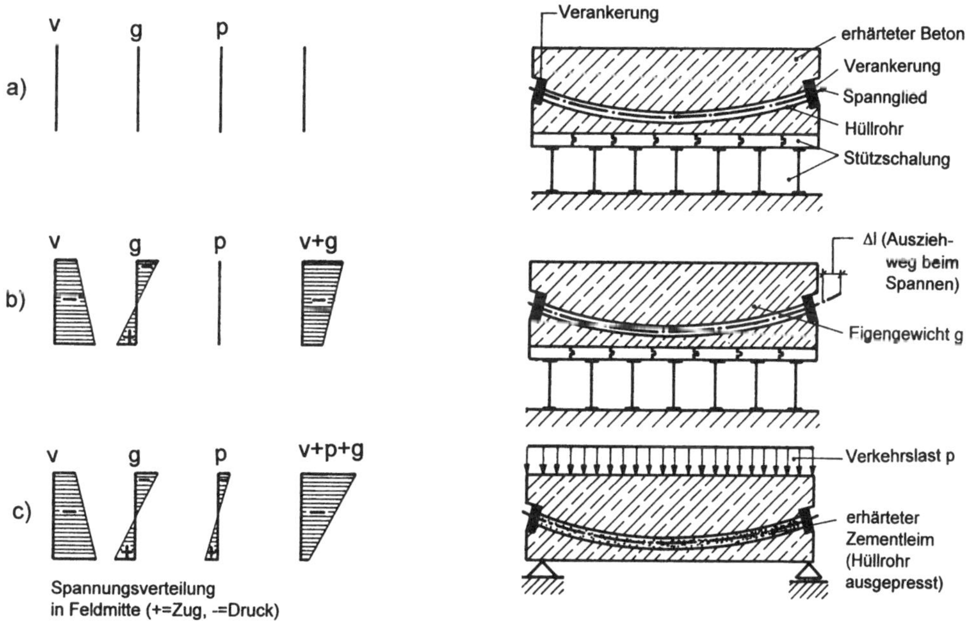

Abb. 6.5 Beispiel für die Wirkung der Vorspannung mit nachträglichem Verbund (vereinfacht)
a) ohne Vorspannung (v) und Eigenlast (g)
b) mit Vorspannung (v) und Eigenlast (g)
c) mit Vorspannung (v), Eigenlast (g) und Verkehrslast (p); volle Vorspannung

Beim Vorspannen mit sofortigem Verbund wird der Stahl in Form von Stäben, Drähten oder Seilen in der Schalung vor dem Betonieren gespannt und an festen Widerlagern befestigt,

danach wird der Beton eingebracht; mit dem Erhärten entsteht die Haftung (Verbundwirkung) zwischen dem Beton und den Stahlteilen, den so genannten Spanngliedern. Nach dem Erhärten des Betons werden die Befestigungen des Stahls an den Widerlagern gelöst. Der Stahl versucht, sich zusammenzuziehen, und dabei drücken die Spannglieder den Beton zusammen. Im Beton entstehen Druckspannungen, der Beton wird zum Spannbeton. Der auf diese Weise im Beton künstlich hervorgerufene Spannungszustand macht aus dem Verbundstoff Stahlbeton gewissermaßen einen einheitlichen (homogenen) Baustoff. Anwendung vorwiegend bei der Herstellung von Spannbeton-Fertigteilen, wie Bahnschwellen, Fertigdecken, Bindern etc.
Bei der Vorspannung mit nachträglichem Verbund liegen die Spannglieder in Hüllrohren, die nach dem Spannen mit Zementmörtel verpresst werden. Angewendet wird dieses z.B. beim Fertigen von Brückenteilen, Behältern, Balken, Bindern in Ortbetonbauweise. Bei langen Bindern liegen die Spannglieder (gebündelte Spannstähle), um den Druck noch besser auszugleichen, oft bogenförmig – mit der Krümmung nach unten – im Beton.
Beim Verfahren Vorspannung ohne Verbund können die in Hüllrohren frei liegenden Spannglieder bei Bedarf nachgespannt werden. Anwendung z.B. beim Fertigen von Spannbetonschwellen.
Vorteile des Spannbetons (im Vergleich zum schlaff bewehrten Beton): wesentlich kleinere Querschnitte der Bauteile, dadurch Einsparung von Stahl (bis 70 %) und Beton (bis 40 %); geringere Durchbiegung, erheblich größere Sicherheit gegen Rissbildung.
Verwendung findet Spannbeton für im Betonwerk vorgespannte Teile, z.B. Deckenelemente, kleinere Brückenträger, Druckrohre, Maste, Eisenbahnschwellen; ferner für im Werk gefertigte, aber erst auf der Baustelle zusammengespannte Teile, z.B. Brückenträger, Schornsteine, Schalen- und Faltwerke, Elemente für Trapezbinder; schließlich für die Herstellung großer Ingenieurkonstruktionen.

6.3 Fragen und Aufgaben zu Stahlbeton und Spannbeton

1) Warum kann der Baustoff Beton nicht allein zur Herstellung eines tragenden Biegebalkens verwendet werden?
2) Beschreiben Sie die Tragwirkung eines Stahlbetonbalkens.
3) Wodurch wird die Verbundwirkung zwischen Stahl und Beton in einem Stahlbetonbalken gewährleistet?
4) Skizzieren Sie den Spannungszustand in einem Stahlbetonbalken.
5) Welche Aufgabe hat die Betondeckung? Wovon hängt ihre Größe ab?
6) Erläutern Sie die verschiedenen Kennwerte, die der Beton außer der Festigkeit hat.
7) Skizzieren Sie die Spannungs-Dehnungs-Linie von Beton.
8) Erläutern Sie das Prinzip des Spannbetons. Wo wird er hauptsächlich angewendet?
9) Welche verschiedenen Spannbeton-Verfahren gibt es?
10) Skizzieren Sie die Wirkung der Vorspannung mit nachträglichem Verbund in einem Biegebalken.

7 Eisen und Stahl

7.1 Gefüge von Eisen und Stahl (siehe auch [13])

Normen

DIN 50 100	(2015–11)	Schwingfestigkeitsversuch – Durchführung und Auswertung von zyklischen Versuchen mit konstanter Lastamplitude für metallische Werkstoffproben und Bauteile
DIN 50 125	(2016–04)	Prüfung metallischer Werkstoffe; Zugproben
DIN EN ISO 148-1	(2011–01)	Metallische Werkstoffe – Kerbschlagbiegeversuch nach Charpy
DIN EN ISO 6892-1	(2015–07)	Metallische Werkstoffe; Zugversuch; Teil 1: Prüfverfahren bei Raumtemperatur
DIN EN ISO 6892-2	(2011–05)	wie vor; Zugversuch; Teil 5: Prüfverfahren bei erhöhter Temperatur
DIN ISO 15 579	(2002–06)	wie vor; Zugversuch bei tiefen Temperaturen (zurückgezogen)
DIN EN ISO 6506-1, -4	(2015–02)	Metallische Werkstoffe; Härteprüfung nach Brinell; Teil 1: Prüfverfahren; Teil 4: Tabelle zur Bestimmung der Härte
DIN EN ISO 6507-1, -4	(2006–03)	wie vor; Härteprüfung nach Vickers; Teil 1: Prüfverfahren; Teil 4: Tabelle zur Bestimmung der Härtewerte
DIN EN ISO 6508-1	(2015–06)	wie vor; Härteprüfung nach Rockwell (Skalen A bis T); Teil 1: Prüfverfahren
DIN EN ISO 18 265	(2014–02)	Metallische Werkstoffe; Umwertung von Härtewerten
DIN EN ISO 7438	(2012–03)	wie vor; Biegeversuch

Eisen Fe (lat. ferrum) ist ein chemisches Element und gehört zu den Schwermetallen. Rohdichte 7,86 kg/dm³, Schmelzpunkt 1536 °C, relative Atommasse 56, Ordnungszahl im periodischen System 26, Wertigkeit 2 und 3. Eisen steht mit 5 % nach Sauerstoff (46,6 %), Silicium (27,7 %) und Aluminium (8,1 %) an vierter Stelle der in der festen Erdkruste vertretenen Elemente. Als unedles Metall kommt Eisen in der Natur nicht in reiner Form vor, sondern nur in Verbindung mit anderen Elementen, besonders mit Sauerstoff als Eisenoxid. Die Abtrennung des Sauerstoffs vom Eisen nennt man Reduktion. Unter dem Begriff Eisen versteht man auch den Werkstoff Eisen mit einem Reinheitsgrad von 99,8 bis 99,9 %.
Unter dem Begriff Eisenwerkstoff versteht man alle Metalllegierungen, bei denen der Anteil an Eisen Fe höher ist als der jedes anderen Elements.
Stahl ist eine Legierung (= Mischung) aus Eisen und anderen Elementen, und zwar nichtmetallischen, wie Kohlenstoff, Silicium, Phosphor und Schwefel, und metallischen, wie z.B. Mangan, Chrom, Nickel, Molybdän. Wichtigstes Legierungselement ist der Kohlenstoff, der bei Stahl mit Ausnahme einiger chromreicher Stähle höchstens 2 % beträgt. Bei C-Gehalten über 2 % spricht man allgemein von Gusseisen.
Bei der Kristallbildung von Eisen und Stahl entstehen aus der Schmelze unregelmäßig geformte kleine Kristallite (Kristallkörner), die ähnlich wie die Mineralien im Granit an den Korngrenzen aneinander anstoßen. Die Erstarrung beginnt an vielen, gleichmäßig in der Schmelze verteilten Kristallisationskeimen. Innerhalb der Kristallkörner sind die Elemente, hauptsächlich Eisen, in einem regelmäßigen kubischen Kristallgitter angeordnet (siehe Abb. 7.1).

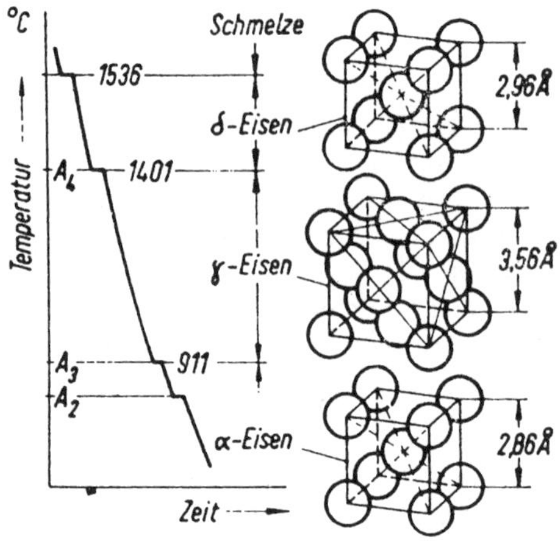

Abb. 7.1 Abkühlungskurve und Kristallformen von reinem Eisen
α-Eisen = Ferrit, kubisch-raumzentriert, C-Gehalt ≤ 0,02 %
γ-Eisen = Austenit, kubisch-flächenzentriert, C-Gehalt ≤ 2 %
Å = Ångström = 10^{-7} mm = 10^{-10} m

Legierungselemente können zwischen den Eisenatomen eingelagert sein (Einlagerungs-Mischkristall, gilt insbesondere für Kohlenstoff) oder bei etwa gleichem Atomdurchmesser an die Stelle von Fe-Atomen treten (Substitutions-Mischkristall; gilt z.B. für Nickel und Chrom). Bei C-Gehalten ≥ 0,02 % werden die C-Atome nicht mehr im Fe-Gitter (siehe Abb. 7.1) eingelagert, sondern sie bilden mit den Fe-Atomen eine neue chemische Verbindung Fe_3C, das sog. Eisencarbid oder Zementit. Je nach dem Kohlenstoff-Gehalt in der Fe-C-Schmelze enthält das erhärtete Fe-C-Gemisch unterschiedliche Arten von Kristallkörnern:

- C-Gehalt ≤ 0,02 %: Ferrit-Körner, kubisch raumzentriert, praktisch reines Eisen (siehe Abb. 7.1 und 7.2),
- C-Gehalt 0,02 bis < 0,8 %: Ferrit- + Perlitkörner; je mehr sich der C-Gehalt der Schmelze 0,8 % nähert, umso höher ist der Anteil an Perlitkörnern,
- C-Gehalt = 0,8 %: Perlit-Körner, bestehen aus Ferrit und plättchenförmig eingelagertem Zementit Fe_3C (siehe Abb. 7.3); man spricht von Primärzementit, da es sich direkt aus der Schmelze gebildet hat,
- C-Gehalt 0,8 bis 2 %: Perlitkörner, um die sich immer dickere Schalen von Zementit legen; man spricht von Sekundärzementit, da es sich an den Korngrenzen der γ-Mischkristalle ausscheidet,
- C-Gehalt > 2 %: Perlitkörner mit Zementitschalen + reine Zementit-Bereiche (Ledeburit).

Den Zusammenhang zwischen Temperatur, C-Gehalt und Kristallgefüge, das sich bei langsamen Temperaturänderungen im Fe-Fe_3C-Gemisch einstellt, kann man im Eisen-Kohlenstoff-Diagramm ablesen (siehe Abb. 7.4). Oberhalb 723 °C (sog. Perlit-Linie) verwandeln sich Ferrit und Fe_3C in γ-Mischkristalle (Austenit). Austenit kann einen C-Gehalt von max. 2 % besitzen.

Da das Zementit eine wesentlich höhere Härte als das Ferrit aufweist, erhöhen sich mit steigendem Kohlenstoffgehalt die Zugfestigkeit, Streckgrenze, Härte und der Verschleißwiderstand von Stahl; die Bruchdehnung wird kleiner, Schweißeignung und Umformbarkeit werden schlechter. Außerdem fällt mit steigendem Kohlenstoffgehalt die Schmelztemperatur von 1536 °C (0 % C) auf 1147 °C (4,3 % C).

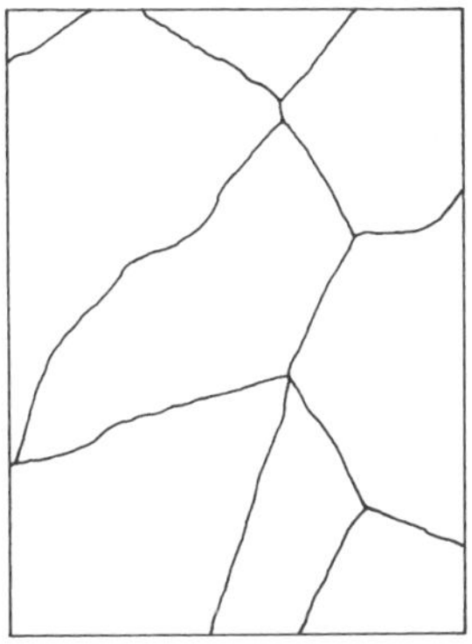

Abb. 7.2 *Stahlgefüge aus Ferritkörnern nach [14]*
C-Gehalt der Schmelze und der Ferritkörner ≤ 0,02 %

Abb. 7.3 *Stahlgefüge aus Perlitkörnern nach [14]*
C-Gehalt der Schmelze und der Perlitkörner = 0,8 %
dunkle Streifen: Zementit Fe_3C; helle Bereiche: Ferrit

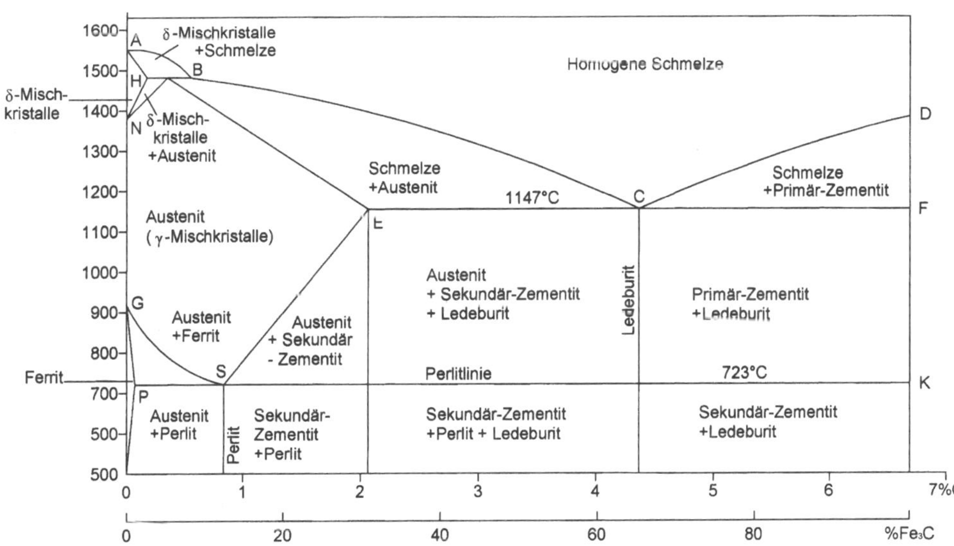

Abb. 7.4. *Eisen-Kohlenstoff-Diagramm für das metastabile System Fe-Fe_3C nach [14]*
Linie ABCD: Liquidus-Linie, oberhalb der nur Schmelze vorliegt
Linie AECF: Solidus-Linie, unterhalb der nur feste Kristalle vorliegen

7.2 Ausgangsstoffe bei der Stahlherstellung

Rohstoff für die Herstellung von Stahl sind die Eisenerze. Eisenerze sind mit Gestein (Gangart) vermischte Eisen-Sauerstoff-Verbindungen (Eisenoxide). Farbe: rötlich bis bräunlich, metallisch schwarz. Die wichtigsten Eisenerzsorten enthalten: Magnetit oder Magneteisenerz Fe_3O_4

(stark magnetisch; 60 bis 70 % Fe), Hämatit oder Roteisenerz Fe_2O_3 (typische Rotfärbung; hoher Fe-Gehalt), Brauneisenerz oder Limonit $Fe_2O_3 \cdot H_2O$ (häufigstes Eisenerz; geringer Fe-Gehalt), Spateisenerz oder Siderit $FeCO_3$ (leicht reduzierbar; 30 bis 40 % Fe). Daneben gibt es Manganerze, Eisensilicate und Titaneisenstein sowie Abbrände und eisenhaltige Stäube. Letztere fallen z.B. bei der Herstellung von Schwefelsäure und NE-Schwermetallen an.
Bevor die Erze auf die verschiedensten Arten zu Roheisen verarbeitet werden, werden sie vorbehandelt. Die Erzaufbereitung hat den Zweck, den größten Teil der Gangart abzutrennen. Hierdurch werden Transportkosten gespart und die Hochöfen und sonstigen Reduktionsanlagen entlastet. Dazu werden die Erze zunächst gebrochen und gemahlen, um die miteinander verwachsenen Komponenten Eisenoxide und Gestein freizulegen. Die Verfahren zur anschließenden Trennung der beiden Komponenten machen sich ihre unterschiedliche Dichte (Flieh- und Auftriebskräfte in Spiralen) und Benetzbarkeit (Schaum-/Aufschwimm-Verfahren) zunutze. Bei der magnetischen Aufbereitung werden die Erzteilchen durch Magnetfelder ausgesondert.
Zur weiteren Vorbehandlung der Erze gehört die Erzvorbereitung. Grobe Erze werden gebrochen, gemahlen und gesiebt und durch Mischen homogenisiert. Feinkörnige Erze werden durch Sintern oder Pelletieren stückig gemacht. Beim Sintern werden angefeuchtete Feinerze mit Koksgrus sowie Kalkstein, Branntkalk, Olivin oder Dolomit, ggf. auch angefallenem Feinsinter gemischt, durch Erhitzen auf Sinterbändern miteinander verbacken und anschließend wieder gebrochen. Beim Pelletieren werden Feinsterze angefeuchtet, mit einem Bindemittel versehen, in Drehtrommeln oder auf Drehtellern zu sog. Grünpellets geformt und anschließend getrocknet und gebrannt. Dadurch entstehen Kügelchen (engl. pellet) von etwa 10 bis 15 mm Durchmesser. Durch Sintern oder Pelletieren stückig gemachte Eisenerze besitzen im Hochofen eine gute Gasdurchlässigkeit und Reduzierbarkeit. Moderne Hochofenwerke setzen zu 80 bis 100 % stückig gemachte Stoffe ein.
Bei der Stahlherstellung kommt in großem Maße, weltweit etwa zu 40 %, auch Schrott zum Einsatz. Schrott fällt als sog. Kreislaufschrott in den Hüttenwerken beim Walzen (Abtrennen der Enden, Kanten usw.) sowie in der stahlverarbeitenden Industrie an. Beim Recycling anfallender Alt- oder Sammelschrott muss in Pressen, Zerkleinerungs- oder Shredderanlagen sortiert und von Verunreinigungen und unerwünschten Begleitelementen, z.B. NE-Metallen, getrennt werden.
Als Brennstoffe und Reduktionsmittel werden Koks, Kohle, Öl oder Gas eingesetzt. Wichtigstes Reduktionsmittel ist der Koks. Er wird durch Verkoksen, d.h. durch das Erhitzen schwefelarmer Kohle bei Temperaturen von 900 bis 1200 °C unter Luftabschluss, die sog. trockene Destillation, hergestellt. Dabei fallen als Nebenprodukte Koksofengas, Teer, Benzol, Schwefelwasserstoff und Ammoniak an. Der Koks ist Reduktionsmittel, liefert die Wärme und trägt im Hochofen die gesamte Schüttsäule. Seine Porigkeit und sein im Verhältnis zum Erz, Sinter oder zu den Pellets größeres Korn ermöglicht die Durchgasung der Säule. Daher ist ein vollständiger Ersatz des Kokses durch die anderen Reduktionsmittel wie Kohle, Öl oder Gas, die über Windformen eingeblasen werden, nicht möglich.
Als Zuschläge bei der Roheisen- und Stahlherstellung kommen hauptsächlich Kalk in Form von Kalkstein, Branntkalk oder Kalkhydrat sowie Olivin und Dolomit zum Einsatz, daneben auch Bauxit, Flussspat und Quarz. Die Zuschläge setzen die hohen Schmelztemperaturen von 1700 bis 2000 °C der Gangart der Erze und Asche des Kokses auf 1300 bis 1400 °C herab,

wirken also als sog. Flussmittel. Die auf diese Weise erzeugte dünnflüssige Gesteinsschlacke, die im untersten Teil des Hochofens auf dem flüssigen Roheisen schwimmt (siehe Abb. 7.7), nimmt gleichzeitig unerwünschte Begleitelemente, wie Silicium, Aluminium, Phosphor und Schwefel, der zum größten Teil aus dem Koks bzw. Öl herrührt, auf. Zuschläge und Erze zusammen werden als Möller bezeichnet.

Wegen der im Hochofen und anderen Reaktionsgefäßen (Pfannenwagen, Konverter, Lichtbogenofen usw.) herrschenden hohen Temperaturen müssen diese mit Feuerfeststoffen ausgekleidet (zugestellt) werden. Dazu werden gebrannte oder ungebrannte, d.h. chemisch gebundene Steine oder Massen verwendet, die an den chemischen Prozessen weder teilnehmen noch diese stören. Solche feuerfesten Baustoffe sind z.B. die in Abschnitt 1.2.11 genannten Steine. Die Ausmauerung kann auch mit großformatigen Elementen oder sogar monolithisch durch Gießen, Stampfen und Trocknen aus feuerfestem und hochfeuerfestem Beton hergestellt werden. Solche Betone verwenden als Bindemittel Portland- oder Tonerdeschmelzzement, als Zuschlag hauptsächlich Schamotte, Korund Al_2O_3, Chromerz oder Siliciumcarbid (Carborund SiC).

7.3 Verfahren der Stahlherstellung

Das heute hauptsächlich angewendete Hochofen-Konverter-Verfahren zur Herstellung von Stahl verläuft in zwei Schritten:

1. Reduktion des Erzes mit Koks im Hochofen zu flüssigem Roheisen (C-Gehalt 3 bis 4 %) (siehe Abschn. 7.3.3).
2. Frischen des flüssigen Roheisens mit Sauerstoff im Konverter zur Verringerung des Gehalts von Kohlenstoff (unter 2 %) und der übrigen Begleitelemente, wie Silicium, Mangan, Phosphor und Schwefel (siehe Abschn. 7.3.5).

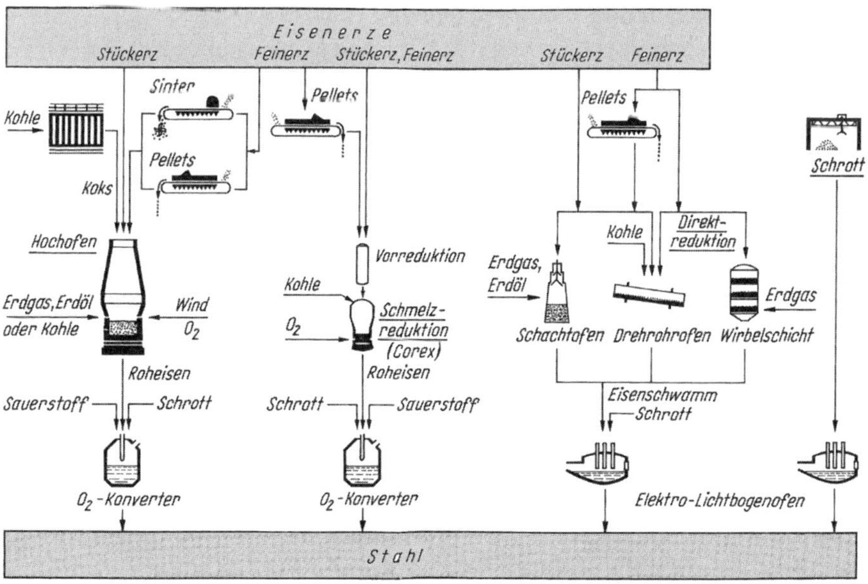

Abb. 7.5 Verfahrenswege für die Herstellung von Stahl [14]

Daneben ist noch eine Reihe anderer Verfahren in Gebrauch. Hierzu gehören das Direktreduktionsverfahren und das Schmelzreduktionsverfahren, bei denen das Erz ohne Hochofenprozess zu Stahl verarbeitet wird (siehe Abb. 7.5 und die nächsten beiden Abschnitte).

7.3.1 Direktreduktions-Verfahren

Bei den sich bisher bewährten und noch in der Entwicklung befindlichen Direktreduktions-Verfahren wird den Erzen mit hohem Fe-Gehalt und geringem Gangartanteil in kleineren Schacht-, Drehrohr- oder Wirbelschichtöfen im festen Zustand durch Reduktionsgase (Kohlenmonoxid, Wasserstoff oder Mischungen aus beiden) der Sauerstoff direkt entzogen (Direktreduktion). Dabei entsteht aus dem Erz sauerstoffarmer fester Eisenschwamm, auch DRI (Direct Reduced Iron) oder HBI (Hot Briquetted Iron) genannt. Der feste Eisenschwamm besitzt eine hohe Porosität, unterschiedliche Kohlenstoffgehalte, einen hohen Eisengehalt von 80 bis 95 % Fe und nur geringe Mengen von Verunreinigungen. Im Lichtbogenofen wird der Eisenschwamm eingeschmolzen und vom Restsauerstoff und der gesamten Gangart befreit.

7.3.2 Schmelzreduktions-Verfahren

Bei der Schmelzreduktion nach dem in Deutschland und Österreich großtechnisch eingesetzten Corex-Verfahren sind zwei Reaktoren übereinander angeordnet. Im oben liegenden Reduktionsschacht wird das Stückerz zu Eisenschwamm reduziert. Im darunter liegenden Einschmelzvergaser wird Kohle mit Hilfe von eingeblasenem Sauerstoff vergast und der oben gebildete Eisenschwamm zu Roheisen eingeschmolzen. Die Weiterverarbeitung zu Stahl erfolgt i.d.R. im Lichtbogenofen.

7.3.3 Der Hochofenprozess

Ein Beispiel für eine Hochofenanlage und eine schematische Übersicht über die Vorgänge im Hochofen sind den Abb. 7.6 und 7.7 zu entnehmen.

Das flüssige Roheisen, das den Hochofen verlässt, hat einen Kohlenstoffgehalt von 3 bis 4 Masse-% und enthält zusätzliche Begleitstoffe, wie Phosphor, Schwefel, Silicium und Mangan, die z.T. unerwünscht sind. Erstarrtes Roheisen ist wegen des hohen C-Gehaltes sehr spröde und lässt sich als Baustoff kaum verwenden. Es dient vielmehr als Ausgangsstoff für die Herstellung von Stahl und Gusseisen. In das Stahlwerk wird das flüssige Roheisen in Pfannenwagen transportiert. Für die Gusseisenherstellung lässt man das Roheisen zunächst in Masselgießmaschinen oder im Sandbett zu Masseln (Barren) erstarren.

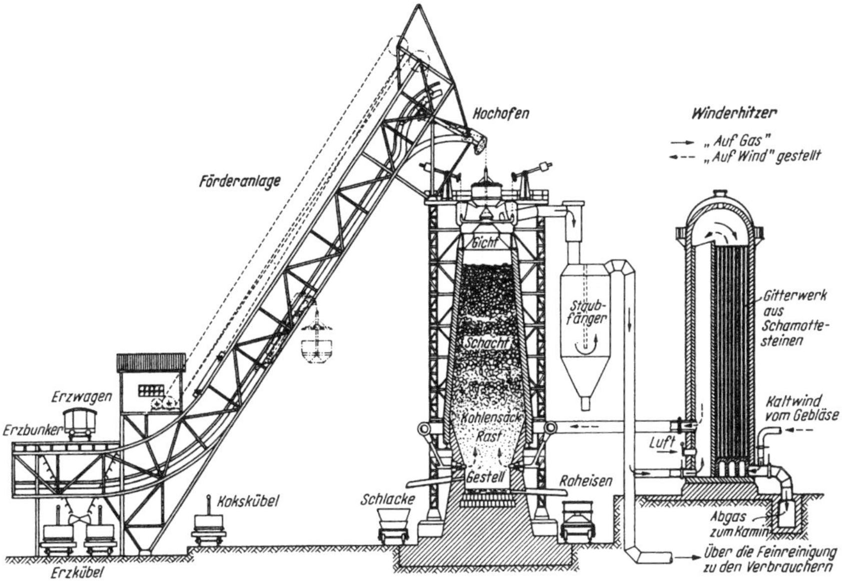

Abb. 7.6 Hochofenanlage

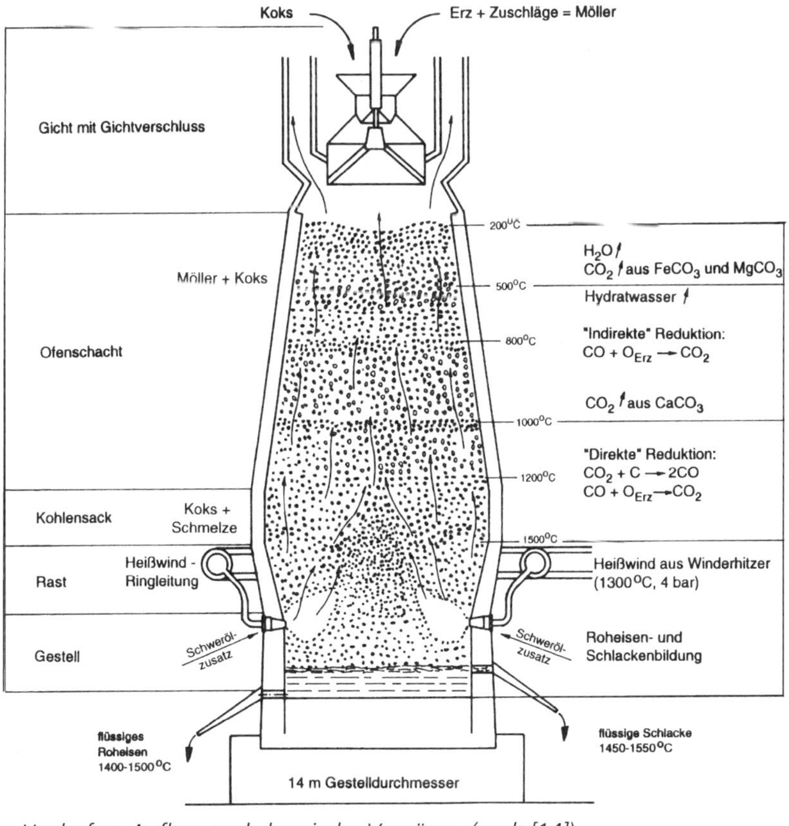

Abb. 7.7 Hochofen: Aufbau und chemische Vorgänge (nach [14])

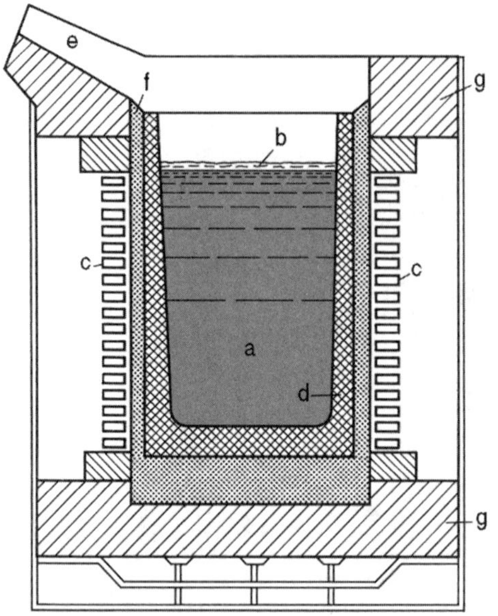

Abb. 7.8 *Schnitt durch einen kernlosen Induktionsofen [14]*
a) flüssiger Stahl
b) Schlacke
c) wassergekühlte Spule
d) Tiegelauskleidung
e) Gießrinne
f) Wärmeisolierung
g) feuerfeste Auskleidung

Die Schlacke enthält als wesentliche Bestandteile Calciumaluminiumsilicate, die aus dem SiO_2 und Al_2O_3 der Gangart (des tauben Gesteins) und CaO der Zuschläge gebildet worden sind (Verwendung siehe Tafel 7.1). Eine wichtige Aufgabe der Schlacke ist die Entschwefelung des Roheisens, wobei der größte Teil des Schwefels aus dem Koks stammt.
Ein weiteres Nebenprodukt ist das brennbare Gichtgas, vorwiegend aus CO_2, CO und H_2 bestehend; es wird zur Erzeugung von Energie ausgenutzt.

Tafel 7.1 Verwendung der beim Hochofenprozess anfallenden Schlacke (s.a. DIN 4301)

Zustand	Schlackenart	Verwendung
gekörnt	Schlackensand mit hydraulischen Eigenschaften (Hüttensand)	zum Herstellen von Zementen
geschäumt	Schaumschlacke (Hüttenbims), wärmedämmend	für Leichtbeton
zerfasert	Schlackenwolle (Hüttenwolle)	als Dämmstoff für Wärme und Schall
in größeren Stücken erstarrt, gebrochen	Klotzschlacke, Stückschlacke, Betonschlacke	als Schotter im Straßen- und Eisenbahnbau, als Splitt im Betonbau
in Formen gegossen	Gussschlacke	als raue Schlackenpflastersteine

7.3.4 Vom Roheisen zum Gusseisen

Gusseisen wird aus Roheisenmasseln (im Hüttenwerk gegossen und erstarrt), Schrott, Gusseisenbruch und ggf. weiteren Zusätzen, auch Legierungselementen, in Kupolöfen (kleine Schachtöfen), Induktionsöfen (siehe Abb. 7.8), Lichtbogenöfen oder Drehtrommelöfen erschmolzen. Je nach den Erstarrungsbedingungen und ggf. nachgeschalteten Wärmebehandlungen entstehen unterschiedliche Gusseisenarten mit unterschiedlicher Ausbildung des Kohlenstoffs (s.u.). Gusseisen besitzt wegen des höheren Kohlenstoffgehalts (C-Gehalt > 2 %; Siliciumgehalt 1 bis 3 %) eine niedrigere Schmelztemperatur und damit eine bessere Vergießbarkeit als Stahl. Es lassen sich so fast alle beliebigen Formteile auch mit geringen Wanddicken gießen. Gusseisen ist spröder als Stahl und besitzt eine gute Zerspanbarkeit und Korrosionsbeständigkeit. Die verschiedenen Gusseisensorten sind:

a) Gusseisen mit Lamellengraphit GJL (GJ = Gusseisen; L = lamellar) nach DIN EN 1561 (2012–01) hat einen C-Gehalt von 2,7 bis 4,2 %. Wegen der Lamellenform (siehe Abb. 7.9) des Graphits ist GJL sehr spröde (innere Kerbwirkung) und besitzt eine relativ geringe Zugfestigkeit (100 bis 450 N/mm^2). Es ist spanend gut bearbeitbar und nicht schweißbar. Die Bruchflächen erscheinen hell bis dunkelgrau (daher auch „graues" Gusseisen). GJL ist preiswert und hat eine vielfältige Anwendung vom Sanitärguss bis zu hochbeanspruchten Werkzeugmaschinenständern wegen des hohen Dämpfungsvermögens von Gusseisen.
b) Gusseisen mit Kugelgraphit GJS (S = sphärisch) nach DIN EN 1563 (2012–03) hat einen C-Gehalt von etwa 3,7 %. Das Graphit liegt kugelförmig (siehe Abb. 7.10) in einem Grundgefüge aus Ferrit, Perlit und/oder Eisencarbid Fe_3C vor. GJS ist daher stahlähnlicher und nicht so spröde wie GJL und sogar begrenzt warm und kalt umformbar. Zugfestigkeit: 400 bis 900 N/mm^2. Bruchflächen erscheinen charakteristisch silberweiß. Anwendung: z.B. Gussteile für schwere Baumaschinen und Tübbings (Segmente) im Tunnelbau. Weiteres wichtiges Anwendungsgebiet: Druckrohre aus duktilem Gusseisen nach DIN EN 545 (2011–09), DIN EN 598 (2009–10) und DIN EN 969 (2009–07).

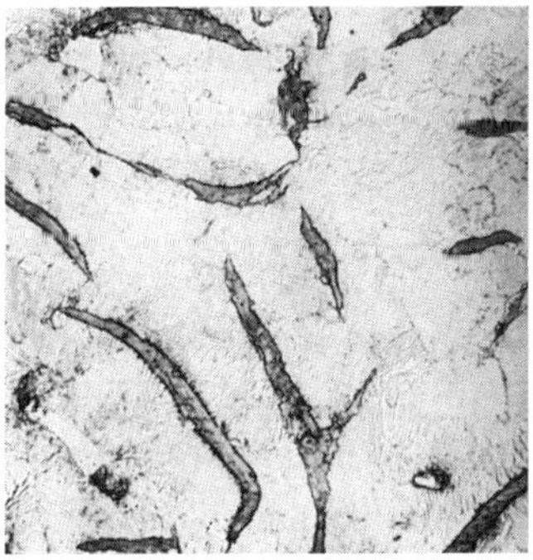

Abb. 7.9
Gusseisen mit Lamellengraphit in perlitischer Grundmasse [14]

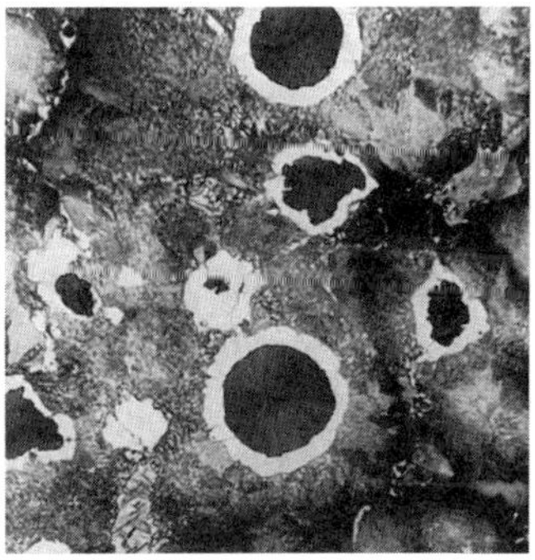

Abb. 7.10
Gusseisen mit Kugelgraphit in perlitischer Grundmasse mit Ferrithöfen um die Graphitkugeln [14]

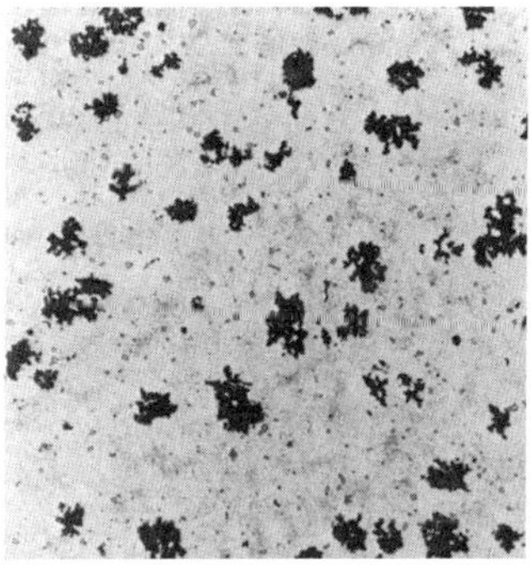

Abb. 7.11
Nicht entkohlend geglühter Temperguss mit flockiger Temperkohle in perlitischer Grundmasse [14]

c) Temperguss GJM (M = Temperkohle) nach DIN EN 1562 (2012–08) hat einen C-Gehalt von 2,3 bis 3,4 % und einen Siliciumgehalt von 1,5 bis 0,4 %. Es entsteht dadurch, dass der im Gusszustand zunächst als Eisencarbid Fe_3C vorliegende Kohlenstoff durch längeres Glühen (Tempern) in flockiges Graphit (sog. Temperkohle; siehe Abb. 7.11) verwandelt wird. Zugfestigkeit: 270 bis 570 N/mm^2 (GJMW) bzw. 300 bis 800 N/mm^2 (GJMB): Man unterscheidet nach dem Aussehen der Bruchflächen: 1. Weißer Temperguss GJMW. Diesem ist durch entkohlendes Glühen der Kohlenstoff ganz oder teilweise entzogen worden. 2. Schwarzer Temperguss GJMB. Dieser ist nicht entkohlend geglüht und weiter verbreitet als GJMW. Wegen der Flockenform des Graphits hat GJM ähnliche Eigenschaften und Anwendungsgebiete wie GJS. Ansonsten ist GJM auf die Herstellung kleinerer Gussstücke, wie z.B. Beschläge und Rohrverbindungsstücke (Fittings), beschränkt.

d) Sondergussarten gibt es z.B. als besonders säure- und verschleißfestes Gusseisen und sog. Hartguss. Hartguss besitzt eine harte Außenschale, und die Bruchflächen erscheinen weiß (weißes Gusseisen; der Kohlenstoff liegt als Fe_3C vor). Austenitisches Gusseisen (Ni-Resist-Gusseisen nach DIN EN 13 835 (2012–04) mit 20 bis 30 % Ni) ist unmagnetisch und korrosionsbeständiger sowie verschleiß- und warmfester als normales Gusseisen. Zugfestigkeit: 370 bis 440 N/mm^2.

7.3.5 Vom Roheisen zum Stahl

Stahl ist ein warm formbarer (schmiedbarer) Eisenwerkstoff mit einem Kohlenstoffgehalt bis 2 Gew.-%.

Das im Hochofen erzeugte Roheisen besitzt einen zu hohen Kohlenstoffgehalt und einen zu hohen Gehalt an unerwünschten Begleitelementen, darunter insbesondere Mangan, Schwefel, Silicium und Phosphor. Bereits während des Transports des flüssigen Roheisens in das Stahlwerk in sog. Torpedopfannen wird durch Einblasen bestimmter Stoffe der Gehalt an Schwefel (durch Calciumcarbid und Magnesium), an Phosphor (durch kalkhaltige Flussmittel) und an Silicium (durch Eisenoxide, Erz) verringert.
Im Stahlwerk findet dann der eigentliche Reinigungsprozess des Roheisens statt, das sog. „Frischen". So wird der Vorgang der Verbrennung (Oxidation) besonders des Kohlenstoffs, aber auch der genannten unerwünschten Begleitelemente bezeichnet. Das Frischen geschah früher fast ausschließlich in Konvertern (siehe Abb. 7.12), in die durch den Boden Luft mit ca. 20 % O_2 (sog. „Wind", „Windfrischen") geblasen wurde. Beim Bessemer-Verfahren hatte der Konverter eine „saure" Auskleidung für Roheisen mit viel Si und wenig P, beim Thomas-Verfahren eine „basische" Auskleidung für Roheisen mit viel P und S.
Heute werden zum Frischen zu etwa 60 % Sauerstoffblas-Verfahren im Konverter und zu etwa 35 % Elektrolichtbogenofen-Verfahren verwendet. Dabei geht der Kohlenstoff als brennbares Abgas (CO) ab, und die Begleitelemente werden in der Schlacke gebunden. Anschließend an das Frischen wird der im Stahl verbliebene schädliche Sauerstoff durch sog. Desoxidation entfernt. Ganz selten wird heute zum Frischen auch noch das Siemens-Martin-Verfahren angewendet (siehe Abb. 7.13).

a) Sauerstoffblas-Verfahren (Oxigen-Stahl)
   Die wichtigsten Sauerstoffblas-Verfahren sind:
   Sauerstoffaufblas-Verfahren (LD- und LD/AC-Verfahren),
   Sauerstoffbodenblas-Verfahren (OBM-Verfahren), kombinierte Blasverfahren.
   Die Blaszeiten betragen 10 bis 20 Minuten, die Schmelzfolgezeiten 30 bis 50 Minuten. Die dabei verwendeten Konverter sind kippbare, mit feuerfestem Futter ausgekleidete Stahlgefäße mit einem Fassungsvermögen von 50 bis 400 t (siehe Abb. 7.12).
   Beim Sauerstoffaufblas-Verfahren (s. Abb. 7.12) wird in den schräg gestellten leeren Konverter wegen der stürmischen Wärmeentwicklung als Kühlmittel zunächst Schrott

eingegeben, danach das flüssige Roheisen. Anschließend wird der Konverter gerade gestellt und reiner Sauerstoff unter hohem Druck bis 12 bar von oben mit einer wassergekühlten Lanze eingeblasen. Beim Verbrennungsprozess, bei dem Temperaturen von 2500 bis 3000 °C entstehen, entweicht das sich bildende Kohlenmonoxid CO als Gas, die Verbrennungsprodukte der Begleitelemente Si, Mn, P und S gehen in die Schlacke. Der Stahl wird durch Kippen des Konverters durch das Abstichloch abgegossen, danach zur anderen Seite über den Konverterrand die Schlacke. Um den im Rohstahl befindlichen Restsauerstoff zu entfernen, werden während des Abstichs sog. Desoxidationsmittel (siehe Abschn. 7.3.6a) und ggf. Legierungselemente zugegeben.

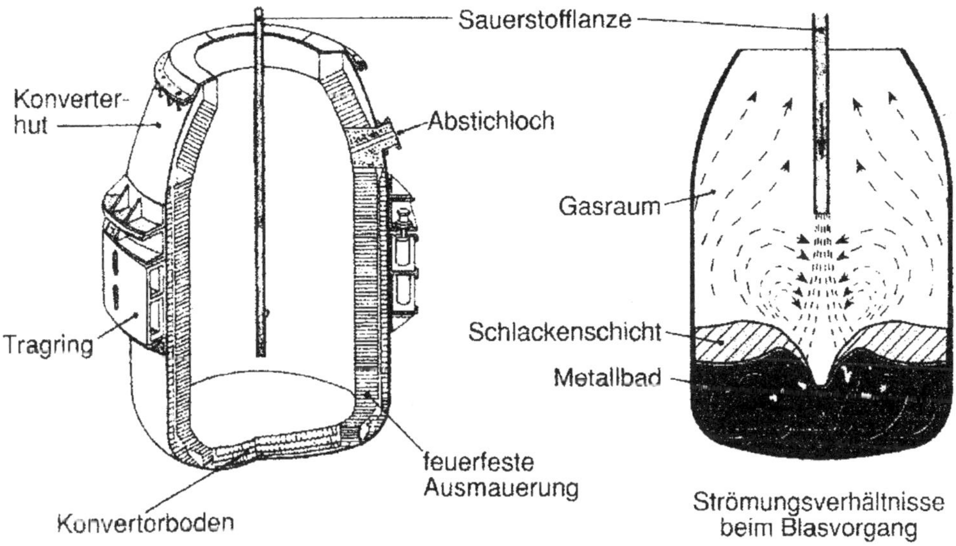

Abb. 7.12 O_2-Konverter beim Sauerstoffaufblas-Verfahren (nach [14])

Beim später, Ende der 1960er-Jahre, entwickelten Sauerstoffbodenblas-Verfahren wird durch im Boden des Konverters befindliche gekühlte Düsen reiner Sauerstoff in die Roheisenschmelze geblasen.

Bei dem heute allgemein durchgeführten kombinierten Blasen wird von oben mit einer Lanze reiner Sauerstoff und zur besseren Durchspülung von unten durch Bodendüsen ebenfalls Sauerstoff oder ein Inertgas (z.B. N_2, Ar) eingeblasen.

b) Elektrostahl-Verfahren (E-Stahl)

Bei den Elektrostahl-Verfahren wird die notwendige Wärme durch elektrischen Strom erzeugt. Dazu werden heute zu über 90 % Elektrolichtbogenöfen verwendet. Daneben gibt es kleinere Induktionsöfen und Elektronenstrahlöfen (Plasmaöfen), die Temperaturen bis zu 5000 °C erzeugen. Diese Öfen werden zur Erschmelzung von Stählen höchster Reinheit und spezieller Legierungszusammensetzungen verwendet.

Beim Elektrolichtbogenofen (siehe Abb. 7.14) springt von drei Graphitelektroden ein Lichtbogen zum metallischen Einsatz und erzeugt dabei eine Temperatur von bis zu 3500 °C. Der Einsatz besteht zur Hauptsache aus Schrott und/oder Eisenschwamm sowie aus Erzen, Zuschlägen (Kalk, Flussspat), Reduktionsmitteln (Kohlenstoff) und Legierungselementen in Form von Ferrolegierungen. In die Schmelze kann weiterer Schrott zugegeben werden. Zur Beschleunigung des Schmelzprozesses können zusätzlich Sauerstoff oder andere Brennstoff-Gasgemische von oben in den Ofen eingeblasen werden. Während des Frischens entsteht gasförmiges CO, das die Schmelze zum Kochen bringt. Dadurch werden Verunreinigungen (P, H, N) und nichtmetallische Verbindungen aus der Schmelze gespült. Sie entweichen gasförmig oder werden in der Schlacke gebunden. Der Abstich erfolgt durch Kippen des Lichtbogenofens oder durch exzentrisch angebrachte Bodenöffnungen. Die Schmelzzeiten betragen ca. 40 bis 60 Minuten, die Schmelzfolgezeiten weniger als 1,5 Stunden, die Abstichgewichte wenige Tonnen bis 200 t. Die hohen Temperaturen im Lichtbogenofen ermöglichen die Auflösung des Schrotts, aber auch schwer schmelzender Legierungszusätze. Der Lichtbogenofen dient zur Erschmelzung aller legierten Stähle, aber auch von Massenstählen.

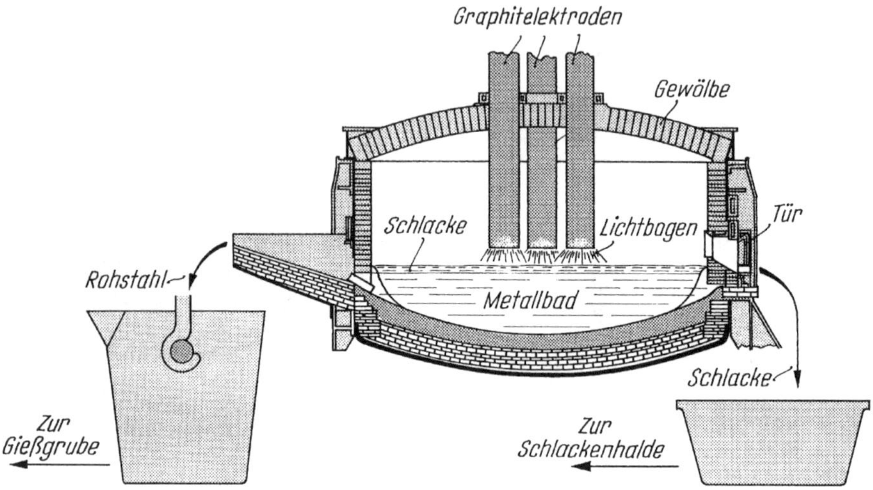

Abb. 7.13 Schnitt durch einen Siemens-Martin-Ofen

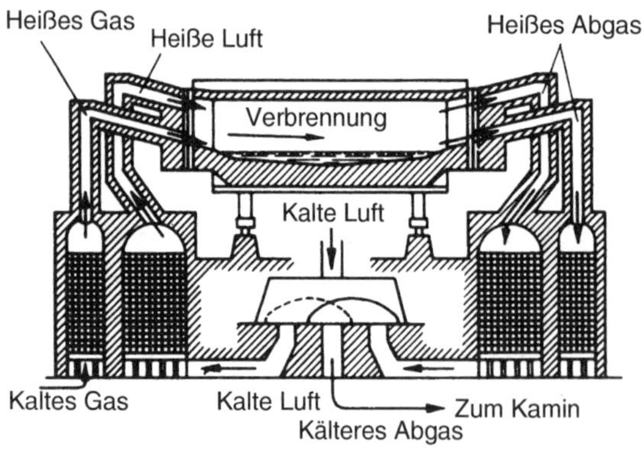

Abb. 7.14 Elektrolichtbogenofen (Schnitt)

7.3.6 Nachbehandlungsverfahren (Sekundärmetallurgie)

Heute werden zur Verbesserung des Reinheitsgrades und der Güte des Stahls grundsätzlich Nachbehandlungsverfahren angewendet. Sie werden nach dem eigentlichen Frischeprozess am flüssigen Stahl, i.d.R. in der Pfanne, vorgenommen. Zu diesen Verfahren gehören u.a. die

a) Desoxidation. Sie dient der Entfernung des Restsauerstoffs aus der Schmelze durch Zugabe von Ferrosilicium oder Aluminium und findet während oder nach dem Abstich statt. Der Restsauerstoff würde sich mit dem Kohlenstoff in der Schmelze zu CO-Gas verbinden, das diese zum „Kochen" bringen und den Erstarrungsvorgang in der Kokille (siehe Abschn. 7.4.1) stören würde. Durch die Desoxidation wird die Gefahr des Entstehens von Seigerungen verringert. Das sind Anreicherungen und ungleichmäßige Verteilungen von Begleitelementen im erstarrten Stahl, die u.a. zum schnelleren Altern, d.h. Verspröden, beitragen. Je nach dem Grad der Desoxidaton unterscheidet man unberuhigten (FU); halbberuhigten (FN), beruhigten (F) und besonders beruhigten (FF) Stahl.
b) Entfernung von S, P, N, H sowie von schädlichen Spurenelementen, wie z.B. Kupfer, Zinn, Arsen und Antimon, die hauptsächlich aus dem Schrott stammen.
c) Vakuumbehandlung. Hierbei wird der flüssige Stahl sehr niedrigen Drücken ausgesetzt, wodurch in der Schmelze gelöste Gase leichter entweichen können. Außerdem werden bei dieser Behandlung auch Vorgänge wie Entkohlung, Legieren, Desoxidation u.a. durchgeführt.

7.4 Vergießen von Stahl

Bis in die 1970er-Jahre wurde der flüssige Stahl im sog. Blockguss in Dauerformen (Kokillen) gefüllt. Heute wird in Deutschland zu 95 %, weltweit zu 80 %, das wirtschaftlichere und zu besseren Stahlqualitäten führende Stranggießen angewendet.

7.4.1 Blockguss

Die sich nach oben verjüngenden hohen Kokillen haben entweder einen mehr gedrungenen Querschnitt (quadratische oder runde „Blöcke"; Querschnittsbreite kleiner als das Zweifache der Dicke) oder sind mehr rechteckig („Brammen"; Querschnittsbreite mindestens doppelt so groß wie die Dicke). Sie werden entweder im sog. Oberguss von oben (Gewichte bis 300 t) oder im sog. Gespannguss in 4 bis 10 auf einer mit feuerfesten Kanälen versehenen Standplatte stehende Kokillen von unten gleichzeitig gefüllt (steigender Guss). Beim Erstarren bilden sich im oberen Teil der Kokille Blasen und Vertiefungen (Lunker), die vor dem Walzen als wiederverwendbarer Schrott abgetrennt werden müssen. Der Blockguss wird heute nur noch angewendet, um große Gewichte für die Weiterverarbeitung durch Schmieden herzustellen.

7.4.2 Stranggießen

Beim Stranggießen gelangt der flüssige Stahl aus der Gießpfanne über einen Zwischenbehälter (Verteiler) unter Luftabschluss in eine kurze wassergekühlte Kupferkokille, die unten zunächst durch eine Gliederkette, den sog. Kaltstrang, verschlossen ist. Der in der Randzone erstarrte rotglühende Strang wird mit Hilfe des Kaltstranges und auf seinem späteren Wege durch Treibrollen aus der Kokille gezogen, wobei er laufend mit Wasser bespritzt wird. Ist er vollständig erstarrt, wird der Strang durch mitgehende Schneidbrenner oder Scheren abgelängt. Bauarten der Stranggießanlagen siehe Abb. 7.15. Querschnittsformen sind Quadrat, Kreis und Vieleck (Knüppel), Rechtecke (Brammen) sowie für Formstahl dem späteren Umriss angenäherte Vorprofile. Knüppel haben Abmessungen von 100 × 100 mm bis 450 × 650 mm, Brammen max. 300 × 3000 mm.

Für Flachprofile wird das sog. „Endabmessungsnahe Gießen" oder „Gießwalzen" angewendet. Hier unterscheidet man Dünnbrammengießen (Gießdicke 50 bis 90 mm), Vorbandgießen (Gießdicke 10 bis 15 mm) und Bandgießen (Gießdicke 1 bis 5 mm). Beim Bandgießen gelangt der flüssige Stahl von oben in den Spalt zwischen zwei sich gegenläufig drehende Rollen (Zweirollen-Gießverfahren). Das sog. Horizontalstranggießen wird für Edelstähle eingesetzt, die sich nicht im normalen Stranggießprozess biegen und richten lassen.

7.4.3 Stahlguss

Stahlguss nach DIN EN 10 340 (2008–01) Stahlguss für das Bauwesen und DIN EN 10 293 (2015–04) Stahlguss für allgemeine Anwendungen ist jeder in Formen gegossene flüssige Stahl (C-Gehalt < 2 %), der nach dem Erstarren keiner Umformung mehr unterworfen wird. Er wird für die Herstellung von Gussteilen angewendet, wenn die Festigkeits- und Zähigkeitseigenschaften von Gusseisen (siehe Abschn. 7.3.4) nicht ausreichen. Wegen des geringen Kohlenstoffgehalts sind allerdings höhere Gießtemperaturen erforderlich als bei Gusseisen. Besondere Stahlgusssorten sind kaltzäher, warmfester, nichtrostender, hitzebeständiger und nicht magnetisierbarer Stahlguss sowie hochfester Stahlguss mit guter Schweißeignung.

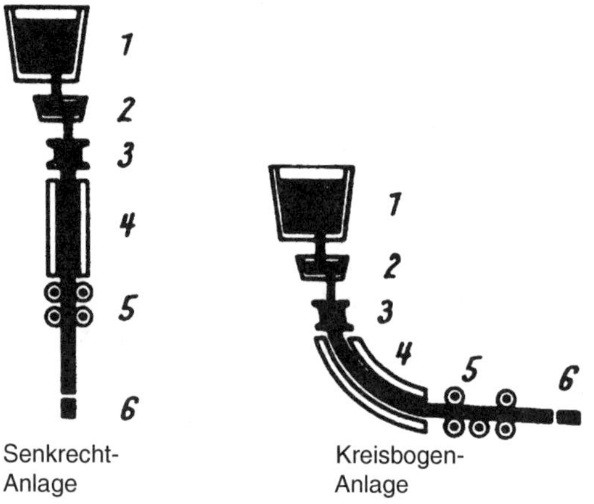

Abb. 7.15
Arten des Stranggießens von Stahl (Beispiele; nach [14])

1 Pfanne
2 Verteiler
3 Kokille mit Primärkühlung
4 Rollenführung mit Sekundärkühlung
5 Treiben und Richten
6 Brennschneiden

7.5 Formgebung von Stahl

7.5.1 Warmwalzen

Das wichtigste Verfahren zur Herstellung von Flach- und Langerzeugnissen aus Stahl (siehe Abschn. 7.8 und Abb. 7.20) ist das Warmwalzen, das den Hauptanteil an der Formgebung von Stahl ausmacht.

Ein Walzwerk besteht aus einer Reihe von hintereinander angeordneten Walzgerüsten mit mindestens je zwei meist waagerecht angeordneten, sich gegenläufig drehenden Walzen, deren Mantelflächen entweder glatt (Flacherzeugnisse) oder kalibriert, d.h. profiliert (Langerzeugnisse) sind. Der offene Spalt zwischen den Walzen wird in Walzrichtung von Walzgerüst zu Walzgerüst immer kleiner, und beim Walzen von Profilen verändert sich außerdem die Kalibrierung (siehe z.B. Abb. 7.16). Die hellrot glühenden Blöcke oder Brammen (Temperatur 800 bis 1150 °C) werden von den Walzen erfasst, zwischen ihnen fortbewegt und dabei auf das Maß des Walzenabstands und auf die Form des Walzenprofils zusammengedrückt. Nahtlose Rohre werden vorwiegend aus Rundblöcken mit Schrägwalzen, geschweißte Rohre aus Stahlband mit zwei hintereinander angeordneten Walzenpaaren gewalzt (siehe Abb. 7.17 und 7.18). Stahlrohre großen Durchmessers können mit schraubenförmig verlaufenden Schweißnähten (Spiralnahtrohre) aus Stahlband kontinuierlich hergestellt werden.

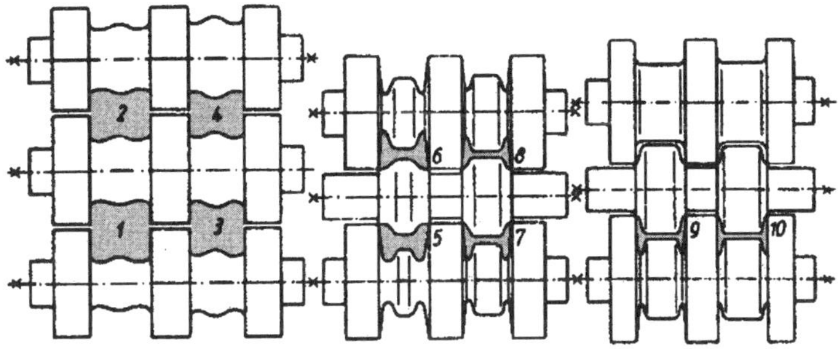

Abb. 7.16 Kalibrierung eines I-Trägers in drei Triowalzgerüsten

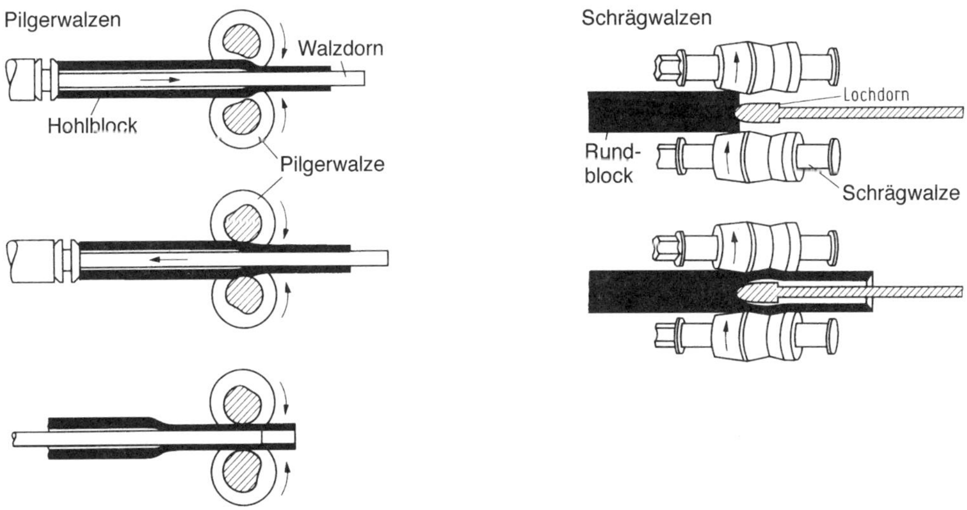

Abb. 7.17 Walzen nahtloser Stahlrohre aus Rundblöcken [14]

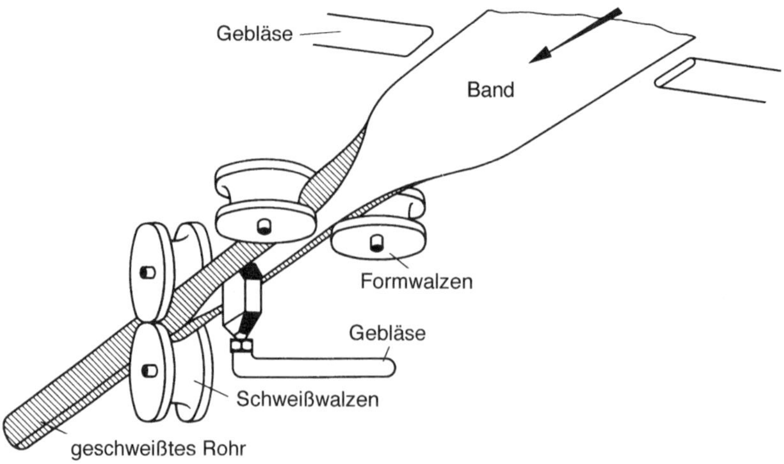

Abb. 7.18 Herstellen geschweißter Stahlrohre aus Stahlband (Beispiel; [14])

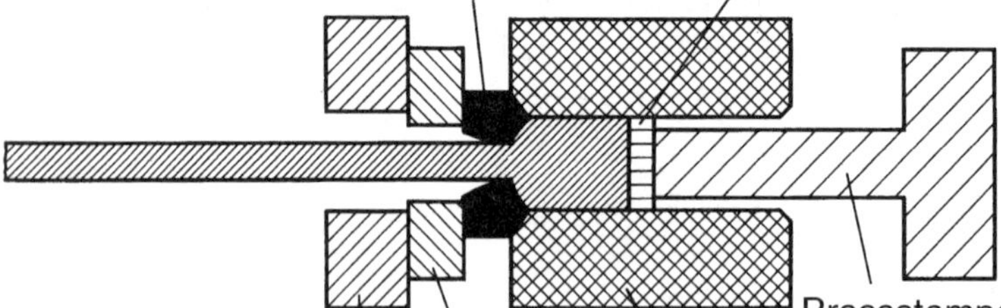

Abb. 7.19 Strangpress-Verfahren aus unlegiertem oder legiertem Stahl [14]

7.5.2 Schmieden

Zur Herstellung von großen Stücken bis zu 500 t, z.B. Kurbelwellen. Man unterscheidet Freiformschmieden (Umformung des Werkstücks auf einem Amboss) und Gesenkschmieden (Hineinschlagen oder -pressen des Werkstücks in eine Hohlform, das sog. Gesenk). Die Schmiedehämmer (sog. „Bären", Gewicht bis 600 kg, Schlagarbeit bis 300 kJ) wirken durch Fallgewicht oder Dampf-, Luftdruck oder Federdruck. Bei Schmiedemaschinen bearbeiten mehrere Schmiedewerkzeuge im Takt durchlaufende Werkstücke. Sehr große Werkstücke werden durch Schmiedepressen (hydraulische Pressen) mit Drücken bis 150 MN (15 000 t) und mehr bearbeitet.

7.5.3 Strangpressen

Zur Herstellung komplizierter, auch hohler Profile. Der auf Presstemperatur gebrachte Rohling wird von einem Pressstempel durch eine Matrize gepresst. Als Schmiermittel wird Glaspulver verwendet. (Siehe Abb. 7.19.)

7.5.4 Kaltumformen

Reichen die durch das Warmwalzen erreichbaren Stahleigenschaften nicht mehr aus, wird das Kaltumformen angewendet. Durch Kaltumformung wird die Oberfläche geglättet, eine hohe Maßgenauigkeit erreicht, infolge der Kaltverfestigung eine höhere Festigkeit erzielt. Außerdem können kleinere, durch Warmwalzen nicht mehr erreichbare Abmessungen (≤ 5 mm) erzeugt werden. Die wichtigsten Verfahren sind das Kaltwalzen und das Kaltziehen. Durch Kaltwalzen werden hauptsächlich Flacherzeugnisse, wie Tiefziehblech, Weißblech (verzinntes Stahlblech) und nichtrostendes Stahlblech, in Form von endlosen Bändern hergestellt. Beim Kaltziehen wird das Ausgangsmaterial, meist Walzdraht, in mehreren Stufen durch eine runde oder profilierte Öffnung, das Ziehhol, hindurchgezogen. Ein dichter Schmiermittelfilm zwischen Ziehwerkzeug und Ziehgutoberfläche verringert die Reibung und macht die Oberfläche glatt und glänzend. Durch Zwischenglühen zwischen den einzelnen Ziehvorgängen wird die Kaltverfestigung aufgehoben; andernfalls würde das Material beim Ziehvorgang reißen. Hergestellt werden komplizierte Profile kleiner Abmessungen, Spanndrähte für Spannbeton sowie Präzisionsrohre. Weitere Kaltumformverfahren sind z.B. das Abkanten von Blechen zu größeren Kaltprofilen, z.B. Trapezprofilen, und das Tiefziehen von Kaltprofilen in den mannigfachsten Hohl- und Profilquerschnitten mit z.T. sehr dünnen Wanddicken.

7.6 Wärmebehandlung von Stahl

Unter Wärmebehandlung von Stahl versteht man Verfahren, bei denen Stahl einer Temperaturbeanspruchung in der zeitlichen Reihenfolge Erwärmen – Halten der Temperatur – Abkühlen unterworfen wird. Dabei spielen sowohl die Höhe der Temperatur als auch die Abkühlungsgeschwindigkeiten eine große Rolle. Zu den Wärmebehandlungsverfahren gehören das Glühen, Härten und Vergüten.

Beim Glühen unterscheidet man drei Arten. Beim Normalglühen wird der Stahl über 723 °C erwärmt (Verwandlung von Ferrit in Austenit), dort 30 bis 60 Minuten gehalten und anschließend an ruhender Luft wieder abgekühlt. Dadurch entsteht ein gleichmaßiges, feinkörniges Stahlgefüge. Beim normalisierenden Walzen wird das nachträgliche Glühen aus Rationalisierungsgründen in den Walzprozess integriert: am Ende der Walzstraße wird das Walzerzeugnis auf einer Temperatur von etwa 850 °C gehalten, wodurch sich ebenfalls ein feines Korngefüge einstellt. Beim Weichglühen wird der Stahl mehrere Stunden lang bis dicht unterhalb 723 °C oder um diese Temperatur pendelnd erwärmt. Dadurch verwandelt sich der plättchenförmige Zementit in den Perlitkörnern in körnigen Zementit. Beim Spannungsarmglühen wird der Stahl mehrere Stunden lang auf 530 bis 650 °C gehalten und anschließend sehr langsam wieder abgekühlt. Dadurch werden innere Spannungen, sog. Eigenspannungen, abgebaut. Sie können durch ungleichmäßiges Abkühlen nach dem Schweißen oder durch Kaltumformen entstanden sein. Durch das Kaltverformen, z.B. Kaltziehen oder Kaltverwinden, wird der Stahl über die Streckgrenze hinaus verformt, wodurch eine Kaltverfestigung von Stahl eintritt. Diesen Effekt wendete man bei der Produktion von verwundenen Betonstählen an (Torstahl).

Beim Härten wird Stahl ebenfalls über 723 °C erwärmt und anschließend sehr schnell abgekühlt (abgeschreckt). Dadurch entsteht ein Stahlgefüge, das sog. Martensit, das härter und spröder als das Normalgefüge aus Ferrit und Perlit ist. Wird der Stahl im Anschluss an diese Abschreckhärtung wieder auf eine Temperatur von 150 bis 330 °C erwärmt, man spricht dabei von Anlassen, wird die durch das Abschrecken erreichte Härte wieder etwas abgebaut und der Stahl wird wieder zäher, ohne dass sich dabei die erreichte höhere Festigkeit verringert. Anhand der sog. Anlassfarben (mit steigenden Temperaturen: gelb, rot, blau) kann man die Endhärte steuern. Härten und nachfolgendes Anlassen auf relativ hohe Temperaturen bis ca. 700 °C bezeichnet man als Vergüten. Unter Patentieren versteht man ein Vergütungsverfahren in der eben beschriebenen Art, das speziell bei gezogenen Stahldrähten für Spannstähle (Seildrähte, Spannlitzen) angewendet wird.

7.7 Stähle für den Stahlbau

Normen

DIN EN 1993-1	(2010–12)	Eurocode 3; Bemessung und Konstruktion von Stahlbauten
DIN EN 10 020	(2000–07)	Begriffsbestimmungen für die Einteilung der Stähle
DIN EN 10 021	(2007–03)	Allgemeine techn. Lieferbedingungen für Stahl und Stahlerzeugnisse, (Entw. 2003–01)
DIN EN 10 025	(2005–04)	Warmgewalzte Erzeugnisse aus Baustählen; Technische Lieferbedingungen
-1	(2011–04)	Allgemeine technische Lieferbedingungen
-2	(2011–04)	Technische Lieferbedingungen für unlegierte Baustähle
-3	(2011–04)	Technische Lieferbedingungen für normalgeglühte/normalisierend gewalzte schweißgeeignete Feinkornbaustähle
-4	(2011–04)	Technische Lieferbedingungen für thermomechanisch gewalzte schweißgeeignete Feinkornbaustähle
-5	(2011–04)	Technische Lieferbedingungen für wetterfeste Baustähle
-6	(2011–04)	Technische Lieferbedingungen für Flacherzeugnisse aus Stählen mit höherer Streckgrenze im vergüteten Zustand
DIN EN 10 027-1	(2005–10)	Bezeichnungssysteme für Stähle; Kurznamen, Hauptsymbole, Nummernsystem
-2	(1992–09)	
DIN EN 10 079	(2007–06)	Begriffsbestimmungen für Stahlerzeugnisse

7.7.1 Einteilung der Stähle

Die Einteilung der Stähle nach DIN EN 10 020 (2000–07) geschieht nach der chemischen Zusammensetzung und nach den Hauptgüteklassen.

a) Einteilung nach der chemischen Zusammensetzung in

- unlegierte Stähle, bei denen keiner der Grenzwerte nach Tafel 7.2 erreicht wird,
- nichtrostende Stähle mit einem Chromanteil von mindestens 10,5 % und höchstens 1,2 % Kohlenstoff,
- andere legierte Stähle, die nicht der Definition von nichtrostenden Stählen entsprechen und von denen die wenigstens einen der Grenzwerte nach Tafel 7.2 erreichen.

b) Einteilung nach Hauptgüteklassen:

- Unlegierte Qualitätsstähle, bei denen im Allgemeinen festgelegte Anforderungen an Zähigkeit, Korngröße und/oder Umformbarkeit bestehen. Zu diesen Stählen gehören die unlegierten Baustähle nach DIN EN 10 025 (2005–04), früher als „Allgemeine Baustähle" bezeichnet (siehe Abschn. 7.7.2).

Tafel 7.2 Grenzgehalte für die Einteilung in unlegierte und legierte Stähle nach DIN EN 10 020 (2000–07)[1)]

Vorgeschriebene Elemente		Grenzgehalt Massenanteil in %	Vorgeschriebene Elemente		Grenzgehalt Massenanteil in %
Al	Aluminium	0,30	Ni	Nickel	0,30 (0,50)
B	Bor	0,0008	Pb	Blei	0,40
Bi	Bismut	0,10	Se	Selen	0,10
Co	Kobalt	0,30	Si	Silizium	0,60
Cr	Chrom	0,30 (0,50)	Te	Tellur	0,10
Cu	Kupfer	0,40 (0,50)	Ti	Titan	0,05 (0,12)
La	Lanthanide (einzeln gewertet)	0,10	V	Vanadium	0,10 (0,12)
Mn	Mangan	1,65 (1,80)	W	Wolfram	0,30
Mo	Molybdän	0,08 (0,10)	Zr	Zirkon	0,05 (0,12)
Nb	Niob	0,06 (0,08)	Sonstige (mit Ausnahme von Kohlenstoff, Phosphor, Schwefel, Stickstoff) jeweils		0,10

[1)] Die Einteilung dieser Tafel beruht auf dem in der Erzeugnisnorm oder Spezifikation für die Schmelzenanalyse festgelegten *Mindest*wert des jeweiligen Elements. Falls nur ein *Höchst*wert festgelegt ist, wird ein Wert von 70 % dieses Höchstwerts für die Einteilung verwendet, außer bei Mangan. Für Mangan gilt dann als Grenzwert 1,80 % und nicht die 70-%-Regel.
Die Klammerwerte dieser Tafel beziehen sich auf die Grenze zwischen Qualitäts- und Edelstählen bei schweißgeeigneten legierten Feinkornstählen.

- Legierte Qualitätsstähle, bei denen grundsätzlich festgelegte Anforderungen an Zähigkeit, Korngröße und/oder Umformbarkeit bestehen. Zu diesen Stählen gehören z.B.
- Schweißgeeignete Feinkornbaustähle einschließlich der Stähle für Druckbehälter und Rohre,
- Legierte Stähle für Schienen, Spundbohlen und Stähle für den Grubenausbau,
- Legierte Stähle für warm- und kaltgewalzte Flacherzeugnisse für schwierige Kaltumformungen,
- Legierte Stähle, in denen Kupfer das einzige festgelegte Legierungselement ist,
- Legiertes Elektroblech und -band, das hauptsächlich Si oder Si + Al als Legierungselemente enthält.
- Unlegierte Edelstähle, die bezüglich nichtmetallischer Einschlüsse einen höheren Reinheitsgrad als Qualitätsstähle haben. Höhere Anforderungen an die chemische Zusammensetzung, an den Herstellungsprozess und an die Eigenschaften (Kerbschlagzähigkeit, d.h. Zähigkeit, Streckgrenze, Härtbarkeit, Kaltumformbarkeit, Schweißeignung) stellen. Zu diesen Stählen gehören z.B. Spannstähle und Kernreaktorstähle.
- Legierte Edelstähle mit noch höheren Anforderungen als die unlegierten Edelstähle. Zu diesen Stählen gehören z.B. Stähle für Druckbehälter, Werkzeugstähle, Schnellarbeitsstähle.

- Nichtrostende Stähle (s.o. und Abschn. 7.7.4) werden nach dem Nickelgehalt unterschieden (Ni < 2,5 % oder Ni ≥ 2,5 %) und nach den Haupteigenschaften (korrosionsbeständig, hitzebeständig, warmfest).

7.7.2 Unlegierte Baustähle (DIN EN 10 025-2 (2005–04))

Normen

DIN EN 10 163	(2005–03)	Lieferbedingungen für die Oberflächenbeschaffenheit von warmgewalzten Stahlerzeugnissen Teil 1: Allgemeine Anforderungen; Teil 2: Blech und Breitflachstahl; Teil 3: Profile
DIN EN 10 164	(2005–03)	Stahlerzeugnisse mit verbesserten Verformungseigenschaften senkrecht zur Erzeugnisoberfläche; Technische Lieferbedingungen (Entw. 04.16)
DIN-Taschenbuch 402	(2009)	Stahl und Eisen – Gütenormen 2 (Bauwesen, Metallverarbeitung)
DASt-Richtlinie 009	(2009–09)	Stahlsortenauswahl für geschweißte Stahlbauten
DIN EN 1993-1-10	(2010–12)	Stahlsortenauswahl im Hinblick auf Bruchzähigkeit und Eigenschaften in Dickenrichtung

Die warmgewalzten unlegierten Baustähle nach DIN EN 10 025 für Flacherzeugnisse und Langerzeugnisse (siehe Abschn. 7.8.1 und 7.8.2) sind die wichtigsten Stähle im Stahlbau, früher in der DIN 17 100 (Allgemeine Baustähle; Gütevorschriften; 1980) genormt. Ihre Bezeichnungen St 37–2, St 52–3 usw. finden sich noch in der DIN 18 800-1 (Stahlbauten; Bemessung und Konstruktion (1990–11); siehe Tafel 7.7). Die neuen Stahlbezeichnungen S 185, S 235JR usw. in der DIN EN 10 025 sind in der DIN EN 10 027 genormt (siehe Tafeln 7.4 bis Tafel 7.7).

Tafel 7.3 ***Faktoren für die Ermittlung der Kennzahlen für die Legierungsgehalte***
a) von unlegierten Stählen mit Mn ≥ 1 %
b) von legierten Stählen mit mittleren Legierungsgehalten der einzelnen Elemente < 5 % nach DIN EN 10 027-1 (2005-10)

Element	Faktor
Cr, Co, Mn, Ni, Si, W	4
Al, Be, Cu, Mo, Nb, Pb, Ta, Ti, V, Zr	10
Ce, N, P, S	100
B	1000

In der DIN EN 10 027-1 werden außerdem Kurzbezeichnungen aufgrund der chemischen Zusammensetzung beschrieben. Dabei gilt: Der Kohlenstoff wird mit dem 100fachen seines %-Gehalts angegeben; die chemischen Symbole der Legierungselemente werden nach abnehmenden Gehalten aufgeführt; dahinter ihre mit bestimmten Faktoren multiplizierten Legierungsgehalte (siehe Tafel 7.2); legierte Stähle, bei denen mindestens ein Legierungselement einen Gehalt > 5 % besitzt, haben am Anfang ein X (s.a. Abschn. 7.7.4).

Beispiele: C45 = unlegierter Stahl mit 0,45 % C, mittlerer Mn-Gehalt 1 %;
13CrMo4–4 = legierter Stahl mit 0,13 % C, 1 % Cr, 0,4 % Mo, mittlerer Mn-Gehalt > 1 %.

Zusatzsymbole
- für Bau-, Beton- und Spannstähle nach Tabellen 1, 5 und 6 der DIN EN 10 027-1.

- für unlegierte Stähle mit Mn-Gehalt < 1 % nach Tabelle 12 der DIN EN 10 027-1. Beispiele: C = zum Kaltumformen; D = zum Drahtziehen; S = für Federn; E + 1 oder 2 nachfolgende Ziffern = vorgeschriebener Schwefelgehalt.
- für Stahlerzeugnisse nach Tabellen 16, 17 und 18 der DIN EN 10 027-1 werden mit einem Pluszeichen angehängt. Beispiele (s. Tafeln 7.4 bis 7.7).
- für den Behandlungszustand: + A = weichgeglüht; + C = kaltverfestigt (z.B. durch Walzen oder Ziehen); + M = thermomechanisch umgeformt; + N = normalgeglüht oder normalisierend umgeformt; + U = unbehandelt; + Q = abgeschreckt; + T = angelassen; + QT = vergütet
- für die Art des Überzugs: + A = feueraluminiert; + AS = mit einer Al-Si-Legierung überzogen; + CE = elektrolytisch spezialverchromt (ECCS); + S bzw. + SE = feuer- bzw. elektrolytisch verzinnt; + Z bzw. + ZE = feuer- bzw. elektrolytisch verzinkt; + IC bzw. + OC = anorganisch bzw. organisch beschichtet.

Die DIN EN 10 025 enthält Angaben (siehe Tafel 7.3 bis Tafel 7.7) über die chemische Zusammensetzung (Gehalt an C, Mn, Si, P, S, N), die mechanischen Eigenschaften (Streckgrenze R_{eH}, Zugfestigkeit R_m, Bruchdehnung A) und bestimmte technologische Eigenschaften, wie die Eignung zum Kaltumformen, z.B. Abkanten, Kaltziehen. Die dreistellige Ziffernfolge in den neuen Stahlbezeichnungen gibt die Mindeststreckgrenze in N/mm^2 für Erzeugnisdicken $\leq$ 16 mm an und nicht wie nach DIN 17 100 die Mindestzugfestigkeit in kp/cm^2.

Eine wichtige Angabe bei den Baustählen ist die Gütegruppe. Die verschiedenen Gütegruppen unterscheiden sich in der Schweißeignung und in den Anforderungen an die Kerbschlagarbeit (Sprödbruchempfindlichkeit; siehe Tafel 7.5, Fußnote 1). Die Stähle der DIN EN 10 025 sind im Allgemeinen zum Schweißen nach allen Verfahren geeignet. Bei der Stahlsorte S 235JR ist die beruhigte Sorte (G2) der unberuhigten (G1) vorzuziehen. Hinweise zur Stahlauswahl, um Sprödbrüche bei geschweißten Konstruktionen zu vermeiden, gibt die Richtlinie 009 des Deutschen Ausschusses für Stahlbau (DASt-RiLi 009).

Tafel 7.4 ***Chemische Zusammensetzung und mechanische Eigenschaften für Flach- und Langerzeugnisse aus warmgewalzten unlegierten Baustählen nach DIN EN 10 025-2 (2005–04); Auszug***

Bezeichnung			Desoxidationsart[1]	Schmelzanalyse[2] Massenanteile in % max.				Streckgrenze R_{eH}[3] in N/mm² mind.			Zugfestigkeit R_m[3] in N/mm²			Bruchdehnung[3] in %, mind. $L_0 = 5{,}65 \cdot \sqrt{S_0}$
nach DIN EN 10 027-1[4] (2005–10)	nach DIN EN 10 027-2 (1992–09)	nach DIN 17 100 (1980–01)		C[5]	Mn	Si	P, S je	für Nenndicken in mm						
							≤ 16	> 80 ≤ 100	< 3	≥ 3 ≤ 100	Probenlage[3]	≥ 3 ≤ 40	> 63 ≤ 100	
S 235JR S 235J0 S 235J2	1.0038 1.0114 1.0117	RSt 37–2 St 37–3 U –	FN FN FF	0,17 0,17 0,17	1,40 1,40 1,40	– – –	0,035 0,030 0,025	235	215	360 bis 510	360 bis 510	*l* *t*	26 24	24 22
S 275JR S 275J0 S 275J2	1.0044 1.0143 1.0145	St 44–2 St 44–3 U –	FN FN FF	0,21 0,18 0,18	1,50 1,50 1,50	– – –	0,035 0,030 0,025	275	235	430 bis 580	410 bis 560	*l* *t*	22 20	20 18
S 355JR S 355J0 S 355J2 S 355K2	1.0045 1.0553 1.0577 1.0596	– St 52–3 U – –	FN FN FF FF	0,24 0,20 0,20 0,20	1,60 1,60 1,60 1,60	0,55 0,55 0,55 0,55	0,035 0,030 0,025 0,025	355	315	510 bis 680	470 bis 630	*l* *t*	22 20	20 18
S 450J0[6]	1.0590	–	FF	0,20	1,70	0,55	0,030	450	380	–	550 bis 720	*l*	17	–
S 185[7]	1.0035	St 33	freigestellt	–	–	–	–	185	175	310 bis 540	290 bis 510	*l* *t*	18 16	– –
E295[7]	1.0050	St 50–2	FN	–	–	–	0,045	295	255	490 bis 660	470 bis 610	*l* *t*	20 18	18 16
E335[7]	1.0060	St 60–2	FN	–	–	–	0,045	335	295	590 bis 770	570 bis 710	*l* *t*	16 14	14 12
E360[7]	1.0070	St 70–2	FN	–	–	–	0,045	360	325	690 bis 900	670 bis 830	*l* *t*	11 10	9 8

[1] FN: beruhigter Stahl; FF: vollberuhigter Stahl mit ausreichend hohem Gehalt an Stickstoff abbindenden Elementen, z.B. mindestens 0,020 % Alges; üblich ist das Verhältnis Almindmind: N = 2:1. Unberuhigte Stähle FU sind nicht zulässig.

[2] N ≤ 0,012 (kann überschritten werden, wenn genügend andere Stickstoff abbindende Elemente enthalten sind, z.B. Alges ≥ 0,020), bei S 450J0 N ≤ 0,025; Cu ≤ 0,55, bei Cu-Gehalten > 0,40 Gefahr der Warmrissigkeit. Zwecks verbesserter Bearbeitbarkeit kann der Höchstgehalt an Schwefel um 0,015 höher sein, wenn der Ca-Gehalt ≥ 0,0020 % ist.
Für Langerzeugnisse dürfen die Gehalte an P und S um 0,005 % höher sein. Für das Kohlenstoffäquivalent (CEV) für Nenndicken ≤ 40 mm gelten folgende Höchstwerte: 0,35 für S 235; 0,40 für S 275; 0,47 für S 355; 0,49 für S 450. Nach der Eignung zum Schmelztauchverzinken sind die Stähle in 3 Klassen eingeteilt. Klasse 1: Si ≤ 0,030 und Si + 2,5 P ≤ 0,09; Klasse 2 (gilt für spezielle Zinklegierungen): Si ≤ 0,35; Klasse 3: 0,14 ≤ Si ≤ 0,25 und P ≤ 0,035.

[3] Die Werte gelten für Längsproben (*l*) in Walzrichtung; bei Band, Blech und Breitflachstahl in Breiten ≥ 600 mm für Querproben (*t*) quer zur Walzrichtung.

[4] Die Gütegruppen JR, J0 und J2 beziehen sich auf eine Kerbschlagarbeit (Spitzkerb-Langproben) von 27 Joule bei + 20 °C (JR), bei 0 °C (J0) bzw. bei –20 °C (J2). Gütegruppe K2 bedeutet eine Kerbschlagarbeit von 40 Joule bei –20 °C. Die Stahlsorten S 235, S 275 und S 355 sind zum Abkanten, Walzprofilieren und Kaltziehen geeignet, die Sorten E295, E335 und E360 nur zum Kaltziehen.

[5] Für Erzeugnisdicken ≤ 40 mm.

[6] Nur für Langerzeugnisse.

[7] Stahlsorten ohne Angabe der Kerbschlagarbeit. Sie kommen für eine CE-Kennzeichnung nicht in Betracht und werden üblicherweise für U-Stahl, Winkel und Profile nicht verwendet.

Tafel 7.5 Chemische Zusammensetzung und mechanische Eigenschaften der normalgeglühten/normalisierend gewalzten bzw. thermomechanisch gewalzten Feinkornbaustähle bei Raumtemperatur nach DIN EN 10 025-3, -4 (2005–02, 2005–04); Auszug

	Bezeichnung			Schmelzanalyse[2] Massenanteile in %					Mindeststreckegrenze R_{eH} für Nenndicken in mm		Zugfestigkeit R_m für Nenndicken in mm		Bruchdehnung ($L_0 = 5{,}65\sqrt{S_0}$)
	Kurzname nach DIN EN 10 027-1[1]	Werkstoffnummer nach DIN EN 10 027-2	nach DIN EN 17 100 (1980–01)	C max.	Si max.	Mn	P max.	S max.	≤ 16	> 100 ≤ 150	≤ 100	> 100 ≤ 150	in % mind. (Nenndicke ≤ 16 mm)
									N/mm²				
normalgeglüht/ normalisierend gewalzt	S 275N S 275NL	1.0490 1.0491	StE 285 TStE 285	0,18 0,16	0,40	0,50 bis 1,50			275	225	370 bis 510	350 bis 480	24
	S 355N S 355NL	1.0545 1.0546	StE 355 TStE 355	0,20 0,18	0,50	0,90 bis 1,65	N: 0,030	N: 0,025	355	295	470 bis 630	450 bis 600	22
	S 420N S 420NL	1.8902 1.8912	StE 420 TStE 420	0,20	0,60	1,00 bis 1,70	NL: 0,025	NL: 0,020	420	340	520 bis 680	500 bis 650	19
	S 460N S 460NL	1.8901 1.8903	StE 460 TStE 460	0,20	0,60	1,00 bis 1,70			460	380	550 bis 720	530 bis 700	17
thermomechanisch gewalzt	S 275M S 275ML	1.8818 1.8819	– –	0,13[3]	0,50	1,50			275	240[4]	370 bis 530[5]	350 bis 510[6]	24[7]
	S 355M S 355ML	1.8823 1.8834	StE 355 TM TStE 355 TM	0,14[3]	0,50	1,60	M: 0,030	M: 0,025	355	320[4]	470 bis 630[5]	430 bis 590[6]	22[7]
	S 420M S 420ML	1.8825 1.8836	StE 420 TM TStE 420 TM	0,16[3]	0,50	1,70	ML: 0,025	ML: 0,020	420	365[4]	520 bis 680[5]	460 bis 620[6]	19[7]
	S 460M S 460ML	1.8827 1.8838	StE 460 TM TStE 460 TM	0,16[3]	0,60	1,70			460	385[4]	540 bis 720[5]	490 bis 660[6]	17[7]

[1] Die Gütegruppen N und M beziehen sich auf eine Kerbschlagarbeit (Spitzkerb-Langproben) von 55 bis 40 J bei Temperaturen von +20 bis –20 °C; die Gütegruppen NL und ML von 63 bis 27 J bei Temp. von +20 bis –50 °C.
[2] Gehalte in % der Legierungselemente: Nb ≤ 0,05; V 0,05 bis 0,20 (N, NL) bzw. 0,08 bis 0,12 (M, ML); Al ≤ 0,02; Ti ≤ 0,05; Mo ≤ 0,10 (N, NL) bzw. 0,10 bis 0,20 (M, ML); Cu ≤ 0,55; Ni ≤ 0,30 bis 0,80; Cr ≤ 0,30; N ≤ 0,015 bis 0,025; für den Eisenbahnbau kann ein S-Gehalt von ≤ 0,010 vereinbart werden.
[3] Bei Langerzeugnissen C-Gehalt ≤ 0,15 (S 275), ≤ 0,16 (S 355), ≤ 0,18 (S 420, S 450).
[4] Werte gelten für Nenndicken > 100 ≤ 120 mm, bei Langerzeugnissen ≤ 150 mm.
[5] Werte gelten für Nenndicken ≤ 40 mm.
[6] Werte gelten für Nenndicken > 100 ≤ 120 mm, bei Langerzeugnissen ≤ 150 mm.
[7] Ohne Nenndickenangabe.

Tafel 7.6 *Mechanische Eigenschaften für Flach- und Langerzeugnisse aus Stahlsorten mit Werten für die Kerbschlagarbeit nach DIN EN 10 025-2*

Bezeichnung		Mindeststreckgrenze R_{eH}[1)] MPa[2)] Nenndicken mm									Zugfestigkeit R_m[1)] MPa[2)] Nenndicken mm				
nach DIN EN 10 027-1 und CR 10 260	nach DIN EN 10 027-2	≤ 16	> 16 ≤ 40	> 40 ≤ 63	> 63 ≤ 80	> 80 ≤ 100	> 100 ≤ 150	> 150 ≤ 200	> 200 ≤ 250	> 250 ≤ 400[3)]	< 3	≥ 3 ≤ 100	> 100 ≤ 150	> 150 ≤ 250	> 250 ≤ 400[3)]
S 235JR	1.0038	235	225	215	215	215	195	185	175	–	360 bis 510	360 bis 510	350 bis 500	340 bis 490	–
S 235J0	1.0114	235	225	215	215	215	195	185	175	–	360 bis 510	360 bis 510	350 bis 500	340 bis 490	–
S 235J2	1.0117	235	225	215	215	215	195	185	175	165	360 bis 510	360 bis 510	350 bis 500	340 bis 490	330 bis 480
S 275JR	1.0044	275	265	255	245	235	225	215	205	–	430 bis 580	410 bis 560	400 bis 540	380 bis 540	–
S 275J0	1.0143	275	265	255	245	235	225	215	205	–	430 bis 580	410 bis 560	400 bis 540	380 bis 540	–
S 275J2	1.0145	275	265	255	245	235	225	215	205	195	430 bis 580	410 bis 560	400 bis 540	380 bis 540	380 bis 540
S 355JR	1.0045	355	345	335	325	315	295	285	275	–	510 bis 680	470 bis 630	450 bis 600	450 bis 600	–
S 355J0	1.0553	355	345	335	325	315	295	285	275	–	510 bis 680	470 bis 630	450 bis 600	450 bis 600	–
S 355J2	1.0577	355	345	335	325	315	295	285	275	265	510 bis 680	470 bis 630	450 bis 600	450 bis 600	450 bis 600
S 355K2	1.0596	355	345	335	325	315	295	285	275	265	510 bis 680	470 bis 630	450 bis 600	450 bis 600	450 bis 600
S 450J0[4)]	1.0590	450	430	410	390	380	380	–	–	–	–	550 bis 720	530 bis 700	–	–
S 235JR	1.0038	I	17	18	19	20	21	26	25	24	22	21	–		

Tafel 7.6 (Fortsetzung)

Bezeichnung		Probenlage[1]	Mindestbruchdehnung[1] %										
			L_0 = 80 mm Nenndicke mm					L_0 = 5,65 Nenndicke mm					
nach DIN EN 10 027-2 und CR 10 260	nach DIN EN 10 027-2		≤ 1	> 1 ≤ 1,5	> 1,5 ≤ 2	> 2 ≤ 2,5	> 2,5 ≤ 3	≥ 3 ≤ 40	> 40 ≤ 63	> 63 ≤ 100	> 100 ≤ 150	> 150 ≤ 250	> 250[3] ≤ 400 nur für J2 und K2
S 235J0	1.0114												–
S 235J2	1.0117	t	15	16	17	18	19	24	23	22	22	21	21 (l und t)
S 275JR	1.0044	l	15	16	17	18	19	23	22	21	19	18	–
S 275J0	1.0143												–
S 275J2	1.0145	t	13	14	15	16	17	21	20	19	19	18	18 (l und t)
S 355JR	1.0045	l	14	15	16	17	18	22	21	20	18	17	–
S 355J0	1.0553												–
S 355J2	1.0577												17 (l und t)
S 355K2	1.0596	t	12	13	14	15	16	20	19	18	18	17	17 (l und t)
S 450JO4)	1.0590	l	–	–	–	–	–	17	17	17	17	–	–

[1] Für Blech, Band und Breitflachstahl in Breiten ≥ 600 mm gilt die Richtung quer (t) zur Walzrichtung. Für alle anderen Erzeugnisse gelten die Werte in Walzrichtung (l).
[2] 1 MPa = 1 N/mm^2.
[3] Die Werte gelten für Flacherzeugnisse.
[4] Nur für Langerzeugnisse.

Tafel 7.7 Mechanische Eigenschaften für Flach- und Langerzeugnisse aus Stahlsorten ohne Werte für die Kerbschlagarbeit nach DIN EN 10 025-2

Bezeichnung		Mindeststreckgrenze R_{eH} MPa[2] Nenndicke mm								Zugfestigkeit R_m[1] MPa[2] Nenndicke mm			
nach DIN EN 10 027-1 und CR 10 260	nach DIN EN 10 027-1	≤ 16	> 16 ≤ 40	> 40 ≤ 63	> 63 ≤ 80	> 80 ≤ 100	> 100 ≤ 150	> 150 ≤ 200	> 200 ≤ 250	< 3	≥ 3 ≤ 100	> 100 ≤ 150	> 150 ≤ 250
S 185	1.0035	185	175	175	175	175	165	155	145	310 bis 540	290 bis 510	280 bis 500	270 bis 490
E295[3]	1.0050[3]	295	285	275	265	255	245	235	225	490 bis 660	470 bis 610	450 bis 610	440 bis 610
E335[3]	1.0060[3]	335	325	315	305	295	275	265	255	590 bis 770	570 bis 710	550 bis 710	540 bis 710
E360[3]	1.0070[3]	360	355	345	335	325	305	295	285	690 bis 900	670 bis 830	650 bis 830	640 bis 830

(Fortsetzung)

Bezeichnung		Probenlage[1]	Mindestbruchdehnung[1] %									
		L_0 = 80 mm Nenndicke mm					$L_0 = 5{,}65\ S_0$ Nenndicke mm					
nach DIN EN 10 027-2 und CR 10 260	nach DIN EN 10 027-2		≤ 1	> 1 ≤ 1,5	> 1,5 ≤ 2	> 2 ≤ 2,5	> 2,5 ≤ 3	≥ 3 ≤ 40	> 40 ≤ 63	> 63 ≤ 100	> 100 ≤ 150	> 150 ≤ 250
S 185	1.0035	l	10	11	12	13	14	18	17	16	15	15
		t	8	9	10	11	12	16	15	14	13	13
E295[3]	1.0050[3]	l	12	13	14	15	16	20	19	18	16	15
		t	10	11	12	13	14	18	17	16	15	14
E335[3]	1.0060[3]	l	8	9	10	11	12	16	15	14	12	11
		t	6	7	8	9	10	14	13	12	11	10
E360[3]	1.0070[3]	l	4	5	6	7	8	11	10	9	8	7
		t	3	4	5	6	7	10	9	8	7	6

[1] Für Blech, Band und Breitflachstahl in Breiten 600 mm gilt die Richtung quer (t) zur Walzrichtung. Für alle anderen Erzeugnisse gelten die Werte in Walzrichtung (l).
[2] 1 MPa = 1 N/mm^2.
[3] Diese Stähle werden üblicherweise nicht für U-Stahl, Winkel und Profile verwendet.

Tafel 7.8 Charakteristische Werte für Walzstahl und Stahlguss nach DIN EN 18 800-1 (1990–11)

Stahl	Erzeugnisdicke t in mm	Streckgrenze $f_{y,k}$ in N/mm²	Zugfestigkeit $f_{u,k}$ in N/mm²
Baustahl			
S 235	$t \leq 40$	240	360
	$40 < t \leq 80$	215	
S 275	$t \leq 40$	275	410
	$40 < t \leq 80$	255	
S 355	$t \leq 40$	360	510
	$40 < t \leq 80$	325	
S 450	$t \leq 40$	440	550
	$40 < t \leq 80$	410	
Feinkornbaustahl			
S 275N u. NL, M u. MLP 275NH, NL1 u. NL2	$t \leq 40$	275	370
	$40 < t \leq 80$	255	
S 355N u. NLP 355N, NH, NL1 u. NL2,QH1	$t \leq 40$	360	470
	$40 < t \leq 80$	335	
S 355M u. ML	$t \leq 40$	360	450
	$40 < t \leq 80$	335	
S 420N u. NL	$t \leq 40$	420	520
	$40 < t \leq 80$	390	
S 420M u. ML	$t \leq 40$	420	520
	$40 < t \leq 80$	390	500
S 460N u. NL	$t \leq 40$	460	550
	$40 < t \leq 80$	430	
S 460M u. ML	$t \leq 40$	460	530
	$40 < t \leq 80$	430	
Vergütungsstahl			
C35+N	$t \leq 16$	300	550
	$16 < t \leq 100$	270	520
C45-N	$t \leq 16$	340	620
	$16 < t \leq 100$	305	580
Gusswerkstoffe			

Stahl	Erzeugnisdicke t in mm	Streckgrenze $f_{y,k}$ in N/mm²	Zugfestigkeit $f_{u,k}$ in N/mm²
GS 200	$t \leq 100$	200	380
GS 240		240	450
GE200	$t \leq 160$	200	380
GE 240		240	450
G17Mn5+QT	$t \leq 50$	240	450
G20Mn5+N	$t \leq 30$	300	480
G20Mn5+QT	$t \leq 100$	300	500
EN-GJS-400–15	$t \leq 60$	250	390
EN-GJS-400–18		250	
EN-GJS-400–18-LT		230	
EN-GJS-400–18-RT		250	

7.7.3 Wetterfeste Baustähle

Wetterfeste Baustähle nach ISO 5952 (2011–02) sind niedrig legierte Stähle, insbesondere mit P, Cr (0,30 bis 1,25 %) und Cu (0,25 bis 0,55 %), daneben mit max. 0,65 % Ni, 0,30 % Mo und 0,15 % Zr. Für die Lieferung, Verarbeitung und Anwendung wetterfester Baustähle gibt es zusätzlich zur Norm eine Richtlinie des Deutschen Ausschusses für Stahlbau, DASt-Ri 007 (1993–05).

Wetterfeste Baustähle bilden bei normaler Bewitterung eine schützende Eisenoxiddeckschicht. Sie sind ohne zusätzlichen Korrosionsschutz anwendbar, sehr gut in SO_2-reicher Industrieatmosphäre, mit Oberflächenschutz auch in Meeresatmosphäre sowie bei Dauerfeuchtigkeit und Tausalzeinwirkung. Da der anfänglich normal ablaufende Rostungsprozess sich erst allmählich verlangsamt, müssen die Blechdicken mindestens 3 mm betragen.

7.7.4 Nichtrostende Stähle

Normen

DIN EN 10 088		Nichtrostende Stähle
T1	(2014–12)	Verzeichnis der nichtrostenden Stähle
T2	(2014–12)	Technische Lieferbedingungen für Blech und Band
T3	(2014–12)	Technische Lieferbedingungen für Halbzeug, Stäbe, Draht, Profile
T4	(E 2010–01)	Technische Lieferbedingungen für Blech und Band aus korrosionsbeständigen Stählen für das Bauwesen
T5	(2009–07)	Technische Lieferbedingungen für Stäbe, Walzdraht, gezogenen Draht, Profile und Blankstahlerzeugnisse aus korrosionsbeständigen Stählen für das Bauwesen
DIN EN 10 028-7	(2008–02)	Flacherzeugnisse aus Druckbehälterstählen;Teil 7: Nichtrostende Stähle (Berichtigung 2006–05; E 2005–10)
DIN EN 1011-3	(2001–01)	Schweißen; Lichtbogenschweißen von nichtrostenden Stählen
DIN-Taschenbuch 405	(2009)	Stahl und Eisen – Gütenormen 5 (Nichtrostende und andere hochlegierte Stähle)
SEW 400	(1997–02)	Nichtrostende Walz- und Schmiedestähle

SEL 421 (1979–11) Warmgewalzte Bleche aus nichtrostenden und hitzebeständigen Stählen

SEL 422 (1979–05) Kaltgewalztes Breitband und Blech aus nichtrostenden und hitzebeständigen Stählen

SEW; SEL = Stahl-Eisen-Werkstoffblätter bzw. -Lieferbedingungen; Hrsg. VDEh www.stahleisen.de)

Nichtrostende Stähle sind hochlegierte Stähle mit C-Gehalten ≤ 1,2 % und Cr-Gehalten ≥ 10,5 % bis ≤ 25 %, daneben Mo, Ni, Ti, Nb, Cu u.a. Im Bauwesen werden solche Stähle z.B. als Verankerung und Verbindung von Fassadenelementen, für Bauprofile, Beschläge, Fenster verwendet. Bezeichnungen: Edelstahl rostfrei, Nirosta, Remanit, V2A, V4A (s.a. Merkblätter der Informationsstelle „Edelstahl Rostfrei"; Adresse siehe Abschn. 18.7).
Die am häufigsten verwendeten rostfreien Stähle sind Cr-Ni-Stähle, z.B. X5CrNi18–10 oder X5CrNiMo17–12–2, beide auch mit max. 0,8 % Titan legiert. Der Buchstabe X wird vor die Kurzbezeichnung gesetzt, wenn mind. ein Legierungselement einen Gehalt von ≥ 5 % aufweist. Die Zahl 5 dahinter: C-Gehalt ≤ 0,07 %. Die Zahlen hinter den Legierungselementen bedeuten ihre mittleren %-Gehalte.
Für Schrauben, Muttern und ähnliche Gewindeteile ist nach DIN 1045 die Stahlgruppe A 4 nach DIN 267-11 (Mechanische Verbindungselemente; Teile aus rost- und säurebeständigen Stählen; zurückgezogene DIN) zu verwenden: C ≤ 0,12 %, Cr 17 bis 19 %, Ni 8 bis 10 %.

Tafel 7.9 Technische Daten einiger wichtiger korrosionsbeständiger Stähle

Werkstoffnummer	Kurzname[1)]	Anforderungen nach DIN EN 10 088-2 für Kaltband		Dichte	Elastizitätsmodul	Wärmeausdehnung zwischen 20 °C und 100 °C
		Streckgrenze[2)] N/mm² quer	Zugfestigkeit[2)] N/mm²	kg/dm³	kN/mm²	$10^{-6} \cdot K^{-1}$
1.4016	X6Cr17	280	450/600	7,7	220	10,0
1.4301	X5CrNi 18–10	230	540/750	7,9	200	16,0
1.4541	X6CrNiTi 18–10	220	520/720	8,0	200	16,0
1.4401	X5CrNiMo 17–12–2	240	530/680	7,9	200	16,0
1.4571	X6CrNiMoTi 17–12–2	240	540/690	8,0	200	16,5

1) Siehe Abschnitt 8.7.3.1b. X6Cr17 ist ein ferritischer Stahl, die übrigen sind austenitische Stähle.
2) Durch Kaltverfestigung können beim Stahl 1.4016 Stabstahl und Draht, bei den übrigen Stählen auch Band, jeweils mit kleineren Dicken bzw. Durchmessern, mit erheblich höheren Streckgrenzen und Zugfestigkeiten gefertigt werden.

7.7.5 Weitere Stahlsorten

– Feinkornbaustähle (DIN EN 10 025 (2005-02)), Streckgrenze bis 1000 N/mm², sind besonders schweißgeeignet, besonders beruhigt (FF) und besitzen eine geringe Sprödbruchempfindlichkeit, außerdem gibt es als Feinkornbaustahl einen feuerresistenten Sonderbaustahl (siehe Abschnitt 7.12).

- Kaltzähe Stähle (DIN EN 10 028 (2008-02)) besitzen auch bei Temperaturen unter –10 °C eine ausreichende Zähigkeit und finden Anwendung in der Kälteindustrie.
- Warmfeste Stähle (DIN EN 10 028 (2008-02)) sind bei Gebrauchstemperaturen oberhalb 300 °C einsetzbar, z.B. bei Dampfkesseln bis ca. 600 °C oder für Gasturbinen bei 800 bis 1100 °C.
- Vergütungsstähle (DIN EN 10 083) und Einsatzstähle (DIN EN 10 084) sind Stähle, die gezielten Wärmebehandlungen unterworfen werden können, um besondere Eigenschaften zu erzielen (hohe Streckgrenze, Zugfestigkeit und Dauerfestigkeit, bei gleichzeitig hoher Zähigkeit).
- Automatenstähle ergeben bei spanabhebender Bearbeitung kurze, brüchige Späne, was bei der Massenherstellung von Vorteil ist.
- Werkzeugstähle mit besonders guter Bearbeitbarkeit und Formbeständigkeit dienen z.B. der Herstellung von Kunststoffformen, finden als Warmarbeitsstähle Anwendung bei der spanlosen Formgebung von Fe- und NE-Metallen sowie als Schnellarbeitsstähle (hochlegiert, hohe Warmfestigkeit bis zur Rotglut) für spanabhebende Bearbeitung oder für spanlose Formgebung.

7.8 Walzstahlerzeugnisse DIN EN 10 021 (2007–03)

Die Walzstahlerzeugnisse werden nach DIN EN 10 021 eingeteilt in Halbzeug- und Fertigerzeugnisse, letztere wiederum in Flacherzeugnisse und Langerzeugnisse (siehe auch Abb. 7.20).

7.8.1 Flacherzeugnisse

Flacherzeugnisse haben einen rechteckigen Querschnitt, dessen Breite wesentlich größer als seine Dicke ist. Die Oberfläche ist i.d.R. technisch glatt, kann aber auch veredelt sein: metallische Überzüge, z.B. aus Blei, Zink (Feuerverzinken), Alu, auch elektrolytisch aufgebracht; organische Farbbeschichtungen oder Folien aus Kunststoff; anorganische Beschichtungen, z.B. emaillierte Bleche.

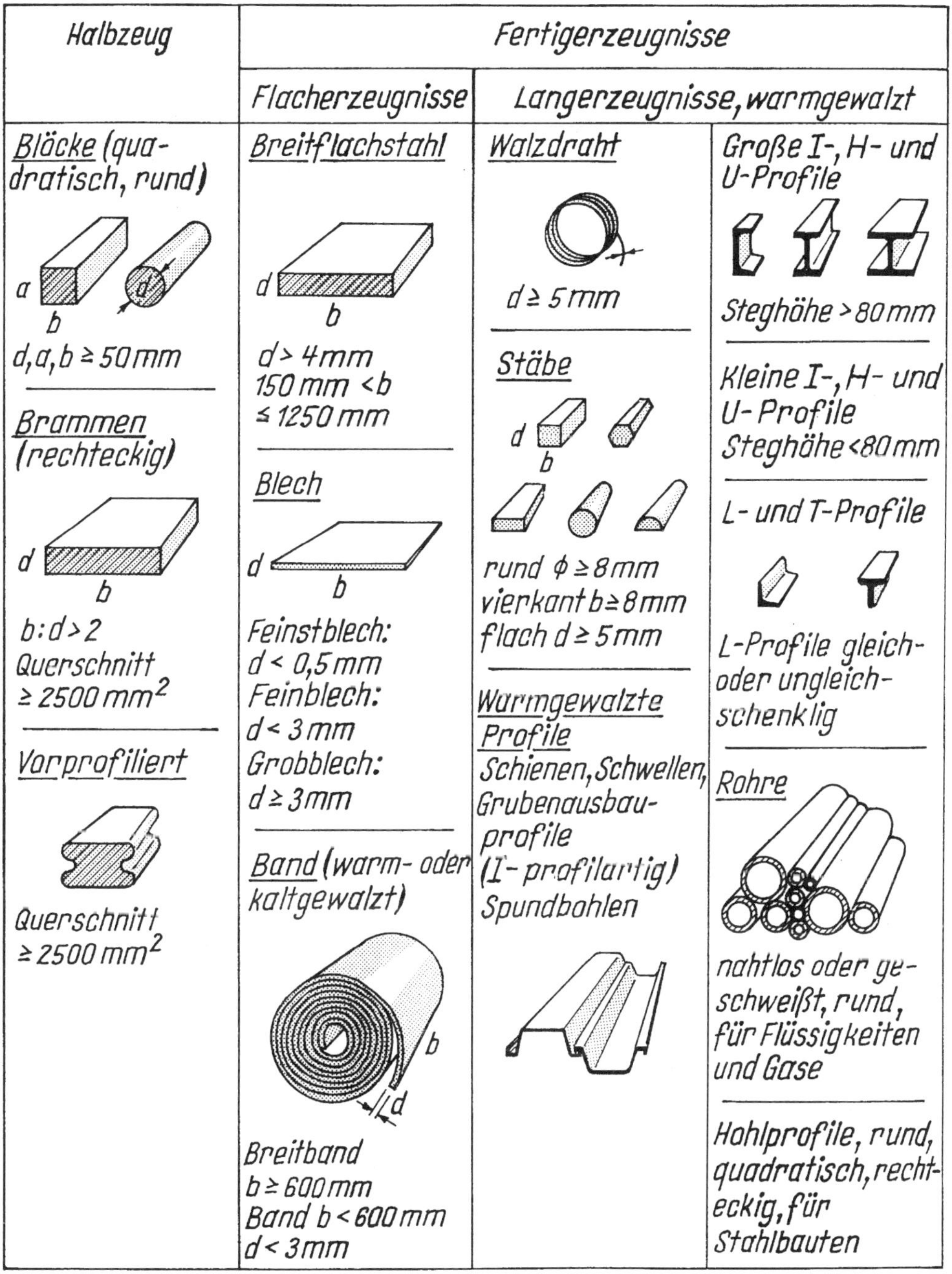

Abb. 7.20 Walzstahlerzeugnisse (nach [14])

Blech ist ein Erzeugnis in ebenen Tafeln mit beim Walzen frei gebreiteten Kanten. Nach der Dicke unterscheidet man Feinstblech (Dicke < 0,5 mm), Feinblech (Dicke < 3 mm) und Grobblech (Dicke ≥ 3 mm).

Breitflachstahl besteht aus ebenen Tafeln, die auf allen vier Seiten in Universalwalzwerken oder in geschlossenen Kalibern gewalzt werden; die Breite beträgt 150 bis 1250 mm, Dicke ≥ 4 mm.
Band ist ein mit frei gebreiteten Kanten gewalztes Erzeugnis, das unmittelbar nach dem Walzen zu einer Rolle gewickelt wird. Walzbreite: ungeteilt ≥ 600 mm bzw. nach dem Walzen geteilt < 600 mm. Dicke: Feinband < 3 mm, Grobband < 3 mm.

7.8.2 Langerzeugnisse

Langerzeugnisse haben einen über die Länge konstanten Querschnitt, dessen Form und Abmessungen in besonderen Normen oder Vorschriften festgelegt sind. Oberfläche i.d.R. technisch glatt.

a) Walzdraht
   Warmgewalzt und im warmen Zustand zu Ringen regellos aufgehaspelt. Querschnitt: rund, oval, quadratisch, rechteckig etc. Nenndurchmesser i.d.R. ≥ 5 mm. Oberfläche glatt. Meist zur Weiterverarbeitung bestimmt, wie Baustahlmatten, Betonstahl.
b) Gezogener Draht
   Durch Kaltumformung (Ziehen durch Ziehstein oder Walzen) hergestellt und kalt zu Ringen aufgewickelt. Querschnitt wie unter a); ggf. wärme- oder oberflächenbehandelt: kaltverfestigt, geglüht, verzinkt, kunststoffbeschichtet, verkupfert, vernickelt oder organische Überzüge.
c) Gewalzte Vollstäbe
   Durch Warmwalzen hergestellt. Querschnitt rund (d ≥ 8 mm), quadratisch, sechs- oder achteckig (Seitenlänge ≥ 8 mm, Schlüsselweite ≥ 13 mm), rechteckig flach (Dicke ≥ 5 mm, Breite ≤ 150 mm).
d) Blankstahl
   Gezogen auf Ziehbank; geschält, d.h. spanabhebend bearbeitet und anschließend druckpoliert; geschliffen, d.h. gezogen oder geschält, anschließend geschliffen, ggf. poliert. Besondere Maßgenauigkeit und Oberflächenbeschaffenheit. Kaltverfestigt, ggf. nachträglich warm behandelt (angelassen).
e) Beton- und Spannstahl
   Gerippt oder profiliert, Herstellung und Querschnittsform wie a), b) oder c).
f) Warmgewalzte Profile (s.a. Abb. 7.21)
   - Gleisoberbauerzeugnisse: Schienen, Schwellen, Laschen, Klemmplatten, Unterlagen; Kranschienen
   - Spundwanderzeugnisse: z.B. U-, Z-, Ω- und S-Bohlen, durch Warmwalzen oder Kaltprofilieren (Ziehen, Biegen auf einer Presse, Kaltwalzen auf einer Kaltprofiliermaschine) hergestellt. Weiterhin: Stahlrammpfähle, entweder aus mehreren Profilen, z.B. U-Profilen, zusammengesetzt oder als Rammrohre.
   - Grubenausbauprofile: U-, I- oder Ω-Querschnitt
   - Große I-, H- oder U-Profile (früher Formstahl): Höhe ≥ 80 mm
   - I-Profile (bisher Doppel-T-Träger): Flanschbreite ≤ 0,66 × Profil-Nennhöhe und < 300 mm
   - H-Profile mit breiten oder sehr breiten Flanschen (Breitflanschträger): Flanschbreite > 0,66 × Profil-Nennhöhe oder ≥ 300 mm

- U-Profile: Flanschbreite ≤ h/2 + 25 mm
- Kleine I-, H- und U-Profile: Höhe < 80 mm
- L-Profile (Winkelprofile): gleichschenklig oder ungleichschenklig und T-Profile (gleichschenklig).

g) Geschweißte Profile
Profile wie unter f) aufgeführt, aber durch Zusammenschweißen von warm- oder kaltgewalzten Lang- oder Flacherzeugnissen hergestellt.

h) Kaltprofile
Aus warm- oder kaltgewalzten Flacherzeugnissen, z.B. durch Walzprofilieren, Ziehen, Pressen oder Abkanten hergestellt. Querschnitt z.B. L-, U-, C- oder Ω-förmig, aber auch Spundwände, Leitplanken, Stahlhochbauprofile für Gebäude, Türrahmen, Rahmenprofile für Lastkraftwagen und Eisenbahnwaggons.

i) Rohre
Zum Flüssigkeits- oder Gastransport. Nahtlos durch Warmwalzen, Strangpressen hergestellt, ggf. anschließend kaltgewalzt oder -gezogen; geschweißt aus warm- oder kaltgewalzten Flacherzeugnissen, mit Längs- oder Spiralschweißnaht.

k) Hohlprofile
Zum Beispiel für den Stahlskelettbau, Kranbau, Lastkraftwagen- und Waggonbau. Querschnitt: kreisförmig, quadratisch, rechteckig.

l) Normallängen von Langerzeugnissen
I-Träger: bei Profilhöhen < 300 mm 8 bis 16 m
≥ 300 mm 8 bis 18 m
U-Stahl: wie I-Träger
Ausnahme: U 30 × 15 bis 6 5mm 6 bis 12 m
Gleichschenkliger L-Stahl: 6 bis 12 m
Ungleichschenkliger L-Stahl: 6 bis 12 m
Z-Stahl, T-Stahl: 8 m
Rund- und Vierkantstahl: 3 bis 12 m, gestaffelt je nach Durchmesser bzw. Kantenlänge a
Flachstahl für d < 31 mm 6 bis 12 m
sonstige Abmessungen 3 bis 12 m

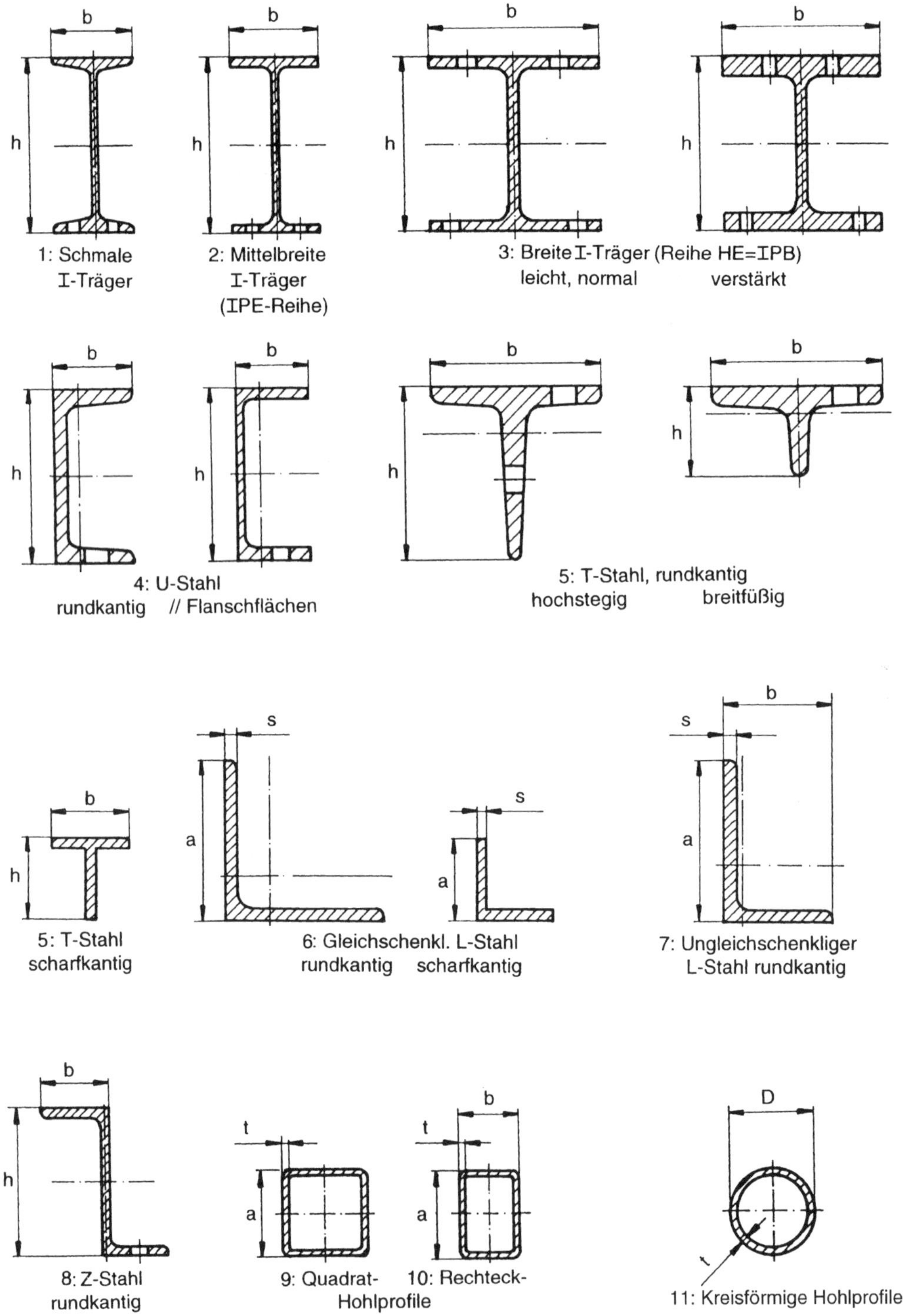

Abb. 7.21 Warmgewalzte Stahlbau-Profile nach [22]

Tafel 7.10 Beispiele für die Abkürzungen von Bezeichnungen von Stahlprofilen

Abkürzung (Maße in mm)	Bedeutung
I PE 200 × 3000 DIN 1025-5	Mittelbreiter Doppel-T-Träger, 200 mm hoch, 3000 mm lang, nach DIN 1025
I PBv 400 × 5000 DIN 1025-4 (= HE-400-M)	Breiter Doppel-T-Träger, verstärkt, 432 mm hoch, 5000 mm lang, nach DIN 1025
U 200 × 800 DIN 1026-1	U-Stahl, 200 mm hoch, 800 mm lang, nach DIN 1026
L 60 × 6 × 90 Lg DIN EN 10 056-1	Rundkantiger Winkelstahl, gleichschenklig, 60 mm Schenkelbreite, 6 mm dick, 90 mm lang, nach DIN EN 10 056-1
L 100 × 50 × 8 × 3200 DIN EN 10 056-1	Rundkantiger Winkelstahl, ungleichschenklig, 100 mm und 50 mm Schenkelbreiten, 8 mm dick, 3200 mm lang, nach DIN EN 10 056-1
LS 50 × 5 × 800 DIN 1022	Scharfkantiger Winkelstahl, gleichschenklig, 50 mm Schenkelbreite,5 mm dick, 800 mm lang, nach DIN 1022
Siehe auch DIN ISO 5261 (1997–04). Vom Deutschen Stahlbau-Verband, Düsseldorf, wird „Produktbezeichnungen für den Datenaustausch im Stahlbau" (Ausgabe 2002–11) empfohlen.	

7.9 Betonstahl

Normen

DIN 488-1	(2009–08)	Betonstahl; Sorten, Eigenschaften, Kennzeichen
-2	(2009–08)	Betonstabstahl; Maße und Gewichte
-4	(2009–08)	Betonstahlmatten und Bewehrungsdraht
-6	(2010–01)	Betonstahl; Überwachung
-7	(1986–06)	Betonstahl; Nachweis der Schweißeignung von Betonstabstahl

Die Teile 3 und 5 (Prüfungen) sind zurückgezogen und durch DIN EN 15 630-1 und -2 (2002 09) ersetzt.

DIN EN 10 080	(2005–08)	Betonbewehrungsstahl; Schweißgeeigneter Betonstahl, Lieferbedingungen fur Stäbe, Ringe und geschweißte Matten
DIN EN ISO 17 660	(2006–12)	Schweißen von Betonstahl; T1 tragende und T2 nichttragende Schweißverbindungen

7.9.1 Allgemeines

Betonstahl ist ein Stahl mit nahezu kreisförmigem Querschnitt, der zur Bewehrung von Beton dient (Stahlbeton). Er nimmt im Stahlbeton Zug-, Scher- und Biegespannungen auf, trägt aber auch zur Erhöhung der Tragfähigkeit auf Druck bei. Betonstahl gibt es als Betonstabstahl, Betonstahlmatten und als Betonstahl in Ringen.

Eine Übersicht über die Betonstahlarten nach DIN 488-1 geben die Tafeln 7.12 und 7.13. In der DIN EN 10 080 werden der Betonstahl BSt 420 S sowie die Bewehrungsdrähte BSt 500 G (glatt) und BSt 500 P (profiliert), die nach DIN 1045-1 nicht mehr als Betonstahl gelten, sowie die durch Kaltverformung hergestellten verwundenen Betonstähle BSt 420 S und BSt 500 S nicht mehr aufgeführt.

Betonstähle tragen als Werkkennzeichen, aus denen das Land und das Herstellwerk erkennbar sind, die folgenden Prägemerkmale:

- dicke und normal breite Rippen bei BSt 500 S und BSt 500 WR (siehe Abb. 7.24)
- kleine Rippen oder Punkte oder weggelassene Rippen zwischen normal breiten Rippen bei BSt 500 M,
- Punkte (Noppen) auf dem Boden der Eintiefung bei tiefgeripptem BSt 500 M
- ausgefüllte Rippenzwischenräume zwischen normal breiten Rippen bei BSt 500 KR und BSt 500 P.

Der Anfang des Werkkennzeichens ist durch Verdoppelung des kennzeichnenden Prägemerkmals gekennzeichnet.

Im Hinblick auf die DIN 1045-1, Ausgabe 2008–08, die für Bemessung und Konstruktion von bewehrtem Beton (siehe Normen in Abschn. 5) verbindlich ist, sind für Betonstahl die beiden Duktilitätskategorien A und B definiert worden (siehe Tafel 7.11), die zur Beschreibung der Duktilität zwei Parameter benutzen:

- Verhältnis Zugfestigkeit zu Streckgrenze: f_t / f_y (R_m /R_e)
- Dehnung bei Höchstkraft: ε_{su} (A_{gt})

Für Betonstahl gelten die folgenden Duktilitätskategorien

- Betonstabstahl BSt 500 S: Klasse B (hochduktil)
- Betonstahlmatten BSt 500 M nach DIN 488: Duktilität unklar, R_m / R_e = 1,03 oder = 1,05
- Betonstahlmatten BSt 500 M A (mit Tiefrippung): Klasse A (normalduktil)
- Betonstahl in Ringen BSt 500 WR: Klasse B (hochduktil)
- Betonstahl in Ringen BSt 500 KR: Klasse A (normalduktil).

Tafel 7.11 Duktilitätskategorien von Betonstahl nach DIN 1045-1 (2001-07)

Kategorie	f_t / f_y (R_m /R_e) [1)]	ε_{su} (A_{gt}) [1)] in %
Normale Duktilität (A)	1,05	2,5
Hohe Duktiliät (B)	1,08	5,0
[1)] R_m Zugfestigkeit, R_e Streckgrenze, A_{gt} Dehnung bei Höchstkraft (s.a. Abb. 11.7) Die Parameter sind als 10 %-Quantil definiert.		

7.9.2 Betonstahlmatten DIN 488-4 und DIN EN 15 630-1/-2

a) Betonstahlmatten dienen der Bewehrung flächenhafter Betonbauteile, hauptsächlich von Decken und Wänden, aber auch Silos etc. Sie werden in Werken hergestellt aus sich kreuzenden Stahlstäben, die an den Kreuzungspunkten durch elektrische Widerstandspunktschweißung (Abkürzung: RP) scherfest miteinander verbunden sind (geschweißte Betonstahlmatten). Stahlmatten, die an den Kreuzungsstellen durch Kunststoffmuffen miteinander verbunden sind, werden in Deutschland nicht mehr hergestellt.
Die Stäbe der Betonstahlmatten besitzen drei Reihen Schrägrippen (hochgerippte Stäbe; siehe Abb. 7.26) oder drei Reihen von Vertiefungen (tiefgerippte Stäbe; siehe Abb. 7.27). Hochgerippte Stäbe nach DIN 488-4 haben eine unklare Duktilität. Tiefgerippte Stäbe nach allgemeiner bauaufsichtlicher Zulassung haben eine normale Duktilität (A). Zur Duktilität und zu Werkkennzeichen siehe Abschn. 7.9.1. Bei Betonstahlmatten unterscheidet man Lager- und Listenmatten.

Tafel 7.12 Übersicht über die Betonstahlarten nach DIN 488-1 (2009–08) oder nach allgemeiner bauaufsichtlicher Zulassung[1) 2)]

Betonstahlart	Betonstabstahl		Betonstahlmatte	Bewehrungsdraht	
Ausführung:	technisch gerade Stäbe für die Einzelstabbewehrung, in Regellängen von 12 bis 15m lieferbar. Betonstabstahl ist auch in Ringen bauaufsichtlich zugelassen.		werkmäßig vorgefertigt aus sich kreuzenden Stäben. Sie sind an den Kreuzungsstellen durch Widerstandspunktschweißung scherfest miteinander verbunden.	als Ring hergestellt und vom Ring werkmäßig zu Bewehrungen weiterverarbeitet	
Oberflächenausbildung[2)]	Stäbe gerippt; zwei Reihen von Schrägrippen		Stäbe mit drei Reihen von Schrägrippen oder Vertiefungen	Drähte: glatt	Drähte: profiliert
Sorte	BSt 420 S	BSt 500 S	BSt 500 M BSt 500 MA	BSt 500 G	BSt 500 P
Kurzzeichen	III S	IV S	IV M	IV G	IV P
Werkstoff-Nr.	1.0428	1.0438	1.0466	1.0464	1.0465
Herstellverfahren	Warmwalzen (mit und ohne anschließende Nachbehandlung aus der Walzhitze)		Kaltverformung (Ziehen und/oder Kaltwalzen)	Kaltverformung	

[1)] In der DIN EN 10 080 werden der Betonstahl BSt 420 S sowie die Bewehrungsdrähte BSt 500 G (glatt) und BSt 500 P (profiliert), die nach DIN 1045-1 nicht mehr als Betonstahl gelten, sowie die seinerzeit durch Kaltverformung hergestellten, jetzt jedoch verwundenen Betonstähle BSt 420 S und BSt 500 nicht mehr aufgeführt.

[2)] Siehe auch Abb. 7.25 bis 7.28.

Tafel 7.13 Eigenschaften von Betonstahl nach Tabelle 11 der DIN EN 15 630-1/-2

Zeile	Spalte	1	2	3	4	5
	Benennung[1)]	BSt 500 S(A)	BSt 500 M(A)	BSt 500 S(B)	BSt 500 M(B)	Art der Anforderung bzw. Quantilwert p[6)] in %
1	Erzeugnisform	Betonstahl	Betonstahlmatten	Betonstahl	Betonstahlmatten	
2	Duktilität	normal		hoch		
3	Streckgrenze f_{yk}[3)] in N/mm²	500				5
4	Verhältnis $(f_t / f_y)_k$[4)]	≥ 1,05		≥ 1,08		min. 10
5	Verhältnis f_y / f_{yk} (f_y = tatsächliche Streckgrenze)	–		≤ 1,3		max. 10
6	Stahldehnung unter Höchstlast ε_{uk}[5)] in ‰	25		50		10

Zeile	Spalte	1	2	3	4	5
	Benennung[1]	BSt 500 S(A)	BSt 500 M(A)	BSt 500 S(B)	BSt 500 M(B)	Art der Anforderung bzw. Quantilwert p[6] in %
1	Erzeugnisform	Betonstahl	Betonstahlmatten	Betonstahl	Betonstahlmatten	
7	Kennwert für die Ermüdungsfestigkeit $N = 2 \cdot 10^6$ in N/mm² (mit einer oberen Spannung von nicht mehr als 0,6 f_y)	215	100	215	100	10
8	Bezogene Rippenfläche f_R[6] für Nenndurchmesser d_S (in mm) 4,0 und 4,5 5,0 bis 6,0 6,5 bis 8,5 9,0 bis 10,5 11,0 bis 40,0	 0,036 0,039 0,045 0,052 0,056				min. 5
9	Unterschreitung des Nennquerschnitts in %	4				max. 5
10	Biegerollendurchmesser beim Rückbiegeversuch für Nenndurchmesser d_S (in mm) 6 bis 12 14 bis 16 20 bis 25 28 bis 40	 5 d_S 6 d_S 8 d_S 10 d_S				min. 1

[1] S = Betonstahl; M = Betonstahlmatte; A = normale Duktilität: B = hohe Duktilität.
Nach E DIN 488-1 (2006–11) gibt es nur noch die beiden Benennungen B500A (für abgewickelte Erzeugnisse, Betonstahlmatten und Gitterträger mit normaler Duktilität A) und B500B (für Betonstabstahl, abgewickelte Erzeugnisse, Betonstahlmatten und Gitterträger mit hoher Duktilität B).
[2] p = Quantilwert für eine statistische Wahrscheinlichkeit W = 90 % (einseitig).
[3] f_{yk}= charakteristischer Wert der Streckgrenze f_y (= R_e bzw. $R_{0,2}$ nach DIN 488).
[4] f_t= Zugfestigkeit in N/mm² (= R_m nach DIN 488);
$(f_t / f_y)_k$ = charakteristischer Wert von (f_t / f_y) (= R_m/R_e nach DIN 488).
[5] ε_{uk}= charakteristischer Wert der Dehnung bei Höchstlast (= A_{gt} nach DIN 488).
[6] f_R= bezogene Rippenfläche = die auf eine zur Stabachse rechtwinklig stehende Schnittfläche projizierte Rippenfläche, bezogen auf den Nennumfang und den mittleren Rippenabstand.

b) Lagermatten werden nach einem festen Typenprogramm hergestellt und vom Hersteller oder Baustoffhändler auf Vorrat gehalten. Längen 5,0 und 6,0 m, Breite 2,15 m; Stabdurchmesser 6,0–7,0–8,0 mm, die Stäbe können auch als Doppelstäbe nebeneinander liegen; Stahlquerschnittsfläche 1,88 bis 5,13 mm²/m (d.h. je lfd. Meter). Bei den Lagermatten unterscheidet man

- R-Matten:
  Sie dienen der einachsigen Lastabtragung. Abstand der Längsstäbe 250 mm, der Querstäbe 150 mm. Typen: R 188 A, R 257 A, R 335 A, R 377 A, R 513 A.
- Q-Matten:
  Sie werden zumeist für die zweiachsige Lastabtragung verwendet, wenn diese in den beiden zueinander senkrechten Richtungen nahezu gleich ist. Abstand der Stäbe in beiden Richtungen 150 mm oder bei Randsparmatten (s.u.) 150 und 100 mm. Typen: Q 188 A, Q 257 A, Q 335 A, Q 377 A, Q 513 A.

Die Zahl in der Typenbezeichnung bedeutet die Stahlquerschnittsfläche in mm²/m, das A bedeutet normale Duktilität (siehe Abschn. 7.9.1). Lagermatten A haben eine Oberfläche mit Tiefrippung (siehe Abb. 7.27). Beide Mattenarten lassen sich einlagig oder, um auf den erforderlichen Stahlquerschnitt zu kommen, mehrlagig verlegen. Die Matten können auch auf kleinere Flächenmaße zurechtgeschnitten werden.

Randsparmatten (siehe Abb. 7.22) haben an den Rändern geringere Stahlquerschnitte. Dadurch wird vermieden, dass es beim Verlegen der Matten auf größeren Flächen in den Stoßbereichen zu unausgenutzten Querschnittsanhäufungen kommt. Der häufigste Stoß ist der Zwei-Ebenen-Stoß, die Stoßlänge erstreckt sich i.d.R. über vier Randstäbe. Bei Matten in Randlage muss der erforderliche Stahlquerschnitt am Rand durch Zulegen von Einzelstäben erreicht werden.

c) Listenmatten sind Betonstahlmatten, deren Aufbau vom Konstrukteur gewählt und vom Werk auf Bestellung gefertigt wird. Mattenlänge 3,0 bis 12,0 m, Mattenbreite 1,85 bis 3,0 m. Stabdurchmesser 6,0 bis 12,0 mm. die Längsstäbe können auch als Doppelstäbe nebeneinander liegen. Abstand der Längsstäbe 50 bis 300 mm, Abstand der Querstäbe 50 bis 350 mm. Querschnittsfläche je lfd. Meter je nach Abstand der Stäbe 0,81 bis 22,62 mm²/m. Auch bei den Listenmatten können die Längsstäbe staffelbar sein (Feldspareffekt) und dadurch im Stoßbereich am Rande einen geringeren Querschnitt aufweisen als im Innenbereich (s.o., Randsparmatten).

Die Beschreibung (Darstellung) der Listenmatten kann bei der Bestellung in Tabellenform wie folgt geschehen (s.a. Abb. 7.23):

	Mattenaufbau			Umriss	Überstände		Feldspareffekt	
	Stababstand	Stabdurch-messer Innen Rand	Stabanzahl am Rand links rechts	Länge Breite in mm	Anfang links (in mm)	Ende rechts (in mm)	Anfang der kurzen Stäbe	Länge der kurzen Stäbe
Längsrichtung	$a_L \cdot d_{s1}/d_{s2} - n_{links}/n_{rechts}$			L	$ü_1$	$ü_2$	A_K	L_K
Querrichtung	$a_Q \cdot d_{s3}$			B	$ü_3$	$ü_4$		

Beispiel

Mattenaufbau			Umriss	Überstände		Feldspareffekt	
Stababstand	Stabdurch-messer Innen Rand	Stabanzahl am Rand links rechts	Länge Breite in mm	Anfang links (in mm)	Ende rechts (in mm)	Anfang der kurzen Stäbe	Länge der kurzen Stäbe
150 · 10,0 d/8,0 d – 4/4			7,50	75	625	2,00	3,50
100 · 9,0			2,45	25	625		

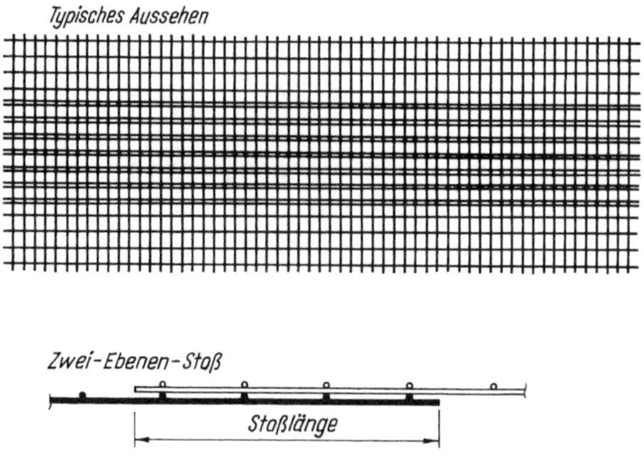

Abb. 7.22 Typisches Aussehen und Zwei-Ebenen-Stoß einer Lagermatte mit Randeinsparung (Randsparmatte) [20]

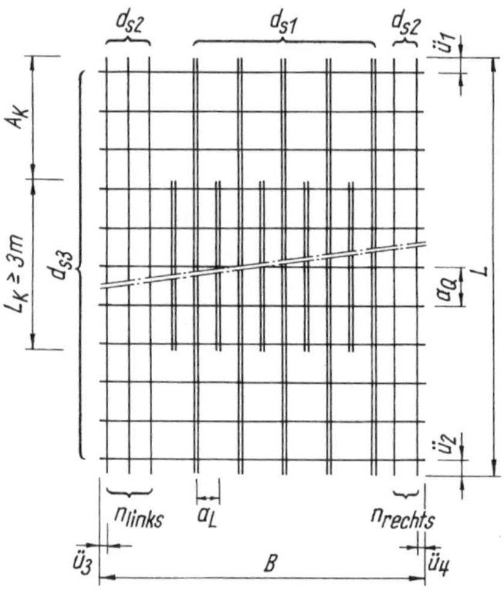

a_L = Abstand der Längsstäbe in mm
a_Q = Abstand der Querstäbe in mm
d_{s1} = Längsstabdurchmesser (Innenbereich)
d_{s2} = Längsstabdurchmesser (Randbereich)
d_{s3} = Querstabdurchmesser
d = Doppelstäbe (nur als Längsstäbe)
n_{links} = Anzahl Längsrandstäbe (am linken Rand)
n_{rechts} = Anzahl Längsrandstäbe (am rechten Rand)
L = Mattenlänge in m
B = Mattenbreite in m
$ü_1$ = Überstand am Mattenanfang in mm
$ü_2$ = Überstand am Mattenende in mm
$ü_3$ = Überstand am linken Mattenrand in mm
$ü_4$ = Überstand am rechten Mattenrand in mm
A_k = Abstand der kurzen Stäbe vom Mattenanfang
L_k = Länge der kurzen Stäbe in mm

Abb. 7.23 Bedeutung der Maßangaben bei der Bestellung von Listenmatten [20]

7.9.3 Betonstabstahl

Betonstabstahl ist ein Betonstahl BSt 500 S, der durch Warmwalzen hergestellt wird. Er dient zur Bewehrung von langgestreckten Bauteilen, wie z.B. Balken, Unterzügen und Stützen. Seine Oberfläche weist zwei Reihen mit sichelförmigen Rippen auf. Die Rippen der einen Reihe haben unterschiedliche Neigung, die der zweiten sind parallel angeordnet (siehe Abb. 7.25). Die Lieferlängen sind 12 bis 15 m, Sonderlängen auf Anfrage 6 bis 31 m. Werkkennzeichen siehe Abschn. 7.9.1 und Abb. 7.24.

Der Stabdurchmesser d_s beträgt 6,0 bis 32,0 mm (nach DIN 488) bzw. auch 32 und 40 mm (nach allgemeiner bauaufsichtlicher Zulassung). Er kann wegen der Rippen nicht gemessen, sondern muss nach der folgenden Formel berechnet werden:

d_s in mm = 12,74 · $\sqrt{G / L}$ (G = Masse in g eines Stababschnitts der Länge L in mm).

Es gibt auch Betonrippenstahl BSt 500 S gemäß allgemeiner bauaufsichtlicher Zulassung, dessen Schrägrippen ein eingängiges Rechts- oder Linksgewinde bilden. Das Gewinde dient zur Herstellung mechanischer Verbindungen oder zur Anbringung von Verankerungen über aufgeschraubte Muffen bzw. Ankerkörper. BSt 420 S mit zwei Reihen paralleler Rippen und kaltverwundene BSt 500 S sowie Betonstabstähle mit Längsrippen werden nicht mehr hergestellt (siehe Scholz/Hiese/Möhring, 17. Auflage, Abb. 8.25 bis 8.29).

7.9.4 Betonstahl in Ringen

Betonstahl in Ringen nach allgemeiner bauaufsichtlicher Zulassung gibt es in den Sorten BSt 500 WR (warmgewalzt, anschließend gereckt und auf kompakte Ringe umgespult) und BSt 500 KR (aus Walzdraht kaltgewalzt und anschließend aufgespult). Den Endzustand als Bewehrung erreicht Betonstahl in Ringen durch Richten (Richtanlage) zum geraden Stab oder als Bügel (Bügelautomat). Nenndurchmesser i.d.R. ≤ 14,0 mm.
Die Oberflächengestalt von BSt 500 WR entspricht BSt 500 S (siehe Abb. 7.25). Es können auch zwei oder vier Reihen mit Schrägrippen gleichen Abstands und gleicher Neigung angeordnet sein. Werkkennzeichen siehe Abb. 7.24, es kann auch als verdickte Rippe oder als verfüllter Rippenzwischenraum ausgebildet sein. Die Oberflächengestalt von BSt 500 KR entspricht der von Betonstahlmatten, d.h. drei Reihen von Schrägrippen oder Eintiefungen (siehe Abb. 7.26 und 7.27), die Werkkennzeichnung durch verbreiterte Rippen oder verfüllte Rippenzwischenräume.

7.9.5 Gitterträger

Gitterträger nach allgemeiner bauaufsichtlicher Zulassung sind zwei- oder dreidimensionale Bewehrungselemente aus glatten, profilierten oder gerippten Betonstählen der Duktilitätsklasse A (normalduktil). Sie werden zur Herstellung von Fertigträgern oder -platten verwendet mit unterstützungsfreien Montagespannweiten bis 5,25 m. Auf der Baustelle werden die Träger z.B. auf Mauerwerkswände aufgelegt, mit Hohlkörpern aus Beton oder Ziegeln belegt und anschließend mit Ortbeton zu Stahlbetonrippendecken ausgegossen (siehe z.B. Abb. 1.19 und 1.47). Mit den Fertigplatten können Massivdecken oder -wände hergestellt werden.

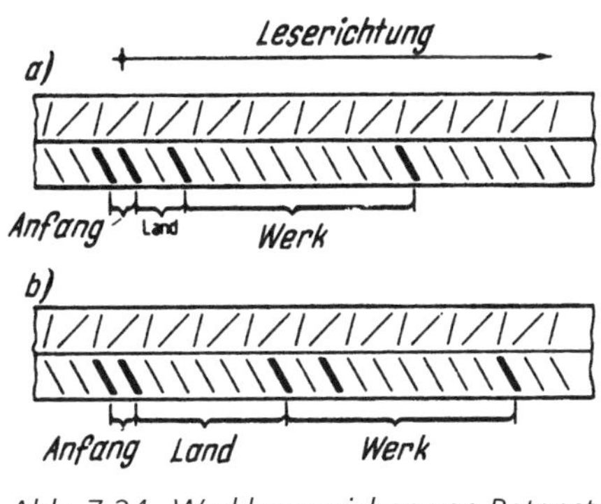

Beispiele a): Land Nr. 1, Werknummer 8
Beispiele b): Land Nr. 5, Werknummer 16

Abb. 7.24 Werkkennzeichen von Betonstabstahl BSt 500 S und Betonstahl in Ringen BSt 500 WR

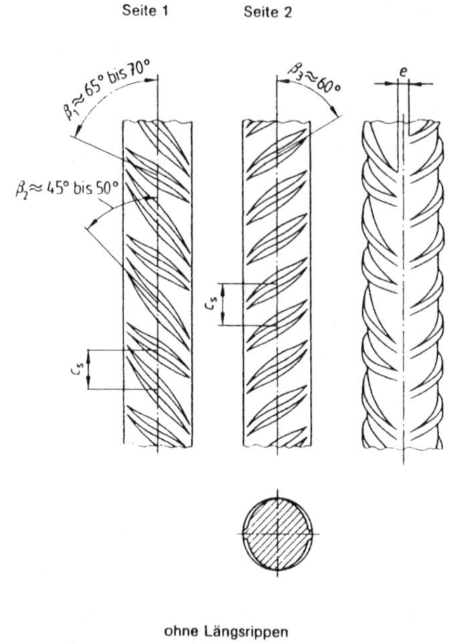

Abb. 7.25 *Oberflächengestalt von Betonstahl BSt 500 S und Betonstahl in Ringen BSt 500 WR (zwei Reihen von Schrägrippen, die Rippen einer Reihe haben unterschiedliche Neigung, die der zweiten sind parallel angeordnet)*

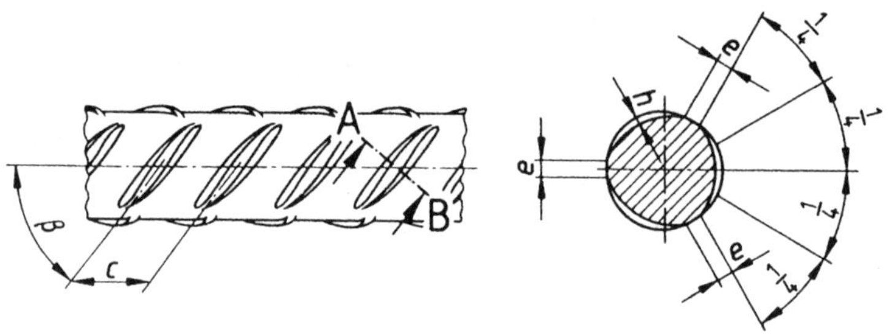

Abb. 7.26 *Oberflächengestalt von hochgeripptem Betonstahl für Betonstahlmatten BSt 500 M (drei Reihen von Schrägrippen, eine Reihe muss gegenläufig sein, die einzelnen Rippenreihen dürfen gegeneinander versetzt sein)*

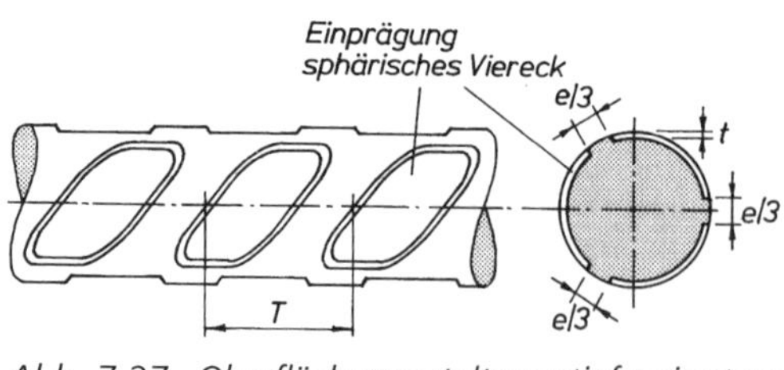

Abb. 7.27 *Oberflächengestalt von tiefgeripptem Betonstahl für Betonstahlmatten BSt 500 MA (drei Reihen von Vertiefungen, eine Reihe muss gegenläufig sein, die einzelnen Reihen dürfen gegeneinander versetzt sein)*

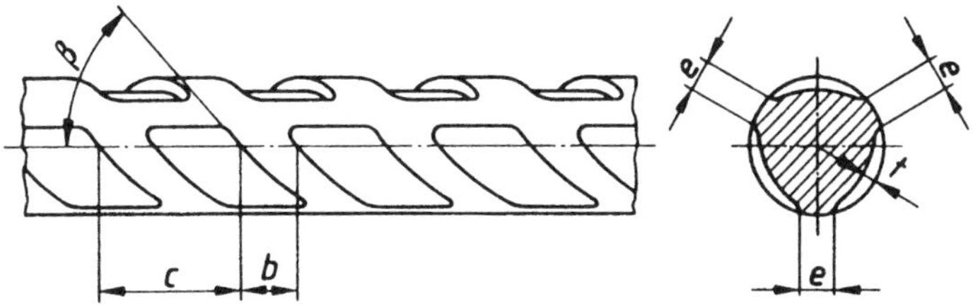

Abb. 7.28 Profilierter Bewehrungsdraht BSt 500 P

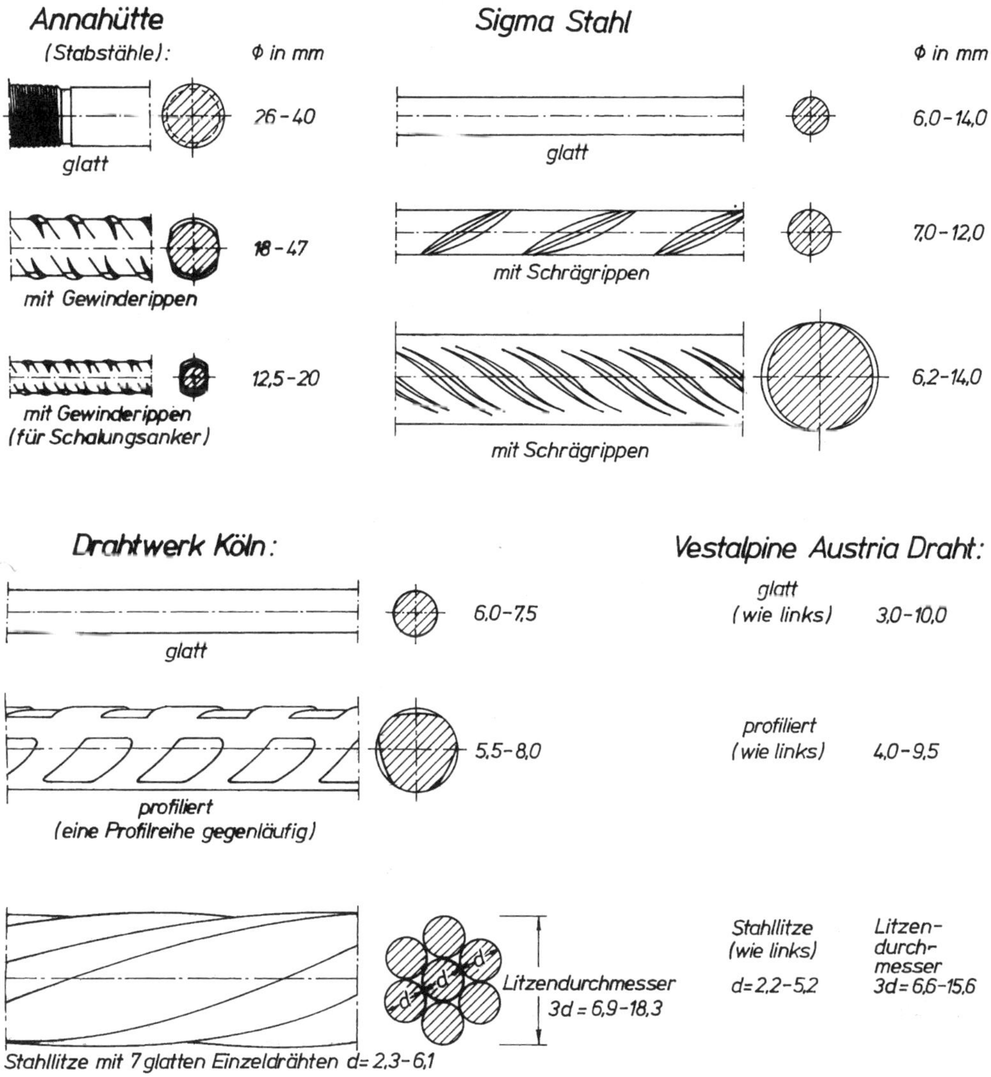

Abb. 7.29 Spannstähle: Beispiele für Querschnittsformen und Durchmesser [2]

7.10 Spannstahl

Normen

DIN 1045-1	(2008–08) zurückgezogen	Tragwerke aus Beton, Stahlbeton und Spannbeton – Teil 1: Bemessung und Konstruktion
DIN EN 1992-1-1	(2011–01)	Eurocode 2: Bemessung und Konstruktion von Stahlbeton- und Spannbetontragwerken – Teil 1-1: Allgemeine Bemessungsregeln und Regeln für den Hochbau
DIN EN 1992-3	(2011–01)	Eurocode 2: Bemessung und Konstruktion von Stahlbeton- und Spannbetontragwerken – Teil 3: Silos und Behälterbauwerke aus Beton

Für Spannbeton (siehe Abschn. 6.2) werden besondere Stähle (sog. Spannstähle) mit höheren Werten für die Streckgrenze und Zugfestigkeit hergestellt (siehe Tafel 7.11 und Abb. 7.29). Die Anforderungen an Spannstähle sind hohe Zugfestigkeit und Streckgrenze (0,2-Grenze!), um die Spannkraftverluste infolge von Schwinden und Kriechen des Betons möglichst gering halten zu können, außerdem große Zähigkeit (Bruchdehnung) als Sicherheit gegen Sprödbruch. Spannstähle müssen besonders widerstandsfähig gegen Korrosion sein und zusätzlich bei der Lagerung (unter Dach; unter Folien u.U. Schwitzwasserbildung!) und nach dem Verlegen (Auspressen der Hüllrohre mit Zementleim; Einpressmörtel siehe Abschn. 4.5.3) sorgfältig geschützt werden.

***Tafel 7.14** Beispiele für bauaufsichtlich zugelassene Spannstähle (Quelle: Deutsches Institut für Bautechnik Berlin; Stand Okt. 2002)*

Herstellungsart	Festigkeitsklasse $R_{0,2}$ /R_m in N/mm²	Querschnitt		Mechanische Eigenschaften	
		Form	Nenndurchmesser in mm	$R_{0,01}$ in N/mm²	δ_{10} in %
Warmgewalzt; gereckt und angelassen oder aus der Walzhitze wärmebehandelt und gereckt und angelassen	St 835/1030	rund und glatt mit Endgewinde	12,5 bis 40	735 bis 950	6 bzw. 7
	St 900/1030 St 900/1100 St 1080/1230	rund mit Gewinderippen oder Schrägrippen			
Vergüteter Spannstahl	St 1420/1570 St 1470/1620	rund, glatt oder rund, gerippt	6,0 bis 14,0	1220	6 bzw. 7
Kaltgezogener Spannstahldraht	St 1375/1570	rund und glatt oder rund und profiliert	6,0 bis 14,0	1150 bis 1350	6
	St 1470/1670				
	St 1570/1770				
Spannstahllitzen aus 7 kaltgezogenen Einzeldrähten, z.T. korrosionsgeschützt	St 1570/1770	rund, glatt, z.T. profiliert	6,9 bis 18,3 Einzeldrahtdurchmesser g 1/3 davon	1150 bis 1350	6

$R_{0,2}$ = 0,2 %-Dehngrenze (Streckgrenze); R_m Zugfestigkeit; $R_{0,01}$ = 0,01 %-Dehngrenze (techn. Elastizitätsgrenze); δ_{10} Bruchdehnung am langen Proportionalstab mit $l_0{:}d_0$ = 10:1 (in Abb. 11.6 = A). (Zu den Bezeichnungen siehe auch Abb. 11.7.)

Für Spannbetonstähle verwendet man im Allgemeinen Oxigenstahl (im Sauerstoffblasverfahren hergestellt) oder Elektrostahl. Der Stahl ist meist unlegiert mit einem Kohlenstoffanteil von 0,6 bis 0,9 % Kohlenstoff oder niedrig legiert mit 0,4 bis 0,7 % C, 0,7 bis 1,6 % Si und/oder 0,7 bis 1,2 % Mn sowie f 0,5 % Cr (ähnlich Federstahl) und nachbehandelt. Hersteller in Deutschland sind z.B. Sigma-Stahl GmbH in Duisburg, DWK Drahtwerk in Köln, WDI Westfälische Drahtindustrie in Hamm, Stahlwerk Annahütte in Ainring (s.a. Abb. 7.29).

7.11 Korrosionsschutz

7.11.1 Korrosion

Unter Korrosion versteht man die Zerstörung von Werkstoffen durch chemische und/oder elektrochemische Reaktionen mit Bestandteilen der Umgebung (Atmosphäre, Wasser, Boden). Sie tritt bei allen Werkstoffen auf, auch bei nichtmetallischen. Beim Korrosionsschutz unterscheidet man aktiven und passiven Korrosionsschutz.

Normen

DIN 50 900-2	(2002–06)	Korrosion der Metalle; elektrochemische Begriffe
DIN EN ISO 9223	(2012–05)	Korrosion von Metallen und Legierungen; Korrosivität von Atmosphären

Beschichtungsstoffe

DIN EN ISO 4618	(2015–01)	Beschichtungsstoffe – Begriffe
DIN 55 945	(2007–03)	Beschichtungsstoffe und Beschichtungen – Ergänzende Begriffe zu DIN EN ISO 4618
DIN EN ISO 12 944	(1998–07)	Beschichtungsstoffe – Korrosionsschutz von Stahlbauten durch Beschichtungssysteme T. 1: Allgemeine Einleitung T. 2: Einteilung der Umgebungsbedingungen T. 3: Grundregeln zur Gestaltung T. 4: Arten von Oberflächen und Oberflächenvorbereitung T. 5: Beschichtungssysteme (Entw. 2005–11) T. 6: Laborprüfung zur Bewertung von Beschichtungssystemen (Entw. 2006–02) T. 7: Ausführung und Überwachung der Beschichtungsarbeiten T. 8: Erarbeiten von Spezifikationen für Erstschutz und Instandsetzung
DIN 55 634	(2010–04)	Beschichtungsstoffe und Überzüge – Korrosionsschutz von tragenden dünnwandigen Bauteilen aus Stahl
DIN 18 364	(2012–09)	VOB – Teil C: ATV – Korrosionsschutzarbeiten an Stahlbauten
ZTV-ING Teil 4		Zusätzliche Technische Vertragsbedingungen und Richtlinien für Ingenieurbauten – Teil 4 Abschnitt 3: Korrosionsschutz von Stahlbauten (ZTV-ING) (2010–07);
BMV S 5239 ZTV-ING ZTV-KOR-Stahlbauten		Zusätzliche Technische Vertragsbedingungen und Richtlinien für Ingenieurbauten – Teil 4 Abschnitt 3: Korrosionsschutz von Stahlbauten (ZTV-ING) (2010–07);

Oberflächenbeurteilung und -vorbereitung

DIN EN ISO 4628		Beschichtungsstoffe – Beurteilung von Beschichtungsschäden Teil 1 bis 10; Teil 1: Allgemeine Einführung und Bewertungssystem Teil 2: Bewertung des Blasengrades; Teil 3: Bewertung des Rostgrades (2004–01);

DIN EN ISO 8501		Vorbereitung von Stahloberflächen zum Auftragen von Beschichtungsstoffen – Visuelle Beurteilung der Oberflächenreinheit – Rostgrade und Oberflächenvorbereitungsgrade ... Teil 1: ... nach ganzflächigem Entfernen vorhandener Beschichtungen (2007–12) Teil 2: ... nach örtlichem Entfernen der vorhandenen Beschichtungen (2002–03) Teil 4: Ausgangszustände, Vorbereitungsgrade und Flugrostgrade in Verbindung mit Hochdruck-Wasserwaschen (2007–04)
DIN EN ISO 8503		Vorbereitung von Stahloberflächen zum Auftragen von Beschichtungsstoffen – Rauigkeitskenngrößen von gestrahlten Stahloberflächen; Teil 1 (2013–05), Teil 2 bis 4 (2012–06), Teil 5 (2014–10)
DIN EN ISO 8504		Vorbereitung von Stahloberflächen vor dem Auftragen von Beschichtungsstoffen – Verfahren für die Oberflächenvorbereitung Teil 1: Allgemeine Grundsätze (2002–01) Teil 2: Strahlen (2002–01) Teil 3: Reinigen mit Handwerkzeugen und mit maschinell angetriebenen Werkzeugen (2002–01)
Metallische Überzüge		
DIN EN ISO 1461	(2009–10)	Durch Feuerverzinken auf Stahl aufgebrachte Zinküberzüge (Stückverzinken) – Anforderungen und Prüfungen
DIN EN 10346	(2015–10)	Kontinuierlich schmelztauchveredelte Flacherzeugnisse aus Stahl zum Kaltumformen – Technische Lieferbedingungen
Prüfung		
DIN EN ISO 2409	(2013–06)	Beschichtungsstoffe – Gitterschnittprüfung
DIN EN ISO 4624	(2003–08)	Beschichtungsstoffe – Abreißversuch zur Beurteilung der Haftfestigkeit
DIN EN ISO 2808	(2007–05)	Beschichtungsstoffe – Bestimmung der Schichtdicke

DIN-Taschenbücher

Nr. 143, 168, 266, 286: Korrosionsschutz von Stahl durch Beschichtungen und Überzüge, Nr. 1 bis 4

a) Die chemische Korrosion hängt mit der Affinität der unedlen Metalle (z.B. Al, Zn, Fe) mit dem Sauerstoff zusammen, wodurch auf der Oberfläche sofort Metalloxide gebildet werden. Bei Aluminium und Zink oder wetterfesten Stählen (siehe Abschn. 7.7.3) bildet diese eine dichte, fest haftende Oxidschicht, die das Metall vor weiterer Korrosion schützt. Mit Eisen (Stahl) bilden sich lösliche Korrosionsprodukte, zunächst loser Flugrost in Form von $Fe(OH)_2$ bzw. $Fe(OH)_3$, im Laufe der Zeit plattiger loser oder festhaftender, mehr oder weniger poröser Rost in Form von FeO(OH). Dieser wirkt treibend, da er ein größeres Volumen als Eisen hat nach der Formel Fe:FeO(OH) $\approx$ 1:2,5. Beschichtungen und zu dünne Betondeckungen (siehe Abschn. 6.1) platzen ab.

b) Als elektrochemische Korrosion bezeichnet man die galvanischen Vorgänge, die sich auf der Stahloberfläche zwischen rostfreien Bereichen (Anode) und den Rostablagerungen (Kathode) abspielen, wobei das Oberflächenwasser als elektrisch leitende Flüssigkeit wirkt (Elektrolyt). Lochfraß oder Muldenkorrosion kann an rostfreien Stellen auftreten, wenn diese im Verhältnis zu den umliegenden Rostflächen sehr klein sind.

c) Die atmosphärische Korrosion, die hauptsächlich für die Korrosionsschäden verantwortlich ist (etwa 40 % des Eisens verrostet wieder), ist ein elektrochemischer Prozess, der von folgenden Faktoren gekennzeichnet ist:

- unbegrenztes Sauerstoffangebot aus der Luft
- unregelmäßig auftretende Flüssigkeitsschichten auf der Metalloberfläche (Regenwasser, Kondenswasser, Nebel etc.; pH > 4,5)
- Verunreinigungen wie z.B. SO_2 (Industrieabgase), H_2S und/oder NH_3 in Abwasserbereichen, Chloride, insbesondere NaCl, in Küstennähe oder durch Tausalze
- Staub, der korrosive Bestandteile enthalten kann (z.B. Sulfate) und/oder auf der Stahloberfläche Feuchtigkeit ansammelt oder hält.

Die Korrosionsgeschwindigkeit in µm/Jahr beträgt etwa: Landluft 4 bis 60; Stadtluft 40 bis 160; Meeresluft 60 bis 230.

Tafel 7.15 ***Korrosivitätskategorien für atmosphärische Umgebungsbedingungen und Beispiele für typische Umgebungen in gemäßigtem Klima nach DIN EN DIN 12 944-2 (1998–07)***

Korrosivitätskategorie	Flächenbezogener Massenverlust bzw. Dickenabnahme von Standardproben nach ISO 9223[1] nach dem ersten Jahr der Auslagerung			
	Unlegierter Stahl		Zink	
	Massenverlust g/m²	Dickenabnahme µm	Massenverlust g/m²	Dickenabnahme µm
C1 (unbedeutend)	10	1,3	0,7	0,1
Beispiele	außen: – innen: beheizte Gebäude mit neutraler Atmosphäre, z.B. Büros, Läden, Schulen, Hotels			
C2 (gering)	10 bis 200	1,3 bis 25	0,7 bis 5	0,1 bis 0,7
Beispiele	außen: meistens ländliche Bereiche innen: ungeheizte Gebäude mit Kondensation, z.B. Lager, Sporthallen			
C3 (mäßig)	200 bis 400	25 bis 50	5 bis 15	0,7 bis 2,1
Beispiele	außen: Stadt- und Industrieatmosphäre mit mäßigem CO_2-Gehalt, Küstenbereiche mit geringer Salzbelastung innen: Lebensmittelbetriebe, Wäschereien, Brauereien, Molkereien			
C4 (stark)	400 bis 650	50 bis 80	15 bis 30	2,1 bis 4,2
Beispiele	außen: Industriebereiche und Küstenbereiche mit mäßiger Salzbelastung innen: Chemieanlagen, Schwimmbäder, Bootsschuppen über Meerwasser			
C5-I (sehr stark; Industrie)	650 bis 1500	80 bis 200	30 bis 60	4,2 bis 8,4
Beispiele	außen: Industriegebiete mit hoher Feuchte und aggressiver Atmosphäre innen: Bereiche mit nahezu ständiger Kondensation und starker Verunreinigung			
C5-M (sehr stark; Meer)[2]	650 bis 1500	80 bis 200	30 bis 60	4,2 bis 8,4
Beispiele	außen: Küsten- und Offshorebereiche mit hoher Salzbelastung innen: wie C5-I			

[1] ISO 9223 (1999–02): Korrosion von Metallen und Legierungen; Korrosivität von Atmosphären; Klassifizierung.
[2] In Küstenbereichen mit *warmfeuchten* Klimaten können die angegebenen Werte überschritten werden.

7.11.2 Aktiver Korrosionsschutz

a) Fernhalten von Korrosionsursachen
Man vermeidet die Berührung mit frischem Kalkmörtel, feuchtem Gipsmörtel, steinholzähnlichen Massen sowie mit kohlensäurereichem Wasser, mit Grund- und Abwässern, die Säuren und starke Salze enthalten. Ferner verhindert man die Berührung des Eisens mit anderen Metallen, damit sich nicht bei Anwesenheit von Feuchtigkeit galvanische Elemente bilden können. Im Beton bildet die Alkalität einen wirksamen Rostschutz der Bewehrung.

b) Sachgemäße konstruktive Gestaltung
Wasseransammlungen vermeiden, U-Profile und Winkel mit der Öffnung nach unten, evtl. Abflusslöcher vorsehen; glatte und geneigte Flächen; kleine Oberflächen durch Verwendung von Hohlquerschnitten; leichte Zugänglichkeit vorsehen, damit Kontrollen und spätere Anstriche möglich bleiben; verschiedene Metalle gegeneinander isolieren zur Vermeidung galvanischer Elemente; Vermeidung von Kondenswasserbildung, ausreichende Belüftung von Spalten.

c) Auswahl widerstandsfähiger Stähle
Dazu gehört die Verwendung wetterfester Baustähle (siehe Abschn. 7.7.3) oder in Sonderfällen, z.B. bei Befestigungselementen von Fassadenplatten, die Verwendung nichtrostender Stähle (siehe Abschn. 7.7.4).

d) Weitere Möglichkeiten
Beeinflussung des Korrosionsmittels durch Zugabe von besonderen Chemikalien, z.B. Bindung überschüssigen Sauerstoffs durch Hydrazinsulfat, Natriumsulfitin oder Dithionit $Na_2S_2O_4$ in Trinkwasserleitungen oder geschlossenen Wasserkreisläufen. Kathodischer Korrosionsschutz durch Anbringen einer Opferanode (siehe Abschn. 7.11.3c).

7.11.3 Passiver Korrosionsschutz

Unter passivem Korrosionsschutz versteht man das Aufbringen von Beschichtungssystemen, nichtmetallischen Überzügen, wie z.B. Emaille, Bitumen, Gummiüberzügen oder Kunststoffen (Wirbelsintern oder Spritzen) oder metallischen Überzügen, wie z.B. elektrolytische Überzüge aus Zink, Zinn, Nickel, Chrom, Spritzmetallüberzüge meist aus Zink (s.u.) oder das weit verbreitete Feuerverzinken von Stahlbauteilen.

a) Beschichtungssysteme nach DIN EN 12 944-5 (E 2005–11) bestehen aus Korrosionsschutzpigmenten, Füllstoffen und organischen oder anorganischen Bindemitteln. Korrosionsschutzpigmente sind z.B.: Bleimennige (nur noch für Ausbesserungsarbeiten zulässig); reines Zinkoxid (Zinkweiß), Farbzinkoxid mit unterschiedlich hohem Bleianteil; Zinkstaub (sehr guter Korrosionsschutz; Anteil bis 92 %); Eisenglimmer (Fe_2O_3-Anteil $\geq$ 85 %). Füllstoffe, wie z.B. Barium- oder Calciumsulfate und Silicate (Glimmer, Quarz, Talk) erhöhen Dichtigkeit und Haftung der Beschichtung. Bindemittel sind z.B. Alkydharze, Epoxidharze, Chlorkautschuk, PVC, Acrylharze, Zweikomponenten-Epoxidharz- oder Polyurethanharzstoffe, Polyurethan, Ethylsilicat.
Vor dem Aufbringen der Beschichtung muss die Stahloberfläche von Rost, Zunder, Fett, Schmutz, Ruß und/oder alten Beschichtungen gereinigt werden. Strahlen (trocken oder nass), auch Flammstrahlen, ist das wirkungsvollste Verfahren. Strahlmaterialien sind

Hartguss, Stahlguss oder Stahldraht bzw. Metallhüttenschlacke oder Elektrokorund. Quarz ist wegen Silikosegefahr verboten. Die erste Beschichtung ist unmittelbar nach der Reinigung aufzubringen.
Die Beschichtungen bestehen aus Grund- und Deckbeschichtungen. Je nach der Korrosionsgefährdung (sechs Korrosivitätskategorien) werden i.d.R. ein bis zwei Grundbeschichtungen und bis zu vier Deckbeschichtungen aufgebracht, und zwar durch Streichen und/oder Rollen oder durch Spritzen mit niedrigem Druck. Kanten, Ecken oder schwer erreichbare Bereiche (Spritzschatten) sind vorzustreichen oder vorzuspritzen. Die Gesamtdicken der Beschichtungen liegen je nach Korrosionsgefährdung und Beschichtungsmaterial bei der Grundbeschichtung zwischen 40 und 160 µm, bei der Deckbeschichtung zwischen 40 und 280 µm.

b) Beim Feuerverzinken (Überzug) unterscheidet man das Stückverzinken (diskontinuierlich; DIN EN ISO 1461 (2009–10)) und das Band- und Drahtverzinken (kontinuierlich; DIN EN 10 142/147/244 (2009–08)). Beim Stückverzinken werden die Stahlteile in ein Bad aus schmelzflüssigem Zink (Badtemperatur 440 bis 460 °C; in Sonderfällen bis 530 °C) getaucht. Dabei bilden sich auf der Oberfläche Eisen-Zink-Legierungs-Schichten von 50 bis 150 µm Dicke. Beim kontinuierlichen Bandverzinken (früher Sendzimir-Verfahren nach dem Erfinder) oder beim Drahtverzinken sind die Schichten nur 5 bis 40 µm dick. Die Dauer der Schutzwirkung durch Feuerverzinken kann erheblich erhöht werden (1- bis 2,5fach), wenn eine zusätzliche Kunststoffbeschichtung aufgebracht wird (Feuerverzinken + Beschichten = Duplex-System).
c) Andere Verzinkungsverfahren sind: Aufspritzen von geschmolzenem Zink (DIN EN 22 06 (1994–08)); Verzinken durch elektrischen Strom in Zinklösungen (Galvanische Zinküberzüge; DIN 50 961 (2000–09)); Aufbringen von Überzügen durch Behandlung mit Zinkstaub (Sheradisieren oder mechanisches Plattieren); Aufbringen von zinkstaubhaltigen Farben durch Streichen oder Tauchen o.Ä. Möglich ist auch ein kathodischer Korrosionsschutz mit Zinkanoden hoher Reinheit (99,995 %). Die Zinkanoden werden mit den zu schützenden Stahlteilen, z.B. Tanks, Spundwände, Schleusentore, Rohrleitungen, elektrisch leitend im Erdreich oder unter Wasser verbunden und lösen sich dabei im Laufe der Zeit auf (sog. Opferanoden).

Tafel 7.16 Verfahren zum Entfernen artfremder Schichten und Verunreinigungen auf Stahloberflächen zwecks Korrosionsschutzbeschichtung nach DIN EN ISO 12 944-4 (1998–07)

Zu entfernende Stoffe	Verfahren	Bemerkungen[1)]
Fett und Öl	Abspritzen mit Wasser	Sauberes Wasser mit Zusatz von Reinigungsmitteln. Druck (< 70 MPa) kann angewendet werden. Nachreinigen mit sauberem Wasser.
	Dampfstrahlen mit Wasserdampf	Sauberes Wasser. Falls Reinigungsmittel verwendet werden, Nachreinigen mit sauberem Wasser.
	Reinigen mit Emulsionen	Nachreinigen mit sauberem (heißem oder kaltem) Wasser.
	Reinigen mit Alkalien	Überzüge aus Aluminium, Zink und verschiedenen anderen Metallen können durch stark alkalische Lösungen angegriffen werden. Nachreinigen mit sauberem Wasser.
	Reinigen mit organischen Lösemitteln	Viele organische Lösemittel sind gesundheitsschädlich. Wenn mit Lappen gereinigt wird, Lappen oft erneuern, da sonst Öl- und Fettverunreinigungen nicht entfernt werden, sondern nach Verdunsten des Lösemittels verschmiert zurückbleiben.
Wasserlösliche Verunreinigungen, z.B. Salze	Reinigen mit Wasser	Sauberes Wasser. Druck (< 70 MPa) kann angewendet werden.
	Dampfstrahlen	Falls Reinigungsmittel verwendet werden: Nachreinigen mit sauberem Wasser.
	Reinigen mit Alkalien	Überzüge aus Aluminium, Zink und verschiedenen anderen Metallen können durch stark alkalische Lösungen angegriffen werden. Nachreinigen mit sauberem (heißem oder kaltem) Wasser.
Walzhaut/ Zunder	Beizen mit Säure	Eintauchen in Säurebad. Das Verfahren ist im Allgemeinen nicht auf der Baustelle anwendbar. Nachreinigen mit sauberem Wasser.
	Trockenstrahlen[2)]	Shot- oder Grit-Strahlmittel[3)]. Rückstände in Form von Staub und losen Ablagerungen sind durch Abblasen mit trockener, ölfreier Druckluft oder Absaugen mit Staubsauger zu entfernen.
	Nassstrahlen[2)] (Azetylen-Sauerstoff-Flamme)	Nachreinigen mit sauberem Wasser.
	Flammstrahlen (Azetylen-Sauerstoff-Flamme)	Mechanisches Entfernen von Verbrennungsprodukten, z.B. durch maschinelles Abbürsten, ist notwendig. Rückstände in Form von Staub und losen Ablagerungen entfernen.

Zu entfernende Stoffe	Verfahren	Bemerkungen[1]
Rost: Gleiche Verfahren wie für Walzhaut/ Zunder (s.o.). Außerdem:	Reinigen mit maschinell angetriebenen Werkzeugen	Typische Werkzeuge: rotierende Drahtbürsten für losen Rost, Schleifer für fest haftenden Rost, Rostklopfhämmer, Nadelpistolen. Schwierige Stellen mit Handdrahtbürste bearbeiten. Oberflächenbeschädigungen vermeiden. Rückstände in Form von Staub und losen Ablagerungen sind zu entfernen.
	Druckwasserstrahlen[4]	Zum Entfernen von losem Rost. Die Rauheit des Stahls wird nicht beeinflusst.
	Spot-Strahlen[5]	Zum örtlichen Entfernen von losem Rost (spot, engl. = Fleck).
Beschichtungen	Abbeizen (auf kleine Fläche beschränkt)	Lösemittelhaftige Pasten für Beschichtungen, die gegen organische Lösemittel empfindlich sind. Alkalische Pasten für verseifbare Beschichtungen. Gründliches Nachreinigen mit sauberem Wasser.
	Trockenstrahlen[2] (auf kleine Fläche beschränkt)	wie Walzhaut/Zunder
	Nassstrahlen[2]	Nachreinigen mit sauberem Wasser.
Beschichtungen (Forts.)	Druckwasserstrahlen[4]	Zum Entfernen von schlecht haftenden Beschichtungen. Ultrahochdruck-Druckwasserstrahlen ($>$ 170 MPa) kann bei fest haftenden Beschichtungen angewendet werden.
	Sweep-Strahlen[6]	Zum Aufrauen von Beschichtungen oder zum Entfernen der obersten Schicht.
	Spot-Strahlen[5]	Zum örtlichen Entfernen von Beschichtungen (spot, engl. = Fleck).
Zinkkorrosionsprodukte	Sweep-Strahlen[6]	Sweep-Strahlen bei Zink kann mit Aluminiumoxid (Korund), Silicaten oder Olivinsand durchgeführt werden (to sweep, engl. = fegen, kehren).
	Alkalisches Reinigen	5 % Ammoniak-Lösung, aufgebracht mit Kunststoffvlies mit Schleifmitteleinbettung, kann für kleine Stellen mit Zinkkorrosionsprodukten verwendet werden, alkalische Reinigungsmittel für größere Flächen. Bei hohem pH-Wert wird Zink angegriffen.

[1] Beim Nachreinigen und Nachtrocknen sind Konstruktionen mit Spalten und Nieten besonders sorgfältig zu behandeln.
[2] Nach DIN EN ISO 8504-2.
[3] Grit = kantiges, Shot = kugeliges Strahlmittel;.
[4] Druck $\geq$ 70 MPa. Druck $<$ 70 MPa wird als Reinigen (Spritzen) mit Wasser bezeichnet.
[5] Spot-Strahlen ist ein übliches Druckluft- oder Feuchtstrahlen, bei dem nur einzelne Stellen (z.B. Rost- oder Schweißstellen) in einer sonst intakten Beschichtung gestrahlt werden.
[6] Ziel des Sweep-Strahlens (Sweepen) ist es, Beschichtungen oder Überzüge nur an ihrer Oberfläche zu reinigen, aufzurauen oder abzutragen. Im Allgemeinen niedriger Druck und feiner Grit[3].

Tafel 7.17 Vorbereitungsgrade („Reinheitsgrade") von Stahloberflächen für die ganzflächige[1] (primäre) Oberflächenvorbereitung zwecks Korrosionsschutzbeschichtung nach DIN EN ISO 12 944-4 (1998–07)

Vorbereitungsgrad	Verfahren für die Oberflächenvorbereitung	Repräsentative photographische Vergleichsmuster in ISO 8501-1[2]	Wesentliche Merkmale der vorbereiteten Oberflächen	Anwendungsbereich
Sa 1	Strahlen	B Sa 1 C Sa 1 D Sa 1	Lose(r) Walzhaut/Zunder, loser Rost, lose Beschichtungen und lose artfremde Verunreinigungen sind entfernt.[3]	Oberflächenvorbereitung von a) unbeschichteten Stahloberflächen b) beschichteten Stahloberflächen, wenn die Beschichtungen bis zum festgelegten Vorbereitungsgrad entfernt werden.
Sa 2		B Sa 2 C Sa 2 D Sa 2	Nahezu alle(r) Walzhaut/Zunder, nahezu aller Rost, nahezu alle Beschichtungen und nahezu alle artfremden Verunreinigungen sind entfernt. Alle verbleibenden Rückstände müssen fest haften.	
Sa 21/2		A Sa 21/2 B Sa 21/2 C Sa 21/2 D Sa 21/2	Walzhaut/Zunder, Rost, Beschichtungen und artfremde Verunreinigungen sind entfernt. Verbleibende Spuren sind allenfalls noch als leichte, fleckige oder streifige Schattierungen zu erkennen.	
Sa 3[4]		A Sa 3 B Sa 3 C Sa 3 D Sa 3	Walzhaut/Zunder, Rost, Beschichtungen und artfremde Verunreinigungen sind entfernt. Die Oberfläche muss ein einheitliches metallisches Aussehen besitzen.	
St 2	Oberflächenvorbereitung von Hand und maschinelle Oberflächenvorbereitung	B St 2 C St 2 D St 2	Lose(r) Walzhaut/Zunder, loser Rost, lose Beschichtungen und lose artfremde Verunreinigungen sind entfernt.[3]	
St 3		B St 3 C St 3 D St 3	Lose(r) Walzhaut/Zunder, loser Rost, lose Beschichtungen und lose artfremde Verunreinigungen sind entfernt. Die Oberfläche muss jedoch viel gründlicher bearbeitet sein als für St 2, sodass sie einen vom Metall herrührenden Glanz aufweist.	
Fl	Flammstrahlen	A Fl B Fl C Fl D Fl	Walzhaut/Zunder, Rost, Beschichtungen und artfremde Verunreinigungen sind entfernt. Verbleibende Rückstände dürfen sich nur als Verfärbung der Oberfläche (Schattierungen in verschiedenen Farben) abzeichnen.	
Be	Beizen mit Säure		Walzhaut/Zunder, Rost und Rückstände von Beschichtungen sind vollständig entfernt. Beschichtungen müssen vor dem Beizen mit Säure mit geeigneten Mitteln entfernt werden.	z.B. vor dem Feuerverzinken

[1] Für die *partielle* (sekundäre) Oberflächenvorbereitung lauten die entsprechenden Vorbereitungsgrade wie folgt: P Sa 2, 21/2, 3 = örtliches Strahlen von vorher beschichteten Flächen; P St 2, 3 = örtliche Oberflächenvorbereitung von Hand oder maschinell; P Ma = maschinelles Schleifen auf Teilbereichen.
[2] A, B, C, und D sind die Ausgangszustände unbeschichteter Stahloberflächen nach ISO 8501-1
[3] Walzhaut/Zunder gilt als lose, wenn sie (er) sich mit einem stumpfen Kittmesser abheben lässt.
[4] Dieser Oberflächenvorbereitungsgrad kann nur unter bestimmten Bedingungen, die auf Baustellen nicht immer gegeben sind, erreicht und gehalten werden.

7.12 Verhalten von Stahl und Gusseisen im Brandfall

Stahl ist zwar als Baustoff nicht brennbar, gehört aber als Bauteil lediglich in die feuerhemmende Gruppe. Deshalb müssen Stahlbauteile, für welche die Gefahr besteht, einem Brand ausgesetzt zu werden, einen besonderen Feuerschutz erhalten.
Gusseisen übersteht im Allgemeinen Brände gut, die etwa 800 °C nicht überschreiten, weil es bis zu seinem Schmelzpunkt von etwa 1100 °C fest bleibt, es springt jedoch leicht, wenn es vom Löschwasser getroffen wird. Baustahl verliert dagegen schon bei etwa 500 °C (schwache Rotglut) annähernd die Hälfte seiner Tragfähigkeit. Es treten starke Formveränderungen bis zur völligen Verformung ein. Um Stahlbauteile, insbesondere Stützen und Träger, gegen Brandeinwirkung zu schützen und ihnen eine ausreichende Feuerwiderstandsdauer zu verleihen, müssen sie ummantelt oder mit einer Beschichtung versehen werden.
Als Ummantelungen kommen in Frage: Ummauern von Stützen mit Ziegeln, Kalksandsteinen, Leichtbeton- oder Porenbetonsteinen; Einbetonieren von Stützen und Trägern; Aufbringen von Spritzbeton auf Trägermaterial aus Maschendraht oder Betonstahlmatten; Ummanteln (ein- oder mehrlagig) mit Gipskarton-, Perlite- oder Vermiculiteplatten; Perlite-, Vermiculite- oder Mineralfaserputze (i.d.R. mehrlagig) auf Putzträgern, Putzdicke bei Stützen 15 bis 65 mm, bei Trägern 5 bis 25 mm; abgehängte Unterdecken.
Feuerschutzbeschichtungen bestehen aus einer Grundbeschichtung als Korrosionsschutz, der eigentlichen Brandschutzbeschichtung und einer Endbeschichtung als Schutzschicht. Die Wirkung der etwa 1 mm dicken Brandschutzbeschichtung besteht darin, dass sich bei Wärmeeinwirkung eine 3 bis 4 cm dicke wärmedämmende Schaumschicht bildet, die dem Stahlbauteil eine Feuerwiderstandsdauer von 30 Minuten (F 30-A) gibt.
Für feuerresistenten Sonderbaustahl einschließlich Schrauben, Muttern und Unterlegscheiben gibt es eine allgemeine bauaufsichtliche Zulassung des DIBt Berlin. Es handelt sich dabei um einen warmgewalzten schweißgeeigneten Feinkornsonderbaustahl (siehe Abschn. 7.7.5) mit der Bezeichnung FRS 275N (Markenname FR 30), der ohne Beschichtung der Feuerwiderstandsklasse F 30 genügt, mit Beschichtung (Markenname FRB 90) sogar der Klasse F 90. Informationen bei ThyssenKrupp Stahl/Duisburg (siehe Abschn. 18.7).

7.13 Fragen und Aufgaben zu Eisen und Stahl

1) Geben Sie eine allgemeine Definition von Stahl.
2) Skizzieren Sie die Abkühlungskurve von reinem Eisen und den dabei auftretenden Kristallformen.
3) Beschreiben Sie den Erhärtungsvorgang einer Stahlschmelze.
4) Beschreiben und skizzieren Sie die Kristallarten, die sich nach der Erhärtung der Stahlschmelze auf Raumtemperatur im Stahlgefüge befinden.

5) Welchen Einfluss hat der Kohlenstoffgehalt auf die Bildung der Kristalle und auf die Eigenschaften des erhärteten Stahls?
6) Versuchen Sie das Eisen-Kohlenstoff-Diagramm zu skizzieren. Welchen Zusammenhang stellt es dar?
7) Welche Ausgangsstoffe werden für den Hochofenprozess benötigt und welche Aufgaben erfüllen sie?
8) Skizzieren Sie den Aufbau eines Hochofens und beschreiben Sie die chemischen und technologischen Vorgänge, die sich in ihm abspielen.
9) Zu welchen Baustoffen werden die im Hochofen erzeugten Produkte verarbeitet?
10) Geben Sie eine Übersicht über die Verfahrenswege zur Herstellung von Stahl. Welches sind die wichtigsten Verfahren?
11) Beschreiben Sie das Direktreduktions- und das Schmelzreduktions-Verfahren.
12) Beschreiben Sie Bezeichnung, Eigenschaften und Anwendung der verschiedenen Gusseisensorten.
13) Beschreiben Sie die Herstellung von Oxigenstahl und E-Stahl.
14) Skizzieren Sie einen O_2-Konverter und einen Elektrolichtbogenofen.
15) Beschreiben Sie die verschiedenen Verfahren der Sekundärmetallurgie.
16) Beschreiben Sie die verschiedenen Verfahren des Vergießens von Stahl. Was versteht man unter Stahlguss?
17) Beschreiben Sie verschiedene Formgebungsverfahren von Stahl.
18) Beschreiben Sie die verschiedenen Wärmebehandlungsverfahren von Stahl. Wozu dienen sie?
19) Beschreiben Sie Arten und Eigenschaften der verschiedenen Stahlsorten.
20) Welches sind die wichtigsten Stähle im Stahlbau? Wie werden sie bezeichnet? Was versteht man unter Gütegruppe?
21) Erläutern Sie die Stahlbezeichnungen S 235J2G3 und 13CrMo4–4.
22) Was versteht man unter wetterfesten Baustählen?
23) Erläutern Sie Arten und Eigenschaften der nichtrostenden Stähle.
24) Geben Sie eine Übersicht der Walzstahlerzeugnisse. Skizzieren Sie verschiedene Walzstahl-Profile.
25) Wie heißen die beiden Stahlsorten, die zur Bewehrung von Beton verwendet werden?
26) Erläutern und skizzieren Sie die verschiedenen Betonstabstahlarten.
27) Was ist bei Betonstahlmatten der Unterschied zwischen Lager-, Listen- und Zeichnungsmatten?
28) Wie werden die verschiedenen Arten von Lagermatten bezeichnet und verwendet?
29) Skizzieren Sie das Schema bei der Bezeichnung von Listenmatten.
30) Wie können die verschiedenen Betonstabstahlsorten auf der Baustelle nach Augenschein unterschieden werden?
31) Wie ist die Herkunft eines Betonstabstahls zu erkennen (Werk und Land)?
32) Welche Arten von Spannstählen gibt es und welche Anforderungen werden an sie gestellt?
33) Was versteht man unter Korrosion und welche Arten unterscheidet man?
34) Welches sind die Kennzeichen der atmosphärischen Korrosion und wie groß ist der jährliche Stahlabtrag?

35) Erläutern Sie die verschiedenen Arten des Korrosionsschutzes?
36) Beschreiben Sie die verschiedenen Beschichtungssysteme und -verfahren.
37) Wie verhalten sich Stahl und Gusseisen im Brandfall? Welche beiden wichtigen Verfahren zum Brandschutz von Stahl gibt es? Was versteht man unter FR-Stahl?
38) Skizzieren Sie ein Spannungs-Dehnungs-Diagramm von naturhartem und kaltverformtem Stahl. Tragen Sie alle Kenngrößen ein und erläutern Sie dieselben.

8 Nichteisenmetalle (NE-Metalle)

Man unterscheidet:

Schwere NE-Metalle: (Buntmetalle)	Blei (Pb), Kupfer (Cu), Nickel (Ni), Zink (Zn), Zinn (Sn)
Leichte NE-Metalle: (Leichtmetalle)	Aluminium (Al), Magnesium (Mg)
Knetlegierungen und Gusslegierungen	

Bei den NE-Metallen unterscheidet man häufig Knetlegierungen und Gusslegierungen. Knetlegierungen sind kalt und/oder warm verformbar („knetbar"). Gusslegierungen sind für Gussteile bestimmt, die nicht weiter verformt werden müssen, jedoch spanend bearbeitet werden können.

8.1 Aluminium (3-wertig)

Normen; Halbzeug, Masseln, Barren

DIN EN 573-1 bis -5	(2005–02)	T1, Numerisches Bezeichnungssystem
	(1994–12)	T2, Bezeichnungssystem mit chemischen Symbolen
	(2013–12)	T3, Chemische Zusammensetzung
	(2004–05) zurückgezogen	T4, Erzeugnisformen
	(2007–11)	T5, Bezeichnungen von genormten Knetlegierungen
DIN EN 1706	(2013–12)	Gussstücke
DIN EN 755-1 bis -9	(2013–12)	Stranggepresste Stangen, Rohre und Profile
DIN EN 12 020	(2008–06)	Stranggepresste Präzisionsprofile

Aluminium (Al) ist das in der Erdrinde am meisten (mit 8,1 %) verbreitete Metall. Man trifft es nur in gebundener Form in zahlreichen Gesteinen, Erden und Salzen an; z.B. enthalten Bauxit, Ton, Kaolin, Granit, Schiefer, Gneis, Feldspat und Glimmer Aluminiumverbindungen. Rubin und Saphir sind ebenso wie Korund und Schmirgel Aluminiumoxide. Dichte 2,7 kg/dm^3; Schmelzpunkt 658 °C; relative Atommasse 27, Wertigkeit 3, Ordnungszahl (im Periodensystem der Elemente) 13.

8.1.1 Herstellung

Aluminium wird in zwei Stufen gewonnen: Zuerst wird aus Aluminiumerz technisch reines Aluminiumoxid (Al_2O_3) hergestellt; dann wird dieses Aluminiumoxid durch Schmelzfluss-Elektrolyse[1] zum Metall Aluminium reduziert.

Als Erz verwendet man fast ausschließlich das Bauxit (nach der südfranzösischen Stadt Les Baux), ein Sedimentgestein mit 50 bis 63 % Aluminiumoxid. Große erschlossene Bauxitvor-

1 Elektrolyse (vom griechischen lyein, lösen) ist das Verfahren, mit Hilfe des elektrischen Gleichstroms zusammengesetzte Stoffe im flüssigen Zustand oder in Lösung in ihre einzelnen Bestandteile zu zerlegen (zu zersetzen). Man schickt den Gleichstrom durch die Stoffe, die jetzt Elektrolyte heißen, hindurch. Elektrolyte sind die Säuren, die Basen und die Salze. Die Zersetzungsprodukte treten an den Elektroden, d.h. den beiden Polen des Zersetzungsgerätes auf, und zwar an deren Minuspol (der Kathode) das Metall und der Wasserstoff, an dem Pluspol (der Anode) der Säurerest und die OH-Gruppe.

kommen befinden sich in Australien, Brasilien und Jamaika sowie in Frankreich und Ungarn. Das Aluminiumoxid des Bauxits wird in eine lösliche Form gebracht; die unerwünschten Beimengungen werden abgetrennt. Das aus der Lösung ausgeschiedene Aluminiumhydroxid $Al(OH)_3$ wird in Drehrohröfen bei 1200 bis 1300 °C zu Al_2O_3 (reiner Tonerde) verglüht; daraus wird das Metall Aluminium schmelzelektrolytisch ausgeschieden. Zur Senkung des Schmelzpunktes wird Kryolith zugegeben (Na_3AlF_6; von 2050 auf etwa 950 °C).

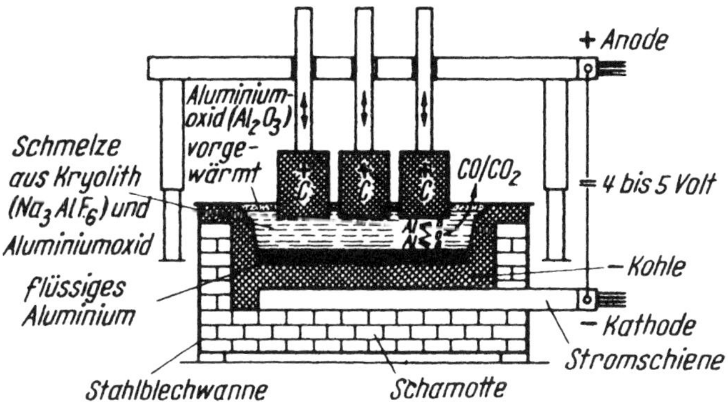

Abb. 8.1 Elektrolyse-Schmelzofen zur Aluminiumgewinnung

Das im Hüttenwerk gewonnene flüssige Aluminium wird zu Masseln, Barren, Granuliten (Körner) oder zu Grieß vergossen = Hüttenaluminium mit 99 bis 99,8 % Al. Reinaluminium hat 98 bis 99,9 % Al-Gehalt, Reinstaluminium 99,99 %.

8.1.2 Eigenschaften

Aluminium ist silberweiß, knet- und gießbar und sehr dehnbar; es lässt sich sehr gut kalt formen, lässt sich gut schweißen, weich- und hartlöten. Seine Härte liegt zwischen der des Zinns und des Zinks. Aluminium ist dank einer sich schnell bildenden oxidischen Schutzschicht beständig gegen Lufteinwirkung, die chemische und mechanische Widerstandsfähigkeit an der Oberfläche kann durch anodische Oxidation (Oxidation in einem Elektrolyten, meist nach dem Eloxal-Verfahren, Eloxierung) noch wesentlich erhöht werden.

Bei der Verarbeitung im Bauwesen ist Folgendes zu beachten: Da frischer Mörtel und Beton Aluminium angreifen, müssen alle Berührungsstellen bei Vorhandensein von Feuchtigkeit durch Kunststofffolien oder andere Sperrmittel geschützt werden. Wegen der Gefahr von Zerstörungen durch elektrolytische Vorgänge ist der Zusammenbau mit anderen Metallen grundsätzlich zu vermeiden. Dies gilt auch für die Verbindungsmittel. Schrauben und Nieten müssen gegen das Aluminium gut isoliert sein oder aus geeigneten Aluminiumlegierungen bestehen.

8.1.3 Aluminiumlegierungen

Guss- und Schmiedestücke

DIN EN 586-1 bis -3		Schmiedestücke; TL (1997–10), ME (1994–11), GF (2002–02)
DIN EN 603-1 bis -3		Stranggepresstes oder gewalztes Schmiedevormaterial; TL (1996–11), ME (1996–11), GF (2000–06)
DIN EN 604-1, -2	(1997–03)	Gegossenes Schmiedevormaterial; TL, GF
DIN EN 1706	(2013–12)	Gussstücke

Andere Erzeugnisformen und Aluminium-Konstruktionen

DIN EN 546-1 bis -4	(2007–03)	Folien; TL, ME, GF
DIN EN 1301-1 bis -3	(2008–12)	Gezogene Drähte; TL, ME, GF
DIN EN 1715-1 bis -4	(2008–07)	Vordraht; T. 1: AA und TL
DIN EN 754-1 bis -8		Gezogene Stangen und Rohre; T. 1: TL (2008–06.), T. 2: ME (2013–12)
DIN EN 755-1 bis -9		Stranggepresste Stangen, Rohre und Profile; T. 1: TL (2008–06), T. 2: ME (2013–12)
DIN EN 1592-1 bis -4	(1997–12)	HF-Längsnahtgeschweißte Rohre; TL, ME, GF
DIN EN 12 020-1, -2	(2008–06)	Stranggepresste Präzisionsprofile aus Legierungen; TL, GF
DIN 485-1 bis -4		Bänder, Bleche; TL (2010–02), ME (2013–12), GF (2003–06)
DIN EN 1396	(2015–06)	–, Bandbeschichtete Bänder und Bleche
DIN EN 13 981-1 bis -4	T1 (2003–11) T2 (2004–10) T3 (2006–12) T4 (2007–02)	Erzeugnisse für tragende Anwendungen im Schienenfahrzeugbau; TL
DIN EN 13 920-1 bis -16	(2003–08)	Schrott
DIN 18 807-6 bis -9	(1998–06) zurückgezogen	Aluminium-Trapezprofile und ihre Verbindungen im Hochbau
DIN EN 1999-1-1	(2014–03)	Eurocode 9: Bemessung und Konstruktion von Aluminiumtragwerken – Teil 1-1: Allgemeine Bemessungsregeln

Ähnlich wie das Eisen erhält auch das Aluminium erst durch das Legieren die für die technische Verwendung wichtigen Eigenschaften. Legierungselemente sind vor allem Mangan, Magnesium, Silicium, Kupfer und Zink. Die chemische Zusammensetzung von Halbzeug ist nach DIN EN 573 genormt, während für unlegiertes Aluminium in Masseln DIN EN 576 gilt. Die Berechnung und bauliche Durchbildung von Al-Konstruktionen unter vorwiegend ruhender Belastung geschieht nach DIN 4113-1, von geschweißten Al-Konstruktionen unter vorwiegend ruhender Belastung nach DIN 4113-2.

1. Reinaluminium DIN EN 576 (2007–01): Al 99,8; Al 99,7; Al 99,5 und Al 99 (die Zahlen geben den prozentualen Al-Anteil an). Festigkeiten 65 bis 130 N/mm². Gute Korrosionsbeständigkeit und Verformbarkeit. Verwendung für Dachdeckungen, Wandbekleidungen und als Folie für Absperrungen.
2. Knetlegierungen DIN EN 573-1 bis -5
   Aluminium mit Mangan (AlMn): Ähnlich wie Reinaluminium. Zugfestigkeit je nach Härte 90 bis 210 N/mm². Sehr beständig gegen Witterung; nicht eloxierbar. Für Dachdeckungen und Wandverkleidungen.
   Aluminium mit Magnesium (AlMg): Hervorragend beständig gegen Industrie- und Seeatmosphäre; vorzüglich eloxierbar. Mindestfestigkeit steigt mit dem Mg-Gehalt, AlMg1: 100 bis 210 N/mm²; AlMg1,5 bzw. 2,5: 130 bis 270 N/mm²; AlMg3: 190 bis 290 N/mm². Für Zierleisten, Bedachungen und Wandverkleidungen, auch profiliert; AlMg3 u.a. für Konstruktionsteile in der Architektur.
   Aluminium mit Magnesium und Mangan (AlMgMn): Ähnlich fest, beständig und schweißbar wie AlMg3; nicht eloxierbar. Verwendung als Bleche und Profile. Sie lassen sich in weichem oder zwischenhartem Zustand gut biegen und falzen, daher für Doppelfalz- und Leistendächer geeignet.
   Aluminium mit Magnesium und Silicium (AlMgSi) sind aushärtbare Legierungen. AlMgSi1:

Mindestzugfestigkeit (warmausgehärtet) 210 bis 320 N/mm². Sehr beständig gegen Witterung, vorzüglich eloxierbar. Für tragende Konstruktionen. Außerdem AlMgSi0,8 (warmausgehärtet) mit Mindestfestigkeit von 280 N/mm² und AlMgSi0,5 (warmausgehärtet) mit 130 bis 250 N/mm² für Walz- und Strangpress-Erzeugnisse (Fenster, Türen, Fassaden usw.).
Aluminium mit Zink und Magnesium (AlZn4,5Mg1–F35): Witterungsbeständig, gut schweißbar, Mindestfestigkeit 350 N/mm²; 4,5 % Zn und 1,3 % Mg. Für Ingenieurbauten geeignet.
Aluminium mit Kupfer und Magnesium (AlCuMg2–F44): Duralumin; Schweißbarkeit, Verformbarkeit und Korrosionsverhalten ungünstig, Festigkeit 440 N/mm². Bei Verwendung im Bauwesen stets Schutzanstrich erforderlich.

3. Gusslegierungen DIN EN 1706 (2013–12) und 1676 (2010–06)
   (Die Kurzbezeichnungen stammen noch aus der zurückgezogenen DIN 1725.)
   Herstellung durch Sand- oder Kokillenguss (G oder GK), teils auch durch Druckguss (GD).
   Aluminium mit Silicium (AlSi12): Sehr gut gießbar, korrosionsbeständig, schweißbar, Zugfestigkeit 160 bis 210 N/mm², nicht eloxierbar. Für komplizierte und druckdichte Teile.
   Aluminium mit Magnesium (AlMg): Korrosionsfest, sehr gut eloxierbar. Zugfestigkeit bei AlMg 140 bis 190 N/mm², bei AlMg3 160 bis 220 N/mm² und bei AlMg5 160 bis 200 N/mm². Für Außen- und Innenarchitektur, z.B. Fenster, Beschläge.
4. Erkennen von Aluminium durch Tüpfelprobe: Auf eine blankgeschmirgelte Fläche ein bis zwei Tropfen 20%ige Natronlauge fünf Minuten einwirken lassen. Entwickeln sich Gasbläschen, liegt Al oder Al-Legierung vor, andernfalls handelt es sich um Mg oder Mg-Legierung. Nach dem Abspülen der Bläschen mit Wasser: weißer Fleck = Reinaluminium oder sonstige schwermetall-freie Al-Legierung; deutliche Schwärzung = Cu, Zn, Ni in Al-Legierung; graublaue Färbung = Si-Gehalt 2 %. Farbfleck abtupfen und mit konzentrierter Salpetersäure betupfen: Schwärzung verschwindet = Cu, Zn und/oder Ni; Fleck bleibt bestehen oder hellt nur wenig auf = Si.
5. Elektrolytische Oxidation = Eloxieren: Oberflächenbehandlung des Aluminiums zum Schutz gegen Korrosion und zur Erzeugung einer metallisch glänzenden Oberfläche in verschiedenen Farbtönen (Eloxal). Die Schichtdicke beträgt etwa 30 µm im Gegensatz zur natürlichen Oxidschicht, die 0,01 bis 0,1 mm dick ist und keinen ausreichenden Korrosionsschutz bietet. Als Schutz gegen frischen Putzmörtel und Beton dient farbloser Schutzlack, der im Laufe der Zeit verwittert oder sich als Abziehlack leicht entfernen lässt. Die Reinigung geschieht mit warmem Prilwasser, ätzende oder schmirgelnde Reinigungsmittel sind nicht geeignet (zulässiger pH-Wert 5 bis 8).

8.1.4 Verwendung im Bauwesen

Bleche, Platten und Bänder ab 0,35 mm Dicke für Dachdeckung und Wandbekleidungen (DIN EN 485-1 bis -4). Dünne Folien von 0,021 bis 0,35 mm Dicke für Abdichtungszwecke und Dampfsperren in bituminierten Dichtungsbahnen.
Stangen, Drähte und Strangpressprofile für Fenster, Türen und tragende Leichtbaukonstruktionen.
Gussteile: Platten mit strukturierter Oberfläche für Wandbekleidungen; Beschläge für Fens-

ter und Türen; Gerüstkupplungen.
Aluminiumfenster, auch mit Hartschaumfüllung; Holz-Alu-Fenster; Türen, Tore; Schaufensteranlagen, Ladeneinrichtungen; Trennwände, Jalousien, Rollläden, Lamellenvordächer, Heizkörper, Gitter, Roste, Geländer, Dachdeckungsprofile und -zubehör, Wandelemente; Rohrgerüste, Leitern, Maste.
Schilder, Zierleisten, Vorhangschienen, Lampenkörper.
Al-Pulver als Treibmittel für Gasbeton und für Rostschutzanstriche sowie für Thermit-Schweißen von Schienen.

8.2 Magnesium

Rohstoff: Magnesit $MgCO_3$, Dolomit $CaMg(CO_3)_2$, Karnallit $KClMgCl_2 \cdot 6\ H_2O$; Gewinnung hauptsächlich durch Schmelzflusselektrolyse.
Eigenschaften: Leichtestes Metall der Technik, Dichte = 1,74 kg/dm^3; glänzt silbrigweiß; Schmelzpunkt bei 650 °C; walz- und ziehbar; chemisches Verhalten ähnlich Aluminium.
Legierungen: Knetlegierungen nach DIN 1729-1 (1982–08), Blockmetalle und Gussstücke aus Mg-Legierungen nach DIN EN 1753 (1997–08), Reinmagnesium nach DIN EN 12 421 (1998–06). Im Bauwesen fast ausschließlich die Legierungen Magnewin und Elektron.
Verwendung: Bleche und Profile für Leichtbau, Geländer, Handläufe; Bau- und Möbelbeschläge, Heizkörperverkleidungen, Schalteraufbauten; Zubehör für Elektroinstallation; Legierungsbestandteil für Alu-Werkstoffe. Spanabhebend, leicht bearbeitbar, schmied- und schweißbar, Späne und Schleifstaub brennen leicht (!). Natürliche Oxidschicht hat nur geringe Schutzwirkung gegen Korrosion, daher Oberflächenbehandlung durch Beizen mit Chromatlösungen, anodische Oxidation (nicht so sicher wie bei Al), zusätzliches Lackieren. Mg neigt zur elektrochemischen Korrosion, daher Berührung mit Stahl und Kupfer vermeiden, Sperrschichten anordnen, Befestigungsschrauben in Kunstharz tauchen.

8.3 Blei

Normen

DIN 17 640-1	(2004–02)	Bleilegierungen für allgemeine Verwendung
DIN 59 610	(2004–02)	Blei und Bleilegierungen
DIN EN 12 659	(1999–11)	Blei und Bleilegierungen; Blei

8.3.1 Herstellung und Eigenschaften

a) Herstellung: Rohstoff ist Bleiglanz PbS, meist gebunden an Zinkblende ZnS und andere Mineralien. Gewinnung durch Rösten (Schwefelentzug) und Reduktion (Sauerstoffentzug).
b) Eigenschaften: Hohe Dichte 11,3 kg/dm^3; niedriger Schmelzpunkt = 327 °C; Wärmedehnzahl $\alpha_T = 0{,}03$ mm/(m · K); weich, kalt verformbar; lässt sich ziehen, walzen, gießen, löten; giftig! Bleimerkblatt beachten; Blei absorbiert Schallwellen sowie Röntgen- und radioaktive Strahlen (Strahlenschutz!); Blei bildet an der Luft eine Schutzschicht aus Bleicarbonat, bei Einwirkung von SO_2 (z.B. bei Ölheizungen) aus Bleisulfat (auch bei Kontakt mit Gips), weiches Wasser unter 8 ° dH kann aus Blei (Trinkwasserleitungen!) gesundheitsschädliches $Pb(OH)_2$ lösen, bei hartem Wasser bildet sich eine Schutzschicht aus Blei-Calcium-Carbonat.

8.3.2 Sorten und Legierungen

a) Bleisorten: Werkblei mit 95 bis 98 % Pb; Feinblei 99,99 und 99,985 % Pb; Hüttenblei 99,94 und 99,9 % Pb; Umschmelzblei mit 99,75 und 98,5 % Pb.

b) Legierungen

DIN 17 640-1 (2004–02) – Bleilegierungen für allgemeine Verwendung

Blei-Antimon-Legierungen: Durch Antimon (Sb) werden Härte und Festigkeit verbessert; Hartblei mit 5 bis 13 % Sb für Auflagerplatten mit höherer Druckbelastung; Rohrblei mit 0,2 bis 1,25 % Sb für Trinkwasser-Druckrohrleitungen und Abflussrohre.

Bleilegierungen für Kabelmäntel DIN EN 12 548 (1999–11): Kabel-Antimon-Blei mit 0,5 bis 1 % Sb; Kabel-Zinn-Blei mit mindestens 2,5 % Sn; Kabelblei Kb-Pb mit 0,03 bis 0,05 % Cu, Erhöhung der Festigkeit und des Korrosionswiderstandes.

Weichlote DIN EN 9453 (2014–12), hauptsächlich mit Zinn (bis 90 %), auch mit Sb, Cu und Ag (Silber).

Blei-Gusslegierungen DIN ISO 4381, mit Zinn und anderen Legierungselementen, z.B. für Verbund-Gleitlager, mit Zinn u.a. für Achs- und Gleitlager.

Bleidruckgusslegierungen DIN 17 640-1 mit Sb und evtl. Sn und/oder Cu für Druckgussstücke.

8.3.3 Verwendung im Bauwesen

Bleibleche DIN EN 12 588 (2007–03), gewalzt aus Kabelblei Kb-Pb (s.o.) von 0,5 bis 10 mm Dicke und Breiten bis 1,25 m; Lieferung vorzugsweise in Rollen von 50 oder 100 kg; für Flachdächer ($d \geq 2$ mm), Rinnenauskleidungen ($d \geq 2,5$ mm), Maueranschlüsse ($d \geq 1,75$ mm), zwischen Bitumenbahnen ($d = 1$ mm als Blech oder 0,1 bis 0,3 mm dick als Folie); als Absperrung im Säureschutzbau sowie Schall- und Strahlenschutz (Röntgenräume, Reaktorbau); Ausgleich von Unebenheiten im Fertigteilbau, Dichtungsringe für Flanschrohre.

Bleiwolle und Riffelblei zum kalten Verstemmen des Hanfstricks von Muffenrohren.

Bleidraht, weich und hart, Durchmesser 0,5 bis 15 mm, in Ringen von 25 bis 50 kg, bei Dicken unter 4 mm auch auf Spulen.

Sprossenblei für Bleiverglasungen, heute auch schon Aluminiumsprossen.

Bleirohre, leicht verarbeitbar, biegsam, sind „leise", vertragen mehrmaliges Zufrieren, sind nachgiebig bei Erdbewegungen. Druckrohre für Nichttrinkwasser-Leitungen aus Weich- und Hartblei, Innendurchmesser bis 40 mm, Nenndruck bis 10 bar; Mantelrohre mit innerer Verzinnung (0,5 bis 1 mm dick) für weiche und kohlensäurehaltige Wässer; Abflussrohre für Entwässerungsanlagen aus Rohrblei, Innendurchmesser bis 125 mm.

8.4 Zinn

Normen

DIN EN 610	(1995–09)	Zinn- und Zinnlegierungen; Zinn in Masseln
DIN EN 611-1	(1995–09)	Zinn und Zinnlegierungen,T1 – Zinnlegierungen
DIN EN 611-2	(1996–08)	Zinn und Zinnlegierungen,T2 – Zinngerät
DIN 1742	(1971–07)	Zinn – Druckgusslegierungen, -stücke

a) Rohstoff: Zinnstein SnO_2, Gewinnung durch Reduktion.

b) Eigenschaften: Dichte 7,3 kg/dm^3; Schmelzpunkt 232 °C; fast so weich wie Blei, sehr dehnbar, lässt sich löten; an der Luft sowie gegen schwache Säuren und

Laugen beständig; unlegiertes Zinn kann unterhalb +13 °C zu Pulver zerfallen („Zinnpest").

c) Verwendung: Rostschutz durch Feuerverzinnung von Stahlblech (z.B. Weißblech bei Konservendosen); Überzug von Blitzableitern aus Cu unter der Erde (bleiben blank!), Rohre für Mineralwasser- und Bierleitungen; Innenverzinnung von Mantelrohren aus Blei (s.o.); Zinnfolien = Stanniol, heute meist aus Aluminium; Legierungsmetall für Bronze (s.u.) und Lötzinn bzw. Weichlot (s.o.).

8.5 Zink

Normen

DIN EN 1179	(2003–09)	Zink und Zinklegierungen; Primärzink
DIN 18 339	(2012–09)	Klempnerarbeiten (VOB Teil C)
DIN EN 988	(1996–08)	Zink und Zinklegierungen; Anforderungen an gewalzte Flacherzeugnisse für das Bauwesen

8.5.1 Herstellung und Eigenschaften

a) Herstellung: Rohstoff ist Zinkcarbonat $ZnCO_3$ (Zinkspat, Galmei) und Zinkblende ZnS. Gewinnung durch Rösten (zu ZnO) und Reduktion mit Koks (zu Zn).

b) Eigenschaften: Dichte 7,2 kg/dm^3; Schmelzpunkt 419 °C; Wärmedehnzahl α = 0,03 mm/(m · K); bläulich-silbrig; bei 20 °C spröde, bei 100 °C leicht zu walzen und zu ziehen; lässt sich hämmern, treiben, gießen, löten; Zugfestigkeit (gewalzt) 120 bis 140 N/mm^2, Bruchdehnung 52 bis 60 %; an der Luft überzieht sich Zink mit wasserunlöslicher, matter, graublauer Patina aus basischem Zinkcarbonat $ZnCO_3 \cdot Zn(OH)_2$: Schutzanstriche haften auf bewitterten Oberflächen besser als auf frischem Zink; empfindlich gegen Säuren und Basen, bei Berührung mit Kupfer elektrochemische Korrosion.

8.5.2 Sorten und Legierungen

a) Sorten: Hüttenzink mit 97,5 bis 99,5 % Zn; Feinzink mit 99,95 bis 99,995 % Zn; Umschmelzzink mit mindestens 96 % Zn, aus Zinkabfällen.

b) Legierungen: Titanzink Kurzzeichen D-Zn bd (D = verbesserte Dauerstandfestigkeit; bd = bandgewalzt); Gusslegierungen nach DIN EN 1774 (1997–11) mit Al, Mg und Cu; Cu-Zn-Legierungen (Messing) s.u.

8.5.3 Verwendung im Bauwesen

Zinkblech nach DIN EN 612 (2005–04), aus Titanzink in Form von Bändern auf Rollen (Coils), max. 1 m breit, oder Tafeln, Breite bis 1 m, Länge von 2 oder 3 m, Dicken 0,6 bis 0,8 mm; für Dachrinnen und Regenfallrohre (DIN 18 460/61 (1989–05) und (1989–02)), Traufbleche, Mauer- und Gesimsabdeckungen, Randeinfassungen, Verkleidungen, Anschlüsse; Dacheindeckungen; Befestigung durch Schrauben und/oder „Haften" (Normalhaft, Schiebehaft, Plattenhaft, T-Haft, Zahnhaft, Haftleisten); Dacheindeckungen werden als Doppelstehfalzdeckung oder Leistendeckung ausgeführt; Nahtverbindungen von Dachrinnen und Regenfallrohren werden gelötet, geschweißt oder doppelt gefalzt.

Feuerverzinkung von Stahl als Rostschutz (siehe Abschn. 7.11.3b).

Zink-Druckguss DIN EN 12 844 (1999–01) für Beschläge aus Feinzink-Gusslegierungen.

Zinkfarben für Anstriche, insbesondere Zinkweiß.

8.6 Kupfer

Normen

DIN 18 339	(2012–09)	Klempnerarbeiten (VOB Teil C: Allgemeine Vertragsbedingungen für Bauleistungen)
DIN EN 1057	(2010–06)	Kupfer und Kupferlegierungen; Nahtlose Rundrohre für Wasser- und Gasinstallationen für Sanitärinstallationen und Heizungsanlagen
DIN EN 1172	(2012–02)	wie vor; Bleche und Bänder für das Bauwesen
DIN EN 1173	(2008–08)	wie vor; Zustandsbezeichnungen
DIN EN 1412	(1995–12) (Entw. 2016–02)	wie vor; Europäisches Werkstoffnummernsystem
DIN EN 1652	(1998–03)	wie vor; Platten, Bleche, Bänder, Streifen und Ronden zur allgemeinen Verwendung
DIN EN 1655	(1997–06)	wie vor; Konformitätserklärungen
DIN EN 1976	(2013–01)	wie vor; Gegossene Rohformen aus Kupfer
DIN EN 1977	(2013–04)	wie vor; Vordraht aus Kupfer
DIN EN 1978	(1998–05)	wie vor; Kupfer-Kathoden
DIN EN 1981	(2003–05)	wie vor; Vorlegierungen
DIN EN 12 163	(2011–08)	wie vor; Stangen zur allgemeinen Verwendung (Entw. 2015–12)
DIN EN 12 165	(2011–08)	wie vor; Vormaterial für Schmiedestücke
DIN EN 12 166	(2011–08)	wie vor; Drähte zur allgemeinen Verwendung
DIN EN 12 167	(2011–08)	wie vor; Profile und Rechteckstangen zur allgemeinen Verwendung
DIN EN 12 168	(2011–08)	wie vor; Hohlstangen für die spanende Bearbeitung
DIN EN 12 420	(2014–09)	wie vor; Schmiedestücke
DIN EN 12 449	(2012–07)	wie vor; Nahtlose Rundrohre zur allgemeinen Verwendung
DIN EN 13 347	(2011–03)	wie vor; Stangen und Drähte für Schweißzusatzstoffe und Hartlote (zurückgezogen)
DIN TB 456	(2015)	Kupfer 1: Walzprodukte und Rohre; Kupfer 2: Stangen, Drähte, Profile, Guss- und Schmiedestücke

8.6.1 Herstellung und Eigenschaften

a) Herstellung: Wichtige Ausgangsstoffe sind Kupfererze, Kupferkies $CuFeS_2$ und Kupferglanz Cu_2S mit 0,5 bis 0,8 % Cu. Durch Schwimmverfahren (Flotation) auf 20 bis 30 % und anschließendes Rösten auf 30 bis 50 % (Kupferstein) erhöht. Durch Reduktion (Einblasen von Luft in den Konverter) entsteht Rohkupfer mit 97 bis 99 % Cu, durch Raffination in Flammöfen (Oxidation von Beimengungen) Hüttenkupfer mit 99,5 und 99,9 % Cu, durch elektrolytische Raffination Elektrolytkupfer mit mindestens 99,9 % Cu.

b) Eigenschaften: reines Kupfer glänzt rot (Buntmetall!); Dichte 8,9 kg/dm^3, Schmelzpunkt 1083 °C; Wärmeleitfähigkeit 385 W/(m · K) (reines Cu), sonst mindestens 305 W/(m · K), Wärmedehnzahl 0,017 mm/(m · K); elektrischer Widerstand 0,0167 Ohm · mm^2/m (reines Cu, nächst Silber der beste elektrische Leiter); Zugfestigkeit von Blechen und Bändern 200 bis 360 N/mm^2 bei abnehmender Bruchdehnung von 40 bis 2 %; gute Korrosionsbeständigkeit in der Atmosphäre durch grünen Überzug aus Kupfersalzen (Patina); beständig gegen Trink- und Brauchwasser; bei Berührung mit unedleren Metallen wie Fe, Al oder Zn werden diese elektrolytisch angegriffen, daher Kupfer stets in Fließrichtung nach Stahl anordnen.

8.6.2 Sorten und Legierungen

a) Sorten: Gussformate (Barren, Walzplatten, Kathoden) und Halbzeugkupfersorten, sauerstoffhaltige Sorten E-Cu 58 und E-Cu 57, die Zahlen bedeuten die elektrische Leitfähigkeit in m/(Ohm · mm^2); sauerstofffreie Sorten SE-Cu, SW-Cu und SF-Cu mit besserer Schweiß- und Hartlötbarkeit; Gusskupfer-Werkstoffe nach DIN EN 1982, z.B. G-Cu mit guter Korrosionsbeständigkeit, auch gegen Meerwasser.

b) Legierungen DIN EN 1982 (2008–08):
Kupfer-Zink-Gusslegierungen (Messing) mit 5 bis 45 % Zn; Farbe gelb, auch rötlich.
Kupfer-Zinn-Gusslegierungen (Bronze) mit 2 bis 20 % Sn; für Ventile, Armaturen, Pumpen, Fittings.
Kupfer-Zinn-Zink-Gusslegierungen für Armaturen (Rotguss).
Kupfer-Nickel-Knetlegierungen mit 10 bis 44 % Ni für Rohre und Armaturen; beständig gegen Meerwasser.
Kupfer-Aluminium-Knetlegierungen (Aluminiumbronze) bis 14 % Al; Fassaden, Gitter, Roste, Tore, Türen, Beschläge, Armaturen.
Kupfer-Nickel-Zink-Knetlegierungen (Neusilber) im Innenausbau für Wand- und Türbekleidungen, Geländer, Armaturen, Beschläge.

8.6.3 Verwendung im Bauwesen

Bleche und Bänder nach DIN EN 1652 (1998–03) in Tafeln 1,00 × 2,00 m oder als Bänder in Rollen 0,60 m breit. Für Dachdeckungen (0,6 bis 0,7 mm dick), Dachrinnen, Fallrohre, Gesims- und Wandbekleidungen, für dekorativen Innenausbau in Dicken von 0,1 bis 2 mm; Verlegung in Falztechnik, Befestigung verschieblich mit sog. „Haften" (s. Zink), auch Verklebung mit Heißbitumen möglich.

Kupferriffelband, Dicke 0,1 bis 0,2 mm, Breite 1 m, für Abdichtungen, Heißbitumenverklebung oder als Einlage in Dichtungsbahnen.

Rohre nach DIN EN 12 449 (2012–07) und DIN EN 1057 (2010–06), nahtlos gezogen aus SF-Cu oder Kupferknetlegierungen. Blanke und wärmeisolierte (Wicu-)Rohre in 5 m langen Stangen (hart) von 6 bis 54 mm Außendurchmesser, in 50 m langen Ringen (weich) von 6 bis 22 mm Außendurchmesser; für Kalt- und Warmwasserleitungen, Heizungen, Öl- und Gasleitungen.

9 Holz und Holzbaustoffe

9.1 Allgemeines

Holz ist ein natürlich gewachsener organischer Baustoff. Es hat als Schnittholz und als Holzwerkstoff (Brettschichtholz, Sperrholz, Holzbauplatten) gute bautechnische Eigenschaften. Seit Mitte der 1980er-Jahre nimmt die Zahl der Bauwerke in Holzbauweise sowohl im Wohnungsbau als auch im Ingenieurbau (Hallen etc.) stetig zu.

Als Naturprodukt weisen die Eigenschaften des Holzes stärkere Schwankungen auf als z.B. die von Beton und Stahl. Insbesondere die Festigkeit des eingeschnittenen Holzes ist abhängig von der Ästigkeit (Anzahl und Größe der angeschnittenen Äste), vom Faserverlauf (Abweichung von der Längsrichtung, z.B. infolge Drehwuchs), von der Jahresringbreite sowie vom Splint- und Kernholzanteil. Die Holzeigenschaften sind außerdem abhängig von der Richtung, d.h. ob parallel oder senkrecht zur Stammrichtung gemessen, man spricht von der Anisotropie des Holzes, und sie sind abhängig von der Holzfeuchte. Diese wiederum hängt ab vom Trocknungszustand des Holzes und vom umgebenden Klima (Luftfeuchte). Holz ist hygroskopisch. Das hat insbesondere Einfluss auf das „Arbeiten" des Holzes, d.h. auf sein Schwinden und Quellen.

Die Lebensdauer des Holzes hängt vor allem von der Art ab, wie es bei der Lagerung und im verbauten Zustand geschützt wird. Man rechnet mit einer Lebensdauer ungeschützter Hölzer im Freien von 25 Jahren (Erle) bis 100 Jahre (Eiche), in fließendem Wasser von 50 Jahren (Fichte) bis nahezu unbegrenzt (Eiche). Ungünstig ist ein häufiger Wechsel zwischen nass und trocken. Er führt bei den meisten Hölzern zu Fäulnis. Die Lebensdauer der Hölzer kann man durch Imprägnieren mit öligen, wasserlöslichen oder lösemittelhaltigen Holzschutzmitteln erheblich verlängern.

In Deutschland wird seit etwa 200 Jahren nachhaltige Holzwirtschaft betrieben, d.h., es wird dem Wald nicht mehr Holz entnommen als nachwächst. So werden zzt. pro Jahr dem Wald etwa 40 Mio. m³ Holz entnommen, in derselben Zeit wachsen etwa 60 Mio. m³ nach. Die Bäume binden bei ihrem Wachsen das Treibhausgas Kohlendioxid und geben Sauerstoff an die Luft ab. Eine Tonne trockenes Holz (1 m³ Frischholz) enthalt etwa 0,5 t Kohlenstoff, das entspricht ca. 1,8 t gebundenem Kohlendioxid. Insofern trägt die Verwendung von heimischem Holz zusätzlich aktiv zum Umwelt- und Klimaschutz bei. Aus der Bundeswaldinventur 2004 ergeben sich für die heimische Holznutzung folgende Werte:

Tafel 9.1 Holznutzung in Deutschland ohne Brennholz

Baumartengruppe	Holzeinschlag 2004 ohne Brennholz in Mio. m³	potenziell mögliches Rohholz-Aufkommen in Mio. m³	Nutzung vom potenziell möglichen Rohholz-Aufkommen in %
Eiche	2,0	4,8	41,7
Buche	8,7	23,4	37,2
Fichte	33,7	27,5	121,5
Kiefer	10,3	15,0	68,7
Summe	**54,5**	**70,1**	**Durchschnitt 67 %**

In Deutschland werden also nur ca. 67 % des pro Jahr nachwachsenden Holzes genutzt.

9.2 Aufbau des Holzes

9.2.1 Chemischer Aufbau des Holzes

Holz ist ein organisches Gewebe. Die chemischen Elemente des Holzes sind Kohlenstoff (ca. 40 bis 50 %), Sauerstoff (etwa 40 %), Wasserstoff (etwa 6 %) sowie Stickstoff und Mineralstoffe (unter 1 %). Diese Elemente bilden die folgenden chemischen Verbindungen:

- Zellulose (ca. 40 bis 60 %), besteht aus fadenförmigen Makromolekülen (Grundsubstanz: Glucose) und bildet die Zellwandsubstanz des Holzes („Armierung"), verantwortlich für die Zugfestigkeit und chemische Beständigkeit des Holzes.
- Lignin (ca. 18 bis 41 %), ein Benzolderivat, das die Kittsubstanz des Holzes darstellt („Bindemittel"), verantwortlich für die Druckfestigkeit des Holzes.
- Holzpolyosen (ca. 6 bis 27 %) bestehen aus Hemizellulose und bilden z.T. Zellwandsubstanz, z.T. Kittsubstanz. Sie sind leicht von Schädlingen angreifbar.
- Holzinhaltsstoffe (ca. 2 bis 7 %) umfassen Reservestoffe, Farb-, Gerb- und Imprägnierstoffe, Wachse, Harze. Sie bestimmen vor allem Farbe, Geruch und natürliche Dauerhaftigkeit des Holzes.

9.2.2 Makroskopischer Aufbau des Holzes

Der makroskopische Aufbau des Holzes (siehe Abb. 9.1) ist im Hirnschnitt (Querschnitt senkrecht zur Stammachse) zu erkennen. Die ringförmigen Schichten im Stammquerschnitt werden wie folgt bezeichnet (von außen nach innen): Rinde (Borke und Bast), Wachstumsschicht (Kambium, Zuwachsring), Splintholz (jung, oft heller, saftreich und daher leicht verderblich), Kernholz (älter, oft dunkel, saftarm, haltbar), Markröhre mit dem (bei alten Stämmen zusammengeschrumpften) Mark. Durch das jährliche Wachstum des Holzes bildet sich im Frühjahr das Frühholz (helles, lockeres und poröses Holz) und im Sommer das Spätholz (dunkles, festeres und härteres Holz); beide zusammen bilden einen Jahresring. Beim Laubholz ist der farbliche Unterschied zwischen Früh- und Spätholz nicht so deutlich zu erkennen wie beim Nadelholz. Bei tropischen Hölzern sind die Jahresringe wegen des ganzjährigen Wachstums nur schwach oder gar nicht zu erkennen.

Das Wachstum des Baumes geht von der Kambiumschicht aus. Im außen liegenden, etwa 5 bis 8 cm dicken Splintholz steigt das von den Wurzeln aufgenommene nährstoffreiche Wasser infolge Kapillarwirkung in den feinen Holzzellen bis zu den Blättern auf. Dort bilden sich durch chemische Reaktion (Assimilation) des Wassers mit dem Kohlendioxid der Luft, das von den Blättern aufgenommen wird, unter Mitwirkung des Chlorophylls (Katalysator) und der Sonne (Energie) und unter Abgabe von Sauerstoff Traubenzucker und Stärke. Diese Stoffe wandern in der Bastschicht nach unten in das Kambium, wo daraus nach innen Holzzellen und nach außen neue Bastzellen gebildet werden.

Das innen liegende, oft dunklere Kernholz ist mit Holzinhaltsstoffen (s.o.) angereichert. Seine Holzzellen haben ihre wasserleitende und speichernde Funktion verloren. Kernholz ist trockener, schwerer, härter und dauerhafter als Splintholz, aber auch schwerer imprägnierbar. Bei Kiefer, Lärche, Douglasie, Eiche, Kastanie, Nussbaum und Robinie hebt sich das Kernholz farblich gut vom Splintholz ab, sie heißen Kernholzbäume. Dies ist bei Fichte, Tanne, Rotbuche, Linde und Birnbaum nicht der Fall. Sie haben einen hellen Kern, Reifholz oder Trockenkernholz genannt, der sich vom Splintholz farblich nicht abhebt, ansonsten

aber die Eigenschaften des Kernholzes hat. Man spricht hier von Reifholzbäumen.
Der Radialschnitt geht durch die Achse und einen Halbmesser. Er wird auch als Spiegelschnitt bezeichnet, weil er die glänzenden (spiegelnden) Markstrahlen gut erkennen lässt. Der Tangentialschnitt, auch Sehnenschnitt genannt, geht parallel zur Achse, also in der Längsrichtung des Stammes, durch eine „Sehne" (Verbindung zweier beliebiger Punkte eines Kreises) des Querschnitts. Er ergibt das Langholz (Fladerholz, Tangentialholz), d.h. Kantholz, Bohlen, Bretter und Latten. Das größte Brett wird aus der Stammmitte ausgeschnitten. Es zeigt die Jahresringe als schmale Streifen. Außenbretter zeigen die Jahresringe als schräg geschnittene, pyramidenähnliche Flächen (Fladern). Die Unregelmäßigkeit im Wachstum der Stämme ergibt im Sehnenschnitt die bei jeder Holzart anders geartete Maserung.

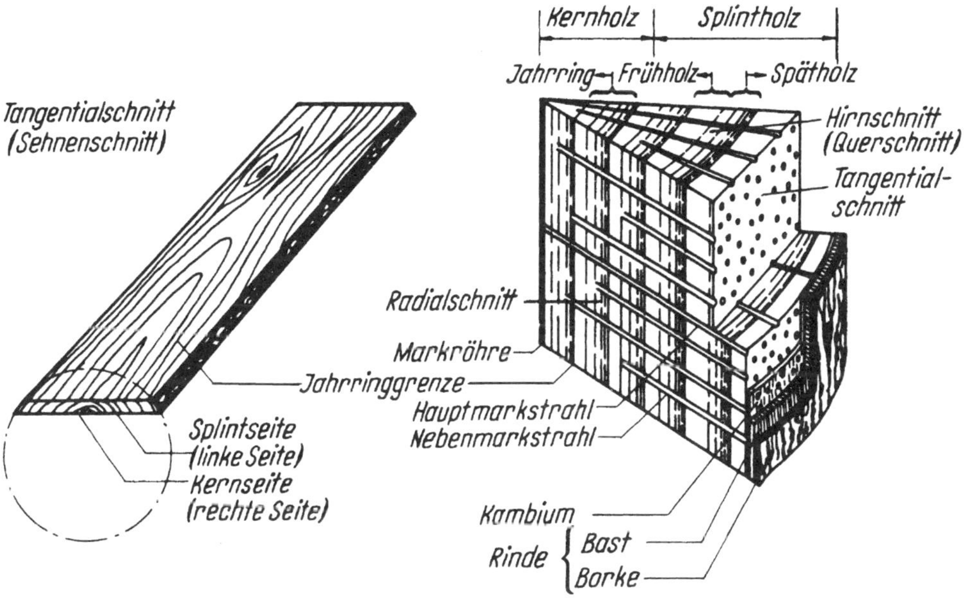

Abb. 9.1 Schnitt durch einen Baumstamm

9.2.3 Mikroskopischer Aufbau des Holzes

Unter dem mikroskopischen Aufbau des Holzes versteht man die Holzzellen. Davon gibt es verschiedene Arten. Nadelholz besteht überwiegend aus den sog. Tracheiden. Das sind 3 bis 10 mm lange, parallel zur Stammachse verlaufende feine Schläuche, die untereinander an ihren Enden durch Öffnungen, sog. Tüpfel, verbunden sind, durch die im Frühholz der Feuchtigkeitstransport von den Wurzeln zu den Blättern stattfinden kann. Laubholz besteht in seiner Hauptmasse aus den sog. Sklerenchymzellen, 0,5 bis 1,5 mm langen Zellen, die das Stützgewebe des Holzes ausmachen.
Tracheen. Dies sind röhrenförmige Zellen beim Laubholz von 10 cm bis max. 2 m Länge und bis zu 0,5 mm Durchmesser (besonders groß bei Eiche, Esche und Nussbaum), deren Aufgabe die Saftleitung im Splint ist. Außerdem gibt es in beiden Holzarten die sog. Parenchymzellen, dünnwandige Zellen von fast prismatischer Form. Sie verlaufen entweder in Stammrichtung axial (Strang-Parenchymzellen) oder radial (Strahlen-Parenchymzellen). Diese

werden Mark- oder Holzstrahlen genannt. Die Parenchymzellen dienen der Speicherung der Reservestoffe für die Knospen- und Blütenbildung.

9.2.4 Holzfehler

Risse: Trocknungs- und Schwindrisse mindern die Holzfestigkeit kaum, begünstigen aber das Eindringen von Wasser und Schädlingen. Ringklüfte und Schälrisse (umlaufende Trennung der Jahresringe) sowie Blitz- und Frostrisse machen das Holz als Bauholz praktisch unbrauchbar.
Äste setzen die Festigkeit herab (Güteklasse bzw. Sortierklasse, Tafel 9.4).
Wuchsfehler: Abholzigkeit (starker Winddruck), einseitiger Wuchs (Wind, Waldrand, steile Hänge), Drehwuchs (Kastanie!) haben Einfluss auf die Sortierklasse (siehe Tafel 9.4).
Verfärbungen: Rot- und Braunstreifigkeit (Pilzbefall) begrenzt zulässig (siehe Tafel 9.4); Blaufärbung, sog. „Bläue", ist statisch unbedenklich, erfordert jedoch einen deckenden Anstrich.

9.3 Feuchteverhalten von Holz

9.3.1 Holzfeuchte

Holz ist hygroskopisch. Die Holzfeuchte, die sich allmählich, i.d.R. im Laufe mehrerer Monate, als sog. Ausgleichsfeuchte einstellt, hängt von der relativen Feuchte und der Temperatur der umgebenden Luft ab. Als Faustregel gilt: Die Ausgleichsfeuchte beträgt etwa 1/5 bis 1/4 der relativen Luftfeuchte.
Bei der Holzfeuchte unterscheidet man gebundenes und freies Wasser. Unterhalb 30 % Feuchtigkeit ist das Wasser (physikalisch) an die Fasern der Zellwände gebunden. Bei mehr als 30 % (Fasersättigungspunkt) liegt das Wasser frei in den Hohlräumen (Kapillaren) der Zellen. Der Feuchtigkeitsgehalt des Holzes ist bezogen auf das reine Trockengewicht des völlig wasserfreien Holzes. Man rechnet mit folgender Gleichung:

$$\frac{\text{Holzgewicht nass minus Holzgewicht trocken}}{\text{Holzgewicht trocken}} \cdot 100 = \text{Feuchtegehalt in \%}$$

Man unterscheidet nach DIN 4074-1 (2003–06) folgende Feuchtegehalte:
- trocken: bis 20 % mittlerer Feuchtegehalt
- halbtrocken: mittlerer Feuchtegehalt 20 bis 30 %, bei Querschnitten über 200 cm^2 bis 35 %
- frisch: über 30 % Feuchtegehalt, bei Querschnitten über 200 cm^2 über 35 %.

Eingebaut werden sollen nur trockene Hölzer, halbtrockene müssen nach dem Einbau austrocknen können!
Für eingebautes Holz gelten nach DIN 1052-1 (1988–04) folgende Ausgleichsfeuchten:

– allseitig geschlossene Bauwerke	
mit Heizung	9 ± 3 Masse-%
ohne Heizung	12 ± 3 Masse-%
– Bauwerke offen, überdeckt	15 ± 3 Masse-%
– Konstruktion der Witterung ausgesetzt	18 ± 6 Masse-%

9.3.2 Holztrocknung

Das Trocknen von Holz geschah früher ausschließlich in natürlichen Freiluftanlagen durch besondere Stapelung und durch Schutz gegen Bodenfeuchtigkeit, Regen und Sonne (Dauer bei Weichholz 1 bis 2 Jahre, bei Hartholz 3 bis 4 Jahre). Heute wird zunehmend die technische Trocknung in Trockenkammern angewendet (Dauer 2 bis 4 Tage, Temperatur 50 bis 90°C, Luftgeschwindigkeit ca. 2 m/s). Dabei hat die Einschnittart einen entscheidenden Einfluss auf die Bildung von Trocknungsrissen, die in Querschnitten mit Markröhre häufiger auftreten und auf die Bildung von Verkrümmungen, Verwerfungen. Vorzuziehen ist der herzgetrennte zwei- oder mehrstielige Einschnitt (siehe Abb. 9.2). Durch Trocknung können sich die Holzquerschnitte je nach ihrer ursprünglichen Lage im Baum verwerfen und verziehen (siehe Abb. 9.3).

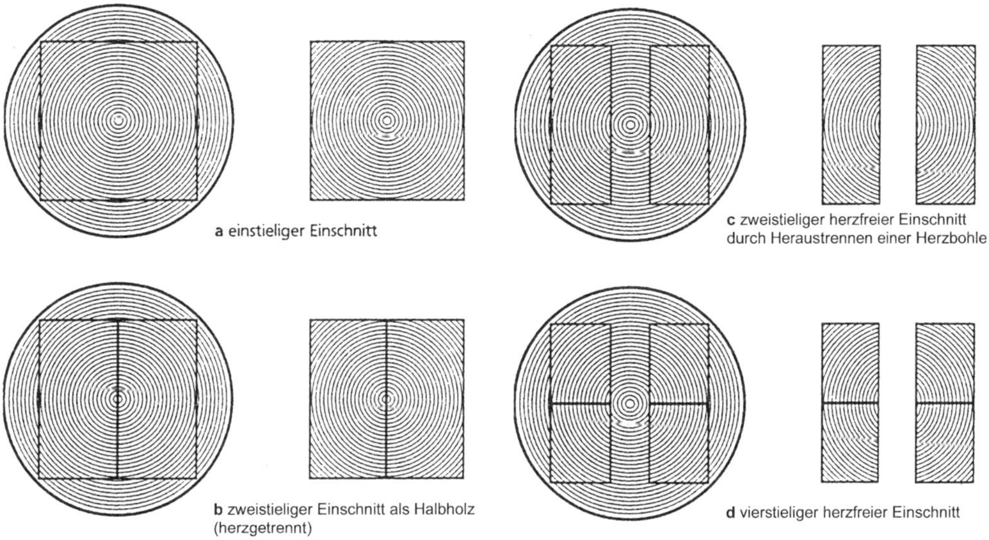

Abb. 9.2 Einschnittarten von Vollholz [35]

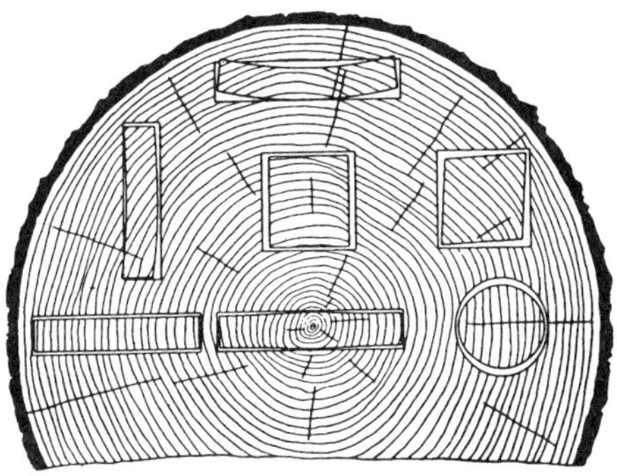

Abb. 9.3 Verformung von Holzquerschnitten infolge Trocknungsschwindung [2]

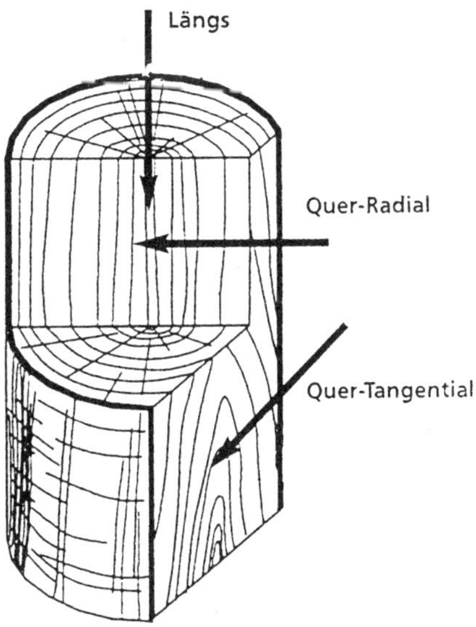

Abb. 9.4 Die Hauptschwindrichtungen im Holz [35]

9.3.3 Schwinden und Quellen

Mit der Feuchtigkeitsabgabe und -aufnahme ist das Schwinden und Quellen, das sog. „Arbeiten" des Holzes verbunden. In den verschiedenen Hauptrichtungen (siehe Abb. 9.4) beträgt das Schwinden infolge Trocknung: in der Längsrichtung (parallel zur Faser) etwa 0,1 %, quer zur Faser in Radialrichtung 3 bis 6 %, quer zur Faser in Tangentialrichtung 6 bis 12 %. Laubholz schwindet stärker als Nadelholz, weil es dickere Zellwände besitzt und weil Schwinden erst dann einsetzt, wenn die Feuchtigkeit aus den Zellwänden zu verdunsten beginnt, d.h. unter 30 % sinkt. Oberhalb des Fasersättigungspunktes und nach Erreichen der Ausgleichsfeuchte sind die Maßänderungen infolge Feuchtigkeitsschwankungen gering. Die DIN 1052-1 gibt folgende Schwind- und Quellmaße quer zur Längsrichtung an (in % pro 1 % Feuchteänderung unterhalb des Fasersättigungspunktes):

- Nadelholz, Brettschichtholz, Eiche 0,24
- Buche/Teak/Bongossi 0,3/0,2/0,36
- Bau-Furniersperrholz in Plattenebene 0,02
- Flachpressplatten in Plattenebene 0,035

Schwinden oder Quellen parallel zu Faser oder in Plattenebene können bei statischen Berechnungen unberücksichtigt bleiben.

9.4 Holzarten und ihre Anwendung

Nadelhölzer (NH) und Laubhölzer (LH), alle Kurzbezeichnungen nach DIN 4076.

Tafel 9.2 Kennwerte wichtiger Bauholzarten nach DIN 68 364 (05.2003)

	1	2	3	4	5	6	7	8	9	10	11	12	13	14	15	16
				mittl. Bruchfestigkeiten in N/mm²				mittlere elastische Eigenschaftswerte[4]								
Nr.	Holzart	Kurzzeichen nach DIN 4076-1	Rohdichte[1]	Zug β_Z long.	Druck β_D long.	Biegung β_B	Schub[2] τ_a	Proportionalitäts grenze[3] σ_{DP}	Elastizitätsmodul E N/mm²	Schubmodul G N/mm²	Querkontraktion 10^{-5} mm²/N					Resistenz[5]
									long.	tang.	rad.	long., rad.	long., tang.			
	Benennung		g/cm³					N/mm²	$\frac{1}{S_{22}}$	$\frac{1}{S_{11}}$	$\frac{1}{S_{33}}$	$\frac{1}{S_{44}}$	$\frac{1}{S_{66}}$	$-S°_{12}$	$-S°_{32}$	Klasse
1	Nadelholz	NH														
1.1	Douglasie (Oregon pine) *Pseudotsuga menziesil Franco*	DGA	0,54	100	50	80	9,5	7	12.000	700	900	800	900	3,8	2,2	3
1.2	Fichte *Picea abies Karst.*	FI	0,47	80	40	68	7,5		10.000	450	800	600	650	3,3	2,7	4
1.3	Kiefer *Pinus sylvestris L.*	KI	0,52	100	45	80	10		11.000	500	1000		680	2,7	2,8	3 bis 4
1.4	Lärche, Europäische *Larix decidua Mill.*	LA	0,50	105	48	93	9	7	12.000							3
1.5	Redcedar, Western *Thuja plicata Donn.*	RCW	0,37	60	35	54	6	6,8	8.000							2
1.6	Tanne *Abies alba Mill.*	TA	0,47	80	40	68	7,5		10.000	450						4
2	Laubholz	LH														
2.1	Afrormosia *Pericopsis elata van Meeuven*	AFR	0,69	130	70	125	13		13.000							2
2.2	Afzelia (Doussie) *Afzelia spp.*	AFZ	0,79	120	70	115	12,5		13.500							1
2.3	Agba (Tola branca) *Gossweileroden-dron balsamiferum Harms*	AGB	0,50	52	40	65	7,5		7.000							2 bis 3
2.4	Angélique (Basralocus) *Dicorynia guanensis Amsh., D. parensis Benth.*	AGQ	0,76	130	70	120	12		14.000							1
2.5	Azobé (Bongossi) *Lophira alata Banks ex. Gaertn.*	AZO	1,06	180	95	180	14		17.000							1
2.6	Buche *Fagus sylvatica L.*	BU	0,69	135	60	120	10		14.000	1.160	2.280	1.640	1.080	3,7	3,2	5
2.7	Eiche *Quercus robur L.*	EI	0,67	110	52	95	11,5	8,5	13.000	1.000		1.150	800			2
2.8	Greenheart *Ocotea rodjej Mez*	GRE	1,00	220	100	180	14		22.000							1
2.9	Iroko (Kambala) *Chlorophora excelsa Benth. & Hook, C. regia A. Chev.*	IRO	0,63	79	55	95	10	5,8	13.000	900	1.450	1.080	980	4,5	2,6	1 bis 2

	1	2	3	4	5	6	7	8	9	10	11	12	13	14	15	16
				mittl. Bruchfestigkeiten in N/mm²				mittlere elastische Eigenschaftswerte[4)]								
Nr.	Holzart	Kurzzeichen nach DIN 4076-1	Rohdichte[1)]	Zug β_Z long.	Druck β_D long.	Biegung β_B	Schub[2)] τ_a	Proportionalitätsgrenze[3)] σ_{DP}	Elastizitätsmodul E N/mm²	Schubmodul G N/mm²	Querkontraktion 10^{-5} mm²/N					Resistenz[5)]
									long.	tang.	rad.	long., rad.	long., tang.			
	Benennung		g/cm³					N/mm²	$\frac{1}{S_{22}}$	$\frac{1}{S_{11}}$	$\frac{1}{S_{33}}$	$\frac{1}{S_{44}}$	$\frac{1}{S_{66}}$	$-S°_{12}$	$-S°_{32}$	Klasse
2.10	Kotibe (Danta) *Nesogordiniapapaverifera Capuron, N. spp.*	KOB	0,74	140	65	130	8		11.000							2
2.11	Mahagoni, Amerikanisches *Swietenia macrophylla King*	MAE	0,54	100	45	80	11		9.500	570	990	770	590	4,6	2,6	2
2.12	Mahagoni, Khaya *(Afrika, Mahagoni) Khaya ivorensis A. Chev Kaya authoteca C. DC.*	MAA	0,50	62	43	75	9,5		9.500	420	1.040	830	560	6,2	2,9	3
2.13	Mahagoni, Kosipo- *Entandrophragma candollei Harms*	MAK	0,70	78	59	96	13	5,1	11.500	780	1.330					2 bis 3
2.14	Mahagoni, Sipoö(Utile) *Entandrophragma utile Spraque*	MAU	0,59	110	58	100	9,5	3,4	11.000	950	1.300	1.140	940	4,8	3,1	2
2.15	Makoré *Tieghemella heckelii Pierre (Mimusops heckelii)*	MAC	0,66	85	53	103	9	5,3	11.000	820	1.390	1.160	830	3,8	2,7	1 bis 2
2.16	Meranti, Rotes[6)] *Shorea curtisii Dyer King, S. pauciflora King, S. spp.*	MER	0,71	146	63	119	9,2	3,6	14.500	670	1.810					2 bis 3
2.17	Merbau (Kwila) *Intsia bijuga O. Ktze., 1. spp.*	MEB	0,80	140	70	130	15		16.000							1 bis 2
2.18	Niangon *Tarrietia utilis Spraque (Heritiera utilis)T. densiflora Aubrev. & Normand*	NIA	0,69	130	53	110	9		11.000							2 bis 3
2.19	Teak *Tectona grandis L. f.*	TEK	0,69	115	58	100	10		13.000							1

1) Rohdichte im normalklimatisierten Zustand (allgemein durch Umrechnung der Werte nach DIN 4076-1 ermittelt).
2) Schubbeanspruchung in einer Ebene parallel zur Faserrichtung (stark abhängig von der Probenform).
3) Bei Druckbeanspruchung quer zur Faserrichtung (siehe Abschn. 17.8.6).
4) Kurzzeichen *S* gemäß *Keylwerth, R.*: Die anisotrope Elastizität des Holzes und der Lagerhölzer, VDI-Forschungsheft 430, 1951. Es bedeuten: $1/S_{22}$, $1/S_{11}$, $1/S_{33}$: E-Modul in Faser-, Tangential- bzw. Radialrichtung; $1/S_{44}$, $1/S_{66}$: Schubmodul der Radial- bzw. Tangentialfläche bei Belastung in Faserrichtung; $-S°_{12}$, $-S°_{32}$: Querkontraktion in Tangential- bzw. Radialrichtung bei Belastung in Faserrichtung.
5) Das Splintholz aller Holzarten ist den Klassen 4 und 5 zuzuordnen.
6) Das für Fenster geeignete „Dark Red Meranti" hat eine Rohdichte von 0,59.

Die wichtigsten europäischen Bauhölzer sind Fichte, Kiefer, Tanne, Lärche und Eiche, Rotbuche und Rüster (Ulme). Anwendungsbereiche s.a. Tafel 9.2, natürliche Dauerhaftigkeit (Resistenz) siehe Tafel 9.3.

Tafel 9.3 Hölzer für bestimmte Anwendungsbereiche (Auswahl) nach [37]

Konstruktionshölzer für mittlere bis hohe (und sehr hohe: (>)) mechanische Beanspruchungen	Douglasie, Eiche, Fichte, Greenheart (>), Kiefer (Föhre), Lärche, Tanne (Weißtanne), Teak
Harte Hölzer mit großer Verschleißfestigkeit und Härte	Ahorn, Birke, Birnbaum, Buche (Rotbuche), Eberesche, Eiche, Esche, Greenheart, Mahagoni, Makoré, Nussbaum, Robinie, Teak, Ulme
Hölzer mit großer Widerstandsfähigkeit gegen Organismen (Kernholz) für Außenbau (auch Erdbodenkontakt) und Wasserbau	Edelkastanie, Eiche, Greenheart, Makoré, Pockholz, Robinie, Teak, Zeder
Besonders gut imprägnierbare Hölzer für den Außenbau (auch Erdbodenkontakt)	Ahorn, Aspe, Birke, Buche, Douglasie, Eiche, Erle, Fichte (nur saftfrischer Splint), Hainbuche, Hickory, Kiefer (Splint), Lärche (Splint), Limba, Pappel, Rosskastanie, Tanne, Weymouthkiefer
Hölzer für Fenster, Fensterläden und andere maßhaltige Bauteile mit Wetterbeanspruchung	Douglasie, Eiche, Fichte, Kiefer (Föhre) ohne Splint, Lärche, Makoré, Tanne (Weißtanne), Teak
Industriehölzer für Furniersperrholz, Span- und Faserplatten	Abachi, Aspe, Buche, Douglasie, Erle, Fichte, Kiefer (Föhre), Limba, Makoré, Pappel, Pinie, Tanne (Weißtanne), Weide, Weymouthkiefer

1. Die Kiefer (Föhre) ist auf sandigen Böden weit verbreitet, oft fast astfrei bis zur schirmartigen Krone. Das gelbrötliche Holz ist im Kern dunkler als im Splint, harzreich und mittelhart, elastisch, leicht rissig. Es neigt zum Harzfluss. Geringe Schwindung beim Austrocknen. Jahresringe und Harzkanäle sind sichtbar; Kiengeruch.
   Anwendung vor allem im Hochbau (z.B. zu frei tragenden Konstruktionen mit nicht zu großen Stützweiten), zu Bauten im Freien (mit Holzschutz), für Leitungsmaste (der Harzreichtum verhindert Schäden durch Wechsel von Feuchtigkeit und Trockenheit) und im Tiefbau (z.B. als Rostpfähle, Beläge, Grubenholz, Eisenbahnschwellen); Möbelholz, Bodenbeläge.
2. Die Fichte (Rottanne): In Hügel- und Mittelgebirgslandschaften verbreitet. Das Holz ist gelblich-rötlich, leicht, gut zu verarbeiten, aber im Freien nicht so haltbar wie Kiefer, weil weniger harzhaltig. Im Stamm sitzen oft abgestorbene Äste, die beim Austrocknen leicht herausfallen. Sehr geringe Schwindung, Kern und Splint haben ziemlich gleiche Färbung, sind also schwer voneinander zu unterscheiden. Die kurzen, spitzen Nadeln sind nach oben und nach den Seiten gerichtet. Die Unterseiten der Zweige sind stets glatt und nadellos. Die Zapfen hängen abwärts. Verwendung ähnlich wie bei Kiefer, wichtigstes europäisches Konstruktionsholz für innen und außen (mit Holzschutz). Die Fichte liefert den Holzschliff für Papier- und Zellulosefabriken.
3. Die Tanne (Weißtanne, Edeltanne): Vor allem in Gebirgsgegenden anzutreffen. Gerader Wuchs mit wenigen, fast waagerechten Ästen. Die Rinde ist glatt und silbergrau, das Holz weißlich (im Kern und Splint), weich, elastisch, harzarm, wenig wetterbeständig, leicht zu bearbeiten. Die Nadeln sind kurz, flach, unten heller als oben und stehen zweizeilig. Die Jahresringe sind gut sichtbar. Die Zapfen stehen aufrecht. Geringe Schwindung. Verwendung wie Fichte, gelegentlich (im Wasserbau) nur im Wasser, keinesfalls im Wechsel! Für Deckenbalken, Säulen, Sparren, Dielungen, Leitungsmaste usw.; Möbelholz, Grubenholz, Kistenholz.

Tafel 9.4 Natürliche Dauerhaftigkeit[1], Tränkbarkeit[2] mit Holzschutzmitteln und Splintholzbreite von Holz nach DIN EN 350-2 (1994–10) [37]

<table>
<tr><th rowspan="2"></th><th colspan="2">Natürliche Dauerhaftigkeit</th><th colspan="2">Tränkbarkeit mit Holzschutzmitteln</th><th rowspan="2">Splintholzbreite in cm</th></tr>
<tr><th>Kernholz gegen Pilze</th><th>Splintholz gegen Insekten[3]</th><th>Kernholz</th><th>Splintholz</th></tr>
<tr><td rowspan="2">Douglasie</td><td>3–4</td><td>S</td><td rowspan="2">4</td><td rowspan="2">2–3</td><td rowspan="2">2–5</td></tr>
<tr><td colspan="2">(Splint bläueempfindlich)</td></tr>
<tr><td>Fichte</td><td>4</td><td>S, SH</td><td>3–4</td><td>3, v</td><td>Splint nicht deutlich unterschieden</td></tr>
<tr><td rowspan="2">Kiefer (Föhre)</td><td>3–4</td><td>S</td><td rowspan="2">3–4</td><td rowspan="2">1</td><td rowspan="2">2–8</td></tr>
<tr><td colspan="2">(Splint sehr bläueempfindlich)</td></tr>
<tr><td>Lärche</td><td>3–4</td><td>S</td><td>4</td><td>2, v</td><td>2–5</td></tr>
<tr><td>Tanne (Weißtanne)</td><td>4</td><td>S, SH</td><td>2–3</td><td>2, v</td><td>Splint nicht deutlich unterschieden</td></tr>
<tr><td>Buche</td><td>5</td><td>S</td><td>1[4]</td><td>1</td><td>Splint nicht deutlich unterschieden</td></tr>
<tr><td>Eiche</td><td>2</td><td>S</td><td>4</td><td>1</td><td>2–5</td></tr>
<tr><td>Erle</td><td>5</td><td>S</td><td>1</td><td>1</td><td>Splint nicht deutlich unterschieden</td></tr>
</table>

[1] Dauerhaftigkeit (= Resistenz nach DIN 68 364, 1979–11) bedeutet:
a) Kernholz gegen Pilze bei lang andauernder Holzfeuchte ≥ 20 %:
Klasse 1 = sehr dauerhaft bzw. resistent; 2 = dauerhaft; 3 = mäßig dauerhaft; 4 = wenig dauerhaft; 5 = nicht dauerhaft.
b) Splintholz gegen Insekten (Hausbock, Holzwurm = Anobium punktatum, Splintholzkäfer):
D = dauerhaft; S = anfällig; SH = auch Kernholz anfällig.
[2] Tränkbarkeit beim Kesseldruck-Verfahren
Klasse 1 = gut tränkbar; 2 = mäßig tränkbar; 3 = schwer tränkbar; 4 = sehr schwer tränkbar (praktisch unmöglich); v = Tränkbarkeit sehr variabel.
[3] Bei den meisten Holzarten ist Kernholz gegen Insekten dauerhaft.
[4] Rotkerniges Holz: 4.

4. Die Lärche ist eines der besten Bauhölzer, harzreicher als Kiefer, zäher und härter als Kiefer, Fichte und Tanne. Wurmsicher, wetterbeständig, polierbar, leicht spaltbar. Schön gewachsene Stämme. Farben des Holzes im Kern rötlich, im Splint gelb. Mittelstarke Schwindung. Die Nadeln sind büschelartig angeordnet und fallen im Herbst ab. Verwendung für hochbeanspruchte Konstruktionen innen und außen, Wasserbau, Schiffbau, zu Holzdecken, Eisenbahnschwellen, Fußböden, Täfelungen, Holzpflaster, Schindeln, Möbelholz; wegen der Widerstandsfähigkeit gegen Säuren und Laugen auch für Fässer und Bottiche.
5. Die Eiche: Das Holz der Sommereiche (Stieleiche) wird im Bau dem der Wintereiche (Steineiche) vorgezogen. Ein vorzügliches Bauholz wie Lärche, aber heute nur noch so wenig vorhanden, dass es meist durch harzreiche Hölzer, z.B. Kiefer und Lärche, ersetzt wird. Das Eichenholz ist gelb-bräunlich (Kern dunkler als Splint), schwer, hart, zäh, leicht

spaltbar, imprägnierbar und polierbar, grobporig, mittelstarke Schwindung. Verwendung im Trockenen, im Nassen und im Wechsel; grundsätzlich für Hoch- und Tiefbau, Wasser- und Brückenbau geeignet; heute meist nur noch im Ausbau verwendet für Trittstufen, Schwellen, Schindeln, Parkett und Riemenböden. Eichensplintholz wird nicht verwendet, weil es stets wurmanfällig ist.

6. Die Buche (Rotbuche): Das Buchenholz ist gelblich bis rötlich gefärbt, ziemlich hart, schwer, druck- und abnutzungsfest, feinporig, leicht zu bearbeiten; zeigt viele Markstrahlen. Stark wurmgefährdet. Starke Schwindung; wirft sich leicht; neigt zum Verstocken. Verwendung für mittlere bis hohe Beanspruchungen nur innen oder nur unter Wasser (hier getränkt), nicht im Wechsel; zu Treppenstufen, Riemenfußböden, Parkettstäben; getränkt vor allem zu Eisenbahnschwellen, Brückenbelag, Holzpflaster, Schindeln; Möbelholz, Sperrholz, Furniere.
   Die Weißbuche wird nicht als Bauholz verwendet, sie ist mit der Rotbuche botanisch nicht verwandt.
7. Die Rüster (Ulme) hat rötlich-braunen Kern und gelblichen Splint (oft geflammt), deutlich sichtbare Jahresringe und Markstrahlen. Ihr Holz ist ähnlich wie Eichenholz, fest, ziemlich hart, wurmsicher (jedoch empfindlich gegen Ulmensplintkäfer!), schwer zu bearbeiten, polierfähig, abnutzungsfest. Mittelstarke Schwindung, Verwendung ähnlich wie bei Eiche, nass, trocken und im Wechsel, im Hoch- und Tiefbau, im Wasserbau (Rostpfähle usw.), für Fußböden, Möbelholz, Stellmacherholz, Schiffbau.
8. Die Erle (Schwarzerle) wächst auf sumpfigem Boden. Ihr Holz ist rötlich-braun, ziemlich weich, gut spaltbar und beizbar, wird im Wasser sehr hart, erkennbare Jahresringe und Markstrahlen. Geringe Schwindung. Verwendung vor allem im Wasser, zu Wasser- und Grundbauten (Rostpfähle); Treppengeländer, Möbelholz, Sperrholz.

Außereuropäische Bauhölzer sind u.a. Pitchpine (nordamerikanische Pechkiefer), Yellowpine, amerikanische Pappel, Mahagoni; Palisander; die australischen Harthölzer Tallowood, Moaholz, Sarra-Jarrah- und Karri-Holz; das sehr harte und feste ostindische Teakholz. Wegen ihrer vorzüglichen Eignung als Bauholz wurde die schnellwüchsige Douglastanne (Douglasie) in Deutschland eingeführt. Als sehr festes und witterungsbeständiges Bauholz wird das westafrikanische Bongossiholz und Greenheart aus Guayana verwendet.

9.5 Konstruktives Bauholz

Normen

DIN 1052-1	(2008–04)	Holzbauwerke – Berechnung und Ausführung
DIN 4070-1	(1958–01)	Nadelholz; Querschnittsmaße und statische Werte für Schnittholz
DIN 4071-1	(1977–04)	Ungehobelte Bretter und Bohlen aus Nadelholz; Maße
DIN 4072	(1977–08)	Gespundete Bretter aus Nadelholz
DIN 4073-1	(1977–04)	Gehobelte Bretter und Bohlen aus Nadelholz
DIN 4074-1	(2008–12)	Sortierung von Holz nach der Tragfähigkeit; Nadelschnittholz
-2	(1958–12)	Gütebedingungen für Baurundholz (Nadelholz)
-3	(2008–12)	Sortiermaschinen für Schnittholz; Anforderungen und Prüfung
-4	(2008–12)	Nachweis der Eignung zur maschinellen Schnittholzsortierung
-5	(2008–12)	Laubschnittholz
DIN 4076-1	(1985–10)	Benennungen und Kurzzeichen auf dem Holzgebiet; Holzarten
DIN 68 122	(1977–08)	Fasebretter aus Nadelholz
DIN 68 123	(1977–08)	Stülpschalungsbretter aus Nadelholz

DIN 68 126-1	(1983–07)	Profilbretter mit Schattennut; Maße
DIN 68 252-1	(1978–01)	Begriffe für Schnittholz; Form und Maße
DIN 68 365	(1957–11)	Bauholz für Zimmerarbeiten; Gütebedingungen
DIN EN 338	(2013–09)	Bauholz für tragende Zwecke; Festigkeitsklassen
DIN EN 386	(2002–04)	Brettschichtholz; Anforderungen
DIN EN 390	(1995–03)	Brettschichtholz; Maße, Grenzabmaße
DIN EN 14 081	(2006–03)	Brettschichtholz; Holzbauwerke – Nach Festigkeit sortiertes Bauholz für tragende Zwecke mit rechteckigem Querschnitt
DIN EN 13 556	(2003–10)	Nomenklatur der in Europa verwendeten Handelshölzer
DIN 18 203-3	(2008–08)	Toleranzen im Hochbau – Bauteile aus Holz und Holzwerkstoffen
DIN 18 334	(2012–09)	VOB Verdingungsordnung für Bauleistungen (ATV): Zimmer- und Holzbauarbeiten
DIN EN 14 080	(2013–09)	Holzbauwerke – Brettschichtholz und Balkenschichtholz – Anforderungen
DIN EN 14 081-1	(2016–06)	Holzbauwerke – Nach Festigkeit sortiertes Bauholz für tragende Zwecke mit rechteckigem Querschnitt
-2	(2016–06) (Entwurf)	Maschinelle Sortierung; zusätzliche Anforderungen an die Erstprüfung
-3	(2012–04)	Maschinelle Sortierung, zusätzliche Anforderungen an die werkseigene Produktionskontrolle
DIN EN 385	(2007–11)	Keilzinkenverbindung in Bauholz; Anforderungen an die Herstellung (zurückgezogen)
DIN EN 1310	(1997–08)	Rund- und Schnittholz; Messung der Merkmale
DIN EN 1313-1	(2010–05)	Rund- und Schnittholz – Zulässige Abweichungen und Vorzugsmaße; Teil 1: Nadelschnittholz
-2	(1999–01)	wie vor; Teil 2: Laubschnittholz

9.5.1 Bauschnittholz

a) Bei den Querschnitten von Bauschnittholz (Vollholz) aus Laub- oder Nadelholz wird unterschieden zwischen Latten, Brettern, Bohlen und Kantholz (siehe Tafel 9.4). Die wichtigsten Maße von Vorratsholz und Dachlatten aus Nadelholz nach DIN 4070-1 (2012–06) sind:

- Dachlatten (mm/mm) 24/28, 30/50, 40/60,
- Kantholz (cm/cm) 6/6 bis 6/12; 8/8 bis 8/16; 10/10, 10/12; 12/12 bis 12/16; 14/14,14/16; 16/16, 16/18,
- Balken (cm/cm) 10/20, 10/22; 12/20, 12/24; 16/20; 18/22; 20/20, 20/24.

Größere Querschnitte sind in DIN 4070-2 aufgeführt. Die dort fett gedruckten Querschnitte ergeben eine günstige Rundholzausnutzung. In DIN 4071-1 sind die Maße für ungehobeltes Nadelholz angegeben: Dicken 16 bis 38 mm (Bretter) bzw. 44 bis 75 mm (Bohlen); Breiten 75 bis 300 mm; Längen 1500 bis 6000 mm. Die Querschnittsformen weiterer genormter Bretter siehe Abb. 9.5.

b) Nach der Tragfähigkeit von Nadelschnittholz unterscheidet man bei visueller Sortierung drei Sortierklassen S nach DIN 4074-1 (siehe Tafel 9.6a):
Klasse S 7: geringe Tragfähigkeit
Klasse S 10: übliche Tragfähigkeit
Klasse S 13: überdurchschnittliche Tragfähigkeit

Diese Klassen entsprechen den früheren Güteklassen I (S 13), II (S 10) und III (S 7).

Tafel 9.5 Einteilung von Nadelschnittholz nach DIN 4074-1 (2008–12)

	Dicke d[1)] bzw. Höhe h in mm	Breite b in mm
Latte	$d \leq 40$	$b < 80$
Brett	$d \leq 40$	$b \geq 80$
Bohle	$d > 40$	$b > 3\,d$
Kantholz einschließlich Kreuzholz (Rahmen)[2)] und Balken[3)]	$b \leq h \leq 3\,b$	$b > 40$

[1)] Mindestdicke von Bauschnittholz: 6 mm.
[2)] Querschnittsfläche ≥ 32 cm². Aus einem Rundholz werden vier Stück herzgetrennt (Kreuzholz) oder mind. vier Stück (Rahmen) eingeschnitten (s.a. Abb. 9.2).
[3)] Balken = Kantholz, dessen größere Querschnittseite ≥ 200 mm und dessen kleinste Seite ≥ 100 mm beträgt.

Bei maschineller Sortierung nach DIN 4074-3 lauten die Klassen MS 7, MS 10 und MS 13. Hier kommt noch die Klasse MS 17 (besonders hohe Tragfähigkeit) hinzu, und es gelten zusätzliche Sortierkriterien.

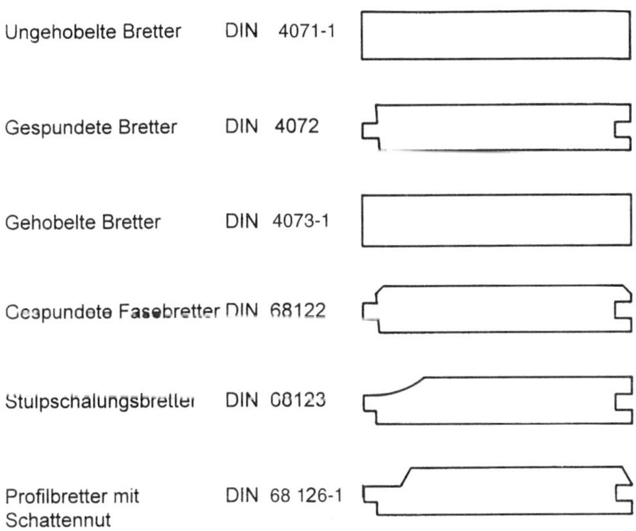

Abb. 9.5 Querschnittsformen genormter Bretter. Die Maße sind in den genannten Normen festgelegt.

Bei Kanthölzern erfolgt die Einordnung nach Tafel 9.5 a und b, bei Brettern, Bohlen und Latten in ähnlicher Weise. Die Baumkante wird nach Abb. 9.9, die Ästigkeit nach Abb. 9.10 bestimmt. Die Sortierung nach DIN EN 338 (2003–09) geschieht nach Festigkeitsklassen von C 14 bis C 40 (Pappelholz und Nadelhölzer) bzw. von D 30 bis D 70 (Laubhölzer). Die Zahlen bedeuten die charakteristischen (= Mindest-)Biegefestigkeiten (s.a. Tafel 9.6 b).

9.5.2 Baurundholz

(Norm siehe Abschn. 9.5.)

Abgelängte, entästete und entrindete Baumstämme werden als Baurundholz (Nadelholz)

bezeichnet. Sie werden meist ohne weitere Bearbeitung für Gerüste, im landwirtschaftlichen Bauwesen, als Träger und Stützen für Behelfsbrücken, als Rammpfähle im Grundbau sowie als Palisaden im Landschaftsbau verwendet.
Nach DIN 4074-2 werden drei Güteklassen unterschieden. Die Qualitätsanforderungen bezüglich Beschaffenheit, Ästigkeit und Krümmung sind ähnlich wie bei Bauschnittholz.

9.5.3 Brettschichtholz BSH, Balkenschichtholz, Kreuzbalken

(Normen siehe Abschn. 9.5).

Um für große Holzkonstruktionen größere Holzquerschnitte, als sie bei normalem Bauschnittholz möglich sind (siehe Abschn. 9.5.1), zu erzeugen, wird Brettschicht- und Balkenschichtholz hergestellt.

a) Brettschichtholz (siehe Abb. 9.6) wird durch Verleimen unter Druck von gehobelten Vollholzbohlen oder -brettern hergestellt. Die Einzelbretter aus Nadelholz, meist Fichte, haben Dicken von 6 bis 42 mm, bei direkter Bewitterung 6 bis 33 mm, Holzfeuchte etwa 12 %. Als Leime werden je nach gewünschter Farbe der Leimfuge Harnstoffharz (sehr helle Leimfuge, nur für Innenanwendung), Melaminharz (hell bis braun), Phenolresorcinharz (dunkelbraun) oder Polyurethan (hell bis transparent) verwendet. Nach dem Aushärten des Leims werden die BSH-Bauteile auf das endgültige Maß gehobelt.

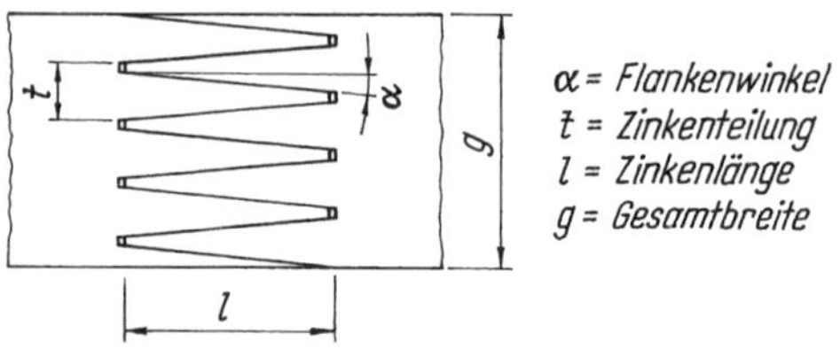

Abb. 9.6 Keilzinkenverbindung nach DIN 68 140-1 – hier aus Scholz Abb. 17.11, Seite 17.23

Abmessungen der BSH-Bauteile: Längen bis 20 m, Höhe 50 bis 230 cm, Dicken 8 bis 24 cm. Alle Querschnittsformen und auch Längsformen (gerade, geknickt, gebogen) sind möglich. Anwendung: konstruktive tragende Bauteile für Dächer (Hallenbinder), Decken, Wände und Böden unter Dach und im Freien (bei ausreichender natürlicher Resistenz der Einzelbretter oder bei Verwendung von Holzschutzmitteln). Festigkeitsklassen: BS 11, BS 14, BS 16 und BS 18 (die Zahlen bedeuten die zulässigen Biegezugspannungen in N/mm^2).

b) Ähnlich wie gerade BSH-Bauteile findet Balkenschichtholz (siehe Abb. 9.7) Verwendung. Es besteht aus zwei oder drei (Duo- oder Triobalken) miteinander verleimten Lamellen (Höhe ≤ 8 cm, Breite ≤ 24 cm, Fläche ≤ 150 cm^2) aus Nadelholz, vorwiegend Fichte, Holzfeuchte ≤ 15 %. Abmessungen der fertigen Balken: Duobalken Höhe 10 bis 24 cm, Breite 8 bis 16 cm; Triobalken Höhe 10 bis 24 cm, Breite 18 bis 24 cm. Sortierklasse üblicherweise S 10 mit allgemeiner bauaufsichtlicher Zulassung.

c) Kreuzbalken werden aus vier viertelholzähnlichen Rundholzsegmenten aus Nadelholz mit PUR-Klebstoff so zusammengeleimt, dass in der Mitte des fertigen Balkens eine durchlaufende Röhre entsteht (siehe Abb. 9.8). Holzart: üblich Fichte oder Tanne. Querschnitt h × b = 8 × 10 bis 20 × 26 cm, Längen ≤ 12 m. Oberfläche ungehobelt oder gehobelt und gefast. Sortierklassen S 10 und S 13. Feuchte ≤ 15 %.

Tafel 9.6 Standardquerschnitte von Brettschichtholz der Festigkeitsklasse BS 11 in Sichtqualität der Oberfläche in cm[1)]

Breite / Höhe	6	8	10	12	14	16	20
10			×				
12	×	×	×	×			
14					×		
16	×	×	×	×	×	×	
20		×	×	×	×	×	×
24		×		×	×	×	
28				×	×	×	
32				×	×	×	×
36					×	×	×
40						×	×

[1)] Größere Höhen und kleinere Breiten sind möglich.

9.5.4 Konstruktionsvollholz (KVH®), Massivholz (MH®)

Konstruktionsvollholz ist ein Nadelschnittholz der Sortierklasse S 10, für das von der Vereinigung deutscher Sägewerksverbände e.V. (VDS) und vom Bund Deutscher Zimmermeister (BDZ) zusätzliche Qualitätsmerkmale garantiert sind. Man unterscheidet KVH-Si für sichtbare und KVH-NSi für nichtsichtbare Konstruktionen.

Massivholz ist ein Nadelschnittholz geringer Holzfeuchte (≤ 15 %) der Sortierklasse S 10, das aufgrund zusätzlicher und schärferer Sortierkriterien eine hohe Formstabilität und geringe Rissbildung ausweist. Man unterscheidet die Oberflächenqualitäten MH-Plus (vierseitig gehobelt und gefast, Verfärbungen und Insektenfraß nicht erlaubt), MH-Fix (egalisiert und gefast) und MH-natur (sägerau).

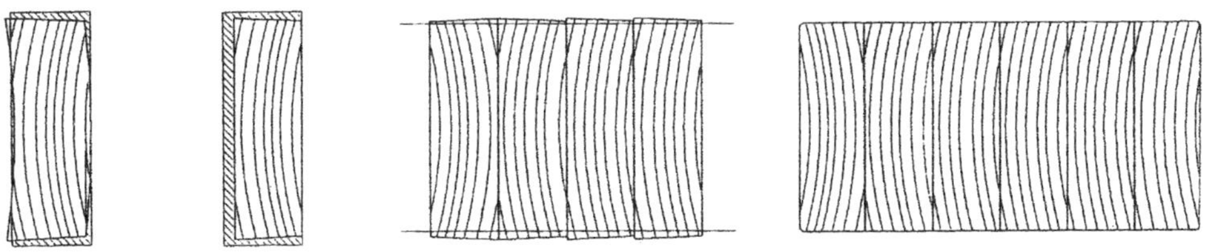

1 2 3 4

Abb. 9.7 Vergütung von Massivholz zu Brettschichtholz (BSH) [35]
1 und 2: Formänderung der Rohlamellen, die bei der Trocknung bis auf ca. 11 % Holzfeuchte entstehen (werden vor der Verleimung abgehobelt)
3: Wasserfeste Verleimung der Lamellen zum BS-Holz-Rohling
4: BS-Holz nach 4-seitiger Hobelung und Fasung

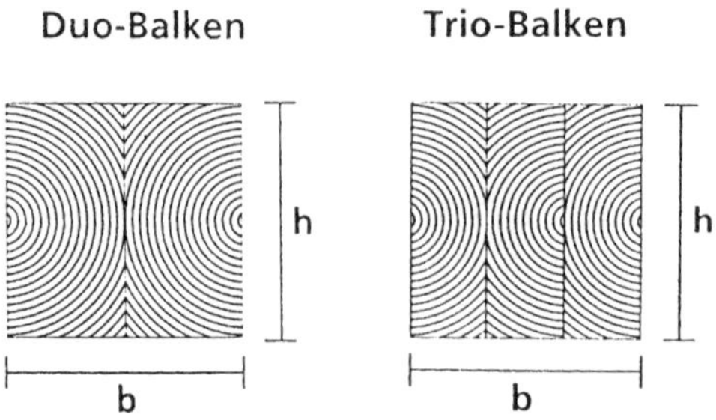

Abb. 9.8 Aufbau von Balkenschichtholz [36]

Abb. 9.9 Kreuzbalken-Querschnitt [35]

Tafel 9.6a Sortierkriterien[1] für Kanthölzer und vorwiegend hochkant (K) biegebeanspruchte Bretter und Bohlen bei der visuellen Sortierung nach DIN 4074-1 (2008–12)

Sortiermerkmale	Sortierklassen		
	S 7, S 7 K	S 10, S 10 K	S 13, S 13 K
1. Äste	bis 3/5	bis 2/5	bis 1/5
2. Faserneigung	bis 16 %	bis 12 %	bis 7 %
3. Markröhre	zulässig	zulässig	nicht zulässig[2]
4. Jahresringbreite[3] – im Allgemeinen – bei Douglasie	 bis 6 mm bis 8 mm	 bis 6 mm bis 8 mm	 bis 4 mm bis 6 mm
5. Risse – Schwindrisse[4] – Blitzrisse, Ringschäle	 bis 3/5 nicht zulässig	 bis 1/2 nicht zulässig	 bis 2/5 nicht zulässig
6. Baumkante	bis 1/3	bis 1/3	bis 1/4
7. Krümmung – Längskrümmung – Verdrehung	 bis 12 mm 2 mm/25 mm Breite	 bis 8 mm 1 mm/25 mm Breite	 bis 8 mm 1 mm/25 mm Breite
8. Verfärbungen, Fäule – Bläue – nagelfeste, braune und rote Streifen – Braunfäule/Weißfäule	 zulässig bis 3/5 nicht zulässig	 zulässig bis 2/5 nicht zulässig	 zulässig bis 1/5 nicht zulässig
9. Druckholz	bis 3/5	bis 2/5	bis 1/5
10. Insektenfraß durch Frischholzinsekten	Fraßgänge bis 2 mm Durchmesser: zulässig		
11. Sonstige Merkmale	sind in Anlehnung an die übrigen Sortiermerkmale sinngemäß zu berücksichtigen		

[1] Die Sortierkriterien sind auf eine mittlere Holzfeuchte von 20 % bezogen. Die Sortierkriterien für nicht vorwiegend hochkant beanspruchte Bretter und Bohlen sowie für Latten sind in der DIN 4074 in gesonderten Tabellen aufgeführt.
[2] Bei Kantholz mit einer Breite < 120 mm zulässig.
[3] Diese Sortiermerkmale bleiben bei nicht trockensortierten Hölzern unberücksichtigt.
[4] Schwindrisse in Brettern und Bohlen, sofern nicht übermäßig hochkant beansprucht, sind zulässig.

Tafel 9.6b Zusätzliche visuelle Sortierkriterien[1] für Schnittholz bei der maschinellen Sortierung nach DIN 4074-1 (2008–12)

Sortiermerkmale	Festigkeitsklassen[4] nach DIN EN 338		
	unter C 24	C 24 bis C 35	über C 35
Risse – Schwindrisse[2] [3] – Blitzrisse/Ringschäle	 bis 1/2 nicht zulässig	 bis 2/5 nicht zulässig	 bis 1/5 nicht zulässig
Baumkante	bis 1/4	bis 1/8	nicht zulässig
Krümmung[3] – Längskrümmung – Verdrehung – Querkrümmung	 bis 12 mm 2 mm/25 mm Breite bis 1/20	 bis 8 mm 1 mm/25 mm Breite bis 1/30	 bis 8 mm 1 mm/25 mm Breite bis 1/50
Verfärbungen, Fäule – Bläue – nagelfeste braune und rote Streifen – Braunfäule/Weißfäule	 zulässig bis 3/5 nicht zulässig	 zulässig bis 2/5 nicht zulässig	 zulässig bis 1/5 nicht zulässig
– Insektenfraß durch Frischholzinsekten	Fraßgänge bis 2 mm Durchmesser: zulässig		
sonstige Merkmale	sind in Anlehnung an die übrigen Sortiermerkmale sinngemäß zu berücksichtigen		

[1] Die Sortierkriterien sind auf eine mittlere Holzfeuchte von 20 % bezogen.
Die Zahlen der Festigkeitsklassen bedeuten die charakteristischen Biegezugfestigkeiten.
[2] Schwindrisse in Brettern und Bohlen, sofern nicht überwiegend hochkant beansprucht, sind zulässig.
[3] Diese Sortiermerkmale bleiben bei nicht trockensortierten Hölzern unberücksichtigt.
[4] Die Zahlen bedeuten die charakteristischen Biegezugfestigkeiten.

9.6 Technische Eigenschaften des Holzes

a) Die Reindichte des Holzes ist der Quotient aus der Masse der reinen Zellwandungssubstanz und dem Volumen dieser Substanz. Sie liegt bei allen Holzarten zwischen 1,50 und 1,56 kg/dm³.

b) Die Rohdichte erfasst auch die Hohlräume und deren Inhalt. Sie ist bei stehendem oder frisch gefälltem Holz entsprechend dem wechselnden Wassergehalt sehr verschieden. Sie ist bei lufttrockenem Holz umso geringer, je länger das Holz an der Luft trocknete. Die mittleren Rohdichten für lufttrockene (12 %) Hölzer liegen zwischen ρ_{12} = 0,46 bis 0,71 kg/dm³. Balsaholz ρ_{12} = 0,03 bis 0,05; Pockholz ρ_{12} = 1,25 bis 1,50 kg/dm³.

c) Die Festigkeit eines Bauholzes ist von seinem Feuchtegehalt und der Faserrichtung abhängig. Setzt man die Festigkeit von völlig trockenem Holz gleich 100 %, dann beträgt sie bei 10 % Holzfeuchte nur noch etwa 60 %, bei 20 % Holzfeuchte noch 35 % und bei 30 % Holzfeuchte (Fasersättigungspunkt) nur noch etwa 25 %. Bei weiter steigender Holzfeuchte ändert sich die Festigkeit praktisch nicht mehr. Auch die Abhängigkeit der Festigkeit von der Faserrichtung ist groß. Senkrecht zur Faser beträgt sie nur noch etwa 10 bis 20 % der Festigkeit parallel zur Faser (s.a. Tafeln 9.6 und 9.7).

Tafel 9.7 E-Modul und zulässige Spannungen[1)] in N/mm^2 von Vollholz (Holzfeuchte $\leq$ 20 %) nach DIN 1052 (2008–01); Auszug

EigenschaftS 7/MS 7MS 17			Nadelholz[2)]		Laubholz[2)] mittlerer Güte (S 10 bzw. S 11)	
			Eiche/Buche	Bongossi		
Elastizitätsmodul	E parallel		8000	12 500	12 500	17 000
	E senkrecht		250	400	600	1 200
Zulässige Spannungen	Biegung		7	17	11	25
	Zug	parallel	0[3)]	12	10	15
		senkrecht	0[3)]	0,05	0 bzw. 5	0 bzw. 5
	Druck	parallel	6	12	10	20
		senkrecht	2; 2,5[4)]	2,5; 3,0[4)]	3; 4	8

[1)] Bei Bauteilen, die der Witterung ausgesetzt sind, oder bei vorübergehender Durchfeuchtung bzw. bei einer Holzfeuchte < 18 % sind die Werte um 1/6 herabzusetzen, bei dauernder Durchfeuchtung bzw. „ständig unter Wasser" um ¼ (E, G) bzw. um 1/3 (zulässige Spannungen).
[2)] Güteklassen bzw. Sortierklassen siehe Tafeln 9.5 a und b.
[3)] Für MS 7 gilt Σ (parallel) = 4 N/mm^2; Σ (senkrecht) = 0,05 N/mm^2.
[4)] Bei Anwendung der höheren Werte ist mit größeren Eindrückungen zu rechnen, die erforderlichenfalls konstruktiv zu berücksichtigen sind.

Tafel 9.8 Festigkeit von Holz[1)] in N/mm^2 nach DIN 68 364 (2003–05)

Holzart	Zugfestigkeit in Faserrichtung	Biegezugfestigkeit	Druckfestigkeit in Faserrichtung	Scherfestigkeit
Kiefer	100	80	45	10
Fichte	80	68	40	7,5
Tanne	80	68	40	7,5
Lärche	105	93	48	9
Eiche	110	95	52	11,5
Buche	135	120	60	10
echtes Mahagoni	100	80	45	11
Makoré	85	103	53	9
Teak	115	100	58	10

[1)] Ermittelt an kleinen, fehlerfreien Proben, nicht unmittelbar auf Bauholz übertragbar.

d) Nach der Härte des Holzes unterscheidet man
sehr weiche Hölzer: Espe, Linde, Pappel, Weide
weiche Hölzer: Erle, Fichte, Kiefer, Tanne, Weymouthkiefer
mittelharte Hölzer: Birke, Birne, Eberesche, Edelkastanie, Eiche, Rotbuche, Nussbaum
harte Hölzer: Esche, Hartriegel, Kornelkirsche, Platane, Robinie, Rüster, Weißbuche, Weißdorn

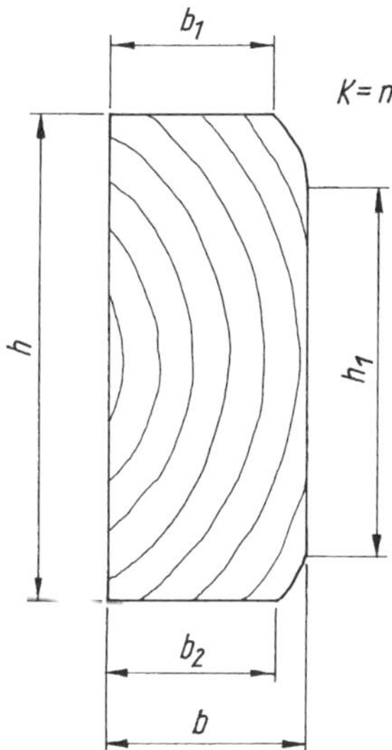

$$K = max\left(\frac{h-h_1}{h}; \frac{b-b_1}{b}; \frac{b-b_2}{b}\right)$$

Abb. 9.10 Messung und Berechnung der Baumkante nach DIN 4074-1 (2003–06)

$$A = max\left(\frac{d_1}{b}; \frac{d_2}{h}; \frac{d_3}{b}; \frac{d_4}{h}\right)$$

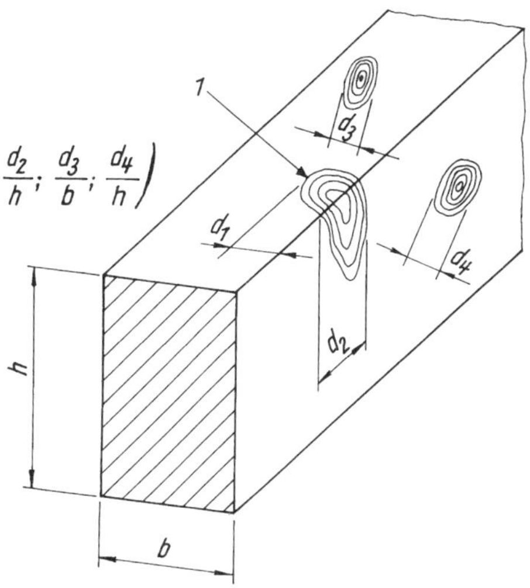

Abb. 9.11 Messung und Berechnung der Ästigkeit A von Kantholz nach DIN 4074-1 (2003–06)

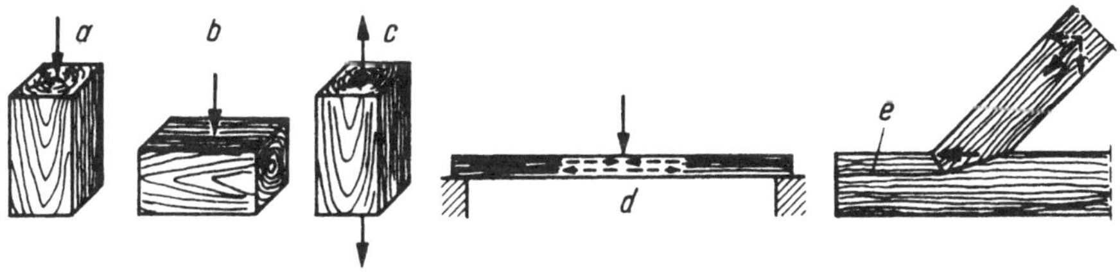

Abb. 9.12 Festigkeitsbeanspruchung von Holz
a) Druck in Faserrichtung;
b) Druck rechtwinklig zur Faserrichtung;
c) Zug;
d) Biegung;
e) Abscheren in Faserrichtung.

9.7 Vergütetes Vollholz

Normen

DIN 7707-1	(1979–01)	Kunstharz-Pressholz und Isolier-Vollholz; Prüfverfahren (zurückgezogen)
-2	(1979–01)	Kunstharz-Pressholz und Isolier-Vollholz; Typen (zurückgezogen)
Ersatzdokumente:		
DIN EN 60 893-1	(2004–12)	Isolierstoffe – Tafeln aus technischen Schichtpressstoffen auf der Basis warmhärtender Harze für elektrotechnische Zwecke – Teil 1: Definitionen, Bezeichnungen und allgemeine Anforderungen (8 weitere Teile)
DIN EN 61 061-1	(2007–08)	Nicht-imprägniertes Kunstharzpressholz für elektrotechnische Zwecke, Teil 1: Begriffe, Bezeichnungen und allgemeine Anforderungen (2 weitere Teile)

Durch das Vergüten der Hölzer werden Formbeständigkeit, Festigkeit und Aussehen verbessert. Vergütetes Holz ist ein Vollholz, dessen Gefüge durch Druck oder Tränkung in verschiedenen Verfahren zu Pressvollholz, Tränkvollholz (Isoliervollholz) und Formvollholz mit einer Rohdichte bis 1,45 kg/m³ verdichtet wurde.
Pressvollholz: Die Faser wird durch sehr hohen Druck und sehr hohe Wärme in einer oder in mehreren Richtungen auf etwa die Hälfte des ursprünglichen Rauminhalts zusammengepresst. Festigkeit und Härte werden ungefähr verdoppelt.
Kunstharz-Pressholz (KP): Dieser Schichtpressstoff wird aus Rotbuchenfurnieren und härtbarem Kunstharz, zumeist Phenol-, Kresol- oder Melaminharz, hergestellt. Rohdichte bis 1,4 kg/dm³; Anzahl der Furnierschichten mindestens sieben Lagen je cm Erzeugnisdicke. Abmessungen: Dicken bis 100 mm, Breiten von 500 bis 1200 mm, Längen von 1000 bis 2000 mm. KP ist kochfest, witterungsbeständig und weitgehend säurefest.
Isoliervollholz (Tränkvollholz): Das Holz wird vergütet durch Tränken, Imprägnieren und Oberflächenbehandlung. Typen: IVH (Rohdichte 0,6 bis 0,8 kg/dm³); IVHT (getränkt; Rohdichte 0,6 bis 1,0); IVHP (verdichtet; Rohdichte > 1,3).
Formvollholz (Biegeholz): Laubholz, vor allem Buche, Eiche, Erle, wird nach Bearbeitung durch Kochen oder Dämpfen in Faserrichtung biegsam gemacht. Sitzmöbel, Flugzeugbau.

9.8 Holzwerkstoffe

Normen

DIN EN 13 986	(2015–06)	Holzwerkstoffe zur Verwendung im Bauwesen – Eigenschaft, Bewertung der Konformität, Kennzeichnung

Nach DIN EN 13 986 gehören zu den Holzwerkstoffen im Bauwesen Sperrholz, Spanplatten, OSB-Platten, Furnierschichtholz, Faserplatten und Massivholzplatten.
Massivholzplatten SWP bestehen aus Brettern, Lamellen, Kanteln (= längliche Schnittholzstücke, Dicke > 40 mm, Breite ≤ 80 mm), Stäben oder Bohlen, die an ihren Schmalseiten oder, falls mehrlagig, auch an ihren Breitseiten miteinander verklebt sind. Man unterscheidet SWP/1 (tragend, Trockenbereich), SWP/2 (tragend, Feuchtbereich) und SWP/3 (tragend, Außenbereich).

9.8.1 Holzwerkstoffklassen

Holzwerkstoffe haben gegenüber dem Vollholz günstigere Eigenschaften: geringeres Schwinden und Quellen (Arbeiten) und gleichmäßigere Eigenschaften in den verschiedenen Richtungen.
Der Einsatz der verschiedenen Holzwerkstoffe ist u.a. von der Verleimung abhängig. Die Feuchtigkeitsbeständigkeit der Verleimung von Sperrholz wird nach DIN 68 705-2 (s.u.) in zwei Klassen eingeteilt:

IF: Verleimung nur beständig in Räumen mit allg. niedriger Luftfeuchtigkeit (nicht wetterbeständig)

AW: Verleimung auch beständig bei erhöhter Luftfeuchtigkeit (bedingt wetterbeständig)

Die DIN 68 800-2 (Holzschutz; siehe Abschn. 9.12) teilt die Holzwerkstoffe nach der Wetterbeständigkeit in die folgenden Holzwerkstoffklassen ein:
Holzwerkstoffklasse 20: Verleimung nicht wetterfest (= IF). Kurzfristige Holzfeuchte bis 15 % zulässig, wenn diese wieder entweichen kann. Verwendung: z.B. Beplankung von Innenwänden, auch in Küchen, Bädern und WCs, jedoch nicht im Spritzwasserbereich.

Tafel 9.8 Gegenüberstellung neue Plattentypen / alte Werkstoffklassen

Holzwerkstoffe nach DIN EN 13 986 (2015) **Bezeichnungen Anwendungsbereiche Produktnormen** Stand 03/2005		Neue Bezeichnungen										Alte Bezeichnungen						
		Spanplatten nach DIN EN 312	OSB - Platten nach DIN EN 300	Sperrholzplatten nach DIN EN 636 (2015)	Massivholzplatten nach DIN EN 13 353	Furnierschichtholz nach DIN EN 14 374	Zementgebundene Spanplatten nach DIN EN 634-1/-2	Faserplatten, harte nach DIN EN 622-2	Faserpl., mittelharte nach DIN EN 622-3	Faserplatten, poröse nach DIN EN 622-4	Faserplatten, MDF nach DIN EN 622-5	Spanplatten und Flachpressplatten nach DIN EN 68 761 (zurückgezogen)	Spanplatten und Flachpressplatten nach DIN EN 68 761-4 (zurückgezogen)	Spanplatten und Flachpressplatten nach DIN EN 68 763	OSB - Platten nach DIN EN 300	harte und mittelharte Holzfaserplatten nach DIN EN 68 754-1	Sperrholz nach DIN EN 68 705-2	Sperrholz nach DIN EN 63 705-3
Anwendungsbereich		11/2003	6/1997[1]	11/2003	9/2003	2/2005	4/1995[2]	7/2004[3]	7/2004	8/1997	8/1997	1973	1982	9/1990	6/1997	1976	7/1981	12/1981
nicht tragend	allgemeine Zwecke im Trockenbereich	P 1	OSB/1	EN 636 -1				HB	MBL und MBH	SB	MDF	FPY	FPO		OSB/1		IF	
	Inneneinrichtungen (Möbel) im Trockenbereich	P2	OSB/1									FPY	FPO		OSB/1			
	nicht tragende Zwecke im Feuchtbereich	P3		EN 636 -2				HB.H	MBL.H und MBH.H	SB.H	MDF.H						AW	
	allgemeine Zwecke im Außenbereich			EN 636 -3				HB.E	MBL.H und MBH.H	SB.E								
tragend	tragende Zwecke im Trockenbereich	P4	OSB/2	EN 636 -1	SWP/1	LVL[4]	EN 634	HB.LA	MBH. LA1	SB.LS	MDF. LA			V 20	OSB/2	HFH 20 und HFM 20	IF 20	BFU 20
	tragende Zwecke im Feuchtbereich	P5	OSB/3	EN 636 -2	SWP/2	LVL[4]	EN 634	HB. HLA1	MBH. HLS 1	SB.HLS	MDF. HLS			V 100	OSB/3		AW 100	BFU 100
	hochbelastbare Platten für tragende Zwecke im Trockenbereich	P6							MBH. LA2									
	hochbelastbare Platten für tragende Zwecke im Feuchtbereich	P7	OSB/4					HB. HLA2	MBH. HLS 2						OSB/4			
	tragende Zwecke im Außenbereich			EN 636 -2	SWP/3	LVL[4]	EN 634							(V 100 G)			AW 100 G	BFU 100 G

1) Normenentwurf: zzt. 07/2004.
2) Teil 2: Ausgabe 10/1996.
3) Berichtigung zur Norm: Ausgabe 06/2006.
4) Mechanische Kennwerte werden durch den Hersteller mit dem CE-Zeichen deklariert, Anwendungsbereiche und Übernahme dieser Werte werden bei Aufnahme in die DIN 20 000 geregelt.

Holzwerkstoffklasse 100: Verleimung wetterbeständig (= AW). Kurzfristige Holzfeuchte ist bis 18 % zulässig, wenn diese wieder entweichen kann. Verwendung: z.B. Außenbeplankung von Wandelementen, die durch belüfteten Hohlraum von der Außenhaut getrennt ist. Holzwerkstoffklasse 100 G: Zusätzlich gegen Pilzbefall geschützt. Verleimung wetterbeständig. Längerfristige Holzfeuchte bis 21 % zulässig, wenn diese wieder entweichen kann. Verwendung: z.B. in belüfteten Hohlräumen über dem Erdboden.
Bei Holzwerkstoffplatten kann eine Formaldehyd-Abgabe an die Umgebungsluft auftreten. Die Abgabe ist durch die DIBt-Richtlinie 100 (Formaldehydabgabe von Holzwerkstoffplatten) begrenzt auf einen Wert von ≤ 0,1 ml/m³ (Emissionsklasse E 1 und E 1b). Nach Herstellerangaben findet bei einer ganzen Reihe von Holzwerkstoffen keine Formaldehyd-Abspaltung mehr statt.

9.8.2 Sperrholz

Normen

DIN 68 705-2	(2016–03)	Sperrholz; Sperrholz für allgemeine Zwecke
-3	(1981–12)	Sperrholz; Bau-Furniersperrholz
-4	(1981–12)	Sperrholz; Bau-Stabsperrholz, Bau-Stäbchensperrholz
-5	(1980–10)	Sperrholz; Bau-Furniersperrholz aus Buche (+ Beiblatt)
DIN EN 313-1	(1996–05)	Sperrholz; Klassifizierung
DIN EN 313-2	(1999–11)	Sperrholz; Terminologie
DIN EN 314	(2005–03)	Sperrholz; Qualität der Verklebung
DIN EN 635	(1995–08)	Sperrholz; Klassifizierung nach dem Aussehen der Oberfläche
DIN EN 636	(1997–02)	Sperrholz; Anforderungen im Trocken-, Feucht- und Außenbereich

Sperrholz besteht aus einer ungeraden Anzahl (mind. drei) miteinander verleimter Holzlagen (siehe Abb. 9.13). Die Faserrichtung aneinander liegender Holzlagen kreuzt sich i.d.R. unter 90°. Dadurch und infolge der Anordnung der innen liegenden Stäbe bzw. Stäbchen (s.u.) ist die Verformung der Sperrholzplatten infolge Schwinden und Quellen geringer („gesperrt") als bei Vollholz.
Die äußeren Decklagen sind stets Furniere und haben zueinander parallelen Faserverlauf. Die Innenlagen können ebenfalls Furniere sein (Furniersperrholz) oder Stäbe bzw. Stäbchen (Stab- bzw. Stäbchen-Sperrholz). Die Stäbe haben eine Dicke von 24 bis 30 mm, die hochkant stehenden Stäbchen (oder Furnierstreifen) max. 8 mm. Als Leime werden i.d.R. Harnstoffharze (geringere Leimbeständigkeit) oder alkalisch härtende Phenoplaste oder Phenolresorcinharze verwendet. Vorzugsmaße von Sperrholz siehe Tafel 9.8.
Man unterscheidet folgende Plattenarten:
Sperrholz für allgemeine Zwecke nach DIN 68 705-2 (2003–10). Furniersperrholz FU (Furnierplatten) sowie Stab- bzw. Stäbchensperrholz ST bzw. STAE (Tischlerplatten). Verleimung IF und AW. Anwendung z.B. für Wand- und Deckenbekleidungen von Innenräumen, Möbel.

Tafel 9.9 Vorzugsmaße von Sperrholz nach DIN 4078 (1979–03; ohne Ersatz zurückgezogen)

	Furniersperrholz	Stab- und Stäbchensperrholz
Dicke in mm	4 5 6 8 10 12 15 18 20 22 25 30 35 40 50	13 16 19 22 25 28 30 38
Länge in mm	1220 1250 1500 1530 1830 2050 2200 2440 2500 3050	1220 1530 1830 2050 2500 4100
Breite in mm	1220 1250 1500 1530 1700 1830 2050 2440 2500 3050	2440 2500 3500 5100 5200 5400

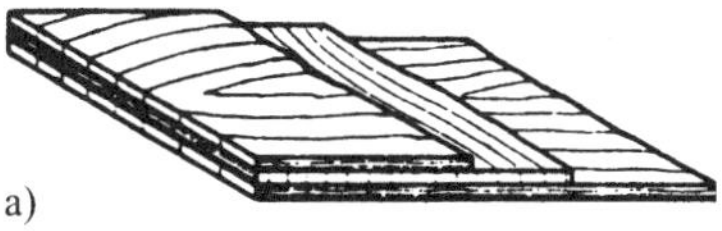

a)

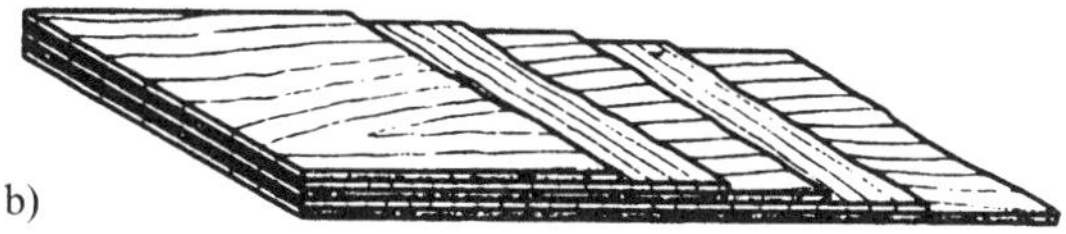

b)

Furnier-Sperrholz (FU): a) dreifach verleimt; b) fünffach verleimt

Stabsperrholz (ST)

Stäbchensperrholz (STAE)

Abb. 9.13 Aufbau von Sperrholz

Bausperrholz nach DIN 68 705-3 bis -5. Bau-Furniersperrholz BFU, Baufurniersperrholz aus Buche BFU-BU sowie Bau-Stab- bzw. Bau-Stäbchensperrholz BST bzw. BSTAE. Holzwerkstoffklassen 20, 100 und 100 G. Anwendung z.B. für die Beplankung von Wänden, Decken und Dächern mit tragender bzw. aussteifender Wirkung.
Mehrschichtplatten aus Nadelholz (bauaufsichtl. Zulassung). Platten aus drei oder fünf verleimten Brettlagen aus Nadelholz. Holzwerkstoffklassen 20, 100 und 100 G. Anwendung wie Bausperrholz.

9.8.3 Spanplatten

Normen

DIN 68 762	(1982–03)	Spanplatten für Sonderzwecke im Bauwesen
DIN 68 763	(1990–09)	Spanplatten; Flachpressplatten für das Bauwesen (ersetzt durch DIN EN 312)
DIN 68 764-1	(1973–09)	Spanplatten; Strangpressplatten für das Bauwesen
DIN 68 764-2	(1974–09)	Spanplatten; Beplankte Strangpressplatten
DIN 65 765	(1987–11)	Spanplatten; kunststoffbeschichtete dekorative Flachpressplatten
DIN EN 300	(2006–09)	OSB-Platten; (OSB/1 bis OSB/4)
DIN EN 309	(2005–04)	Spanplatten; Definition und Klassifizierung
DIN EN 312	(2010–12)	Spanplatten – Anforderungen (Teil 1 bis 7)
DIN EN 633	(1993–12)	Zementgebundene Spanplatten; Definition und Klassifizierung
DIN EN 634	(2007–05)	Zementgebundene Spanplatten; Anforderungen (Teil 1 und 2)

Bei der Herstellung von Spanplatten werden grobe und/oder feine Holzspäne mit Kunststoffklebern unter Druck und Wärme miteinander verklebt. Als Kleber werden i.d.R. Aminoplaste (geringere Verleimungsbeständigkeit) sowie alkalisch härtende Phenoplaste oder Phenolresorcinharze verwendet.
Man unterscheidet:

a) Flachpressplatten. Die beleimten Späne werden auf eine beheizte Metallplatte geschüttet und miteinander verpresst, wobei sich die Späne parallel zur Plattenebene ausrichten. Flachpressplatten sind i.d.R. nicht wetterbeständig. Sie können zur Verbesserung ihrer Festigkeitseigenschaften beidseitig beplankt werden, z.B. mit Furnieren oder Furnierplatten. Anwendung: Leichte Akustikplatten im Innenausbau, Dicke bis 32 mm (DIN 68 762); tragende und aussteifende Platten im Bauwesen, z.T. begrenzt wetterbeständig, Dicken bis 50 mm (DIN 68 763); beidseitig mit verschiedenfarbigen oder gemusterten Kunststoffbahnen beschichtete dekorative Platten für Möbel- und Innenausbau (sog. KF-Platten), Dicken 13 bis 50 mm (DIN 68 765).

b) Strangpressplatten. Hier werden die beleimten Späne in einen beheizten Schacht gestopft und mit einem Kolben zusammengepresst. Dabei richten sich die Späne senkrecht zur Plattenebene aus. Deshalb müssen diese Platten beplankt werden. Strangpressplatten können Röhren besitzen, die parallel zur Plattenebene verlaufen. Nicht wetterbeständig. Anwendung: Leichte Akustikplatten (DIN 68 762) und tragende und aussteifende Platten (DIN 68 764) mit oder ohne Röhren. Dicken bis 25 mm, bei Röhrenplatten bis 70 mm.

c) Mineralisch gebundene Flachpressplatten. Bindemittel Portlandzement CEM I 42,5 R. Anwendung: Tragende und aussteifende Beplankung von Holzhauselementen (Fußböden, Wände, Decken) für die Holzwerkstoffklassen 20, 100 und 100 G im Trocken-, Feucht- und Außenbereich (wenn wettergeschützt), Dicken bis 40 mm. Als Bindemittel wird auch Gips oder Anhydrit verwendet (nur für die Klassen 20 und 100).

d) OSB-Flachpressplatten (OSB = Oriented Strand Board) sind Mehrschichtplatten aus langen, schlanken, ausgerichteten Holzspänen, sog. Strands (Dicke ca. 0,6 mm, Länge 75 bis 130 mm), die mit Phenolharz o.a. verleimt sind. Dicken 6 bis 40 mm, Längen bis 5 m, Breiten bis 2,5 m. Anwendungen wie Flachpressplatten (s.o.). Klassifizierung nach der Anwendung: OSB/1 (allgemeine Zwecke im Trockenbereich, auch Möbel), OSB/2 (tragend im Trockenbereich), OSB/3 (tragend im Feuchtbereich), OSB/4 (hochbelastbar im Feuchtbereich).

Tafel 9.10 Anforderungen an Spanplatten nach DIN EN 312

In DIN EN 312 (2010–12) sind folgende **allgemeine Anforderungen an Spanplatten** bei Auslieferung definiert:

Eigenschaft	**Anforderung**
Dicke bei geschliffener Platte	+/- 0,3 mm
Dicke bei ungeschliffener Platte	- 0,3 bis +1,7 mm
Länge und Breite	+/- 5 mm
Kantengeradheit	1,5 mm je m
Rechtwinkligkeit	2 mm je m
Plattenfeuchte	5 ... 13 %
Rohdichte-Abweichung bezogen auf mittlere Rohdichte innerhalb einer Platte	ρ 10 %
Formaldehydabgabe: – Klasse E1– Perforatorwert Ausgleichskonzentration – Klasse E2 – Perforatorwert Ausgleichskonzentration	 Gehalt ≤ 8 mg/ 100 g atro Platte Abgabe ≤ 0,124 mg/m³ Luft Gehalt 8 ... 30 mg/100 g atro Platte Abgabe > 0,124 mg/m³ Luft

9.8.4 Faserplatten

Normen

DIN 68 751 (1987–11) Kunststoffbeschichtete dekorative Holzfaserplatten
DIN EN 316 (2009–07) Holzfaserplatten; Definition, Klassifizierung und Kurzzeichen
DIN EN 622-1 (2003–09) Faserplatten – Anforderungen; Teil 1: Allgemeine Anforderungen;
-2 (2006–06) Teil 2: an harte Platten; Teil 3: an mittelharte Platten, Teil 4: an poröse Plat-
-3 (2004–07) ten, Teil 5: an MDF-Platten nach dem Trockenverfahren
-4 (2010–03)
-5 (2010–03)

a) Herstellung: Holzspäne werden durch Heißdampf aufgeschlossen und anschließend mechanisch zu sog. Lignozellulosefasern zerkleinert. Beim Nassverfahren wird der entstehende Faserbrei auf einem Sieb zu einem flachen Vlies ausgebreitet, entwässert und entweder ohne Druck getrocknet (weiche, poröse Holzfaserdämmplatten) oder durch Heißpressen ohne oder mit geringer Zugabe von Bindemitteln verdichtet (harte oder mittelharte Platten). Die Oberseite ist blank, die Unterseite geriffelt (Abdruck des Entwässerungssiebes). Beim Trockenverfahren werden die Holzfasern in einem Luftstrom beleimt (i.d.R. Harnstoff- oder Phenolharze) und anschließend zu Platten mit zwei glatten Oberflächen verpresst und ausgehärtet (mitteldichte Holzfaserplatten).
b) Anwendung: Nichttragende Platten für den Möbelbau und Innenausbau; mittragende und aussteifende Platten für die Beplankung von Wand-, Decken- und Dachtafeln im Holzhausbau (DIN 1052-3).
c) Arten nach DIN EN 316: harte Platten HB 20 und 100 mit Dichten ≥ 800 kg/m³ (bisher HFH), mittelharte Platten HFM 20 und 100 mit Dichten von 350 bis 800 kg/m³ (bisher HFM), beide im Nassverfahren ohne Bindemittel hergestellt; mitteldichte Platten MDF 20 und 100 mit Dichten ≥ 600 kg/m³ werden im Trockenverfahren hergestellt; poröse Platten SB mit Dichten von 230 bis 400 kg/m³. Je nach Verwendbarkeit der Platten erhalten die Bezeichnungen Zusatze, z.B. HB.H (Feuchtbereich), HB.E (Außenbereich) oder HB.LA (tragende Platten).

Tafel 9.11 Kurzzeichen für Holzfaserplatten nach DIN EN 316 (2009–07) und DIN EN 622 (2009–03)

Verwendungszweck	Farbkennzeichnung[1)]	Harte Platten DIN EN 622-2	Mittelharte Platten DIN EN 622-3 geringe Dichte	Mittelharte Platten DIN EN 622-3 hohe Dichte	Poröse Platten DIN EN 622-4	MDF-Platten DIN EN 622-5
Allgemeine Zwecke im Trockenbereich	w, w, bl	HB	MBL	MBH	SB	MDF
Allgemeine Zwecke im Feuchtbereich	w, w, gr	HB.H	MBL.H	MBH.H	SB.H	MDF.H
Allgemeine Zwecke im Außenbereich	w, w, br	HB.E	MBL.E	MBH.E	SB.E	–
Tragende Zwecke im Trockenbereich	g, g, bl	HB.LA	–	MBH.LA1	SB.LS	MDF.LA
Hochbelastbare Platten im Trockenbereich	g, bl	–	–	MBH.LA2	–	–

Verwendungszweck	Farbkennzeichnung[1)]	Harte Platten DIN EN 622-2	Mittelharte Platten DIN EN 622-3		Poröse Platten DIN EN 622-4	MDF-Platten DIN EN 622-5
			geringe Dichte	hohe Dichte		
Tragende Platten im Feuchtbereich	g, g, gr	HB.HLA1	–	MBH.HLS 1[2)]	SB.HLS[2)]	MDF.HLS[2)]
Hochbelastbare Platten im Feuchtbereich	g, gr	HB.HLA2	–	MBH.HLS[2)]	–	–

[1)] w = weiß, g = gelb, bl = blau, gr = grün, br = braun; z.B. bedeutet „w, w, bl": zwei Streifen weiß, ein Streifen blau.
[2)] S = Platten nur für Momentan- oder Kurzzeitbelastung.

d) Kunststoffbeschichtete dekorative Holzfaserplatten (KH-Platten; DIN 68 751) sind ein- oder zweiseitig beschichtete harte Holzfaserplatten für den Innenausbau (z.B. Möbel). Weiche Holzfaserdämmplatten (DIN 68 755-1) und Bitumen-Holzfaserplatten (Bitumengehalt 10 bis 15 %; DIN 68 752) sind poröse Platten für Wärme- und Schalldämmzwecke.
e) Zementfaserplatten aus Portlandzement (CEM I) und mineralischen Zuschlägen (auch Leichtzuschlägen), armiert entweder mit Zellstoff-Fasern oder mit Glasfasern. Dicken bis 20 mm. Holzwerkstoffklassen 20 und 100. Anwendung für mittragende und/oder aussteifende Beplankung von Wandelementen im Holzhäuserbau.
f) Holzfaserdämmstoffe siehe Abschn. 14.4.7, auch DIN EN 13 171 (Wärmedämmstoffe für Gebäude aus Holzfasern WF).

9.8.5 Langspanholz Timber Strand™

Langspanholz Timber Strand™ (alte Bezeichnung Spanstreifenholz Intrallam LSL) besteht aus verleimten Pappel-Spanstreifen (0,8 × 25 × 300 mm), die je nach Herstellverfahren mehr parallel oder mehr quer zur Plattenlängsrichtung angeordnet sind. Plattendicken: 32 bis 89 mm. Anwendung wie Brettschichtholz (siehe Abschn. 9.5.3) oder Bau-Furniersperrholz (siehe Abschn. 9.8.2).

9.8.6 Furnierstreifenholz PSL, Furnierschichtholz FSH

Furnierstreifenholz Parallam PSL (Parallel Strand Lumber; Strand = Strähne, Lumber = Bauholz) besteht aus parallel zur Längsachse ausgerichteten, mit Phenolharz verleimten Schälfurnierstreifen (16 mm breit und ca. 3 mm dick). Balkenabmessungen: Breite 44 bis 280 mm, Höhe 44 bis 483 mm, Länge bis 20 m.
Furnierschichtholz FSH (Kerto, Microffam) besteht aus ca. 3 mm dicken miteinander verleimten Nadelholzfurnieren, die durch Schäftung oder Überlappung miteinander verbunden sind. Abmessungen: Plattendicken 21 bis 89 mm, sehr große Formate bis 23 m Länge. Anwendung wie Brettschichtholz (siehe Abschn. 9.5.3).

9.9 Holzpflaster

Normen

DIN 68 702 (2009–10) Holzpflaster
DIN 18 365 (2015–08) Bodenbelagsarbeiten

Holzpflaster eignet sich als Fußboden für Innenräume. Als Nutzfläche dient die Hirnfläche der Holzklötze. Holzarten: Kiefer, Lärche, Fichte, Eiche oder andere gleichwertige Holzarten. Man unterscheidet:
Holzpflaster GE für gewerbliche oder industrielle Zwecke, auch für schweren Stapler- und Fahrzeugverkehr, zum Feuchtigkeitsschutz imprägniert. Abmessungen der Klötze: Höhe 50 bis 100 mm, Breite 60 bis 80 mm, Länge 60 bis 140 mm.
Holzpflaster RE, nicht imprägniert; für Verwaltungsgebäude, Versammlungsstätten und Wohnbereich; Abmessungen der Klötze: Höhe 22 bis 80 mm, Breite 40 bis 80 mm, Länge 40 bis 120 mm.
Holzpflaster WE für Werk- und ähnliche Räume mit Leichttransportverkehr, ab 40 mm Klotzhöhe auch für normalen Fahrzeug- und Staplerverkehr.
Die Verlegung von Holzpflaster RE geschieht im Verband ohne Zwischenräume mit Kunststoffkleber eng aneinander geklebt (Pressverklebung). Als Unterboden dient Verbundestrich ZE 30, zementgebundener schwimmender Estrich oder Gussasphaltestrich, auch Beton B 20/25.

Tafel 9.12 Abmessungen der Klötze von Holzpflaster nach DIN 68 702 (2009–10) (Länge × Breite ergibt die Sichtfläche.)

Holzpflasterart	Höhe1[1] mm	Breite[1] mm	Länge[1] mm
RE + WE GE	22–80 50–100	40–80 60–80	40–120 60–140

[1] Bei WE mit Fahrzeug- und Staplerverkehr: Höhe mind. 40, Breite max. 80 und Länge max. 100 mm.

9.10 Parkett

Normen

DIN 280-1	(1990–04)	Parkett; Parkettstäbe, Parkettriemen und Tafeln für Tafelparkett
DIN EN 13 226	(2009–09)	Holzfußböden; Massivholz-Parkettstäbe mit Nut und/oder Feder
DIN EN 13 227	(2016–02) Entwurf	Holzfußböden; Holzfußböden – Massivholz – Lamparkettprodukte
DIN EN 13 228	(2011–08)	Holzfußböden; Holzfußböden – Massiv-Overlay-Parkettstäbe einschließlich Parkettblöcke mit einem Verbindungssystem
DIN EN 13 488	(2003–05)	Holzfußböden; Mosaikparkettelemente
DIN EN 13 489	(2014–11) Entwurf	Holzfußböden; Mehrschichtparkettelemente
DIN EN 13 756	(2015–01) Entwurf	Holzfußböden; Terminologie
DIN 18 356	(2012–10)	VOB Teil C: ATV; Parkettarbeiten
TRGS 610	(2011–01)	Ersatzstoffe und Ersatzverfahren für stark lösemittelhaltige Vorstriche und Klebstoffe für den Bodenbereich
TRGS 617	(2001–11) (2013–01)	Ersatzstoffe für stark lösemittelhaltige Oberflächenbehandlungsmittel für Parkett und andere Holzfußböden
TRGS		Technische Regel Gefahrstoffe

Parkett ist ein Fußboden aus unterschiedlichen Parkettarten (s.u.). Die häufigsten Holzarten in Deutschland sind Eiche und Buche. Daneben aber auch Esche, Kiefer, Ahorn und

Kirsche, Merbau und Doussie, Lärche, Kambala sowie Wenge und andere europäische und überseeische Hölzer.

a) Arten:

Parkettstäbe ST, ringsum genutet, werden beim Verlegen mit Holzfedern verbunden, Dicke 22 mm, Breite 45 bis 80 mm, Längen 250 bis 1000 mm; Parkettriemen RI mit angehobelter Feder und Nut, Abmessungen wie ST; Tafeln für Tafelparkett TA, Verlegeeinheiten aus verschiedenen Holzarten und in unterschiedlichen Formen und Abmessungen, ringsum genutet oder mit Nut und Feder; Mosaikparkettlamellen, kleine Parketthölzer, die auf ablösbaren Kunststofffolien oder -netzen zu Verlegeeinheiten zusammengesetzt sind (Dicke 8 mm, Breite 20 bis 25 mm, Länge 120 bis 165 mm).

Größere Verlegeeinheiten sind Fertigparkett-Elemente (neue Bezeichnung: Mehrschichtparkett), die industriell hergestellt und bereits versiegelt sind und aus Holz oder einer Verbindung aus Holz, Holzwerkstoffen oder anderen Stoffen bestehen. Abmessungen: Dicke 7 bis 26 mm, Breite 100 bis 650 mm, Länge 0,20 bis 2,25 m, Dicke der begehbaren Schicht, z.B. aus Eiche, mind. 2 mm.

Daneben gibt es Massivparkett (neue Bezeichnung: Lamparkett) aus gehobelten Parketthölzern in Längen bis 4 m; Hochkantlamellenparkett: vorgefertigte Verlegeeinheiten unterschiedlicher Größe aus hochkant verklebten Holzlamellen; normale Dielenböden aus gespundeten Hobeldielen mit Nut und Feder in Längen bis 6 m.

b) Die Verlegung von Parkett geschieht i.d.R. durch Klebung auf schwimmendem Estrich (Wohnbereich; auch Fußbodenheizung). Außer bei Fertigparkett-Elementen ist das Parkett nach der Verlegung abzuschleifen und zu versiegeln. Versiegelungsmittel: Wasserlack, Öl-Kunstharz-Siegel, reine Kunststoff-Versiegelungen (z.B. Urethan-Alkyd-Harz, Polyurethan = DD-Siegel), Öle oder Wachse. Verlegemuster: z.B. Schiffsboden-, Würfel-, Fischgrät- und Flechtmuster.

9.11 Holzzerstörer

Die wichtigsten Holzzerstörer sind Insekten und Pilze. Bakterien spielen als Holzzerstörer eine untergeordnete Rolle.

9.11.1 Holzzerstörende Insekten

Bei den Insekten unterscheidet man die folgenden Entwicklungsstadien: Ei – Larve – Puppe – Käfer. Der eigentliche Holzzerstörer ist die Larve.

Frischholzinsekten, wie der Borkenkäfer und die Holzwespe (siehe Abb. 9.16), greifen nur stehende oder frisch gefällte Bäume an.

Trockenholzinsekten greifen verbautes Holz an, lassen die Holzoberfläche aber, bis auf die Fluglöcher, unzerstört. Die wichtigsten Trockenholzinsekten sind:

Der Hausbockkäfer (Holzbock; Hylotrupes bajalus; siehe Abb. 9.14) ist der gefährlichste tierische Holzschädling. Er befällt nur Nadelholz, hauptsächlich den Splint, vor allem in Dachstühlen, Fachwerk, Fußböden, Türen, auch im Freien verbautes oder lagerndes Holz. Die ovalen Fraßgänge, die mit hellem Fraßmehl angefüllt sind, haben oft höhlenartige Erweiterungen. Die Fluglöcher (Flugzeit Juli/August) sind eiförmig, größter Durchmesser 6 bis 10 mm. Meldepflicht siehe Abschn. 9.12.3.

Der gewöhnliche Nagekäfer (Anobium punctatum; siehe Abb. 9.15) ist nach dem Holzbock der gefährlichste tierische Holzschädling. Er wird wegen seiner Geräusche auch Poch- oder Klopfkäfer genannt („Totenuhr"). Er befällt alle Holzarten und tritt besonders an feuchten und kühlen Orten auf (Keller, Rückwände und Füße alter Möbel). Aus den Fluglöchern (Flugzeit Mai/Juni) und Fraßgängen, die kreisrund (Durchmesser 1 bis 2 mm) sind, rieselt zur Flugzeit Fraßmehl.

Der braune Splintholzkäfer (Lyctus spec.; siehe Abb. 9.16) befällt vor allem den Splint von stärkereichen trockenen Laubhölzern (Eiche, Ulme, Pappel), z.B. Holzverkleidungen, Leisten, Parkett, Möbel. Die Fraßgänge sind fest mit zusammengedrücktem Fraßmehl gefüllt, die Fluglöcher (Flugzeit Mai/Juni) haben Durchmesser von 1 bis 1,5 mm.

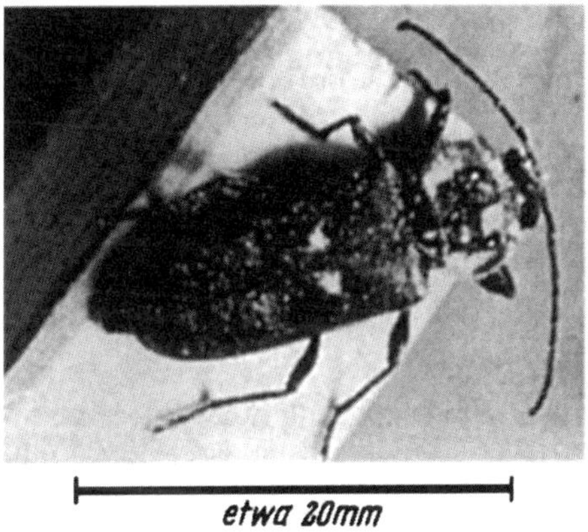

Abb. 9.14 Hausbockkäfer (Hylotrupes bajalus), Weibchen [2]

Abb. 9.15 Gewöhnlicher Nagekäfer, Pochkäfer (Anobium punctatum; Länge 2,5 bis 4,5 mm) [2]

Abb. 9.16 Brauner Splintholzkäfer (Lyctus spec.) [2]

Abb. 9.17 Holzwespe (Siricidae; Länge 15 bis 30 mm) [2]

9.11.2 Holzzerstörende Pilze

Holzzerstörende Pilze benötigen eine Holzfeuchte von mind. 20 % und Temperaturen zwischen +3 und +40°C. Wassergesättigtes oder völlig trockenes Holz wird von Pilzen nicht angegriffen. Aus den Pilzsporen entwickeln sich Zellfäden (Hyphen), die als feines Gewebe (Mycel) oder als dickere Stränge das Holz und auch Mauerwerk durchwachsen. Am Mycel bilden sich die Sporen bildenden Fruchtkörper in Form von fladen- oder konsolenförmigen Gebilden von unterschiedlicher Form und Farbe. Greifen die Pilze vorwiegend die Zellulose an, wird das befallene Holz von dem zurückbleibenden Lignin bräunlich gefärbt (Braunfäule) und reißt würfelförmig auf. Greifen die Pilze Zellulose und Lignin zu gleichen Teilen an, wird das Holz heller (Weißfäule) und schwammig.

Die wichtigsten holzzerstörenden Pilze sind:

Der echte Hausschwamm (Serpula lacrymans; siehe Abb. 9.18 und 9.19) ist der am meisten gefürchtete pflanzliche Holzzerstörer in Gebäuden. Er greift vorwiegend Nadelholz an (Braunfäule) und durchwächst auch holzfreie und trockene Bereiche, z.B. Mauerwerk. Er überdauert lange Trockenzeiten. Die bis zu 1 m großen Fruchtkörper sind gelegentlich mit Flüssigkeitströpfchen bedeckt. Meldepflicht siehe Abschn. 9.12.3.

Der Kellerschwamm (Coniophora puteana; siehe Abb. 9.20) greift nur sehr feuchtes Holz an, meist in Kellern und am Boden (Nassfäule), stirbt aber bei Austrocknung ab. Die Fruchtkörper besitzen warzenförmige Erhebungen („Warzenschwamm").

Der Porenschwamm (Poria spec; siehe Abb. 9.21) zeigt ein schneeweißes feines Oberflächenmycel. Er benötigt ebenfalls viel Feuchte, kann auch Mauerwerk durchwachsen und übersteht lange Trockenzeiten.

Weitere Pilzarten sind der Tannenblättling (bevorzugt feuchtes Nadelholz, z.B. Fensterrahmen), die Moderfäule (bevorzugt feuchtes Laubholz, wie Maste und Schwellen) und der Bläuepilz (befällt nur sehr feuchtes Nadelholz, beeinträchtigt aber nicht die Holzfestigkeit).

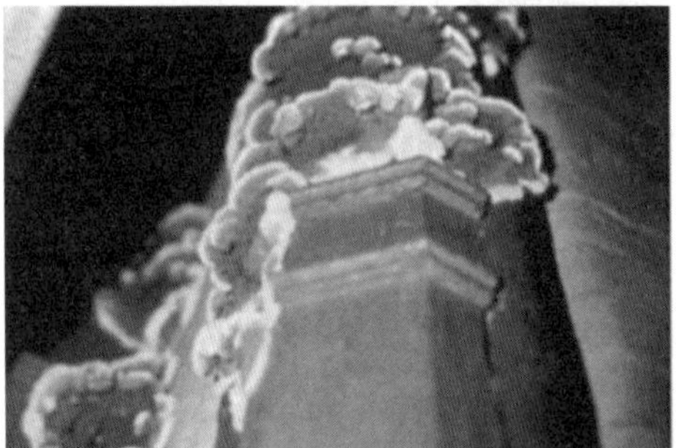

Abb. 9.18 Echter Hausschwamm (Fruchtkörper) [2]

Abb. 9.19 Echter Hausschwamm (Holzzerstörung) [2]

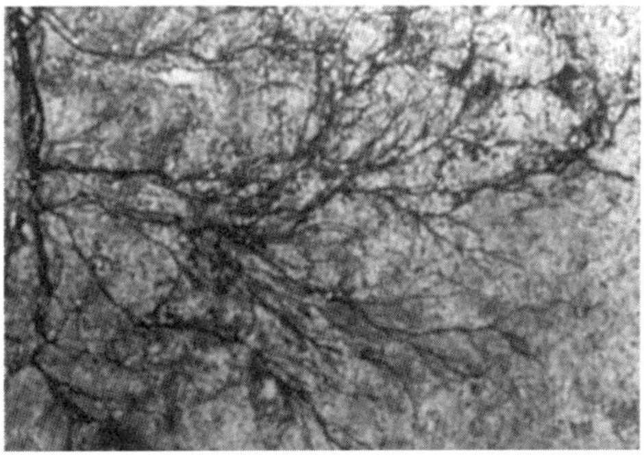

Abb. 9.20 Kellerschwamm (Mycel) [2]

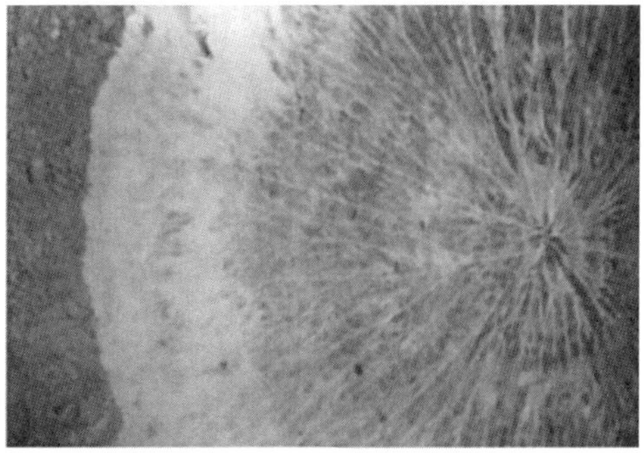

Abb. 9.21 Weißer Porenschwamm (Mycel) [2]

9.12 Holzschutz

Normen

DIN 52 160	(1972–09)	Prüfung von Holzschutzmitteln
DIN 52 175	(1975–01)	Holzschutz; Begriffe, Grundlagen
DIN 68 800-1	(2011–10)	Holzschutz im Hochbau – Allgemeines
DIN 68 800-2	(2012–02)	Holzschutz – Teil 2: Vorbeugende bauliche Maßnahmen im Hochbau
DIN 68 800-3	(2012–02)	Holzschutz; Vorbeugender chemischer Holzschutz
DIN 68 800-4	(2012–02)	Holzschutz; Bekämpfungsmaßnahmen gegen holzzerstörende Pilze und Insekten

Die folgenden DIN EN-Normen gehören zu einem europäischen Normenpaket, das bei vollständigem Vorliegen die DIN 68 800-3 ersetzen soll:

DIN EN 335-1 bis -3	(2013–06)	Dauerhaftigkeit von Holz und Holzprodukten; Gefährdungsklassen für einen biologischen Befall (Pilzbefall)
DIN EN 351-1, -2	(2007–10)	Dauerhaftigkeit von Holz und Holzprodukten; Mit Holzschutzmitteln behandeltes Vollholz
DIN EN 460	(1994–10)	Dauerhaftigkeit von Holz und Holzprodukten; Natürliche Dauerhaftigkeit von Vollholz; Anforderungen
DIN EN 599-1	(2014–03)	Dauerhaftigkeit von Holz und Holzprodukten; Anforderungen an Holzschutzmittel

9.12.1 Vorbeugende bauliche Holzschutzmaßnahmen

Vorbeugende Maßnahmen nach DIN 68 800-2 sind zusätzlich zu dem i.d.R. erforderlichen chemischen Holzschutz immer vorzusehen.

a) Allgemeine bauliche Maßnahmen:

- Holz mit der vorgeschriebenen Holzfeuchte einbauen (siehe Abschn. 9.3.1).
- Chemisch nicht vorbehandeltes Holz muss im verbauten Holz die über 20 % hinausgehende Feuchtigkeit abgeben können.
- Niederschläge müssen möglichst abgehalten werden oder schnell abfließen (Abschrägungen und Abrundungen der Bauteile, ausreichend große Dachüberstände).
- Holzbalken auf Massivwänden (Mauerwerk) müssen auf Zwischenlagen aus Dachpappe aufliegen. Vor den Stirnflächen der Balken muss eine Luftschicht von 2 bis 3 cm vorgesehen werden.

b) Besondere bauliche Maßnahmen haben das Ziel, chemisch nicht behandeltes Holz in einem Maße vor Feuchtigkeit zu schützen bzw. die Abgabe von Feuchtigkeit durch Verdunstung so zu ermöglichen, dass die Gefährdungsklasse verringert werden kann (siehe Abb. 9.21 und 9.22).

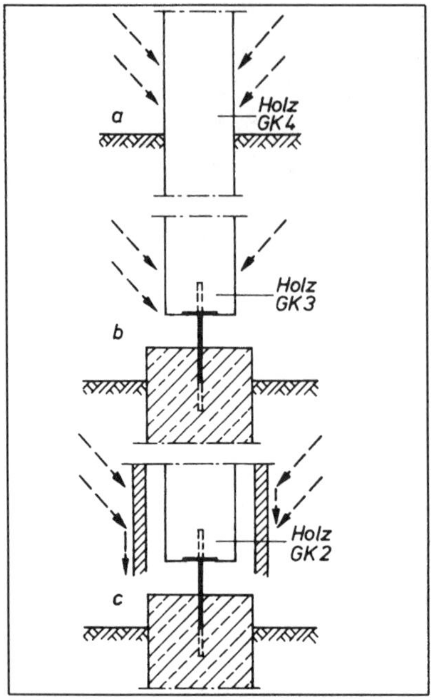

Abb. 9.22 Holzstütze im Freien [38] nach [2]

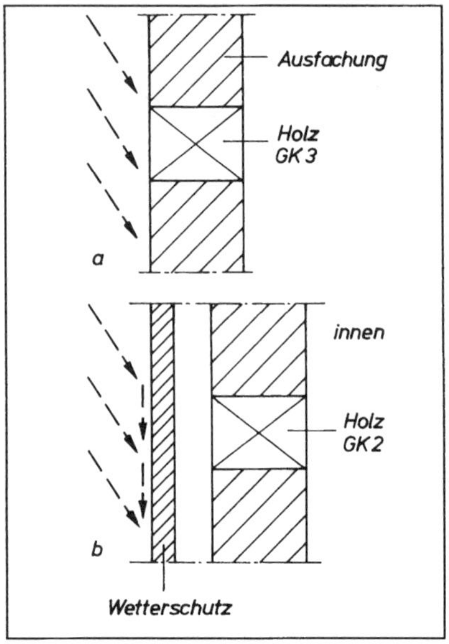

Abb. 9.23 Fachwerkaußenwand [38] nach [2]

9.12.2 Vorbeugende chemische Holzschutzmaßnahmen

a) Holzschutzmittel (HSM) sind zum vorbeugenden chemischen Holzschutz nach DIN 68 800-3 immer dann erforderlich, wenn die Holzfeuchte langfristig 20 % und der Splintholzanteil 10 % übersteigen, da nur dann Pilze gefährlich werden können. Die DIN 68 800-3 definiert Gefährdungsklassen von Holz und gibt die dafür erforderlichen HSM an (siehe Tafel 9.13). Holzwerkstoffe der Klassen 20, 100 und 100 G dürfen Holzfeuchten von 15, 18 bzw. 21 % nicht überschreiten (siehe Abschn. 9.8.1).

b) Die Kennzeichnung von HSM hinsichtlich ihrer Wirksamkeit geschieht durch die folgenden Buchstaben:
   - IV gegen Insekten vorbeugend wirksam
   - P gegen Pilze vorbeugend wirksam
   - W auch für Holz, das der Witterung ausgesetzt ist, jedoch nicht im ständigen Erdkontakt und nicht im ständigen Kontakt mit Wasser
   - E auch für Holz, das extremer Beanspruchung ausgesetzt ist (im ständigen Erdkontakt und/oder im ständigen Kontakt mit Wasser sowie bei Schmutzablagerungen in Rissen und Fugen).

c) Bei den verschiedenen Arten von HSM wird unterschieden zwischen wässrigen HSM, lösemittelhaltigen HSM, Emulsionen und öligen HSM. Siehe Tafel 9.12 sowie Abb. 9.23 und 9.24.

d) Die Anwendungsbereiche von HSM sind unterschiedlich (s.a. Tafel 9.15):

B-Salze, SF-Salze	für alle witterungsgeschützten Bauteile
CBF-Salze, Quat-Präparate	für alle Holzbauteile innen und außen, vorzugsweise für geringe bis mittlere Auswaschbeanspruchung
CK-, CKA-,CKB-, CKF-Salze	für alle Hochbauteile innen und außen, vorzugsweise für starke Auswaschbeanspruchung
Lösungsmittelhaltige HSM	für innen und außen, ggf. Anwendungsbeschränkungen, z.B. in Aufenthaltsräumen
Ölige HSM	nur für außen
Betain- und Cu-HDO-Präparate	je nach Art für innen und außen, ohne oder mit Erdkontakt

e) Bei den Einbringverfahren von HSM unterscheidet man je nach der Eindringtiefe e Oberflächenschutz (keine Eindringtiefe gefordert), Randschutz (e = einige mm), Tiefenschutz (e = einige cm, mind. 1 cm) und Teilschutz (Tiefenschutz an gefährdeten Stellen). Die wichtigsten Verfahren sind.

- Streichen oder Sprühen (mind. zweimal satt);
- Kurztauchen (mind. 10 Minuten) bzw. Tauchen (mind. 30 Min.);
- Trog- und Einstelltränkung, vier bis sechs Tage, Tiefenschutz ist erreichbar.
- Saftverdrängungsverfahren (Boucherieverfahren), Dauer zwei bis drei Wochen. HSM dringt aus einem Hochbehälter in das Stammende eines geneigten, frisch gefällten und ungeschälten Stammes ein.
- Trogsaugverfahren. Frische geschälte Stämme lagern in Bottichen mit HSM-Lösung. Über die beiden Stammenden wird in dem Stamm Unterdruck erzeugt. In Druckkesseln kann abwechselnd Unter- und Überdruck erzeugt werden.
- Kesseldrucktränkung. Halbtrockenes bis trockenes Holz wird in Kesseln Unter- und Überdruck ausgesetzt. Dadurch wird das HSM angesogen bzw. in die Holzporen des Splints hineingedrückt. Man unterscheidet Volltränkung (besonders bei Fichte und Tanne), Spartränkung (Eisenbahnschwellen mit Teerölen), Wechseldrucktränkung, Vakuumtränkung.
- Osmoseverfahren. Frisch geschlagenes und entrindetes Rundholz wird mit HSM-Salzpaste bestrichen und mit Ölpapier abgedeckt. Durch Austausch von Zellsaft und Salzlösung dringt das HSM durch die Zellwände hindurch in die Holzporen. Dauer etwa drei Monate, gute Tiefenwirkung.

Tafel 9.13 Vorbeugend wirksame Holzschutzmittel gegen Pilze und Insekten [23] nach [2]

A) Wasserbasierte (wasserlösliche) vorbeugende Holzschutzmittel (HSM) gegen Pilze und Insekten				
Art des HSM Gefährdungsklasse	Hauptbestandteile[1)]	Prüfprädikate[2)]	Einstufung und Kennzeichnung nach der Gefahrstoff-VO (s.a. Abb. 9.24)	Einbringverfahren[3)]
B-Salze 1, 2	Anorganische Borverbindungen	Iv, P	nicht kennzeichnungspflichtig	Tr, S, T, Spr; teilweise K
SF-Salze 1, 2	Silicofluoride	Iv, P	Xn, mindergiftig	K, Tr, S, T, Spr
CFB-Salze 1, 2, 3	Bor- und Fluorverbindungen, Chromate	Iv, P, W	C, ätzend	K, Tr
CK-Salze 1 bis 4	Kupfersalze, Chromate	Iv, P, W, E	T, giftig, oder Xn, mindergiftig	K
CKA-Salze 3, 4	Kupfersalze und Arsenverbindungen, Chromate	Iv, P, W, E	Herstellerangaben	K
CKB-Salze 1 bis 4	Kupfersalze und Borverbindungen, Chromate	Iv, P, W, E	Xn, mindergiftig	K, Tr
CKF-Salze 1 bis 4	Kupfersalze und Fluorverbindungen, Chromate	Iv, P, W, E	Xn, mindergiftig, oder T, giftig	K
Quat-Präparate 1 bis 3	Quatäre Ammoniumverbindungen	Iv, P, W	C, ätzend	K, Tr
Quat-Bor-Präparate 1, 2, (3)	Quatäre Ammonium-Borverbindungen	Iv, P, (W)	C, ätzend	K, Tr; teilweise S, Spr, T
Chromfreie Kupfer-Präparate: 1 bis 3, (4)	Cu-HDO, Cu-Quat, Cu-Triazol, Cu-Bor, Cu	Iv, P, W, (E)	C, ätzend	K, Tr
HSM mit anderen als den vorgenannten Hauptbestandteilen 1, 2, 3		Iv, P, W	C, ätzend	siehe bauaufsichtl. Zulassg.

1) Bei der Verwendung und Neuzulassung chromathaltiger Holzschutzmittel können zukünftig Änderungen eintreten.
2) Abkürzungen siehe Abschn. 9.12.2b.
3) S = Streichen; Spr = Spritzen oder Sprühen (nur in stationären Anlagen zulässig); T = Tauchen; Tr = Trogtränkung; V = Vakuumtränkung; K = Kesseldruckverfahren, z.B. Volltränkung oder Wechseldrucktränkung, s.a. Abschn. 9.12.2e.

(Fortsetzung nächste Seite)

Tafel 9.13 (Fortsetzung)

B) Lösemittelhaltige vorbeugende HSM gegen Pilze und Insekten	
Hauptbestandteile: Prüfprädikate: Anwendungsverfahren: Besonderheiten: Eigenschaften:	Organische Fungizide und Insektizide in organischen Lösemitteln Iv, P, W, teilweise mit erhöhter Wirksamkeit Teilweise nur Doppel-V, Tr, S, T, Spr Flammpunkt über 55 °C Nur für halbtrockene und trockene Hölzer geeignet; z.T. intensiver Eigengeruch, nach Abdunsten der Lösungsmittel überwiegend geruchsfrei; Flammpunkt unmittelbar nach Anwendung ggf. niedriger als 55 °C; Mittel unverdünnt anwenden
C) Lösemittelhaltige vorbeugende HSM nur gegen Insekten	
Hauptbestandteile: Prüfprädikate: Anwendungsverfahren: Besonderheiten: Eigenschaften:	Organische Insektizide in organischen Lösemitteln bzw. in wässriger Emulsion Iv, teilweise mit erhöhter Wirksamkeit K, Tr, S, T, Spr Flammpunkt überwiegend über 55 °C wie B) bzw. HSM
D) Vorbeugende Sonderpräparate nur gegen Pilze für Holzwerkstoffe	
Hauptbestandteile: Prüfprädikate: Anwendungsverfahren:	Anorganische Borverbindungen, Kaliumfluoride oder Kalium-HDO (P) Holzschutzmittel für Holzwerkstoffe Ausschließlich zur Anwendung im Werk für Plattentypen der Holzwerkstoffklasse 100 G gemäß den „Besonderen Bestimmungen" des Zulassungsbescheides
E) Ölige HSM gegen Pilze und Insekten (Teerölpräparate = Steinkohlenteer-Imprägnieröle)	
Hauptbestandteile: Prüfprädikate: Anwendungsverfahren: Besonderheiten: Eigenschaften:	Steinkohlenteeröl WEI Typ Boder C, Iv, P, W, E nur spezielle K; nur für Außenbauteile Die Chemikalienverbotsverordnung ist zu beachten. Nur für halbtrockene und trockene tränkreife Hölzer geeignet; z.T. lang anhaltender intensiver Eigengeruch; unverdünnt anwenden
F) Betain-Präparate[1)]	
Hauptbestandteile: Prüfprädikate: Anwendungsverfahren:	polymeres Betain, z.T. zusätzlich Bor- und Kupferverbindungen Iv, P, W, E je nach Zusammensetzung der Präparate K, Tr
[1)] Gesprochen: Be-ta-in.	

Tafel 9.14 Gefährdungsklassen von Holz und Anforderungen an anzuwendende Holzschutzmittel nach DIN 68 800-3 (2009–11) [2]

Gefährdungsklasse	Beanspruchung	Gefährdung durch				Anforderungen an das Holzschutzmittel	erforderliche Prüfprädikate für tragende Bauteile
		Insekten	Pilze	Auswaschung	Moderfäule		
0[1)]	Innen verbautes Holz, ständig trocken	nein	nein	nein	nein	keine Holzschutzmittel erforderlich	
1		ja	nein	nein	nein	insektenvorbeugend	Iv
2	Holz, das weder dem Erdkontakt noch direkt der Witterung oder Auswaschung ausgesetzt ist, vorübergehende Befeuchtung möglich	ja	ja	nein	nein	insektenvorbeugend, pilzwidrig	Iv, P
3	Holz der Witterung oder Kondensation ausgesetzt, aber nicht in Erdkontakt	ja	ja	ja	nein	insektenvorbeugend, pilzwidrig, witterungsbeständig	Iv, P, W
4	Holz in dauerndem Erdkontakt oder ständiger starker Befeuchtung ausgesetzt	ja	ja	ja	ja	insektenvorbeugend, pilzwidrig, witterungsbeständig, moderfäulewidrig	Iv, P, W, E

[1)] Chemische Holzschutzmaßnahmen sind nicht erforderlich im Bereich der Gefährdungsklasse 0. Die Gefährdungsklasse 0 liegt vor, wenn
- im Bereich der Gefährdungsklasse 1 Farbkernhölzer verwendet werden, die einen Splintholzanteil unter 10 % aufweisen, oder Holz in Räumen mit üblichem Wohnklima oder vergleichbaren Räumen verbaut ist und
  a) gegen Insektenbefall allseitig durch eine geschlossene Bekleidung abgedeckt ist oder
  b) Holz zum Raum hin so offen angeordnet ist, dass es kontrollierbar bleibt,
- im Bereich der Gefährdungsklasse 2 splintfreie Farbkernhölzer der Resistenzklassen 1, 2 oder 3 verwendet werden,
- im Bereich der Gefährdungsklasse 3 splintfreie Farbkernhölzer der Resistenzklassen 1 oder 2 verwendet werden,
- im Bereich der Gefährdungsklasse 4 splintfreie Farbkernhölzer der Resistenzklasse 1 verwendet werden.

Tafel 9.15 Anwendung von Holzschutzmitteln (Empfehlungen) nach [25]

Bauteile mit Beispielen	Anzuwendende Holzschutzmittel[1)] zum Schutz gegen
Nichttragende Innenbauteile: Bekleidungen und Einbauten im Spritzwasserbereich von Bädern	Pilze, Insekten, Bläuepilze; farbige oder farblose Holzlasuren (Streichen)
Tragende Innenbauteile: Dachkonstruktionen, Balkenlagen, Unterzüge, Stützen	Insekten, bei hoher Luftfeuchte auch Pilze, ggf. Bläuepilze; ölige Holzschutzmittel, ggf. zusätzlich Lasuren (Streichen, Spritzen, Tränken, Tauchen); wasserlösliche fixierende Holzschutzmittel (Salze; Streichen, Spritzen; Kesseldruck- und Trogtränkung; Tauchen)
Nichttragende Außenbauteile ohne Erdkontakt: Fenster, Türen, Außenbekleidungen, Dachüberstandsschalungen, Balkonbrüstungen	Pilze, Insekten, Bläuepilze; farbige Holzschutzlasuren, ggf. zusätzlich wasserabweisender Schutzanstrich (Streichen)
Tragende Außenbauteile ohne Erdkontakt: Träger, Stützen	Pilze, Insekten, ggf. Bläuepilze; farblose ölige Holzschutzmittel, möglichst zusätzlich farbige Lasuren (Streichen, Spritzen; Trogtränkung, Tauchen); wasserlösliche fixierende Holzschutzmittel (Salze; Kesseldruck- oder Trogtränkung)
Tragende und nichttragende Außenbauteile mit Erd- und/oder Wasserkontakt: Pfähle, Zäune, Pergolen, Kinderspielplatz-Geräte, Brücken, Bootsstege	Pilze, insbesondere Moderfäulepilze[2)], Insekten; chromat-kupferhaltige wasserlösliche fixierende Holzschutzmittel (Salze) mit Prüfprädikat E, zusätzlich farbige Lasuren möglich; (Kesseldrucktränkung, bei leichter tränkbaren Hölzern wie Kiefer auch Trogtränkung), ggf. zusätzlich farbige Lasuren

[1)] Verarbeitung der Holzschutzmittel, außer bei nichttragenden Innenbauteilen, nur durch Handwerk oder Industrie.
[2)] Moderfäule tritt hauptsächlich bei ständigem Erd- und/oder Wasserkontakt auf. Holz wird außen weich, im feuchten Zustand schmierig, ausgetrocknet feinrissig.

9.12.3 Bekämpfende Holzschutzmaßnahmen

Bekämpfungsmaßnahmen an befallenem Holz nach DIN 68 800-4 müssen durch qualifizierte Fachleute und/oder Fachfirmen durchgeführt werden und an sichtbar bleibenden Stellen des Bauwerks nachlesbar sein. Verbleibende und neu eingebaute Bauteile, falls nach DIN erforderlich, chemisch schützen (M-Mittel gegen Pilze, Ib-Mittel gegen Insekten). Entferntes Material kontrolliert entsorgen. Bei Befall von Holz durch Holzbock und echten Hausschwamm besteht nach der Bauordnung einiger Bundesländer (LBO) Meldepflicht bei der Bauaufsichtsbehörde.

Folgende Maßnahmen sind erforderlich:

- Bei Pilzbefall (Schwammschäden) pilzbefallene Holzteile, durchwachsene Schüttungen, Putz, Fugenmörtel und Mauerwerk absengen oder abbrennen und gänzlich entfernen. Ursachen erhöhter Feuchtigkeit beseitigen und für Austrocknung der sanierten Bereiche sorgen.

- Bei Insektenbefall vermulmtes Vollholz entfernen, Fraßgänge ausbürsten, ggf. Heißluftverfahren (Temperaturen ≥ 55 °C, mind. 60 Min.) oder Begasungsverfahren (GefStoffV beachten!) anwenden.

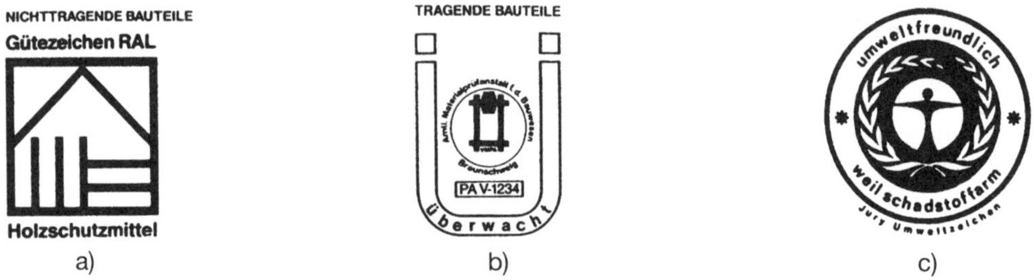

Abb. 9.24 Kennzeichnung von Holzschutzmitteln hinsichtlich der Wirkung

a) Prüfzeichen der Gütegemeinschaft Holzschutzmittel e.V. in Frankfurt/M.: Schutz vor Bläue, Fäulnis, Holzwürmern, Nässe und Sonne, daher für nichttragende Außenbauteile geeignet
b) Prüfzeichen des DIBt Berlin für HSM: Vorgeschriebener vorbeugender Holzschutz für tragende Bauteile
c) Umweltzeichen des RAL, sog. „Blauer Engel": Kein Holzschutz! Schadstoffarme Anstriche. Wird vom Deutschen Institut für Gütesicherung und Kennzeichnung e.V. St. Augustin vergeben. RAL = frühere Bezeichnung des Reichsausschusses für Lieferbedingungen

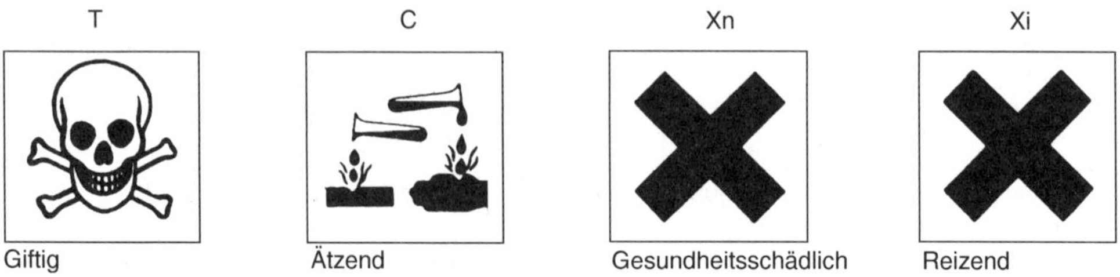

Abb. 9.25 Kennzeichnung von Holzschutzmitteln durch Gefahrensymbole gemäß Gefahrstoff-Verordnung
T = giftige Stoffe (toxisch); C ätzende Stoffe;
Xn = mindergiftige Stoffe; Xi reizende Stoffe

9.12.4 Arbeitsschutzmaßnahmen

Alle Holzschutzmittel sind für Menschen, Tiere und Pflanzen schädlich. Sie müssen nach Vorschrift verarbeitet und aufbewahrt werden! Dabei sind die Vorschriften der Gefahrstoff-Verordnung (GefStoffV) und das „Merkblatt über den Umgang mit Holzschutzmitteln" des Verbandes „Deutsche Bauchemie e.V." zu beachten. Wichtige Maßnahmen sind:
a) Arbeitskleidung tragen; die Körperhaut, Atmungsorgane und Augen schützen!
b) Gebrauchsanweisung mit Angaben über die besonderen Arbeitsschutzvorschriften genau einhalten!
c) Holzschutzmittel nicht in Räumen zubereiten, in denen Lebensmittel oder Futtermittel lagern!

d) Leere Verpackungen von Holzschutzmitteln verbrennen oder vergraben!
e) Spritzgeräte vor der Verwendung prüfen (Wasserprobe)! Verstopfte Düsen nicht durch Blasen mit dem Mund reinigen!
f) Bei Erkrankungen durch den Umgang mit Holzschutzmitteln sofort den Arzt aufsuchen und ihm das verarbeitete Holzschutzmittel angeben! (Milch ist bei Vergiftungen kein Allheilmittel!)
g) Vorsicht vor Giftstoffen in Hölzern, z.B. Roterle (Hautausschlag!).

9.13 Brandverhalten und Brandschutz von Holz

a) Brandverhalten: Bei Erwärmung von Holz setzt ab etwa 150 °C eine chemische Zersetzung ein. Bei ca. 400 °C entstehen verstärkt brennbare Kohlenwasserstoffe, wie Essigsäure, Holzgeist (Methanol), Teer, Paraffin, oberhalb 500 °C tritt vermehrt Holzkohlebildung auf. Die Entzündungstemperatur (ab 150 °C) hängt vom Feuchtigkeitsgehalt, von der Erwärmungsdauer und von der Rohdichte ab. Am schnellsten entzündet sich das leichte Balsaholz, am schwersten Bongossiholz. Die Abbrandgeschwindigkeit hängt ebenfalls von der Rohdichte und von der Holzfeuchte ab, außerdem vom Verhältnis Oberfläche zu Volumen sowie von der Beschaffenheit des Holzes (Risse, Äste). DIN 4102 (1994–03) gibt folgende Werte für die Abbrandgeschwindigkeit an:

Vollholz aus Laubholz ($\rho \geq 600$ kg/m^3) außer Buche	0,56 mm/min
BSH aus Nadelholz und Buche	0,70 mm/min
Vollholz aus Nadelholz und Buche	0,80 mm/min

b) Brandschutz: Holz kann durch Brandschutzbeschichtungen geschützt werden. Diese bestehen entweder aus wasserlöslichen Mitteln ohne Lösungsmittelemissionen oder aus Schutzlacken, die auch Lösungsmittel enthalten. Sie entwickeln bei Erwärmung eine 2 bis 3 cm dicke mikroporöse nichtbrennbare Schaumschicht, die bei ihrer Bildung Wärme verbraucht, als Dämmschicht die Aufheizung des Holzes verlangsamt und den Sauerstoffzutritt erschwert. Eine Dämmwirkung hat übrigens auch die sich beim Brand bildende äußere Holzkohleschicht. Die Entflammbarkeit von Holz kann durch Feuerschutzmittel, die durch Kesseldruckimprägnierung eingebracht werden, von Baustoffklasse B2 (normal entflammbar) in B1 (schwer entflammbar) verbessert werden.

9.14 Fragen und Aufgaben zu Holz

1) Nennen Sie die Vor- und Nachteile von Holz als Baustoff?
2) Was versteht man unter nachhaltiger Holzwirtschaft? Wie wird sie in Deutschland betrieben?
3) Inwiefern trägt die Verwendung von Holz als Baustoff zum Umwelt- und Klimaschutz bei?
4) Beschreiben Sie den chemischen und mikroskopischen Aufbau von Holz. Welche verschiedenen Arten von Holzzellen gibt es und welche Aufgaben erfüllen sie?
5) Beschreiben Sie den Hirnschnitt eines Baumstamms. Was versteht man unter Splint und Kern eines Baums, was unter Kernholz- und Reifholzbäumen? Nennen Sie Beispiele.
6) Zählen Sie die verschiedenen Holzfehler auf. Welchen Einfluss haben sie auf die Güte des Bauholzes?

7) Mit welcher Holzfeuchte darf Holz in Bauwerken eingebaut werden unter dem Aspekt von nicht dimensionsstabilen Bauteilen (Zimmererarbeiten) und dimensionsstabilen Bauteilen (Tischlerarbeiten)?
8) Tragen Sie in der Skizze eines Holzhirnschnittes die Verformungen von Holzprofilen durch Austrocknung ein. Wie groß sind die Verformungen des Holzes in den verschiedenen Richtungen infolge Austrocknung?
9) Welche verschiedenen Einschnittarten von Vollholz gibt es und welche sind zu bevorzugen?
10) Geben Sie die verschiedenen Holzarten, ihre Anwendungsbereiche und ihre natürliche Dauerhaftigkeit an. Welches sind die als Bauholz in Deutschland am häufigsten verwendeten Arten?
11) Wie wird Nadelschnittholz nach Querschnittsgröße eingeteilt?
12) Nach welchen Gesichtspunkten wird Bauschnittholz in die verschiedenen Sortierklassen eingeteilt? Wie werden die Klassen bezeichnet?
13) Fertigen Sie eine Skizze der verschiedenen Querschnitte genormter Bretter an.
14) Wie werden die Baumkante und die Astigkeit gemessen? Welche Bedingungen werden an die verschiedenen Schnittklassen gestellt?
15) Was versteht man unter Brettschichtholz? Machen Sie eine Skizze, wie es hergestellt wird.
16) Skizzieren Sie die Querschnitte von Balkenschichtholz und Kreuzbalken.
17) Warum sind die an kleinen fehlerfreien Proben ermittelten Festigkeiten nicht ohne weiteres auf Bauholz übertragbar?
18) Beschreiben Sie die verschiedenen Arten von vergütetem Vollholz.
19) Was versteht man unter Holzwerkstoffen? Beschreiben Sie die verschiedenen Arten und ihre Anwendungsbereiche.
20) Skizzieren Sie verschiedene Sperrholzarten.
21) Erläutern sie die verschiedenen Holzwerkstoffklassen.
22) Welche verschiedenen Arten von Holzpflaster gibt es? Wie wird Holzpflaster verlegt?
23) Beschreiben Sie die verschiedenen Arten von Parkett. Wie wird Parkett verlegt?
24) Welche beiden großen Gruppen von Holzzerstörern gibt es? Beschreiben Sie die verschiedenen Arten.
25) Unter welchen Bedingungen wird verbautes Holz von Pilzen befallen? Wie greifen sie das Holz an? Erläutern Sie die Begriffe Braun- und Weißfäule.
26) Beschreiben Sie die grundsätzlichen Möglichkeiten des Holzschutzes gem. DIN 68 800.
27) Machen Sie eine Skizze des Fußpunktes einer im Freien verbauten Holzstütze.
28) Welche verschiedenen Arten von Holzschutzmitteln gibt es? Wie werden sie eingesetzt und gekennzeichnet?
29) Beschreiben Sie die verschiedenen Gefährdungsklassen von verbautem Holz und erläutern Sie die dabei anzuwendenden Holzschutzmittel.
30) Beschreiben Sie die verschiedenen Einbringverfahren von Holzschutzmitteln.
31) Was muss unternommen werden, wenn Holz von Pilzen oder Insekten befallen ist?
32) Was muss beim Arbeiten mit Holzschutzmitteln beachtet werden?
33) Erläutern Sie das Brandverhalten von Holz und Maßnahmen des Brandschutzes und erläutern Sie den Begriff Abbrandgeschwindigkeit.

10 Glas

(Siehe auch [16].)

Normen

Flachglas: allgemein (Kalk-Natronglas)

DIN EN 572-1	(2012–11)	Glas im Bauwesen; Basiserzeugnisse aus Kalk-NatronglasTeil 1: Definitionen und allgemeine physikalische und mechanische Eigenschaften; Deutsche Fassung EN 572-1 1:2012
DIN EN 572-2	(2012–11)	Glas im Bauwesen; Basiserzeugnisse aus Kalk-NatronglasTeil 2: Floatglas; Deutsche Fassung EN 572-2 1:2012
DIN EN 572-3	(2012–11)	Glas im Bauwesen; Basiserzeugnisse aus Kalk-NatronglasTeil 3: Poliertes Drahtglas; Deutsche Fassung EN 572-3 3:2012
DIN EN 572-4	(2012–11)	Glas im Bauwesen; Basiserzeugnisse aus Kalk-NatronglasTeil 4: Gezogenes Flachglas; Deutsche Fassung EN 572-4 4:2012
DIN EN 572-5	(2012–11)	Glas im Bauwesen; Basiserzeugnisse aus Kalk-NatronglasTeil 5: Ornamentglas; Deutsche Fassung EN 572 5 5:2012
DIN EN 572-6	(2012–11)	Glas im Bauwesen; Basiserzeugnisse aus Kalk-NatronglasTeil 6: Drahtornamentglas; Deutsche Fassung EN 572-6 6:2012
DIN EN 572-7	(2012–11)	Glas im Bauwesen; Basiserzeugnisse aus Kalk-NatronglasTeil 7: Profilbauglas mit oder ohne Drahteinlage; Deutsche Fassung EN 572-7 7:2012
DIN EN 572-8	(2012–11)	Glas im Bauwesen; Basiserzeugnisse aus Kalk-NatronglasTeil 8: Liefermaße und Festmaße; Deutsche Fassung EN 572-8 8:2012
DIN EN 572-9	(2012–11)	Glas im Bauwesen; Basiserzeugnisse aus Kalk-NatronglasTeil 9: Konformitätsbewertung/Produktnorm; Deutsche Fassung EN 572-9 9:2012
DIN EN 1748-1-1	(2004–12)	Glas im Bauwesen; Spezielle Basiserzeugnisse – Borosilicatgläser – Teil 1-1: Definitionen und allgemeine physikalische und mechanische Eigenschaften; Deutsche Fassung EN 1748 1 01:2004
DIN EN 1748-2-1	(2004–12)	Glas im Bauwesen; Spezielle Basiserzeugnisse – Glaskeramik, Teil 2-1
DIN 1259-1	(2001–09)	Glas – Teil 1: Begriffe für Glasarten und Glasgruppen
DIN 1259-2	(2001–09)	Glas – Teil 2: Begriffe für Glaserzeugnisse
TRLV	(2006–08)	Technische Regeln für die Verwendung von linienförmig gelagerten Verglasungen
TRAV	(2003–01)	Technische Regeln für die Verwendung von absturzsichernden Verglasungen
TRPV	(2006–08)	Technische Regeln für die Bemessung und die Ausführung punktförmig gelagerter Verglasungen
DIN 18 008-1	(2010–12)	Glas im Bauwesen – Bemessungs- und Konstruktionsregeln – Teil 1: Begriffe und allgemeine Grundlagen
DIN 18 008-2	(2010–12)	Glas im Bauwesen – Teil 2: Linienförmig gelagerte Verglasungen
DIN 18 008-3	(2010–12)	Glas im Bauwesen – Teil 3: Punktförmig gelagerte Verglasungen
DIN 18 008-4	(2010–12)	Glas im Bauwesen – Teil 4: Zusatzanforderungen an absturzsichernde Verglasungen
DIN 18 008-5	(2010–12)	Glas im Bauwesen – Teil 5: Zusatzanforderungen an begehbare Verglasungen

Sicherheitsglas:

DIN 18 032-3	(1997–04)	Sporthallen etc.; Prüfung der Ballwurfsicherheit
DIN 18 036/A1	(2006–1.)	Eissportanlagen – Anlagen für den Eissport mit Kunsteisflächen – Grundlagen für Planung und Bau; Änderung 1
DIN 18 361	(2015–08)	VOB-Teil C (ATV): Verglasungsarbeiten
DIN 18 516-4	(1990–02)	Außenwandbekleidungen, hinterlüftet; Einscheiben-Sicherheitsglas; Anforderungen, Bemessung, Prüfung

DIN 18 545-1	(2015–07)	Abdichten von Verglasungen mit Dichtstoffen – Anforderungen an Glasfalze und Verglasungssysteme
DIN EN 356	(2000–02)	Glas im Bauwesen; Sicherheitssonderverglasung; Prüfverfahren und Klasseneinteilung des Widerstandes gegen manuellen Angriff; Deutsche Fassung EN 356:1999
DIN EN 1063	(2000–01)	wie vor; dto. gegen Beschuss; Deutsche Fassung EN 1063:1999
DIN EN 13 541	(2012–06)	wie vor; dto. gegen Sprengwirkung; Deutsche Fassung EN 13541:2012
DIN EN 1627	(2011–09)	Türen, Fenster, Vorhangfassaden, Gitterelemente und Abschlüsse – Einbruchhemmung – Anforderungen und Klassifizierung; Deutsche Fassung EN 1627: 2011
DIN EN 1628	(2016–03)	wie vor; Prüfverfahren für die Ermittlung der Widerstandsfähigkeit unter statischer Belastung; Deutsche Fassung EN 1628:2011 + A1:2015
DIN EN 1629	(2016–03)	wie vor; Prüfverfahren für die Ermittlung der Widerstandsfähigkeit unter dynamischer Belastung; Deutsche Fassung EN 1629:2011 + A1:2015
DIN EN 1630	(2016–03)	wie vor; Prüfverfahren für die Ermittlung der Widerstandsfähigkeit gegen manuelle Einbruchversuche; Deutsche Fassung EN 1630:2011 + A1 2015
DIN EN 1522	(2016–03)	Fenster, Türen, Abschlüsse – Durchschusshemmung – Anforderungen und Klassifizierung; Deutsche Fassung EN 1522:1998
DIN EN 1523	(1999–02)	Fenster, Türen, Abschlüsse – Durchschusshemmung – Prüfverfahren; Deutsche Fassung EN 1523:1998
DIN 52290 T1 -4 Ersetzt durch DIN EN 356	(2002–02)	Angriffhemmende VerglasungKlasse A bis D
VdS Nr. 2163	(2016–03)	VdS – Richtlinien für mechanische Sicherungseinrichtungen – Einbruchhemmende Verglasungen – Anforderungen und Prüfmethoden
VdS Nr. 2534	(2013–07)	VdS – Richtlinien für mechanische Sicherungseinrichtungen – Einbruchhemmende Fassadenelemente
TRAV	(2003–01)	Technische Regeln für die Verwendung von absturzsichernden Verglasungen; Änderung (2004–11)
DIN EN 12 600	(2003–04)	Glas im Bauwesen – Pendelschlagversuch
DIN EN 356	(2000–02)	Glas im Bauwesen – Sicherheitssonderverglasung – Prüfverfahren und Klasseneinteilung des Widerstandes gegen manuellen Angriff
DIN EN 13 022-1	(2006–08)	Glas im Bauwesen – Geklebte Verglasungen
DIN EN 14 449	(2005–07)	Glas im Bauwesen – Verbundglas und Verbund-Sicherheitsglas
Einscheiben-Sicherheitsglas ESG		
DIN 18 516-4	(1990–02)	Außenwandbekleidungen, hinterlüftet; Einscheiben-Sicherheitsglas; Anforderungen, Bemessung, Prüfung
DIN EN 1863-1	(2012–02)	Glas im Bauwesen – Teilvorgespanntes Kalk-Natronglas; Teil 1: Definition und Beschreibung; Deutsche Fassung EN1863 – 1:2011
DIN EN 12 150-1	(2015–12)	Glas im Bauwesen – Thermisch vorgespanntes Kalk-Natron- Einscheiben-Sicherheitsglas – Teil 1: Definition und Beschreibung
DIN EN 12 150-2	(2005–01)	wie vor; Teil 2: Konformitätsbewertung/Produktnorm
DIN EN 13 024-1	(2002–08)	Thermisch vorgespanntes Borosilicat-Einscheiben-Sicherheitsglas, Teil 1: Definition und Beschreibung
DIN EN 13 024-2	(2005–01)	wie vor; Teil 2: Konformitätsbewertung/Produktnorm
DIN EN 14 321-1	(2005–01)	Thermisch vorgespanntes Erdalkali-Silikat-Einscheiben-Sicherheitsglas, Teil 1: Definition und Beschreibung
DIN EN 14 321-2	(2005–01)	wie vor; Teil 2: Konformitätsbewertung/Produktnorm
DIN EN 14 179-1	(2014–11)	Heißgelagertes, thermisch vorgespanntes Kalk-Natron-Einscheibensicherheitsglas, Teil 1: Definition und Beschreibung

DIN EN 14 179-2	(2005–08)	wie vor; Teil 2: Konformitätsbewertung/Produktnorm
BRLA Teil 1		Heißgelagertes Kalknatron-Einscheibensicherheitsglas (ESG-H), Lfd. Nr. 11.13, Anlage 11.11
Verbund-Sicherheitsglas VSG, Verbundglas VG		
DIN EN ISO 12 543	(2011–12)	Glas im Bauwesen; Verbundglas und Verbund-Sicherheitsglas
DIN EN ISO 12 543-1	(2011–12)	Teil 1: Definitionen und Beschreibung von Bestandteilen
DIN EN ISO 12 543-2	(2011–12)	Teil 2: Verbund-Sicherheitsglas
DIN EN ISO 12 543-3	(2011–12)	Teil 3: Verbundglas
DIN EN ISO 12 543-4	(2011–12)	Teil 4: Verfahren zur Prüfung der Beständigkeit
DIN EN ISO 12 543-5	(2011–12)	Teil 5: Maße und Kantenbearbeitung
DIN EN ISO 12 543-6	(2011–12)	Teil 6: Aussehen
DIN EN 14 449	(2011–12)	Glas im Bauwesen – Verbundglas und Verbund-Sicherheitsglas – Konformitätsbewertung/Produktnorm
Isolierglas		
DIN EN 673	(2011–04)	Glas im Bauwesen – Bestimmung des Wärmedurchgangskoeffizienten (*U*-Wert) – Berechnungsverfahren
DIN EN 674	(2011–04)	Glas im Bauwesen – Bestimmung des Wärmedurchgangskoeffizienten (*U*-Wert) – Verfahren mit dem Plattengerät
DIN EN 675	(2011–09)	Glas im Bauwesen – Bestimmung des Wärmedurchgangskoeffizienten (*U*-Wert) – Wärmestrommesser-Verfahren
DIN EN 1096-1	(2012–04)	Glas im Bauwesen – Beschichtetes Glas – Teil 1: Definitionen und Klasseneinteilung
-2	(2012–04)	wie vor; Teil 2: Anforderungen an und Prüfverfahren für die Beschichtungen der Klassen A, B und S
-3	(2012–04)	wie vor; Teil 3: Anforderungen an und Prüfverfahren für Beschichtungen der Klassen C und D
-4	(2012–04)	wie vor; Teil 4: Konformitätsbewertung/Produktnorm
DIN 18 545	(2015–07)	Abdichten von Verglasungen mit Dichtstoffen; Teil 1: Anforderungen an Glasfalze und Verglasungssysteme
TRLV	(2006–08)	Technische Regeln für die Verwendung von linienförmig gelagerten Verglasungen
TRAV	(2003–01)	Technische Regeln für die Verwendung von absturzsichernden Verglasungen
TRPV	(2006–08)	Technische Regeln für die Bemessung und die Ausführung punktförmig gelagerter Verglasungen
DIN EN 1279-1	(2015–08)	Glas im Bauwesen – Mehrscheiben-Isolierglas – Teil 1: Allgemeines, Systembeschreibung, Austauschregeln, Toleranzen und visuelle Qualität
-2	(2015–08)	wie vor; Teil 2: Langzeitprüfverfahren und Anforderungen bezüglich Feuchtigkeitsaufnahme
-3	(2015–08)	wie vor; Teil 3: Langzeitprüfverfahren und Anforderungen bezüglich Gasverlustrate und Grenzabweichungen für die Gaskonzentration
-4	(2015–08)	wie vor; Teil 4: Verfahren zur Prüfung der physikalischen Eigenschaften des Randverbundes
-5	(2015–08)	wie vor; Teil 5: Konformitätsbewertung
-6	(2015–08)	wie vor; Teil 6: Werkseigene Produktionskontrolle und Auditprüfungen
DIN EN ISO 10 077-1	(2011–05)	Wärmetechnisches Verhalten von Fenstern, Türen und Abschlüssen; Berechnung des Wärmedurchgangskoeffizienten; Teil 1: Allgemeines (ISO 10077 – 1:2006 + Cor. 1:2009)
Strahlungspysikalische Begriffe		
DIN EN 410	(2011–04)	Glas im Bauwesen; Bestimmung der lichttechnischen und strahlungsphysikalischen Kenngrößen und Verglasungen
DIN EN 673	(2011–04)	Glas im Bauwesen; Bestimmung des Wärmedurchgangskoeffizienten (*U*-Wert); Berechnungsverfahren

ISO 9050	(2003–08)	Glas im Bauwesen – Bestimmung von Lichttransmissionsgrad, direktem Sonnenlichttransmissionsgrad, Gesamttransmissionsgrad der Sonnenenergie und Ultravioletttransmissionsgrad sowie der entsprechenden Verglasungsfaktoren
DIN EN 12 898	(2001–04)	Glas im Bauwesen – Bestimmung des Emissionsgrades
Glasfassaden		
DIN EN 13 830	(2003–11)	Vorhangfassaden – Produktnorm
DIN EN 12 152	(2002–08)	Vorhangfassaden – Luftdurchlässigkeit – Leistungsanforderungen und Klassifizierung
DIN EN 12 153	(2000–09)	Vorhangfassaden – Luftdurchlässigkeit – Prüfverfahren
DIN EN 12 154	(2000–06)	Vorhangfassaden – Schlagregendichtheit – Leistungsanforderungen und Klassifizierung
DIN EN 12 155	(2000–10)	Vorhangfassaden – Schlagregendichheit – Laborprüfung unter Aufbringung von statischem Druck
DIN EN 12 179	(2000–09)	Vorhangfassaden – Widerstand gegen Windlast – Prüfverfahren
DIN EN 13 050	(2011–09)	Vorhangfassaden – Schlagregendichtheit – Laborprüfung mit wechselndem Luftdruck und Besprühen mit Wasser
DIN EN 13 116	(2001–11)	Vorhangfassaden – Widerstand gegen Windlast – Leistungsanforderungen
ETAG 002-1	(1998–12)	Bekanntmachung der Leitlinie für die Europäische Technische Zulassung für geklebte Glaskonstruktionen (Structural Sealant Glazing Systems – SSGS); Teil 1: Gestützte und ungestützte Systeme (ETAG 002)
-2	(2002–04)	wie vor; Teil 2: Beschichtete Aluminium-Systeme (ETAG 002)
DIN EN 13 022-1	(2014–08)	Glas im Bauwesen – Geklebte Verglasungen – Teil 1: Glasprodukte für SSG-Systeme – Einfach- und Mehrfachverglasungen mit oder ohne Abtragung des Eigengewichtes
DIN 18 516-4	(2015–08)	VOB – Teil C: Allgemeine Technische Vertragsbedingungen für Bauleistungen (ATV) – Vorgehängte hinterlüftete Fassaden
EN 14351-1	(2002–10)	Ermittlung UW-Werte; CE-Zeichen
DIN EN 12567-1 / -2	(2002–10)	Messung UW-Werte Fenster und Türen
DIN EN ISO 10077-1	(2005–10)	Ermittlungen UW-Werte; Tabellen

10.1 Herstellung von Flachglas

10.1.1 Rohstoffe

Glas weist eine spezifische Besonderheit auf: es ist ein nicht kristallines amorphes Gemenge. Damit ist es ein fester Werkstoff, seiner Struktur nach jedoch eine Flüssigkeit. Durch das beim Herstellen zügige Abkühlen ordnet sich die Schmelze nicht wieder zu Kristallen, sodass der Begriff einer abgekühlten Schmelze zutrifft. Glas ist daher ein spröder Werkstoff mit hoher Druckfestigkeit, aber nur begrenzter Biegezugfestigkeit.

Für Fenster und Fassade hat sich das Glas, parallel zu den energetischen Forderungen zur Senkung der thermischen Anwendung für die Gebäude, in seiner schnellen Entwicklung zum Wandbaustoff gesteigert. Daneben trägt es durch seine Transparenz auch aktiv zur positiven Energiebilanz bei, da hier im Gegensatz zu den opaken Dämmungen (Kapitel 8) solare Gewinne zu verbuchen sind.

Diese durchgreifenden Veränderungen erweitern die Anwendung des Glases, in der konstruktiven Gesamtheit als Fenster oder Fassadenelement, aufgrund seines Primärnutzens und seiner sich erweiternden Zusatzfunktionen:

- Primärnutzen:
- Schutzfunktion Regen, Wind und Kälte für ein ganzjährig komfortables Raumklima
- Transparenz durchscheinend oder durchsichtig
- Optimale Versorgung mit natürlichem Tageslicht
- Außenluftzufuhr (ungeregelte Lüftung durch Fenster)
- Zusatznutzen:
- Wärmeschutz
- Umweltschutz
- Schallschutz
- Sonnenschutz
- Objekt- und Personenschutz
- Brandschutz
- Temporärer Wärme- und Sonnenschutz
- Sonnenenergienutzung
- Raumbehaglichkeit
- Gestaltungsmittel
- Elektromagnetische Dämpfung

Beim Zusammentreffen mehrerer Schutzfunktionen ist der Begriff Funktions- bzw. Multifunktionsglas eingeführt. Damit wird auch deutlich, dass bereits im Planungsprozess die Weichen für die Minimierung der Betriebskosten und das spezifische Anforderungsprofil der zu leistenden Funktionen im Lebenszyklus des Bauteils/Gebäudes gestellt werden können und müssen.
Die offizielle Definition des Begriffs „Isolierglas" ist in DIN EN 1279-1 festgelegt:
„Mehrscheiben-Isolierglas ist eine mechanisch stabile und haltbare Einheit aus mindestens zwei Glasscheiben, die durch einen oder mehrere Abstandhalter voneinander getrennt und im Randbereich hermetisch versiegelt ist."
Diese Definition ist mit einer begrifflichen Unschärfe verbunden. Der Sprachgebrauch im Bauwesen begreift isolieren definitiv als trennen; dies gilt z.B. für den Bereich Elektro. Gegen Wärmeverluste wird gedämmt, gegen Feuchte wird gesperrt oder abgedichtet. Insoweit ist der Begriff „Wärmedämmverglasung" eher zu verwenden, ist doch ein Energieverlust auch noch bei kleinen U-Werten zu verzeichnen.
Der wichtigste Rohstoff ist das Siliciumdioxid (SiO_2) in Gestalt des reinen Quarzsandes feinster Körnung (b 1 mm). Dazu kommen Soda (Natriumcarbonat Na_2CO_3), Pottasche (Kaliumcarbonat K_2CO_3), Glaubersalz (Natriumsulfat Na_2SO_4), Dolomit ($CaCO_3 \cdot MgCO_3$) und Kalkstein (Calciumcarbonat $CaCO_3$). Oft werden auch bestimmte Feldspate, die neben SiO_2 und Na_2O auch Al_2O_3 enthalten, dazugegeben. Geringe Mengen an bestimmten Zusätzen verbessern das Schmelzen (Flussmittel), beschleunigen die Läuterung (Entfernen von Gasbläschen in der Schmelze) und vermindern die Entglasung (Trübung der Glasscheiben durch örtliche Kristallbildung beim Abkühlen).

Tafel 10.1 Mechanische Festigkeit (Biegezugfestigkeit) nach EN 1863-1/EN 1288-3

Glasart		Nenndicke (mm)	Mechanische Festigkeit (Biegezugfestigkeit[1]) (N/mm^2)
TVG aus	Floatglas	3–12	70
	Floatglas emailliert	3–12	45[2]
	Ornamentglas	4–10	55

[1] Als Biegezugfestigkeit wird diejenige minimale Biegespannung definiert, die für das Vertrauensniveau 0,95 zu einer Bruchwahrscheinlichkeit von 5 % führt.
[2] Emaillierte Oberfläche unter Zugspannung.

Bruchstruktur
nach EN 1863

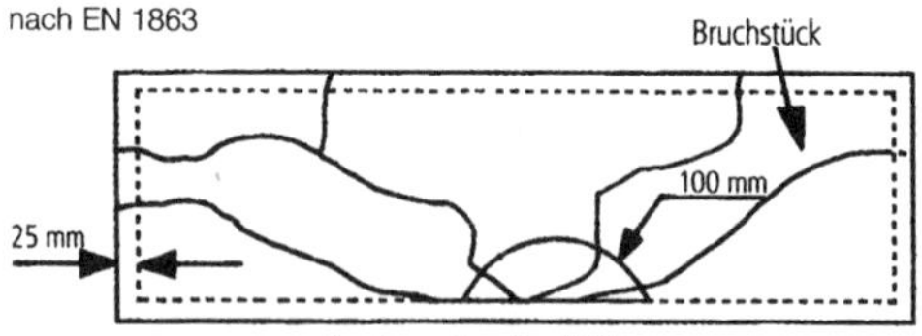

Abb. 10.1 Bruchstruktur

Chemische Zusammensetzung von Bauglas (Kalk-Natronsilikatglas nach DIN EN 572-1) in Masse-%: SiO_2: 69 bis 74; CaO: 5 bis 12; Na_2O: 12 bis 16; MgO: 0 bis 6; Al_2O_3: 0 bis 3.

10.1.2 Schmelzen und Formen

Die Rohstoffe müssen fein gekörnt und eisenoxidarm sein. Geringe Mengen (Spuren) Eisenoxid verleihen dem Glas eine grünliche Färbung. Die Stoffe werden im vorgeschriebenen Verhältnis zueinander gemischt, und das Gemenge wird in Schmelzwannen zusammen mit sortiertem Altglas geschmolzen.
Eine Schmelzwanne ist ein Bassin aus hoch feuerfestem Schamottematerial mit einem Fassungsvermögen von etwa 1000 Tonnen, das i.d.R. mit Erdgas beheizt wird. Die Schmelztemperatur beträgt etwa 1550 °C. Aus der Schmelzwanne wurde bei den früher üblichen Flachglas-Ziehverfahren (Fourcault- oder Libbey-Owens-Verfahren) die Glasschmelze als Endlosband herausgezogen. Nach dem Erkalten mussten die Scheiben zur Herstellung des verzerrungsfreien Spiegelglases geschliffen werden. Die chemische Umsetzung bei der Bildung des gewöhnlichen Silicatglases verläuft etwa folgendermaßen:

$SiO_2 + Na_2CO_3 \rightarrow Na_2SiO_3 + CO_2 \uparrow$

$SiO_2 + Ca_2CO_3 \rightarrow Ca_2SiO_3 + CO_2 \uparrow$

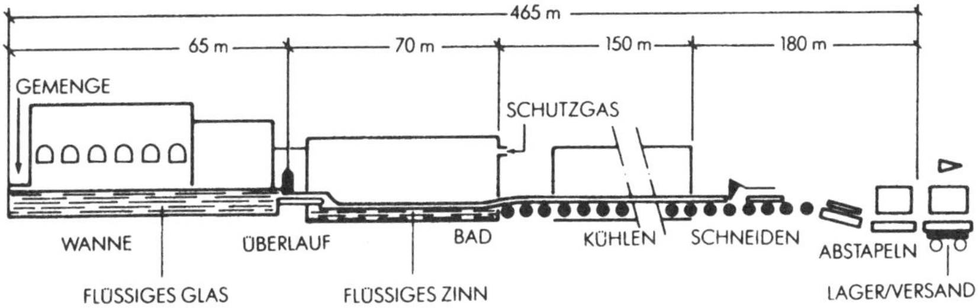

Abb. 10.2 Flachglasherstellung im Floatverfahren (Längsschnitt) [2]

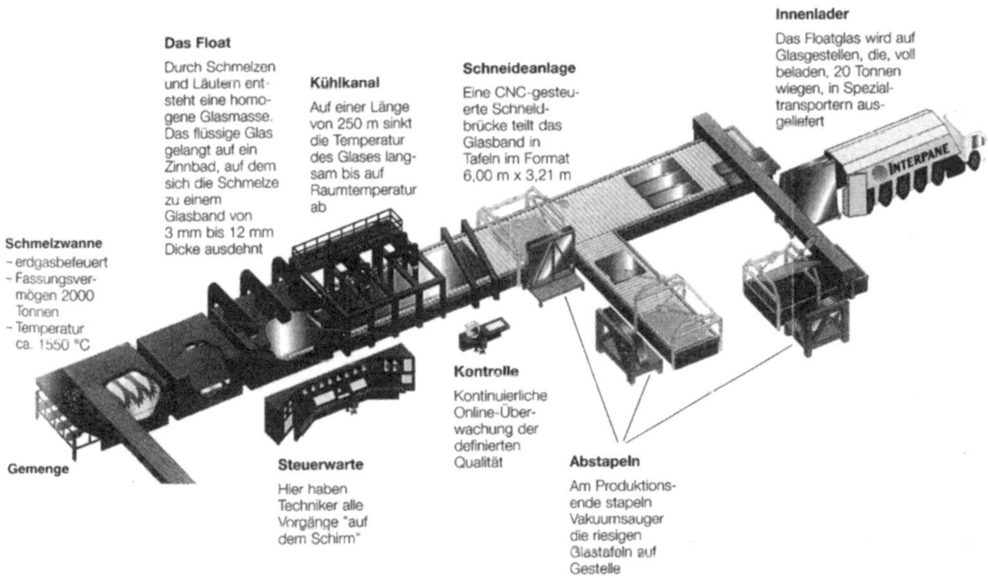

Abb. 10.3 Isometrie der Flachglasherstellung

Flachglas wird heute nur noch nach dem Floatverfahren (Abb. 10.2) hergestellt (Floatglas). Dabei wird die heiße Glasschmelze (Temperatur 1560 °C) auf die ebene Oberfläche von geschmolzenem Zinn gegossen und erhält dabei eine so gute Oberfläche, dass nachträgliches Schleifen und Polieren nicht mehr erforderlich sind. Dicke und Breite des über die Zinnoberfläche fließenden Glasbandes hängen von der einlaufenden Glasmenge, der Viskosität der Glasschmelze und der Bandgeschwindigkeit ab. Hinter dem Zinnbad befindet sich ein Kühlofen, in dem das Glas gleichmäßig und langsam abgekühlt wird, damit im Glas keine inneren Spannungen auftreten.

Bei der Herstellung von Gussglas (Ornamentglas) wird die zähe Glasschmelze zwischen einem Walzenpaar oder mehreren hintereinander geschalteten Walzenpaaren geformt. Je nach der Oberflächenbeschaffenheit der Walzen kann Glas mit glatten und/oder ornamentierten Oberflächen hergestellt werden. Außerdem kann in die flüssige Glasmasse eine Drahteinlage eingewalzt werden.

10.1.3 Glasstruktur

Bei den beschriebenen Glas-Herstellungsverfahren erstarrt die Glasschmelze glasig-amorph (griech.: gestaltlos), d.h. ohne Kristallbildung. Die Glasstruktur besteht daher aus einem unregelmäßigen Netzwerk aus SiO_4-Tetraedern (siehe auch Abschn. 1.1.1), in das beim Kalk-Natronglas Na- und Ca-Ionen eingelagert sind (sog. Netzwerkverzerrer). Wenn sich beim Erstarren kristalline Bereiche bilden, wird das Glas an diesen Stellen undurchsichtig und trüb (Entglasung). Glas hat keinen festen Schmelzpunkt. Beim Abkühlen wird es immer zäher, unterhalb des sog. Transformationsbereiches (520 bis 550 °C) ist es nicht mehr plastisch verformbar. Dazu sind Temperaturen von ca. 620 bis 650 °C erforderlich (Erweichungsbereich). Reines Quarzglas, das nur aus SiO_2, d.h. ohne die in Abschn. 10.1.1 genannten Zusätze, hergestellt wird, schmilzt erst bei ca. 1750 °C und bleibt bis nahe 1000 °C gebrauchsfähig. Es ist UV-durchlässig und besitzt eine geringere Wärmedehnung als normales Kalk-Natronglas.
Wasserglas ist eine wässrige Lösung von Alkalisilikaten, die aus geschmolzenem Quarzpulver SiO_2 und Pottasche (K_2CO_3; Kaliwasserglas) oder Soda (Na_2CO_3; Natronwasserglas) gewonnen wird. Wasserglas wird als anorganisches Bindemittel verwendet, z.B. für Außenanstriche, säurefeste und/oder feuerfeste Kitte und Mörtel, als Injektionsmittel zur Abdichtung und Verfestigung von Sanden im Tief- und Wasserbau.
Glaskeramik ist ein undurchsichtiges, meist farbiges Glas, dem bei der Herstellung Kristallisationskeime zugegeben werden. Emaille ist ein niedrigschmelzendes Alkali-Borsäure-Glas, das in Form von Suspensionen (Emaille-Schlicker; Korngröße ca. 0,05 mm) und durch Brennen auf Oberflächen aufgebracht wird, z.B. als Korrosionsschutz von Stahl, Herstellung von Fliesen oder von sog. Überfangglas.
Die Glasfarbe kann durch Zugabe geringer Mengen von Metall-Ionen beeinflusst werden: S + Fe braun; Fe blau-grün bzw. braun, gelb; Cu blau; Co blau, rosa, grün; Cr grün, gelb; Cd + Cu + Ag rotes Rubinglas.

10.2 Eigenschaften und Arten von Flachglas

10.2.1 Allgemeine Eigenschaften (DIN EN 572-1)

Die allgemeinen Eigenschaften von Bauglas sind in Tafel 10.2 zusammengefasst. Kurzfristige Temperaturdifferenzen über die Scheibenfläche von ± 40 K gegenüber der normalen Raumtemperatur führen innerhalb der Scheibe zu keinen gefährlichen Spannungen und nicht zum Bruch. Der Abstand von Heizkörpern sollte jedoch mindestens 30 cm betragen, oder es muss bei kleineren Entfernungen (15 cm) ein Strahlenschutz aus ESG (siehe Abschn. 10.3.1) angebracht werden.

Tafel 10.2 Allgemeine Eigenschaften von Bauglas (Kalk-Natronglas) nach DIN EN 572-1 (2004–09) und DIN 1249-10 (1990–10)

Eigenschaft		DIN 1249-10	DIN EN 572-1
Dichte ρ (bei 18 °C) Härtegrad nach Mohs	kg/dm³ –	2,5 5–6	2,5 6
Elastizitätsmodul E Querdehnzahl ε	N/mm² –	73 000 0,23	70 000 0,2
Spezifische Wärmekapazität c Lineare Wärmedehnzahl α_T zwischen 20 und 300 °C	J/(kg · K) mm/(m · K)	800 $9 \cdot 10^{-3}$	720 $9 \cdot 10^{-3}$
Wärmeleitfähigkeit λ_R	W/(m · K)	0,8	1,0
Biegefestigkeit (Glas mit Drahteinlage) Druckfestigkeit Zugfestigkeit	N/mm² N/mm² N/mm²	45 (25) 700–900 30–90[2]	–[1] –[1] –[1]

[1] In der DIN EN 572-1 sind Festigkeitswerte nicht mehr angegeben. Auch nicht die für die Berechnung der Glasdicke nach der Bach'schen Plattenformel angegebenen Biegespannungen von 30 N/mm² für Floatglas, 50 N/mm² für ESG bzw. 20 N/mm² für Ornamentglas.

[2] Der große Schwankungsbereich von 30 bis 90 N/mm² hängt mit mikroskopisch feinen Rissen und Kerben zusammen, die in allen normalen Gläsern beim Abkühlungsprozess entstehen.

Das Bruchverhalten von Glas wird nach DIN EN 12 600 (Stoßprüfung) geprüft und beurteilt. Man unterscheidet folgende Bruchtypen:

- Typ A: Zahlreiche Risse entstehen, es bilden sich viele einzelne z.T. große Bruchstücke mit scharfen Kanten; typisch für normal gekühltes Kalk-Natronglas.
- Typ B: Zahlreiche Risse entstehen, aber die Bruchstücke werden zusammengehalten und zerfallen nicht; typisch für Verbundglas.
- Typ C: Es findet ein Zerfall in eine große Anzahl von kleinen, relativ harmlosen Bruchstücken statt; typisch für thermisch vorgespanntes Glas.

10.2.2 Gartenbauglas (DIN 11 525)

a) Gartenblankglas ist ein fast farbloses, beiderseitig ebenes und feuerblankes Tafelglas mit freier Durchsicht; für Gartenbau und Landwirtschaft bestimmt. Es darf erhebliche Herstellungsfehler aufweisen, die seine Verwendung in Wohnungen ausschließen. Dicken in mm: 1,8 (ED), 2,8 (MD), 3,8 (DD); Breiten zwischen 30 und 73 cm; Längen zwischen 30 und 200 cm.

b) Gartenklarglas hat eine glatt gewalzte und eine durch Nörpelung lichtstreuende Oberfläche. Es ist ein Gussglas. Bläschen, Schlieren, Kratzer und Ungleichmäßigkeiten auf der Oberfläche oder im Kern sind zulässig; sie dürfen jedoch Festigkeit und Lichtdurchlässigkeit nicht verringern. Dicken: 3, 3,8 und 5 mm; Breiten zwischen 30 und 73 cm; Längen zwischen 120 und 200 cm.

10.2.3 Floatglas (DIN EN 572-2)

Floatglas (früher Spiegelglas nach DIN 1249-3) ist ein absolut planes, durchsichtiges klares oder gefärbtes Kalk-Natronglas, das als Basisglas zur Weiterverarbeitung zu Funktionsgläsern (Mehrscheiben-Isolierglas, Schallschutz-, Brandschutz- und Sicherheitsgläser) dient.

Liefermaße:	
Breite:	3210 mm (nicht unter 3150 mm) ± 5 mm
Längen (in Ziehrichtung):	ungeteilte Bänder 4500, 5100, 6000 mm ± 5 mm; geteilte Bänder 1000 bis 2550 mm ± 5 mm.
Dicken:	2, 3, 4, 5, 6, 8, 10, 12, 15, 19, 25 mm ± 0,2 mm (bei kleinen Dicken) bis ± 1,0 mm (bei den Dicken 19 und 25 mm).
Rechtwinkligkeit:	Die geschnittene Scheibenfläche muss in ein um je 5 mm größeres Rechteck hineinpassen, und ein um je 5 mm kleineres Rechteck voll überdecken.
Qualitätsanforderungen:	Optische Fehler sind störende Verzerrungen, die sich beim Durchsehen durch die Scheibe bemerkbar machen. Man prüft dies gemäß Abb. 10.4 mit Hilfe eines Rasters und misst, bei welchem Winkel α keine störenden Verzerrungen mehr feststellbar sind. Dieser Winkel muss bei Floatglas bei Glasdicken $\geq$ 3 mm im mittleren Scheibenbereich $\geq 50°$ und in den Randbereichen $\geq 45°$ sein.

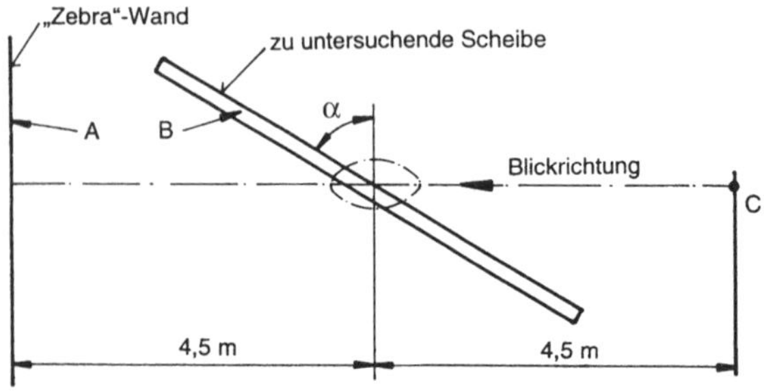

A = Raster mit weißen und schwarzen Streifen („Zebra")
B = Um eine vertikale Achse drehbare Scheibe
C = Beobachter

Abb. 10.4 Bestimmung des optischen Fehlers von Floatglas („Zebra"-Test nach DIN EN 572-2); Draufsicht

Sichtbare Fehler sind punktförmige oder längliche Störungen im Glas, wie z.B. Blasen, Knötchen, Steinchen, Schlieren oder Ziehstreifen. Sie werden mit einer Lupe ausgemessen und ausgezählt und dürfen je nach ihrer Größe bestimmte Grenzwerte nicht überschreiten: Störungen $\leq$ 0,5 mm sind zulässig, $\geq$ 3 mm nicht mehr.
Bezeichnung einer geschnittenen Floatglasscheibe (Beispiel):
Floatglas, klar, 3 mm, 6000 mm × 3210 mm, DIN EN 572-2

10.2.4 Poliertes Drahtglas (DIN EN 572-3)

Planes, durchsichtiges, klares Kalk-Natronsilikatglas mit parallelen Oberflächen, das durch Schleifen und Polieren aus Drahtornamentglas (siehe Abschn. 10.2.7) hergestellt wird.

Liefermaße:

Breiten:	1980 bis 2540 mm ± 4 mm
Längen:	1650 bis 3820 mm ± 4 mm
Dicken:	6 mm (+1,4 mm; – 0 mm) und 10 mm ± 0,9 mm
Rechtwinkligkeit:	entsprechend Floatglas
Drahtnetz:	quadratische Maschen, Maschenweite ca. 12,5 mm, Drahtdurchmesser ≥ 0,42 mm.

Qualitätsanforderungen:

Optische Fehler:	Beim Betrachten einer Reihe von Leuchtstoffröhren durch das Drahtglas dürfen keine störenden Verzerrungen feststellbar sein.
Sichtbare Fehler:	Ähnlich Floatglas. Fehler im Drahtnetz sind Nichtparallelität zu den Scheibenkanten sowie Welligkeit und Bögen in den Drähten. Die Abweichungen müssen ≤ 15 mm je Meter sein.

10.2.5 Gezogenes Flachglas (DIN EN 572-4)

Früher Fensterglas; planes, durchsichtiges, klares oder gefärbtes Kalk-Natronsilikatglas, im Ziehverfahren hergestellt, beidseitig feuerpolierte Oberfläche.

Liefermaße:

Breiten:	2440 bis 2880 mm ± 5 mm
Längen:	1600 bis 2160 mm ± 5 mm
Dicken:	2, 3, 4, 5, 6, 8, 10, 12 mm ± 0,2 bis 0,6 mm
Rechtwinkligkeit:	entsprechend Floatglas.

Qualitätsanforderungen:

Optische Fehler:	Beim Betrachten eines Rasters aus waagerechten und senkrechten Linien durch die Scheibe dürfen bei einem Winkel unter 45° keine störenden Verzerrungen auftreten (siehe Abb. 10.5).
Sichtbare Fehler:	Wird nach Anzahl und Art der Fehler in zwei Klassen eingeteilt.

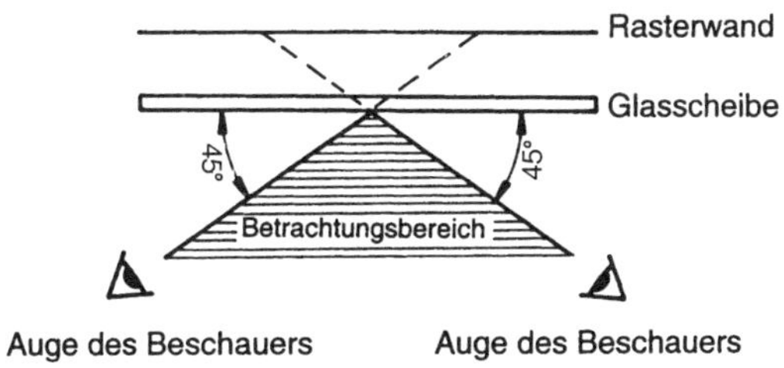

Abb. 10.5 Bestimmung des optischen Fehlers von gezogenem Flachglas (Fensterglas)

10.2.6 Ornamentglas (DIN EN 572-5)

Früher Gussglas nach DIN 1249-4, Herstellung siehe Abschn. 10.1.2; planes, durchscheinendes, auch gefärbtes Kalk-Natronsilikatglas, eine oder beide Oberflächen ornamentiert. Anwendung für Fenster, Türen, Trennwände usw., auch als Einscheiben-Sicherheitsglas, Isolierglas und Verbundsicherheitsglas hergestellt.

Liefermaße:

Breiten:	1260 bis 2520 mm
Längen:	2100 bis 4500 mm
Toleranzen bei Breiten/Längen	± 3 mm bei Dicken von 3 bis 6 mm bzw. ± 4 mm bei den Dicken 8 und 10 mm
Dicken:	3, 4, 5, 6, 8, 10 mm ± 0,5 bis 1,0 mm
Rechtwinkligkeit:	entsprechend Floatglas.

Qualitätsanforderungen:

Optische Fehler:	keine Anforderungen
Sichtbare Fehler:	ähnlich Floatglas; außerdem: das Muster darf keine zu großen Abweichungen aufweisen.

10.2.7 Drahtornamentglas (DIN EN 572-6)

Früher Gussglas mit Drahteinlage, bei der Herstellung (siehe Abschn. 10.1.2) wird ein an den Kreuzungspunkten verschweißtes Drahtnetz eingelegt (Maschenweite ca. 12,5 bis 25 mm, Drahtdurchmesser ≥ 0,42 mm); glatte oder ornamentierte Oberfläche. Anwendung: Brüstungen und Geländer (siehe TRAV unter Normen), Trennwände, Brandschutzverglasungen bis G 60 (siehe Abschn. 10.5.2). Bruchverhalten Typ B (siehe Abschn. 10.2.1).

Breiten:	1500 bis 2520 mm ± 4 mm
Längen:	1380 bis 4500 mm ± 4 mm
Dicken:	6, 7, 8, 9 mm ± 0,6 bis 1,5 mm
Rechtwinkligkeit:	entsprechend Floatglas
Drahtnetz:	Maschenweite ca. 12,5 oder 25 mm; Drahtdurchmesser ≥ 0,42 mm

Qualitätsanforderungen:

Optische Fehler:	keine Anforderungen
Sichtbare Fehler:	ähnlich Float- und Ornamentglas, außerdem Abweichung der Drähte von ≤ 15 mm.

10.2.8 Profilbauglas (DIN EN 572-7)

U-förmig abgewinkeltes Kalk-Natronsilikatglas, mit oder ohne Drahtnetz, klar oder gefärbt, auch durchscheinend, auch mit ornamentierten Oberflächen, früher Profilglas nach DIN 1249-5.

Liefermaße:

Breiten:	232 bis 498 mm ± 2,0 mm
Längen:	Vielfache von 250 mm bis max. 7000 mm ± 3 mm
Flanschhöhe:	41 bzw. 60 mm ± 1 mm

Dicken:	6 und 7 mm ± 0,2 mm
Rechtwinkligkeit des Schnitts:	≤ 3 mm
Abweichung der Flansche:	≤ 1 mm
Drahtabstand:	Abweichung vom Sollmaß ± 6 mm
Drahtdurchmesser:	0,3 bis 0,7 mm

Qualitätsanforderungen:

Optische Fehler:	keine Anforderungen
Sichtbare Fehler:	ähnlich Float- und Ornamentglas

10.2.9 Borosilicatglas (DIN EN 1748-1 (2004–12)

Durchsichtiges, klares oder eingefärbtes Flachglas mit 7 bis 15 % Boroxid. Herstellung als Floatglas oder gezogen, gewalzt bzw. gegossen (dann nicht klar). Besitzt hohe Temperaturwechselbeständigkeit sowie hydrolytische und Säure-Beständigkeit.
Liefermaße:

Breiten:	500 bis 2300 mm
Längen:	500 bis 3300 mm
Dicken:	3 bis 15 mm, Grenzabmaße -0,4/+0,5 bis -0,9/+1,0 mm

10.3 Sicherheitsgläser

10.3.1 Einscheiben-Sicherheitsglas ESG (DIN EN 1863-1)

a) Reguläres Einscheiben-Sicherheitsglas ESG ist ein thermisch vorgespanntes Flachglas. Das einbaufertige Glas (es kann später nicht mehr geschnitten werden!) wird bis ca. 600 °C erhitzt und auf beiden Seiten mit kalter Luft abgeblasen. Die Oberflächen erhalten dadurch eine Druckvorspannung, die bei Biegebeanspruchung erst überwunden werden muss. ESG ist widerstandsfähiger gegen Temperaturerhöhung (kurzfristig bis 300 °C) und Temperaturdifferenzen (bis 150 K) sowie gegen Schlag, Stoß und Biegebeanspruchung (bis 120 N/mm^2, zulässiger Rechenwert 50 N/mm^2). Bei Zerstörung (Verletzung der Oberflächenspannung) zerkrümelt es schlagartig (Bruchverhalten Typ C; siehe Abschn. 10.2.1). Hauptanwendungsgebiete sind z.B.: Treppengeländerausfachungen, Balkonbrüstungen, Glasinnentüren (auch eingefärbt oder Emaille-beschichtet), ballwurfsichere Turnhallenverglasungen, Lärmschutzwände an Straßen, Ausgangsmaterial für Isolier- und Verbundsicherheitsgläser.

b) Heißgelagertes Einscheiben-Sicherheitsglas ESG-H wird aus ESG durch vierstündige Heißlagerung bei 280 bis 320 °C (sog. Soak-Test) hergestellt, wodurch die Gefahr von Spontanbrüchen verringert wird. ESG-H ist für Ganzglasfassaden vorgeschrieben.

c) Teilvorgespanntes Glas TVG, auch als thermisch verfestigtes Glas bezeichnet, wird verhaltener mit Luft abgeblasen als das normale ESG. Die Eigenschaften liegen zwischen normalem Floatglas und ESG. Wird z.B. für Trennwände und für die Herstellung von Verbundsicherheitsglas und begehbarem Glas verwendet.

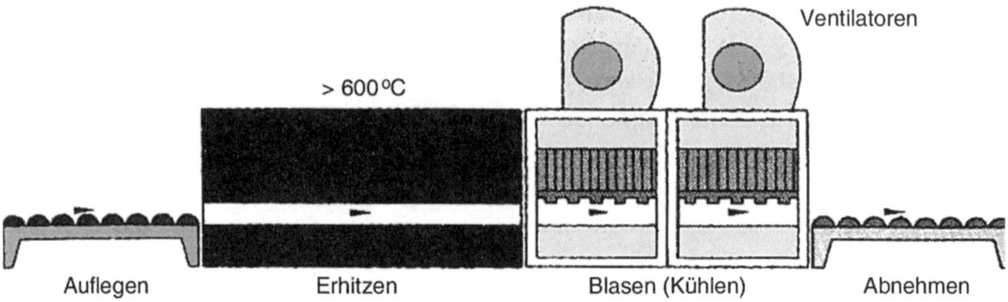

Abb. 10.6 Herstellungsprozess von ESG

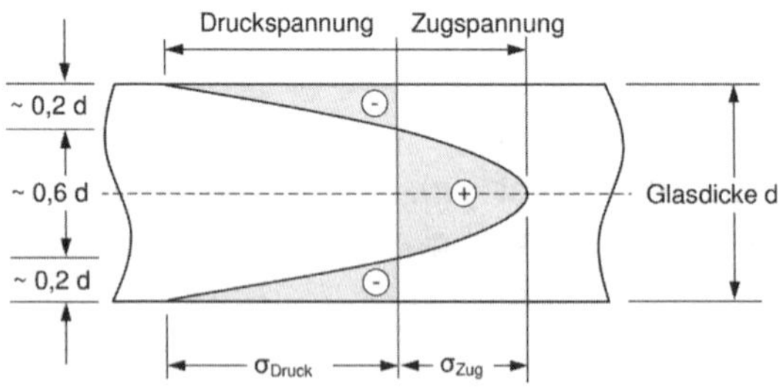

Abb. 10.7 Thermisch vorgespanntes Einscheiben-Sicherheitsglas ESG. Eigenspannungszustand

10.3.2 Verbundsicherheitsglas VSG, Verbundglas VG (DIN EN ISO 12 543)

VSG besteht aus zwei Glasscheiben (Floatglas, gezogenes Glas, Ornamentglas, ESG, TVG), die mit hochelastischen Polyvinylbutyral (PVB)-Folien (Dicke 0,38 bis 0,76 mm) unter Druck und Hitze miteinander verbunden werden. Dabei können Heiz- oder Alarmdrähte eingelegt werden. Bei VG werden anstelle der PVB-Folien Gießharz oder spezielle Schallschutzfolien verwendet. Bei Stoß, Schlag oder Beschuss bricht das Glas zwar an, wird aber durch die zähplastische Folie zusammengehalten (Bruchverhalten Typ B; siehe Abschn. 10.2.1).
Je nach Angriffsart unterscheidet man durchwurf-, durchbruch-, durchschuss- und sprengwirkungshemmende VSG-Verglasungen. Gesamtdicke von zweischaligen VSG-Verglasungen zwischen 21 und 52 mm, Einzelscheibendicke 10 bis 40 mm. Durchschusshemmende Verglasungen (sog. Panzerglas) hat Dicken von 10 bis 70 mm (einschalig) bzw. 10 bis 50 mm (zweischalig). Sprengwirkungshemmende VSG-Verglasungen haben Dicken von 10 bis 30 mm, Bankenglas einschalig 24 mm, zweischalig (außen/SZR/innen), z.B. 13/10/10,5 oder 24/10/6 mm.

Tafel 10.3 Durchwurfhemmend

Klasseneinteilung durchwurfhemmend EN 356		
Widerstandsklasse		Anzahl der Kugeln
P1A	1500	3
P2A	3000	3
P3A	6000	3
P4A	9000	3
P5A	9900	3 × 3

Tafel 10.4 Durchbruchhemmend

Klasseneinteilung durchbruchhemmend EN 356	
Widerstandsklasse	Anzahl der Axtschläge
P6B	30 bis 50
P7B	51 bis 70
P8B	über 70

Tafel 10.5 Durchschusshemmend

Klasseneinteilung durchschusshemmend EN 1063						
Kaliber	Geschoss		Beschussklasse		Schuss-entfernung m	Geschwindig-keit m/s
	*)Art	Masse g	Splitterabgang	splitterfrei		
.22 LR	L/RN	2,6 0,10	BR1-S	BR1-NS	10	360 ± 10
9 mm × 19	VMR/Wk	8,0 0,10	BR2-S	BR2-NS	5	400 ± 10
.357 Magn.	VMKS/Wk	10,25 0,10	BR3-S	BR3-NS	5	430 ± 10
.44 Magn.	VMF/Wk	15,55 0,10	BR4-S	BR4-NS	5	440 ± 10
5,56 × 45	FJ/PB/SCP 1	4,0 0,10	BR5-S	BR5-NS	10	950 ± 10
7,62 × 51	VMS/Wk	9,45 0,10	BR6-S	BR6-NS	10	830 ± 10
7,62 × 51	VMS/Hk	9,75 0,10	BR7-S	BR7-NS	10	820 ± 10
Flinte 12/70	Brenneke	31,0 0,50	SG1-S**)	SG1-NS**)	10	420 ± 20
Flinte 12/70	Brenneke	31,0 0,50	SG2-S	SG2-NS	10	420 ± 20

*) FJ: Vollmantelgeschoss; L: Blei
PB: Spitzkopfgeschoss; RN: Rundkopfgeschoss
SCP 1: Weichkern mit Stahleinlage
VMF/Wk: Vollmantel-Flachkopfgeschoss mit Weichkern
VMKS/Wk: Vollmantel-Kegelspitzkopfgeschoss mit Weichkern
VMR/Wk: Vollmantel-Rundkopfgeschoss mit Weichkern
VMS/Hk: Vollmantel-Spitzkopfgeschoss mit Hartkern
VMS/Wk: Vollmantel-Spitzkopfgeschoss mit Weichkern
**) Die Prüfung erfolgt durch einmaligen Beschuss.

Tafel 10.6 Sprengwirkungshemmend

Klasseneinteilung sprengwirkungshemmend gemäß EN 13 541			
Kennzahl der Klasse	Eigenschaften der ebenen Druckwelle Mindestwerte des/der		
	positiven Max.-Druckes der reflektierten Druckwelle (Pr) kPa	positiven spezifischen Impulses (i+) kPa × ms	Dauer der positiven Druckphase (t+) ms
ER 1	$50 \leq Er < 100$	$370 \leq i+ < 900$	≥ 20
ER 2	$100 \leq Pr < 150$	$900 \leq i+ < 1500$	≥ 20
ER 3	$150 \leq Er < 200$	$1500 \leq i+ < 2200$	≥ 20
ER 4	$200 \leq Er < 250$	$2200 \leq i+ < 3200$	≥ 20

Elektrische Widerstände der Alarmschleife

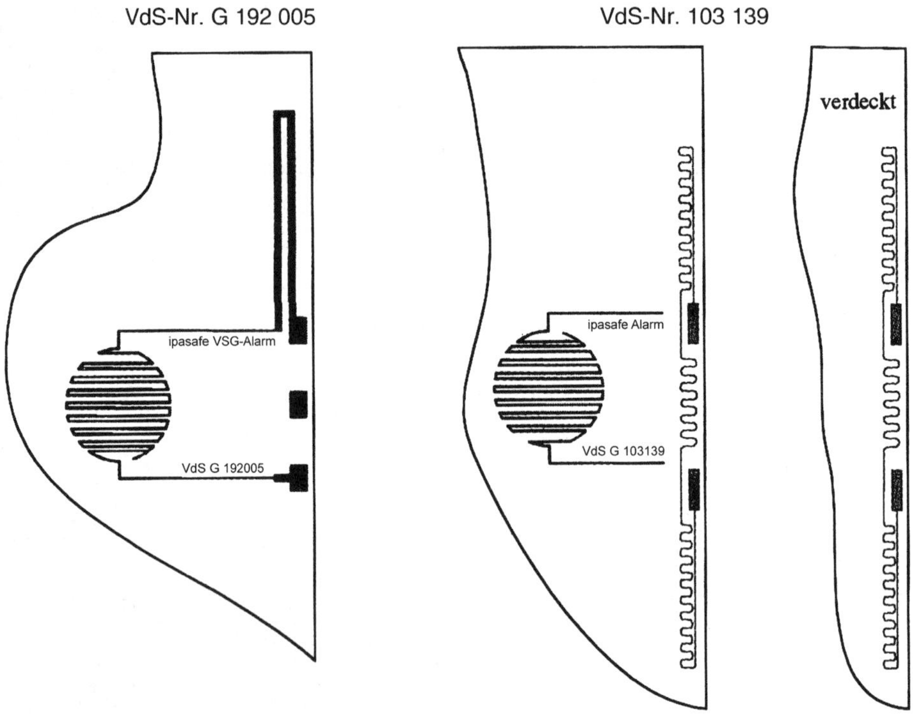

Widerstand R der Schleife 6 Ω ± 3 Ω
Widerstand R vom Mittelkontakt/-leiter < 1,0 Ω
Widerstand R zwischen der Schleife und dem Mittelkontakt/-leiter > 20 MΩ

Abb. 10.8 Alarmschleifen

10.4 Isoliergläser

10.4.1 Allgemeines (DIN 673, DIN 674, DIN 675)

Isoliergläser dienen dem Wärme-, Sonnen- und Schallschutz. Es sind Verglasungseinheiten aus zwei oder mehreren Scheiben, heute i.d.R. aus Float- oder Ornamentglas. Zwischen den Scheiben befindet sich jeweils ein Scheibenzwischenraum (SZR), der mit entfeuchteter Luft oder mit einem spezifischen Gas oder Gasgemisch gefüllt ist. Die Scheiben sind verbunden mit am äußeren Rand umlaufenden Abstandhaltern, i.d.R. aus Aluminium oder verzinktem Stahl, aber auch aus Edelstahl oder Kunststoff. Sie sind hohl und zur Innenseite (SZR) perforiert. Im Hohlraum befindet sich ein hochaktiver Trockenstoff aus Zeolith (Silikat, dessen weitmaschiges Kristallgitter die Feuchtigkeit absorbiert). Er verhindert, dass sich im SZR oberhalb einer Temperatur von -60 °C (Taupunkttemperatur) Kondenswasser bildet. Der Abstandhalter ist mit den Scheiben doppelt verklebt (sog. Doppelter Randverbund; siehe Abb. 10.12) und schützt den SZR vor dem Eindringen der Außenluftfeuchtigkeit. Die heute üblichen Isoliergläser sind meistens so aufgebaut, dass sie die Aufgaben des Wärme-, Sonnen- und Schallschutzes zugleich erfüllen und u.U. auch die Funktion eines Sicherheitsglases besitzen.

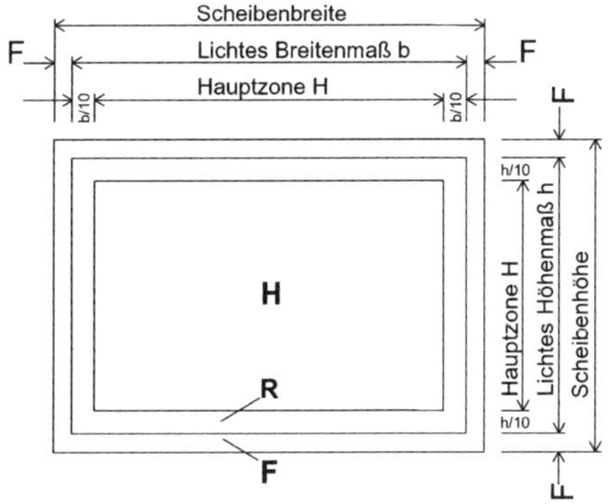

F = Falzzone:
Breite 18mm (mit Ausnahme von mechanischen Kantenbeschädigungen keine Einschränkungen)

R = Randzone:
Fläche 10% der jeweiligen lichten Breiten- und Höhenmaße (weniger strenge Beurteilung)

H = Hauptzone:
(strengste Beurteilung)

Abb. 10.9 Zonen für die visuelle Qualität von Glas

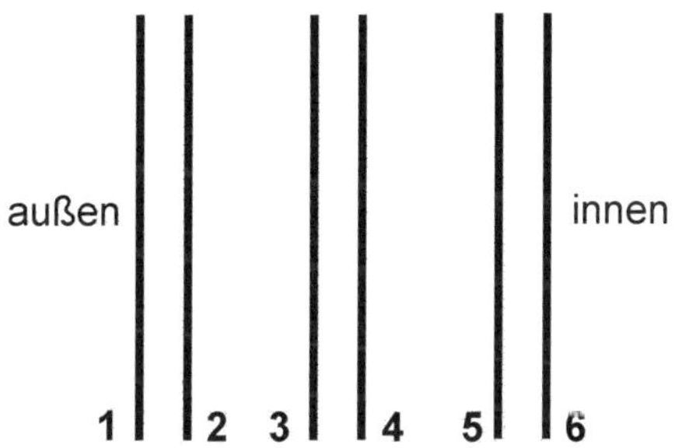

Abb. 10.10 Glasebenen

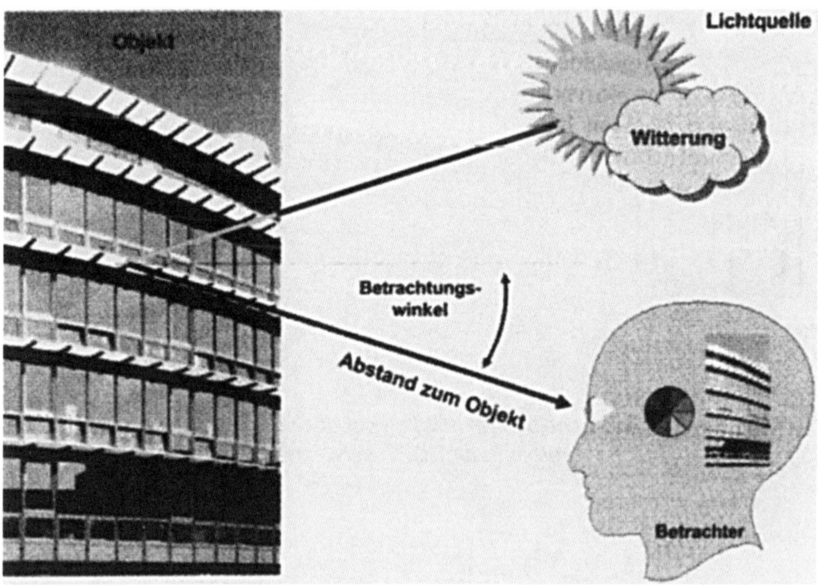

Abb. 10.11 Verformung von Glas durch Winddruck und Temperatur

10.4.2 Wärme- und Sonnenschutzgläser

Der Aufbau der Wärme- und Sonnenschutzgläser bestand früher aus zwei unbeschichteten Glasscheiben (Dicke 4, 5 oder 6 mm) und einem SZR von 12 mm, der mit entfeuchteter Luft gefüllt war. Der Wärmedurchgangskoeffizient U (siehe Abschn.14.2.5) betrug 3,0 W/(K · m^2), die Lichtdurchlässigkeit ≈ 80 %. Heute werden beschichtete Isoliergläser verwendet, sog. Warmgläser, die wie folgt aufgebaut sind: Scheibendicken 4 oder 6 mm; SZR 12 bis 16 mm; Gasfüllung Luft, Argon oder Krypton (siehe Abb. 10.15). Die Beschichtung befindet sich im Inneren des SZR, zum Wärmeschutz auf der Innenscheibe, zum Sonnenschutz auf der Außenscheibe. Es können auch beide Scheiben beschichtet sein. Die Beschichtung besteht aus Edelmetall, i.d.R. aus Silber, Dicke ca. 10 nm (nm = Nanometer = 10^{-9} m).
Der Wärmedurchgangkoeffizient U in W/(K · m^2) beträgt bei Wärmeschutzgläsern ca. 0,5 bis 1,0 bzw. bei Sonnenschutzgläsern ca.1,0 bis 1,6, der Gesamtenergiedurchgang in % entsprechend ca. 50 bis 65 bzw. 25 bis 40, die Lichtdurchlässigkeit in % ca. 70 bis 80 bzw. 55 bis 65. Der Wärmefluss eines beschichteten Zweischeiben-Isolierglases setzt sich aus Wärmestrahlung und Wärmeleitung zusammen. Durch die Beschichtung wird die Wärmestrahlung einer Scheibe fast bis auf null herabgesetzt (siehe Abb. 10.15) und dadurch der Wärmedurchgangskoeffizient U verringert. Der Sonnenenergiedurchgang durch ein beschichtetes Wärmeschutzglas setzt sich aus Transmission, Reflexion und Absorption zusammen. Der Strahlungsanteil, der vom Glas durch Absorption aufgenommen wird, geht als sekundäre Wärmestrahlung nach beiden Seiten wieder ab (siehe Abb. 10.16).
Sonnenschutz kann auch durch Faserschichtgläser erreicht werden. Sie bestehen aus mindestens zwei Scheiben aus klarem oder eingefärbtem Floatglas, Drahtornamentglas oder auch aus ESG, VSG oder VG. Zwischen den Scheiben liegt ein Glasseiden-Gespinst oder -Vlies und/oder eine Glaskapillarplatte, die zusätzlich die Wärmedämmung erhöht. Die Scheiben sind durchscheinend, aber undurchsichtig.

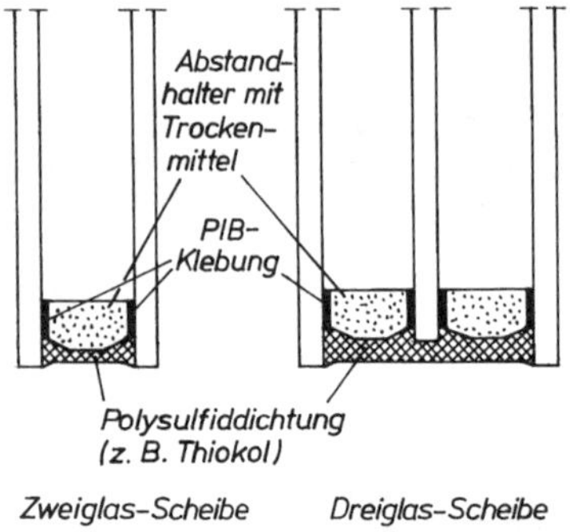

Abb. 10.12 Randverbund von Isolierglasscheiben [2] (PIB Polyisobutylen-Kleber; anstelle Dichtung aus Polysulfid wird auch Polyurethan oder Silikon verwendet)

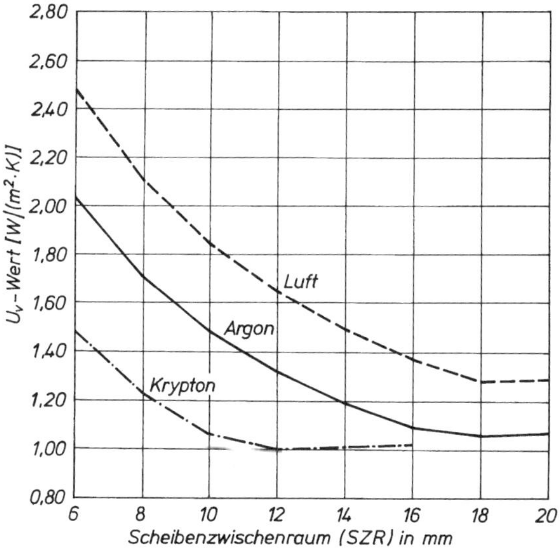

Abb. 10.13 U_V-Wert von beschichtetem Zweischeiben-Isolierglas; Gasfüllgrad 90 %, Silberbeschichtung nach [16]
(U_V Wärmedurchgangskoeffizient U der Verglasung, neue Bezeichnung U_g)

Tafel 10.7 Längenbezogener Wärmedurchgangskoeffizient

Längenbezogener Wärmedurchgangskoeffizient ψ (W/mK) in Abhängigkeit vom U-Wert des Rahmens U_f, dem U-Wert der Verglasung U_g und verschiedenen Randverbundlösungen bei normgerechtem Glaseinstand

Rahmenmaterial	Isolierglasaufbau	U_f	U_g	Randverbundsystem bzw. Abstandhalter			
				Aluminium	Edelstahl (its)	Kunststoff (Thermix)	TPS
		W/m²K	W/m²K	W/mK	W/mK	W/mK	W/mK
Holz	2fach	1,35	1,2	0,068	0,050	0,040	0,041
	3fach	1,30	0,7	0,074	0,051	0,040	0,041
Kunststoff	2fach	1,92	1,2	0,067	0,050	0,040	0,041
	3fach	1,90	0,7	0,070	0,049	0,039	0,041
Aluminium	2fach	2,05	1,2	0,108	0,070	0,053	0,053
	3fach	2,00	0,7	0,111	0,065	0,048	0,048

Beispiel zur U_w-Wert-Berechnung nach DIN EN ISO 10077 Teil 1

Ausnahmen: Holzfenster, quadratisch
Zweischeiben-Isolierverglasung iplus neutral E
Aluminium-Abstandhalter

U_f = 1,4 W/m²K
U_g = 1,1 W/m²K
ψ = 0,08 W/m²K

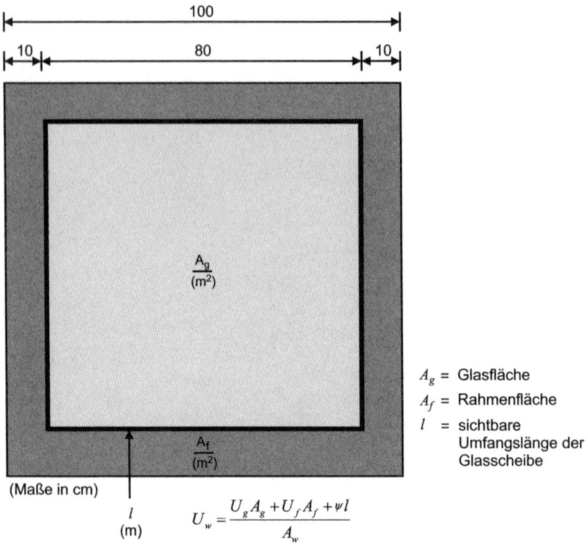

$$U_w = \frac{U_g A_g + U_f A_f + \psi l}{A_w}$$

$$U_w = \frac{1{,}1 \cdot 0{,}8 \cdot 0{,}8 + 1{,}4 \cdot 0{,}36 + 0{,}08 \cdot 3{,}20}{1{,}00}$$

$$U_w = \frac{0{,}704 + 0{,}504 + 0{,}256}{1{,}00}$$

$$U_w = 1{,}5 \text{ W/m}^2\text{K}$$

Abb. 10.14 U-Wert Berechnung

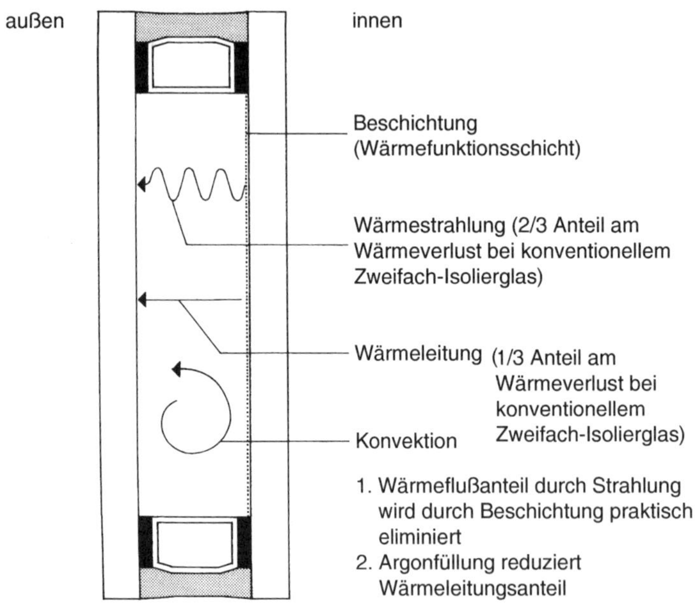

Abb. 10.15 Aufbau und Wärmefluss von beschichtetem Zweischeiben-Isolierglas nach [16]

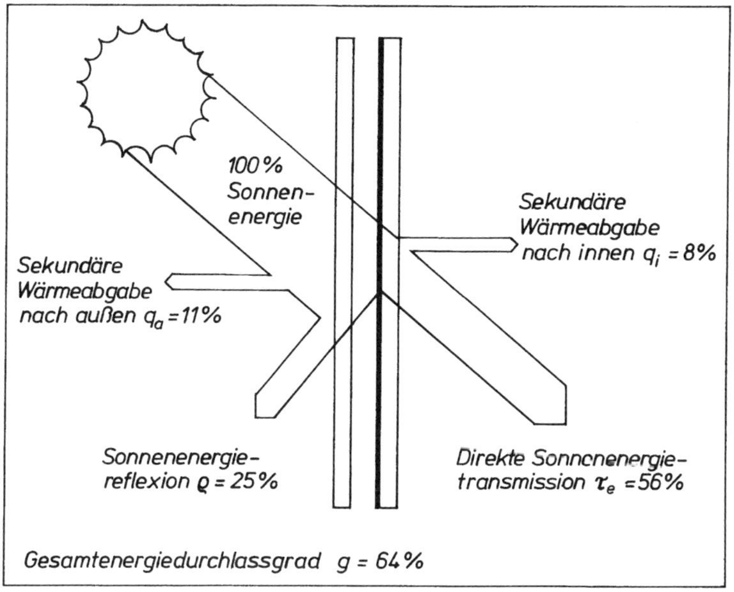

Abb. 10.16 Sonnenenergiedurchgang durch ein beschichtetes Wärmeschutzglas (Beispiel) nach [16] (Die sekundäre Wärmeabgabe ist die Wärmestrahlung der durch Absorption erwärmten Scheibe; s.a. Abb. 10.15)

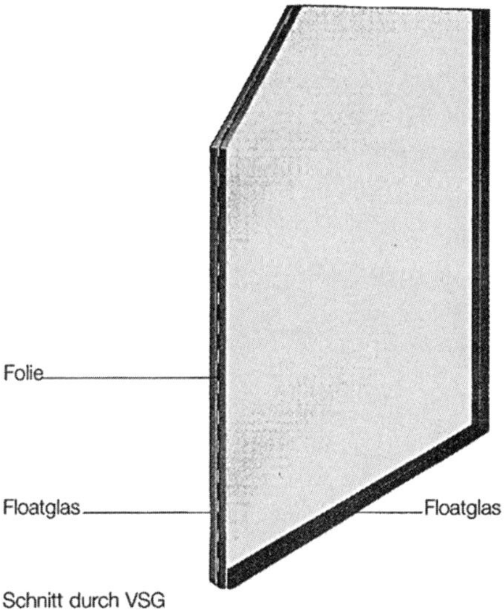

Abb. 10.17 Verbundsicherheitsglas

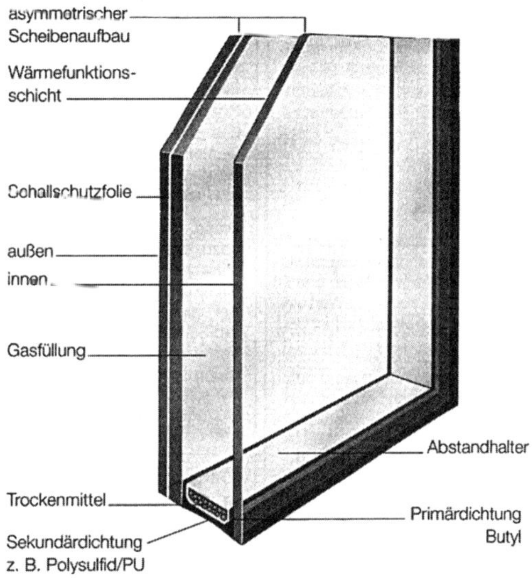

Abb. 10.18 Beispiel einer Schallschutzverglasung

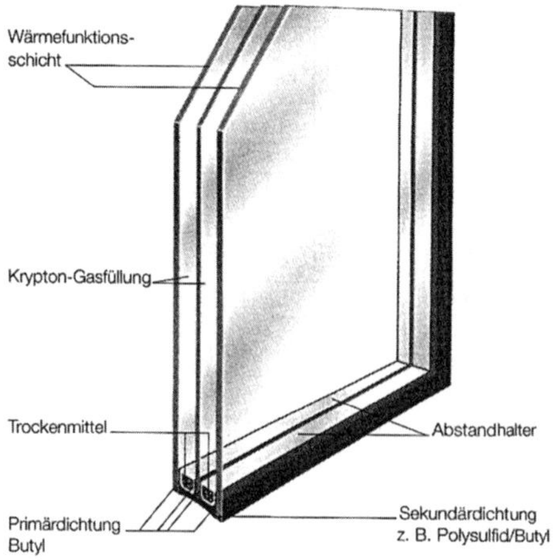

Abb. 10.19 Verklotzung des Falzraums als Schnittstelle zwischen Glas-Rahmen

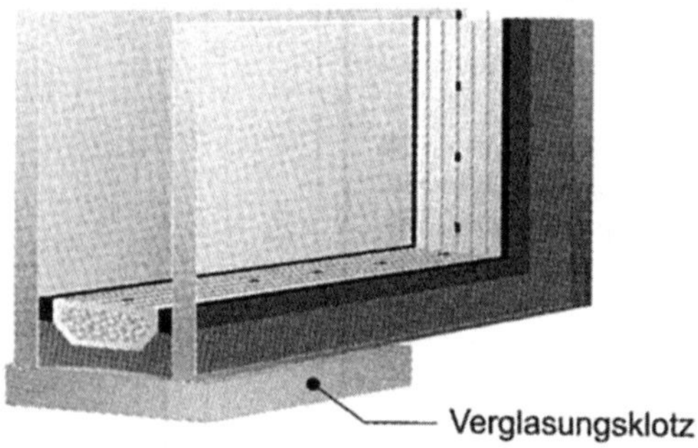

Abb. 10.20 3-Scheibenverglasung mit spezifischer Gasfüllung

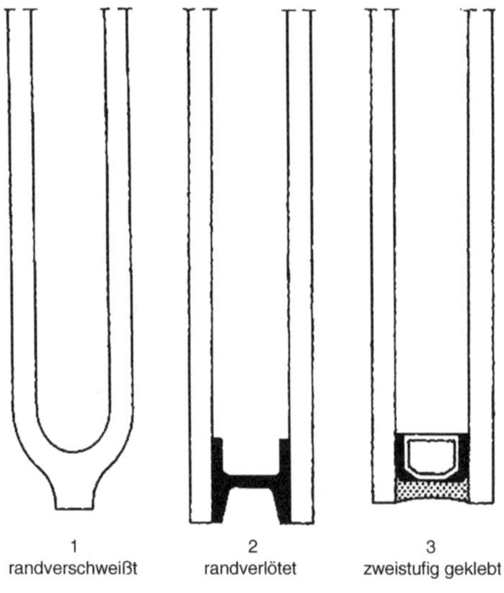

Abb. 10.21 Formen des Randverbundes

10.4.3 Schallschutzgläser

Auch Schallschutzgläser werden wegen des geforderten Wärme- und Sonnenschutzes als beschichtete Zweischeiben-Isoliergläser hergestellt. Wegen des Schallschutzes haben sie jedoch einen asymmetrischen Aufbau, d.h. ungleich dicke Außen- und Innenscheiben, einen größeren SZR bis zu 24 mm und im SZR stets eine Gasfüllung aus Argon, Krypton oder Mischgas. Das Gas Schwefelhexafluorid SF_6 wird aus Umweltschutzgründen nicht mehr angewendet. Die Scheiben sind aus ESG, VSG, VG mit Gießharz oder VG mit spezieller Schallschutzfolie. Normale Zweiglasscheiben mit Luftfüllung, gleich dicken Scheiben und dem üblichem SZR von 12 mm haben R_w-Werte von nur 36 bis 37 dB. Die heutigen Schallschutzgläser erreichen dagegen R_w-Werte von ca. 40 bis 55 dB. Für die Schalldämmung einer

Fensterkonstruktion spielen auch Aufbau und Material des Rahmens sowie die Dichtheit der Fensterfugen und des Baukörperanschlusses eine wesentliche Rolle.

10.5 Brandschutzgläser

Normen

DIN 4102-13	(1990–05)	Brandverhalten von Baustoffen und Bauteilen; Brandschutzverglasungen
DIN EN 357	(2005–02)	Glas im Bauwesen; Brandschutzverglasungen; Klassifizierung des Feuerwiderstandes
DIN EN 1363-1	(2012–10)	Feuerwiderstandsprüfung, Teil 1: Allgemeine Anforderungen
DIN EN 1363-2	(1999–10)	Feuerwiderstandsprüfung, Teil 2: Alternative und ergänzende Verfahren
DIN EN 1364-1	(1999, prEN 2011)	Feuerwiderstandsprüfung für nichttragende Bauteile, Teil 1: Wände
DIN EN 1364-3	(2014–05)	Feuerwiderstandsprüfung für nichttragende Bauteile, Teil 3: Vorhangfassaden – Gesamtausführung
DIN EN 1364-4	(2014–05)	Feuerwiderstandsprüfung für nichttragende Bauteile, Teil 4: Vorhangfassaden – Teilausführung
DIN EN 1634-1	(2014–03)	Feuerwiderstandsprüfungen und Rauchschutzprüfungen für Türen, Tore, Abschlüsse, Fenster und Beschläge, Teil 1
DIN EN 1634-3	(2005–01)	Prüfungen zum Feuerwiderstand und zur Rauchdichte für Feuer- und Rauchschutzabschlüsse, Fenster und Beschläge, Teil 3
DIN EN 13 501	(2010–01)	Klassifizierung von Bauprodukten und Bauarten zu ihrem Brandverhalten, Teil 1
DIN EN 15354-4	(2013–10)	Erweiterter Anwendungsbereich der Ergebnisse von Feuerwiderstandsprüfungen – Nichttragende Wände, Teil 4: Verglaste Konstruktionen
ISO 834-1	(2013–10)	Feuerwiderstandsprüfungen – Bauteile, Teil 1: Allgemeine Anforderungen

Brandschutzgläser sind Teil von Brandschutzverglasungen, zu denen auch der Rahmen sowie die Befestigungsmittel und Dichtungen gehören. Einschließlich der Wand, in die eine Brandschutzverglasung eingebaut wird, erhält die Gesamtkonstruktion vom DIBt Berlin eine allgemeine bauaufsichtliche Zulassung.

10.5.1 Brandschutzgläser der F-Klassen (F-Gläser)/ EI-Klassen

F-Gläser müssen die gleichen Anforderungen wie die entsprechenden massiven Bauteile erfüllen, d.h., den Durchtritt von Flammen und Brandgasen verhindern (s.a. Abschn. 14.5.3). Beim Brandversuch darf sich ein hinter die Verglasung geführter Wattebausch nicht selbst entzünden und es dürfen dort keine Flammen auftreten. Außerdem darf auf der dem Feuer abgewandten Scheibenseite die Temperatur im Mittel um nicht mehr als 140 K, im Maximum um nicht mehr als 180 K ansteigen. Je nach der Feuerwiderstandsdauer erfolgt die Einordnung in die Klassen EI/F 30, EI/F 60, EI/F 90 und EI/F 120 sowie in EW 30 bis EW 60 für strahlungsreduzierte Verglasungen bzw. mit weitergehenden Eigenschaften.
Als Gläser werden speziell vorgespannte Brandschutz-Doppelgläser (SZR 12 bis 50 mm) mit einer transparenten Gelfüllung oder mehrscheibige Verbundgläser (VG) mit Brandschutz-Zwischenschichten verwendet. Die im Kalten transparente Gelfüllung schäumt bei Hitzeeinwirkung auf und wirkt als Wärmedämmung, die Brandschutz-Zwischenschichten schäumen nach dem Zerspringen der dem Brand zugewandten Scheibe auf und verbrauchen dabei Wärmeenergie.

10.5.2 Brandschutzgläser der G-Klassen (G-Gläser)/ E-Klassen

G-Gläser verhindern zwar den Durchtritt von Flammen und Brandgasen, nicht aber der Brandhitze. Dadurch besteht die Gefahr, dass sich Möbel, Textilien oder Holzverkleidungen, die sich hinter der Verglasung befinden, entzünden und der Bereich sich daher nicht als Fluchtweg eignet. Als Gläser werden speziell vorgespannte VSG-Scheiben, vorgespannte Borosilicatgläser und mehrscheibige Verbundgläser (VG) mit Brandschutz-Zwischenschichten (s.o.) verwendet. Die Klassifizierungen lauten wie bei den F-Gläsern G 30, G 60, G 90 und G 120. Drahtornamentglas ist bis zur Klasse G 60, Glassteinwände sind bis zur Klasse G 120 und Glaskeramik sogar bis G 180 bauaufsichtlich zugelassen.

10.5.3 Neue europäische Normung

Klassifizierungen nach DIN EN 13 501

Klasse E: Keine Flammen oder entzündbare Gase auf der feuerabgekehrten Seite

Klasse EW: wie Klasse E. Zudem darf der Strahlungsdurchgang 15 kW/m^2 nicht überschreiten

Klasse EI: Hitzeschildfunktion. Im Mittel darf die Ausgangstemperatur auf der feuerabgekehrten Seite der Verglasung um nicht mehr als 140 K ansteigen.

Nach Bestehen eines Brandversuches über die Prüfdauer von 30, 60 oder mehr Minuten erfolgt die Klassifizierung mit der Bezeichnung E, EW oder EI nach DIN EN 13 501.

10.6 Pressglas

Normen

DIN 4242	(1979–01)	Glasbaustein-Wände; Ausführung und Bemessung
DIN EN 1501-01	(2003–04)	Glassteine und Betongläser – Teil 1: Begriffe und Beschreibungen
DIN EN 1501-02	(2007–12)	Glassteine und Betongläser – Teil 2: Konformitätsbewertung / Produktnorm
DIN EN 12725	(E 1997–04)	Glas im Bauwesen; Wände mit Glasbausteinen; Planung, Bemessung, Ausführung

10.6.1 Glasbausteine

Man unterscheidet Glas-Hohlsteine und Glas-Vollsteine. Sie werden im Press- oder im Blasverfahren hergestellt. Sie haben eine Lichtdurchlässigkeit von etwa 80 %, sind aber nicht klar durchsichtig.

Vollständig geschlossene Hohlsteine verwendet man, wenn man in einen Raum Licht hereinlassen, aber einen Wärmedurchgang möglichst vermeiden will, z.B. in Kühlräumen. Der Hohlraum im Glasbaustein wirkt wärme- und schalldämmend. Man unterscheidet grundsätzlich zwei Arten von Glas-Hohlsteinen: die auf dem Halbautomaten geblasenen (sie zeigen meist an der Schmalseite eine Öffnung, die vom Einblasen herrührt) und die durch Zusammenschmelzen zweier gepresster Hälften gewonnenen. Zusammengeschmolzen wird zu einem Zeitpunkt, an dem die gepressten Hälften noch rotwarm sind; infolgedessen entsteht beim Abkühlen des Steins ein stark luftverdünnter, daher besonders stark wärmedämmender und schalldämmender Hohlraum. Die Schmalseiten sind profiliert, um eine bessere Verbindung mit dem Mörtel zu erreichen. Der Mörtel darf nicht zu weich sein, weil Glasbausteine kein Wasser aufnehmen. Als Verglasung in feuerbeständigen Bauteilen bis Klasse G 120 zugelassen.

Glasdachsteine aus Pressglas dienen der Belichtung unausgebauter Dachräume und werden einzeln oder zu mehreren nebeneinander wie Dachziegel verlegt.

10.6.2 Betongläser (DIN EN 1051, auch Anhang C)

Betongläser sind Glaskörper, die in einem Stück oder aus zwei durch Verschmelzen fest verbundenen Teilen hergestellt sind. Sie dienen zur Herstellung von Bauteilen aus Glasstahlbeton nach DIN 1045. Die runden (Ø = 117 mm) oder quadratischen (Kantenlänge 117 bis 220 mm) durchscheinenden Betongläser, die als Vollgläser, meist jedoch als allseitig geschlossene oder einseitig offene Hohlgläser ausgebildet sind, werden in tragende Stahlbetonrippendecken eingelegt (zulässige Verkehrslast max. 5 kN/m²; nur für nicht befahrene Decken!) und dienen z.B. als Oberlicht (siehe Abb. 10.22).

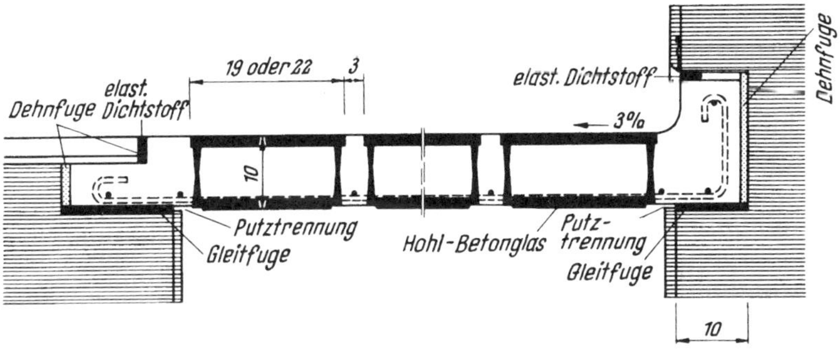

Abb. 10.22 Glasstahlbeton mit Betonhohlgläsern [2]

10.6.3 Glasfliesen

Glasfliesen sind Flachglasstücke bestimmter Form und Größe aus in der Masse gefärbtem, meist getrübtem Glas. Die Ansichtsfläche ist im Allgemeinen feuerpoliert glatt, feuerpoliert gemustert oder nachträglich bearbeitet (z.B. geschliffen und poliert, mattiert). Sie werden als hygienischer Wandbelag für Lebensmittelbetriebe und sanitäre Räume in weiß und verschiedenen Farben verwendet. Die Plattengröße ist unterschiedlich, z.B. 20 cm × 30 cm, 15 cm × 30 cm, 15 cm × 20 cm und 15 cm × 15 cm.

10.7 Glasfasern

Normen

DIN 18 191	(1980–05)	Textilglasgewebe als Einlage für bituminöse Bahnen
DIN 52 141-2	(2007–12)	Begriffe für Glaserzeugnisse
DIN 52 270	(1996–12)	Prüfung von Mineralwolle-Dämmstoffen; Begriffe, Lieferformen, Lieferarten
DIN 61 850	(1976–05)	Textilglas und Verarbeitungshilfsmittel; Begriffe
DIN EN 14 020-1	(2003–03)	Verstärkungsfasern – Spezifikation für Textilglasrovings – Teil 1: Bezeichnung
-2	(2003–03)	wie vor; Teil 2: Prüfverfahren und allgemeine Anforderungen
-3	(2003–03)	wie vor; Teil 3: Besondere Anforderungen
DIN EN 14 118-1	(2003–06)	Verstärkungsprodukte – Spezifikation für Textilglasmatten (Glasseiden und Endlosmatten) – Teil 1: Bezeichnung
DIN EN 12 654-1	(1998–12)	Textilglas-Garne; Teil 1: Bezeichnung
-2	(1998–12)	wie vor; Teil 2: Prüfverfahren und allgemeine Anforderungen
-3	(1998–12)	wie vor; Teil 3: Allgemeine Anforderungen für allgemeine Anwendungen

DIN EN 12 971-1	(1999–07)	Verstärkungen; Spezifikationen für geschnittene Textilglasgarne; Teil 1: Bezeichnung
-2	(1999–07)	wie vor; Teil 2: Prüfverfahren und allgemeine Anforderungen
-3	(1999–07)	wie vor; Teil 3: Technische Produktinformation
DIN EN 13 162	(2015–04)	Wärmedämmstoffe für Gebäude – Werkmäßig hergestellte Produkte aus Mineralwolle (MW) – Spezifikation

a) Herstellung: Feine Glasfäden werden im Düsenziehverfahren aus einer Platinwanne ausgezogen (Durchmesser bis 2 µm), dann zusammengefasst und aufgespult. Andere Verfahren benutzen den Gasstrom von Dampf- und Verbrennungsgasen, um die Glasschmelze zu dünnen Fäden auszuziehen (TEL-Verfahren bzw. TOR-Verfahren; siehe Abb. 10.27). Die Fasern haben hierbei Durchmesser von 5 bis 30 µm. Textilglasfasern werden zu Garnen, zu Glaswolle und als kurze Faser zu Dämmplatten oder -matten weiterverarbeitet.

b) Textilglas (DIN 61 850 und DIN EN 12 654) wird verwendet in folgenden Formen:
   - Roving (Schnüre) für Einlagen in glasfaserverstärkten Kunststoffen (GFK)
   - Gewebe oder Matten für Einlagen in GFK, Dekorationsstoffen, Tapeten
   - Vlies für Einlagen in Dichtungsbahnen oder für Zwischenschichten

c) Glaswolle besteht aus verfilzten Glasfasern; sie wird wegen ihres hohen Luftanteils im verarbeiteten Zustand als Wärme- und Schalldämmstoff in folgenden Formen verwendet:
   - Lose Glaswolle
   - Glaswollmatten versteppt auf Wellpappe oder Drahtgeflecht (mit Drahtgarn Baustoffklasse A 1)
   - Glasfilzmatten mit Bitumenpapier oder Alu-Folie kaschiert, in Rollen 1,0 bis 1,2 m breit
   - Glasfilzplatten mit Kunstharz zu weichen bis steifen Platten verarbeitet
   - Glasfaserschalen als Ummantelung von Rohren, geschlitzt
   - Glasfaserzöpfe zur Dämmung von Fugen und Umwicklung von gekrümmten Rohren
   - Glasvliese als Einlagen von Dichtungsbahnen und Dachbahnen

10.8 Beschichtungen von Funktionsgläsern

Unter beschichtetem Funktionsglas kann das Applizieren einer hauchdünnen Funktionsschicht auf einer Floatglasscheibe verstanden werden. Bis etwa Mitte der 1970er-Jahre war eine Einfachverglasung mit einem U_g-Wert 5,0 W/m²K üblich, die dann eine Verbesserung mit Zweischeiben-Isolierverglasung und einem damit verbesserten U_g-Wert von ca. 3,0 W/m²K erreichte. Erst die Verbindung der Glastechnik mit der Dünnschichttechnik für das transparente Beschichten des Glases ermöglichte eine weitere Verbesserung des U_g-Wertes bis auf ca. 1,5 W/m²K. Heute gilt sogenanntes Warmglas mit 1,1 W/m²K als Stand der Technik, wobei bei einer Dreifachverglasung bis 0,5 W/m²K erreicht werden. Zur Herstellung wird ein mehrstufiges Schichtensystem hauchdünn auf das Glas aufgebracht, wobei Haft-, Funktions-, Schutz- und Deckschicht das komplexe System bilden. Mit zusätzlich absorbierenden und/oder reflektierenden Komponenten werden die gewünschten strahlungsphysikalischen Eigenschaften erreicht.

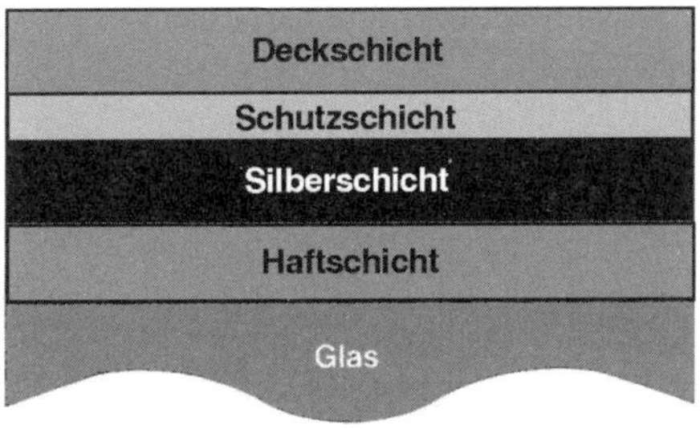

Abb. 10.23 Beispiel eines Schichtaufbaus von Warmglas

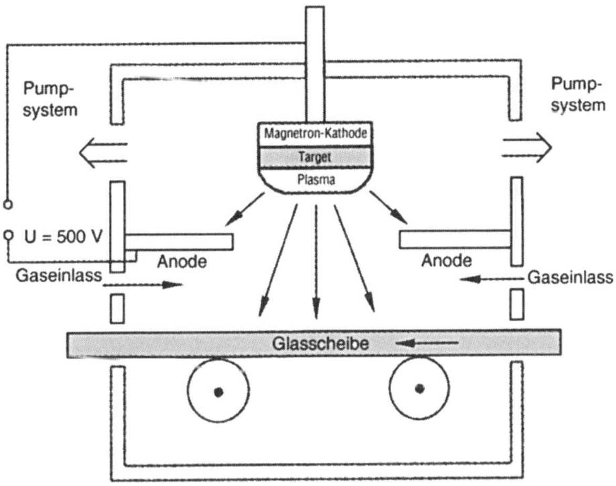

Abb. 10.24 Oberflächenvorgänge beim Magnetron-Sputterverfahren

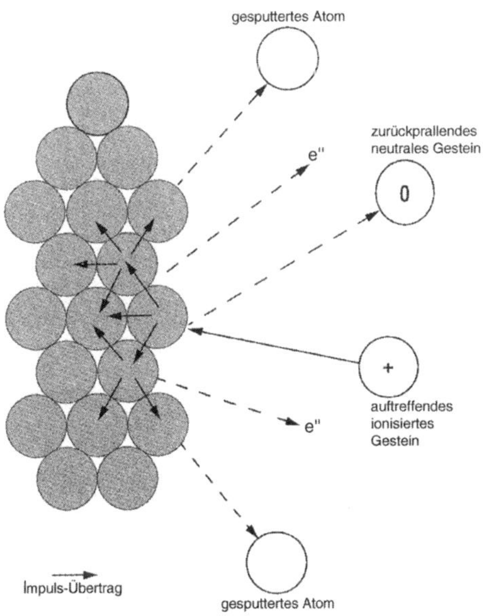

Abb. 10.25 Schematische Darstellung einer Kathodenkammer

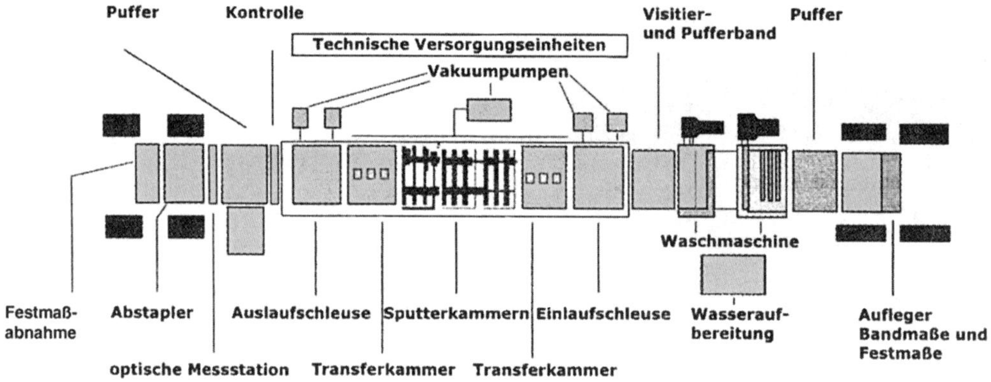

Abb. 10.26 Flachglasherstellung, Konfiguration

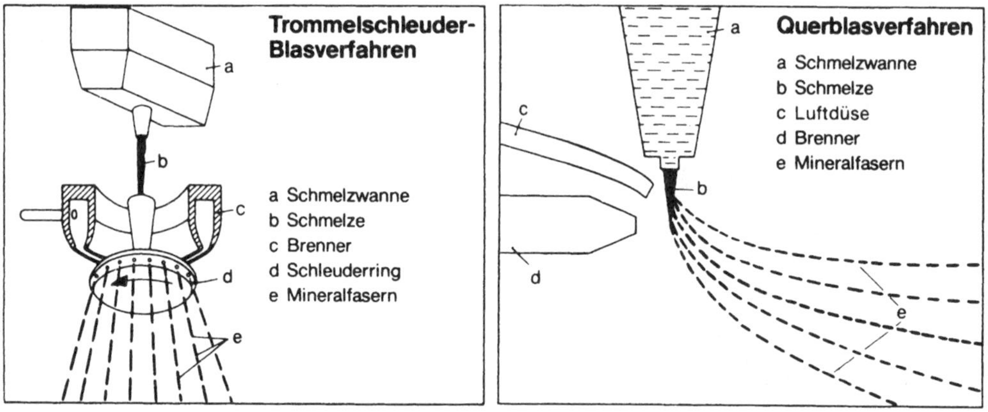

Abb. 10.27 Glasfaserherstellung (schematisch) [2]
links: TEL-Verfahren rechts: TOR-Verfahren

10.9 Fragen und Aufgaben zu Glas

1) Beschreiben Sie Zusammensetzung, Herstellung und Struktur von Flachglas.
2) Weshalb besitzt Glas trotz seiner hohen Druckfestigkeit nur eine geringe Bruchfestigkeit?
3) Erläutern Sie die Begriffe Transformations- und Erweichungsbereich.
4) Beschreiben Sie die verschiedenen Flachglasarten und ihre Qualitätsanforderungen.
5) Welche Aufgabe hat die Drahteinlage im Drahtglas?
6) Beschreiben Sie Aufbau, Wirkungsweise und Anwendungsgebiete von Sicherheitsgläsern.
7) Wie unter 6), jedoch von Isoliergläsern.
8) Wie unter 6), jedoch von Brandschutzgläsern.
9) Wodurch kann man bei Mehrschichtgläsern die Wärmeschutz- und Sonnenschutzwirkung erhöhen?
10) Durch welche Maßnahmen wird bei Mehrschichtgläsern die Verbesserung des Schallschutzes erreicht?

11) Welche weiteren Arten von Glas gibt es? Nennen Sie ihre Einsatzgebiete.
12) Wie unterscheiden sich die Anforderungen hinsichtlich der gewünschten Dämmeigenschaften von 2- bzw. 3-fach-Verglasungen aufgrund ihrer Azimutausrichtungen von 0° oder 180°Grad Ausrichtung?
13) Warum wird der Randverbund von Isoliergläsern zweistufig ausgeführt?
14) Was wird unter dem Begriff „strammes Falzmaß“ verstanden?
15) Welche wichtige Aufgabe hat die Verklotzung?

11 Grundbegriffe der Baustoffphysik

Viele Eigenschaften der Baustoffe sind physikalischer Natur. Unter „Baustoffphysik" wollen wir die Teile der Physik verstehen, die zum Verständnis der physikalischen Baustoffeigenschaften nötig sind. Dazu gehören: Festigkeit, Dichte, Kapillarität, Wärme- und Schallübertragung. Heute wird auch der Umweltverträglichkeit der Baustoffe große Bedeutung beigemessen.

11.1 Physikalische Einheiten

Zum Messen der Baustoffeigenschaften benötigt man die folgenden physikalischen Einheiten:	
die Länge (l)	1 Meter (1 m)
die Masse (m)	1 Kilogramm (1 kg)
die Zeit (t)	1 Sekunde (1 s)
die Temperatur (T)	1 Kelvin (1 K)
	1 Grad Celsius (1 °C)[1]
die Kraft (F)	1 Newton (1 N)

Die ersten vier Einheiten gehören zu den sieben Basiseinheiten[2] des seit 1.1.1978 verbindlichen internationalen Einheitensystems (SI-Einheiten = franz. Système International d'Unités). Sie sind so gewählt, dass die Einheiten aller messbaren Größen aus ihnen abgeleitet werden können. Das Meter ist die Länge des Weges, den das Licht im Vakuum im 1/299 792 458ten Teil einer Sekunde zurücklegt. Das Kilogramm ist die Masse eines Platin-Iridium-Zylinders, der im BIPM in Sèvres bei Paris aufbewahrt wird. Die Sekunde wird aus der Strahlung eines Cs^{133}-Atoms abgeleitet. Kelvin- und Celsius-Skala haben gleich große Skalenschrittlängen. Der Schmelzpunkt des Wassers liegt bei 0 °C bzw. bei 273,16 K. Zur Kraft von 1 Newton siehe Abschn. 11.3.

11.2 Statistische Auswertung von Messergebnissen

Die Eigenschaften der Baustoffe werden in Versuchen (Baustoffprüfungen) sorgfältig untersucht. Die dabei anfallenden Messergebnisse werden mit einer Zahl und der dazu gehörigen Einheit ausgedrückt:

Messgröße = physikalische Größe = Zahlenwert × Einheit.

1 Für Angaben der Tagestemperatur usw.; Temperaturdifferenzen werden stets in Kelvin angegeben, z.B. T1 = 20 °C; T2 = –15 °C; T1 – T2 = 20 – (–15) = 35 K.

2 Länge, Masse, Zeit, Temperatur, elektr. Stromstärke (Ampere: A), Stoffmenge (Mol: mol), Lichtstärke (Candela: cd).

f_{ci} Zufallsgröße, hier Druckfestigkeit in N/mm² von Beton (c = concrete = engl. Beton)

n Stichprobenumfang = Anzahl der gemessenen Werte f_{ci} der Zufallsstichprobe. Für eine statistische Auswertung sollten wenigstens 35 Messwerte vorliegen.

$\bar{f}_{cm}$ $= \dfrac{\Sigma f_{ci}}{n}$ = arithmetischer Mittelwert der Zufallsstichprobe in N/mm²

Für die Grundgesamtheit wird der auf gleiche Weise berechnete Mittelwert mit $\bar{f}_c$ bezeichnet. Unter der Grundgesamtheit versteht man diejenige Menge der Würfel, die sich aus dem für das betreffende Bauwerk insgesamt hergestellten Beton herstellen lassen würde.

s $= \sqrt{\dfrac{\Sigma (f_{ci} - \bar{f}_{cm})^2}{n-1}}$ = Standardabweichung der Zufallsstichprobe in N/mm²

Für die Grundgesamtheit wird die auf gleiche Weise berechnete Standardabweichung mit σ bezeichnet.

v $= \dfrac{s}{\bar{f}_{cm}} \cdot 100$ = Variationskoeffizient oder Variationszahl in %.

$f_{c5\%}$ = 5%-Quantil = diejenige Festigkeit in N/mm², die von 5 % aller gemessenen Werte f_{ci} unterschritten wird. Sie ist bei ≥ 35 angenähert gleich $f_{cm} - 1{,}64 \cdot s$ und muss ≥ der charakteristischen Druckfestigkeit f_{ck} sein, z. B. bei C 20/25 $\geq f_{ck,cyl} = 20$ N/mm² (Zylinder) bzw. $\geq f_{ck,cube} = 25$ N/mm² (15-cm-Würfel).

$\bar{f}_{cm} \pm (t/\sqrt{n}) \cdot s$ = Vertrauensbereich des Mittelwertes, in dem der unbekannte „wahre" Mittelwert $\bar{f}_c$ liegt. t ist eine dimensionslose Zahl, die in Tabellenwerken zur Statistik zu finden ist (sog. *Student*-Verteilung). Sie ist abhängig von der Anzahl n der Messwerte und von der gewählten Aussagewahrscheinlichkeit P für den Vertrauensbereich, in der Technik üblicherweise 90 %.

Im Bereich $\bar{f}_c \pm \sigma$ liegen 2/3 aller Messwerte.

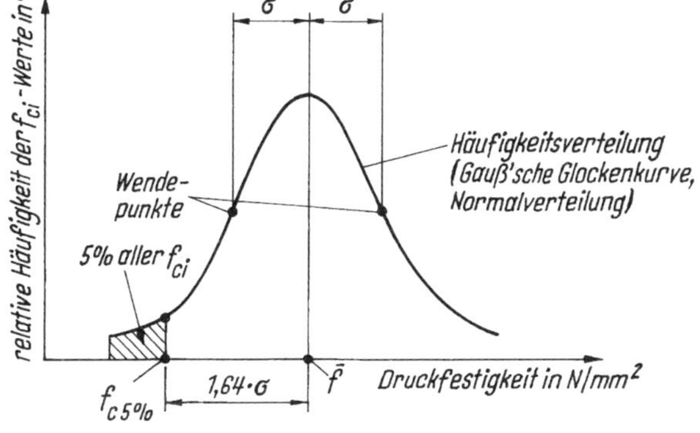

Abb. 11.1 Statistische Auswertung von Messergebnissen (hier: Betondruckfestigkeiten)

Jeder Stoffwert (siehe z.B. Tafel 11.2) und jeder für die Eigenschaft eines Baustoffes angegebene Wert ist eine solche Messgröße. Sie ist stets mit einem Messfehler behaftet. Werden z.B. während der Betonherstellung eines Bauwerkes in gleichmäßigen Zeitabständen aus verschiedenen Mischerfüllungen Betonwürfel hergestellt und geprüft (Anzahl n), so „streuen" die Messwerte (z.B. Betondruckfestigkeiten f_{ci}) in Form einer bestimmten Kurve (Gauß'sche Glockenkurve) um einen Mittelwert $\bar{f}_{cm}$ (siehe Abb. 11.1). Die Streuung der Messwerte rührt von Ungenauigkeiten während der Versuchsdurchführung (Prüfstreuung) und von Unterschieden der Messproben (Qualitätsstreuung) her. Sie wird durch eine statistische Auswertung der Messwerte ermittelt (siehe Beispiel zu Abb. 11.1). Je schmaler die Gauß'sche Glockenkurve, d.h., je kleiner die Streuung (Standardabweichung s) ist, umso „besser" ist der Mittelwert. Jeder Mittelwert $\bar{f}_{cm}$ hat einen sog. Vertrauensbereich, in dem sein unbekannter „wahrer" Wert $\bar{f}_c$ liegt. Die Breite des Vertrauensbereiches hängt ab von der Anzahl der Messwerte (Stichprobenumfang n) und der sog. Aussagewahrscheinlichkeit P. In der Technik begnügt man sich üblicherweise mit einer Aussagewahrscheinlichkeit P von 90 %.

Das folgende Beispiel ist eine statistische Auswertung von Würfeldruckfestigkeiten von Beton.
Beispiel zu Abb. 11.1

1) Messwerte (auf Einer gerundete Festigkeiten in N/mm²): 33 37 43 47 39 – 37 40 40 41 41 – 39 42 39 42 38 – 38 44 39 41 36 – 42 42 38 41 35 – 39 40 39 45 39 – 42 41 38 40 41
2) Ordnet man die Festigkeiten in Klassen von 2 N/mm² Breite (31/32 33/34 35/36 usw. bis 49/50) und trägt die Häufigkeiten in den einzelnen Klassen (absolut oder in %) jeweils z.B. über dem ersten Wert der Klasse auf, kann man die Häufigkeitsverteilung gemäß Abb. 11.1 angenähert zeichnen.
3) Setzt man die Messwerte in die Formeln der Abb. 11.1 ein oder benutzt man das Statistik-Programm eines Taschenrechners, so erhält man folgende Kennwerte: $\bar{f}_{cm} = 39{,}9$ N/mm²; s = 2,7 N/mm². Angenähert gilt: $f_{c5\,\%} = \bar{f}_{cm} - 1{,}64 \cdot s = 39{,}9 - 4{,}4 = 35{,}5$ N/mm². Das entspricht einem C 25/30 (siehe Tafel 5.7).
4) Vertrauensbereich des Mittelwertes: Für n = 35 und eine Aussagewahrscheinlichkeit P von 90 % ist t = 1,692. Somit ergibt sich: $(t/\sqrt{n}) \cdot s = (1{,}692/\sqrt{35}) \cdot 2{,}7 = 0{,}8$, d.h., der Vertrauensbereich ist 39,9 ± 0,8 N/mm². Der „wahre" Mittelwert $\bar{f}_c$ liegt also in einem Bereich von 39,1 bis 40,7 N/mm².

11.3 Kraft, Masse, Gewicht, Spannung

Die Kraft ist eine abgeleitete Größe: 1 Newton ist diejenige Kraft, die der Masse 1 kg die Beschleunigung 1 m/s² erteilt. Unter Beschleunigung versteht man die Zunahme der Geschwindigkeit (m/s) in der Sekunde (s), d.h. m/s je Sekunde = m/s². Die Einheit Newton ist zu Ehren des großen englischen Physikers Isaac Newton (1643 bis 1727) gewählt worden, der die Grundgleichung der Mechanik aufgestellt hat: Kraft = Masse mal Beschleunigung (F = m · g). Setzt man auf beiden Seiten dieser Gleichung die Einheiten ein, so ergibt sich 1 N = 1 kg · m/s². Auf die Masse 1 kg wirkt auf der Erde die Erdbeschleunigung (= 9,80665m/s²), d.h. die Kraft 9,80665 N f 10 N (s.u.).

Jeder Körper hat eine Masse und diese Masse bleibt unverändert – ganz gleich, wo sich der Körper befindet. Sie ist die Ursache dafür, dass der Körper von anderen, z.B. von der Erde, angezogen wird und auch selbst andere Körper anzieht (Massenanziehung, Gravitation). Das Gravitationsgesetz, das die Anziehungskraft F_g zweier Körper aufeinander beschreibt, lautet:

$$F_g = G \cdot m_1 \cdot m_2/r^2.$$

F_g ist die Anziehungskraft in N(ewton), G die Gravitationskonstante = $6{,}672 \cdot 10^{-11}$ N · m²/kg², m_1 und m_2 die Massen der beiden Körper in kg und r ist ihr gegenseitiger Abstand in m. Die Masse ist ferner die Ursache dafür, dass der Körper träge ist, das heißt, dass er bei Bewegung seine Geschwindigkeit und Richtung beibehalten will (Trägheit der Masse).

Das Gewicht eines Körpers ist diejenige Kraft, mit der der Körper von der Erde angezogen wird. Diese Kraft nimmt mit steigender Entfernung vom Erdmittelpunkt wegen der schwächer wirkenden Erdanziehung ab. Das Gewicht eines Körpers hängt also von dem Ort ab, an dem sich der Körper befindet.

Im technischen Maßsystem setzt man Masse und Gewicht einander gleich. Bei 45° geographischer Breite hat eine Masse 1 kg (1 Liter Wasser) gerade die Gewichtskraft 10 N. Zu den Polen hin wird ein Körper infolge der Abplattung der Erde schwerer, auf dem Wege zum Äquator oder beim Besteigen eines hohen Berges wird er leichter. Entfernt sich ein Körper gar von der Erde, so wird seine Gewichtskraft immer geringer. Seine Masse bleibt jedoch unverändert.

Wir müssen im Übrigen streng unterscheiden zwischen Kraft und Spannung. Die Kraft hat die Einheit N. Wirkt diese Kraft senkrecht auf eine Fläche, so ist der Quotient aus Kraft und Fläche die Spannung σ (Sigma):

$$\text{Spannung} = \frac{\text{Kraft}}{\text{Fläche}} \sigma = \frac{F}{A} \text{ in N/mm}^2$$

Die Einheit der Spannung ist N/mm², bar oder Pa (Pascal)[3].

Je nachdem, ob es sich bei der Kraft um eine Druckkraft oder eine Zugkraft handelt, spricht man von Druckspannung (–) oder Zugspannung (+).

11.4 Dichte, Porigkeit, Hohlraum

In der Praxis muss man wissen, welche Masse ein Bauteil hat und wie schwer es ist; erst dann kann man Fundamente, Auflager usw. ausreichend bemessen.

Nun können aber zwei Bauteile gleichen Volumens sehr verschieden große Massen haben; ein Teil aus Schwerbeton hat eine erhebliche größere Masse als ein gleich großes Teil aus Leichtbeton.

Um diese Tatsache rechnerisch zu erfassen, stellen wir grundsätzlich fest, wie groß die Masse (in kg) von 1 Liter (1 dm³) des betreffenden Stoffes ist. Diese Zahl nennt man die Dichte ρ (griech. Rho) des Stoffes. Ein Stoff ist um so dichter, je mehr Masse in 1 dm³ enthalten ist. Die Dichte wird bestimmt, indem man die Masse eines Körpers in kg misst und durch das Volumen des Körpers in dm³ teilt.

$$\text{Dichte} = \frac{\text{Masse des Körpers in kg}}{\text{Volumen des Körpers in dm}^3}; \quad \rho = \frac{m}{V}; m = V \cdot \rho$$

3 1 N/mm² = 1 MN/m², 1 MN = 1 Mega-Newton = 10^6 N; 1 kp (Kilopond; veraltet) f (10 N; 1 bar = 0,1 N/mm² = 0,1 MN/m² = 10^5 Pa = 1 at (techn. Atmosphäre; veraltet); 1 Pa = 1 N/m² = 10^{-6} N/mm² = 10^{-5} bar. Pa und N/m² sind SI-Einheiten.

Die Dichte ρ ist das Verhältnis der Masse eines Körpers zu seinem Volumen. Sie gibt an, wie viel Masse in kg in der Volumeneinheit 1 dm^3 (1 Liter) enthalten ist. Die Dichteangabe ist, genau genommen, nur dann vollständig, wenn alles genannt wird, was ihren Wert merkbar beeinflusst, z.B. Temperatur, Druck, Feuchte (DIN 1306, 1984–06: Dichte; Begriffe, Angaben). Dichtewerte siehe Tafeln 11.1 und 11.2.

Die meisten Waagen messen die Masse über die Kraft, die die Masse durch die Erdbeschleunigung erfährt, d.h. über das Gewicht (siehe Abschn. 11.3). Gemessen wird die Kraft bei elektrischen Waagen durch Federkörper, die mit elektrischen Dehnungsmessstreifen versehen sind, oder nach dem Prinzip der elektromagnetischen Kraftkompensation.
Das in Abb. 11.2 schematisch dargestellte Konstruktionsprinzip wird für Waagen von 2 g mit 1-µg-Auflösung bis zu höherlastigen Waagen von etwa 60 kg und einer Auflösung von 1 g verwendet. Es arbeitet wie folgt:
Die Last von 5 kg wird von der Waagschale (3) über den Lastaufnehmer (2) und von diesem über das Koppelband (9) auf den linken (kurzen) Arm des Übersetzungshebels (5) übertragen. Dadurch würde sich der rechte (lange) Arm des Übersetzungshebels nach oben bewegen. Der Lagensensor (8) spricht jedoch auf diese Bewegung an und regelt über den elektrischen Mess- und Regelkreis den Strom durch die Spule des Spulenkörpers (7) so, dass die durch den Strom entstehende Magnetkraft den Übersetzungshebel in seiner Mittellage festhält. Die Parallelführung (4) verhindert ein Verkippen des Lastaufnehmers und der Waagschale. Die digitale Anzeige des Gewichts (bzw. der Masse) wird durch die Höhe des Stroms gesteuert.

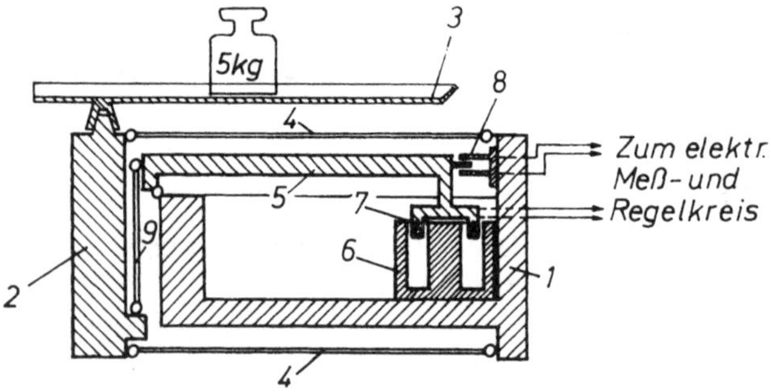

Abb. 11.2
Prinzip einer Waage mit elektromagnetischer Kraftkompensation, Parallelführung und Hebelübersetzung [1].
1: Systemträger (fest verbunden mit dem Gehäuse der Waage), 2: Lastaufnehmer, 3: Waagschale, 4: Parallelführung, 5: Übersetzungshebel, 6: Permanentmagnet, 7: Spulenkörper mit Spule, 8: Lagensensor, 9: Koppelband

Bei Höchstlasten über 100 kg werden als Kraftaufnehmer am häufigsten zylindrische Federkörper mit Messstreifen verwendet.
Die in der DIN 1055 (Lastannahmen für Bauten) angegebenen Eigenlasten haben die Einheiten kN/m^2 bzw. kN/m^3. Hierbei ist die Masse 1 kg dem Gewicht (Eigenlast) von 10 N = 0,01 kN gleichgesetzt (1 t = 1000 kg = 10 000 N = 10 kN).
Viele Baustoffe, z.B. Bims, Ziegel, Beton, Dämmstoffe, Holz, enthalten in ihrem Inneren Poren. Diese werden beim Bestimmen des Volumens mitgemessen und mitgerechnet. So erhalten wir die Rohdichte, die sich auf das Volumen der eigentlichen Substanz (Feststoff) und das Porenvolumen bezieht. In der Praxis beziehen sich die Angaben über die Dichte eines Körpers meist auf die Rohdichte.

Um die Feststoffdichte ρ eines Stoffes zu erhalten, müssen wir den Quotienten aus der reinen, porenfreien Substanz eines Körpers und ihrem Volumen (Feststoffvolumen) bilden. Porenfreie Stoffe, z.B. die Metalle, ergeben bei der Messung stets die Feststoffdichte; wir sprechen in solchen Fällen einfach von ihrer Dichte. Um die Feststoffdichte eines porigen Stoffes, z.B. eines Ziegels, zu bestimmen, muss man diesen so fein zermahlen, dass die Körnchen keine Poren mehr enthalten, und von diesen Körnern, z.B. durch Wasserverdrängung in einem Pyknometer (siehe Abb. 11.4), das Kornvolumen und damit die Kornrohdichte bestimmen. Den Porenanteil P eines Stoffes in Vol.-% (Porigkeit, Porosität) berechnet man nach der Formel

$$P = \left(1 - \frac{\text{Rohdichte}}{\text{Feststoffdichte}}\right) \cdot 100 = \frac{\text{Porenvolumen}}{\text{Gesamtvolumen}} \cdot 100$$

Unter der Kornrohdichte ρ_k eines körnigen Stoffes, z.B. Sand oder Kies, versteht man den Quotienten aus Masse m_k und Volumen V_k der Körner: $\rho_k = m_k/V_k$. Das Volumen V_k kann man durch Wasserverdrängung bestimmen, und zwar bis zu Korngrößen von 4 mm mit einem Messzylinder (siehe Abb. 11.3) oder nach DIN EN 1097-6 (2005–12) bis 31,5 mm Korngröße mit einem Pyknometer. Das Volumen gröberen Materials > 31,5 mm wird in einem Drahtkorb mit Hilfe des archimedischen Prinzips durch Unterwasserwägung ähnlich Abb. 11.5 bestimmt. Nach dem Einfüllen der Körner und des Wassers in den Messzylinder oder in das Pyknometer müssen die zwischen den Körnern haftenden Luftblasen durch Schütteln und/oder Klopfen ausgetrieben werden. Das archimedische Prinzip besagt: Unter Wasser wird ein Körper um das Gewicht des von ihm verdrängten Wassers leichter. Siehe Beispiele zu Abb. 11.3 bis 11.5. Körnige Stoffe, z.B. Sand oder Kies, besitzen im geschütteten Zustand zwischen den Körnern Hohlräume. Werden sie beim Bestimmen des Volumens (Schüttvolumen) mitgemessen und mitgerechnet, erhält man die Schüttdichte ρ_S. Die Schüttdichte wird bestimmt, indem man ein Gefäß mit bekanntem Volumen (Schüttvolumen V_S) bündig mit Körnern füllt und ihre Masse m_k bestimmt: $\rho_S = m_k/V_S$. ρ_S ist natürlich kleiner als R_k. Allgemein gilt: $\rho \geq \rho_k \geq \rho_S$. Den Hohlraumanteil zwischen den Körnern in Vol-% erhält man nach der Formel

$$H = \left(1 - \frac{\text{Schüttdichte}}{\text{Kornrohdichte}}\right) \cdot 100 = \frac{\text{Hohlraumvolumen}}{\text{Schüttvolumen}} \cdot 100$$

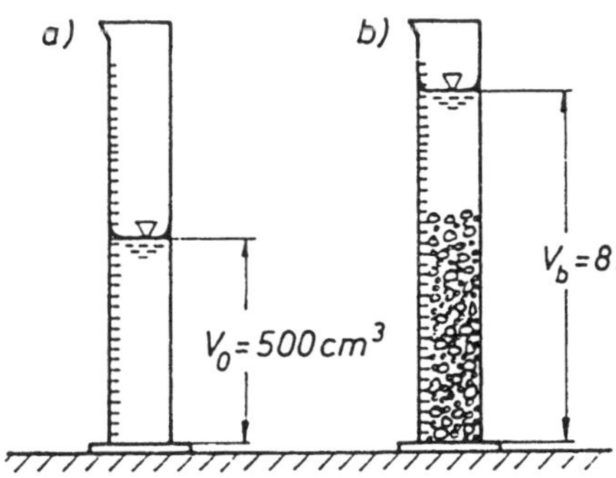

Abb. 11.3
Kornrohdichtebestimmung mit dem Standzylinder

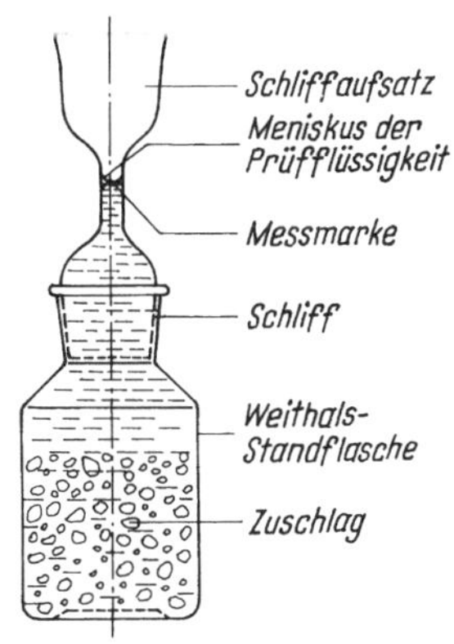

Abb. 11.4
Kornrohdichtebestimmung mit dem Glaspyknometer nach DIN EN 1097-6 (2005–12)

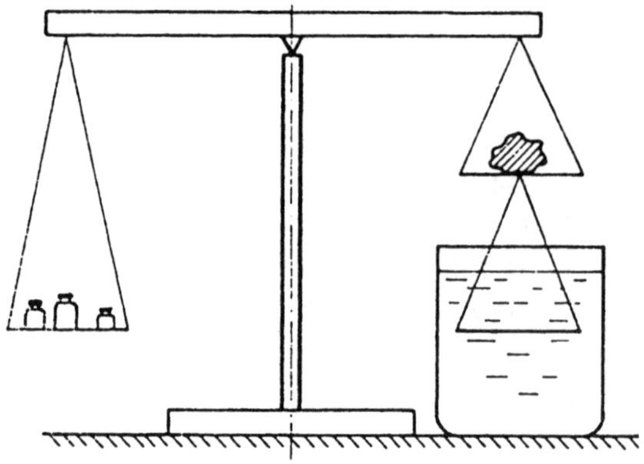

Abb. 11.5 Bestimmung der Rohdichte von Gestein durch Unterwasserwägung (archimedisches Prinzip)

Beispiel zu Abb. 11.3 (Sand)
Masse des eingefüllten Sandes = 1024 g
Volumen des eingefüllten Sandes = 895 – 500 = 395 cm³

$$\text{Kornrohdichte } \sigma = \frac{1024}{395} = 2{,}59 \text{ g/cm}^3$$

Beispiel zu Abb. 11.4 (Kies)

Volumen des Pykn. bis zur Messmarke	V_P	= 1 322 cm³
Masse des leeren Pykn.	m_1	= 715 g
Masse des Pykn. + Kies	m_2	= 1 717 g
Masse des Pykn. + Kies + Wasser	m_3	= 2 641 g
Temperatur des Wassers	T_w	= 18,5 °C
Dichte des Wassers (siehe Tafel 11.1)	ρ_w	= 0,9985 g/cm³

$$\text{Pyknometerformel } \rho_k = \frac{m_2 - m_1}{V_p - \frac{m_3 - m_2}{\rho_w}} = \frac{1717 - 715}{1322 - \frac{2641 - 1717}{0{,}9985}} = 2{,}526 \text{ g/cm}^3$$

Beispiel zu Abb. 11.5 (grobes Gestein)
Masse des Steins

auf der oberen Waagschale	= 600,9 g
nach Umlegen auf die untere Waagschale	= 360,1 g
Differenz	= 240,8 g (= cm³)

$$\text{Rohdichte } \sigma = \frac{600{,}9}{240{,}8} = 2{,}50 \text{ g/cm}^3$$

Um zu verhindern, dass poriges Untersuchungsmaterial während der Versuche Wasser aufsaugt, ist es zuvor mit einem wasserabweisenden Stoff zu besprühen, z.B. Petroleum, Kerosin oder Cyclohexan. Man kann das Material auch eine Zeit lang, bis zu 24 Stunden, unter Wasser lagern und es vor dem Einfüllen in den Messzylinder bzw. das Pyknometer oder vor der Unterwasserwägung oberflächlich mit einem Tuch abtrocknen.

Tafel 11.1 Dichte von Wasser bei verschiedenen Temperaturen

T_w	ρ_w	T_w	ρ_w
°C	g/cm³	°C	g/cm³
0,0	0,99984	17,0	0,99880
0,5	0,99987	17,5	0,99871
1,0	0,99990	18,0	0,99862
1,5	0,99992	18,5	0,99853
2,0	0,99994	19,0	0,99843
2,5	0,99995	19,5	0,99833
3,0	0,99996	20,0	0,99823
3,5	0,99997	20,5	0,99813
4,0	0,99997*	21,0	0,99802
4,5	0,99997	21,5	0,99791
5,0	0,99996	22,0	0,99780
5,5	0,99995	22,5	0,99786
15,0	0,99913	23,0	0,99757
15,5	0,99905	23,5	0,99745
16,0	0,99897	24,0	0,99732
16,5	0,99888	24,5	0,99720
		25,0	0,99707

*) Diese „Dichteanomalie des Wassers" bewirkt, dass Oberflächenwasser von 4,0 °C wegen seiner größeren Dichte durch andere Wasserschichten hindurch bis auf den Seegrund absinkt und so den Fischen auch im Winter eine Überlebensmöglichkeit eingeräumt wird.

11.5 Stoffwerte

Tafel 11.2 Stoffwerte von festen, flüssigen und gasförmigen Stoffen nach [15] (s.a. Tafel 11.1); Dichte: bei festen Stoffen bei +20 °C, bei flüssigen Stoffen bei +20 °C und 1,0132 bar, bei Gasen bei 0 °C und 1,0132 bar; Schmelz- und Siedetemperatur: bei 1,0132 bar; spezifische Wärme: bei festen und flüssigen Stoffen zwischen 0 und 100 °C, bei Gasen c_p/c_v (konstanter Druck/konstantes Volumen) bei 0 °C und 1,0132 bar; Wärmeleitfähigkeit siehe Tafel 14.4

Stoff	Dichte kg/dm³	Schmelz-Temperatur °C	Siede-Temperatur °C	Spezifische Wärme kJ/(kg · K)	Lineare Wärme-dehnzahl mm/(m · K)
1. Feste Stoffe					
Aluminium	2,7	658	≈ 2200	0,879	0,021...0,024
Beton	≈ 2,3	–	–	0,88	0,010
Basalt	2,0...3,0	–	–	0,86	0,029
Blei	11,3	327,4	1740	0,13	0,028

Stoff		Dichte kg/dm³	Schmelz-Temperatur °C	Siede-Temperatur °C	Spezifische Wärme kJ/(kg · K)	Lineare Wärme-dehnzahl mm/(m · K)
Bronze		8,8	910	2300	0,37	0,017...0,019
Chrom		7,1	1800	2700	0,452	0,008
Diamant		3,5	–	3540[1)]	0,52	–
Eis		0,92	0	100	2,09[2)]	–
Eisen, rein		7,86	1530	3070	0,456	0,012
Gips		2,3	1200	–	1,1	–
Glas		≈ 2,5	≈ 700	–	0,84	0,009
Gold		19,29	1063	2700	0,13	0,014
Graphit		2,24	≈ 3800	≈ 4200	0,71	–
Hartgummi		≈ 1,4	–	–	1,42	–
Holz[3)]:	Ahorn	0,7/0,9	–	–	1,6	–
	Birke	0,75/0,9	–	–	1,9	–
	Buche	0,72/1,1	–	–	2,1	–
	Eiche	0,9/1,1	–	–	2,4	–
	Erle	0,55/0,88	–	–	1,4	–
	Esche	0,7/0,86	–	–	1,6	–
	Fichte	0,45/0,8	–	–	2,1	–
	Kiefer	0,55/0,8	–	–	1,4	–
	Linde	0,5/0,75	–	–	–	–
	Pappel	0,45/0,80	–	–	1,4	–
Kalkstein		2,75	–	–	0,909	–
Kautschuk		0,95	125	–	–	–
Kies[4)]		1,4	–	–	–	–
Kochsalz		2,15	802	1440	0,92	–
Kohlenstoff		3,51	≈ 3600	3540[1)]	0,854	–
Kork		0,2...0,3	–	–	2,0	–
Kreide		1,8...2,6	–	–	0,84	–
Kupfer		8,8...8,93	1083	2500	0,394	0,016
Leder		0,9...1,0	–	–	1,5	–
Lehm, frisch		2,1	–	–	–	–
Lehm, trocken		1,5	–	–	–	–
Magnesium		1,74	657	1110	1,05	0,026
Marmor		2,6...2,8	–	–	0,84	–
Messing		8,4	900	≈ 1100	0,385	0,019

Stoff	Dichte kg/dm³	Schmelz-Temperatur °C	Siede-Temperatur °C	Spezifische Wärme kJ/(kg · K)	Lineare Wärmedehnzahl mm/(m · K)
Natrium	0,98	97,5	880	1,26	0,072
Neusilber[5)]	8,7	1020	–	0,398	0,018
Nickel	8,9	1452	2730	0,46	0,013
Papier	0,7...1,1	–	–	1,336	–
Paraffin	0,9	52	300	3,26	–
Platin	21,5	1770	4400	0,13	0,009
Porzellan	2,2...2,5	≈ 1650	–	≈ 1	0,004
Quarz	2,5	1500	2230	0,80	–
Roheisen	7,0...7,8	1560	2500	0,54	–
Sand, trocken[4)]	1,4...1,6	1550	2230	0,80	–
Schamotte	1,8...2,3	≈ 2000	–	0,80	–
Schiefer	2,6...2,7	≈ 2000	–	0,76	–
Schmirgel	4	2200	3000	0,96	–
Schnee	0,125...0,95	0	100	4,187	–
Schwefel, krist.	2,0	115	445	0,70	–
Silber	10,5	960	2170	0,234	0,020
Stahl, unlegiert	7,9	1460	2500	0,49	0,011
Steinkohle	1,35	–	–	1,02	–
Ton	1,8...2,1	≈ 1600	–	0,88	–
Wismut (Bismut)	9,8	271	1560	0,13	0,012
Wolfram	19,2	3410	5900	0,13	0,005
Zementstein	2,0...2,2	–	–	1,13	–
Zink, gewalzt	7,15	419	906	0,40	0,030
Zinn, gewalzt	7,28	232	2500	0,24	0,021
2. Flüssigkeiten					
Azeton	0,791	–95	56	2,22	–
Benzin	≈ 0,73	–30... –50	25...210	2,02	–
Benzol	0,879	5,5	80	1,70	–
Diesel	0,83	–30	150...300	2,05	–
Essigsäure	1,04	16,8	118	–	–
Ethanol	0,79	–110	78,4	2,38	–
Glycerin	1,26	19	290	2,37	–
Heizöl	≈ 0,83	–10	> 175	2,07	–
Leinöl	0,93	–15	316	1,88	–

Stoff	Dichte kg/dm³	Schmelz-Temperatur °C	Siede-Temperatur °C	Spezifische Wärme kJ/(kg · K)	Lineare Wärmedehnzahl mm/(m · K)
Methanol	0,8	–98	66	2,51	–
Perchlorethylen	1,62	–20	119	0,904	–
Petroleum	0,81	–70	> 150	2,16	–
Quecksilber	13,55	–38,9	357	0,138	–
Salpetersäure, konzentr.	1,51	–41	84	1,72	–
Salzsäure, 40 %	1,20	–	–	–	–
Schwefelsäure, konzentr.	1,83	≈ 10	338	1,42	–
Trichlorethylen	1,463	–86	87	0,93	–
Toluol	0,867	–95	110	1,67	–
Wasser	0,998	0	100	4,187	–
3. Gase				c_p/c_v	
Ammoniak	0,77	–77,9	–33,4	2,056/1,568	–
Azetylen (Ethin)	1,17	–83	–81	1,616/1,300	–
Chlor	3,17	–100,5	–34	0,473/0,36	–
Ethylen (Ethen)	1,26	–169,5	–103,7	1,47/1,173	–
Gichtgas	1,28	–210	–170	1,05/0,75	–
Kohlendioxid	1,97	–78,2	–56,6	0,816/0,627	–
Kohlenmonoxid	1,25	–205	–191,6	1,038/0,741	–
Luft, trocken	1,293	–213	–192,3	1,005/0,718	–
Methan	0,72	–182,5	–161,5	2,19/1,672	–
Ozon	2,14	–251	–112	–	–
Propan	2,01	–187,7	–42,1	1,549/1,36	–
Sauerstoff	1,43	–218,8	–182,9	0,909/0,649	–
Stickstoff	1,25	–210,5	–195,7	1,038/0,741	–
Wasserdampf[6)]	0,77	0	100	1,842/1,381	–
Wasserstoff	0,09	–259,2	–252,8	14,05/9,934	–

[1)] Bei Sublimation, d.h. bei unmittelbarem Übergang von fest in gasförmig.
[2)] Bei t = –20 °C.
[3)] Dichtewerte: trocken/frisch.
[4)] Schüttdichte.
[5)] Cu-Ni-Zn-Legierung.
[6)] Bei 100 °C.

11.6 Festigkeitsarten

Jeder Werkstoff setzt einer durch äußere Belastung hervorgerufenen Verformung einen Widerstand entgegen. Diejenige Belastung, bei der der Bruch eintritt, nennt man die Festigkeit eines Werkstoffes. Damit diese Festigkeit in Baukonstruktionen keinesfalls erreicht oder überschritten wird, wird eine kleinere zulässige Festigkeit festgelegt, die eine bestimmte, z.B. 2fache, Sicherheit gegen Bruch enthält.

Je nach Art der Belastung unterscheidet man die folgenden Festigkeiten: Zugfestigkeit, Druckfestigkeit, Biegefestigkeit, Scherfestigkeit und Schlagfestigkeit. Ferner die Dauerfestigkeit, und zwar bei schwingender Belastung die Dauerschwingfestigkeit, bei ruhender Belastung die Dauerstandfestigkeit. Bei zeitlich begrenzter Belastungsdauer spricht man von Zeitschwingfestigkeit bzw. Zeitstandfestigkeit.

11.6.1 Zugfestigkeit, Zugversuch

Eine wichtige Festigkeitsprüfung ist der Zugversuch (z.B. für metallische Werkstoffe, Prüfung bei Raumtemperatur: DIN EN 10 002-1 (2001–12)). Er prüft den Werkstoff auf seine Zugfestigkeit, das heißt seinen Widerstand gegen eine äußere Belastung (Verformung) auf Zug. Man spannt einen Probestab aus dem zu prüfenden Werkstoff in eine Zug-Prüfmaschine (s. Abb. 11.6) und verformt ihn immer stärker auf Zug. Dabei wird beobachtet, wie sich der Werkstoff verhält bzw. verändert und bei welcher Belastung der Probestab reißt. Die Widerstandskraft in jedem Quadratmillimeter des Querschnittes bewirkt im Körper eine Spannung; ihre Einheit ist N/mm². Entsprechend wird auch – bei Baustählen zum Beispiel – die Zugfestigkeit in N/mm² angegeben; sie ist für die Querschnittsberechnung bei Bauten sehr wichtig. Der Zusammenhang zwischen Verformung (Dehnung e in %) und Widerstandskraft (Spannung s in N/mm²) wird in Kraft-Verformungs-Linien bzw. Spannungs-Dehnungs-Linien (s-e-Diagramm) dargestellt (siehe Abb. 11.8).

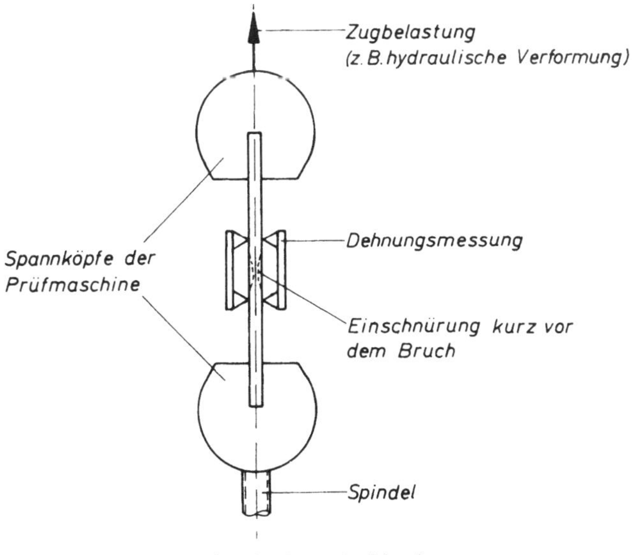

Abb. 11.6 Zugversuch mit einem Stahlstab

11.6.2 Druckfestigkeit

Künstliche und natürliche Steine, Mörtel, Beton usw. müssen sorgfältig daraufhin geprüft werden, welcher Belastung, i.d.R. bei Druckbeanspruchung, sie standhalten. Dazu werden Probekörper in eine Prüfmaschine zwischen zwei Druckplatten gelegt und einer allmählich sich steigernden Druckbelastung (Stauchung) ausgesetzt, bis sie zerbrechen. Die Größe der Bruchlast F_{max} in N(ewton) hängt in erster Linie von der Festigkeit des geprüften Materials ab, aber auch von der Probekörperform. Je kleiner z.B. ein Betonwürfel ist, umso größer ist F_{max}. Ein Zylinder (Durchmesser 150 mm, Höhe 300 mm) hat eine kleinere Bruchlast als ein Würfel mit der Kantenlänge 150 mm. Die Druckfestigkeit β_D in N/mm² wird nach der Formel $\beta_D = F_{max}/A$ berechnet. A ist die Querschnittsfläche in mm² in der Mitte der Probekörperhöhe (siehe Abb. 11.7).

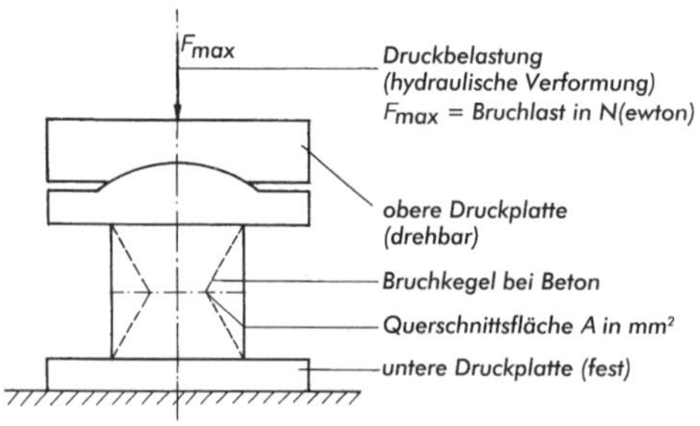

Abb. 11.7 Druckversuch mit einem Betonwürfel: Druckfestigkeit $f_c = \frac{F_{max}}{A}$ in N/mm²

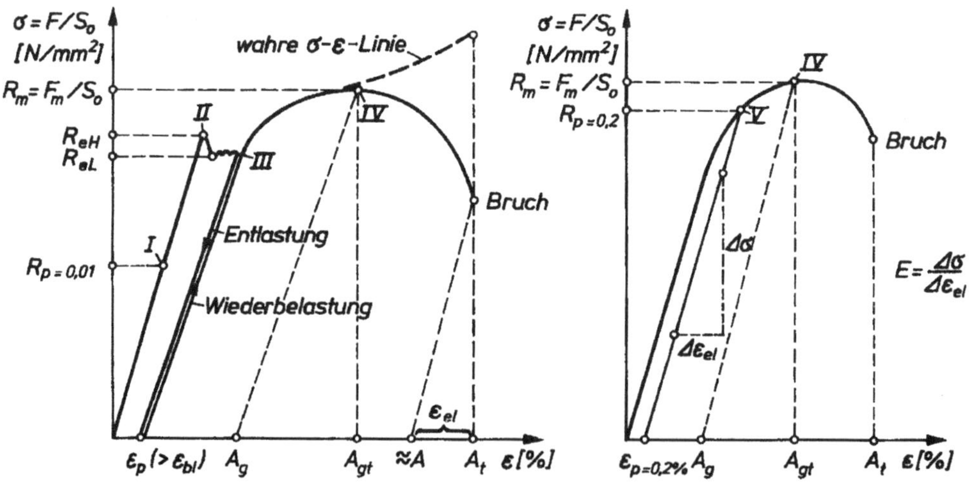

Abb. 11.8 Spannungs-Dehnungs-Linien von naturhartem (links) und kaltverformtem (rechts) Stahl [2] Das geradlinige Anfangsstück, der elastische Bereich (Hooke'sche Gerade) und die Entlastungs- und Winkelbelastungskurve verlaufen in Wirklichkeit wesentlich steiler als im Bild.

In Abb. 11.8 bedeuten:

$\sigma = F/S_0$	Spannung in N/mm^2 Kraft/Anfangsquerschnittsfläche des Probestabes
$\varepsilon = \Delta l/L_0$	Dehnung; dimensionslos oder % (· 100) bzw. ‰ (· 1000) Längenänderung/Anfangsmesslänge des Probestabes
ε_{el}	elastische Dehnung; geht bei Entlastung zurück
ε_{bl}	plastische oder bleibende Dehnung; geht nach Entlastung nicht zurück. Die tatsächliche Entlastungslinie verläuft im unteren Bereich leicht gekrümmt nach links, sodass ε_{bl} in Wirklichkeit etwas kleiner wird.
ε_p	nichtproportionale Dehnung bei geradliniger Entlastungslinie: $\varepsilon_{bl} < \varepsilon_p$
ε_{ges}	Gesamtdehnung = $\varepsilon_{el} + \varepsilon_{bl}$
A	Bruchdehnung: bleibende Dehnung nach dem Bruch in %
A_g	nichtproportionale Dehnung in % bei Höchstkraft F_m
A_{gt}	gesamte Dehnung in % bei Höchstkraft F_m
A_t	gesamte Dehnung beim Bruch in %
Punkt I	0,01-Grenze = $R_{0,01}$ = Technische Elastizitätsgrenze = diejenige Spannung in N/mm^2, bei der nach Entlastung eine bleibende (bzw. nichtproportionale) Dehnung von 0,01 % auftritt
Bereich II bis III	Fließbereich; R_e (natürliche) Streckgrenze in N/mm^2. Man unterscheidet R_{eH} (obere S.) und R_{eL} (untere S.)
Punkt IV	höchster Punkt der Spannungs-Dehnungs-Linie (max F); R_m Zugfestigkeit in N/mm^2 = max $F/S_0 = F_m/S_0$
Punkt V	0,2-Dehngrenze = $R_{p0,2}$ = diejenige Spannung in N/mm^2, bei der nach Entlastung eine bleibende (bzw. nichtproportionale) Dehnung von 0,2 % auftritt (= Streckgrenze)
$E = \Delta\sigma/\Delta\varepsilon_{el}$	Elastizitätsmodul (E-Modul) in N/mm^2 = Verhältnis von $\Delta\sigma/\Delta\varepsilon$ im elastischen Bereich; bei Stahl: E = 210 000 N/mm^2

11.6.3 Biegefestigkeit

Wenn äußere Kräfte auf einen Körper senkrecht zu seiner Längsrichtung einwirken, so versucht der Körper auszubiegen und es entstehen Biegespannungen. Man untersucht sie im Biegeversuch. Der Probebalken wird auf zwei Stützen gelagert und in der Mitte oder in den Drittelspunkten belastet. Dabei wird seine Biegefestigkeit festgestellt, d.h., wie weit er sich bei verschiedenen Belastungen durchbiegt und bei welcher Belastung der Probebalken durchbricht. Die Biegefestigkeit wird in N/mm^2 angegeben.

11.6.4 Kerbschlagbiegeversuch, Schlagfestigkeit

Muss man damit rechnen, dass der Werkstoff später plötzlich hohen Belastungen durch Schlag oder Stoß ausgesetzt ist, so führt man einen Schlagversuch durch.

Bei Baustahl fällt ein Pendelhammer aus einer bestimmten Höhe von einer Seite gegen das mit einer Kerbe versehene Probestück (Kerbschlagbiegeversuch metallischer Werkstoffe nach DIN EN 10 045-1, 1991–04), durchschlägt dieses und steigt auf der anderen Seite wieder mehr oder weniger hoch hinauf – je nachdem, ob zum Zertrümmern des Probestücks weniger oder mehr Kerbschlagarbeit nötig war. Die Schlagarbeit wird in Joule gemessen.

Spröde Stoffe verbrauchen wenig Schlagarbeit (plötzlicher Trennbruch), zähe Stoffe verbrauchen viel Schlagarbeit (Verformungsarbeit).
Die Schlagfestigkeit von Schotter und Splitt im Straßenbau wird nach DIN 52 115 (1997–06) geprüft, indem ein 50 kg schwerer Fallbär 20-mal aus etwa 40 cm Höhe auf das in einem Mörser befindliche körnige Prüfgut der Kornklasse 35,5/45 fällt.[4] Durch Absieben bestimmt man danach den prozentualen Anteil an abgesplitterten Körnern < 10 mm (Schlagzertrümmerungswert SZ).

11.7 Härte (Mohs, Brinell)

Mineralien und gleichmäßig dichte Natursteine prüft man nach der „Ritzhärte" mit Hilfe der Mohs'schen Härteskala in 10 Härtegraden:

Talk – Härte 1	mit Fingernagel schabbar
Gips – Härte 2	mit Fingernagel ritzbar
Kalkspat – Härte 3	mit Kupfermünze ritzbar
Flussspat – Härte 4	mit Glas ritzbar
Apatit – Härte 5	mit Taschenmesser noch ritzbar
Feldspat – Härte 6	mit Taschenmesser schwer ritzbar
Quarz – Härte 7	ritzt Fensterglas
Topas – Härte 8	ritzt Quarz leicht
Korund – Härte 9 Diamant – Härte 10	schneidet Glas

Mit diesen Mineralen versucht man der Reihe nach das zu untersuchende Probestück zu ritzen. Wird z.B. ein unbekanntes Mineral von Apatit (Härte 5) geritzt und vermag es selbst den Flußspat (Härte 4) noch zu ritzen, so besitzt es die Mohs-Härte 4 bis 5.
Für metallische Werkstoffe wird häufig die Härteprüfung nach Brinell (Brinellhärte HB nach DIN EN 6506-1; 2006–08) durchgeführt. Dabei wird z.B. eine gehärtete Stahlkugel (HBS) oder eine polierte Hartmetallkugel (HBW) von 10 mm Durchmesser mit einer Druckkraft von 29 420 N 10 Sekunden lang in den zu prüfenden Stoff gepresst. Aus dem Verhältnis der Druckkraft zur erzielten Eindruckfläche (Kugelschale) wird die Brinellhärte bestimmt. 350 HBS 10/3000 bedeutet z.B.: Brinellhärte = 350 N/mm^2 unter den o.a. Bedingungen. Herrschen andere Prüfbedingungen, müssen diese im Ergebnis angegeben werden. 120 HBS 5/250/30 bedeutet z.B.: Brinellhärte 120 N/mm^2, Kugeldurchmesser 5 mm, Prüflast 2450 N, Belastungsdauer 30 Sekunden.

11.8 Zähigkeit

Die Zähigkeit ist die Fähigkeit eines festen Körpers (z.B. des Baustahls) oder eines flüssigen Körpers (z.B. des Schmieröls), einer Belastung nachzugeben, ohne zu brechen oder zu reißen. Bei Baustählen spricht man in diesem Zusammenhang von der Sprödbruchempfindlichkeit. Sie wird durch den Kerbschlagbiegeversuch bestimmt (siehe Abschnitt 11.6.4).
Bei Betonstahl wird die Versprödung infolge Alterns durch den Rückbiegeversuch nach DIN 488-3 (2006–11) bestimmt. Eine Betonstahlprobe wird um einen Dorn (Ø etwa 5- bis 7-mal Stab-Ø;

4 Techniche Prüfvorschriften für Mineralstoffe im Straßenbau (TP Min-StB, 1999–10; DIN 52115-2, 1997–06).

Biegerollen-Ø siehe Tafel 7.13) bis etwa 90° gebogen, eine halbe Stunde lang auf einer Temperatur von +250 °C gehalten (künstliches Altern) und nach dem Abkühlen um mindestens 20° zurückgebogen. Dabei dürfen auf der Außenseite des Stahlstabs keine Anrisse auftreten. Zähe Stoffe haben große, bleibende Verformungen, bevor sie unter Belastung zu Bruch gehen (Verformungsbruch). Spröde Stoffe gehen plötzlich zu Bruch, ohne vorherige warnende Ankündigung durch bleibende Verformungen (Trennbruch).

11.9 Kapillarität

Taucht man ein sehr enges Röhrchen, ein sog. Haarröhrchen, mit dem unteren offenen Ende senkrecht in Wasser, so steigt dieses im Röhrchen empor, und zwar umso höher, je enger das Röhrchen ist. Diese Erscheinung nennt man Kapillarität (lateinisch pilus = Haar), sie ist auf die Adhäsion (Haftkraft der Wassermoleküle an der Wandung des Röhrchens) zurückzuführen. In porigen Baustoffen, z.B. Ziegel, Beton, Holz, Ton, kann durch Kapillarität Wasser aufsteigen, wenn sehr kleine Poren so miteinander verbunden sind, dass sie ein zusammenhängendes Röhrensystem bilden. Die „kapillaren Steighöhen" betragen bis zu mehreren Metern, bei Holz wesentlich mehr.
Poren, die nicht miteinander verbunden, sondern in sich geschlossen sind (Porenbeton, Styropor), können nicht kapillar wirken, ebenso wenig Reihen von großen Poren, aus denen das Wasser ausläuft.

11.10 Aus der Wärmelehre

11.10.1 Wärme, Temperatur, spezifische Wärme

Unter Wärme oder Wärmeenergie versteht man in der Physik die kinetische Energie (Bewegungsenergie) der ungeordneten Molekülbewegung eines Stoffes. Die Temperatur ist ein Maß für die mittlere kinetische Energie der Moleküle einer bestimmten Stoffmenge (fester Körper, Flüssigkeit, Gas).
Die Temperatur wird mit Hilfe zweier Temperatur-Skalen angegeben. Die Temperaturspanne von 1 °C (Celsius-Skala) ist die gleiche wie die Temperaturspanne von 1 K (Kelvin-Skala; absolute Temperatur). Beide Skalen unterscheiden sich nur durch ihre Nullpunkte. 0 K ist dasselbe wie –273,15 °C (absoluter Nullpunkt; Moleküle in absoluter Ruhe). Will man °C auf K umrechnen, so zählt man 273,15° hinzu. Der Eispunkt des Wassers (0 °C ist 0° + 273,15° = 273,15 K, der Dampfpunkt des Wassers (100 °C) ist 100° + 273,15° = 373,15 K. Temperaturdifferenzen werden stets in Kelvin angegeben.
Starke Wärmezufuhr lässt feste Körper schmelzen und flüssige sieden. Die zugehörigen Temperaturen heißen Schmelz- und Siedepunkte. Für das Bauwesen sind die Schmelzpunkte wichtig, z.B. für reines Eisen: 1530 °C, Zink: 420 °C, Kupfer: 1083 °C, Blei: 327 °C, Aluminium: 658 °C. Weitere Werte siehe Tafel 11.2. Die Schmelz- und Siedepunkte steigen mit zunehmendem und fallen mit abnehmendem Luftdruck.
Die Wärmemenge, die erforderlich ist, um 1 kg eines Stoffes um 1 Kelvin (K) zu erwärmen, wird spezifische Wärme oder spezifische Wärmekapazität genannt (siehe Tafel 11.2). Die Wärmemenge wird in Kilo-Joule (kJ) gemessen. Die Wärmemenge, die erforderlich ist, um 1 kg (1 Liter) Wasser um 1 Kelvin (K) zu erwärmen (genauer: von +14,5 °C auf +15,5 °C), beträgt 4 187 Joule (J, gesprochen „dschul"), früher 1 Kilo-Kalorie (1 kcal = 4,187 kJ).

11.10.2 Wärmedehnung

Alle Werkstoffe dehnen sich bei steigender Temperatur aus.
Das muss bei Bauwerken, z.B. Brücken, Stahlträgern und Dampfheizungen, berücksichtigt werden. Die verschiedenen Werkstoffe dehnen sich verschieden stark aus, eingehende physikalische Messungen ergaben für jeden Werkstoff einen bestimmten Längenausdehnungskoeffizienten (lineare Wärmedehnzahl) α_T, der die jeweilige Ausdehnung eines 1 m langen Stabes infolge 1 K Temperaturänderung angibt. α_T wird häufig in der Einheit 10^{-6}/K angegeben, das ist das gleiche wie 0,001 mm/(m · K). Stahl hat z.B. ein $\alpha_T = 12 \cdot 10^{-6}/K = 0{,}012$ mm/(m · K). Ein 5 m langer Stahlträger dehnt sich also bei Temperaturerhöhung um 20 K um $0{,}012 \cdot 5 \cdot 20 = 1{,}2$ mm aus.

11.10.3 Wärmeübertragung

Bei der Wärmeübertragung sind drei Arten zu unterscheiden:
1. die Wärmeleitung (innerhalb eines Körpers und Wärmeübertragung von einem Körper zu einem unmittelbar angrenzenden),
2. die Wärmeströmung (strömende Flüssigkeiten und Gase führen Wärme mit; Konvektion),
3. die Wärmestrahlung (Abstrahlung in den freien Raum).

a) Wärmeleitung
Soll die Wärme-Energie möglichst schnell und verlustlos weitergeleitet werden, wählt man Werkstoffe mit großer Wärmeleitfähigkeit. Das ist z.B. der Fall bei Kesseln und Heizrohren aus Metall, wo die Wärme der Feuerung möglichst schnell und gründlich auf das Kesselspeisewasser übertragen werden soll.
Will man die Wärmeleitung dagegen verhindern, so umgibt man die Wärmequelle mit Werkstoffen, die eine geringe Wärmeleitfähigkeit und daher eine möglichst große Wärmedämmung haben. Beispiele sind die Wärmedämmstoffe (Schaumstoffe, Glasfasern, Hohlziegel), Doppelfenster (ruhende Luft als Dämmstoff), Thermosflasche (luftverdünnter Raum als Dämmstoff). Siehe auch Abschnitt 14.2.

b) Wärmeströmung
Die Wärmeströmung nutzen wir bei der Raumheizung aus. Durch die Ofenwärme wird ein Teil der Luft wärmer und steigt nach oben. Da kalte Luft nachströmt, entsteht bald ein ständiger Luftumlauf (Konvektion), der allmählich den ganzen Raum erwärmt. Bei der Warmwasserheizung ist es entsprechend: Man erhitzt in einem Röhrensystem einen Teil des Wassers (im Heizungskessel); das erwärmte Wasser steigt in den Steigröhren aufwärts, und kaltes Wasser strömt in den Kessel nach. Es entsteht ein Wasserumlauf, unterstützt durch eine im Kreislauf befindliche, durch Wärmefühler gesteuerte Pumpe.

c) Wärmestrahlung
Die Wärmestrahlung, z.B. der Sonne oder eines glühenden elektrischen Heizkörpers, kann von einem anderen Körper hindurchgelassen, zurückgeworfen (reflektiert) oder verschluckt (absorbiert) werden. Dunkle und raue Körper absorbieren, d.h. nehmen Wärmestrahlung stärker auf als helle und glatte (daher helle Bekleidung im Sommer und in den Tropen). Bauteile, die keine Wärme aufnehmen, sondern sie zurückwerfen sollen, müssen deshalb hell, möglichst weiß und glatt sein.

Anders als bei der Wärmeleitung und Wärmeströmung, wo der Energietransport an Stoffteilchen gebunden ist (Luft, Flüssigkeit oder fester Baustoff), benötigt die Wärmestrahlung keinen Träger. Sie ist eine sich mit Lichtgeschwindigkeit ausbreitende elektromagnetische Schwingung, die luftleere und gasgefüllte Räume durchdringt. Ihre Wellenlänge liegt etwa zwischen 400 und 800 nm (1 Nanometer = 10^{-9} Meter).
Bei Temperaturmessungen wurde festgestellt, dass sich eine der Sonnenbestrahlung ausgesetzte weiße Wandfläche nur um wenig mehr als die Außenluft erwärmte (33 °C); eine schwarzgestrichene Fläche hatte unter den gleichen Bedingungen Temperaturen von 65 °C erreicht (Asphalt!).
Das Gleiche gilt für die Abstrahlung: Dunkle und raue Flächen strahlen die Wärme gut, helle und blanke Flächen dagegen schlecht ab. Öfen und Heizkörper sollen daher dunkel und rau sein.

11.11 Aus der Lehre vom Schall

Beim Erzeugen von Schall setzt ein schwingender Körper die umgebende Luft in gleiche Schwingungen; diese breiten sich als Schallwellen in festen, flüssigen und gasförmigen Stoffen aus. Die Geschwindigkeit, mit der das geschieht, ist abhängig von der Art des betreffenden Stoffes. Sie ist in festen Körpern am größten und in Gasen am kleinsten. Die Schallgeschwindigkeit ist in Glas 5500 m/s, in Stahl 5000 m/s, in Holz 4000 m/s, in Mauerwerk 3500 m/s, in Wasser 1500 m/s und in der Luft 340 m/s (bei 20 °C). Die Schallgeschwindigkeit v in Luft bei der Temperatur T °C beträgt: $v \approx (331{,}6 + 0{,}6\ T)$ m/s.
Die Stärke des Schalls wird in Dezibel angegeben. Dezibel (dB) ist die Einheit des Schallpegels (Schalldruck, Schallintensität), der physikalisch mit Schallpegel-Messgeräten gemessen wird. Phon ist die heute nicht mehr gebräuchliche Einheit der Lautstärke = Schallempfindung, also eine subjektive Größe. Einzelheiten siehe Abschn. 14.3.

11.12 Fragen und Aufgaben zur Baustoffphysik

1) Erläutern Sie die zum Messen von Baustoffeigenschaften wichtigen physikalischen Einheiten.
2) Was versteht man unter dem Gravitationsgesetz und wie lautet es?
3) Erläutern Sie die Begriffe Masse und Gewicht.
4) In welcher Weise verändert sich das Gewicht eines Körpers auf dem Wege vom Äquator zu den Polen und beim Aufstieg auf einen Berg? Im Abschnitt 11.3 wird gesagt, dass auf der Erde auf die Masse 1 kg die Gewichtskraft von etwa 10 N (genau 9,81 N) wirkt. Prüfen Sie das an Hand des Gravitationsgesetzes nach. Wie viel würde die Masse 1 kg auf dem Mond wiegen?
   Rechnen Sie mit folgenden Werten (Lösung siehe Kap. 19):
   Erde: Masse = $5{,}97 \cdot 10^{24}$ kg; Radius = $6{,}37 \cdot 10^{6}$ m.
   Mond: Masse = $7{,}35 \cdot 10^{22}$ kg; Radius = $1{,}74 \cdot 10^{6}$ m.
5) Erläutern Sie die Begriffe Messgröße (geben Sie einige Beispiele) und Messfehler.
6) Führen Sie mit den folgenden Würfeldruckfestigkeiten von Beton eine statistische Auswertung durch:
   34 33 34 29 31 – 37 34 33 35 33 – 35 34 33 29 33 – 32 33 35 37 31 – 33 35 33 33 37 – 33 39 32 29 27 – 28 36 30 32 31 – 26 31 36 35 38.

Zeichnen Sie die Häufigkeitsverteilung und bestimmen Sie den Mittelwert $\overline{f}_{cm}$, die Standardabweichung s, die Variationszahl u, das 5 %-Quantil $f_{c5\,\%}$ und den Vertrauensbereich des Mittelwertes (t = 1,684). Lösung siehe Kapitel 19.

7) Erläutern Sie die verschiedenen Dichte-Begriffe.

8) a) Beschreiben Sie die verschiedenen Verfahren zur Dichtebestimmung unregelmäßig geformter Körper (Kies, Gesteinsbrocken). Was ist bei porigen Stoffen (z.B. Bims, Porenbeton) zu beachten? Erklären Sie die Pyknometerformel in Beispiel 11.4.
b) Berechnen Sie die Kornrohdichte r_k von Kies der Kornklasse 8/16. Mit dem Pyknometer wurden folgende Werte gemessen (Lösung siehe Kap. 19):
V_P = 1313,2 cm³; m_1 = 716,7 g; m_2 = 1516,4 g; m_3 = 2510,0 g; T_W = 20,2 °C.

9) Was versteht man unter dem archimedischen Prinzip?

10) Was versteht man unter Dichteanomalie des Wassers? Welche Bedeutung hat sie für Lebewesen im Wasser?

11) Erläutern Sie die verschiedenen Arten von Festigkeiten.

12) Zeichnen Sie die Spannungs-Dehnungs-Linien von naturhartem und kaltverformtem Stahl. Tragen Sie die wichtigen Kenngrößen ein und erläutern Sie dieselben. Wie kommt die wahre s-e-Linie zustande?

13) Warum muss beim Druckversuch an festen Körpern die obere Druckplatte kugelgelenkig gelagert sein? Fertigen Sie eine Skizze an.

14) Erklären Sie, warum beim Druckversuch die Größe der Bruchlast auch von der Probekörperform abhängt.

15) Beschreiben Sie die Verfahren zur Bestimmung der Härte von Mineralien, Gesteinen und Metallen. Was versteht man unter der Bezeichnung 120 HBS 5/250/30?

16) Beschreiben Sie den Rückbiegeversuch von Betonstahl. Wozu dient er?

17) Welche Bedeutung hat die Kapillarität für Eigenschaften und Anwendung von Baustoffen?

18) Was ist der Unterschied zwischen der Celsius- und der Kelvin-Temperaturskala?

19) Erläutern Sie den Begriff der spezifischen Wärmekapazität c eines Stoffes. Welcher Stoff hat den größten c-Wert?

20) Welche Bedeutung hat bei der Konstruktion von Bauwerken die unterschiedliche Wärmedehnung der verwendeten Baustoffe?

21) Beschreiben Sie die verschiedenen Arten der Wärmeübertragung.

22) Durch welche Vorgänge erwärmt sich ein Raum durch einen Heizkörper?

23) Welche Bedeutung hat die Farbe von Baustoffen auf ihre Erwärmung (Asphalt, Bitumendach, Fassadenbekleidungen etc.)?

24) Beschreiben Sie die Ausbreitung von Schall in verschieden dichten Materialien. Wie groß ist die Schallgeschwindigkeit im Weltall?

12 Grundbegriffe der Baustoffchemie

Während sich die Physik mit den Gesetzen beschäftigt, denen die unbelebten Körper bei unveränderter Zusammensetzung unterworfen sind, befasst sich die Chemie mit der Zusammensetzung dieser Stoffe, mit ihrem Aufbau aus den verschiedenen Elementen und mit den Veränderungen dieses Aufbaues.
Die chemischen Bezeichnungen sind vielfach der griechischen und lateinischen Sprache entnommen, um sie international verständlich zu machen. Das Symbol O für Sauerstoff ist z.B. der erste Buchstabe von „Oxygenium", das wörtlich „Säurebildner" heißt. „Mono" bedeutet in Wortzusammensetzungen „eins", „di" heißt „zwei", „tri" „drei", „tetra" „vier", „hexa" „sechs" usw. „Thermo" ist vom griechischen Wort für „warm" abgeleitet (Beispiel: die warmhaltende Thermosflasche). „Iso" bedeutet griechisch „gleich", somit z.B. bezeichnet „isotherm" einen stofflichen Zustand mit gleichen Temperaturen. „Reduktion" (vom lateinischen „reducere" = „zurückführen") bedeutet wörtlich: Zurückführung (auf den sauerstoffärmeren Zustand).

12.1 Atomaufbau

Alle Stoffe bestehen aus kleinsten Teilchen, entweder Atomen oder Molekülen. Nach dem Atommodell von Niels Bohr besteht ein Atom aus einem positiven Kern aus Protonen und Neutronen und der elektrisch negativen Hülle aus Elektronen, die sich in einer Kreisbahn um das Proton bewegen. Ein Atom wirkt somit nach außen neutral. Die Anzahl der Protonen bestimmt, um welches Element es sich handelt. Die Neutronen können abweichen, man spricht in diesem Fall von Isotopen. Im Periodensystem hat jedes Element eine Ordnungszahl, die die Anzahl der Protonen angibt. Normalerweise entspricht die Zahl der Protonen die der von Elektronen. Jedes Element hat seinen spezifischen Schmelz- und Siedepunkt, spezifische Dichte etc. Die Elektronenhülle besteht aus bis zu sieben Außenschalen, die Elektronen werden von innen beginnend nach außen auf die Schalen verteilt. Auf der ersten Schale können sich maximal zwei Elektronen anordnen (Helium He und Wasserstoff H), auf jeder weiteren maximal acht. Der Maximalbesatz der jeweils äußeren Schale ist energetisch günstig. Jedes Atom strebt bei einer Reaktion die sogenannte „stabile Edelgaskonfiguration" an. Atome, die bis zu vier Elektronen auf der Außenschale haben, geben diese gerne ab, Atome mit mehr als vier Elektronen nehmen gern welche auf. Edelgase haben den Maximalbesatz, sie sind deshalb reaktionsträge.

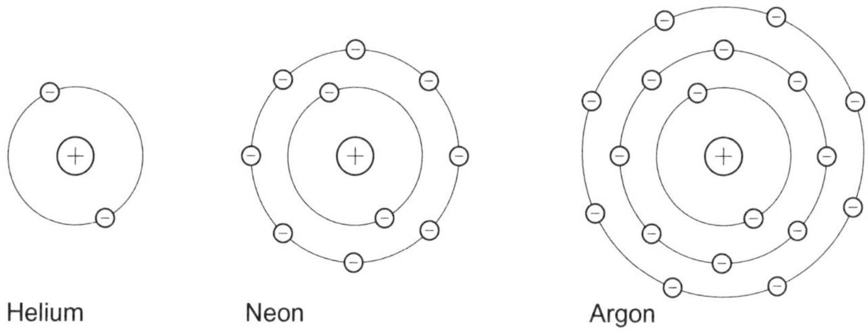

Abb. 12.1 Schalenmodell nach Bohr

12.2 Das Periodensystem

Das Periodensystem besteht aus Haupt- und Nebengruppen. Innerhalb einer Hauptgruppe nimmt der Radius durch die Anzahl der Protonen und Neutronen zu, innerhalb einer Periode (Spalte) nimmt der Radius durch die erhöhte elektrische Anziehungskraft ab. Die Elektronen werden innerhalb der Periode auf der Außenschale aufgefüllt. Eine weitere wichtige Unterteilung der Elemente ist die Unterscheidung in Metalle und Nichtmetalle. Metalle geben gern Elektronen ab, Nichtmetalle nehmen gern welche auf, bedingt durch die Anzahl der Elektronen auf der Außenschale. Im Periodensystem sind sie graphisch zu unterscheiden. Nebengruppenelemente sind Metalle, Hauptgruppenelemente, mit der Ausnahme Wasserstoff, Nichtmetalle.

Das Atomgewicht gibt an, wie viel mal so schwer ein Atom eines Elementes zu 1/12 der Masse eines C-Atoms ist.

Ein Mol ist die Stoffmenge, welche ebensoviele Einzelteilchen enthält wie Atome in 12 g Kohlenstoff. Die Stoffmenge jedes Elementes ist im Periodensystem zu finden. Die molare Masse M (Molare Masse = Masse/Stoffmenge) ist zahlenmäßig identisch mit der relativen Atom- bzw. Molekülmasse. Der Unterschied ist die Einheit g/Mol.

Beispiel Wasser (H_2O): $2 \times H + 1 \times O = 2 \times 1{,}0 + 1 \times 16{,}0 = 18$ g

Diese Angaben werden benötigt, um stöchiometrische Berechnungen durchzuführen und um die Molarität (Stoffmengenkonzentration) zu ermitteln.

1. Beispiel: Wie viel Schwefel wird gebraucht, um 150 g Schwefelsäure (H_2SO_4) herzustellen?
   $H_2SO_4 = 2 \times 1{,}0 + 1 \times 32{,}0 + 4 \times 16{,}0 = 98$ g
   150g/98g/Mol = 1.53 Mol
   1.53 Mol × 32 g/Mol Schwefel = 48.96 g Schwefel
2. Beispiel: Wie viel Kochsalz (NaCl) wird gebraucht, um eine 1-molare Kochsalzlösung herzustellen?
   NaCl = 23,0 + 35,5 = 58,5 g
   58,5 g NaCl werden in Wasser gelöst und mit Wasser auf 1 Liter aufgefüllt.

Siehe Periodensystem auf der vorderen inneren Umschlagseite.

12.3 Chemische Prozesse

Bei chemischen Prozessen (Umsetzungen, Reaktionen) werden die Stoffe in ihre Bestandteile zerlegt (Analyse) oder aus einzelnen Bestandteilen zusammengesetzt (Synthese); dabei ordnen sich die Atome zu anderen Gruppen, und neue Stoffe mit völlig anderen Eigenschaften entstehen. Beispiel: Kohlenstoff (C) verbrennt, d.h., er verbindet sich mit Sauerstoff (O) der Luft zu Kohlendioxid (CO_2).

Beim chemischen Vereinigen von Elementen entsteht eine Verbindung, die nur auf chemischem Wege wieder zu lösen ist.[1] Dazu wird entweder Wärme von außen aufgenommen (endotherme Umsetzung) oder Wärme nach außen abgegeben (exotherme Umsetzung). Eine exotherme Umsetzung ist z.B. jede Verbrennung (Oxidation), der verbrennende Stoff

1 Im Gegensatz dazu steht das physikalische Gemenge, dessen Bestandteile durch physikalische Verfahren zu trennen sind: durch Sieben, Absetzen, Filtern, Abdampfen, Destillieren, Schleudern, magnetisches Aussortieren usw.

verbindet sich unter Wärmeabgabe mit Sauerstoff (O). Auch die gefürchtete Korrosion, bei Eisen „Rosten" genannt, ist ein solcher Oxidationsvorgang; er verläuft freilich sehr langsam. Das Vereinigen mehrerer Stoffe zu einer Verbindung wird oft dadurch in Gang gesetzt, dass man zu Beginn Wärme zuführt. Beispiel: Anzünden eines brennbaren Stoffes. In der chemischen Technologie – auch der Baustoffe – spielen die Oxidationen eine so große Rolle, dass sie eine besondere Gruppe bilden. Das Gegenstück dazu bildet die Gruppe der Reduktionen, d.h. die Umsetzungen, bei denen sauerstoffhaltigen Verbindungen der Sauerstoff entzogen wird.

Die kleinste Menge einer chemischen Verbindung ist ein Molekül. Ein Molekül Kohlendioxid enthält die Elemente Kohlenstoff und Sauerstoff. Die kleinste Menge eines Elementes ist ein Atom. Es gibt daher ebenso viele Atomarten wie Elemente. Ein Molekül besteht aus zwei oder mehreren Atomen verschiedener Elemente oder auch desselben Elementes; das Sauerstoffmolekül O_2 ist z.B. eine Verbindung aus zwei gleichen Sauerstoffatomen. Die nur aus einem einzigen Element bestehenden Gase treten stets als Molekül, niemals als Atom auf: O_2, H_2 (Ausnahme: Edelgase). Die unterschiedliche Neigung von Elementen, sich miteinander zu verbinden und damit eine neue chemische Verbindung einzugehen, nennt man Affinität oder chemisches Bindevermögen. Für die Bildung von chemischen Verbindungen gelten drei Grundgesetze:

1. Gesetz der konstanten Proportionen

Die Elemente vereinigen sich stets nach bestimmten, festliegenden Massenverhältnissen, d.h. in konstanten Proportionen zu chemischen Verbindungen (von Proust 1799 entdeckt). Beispiele: 8 Masseteile Sauerstoff (O) verbinden sich stets mit 1 Masseteil Wasserstoff (H) zu Wasser (H_2O); 7 Masseteile Eisen (Fe) verbinden sich stets mit 4 Masseteilen Schwefel (S) zu Schwefeleisen (FeS).

2. Gesetz der multiplen (vielfachen) Proportionen

Wenn sich eine bestimmte Menge eines chemischen Elementes A mit verschiedenen Mengen eines Elementes B verbinden kann, so verhalten sich diese Mengen zueinander wie kleine ganze Zahlen, d.h. in multiplen Proportionen (1803 von Dalton entdeckt).

Beispiel: 2 Masseteile Wasserstoff verbinden sich mit 16 Masseteilen Sauerstoff zu Wasser H_2O bzw. mit 32 Masseteilen Sauerstoff zu Wasserstoffperoxid H_2O_2, d.h. die Sauerstoffmengen, die auf 1 Wasserstoffatom entfallen, verhalten sich wie 8 zu 16. In Verhältnisgleichungen (Proportionen) ausgedrückt:

Wasser (H_2O) Wasserstoff:Sauerstoff = 2:16 = 1:8
Wasserstoffperoxid (H_2O_2) Wasserstoff:Sauerstoff = 2:32 = 1:16

3. Gesetz von der Erhaltung der Masse

Bei chemischen Umsetzungen bleibt die Gesamtmasse der beteiligten Stoffe unverändert (um die Mitte des 18. Jahrhunderts unabhängig voneinander von Lomonossow und Lavoisier entdeckt).

Die Wärme, die bei exothermen Prozessen frei wird, hängt zwar mit einem Masseverlust zusammen, der allerdings so klein ist, dass er vernachlässigt werden kann. Nach Einstein besteht zwischen der Masse m und der Energie E die Beziehung $E = m \cdot c^2$ (c = Lichtgeschwindigkeit = 300 000 km/s).

12.4 Stöchiometrische Berechnungen

Mit Hilfe der relativen Atom- und Molekülmassen kann man in sog. stöchiometrischen Berechnungen die Stoffmengen in g oder kg ermitteln, die an einer chemischen Umsetzung beteiligt sind.

Beispiel (Bildung von 100 g Schwefeleisen FeS):

Chemische Gleichung	Fe + S	→ FeS
Atom- bzw. Molekülmassen	56 g + 32 g	= 88 g

Verhältnisgleichungen

$$\frac{x \text{ g Fe}}{100 \text{ g FeS}} = \frac{56 \text{ g Fe}}{88 \text{ g FeS}}$$

$$x = \frac{56 \cdot 100}{88} = 63{,}6 \text{ g Fe}$$

$$\frac{y \text{ g S}}{100 \text{ g FeS}} = \frac{32 \text{ g Fe}}{88 \text{ g FeS}}$$

$$y = \frac{32 \cdot 100}{88} = 36{,}4 \text{ g S}$$

x + y = 63,6 + 36,4 = 100 (Kontrolle)

12.5 Kristalline und amorphe Körper

Feststoffe weisen eine kristalline oder amorphe Struktur auf. Kristalline Stoffe haben eine regelmäßige Anordnung ihrer Ionen (vgl. Salze). Sie lassen sich nur in bestimmten Richtungen abbrechen oder schleifen und haben definierte Oberflächen. Der härteste Kristall ist der Diamant. Kristalle haben eine Nah- und eine Fernordnung ihrer Ionen. Ihre Eigenschaften sind richtungsabhängig (anisotrop). Amorphe Körper haben eine unregelmäßige Ionenanordnung, sie haben in alle Richtungen die gleichen Eigenschaften und sind somit isotrop (vgl. Glas, Gummi etc.).

12.6 Chemische Bindungsarten, Wertigkeit

Gehen zwei Elemente eine chemische Verbindung ein, so nehmen sie dabei in der äußeren Elektronenschale Elektronen (Valenzelektronen) auf oder geben welche ab. Dabei entsteht die sehr stabile „Edelgaskonfiguration“, d.h. 2 (Helium) oder 8 (alle übrigen Edelgase) Elektronen auf der Außenschale. Diese Art der Bindung nennt man Ionenbindung, weil dabei die Atome zu positiven (bei Elektronen-Abgabe) bzw. negativen (bei Elektronen-Aufnahme) Ionen werden. Ein Kochsalzkörnchen oder -kristall z.B. besteht aus einem regelmäßigen räumlichen Gitter von positiven Na^+-Ionen und negativen Cl^--Ionen, die durch die elektrischen Anziehungskräfte zusammengehalten werden (siehe Abb. 12.2). Bei der Atombindung umkreisen ein (z.B. beim Chlorgas Cl_2) oder mehrere (z.B. beim Sauerstoffgas O_2) Elektronenpaare gemeinsam die beiden Atome und verleihen ihnen dadurch Edelgaskonfiguration. Bei der Metallbindung bilden die Metallionen ein räumliches Gitter, in dem sich die Elektronen frei bewegen. Somit gehören die Elektronen nicht bestimmten, sondern allen Atomrümpfen an. Hiermit lassen sich die Leitfähigkeit für Wärme, Elektrizität und ihre Verformbarkeit erklären. Eine weitere Bindungsart ist die Bildung von Wasserstoffbrücken, die beim

Wasser, Ether und bei Alkoholen den Zusammenhalt erklären. Stoffe, die diese Eigenschaft aufweisen, haben einen höheren Siedepunkt und zeigen eine Löslichkeit in Wasser. Die Van-der-Waals-Kräfte treten auf, da in einem kurzen Zeitraum eine unsymmetrische Ladungsverteilung im Atom erfolgt. So entsteht für einen kurzen Moment ein „Kurzzeitdipol". Die Anziehungskraft zwischen zwei Kurzzeitdipolen wird als „Van-der-Waals-Kraft" bezeichnet. Jedes Element hat eine bestimmte Wertigkeit (Valenz). Sie gibt an, welche Anzahl Valenzelektronen ein Atom abgeben oder aufnehmen kann. Die Verbindung der Stoffe wird durch die Verbindungselektronen (Außenelektronen, Valenzelektronen) bewirkt. Manche Elemente haben mehrere Wertigkeiten, z.B. Eisen, Phosphor, Stickstoff. In diesem Fall nehmen auch Elektronen der inneren Schalen an der Verbindungsbildung teil.
Wasserstoff (H) kann stets nur 1 Elektron abgeben, er ist daher immer einwertig. Man kann daher auch sagen:

Ein Element ist n-wertig, wenn sich 1 Atom dieses Elementes mit n Atomen Wasserstoff oder eines anderen einwertigen Elementes verbindet oder sie in einer Verbindung ersetzt.

Beispiele: Chlor (Cl) ist einwertig, denn es bindet nur ein einziges Atom Wasserstoff (H) bei der Bildung von Salzsäure (HCl); Kohlenstoff ist vierwertig: CH_4.

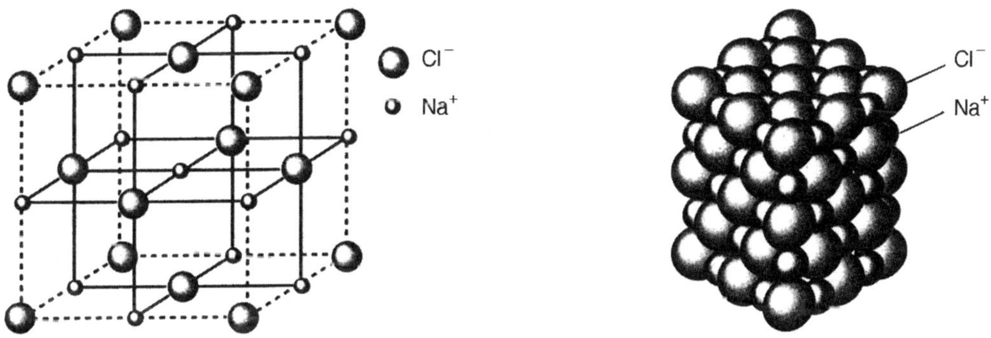

Abb. 12.2 Räumliches Kristallgitter von Kochsalz NaCl [30]. Links: schematisch; rechts: in dichter „natürlicher" Packung. Durchmesser der Ionen: $Cl^{1-} = 3{,}62 \cdot 10^{-10}$ m; Na^{1+} – $1{,}90 \cdot 10^{-10}$ m; Abstand der Mittelpunkte der Ionen voneinander (Gitterabstand): $2{,}82 \cdot 10^{-10}$ m.

12.7 Wichtige chemische Grundstoffe (Elemente)

Die chemischen Kurzzeichen (Symbole) der Elemente, den lateinischen oder griechischen Namen entnommen, erlauben eine übersichtliche Schreibweise von Verbindungen als Formel und von chemischen Prozessen als Gleichung. Die Gleichungen enthalten statt des (in der Mathematik üblichen) Gleichheitszeichens den Pfeil. Er zeigt die Richtung an, in der die Umsetzung vor sich geht; ein Doppelpfeil ($\leftrightharpoons$) deutet an, dass die Umsetzung umkehrbar ist, d.h., auch in umgekehrter Richtung ablaufen kann. Dies hängt ab von den äußeren Bedingungen der Umsetzung, z.B. Druck und Temperatur. Beispiele für Umsetzungen siehe unten, Zusammenstellung der chemischen Zeichen einiger wichtiger Elemente in der Tafel 12.1.

Tafel 12.1 Einige für die Technik wichtige chemische Elemente

Name	Ordnungs-zahl	Chemisches Zeichen	Relative Atommasse[1)]	Wertigkeit[2)]
Aluminium	**13**	**Al**	**26,982**	**3**
Antimon	51	Sb	121,750	**3**; 5
Arsen	33	As	74,922	**3**; 5
Bismut	83	Bi	208,980	**3**; 5
Blei	82	Pb	207,190	**2**; 4
Bor	5	B	10,811	**3**
Chlor	**17**	**Cl**	**35,453**	**1**; 3; 5; 7
Chrom	24	Cr	51,996	2; **3**; 6
Eisen	**26**	**Fe**	**55,847**	2; **3**
Fluor	9	F	18,998	**1**
Gold	79	Au	196,967	1; **3**
Helium	2	He	4,003	0
Iridium	77	Ir	192,220	2; 3; **4**; 6
Kadmium	48	Cd	112,400	**2**
Kalium	19	K	39,098	**1**
Calcium	**20**	**Ca**	**40,080**	**2**
Kobalt	27	Co	58,933	**2**; 3
Kohlenstoff	**6**	**C**	**12,011**	2; **4**
Kupfer	**29**	**Cu**	**63,546**	1; **2**
Lithium	**3**	**Li**	**6,639**	**1**
Magnesium	**12**	**Mg**	**24,305**	**2**
Mangan	25	Mn	54,938	**2**...7
Molybdän	42	Mo	95,940	2...**6**
Natrium	11	Na	22,990	**1**
Nickel	28	Ni	58,710	**2**; 3
Phosphor	15	P	30,974	3; 4; **5**
Platin	78	Pt	195,090	**2**; 4
Quecksilber	80	Hg	200,590	1; **2**
Sauerstoff	**8**	**O**	**15,999**	**2**
Schwefel	16	S	32,060	2; 4; **6**
Silber	47	Ag	107,868	**1**
Silicium	**14**	**Si**	**28,086**	**4**
Stickstoff	7	N	14,007	2; **3**; 4; 5
Thorium	90	Th	232,038	**4**
Titan	22	Ti	47,900	3; **4**
Uran	92	U	238,029	3...6
Vanadium	23	V	50,941	2; 4; **5**
Wasserstoff	**1**	**H**	**1,008**	**1**
Wismut (siehe Bismut)				
Wolfram	74	W	183,850	2...**6**
Zink	**30**	**Zn**	**65,380**	**2**
Zinn	50	Sn	118,690	2; **4**

1) Bezogen auf 1/12 der absoluten Atommasse des Kohlenstoffisotops ^{12}C, d.h. auf 1,660566 · 10^{-24} g. Diesen Wert nennt man auch atomare Masseneinheit u. Das Kohlenstoffisotop ^{12}C hat damit die relative Atommasse 12,000.

2) **Die häufig vorkommenden Wertigkeiten sind fett gedruckt.**

Tafel 12.2 Einige wichtige Salze und die an ihrer Entstehung beteiligten Säuren und Basen (nach Wricke):
a) nach der Genfer Nomenklatur, b) chemische Formel, c) Trivial- oder Mineralname

Säuren → Basen ↓	Hydrogenchlorid HCl **Salzsäure** 40,4	Hydrogennitrat HNO_3 **Salpetersäure** 69,2	Dihydrogensulfat H_2SO_4 **Schwefelsäure** 98	Dihydrogencarbonat H_2CO_3 **Kohlensäure** 0,1	a) b) c)
Kaliumhydroxid KOH **Kalilauge** 52,8	Kaliumchlorid KCl **Sylvin** 25,6	Kaliumnitrat KNO_3 **Kalisalpeter** 24,1	Kaliumsulfat K_2SO_3 9,9	Kaliumcarbonat K_2CO_3 **Pottasche** 53,1	a) b) c)
Natriumhydroxid $NaOH$ **Natronlauge** 52,1	Natriumchlorid $NaCl$ **Kochsalz** 26,4	Natriumnitrit $NaNO_3$ **Natronsalpeter** 46,8	Natriumsulfat Na_2SO_4 **Glaubersalz** 16	Natriumcarbonat Na_2CO_3 **Soda** 18	a) b) c)
Bariumhydroxid $Ba(OH)_2$ **Barytwasser** 3,8	Bariumchlorid $BaCl_2$ 26,3	Bariumnitrat $Ba(NO_3)_2$ 8,3	Bariumsulfat $BaSO_4$ **Schwerspat** 0,0022	Bariumcarbonat $BaCO_3$ **Barytspat** 0,0016	a) b) c)
Calciumhydroxid $Ca(OH)_2$ **Kalkwasser**	**Calciumchlorid** $CaCl_2$ 42,7	Calciumnitrat $Ca(NO_2)_2$ **Kalksalpeter** 54,5	**Calciumsulfat** $CaSO_4$ **Gips, Anhydrit** 0,204	Calciumcarbonat $CaCO_3$ **Kalkstein** 0,0014	a) b) c)
Magnesium-hydroxid $Mg(OH)_2$ sehr schwer wasserlöslich	**Magnesium-chlorid** $MgCl_2$ 35,3 Chloride	Magnesium-nitrat $Mg(NO_3)_2$ ca. 25 Nitrate	Magnesium-sulfat $MgSO_4$ **Bittersalz** 30,0 Sulfate	Magnesium-carbonat $MgCO_3$ **Bitterspat** 0,005 Carbonate	a) b) c)
Die Zahlen bedeuten Masse-% des jeweiligen Stoffes in gesättigter wässriger Lösung (bei 20 °C).					

12.8 Säuren, Basen, Salze

a) Säuren entstehen, wenn Nichtmetalloxide mit Wasser in Berührung kommen. Sie haben einen sauren Geschmack (Essig) und färben Lackmuspapier rot.

Beispiele:

Schwefeltrioxid		Wasser		Schwefelsäure			
SO_3	+	H_2O	→	H_2SO_4	$\leftrightharpoons$	$2\,H^+ + SO_4^{2-}$	(1)
Kohlendioxid		Wasser		Kohlensäure			
CO_2	+	H_2O	→	H_2CO_3	$\leftrightharpoons$	$2\,H^+ + CO_3^{2-}$	(2)

Chlor ist in der Lage, unmittelbar mit Wasserstoff eine Säure zu bilden (heftige Reaktion, Chlorknallgas!):

Chlor		Wasserstoff		Salzsäure			
Cl_2	+	H_2	→	$2HCl$	$\leftrightharpoons$	$2\,H^+ + 2\,Cl^-$	(3)

b) Basen entstehen, wenn Metalloxide mit Wasser in Berührung kommen. Sie haben einen ätzenden Geschmack, färben Lackmuspapier blau und Phenolphthalein rot.

Beispiele:

Natriumoxid		Wasser		Natronlauge			
Na_2O	+	H_2O	$\rightarrow$j	$2\ NaOH$	$\leftrightharpoons$	$2\ OH^- + 2\ Na^+$	(4)
Calciumoxid (gebrannter Kalk)		Wasser		Calciumhydroxid (Kalkhydrat)			
CaO_2	+	H_2O	$\rightarrow$	$Ca(OH)_2$	$\leftrightharpoons$	$2\ OH^- + Ca^{2+}$	(5)

Säure- und Basenmoleküle spalten in wässriger Lösung, wie in den Reaktionsgleichungen (1) bis (5) dargestellt, in Ionen auf (Dissoziation). Die Doppelpfeile bedeuten, dass die Ionenspaltung ein umkehrbarer Vorgang ist und dass nicht alle Moleküle in Ionen aufgespalten sein müssen (unterschiedlicher Dissoziationsgrad). Im reinen Wasser ist die Konzentration der H^+- und OH^--Ionen gleich groß. In Säuren überwiegen die H^+-Ionen, in Laugen die OH^--Ionen. Je stärker die H^+-Ionen- bzw. die OH^--Ionenkonzentration, umso stärker ist die Säure bzw. die Lauge.

Die Stärke einer Säure oder einer Lauge (Base) lässt sich durch den pH-Wert charakterisieren:

reines Wasser, neutrale Lösung:	pH = 7	
Säure:	pH = 6 (schwach) bis	0 (sehr stark)
Lauge (Base):	pH = 8 (schwach) bis	14 (sehr stark)

pH-Wert = negativer Exponent (zur Basis 10) der Wasserstoffionen-Konzentration einer Lösung. Es gibt Indikatorpapier, mit dem man den pH-Wert einer Lösung auf Zehntel bestimmen kann.

c) Salze können auf verschiedene Art und Weise entstehen:

1)	Säure	+	Base	$\rightarrow$	Salz	+	Wasser (Neutralisation)	
	HCl	+	$NaOH$	$\leftrightharpoons$	$NaCl$	+	H_2O	
2)	Säure	+	Metall	$\rightarrow$	Salz	+	Wasserstoff	
	H_2SO_4	+	Zn	$\leftrightharpoons$	$ZnSO_4$	+	H_2	

Schwefelsäure löst Zink unter lebhafter Wasserstoffgasentwicklung und Bildung von wasserlöslichem Zinksulfat auf.

3)	Lauge	+	Metall	$\rightarrow$	Salz	+	Wasserstoff	
	$2\ KOH$	+	Zn	$\leftrightharpoons$	K_2ZnO_2	+	H_2	
	$Ca(OH)_2$	+	$2\ Al$	$\leftrightharpoons$	$Ca(AlO_2)_2$	+	H_2	$+ H_2O$

Zink und Aluminium werden von Kalilauge bzw. Calciumhydroxid allmählich aufgelöst.

4) Schwache Säuren bzw. Basen werden aus ihren Salzen von starken Säuren bzw. Basen vertrieben:

$$CaCO_3 + 2\ HCl \leftrightharpoons CaCl_2 + H_2CO_3 \quad (CO_2\text{-Gas},\ H_2O)$$

Calciumcarbonat (Kalkstein) wird durch Salzsäure unter starkem Aufbrausen (CO_2-Gas) aufgelöst (Erkennen von Kalkstein mit 10%iger Salzsäure!).

5) Beim Aufeinandertreffen von zwei Salzlösungen bilden sich u.U. neue, schwer lösliche Salze:

$Na_2SO_4 + BaCl_2 \leftrightharpoons BaSO_4 + 2\ NaCl$

Schwerlösliches Bariumsulfat kristallisiert aus (Nachweis von schädlichen Sulfationen!).

$Na_2SO_4 + CaCl_2 \leftrightharpoons CaSO_4 + 2\ NaCl$

Schwerlösliches Calciumsulfat kristallisiert als Gips $CaSO_4 \cdot 2\ H_2O$ aus.

Zur Benennung der Salze siehe Tafel 12.2. Die Löslichkeit der Salze im Wasser steigt in der Regel mit der Temperatur an. Bei Kochsalz NaCl allerdings ist die Löslichkeit ziemlich unabhängig von der Temperatur: bei 20 °C 350 g in 1 Liter Wasser, bei 100 °C 390 g. Bei Gips $CaSO_4 \cdot 2\ H_2O$ und Calciumhydroxid $Ca(OH)_2$ wird die Löslichkeit mit steigender Temperatur geringer.

12.9 Technisch wichtige Stoffe

Wir unterscheiden die Chemie der anorganischen Stoffe und die der organischen Stoffe: anorganische und organische Chemie. In der anorganischen Chemie, die bei den Baustoffen die Hauptrolle spielt, werden die Elemente und ihre Verbindungen mit Ausnahme fast aller Verbindungen des Kohlenstoffs behandelt. Die weitaus größte Zahl der Kohlenstoffverbindungen ist Gegenstand der organischen Chemie. Sie spielt bei den Kunststoffen eine wichtige Rolle. Man kennt heute etwa 100 000 anorganische und 4 Millionen organische Verbindungen; Beispiele siehe Tafel 12.3 und 12.4.

Tafel 12.3 Gewerbliche und chemische Benennung einiger technisch wichtiger Stoffe (nach [19])

Gewerbliche Benennung	Chemische Benennung	Chemische Formel
Aceton	Propanon (Dimethylketon)	CH_3COCH_3
Acetylengas	Ethin	C_2H_2
Alkohole (Weingeist, Spiritus)	Ethanol, Methanol	C_2H_5OH
Ameisensäure	–	HCOOH
Anhydrit	Calciumsulfat	$CaSO_4$
Asbest (Bergflachs)	Ca-Mg-Silicate (Minerale)	–
Benzol	Benzol(-Ring)	C_6H_6
Borax	Natriumtetraborat	$Na_2B_4O_7 \cdot 10\ H_2O$
Carbolsäure	Phenol	C_6H_5OH
Chlorkalk	Calciumchloridhypochlorit	CaCl(OCl)
Eisenchlorid	Eisen(III)-chlorid	$FeCl_3$
Eisenrost	Eisen(III)-hydroxid	$Fe(OH)_3$, FeOOH
Essigsäure	Ethansäure	CH_3COOH (+ H_2O)
Flussspat	Calciumfluorid	CaF_2
Gips	Calciumsulfat-Dihydrat	$CaSO_4 \cdot 2\ H_2O$
Glaubersalz	Natriumsulfat-Decahydrat	$Na_2SO_4 \cdot 10\ H_2O$

Gewerbliche Benennung	Chemische Benennung	Chemische Formel
Glyzerin	Propantriol	$C_3H_5(OH)_3$
Harnstoff	Carbamid	$CO(NH_2)_2$
Kalisalpeter	Kaliumnitrat	KNO_3
Kalk, gebrannter	Calciumoxid	CaO
Kalkhydrat	Calciumhydroxid	$Ca(OH)_2$
Karbid	Calciumcarbid	CaC_2
Kochsalz (Steinsalz)	Natriumchlorid	$NaCl$
Kohlenoxid	Kohlenmonoxid	CO
Kohlensäure	Kohlendioxid (Gas)	$CO_2 + H_2O\ (H_2CO_3)$
Korund (Schmirgel)	Aluminiumoxid	Al_2O_3
Kreide, Kalkstein	Calciumcarbonat	$CaCO_3$
Kupfervitriol	Kupfersulfat-Pentahydrat	$CuSO_4 \cdot 5\ H_2O$
Lötsalz (in Lösung Lötwasser)	Zinkchlorid mit Salzsäure	$ZnCl_2 + H_2O + HCl$
Magnesia	Magnesiumoxid	MgO
Mauersalpeter	Calciumnitrat	$Ca\ (NO_3)_2$
Mennige	Blei(II,IV)-oxid	Pb_3O_4
Methan (Sumpfgas)	–	CH_4
Methanol	Methylalkohol	CH_3OH
Natronlauge	Natriumhydroxid	NaOH (+ H2O)
Per	Perchlorethen, Tetrachlorethen	CCl_2CCl_2
Pottasche	Kaliumcarbonat	K_2CO_3
Quarz	Siliciumdioxid	SiO_2
Salmiak	Ammoniumchlorid	$NH_4Cl\ (+H_2O)$
Salmiakgeist	Ammoniak (Gas)	NH_3
	Ammoniumhydroxid	$NH_3 + H_2O\ (NH_4OH)$
Salpetersäure	Salpetersäure	$HNO_3\ (+ H_2O)$
Salzsäure	Chlorwasserstoff (Gas)	$HCl\ (+ H_2O)$
Schwefelsäure	Schwefelsäure	$H_2SO_4\ (+ H_2O)$
Schwerspat	Bariumsulfat	$BaSO_4$
Soda (kristallisiert)	Natriumcarbonat	$Na_2CO_3 \cdot 10\ H_2O$
Spiritus	Ethanol	C_2H_5OH
Tetra	Tetrachlormethan (flüssig)	CCl_4
Tri	Trichlorethen (flüssig)	$CHCl = CCl_2$
Wasser	Wasser(stoffoxid)	H_2O
Wasserstoffsuperoxid	Wasserstoffperoxid	H_2O_2

Tafel 12.4 Erläuterungen zu Tafel 12.3
(ρ = Dichte in g/cm^3; T_p = Siedepunkt in °C) nach [19]

Aceton	Erfrischend riechende, farblose, brennbare Flüssigkeit; $\rho = 0{,}791$; $T_p = 56{,}1$. Lösungsmittel.
Acetylen	Angenehm riechendes, brennbares Gas: $\rho = 1{,}171$; $T_p = -83{,}6$. Brenngas zum Schweißen und Brennschneiden.
Alkohol	Wasserklare, brennbare Flüssigkeit; $\rho = 0{,}7892$; $T_p = 78{,}3$. Lösungs- und Konservierungsmittel, Motorkraftstoff.
Ammoniak (Salmiakgeist)	Farbloses, stechend riechendes Gas (NH_3); $\rho = 0{,}7714$; $T_p = -33{,}4$. Ausgangsstoff vieler stickstoffhaltiger Verbindungen, wie z.B. Dünger, Farbstoffe. $NH_3 + H_2O$ j NH_4 (OH) (Base; Ammoniumhydroxid).
Benzol	Farblose, brennbare Flüssigkeit mit typischem Geruch, giftig; $\rho = 0{,}879$; $T_p = 80{,}15$. Zusatz zu Kraftstoffen (Antiklopfmittel).
Essigsäure	Wasserklare Flüssigkeit mit stechendem Geruch; $\rho = 1{,}0492$; $T_p = 117{,}9$. Schwache Säure.
Glycerin	Farblose, zähflüssige, geruchlose, süß schmeckende, hygroskopische Flüssigkeit; $\rho = 1{,}261$; $T_p = 290$; Frostschutz- und Gleitmittel.
Karbid	Weißgraue, kristalline Masse; $\rho = 2{,}2$. Reagiert mit Wasser zu Acetylen: $CaC_2 + 2\,H_2O \rightarrow C_2H_2 + Ca(OH)_2$. Ausgangsstoff für die Acetylenherstellung. CM-Gerät!
Kochsalz	Weißer, kristalliner Stoff, aus dem durch Elektrolyse Natronlauge, Chlor und Wasserstoff gewonnen werden.
Kohlensäure	Schwache Säure: $H_2CO_3 + H_2O$. Enthält CO_2-Gas (Kohlendioxid), das leicht ausgast und geruchlos ist. In Druckflaschen oder gefroren als „Kohlensäureschnee" (–80 °C) im Handel.
Kohlenmonoxid	Farbloses, geruchloses, sehr giftiges Gas; $\rho = 1{,}25$; $T_p = -191{,}5$.
Lötwasser	Wässrige Lösung von Zinkchlorid mit Salzsäure: $ZnCl_2 + H_2O + HCl$. Desoxidationsmittel der Metalloberfläche an Lötstellen, wodurch das flüssige Lot die Metalloberfläche benetzen kann.
Mennige	Bleimennige $2PbO \cdot PbO_2$; rote, pulvrig-körnige Substanz. $\rho = 9{,}19$. Wird als feines Pulver in Leinöl oder flüssigem Kunstharz dispergiert (Rostschutzfarbe)
Natronlauge	Stark ätzend wirkende Lauge. Wird in der Technik zum Reinigen, Ätzen und Beizen verwendet. Natriumhydroxid (Ätznatron) ist ein eisartig aussehender Feststoff.
Salpetersäure	Farblose bis gelbliche, stechend riechende, an der Luft rauchende Flüssigkeit. Starke Säure, die außer Gold und Platin alle Metalle auflöst und organische Stoffe zerstört. Vorsicht!
Salzsäure	Wässrige Lösung von Chlorwasserstoff: $HCl + H_2O$. Starke Säure, die unedle Metalle, wie Eisen und Zink, stark angreift. Wird in der Metalltechnik zum Ätzen und Beizen verwendet.
Schwefelsäure	Sehr starke Säure, die unedle Metalle auflöst und organische Substanzen zerstört. Konzentrierte Säure sehr aggressiv (Schutzhandschuhe und -brille!).
Tetra	Wasserklare, giftige, nicht brennbare, fettlösende Flüssigkeit mit süßlichem Geruch. Technisches Reinigungsmittel (Kaltreiniger) und Lösungsmittel.
Tri	Wasserklare, fettlösende Flüssigkeit mit typischem Geruch. Technisches Reinigungsmittel (Kaltreiniger; Bitumen!) und Lösungsmittel.

12.10 Fragen und Aufgaben zur Baustoffchemie

1) Erläutern Sie den Aufbau des Atoms (Bohr'sches Atommodell) und des Periodensystems der chemischen Elemente (PSE).
2) Versuchen Sie die Unterschiede der Atomdurchmesser zwischen den linken und rechten Gruppen des PSE und zwischen einem Atom und seinem Isotop zu erklären.
3) Was versteht man unter Isotopen, relativer Atommasse und Gramm-Atom der chemischen Elemente?
4) Warum enthalten die Gramm-Atome/Gramm-Moleküle der verschiedenen chemischen Elemente/Verbindungen stets die gleiche Anzahl von Teilchen? Wie groß ist diese Zahl und wie heißt sie?
5) Wie lautet die Einstein'sche Energie-Masse-Beziehung?
6) Wie erklärt man sich den Unterschied, der beim Kohlenstoffisotop ^{12}C zwischen seiner relativen Atommasse und der Massensumme seiner Protonen und Neutronen besteht? Wie groß ist er und welcher Energie entspricht er?
7) Berechnen Sie stöchiometrisch die Wassermenge, die zum vollständigen Ablöschen von 25 kg Branntkalk zu trockenem Löschkalkpulver erforderlich ist. Wie viel CO_2 ist erforderlich, damit diese Löschkalkmenge sich vollständig in Kalkstein verwandelt? Wie viel kg Wasser werden dabei frei (Baufeuchte)? Chemische Gleichungen siehe Abschn. 2.5.2.
8) Erläutern Sie die Begriffe Ionen-, Atom- und Metallbindung sowie den Begriff Wertigkeit.
9) Erläutern Sie Entstehungsmöglichkeiten von Säuren, Basen und Salzen sowie den Begriff pH-Wert.
10) Wie kann die Stärke von Säuren und Basen überprüft werden?
11) Welche in der Luft befindlichen Gase bilden Säuren, die auf Baustoffe zerstörend wirken?

13 Kunststoffe

Kunststoffe sind makromolekulare (organische) Werkstoffe, die synthetisch oder auch durch Umwandlung von Naturprodukten erzeugt werden. Die meisten Kunststoffe sind unter bestimmten Bedingungen plastisch erweichbar oder waren bei ihrer Herstellung bzw. als Zwischenprodukte plastisch fließbar.

Normen

DIN EN ISO 1043-1	(2012–03)	Kunststoffe – Kennbuchstaben und Kurzzeichen – Teil 1: Basis-Polymere und ihre besonderen Eigenschaften (ISO 1043-1:2011); Deutsche Fassung EN ISO 1043-1:2011
DIN EN ISO 1043-2	(2012–03)	Kunststoffe – Kennbuchstaben und Kurzzeichen – Teil 2: Füllstoffe und Verstärkungsstoffe (ISO 1043-2:2011); Deutsche Fassung EN ISO 1043-2:2011
DIN EN ISO 1043-3	(2000–01)	Kunststoffe – Kennbuchstaben und Kurzzeichen – Teil 3: Weichmacher (ISO 1043-3:1996); Deutsche Fassung EN ISO 1043-3:1999
DIN EN ISO 1043-4	(2000–01)	Kunststoffe – Kennbuchstaben und Kurzzeichen – Teil 4: Flammschutzmittel (ISO 1043-4:1998); Deutsche Fassung EN ISO 1043-4:1999
DIN EN ISO 11 469	(2000–10)	Kunststoffe – Sortenspezifische Identifizierung und Kennzeichnung von Kunststoff-Formteilen (ISO 11 469:2000); Deutsche Fassung EN ISO 11 469:2000

Kennbuchstaben und Kurzzeichen für Kunststoffe können den Normen DIN EN ISO 1043-1 bis -4 entnommen werden.

13.1 Allgemeines

Kunststoffe (Plaste, Plastik, Hart- und Weichplastik; englisch: plastics; französisch: matière plastique; russisch: plastmassa) werden heute auf vielen Gebieten des menschlichen Lebens als willkommener Werkstoff mit guten Eigenschaften, welche die der vorher verwendeten Werkstoffe oft übertreffen, verwendet.

Auch im Bauwesen wächst die Bedeutung der Kunststoffe ständig. Sie eignen sich mit ihrer plastischen Formbarkeit zur spanlosen Massenherstellung, können auch spanabhebend bearbeitet werden und sind leicht einfärbbar.

Die Anwendung der Kunststoffe im Bauwesen ist vielfältig: Man kann sie im Wärmespritzverfahren auf andere Baustoffe, wie Stein, Zement, Metall usw., auftragen; man kann sie in Form von Folien aufkleben oder (Thermoplaste) mit Heißluft oder kalt mit Lösungsmitteln schweißen. Sie werden verwendet zur Außen- und Innenausstattung (einschließlich des Möbelbaus), als Sperrstoff gegen Feuchtigkeit, zur Wärme- und Schalldämmung, zur Installation (Kaltwasserrohre und Armaturenelemente), für Wand- und Fußbodenbeläge, für Wandbekleidungen, Tapeten und Beschläge, für Trennwände (Hartfaserplatten, Holzspanplatten usw.), Türen, Tür- und Fensterrahmen, als Regenrinnen und Regenfallrohre. Es gibt Kunststoffkleber der verschiedensten Art; Kunststoffmörtel, Kunststoffbeton, Kunststoffüberzüge und -lacke für Beton- und Mauerwerk; Folien und Tafeln aus Kunststoffen für die Betonschalung; Fugenprofile zum Abdichten oder Abdecken von Fugen, die dauerelastisch bleiben müssen; Kunststoffdübel. Die Kunststoffe haben sich inzwischen auf fast jedem Gebiet des Bauwesens bewährt – als Bauhilfsmittel ebenso wie als zuverlässiger,

zweckmäßiger sowie dekorativer und wirtschaftlicher Baustoff in fast allen gewünschten Arten, Formen und Profilen.
In Tafel 13.1 sind Kurzzeichen und Eigenschaften ausgewählter Kunststoffe aufgeführt.

13.2 Zur Chemie der Kunststoffe

13.2.1 Allgemeines

Die Grundstoffe für alle Kunststoffe sind hauptsächlich Erdöl, daneben auch Kohle und Erdgas, sowie Kalk, Kochsalz, Wasser u.a. Daraus baut der Chemiker in teilweise recht schwierigen Verfahren aus kleinen Molekülen (Monomere) Makromoleküle (Polymere). Im Griechischen heißen groß: makros, einzeln: monos, viel: poly und Teil: meros.
Chemische Verfahren, bei denen sich kleine Moleküle unter Beibehaltung ihrer prozentualen Zusammensetzung zu großen Molekülen vereinigen, sind die Polymerisation und die Polyaddition. Ihre Produkte heißen Polymerisate (z.B. PVC, PE) bzw. Polyaddukte (z.B. PUR). Werden unterschiedliche Monomere miteinander verbunden, entstehen Copolymerisate (z.B. ABS, SAN). Makromolekulare Stoffe können außerdem noch durch Polykondensation gewonnen werden. Hierbei treten kleine Moleküle unter Abspaltung einfacher Nebenprodukte (meist Wasser) zu größeren zusammen, die dann nicht die gleiche prozentuale Zusammensetzung wie die Ausgangsstoffe haben. Ihre Produkte heißen Polykondensate (z.B. PF).
Durch entsprechende Wahl der Ausgangsstoffe und der Umsetzungsbedingungen (Katalysatoren, Temperatur, Konzentrationsverhältnisse u.a.) lassen sich sehr verschiedene Arten von Kunststoffen herstellen, deren Härte wieder von der Kettenlänge (s.u.) und der Vernetzungsart abhängt. Hocherhitzte Plaste dieser Art sind „ausgehärtet" und weisen räumlich vernetzte Makromoleküle auf.
Die Makromoleküle, aus denen die verschiedenen Kunststoffe bestehen, unterscheiden sich sehr stark in der Größe (die Molekulargewichte variieren zwischen 10 000 und mehreren Millionen) und im strukturellen Aufbau. Vom Aufbau und von der Molekülgröße hängen nun aber die Eigenschaften der Plaste ab. Nach der Molekularstruktur (siehe Abb. 13.1) unterscheidet man Thermoplaste, die aus fadenförmigen (linearen), nicht vernetzten Makromolekülen bestehen, und Duroplaste, Elastomere und Thermoelaste, die aus dreidimensional mehr oder weniger eng vernetzten Makromolekül-Knäueln gebildet sind.

Tafel 13.1 Richtwerte physikalischer Eigenschaften ausgewählter Kunststoffe [2] (LD = low density = niedrige Dichte = weich; HD = high density = hohe Dichte = hart)

Kunststoff	Kurzzeichen	Rohdichte g/cm³	Zugfestigkeit N/mm²	Reißdehnung %	Zug-*E*-Modul N/mm²	Kugeldruckhärte (10-s-Wert) N/mm²	Schlagzähigkeit kJ/m²	Wärmedehnzahl α_T 10^{-6}/K	Wärmeleitfähigkeit W/(m· K)	Wärmeformbeständigkeit nach *Vicat* °C
Polyethylen, weich	PE-LD	0,91–0,93	8–23	300–1000	200–500	13–20	ohne Bruch	ca. 200	0,32	40
Polyethylen, hart	PE-HD	0,94–0,96	18–35	100–1000	700–1400	40–65	o. Br.	150–180	0,4	ca. 65
Polypropylen	PP	0,90–0,91	21–37	20–800	1100–1300	36–70	o. Br.	110–170	0,22	80–90
Polybuten I	PB	0,91–0,92	30–38	250–280	250–350	30–38	o. Br.	120–130	0,20	70
Polyisobutylen	PIB	0,91–0,93	12–61	> 1000	–	–	o. Br.	120	0,12–0,20	
Polyvinylchlorid, hart	PVC hart	1,38–1,55	50–75	10–50	1000–3500	75–155	o. Br.	70–80	0,16	70–80
Polyvinylchlorid, weich	PVC weich	1,16–1,35	10–25	170–400	–	–	o. Br.	150–210	0,15	40
Polystyrol	PS	1,05	45–65	3–4	3200	120–130	5–20	70	0,16	88
ABS-Pfropfpolymerisat	ABS	1,04–1,06	32–45	15–30	1900–2700	80–120	70–o. Br.	80–90	0,18	90–100
Polyacetal	POM	1,41–1,42	62–70	25–70	2800–3200	150–170	100	100	0,25–0,30	160–170
Polymethylmethacrylat	PMMA	1,17–1,20	50–77	2–10	2700–3200	180–200	12–18	70–80	0,18	125
Polytetrafluorethylen	PTFE	2,15–2,20	25–36	350–550	410	27–35	o. Br.	100–200	0,23	110
Polyamid 6	PA 6	1,13	70–85	200–300	1400	75	o. Br.	70–120	0,29	> 200
Polyamid 11	PA 11	1,04	56	500	1000	75	o. Br.	100–120	0,23	175
Polycarbonat	PC	1,20	56–67	100–130	2100–2400	110	o. Br.	60–70	0,21	150
Polyethylenterephthalat	PETP	1,37	47	50–300	3100	200	o. Br.	70	0,24	188
Phenolformaldehydharz	PF	1,40	25	0,4–0,8	5600–12 000	250–320	3,5–12	30–50	0,35	–
Harnstoffformaldehydharz	UF	1,50	30	0,5–1	7000–10 500	260–350	> 6,5	40–50	0,40	–
Melaminformaldehydharz	MF	1,50	30	0,6–0,9	4900–9100	260–410	> 7	10–30	0,35	–
Epoxidharz	EP	1,90	30–40	4	21 500	–	> 5	20	0,23	–
Polyurethangießharz	PUR	1,05	70–80	3–6	4000	–	–	10–20	0,58	–
Ungesättigter Polyesterharz	UP	2,00	30	0,6–1,2	14 000–20 000	240	> 4	60–150	0,6	–
Vulkanfiber	VF	1,10–1,45	85–100	–	–	80–140	20–120	20–100	–	–
Zellulosepropionat	CP	1,19–1,23	14–55	30–100	420–1500	47–79	o. Br.	110–130	0,21	100

Tafel 13.2 Ausgangsstoffe für die Herstellung von Kunststoffen

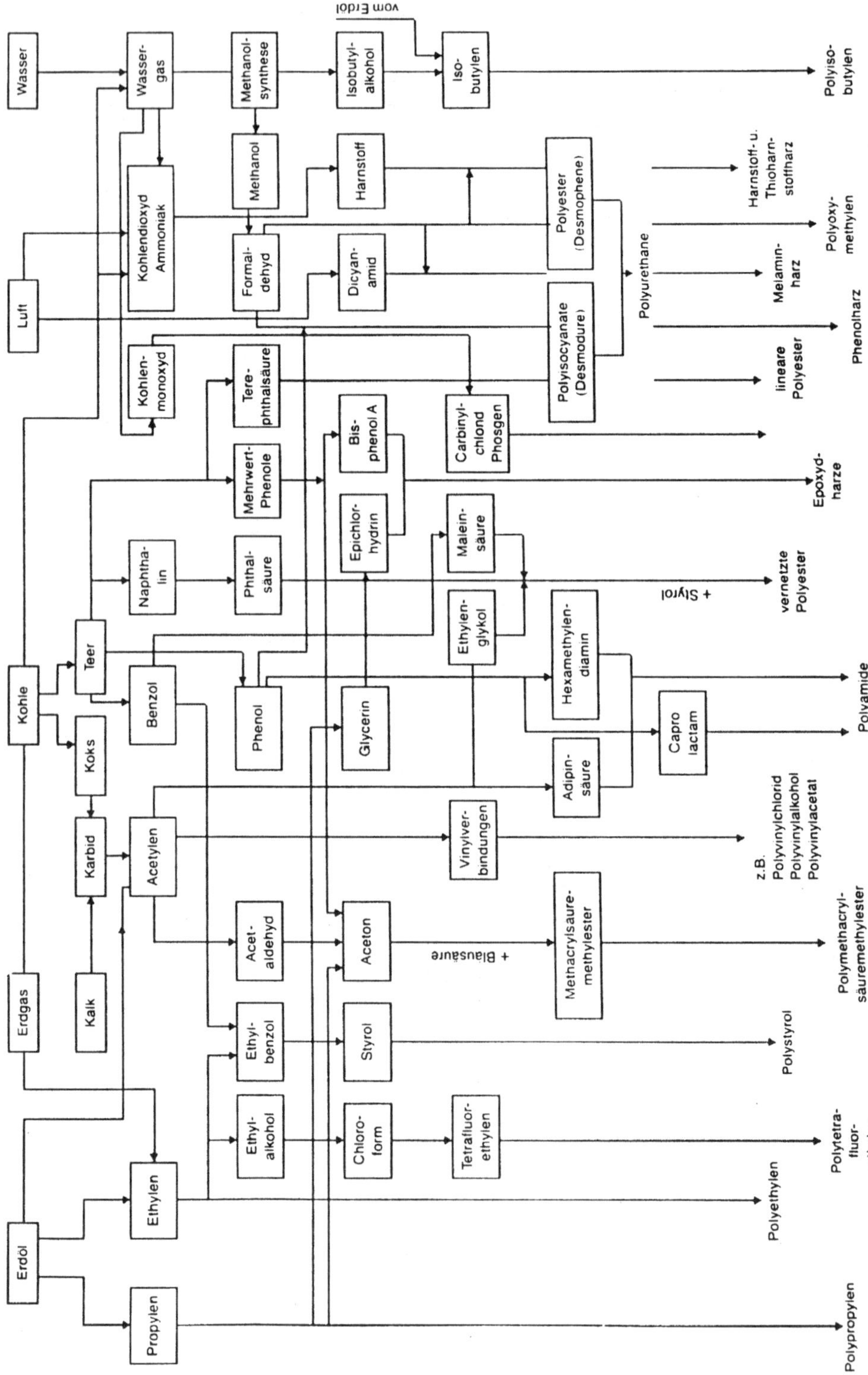

13.2.2 Polymerisation

Polymerisieren können sich nur Moleküle (Monomere), die mindestens eine Doppelbindung haben. Ein Beispiel dafür ist das Ethylen:

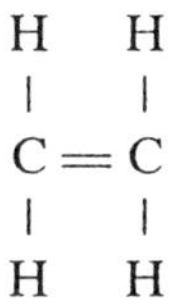

Derartige Verbindungen neigen dazu, ihre Doppelbindung aufzugeben und in den energieärmeren Zustand der einfachen Bindung überzugehen. Sie müssen dazu allerdings durch Wärme, Licht, Druck und/oder Katalysatoren (z.B. Wasserstoffperoxid, H_2O_2) angeregt (aktiviert) werden.

Beim Übergang eines normalen Moleküls in den angeregten Zustand werden Bindekräfte frei; das angeregte Molekül kann jetzt die Doppelbindung eines weiteren Moleküls aufbrechen und dieses an sich binden. Es wirkt ähnlich wie ein Keim bei einer Kristallisation, an den sich weitere Teilchen anlagern. Durch die Bindung des angeregten Moleküls an ein zweites, nicht angeregtes monomeres entsteht ein ebenfalls angeregtes dimeres (zweiteiliges) Molekül, das ein drittes zu binden vermag – und so geht es weiter, bis eine Kette, ein flächenhaftes oder ein räumliches Netz aus Tausenden und Abertausenden Molekülen entstanden ist: das Polymermolekül. Die Strukturformel z.B. des kettenförmigen Polyethylens (s.a. Abschn. 13.4.2) sieht dann so aus (nach beiden Seiten mehrere 100 000-mal fortgesetzt zu denken):

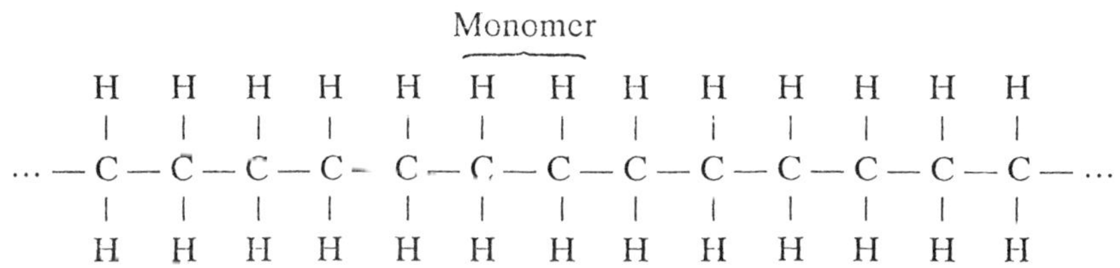

Die einzelnen angeregten Moleküle, die bei der Polymerisation immer wieder gebildet werden und ihrerseits wieder auf andere einwirken, lassen sich mit den Gliedern einer Kette vergleichen, daher nennt man derartige Umsetzungen auch Kettenreaktionen. Der Abbruch der Reaktionskette kann durch Bindung von (nicht aktivierbaren) Fremdmolekülen oder -ionen oder auch durch Ringschluss der beiden Molekülenden erfolgen. Im technischen Prozess wird die Reaktion abgebrochen, indem man die weitere Zugabe von Ethylen (in das Reaktionsgefäß) abstoppt, wenn die gewünschte Kettenlänge erreicht ist. Bei kontinuierlichen Verfahren wird der erwünschte Polymerisationsgrad durch Temperatur, Druck und Bemessung der Katalysatormenge erreicht.

Je höher der Polymerisationsgrad eines Polymeren ist, d.h., je mehr monomere Moleküle zu einem Makromolekül verbunden sind, desto fester ist der Werkstoff. Da die Polymerisation an beliebiger Stelle abgebrochen werden kann, lassen sich Kunststoffe der verschiedenen Härtegrade herstellen. Durch Polymerisation werden z.B. Polystyrol (PS) und Polyvinylchlorid (PVC) erzeugt.

13.2.3 Polyaddition

Bei der Polyaddition lagern sich Monomere unter Mitwirkung von „aktiven" Wasserstoffatomen, aber ohne C = C-Doppelbindungen aneinander. Nebenprodukte werden wie bei der Polymerisation nicht abgespalten. Die Polyurethane entstehen auf diese Weise.

13.2.4 Polykondensation

In der Chemie bedeutet Kondensation eine chemische Umsetzung, bei der zwei gleiche oder zwei verschiedene Moleküle miteinander ein größeres Molekül bilden und dabei ein einfaches Produkt, z.B. Wasser, Ammoniak oder Halogenwasserstoff, ausgeschieden wird. Enthält einer der Ausgangsstoffe mehrere reaktionsfähige Gruppen, so können die Kondensationsprodukte erneut kondensieren, und es kommt auch hier zu einer Art Kettenreaktion, der Polykondensation.
Produkte der Polykondensation sind z.B. Phenoplaste und Aminoplaste (Duroplaste) und Polyamide (Thermoplaste).
Da es sich bei Kondensationen um Gleichgewichtsreaktionen handelt, muss für ein schnelles Entfernen des Kondensationswassers (oder der anderen bei der Kondensation ausgeschiedenen Stoffe) gesorgt werden, um die Umsetzung weiterzutreiben.

13.3 Allgemeine Eigenschaften der Kunststoffe

Allgemeine Eigenschaften der Kunststoffe sind (s.a. Tafel 13.1):
Geringe Dichte (ρ in g/cm^3: 0,9 bis 1,5, einige bis 2,1; mit Füllstoffen auch höher, geschäumt 0,01 bis 0,12); geringe Wärmeleitfähigkeit (λ in W/(m · K): 0,15 bis 0,40; geschäumt etwa 0,03 bis 0,04); gutes elektrisches Isoliervermögen; große Beständigkeit gegen Wasser und aggressive Stoffe; große Wärmedehnzahl (α_T bis 200 10^{-6}/K = 0,2 mm/(m · K)); große Bruchdehnung (bis 1000 %); niedriger Elastizitätsmodul (E bis etwa 10 N/mm^2). Kunststoffe verspröden bei tiefen Temperaturen leicht. Bei höheren Temperaturen (60 bis 200 °C) erweichen sie oder verlieren ihre Formbeständigkeit. Kunststoffe sind teils leicht brennbar (DIN 4102: Klasse A), teils schwer entflammbar (DIN 4102: Klasse B1) oder brennen nach Entfernen der Flamme nicht weiter. Kunststoffe, insbesondere Thermoplaste, kriechen mehr oder weniger stark, d.h., die Verformungen nehmen unter konstanter Spannung im Laufe der Zeit zu und können zum Bruch führen (Zeitstandfestigkeit).
Die Molekularstruktur (s.a. Abschn. 13.2.1) der verschiedenen Kunststoffarten ist in Abb. 13.1 schematisch dargestellt.
Die Temperaturabhängigkeit der Kunststoffe (siehe Abb. 13.2) hängt stark mit der Molekularstruktur zusammen. Thermoplaste gehen bei Temperaturerhöhung vom zunächst harten Zustand in den weichelastischen und danach in den teigig-zähen bis flüssigen Zustand (in dem sie plastisch geformt werden können) über und werden bei Abkühlung wieder hart. Die einzelnen Bereiche gehen fließend ineinander über, sind also nicht durch eine bestimmte Temperatur, sondern durch Übergangstemperaturbereiche voneinander getrennt. Oberhalb einer bestimmten Temperatur beginnen sich alle Kunststoffe zu zersetzen. Duroplaste gehen vom harten Bereich, Elastomere vom elastischen Bereich direkt in die Zersetzung über. Eine Alterung (z.B. Versprödung) der Kunststoffe tritt durch den Einfluss von Sonne (UV-Strahlung), Sauerstoff (Ozon), Feuchtigkeit und andere Witterungseinflüsse ein. Durch Zugabe von sog. Stabilisatoren (Alterungsschutzmittel, UV-

Absorber, Antioxidantien) bei der Herstellung der Kunststoffe kann man diesen Prozess verlangsamen.

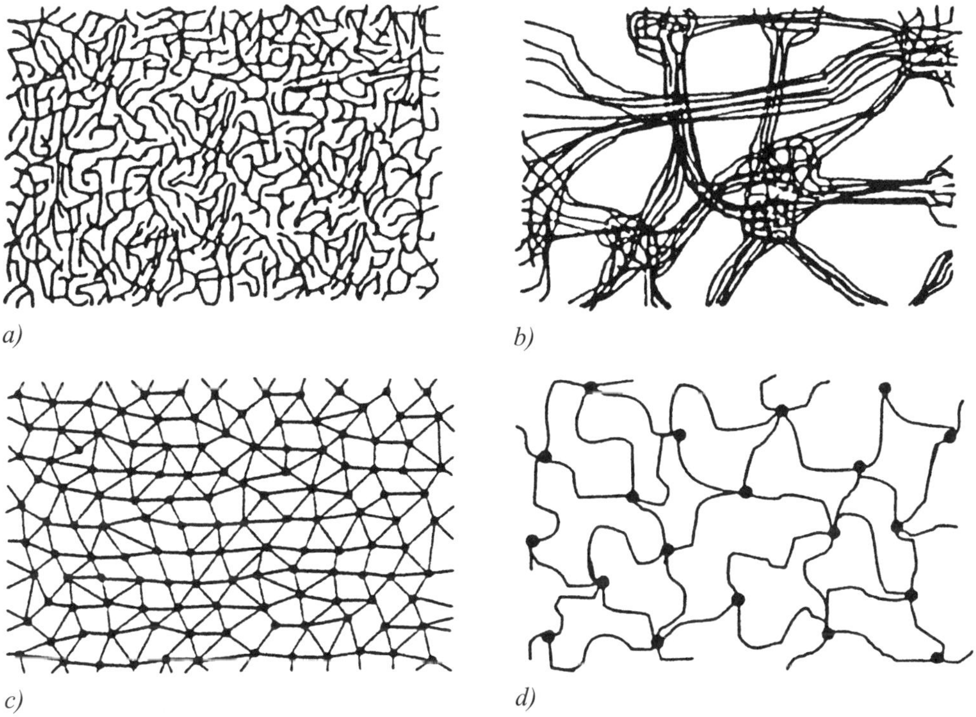

Abb. 13.1 Molekularstruktur der Kunststoffe [2]
a) Thermoplast, glasig-amorph
b) Thermoplast, teilkristallin
c) Duroplast, engmaschig vernetzt
d) Elastomer, weitmaschig vernetzt

13.4 Thermoplaste

Thermoplaste sind bei normaler Temperatur fest, werden jedoch bei wiederholtem Erwärmen immer wieder weich (plastisch); sie schmelzen sogar, ohne dabei chemische Veränderungen durchzumachen. Sie sind schweißbar.
Sie sind warmformbar (thermoplastisch; griechisch thermos, warm). Beim Abkühlen erstarren die Thermoplaste wieder und sind daher auch schweißbar. Sie werden meist durch Polymerisation hergestellt. Ihre Moleküle bestehen hauptsächlich aus langen, meist stark verknäuelten, jedoch wenig miteinander vernetzten Ketten (Molekülfäden), Thermoplaste sind gasig-amorph (gestaltlos) oder teilkristallin. Teilkristalline Thermoplaste besitzen zwischen den verknäuelten Molekülfäden geordnete (kristalline) Bereiche, in denen die Molekülketten parallel verlaufen. (Siehe Abb. 13.1 a und b)

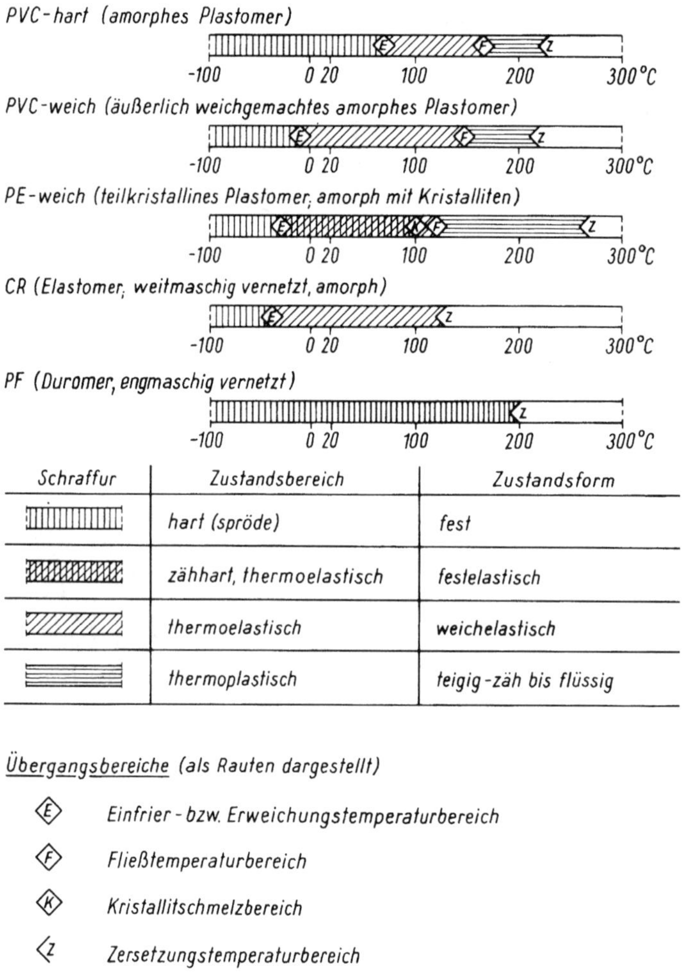

Abb. 13.2 Zustandsbereiche der Kunststoffe in Abhängigkeit von der Temperatur [2]

In den folgenden Abschnitten werden einige spezifische Thermoplaste bezüglich Eigenschaften und Besonderheiten näher erläutert.

13.4.1 Polyvinylchlorid PVC

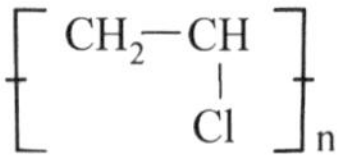

Polyvinylchlorid oder auch Polychlorethen wird aus Acetylen (Ethin C_2H_2) und Salzsäure HCl durch Polymerisation hergestellt. Es hat ausgezeichnete mechanische und elektrische Eigenschaften sowie eine außerordentlich hohe chemische Beständigkeit; es ist schwer entflammbar, geruchs- und geschmacksfrei. Polyvinylchlorid wird ohne Weichmacher als „PVC-hart" und mit Weichmachern als „PVC-weich" hergestellt.

Gibt man Thermoplasten, die normalerweise hart und spröde sind, Weichmacher (vorwiegend Phtalsäureester) hinzu, lassen sie sich bereits bei den üblichen Gebrauchstemperaturen in den weich-elastischen Zustand versetzen („äußere" Weichmachung). Die Weichmachermoleküle schieben sich zwischen die linearen unvernetzten Molekülketten der Thermoplaste und machen diese dadurch gegeneinander leichter verschieblich. Weichmacher verdampfen im Laufe der Zeit nach außen, insbesondere unter Einwirkung von Wärme, oder diffundieren bei entsprechendem Kontakt in angrenzende Kunststoffe, wodurch die Thermoplaste im Laufe der Zeit verspröden. Diese Gefahr ist bei Verwendung von Polymerweichmachern (Polyester) geringer. Das Problem der Weichmacherwanderung (Migration) wird ebenfalls umgangen, wenn die linearen unvernetzten Molekülketten der Thermoplaste bereits bei der Herstellung mit kurzen Seitenketten versehen werden („innere" Weichmachung):

a) PVC-hart (Hart-PVC, PVC-U) wird in Form von Rohren, Platten, Folien, Stäben und Formstücken verwendet für Hauswasser- und Laborinstallationen, Abzugsrohre, Dachrinnen, Regenfallrohre und Zubehörteile, als Isolationsrohre in der Elektrotechnik in trockenen, feuchten und explosionsgefährdeten Räumen. PVC-hart ist beständig gegen Wasser, schwache Laugen und schwache Säuren sowie Benzin und Öle und lässt sich gut spangebend verarbeiten, spanlos formen, kleben und schweißen. Spanlos lässt es sich u.a. durch Pressen, Tiefziehen und Blasen formen. Geklebt wird es mit PVC-Klebern, geschweißt mit Heizelementen, Heißluft, Reibungswärme, Hochfrequenz und durch Auftragen von Lösungsmitteln (Kaltschweißen, Gummilösung für Fahrradschläuche).

   Eigenschaften

   PVC-hart ist bei 20 °C hart, erweicht bei 74 bis 79 °C (bei Belastung schon bei 50 bis 60 °C), Fließtemperatur 170 °C, Zersetzungstemperatur 230 °C. Es brennt in der Flamme, erlischt aber außerhalb wieder infolge seines hohen Chlorgehalts (56 bis 64 %). Dichte 1,38 bis 1,40 kg/dm^3, Zugfestigkeit 50 bis 60 N/mm^2, Bruchdehnung 10 bis 50 %, E-Modul 2000 bis 3000 N/mm^2, Wärmeausdehnung $\alpha_T = 0{,}07$ bis 0,08 mm/(m · K), sie ist somit achtmal größer als bei Stahl. Deshalb muss dafür gesorgt werden, dass die eingebauten PVC-hart-Folien oder -Platten sich frei ausdehnen können. Bei Verwendung im Freien muss beachtet werden, dass das Material bei tiefen Temperaturen bzw. im Laufe der Zeit spröde wird und bei mechanischer Beanspruchung (Gegenschlagen usw.) leicht bricht, z.B. die Ausläufe der Regenfallrohre. Die Shore-Härte beträgt D 83–84 (Anmerkung: Bei der Shore-Härteprüfung (DIN 53 505) wird eine Nadel mit einer bestimmten Federspannung in die Oberfläche des Materials eingedrückt. Angezeigt wird die Eindrücktiefe, die Skala des Geräts ist in 100 Teile geteilt (100 = sehr hart, 0 = kein Widerstand gegen Eindringen). Verschiedene Verfahren A, C und D für verschiedene Härtegrade.

   Handelsnamen (Beispiele): Hostalit (Aventis), Vinnol (Wacker), Vinoflex (BASF), Vestolit (CW Marl-Hüls), Trosiplast (Dynamit Nobel)

b) PVC-weich (Weich-PVC, PVC-P), durch Weichmacher in beliebigen Weichheitsgraden herstellbar, ist chemisch weitgehend beständig und nicht gesundheitsschädlich. Es wird verwendet u.a. für Fußboden-, Wand- und Möbelbelag, Dichtungsplatten zur Feuchtigkeitsabsperrung, Kunstleder, Schläuche, Dichtungen, Isolierung elektrischer Leitungen, für Abdichtungsfolien, Handlaufprofile, Treppenstoßkanten, Viertelstäbe. Lieferung in den verschiedensten Farben. Gut spanlos formbar, lässt sich sehr gut schweißen und kleben.

Eigenschaften

Dichte ca. 1,3 kg/dm³, die geringere Dichte von PVC-Schaumstoff (0,1 bis 0,4 kg/dm³) wird als Dämmstoff und in Form von Verbundplatten verwendet. E-Modul 20 bis 40 N/mm², Zugfestigkeit 10 bis 35 N/mm², Wärmeausdehnung $\alpha_T = 200 \times 10^{-6} K^{-1} = 0{,}2$ mm/(m · K), höchste Gebrauchstemperatur 40 bis 60 °C (belastet) bzw. 80 °C (unbelastet).

Handelsnamen (Beispiele): Trocal (Dynamit Nobel), Delifol (DLW), Vinnol (Wacker), Rhenofol (Braas).

Weitere PVC-Sorten sind z.B. PVC-C (chloriertes PVC), PVC-A (Copolymerisat mit Acetat), PVC-I (erhöht schlagzäh) und PVC-HI (hoch schlagzäh).

13.4.2 Polyethylen PE

$$\left[CH_2 - CH_2 \right]_n$$

Polyethylen, oder auch Polyethen, wird im Bauwesen in Form von Rohren, Platten, Folien usw. benutzt. Es kann spanlos (z.B. durch Tiefziehen) und spangebend geformt und gut geschweißt werden. Polyethylen ist brennbar, es brennt nach dem Entzünden mit leuchtender Flamme weiter und tropft brennend ab (Paraffingeruch). Es ist chemisch beständig gegen Säuren, Laugen, organische Lösemittel und hat eine gute Festigkeit sowie gute Isolationseigenschaften. Die Rohre aus Polyethylen gewinnen neben denen aus PVC-hart immer mehr an Bedeutung. Polyethylen ist wesentlich leichter und temperaturbeständiger als PVC-hart, außerdem versprödet es nicht bei niedrigen Temperaturen. Polyethylenrohre werden aus PE-hart (PE-HD = Hochdruck-PE) und PE-weich (PE-ND = Niederdruck-PE) hergestellt. Nachteilig bei diesem Kunststoff ist die schnelle Alterung (Versprödung) unter Einwirkung von ultravioletten Strahlen (Sonnenlicht). Aus diesem Grund werden PE-Rohre durch Zumischung von Ruß stabilisiert. Sie haben daher eine schwarze Farbe.

Eigenschaften

PE-weich: Dichte etwa 0,92 kg/dm³, Zugfestigkeit 10 bis 17 N/mm², Bruchdehnung 200 bis 600 %, E-Modul 150 bis 250 N/mm², Wärmeausdehnung α_T etwa 0,20 mm/(m · K).

PE-hart: Dichte 0,94 bis 0,97 kg/dm³, Zugfestigkeit 18 bis 25 N/mm², Bruchdehnung 300 bis 800 %, E-Modul 500 bis 1000 N/mm², Wärmeausdehnung $\alpha_T = 0{,}15$ bis 0,20 mm/(m · K).

Handelsnamen (Beispiele): Hostalen (Aventis), Trolen (Dynamit Nobel), Lupolen (BASF Ludwigshafen), Vestolen (DSM Petrochemicals)

13.4.3 Polypropylen PP

$$\left[\begin{array}{ll} CH_2 - & CH \\ & \vert \\ & CH_3 \end{array} \right]_n$$

Polypropylen, auch Polypropen, wird im Bauwesen in Form von Rohren, Tafeln und Folien benutzt und zu Sanitärarmaturen, Beschlägen, Formteilen, Seilen und Behältern verarbeitet. Es ist beständig gegen schwache Laugen und Säuren und verhält sich nach dem Entzünden wie PE. PP ist temperaturstandfester (Kriechen) als PE, aber weniger kältefest (Versprödung), es erweicht bei etwa 165 °C. Die Oberfläche lässt sich nicht wie bei PE mit dem Fingernagel ritzen, sondern ist hart und glänzend wie bei Polyamiden.

Eigenschaften
Dichte etwa 0,9 kg/dm^3, Zugfestigkeit 21 bis 37 N/mm^2, Wärmeausdehnung etwa 0,11 mm/(m · K).
Handelsnamen (Beispiele): Hostalen PP, Vestolen P (DSM Petrochemicals), Novolen (Basell Polyelefine)

13.4.4 Polymethylmetacrylat (Acrylglas) PMMA

Acrylglas ist glasklar, wasserfest, gießbar, thermoplastisch, biegsam, auch spangebend gut verarbeitbar, gute optische und dielektrische Eigenschaften, ziemlich beständig gegen chemische Angriffe und kratzempfindlich. Es wird verwendet für Sicherheitsglas, für Wandplatten, Lichtrasten, Beleuchtungskörper, Welltafeln und Rohre, Verbindung durch Kleben. PMMA altert nicht. Die Erweichung erfolgt bei etwa 120 bis 140 °C. Nach dem Entzünden brennt PMMA mit leuchtender, nicht rußender Flamme weiter und erzeugt einen scharfen, fruchtartigen Geruch (Geruch der Schwaden nach Auslöschen!).
Eigenschaften
Dichte etwa 1,2 kg/dm_3, Zugfestigkeit 70 bis 80 N/mm^2, Bruchdehnung etwa 4 %, E-Modul etwa 3000 N/mm^2, α_T = 0,07 mm/(m · K).
Handelsnamen (Beispiele): Plexisol (Röhm), Resarit (Resart), Deglas, Degalan (Degussa).

13.4.5 Polystyrol PS

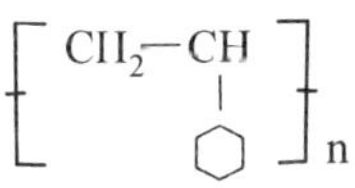

Polystyrol (Polyphenylethen) hat gute mechanische und dielektrische Eigenschaften, ist im vollautomatischen Spritzgussverfahren sowie im Warmpressverfahren gut zu verarbeiten, wasserfest und weitgehend chemikalienfest. Es kann gedeckt und durchscheinend eingefärbt werden. UV-Strahlen (Sonnenlicht, Leuchtstoffröhren) bewirken eine allmähliche Vergilbung, Festigkeitsabnahme und ein Mattwerden der Oberfläche. Nach dem Entzünden brennt PS mit leuchtender, stark rußender Flamme weiter und erzeugt dabei nach dem Verlöschen einen typischen süßlichen Styrolgeruch. Polystyrol ist ein preisgünstiger Kunststoff. Die Standard-Polystyrole sind hart, steif und spröde und können gut spangebend und bei Temperaturen um 130 °C auch spanlos verarbeitet werden. Verbindung durch Kleben. Für „schlagfeste" Polymerisate gibt es Einstellungsmöglichkeiten bis zu lederartiger Flexibilität. Verwendet als Bänder, Folien, Schläuche und Formteile.
Eigenschaften
Dichte 1,05 kg/dm^3, Zugfestigkeit 45 bis 55 N/mm^2, E-Modul 2200 bis 2500 N/mm^2, Wärmeausdehnung α_T = 0,06 bis 0,08 mm/(m · K).
Leichte geschäumte Polystyrole wie z.B. Styrodur (BASF), Styropor (BASF), Styrofoam (Dow Chem.), Roofmate (Dow Chem.), Dichte 0,015 bis 0,040 kg/dm^3, sind ein geeigneter Werkstoff zur Wärme- und Schalldämmung (auch Wandplatten).
Handelsnamen (Beispiele): Vestyron (CW Marl-Hüls), Hostyren (Aventis), Trolitul (Dynamit Nobel).

13.4.6 Polyvinylacetat PVAC

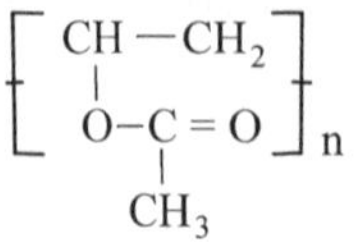

Als ölige Substanz oder weichklebriges bis hartes Harz entstanden, wird PVAC (in organischen Lösemitteln gelöst oder in Wasser fein verteilt, dispergiert) für Lacke, Farben, Kleber sowie als Zusatz für Mörtel und Beton verwendet. Wässrige PVAC-Dispersionen werden benutzt für Farben, Bindemittel von Spachtelmassen für fugenlose Fußböden; Zusätze zu Mörtel und Beton ergeben Zementmörtel und Zementbeton mit verbesserter Elastizität, Haftmittel zur Verbesserung des Haftens von Flickmörtel bzw. neuem Beton an altem bei der Behebung von Oberflächenschäden (Estrich, Putz, Beton).
Eigenschaften
Dichte 1,17g/cm^3, Erweichung je nach Polymerisationsgrad zwischen 30 und 60 °C.
Handelsnamen (Beispiele): Mowilith (Clariant GmbH), Acronal D (BASF), Vinnipas (Wacker), Klebstoffe, Mowicoll (früher Hoechst), Ponal (Henkel)

13.4.7 Polycarbonat PC

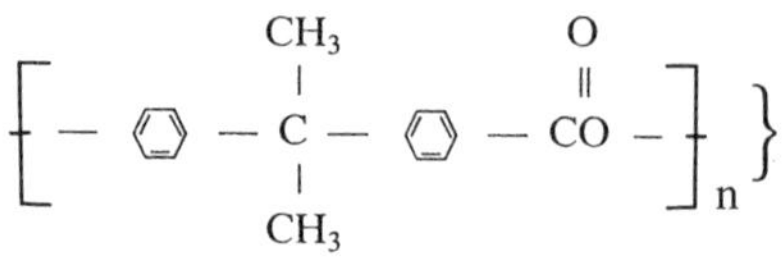

Polycarbonate sind lineare Polyester der Kohlensäure. PC ist recht witterungsbeständig und beständig gegen leichte Säuren, Fette und Öle, wird aber durch Alkalien zerstört. Es ist in manchen Lösemitteln löslich. Benzol und Tetrachlorkohlenstoff quellen es an. Es ist schwerentflammbar, brennt in der Flamme leuchtend, rußend und verkohlt blasig mit leichtem Phenolgeruch. Es wird für Platten, Flachstäbe, lichtdurchlässige Platten, Verglasungen (z.B. bei Sportstätten), Licht- und Lampenkuppeln, Jalousien, Duschkabinenwände, Telefonzellen, Akkugehäuse, Folien, Schutzhelme, durchsichtige Abdeckungen für Strom- und Wasserzähler oder Verkehrsampeln usw. verwendet.
Eigenschaften: Rohdichte 1,2 g/cm^3, schlagzäh bis –100 °C, Zugfestigkeit über 60 N/mm^2, Bruchdehnung 80 %, E-Modul 2200 N/mm^2, Wärmedehnzahl $\alpha_T = 60$ bis $70 \cdot 10^{-6}$K.
Handelsnamen (Beispiele): Makrolon (Bayer), Makrofol-Folie (Bayer). Auch glasfaserverstärkte Sorten sind im Handel: Makrolon 30 GV (Bayer)

13.4.8 Polyamide PA

Polyamide sind stickstoffhaltige Thermoplaste mit unterschiedlich vielen C-Gruppen, z.B. PA 6 mit 6 C-Gruppen (Perlon) oder PA 66 Mit 6 + 6 = 12 C-Gruppen (Nylon). Polyamide sind hornartige Stoffe von milchigweißer Eigenfarbe, in dünnen Schichten z.T. auch glasklar, mit glänzender Oberfläche. Sie sind ziemlich hart, sehr zäh und abriebfest. Sie lassen sich spanend bearbeiten, kleben, schweißen und gut einfärben. Durch längere Einwirkung von UV-Strahlen wird die Oberfläche geschädigt. Sie nehmen in Abhängigkeit von der Luftfeuchtigkeit und bei Wasserlagerung je nach Sorte Wasser auf. Die Polyamide sind gegen Säuren und stärkere Laugen empfindlich, jedoch beständig gegen die meisten organischen

Lösemittel, Treibstoffe, Öle und Fette. Sie brennen mit blauer, gelbgeränderter Flamme und Selleriegeruch, tropfen dabei und ziehen Fäden wie Siegellack. Außerhalb der Flamme erlöschen sie von selbst. Neben der aus dem Alltagsleben bekannten Verwendung für Fäden und Gewebe (Nylon, Perlon) werden Polyamide eingesetzt für Folien, Platten, Profile, Seile, Ketten, Zahnräder, Schrauben, Dübel, Beschläge, Kleiderhaken, Duschknöpfe, Mischbatterien, Industrieschutzhelme, Dichtungen usw.
Eigenschaften
Dichte 1,02 bis 1,15 g/cm^3, Zugfestigkeit 40 bis 70 N/mm^2, Bruchdehnung 150 bis 500 %, E-Modul je nach Sorte 1000 bis 1500 N/mm^2, Wärmedehnzahl α_T = (80 bis 150) · 10^{-6} K.
Handelsnamen (Beispiele): Ultramid (BASF), Vestamid, Trogamid (Degussa), Zytel (Dypont), Perlon (Bayer).

13.5 Duroplaste (Duromere)

Duroplaste (lateinisch durus, hart) machen ein plastisches Stadium durch und lassen sich dabei formen, aber sie erstarren schließlich zu (meist) harten, unschmelzbaren Produkten, die beim erneuten Erwärmen nicht wieder plastisch werden, sondern sich schließlich zersetzen. Sie sind aus diesem Grunde nicht schweißbar.
Duroplaste werden stets durch Polykondensation hergestellt. Unter Druck und/oder Hitze, aber auch im kalten Zustand während der Herstellung härten sie aus, dabei vernetzen sich die zunächst gebildeten, vorwiegend kettenförmigen und in diesem Stadium plastischen Polykondensate flächenhaft und räumlich, d.h., sie verwachsen in allen drei Dimensionen. Dabei bilden sich engmaschig vernetzte Makromoleküle, die sich nicht mehr gegeneinander verschieben lassen. Nachfolgend werden einige wichtige Duroplaste näher vorgestellt.

13.5.1 Phenoplaste PF

Phenoplaste (Phenolharze, Phenol-Formaldehydharze) sind Polykondensate auf der Grundlage von Phenolen und Formaldehyd.
Bei der sauren Kondensation von Phenolen mit Formaldehyd entstehen aus linearen Kettenmolekülen aufgebaute harzartige Stoffe, die Novolake (schmelzbar und in organischen Lösemitteln löslich). Bei der alkalischen Kondensation bilden sich bei gelindem Erhitzen Resolharze (ähnlich wie Novolake aufgebaut, verhältnismäßig niedermolekular und daher ebenfalls schmelzbar und löslich).
Beim weiteren Erhitzen geht die Kondensation weiter zu höhermolekularen Resitolharzen. Diese lassen sich in der Hitze unter Druck noch formen, härten jedoch bei etwa 150 °C zu unschmelzbaren, aus sperrigen, räumlich-vernetzten Molekülen bestehenden Resitharzen aus. Die gehärteten Kunstharze sind beständig gegen die meisten Chemikalien, u.a. gegen Alkohol, Benzin, Mineralöle, tierische und pflanzliche Öle und Fette, mittelstarke Säuren und verdünnte Alkalien, aber unbeständig gegen starke Säuren und Laugen. Die Wasseraufnahme ist gering. Die Harze verkohlen bei Erhitzung, Pressmassen blähen sich dann auf oder werden rissig, es entsteht dabei Phenolgeruch. Die Harze sind gelbbraun bis dunkelbraun. Edelkunstharze sind reine, ungefüllte Phenolharze, klar, durchsichtig und gedeckt farbig, sie lassen sich im gehärteten Zustand gut mit spangebendem Werkzeug bearbeiten (drehen, fräsen, bohren). Man fertigt daraus Blöcke, Platten sowie durch Fräsen oder Drehen Beschläge u.Ä.

Pressmassen stellt man aus reinen Harzsubstanzen her, indem man diese im Resolstadium in der Hitze mit Füllstoffen (Holz- und Gesteinsmehl, früher auch Asbestfasern) durchknetet, in die gewünschte Form presst und dabei durchhärtet. Pressstoffe (z.B. Pertinax) sind viel billiger als die Edelkunstharze und ähnlich verwendbar wie diese. Arten von Pressmassen und Pressschichtstoffen sind Isolatoren, Schalter, Steckdosen, Beschläge, Pressschichtholz, Holzfaserplatten, Holzspanplatten, Mineralwollplatten. Resolharze lassen sich auch kalt durch Zusatz von Härtern in Resite überführen. Diese werden dann als Lackrohstoffe zur Herstellung von Phenolharzleimen bzw. -klebstoffen sowie zur Herstellung von Schaumstoffen verwendet.

Eigenschaften

Dichte 1,25 g/cm^3, mit Füllstoffen 1,4 bis 1,9 g/cm^3.

Handelsnamen (Beispiele): Bakelite (Bakelite GmbH), Atephen (früher Hoechst), Luphen (BASF).

13.5.2 Aminoplaste UF, MF und Schichtpressstoffe

Aminoplaste entstehen durch Polykondensation von Formaldehyd mit Harnstoff (Harnstoffharze UF) oder mit Melamin (Melaminharze MF).

Die Harnstoffharze sind glasklar, farblos, aber anfärbbar. Gegenüber den Phenolharzen zeichnen sich diese durch Beständigkeit gegen Sonnenlicht aus, d.h., sie verfärben sich weder bei Sonnenlicht noch bei Hitze. Dennoch sind sie hitze- und feuchtigkeitsempfindlich. Ihre Wasseraufnahme ist etwas größer als bei den Phenolharzen. Sie neigen zu größerer Spannungskorrosion und sind etwas spröder. Beim Brenntest macht sich stechender Formalingeruch bemerkbar. Im Übrigen gleichen die physikalischen Eigenschaften und die chemische Beständigkeit denen der Phenolharze. Harnstoffharze werden verwendet als Bindemittel von Pressmassen, z.B. für sanitäre Anlagen oder Teile der Elektroinstallation, als Bindemittel für Holzwerkstoffe, als feucht- bis wasserfeste Holzleime, als Schaumstoffe und als Lackharze. Beim Brenntest macht sich bei Harnstoffharzen ein Formalingeruch bemerkbar.

Melaminharze MF werden verwendet für Leime und Klebstoffe, als Lackrohstoffe sowie als Bindemittel und Beschichtungsstoff für Pressmassen und Schichtpressstoffe, wie Dekorationsplatten, Deckfurniere und Holzwerkstoffe. Melaminharz ist glasklar, anfärbbar und beständig gegen Sonnenlicht. Seine Wasseraufnahme ist geringer und die Wärmebeständigkeit höher als bei Harnstoffharzen. Im Gegensatz zu Produkten aus Phenol- und Harnstoffharzen können Gegenstände aus Melaminharzen unbedenklich mit Lebensmitteln in Berührung kommen, z.B. bei Schichtpressstoffen in Küchen. Die Zwischenprodukte gleichen in den physikalischen Eigenschaften und der chemischen Beständigkeit weitgehend denen der Harnstoffharze.

Schichtpressstoffe bestehen aus mehreren Schichten von Glasfasergewebe, Spezialpapier oder Baumwollgewebe, die mit UF oder MF getränkt, bestrichen, getrocknet und geschnitten und anschließend bei Drücken von 100 bis 130 bar und Temperaturen bis 160 °C verpresst werden. Oft werden dabei vielfach bedruckte Deckschichten, auch als Holzmaserung, aufgepresst. Geschmacksfreiheit, hohe Oberflächengüte, gute Lichtbeständigkeit sowie relativ hohe Chemikalienfestigkeit (nicht beständig gegen starke Säuren oder Laugen) sichern den Schichtpressstoffen ein weites Anwendungsfeld: Möbel, Innenausbau, Verkleidungen im Waggon- und Schiffsbau, Wandverkleidungen, z.B. der Personenwagen der Bundesbahn, Einrichtungen aller Art und Graviermaterial (zweifarbig).

Eigenschaften
Dichte 1,25 bis 1,50 g/cm³.
Handelsnamen (Beispiele): für Leime: Kaurit (BASF), für Schaumstoffe: Isoschaum (Schaum-Chemie Wilhelm Bauer), bei Melaminharzen: Resopal (Resopal GmbH), Getalit, Geralan (Westag), Hornitex, Horniflex (Hornitex Werke Gebr. Künnemeyer), Pressalleim (Henkel)

13.5.3 Ungesättigte Polyesterharze UP

Polyesterharze sind Polykondensationsprodukte aus Dicarbonsäuren und zweiwertigen Alkoholen und werden in einem zweistufigen Verfahren hergestellt. Die zweite Stufe ist eine reine Polymerisation (so genannter Aushärtungsvorgang).
Die ungesättigten Polyesterharze kommen i.d.R. als Styrol-Lösungen in den Handel und werden als Gieß- und Laminier- oder Reaktionsharze bezeichnet. Es sind helle bis schwach gelbe oder bläuliche, transparente, harzähnliche Flüssigkeiten. Die Polymerisation geschieht durch Zugabe eines Härters (meist organische Peroxide – stark ätzend!) und Erwärmung auf 80 bis 160 °C. Bei Temperaturen unter 80 °C muss ein Beschleuniger zugegeben werden. Kalt aushärtende UP-Gießharze enthalten den Beschleuniger bereits im Anlieferungszustand, sodass nur noch der Härter zugegeben werden muss.
Im ausgehärteten Zustand sind UP-Harze hart und im Allgemeinen spröde. Sie lassen sich färben, spanend bearbeiten, polieren, kleben. Sie brennen mit leuchtender, rußender Flamme und süßlichem Geruch. Ihre Einsatzgebiete sind lichtdurchlässige Bedachungen oder Balkonverkleidungen, Karosserieteile, sanitäre Installationsartikel, z.B. Waschbecken, Formteile in der Elektrotechnik, schlagfeste Teile, z.B. in der Autoindustrie, Sportgeräte, Bootskörper und Schutzhelme.
Eigenschaften
Dichte 1,25 kg/dm³, Biegezugfestigkeit 65 N/mm², Zugfestigkeit 30 N/mm², E-Modul 14 000 bis 20 000 N/mm², Wärmeausdehnung 0,06 bis 0,08 mm/(m · K).
Handelsnamen (Beispiele): Palatal (DSM Composite Resins BV), Leguval (Bayer), Vestopal (CW Marl-Hüls)

13.5.4 Epoxidharze EP

Epoxidharze werden durch Kondensation vorwiegend (90 %) aus Polyphenolen als flüssige bis feste Stoffe hergestellt. Die Härtung (räumliche Vernetzung der Molekülketten) erfolgt beim Verarbeiten durch Polyaddition unter Zugabe von Härtern. Sie dauert bei Raumtemperatur von etwa 20 °C etwa 24 bis 48 Stunden (Kalthärtung unter Normaldruck), bei höheren Temperaturen bis 200 °C nur 30 Minuten (Heißhärtung). Füllstoffe und Härtung beeinflussen die Typen der Produkte sowie deren Eigenschaften.
Die Epoxidharze werden hauptsächlich in der Metallklebetechnik als „Klebharz" verwendet. Das ungehärtete Zwischenprodukt wird unmittelbar vor dem Gebrauch mit einem Härter (dem chemischen Wesen nach ein Katalysator) gemischt und „härtet" dann an der Klebestelle aus. Die Klebungen erreichen infolge hoher Haftfähigkeit Festigkeitswerte, die denen des Metalls selbst entsprechen.
Des Weiteren dient Epoxidharz als Gießharz z.B. zur isolierenden Umkleidung elektrischer Baugruppen oder als Lackrohstoff für sogenannte Einbrennlacke.
Mit Füllstoffen vermischt lassen sich komplizierte Formteile von großer Widerstandsfähigkeit gießen, die auch gegenüber vielen Chemikalien (Säuren, Laugen, Lösemittel) bestän-

dig sind. EP wird auch zur Herstellung von glasfaserverstärkten Kunststoffen (GFK, siehe Abschn. 13.5.5), Kunstharzbeton und -mörtel sowie zur Beschichtung, z.B. von Industriefußböden, verwendet.
Die Chemikalienbeständigkeit ist besser als bei den UP-Harzen. Die ausgehärteten reinen UP-Harze brennen mit leuchtender und rußender Flamme und Phenolgeruch. EP-Harze sind relativ teuer.
Eigenschaften
Rohdichte 1,1 bis 1,4 kg/dm^3, Biegefestigkeiten von etwa 100 N/mm^2, Zugfestigkeiten von etwa 70 N/mm^2, E-Modul von etwa 21 500 N/mm^2 und eine Wärmeausdehnung von etwa 0,09 mm/(m · K).
Handelsnamen (Beispiele): Araldit (Ciba-Geigy), Epikote (Shell), Lekutherm (Bayer), Uhu-Plus-Klebstoff (Beiersdorf), Pattex (Henkel).

13.5.5 Glasfaserverstärkte Kunststoffe GFK

Zur Herstellung von glasfaserverstärkten Kunststoffen werden vorwiegend ungesättigte Polyesterharze (UP-GF) und Epoxidharze (EP-GF) verwendet, daneben auch PS, PA, PC, PF und MF, neben Glasfasern auch Aramid- und Carbonfasern. Die Glasfasern werden in Form von Glasseidensträngen (sog. Rovingbündel aus 100 bis 200 einzelnen, 5 bis 13 µm dicken Fäden), Glasseidengeweben (Roving-Gewebe) und Glasseidenmatten (Vliese) verwendet. Der Faseranteil beträgt 20 bis 75 Masse-%; die Herstellung von GFK-Formteilen geschieht nach verschiedenen Verfahren: Handlaminieren: Auflegen von Matten oder Geweben auf Formen und Auftragen des Harzes von Hand. Platten werden in einem kontinuierlichen Laminierverfahren hergestellt.
Faserspritzverfahren: Aufspritzen des Harzes und von geschnittenen Glasfasern auf einteilige Formen. Wickelverfahren: lagenweises Aufwickeln von harzgesättigten Fasersträngen oder Gewebebändern auf zylindrische Kerne (Rohre). Schleuderverfahren: Aufspritzen von Harz in einem sich drehenden, mit Glasfasermatten ausgelegten Hohlzylinder.
GFK wird verwendet u.a. für Platten, ebene und gewellte Tafeln, Lichtkuppeln, Dächer, Wartehäuschen, Profile, Rohre, Spannkabel für vorgespannten Beton, Bauelemente für Schwimmbassins, Behälter, Öltanks, Formschalungen, Fenster, Türen, Garagentore, Möbel und Verkehrsschilder.

13.6 Thermoelaste (Plastomere)

Thermoelaste sind ebenfalls weitmaschig vernetzte (siehe Abb. 13.1 d) hochpolymere Kunststoffe, die von 20 °C oder einer höheren Temperatur bis zur Zersetzungstemperatur gummi-elastisch sind, z.B. weitmaschig vernetztes Polyethylen.

13.7 Thermoplastische Elastomere

Thermoplastische Elastomere (TPE) sind wie die Elastomere weitmaschig vernetzt (siehe Abb. 13.1 d). Sie bestehen aus amorphen (weichen) und kristallinen (harten) Phasen. Bei Gebrauchstemperaturen verhalten sie sich wie Elastomere. Oberhalb einer charakteristischen Temperatur sind sie jedoch plastisch formbar und können daher wie Thermoplaste verarbeitet werden. Es gibt z.B. thermoplastische Polyolefin-Elastomere (TPE-O; Apparatebau, Straßenmarkierungspfähle) und thermoplastische Polyurethan-Elastomere, auch als thermoplastische Polyurethane bzw. Polyurethan-Elastomere bezeichnet (TPU; Sport- und Spielflächen, Schallmatten).

13.8 Polyurethane PUR

Polyurethane werden hergestellt nach dem Polyadditionsverfahren aus Di- und Polyisocyanaten und mehrwertigen Alkoholen, meistens unter Mitwirkung von Katalysatoren zur Steuerung der Reaktionsgeschwindigkeit und von Treibmitteln und Schaumstabilisatoren zur Herstellung von PUR-Schaumstoffen. Je nach den Herstellungsbedingungen entstehen vernetzte Polyurethane, und zwar entweder weitmaschig vernetzt (PUR-Elastomere) oder engmaschig vernetzt (duroplastische Polyurethane), sowie lineare thermoplastische Polyurethane.

Die thermoplastischen PUR können, wie bei Thermoplasten, durch Spritzgießen (Temperatur und Druck) und Extrudieren (nur Temperatur) geformt und danach durch Kleben, Schweißen und bei harten Teilen durch Spanen verarbeitet werden. Ihre Eigenschaften sind denen der Polyamide ähnlich (siehe Abschn. 13.4.8).

Handelsnamen: Caprolan und Elastollan (beide Elastograne Polyurethane GmbH, Lemförde), Desmopan (Bayer).

Die duroplastischen PUR werden ähnlich wie Kautschuk (s.u.) verarbeitet: In die festen Stoffe werden in Mischwalzwerken Vernetzer eingearbeitet, die Walzfelle werden in die beheizbaren Werkzeuge eingelegt und härten dort ähnlich der Vulkanisation von Gummi aus; dabei können auch noch Füllstoffe zugegeben werden. Harte PUR-Elastomere können spanend wie Thermoplaste bearbeitet werden.

PUR-Elastomere (s.a. Abschn. 13.9.1) besitzen hohe Zugfestigkeit bei großer Bruchdehnung, im Verhältnis zu konventionellen Gummiwerkstoffen einen hohen E-Modul, sehr gute Verschleißfestigkeit, gute Haftfestigkeit auf Metallen. Der Einsatzbereich liegt bei Temperaturen von –40 bis +80 °C, u.U. bis 110 °C. PUR-Elastomere brennen z.T. außerhalb der Flamme abtropfend weiter, z.T. verlöschen sie außerhalb der Flamme.

Polyurethan Schäume gibt es von weich bis hart. Weichschaumstoffe verwenden als Treibmittel CO_2, sie sind offenzellig und luftdurchlässig. Hartschaumstoffe sind praktisch vollkommen geschlossenzellig. Sie werden in großem Maße zur Hohlraumverschäumung und zur Herstellung von Sandwichelementen verwendet (Wärmedämmelemente). Nach dem RIM-Verfahren (Reaction Injection Molding) werden sog. PUR-Integralschäume hergestellt. Sie haben eine massive (harte) Randzone und einen leichten porigen Kern. Harte Integralschäume werden zur Herstellung von Fensterrahmen, Möbeln und Filterplatten verwendet, flexible Integralschäume vorwiegend in der Autoindustrie, auch mit Glasfasern verstärkt.

Verwendung finden die duroplastischen Polyurethane als Gießharze, Streich- und Spachtelmassen, Hart- und Weichschaumstoffe (Moltopren von Bayer), DD-Lacke (Desmodur, Desmophen, beide von Bayer, 2-Komponenten-Lacke), Einkomponentenlacke, Klebstoffe, Beschichtungsmassen für Estriche, Fugenvergussmassen. Gummielastische PUR-Sorten (Vulkollan, Bayer) werden für Faltenbälge, Dichtungen u.Ä. verwendet.

13.9 Elastomere (Elaste)

13.9.1 Allgemeines

Elastomere sind weitmaschig vernetzte makromolekulare Kunststoffe, die bereits mit geringer Kraft ab 20 °C und niedrigeren Temperaturen bis zur Zersetzungstemperatur mindestens auf das Doppelte der Ausgangslänge gedehnt werden können. Ausgangsstoff ist Kautschuk (s.u.), der durch Zugabe von Vernetzungschemikalien, hauptsächlich Schwefel, vulkanisiert, d.h. vernetzt werden kann. Je nach Schwefelgehalt ergibt sich Weichgummi (1 bis 5 % S) bis Hartgummi (15 bis 30 % S).

13.9.2 Naturkautschuk

Naturkautschuk (Kurzzeichen NK oder NR; R = Rubber, engl. Gummi) wird aus dem Saft (Latex) des Kautschukbaums und anderer Pflanzen gewonnen. Er besteht im Wesentlichen aus Polyisopren IR $(C_5H_8)_n$, ist schwach durchsichtig und von gelber bis dunkelbrauner Farbe. Mit organischen Lösungsmitteln wird er zu Klebstoffen verarbeitet. Im unvernetzten Zustand ist Naturkautschuk ein Thermoplast, der durch seine verknäuelten Molekülfäden ein hohes Dehnungsvermögen besitzt.

Durch Vulkanisation (Vernetzung) mit Schwefel und unter Zugabe von Füllstoffen wie Ruß, Kreide, Weichmacher entstehen mehr oder weniger vernetzte Sorten. Weichgummi (Elastomer), Hartgummi (Duromer). Chlorkautschuk entsteht durch Chloranlagerung an Naturkautschuk: chemikalien- und wetterfeste Anstriche und Beschichtungen (Pergut von Bayer). Durch Behandlung von Kautschuk mit Schwefelsäure entsteht ein gut löslicher Lackrohstoff (Cyclokautschuk: Alpex von ehem. Hoechst). Im Übrigen wird (bzw. wurde) Naturkautschuk zu den gleichen Produkten verarbeitet wie Synthesekautschuk (s.u.).

13.9.3 Synthesekautschuk

Synthesekautschuk wird aus sog. Dienen (Butadien C_4H_6; Isopren C_5H_8) durch Polymerisation hergestellt (Dienkautschuk). Er kann wie Naturkautschuk durch Vulkanisation, vorwiegend mit Schwefel, aber auch mit anderen Vernetzungsstoffen, zu weitmaschigen Elastomeren verarbeitet werden. Je nach Zugabe von unterschiedlichen Reglersubstanzen, die den Polymerisationsprozess steuern, gibt es eine ganze Reihe von mit Schwefel vernetzbaren Synthesekautschuk-Arten.

Die bekanntesten und wichtigsten Synthesekautschuk-Arten sind (Dien-Elastomere): Buna (Butadien + Natrium; einer der ersten, 1929/30 von der IG Farben hergestellten Synthesekautschuke); Styrol-Butadien-Kautschuk SBR (heute ca. 50 % Marktanteil) für Autoreifen, Förderbänder; Nitril-Kautschuk NBR für Benzinschläuche, Dichtungen; Chloropren-Kautschuk CR für Bauteil- und Brückenauflager (Neoprene von Du Pont), Dichtungsfolien, Fugenbänder, weitere Handelsnamen z.B. Perbunan C von Bayer wie Baypren; Butylkautschuk IIR (Isobutylen/Isopren) für Dichtungsbahnen, Fugendichtungsmassen; Polysulfid-Kautschuk SR für 2-Komponenten-Dichtungsmassen und Beschichtungen, Handelsnamen z.B. Thiokol (USA), Perduren GH (früher Hoechst). Weitere gummiartige Kunststoffarten sind Siliconkautschuk (s.u.), PUR-Kautschuk Vulkollan (s.o.), Polyisobutylen PIB (Oppanol von BASF, Rhepanol von Braas, Oberursel), Ethylen-Propylen-Kautschuk EPM und Ethylen-Propylen-Dien-Kautschuk EPDM (Buna AP, Keltan).

13.10 Silikone SI

Silikone sind kettenförmige Makromoleküle, die aus Silicium- und Sauerstoffmolekülen aufgebaut sind und auch vulkanisiert, d.h. vernetzt werden können. Die Seitenvalenzen der Si-Atome sind mit organischen Resten R besetzt (siehe Abb. 13.3). Silikone reagieren neutral und sind unbrennbar, elektrisch nicht leitend, hydrophob (wasserabweisend), chemisch beständig, korrosionsunempfindlich, besitzen aber eine geringe mechanische Festigkeit. Ihre Eigenschaften bleiben in einem großen Temperaturbereich (–50 bis +180, z.T. bis +300 °C) unverändert. Je nach Zusammensetzung und Polymerisations- sowie ggf. Vernetzungsgrad erhält man ölige, pasten-, harz- oder kautschukartige Silikone.

- Silikonöle finden Verwendung als temperaturunabhängige Schmiermittel mit gleich bleibender Viskosität von –60 bis +300 °C.
- Silikonharze finden Verwendung als wasserabweisende Bautenschutzmittel (Hydrophobierungsmittel) für Imprägnierungen, Schutzanstriche und Beschichtungen. Es gibt sie als wässrige Dispersionen oder in organischen Lösungsmitteln als Silikonharzlösungen. Diese (Silane, Siloxane) bilden durch Verdunstung des Lösungsmittels und Reaktion mit Feuchtigkeit das eigentliche imprägnierende und hydrophobierende Silikonharz.
- Silikonkautschuk (s.a. Abschn. 13.9.3) findet Verwendung als Dichtungen, Transportbänder, Elektroisolation sowie, pastös in Kartuschen, als Fugendichtungsmittel.

Handelsnamen: Baysilone (Bayer); Silikone (Wacker); Silopren (Silikongummi; Bayer)

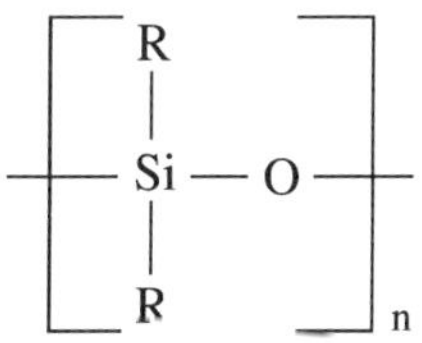

Abb. 13.3 Strukturformel von Silikonen [2]

13.11 Abgewandelte Naturstoffe

Abgewandelte Naturstoffe werden auch als halbsynthetische Kunststoffe bezeichnet. Sie werden durch bestimmte Aufbereitungsverfahren aus makromolekularen Naturstoffen wie Zellulose, Naturkautschuk (siehe Abschn. 13.9.2) oder Eiweiß hergestellt. Zu den abgewandelten Naturstoffen gehören:

Vulkanfiber VF. Zäher Schichtpressstoff hoher Festigkeit (Kofferplatten, Schleif- und Dichtungsscheiben) aus Zellstoff oder Papierbahnen, die mit Schwefelsäure oder Zinkchloridlösung behandelt und zu Platten oder Bahnen miteinander verpresst sind.

Zellulosenitrat CN. Mit Schwefelsäure-Salpetersäure-Gemisch behandelte Zellulose. Man stellt daraus Schießbaumwolle (Nitrocellulose), Celluloid (Zellhorn für Griffe, Türschoner, Klarsichtverpackungen, Fotofilme) sowie Nitrolacke und Klebstoffe (Uhu) her.

Weitere Zelluloseabkömmlinge (Beispiele) sind Zelluloseacetobutyrat CAB (Bau- und Möbelbeschläge, Rohre, Lichtwände, Metallbeschichtungen) und Methylzellulose MC (Zellkleister, Tapetenleim; wasserlöslich). Kunsthornpressmassen werden aus Kasein (Milcheiweiß) durch Behandlung mit Formaldehyd hergestellt (Casein-Formaldehyd CSF).

13.12 Fragen und Aufgaben zu Kunststoffen

1) Welches sind die Ausgangsstoffe für die Herstellung der voll- und halbsynthetischen Kunststoffe?
2) Welches ist das wesentliche Prinzip, das bei der Herstellung vollsynthetischer Kunststoffe angewendet wird?
3) Worin unterscheiden sich Thermoplaste, Duroplaste und Elastomere voneinander?
4) Welche allgemeinen Eigenschaften der Kunststoffe sind für ihre Anwendung im Bauwesen besonders wichtig? Welches sind ihre Vor- und Nachteile?
5) Nennen Sie einige Bauelemente aus und Anwendungen von Kunststoffen im Bauwesen.
6) Nennen Sie die besonderen Anwendungsgebiete der folgenden Kunststoffe:
a) UP-Harze und Epoxidharze,
b) Polyurethane,
c) Kautschuk,
d) Silikone.

14 Dämmen, Sperren, Schall- und Brandschutz

14.1 Allgemeines

Der Mensch in unseren Breitengraden verbringt ca. 90 % seines Lebens in Innenräumen. Erstaunlicherweise wird dies nur marginal beachtet. Deshalb muss neben der eingeführten Raumtemperatur auch den für das Raumklima signifikant wirksamen Parametern erhebliche Beachtung gewidmet werden. Um das Wechselverhältnis von Stoffen und Nutzeransprüchen deutlich zu machen, werden diese Aspekte aufgeführt und dem Kapitel vorangestellt. Insbesondere gilt dies für die untrennbar verbundene Zusammengehörigkeit von Temperatur und Feuchte.

Nicht nur das erwünschte Ziel von 20 °C und 55 % rel. Feuchte, und damit ca. 8,3 g Wasser pro m³ Luft als absolute Feuchte, sondern Oberflächentemperaturen von ca. 17 °C der raumabschließenden Wände und die Luftgeschwindigkeit von ca. 0,2 m/s spielen eine große Rolle. Nicht erst bei Erreichen des Taupunktes, im Diagramm als Nebelisotherme erkennbar, und damit dem definitiven Ausfall von Kondensat, sondern bereits bei 70 % rel. Feuchte kann Schimmelpilzbefall auftreten. Feuchten unter 40 % sind jedoch ebenfalls zu beachten, da hierbei die Schleimhäute so austrocknen, dass sie ihre Funktion nicht oder nur noch bedingt erfüllen können. Stäube, Fein- oder Feinststäube, können dann ungehindert in die Lunge eintreten und damit zu unterschiedlichen Krankheitsbildern führen.

14.1.1 Innenraumklima

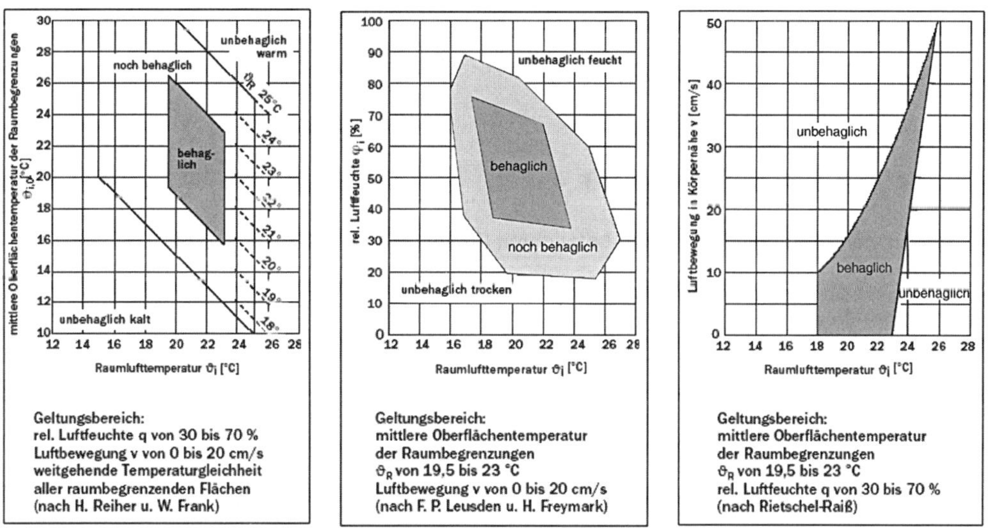

a) b) c)

Abb. 14.1 Innenraumklima

a) Behaglichkeit in Abhängigkeit von Innenraumtemperatur und den mittleren Oberflächentemperaturen der raumabschließenden Flächen

b) Behaglichkeit in Abhängigkeit von Innenraumtemperaturen und der relativen Luftfeuchte der Innenraumluft

c) Behaglichkeit in Abhängigkeit von Innenraumtemperatur und der Luftbewegung im Raum

14.1.2 h,x-Diagramm von Mollier

Wassermoleküle können in der Luft, an der Oberfläche oder innerhalb von Baustoffen kondensieren; ob dies geschieht, ist von deren Menge und deren Temperatur abhängig.
Wassermoleküle können sich so lange frei bewegen, d.h. sie sind so lange gasförmig, wie deren Energie aus den Temperaturbewegungen größer ist als die der gegenseitigen Anziehung. Die Wahrscheinlichkeit der gegenseitigen Anziehung wächst mit der Anzahl der Wassermoleküle innerhalb eines Raumes, sodass sich in einem Raum mit bestimmten Temperaturen und bei gleichbleibendem Druck nur eine bestimmte Anzahl von Molekülen frei bewegen kann. Erhöht sich die Anzahl oder senkt sich deren Temperatur, kommt es zur Wasserstoffbrückenbildung – Kondensation – und es fällt so viel Wasser aus, bis sich wieder ein Gleichgewicht einstellt.
Verringert sich der Teilchenabstand durch Eindringen zusätzlicher Wassermoleküle oder verringert sich die Temperatur (Bewegungsenergie), kommt es zur Bildung von Wasserstoffbrücken und somit zur Kondensation.
Um hierdurch eventuell entstehende Tauwasserschäden zu vermeiden, ist es erforderlich, die mögliche Menge der bei einer bestimmten Temperatur frei beweglichen Wassermoleküle zu kennen. Diese Menge lässt sich experimentell ermitteln und für jede Temperatur angeben.

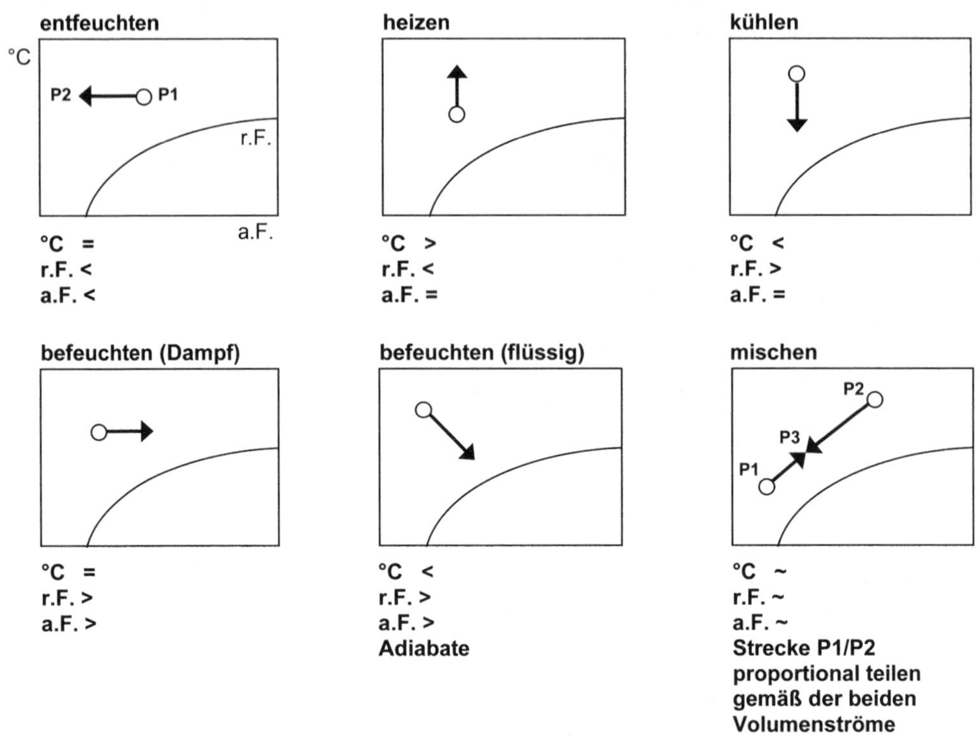

Abb. 14.2 Übersichten für die thermodynamischen Behandlungen

Die beiden nachfolgenden Auswertungen zeigen die kontinuierlichen Messungen eines Innenraumes und der Referenz Außenklima im Zeitraum einer Woche, mittels Datenloggern für Temperatur und rel. Feuchte.

Einzelwerte können mittels h,x-Diagramm dargestellt werden.

Comfort-Software V3		Gerät	24.07.2008		K1: SN 808 8482 340
Firma		Abteilung	Person		K2: SN 808 8482 340
	Min:		Max:		Mit:
K:1 [°C] NTC	11.09	16.04.2008 16:30:00	22.89	22.04.2008 10:45:00	17.12
K:2 [%rF] Feuchte	32.30	23.04.2008 10:30:00	85.00	16.04.2008 06:00:00	53.00
Schlafzimmer (Nord), auf dem Boden links vom Schrank					

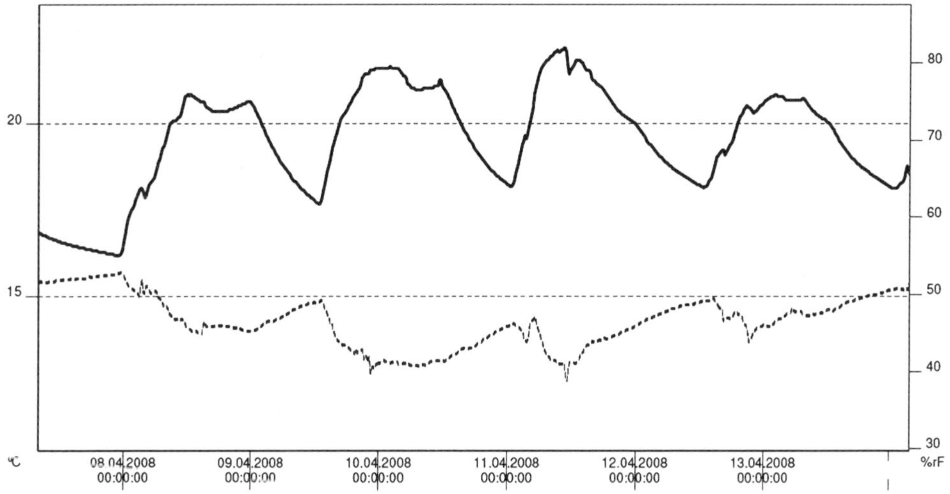

Abb. 14.3 Schlafzimmer (Nord), auf dem Boden links vom Schrank

Comfort-Software V3		Gerät	24.07.2008		K1: SN 906 7657 293
Firma		Abteilung	Person		K2: SN 906 7657 293
	Min:		Max:		Mit:
K:1 [°C] Temp	-0.64	17.04.2008 07:30:00	22.87	22.04.2008 12:00:00	7.65
K:2 [%rF] Feuchte	33.00	08.04.2008 16:45:00	99.90	14.04.2008 08:15:00	75.15
Außen (Nord), Unterkante gedämmte Fassade					

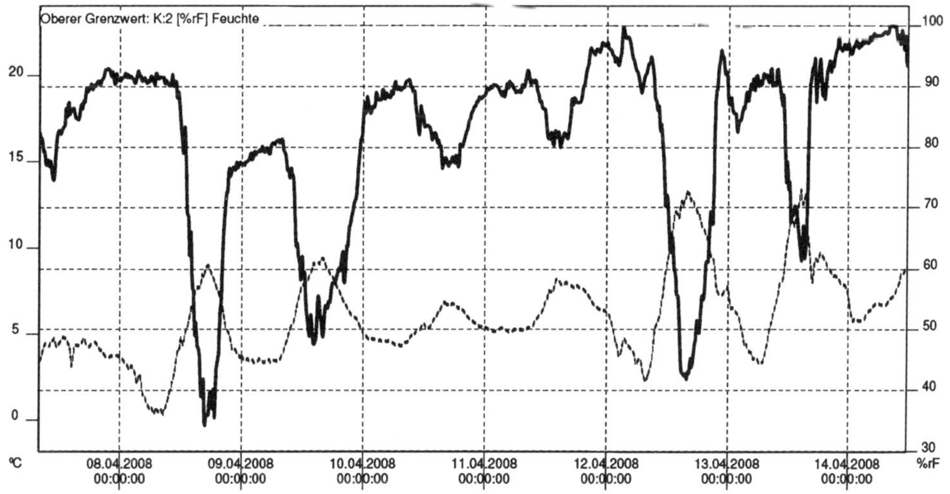

Abb. 14.4 Schlafzimmer, außen (Nord), Unterkante gedämmte Fassade

14.1.3 Aufgabenstellung

Für die Lösungen ist als Kopiervorlage das h,x-Diagramm auf der hinteren Umschlagseite zu verwenden.

1. Bad, 24 °C und 60 % relativer Feuchte, wird auf 18,5 °C gekühlt und hat damit ____% relative Feuchte bzw. ____ g absolute Feuchte. Durch Entfeuchten werden 6,0 g Wasser/kg Luft entnommen. Bei Erwärmung auf 24 °C werden ____% relative Feuchte erreicht.
2. Kinderzimmer, 20 °C und 40 % relative Feuchte. Die Luft enthält somit ____ g Wasser/m^3 Luft. In Form der Verdunstung von Wasser (Aggregatzustand flüssig) werden 1,6 g Wasser/m^3 eingebracht. Welche Temperatur herrscht im Raum?
3. Wohnen, 19 °C bei 50 % rel. Feuchte, g absolute Feuchte, es wird in Dampfform 3 g Wasser/m^3 zugeführt. Wie viel % relative Feuchte? Hat diese Feuchte bereits Auswirkungen auf das Korrosionsverhalten von Stahl oder auf ein Pilzwachstum?
4. Ein Vorratsraum ist mit 15 °C temperiert bei 60 % rel. Feuchte, also ____ g absolute Feuchte. Der Raum wird auf + 5 °C abgekühlt. Wie viel Kondensat fällt aus? Bei Erwärmung auf 15 °C wird welche rel. Feuchte erreicht?
5. Tragen Sie bitte in das als Anlage beigefügte Mollier-Diagramm folgende Aufgabenstellung ein: Luft 20 °C, 25 % relative Feuchte, wie viel absolute Feuchte? Diese Luft wird mittels Zugabe von H_2O, Aggregatzustand flüssig, auf 60 % rel. Feuchte befeuchtet. Wie viel Gramm absolute Feuchte enthält die Luft dann pro m^3 und welche Temperatur herrscht im Raum?
6. In einem klimatisierten Raum werden 24 °C angeboten bei einer relativen Feuchte von 60 %, das bedeutet ____ g/m^3 absolute Feuchte. Die Luft wird auf 20 °C abgekühlt und hat damit ____ % relativer Feuchte. Es erfolgt eine Entfeuchtung auf 40 % relativer Feuchte, und damit ____ g/m^3 absolute Feuchte. Abgekühlt auf 5 °C, damit ____ % relativer Feuchte bzw. ____ g/m^3 absolute Feuchte. Aufgeheizt auf 20 °C, damit ____ % relative Feuchte? Wie viel Wasser, Aggregatzustand dampfförmig, ist je m^3 nötig, um jetzt 40 % relativer Feuchte zu erhalten?
7. Wohnraum, 20 °C und 40 % rel. Feuchte, soll mittels Verdunster im Raum auf 55 % rel. Feuchte befeuchtet werden. Welche Konditionen hat das Innenraumklima dann in °C und in g absolute Feuchte?
8. Bei ca. 2,0 m Tiefe unter Gelände ist welche Temperatur anzunehmen? Kann im Kellergeschoss des Treppenhauses im Sommer bei einer Außentemperatur von 28 °C und 50 % rel. Feuchte Kondensat auf den erdberührten innenseitigen Wandoberflächen auftreten?
9. Welche beiden Parameter sind für den Innenraum entscheidend und welche min- und max-Werte bzw. Mittelwerte sind Ihnen bekannt?
10. Erklären Sie bitte auf Basis des Mollier-Diagramms einen adiabatischen Prozess.

14.2 Wärmeschutz

Normen und Verordnungen

Norm	Ausgabe	Titel
DIN 4108-1 (zurückgezogen und ersetzt durch DIN EN ISO 7345:1995)		Wärmeschutz im Hochbau; Größen und Einheiten
DIN 4108-2	(2013-02)	Mindestanforderungen an den Wärmeschutz zur Vermeidung von Tauwasser und unhygienischen Raumluftverhältnissen sowie den sommerlichen Wärmeschutz
DIN 4108-3	(2014-11)	Klimabedingter Feuchteschutz – Anforderungen, Berechnungsverfahren und Hinweise für Planung und Ausführung, enthält Randbedingungen und Rechenvorschriften für das Glaser-Verfahren
DIN 4108-4	(2017-03)	Wärme- und feuchteschutztechnische Bemessungswerte, enthält wesentliche bauphysikalische Kennwerte einzelner Baustoffe (Lambda- und My-Werte)
DIN V 4108-6	(Ausgabe 2003-06, Berichtigung 2004-03)	Berechnung des Jahresheizwärme- und des Jahresheizenergiebedarfs, enthält alle wesentlichen Rechenvorschriften zur Ermittlung des Heizwärmebedarfs in Wohngebäuden nach EnEV (für Nichtwohngebäude siehe DIN V 18599)
DIN 4108-7	(2011-01)	Luftdichtheit von Gebäuden – Anforderungen, Planungs- und Ausführungsempfehlungen sowie -beispiele
DIN 4108-10	(2015-01)	Anwendungsbezogene Anforderungen an Wärmedämmstoffe – Werkmäßig hergestellte Wärmedämmstoffe
DIN 4108	Beibl. 1 (ungültig)	Wärmeschutz im Hochbau; Inhaltsverzeichnisse; Stichwortverzeichnis
DIN 4108	Beibl. 2 (2006-03)	Wärmeschutz und Energie-Einsparung in Gebäuden – Wärmebrücken – Planungs- und Ausführungsbeispiele
DIN EN ISO 6946	(2008–04)	Bauteile – Wärmedurchlasswiderstand und Wärmedurchgangskoeffizient – Berechnungsverfahren (ISO 6946:2007); Deutsche Fassung EN ISO 6946:2007
DIN EN ISO 7345	(1996–01)	Wärmeschutz – Physikalische Größen und Definitionen (ISO 7345:1987); Deutsche Fassung EN ISO 7345:1995
DIN EN ISO 13 370	(2008–04)	Wärmetechnisches Verhalten von Gebäuden – Wärmeübertragung über das Erdreich – Berechnungsverfahren (ISO 13 370:2007); Deutsche Fassung EN ISO 13 370:2007
DIN EN 13 162	(2015–04)	Wärmedämmstoffe für Gebäude – Werkmäßig hergestellte Produkte aus Mineralwolle (MW) – Spezifikation; Deutsche Fassung EN 13 162:2012 + A1:2015
DIN EN 13 163	(2017–02)	Wärmedämmstoffe für Gebäude – Werkmäßig hergestellte Produkte aus expandiertem Polystyrol (EPS) – Spezifikation; Deutsche Fassung EN 13 163:2012 + A1:2015
DIN EN 13 164	(2015–04)	Wärmedämmstoffe für Gebäude – Werkmäßig hergestellte Produkte aus extrudiertem Polystyrolschaum (XPS) – Spezifikation; Deutsche Fassung EN 13 164:2012 + A1:2015
DIN EN 13 165	(2016–09)	Wärmedämmstoffe für Gebäude – Werkmäßig hergestellte Produkte aus Polyurethan-Hartschaum (PUR) – Spezifikation; Deutsche Fassung EN 13 165:2008
DIN EN 13 166	(2016–09)	Wärmedämmstoffe für Gebäude – Werkmäßig hergestellte Produkte aus Phenolharzschaum (PF) – Spezifikation; Deutsche Fassung EN 13 166:2012 + A1:2015
DIN EN 13 167	(2015–04)	Wärmedämmstoffe für Gebäude – Werkmäßig hergestellte Produkte aus Schaumglas (CG) – Spezifikation; Deutsche Fassung EN 13 167:2012 +A1:2015

DIN EN 13 168	(2015–04)	Wärmedämmstoffe für Gebäude – Werkmäßig hergestellte Produkte aus Holzwolle (WW) – Spezifikation; Deutsche Fassung EN 13 168:2012 + A1:2015
DIN EN 13 169	(2015–04)	Wärmedämmstoffe für Gebäude – Werkmäßig hergestellte Produkte aus Blähperlit (EPB) – Spezifikation; Deutsche Fassung EN 13 169:2012 + A1:2015
DIN EN 13 170	(2015–04)	Wärmedämmstoffe für Gebäude – Werkmäßig hergestellte Produkte aus expandiertem Kork (ICB) – Spezifikation; Deutsche Fassung EN 13 170:2012 + A1:2015
DIN EN 13 171	(2015–04)	Wärmedämmstoffe für Gebäude – Werkmäßig hergestellte Produkte aus Holzfasern (WF) – Spezifikation; Deutsche Fassung EN 13 171:2012 + A1:2015

Es gilt die Verordnung über energiesparenden Wärmeschutz und energiesparende Anlagentechnik bei Gebäuden (Energieeinsparverordnung – EnEV) vom 01.01.2016.

14.2.1 Wasserdampfdiffusion

Besonders im Winter besteht zwischen beheizten Innenräumen und der Außenluft ein Dampfdruckgefälle, d.h., der Wasserdampf diffundiert von innen nach außen. Diesen Vorgang nennt man Wasserdampfdiffusion. Der Widerstand, den ein Baustoff der Diffusion des Wasserdampfes entgegensetzt, wird durch die Wasserdampf-Diffusionswiderstandszahl μ ausgedrückt. Sie ist dimensionslos und gibt an, um wievielmal größer der Diffusionswiderstand einer Stoffschicht ist als der einer gleich dicken Luftschicht unter sonst gleichen Bedingungen.
Poröse Baustoffe haben einen kleinen Dampfdiffusionswiderstand, Dachbahnen dagegen einen hohen (siehe Tafel 14.1). Bei Kunststoffbahnen liegen die M-Werte bei 10 000 bis 30 000 (PVC weich) bis zu 400 000 bis 1 750 000 (PIB). Die beiden Zahlen geben den unteren und oberen Grenzwert an. Bitumen und Metallfolien von über 0,1 mm Dicke sind praktisch dampfdicht.
Als Kenngröße für die Diffusionseigenschaft einer Stoffschicht bestimmter Dicke dient die wasserdampfdiffusionsäquivalente Luftschichtdicke s_d. Es ist die Dicke einer Luftschicht in m, die denselben Diffusionswiderstand aufweist wie die Stoffschicht mit der Dicke s und der Diffusionswiderstandszahl μ:

$$s_d = \mu \cdot s \text{ in m}$$

In DIN 4108-3 wird unterschieden zwischen
- diffusionsoffenen Schichten mit $s_d \leq 0{,}5$m,
- diffusionshemmenden Schichten mit **0,5** < s_d < 1500 m (Dampfbremse),
- diffusionsdichten Schichten mit $s_d \geq 1500$ m (Dampfsperre).

Tafel 14.1 Wasserdampfdiffusionsäquivalente Luftschichtdicke s_d dünner Schichten[1] nach DIN EN 12 524, Tabelle 3

Produkt/Stoff	s_d in m	Produkt/Stoff	s_d in m
Polyethylenfolie 0,15 mm	50	Aluminiumfolie 0,05 mm	1500
Polyethylenfolie 0,25 mm	100	Aluminiumverbundfolie 0,4 mm	10
Polyesterfolie 0,2 mm	50	Unterdeck- und Unterspannbahn	0,2
PVC-Folie	30	Beschichtungsstoff	0,1
PE-Folie (gestapelt) 0,15 mm	8	Glanzlack	3
Bituminiertes Papier 0,1 mm	2	Vinyltapete	2

[1] Die Dicke der Produkte wird normalerweise nicht gemessen. Die angegebenen Dicken-Nennwerte sollen als Hilfe zur Identifizierung des Produkts dienen.

In äußeren Wandschichten kann im Winter der Wasserdampf u.U. kondensieren und dadurch die Baustoffe im Außenbereich unzulässig durchfeuchten. Kondenswasser, heute Tauwasser genannt, bildet sich, wenn die Wand im äußeren Bereich so kalt wird, dass die sog. Taupunkttemperatur unterschritten wird. Die Taupunkttemperatur ist diejenige Temperatur, bei der die in einem Raum oder in einem porösen Material befindliche Wasserdampfmenge in g/m³ der relativen Luftfeuchtigkeit von 100 % entspricht. In einem Zimmer herrscht z.B. eine Temperatur von 20 °C und 60 % relative Luftfeuchtigkeit. Das entspricht einer Wassermenge von 10,4 g/m³. Dazu gehört eine Taupunkttemperatur von 12 °C. Das heißt, bei 12 °C entspricht die Wassermenge von 10,4 g/m³ Luft einer relativen Luftfeuchtigkeit von 100 %. Kühlt sich z.B. eine einfache Fensterscheibe infolge niedriger Außentemperaturen auf unter 12 °C ab, schlägt sich auf der Scheibeninnenseite Kondenswasser nieder, die Scheibe beschlägt.

14.2.2 Definitionen und Bemessungswerte

Wärme wird im Winter von den Innenräumen eines Gebäudes zur kälteren Außenluft hin abgeleitet. Die Größe der abgeleiteten Wärmemenge hängt ab von der Wärmeleitfähigkeit der Baustoffe, aus denen die Außenwand besteht (Fensterflächen beachten), von ggf. vorhandenen ruhenden Luftschichten bei zweischaligem Mauerwerk und von der Größe der Temperaturdifferenz zwischen außen und innen.

Die Wärmeleitfähigkeit λ (Lambda) eines Stoffes ist die wärmeschutztechnische Ausgangsgröße. Sie gibt an, welche Wärmemenge im Beharrungszustand stündlich durch 1 m² einer 1 m dicken Baustoffschicht strömt, wenn der Temperaturunterschied der beiden Oberflächen, in Richtung des Wärmestroms, 1 K (Kelvin) beträgt. Die Einheit für die Wärmeleitfähigkeit lautet Watt/(Meter · Kelvin), abgekürzt W/(m · K).

Die Wärmeleitfähigkeit λ hängt neben der Werkstofffeuchte, Verteilung und Größe der Luftporen, von der Rohdichte des Stoffes ab. Dichtere Stoffe haben in der Regel eine größere Wärmeleitfähigkeit. Sie wird aber auch von der Durchfeuchtung wesentlich beeinflusst. Ein Ansteigen der Eigenfeuchte bewirkt auch ein Ansteigen der Wärmeleitfähigkeit und damit ein Absinken des Wärmedämmwerts. Eine Durchfeuchtung der Wärmedämmung im Gebrauchszustand ist also möglichst zu vermeiden. Bemessungswerte λ sind der Tafel 14.4 zu entnehmen.

Die Wärmemenge, die von einem Bauteil von der warmen zur kalten Seite hindurchströmt, der sog. „Wärmedurchlass", wird durch den Rechenwert λ/d gekennzeichnet. Sie ist also umso größer, je größer λ und je kleiner die Dicke d des Bauteils ist.

Der Wärmedurchlasswiderstand (Wärmedämmwert) R (früher $1/\lambda$) gibt die Wärmedämmwirkung einer Wand an. Er ergibt sich aus den Dicken der einzelnen Baustoffschichten d in m und ihren Wärmeleitfähigkeiten λ in W/(m · K) zu

$$R = d_1/\lambda_1 + d_2/\lambda_2 + \ldots + d_n/\lambda_n \text{ in } (m^2 \cdot K)/W$$

Die Wärmedämmwirkung einer Wand ist also umso größer, je kleiner die Wärmeleitfähigkeiten der einzelnen Schichten und je dicker dieselben sind. Für Wände und Decken sind in der DIN 4108-2 bestimmte Mindestwerte für den Wärmedurchlasswiderstand R festgelegt (siehe Tafel 14.7).

Luftschichten können auf der Innen- und Außenseite von Bauteilen angeordnet sein. Die Größe des für die Luftschicht anzusetzenden Wärmedurchlasswiderstandes R_g ist von der Verbindung dieser Schicht mit der umgebenden Luft abhängig.
In der DIN EN ISO 6946 werden ruhende, schwach belüftete und stark belüftete Luftschichten unterschieden.
Eine Luftschicht gilt als ruhend, wenn der Luftraum von der Umgebung abgeschlossen ist oder wenn nur kleine Öffnungen zwischen einer außerhalb der Dämmschicht angeordneten Luftschicht und der Außenumgebung vorhanden sind, sodass keine Luftströmung in dieser Schicht entsteht.
Die Luftschicht innerhalb eines zweischaligen Mauerwerks mit Wärmedämmung kann demzufolge nicht als „ruhend" betrachtet werden, weil diese nach DIN 1053-1, Abschnitt 8.4.3.2 oben und unten mit Lüftungsöffnungen zu versehen ist, sodass ein Luftstrom entsteht.

Tafel 14.2 Wärmedurchlasswiderstand R_g von ruhenden Luftschichten nach DIN EN ISO 6946

d in mm[1]	5	7	10	15	25	50	100	300
↑	0,11	0,13	0,15	0,16	0,16	0,16	0,16	0,16
R_g in $m^2 \cdot K/W$[2] →	0,11	0,13	0,15	0,17	0,18	0,18	0,18	0,18
↓	0,11	0,13	0,15	0,17	0,19	0,21	0,22	0,23

[1] Dicke der Luftschicht.
[2] Richtung des Wärmestroms aufwärts (↑), horizontal bis ± 30° () oder abwärts (↓).

Die Bemessungswerte der Tafel 14.2 gelten für Luftschichten,

- die von zwei parallel zueinander und senkrecht zum Wärmestrom verlaufenden Flächen begrenzt sind und
- deren Dicke in Wärmestromrichtung weniger als das 0,1fache ihrer Länge bzw. Breite und höchstens 30 cm beträgt und
- die keinen Luftaustausch mit dem Innenraum aufweisen.

Für andere Luftschichten gilt DIN EN ISO 6946, Anhang B.
Schwach belüftete Schichten sind durch zulässige Öffnungen mit der Umgebungsluft verbunden. Für solche Luftschichten darf R_g nur mit der Hälfte des für ruhende Luftschichten geltenden Wertes und höchstens mit 0,15 $m^2 \cdot K/W$ angesetzt werden. Solche Luftschichten sind z.B. auf der Innenseite von Decken und Wänden mit Verkleidungen ohne luftdichten Randanschluss denkbar.
Luftschichten mit größeren Öffnungen gelten als stark belüftet. In diesem Fall bleiben R_g und R für alle außerhalb der Luftschicht liegenden Schichten unberücksichtigt. Als R_{se} der an die Luftschicht angrenzenden inneren Schicht ist R_{si} anzusetzen.

Luftschicht	maximal zulässige Öffnungen bei Luftschicht	
	vertikal	horizontal
ruhend schwach belüftet stark belüftet	500 mm^2 je m Länge 500 bis 1500 mm^2 je m Länge 1500 mm^2 je m Länge	500 mm^2 je m^2 Oberfläche 500 bis 1500 mm^2 je m^2 Oberfläche 1500 mm^2 je m^2 Oberfläche

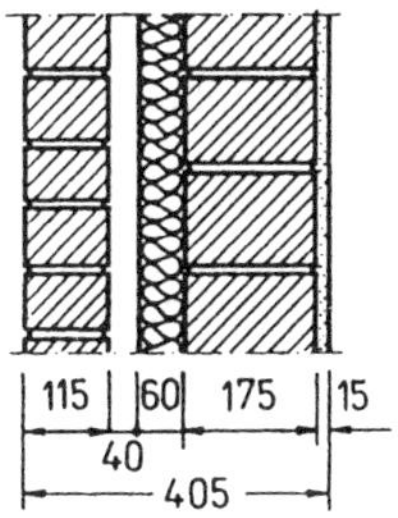

Abb. 14.5 Beispiel für eine zweischalige Außenwand (Wärmefluss von rechts = innen nach links = außen)
Aufbau (von links = außen): 11,5 cm Vormauerziegel, 4 cm Luftschicht, 6 cm Dämmschicht, 17,5 cm Leichthochlochziegel, 1,5 cm Kalkputz

Beispiel: Berechnung des Wärmedurchlasswiderstands einer zweischaligen Außenwand nach Abb. 14.5 (λ-Werte und R_g siehe Tafel 14.3 und 14.1)

11,5 cm Vormauerziegel VMz 12–1,6	$\lambda = 0{,}68$ W/(m · K)
5,0 cm Luftschicht	$R_g = 0{,}16$ m² · K/W
6,0 cm Dämmung 040	$\lambda = 0{,}04$ W/(m · K)
17,5 cm Leichthochlochziegel HLz 8–0,8	$\lambda = 0{,}39$ W/(m · K)
1,5 cm Kalkputz	$\lambda = 1{,}00$ W/(m · K)

$$R = \frac{0{,}115}{0{,}68} + 0{,}16 + \frac{0{,}06}{0{,}04} + \frac{0{,}175}{0{,}39} + \frac{0{,}015}{1{,}00}$$

= 2,29 m² · K/W > 0,55, d.h. ausreichend nach Tafel 14.6.

14.2.3 Wärmeübergang

Der Wärmeübergang kennzeichnet die Wärmeübertragung zwischen der Oberfläche eines Bauteils und der angrenzenden Luft unter der Wirkung von Wärmeleitung, Wärmeströmung (Konvektion) und Wärmestrahlung. Er ist bestimmt durch die Wärmemenge, die von der Oberfläche des Bauteils an die angrenzende Luft – oder umgekehrt – übertragen wird. Der Wärmeübergangswiderstand R_s (früher $1/a$) ist der Kennwert für die Wärmemenge in Watt, die stündlich zwischen 1 m² der Oberfläche eines Bauteils und der angrenzenden Luft übertragen wird, wenn zwischen der Oberfläche des Bauteils und der angrenzenden Luft ein Temperaturunterschied von 1 K besteht. Einheit (m² K)/W. Die Wärmeübergangswiderstände auf der Innen- bzw. Außenseite einer Wand oder Decke werden mit R_{si} (i = intern) bzw. R_{se} (e = extern) bezeichnet. Die Werte R_{si} sind von der Richtung des Wärmestroms abhängig (siehe Tafel 14.2). Die Werte R_{se} gelten auch für Bauteile, die ans Erdreich grenzen.

Tafel 14.3 Wärmeübergangswiderstände R_{si} (intern) und R_{se} (extern) nach DIN EN ISO 6946

Wärmestrom	aufwärts	horizontal[1]	abwärts
R_{si} in (m² K)/W	0,10	0,13	0,17
R_{se} in (m² K)/W	0,04	0,04	0,04
[1] Bis ± 30 ° zur Horizontalen.			

14.2.4 Wärmedurchgang

Unter dem Wärmedurchgang versteht man die Wärmemenge, die stündlich auf der Innenseite eines Bauteils aus der angrenzenden Luft aufgenommen und auf der Außenseite an die dort angrenzende Luft wieder abgegeben wird. Seine Berechnung erfolgt wie folgt:

Zunächst wird der Wärmedurchgangswiderstand R_T als Summe aus dem Durchlasswiderstand R (Dämmwert) der Wand (siehe Abschn. 14.2.2) und den Wärmeübergangswiderständen R_{si} und R_{se} (siehe Abschn. 14.2.3) berechnet:

$R_T = R + R_{si} + R_{se}$ Einheit: $(m^2 \cdot K)/W$.

Daraufhin kann der Wärmedurchgangskoeffizient U als Kehrwert von R_T berechnet werden. U gibt die Wärmemenge an, die stündlich durch 1 m^2 eines Bauteils hindurchgeht, wenn zwischen der beiderseits angrenzenden Luft ein Temperaturunterschied von 1 K besteht:

$U = 1/(R + R_{si} + R_{se})$ Einheit: $W/(m^2 \cdot K)$.

Multipliziert man den Wärmedurchgangskoeffizienten U eines Bauteils mit seiner Fläche und der Differenz der Lufttemperaturen innen und außen, erhält man den Transmissionswärmeverlust des Bauteils. Er beeinflusst neben dem Lüftungswärmeverlust wesentlich den Jahresheizwärmebedarf eines Gebäudes. Beispiele für U-Werte von zweischaligem Mauerwerk siehe Tafel 14.4.

Die Wärmedurchgangskoeffizienten U_w (w für window; bisher U_F) von Fenstern und Fenstertüren hängen vom U_g-Wert der Verglasung (g für glass; bisher U_V) und vom Bemessungswert $U_{f,BW}$ des Rahmens ab (f für frame). Anstelle der bisherigen Rahmenmaterialgruppen 1, 2.1, 2.2, 2.3 und 3 sind die $U_{f,BW}$ -Werte 1,4; 1,8; 2,2 (bisher Materialgruppe 1); 2,6; 3,0 (bisher Materialgruppe 2.1); 3,4; 3,8 (bisher Materialgruppe 2.2) und 7,0 (bisher Materialgruppe 2.3 und 3) eingeführt. Folgende U_g- und U_w-Werte in $W/(m^2 \cdot K)$ gelten für die verschiedenen $U_{f,BW}$-Werte des Rahmenmaterials:

Einfachglas	$U_g = 5,7$	$U_w = 4,4$ bis 6,1
Zweifach-Isolierglas	$U_g = 2,3$ bis 1,0	$U_w = 1,3$ bis 3,8
Dreifach-Isolierglas	$U_g = 2,3$ bis 0,5	$U_w = 0,9$ bis 3,7

Tafel 14.4 Bemessungswerte der Wärmeleitfähigkeit λ und Richtwerte der Wasserdampf-Diffusionswiderstandszahlen m nach DIN 4108-4 und DIN EN 12 524 (ausführliche Wertetabellen siehe [27], [39] und Normen)

Stoffe	ρ[1] in kg/m³	λl in W/(m · K)	μ[2]
Putz aus Kalk, Kalkzement, Hydraulischer Kalk	(1800)	1,00	15/35
Leichtputz	≤ 1000	0,38	15/20
Wärmedämmputz 080	B (200)	0,08	5/20
Kunstharzputz	(1100)	0,70	50/200
Mauermörtel NM	(1800)	1,2	15/35
Mauermörtel DM	(1600)	1,0	15/35
Mauermörtel LM 36	≤ 1000	0,36	15/35
Mauermörtel LM 21	≤ 700	0,21	15/35
Asphalt	2100	0,70	50 000
Zement-Estrich	(2000)	1,4	15/35
Anhydrit-Estrich	(2100)	1,2	15/35
Beton	2400	2,3	80/130

Stoffe	ρ[1] in kg/m³	λl in W/(m · K)	µ[2]
Beton mit 2 % Stahl	2400	2,5	80/130
Leichtbeton mit geschlossenem Gefüge	800 bis 2000	0,39 bis 1,6	70/150
Leichtbeton mit haufwerkporigem Gefüge	400 bis 2000	0,13 bis 1,2	3/10 bis 5/15
Porenbeton	300 bis 1000	0,10 bis 0,31	5/10
Porenbeton-Planbauplatten PPpl	300 bis 800	0,10 bis 0,25	5/10
Gipskartonplatten	900	0,25	4/10
Mauerwerk aus Voll- und Hochloch-Ziegeln Wärmedämmziegeln WDZ Plan-Wärmedämmziegeln PWDz Kalksandsteinen Porenbeton-Plansteinen PP Betonsteinen Hbl nach DIN 18 151, Gruppe 1, ohne Quarzzusatz[3]	 1200 bis 2400 550 bis 1000 550 bis 1000 1000 bis 2200 300 bis 800 450 bis 900 1000 bis 1400	 NM/DM: 0,50 bis 1,4 LM: 0,27 bis 0,40 DM: 0,20 bis 0,27 NM/DM: 0,50 bis 1,3 NM/DM: 0,10 bis 0,25 LM 21: 0,20 bis 0,34 LM 36: 0,21 bis 0,26 NM: 0,24 bis 0,39 NM: 0,45 bis 0,65	 5/10 5/10 5/10 5/10 bis 15/25 5/10 5/10
Holzwolle-Leichtbauplatten nach DIN 1101 Dicke = 25 mm Dicke 15 bis 25 mm	 360 bis 460 460 bis 570	 0,065 bis 0,090 0,15	 2/5
Korkplatten nach DIN 18 161-1	80 bis 500	0,045 bis 0,055	5/10
Schaumkunststoff PUR nach DIN 18 159-1 auf Baustelle hergestellt	> (45)	0,035 bis 0,04	30/100
Schaumkunststoff UF nach DIN 18 159-2 auf Baustelle hergestellt	(≥ 10)	0,035 bis 0,040	1/3
Schaumkunststoffe: PS-Hartschaum PUR-Hartschaum PF-Hartschaum	 ≥ 15 bis ≥ 30 (≥ 30) (≥ 30)	 0,035 bis 0,040 0,020 bis 0,040 0,030 bis 0,045	 20/50 bis 40/100 30/100 10/50
Konstruktionsvollholz	500 bzw. 700	0,13 bzw. 0,18	20/50 bzw. 50/200
Sperrholz	300 bis 1 000	0,09 bis 0,24	50/150 bis 110/250
Spanplatten	300 bis 900	0,10 bis 0,18	10/50 bis 20/50
OSB-Platten	650	0,13	30/50
Holzfaserplatten	250 bis 800	0,07 bis 0,18	2/5 bis 10/20
Fußbodenbeläge Linoleum Kunststoff Teppich, Teppichboden	 1200 1700 200	 0,17 0,25 0,06	 800/1000 10 000 5
Abdichtstoffe Asphalt Bitumen	 2200 1050	 0,70 0,17	 50 000 50 000

Stoffe	ρ[1] in kg/m³	λl in W/(m · K)	µ[2]
Bitumendachbahnen nach DIN 52 128	(1200)	0,17	1000/80 000 (praktisch dampfdicht)
PA-Folien, d ≥ 0,05 mm	–	–	10 000
PP-Folien, d ≥ 0,05 mm	–	–	1000
Schüttungen, abgedeckt Blähperlit Blähglimmer Schaumlava Blähton, Blähschiefer PS-Schaumpartikel Sand, Kies, Splitt		 0,060 0,070 0,22 0,16 0,050 0,70	 3 3 3 3 3 3
Fliesen aus Keramik Kunststoff Kork	 2300 1000 >400	 1,3 0,20 0,065	 ∞ 10 000 20/40
Floatglas	2 500	1,0	8
Natursteine Kristalline N. Sediment-N. Poröse N. (z.B. Lava)	 2800 2600 1600	 3,5 2,3 1,2	 10 000 2/250 15/20
Lehmbaustoffe	500 bis 2000	0,14 bis 1,1	5/10
Ton, Schlick, Schlamm	1200 bis 1800	1,5	50
Sand, Kies	1700 bis 2200	2,0	50
Stahl	7800	50	∞
Kupfer	8900	380	∞
Al-Legierungen	2800	160	∞
Blei	11 300	35	∞
Gummi Naturkautschuk PIB-Kautschuk Schaumgummi	 910 930 60 bis 80	 0,13 0,20 0,06	 10 000 10 000 7000

[1] Beton: Trockenrohdichte; Steine: Rohdichteklasse der Normen; Schüttungen: Schüttdichte. Eingeklammerte Werte dienen nur zur Ermittlung der flächenbezogenen Massen.
[2] Unterer Grenzwert/oberer Grenzwert.
[3] Mit Quarzsandzusatz: λ-Werte 15 bis 20 % höher

*Tafel 14.5 Ausgewählte U-Werte für zweischaliges Mauerwerk [2]
Innen 1,5 cm Kalkgipsputz mit λ = 0,70 W/(m · K), R_{si} = 0,13, außen 11,5 cm Verblender der Rohdichteklasse 1,6 mit λ = 0,68 W/(m · K), R_{se} = 0,04*

d[1) in cm	λ des Hintermauerwerks in W/(m · K)									
	0,39	0,36	0,33	0,30	0,27	0,24	0,21	0,18	0,16	0,14
6 cm Dämmung mit λ = 0,035 W/(m · K), 4 cm Luftschicht mit R_g = 0,18 m² · K/W										
17,5	0,37	0,37	0,36	0,35	0,35	0,34	0,32	0,31	0,30	0,29
24	0,35	0,34	0,34	0,33	0,32	0,31	0,30	0,28	0,27	0,25
8 cm Dämmung mit λ = 0,035 W/(m · K), 4 cm Luftschicht										
17,5	0,31	0,30	0,30	0,29	0,29	0,28	0,27	0,26	0,26	0,25
24	0,29	0,29	0,28	0,28	0,27	0,26	0,25	0,24	0,23	0,22
10 cm Dämmung mit λ = 0,035 W/(m · K), 4 cm Luftschicht										
17,5	0,26	0,26	0,26	0,25	0,25	0,24	0,24	0,23	0,22	0,22
24	0,25	0,25	0,24	0,24	0,23	0,23	0,22	0,21	0,20	0,20
10 cm Kerndämmung mit λ = 0,050 (bzw. 0,035) W/(m · K), ohne Luftschicht										
17,5	0,36 (0,27)	0,35 (0,27)	0,35 (0,27)	0,34 (0,26)	0,33 (0,26)	0,32 (0,25)	0,31 (0,25)	0,30 (0,24)	0,29 (0,23)	0,28 (0,22)
24	0,34 (0,26)	0,33 (0,26)	0,32 (0,25)	0,32 (0,25)	0,31 (0,24)	0,30 (0,24)	0,29 (0,23)	0,27 (0,22)	0,26 (0,21)	0,25 (0,20)
10 cm Kerndämmung mit λ = 0,050 (bzw. 0,035) W/(m · K), ohne Luftschicht										
17,5	0,26 (0,20)	0,26 (0,19)	0,26 (0,19)	0,25 (0,19)	0,25 (0,19)	0,25 (0,18)	0,24 (0,18)	0,23 (0,18)	0,23 (0,17)	0,22 (0,17)
24	0,25 (0,19)	0,25 (0,19)	0,24 (0,19)	0,24 (0,18)	0,24 (0,18)	0,23 (0,18)	0,22 (0,17)	0,21 (0,17)	0,21 (0,16)	0,20 (0,16)

1) Dicke des Hintermauerwerks.

Tafel 14.6 Höchstwerte des auf die Gebäudenutzfläche bezogenen Jahres-Primärenergiebedarfs und des spezifischen, auf die wärmeübertragende Umfassungsfläche bezogenen Transmissionswärmeverlusts in Abhängigkeit vom Verhältnis A/V_e

Verhältnis A/V_e	Jahres-Primärenergiebedarf Q_p' in kWh/(m² · a) bezogen auf die Gebäudenutzfläche		Spezifischer, auf die wärmeübertragende Umfassungsfläche bezogener Transmissionswärmeverlust H'_T in W/(m² · K)
	Wohngebäude (außer solchen nach Spalte 3)	Wohngebäude mit überwiegender Warmwasserbereitung aus elektrischem Strom	Wohngebäude
1	2	3	4
≤ 0,2	66,00 + ΔQ_{TW}	83,80	1,05
0,3	73,53 + ΔQ_{TW}	91,33	0,80
0,4	81,06 + ΔQ_{TW}	98,86	0,68
0,5	88,58 + ΔQ_{TW}	106,39	0,60

0,6	96,11 + ΔQ_{TW}	113,91	0,55
0,7	103,64 + ΔQ_{TW}	121,44	0,51
0,8	111,17 + ΔQ_{TW}	128,97	0,49
0,9	118,70 + ΔQ_{TW}	136,50	0,47
1	126,23 + ΔQ_{TW}	144,03	0,45
≥ 1,05	130,00 + ΔQ_{TW}	147,79	0,44

14.2.5 Wärmeschutznachweise

In den Wärmeschutznachweis werden zusätzlich Anforderungen an die Anlage für Heizung, Warmwasser und Lüftung einbezogen. Er ist dadurch komplizierter als bisher geworden, und es empfiehlt sich, dafür geeignete Software zu verwenden. Die Ausgangswerte für den Nachweis finden sich in den Normen DIN V 4108-4, DIN 4108-6 und DIN 4701-10 sowie z.B. auch in [27] und [39]. Damit münden die Ergebnisse in den seit 01.01.2016 erforderlichen Energieausweis, verbindlich für Einrichtung/Neubau, Verkauf oder Neuvermietung. Bei neu zu errichtenden Wohngebäuden mit normalen Innentemperaturen darf der auf die Gebäudenutzfläche bezogene Jahres-Primärenergiebedarf sowie der auf die wärmeübertragende Umfassungsfläche des Gebäudes bezogene spezifische Transmissionswärmeverlust die Höchstwerte der Tafel 14.6 nicht überschreiten. Unabhängig von den Nachweisen nach der EnEV muss außerdem der Mindestwärmeschutz für Aufenthaltsräume nach DIN 4108-2 vorhanden sein (siehe Abschn. 14.2.6).

14.2.6 Wärmeschutz in Aufenthaltsräumen

Beim Wärmeschutz in Aufenthaltsräumen ist zu unterscheiden zwischen winterlichem und sommerlichem Wärmeschutz. Der winterliche Wärmeschutz soll verhindern, dass zu viel Wärme aus den Aufenthaltsräumen nach außen abfließt, der sommerliche Wärmeschutz, dass diese sich zu stark aufheizen.

a) Winterlicher Wärmeschutz

Für den winterlichen Wärmeschutz legt die DIN 4108-2 die in Tafel 14.7 aufgeführten Mindestwerte für den Wärmedurchlasswiderstand R (Wärmedämmwert; siehe Abschn. 14.2.2) von nichttransparenten Bauteilen wie Wänden, Decken und Dächern fest. Diese Werte müssen an jeder Stelle der Bauteile vorhanden sein, auch bei Nischen unter Fenstern, Brüstungen von Fensterbauteilen, Fensterstürzen und Rohrkanälen. Auch der nichttransparente Anteil von Fenstern und Fenstertüren muss die Anforderungen der Tafel 14.7 erfüllen, wenn er mehr als 50 % der gesamten Ausfachung beträgt. Für Flächenanteile unter 50 % gilt $R = 1{,}0\ (m^2 \cdot K)/W$.

Wärmebrücken an Flächen oder in Ecken können in Gebäuden hohe Transmissionswärmeverluste bewirken und zu Schimmelbildung führen, da sich dort leicht Kondenswasser niederschlägt. Diese Bereiche sind außenseits zusätzlich zu dämmen. Zur Vermeidung der Schimmelpilzbildung sind gleichmäßige Beheizung, ausreichende Belüftung und eine weitgehend ungehinderte Luftzirkulation an Wandflächen wichtig.

b) Sommerlicher Wärmeschutz

Der sommerliche Wärmeschutz kann insbesondere durch ausreichend große Speicherfähigkeit der Außenwände (siehe Abschn. 14.2.7) sowie natürlich durch Verringerung

des Fensteranteils und durch Lüftung besonders in der zweiten Nachthälfte erreicht werden. Die EnEV verlangt einen genauen Nachweis des Sonneneintrags, wenn der Anteil der Fensterfläche an der Gesamtaußenfläche 30 % übersteigt. Die Neuausgabe der DIN 4108-2 (2003–04) verlangt darüber hinausgehend (außer bei Ein- und Zweifamilienhäusern mit außenliegenden Sonnenschutzvorrichtungen) diesen Nachweis für alle sog. „kritischen" Räume oder Raumbereiche, die „der Sonneneinstrahlung besonders ausgesetzt" sind.
Die zurückgezogene DIN 4108-2 (1981–08) gab für das Produkt $f \cdot g \cdot F_C$ aus Fensterflächenanteil f, Gesamtenergiedurchlassgrad g der Verglasung (siehe Abschn. 10.5) und einem Abminderungsfaktor F_C Werte von 0,25 bis (bei extrem leichter Bauart) 0,10 an. Die Werte gelten für Fenster, die weniger als 30 % gegen die Senkrechte geneigt sind und für einen Fensterflächenanteil von $f \leq 65$ %. Sie hängen von den monatlichen Außentemperaturen, von der Art der Sonnenschutzgläser und möglicher Nachtlüftung ab und erhöhen sich um ca. 10 % bei nach N, NO oder NW gerichteten Fenstern. Der Abminderungsfaktor F_C hängt von der vorgesehenen Sonnenschutzvorrichtung ab. Er wird für innen oder zwischen den Scheiben liegenden reflektierenden Sonnenschutz zu 0,75 (geringe Transparenz) bis 0,90 (hohe Transparenz) angesetzt, für außenliegende zu 0,25 (Jalousien) und für Vordächer und Markisen zu 0,50.

Tafel 14.7 Mindestwerte für die Wärmedurchlasswiderstände R nichttransparenter Bauteile nach DIN 4108-2, Tabelle 3 (2013–02)

Bauteile	R in $m^2 \cdot K/W$
Außenwände, Wände von Aufenthaltsräumen gegen Bodenräume, Durchfahrten, offene Hausflure, Garagen und gegen Erdreich Wände zwischen fremdgenutzten Räumen, Wohnungstrennwände	1,20[1) 2)] 0,07
Wände zu Treppenräumen mit Innentemperaturen $\theta_i \leq 10$ °C Wände zu Treppenräumen mit Innentemperaturen $\theta_i > 10$ °C, z.B. in Wohn-, Geschäfts-, Schulgebäuden, Hotels, Gaststätten	0,25 0,07
Wohnungstrenndecken, Decken zwischen fremden Arbeitsräumen und unter ausgebauten, gedämmten Dachräumen, allgemein Decken wie vor, aber in zentralbeheizten Bürogebäuden	0,35 0,17
Unterer Abschluss nicht unterkellerter Aufenthaltsräume, unmittelbar oder über einem nicht belüfteten Hohlraum gegen Erdreich	0,90
Kellerdecken, Decken gegen abgeschlossene, unbeheizte Hausflure und unter nicht ausgebauten Dachräumen bzw. Dachraumteilen, z.B. außerhalb von Abseitenwänden	0,90[2)]
Decken und Dächer gegen Außenluft nach unten, gegen Garagen (auch beheizbare), Durchfahrten (auch verschließbare) und belüftete Kriechkeller nach oben als Dächer oder Decken unter Terrassen	 1,75 1,20

1) Für Gebäude mit niedrigen Innentemperaturen (12 °C $\leq \theta_i <$ 19 °C) gilt R = 0,55.
2) Für Außenwände und Decken unter nicht ausgebauten Dachräumen mit einer flächenbezogenen Gesamtmasse unter 100 kg/m² gilt $R \geq 1{,}75\ m^2 \cdot K/W$.

Für bestehende Gebäude mit normalen Innentemperaturen werden bei Ersteinbau, Ersatz oder Erneuerung von Außenbauteilen die folgenden Mindest-U-Werte gefordert: Außenwände $U_W \leq 0{,}50$, Fenster $U_F \leq 1{,}8$, Decken unter nicht ausgebauten Dachräumen, Dächer $U_D \leq 0{,}30$ und Kellerdecken $U_G \leq 0{,}50$ W/(m² · K).

14.2.7 Wärmespeicherung

Wärmespeichernde Wände und Decken sind erforderlich, um im Winter ein zu schnelles Auskühlen der Räume bei Nachlassen der Heizung und im Sommer ein zu rasches Erwärmen zu verhindern. Die Wirksamkeit eines Bauteils ist umso größer, je größer das Wärmespeichervermögen $Q = c \cdot \rho \cdot d$ und je kleiner die Wärmedurchlasszahl $1/R = \lambda/d$ (siehe Abschn. 14.2.1) ist. c_p ist die spezifische Wärme eines Stoffes in kJ/(kg · K) und gibt an, wie viel Wärme erforderlich ist, um 1 kg eines Stoffes um 1 Kelvin zu erwärmen. ρ ist die Rohdichte in kg/m³ (siehe auch Tafel 11.2).

Tafel 14.8 Spezifische Wärmekapazität c_p, Wärmespeicherzahl und Wärmeeindringzahl einiger Baustoffe (s.a. DIN EN 12 524) (2000–07)

Stoff	Dichte ρ kg/m³	Wärmeleitzahl λ W/(m · K)	Spezifische Wärme-kapazität c_p kJ/(kg · K)	Wärme-speicherzahl $S = c_p \cdot R$ kJ/(m³ · K)	Wärme-eindringzahl $b = \sqrt{c_p \cdot \rho \cdot \lambda}$ J/(s$^{1/2}$ · m² · K)
Luft	1,29	0,024	1,0	1,29	5,6
Wasser	1 000	0,60	4,2	4 200	1 600
Styropor	15	0,04	1,38	21	29
Faserdämmstoff	500	0,05	0,6	300	120
Korklinoleum	700	0,081	1,9	1 330	330
Fichte, Kiefer, Tanne	600	0,13	2,4	1 440	430
Buche, Eiche	800	0,20	2,7	2 160	660
Leichtbeton	600 bis 2 000	0,22 bis 1,2	1,0 bis 1,1	600 bis 2 200	360 bis 1 600
Ziegelmauerwerk	700 bis 2 000	0,36 bis 0,96	0,9	630 bis 1 800	480 bis 1 300
Normal(kies)-beton	2 400	2,1	1,1	2 640	2 400
Naturstein, porös	1 600	0,55	0,7	1 120	790
Naturstein, dicht	2 800	3,5	0,9	2 520	3 000
Stahl	7 800	60	0,5	3 900	15 300
Aluminium	2 700	200	0,9	2 430	22 000

Tafel 14.9 Ausgleichsfeuchtegehalte[1] von Baustoffen (DIN 4108-4 (2017–03) [27]

Zeile	Baustoffe	$u^{2)}$ in %
1	Ziegel	1
2	Kalksandsteine	3
3.1	Beton mit geschlossenem Gefüge mit dichten Zuschlägen	2
3.2	Beton mit geschlossenem Gefüge mit porigen Zuschlägen	13
4.1	Leichtbeton, haufwerkporig, dichte Zuschläge DIN 4226-1	3
4.2	Leichtbeton, haufwerkporig, porige Zuschläge DIN 4226-2	4,5
5	Porenbeton	6,5
6	Gips, Anhydrit	2
7	Gussasphalt, Asphaltmastix	0
8	Anorganische Stoffe in loser Schüttung; expandiertes Gesteinsglas (z.B. Blähperlit)	1
9	Mineralische Faserdämmstoffe aus Glas-, Stein- oder Hochofenschlacken-(Hütten-)Fasern	1,5
10	Schaumglas	0
11	Holz, Sperrholz, Spanplatten, Holzfaserplatten, Schilfrohrplatten und -matten, organische Faserdämmstoffe	15
12	Holzwolle-Leichtbauplatten	13
13	Pflanzliche Faserdämmstoffe aus Seegras, Holz-, Torf- und Kokosfasern und sonstigen Fasern	15
14	Korkdämmstoffe	10
15	Schaumkunststoffe aus Polystyrol, Polyurethan (hart)	1

[1] Unter Ausgleichsfeuchtegehalt versteht man den Feuchtegehalt, der bei der Untersuchung genügend ausgetrockneter Bauten zum dauernden Aufenthalt von Menschen in 90 % aller Fälle nicht überschritten wird.
[2] Massebezogener Feuchtegehalt (bisher u_m).

Der Wert $S = c \cdot R$ wird als Wärmespeicherzahl bezeichnet. Die Wärmeeindringzahl $b = \sqrt{c \cdot \lambda \cdot \rho}$ ist die maßgebende Kenngröße bei kurzzeitigen Wärmeströmungsvorgängen. Ist sie für einen Baustoff klein, heizt er sich schnell auf. Andererseits entziehen Stoffe, die ein kleines b besitzen, dem menschlichen Körper wenig Wärme, fühlen sich also fuß- oder handwarm an (Styropor!). Stoffe mit großem b fühlen sich dagegen kalt an (Beton, Metalle). Zahlenwerte für c_p, S und b siehe Tafel 14.8, für Ausgleichsfeuchte Tafel 14.9.

14.2.8 Fragen und Aufgaben zum Wärmeschutz

1) Welche Vorschriften sind für den Wärmeschutz maßgebend?
2) Erläutern Sie die Vorgänge, durch die Wärme übertragen wird!
3) Was versteht man unter der Wärmeleitfähigkeit eines Baustoffs? Geben Sie den Kennbuchstaben und die Einheit an!
4) Was versteht man unter dem Wärmedurchlass und dem Wärmedurchlasswiderstand eines Bauteils und einer mehrschichtigen Wand? Wie werden sie berechnet? Geben Sie Kennbuchstaben und Einheit an!

5) Was versteht man unter der Wasserdampfdiffusion durch eine Wand? Mit welchem Kennwert wird sie gekennzeichnet? Welches ist ihre Einheit und was sagt sie aus? Worauf muss man beim Wandaufbau bezüglich der Wasserdampfdiffusion achten?
6) Was versteht man unter dem Wärmedurchgang durch eine Wand? Mit welchen beiden Buchstaben wird er bezeichnet? Welches ist seine Einheit und wie wird er berechnet?
7) Berechnen Sie den Wärmedurchlasswiderstand und den Wärmedurchgangskoeffizienten einer zweischaligen Wand, die wie folgt aufgebaut ist (von außen nach innen): 11,5 cm Verblender (λ = 0,68); 4 cm Luftschicht; 8 cm Wärmedämmung (λ = 0,035); 24 cm Planziegel (λ = 0,16); 1,5 cm Kalkgipsputz (λl = 0,70).
8) Erkunden Sie den Außenwand-Aufbau Ihres Aufenthaltsraumes und berechnen Sie den R-Wert und den stündlichen Wärmeverlust für die zzt. herrschenden Temperaturen und für T_i = +20 °C und T_a = –5 °C.
9) Erläutern Sie den nach der EnEV geforderten Wärmeschutznachweis. Welches ist das Ziel der EnEV?
10) Was ist beim Wärmeschutz von Aufenthaltsräumen im Winter und im Sommer zu beachten?
11) Was versteht man unter der Wärmespeicherung eines Bauteils? Wofür ist sie wichtig?
12) Geben Sie eine Übersicht über die für den Wärme- und Schallschutz verwendeten Dämmstoffe!

14.3 Schallschutz nach DIN 4109

Normen

DIN 4109 Schallschutz	(1989-11)	Mindestanforderungen
DIN 4109 Beiblatt 2	(1989-11)	Rechenverfahren
DIN 4109 Beiblatt 2	(1989-11)	Vorschläge für erhöhten Schallschutz
DIN 4109-1	(2016-07)	Mindestanforderungen
DIN 4109-2	(2016-07)	Rechenverfahren
DIN 4109-31-36	(2016-07)	Bauteilkataloge
DIN 4109-1 Entwurf Änderungen	(2017-01)	Änderung passiver Schallschutz
DIN 4109-2 Entwurf Änderungen	(2017-01)	Änderung passiver Schallschutz
DIN SPEC 91314	(2017-01)	Anforderungen erhöhter Schallschutz im Wohnungsbau

14.3.1 Allgemeines

(s.a. Abschn. 11.11)

Der Lärm (störender Schall) ist für den Menschen eine starke Belästigung; er beeinträchtigt die Arbeitsleistung und wirkt sich unter Umständen schädlich auf das Nervensystem und damit auf die Gesundheit aus. Dabei handelt es sich in erster Linie um den Schall (Lärm), der von Wohnung zu Wohnung oder vom Treppenhaus übertragen wird, in besonderem Maße um den von außen eindringenden Schall (Verkehrslärm, Baulärm etc.), schließlich aber auch um den Schall, der innerhalb einer Wohnung von Raum zu Raum übertragen wird.

Beim Schall unterscheidet man Luftschall, Körperschall und Trittschall. Luftschall breitet sich in der Luft gleichmäßig nach allen Richtungen aus. Körperschall breitet sich in festen (und flüssigen) Körpern aus. Die Schallgeschwindigkeit ist hier größer als in der Luft. Trittschall entsteht z.B. durch Begehen o.Ä. von Decken oder Treppen oder durch Installationsgeräusche, wird als Körperschall weitergeleitet und als Luftschall in andere Räume abgestrahlt.
Unter Schallschutz versteht man alle Maßnahmen, die die Schallübertragung von einer Schallquelle zum Hörer vermindern. Sind Schallquelle und Hörer in verschiedenen Räumen, so geschieht das hauptsächlich durch Schalldämmung, sind sie in demselben Raum, so geschieht das durch Schallschluckung (Schallabsorption). Bei der Schalldämmung unterscheidet man je nach Art des Störschalls zwischen Luftschalldämmung und Trittschalldämmung (allgemeiner: Körperschalldämmung).
Die DIN 4109 stellt bestimmte Anforderungen an Bauteile und gibt Ausführungsbeispiele, die sich als wirkungsvoll erwiesen haben. Die Luftschalldämmung ist hauptsächlich abhängig von der Masse der Bauteile, die Trittschalldämmung dagegen von der Lage und der Elastizität der Dämmstoffe.

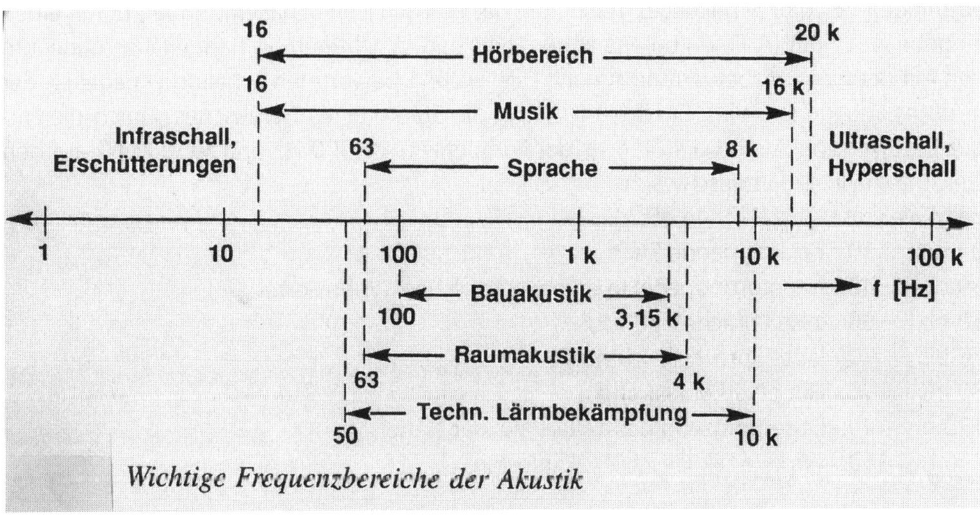

Abb.14.6 relevante Frequenzbereiche der Akustik ; Frequenzbereiche f (Hz = Hertz)

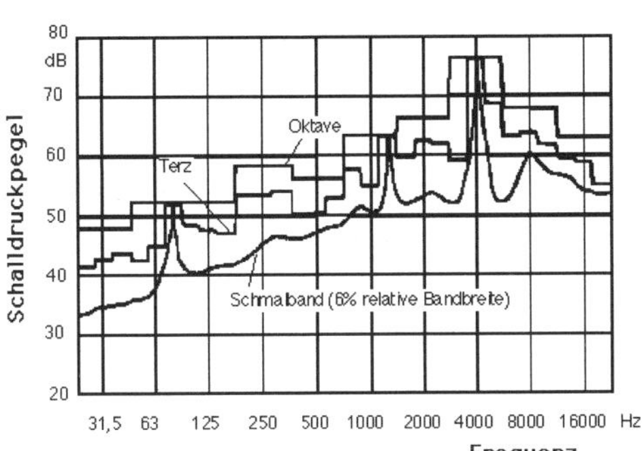

Abb. 14.7 Teilung des Frequenzbereiches in Oktaven und Terzen

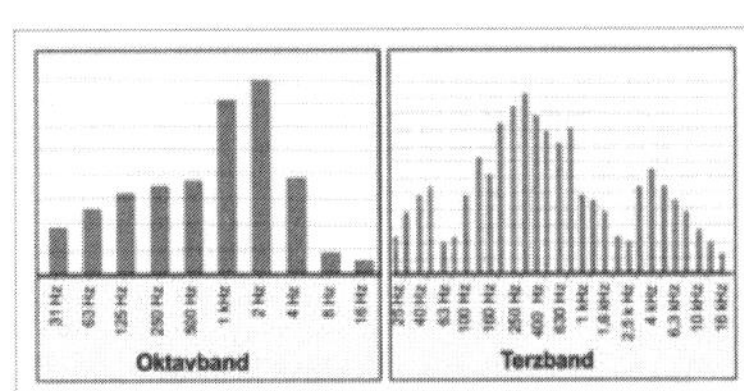

Abb. 14. 8 Oktaven und Drittelung durch Terzen

14.3.2 Schallpegel (dB)

Der Luftschall wird mit elektrischen Schallpegelmessern gemessen. Sie messen die durch die Schallquelle hervorgerufenen, über den normalen Luftdruck (etwa 1 bar) hinausgehenden Luftdruckschwankungen p. Diese Luftdruckschwankungen sind sehr gering. Sie liegen zwischen $p = 10^{-4}$ µbar und 10^3 mbar, d.h. zwischen 10^{-10} und 10^{-3} bar. Auf der Skala des Schallpegelmessers wird nicht der gemessene Schalldruck p angezeigt, sondern der Schallpegel L (Schalldruckpegel). Er wird in Dezibel (Kurzzeichen: dB) angegeben und ergibt sich aus den Luftdruckschwankungen p wie folgt:

$$L = 10 \cdot \lg\frac{p^2}{p_0^2} = 20\lg\frac{p}{p_0} \text{ Dezibel(dB)}$$

p_0 ist ein Bezugswert, der etwa der gerade noch vom menschlichen Ohr hörbaren Luftdruckschwankung entspricht: $p_0 = 2 \cdot 10^{-4}$ mbar. Den o.a. Luftdruckschwankungen entsprechen Schallpegel von 0 bis 130 dB. Der Schalldruck wird auch in Pa(scal) angegeben: 1 Pa = 10 mbar, d.h. $p_0 = 2 \cdot 10^{-4}$: 10 mbar $= 2 \cdot 10^{-5}$ Pa $= 20 \cdot 10^{-6}$ Pa = 20 mPa.

Der physikalisch gemessene Schallpegel entspricht nicht genau dem menschlichen Schallempfinden[1]. Es gibt Schallpegelmesser, die das menschliche Schallempfinden durch einen eingebauten Filter (A-Filter) bereits angenähert berücksichtigen. Es handelt sich dabei um den mit der Frequenzbewertung A nach DIN IEC 651 bewerteten Schalldruckpegel L_A, der in dB(A) angegeben wird. Er ist ein Maß für die Stärke eines Geräusches. Durch die Frequenzbewertung A wird der Einfluss der Frequenzen < 1000 Hz und > 5000 Hz auf den Gesamtschallpegel abgeschwächt.

Beispiele von Lautstärken in dB(A):

0 bis 10: beklemmende Stille
30 bis 40: Nachtgrundpegel in einem städtischen Wohnviertel
50 bis 60: leise Sprache und Musik
70 bis 80: laute Sprache und Musik
80 bis 90: Hauptverkehrsstraße
130 bis 140: Düsenflugzeug beim Start aus der Nähe
150 bis 160: Windkanal; Geschütz; Explosion

14.3.3 Luftschallschutz

a) Die Luftschalldämmung eines Bauteils, z.B. einer Wand, wird festgestellt, indem der Schallpegel im Senderaum (L_1) und im Empfangsraum (L_2) gemessen wird (s. Abb. 14.9). $D = L_1 - L_2$ wird als Schallpegel-Differenz bezeichnet. L_2 hängt nicht allein von der Dämmwirkung der Wand, sondern auch von dem Schallabsorptionsvermögen (s.u.) des Empfangsraums ab. Ist er leer, wird der Schall von den Wänden usw. stärker reflektiert als in einem möblierten und mit Teppichen und Vorhängen versehenen Raum, also wird L_2 auch entsprechend größer sein.

1 Das menschliche Hörempfinden reicht etwa von 16 Hz (sehr tiefer Ton) bis 20 000 Hz (sehr hoher Ton). Bei Überlastung (Disko/Arbeitsgeräusche) kann das Hörorgan irreversibel geschädigt werden. Mit dem Alter sinkt das Hörempfinden, speziell der hohen Töne, ab.

b) Das gesamte Schallabsorptionsvermögen eines Raums ist von der Schallabsorptionsfläche abhängig. Man rechnet alle Oberflächen mit gleichem Schallabsorptionsgrad a (s.u.) im Raum (einschließlich der Möbel, Bespannungen usw.) in einzelnen einheitlichen Gruppen A_1, A_2 usw. in m^2 zusammen und multipliziert sie mit den zugehörigen Schallabsorptionsgraden a_1, a_2 usw. Die (äquivalente) Schallabsorptionsfläche A ist dann
$A \text{ (in } m^2) = \alpha_1 \cdot A_1 + \alpha_2 \cdot A_2 + \ldots + \alpha_n \cdot A_n$

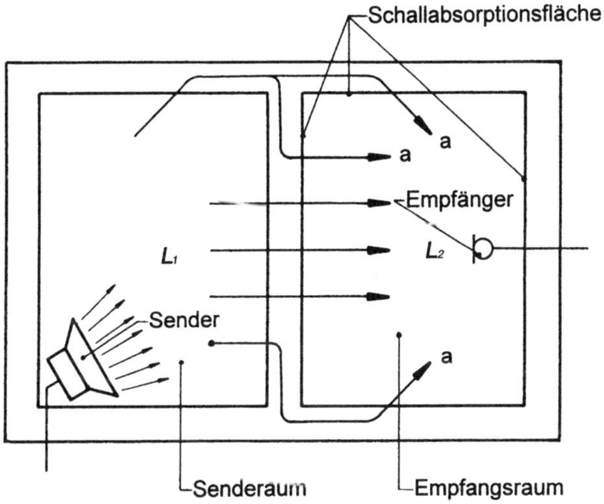

Abb. 14.9 Messung des Luftschalldämm-Maßes einer Trennwand (unter Berücksichtigung der Schall-Nebenwege a und der Schallabsorption im Empfangsraum)

c) Der Schallabsorptionsgrad a ist das Verhältnis der absorbierten zur auftreffenden Schallenergie. $\alpha = 0$ bedeutet völlige Reflexion. $\alpha = 1$ bedeutet vollkommene Absorption. α ist abhängig von der Frequenz (Tonhöhe). Bei 1000 Hz treten z.B. folgende α-Werte auf: glatter Putz 0,02; rauer Putz 0,04; Mineralfaserplatte 0,78 bis 1,0; Vorhänge gefältelt 0,94; Holzwolle-Leichtbauplatten (unverputzt, unmittelbar an der Wand) 0,75; 7 mm Teppichboden 0,3.
Das Schallabsorptionsvermögen kann auch aus der in einem Raum gemessenen Nachhallzeit berechnet werden. Räume mit kleiner Nachhallzeit haben ein großes Schallabsorptionsvermögen bzw. umgekehrt. Die Nachhallzeit T gibt den Zeitraum in Sekunden an, währenddessen der Schallpegel in einem Raum vom Volumen V in m^3 nach Abschalten der Schallquelle um 60 dB absinkt. Die (äquivalente) Schallabsorptionsfläche ergibt sich dann zu $A = 0{,}163 \cdot V/T$ in m^2. Sie entspricht einer Schallabsorptionsfläche mit einem Schallabsorptionsgrad $\alpha = 1$, die das gleiche Schallabsorptionsvermögen besitzt wie die gesamte Oberfläche des Raums einschließlich darin befindlicher Gegenstände und Personen.

d) Als Schalldämmmaß R einer Trennwand mit der Fläche S in m^2 und einer äquivalenten Schallabsorptionsfläche A in m^2 im Empfangsraum (siehe Abb. 14.6) wird wie folgt angegeben:

$$R = L_1 - L_2 + 10 \cdot \lg \frac{S}{A} \text{ in dB}$$
$$= L_1 - L_2 + 10 \cdot \lg S - 10 \cdot \lg A$$

Beispiel: $L_1 = 70$ dB, $L_2 = 20$ dB, $S = 4 \cdot 2{,}5 = 10\ m^2$, $A = 6\ m^2$
$R = 70–20 + 10 \cdot \lg 10–10 \cdot \lg 6 = 70–20 + 10 \cdot 1–10 \cdot 0{,}78$
$R = 50 + 10–7{,}8 = 52{,}2$ dB

Die Luftschalldämmung von Bauteilen wird zahlenmäßig durch das bewertete Schalldämm-Maß R_w bzw. R'_w gekennzeichnet. Das „Labor-Schalldämm-Maß" R_w berücksichtigt ausschließlich die Schallübertragung durch das Bauteil selbst, das „Bau-Schalldämm-Maß" R'_w auch die Schallübertragung über Flanken- oder andere Nebenwege (Decken, Seitenwände etc.; siehe Pfeile a in Abb. 14.6 und 14.8). Nach der im Januar 1997 durch DIN EN DIN 717-1 und -2 ersetzten DIN 52 210-4 (1984–08) wurde R'_w im Labor wie folgt bestimmt (siehe Abb. 14.7, oben):

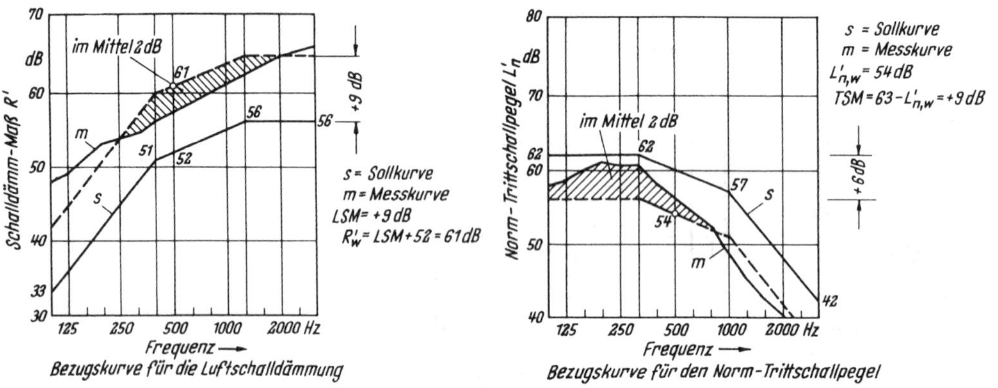

Abb. 14.10 Bestimmung von R'_w und LSM sowie $L'_{n,w}$ und TSM nach DIN 52 210-4 (1984–08)

Die aus den gemessenen L_1/L_2-Werten errechneten Schalldämm-Maße R' trägt man in ein Diagramm ein und erhält so eine Messkurve m. Nun verschiebt man die Bezugskurve s (Schalldämmmaß-Sollkurve nach DIN 52 210-4) so um ganze dB, dass sie von der Messkurve im Mittel um nicht mehr als 2 dB unterschritten wird. Der Wert der verschobenen Bezugskurve bei der Frequenz f = 500 Hz ist dann das bewertete Schalldämmmaß R'_w. Der Verschiebungsbetrag (nach oben positiv = gute Wand; nach unten negativ = schlechte Wand) ist das sog. Luftschallschutzmaß LSM, das in der Ausgabe (1989–11) der DIN 4109 nicht mehr aufgeführt wird. Im Beispiel der Abb. 14.7 ist $R'_w = 61$ dB, LSM = +9 dB. Allgemein gilt: LSM = $R'_w - 52$ dB.

Eine massive Stahlbetonplatte, 100 mm dick, mit 10 mm unterseitigem Putz, hat z.B. ein $R'_w = 49$ dB; zusätzlich mit schwimmendem Estrich: $R'_w = 55$ dB, entsprechend LSM = 3 dB.

14.3.4 Trittschallschutz

Die Trittschalldämmung von Decken wird zahlenmäßig durch den bewerteten Norm-Trittschallpegel $L_{n,w}$ (Labor) bzw. $L'_{n,w}$ (Bau) gekennzeichnet. Der Strich bedeutet also wie beim Luftschall-Dämm-Maß, dass Nebenwege berücksichtigt sind. Die Bestimmung von $L'_{n,w}$ geschieht nach DIN 52 210-4 ähnlich wie beim Luftschall (siehe Abschn. 14.3.2 und Abb. 14.8). Mit Hilfe eines genormten Hammerwerks wird der Schallpegel L_T in dem unter der Decke liegenden Raum gemessen. Daraus errechnet sich ein Norm-Trittschallpegel L'_n nach der Formel $L'_n = L_T + 10 \lg (A/A_0)$ dB mit $A_0 = 10\ m^2$. Die errechneten Werte trägt man in ein Diagramm gemäß Abb. 14.7 (unten) ein. Zur Beurteilung der Trittschalldämmung der

Decke verschiebt man die Bezugskurve s (Trittschalldämm-Sollkurve) so, dass sie von der Messkurve im Mittel um nicht mehr als 2 dB überschritten wird. Der Wert der verschobenen Bezugskurve bei der Frequenz f = 500 Hz ist der bewertete Norm-Trittschallpegel $L'_{n,w}$. Der Verschiebungsbetrag (nach unten positiv = gute Decke; nach oben negativ = schlechte Decke) ist das sog. Trittschallschutzmaß TSM. Im Beispiel ist $L'_{n,w}$ = 54 dB, TSM = +9 dB. Allgemein gilt: TSM = $L'_{n,w}$ + 63 dB.

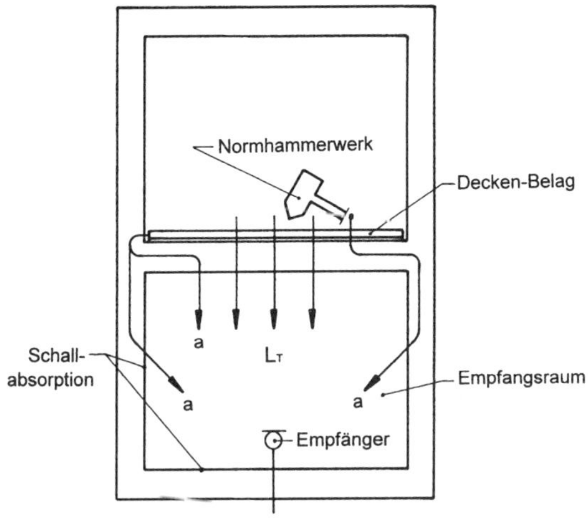

Abb. 14.11 Messung des Trittschallpegels unter einer mit einem Belag versehenen Massivdecke (unter Berücksichtigung der Schall-Nebenwege a und der Schallabsorption im Empfangsraum)

14.3.5 Anforderungen an den Schallschutz

Für den Luftschallschutz werden in der DIN 4109 für Decken und Wände bestimmte Anforderungswerte an das bewertete Bau-Schalldämm-Maß angegeben (siehe Tafel 14.10 und 14.11). Im Beiblatt 1 der DIN 4109 werden für die in Gebäuden üblicherweise verwendeten Wand- und Deckenkonstruktionen Rechenwerte $R'_{w,R}$ (Index R steht für „Rechen"wert) angegeben, die als bewertetes Bau-Schalldämm-Maß dieser Konstruktionen angenommen werden können, wenn sie an die flankierenden Bauteile (z.B. seitliche Wände) dicht angeschlossen sind und wenn diese bestimmte Bedingungen erfüllen.

Tafel 14.10 Schutz von Aufenthaltsräumen gegen Schallübertragung aus fremdem Wohn- und Arbeitsbereichen (Luftschall R'_w und Trittschall $L'_{n,w}$): Mindestanforderungen nach DIN 4109, Tabelle 3, und Vorschläge für erhöhten Schallschutz nach Beiblatt 2 [27]; alle Angaben in dB

Bauteile	Mindestanforderungen		erhöhter Schallschutz	
	R'_w	$L'_{n,w}$	R'_w	$L'_{n,w}$
1 Geschosshäuser mit Wohnungen und Arbeitsräumen		[1]		[1]
Decken über Wänden neben Durch- und Einfahrten, Decken über/unter, Wände neben Spiel- und Gemeinschaftsräumen[2]	 55	53 46	 –	46 –
Wohnungstrenndecken und -treppen[3] [4] Decken unter Bad und WC[5]	54	53	55	46
Wohnungstrennwände[3] Decken unter allgemein nutzbaren Dachräumen[5]	53	– 53	55	– 46
Decken über Kellern, Hausfluren, Treppenräumen Wände neben Hausfluren und Treppenräumen[6]	 52	53 –	 55	46 –
Decken unter Terrassen, Loggien, Laubengängen, Hausfluren und innerhalb zweigesch. Wohneinheiten	–	53 53	–	46
Treppenläufe und -podeste[7]	–	58	–	46
Türen[8] [9]	27	–	37	–
2 Einfamilien-Doppelhäuser und -Reihenhäuser				
Decken	–	48	–	38
Treppenläufe und -podeste, Decken unter Fluren	–	53	–	46
Haustrennwände	57	–	67	–
3 Beherbergungsstätten, Krankenanstalten, Sanatorien				
Decken unter/über Schwimmbädern, Spiel- und Gemeinschaftsräumen (in Beherbergungsstätten nur gegenüber Schlafräumen)[2]	55	46	–	–
Sonstige Decken[10]	54	53	55	46
Decken unter Fluren	–	53	–	46
Treppenläufe und -podeste[7]	–	58	–	46
Wände von Übernachtungs- und Krankenräumen sowie von Untersuchungsräumen und Sprechzimmern	47	–	52 –	–
4 Schulen und vergleichbare Unterrichtsstätten		[1]		
Decken zwischen Unterrichtsräumen u.Ä.[11]	55	53	–	–
Decken unter Fluren	–	53	–	–
Wände zwischen Unterrichtsräumen und Treppenhäusern	52	–	–	–
übrige Wände von Unterrichtsräumen u.Ä.[11]	47	–	–	–
Flurtüren von Unterrichtsräumen u.Ä.[8]	32	–	–	–

[1] Die Werte $L'_{n,w}$ gelten nur für die Trittschallübertragung in fremde Aufenthaltsräume, sowohl in waagerechter als auch in schräger oder senkrechter (nach oben) Richtung.
[2] Wegen der verstärkten Übertragung tiefer Frequenzen können zusätzliche Maßnahmen zur Körperschalldämmung erforderlich werden.
[3] Wohnungstrenndecken und -wände sind Bauteile, die Wohnungen voneinander oder von fremden Arbeitsräumen trennen. Genauso werden Decken und Wände zwischen fremden Arbeitsräumen behandelt.
[4] In Gebäuden mit nicht mehr als zwei Wohnungen beträgt die Anforderung erf R'_w = 52 dB; in solchen Gebäuden dürfen auch weichfedernde Gehbeläge gemäß Tabelle 9 (DIN 4109) berücksichtigt werden.
[5] In Gebäuden mit nicht mehr als zwei Wohnungen beträgt die Anforderung erf R'_w = 52 dB und erf $L'_{n,w}$ = 63 dB.
[6] Für Wände mit Türen gilt die Anforderung erf R'_w (Wand) = erf R'_w (Tür) + 15 dB; Wandbreiten ≤ 30 cm bleiben dabei unberücksichtigt.
[7] Keine Anforderungen an Treppenläufe in Gebäuden mit Aufzug und an Treppen in Gebäuden mit nicht mehr als zwei Wohnungen.
[8] Bei Türen gilt statt R'_w der Wert R_w für Direktübertragung. Prüfung von R_w in einem Prüfstand ohne Flankenübertragung.
[9] Die Werte gelten für Türen, die von Hausfluren oder Treppenräumen in Dielen oder Flure vor Wohn- und Arbeitsräumen führen; Türen, die unmittelbar von Hausfluren oder Treppenräumen in Aufenthaltsräume von Wohnungen führen, müssen den Vorschlägen für den erhöhten Schallschutz genügen.
[10] Bei Decken unter Bädern und WCs dürfen beim Nachweis des erhöhten Schallschutzes weichfedernde Bodenbeläge angerechnet werden.
[11] Bei Decken zwischen Unterrichtsräumen und „besonders lauten" Räumen, z.B. Sporthallen, Musik- und Werkräumen, ist $L'_{n,w}$ = 46 dB einzuhalten, bei entsprechenden Wänden R'_w = 55 dB. Außerdem gilt Fußnote 2).

Auch für den Trittschallschutz von Decken sind in der DIN 4109 bestimmte Anforderungswerte (siehe Tafel 14.10 und 14.11) für den bewerteten Norm-Trittschallpegel $L'_{n,w}$ angegeben, denen die Rechenwerte $L'_{n,w,R}$ der im Beiblatt 1 zu DIN 4109 angegebenen verschiedenen Deckenkonstruktionen gegenübergestellt werden müssen. Für gebrauchsfertige Decken (also einschließlich Belägen) müssen die Rechenwerte $L'_{n,w,R}$ um mindestens 2 dB unterhalb der in Tafel 14.10 und 14.11 angegebenen $L'_{n,w}$-Werte liegen. Nach dem Beiblatt 1 zur DIN 4109 wird der Rechenwert wie folgt berechnet:

$$L'_{n,w,R} = L_{n,w,eq,R} - \Delta L_{w,R}$$

Hierin ist $L_{n,w,eq,R}$ der sog. äquivalente bewertete Norm-Trittschallpegel der Massivdecke. Er kennzeichnet das Trittschallverhalten einer Massivdecke ohne Auflage im Hinblick auf die spätere Verwendung als gebrauchsfertige Decke mit Auflage. $L_{n,w,eq,R}$ wird im Labor nach DIN 52 210-4 bestimmt. $\Delta L_{w,R}$ ist das sog. Trittschallverbesserungsmaß der verschiedenen Beläge, wie z.B. Estrich, Holz, Linoleum, PVC oder textile Beläge. Für beide Rechenwerte sind im Beiblatt Werte angegeben.

Berechnungsbeispiel für $L'_{n,w,R}$:

Stahlbetondecke, 120 mm dick mit 10 mm unterseitigem Kalkzement-Putz: $L'_{n,w,eq,R}$ = 78 dB. Schwimmender Zement-Estrich: $\Delta L_{w,R}$ = 22 bis 34 dB (je nach Art und Dicke der Dämmschicht). Linoleum-Verbundbelag: $\Delta L_{w,R}$ = 14 dB.

Gebrauchsfertige Decke (Beispiel): $L'_{n,w,R}$ = 78–22–14 = 42 dB

Tafel 14.11 Empfehlungen zum Schutz gegen Schallübertragung aus dem eigenen Wohn- und Arbeitsbereich (Luftschall R'_w und Trittschall $L'_{n,w}$) nach DIN 4109 Beiblatt 2 Tabelle 3 (1989–11) [27]; alle Angaben in dB

Bauteile	Mindestanforderungen	erhöhter Schallschutz	Bauteile	Mindestanforderungen
	R'_w	$L'_{n,w}$		R'_w
1 Wohngebäude				
Decken in Einfamilienhäusern außer Kellerdecken und Decken unter nicht ausgebauten Dachräumen[1)]	50	56	≥ 55	≤ 46
Treppen und Treppenpodeste in Einfamilienhäusern[2)]	–	–	–	≤ 53
Wände ohne Türen zwischen „lauten" und „leisen" Räumen unterschiedlicher Nutzung	40	–	≥ 47	–
2 Büro- und Verwaltungsgebäude				
Decken, Treppen und Treppenraumwände	wie Tafel 14.10 Ziffer 1			
Wände zwischen Räumen mit üblicher Bürotätigkeit sowie zwischen Fluren und diesen Räumen[3)]	37	–	≥ 42	–
Wände zwischen Räumen mit konzentrierter Tätigkeit oder zur Behandlung vertraulicher Angelegenheiten[3)]	45	–	≥ 52	–
Türen bei üblicher Bürotätigkeit[4)]	27	–	≥32	–
Türen bei erhöhten Anforderungen[4)]	37	–	–	–

[1)] Bei Decken zwischen Wasch- und Aborträumen sowie zwischen Fluren gelten die Vorschläge für den Trittschallschutz nur, um eine waagerechte, schräge oder nach oben gerichtete Trittschallübertragung in Aufenthaltsräume zu vermeiden.
[2)] Hinsichtlich der Trittschallübertragung gilt Fußnote 1) analog.
[3)] Es ist darauf zu achten, dass die Werte nicht durch eine Nebenwegübertragung über Flur und Türen verschlechtert werden.
[4)] Bei Türen gilt statt R'_w der Wert R_w für Direktübertragung. Prüfung von R_w in einem Prüfstand ohne Flankenübertragung.

14.3.6 Schallschutzmaßnahmen

a) Allgemeines

Der von außen in Gebäude eindringende Schall kann von Erschütterungen und/oder durch Verkehr hervorgerufen sein. Gegenmaßnahmen können in der Verringerung der Intensität solcher Schallquellen (z.B. ebene Straßendecken, Verbesserung der Fahrzeugbereifung) oder entsprechender Ausbildung des Bauwerks liegen. Zwischen benachbarten Häusern (Reihenhäuser) z.B. sind Luftspalte vorzusehen. Bauliche Maßnahmen innerhalb der Häuser sind in den Beiblättern 1 und 2 der DIN 4109 ausführlich beschrieben, z.B. die Ausführung von schwimmenden Estrichen (siehe Abb. 14.12).

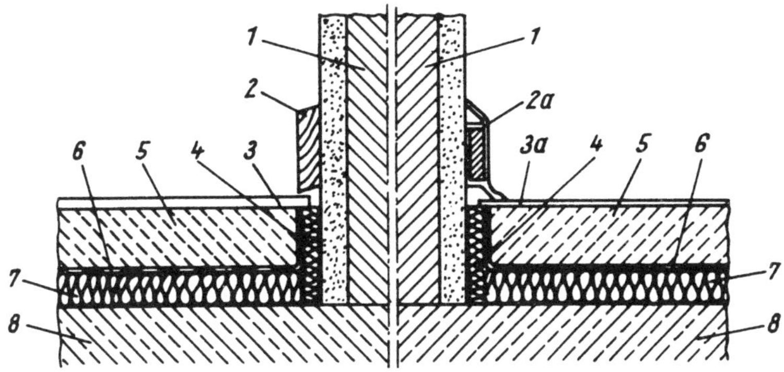

1	Mauerwerk oder Beton, verputzt	4	Randdämmstoffstreifen
2	Sockelleiste mit hartem Anschlag	5	Estrich
2a	Sockelleisten mit weichfederndem Anschluss	6	Abdeckung
3	weichfedernder Bodenbelag	7	Trittschall-Dämmschicht
3a	harter oder weichfedernder Bodenbelag	8	Massivdecke

Abb. 14.12 Wandanschluss bei schwimmendem Estrich (Schallschutz)

b) Schalldämmung durch einschalige Bauteile
Die Luftschalldämmung einschaliger Wände und Decken ist umso größer, je größer ihre flächenbezogene Masse m' in kg/m² ist (Rechenwerte $R'_{w,R}$ siehe Tafel 14.11). Sie steigt mit der Dicke d und der Rohdichte r des Bauteils und ergibt sich als Produkt aus diesen beiden Größen. Dabei wird die Rohdichte ρ z.B. wie folgt angesetzt:
- Wände und Decken aus Normalbeton: ρ = 2300 kg/m³
- Wände und Decken aus Leichtbeton:
  ρ = Rohdichteklasse minus 100 kg/m³ bzw. minus 50 kg/m³
  bei Rohdichteklasse > 1,0 bzw. ≤ 1,0
- gemauerte Wände aus Steinen nach DIN 1053-1:
  ρ = 900 × Rohdichteklasse
  plus 100 kg/m³ für alle Steinsorten mit NM gemauert bzw.
  plus 50 kg/m³ für Leichtsteine (ρ = 0,4 bis 1,0 kg/dm³) mit LM gemauert.

Als einschalig gelten Wände und Decken mit unmittelbar aufgebrachtem Putz, Verbundestrich oder Estrich auf Trennschicht. Mit einschaligen Decken allein ist ausreichende Luftschalldämmung schwer, Trittschalldämmung praktisch überhaupt nicht zu erreichen. Sie müssen mit Unterdecken und oder mit schwimmenden Estrichen „verbessert" werden.

c) Schalldämmung durch mehrschalige Wände
Zweischalige Wände können wie folgt aufgebaut sein:
- zwei schwere biegesteife Schalen, z.B. aus Mauerwerk
- eine biegesteife Schale mit biegeweicher Vorsatzschale
- zwei biegeweiche Schalen auf Unterkonstruktion.

Bei zwei schweren biegesteifen Schalen soll die Trennfuge ≥ 30 mm sein und bis zum Fundament durchgehen und mit dicht an dicht verlegten Faserdämmstoff-Platten Typ T gefüllt werden (siehe Abb. 14.11). Dann kann nach DIN 4109 das bewertete Schalldämm-Maß R'_w näherungsweise wie für eine einschalige biegesteife Wand gleicher Gesamtdicke nach Tafel 14.14 ermittelt und dann um 12 dB erhöht werden. Über das

gemeinsame Fundament wird zwar Schall übertragen, eine Trennung auch des Fundaments ist jedoch i.d.R. nicht durchführbar.
Biegeweiche Vorsatzschalen vor einer biegesteifen Wand können Holzwolle-Leichtbauplatten nach DIN 1101, Gipskartonplatten nach DIN 18 180 oder Spanplatten nach DIN 68 763, die an Holzstielen (an der schweren Schale befestigt oder freistehend) befestigt sind, sein. Der Hohlraum kann frei oder z.B. mit Faserdämm-Matten oder -Platten ausgefüllt sein (Beispiele siehe Abb. 14.14).

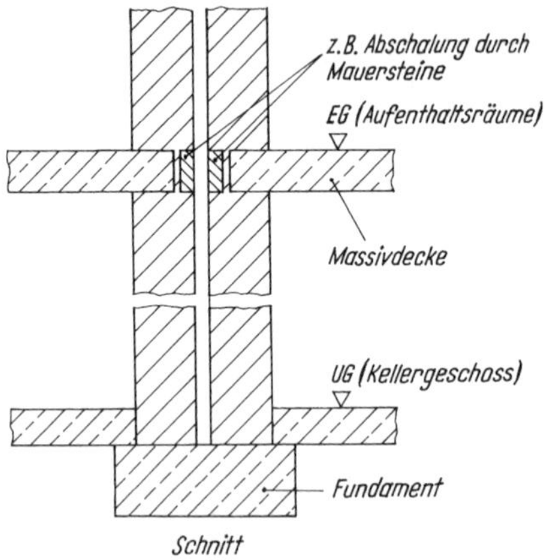

Abb. 14.13 Zweischalige Innenwand aus zwei biegesteifen Schalen mit durchgehender Trennfuge nach Beiblatt 1 zu DIN 4109, Trennfuge mit Dämmstoff BK A1 (5 cm)

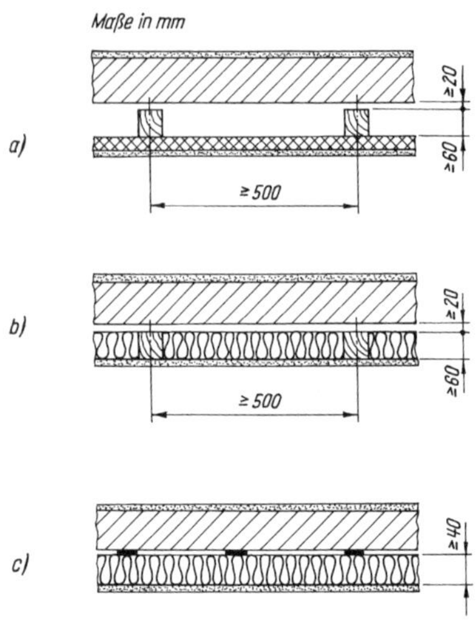

Abb. 14.14 Beispiele für biegeweiche Vorsatzschalen vor einer schweren biegesteifen Wand nach Beiblatt 1 zu DIN 4109
a) Holzwolle-Leichtbauplatten (DIN 1101), verputzt, frei stehende Holzstiele (Ständer); die Ständer können auch an der Wand befestigt sein
b) Gipskartonplatten (DIN 18 180) oder Spanplatten (DIN 68 763), Faserdämmstoffe (DIN 18 165-1) zwischen frei stehenden Holzständern
c) Gipskartonplatten (DIN 18 180) und Faserdämmplatten (DIN 18 165-1), streifen- oder punktförmig angesetzt

Wände aus zwei biegeweichen Schalen können aus einer Unterkonstruktion aus Holz- oder Metallständern bestehen, die ein- oder zweilagig mit Gipskarton- oder Spanplatten bekleidet sind und deren Hohlraum mit Faserdämmstoffen nach DIN 18 165-1 gefüllt ist (Beispiele siehe Abb. 14.15).

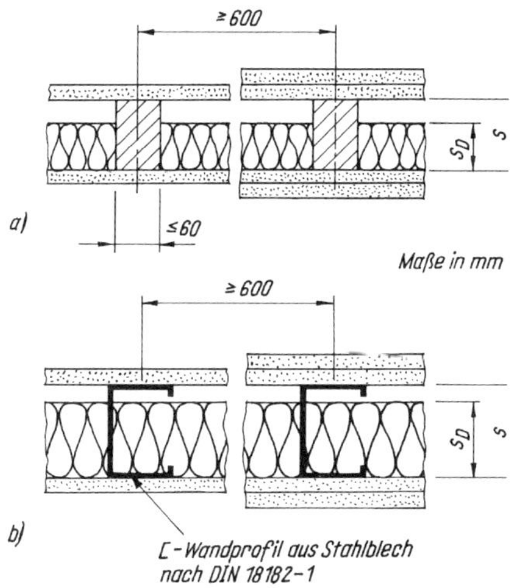

Abb. 14.15 Beispiele für zweischalige biegeweiche Wände aus ein- oder zweilagigen Gipskartonplatten (DIN 18 180) oder Spanplatten (DIN 68 763) auf Stielen nach Beiblatt 1 zu DIN 4109
a) Holzständer,
b) C-Profile aus Stahlblech

d) Schalldämmung von Decken
Die Luftschalldämmung von Massivdecken hängt von ihrem Aufbau ab: direkt aufgebrachter Estrich oder Gehbelag; schwimmender Estrich; biegeweiche Unterdecke z.B. aus Putz auf Putzträger, Gipskartonplatten oder Holzwolle-Leichtbauplatten.
Die Trittschalldämmung von Massivdecken muss durch Beläge verbessert werden.
Folgende Verbesserungsmaße $\Delta L_{w,R}$ werden im Beiblatt 1 dafür angegeben:

- weichfedernde Bodenbeläge aus Linoleum oder PVC je nach Aufbau: 14 bis 16 dB
- textile Beläge je nach Dicke (4 bis 8 mm) und Aufbau: 19 bis 28 dB
- Dämmstoffplatten nach DIN 18 164-2 und 18 165-2: 10 bis 50 dB
- Gussasphaltestriche mit m' = 45 kg/m²: 20 bis 29 dB
- Zementestriche mit m' = 70 kg/m²: 22 bis 30 dB
- schwimmende Gussasphaltestriche mit m' = 45 kg/m² je nach Bodenbelag: 20 bis 32 dB
- schwimmende Zementestriche mit m' = 70 kg/m² je nach Bodenbelag: 22 bis 34 dB
- schwimmende Holzfußböden mit hartem Bodenbelag je nach Unterboden: 24 bzw. 25 dB.

Der Norm-Trittschallpegel $L_{n,w,R}$ bzw. $L'_{n,w,R}$ errechnet sich dann nach der in Abschn. 14.3.5 angegebenen Formel: $L_{n,w,R} = L_{n,w,eq,R} - \Delta L_{w,R}$.
Rechenwerte $R'_{w,R}$ und $L_{n,w,eq,R}$ von Massivdecken siehe Tafel 14.12.

Tafel 14.12 Rechenwerte $R'_{w,R}$ für einschalige, biegesteife Wände und Decken nach DIN 4109 Beiblatt 1 [2] (1989-11)

m' kg/m²	$R'_{w,R}$ dB	m' kg/m²	$R'_{w,R}$ dB	m' kg/m²	$R'_{w,R}$ dB	m' kg/m²	$R'_{w,R}$ [1)] dB
85	34	160	42	320	50	630	58
90	35	175	43	350	51	680	59
95	36	190	44	380	52	740	60
105	37	210	45	410	53	810	61
115	38	230	46	450	54	880	62
125	39	250	47	490	55	960	63
135	40	270	48	530	56	1040	64
150	41	295	49	580	57		

[1)] Die Werte dieser Spalte gelten nur für die Ermittlung von $R'_{w,R}$ zweischaliger Wände (siehe Abschn. 14.3.6).

Tafel 14.13 Rechenwerte $R'_{w,R}$ und $L_{n,w,eq,R}$ für Massivdecken nach DIN 4109 Beiblatt 1 [2]

Deckenbauarten	m' [1)] kg/m²	ohne Unterdecke [2)]		mit Unterdecke [2)]	
Stahlbeton-Vollplatten aus Normal- oder Leichtbeton, Porenbeton-Deckenplatten		$R'_{w,R}$ in dB [3)]			
		a_1	b_1	a_2	b_2
	150	41	49	49	52
	200	44	51	51	54
	250	47	53	53	56
	300	49	55	55	58
	350	51	56	56	59
	400	53	57	57	60
	450	54	58	58	61
	500	55	59	59	62
Gilt auch für folgende Decken nach DIN 1045:		$L_{n,w,eq,R}$ in dB [5)]			
– Plattenbalken- und Rippendecken	35	86		75	
– Stahlsteindecken	160	85		74	
– Decken aus vorgefertigten Balken	190	84		74	
– Decken aus Stahlbeton-Hohldielen	225	82		73	
und für Decken aus Stahlbetondielen nach DIN 4028	270	79		73	
	320	77		72	
	380	74		71	
	450	71		69	
	500	69		67	

[1] Flächenbezogene Masse einschl. eines etwaigen Verbundestrichs oder Estrichs auf Trennlage oder eines unmittelbar aufgebrachten Putzes; Ermittlung von m' wie bei einschaligen Bauteilen (gemäß Abschn. 14.3.6).
[2] Biegeweiche Unterdecken, z.B. aus Putz auf Putzträger, aus Gipskartonplatten nach DIN 18 180, Dicke 12,5 oder 15 mm, oder aus Holzwolle-Leichtbauplatten nach DIN 1101, $d \geq 25$ mm, verputzt.
[3] Spalten a_1 und a_2 für Massivdecken mit unmittelbar aufgebrachten Estrichen oder Gehbelegen, Spalten b_1 und b_2 für Massivdecken mit schwimmenden Estrichen oder anderen schwimmend verlegten Belägen.
[4] Zum Beispiel aus Faserdämm-Matten nach DIN EN 13 162 DES, Nenndicke 40 mm.
[5] Bei Verwendung von schwimmenden Estrichen mit mineralischen Bindemitteln sind die Tabellenwerte für Decken mit Unterdecken um 2 dB zu erhöhen.

14.3.7 Fragen und Aufgaben zum Schallschutz

1) Welches ist die für den Schallschutz maßgebende Norm? Was hat sie zum Inhalt?
2) Erläutern Sie die verschiedenen Arten von Schall.
3) Wie wird der Luftschall gemessen? Wie heißt die Kenngröße und welche Einheit hat sie?
4) Was versteht man unter dB(A)? Geben Sie einige Lautstärken an.
5) Erläutern Sie das Verfahren zur Bestimmung der Luftschalldämmung eines Bauteils.
6) Was versteht man Schallabsorption und welche Rolle spielt sie bei der Schalldämmung?
7) Was versteht man unter dem Luft-Schalldämm-Maß R eines Bauteils? Erläutern Sie die Formel $R = L_1 - L_2 + 10 \cdot \lg (S/A)$.
8) Was versteht man unter dem bewerteten Schalldämm-Maß R_w und R'_w? Wie wird es bestimmt? Erläutern Sie das Verfahren anhand einer Skizze.
9) Was versteht man unter dem Luftschallschutzmaß LSM? Welcher Zusammenhang besteht zum bewerteten Schalldämm-Maß?
10) Beantworten Sie die Fragen 6 bis 8 für den Trittschall. Erläutern Sie die Begriffe L'_n, $L_{n,w}$ und $L'_{n,w}$ und die Formel $L'_n = L_T + 10 \cdot 2 \lg (A/A_0)$ sowie den Begriff TSM.
11) Was versteht man unter den Begriffen $R_{w,R}$ und $L_{n,w,R}$ und was bedeutet das „R" im Index?
12) Erläutern Sie die Gleichung $L'_{n,w,R} = L_{n,w,eq,R} - \Delta L_{w,R}$.

14.4 Dämmstoffe für Wärme-, Schall- und Brandschutz

Tafel 14.14 Anorganische Dämmstoffe

ANWENDUNGSGEBIET				ANORGANISCHE DÄMMSTOFFE															
				SYNTHETISCH										NATÜRLICH					
				Glaswolle	Steinwolle	Schaumglas	Blähglas	CaSi-Schaum	Gipsschaum	Pyrogene Kieselsäure	Schlackenwolle	Keramikfasernschaum	Aerogel	Blähperlit (EPB)	Blähglimmer	Blähton	Bims	Wärmedämmziegel	Vermiculit (exp.)
DECKE/DACH		DAD	Außendämmung Dach/ Decke, vor Bewitterung geschützt, Dämmung unter Deckung	■	■	■		■						■	■	■			■
		DAA	Außendämmung Dach/ Decke, vor Bewitterung geschützt, Dämmung unter Abdichtung	■	■	■		■						■	■				■
		DUK	Außendämmung Dach, der Bewitterung ausgesetzt (Umkehrdach)																
		DZ	Zwischensparrendämmung, zweischaliges Dach, nicht begehbar, aber zugängliche oberste Geschossdecke	■	■		■							■	■	■			■

ANWENDUNGSGEBIET			ANORGANISCHE DÄMMSTOFFE															
			SYNTHETISCH										NATÜRLICH					
			Glaswolle	Steinwolle	Schaumglas	Blähglas	CaSi-Schaum	Gipsschaum	Pyrogene Kieselsäure	Schlackenwolle	Keramikfaserschaum	Aerogel	Blähperlit (EPB)	Blähglimmer	Blähton	Bims	Wärmedämmziegel	Vermiculit (exp.)
	DI	Innendämmung Decke (unterseitig)/Dach, Dämmung unter Sparren/Tragkonstruktion, abgehängte Decke usw.	■	■	■		■	■	■				■	■	■			■
	DEO	Innendämmung Decke/Bodenplatte (oberseitig) unter Estrich ohne Schallschutzanforderung	■	■	■	■			■				■	■	■			■
	DES	Innendämmung Decke/Bodenplatte (oberseitig) unter Estrich mit Schallschutzanforderung	■	■									■	■				■
WAND	WAB	Außendämmung Wand hinter Bekleidung	■	■	■		■					■	■	■		■	■	■
WAND	WAA	Außendämmung Wand hinter Abdichtung			■				■			■				■	■	

ANWENDUNGSGEBIET		ANORGANISCHE DÄMMSTOFFE															
		SYNTHETISCH										NATÜRLICH					
		Glaswolle	Steinwolle	Schaumglas	Blähglas	CaSi-Schaum	Gipsschaum	Pyrogene Kieselsäure	Schlackenwolle	Keramikfasernschaum	Aerogel	Blähperlit (EPB)	Blähglimmer	Blähton	Bims	Wärmedämmziegel	Vermiculit (exp.)
WAP	Außendämmung Wand unter Putz Sockel, Wärmebrücke	■	■	■		■		■				■	■			■	■
WZ	Dämmung vor zweischaligen Wänden, Kerndämmung	■	■	■	■							■	■			■	■
WH	Dämmung vor Holzrahmen-/ Holztafelbauweise	■	■		■							■	■	■			■
WI	Innendämmung Wand	■	■	■		■	■	■				■	■	■			■
WTH	Dämmung zwischen Haus-trennwänden, mit Schallschutzanforderungen	■	■									■	■				■

ANWENDUNGSGEBIET				ANORGANISCHE DÄMMSTOFFE															
				SYNTHETISCH										NATÜRLICH					
				Glaswolle	**Steinwolle**	**Schaumglas**	**Blähglas**	**CaSi-Schaum**	**Gipsschaum**	**Pyrogene Kieselsäure**	**Schlackenwolle**	**Keramikfaserschaum**	**Aerogel**	**Blähperlit (EPB)**	**Blähglimmer**	**Blähton**	**Bims**	**Wärmedämmziegel**	**Vermiculit (exp.)**
		WTR	Dämmung Raumtrennwär de	■	■	■										■	■		■
PERIMETER		PW	außenliegende Wärmedämmung von Wänden gegen Erdreich (außerhalb der Abdichtung)			■	■												
		PB	außenliegende Wärmedämmung unter Bodenplatte gegen Erdreich (außerhalb der Abdichtung)			■	■												
EIGENSCHAFTEN	Norm oder Zulassung			DIN EN 13 162	DIN EN 13 162	DIN EN 13 167	gemäß Zulassung	gemäß Zulassung	gemäß Zulassung			gemäß Zulassung	Zusti. im Einzelfall	DIN EN 13 169	gemäß Zulassung	gemäß Zulassung	gemäß Zulassung	gemäß Zulassung	gemäß Zulassung

ANWENDUNGSGEBIET	ANORGANISCHE DÄMMSTOFFE															
	SYNTHETISCH										NATÜRLICH					
	Glaswolle	**Steinwolle**	**Schaumglas**	**Blähglas**	**CaSi-Schaum**	**Gipsschaum**	**Pyrogene Kieselsäure**	**Schlackenwolle**	**Keramikfaserschaum**	**Aerogel**	**Blähperlit (EPB)**	**Blähglimmer**	**Blähton**	**Bims**	**Wärmedämmziegel**	**Vermiculit (exp.)**
Wärmeleitfähigkeit (W/(m · K) nach DIN EN 12 664	0,035 bis 0{,040	0,035 bis 0{,040	0,040 bis 0{,060	0,070 bis 0{,093	0,045 bis 0{,065	0,045	0,021		0,030 bis 0{,070	0,017 bis 0{,021	0,045 bis 0{,070	0,046 bis 0{,070				0,046 bis 0{,070
Rohdichte (kg/m³) nach DIN EN 1602	20 bis 200	20 bis 200	115 bis 220	150 bis 230	115 bis 300		300		120 bis 560	60 bis 80	90 bis 490	70 bis 160	260 bis 500	150 bis 230	500 bis 750	70 bis 160
Brandverhalten/Baustoffklasse nach DIN 4102	A1, A2	A1	A1	A1	A1	B2	A1		A1		B2	A1, B1	A1	A1		A1, B1
Wärmespeicherkapazität c (J/(kg · K) DIN 12524	600 bis 1000	600 bis 1000	800 bis 1100	800 bis 1000	1000	1000			1040		1000	800 bis 1000	1100	1000		800 bis 1000
Wasserdampfdiffusionswiderstandzahl mu	1–2	1–2	8	1–5	3–20	4–8					3–5	3–4	2–8	4	5–10	3–4

Tafel 14.15 Organische Dämmstoffe

ANWENDUNGSGEBIET				ORGANISCHE DÄMMSTOFFE																
				SYNTHETISCH									NATÜRLICH							
				Polystyrol (EPS)	Polystyrol (XPS)	Polyurethan Hartschaum (PUR)	Polyurethan Ortschaum (PUR)	Phenolharzschaum (PF)	Melaminharzschaum (MF)	Polyethylenschaum (PE)	Harnstoff Formaldehydharz (UF)	Polyesterfasern	Holzwolle (WW/WWC) HWL/ML	Holzfasern (WF)	Kork exp. (ICB)	Zellulosefasern	Hanf	Schafwolle	Baumwolle	Flachs
DECKE/DACH		DAD	Außendämmung Dach/ Decke, vor Bewitterung geschützt, Dämmung unter Deckung	■	■	■	■	■						■	■	■	■		■	
		DAA	Außendämmung Dach/ Decke, vor Bewitterung geschützt, Dämmung unter Abdichtung	■	■	■	■	■						■	■					
		DUK	Außendämmung Dach, der Bewitterung ausgesetzt (Umkehrdach)		■															
		DZ	Zwischensparrendämmung, zweischaliges Dach, nicht begehbar, aber zugängliche obere Geschossdecke	■		■		■	■		■	■	■	■	■	■	■	■	■	■

ANWENDUNGSGEBIET				ORGANISCHE DÄMMSTOFFE																
				SYNTHETISCH									NATÜRLICH							
				Polystyrol (EPS)	Polystyrol (XPS)	Polyurethan Hartschaum (PUR)	Polyurethan Ortschaum (PUR)	Phenolharzschaum (PF)	Melaminharzschaum (MF)	Polyethylenschaum (PE)	Harnstoff Formaldehydharz (UF)	Polyesterfasern	Holzwolle (WW/WWC) HWL/ML	Holzfasern (WF)	Kork exp. (ICB)	Zellulosefasern	Hanf	Schafwolle	Baumwolle	Flachs
DECKE/DACH		DI	Innendämmung Decke (unterseitig)/Dach, Dämmung unter Sparren/Tragkonstruktion, abgehängte Decke usw.	■	■	■		■	■		■	■	■	■	■	■	■	■	■	■
		DEO	Innendämmung Decke/ Bodenplatte (oberseitig) unter Estrich ohne Schallschutzanforderung	■	■	■		■					■	■	■		■	■		
		DES	Innendämmung Decke/ Bodenplatte (oberseitig) unter Estrich mit Schallschutzanforderung	■						■				■				■		
WAND		WAB	Außendämmung Wand hinter Bekleidung	■	■	■		■					■	■	■		■	■	■	
		WAA	Außendämmung Wand hinter Abdichtung	■	■	■		■												

ORGANISCHE DÄMMSTOFFE		ANWENDUNGSGEBIET – WAND: WAP Außendämmung Wand unter Putz	WZ Dämmung vor zweischaligen Wänden, Kerndämmung	WH Dämmung vor Holzrahmen-/Holztafelbauweise	WI Innendämmung Wand	WTH Dämmung zwischen Haustrennwänden, mit Schallschutzanforderungen
SYNTHETISCH	Polystyrol (EPS)	X	X		X	
SYNTHETISCH	Polystyrol (XPS)	X	X			
SYNTHETISCH	Polyurethan Hartschaum (PUR)	X	X	X	X	
SYNTHETISCH	Polyurethan Ortschaum (PUR)			X		
SYNTHETISCH	Phenolharzschaum (PF)	X	X		X	
SYNTHETISCH	Melaminharzschaum (MF)				X	
SYNTHETISCH	Polyethylenschaum (PE)			X		
SYNTHETISCH	Harnstoff Formaldehydharz (UF)		X	X		
SYNTHETISCH	Polyesterfasern			X		X
NATÜRLICH	Holzwolle (WW/WWC) HWL/ML	X		X	X	
NATÜRLICH	Holzfasern (WF)	X	X	X	X	
NATÜRLICH	Kork exp. (ICB)	X	X	X	X	
NATÜRLICH	Zellulosefasern			X	X	
NATÜRLICH	Hanf			X	X	
NATÜRLICH	Schafwolle			X	X	
NATÜRLICH	Baumwolle			X		
NATÜRLICH	Flachs			X	X	

ANWENDUNGSGEBIET			ORGANISCHE DÄMMSTOFFE																
			SYNTHETISCH									NATÜRLICH							
			Polystyrol (EPS)	Polystyrol (XPS)	Polyurethan Hartschaum (PUR)	Polyurethan Ortschaum (PUR)	Phenolharzschaum (PF)	Melaminharzschaum (MF)	Polyethylenschaum (PE)	Harnstoff Formaldehydharz (UF)	Polyesterfasern	Holzwolle (WW/WWC) HWL/ML	Holzfasern (WF)	Kork exp. (ICB)	Zellulosefasern	Hanf	Schafwolle	Baumwolle	Flachs
WAND	WTR	Dämmung Raumtrennwände										■	■	■	■	■	■	■	■
PERIMETER	PW	außenliegende Wärmedämmung vor Wänden gegen Erdreich (außerhalb der Abdichtung)	■	■	■														
	PB	außenliegende Wärmedämmung unter Bodenplatte gegen Erdreich (außerhalb der Abdichtung)	■	■	■														
	Norm oder Zulassung		DIN EN 13 163	DIN EN 13 164	DIN EN 13 165		DIN EN 13 166		gem. Zulassung	DIN 18 195	gem. Zulassung	DIN EN 13 168	DIN EN 13 171	DIN EN 13 170	gem. Zulassung	gem. Zulassung	gem. Zulassung	gem. Zulassung	gem. Zulassung

ANWENDUNGSGEBIET			EIGENSCHAFTEN		
			Wärmeleitfähigkeit (W/(m · K)) nach DIN EN 12 664	Rohdichte (kg/m³) nach DIN EN 1602	Brandverhalten/Baustoffklasse nach DIN 4102
ORGANISCHE DÄMMSTOFFE	SYNTHETISCH	**Polystyrol (EPS)**	0,035 bis 0{,040	15 bis 30	B1
		Polystyrol (XPS)	0,030 bis 0{,040	25 bis 45	B1
		Polyurethan Hartschaum (PUR)	0,024 bis 0{,030	30 bis 100	B1{, B2
		Polyurethan Ortschaum (PUR)			
		Phenolharzschaum (PF)	0,022 bis 0{,040	40	B2
		Melaminharzschaum (MF)	0,035	8 bis 11	B1
		Polyethylenschaum (PE)	0,033	50 bis 110	
		Harnstoff Formaldehydharz (UF)	0,035 bis 0{,040	10	B1{, B2
		Polyesterfasern	0,035 bis 0{,045	15 bis 20	B1
	NATÜRLICH	**Holzwolle (WW/WWC) HWL/ML**	0,09	350 bis 600	B1
		Holzfasern (WF)	0,040 bis 0{,090	30 bis 270	B1{, B2
		Kork exp. (ICB)	0,045 bis 0{,060	100 bis 220	B2
		Zellulosefasern	0,040 bis 0{,045	30 bis 80	B1{, B2
		Hanf	0,040 bis 0{,050	20 bis 68	B2
		Schafwolle	0,040 bis 0{,045	25 bis 30	B2
		Baumwolle	0,04	20 bis 60	B1{, B2
		Flachs	0,037 bis 0{,045	20 bis 80	B2

ANWENDUNGSGEBIET		EIGENSCHAFTEN: Wärmespeicherkapazität c (J/(kg · K) DIN 12 524	EIGENSCHAFTEN: Wasserdampfdiffusionswiderstandzahl mu
ORGANISCHE DÄMMSTOFFE			
SYNTHETISCH	**Polystyrol (EPS)**	1500	20–100
	Polystyrol (XPS)	1300 bis 1700	80–200
	Polyurethan Hartschaum (PUR)	1400 bis 1500	30–200
	Polyurethan Ortschaum (PUR)		
	Phenolharzschaum (PF)		60
	Melaminharzschaum (MF)		
	Polyethylenschaum (PE)		7000
	Harnstoff Formaldehydharz (UF)	1500	1–3
	Polyesterfasern		1–2
NATÜRLICH	**Holzwolle (WW/WWC) HWL/ML**	2100	2–5
	Holzfasern (WF)	1600 bis 2200	5–10
	Kork exp. (ICB)		5–10
	Zellulosefasern	1700 bis 2150	1–2
	Hanf	1500 bis 2200	1–2
	Schafwolle	960 bis 1300	1–5
	Baumwolle	840 bis 1300	1–2
	Flachs	1300 bis 1640	1–2

Legende zu den Tafeln 14.6 und 14.7

Typenkurzbezeichnung

W	Wärmedämmstoffe nicht für Druckbelastung
WD	Wärmedämmstoffe für Druckbelastung unter Estrichen
WS, WDS	Wärmedämmstoffe für Druckbelastung für Sondereinsatz (z.B. Parkdecks)
WHD	Wärmedämmstoffe für erhöhte Druckbelastung (z.B. Feuerwehrfahrzeuge)
WZ	leicht zusammendrückbar (Faserdämmstoffe)
WV	mit Abriss- und Scherfestigkeit (Faserdämmstoffe)
T	für Trittschalldämmung geeignet
TK 3500	für Trittschalldämmung unter Trockenestrich (Verkehrslast 3,5 kN/m², $c < 3$ mm)
TK 5000	für Trittschalldämmung unter Trockenestrich (Verkehrslast 5,0 kN/m², $c < 2$ mm)
KD	für Kerndämmung geeignet
WL	Wärmedämmstoffe für belüftete Dachkonstruktionen ohne Druckbeanspruchung
WB	Wärmedämmstoffe, beansprucht auf Biegung (z.B. Bekleidung von windbelasteten Fachwerkkonstruktionen)

Druckbelastbarkeit

dk	keine Druckbelastbarkeit
dg	geringe Druckbelastbarkeit
dm	mittlere Druckbelastbarkeit
dh	hohe Druckbelastbarkeit
ds	sehr hohe Druckbelastbarkeit
dx	extrem hohe Druckbelastbarkeit

Wasseraufnahme

wk	keine Anforderungen an die Wasseraufnahme
wf	Wasseraufnahme durch flüssiges Wasser
wd	Wasseraufnahme durch flüssiges Wasser und/oder Diffusion

Zugfestigkeit

zk	keine Anforderungen an Zugfestigkeit
zg	geringe Zugfestigkeit
zh	hohe Zugfestigkeit

Schalltechnische Eigenschaften

sk	keine Anforderungen an schalltechnische Eigenschaften
sh	Trittschalldämmung erhöhter Zusammendrückbarkeit
sm	Trittschalldämmung mittlerer Zusammendrückbarkeit
sg	Trittschalldämmung geringer Zusammendrückbarkeit

Verformung

tk	keine Anforderungen an Verformbarkeit
tf	Dimensionsstabilität unter Feuchte und Temperatur
tl	Verformung unter Last und Temperatur

Euroklassen

A1	kein „flash over", Brennwert → 2 MJ/kg	s1	keine/kaum Rauchentwicklung
A2	kein „flash over", Brennwert → 3 MJ/kg	s2	mittlere Rauchentwicklung
B	kein „flash over"	s3	starke Rauchentwicklung
C	10–20 min bis „flash over"	d0	kein Abtropfen
D	2–10 min	d1	begrenztes Abtropfen
E	0–2 min	d2	starkes Abtropfen
F	keine Leistung festgestellt		

Baustoffklassen

A1 nicht brennbar
A2 nicht brennbar
B1 schwer entflammbar
B2 normal entflammbar
B3 keine Leistung festgestellt

14.4.1 Faserdämmstoffe nach DIN 18 165-1 und -2

Arten vorwiegend für Wärmedämmung in Form von Matten (M), Filzen (F) oder Platten (P) sind:
- Mineralfasern (Min), z.B. Glas-, Gesteins- oder Schlackenfasern
- pflanzliche Fasern (Pfl): z.B. Kokos- oder Torffasern
- Fasern aus nachwachsenden Rohstoffen: z.B. Fasern aus Recyclingpapier
- Hobelspäne, Holzwolle, Schafwolle; in Form von Platten, Vliesen oder als lose Fasern oder Flocken.

Typen: siehe Tafel 14.14 und 14.15.
Wärmeleitfähigkeitsgruppen: 032, 035, 040, 045, 050 (035 bedeutet: l = 0,035 W/(m · K)
Brandverhalten: einschließlich von Beschichtungen und Trägermaterialien mindestens Baustoffklasse B2.

14.4.2 Schaumkunststoffe nach DIN EN 13 163 bis 13 166

Arten für Wärme- und Trittschalldämmung sind vorwiegend:
- Harte, überwiegend geschlossenzellige Schaumkunststoffe, in Form von Platten, Blöcken oder Bahnen, oder als PUR-Ortschaum. Stoffarten: Phenolharz PF, Polystyrol PS, Polyurethan PUR.
- Weichelastische gemischt- bis offenzellige Schaumkunststoffe, vorwiegend aus Harnstoff-Formaldehyd, (UF)-Weichschaum nach DIN 18 159-2 zum Ausschäumen von Hohlräumen vor Ort.

Typen: siehe Tafel 14.15.
Wärmeleitfähigkeitsgruppen: 020, 025, 030, 035, 040.
Brandverhalten: wie Faserdämmstoffe.

14.4.3 Mineralische Schaumstoffe nach DIN EN 13 167 und 13 169

Arten für Wärme- und Trittschalldämmung:
- Schaumglas aus silikatischem Glas durch Zugabe von Treibmitteln aufgeschäumt, geschlossenzellig (s.a. Abschn. 10.8), in Form von Platten mit Stufenfalz an den Seitenflächen, unbeschichtet oder beschichtet mit Papier, Pappe, Dach- oder Dichtungsbahnen, Kunststoff- oder Metallfolien. Typen siehe Tafel. Brandverhalten: unbeschichtet Baustoffklasse A1, beschichtet wie Faserdämmstoffe.
- Perlite und Vermiculite durch Blähen von vulkanischen Mineralien; für lose Schüttungen unter Estrichen; mit wasserabweisender Umhüllung der Körner für Kerndämmung von zweischaligem Mauerwerk; als Zuschlag für Werkmörtel zum Mauern (Leichtmörtel) oder zum Putzen zur Erhöhung der Feuerwiderstandsklasse von Bauteilen oder als Zuschlag für Wärmedämmputze.

Typen: siehe Tafel 14.14.

Wärmeleitfähigkeitsgruppen: 045, 050, 055, 060.
Brandverhalten: Blähperlite und -vermiculite ohne Zusätze Baustoffklasse A1.

14.4.4 Wärmedämm-Verbundsysteme (WDVS)

Wärmedämm-Verbundsysteme werden zur Wärmedämmung, auch zur Überbrückung von Rissen, vorwiegend auf einschaligen Wänden aufgebracht. Sie werden i.d.R. mit kunststoffmodifizierten Zementmörteln oder zementfreien Dispersionsklebern geklebt, ggf. zusätzlich verdübelt. Dämmschichtmaterial sind meist 3 bis 12 cm dicke Polystyrol-Hartschaumplatten nach DIN EN 13 163 oder Dreischichtplatten mit einem Dämmkern aus Polystyrol oder Polyurethan und beidseitiger Kaschierung mittels Putzträger, z.B. dünnen HWL-Platten. Darüber wird mit den genannten Mörteln ein Glasseiden-Gittergewebe und darauf ein mineralischer oder Kunstharzputz aufgebracht.
Wärmeleitfähigkeitsgruppen: i.d.R. Dämmplatten mit 040
Brandverhalten: Bei Gebäuden geringer Höhe müssen WDV-Systeme der Baustoffklasse B2 genügen, bei größeren Höhen B1.

14.4.5 Leichtbauplatten nach DIN EN 13 168

Arten für Wärmedämmung:
Holzwolle-Leichtbauplatten (HWL-Platten) aus langfaseriger Holzwolle, die mit Zement oder kaustisch gebrannter Magnesia gebunden sind; Mehrschicht-Leichtbauplatten (ML-Platten) bestehen aus einer Schicht Hartschaum (HS-ML) oder Mineralfasern (Min-ML) und ein- oder beidseitiger, mind. 5 cm dicker Holzwolleschicht. Die Platten können ein- oder beidseitig beschichtet oder mit Dampfsperren versehen sein.
Typen: HWL 15 bis HWL 100 (Dicke in mm); ML 15/2 bis ML 100/2 bzw. ML 25/3 bis ML 150/3 (Dicke in mm/Anzahl der Schichten). Sie entsprechen als Wärmedämmstoffe den Typen W, WD, WV gemäß Tafel 14.15, HWL-Platten außerdem gleichzeitig dem Typ WS.
Wärmeleitfähigkeitsgruppen: Holzwolleschichten (d ≥ 25 mm) 065 bis 090
Brandverhalten: HWL-Platten und Min-ML-Platten Baustoffklasse B1, HS-ML-Platten B2.

14.4.6 Gips-Deckenplatten nach DIN 18 169

Gispkarton-Verbundplatten nach DIN 18 184 und Gips-Wandbauplatten nach DIN EN 12 859 siehe Abschn. 2.2.6/2.2.7.

Gips-Deckenplatten aus Stuckgips mit oder ohne Zuschlag- und/oder Zusatzstoffen besitzen einen rückseitig umlaufenden Randwulst (Dicke 28 mm) und werden trocken verlegt (geschraubt oder bei Hängebefestigung in Stahlblechschienen eingelegt oder eingeschoben).
Typen: Dekorplatten (D), Schallschluckplatten (S), Lüftungsplatten (L), Feuerschutzplatten mit geschlossener Oberfläche (DF) oder mit eingelegter Mineralfaserdämmschicht (SF).
Brandverhalten: Baustoffklasse A1.

14.4.7 Holzfaserdämmstoffe nach DIN EN 13 171

Arten für Wärme- und Trittschalldämmung:
Holzfaserdämmstoffe WF (Wood Fibre) werden aus Holzfasern im Nassverfahren hergestellt, entweder mit Binde- oder Zusatzmitteln oder nur mechanisch gebunden. Man unterscheidet folgende Arten:

Holzfaserdämm-Platten (WF-P), eben, mit oder ohne Beschichtung; Holzfaserdämm-Matten (WF-M), gerollt, mit oder ohne Beschichtung; Holzfaser-Lamellenmatten (WF-L), streifenförmig zugeschnitten und auf einem biegsamen Trägermaterial befestigt.
Typen: siehe Tafel 14.15.
Wärmeleitfähigkeitsgruppen: 035 bis 060
Brandverhalten: einschließlich der Beschichtung Baustoffklasse B2.

14.4.8 Dämmstoffe aus Kork nach DIN EN 13 170

Der Rohstoff Kork stammt aus der Rinde der Korkeiche.
Naturkork-Platten in Streifenform (Dicke 40 bis 100 mm) werden vor allem zur Federung unter Maschinenfundamenten verwendet.
Blähkork wird aus gemahlenem Naturkork durch Erhitzen unter Luftabschluss expandiert. Der Schrot wird bei Backkork (BK) mit korkeigenen Harzen, bei imprägniertem Kork (IK) z.B. mit Bitumen zu Platten oder Matten gebunden. Platten zur Wärmedämmung mit ein- oder zweiseitiger Beschichtung aus Papier, Pappe oder Metallfolie. Matten auf bituminiertem Natronkraftpapier zur Trittschalldämmung. Korkschrot wird auch als lose Schüttung verwendet.
Typen: siehe Tafel 14.15.
Wärmeleitfähigkeitsgruppen: Matten 045, 050, 055.
Brandverhalten: nach allgemeinem bauaufsichtlichem Prüfzeugnis Baustoffklasse B2 oder B1

14.4.9 Weitere lose Füllstoffe

- Schlackenwolle aus Hochofenschlacke
- Glasgespinst, Glaswolle, Glaswatte, lose oder in Mattenform, Holzwolle, Hobel- und Sägespäne
- Plan- und Knitterfolien aus Aluminium
- Leichtlehm mit Stroh und anderen trockenen Pflanzenstoffen
- Torf, lose als Torfmull oder (mit und ohne Bindemittel) zu Steinen oder Platten gepresst
- Isofloc[2]: loser Zellulose-Dämmstoff, aus sortiertem Zeitungspapier hergestellt, mit Borax und Borsäure wegen Brandschutz und Konservierung behandelt. Für Dach, Decke und Wand durch Einblasen oder, leicht angefeuchtet, Aufsprühen. $\lambda = 0{,}040$ bzw. 0,045 W/(m · K); Baustoffklasse B1 bzw.B2. $\mu = 1$ bis 2.
- Blähton als wärmedämmender Trockenestrich auf Stahlbetondecken mit Trittschallschutz[3].

---

2 Zum Beispiel Fa. Ökologische Bautechnik Hirschhagen GmbH, Dieselstr. 3, 37235 Hess. Lichtenau.
3 Zum Beispiel FiboExClay Baustoff GmbH, 25421 Pinneberg. Außer den genannten Teilen existieren noch die reinen Prüfnormen Teile 8 und 14 bis 19. Für den Brandschutz im Industriebau sind auch die Normen DIN 18 230, DIN 18 232 und DIN 18 234 zu beachten.
Außer den genannten Teilen existieren noch die reinen Prüfnormen Teile 8 und 14 bis 19. Für den Brandschutz im Industriebau sind auch die Normen DIN 18 230, DIN 18 232 und DIN 18 234 zu beachten.

14.5 Brandschutz

14.5.1 Normen

Norm	Ausgabe	Titel
DIN 4102[4)]		Brandverhalten von Baustoffen und Bauteilen
DIN 4102-1	(1998–05)	Brandverhalten von Baustoffen und Bauteilen – Teil 1: Baustoffe; Begriffe, Anforderungen und Prüfungen Dokument wurde berichtigt
DIN 4102-1 Berichtigung 1	(1998–08)	Berichtigung zu DIN 4102-1:1998-05
DIN 4102-2	(1977–09)	Brandverhalten von Baustoffen und Bauteilen; Bauteile, Begriffe, Anforderungen und Prüfungen
DIN 4102-3	(1977–09)	Brandverhalten von Baustoffen und Bauteilen; Brandwände und nichttragende Außenwände, Begriffe, Anforderungen und Prüfungen
DIN 4102-4	(2016–05)	Brandverhalten von Baustoffen und Bauteilen; Zusammenstellung und Anwendung klassifizierter Baustoffe, Bauteile und Sonderbauteile
DIN 4102-4/A1	(2004–11)	Brandverhalten von Baustoffen und Bauteilen – Teil 4: Zusammenstellung und Anwendung klassifizierter Baustoffe, Bauteile und Sonderbauteile; Änderung A1
DIN 4102-5	(1977–09)	Brandverhalten von Baustoffen und Bauteilen; Feuerschutzabschlüsse, Abschlüsse in Fahrschachtwänden und gegen Feuer widerstandsfähige Verglasungen, Begriffe, Anforderungen und Prüfungen
DIN 4102-6	(1977–09)	Brandverhalten von Baustoffen und Bauteilen; Lüftungsleitungen, Begriffe, Anforderungen und Prüfungen
DIN 4102-7	(1998–07)	Brandverhalten von Baustoffen und Bauteilen – Teil 7: Bedachungen; Begriffe, Anforderungen und Prüfungen
DIN 4102-8	(2003–10)	Brandverhalten von Baustoffen und Bauteilen – Teil 8: Kleinprüfstand
DIN 4102-9	(1990–05)	Brandverhalten von Baustoffen und Bauteilen; Kabelabschottungen; Begriffe, Anforderungen und Prüfungen
DIN 4102-11	(1985–12)	Brandverhalten von Baustoffen und Bauteilen; Rohrummantelungen, Rohrabschottungen, Installationsschächte und -kanäle sowie Abschlüsse ihrer Revisionsöffnungen; Begriffe, Anforderungen und Prüfungen
DIN 4102-12	(1998–11)	Brandverhalten von Baustoffen und Bauteilen – Teil 12: Funktionserhalt von elektrischen Kabelanlagen; Anforderungen und Prüfungen
DIN 4102-13	(1990–05)	Brandverhalten von Baustoffen und Bauteilen; Brandschutzverglasungen; Begriffe, Anforderungen und Prüfungen
DIN 4102-14	(1990–05)	Brandverhalten von Baustoffen und Bauteilen; Bodenbeläge und Bodenbeschichtungen; Bestimmung der Flammenausbreitung bei Beanspruchung mit einem Wärmestrahler
DIN 4102-15	(1990–05)	Brandverhalten von Baustoffen und Bauteilen; Brandschacht
DIN 4102-16	(1998–05)	Brandverhalten von Baustoffen und Bauteilen – Teil 16: Durchführung von Brandschachtprüfungen
DIN 4102-17	(1990–12)	Brandverhalten von Baustoffen und Bauteilen; Schmelzpunkt von Mineralfaser-Dämmstoffen; Begriffe, Anforderungen, Prüfung
DIN 4102-18	(1991–03)	Brandverhalten von Baustoffen und Bauteilen; Feuerschutzabschlüsse; Nachweis der Eigenschaft „selbstschließend" (Dauerprüfung)
DIN 4102-22	(2004–11)	Brandverhalten von Baustoffen und Bauteilen – Teil 22: Anwendungsnorm zu DIN 4102-4 auf der Bemessungsbasis von Teilsicherheitsbeiwerten

Normenzweck

Mit Hilfe der DIN 4102 kann das Brandverhalten von Baustoffen und Bauteilen bestimmt werden. Neben Begriffsdefinitionen wird die Einordnung von Baustoffen nach ihrer Brennbarkeit in **Baustoffklassen** sowie die Einordnung von Bauteilen und Sonderbauteilen nach ihrer Feuerwiderstandsdauer in **Feuerwiderstandsklassen** geregelt.

DIN 4102 enthält dagegen, im Unterschied zu DIN 4108 und DIN 4109, **keine Anforderungen** an den vorbeugenden baulichen Brandschutz in Abhängigkeit von Gebäudeart und -nutzung. Solche Anforderungen sind vielmehr in den Landesbauordnungen sowie verschiedenen ergänzenden Verordnungen und Richtlinien dazu niedergelegt. Im Detail weichen deshalb die Anforderungen an den baulichen Brandschutz leider in den Bundesländern etwas voneinander ab.

Gemäß Abb. 14.16 wird der bauliche Brandschutz in zwei Bereiche gegliedert. Für das vorliegende Kapitel ist ausschlaggebend der vorbeugende Brandschutz, also die präventiven Maßnahmen zur Verhinderung eines Brandes, dessen Ausbreitung und der Sicherung der Rettungswege mittels Einsatz und Anwendung der hierfür relevanten Dämmstoffe. Die Zuordnung erfolgt nach Tafel 14.14 und 14.15.

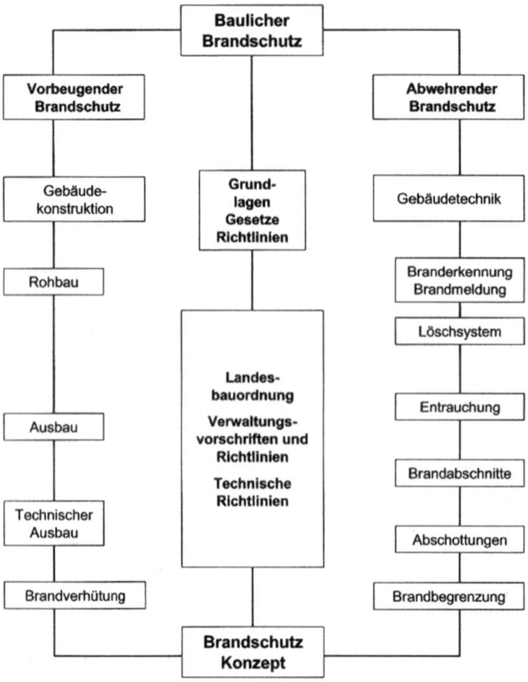

Abb. 14.13 Bereiche des baulichen Brandschutzes (bzw. 16.18)

Insbesondere sollte auch bei der Wahl von Baustoffen, die nicht im eigentlichen Sinn zu den für den Brandschutz erforderlichen Bauteilen gehören, der Aspekt der Rauchentwicklung von Stoffen (siehe Euroklassen in Legende zu Abb. 16.6/16.7) berücksichtigt werden. Nach Abb. 16.3 werden die beiden Zonen Rauchschicht (direkter Rauch) und raucharme Schicht (Anreicherung von Kaltgasen) unterschieden. Ca. 70 bis 80 % der gesamten Brandwärme sind der Rauchschicht zuzuordnen, die wiederum vornehmlich das deckenunterseitige Raumvolumen betreffen. Geeignete Baustoffe für den Brandschutz müssen einen Schmelzpunkt von mehr als 1000 °C haben. Es gelten die Feuerwiderstands- bzw. Kapselklassen nach DIN EN 14 135.

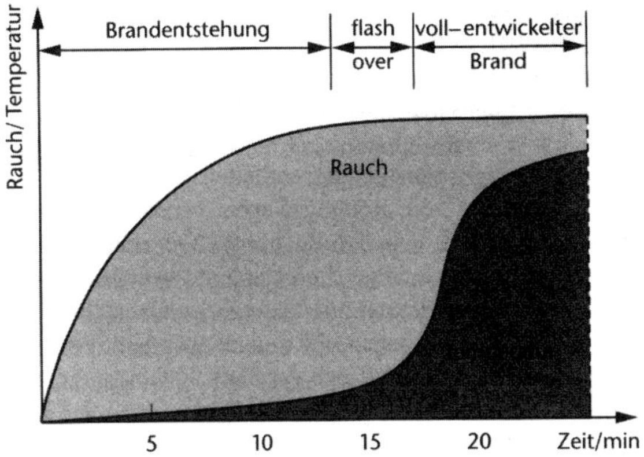

Abb. 14.17 Rauch- und Wärmeentwicklung beim natürlichen Brand (qualitativ)

14.5.2 Brennbarkeit von Baustoffen

Baustoffe werden nach ihrer Brennbarkeit in die beiden Baustoffklassen A und B eingeteilt: Baustoffklasse A = nichtbrennbare Baustoffe, Baustoffklasse B = brennbare Baustoffe (s.a. Tafel 14.16).

Beispiele (klassifizierte Baustoffe nach DIN 4102-4; Ausgabe (1994–03)):

Klasse A1: Sand und Kies, Natursteine; Kalk, Gips und Zement; Glas, auch unbeschichtetes Schaumglas; Bauplatten aus mineralischen Bestandteilen, z.B. Gipsbauplatten; Mörtel und Beton, auch Stahl- und Spannbeton; Metalle und Legierungen in nicht fein verteilter Form; Faserdämmstoffe ohne organische Zusätze; Ziegel, Steinzeug und keramische Platten; Blähton und -schiefer, Perlite, Vermiculite.

Klasse A2: Styropor-Beton; Glasfaserplatten, -matten etc. (auch B1 und B2); Gipskartonplatten mit geschlossener Oberfläche; Mineralfaserplatten, -matten etc. (auch B1); beschichtetes verzinktes Stahlblech.

Klasse B1: bestimmte Mineralfasermatten; Plexiglas; Gipskartonplatten mit gelochter Oberfläche; Korkerzeugnisse (auch B2); Holzwolle-Leichtbauplatten; Span- und Furnierplatten (auch A1); Kunststofftafeln aller Art; PVC-Bodenbeläge auf massivem Untergrund; Gussasphaltestrich ohne weitere Beschichtung; Eichenparkett; Kunstharzputze mit ausschließlich mineralischen Zuschlägen auf massivem Untergrund; Wärmedämmverputzsysteme.

Klasse B2: Holz und Holzwerkstoffe mit $d > 2$ mm und $\rho \geq 400$ kg/m³; bzw. $d > 5$ mm und $\rho \geq 230$ kg/m³; Gipskarton-Verbundplatten; Tafeln und Rohre aus PVC-hart; Spanplatten, Flachpressplatten, Strangpressplatten; ungeschäumtes Polystyrol, dicker als 1,6 mm, Polyethylen, dicker als 1,4 mm; Fugendichtungsstoffe; Fußbodenbeläge auf beliebigem Untergrund: Linoleum, PVC, textile Beläge; viele Bauteile aus PP, PE, PMMA, PS, PA; hochpolymere und Bitumen-Dach- und Dichtungsbahnen; elektrische Leitungsisolierung.

Tafel 14.16 Baustoffklassen nach DIN 4102-1 (1998–05)

Baustoffklasse	bauaufsichtliche Benennung
A A1 A2	nichtbrennbare Baustoffe (ohne brennbare Bestandteile) (mit brennbaren Bestandteilen)
B B1 B2 B3	brennbare Baustoffe schwerentflammbare Baustoffe normalentflammbare Baustoffe leichtentflammbare Baustoffe

Die Prüfung der Baustoffe auf ihre Brennbarkeit erfolgt durch Erhitzen im Ofen auf 750 °C (A1), durch Beflammen in einem Brandschacht (A1, A2, B1) bzw. durch Beflammen in einem offenen Brennkasten (B1, B2).
Die Kennzeichnung der Baustoffe nach ihrer Baustoffklasse hat grundsätzlich zu erfolgen, auch wenn sie nach DIN 4102-4 klassifiziert sind. Ausgenommen sind nur die Baustoffe der Klasse A1, die in der Norm aufgeführt sind, und Holz und Holzwerkstoffplatten der Klasse B2 mit $d > 2$ mm und $\rho > 400$ kg/m^3. Die Kennzeichnung muss entweder auf den Baustoffen direkt oder auf der Verpackung deutlich lesbar und dauerhaft angebracht sein in Form der Bezeichnung DIN 4102-A1, DIN 4102-A2 usw. Außerdem ist der Übereinstimmungsnachweis durch ein U-Zeichen zu führen (siehe Abschn. 16.4).

14.5.3 Feuerwiderstandsdauer von Bauteilen

Bauteile werden nach DIN 4102-2 entsprechend ihrer Feuerwiderstandsdauer in Minuten in fünf Feuerwiderstandsklassen F 30 (feuerhemmend), F 60, F 90 (feuerbeständig), F 120 und F 180 (hochfeuerbeständig) eingeteilt. In dieser Zeit darf bei raumabschließenden Bauteilen kein Feuerdurchtritt stattfinden und muss bei tragenden Bauteilen die Tragfähigkeit erhalten bleiben (s.a. Tafel 14.17).

Tafel 14.17 Feuerwiderstandsklassen nach DIN 4102-2 und -3 (1977–09)

Feuerwiderstandsdauer in Min.	Bauteile allgemein	nichttragende Außenwände	G-Verglasungen[1]	bauaufsichtliche Benennung
≥ 30	F 30	W 30	G 30	Feuerhemmend[2]
≥ 60	F 60	W 60	G 60	
≥ 90	F 90	W 90	G90	feuerbeständig[3]
≥ 120	F 120	W 120	G 120	
≥ 180	F 180	W 180	–	hochfeuerbeständig

[1] Siehe Abschn. 14.5.2 und 7.12.
[2] In den Landesbauordnungen kommt zusätzlich zu F 30 für feuerhemmend noch die Bezeichnung F 30-AB vor, d.h. feuerhemmend und in den wesentlichen Teilen aus nichtbrennbaren Baustoffen.
[3] Neben der Bezeichnung F 90 für feuerbeständig gibt es die Bezeichnungen F 90-AB und F 90-A, d.h. feuerbeständig und in den wesentlichen Teilen bzw. vollständig aus nichtbrennbaren Baustoffen.

Die Prüfung erfolgt in einem Brandraum, in dem das Bauteil nach einer Einheitstemperaturkurve (Temperaturanstieg in den ersten 30 Minuten auf 800 °C, danach in weiteren 150 Minuten auf etwa 1000 °C) mit einem Ölbrenner beflammt wird.

Die DIN EN 13 501-1 (2002–06) klassifziert die Bauteile nach den Ergebnissen im Brandversuch wie folgt:

- Klasse E: keine Flammen und/oder entzündbaren Gase auf der feuerabgewandten Seite
- Klasse EW: wie E, zusätzlich darf der Strahlungsdurchgang (Wärmedurchgang) 15 kW/m² nicht überschreiten
- Klasse EI: wie E, zusätzlich darf die Ausgangstemperatur auf der feuerabgewandten Seite im Mittel um nicht mehr als 140 K ansteigen (Hitzeschild).

In der DIN 4102-4 sind genaue Angaben über die Feuerwiderstandsklassen von Bauteilen gemacht. Einige Beispiele siehe Tafel 14.18.

Tafel 14.18 Feuerwiderstandsklassen einiger Bauteile nach DIN 4102-4 (1994–03)

Bauteil	Mindestdicke[1] in mm für		
	F 30-A	F 90-A	F 180-A
Tragende Wand aus bewehrtem Normalbeton	100	120	180
Nichttragende Wand aus Normalbeton	80	100	150
Tragende Wand aus haufwerkporigem Leichtbeton	150	200	240
Tragende Wand aus Ziegeln (Mz, HLz)	115	140	240
Tragende Wand aus Kalksandstein	115	115	200
Decke aus bewehrtem Normalbeton, best.[2]	60	100	150
Balken aus bewehrtem Normalbeton, best.[2]	80	100	200

[1] Die Dickenangaben gelten für unverputzte Bauteile.
[2] Für die Betonüberdeckung werden besondere Angaben gemacht (s.a. Abschn. 6.1.2); „best." bedeutet bei Decken: stat. best. gelagert; bei Balken: in der Biegezone bei stat. best. Lagerung.

14.5.4 Fragen zum Brandschutz

1) Welches ist die für den Brandschutz geltende Norm?
2) Wie heißen die Klassen, in die die Baustoffe nach ihrer Brennbarkeit eingeteilt werden?
3) Wie werden die Baustoffe auf ihre Brennbarkeit hin geprüft?
4) Wie heißen die Klassen, in die die Bauteile nach ihrer Feuerwiderstandsdauer eingeteilt werden? Was bedeuten die Buchstaben und Zahlen in den Namen?
5) Wie werden die Bauteile auf ihre Feuerwiderstandsdauer hin geprüft?
6) Welche Anforderungen muss eine tragende Wand der Klasse F 90-A erfüllen?

14.6 Abdichtung gegen Feuchtigkeit

Normen und Richtlinien

DIN 18195	(2015–06)	Abdichtung von Bauwerken – Begriffe (Entwurf)
DIN 18 195-1	(2011–12)	Bauwerksabdichtungen – Teil 1: Grundsätze, Definitionen, Zuordnung der Abdichtungsarten
-2	(2009–04)	Bauwerksabdichtungen – Teil 2: Stoffe
-3	(2011–12)	Bauwerksabdichtungen – Teil 3: Anforderungen an den Untergrund und Verarbeitung der Stoffe

-4	(2011–12)	Bauwerksabdichtungen – Teil 4: Abdichtungen gegen Bodenfeuchte (Kapillarwasser, Haftwasser) und nichtstauendes Sickerwasser an Bodenplatten und Wänden; Bemessung und Ausführung
-5	(2011–12)	Bauwerksabdichtungen – Teil 5: Abdichtungen gegen nichtdrückendes Wasser auf Deckenflächen und in Nassräumen; Bemessung und Ausführung
-6	(2011–12)	Bauwerksabdichtungen – Teil 6: Abdichtungen gegen von außen drückendes Wasser und aufstauendes Sickerwasser; Bemessung und Ausführung
-7	(2009–07)	Bauwerksabdichtungen – Teil 7: Abdichtungen gegen von innen drückendes Wasser; Bemessung und Ausführung
-8	(2011–12)	Bauwerksabdichtungen – Teil 8: Abdichtungen über Bewegungsfugen
-9	(2010–05)	Bauwerksabdichtungen – Teil 9: Durchdringungen, Übergänge, An- und Abschlüsse
-10	(2011–12)	Bauwerksabdichtungen – Teil 10: Schutzschichten und Schutzmaßnahmen
DIN 18531-1 bis -5	(2016–06)	Abdichtung von Dächern sowie von Balkonen, Loggien und Laubengängen (Entwurf)
DIN 18532-1 bis -6	(2016–05)	Abdichtung von befahrbaren Verkehrsflächen aus Beton (Entwurf)
DIN 18533-1 bis -3	(2015–10)	Abdichtung von erdberührten Bauteilen (Entwurf)
DIN 18534-1 bis -3	(2015–07)	Abdichtung von Innenräumen (Entwurf)
DIN 18535-1 bis -3	(2015–06)	Abdichtung von Behältern und Becken (Entwurf)
DIN 4095	(1990–06)	Baugrund; Dränung zum Schutz baulicher Anlagen; Planung, Bemessung und Ausführung

AIB (1999–09) „Vorschrift für die Abdichtung von Ingenieurbauwerken" der Deutschen Bundesbahn, Drucksache 835 (DS 835).
Richtlinien für die Planung und Ausführung von Dächern mit Abdichtungen (Flachdachrichtlinien, Ausgabe 2008), herausgegeben vom Zentralverband des Deutschen Dachdeckerhandwerks und vom Hauptverband der Deutschen Bauindustrie, Bundesfachabteilung Bauwerksabdichtung, zu beziehen vom Fachverlag Helmut Gros, Ambosstr. 10, 13437 Berlin
abc der Bitumen-Bahnen, Technische Regeln, herausgegeben vom „vdd Industrieverband Bitumen-Dach- und Dichtungsbahnen e. V.", Karlstraße 21, 60329 Frankfurt/Main, 2011

14.6.1 Allgemeines

Zu den wichtigsten Forderungen im Bauwesen gehört es, die Bauten gegen Witterungseinflüsse, vor allem gegen Feuchtigkeit (Bodenwasser und Regen), sicher zu schützen. Durch ungenügende Abdichtungen kann erheblicher Schaden entstehen und die Lebensdauer der Bauwerke wesentlich herabgesetzt werden. Schädlich wirkt sich vor allem die Kapillarwirkung bei porösen Baustoffen aus. Feuchte aus dem Erdreich steigt in den feinen Hohlräumen (Poren) des Mauerwerks kapillar auf. Das eingedrungene Wasser zerstört bei Förderung von Salzen aus dem Erdreich beim Trocknen auf den Wandoberflächen durch Kristalldruck oder im frostgefährdeten Sockelbereich durch Sprengwirkung (beides durch Volumenvergrößerung!) den Baustoff, führt zu Schimmelbildung und zersetzt ihn bei Anwesenheit angreifender chemischer Stoffe im Bodenwasser.

Die Abdichtungsstoffe haben die Aufgabe, die Feuchtigkeit vom Bauteil völlig fernzuhalten. Sie unterscheiden sich dadurch wesentlich von den Dämmstoffen (siehe Abschn. 14.4), die unerwünschte Erscheinungen (Wärmeleitung, Schallfortleitung) stets nur bis zu einem bestimmten Grad unterdrücken können.

Bei der Abdichtung unterscheidet man zwischen Bauwerksabdichtung (Abschn. 14.6.3

bis 14.6.6), Dränanlagen (Abschn. 14.6.7) und Dachabdichtung (Abschn. 14.6.8). Die verwendeten Abdichtungsstoffe werden im Abschn. 14.6.2 besprochen.

14.6.2 Abdichtungsstoffe

a) Arten
Bei den Abdichtungsstoffen unterscheidet man im Wesentlichen zwischen flüssigen bitumenhaltigen Stoffen, Bitumenbahnen und Kunststoff-Dichtungsbahnen. Die verwendeten Abdichtungsstoffe sind in Tafel 14.19, die Einbauverfahren in Tafel 14.20 aufgeführt.

b) Verarbeitung der Abdichtungsstoffe
Die Verarbeitung erfolgt nach den folgenden Verfahren:
- Bitumen-Voranstrichmittel: Streichen, Rollen oder Spritzen nacheinander in mehreren Lagen, wobei die einzelnen Lagen durchgetrocknet bzw. abgelüftet sein müssen.
- Klebemassen für Bahnen: Bürsten, Streichen, Gießen oder Einwalzen, bei Kunststoffbahnen auch Flämmen
- Deckaufstrichmittel: Streichen
- Asphaltmastix und Gussasphalt: mit Spachtel oder Schieber, Gussasphalt auf großen Flächen auch maschinell
- Bitumendickbeschichtungen: je nach Konsistenz im Spachtel- oder Spritzverfahren in mindestens zwei Schichten, ggf. mit Verstärkungseinlage
- Bitumenbahnen, Kunststoffdichtungsbahnen und Metallbänder: überlappend, geklebt oder lose, nach den in Tafel 14.19 aufgeführten Verfahren.

Tafel 14.19 Abdichtungsstoffe für Bauwerks- und Dachabdichtungen nach DIN 18 195-2 (2009–04 und E 2016–06) [27]
Die mit (G) gekennzeichneten Stoffe, wenn normalentflammbar, gelten als geregelte Bauprodukte, bedürfen aber eines ÜH-Zeichens; die mit (P) benötigen ein allgemeines bauaufsichtliches Prüfzeugnis und ein ÜHP-Zeichen (s.a. Abschnitt 16).

Zeile	Abdichtungsstoff	Erläuterungen
1	Bitumen-Voranstrichmittel	
1.1	Bitumenlösung	Festkörpergehalt 30 bis 50 Massen-%
1.2	Bitumenemulsion	Festkörpergehalt ≥ 30 Massen-%
2	Klebemassen und Deckaufstrichmittel, heiß zu verarbeiten[1)] (G)	
2.1	Straßenbaubitumen ungefüllt	Bindemittelgehalt ≥ 99 Massen-%
2.2	nach DIN 1995-1 gefüllt	Bindemittelgehalt ≥ 50 Massen-%
2.3	Oxydbitumen ungefüllt	Bindemittelgehalt ≥ 99 Massen-%
2.4	Oxydbitumen gefüllt	Bindemittelgehalt ≥ 50 Massen-%
3	Asphaltmastix und Gussasphalt (G)	

Zeile	Abdichtungsstoff	Erläuterungen
3.1	Asphaltmastix	Bindemittelgehalt 13 bis 16 Massen-%
3.2	Gussasphalt	Bindemittelgehalt 6,5 bis 9 Massen-%
4	Kunststoffmodifizierte Bitumendickbeschichtungen[2)] (P)	Bindemittelgehalt ≥ 35 Massen-%
5	Bitumen- und Polymerbitumenbahnen	
5.1	Nackte Bitumenbahnen R 500 N (G)	nach DIN 52 129
5.2	Bitumendachbahnen R 500 (G)	nach DIN 52 128
5.2.1	Bitumen-DachdichtungsbahnenJ 300 DD, G 200 DD, PV 200DD	nach EN 13 707
5.3	Glasvlies-Bitumendachb. V13 (G)	nach EN 13 707
5.4	Dichtungsbahnen Cu 0,1 D (G)	nach EN 13 707
5.5	Bitumen-Dachdichtungsbahnen (G)	nach EN 13 707
5.6	Polymer-Bitumen-Dachdichtungsbahnen, Bahnentyp PYE (G)	SPEC 20 000-201
5.7	Kaltselbstklebende Bitumen-Dichtungsbahnen (KSK-Bahnen) (P)	SPEC 20 000-201
6	Bitumen- und Polymer-Bitumen-Schweißbahnen nach EN 13 707	
6.1	Bitumen-Schweißbahnen (G)	nach EN 13 707
6.2	Bitumen-Schweißbahnen mit 0,1 mm Kupferbandeinlage (P)	in Anlehnung an DIN 52 131
6.3	Polymerbitumen-Schweißbahnen Bahnentyp PYE (G)	nach DIN 52 133
6.4	Polymerbitumen-Schweißbahnen mit Trägerlage aus Polyestervlies (P)	SPEC 20 000-201
6.5	Edelstahlkaschierte Bitumen-Schweißbahnen (P)	nach TL-BEL-B Teil 1
7	Kunststoff- und Elastomer-Dichtungsbahnen	
7.1	Ethylencopolymerisat-Bitumen (ECB)-Bahnen (G)	nach DIN 16 729
7.2	Polyvinylchlorid weich (PVC-P)-Bahnen, mit synthetischen Fasern verstärkt, nicht bitumenverträglich (G)	nach DIN 16 734
7.3	Polyvinylchlorid weich (PVC-P)-Bahnen mit Glasvlieseinlage, nicht bitumenverträglich (G)	nach DIN 16 735
7.4	Polyisobutylen (PIB)-Bahnen (G)	nach DIN 16 935
7.5	Polyvinylchlorid weich (PVC-P)-Bahnen, bitumenverträglich (G)	nach DIN 16 937
7.6	Polyvinylchlorid weich (PVC-P)-Bahnen, nicht bitumenverträglich (G)	nach DIN 16 938

Zeile	Abdichtungsstoff	Erläuterungen
7.7	Ethylen-Vinyl-Acetat-Terpolymer-(EVA)-Bahnen, bitumenverträglich (P)	Dicke der Dichtungsbahn ≥ 1,2 mm
7.8	Elastomer (EPDM)-Bahnen (G)	nach DIN 7864-1 mit werkseitiger Beschichtung zur Nahtfügetechnik
7.9	Elastomer-Bahnen wie vor	mit zusätzlicher Selbstklebeschicht
8	Kalottengeriffelte Metallbänder (G)	
8.1	Kupferband, 0,1 mm dick[3)]	Werkstoff Cu-DHP
8.2	Kupferband, 0,2 mm dick[3)]	nach DIN EN 1976
8.3	Edelstahlband, 0,05 bis 0,065 mm[3)]	Werkstoff X5 CrNiMo 17–12–2 nach DIN EN 10 088-1
9	Stoffe für Trennschichten/Trennlagen	
9.1	Ölpapier	mindestens 50 g/m²
9.2	Rohglasvliese	nach DIN 52 141
9.3	Vliese aus Chemiefasern	mindestens 150 g/m²
9.4	Polyethylen (PE)-Folie	mindestens 0,2 mm dick
9.5	Lochglasvlies-Bitumenbahn, einseitig grob besandet	mindestens 150 g/m²
10	Stoffe für Schutzlagen	
10.1	Bahnen aus PVC halbhart	mindestens 1 mm dick
10.2	Bautenschutzmatten und -platten aus Gummi- oder Polyethylengranulat	mindestens 6 mm dick
10.3	Vliese nach DIN 61 210 und Geotextilien aus Chemiefasern	mindestens 300 g/m², mindestens 2 mm dick
11	Stoffe zum Verfüllen von Fugen in Schutzschichten	
11.1	bitumenhaltige Vergussmassen	
11.2	Profile aus Bitumen, thermoplastischen Kunststoffen oder Elastomeren	

1) Kalt zu verarbeitende Deckaufstrichmittel und Spachtelmassen sind in DIN 18 195-2 (2009–04) nicht mehr enthalten.
2) Siehe auch „Richtlinie für die Planung und Ausführung erdberührter Bauteile mit kunststoffmodifizierten Bitumendickbeschichtungen", Ausgabe 1997–06.
3) Dicke des unprofilierten Bandes.

Tafel 14.20 Einbauverfahren von Abdichtungsbahnen nach DIN 18 195-3 [27]

Art des Verfahrens	anwendbar für[1]
Bürstenstreichverfahren (B) Klebemasse mit Bürste auftragen[2], Bahnen hohlraumfrei einrollen und Ränder anbügeln	alle Bitumenbahnen Kunststoff-Dichtungsbahnen[3]
Gießverfahren (G) Bahnen in ausgegossene, ungefüllte Klebemasse einrollen	
Gieß- und Einwalzverfahren (GE) Bahnen in ausgegossene, gefüllte Klebemasse einwalzen	alle Bitumenbahnen Metallbänder
Flammverfahren (F) Aufgetragene Klebemasse aus Heißbitumen durch Wärmezufuhr wieder aufschmelzen und Bahnen darin einrollen	Bitumenbahnen (außer nackten) Kunststoff-Dichtungsbahnen[3]
Schweißverfahren (S) Untergrund und Unterseite der Bahnen ausreichend erhitzen, Bahnen ausrollen	Bitumen-Schweißbahnen
Kaltverarbeitung Bahnen nach Abzug des Trennpapiers flächig verkleben und andrücken, an Überlappungen mit dem Handgummiroller	kaltverarbeitbare Selbstklebebahnen
Lose Verlegung mit mechanischer Befestigung oder dauernd wirksamer Auflast	Kunststoff-Dichtungsbahnen und daraus gefertigte Planen

[1] Grundsätzliche Anwendbarkeit, für spezielle Fälle in den folgenden Abschnitten teilweise eingeschränkt.
[2] Auf senkrechten und stark geneigten Bauwerksflächen sind der Untergrund und die Unterseite der Bahnen mit je einem Aufstrich aus Klebemasse zu versehen.
[3] Bei Verwendung von Bitumenklebemasse nur bitumenverträgliche Bahnen.

14.6.3 Abdichtung gegen Bodenfeuchtigkeit

Unter Bodenfeuchtigkeit wird das im Boden vorhandene Kapillarwasser und Haftwasser sowie nichtstauendes Sickerwasser verstanden. Es wird in den Bodenporen durch Kapillarkräfte fortgeleitet, auch gegen die Schwerkraft (siehe Abschn. 11.9). Die Abdichtung von Wänden und Bodenplatten geschieht durch Deckaufstrichmittel, Bitumendickbeschichtungen, Bitumen- und Bitumen-KSK-Bahnen und Asphaltmastix (für Sohlflächen). Beispiele für gemauerte Kellerwände siehe Abb. 14.18 und 14.19.

14.6.4 Abdichtung gegen nichtdrückendes Wasser

Unter nichtdrückendem Wasser versteht man Wasser in tropfbarer flüssiger Form, z.B. Niederschlags-, Sicker- oder Brauchwasser, das auf die Abdichtung keinen oder nur einen geringen hydrostatischen Druck ausübt. Man unterscheidet mäßig beanspruchte Flächen (I), wie z.B. Balkone, Loggien, durch Spritzwasser belastete Fußböden und Wandflächen in Nassräumen, und hoch beanspruchte Flächen (II), wie z.B. Dachterrassen, begrünte Flächen, Parkdecks, Hofkellerdecken, Durchfahrten, erdüberschüttete Flächen sowie durch Nutz- und Reinigungswasser stark beanspruchte Fußboden- und Wandflächen in Nassräumen (Schwimmbäder, öffentliche Duschen). Die Abdichtung horizontaler und geneigter Flächen im Freien und im Erdreich sowie von Fußboden- und Wandflächen in Nassräumen geschieht durch nackte Bitumenbahnen, Bitumenbahnen mit Einlage, Bitumen-KSK-Bahnen (nur I),

Kunststoff-Dichtungsbahnen aus PIB, ECB und PVC-P, Elastomer (EPDM)-Bahnen, Metallbänder, Asphaltmastix und Gussasphalt.

14.6.5 Abdichtung gegen drückendes Wasser

a) Von außen drückend
Reicht das Bauwerk in das Grundwasser hinein, wird der unterhalb des Grundwasserspiegels befindliche Bauwerksteil durch Wasserdruck (hydrostatischer Druck) belastet. Die Abdichtung muss dann mind. 300 mm über den Grundwasserspiegel reichen. Die Fläche, auf die die Abdichtung aufgebracht wird, z.B. Mauerwerk oder Beton, muss hohlraumfrei sein (keine Mörtellöcher oder Nester im Beton!). Abdichtungsarten sind i.d.R. nackte Bitumenbahnen ohne oder mit Metallbandeinlage, Kunststoff-Dichtungsbahnen, Polymerbitumen-Dichtungsbahnen oder -Schweißbahnen.

b) Von innen drückend
Von innen drückendes Wasser tritt bei Trinkwasserbehältern, Speicherbecken, Schwimmbecken o.Ä. auf. Verwendet werden geklebte Bitumenbahnen und Kunststoff-Dichtungsbahnen sowie lose verlegte ECB- oder PVC-P-Bahnen.

14.6.6 Schutzschichten und Schutzmaßnahmen

a) Schutzschichten haben die Aufgabe, nach Aufbringen der Bauwerksabdichtung diese dauerhaft vor Beschädigungen zu schützen, die z.B. infolge Aufschütten oder Bewegung des Bodens oder durch Wärmeeinflüsse auftreten können. Die Schutzschichten können bestehen aus: 11,5 cm Mauerwerk (Mörtelgruppe II oder III); mind. 5 cm Beton B10 (= C8/10) oder B 15 (= C12/15) (bewehrt); 2 cm Mörtelschicht MG II oder III, ggf. mit Drahtgewebe; Betonplatten, Gussasphaltschichten (z.B. auf einer bitumenhaltigen Abdichtung), Bitumen-Dichtungsbahnen.

b) Schutzmaßnahmen haben die Aufgabe, nach Aufbringen der Bauwerksabdichtungen diese vorübergehend während des Fortgangs der Bauarbeiten vor Beschädigungen zu schützen. Beispiele: Bei der Montage von Bewehrungseinlagen für eine Betonschutzschicht muss ein Abstand von mind. 5 cm zur Abdichtung eingehalten werden. Wird Mauerwerk als Schutzschicht hochgemauert, muss ebenfalls ein Zwischenraum von mind. 5 cm eingehalten werden, der beim Mauern schichtweise unter Stampfen mit Mörtel ausgefüllt werden muss.

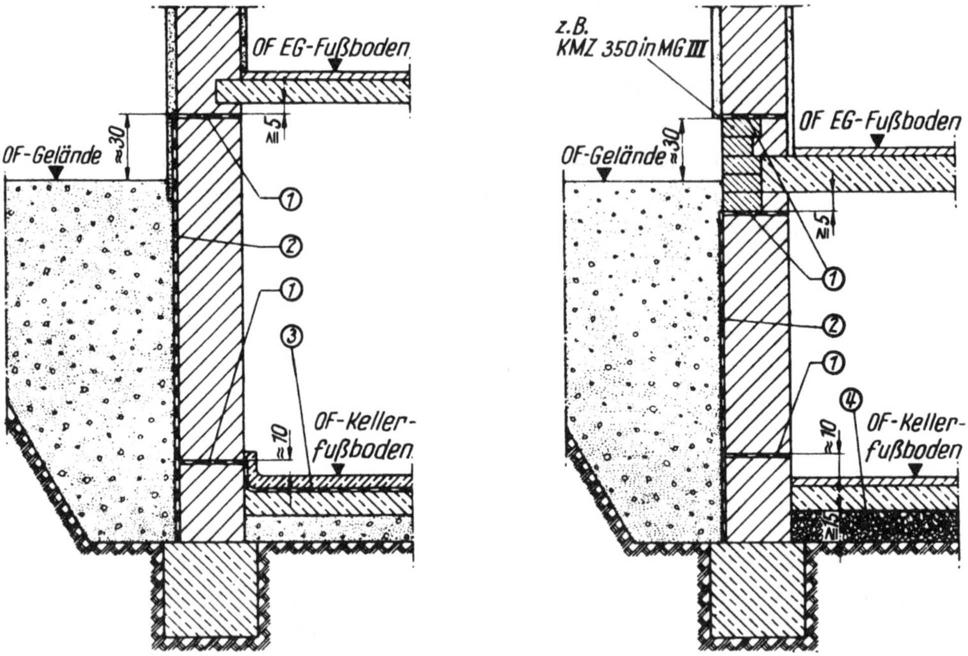

Abb. 14.18 Abdichtung von gemauerten Kellerwänden gegen Bodenfeuchtigkeit (Beispiele nach DIN 18 195-4)

Hierin bedeuten:

① Waagerechte Abdichtungen gegen aufsteigende Feuchtigkeit aus mindestens einer Lage Bahnen, z.B. Bitumen-Dachbahn oder Bitumen-Schweißbahn.

② Abdichtung erdberührter Flächen gegen das Eindringen von Feuchtigkeit, z.B. bitumenhaltige Anstriche aus einem kaltflüssigen Voranstrich und mindestens zwei heiß- oder drei kaltflüssig aufzubringenden Anstrichen; Bitumenbahn einlagig mit Klebemasse auf kaltflüssigen Voranstrich.

③ Abdichtung tief liegender Fußböden gegen aufsteigende Feuchtigkeit auf Unterlage aus Beton, z.B. heißflüssige Spachtelmasse mindestens 7 mm dick; Bitumenbahnen in einer Lage lose verlegt oder mit heißflüssiger Bitumen-Klebemasse punktweise oder vollflächig verklebt.

④ Kapillarbrechende grobkörnige Schüttung, bei Gebäuden mit geringen Anforderungen an die Raumnutzung (Durchfeuchtung der Wände möglich!).

14.6.7 Dränanlagen

Dränanlagen haben die Aufgabe, das Entstehen von drückendem Wasser gegen senkrechte oder waagerechte Bauwerksabdichtungen, z.B. Kellerwände oder Sohlplatten, zu verhindern. Eine Dränanlage besteht aus der eigentlichen Dränschicht, der Dränleitung sowie Kontroll- und Spüleinrichtungen. Dränanlagen vor Kellerwänden sind in Abb. 14.19 dargestellt.

Die Dränschicht ist eine wasserdurchlässige Schicht, die alle erdbedeckten Flächen bedecken muss. Vor einer Wand z.B. kann sie aus einer Schicht bestehen (0,5 m Kiessandschicht der Körnung 0/8, SL A 8, oder 0/32, SL B 32) oder aus Dränsteinen aus haufwerkporigem

Beton oder aus Dränplatten aus Schaumkunststoff. Unter Bodenplatten besteht die Dränschicht i.d.R. aus zwei Schichten, der Filterschicht aus Körnung 0/4 und der Sickerschicht aus Körnung 4/16, oder aus einem Filtervlies (z.B. Spinnvlies) und einer Sickerschicht 8/16.

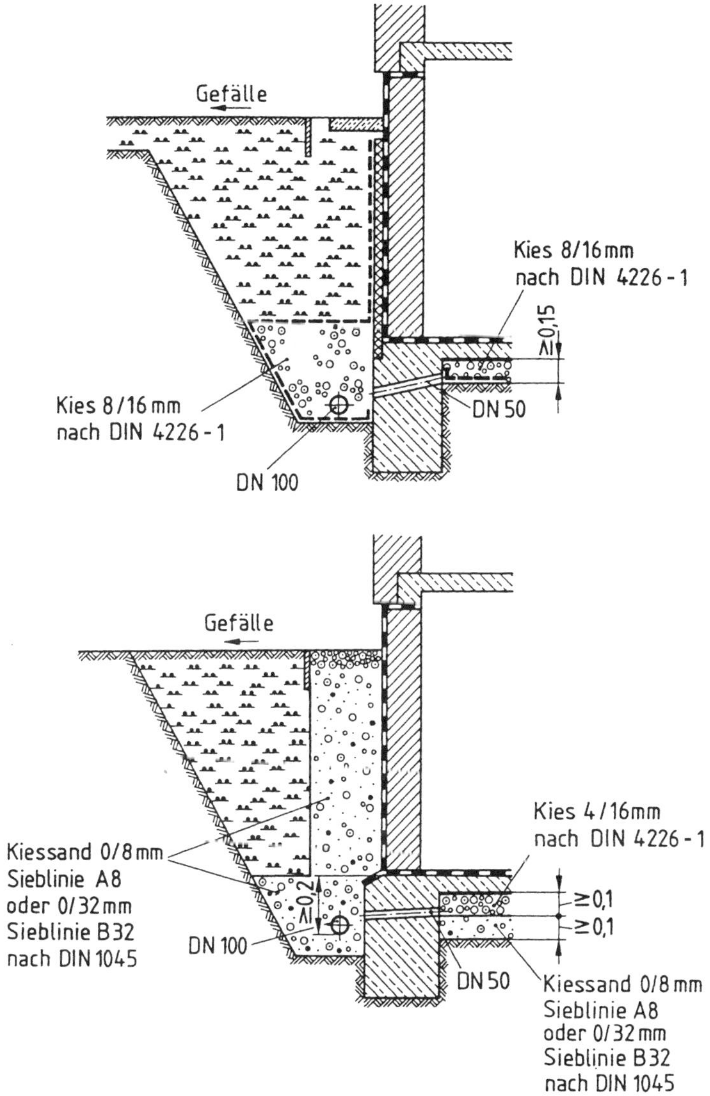

Abb. 14.19 Ausführungsbeispiele von Dränanlagen nach DIN 4095 (1990–06)
oben: mit Filtervlies (– – – –)
unten: mit mineralischer Dränschicht

Die Dränleitung muss alle erdberührten Wände erfassen und ist entlang der Außenfundamente unterhalb der 1. horizontalen Sperrschicht anzuordnen, bei Gebäuden möglichst als Ringleitung. Sie ist mit ausreichender Neigung (3 bis 5 mm/m) zum Vorfluter oder zum Regenwasserkanal hin zu verlegen. Bei Richtungsänderungen, z.B. Gebäudeecken, sind Kontroll- bzw. Spülschächte anzuordnen. Dränleitungen bestanden i.d.R. aus Rohren aus

Beton, Faserzement, Steinzeug mit offenen Stoßfugen oder aus perforierten Kunststoffrohren. Stand heute sind umfangreiche Systeme aus Kunststoff. Flächendränschichten unter Bodenplatten werden i.d.R. ohne Dränleitung ausgeführt. Grundsätzlich zu beachten ist, dass sich die Dränleitungen von unten füllen, die entsprechenden Filterpackungen bzw. Stufenfilter hierfür ausgelegt werden.

14.6.8 Dachabdichtungen

Unter Dachabdichtungen versteht man Abdichtungen, die in Form von Bahnen auf einer Unterlage, z.B. einer Holzschalung, einer Dämmschicht oder direkt auf einer tragenden Unterkonstruktion, flächig aufgebracht werden. In Verbindung mit den Flachdachrichtlinien gelten sie auch für alle horizontalen Abdichtungsaufgaben wie Balkone, Sanitärbereiche, Tiefgaragen etc. Als Bahnen werden Bitumen- und Polymerbitumenbahnen gemäß Tafel 14.19, Ziff. 5, oder Kunststoff- und Elastomer-Dichtungsbahnen gemäß Tafel 14.19, Ziff. 7, verwendet. Sie werden aufgeklebt oder, z.B. bei Stahltrapezprofilen oder Schalungen aus Holz oder Holzwerkstoffen, auch mechanisch befestigt. Befestigungselemente sind z.B. Teller- und Spreizdübel, Holzschrauben oder selbstbohrende Schrauben mit Haltetellern. Die Bahnen können auch lose verlegt werden, benötigen dann aber eine ausreichende Auflast, z.B. Kiesschüttung der Körnung 16/32, rund, Betonplatten oder Betonverbundpflastersteine. Das Gewicht der Auflast steigt mit der Höhe des Gebäudes (unter 8 m bis über 20 m) von 40 auf 80 kg/m^2 im Innenbereich des Daches und von 80 bis 160 kg/m^2 im Randbereich sowie darüber hinaus im kritischen Eckbereich.
Es gibt auch Dachbahnen mit flexiblen Photovoltaikmodulen, die zusätzlich zur Dachabdichtung elektrische Energie aus Sonnenlicht gewinnen.

14.6.9 Fragen und Aufgaben zur Abdichtung gegen Feuchtigkeit

1) Warum hat der Schutz von Bauwerken gegen das Eindringen von Feuchtigkeit so große Bedeutung?
2) Welche baulichen Bereiche umfasst die DIN 18 195?
3) Erläutern Sie die verschiedenen Arten und Einbauverfahren von Abdichtungsstoffen.
4) Welche seiner Eigenschaften machen Bitumen zu einem idealen Abdichtungsstoff? Warum ist Bitumen zur Herstellung von Bodenbefestigungen für Tankstellen ungeeignet? (s.a. Abschn. 15.3)
5) Erläutern Sie die verschiedenen Arten von Bauwerksabdichtungen und die dafür verwendeten Abdichtungsstoffe.
6) Skizzieren Sie ein Beispiel für die Abdichtung einer gemauerten Kellerwand gegen Bodenfeuchtigkeit, exakt Lastfall erdfeucht.
7) Welche Maßnahmen müssen zum Schutz von Bauwerksabdichtungen getroffen werden?
8) In welcher Weise wird das Bodenwasser vor Kellergeschossen fortgeleitet? Fertigen Sie dazu eine Skizze an unter Berücksichtigung der Fragen 6 und 10.
9) Erläutern Sie die verschiedenen Arten von Dachabdichtungen und Bädern und die dabei verwendeten Abdichtungsstoffe.
10) In welchem Lastfall der DIN 18 195 ist eine Drainage nicht erforderlich bzw. darf sie nicht eingebaut werden? Wie könnte hier bei letzterem eine weiße Wanne sinnvoll sein?

15 Bitumen und Asphalt

Normen

DIN EN 12 597	(2014–08)	Bitumen und bitumenhaltige Bindemittel – Terminologie; Dreisprachige Fassung EN 12 597:2000
DIN EN 15 529	(2007–05)	Derivate der Kohlenpyrolyse – Begriffe
DIN EN 12 591	(2009–08)	Bitumen und bitumenhaltige Bindemittel – Anforderungen an Straßenbaubitumen
DIN EN 13 808	(2013–07)	Bitumen und bitumenhaltige Bindemittel – Rahmenwerk für die Spezifizierung kationischer Bitumenemulsionen
DIN 1995-4	(2005–08)	Bitumen und Steinkohlenteerpech; Anforderungen an die Bindemittel; Teil 4: Kaltbitumen
TL Bitumen-StB 13	(2013)	Technische Lieferbedingungen für Straßenbaubitumen und gebrauchsfertige polymermodifizierte Bitumen

DIN EN 12597 unterteilt bitumenhaltige (veralteter Begriff :„bituminös") Bindemittel in Bitumen in Naturasphalt sowie in Bitumen und abgeleitete Produkte.

15.1 Allgemeines

Bitumen ist ein Bindemittel, das bei der Destillation von Erdöl als Rückstand entsteht. Chemisch besteht es aus einer Vielzahl von Kohlenwasserstoffen. Teer ist ein Bindemittel, das bei der thermischen Zersetzung von Steinkohle entsteht, z.B. bei der Herstellung von Koks für den Hochofenprozess zur Roheisengewinnung. Teer wird heute nach DIN 55 946 als Teerpech bezeichnet. Teer wurde früher jahrzehntelang im Straßenbau und im Bautenschutz verwendet. Seit etwa 1983 ist die Anwendung von Teer stark zurückgegangen, als erkannt wurde, dass es gesundheitsschädliche (krebserregende) Bestandteile enthält. Im Straßenbau wird es seit Jahren nicht mehr eingesetzt.
Asphalt ist ein Gemisch aus Gesteinskörnungen und Bitumen als Bindemittel.

15.2 Herstellung von Bitumen

Bitumen wird bei der stufenweisen Erwärmung von Erdöl gewonnen (sog. fraktionierte Destillation). Zunächst wird aus dem Erdöl in Röhrenöfen bei Temperaturen von 350 bis 400 °C unter Atmosphärendruck Benzin, Petroleum, Kerosin sowie Diesel- bzw. Heizöl abgetrennt. Der dabei anfallende Rückstand wird anschließend in sog. Destillationstürmen bei Temperaturen von 350 bis 380 °C unter Vakuum von 4 bis 7 kPa (0,07 bar) unter Abtrennung weiterer schwererer Erdölbestandteile zu den verschiedenen Destillationsbitumen (siehe Abschn. 15.4.1) weiterverarbeitet.

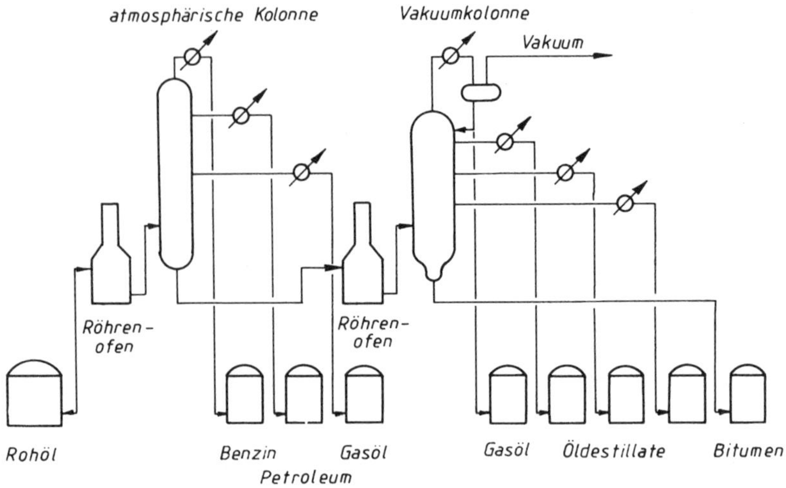

Abb. 15.1 Prinzipschema einer zweistufigen Destillationsanlage

15.3 Eigenschaften des Bitumens

15.3.1 Konsistenz

Bitumen besteht aus einer großen Anzahl verschiedener Kohlenwasserstoffe mit jeweils unterschiedlichen Schmelzpunkten, in der chemischen Struktur also ein Kolloid-System. Kolloide sind Lösungen, die in ihrem Zerteilungsgrad zwischen echten Lösungen und Suspensionen eingeordnet werden. Dies ist der Grund für die Tatsache, dass Bitumen keinen festen Schmelzpunkt besitzt, sondern bei steigender Temperatur allmählich vom festen über den weichen in den flüssigen Zustand übergeht und unter Belastung ein plastisches Fließen aufweist (Eindrücken von Stuhlbeinen, Rillen- und Wulstbildung im Asphalt). Ein Maß für dieses Verhalten ist die Konsistenz.

Die Konsistenz wird nach drei verschiedenen Verfahren (siehe Abb. 15.2) gemessen.

1) Bei der Nadelpenetration wird die Eindringtiefe einer Nadel in das auf 25 °C erwärmte Bitumen in Zehntelmillimeter gemessen (DIN EN 1426).
2) Bei dem Erweichungspunkt Ring und Kugel (EP RuK) wird bei langsamer Erwärmung des Bitumens diejenige Temperatur in °C gemessen, bei der eine Kugel das in einem offenen Ring befindliche Bitumen um 25,4 mm nach unten auf eine Glasplatte drückt (DIN EN 1427).
3) Beim Brechpunkt nach Fraaß (BP Fr) wird diejenige Temperatur gemessen, bei der bei langsamer Abkühlung eine auf einem Stahlplättchen befindliche, dort im flüssigen Zustand aufgebrachte Bitumenschicht den ersten Riss erhält (DIN EN 12 593).

Unterhalb von BP Fr wird das Bitumen zunehmend spröde, oberhalb EP RuK zunehmend flüssig. Zwischen diesen beiden Temperaturen liegt ein Zustandsbereich zähplastischen Verhaltens, weshalb ihre Differenz auch als Plastizitätsspanne oder Plastizitätsbereich der Bitumensorte bezeichnet wird.

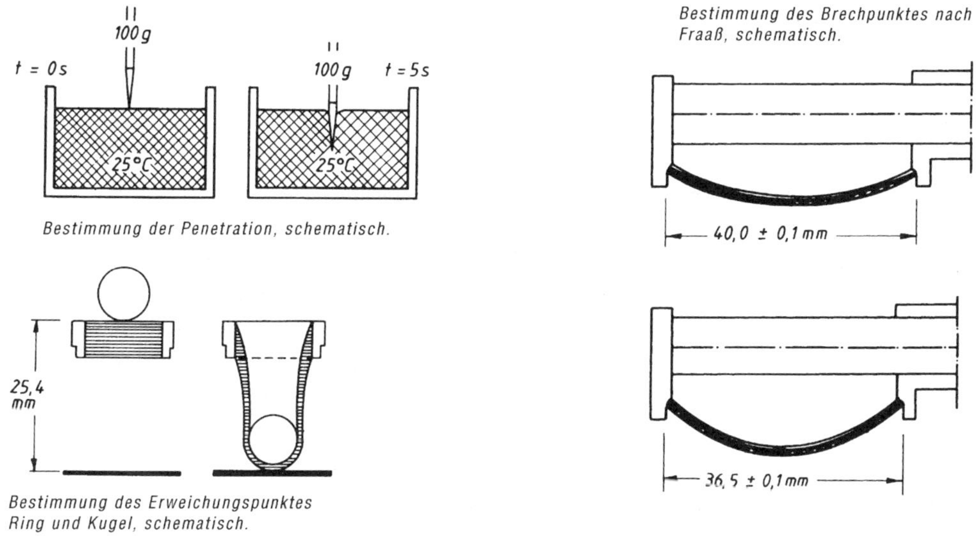

Abb. 15.2 Messverfahren zur Bestimmung von Nadelpenetration nach DIN EN 1426, Erweichungspunkt Ring und Kugel (EP RuK) nach DIN EN 1427 und Brechpunkt nach Fraaß (BP Fr) nach DIN EN 12 593 von Bitumen [2]

15.3.2 Haftfestigkeit und Alterung

Die Haftung von Bitumen auf der Kornoberfläche von Gesteinskörnungen (Adhäsion) im Asphalt, auf den Trägerlagen von Bitumenbahnen und auf Untergründen von Bitumenanstrichen ist davon abhängig, inwieweit eine einwandfreie Benetzung mit dem jeweiligen Stoffpartner erfolgt. Das ist z.B. der Grund, warum bei der Herstellung von Asphaltmischgut im Straßenbau die Gesteinskörnungen vor dem Mischprozess vorgetrocknet werden müssen.
Unter Alterung versteht man allgemein die zeitabhängige Veränderung der Eigenschaften eines Werkstoffs. Bei Bitumen äußert sich dieser Vorgang in einer sehr langsam erfolgenden Verhärtung, die durch Luftsauerstoff mittels Oxidation und unter Einwirkung des Sonnenlichts (UV-Strahlung) und/oder durch geringes Verdunsten der öligen Bestandteile des Bitumens bei erhöhten Temperaturen hervorgerufen wird.

15.3.3 Verhalten gegenüber Wasser und Chemikalien

Wasser in flüssiger Form oder als Wasserdampf wird von Bitumen nur in Spuren aufgenommen. Die Löslichkeit von Wasser in reinem Bitumen liegt bei 0,001 bis 0,01 %. Bitumen kann daher praktisch als wasserunlöslich angesehen werden, worauf sich seine Eignung als Korrosionsschutzstoff und als Abdichtungsmaterial gründet.
Auch gegen chemische Einflüsse ist Bitumen weitgehend widerstandsfähig. Bei normalen Temperaturen wird es nicht angegriffen von organischen und anorganischen Salzen, aggressiven Wässern, Kohlensäure, schwach anorganischen Säuren und Basen, auch nicht von starker Salzsäure sowie von verdünnter Schwefel- und Salpetersäure. Es kann daher z.B. auch für Fußböden in Lagerräumen von Chemikalien verwendet werden. Groß ist dagegen die Löslichkeit von Stoffen seines Ausgangsmaterials, dem Erdöl, also in Benzin oder anderen Mineralöldestillaten (Tankstellen!) und in bestimmten organischen Lösungsmitteln, wie z.B. chlorierte Kohlenwasserstoffe, Benzol und Toluol.

15.4 Bitumensorten

(s.a. Tafel 15.1)

15.4.1 Destillationsbitumen

a) Straßenbaubitumen nach DIN EN 12 591
Konsistenz: weich bis hart. In den Sortenbezeichnungen, z.B. 70/100, bedeuten die Zahlen den oberen und unteren Grenzwert der Nadelpenetration.
Anwendung: Die weichen Sorten 160/220 für Oberflächenbehandlungen (nach Erhitzen spritzfähig), zur Tränkung von Bitumenpappen und Bitumenpapieren sowie für die Herstellung von Bitumenemulsionen, Bitumenlösungen und polymermodifiziertem Bitumen. Die mittelharten Sorten 70/100 und 50/70 für Walzasphalt im normalen Straßenbau, die härteren Sorten 20/30 und 30/45 für hochfeste Asphalte und Gussasphalt.

b) Hochvakuumbitumen (Hartbitumen), nicht genormt
Konsistenz: hart bis spröde. In den Sortenbezeichnungen, z.B. H90/100, geben die beiden Zahlen den oberen und unteren Grenzwert des Erweichungspunktes Ring und Kugel an.
Anwendung: z.B. Gussasphaltestriche in Innenräumen, Bautenschutzlacke.

15.4.2 Oxidationsbitumen

Konsistenz: hart bis elastisch. Entsteht durch Einblasen von Luft in heißflüssige weiche Destillationsbitumen (deshalb auch als geblasene Bitumen bezeichnet). In den Sortenbezeichnungen, z.B. 70/30, gibt die erste Zahl den Erweichungspunkt EPRuK mit 70°C und die zweite Zahl die maximale Nadelpenetration mit 30 × 1/10 mm an. Oxidationsbitumen ist nicht genormt.
Anwendung: Beschichtung und Verklebung von Dichtungsbahnen, Fugenvergussmassen, Weichmacher in der Gummiindustrie (Kautschuk), Außenbeschichtung von Röhren. Die Verarbeitung von Oxidationsbitumen ist schwierig, da an den zu applizierenden Flächen die Benetzung durch die Veränderung der Bitumengrundstoffe mit der Folge des Auftretens hoher Spannungen eine reduzierte Haftfähigkeit bewirkt. Es wird deshalb im Wesentlichen nur industriell verarbeitet (daher auch als Industriebitumen bezeichnet).

15.4.3 Polymermodifizierte Bitumen

Polymermodifizierte Bitumen (PmB) sind industriell hergestellte Gemische aus Bitumen und Polymeren mit spezifischen rheologischen Eigenschaften. Sie haben gegenüber den normalen Straßenbaubitumen besondere Vorteile: geringere Sprödigkeit bei tiefen Temperaturen, höhere Verformungsbeständigkeit bei hohen Temperaturen, bessere Haftung an Mineralstoffen, größere Plastizitätsspanne, große elastische Rückverformung nach Entlastung, geringere Alterung. Anwendung bei extremer Beanspruchung durch Witterung und/oder Verkehr.
Die Bezeichnungen nach den Technischen Lieferbedingungen für PmB (TL PmB) erfolgt durch die Buchstaben PmB und eine Zahl, die etwa der Nadelpenetration entspricht, und einen Buchstaben, der die Art der Modifizierung angibt (A, B = Elastomer, C = Thermoplast, H = höherpolymerisiert). Beispiel: PmB 65 A = Nadelpenetration 50 bis 90.
PmB wird auch bei der Herstellung von offenporigen splittreichen Asphaltdeckschichten im

Straßenbau verwendet. Diese Schichten verringern die Aquaplaninggefahr und vermindern die Fahrgeräusche („Flüsterasphalt"), führen im Winter allerdings auch leichter zu Vereisung der Fahrbahnoberfläche.

Tafel 15.1 Kennwerte von Bitumen und bitumenhaltigen Bindemitteln [2]

		Destillationsbitumen								
		Straßenbaubitumen DIN EN 12591					Hartbitumen (Hochvakuumbitumen)			
Bitumensorte		160/ 220	70/ 100	50/70	30/45	20/30	80/90	90/ 100	100/ 110	110/ 120
Nadelpenetration	1/10 mm	160–220	70–100	50–70	30–45	20–30	4–10	0–6	0–4	0–3
Erweichungspunkt RuK	°C	35–43	43–51	46–54	52–60	55–63	80–90	90–100	100–110	110–120
Brechpunkt nach Fraaß, maximal	°C	–15	–10	–8	–5		–	–	–	–
Beständigkeit gegen Verhärtung										
Anstieg des Erweichungspunktes, maximal	°C	11	9	9	8	8	–	–	–	–
Massenänderung, maximal	M.-%	1	0,8	0,5	0,5	0,5	0,1	0,1	0,1	0,1
Flammpunkt, minimal	°C	220	230	230	240	240	290	300	300	300
		Oxidationsbitumen								
Bitumensorte		70/30	80/25	85/40	100/ 25	100/ 40	115/ 15	135/ 10		
Nadelpenetration	1/10 mm	25–35	20–30	35–45	20–30	35–40	10–20	5–15		
Erweichungspunkt RuK	°C	70–80	77,5–82,5	80–90	95–105	95–105	110–120	130–140		
Brechpunkt nach Fraaß	°C	–12	–10	–20	–18	–20	–10	–5		
Flammpunkt	°C	280	250	240	240	240	240	240		
Aschegehalt	M.-%	0,5								
Beständigkeit gegen Verhärtung, Massenänderung maximal	M.-%	0,5	0,5	0,5	0,5	0,5	0,5	0,5		

		Polymermodifizierte Bitumen nach TL[1] Bitumen-StB 13							
		elastomermodifiziert					thermoplastomer-modifiziert		
Bitumensorte		120/ 200- 40 A	45/80– 50 A	25/55– 55 A	10/40– 65 A	40/100– 65 A	45/80– 50 C	25/55– 55 C	10/40– 65 C
Nadelpenetration	1/10 mm	120–200	45–80	25–55	10–40	40–100	45–80	25–55	10–40
Erweichungspunkt RuK	°C	≥40	≥50	≥55	≥65	≥65	≥50	≥55	≥65
Brechpunkt nach Fraaß	°C	≤–20	≤–15	≤–10	≤–5	≤–15	≤–15	≤–10	≤–5
Flammpunkt	°C	≥220	≥235	≥235	≥235	≥235	≥235	≥235	≥235

	Polymermodifizierte Bitumen nach TL[1] Bitumen-StB 13								
	elastomermodifiziert						thermoplastomer-modifiziert		
Elastische Rückstellung bei 25 °C	%	≥50	≥50	≥50	≥50	≥70			
Elastische Rückstellung bei 25 °C	%	≥50	≥50	≥50	≥50	≥70			
Stabilität gegen Entmischen nach Heißlagerung, Differenz der Erweichungspunkte Ring und Kugel, höchstens	°C	≤5	≤5	≤5	≤5	≤5	≤5	≤5	≤5
Beständigkeit gegen Verhärtung unter Einfluss von Wärme und Luft bei 163 °C:									
Massenänderung	%	≤0,5	≤0,5	≤0,5	≤0,5	≤0,3	≤0,5	≤0,5	≤0,5
verbleibende Penetration	%	≥60	≥60	≥60	≥60	≥60	≥60	≥60	≥60
Zunahme des Erweichungspunktes Ring und Kugel	°C	≤8	≤8	≤8	≤8	≤8	≤8	≤8	≤8
Abfall des Erweichungspunktes Ring und Kugel	°C	≤2	≤2	≤2	≤2	≤2	≤2	≤2	≤5
Elastische Rückstellung bei 25 °C	%	≥50	≥50	≥50	≥50	≥50			

[1] TL PmB = Technische Lieferbedingungen für polymermodifizierte Bitumen.

Sorte	Bitumenemulsionen und polymermodifiziertes Fluxbitumen nach TL BE-StB 15			
Sorten zur Herstellung des Schichtenverbundes	C60BP1-S	C40BF1-S	C60B1-S	
Sorten zur Herstellung von Dünnen Asphaltdeckschichten in Heißbauweise auf Versiegelung (DSH-V)	C67BP5-DSH-V			
Sorten zum Anspritzen und Abstreuen	C60B5-REP	C67B4-REP	C60BP5-REP	C67BP4-REP
Sorten zur Herstellung von Oberflächenbehandlungen	C67B4-OB	C69B4-OB	C70B4-OB	
Sorten zur Herstellung von Dünnen Schichten in Kaltbauweise (DSK)	C65B1-DSK			
Sorten zur Herstellung von bitumenemulsionsgebundenem Mischgut	C60B1-BEM			
Sorten zur Nachbehandlung hydraulisch gebundener Schichten	C60B1-N			
Polymermodifiziertes Fluxbitumen für Oberflächenbehandlungen	PmOB Art B			

15.5 Aus Bitumen abgeleitete Produkte nach DIN EN 12 597 (früher: Bitumenhaltige Bindemittel)

Normen

DIN EN 13 808	(2013–07)	Bitumen und bitumenhaltige Bindemittel – Rahmenwerk für die Spezifizierung kationischer Bitumenemulsionen
DIN 1995-4	(2005–08)	Teil 4: Bitumen und bitumenhaltige Bindemittel; Anforderungen an die Bindemittel; Kaltbitumen
TL BE-StB 15	(2015)	Technische Lieferbedingungen für Bitumenemulsionen

Bitumenhaltige Bindemittel sind aus Bitumen abgeleitete Bindemittel, wie der heute gültige Begriff lautet. Dabei wird das Bitumen mit anderen Komponenten gemischt, und zwar zu

- Fluxbitumen: Komponenten sind bestimmte Erdöldestillate, sog. Fluxöle, man spricht auch vom Fluxen des Bitumens. Früher sprach man vom Verschneiden des Bitumens mit Verschnittölen und von Verschnittbitumen. Mischtemperaturen liegen bei 100 °C, Einbautemperaturen bei 60 °C. Kann nur bei hohlraumreichem Asphalt verwendet werden, der das Verdunsten der Fluxöle ermöglicht. Heute nur noch selten verwendet
- Kaltbitumen: Komponenten sind leichtflüchtige Lösemittel, wie z.B. Benzin, Benzol. Kaltbitumen brauchen nicht vorgewärmt, die Gesteinsstoffe nicht vorgetrocknet zu werden. Kaltbitumen sind wegen der leicht flüchtigen Bindemittel feuergefährlich und binden durch Verdunsten des Lösemittels schnell bis mittelschnell ab. Anwendung: kleine Flächen, Wege untergeordneter Bedeutung, Herstellung von lagerfähigem Mischgut, Vorspritzen, Bodenverfestigung.
- Bitumenemulsionen: Bitumen wird mit heißem Wasser in Rührwerken zu feinen Tröpfchen verteilt und durch Zusatz eines sog. Emulgators daran gehindert, wieder zusammenzulaufen und zu verkleben. Vielmehr überziehen sich die Bitumenkügelchen mit einer dünnen, elektrisch aufgeladenen Haut, wodurch sie im Wasser in der Schwebe bleiben. Erst wenn sie mit Gestein in Berührung kommen, werden die Häutchen zerstört, man sagt, „die Emulsion bricht". Das Bitumen verklebt die Gesteinskörner miteinander und das Wasser verdunstet. Bitumenemulsionen können wegen ihrer Dünnflüssigkeit ohne Erwärmung und auch bei feuchtem Gestein verarbeitet werden. Sie sind unbrennbar und geruchlos. Man unterscheidet:
- anionische Emulsionen, brechen bei Berührung mit basischem Gestein, z.B. Kalkstein,
- kationische Emulsionen, brechen bei Berührung mit sauren Gesteinen, z.B. Quarz, Kies,
- unstabile Emulsionen (Kürzel U), z.B. U 60 (60 % Bitumen, anionisch) oder U 70 K (70 % Bitumen, kationisch), brechen sofort und können nur verspritzt oder vergossen werden,
- halbstabile Emulsionen (Kürzel H), brechen mittelschnell und eignen sich zum Vermischen mit füllerlosen Mineralgemischen (Splitt).

Bitumenemulsionen als Anstrichmittel werden vornehmlich als Bautenschutz- und Abdichtungsmittel verwendet, auch als Grundierung bzw. als Haftanstrich für nachfolgende bitumenmodifizierte Abdichtung.

Bitumenemulsionen können auch mit Polymeren modifiziert werden. Sie werden häufig bei Oberflächenbehandlungen für sog. „Dünne Schichten im Kalteinbau (DSK)" eingesetzt.

15.6 Asphalt

Unter Asphalt versteht man Gemische aus Bitumen oder bitumenhaltigen Bindemitteln mit Gesteinskörnungen bzw. Mineralstoffen.

15.6.1 Naturasphalt

Naturasphalte sind in der Natur vorkommende Mischungen aus Bitumen und feinkörnigen Mineralstoffen. In Deutschland war am bekanntesten der „Vorwohler Asphaltkalkstein" bei Eschershausen im Landkreis Holzminden mit einem Bitumenanteil von 4 bis 6 Masse-%. Seine ehemals bergmännische Gewinnung ist aus Wirtschaftlichkeitsgründen eingestellt worden. Der Trinidad-Asphalt kommt auf der Insel Trinidad in einem „Asphaltsee" vor und besteht aus über 50 Masse-% Bitumen und feinkörniger vulkanischer Asche. Er wird aufbereitet zu Trinidad-Epuré und als Zusatz zu Gussasphalt verwendet.

15.6.2 Technischer Asphalt

Als technische Asphalte bezeichnet man die zum größten Teil im Straßenbau in festen oder mobilen Mischanlagen aus Mineralstoffen und Bitumen hergestellten Asphalte mit einem Gesteinsanteil von etwa 85 Vol-% bzw. 95 Masse-%. Die Gesteinskörnungen müssen vorgetrocknet und zusammen mit dem Bitumen in den Mischern auf die Misch- und Verarbeitungstemperatur erwärmt werden. Als Gesteinskörnungen verwendet man Kies und Sand bzw. künstlich gebrochenen Schotter, Splitt und Brechsand bzw. Edelsplitt und Edelbrechsand, meist aus Kalkstein, sowie Füller. Füller sind Gesteinsmehle oder andere feinstkörnige Mineralstoffe $\leq$ 0,09 mm Korngröße, die den Hohlraum der Mineralmischung verringern (Füller „füllt") und das Bitumen versteifen (Füller versteift). Man unterscheidet Walzasphalt und Gussasphalt bzw. Asphaltmastix.

15.6.3 Walzasphalt im Heißeinbau

Walzasphalt ist der im Straßenbau vorwiegend angewendete Asphalt (Aufbau siehe Abb. 15.3). Die Gesteinskörnung des Mineralgemischs ist ähnlich wie beim Beton aufgebaut: Größtkorn bei Tragschichten 32 mm, bei Binder 11 oder 22 mm, bei den Deckschichten 5 oder 16 mm. Die gröberen Körner werden mit dem Mörtel aus Füller und Bitumen miteinander verklebt, das Mengenverhältnis Füller:Bindemittel liegt i.d.R. bei 1,5 bis 1,8. Es werden die weicheren Straßenbaubitumen 160/220, 70/100 oder 50/70 verwendet, die Einbautemperaturen liegen bei 120 bis 160 °C. Das Mischgut wird in LKWs, ggf. mit Planen abgedeckt, oder in Thermoswagen zur Einbaustelle transportiert, mit einem Straßenfertiger eingebaut und mit Walzen verdichtet. Nach dem Walzen (Verdichten) verbleibt ein mit Luft gefüllter Hohlraum, er liegt bei den Tragschichten zwischen 4 und 20 %, beim Oberbau bei 6 bis 7 %. Nach Abkühlen auf etwa 18 °C ist das eingebaute Mischgut voll belastbar.

15.6.4 Gussasphalt, Asphaltmastix

Das Größtkorn des Mineralgemischs von Gussasphalt liegt bei 5 oder 11 mm. Es wird so viel Bitumen zugegeben, dass alle Hohlräume mit Bitumen ausgefüllt sind und sogar noch ein geringer Bitumenüberschuss vorhanden ist. Dadurch muss Gussasphalt nicht verdichtet werden, sondern wird lediglich von Hand verstrichen und mit einer Bohle glattgezogen. Zur Aufrauung wird danach in die Oberfläche Splitt in größerer Menge (15 bis 18 kg/m^2) eingewalzt. Es werden die mittelharten Straßenbaubitumen 30/45 und 20/30 verwendet, die Einbautemperaturen liegen zwischen 220 und 240 °C. Bei diesen Temperaturen entweichen gesundheitsgefährdende Aerosole, weswegen die Einbautemperaturen auf 160 °C und weniger verringert werden sollen. Das Mischgut wird während des Transports in thermostatgesteuerten Behältern oder in fahrbaren Gussasphaltkochern ständig gerührt, damit sich die gröberen Splittkörner nicht absetzen. Auch Gussasphalt ist nach dem Abkühlen sofort voll belastbar. Verwendung findet Gussasphalt z.B. bei Straßen mit hoher Beanspruchung (Autobahnen, Hauptverkehrsstraßen) und wenn hohe Wasserdichtigkeit verlangt wird (Brücken) und als hochwertiger Estrich im Hochbau.

Asphaltmastix ist wie Gussasphalt ein hohlraumfreier Asphalt. Größtkorn des Mineralstoffgemischs 2 mm, extrem hoher Gehalt (14 bis 18 Masse-%) an weichen Straßenbaubitumen wie beim Walzasphalt. Der Einbau erfolgt durch Vergießen und Verteilen mit Gummischiebern, anschließend Einwalzen von Splitt. Nach Abkühlen sofort belastbar. Anwendung z.B. für Deckschichten (Dicke 1,5 bis 2 cm) bei Instandsetzungsarbeiten oder Pflasterüberzügen (Lärmminderung) sowie für dünne Brückenbeläge (Dicke = 8 mm) auf Glasvlieszwischenlage.

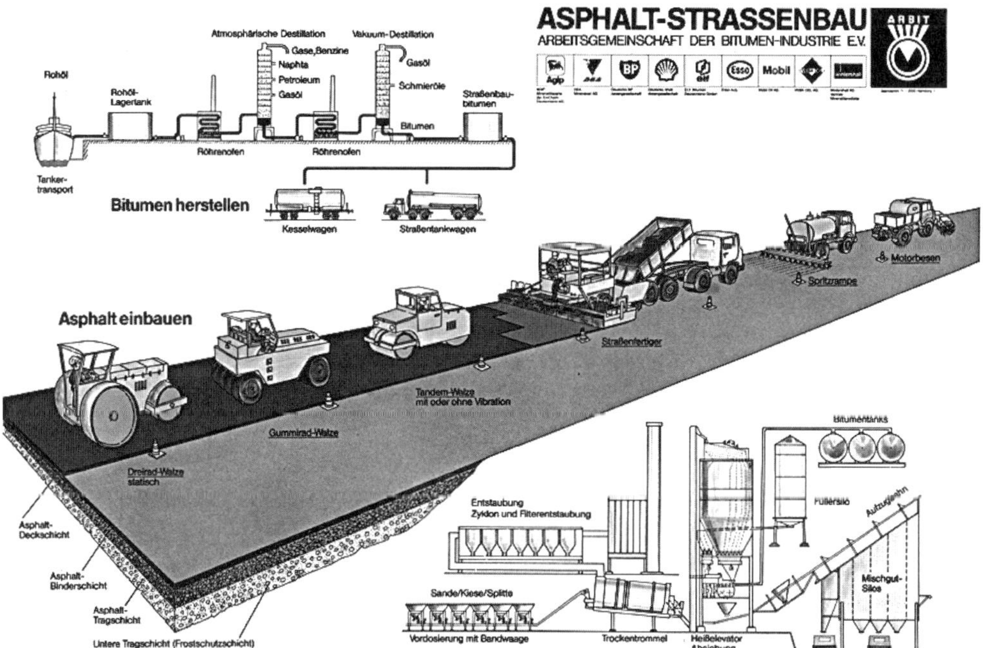

Abb. 15.3 Herstellung von Bitumen und Asphaltmischgut und Einbau von Asphalt im Straßenbau (schematisch) [2]

15.6.5 Wiederverwendung von Asphalt

Maschinen, die mit Infrarotsrahlern oder anderen indirekt wirkenden Heizgeräten ausgerüstet sind, erwärmen beschädigte oder zerstörte Asphaltdeckschichten, lockern diese ohne Kornzertrümmerung auf und bauen anschließend sofort eine neue, gleichmäßig dicke Schicht wieder ein („Rückformen“). Man unterscheidet:

„Reshape" = keine Materialzugabe, „Repave" = Zugabe von neuem Asphaltmischgut ohne Mischen, „Remix" = Zugabe von neuem Material zum aufgenommenen und gemeinsames Mischen beider Anteile.
In allen Fällen muss die neue Decke durch Walzen wieder verdichtet werden. Das Remix-Verfahren wird wegen der erreichbaren höheren Qualität am häufigsten angewendet.

15.7 Weitere Anwendungen von Bitumen und Asphalt

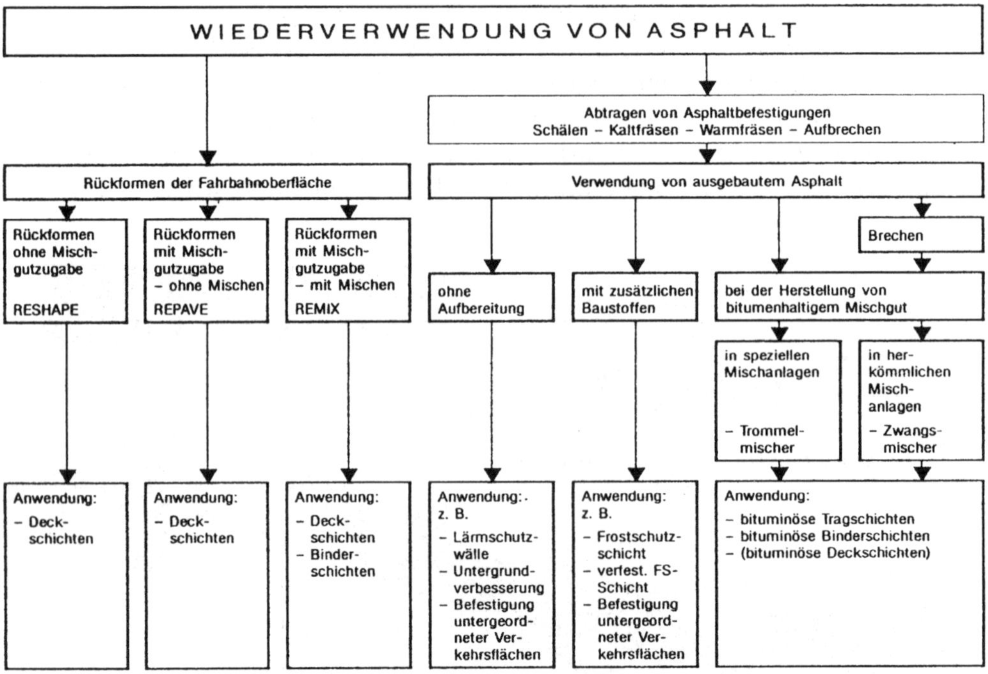

Abb. 15.4 Möglichkeiten der Wiederverwendung von Asphalt

a) Asphaltbefestigungen von Parkflächen, Rad- und Gehwegen, Sportplatzflächen, landwirtschaftlichen Wegen; Brückenbeläge; im Erdbau Planumsversiegelungen, Bodenverfestigungen; bitumenhaltige Gleitschichten bei Pfahlgründungen zur Verminderung der Mantelreibung.
b) Im Wasserbau wird Asphalt bei der Befestigung und Dichtung von Anlagen zur Trinkwasserversorgung und Bewässerung verwendet, da es keine wasserlöslichen und giftigen Bestandteile enthält. Bei der Verwendung in Klär- und Belebungsbecken kommt dem Asphalt seine chemische Resistenz gegen hohe Konzentration von Laugen und Säuren zugute. Allerdings müssen auch säurefeste Mineralstoffe zum Einsatz kommen. Asphaltbeton wird auch für Bauwerke des konstruktiven Wasserbaus verwendet. Asphaltmastix kommt als Fugenverguss zum Einsatz, sowohl beim Versetzen großer Steine (Setzsteinverguss) als auch beim Verschütten gröberer Gesteinskörnungen (Schüttsteinverguss).
c) Bauwerksabdichtungen siehe Abschn. 14.6. Fugenvergussmassen in Beton- oder Asphaltbetondecken und in Pflasterdecken.

d) Asphaltbodenbeläge: Gussasphaltestrich siehe Abschn. 4.6.4. Asphaltplatten sind unter Druck gepresste Platten aus Naturasphaltrohmehl oder technischem Asphalt und werden als Bodenbeläge für gewerblich genutzte Räume verwendet (Labore).

15.8 Fragen und Aufgaben zu Bitumen und Asphalt

1) Erläutern Sie die Begriffe Bitumen, Teer, Teerpech, Asphalt und abgeleitete Produkte.
2) Erläutern Sie die Herstellung von Bitumen.
3) Warum hat Bitumen keinen festen Schmelzpunkt? Wie verhält es sich bei steigender Temperatur?
4) Beschreiben Sie die verschiedenen Verfahren zur Bestimmung der Konsistenz.
5) Was versteht man unter dem Begriff Plastizitätsspanne von Bitumen?
6) Was versteht man unter Alterung von Bitumen?
7) Wie verhält sich Bitumen gegenüber Wasser und chemischen Einflüssen?
8) Beschreiben Sie die verschiedenen Bitumensorten sowie abgeleitete Produkte und ihre Anwendung.
9) Erläutern Sie die verschiedenen Arten von Asphalt und ihre Anwendung.
10) Beschreiben Sie den Einbau von Asphalt im Straßenbau.
11) In welcher Weise kann Asphalt wiederverwendet werden?
12) Welche Unterscheidung betreffen die Begriffe „bitumenhaltig" und „bituminös"?

16 Vorschriften zur Verwendung von Baustoffen

16.1 Allgemeines

In den vorangegangenen Abschnitten sind die Eigenschaften und Verwendungsmöglichkeiten der im Bauwesen verwendeten Werkstoffe, der Baustoffe, beschrieben worden. Baustoffe und Bauverfahren müssen den anerkannten Regeln der Technik entsprechen. Das sind verbindlich eingeführte Richtlinien oder besondere technische Regeln, aber auch Normen. Bei erheblichen Abweichungen hiervon kann die Verwendbarkeit eines Baustoffs auch durch eine allgemeine bauaufsichtliche Zulassung oder gegebenenfalls durch ein allgemeines bauaufsichtliches Prüfzeugnis erbracht werden (sog. Verwendbarkeitsnachweis). Auf jeden Fall muss der Hersteller den Nachweis der Übereinstimmung seines Produktes mit den zugrunde liegenden technischen Regeln führen (sog. Übereinstimmungsnachweis). Zu den verschiedenen Arten von Verwendbarkeits- und Übereinstimmungsnachweisen siehe Abschn. 16.4.

Im Rahmen der Europäischen Union (EU) werden Normen und andere technische Bestimmungen europäisiert. Im Folgenden werden die heute gültigen Regelwerke für Baustoffe beschrieben.

16.2 Bauprodukte

Baustoffe werden in den heute gültigen Vorschriften zu den Bauprodukten gezählt.

Nach § 2 Abs. 9 der Musterbauordnung (MBO), Fassung Nov. 2002, sind Bauprodukte

- Baustoffe, Bauteile und Anlagen, die hergestellt werden, um dauerhaft in bauliche Anlagen eingebaut zu werden, sowie
- aus Baustoffen und Bauteilen vorgefertigte Anlagen, die hergestellt werden, um mit dem Erdboden verbunden zu werden, wie Fertighäuser, Fertiggaragen und Silos.

Nach Artikel 1 Absatz 2 der Bauproduktenrichtlinie (BPR)[1] ist unter Bauprodukt jedes Produkt zu verstehen, das hergestellt wird, um dauerhaft in Bauwerke des Hoch- und Tiefbaus eingebaut zu werden. Dazu gehören auch Anlagen und Einrichtungen (und ihre Teile) für Heizung, Lüftung, Klima, sanitäre Zwecke, elektrische Versorgung und Lagerung umweltgefährdender Stoffe.

Die Musterbauordnung (MBO) und die Bauproduktenrichtlinie (BPR) beziehen sich auf solche Baustoffe und Bauteile, die Bedeutung haben für die Erfüllung der an Bauwerke gestellten wesentlichen Anforderungen. Dies sind gemäß Art. 3 Abs. 1 und Anhang 1 der BPR:

- mechanische Festigkeit und Standsicherheit von Gebäuden,
- Brandschutz,
- Hygiene, Gesundheit und Umweltschutz,
- Nutzungssicherheit,
- Schallschutz sowie
- Energieeinsparung und Wärmeschutz.

---

1 Richtlinie des Rates vom 21.12.1988 zur Angleichung der Rechts- und Verwaltungsvorschriften der Mitgliedstaaten über Bauprodukte Nr. 89/106/EWG (Bauproduktenrichtlinie); Amtsblatt der EG Nr. L 40 vom 11.2.1989; dazu gibt es eine Änderungs-Richtlinie 93/68/EWG vom 22.7.1993, Amtsblatt der EG Nr. L 220.

Seit 1.7.2013 gilt nunmehr statt der BPR die BauPVO, die Europäische Bauproduktenverordnung. Die BauPVO schreibt wesentliche Kernelemente der BPR fort,generiert aber teilweise neue Begrifflichkeiten. Die sechs „wesentlichen Anforderungen" der PVR werden in der BauPVO durch „Grundanforderungen an Bauwerke" umbenannt und um die Anforderung sieben ergänzt. Diese fordert die „Nachhaltige Nutzung der natürlichen Ressourcen" und will damit gewährleisten, dass zwingend berücksichtigt wird

1. die Wiederverwertung oder Recyclingfähigkeit der Bauwerke, ihrer Materialien und Teile nach Abriss,
2. die Dauerhaftigkeit der Materialien und
3. die Verwendung umweltverträglicher Rohstoffe und gebrauchter Materialien in den Bauwerken.

16.3 Regelwerke für Bauprodukte

Bauprodukte, die den o.a. Bauwerksanforderungen genügen sollen, müssen hinsichtlich ihrer Verwendbarkeit bzw. Brauchbarkeit überprüft werden. Die Nachweise, die für die verschiedenen Baustoffe zu diesem Zweck erbracht werden müssen, sind in den folgenden Regelwerken festgelegt.

a) Nationale Regelung

Die Verwendung von Bauprodukten ist in § 20 der MBO (s.o.) geregelt. Danach richten sich die erforderlichen Verwendbarkeits- und Übereinstimmungsnachweise von Bauprodukten nach sog. Bauregellisten: Bauregelliste A Teil 1 und 2 und Liste C. Diese Listen werden zentral für alle Bundesländer vom Deutschen Institut für Bautechnik in Berlin (DIBt) veröffentlicht im Einvernehmen mit den obersten Bauaufsichtsbehörden (zuständige Landesminister, i.d.R. Innenminister und Bauminister). Diese Listen sind auch in der Sammlung bauaufsichtlich eingeführter Technischer Baubestimmungen enthalten, einem im Beuth Verlag in Berlin erscheinenden Loseblattwerk, das ständig aktualisiert wird.

b) Europäische Regelung

Die Verwendung von Bauprodukten, für die es bereits harmonisierte europäische Spezifikationen gibt, ist im Bauproduktengesetz (BauPG)[2] vom 10.8.1992 geregelt. Danach ist ein sog. Brauchbarkeits- und Konformitätsnachweis zu erbringen. Für diese Bauprodukte gilt die Bauregelliste B, die ebenfalls vom DIBt veröffentlicht wird.

Harmonisierte europäische Spezifikationen sind

- harmonisierte europäische Normen
- europäische technische Zulassungen und
- europäisch anerkannte nationale technische Spezifikationen.

Sie werden im Auftrag der EU-Kommission vom Europäischen Komitee für Normung (CEN = ComitéEuropéen de Normalisation) nach einem bestimmten Verfahren (gemäß Richtlinie 83/189/EWG vom 28.3.1993), an dem die Normungsinstitute der seinerzeit 18 europäischen Mitgliedstaaten[3] beteiligt sind, erarbeitet. Harmonisierte europäische Spezifikationen

2 Gesetz über das Inverkehrbringen von und den freien Warenverkehr mit Bauprodukten zur Umsetzung der Richtlinie 89/106/EWG (s.o.) vom 10.8.1992 (Bauproduktengesetz; BauPG), Bundesgesetzblatt Teil I S. 812 vom 28.4.1998.

3 Deutschland, Frankreich, Italien, Großbritannien, Spanien, Belgien, Griechenland, Niederlande, Portugal, Österreich, Schweden, Schweiz, Dänemark, Finnland, Irland, Norwegen, Luxemburg, Island.

im Bauwesen gibt es zzt. noch nicht, ebenso wenig wie Festlegungen in der Bauregelliste B. Sollte dies demnächst der Fall sein, dürfen solche Bauprodukte die CE-Konformitätskennzeichnung (CommunautéEuropéenne = Europäische Gemeinschaft, EU) tragen (siehe Abb. 16.4).

16.4 Bauregellisten

16.4.1 Allgemeines

Die Landesbauordnungen (LBO) unterscheiden zwischen geregelten, nichtgeregelten und sonstigen Bauprodukten (Bauregelliste A, Teil 1 bis 3).
Geregelte Bauprodukte entsprechen den in der Bauregelliste A Teil 1 bekannt gemachten technischen Regeln oder weichen von ihnen nicht wesentlich ab.
Nichtgeregelte Bauprodukte (Teil 2) sind Bauprodukte, die wesentlich von den in der Bauregelliste A Teil 1 bekannt gemachten technischen Regeln abweichen oder für die es keine Technischen Baubestimmungen oder allgemein anerkannten Regeln der Technik gibt.
Die Verwendbarkeit ergibt sich

a) für geregelte Bauprodukte aus der Übereinstimmung mit den bekannt gemachten technischen Regeln
b) für nichtgeregelte Bauprodukte aus der Übereinstimmung mit
- der allgemeinen bauaufsichtlichen Zulassung oder
- dem allgemeinen bauaufsichtlichen Prüfzeugnis

oder (Teil 3)
- der Zustimmung im Einzelfall.

Geregelte und nicht geregelte Bauprodukte dürfen verwendet werden, wenn ihre Verwendbarkeit in dem für sie geforderten Übereinstimmungsnachweis bestätigt ist und sie deshalb das Übereinstimmungszeichen (Ü-Zeichen) tragen (siehe Abb. 16.1).
Sonstige Bauprodukte sind Produkte, für die es allgemein anerkannte Regeln der Technik gibt, die jedoch nicht in der Bauregelliste A enthalten sind. An diese Bauprodukte stellt die Bauordnung zwar die gleichen materiellen Anforderungen, sie verlangt aber weder Verwendbarkeits- noch Übereinstimmungsnachweise. Beispiele: Tapeten, Tür- und Fensterbeschläge.
Die Landesbauordnungen bezeichnen das Zusammenfügen von Bauprodukten zu baulichen Anlagen oder Teilen von baulichen Anlagen als Bauart. Nichtgeregelte Bauarten sind Bauarten, die von Technischen Baubestimmungen wesentlich abweichen oder für die es keine allgemein anerkannten Regeln der Technik gibt. Die Anwendbarkeit nichtgeregelter Bauarten ist die gleiche wie für nichtgeregelte Bauprodukte (s.o.).
Die Bauregelliste A gilt nur für Bauprodukte und Bauarten im Sinne der Begriffsbestimmung der Landesbauordnungen. Die für die Bemessung und Ausführung der baulichen Anlagen zu beachtenden technischen Regeln, die als Technische Baubestimmungen öffentlich bekannt gemacht sind, bleiben hiervon unberührt.
In die Bauregelliste B werden Bauprodukte aufgenommen, für die es bereits harmonisierte europäische Spezifikationen gibt, die in allen Mitgliedstaaten der EU gelten und die die CE-Kennzeichnung tragen (s.a. Abschn. 16.4.4 und Abb. 16.4).
Bauregelliste C: siehe Abschnitt 16.4.5.

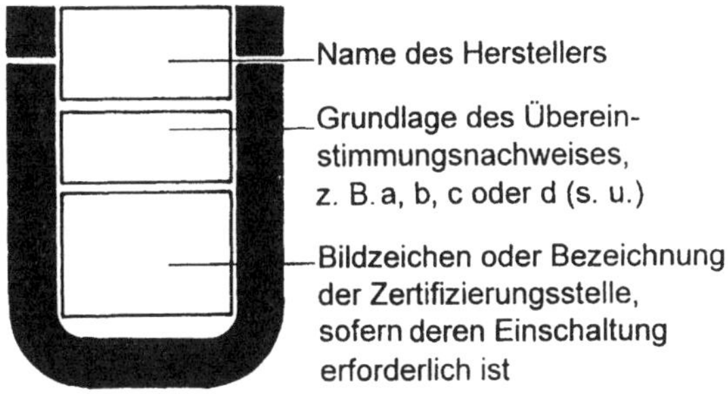

Abb. 16.1 Allgemeines Muster für das Übereinstimmungszeichen, sog. Ü-Zeichen (nach der Übereinstimmungszeichen-Verordnung ÜZVO, Fassung April 1994, gemäß § 81 Abs. 6 Nr. 1 MBO)

Grundlage des Übereinstimmungsnachweises kann sein:

a) Kurzbezeichnung der technischen Regel, z.B. Norm, oder
b) Nummer der allg. bauaufsichtl. Zulassung „Z ..." oder
c) Nummer des allg. bauaufsichtl. Prüfzeugnisses „P, Bezeichnung der Prüfstelle, ..." oder
d) die Bezeichnung „Zustimmung im Einzelfall" und die Behörde

Abb. 16.2 Beispiele für Bildzeichen von Zertifizierungsstellen
links: Bundesanstalt für Materialforschung und -prüfung/Berlin
rechts: Materialprüfungsamt NRW/Dortmund

Abb. 16.3
Beispiele für Bildzeichen von Überwachungsgemeinschaften
links: Güteüberwachung Kies-Sand-Splitt
rechts: Güteüberwachungsgemeinschaft des Vereins Deutsche Zementwerke/Düsseldorf

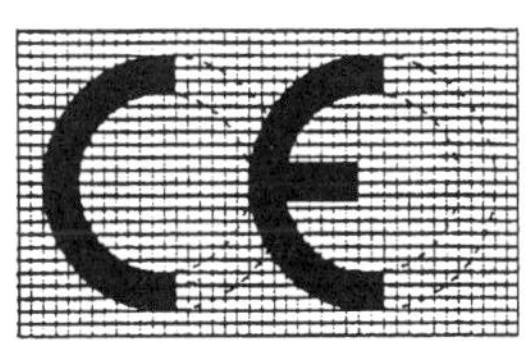

Abb. 16.4
CE-Konformitätskennzeichnung
(Bei Verkleinerung oder Vergrößerung der CE-Kennzeichnung müssen die sich aus dem oben abgebildeten Raster ergebenden Proportionen eingehalten werden.)

16.4.2 Bauregelliste A Teil 1 (2003–01)

Bauprodukte, die in der Bauregelliste A Teil 1 aufgeführt sind, dürfen verwendet werden, wenn sie mit den dort angegebenen technischen Regeln (siehe Tafel 16.1, Spalte 3) übereinstimmen. Die hierfür erforderlichen Übereinstimmungsnachweise können sein (siehe Tafel 16.1, Spalte 4):

- Übereinstimmungserklärung des Herstellers ohne Einschaltung einer anerkannten Prüfstelle (ÜH),
- Übereinstimmungserklärung des Herstellers nach vorheriger Prüfung durch eine anerkannte Prüfstelle (ÜHP),
- Übereinstimmungszertifikat durch eine anerkannte Zertifizierungsstelle (ÜZ).

Bauprodukte, die in der Bauregelliste A Teil 1 aufgeführt sind, aber von den dort angegebenen technischen Regeln wesentlich abweichen, dürfen ebenfalls verwendet werden, wenn sie als Verwendbarkeitsnachweis eine allgemeine bauaufsichtliche Zulassung (Z) oder ggf. ein allgemeines bauaufsichtliches Prüfzeugnis (P) besitzen (siehe Tafel 16.1, Spalte 5).

Tafel 16.1 Bauregelliste A Teil 1 (Auszug) [26]

lfd. Nr.	Bauprodukt	Technische Regeln	Übereinstimmungsnachweis	Verwendbarkeitsnachweis bei wesentl. Abweichung von den Technischen Regeln
1.1.1	Zement	DIN 1164-10 (2005–01)DIN 1164-11 (2005–06)DIN 1164-12 (2005–06) DIN EN 196 (2011–06)DIN EN 197 (2007–09)	ÜZ	Z
1.4.1	Betonstabstahl	DIN 488-02, (2008–09)DIN 488-06, (2008–09)	ÜZ	Z
1.5.9	Beton nach Eigenschaften, Beton nach Zusammensetzung	DIN EN 206-1 (2001–07) DIN 1045-2 (2008–08) Zusätzlich gilt u.a. DIN 1045-3 (2008–08), DAfStb-Richtlinien	ÜH	Z
2.1.2	Wärmedämmziegel und Hochlochziegel der Rohdichteklassen 1,0	DIN EN 771-1 (2005–05) Zusätzlich gilt: Angaben zur Festlegung eines alternativen Rechenwerts für l_R	ÜZ	Z
3.1.1.1 3.1.2.1	Normal entflammbares Vollholz und Brettschichtholz BS 11	DIN 1052 (2010), DIN EN 386 (2002–04) Zusätzlich gilt u.a.: DIN 4102-4 (1994–03) in Verbindung mit den Baustoffklassen nach DIN 4102-01 (1998–05)	ÜH	Z

lfd. Nr.	Bauprodukt	Technische Regeln	Übereinstimmungsnachweis	Verwendbarkeitsnachweis bei wesentl. Abweichung von den Technischen Regeln
4.1.1.1	Warmgewalzte schmale I-Träger mit geneigten inneren Flanschflächen, Typ E	DIN 1025-01 (1995–05) Zusätzlich gilt u.a.: DIN EN 10 025 (2011–04) und Angaben zu den Werkstoffnummern	ÜH	Z
4.7.4	Rohre aus Al und Al-Knetlegierungen	DIN EN 755-1 (2008–06) Zusätzlich gilt u.a.: DIN EN 573 und Angaben zu Werkstoffnummern	ÜHP	Z
5.4	Polyurethan-Ortschaum mit CO_2 als Treibmittel	DIN 18 159-2 (1991–12) Zusätzlich gilt u.a.: Weitere Angaben über die Art des Ortschaums und zu den Baustoffklassen nach DIN 4102-01 (1998–05)	ÜZ	Z
6.1	Feuerschutzabschlüsse: Stahltüren T 30–1; Bauart A	DIN 18 082-01 (1991–12)	ÜZ gilt auch für Nichtserienfertigung	Z
10.1	Normal entflammbare Elastomerbahnen für Abdichtungen	DIN 18 531-2 (2010–05) mit Ausnahme der Bestimmungen für die Fremdüberwachung. Zusätzlich gilt u.a.: DIN 4102-01 (1998–05)	ÜH	P
11.1	Spiegelglas	DIN EN 572-1 (2004–09) Zusätzlich gilt: DIN EN 572-2 (2004–09)	ÜH	Z

Anerkannte Prüf- oder Zertifizierungsstellen sind in einem Verzeichnis aufgeführt, das ebenfalls vom DIBt veröffentlicht wird.

Die Bauregelliste A Teil 1 ist nach folgenden Gesichtspunkten gegliedert (s.a. Tafel 16.1):

1. Bauprodukte für den Beton- und Stahlbetonbau
2. Bauprodukte für den Mauerwerksbau
3. Bauprodukte für den Holzbau
4. Bauprodukte für den Metallbau
5. Dämmstoffe für den Wärme- und Schallschutz
6. Türen und Tore
7. Lager
8. Sonderkonstruktionen
9. Bauprodukte für Wand- und Deckenbekleidungen und nichttragende Innenwände
10. Bauprodukte für die Bauwerks- und Dachabdichtung

11. Bauprodukte aus Glas
12. Bauprodukte der Grundstücksentwässerung
13. Abwasserbehandlungsanlagen
14. Feuerungsanlagen
15. Bauprodukte für Anlagen zum Lagern, Abfüllen und Umschlagen wassergefährdender Stoffe
16. Gerüstbauteile.

16.4.3 Bauregelliste A Teil 2 und 3 (2003–01)

Die Bauregelliste A Teil 2 enthält nichtgeregelte

- Bauprodukte, für die es Technische Baubestimmungen oder allgemein anerkannte Regeln der Technik nicht gibt und deren Verwendung nicht der Erfüllung erheblicher Anforderungen an die Sicherheit baulicher Anlagen dient, wie z.B.
  1.3 Normal entflammbare Bahnen für Dach- und Bauwerksabdichtung. Übereinstimmungsnachweis: ÜHP, Verwendbarkeitsnachweis P
- Bauprodukte, für die es Technische Baubestimmungen oder allgemein anerkannte Regeln der Technik nicht oder nicht für alle Anforderungen gibt, die aber hinsichtlich dieser Anforderungen nach allgemein anerkannten Prüfverfahren beurteilt werden können (ausgenommen die in Liste C aufgenommenen Produkte), wie z.B.
  2.4 Vorgefertigte Lüftungsleitungen, an die Anforderungen an die Feuerwiderstandsdauer oder an den Schallschutz gestellt werden, ausgenommen Brandschutzklappen. Verwendbarkeitsnachweis P; anerkanntes Prüfverfahren: DIN 4102-6 (1977–09) oder DIN EN 20 140-10 (1992–09), DIN EN DIN 717-1 (1997–01); Übereinstimmungsnachweis: ÜH.

Der Verwendbarkeitsnachweis ist stets P (allgemeines bauaufsichtliches Prüfzeugnis), der Übereinstimmungsnachweis kann ÜH, ÜHP oder ÜZ sein (siehe Abschn. 16.4.2).
Die Bauregelliste A Teil 3 enthält nichtgeregelte Bauarten. Für sie gelten die gleichen Vorschriften wie für nichtgeregelte Bauprodukte (s.o.).

16.4.4 Bauregelliste B

In die Bauregelliste B werden Bauprodukte aufgenommen, die nach Vorschrift der EU und der Vertragsstaaten des Abkommens über den Europäischen Wirtschaftsraum zur Umsetzung der Richtlinien der EU in Verkehr gebracht und gehandelt werden dürfen und die die CE-Kennzeichnung tragen.

a) Teil 1 enthält insgesamt etwa 25 Bauprodukte, für die es harmonisierte EU-Normen gibt, wie z.B. für Zement (DIN EN 197-1 (2007–09), -2 (2000–11)), Baukalk (DIN EN 459-1 (2010–12) und -3 (2002–02)) und werkmäßig hergestellte Dämmstoffe aus Mineralwolle (MW; DIN EN 13 162 (2001–10)).
b) Teil 2 enthält Vorschriften zur Umsetzung von entsprechenden EG-Richtlinien für
   - Technische Gebäudeausrüstungen, wie z.B. Kleinkläranlagen, Brandschutzklappen, Lüftungsgeräte, öl- und gasbefeuerte Feuerungsstellen, Solarkollektoren
   - Bauprodukte für ortsfeste Anlagen zum Lagern, Abfüllen und Umschlagen von wassergefährdenden Stoffen, z.B. Leckanzeigegeräte, Rohre, Zapfventile
   - Zubehörteile für den Brandschutz, wie z.B. Feuerschutzabschlüsse, elektrische Kabelanlagen.

16.4.5 Bauregelliste C

Die Liste C enthält Angaben zu Bauprodukten für Rohbau, Ausbau und Haustechnik, für ortsfest verwendete Anlagen zum Lagern, Abfüllen und Umschlagen von wassergefährdenden Stoffen, für Deponien und für Instandsetzung. Von diesen Baustoffen werden Normalentflammbarkeit (Klasse B2 nach DIN 4102) und keine Grenzwerte für den Schall- und Wärmeschutz gefordert.

Es handelt sich dabei um Bauprodukte, für die es keine technischen Baubestimmungen oder anerkannten Regeln der Technik gibt und die nur untergeordnete Bedeutung haben. Für sie entfallen Verwendbarkeits- und Übereinstimmungsnachweise. Sie dürfen auch kein Übereinstimmungszeichen (Ü-Zeichen) tragen. Trotzdem können für sie Anforderungen gelten, insbesondere bezüglich des Brandschutzes sowie des Gesundheits- und Umweltschutzes, z.B. aufgrund des Chemikaliengesetzes, des Wasserhaushaltsgesetzes oder der Gefahrstoffverordnung (GefStoffV).

Beispiele für Baustoffe der Liste C:

- Kellerlichtschächte mit Öffnungsmaßen bis 1,5 × 1,0 m,
- Fassaden- und Dachelemente einschließlich ihrer Befestigungen mit ≤ 0,4 m² Fläche und ≤ 5,0 kg Eigenlast,
- Türen, Tore und Fenster (sofern nicht in Bauregelliste A Teil 1), an die keine Anforderungen hinsichtlich Schall-, Wärme- oder Brandschutz gestellt werden,
- Zubehörteile für Putz, wie z.B. Eckschienen, Putzträger o. Ä.,
- Lüftungsleitungen, an die keine Anforderungen hinsichtlich Brand- und Schallschutz gestellt werden,
- Entwässerungsrohre für Deponieabdichtungen,
- Betonsteine und -platten für Tankstellenflächen,
- Beschichtungsmaterial für Stahl, Instandsetzungsbetone und -mörtel.

16.5 Fragen und Aufgaben zu Bauprodukten

1) Wo sind die für Bauprodukte geltenden „anerkannten Regeln der Technik" schriftlich niedergelegt?
2) Wie ist in der Musterbauordnung (MBO) bzw. in der Bauproduktenrichtlinie (BPR) der Begriff „Bauprodukt"festgelegt und welche wesentlichen Anforderungen werden danach an Baustoffe und Bauteile gestellt?
3) Was versteht man unter „harmonisierten europäischen Spezifikationen"für Bauprodukte?
4) Was bedeutet das CE-Zeichen für Bauprodukte? Fertigen Sie eine Skizze des Zeichens an!
5) Was versteht man unter geregelten, nichtgeregelten und sonstigen Bauprodukten? Wo sind sie beschrieben?
6) Welche Arten von Verwendbarkeits- und Übereinstimmungsnachweisen von Bauprodukten gibt es und wo sind sie festgelegt? Skizzieren sie das allgemeine Muster eines Übereinstimmungszeichens!
7) Was versteht man unter dem Begriff „Bauregelliste"und welche Arten von Bauprodukten enthalten die verschiedenen Listen?

8) Nach welchen Gesichtspunkten ist die Bauregelliste A Teil 1 gegliedert?
9) Was verstehen Sie unter der BauPVO?
10) Welcher siebte Kernpunkt der BauPVO ergänzt primär die BPR?

17 Quellenangaben

[1] Berg, Chr., Grundlagen der Wägetechnik, Sonderdruck der Fa. Sartorius, Göttingen

[2] Scholz,u.a. (Hrsg.: Möhring, R.): Baustoffkenntnis, 18. Aufl. 2016, Bundesanzeiger Verlag, Köln

[3] Technisches Handbuch FBS Kanalsysteme 1999; Hrsg.: Fachvereinigung Betonrohre und Stahlbetonrohre (s.a. Abschn. 18.3.3)

[4] Steinzeug-Information 2003; Hrsg.: Steinzeug Abwassersysteme GmbH (s.a. Abschn. 18.1.2)

[5] Kalksandstein – Planung, Konstruktion, Ausführung, 4., überarbeitete Auflage, Stand Januar 2003; Hrsg.: KS-Info GmbH, Hannover; Verlag Bau + Technik GmbH, Düsseldorf, 2003

[6] Weber, H., Hullmann, H., Porenbeton-Handbuch; Planen und Bauen mit System, 5. Aufl. 2002, Bertelsmann Springer Bauverlag, Gütersloh

[7] Claytec-Architektenmappe „Anleitung zum modernen Lehmbau", 1999, Fa. Lehmbau Peter Breidenbach, Nettetaler Straße 113, 41751 Viersen-Boisheim, (s.a. Abschn. 18.1.2)

[8] Dachplanungsordner, Stand Jan. 1999; Hrsg.: Eternit AG (s.a. Abschn. 18.1.3)

[9a] Das ABC vom guten Ton, Ausgabe 2002, Produktprogramm der Ruppkeramik; Lafarge Dachsysteme GmbH (s.a. Abschn. 18.1.2)

[9b] Handbuch Geneigte Dächer, Ausgabe 2001; Hrsg.: Braas Dachsysteme GmbH (Adresse siehe Abschn. 18.1.3)

[10] Informationsstelle Betonbauteile (Hrsg.), Betonbauteile für Umwelt und Versorgung; Rohrleitungen, Kanäle, Behälter; 53157 Bonn, Postfach 21 02 67

[11] Bauteile und Rohrsysteme aus Faserzement und Produktinformation Haustechnik; Hrsg.: Eternit AG (s.a. Abschn. 18.1.3)

[12] fermacell Planungsordner Trockenbau; Hrsg. Xella Baustoffe GmbH (s.a. Abschn. 18.1.2)

[13] Betontechnische Daten, 18. Aufl. (10/2002), Readymix Beton AG, 40880 Ratingen

[14] Stahlfibel; Hrsg.: Verein Deutscher Eisenhüttenleute, Verlag Stahleisen GmbH, Düsseldorf, 1999 und 2002

[15] Gieck, K. + R., Technische Formelsammlung, 29. dt. Aufl. 1989, Gieck-Verlag, 82110 Germering

[16] Handbücher der Firmen Interpane (Gestalten mit Glas), Flachglas Markenkreis (Glashandbuch), Pilkington (Basisgläser); siehe Abschn. 18.10

[17] Technische Informationen der Wienerberger Ziegelindustrie / Poroton (Adresse siehe Abschn. 18.1.2)

[18] Technische Informationen der Unipor (Adresse siehe Abschn. 18.1.2)

[19] Technisches Informationsblatt 004, Verlag Europa-Lehrmittel, Haan-Gruiten, 1996

[20] Rußwurm, D., Fabritius, E., Bewehren von Stahlbeton-Tragwerken nach DIN 1045-1 (2001–07), Hrsg.: Institut für Stahlbetonbewehrung (Adresse siehe Abschn. 18.7)

[21] Betontechnische Daten Sika Addiment GmbH, Ausgabe (12/2003) (s.a. Abschn. 18.5/6)

[22] Schneider-Bürger, M., Stahlbau-Profile, 23. Aufl., 2001, Verlag Stahleisen, Düsseldorf

[23] Holzschutzmittel-Verzeichnis (2001); Hrsg.: DIBt Berlin; Erich Schmidt Verlag, Berlin/Bielefeld/München

[24] Beton-Informationen; Hrsg.: Beton Marketing Nord (Adresse siehe Abschn. 18.2)
[25] Informationsdienst Holz; Hrsg.: Holzabsatzfonds (Adresse siehe Abschn. 18.9)
[26] Sammlung bauaufsichtlich eingeführter Technischer Baubestimmungen; Hrsg.: Deutsches Institut für Bautechnik Berlin, Beuth Verlag, Berlin/Wien/Zürich
[27] Frommhold/Hasenjäger, Wohnungsbau-Normen, 23. Aufl. 2003, Werner Verlag, Düsseldorf
[28] Wandkonstruktionen mit Mauerziegeln, in: Sonderheft – Bauen mit Ziegeln, Febr. 1998, Ziegel-Informations GmbH, Schaumburg-Lippe-Straße 4, 53113 Bonn
[29] Bautechnische Information Naturwerkstein 1.1 (1996) und 1.5 (1996); Hrsg.: Deutscher Naturwerkstein-Verband e.V., 97070 Würzburg, Sanderstraße 4
[30] Katzer, G.u.F., Chemisches Grundwissen für technische Berufe, Verlag Handwerk und Technik, Hamburg, 1996
[31] Fachregel für Dachdeckungen mit Dachziegeln und Dachsteinen 1997/2000/2003 des Zentralverbands des Deutschen Dachdeckerhandwerks (siehe Abschn. 18.15)
[32] Klinkerpflaster (Stand April 1998); Hrsg.: Arbeitsgemeinschaft Pflasterklinker, Adresse wie Bundesverband der Deutschen Ziegelindustrie e.V. (siehe Abschn. 18.1.2)
[33] Zement-Taschenbuch, 50. Ausgabe 2002; Hrsg.: Verein Deutscher Zementwerke e.V.; Verlag Bau + Technik GmbH, Düsseldorf, 2002
[34] Lohmeyer, G., Weiße Wannen – einfach und sicher, Verlag Bau + Technik, Düsseldorf, 1999
[35] Konstruktive Vollholzprodukte, in: Holzbau Handbuch, Reihe 4, Teil 2, Folge 3; Hrsg.: siehe [25]
[36] Informationsdienst Holz, Duo- und Triobalken (12/1999); Hrsg.: siehe [25]
[37] Sell, Jürgen, Eigenschaften und Kenngrößen von Holzarten, Baufachverlag AG Zürich, Dietikon, 1997
[38] Informationsdienst Holz – Holzbau Handbuch R.3, T.5, F.1 (03/1997) und F.2 (09/1997): Baulicher Holzschutz; Hrsg.: siehe [25]
[39] Schneider, K.-J., (Hrsg.), Bautabellen für Ingenieure, 16. Aufl. 2004, Werner Verlag, Düsseldorf
[40] Walz, K., Herstellung von Beton nach DIN 1045, 2. Aufl. 1972, Beton-Verlag, Düsseldorf

18 Weiterführende Literatur, Adressen von Verbänden

(Literatur findet man auch unter www.buchhandel.de oder www.buchkatalog.de, z.B. unter dem Stichwort „Baustoffe".)

Allgemeines

a) Adressen

- AGI, Arbeitsgemeinschaft Industriebau e.V.
  Schiffgraben 37, 30175 Hannover, Tel. 05 11–99 10–3 40/41; www.agi-online.de
- Beuth Verlag GmbH, Tel. 0 30–26 01–22 60; Adresse wie DIN; www.beuth.de
- BAM, Bundesanstalt für Materialprüfung,
  Unter den Eichen 87, 12205 Berlin, Tel. 0 30–8 10 40; www.bam.de
- Bundesminister für Verkehr, Bau und Stadtentwicklung
  Invalidenstr. 40, 10115 Berlin, Tel. 0 30–20 08–0; www.bmvbw.de
- Bundesverband Deutscher Baustofffachhandel e.V.,
  Edelsbergstr. 8, 80686 München, Tel. 0 89–57 83 67 34; www.bdb-bfh.de
- Bundesverband der Deutschen Recycling-Baustoff-Industrie e.V.,
  Düsseldorfer Str. 50, 47051 Duisburg, Tel. 02 03–9 92 39–0; www.recycling-baustoffe.de
- CEN; Comité Européen de coordination des Normes, European Committee for Standardization, Europäisches Komitee für Normung, Zentralsekretariat,
  Rue de Stassart, B-1050 Bruxelles; Tel. 00 32–25 50 08 11; www.cen.eu
- DIBt, Deutsches Institut für Bautechnik,
  Kolonnenstr. 30L, 10829 Berlin, Tel. 0 30–7 87 30–0; www.dibt.de
- DIN, Deutsches Institut für Normung e.V.,
  Burggrafenstr. 6, 10787 Berlin, Tel. 0 30–26 01–0; www.din.de
- FNR, Fachagentur Nachwachsende Rohstoffe e.V.,
  Hofplatz 1, 18276 Gülzow; www.fnr.de
- Fraunhofer irb Verlag und Informationszentrum,
  Nobelstr. 12, 70569 Stuttgart; Tel. 07 11–9 70–25 00; www.irb.fraunhofer.de
- Hauptverband der Deutschen Bauindustrie e.V.,
  Kurfürstenstr. 129, 10785 Berlin, Tel. 0 30–2 12 86–0; www.bauindustrie.de
- Zentralverband Deutsches Baugewerbe,
  Kronenstr. 55–58, 10117 Berlin, Tel. 0 30–2 03 14–0; www.zdb.de

b) Literatur

- Baustoffkunde für den Praktiker, 11. Aufl., Wohlfarth Verlag, 2002
- Bruckner, H., Schneider, U.: Naturbaustoffe, Werner Verlag, Düsseldorf, 1998
- Dehn, F., u.a.: Konstruktionswerkstoffe im Bauwesen, Ernst und Sohn, 2003
- Geißler u.a., Umweltbewusste Bauteil- und Baustoffauswahl – ökologischer Baustoffratgeber; Hrsg.: Landesinstitut für Bauwesen und angewandte Bauschadensforschung, Theaterplatz 14, 52062 Aachen, 1. Nachdruck Januar 1993
- Härig, S., u.a.: Technologie der Baustoffe, 14. Aufl., C.F. Müller, Heidelberg, 2003
- Hiese, W., Knoblauch, H.: Baustoffprüfungen, Werner Verlag, Düsseldorf, 1988

- Kohler, G. (Hrsg.): Recyclingpraxis Baustoffe, TÜV-Verlag, 1997
- Kroiss, J., Bammer, A.: Biologisch natürlich Bauen, Hirzel, Stuttgart, 2000
- Peter, Gustav, u.a., Baustofflehre; Teil 3 der Reihe „Bau und Energie, Leitfaden für Planung und Praxis"; Hrsg.: Zürcher, Christoph, Verlag B.G. Teubner, Stuttgart, 1995
- Schäffler, H., u.a.: Baustoffkunde, 8. Aufl., Vogel, Würzburg, 2000
- Scholz, u.a. (Hrsg.: Möhring, R.): Baustoffkenntnis, 18. Aufl., 2016, Bundesanzeiger Verlag, Köln
- Schrader, M. (Hrsg.): Auf der Suche nach historischen Baumaterialien, Edition: Anderwelt, 2002
- Schrader, M., Voigt, J.: Bauhistorisches Lexikon, Edition: Anderwelt, 2003
- Stark, J., Wicht, B.: Geschichte der Baustoffe, Vieweg / Bauverlag, 1998
- Wendehorst, R.: Baustoffkunde, 26. Aufl., C.R. Vincentz, Hannover, 2004
- Wesche, K.: Baustoffe für tragende Bauteile, Bd. 1 bis 4, Vieweg, 1985 bis 1996
- Zwiener, Lehmann u.a.: Ökologisches Baustoff-Lexikon, C.F. Müller, Heidelberg, 2004

18.0 Einführung

Literatur

- Häckel, H., Farbatlas Wetterphänomene, Verlag Eugen Ulmer GmbH & Co., Stuttgart, 1999
- Kugler, P., Zelle-Organ-Mensch, Elsevier GmbH, Urban & Fischer Verlag, München,2006
- Möhring, R./Hupfeld, J., Grundlagen und Beispiele für die solare Nutzung von Dachflächen, d-extrakt, Informationsdienst für neuzeitliches Bauen, Bonn, 1997
- Reiber, M., Moderne Flugmeterologie, Verlag Harri Deutsch, Frankfurt am Main, 1998

18.1 Bausteine

18.1.1 Natürliche Bausteine

a) Adressen
- Bundesverband Steine und Erden e.V., www.bvbaustoffe.de
- Bundesverband Naturstein-Industrie e.V., www.bv-naturstein.org.de
- Deutscher Naturwerkstein-Verband, www.dnv.naturstein-netz.de

b) Literatur

- Duda, R., Rejl, L.: Der Kosmos-Mineralienführer, 2. Aufl., Franckh-Kosmos, 2003
- Ramdohr, P., Strunz, H.: Klockmanns Lehrbuch der Mineralogie, 16. Aufl., Enke, Stuttgart, 1978
- Schumann, W.: Der neue BLV Steine- und Mineralienführer, BLV-Verlagsges., München, 2007
- Wanetschek, M.u.H. (Hrsg.): Naturstein und Architektur, Callwey, München, 2000
- Maresch, W./Schertl, H.-P./Medenbach, O., Gesteine: Systematische Bestimmung, Entstehung, 2. Auflage, Schweizerbart Verlag, 2014
- Schneider, K.-J./Schubert, P./Schoch, T., Mauerwerksbau – Praxis, Bauwerk Berlin, 2009

18.1.2 Keramische Baustoffe, Lehmbau

a) Literatur
- Volhard, F.: Leichtlehmbau, 5. Aufl., C.F. Müller, Heidelberg, 1995
- Volhard, F., Röhlen, U.: Lehmbau-Regeln; Hrsg. Dachverband Lehm e.V. (s.u.)

b) Adressen
- Bundesverband der Deutschen Ziegelindustrie e.V., www.ziegel.de
- Bundesverband Keramische Baustoffe e.V., www.bkri.de
- Claytec-Baustoffe aus Lehm, Lehmbau Peter Breidenbach, www.claytec.com
- Dachverband Lehm e.V., www.dachverband-lehm.de
- Initiative Zweischalige Wand – Bauen mit Backstein, www.backstein.com
- Institut für Ziegelforschung e.V., www.izf.de
- Lafarge Dachsysteme GmbH, www.lafarge-dachsysteme.de
- Steinzeug Abwassersysteme GmbH, www.steinzeug.com
- Unipor: siehe Xella
- Wienerberger Ziegelindustrie GmbH, www.wienerberger.de
- Xella Baustoffe GmbH, www.xella.com
- Xella Trockenbausysteme GmbH, www.xella.de
- Zentralverband des Deutschen Dachdecker-Handwerks, siehe Abschn. 18.15

18.1.3 Mineralisch gebundene Baustoffe

a) Literatur
- Bisotherm-Handbuch (Leichtbeton, Leichtbetonsteine); Hrsg.: Bisotherm GmbH, 56218 Mühlheim-Klärlich
- Cordes, R., u.a.: Kalksandstein – Planung, Konstruktion, Ausführung, 4. Aufl., Bau + Technik, Düsseldorf, 2003
- Liapor – Baustoff aus Ton: Planung, Konstruktion, Anwendung (Leichtbeton, Leichtbetonsteine); Hrsg. Liapor-Werke, 91352 Hallerndorf; Ausg. 2000-04
- Wessig, J., u.a.: KS-Maurerfibel, 6. Aufl., Bau + Technik, Düsseldorf, 1998
- Gösele, K./Schüle, W., Schall, Wärme, Feuchte, 10. Aufl., Bauverlag GmbH, Wiesbaden/Berlin, 2000

b) Adressen
- ATV, Abwassertechnische Vereinigung, siehe GFA
- Braas Dachsysteme GmbH, www.braas.de
- Bundesverband Deutsche Beton- und Fertigteilindustrie e.V., www.betoninfo.de
- Bundesverband Porenbetonindustrie e.V., www.bv-porenbeton.de
- Eternit AG (Faserzement), www.eternit.de
- Fachvereinigung Betonrohre und Stahlbetonrohre e.V., www.fbsrohre.de
- Fachvereinigung der Bimsbeton- und Leichtbeton-Industrie e.V., www.leichtbeton.de
- Fermacell: siehe Xella Trockenbausysteme (Abschn. 18.1.2)
- GFA, Gesellschaft zur Förderung der Abwassertechnik, www.atv.de
- Hebel-Emmering GmbH, siehe Xella (Abschn. 18.1.2)
- Hebel: siehe Xella (Abschn. 18.1.2)
- KS-Info GmbH, www.kalksandstein.de
- Lafarge Dachsysteme GmbH, www.lafarge.de

- Leichtbauplatten-Industrie e.V., www.leichtbauplatten.de
- Ytong: siehe Xella (Abschn. 18.1.2)

18.2 Anorganische Bindemittel

a) Literatur

- Czernin, W.: Zementchemie für Bauingenieure, 3. Aufl.; Bauverlag, Wiesbaden/Berlin, 1977
- Karsten, R., Bauchemie, 11. Aufl., Dr.-Lüdecke-Verlags-GmbH, Heidelberg, 2002
- Schneider, U./Schwimann, S./Bruckner, H., Lehmbau für Architekten und Ingenieure; 1. Aufl., Werner Verlag, Düsseldorf, 1996
- Zement-Taschenbuch, 50. Ausgabe 2002; Hrsg.: Verein Deutscher Zementwerke; Verlag Bau + Technik, Düsseldorf

b) Adressen

- Beton Marketing Nord, www.beton.de
- Bundesverband der Deutschen Kalkindustrie e.V., www.kalk.de
- Bundesverband der Gipsindustrie e.V., www.gipsindustrie.de
- Bundesverband Kraftwerksnebenprodukte e.V. (Flugasche), www.bvk-online.com.de
- Knauf Gips KG, www.knauf.de
- Rigips GmbH, www.rigips.de
- VDZ, Bundesverband der Deutschen Zementindustrie, www.BDZement.de

18.3 Gesteinskörnungen für Mörtel und Beton

- Bundesverband der Deutschen Kies- und Sandindustrie e.V. (BKS), www.bks-info.de
- Bundesverband der Deutschen Recycling-Baustoff-Industrie; siehe Abschn. 18.0
- Bundesverband Kraftwerksnebenprodukte: siehe Abschn. 18.2
- Bundesverband Leichtzuschlag-Industrie e.V., www.leichtzuschlag.de
- Fachverband und Forschungsgemeinschaft Eisenhüttenschlacken e.V., www.fehs.de

18.4 Mörtel und Estrich

- Bresch, C.-M.: Außen- und Innenputze – Produktsysteme, Hilfsmittel in der Praxis, Bauverlag, Wiesbaden/Berlin, 1992
- Bundesverband Mineralische Rohstoffe e.V., www.bv-miro.org
- Industrieverband Werkmörtel e.V., www.iwm-info.de
- quick-mix (Werkmörtel), www.quick-mix.de
- Sakret Produktionsgesellschaft (Werkmörtel), www.sakret.de

18.5/18.6 Beton, Stahlbeton und Spannbeton

(s.a. Abschn. 18.2 und 18.3)

a) Literatur

- Bayer, E., Kampen, R., Beton-Praxis – Ein Leitfaden für die Baustelle, 7. Aufl., Beton-Verlag, Düsseldorf, 1997
- Beton-Herstellung nach Norm, 15. Aufl., Verlag Bau + Technik, Düsseldorf, 2003
- Beton-Lexikon; Hrsg.: Lamprecht, H.-O., u.a., Beton-Verlag, Düsseldorf, 1990
- Beton-Prüfung nach Norm, 10. Aufl., Verlag Bau + Technik, Düsseldorf, 1996

- Betontechnische Daten, 18. Aufl.; Hrsg.: Readymix AG, 2002
  40880 Ratingen, Tel. 0 21 02–40 13 72; www.readymix.de
- Betontechnische Daten, Ausgabe Dez. 2003; Hrsg.: Sika Addiment GmbH, (s.u.)
- DBV-Merkblätter-Sammlung (s.u. DBV)
- Iken, W., u.a.: Handbuch der Betonprüfung, 5. Aufl., Verlag Bau + Technik, 2003
- Schriftenreihe des VDZ (s.u.)
- Weber, R., u.a.: Guter Beton – Ratschläge für die richtige Betonherstellung, 20. Aufl.; Verlag Bau + Technik, Düsseldorf, 2001

b) Adressen
- BetonMarketing Nord (siehe Abschn. 18.2)
- Bundesverband der Deutschen Transportbetonindustrie e.V., www.transportbeton.de
- DAfStb, Deutscher Ausschuss für Stahlbeton im DIN (siehe Abschn. 18.0); www.dafstb.de
- DBV, Deutscher Beton- und Bautechnikverein e.V., www.betonverein.de
- Informationszentrum Beton GmbH des VDZ, www.beton.org
- Readymix AG, www.readymix.de
- Sika Addiment GmbH, www.sika-addiment.de
- VDZ (siehe Abschn. 18.2)

18.7 Eisen und Stahl

a) Literatur
- Handbuch Gussrohrtechnik, 1996; Hrsg. Fachgemeinschaft Gusseiserne Rohre (s.u.)
- Herbst, F., Wärmebehandlung des Stahls, Verlag Europa-Lehrmittel, Haan-Gruiten, 1993
- Rußwurm, D., u.a., Bewehren von Stahlbetontragwerken nach DIN 1045-1 (2001–07) – Arbeitsblätter; Hrsg.: Institut für Stahlbetonbewehrung (s.u.)
- Scheipers, P. (Hrsg.), Handbuch der Metallbearbeitung, Verlag Europa-Lehrmittel, Haan-Gruiten, 1997
- Schneider-Bürger, M., Stahlbau-Profile, 23. Aufl., Verlag Stahleisen, Düsseldorf, 2001
- Stahlfibel; Hrsg.: Verein Deutscher Eisenhüttenleute, Verlag Stahleisen mbH, Düsseldorf, 2002
- Baustahlgewebe GmbH, Lieferprogramm 2006
- Baustahlverzeichnis, Hrsg. DIBt/Berlin, Stand 02.02.2006
- Fachinformationen des IFBS

b) Adressen
- DASt, Deutscher Ausschuss für Stahlbau, (Adresse wie DStV)
- DStV, Deutscher Stahlbau-Verband, www.deutscherstahlbau.de
- Fachgemeinschaft Gusseiserne Rohre, www.eadips.org
- Informationsstelle Edelstahl Rostfrei, (Adresse wie DStV); www.edelstahl-rostfrei.de
- Institut Feuerverzinken, www.feuerverzinken.com
- Institut für Stahlbetonbewehrung e.V., www.isb-ev.de
- Stahl-Informations-Zentrum, (Adresse wie DStV); www.stahl-info.de
- ThyssenKrupp Stahl AG, www.thyssen-krupp-stahl.com
- VDEh, Verein Deutscher Eisenhüttenleute mit Informationszentrum Stahl, (Adresse wie DStV), www.stahl-bibliothek.vdeh.de

18.8 NE-Metalle

- Haus der Metalle (außer Eisen und Stahl),
  Am Bonneshof 5, 40474 Düsseldorf, mit:
- Wirtschaftsvereinigung Metalle (WVM), www.wvmetalle.de
- Gesamtverband der Aluminiumindustrie, www.aluinfo.de
- Gesamtverband der Deutschen Buntmetallindustrie, www.gdb-online.de
- Gesamtverband Deutscher Metallgießereien, www.gdm-metallguss.de
- Fachvereinigung Edelmetalle, www.edelmetalle.org
- Deutsches Kupferinstitut, Tel. 02 11–47 96–3 13, www.kupferinstitut.de
- Institut Feuerverzinken (siehe Abschn. 18.7), www.feuerverzinken.com

18.9 Holz und Holzbaustoffe

a) Literatur
- holzbauhandbuch; Hrsg.: Holzabsatzfonds (s.u.)
- Holz-Lexikon, 4. Aufl., DRW-Verlag, 2003
- Kollmann, F.: Technologie des Holzes und der Holzwerkstoffe, 2. Aufl., Springer Verlag, Berlin/Göttingen/Heidelberg
- Leiße, B.: Holzbauteile richtig geschützt, 1. Aufl., DRW-Verlag, 2002
- Lohmann, U.: Holz-Handbuch, 5. Aufl., DRW-Verlag, Leinfelden-Echterdingen, 1998
- Niemz, P.: Physik des Holzes und der Holzwerkstoffe, DRW-Verlag, 1993
- Nutsch, W. (Hrsg.): Holztechnik – Fachkunde, 19. Aufl., Verlag Europa-Lehrmittel, Haan-Gruiten
- Wagenführ, R.: Anatomie des Holzes, 5. Aufl., DRW-Verlag, 2000
- Wagenführ, R.: Bildlexikon Holz, 1. Aufl., Carl Hanser Verlag, München, 2001

b) Adressen
- BDZ, Bund Deutscher Zimmermeister, www.bdz-holzbau.de
- Güteschutzgemeinschaft Holzschutzmittelindustrie e.V., www.holz-schuetzen.de
- Holzabsatzfonds, Absatzfonds der Deutschen Forst- und Holzwirtschaft, www.info-holz.de, www.holzabsatzfonds.de
- Deutsche Bauchemie e.V., Fachbereich Holzschutz, www.deutsche-bauchemie.de
- VHI, Verband der Deutschen Holzwerkstoffindustrie e.V., www.vhi.de

18.10 Glas

a) Literatur
- Basisgläser 2003; Hrsg.: Pilkington AG (s.u.)
- Gestalten mit Glas, 9. Aufl. 2014; Hrsg. Interpane Glasindustrie AG (s.u.)
- Glashandbuch 2003; Hrsg. Flachglas Markenkreis GmbH (s.u.)
- Klindt, L., u.a.: Glas als Baustoff – Eigenschaften, Anwendung, Bemessung, Verlagsgesellschaft Rudolf Müller GmbH, Köln-Braunsfeld, 1977
- Petzold, A., u.a.: Der Baustoff Glas, 3. Aufl., Karl Hoffmann Verlag, 1990
- Glas Handbuch 2006, Hrsg. Pilkington Flachglas Markenkreis, Gelsenkirchen
- Wörner, J., u.a.: Glasbau – Grundlagen, Berechnung, Konstruktion, Springer Verlag, Berlin, 2001

b) Adressen
- Bundesinnungsverband des Glaserhandwerks und Institut für Verglasungstechnik und Fensterbau, www.glaserhandwerk.de
- Bundesverband der Glasindustrie und Mineralfaserindustrie e.V., www.bvglas.de
- Flachglas Markenkreis GmbH, www.flachglas-markenkreis.de
- ift, Institut für Fenstertechnik e.V., www.ift-rosenheim.de
- Interpane Glasindustrie AG, www.interpane.net
- Pilkington Deutschland AG, www.pilkington.com

18.11 Baustoffphysik

- Dobrinski, P., u.a.: Physik für Ingenieure, 10. Aufl., Teubner, Stuttgart, 2003

18.12 Baustoffchemie

- Karsten, R.: Bauchemie, 11. Aufl., C.F. Müller, Heidelberg, 2003
- Katzer, G., u.a.: Chemisches Grundwissen für technische Berufe, Handwerk und Technik, Hamburg, 1995
- Keim, W. (Hrsg.), Kunststoffe, WILEY-VCH, 2006
- Knoblauch, H., Schneider, U.: Bauchemie, 7. Aufl., Werner Verlag, Köln, 2013
- Menges, G., Werkstoffkunde Kunststoffe, Hanser Fachbuch 2002
- Gieler, R.P./Dimmig, A., Kunststoffe für den Bautenschutz und die Betoninstandsetzung, Birkhäuser, 2005

18.13 Kunststoffe

- DKI, Deutsches Kunststoff-Institut, Schlossgartenstraße 6, 64289 Darmstadt, Tel. 0 6151–16 21 04; www.dki-online.de
- Hellerich, W., u.a.: Werkstoff-Führer Kunststoffe, 6. Aufl., Carl-Hanser-Verlag, München, 1992
- IBK, Institut für das Bauen mit Kunststoffen e.V., Osannstraße 37, 64285 Darmstadt, Tel. 0 61 51–4 80 97; www.ibk-darmstadt.de
- Saechtling, H.: Kunststoff-Taschenbuch, 26. Ausgabe, Carl-Hanser-Verlag, München, 1995
- Woebken, W. (Hrsg.): Kunststoff-Lexikon, 9. Aufl., Carl-Hanser-Verlag, München, 1998

18.14 Dämmen, Sperren, Schall- und Brandschutz

a) Literatur
- Arbeiter, K., Innendämmung, Verlagsgesellschaft Rudolf Müller GmbH & Co. KG, Köln, 2014
- Gösele, K. und Schüle, W.: Schall, Wärme, Feuchte, 10. Aufl., Bauverlag, Wiesbaden/Berlin, 1997
- Gösele, K.: Schallschutz im Mauerwerksbau, in: Mauerwerk-Kalender, Ernst & Sohn, Berlin, 1998 und 1999
- Hölzen, F.-H., Kein Wärmeschutz ohne Feuchteschutz, Fraunhofer IRB Verlag, Stuttgart 2015

- Lohmeyer, G.: Praktische Bauphysik, 4. Aufl.; Teubner/WA, 2001
- Lutz, P., u.a.: Lehrbuch der Bauphysik – Schall, Wärme, Feuchte, Licht, Brand, Klima, 5. Aufl., Teubner, Wiesbaden, 2002
- Stiegel, H./Hauser, G., Wärmebrückenkatalog für Modernisierungs- und Sanierungsmaßnahmen zur Vermeidung von Schimmelpilzen, IBR Verlag, 2006
- Pregizer, D., Schimmelpilzbildung in Gebäuden, VDE Verlag GmbH, Berlin und Offenbach, 2014

b) Adressen
- BAKT, Bundesarbeitskreis Trockenbau im Zentralverband Deutsches Baugewerbe, (siehe Abschn. 18.0)
- Knauf Insulation GmbH, www.knaufinsulation.de
- FMI, Fachvereinigung Mineralfaserindustrie e.V., www.fmi-mineralfaser.de
- GDI, Gesamtverband Dämmstoffindustrie, www.g-d-i.de
- Isofloc-Ökologische Bautechnik GmbH (Wärmedämmtechnik), www.isofloc.de
- Promat GmbH (Brandschutz-Systeme), www.promat.de

18.15 Bitumen und Asphalt

a) Literatur
- abc der Bitumenbahnen, Technische Regeln, Industrieverband Bitumen- Dach- und Dichtungsbahnen (VDD), Frankfurt, 2012
- ARBIT-Schriftenreihe; Hrsg.: ARBIT (s.u.)
- Asphalt-Kalender, Bitumenwerkstoffe und ihre Anwendungen; Hrsg. Bga (s.u.), Verlag Ernst und Sohn, Berlin, 2003
- Braun, E.: Bitumen, 2. Aufl., Verlagsgesellschaft Rudolf Müller GmbH, Köln-Braunsfeld, 1991
- Hutzschenreuther, J.,/Wörner, Th., Asphalt im Straßenbau, 2. Aufl., Verlag für Bauwesen, Berlin, 2010
- Velske, S., u.a.: Straßenbautechnik, 7. Aufl., Werner Verlag, Köln, 2013

b) Adressen
- ARBIT, Arbeitsgemeinschaft der Bitumenindustrie e.V., www.arbit.de
- BASt, Bundesanstalt für Straßenwesen, www.bast.de
- Beratungsstelle für Gussasphaltverwendung e.V., www.gussasphalt.de
- FGSV, Forschungsgesellschaft für Straßen- und Verkehrswesen, www.fgsv.de
- Zentralverband des Deutschen Dachdeckerhandwerks e.V. – Fachverband, www.dachdecker.de

18.16 Vorschriften zur Verwendung von Baustoffen

- DIBt-Mitteilungen; Hrsg.: DIBt (siehe Abschn. 18.0), Verlag Ernst & Sohn, Berlin; erscheint 6-mal im Jahr, enthält u.a. Forschungskurzberichte, Änderungen der Bauregelliste und 2-mal die gesamte Bauregelliste selbst
- DIN-Taschenbücher und EC-Taschenbücher (EC = Eurocode 1 bis 9); Hrsg.: DIN (siehe Abschn. 18.0), Beuth Verlag, Berlin, enthält DIN-Normen und EC-Normen nach Sachgebieten geordnet

- Gottsch, Hasenjäger: Technische Baubestimmungen Hochbau – Tiefbau – Bauordnungswesen, Verlagsgesellschaft Rudolf Müller, enthält Vorschriften aller deutschen Bundesländer, Richtlinien des DASt (siehe Abschn. 18.7) und des DAfStb (siehe Abschn. 18.5/18.6), ETB-Richtlinien (ETB = Einheitliche Technische Baubestimmungen des Normenausschusses Bauwesen (Fachbereich II))
- Planen und Bauen – Gesetze, Verordnungen, Richtlinien und Normen für Architekten; Hrsg.: Ahrens, H., u.a., Loseblattsammlung, Verlagsgesellschaft Rudolf Müller, Köln-Braunsfeld und Beuth Verlag, Berlin/Köln
- Sammlung bauaufsichtlich eingeführter Technischer Baubestimmungen, Loseblattsammlung; Hrsg.: DIBt Berlin, Beuth Verlag, Berlin
- VOB-Materialsammlung, Loseblattsammlung zur Vergabe- und Vertragsordnung für Bauleistungen, Hrsg. Lindemann, G., Verlagsgesellschaft Rudolf Müller, Köln und Beuth Verlag, Berlin

19 Lösungen zu einzelnen komplexen Aufgaben

Anorganische Bindemittel (Abschn. 2.10)

Aufgabe 18

Saulscher Reifegrad

a) Festigkeitsverlust in %

Reifegrad für T = 20 °C: $R_{20} = 28 \cdot (20 + 10) = 840$

Reifegrad für T = 15 °C: $R_{15} = 28 \cdot (15 + 10) = 700$

$R_{15} / R_{20} = 700/840 = 0{,}83$

Festigkeitsverlust = 17 %

b) Wirksames Betonalter a_w

$700 = a_w \cdot (20 + 10) \rightarrow a_w = 700/30 = 23$ Tage

Gesteinskörnungen für Mörtel und Beton (Abschn. 3.9)

Aufgabe 13

Siebversuch

Sieb	0,25	0,5	1	2	4	8	16	32
Durchgang %	1,3	11,4	20,9	23,8	30,4	47,4	70,4	99,1

$D_{32} = 304{,}7$ %; $D_{63} = 404{,}7$ %; k = 4,95; F = 173 cm^2

Aufgabe 14

Mischkreuzverfahren

Korngruppe	0,25	0,5	1	2	4	8	16	32	Körnungs-ziffer
0/2	12	37	64	93	100	1,94			
2/8			1	3	43	90	100		4,63
8/16				1	4	10	92	100	5,93
16/32							5	97	6,98
SLB32	8	18	28	37	47	62	80	100	4,20
0/8	13	29	45	60	76	100			2,77
0/16	10	23	35	46	59	76	100		3,51

1. Schritt

16/32	6,98		0,69 · 100/3,47 =	19,9 %	16/32
0/32		4,20			
0/16	3,51		2,78 · 100/3,47 =	80,1 %	0/16
3,47		3,47		100,0 %	

2. Schritt

8/16	5,93		$0{,}74 \cdot 80{,}1/3{,}16 =$	18,8 %	8/16
0/16		3,51			
0/8	2,77		$2{,}42 \cdot 80{,}1/3{,}16 =$	61,3 %	0/8
3,16		3,16		80,1 %	

3. Schritt

2/8	4,63		$0{,}83 \cdot 61{,}3/2{,}69 =$	18,9 %	2/8
0/8		2,77			
0/2	1,94		$1{,}86 \cdot 61{,}3/2{,}69 =$	42,4 %	0/2
2,69		2,69		61,3 %	
				18,8 %	8/16
				19,9 %	16/32
				100,0 %	

Berechnung der Sieblinie

Korngruppe	Anteil in %	0,25	0,5	1	2	4	8	16	32
0/2	42,4	5,1	15,7	27,1	39,4	42,4	42,4	42,4	42,4
2/8	18,9			0,2	0,6	8,1	17,0	18,9	18,9
8/16	18,8				0,2	0,8	1,9	17,3	18,8
16/32	19,9							1,0	19,3
0/32	100,0	5,1	15,7	27,3	40,2	51,3	61,3	79,6	99,4

Körnungsziffer der zusammengesetzten Sieblinie: $K_{0/16} = 4{,}20$
Körnungsziffer der angestrebten Sieblinie B32: $k_{B\,32} = 4{,}20$

Beton (Abschn. 5.16)

Aufgabe 25

Mischungsberechnung nach der Zementleim-Methode

1) Beton der Expositionsklasse XC 1, C 20/25: $f_{ck,cube,28} = 25$ N/mm² (siehe Tafel 5.6); max o = 0,75 (siehe Tafel 5.11)
2) Zement CEM I 32,5 R: $N_{28} = 45$ N/mm² (siehe Tafel 2.6)
3) Wasserzementwert: $f_{ck,cube,28} / N_{28} = 25/45 = 0{,}56$ (siehe Abb. 5.1) $\rightarrow \omega = 0{,}8$; gewählt $\omega = 0{,}75$ (Expos.-Klasse XC 1)
4) Gemessene Frischbetonrohdichte $\rho_{bf} = 2340$ kg/m³
5) Zusammensetzung der Probemischung (Zementleimzugabe)
   Zuschlag g = 60 kg; Zementleimmenge $zl = 14{,}5$ kg; $\omega = 0{,}75$;
   $zl = w + z = 0{,}75\,z + z = 1{,}75\,z = 14{,}5$ kg $\rightarrow$ z = 8,3 kg; $w = zl - z = 14{,}5 - 8{,}3 =$ 6,2 kg

6) Zusammensetzung von 1 m^3 verdichteten Beton

Zement: $Z/2340 = z/(z + g + w) = 8,3/(8,3 + 60 + 6,2)$	$= 8,3/74,5 \rightarrow Z =$	261 kg/m^3
Zuschlag: $G/2340 =$	$= 60/74,5 \rightarrow G =$	1885 kg/m^3
Wasser: $W/2340 =$	$= 6,2/74,5 \rightarrow W =$	195 kg/m^3
	Summe =	2341 kg/m^3

7) Mischungsverhältnis
$MV = 1:G/Z:W/Z = 1:k:\omega = 1:1885/261:195/261 = 1:7,22:0,75$

Aufgabe 26

Mischungsberechnung nach der Stoffraumrechnung

1) Beton: Expositionsklasse XC 4 $\rightarrow$ max $\omega = 0,60$ (siehe Tafel 5.11);
C 25/30 $\rightarrow f_{ck,cube,28} = 30$ N/mm² (siehe Tafel 5.6)
2) Frischbeton: Konsistenz weich, LP-Gehalt = 1,5 Vol.-% (siehe Abschn. 5.3.3)
3) Zement: CEM I j Dichte $\rho_z = 3,1$ kg/dm³ (siehe Tafel 2.4 und 2.7);
Festigkeitsklasse Z 32,5 R j $N_{28} = 45$ N/mm² (siehe Tafel 2.6)
4) Wasserzementwert: $f_{ck,cube,28}/N_{28} = 0,67$ à$\omega = 0,63$ (siehe Abb. 5.1); gewählt
$\omega = 0,60$ (Expos. Kl. XC 4)
5) Zuschlag: Kiessand der SL A/B 32 mit mittlerem Wasseranspruch, Eigenfeuchte
f = 3,8 Masse-% (bezogen auf trocken), Rohdichte $\rho_g = 2,65$ kg/dm³ (siehe Abschn. 3.2a)
6) Wasseranspruch W:
(185 + 177,5)/2 = 181 (siehe Tafel 5.15)
W = 181 kg/m³
7) Zementgehalt Z:
$W/\omega = 181/0,6 = 302$
Z = 302 kg/m³
8) Stoffraumrechnung

– Gesamtwasser	w = W/1,0 = 181/1,0	w = 181 dm³/m³
– Zement	z = Z/3,1 = 97	z = 97 dm³/m³
– LP-Gehalt		LP = 15 dm³/m³
		Summe = 293 dm³/m³
Zuschlag (trocken)	g = 1000–293 = 707	g = 707 dm³/m³
	$G = 707 \cdot r_g = 707 \cdot 2,65 = 1874$	G = 1874 kg/m³

Mischungsverhältnis MV = 1:1874/302:181/302 = 1:6,21:0,60
9) Baustoffanteile für 1 m³ verdichteten Frischbeton bei trockenem Zuschlag: Zement Z = 302 kg/m³; Zuschlag (trocken) G = 1874 kg/m³; Gesamtwasser W = 181 kg/m³;
Summe = 302 + 1874 + 181 = 2357 kg/m³
10) Baustoffanteile bei feuchtem Zuschlag
$f_g = 3,8$ Masse-% (bezogen auf trocken); Zuschlag (feucht) = $1874 \cdot 1,038$ = 1945 kg/m³, Oberflächenwasser = 1945–1874 = 71 kg/m³, Zugabewasser = 181–71 = 110 kg/m³,
Summe = 302 + 1945 + 110 = 2357 kg/m³

11) Baustoffanteile für einen 2,0-m³-Mischer, Nenninhalt des Mischers = 2,0 m³ für steifen Beton C 1 (Verdichtungsmaß c = 1,45)
Umrechnungsfaktor u für weichen Beton C 3 (mittleres Verdichtungsmaß c = 1,07): u = 1,45/1,07 = 1,36 (siehe Abschn. 5.7.1) j Nutzinhalt des Mischers = 1,36 · 2,0 = 2,72 m³;
Baustoffanteile: Z = 302 · 2,72 = 821 kg; G (feucht) = 1945 · 2,72 = 5290 kg; Zugabewasser = 110 · 2,72 = 299 kg; Summe (Kontrolle): 821 + 5290 + 299 = 6410 ≈ 2357 · 2,72 = 6411

Baustoffphysik (Abschn. 11.12)

Aufgabe 4

Bestimmen Sie anhand des Gravitationsgesetzes das Gewicht der Masse 1 kg auf der Erde und auf dem Mond!

a) Gravitationsgesetz: $F_q = G \cdot m_1 \cdot m_2/r^2$
b) Auf der Erde: $F_g = 6{,}672 \cdot 10^{-11} \cdot 1 \cdot 5{,}97 \cdot 10^{24}/(6{,}37 \cdot 10^6)^2 = 9{,}81$ N
c) Auf dem Mond: $F_g = 6{,}672 \cdot 10^{-11} \cdot 1 \cdot 7{,}35 \cdot 10^{22}/(1{,}74 \cdot 10^6)^2 = 1{,}62$ N ≈ 1/6 · 9,81

Aufgabe 6

Statistische Auswertung von n = 40 Betondruckfestigkeiten
(mit dem Statistikprogramm des HP-Taschenrechners 32SII auf Zehntel gerechnet; alle Werte in N/mm²)
n = 40; $f_{cm} = 33{,}0$; s = 2,9; $f_{c5\,\%} = 33–1{,}64 \cdot 2{,}9 = 33{,}2$;
Vertrauensbereich des Mittelwertes f_{cm}: $33{,}0 \pm (1{,}684/\sqrt{40}) \cdot 2{,}9 = 33{,}0 \pm 0{,}8$

Aufgabe 8b

Kornrohdichte r_k von Kies mit dem Pyknometer

$$\rho_k = \frac{m_2 - m_1}{V_p - (m_3 - m_2)/\rho_w} = \frac{1516{,}1 - 716{,}7}{1313{,}2 - (2510{,}0 - 1516{,}4)/0{,}99819} = 2{,}52 \text{ g/cm}^2$$

Baustoffchemie (Abschn. 12.10)

Aufgabe 6

Massendefekt des Kohlenstoffisotops ^{12}C
Atommasse von 12 g ^{12}C = 12,000 g;
Massensumme von je 6 Protonen und Neutronen = 12,096 g
Massendefekt = 0,096 g; Einstein'sche Gleichung: $E = m \cdot c^2 = 0{,}096 \cdot (3 \cdot 10^{10})^2 = 8{,}64 \cdot 10^{19}$ g · cm²/s² = $8{,}64 \cdot 10^{12}$ Joule; 1 g cm²/s² = 10^7 Joule

Aufgabe 7

Stöchiometrische Berechnung mit 25 kg Branntkalk CaO
Chemische Gleichungen

- Löschen $CaO + H_2O$ j $Ca(OH)_2$
- Erhärten $Ca(OH)_2 + H_2O + CO_2$ j $CaCO_3 + 2H_2O$

Relative Atommassen
Ca = 40; O = 16; H = 1; C = 12

Wassermenge H_2O:	x kg H_2O / 25 kg CaO = 18/56 → x = 25 · 18/56 = 8 kg Wasser
Löschkalkmenge $Ca(OH)_2$:	25 + 8 = 33 kg Löschkalk
CO_2-Menge:	y kg CO_2 / 33 kg $Ca(OH)_2$ = 44/74 → y = 33 · 44/74 = 20 kg CO_2
Kalksteinmenge $CaCO_3$:	25 + 20 = 45 kg Kalkstein
Baufeuchte:	z kg H_2O/22,5 kg $CaCO_3$ = 18/50 → z = 22,5 · 18/50 = 8,1 kg H_2O
Kontrollen:	a) Löschen: 25 + 8 = 33
	b) Erhärten: 33 + 8 + 20 = 45 + 16 = 61

Feuchte (Abschn. 14.1.3)

Zur Vereinfachung wird für die unten stehenden Ergebnisse angenommen, dass 1 kg Luft 1m³ Luft entspricht.

1. Bad, 24 °C und 60 % relativer Feuchte, wird auf 18,5 °C gekühlt und hat damit 85 % relative Feuchte bzw. 11,3 g absolute Feuchte. Durch Entfeuchten werden 6,0 g Wasser/kg Luft entnommen. Bei Erwärmung auf 24 °C werden 28 % relative Feuchte erreicht.

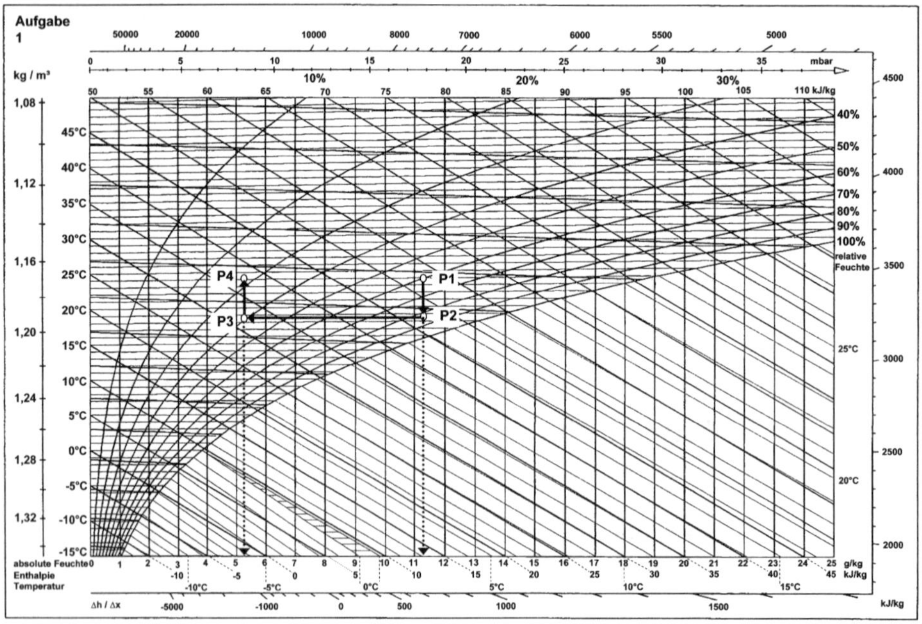

2. Kinderzimmer, 20 °C und 40 % relative Feuchte. Die Luft enthält somit 5,9 g Wasser/m³ Luft. In Form der Verdunstung von Wasser (Aggregatzustand flüssig) werden 1,6 g Wasser/m³ eingebracht. Welche Temperatur herrscht im Raum?: 16 °C.
3. Wohnen, 19 °C bei 50 % rel. Feuchte, 6,9 g absolute Feuchte, es wird in Dampfform 3 g Wasser/m³ zugeführt. Wie viel Prozent relative Feuchte: 72 %. Hat diese Feuchte bereits Auswirkungen auf das Korrosionsverhalten von Stahl oder auf ein Pilzwachstum?: ja.

4. Ein Vorratsraum ist mit 15 °C temperiert bei 60 % rel. Feuchte, also 6,4 g absolute Feuchte. Der Raum wird auf +5 °C abgekühlt. Wie viel Kondensat fällt aus?: 0,9 g. Bei Erwärmung auf 15 °C wird welche rel. Feuchte erreicht?: 50 %.
5. Tragen Sie bitte in das als Anlage beigefügte Mollier-Diagramm folgende Aufgabenstellung ein: Luft 20 °C, 25 % relative Feuchte, wie viel absolute Feuchte?: 3,6 g. Diese Luft wird mittels Zugabe von H_2O, Aggregatzustand flüssig, auf 60 % rel. Feuchte befeuchtet. Wie viel Gramm absolute Feuchte enthält die Luft dann pro m³?: 6,0 g, und welche Temperatur herrscht im Raum?: 14 °C.
6. In einem klimatisierten Raum werden 24 °C angeboten bei einer relativen Feuchte von 60 %, das bedeutet 11,4 g/m³ absolute Feuchte. Die Luft wird auf 20 °C abgekühlt und hat damit 77 % relativer Feuchte. Es erfolgt eine Entfeuchtung auf 40 % relativer Feuchte, und damit 5,8 g/m³ absolute Feuchte. Abgekühlt auf 5 °C, damit 100 % relativer Feuchte bzw. 5,4 g/m³ absolute Feuchte. Aufgeheizt auf 20 °C, damit 37 % relative Feuchte. Wie viel Wasser, Aggregatzustand dampfförmig, ist je m³ nötig, um jetzt 40 % relativer Feuchte zu erhalten?: 0,5 g/m³.

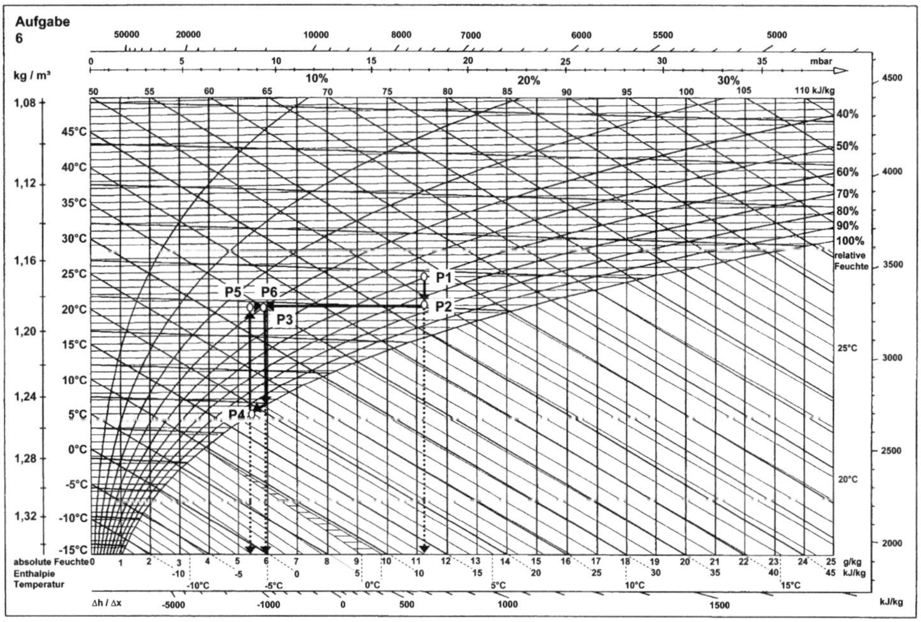

7. Wohnraum, 20 °C und 40 % rel. Feuchte, soll mittels Verdunster im Raum auf 55 % rel. Feuchte befeuchtet werden. Welche Konditionen hat das Innenraumklima dann?: 17,5 °C und 6,8 g absolute Feuchte.

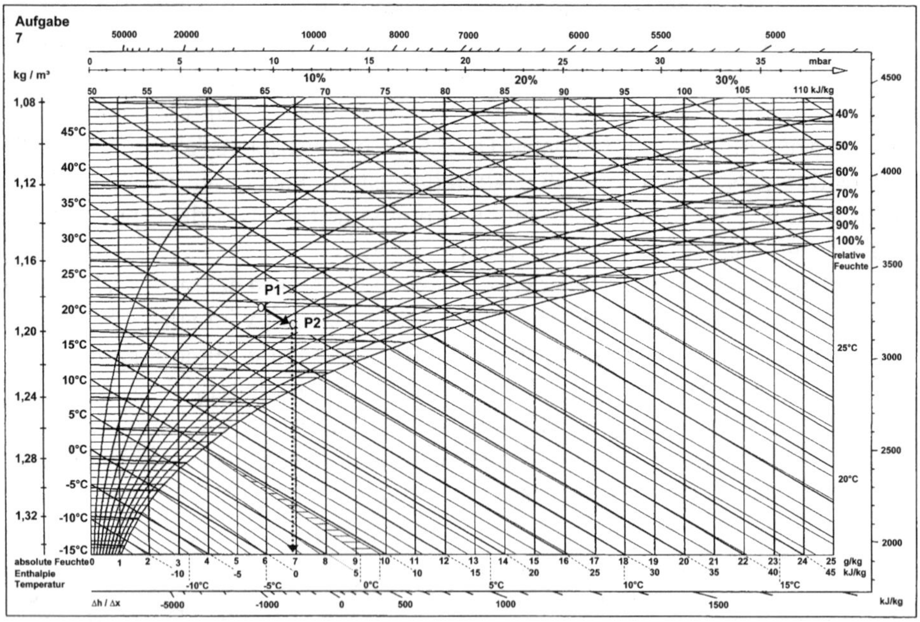

8. Bei ca. 2,0 m Tiefe unter Gelände ist welche Temperatur anzunehmen?: 10 °C. Kann im Kellergeschoss des Treppenhauses im Sommer bei einer Außentemperatur von 28 °C und 50 % rel. Feuchte Kondensat auf den erdberührten innenseitigen Wandoberflächen auftreten?: ab 16,5 °C Taupunkt → 100 % rel. Feuchte.
9. Welche beiden Parameter sind für den Innenraum entscheidend und welche min.- und max.-Werte bzw. Mittelwerte sind Ihnen bekannt?: 20 °C Raumtemperatur und 55 % rel. Feuchte, jedoch min. 40 % und max. 60 % rel. Feuchte.
10. Erklären Sie bitte auf Basis des Mollier-Diagramms einen adiabatischen Prozess: Verdunsten von Wasser im Aggregatzustand flüssig, wie z.B. Raumbefeuchter, Wäsche trocknen, Wasserschale auf Heizkörper oder Ofen.

Wärmeschutz (Abschn. 14.2.8)

Aufgabe 7

a) Wärmedurchlasswiderstand R in (m² · K)/W

$R = \sigma d_i/\lambda_i + R_g$ (R_g siehe Tafel 14.1)

$R = 0{,}115/0{,}68 + 0{,}18 + 0{,}08/0{,}035 + 0{,}24/0{,}16 + 0{,}015/0{,}70 = 4{,}16$ (m² · K) / W > 1,2 (siehe Tafel 14.6)

b) Wärmedurchgangskoeffizient U in W/(m² · K)

$U = 1/(R + R_{si} + R_{se})$ (R_{si}, R_{se} siehe Tafel 14.2)

$U = 1/(4{,}16 + 0{,}13 + 0{,}04) = 0{,}23$ W/(m² · K)

Stichwortverzeichnis

A
a.a.R.d.T. 2
Abbindeverzögerer 144
Abblätterungen 69
Abbrandgeschwindigkeit 385
Abdichtungen 518
Abdichtungsmaterial 529
Abdichtungsstoffe 518
Abflamm-Methode 200
Abflusslöcher 330
abgekühlte Schmelze 390
abgerieben 63
abgeschreckt 299
abhebend 25
Abholzigkeit 350
Abkanten 299
Abkühlungsgeschwindigkeiten 299
Abkühlzone 70
Ablöschen 69
Abminderungsfaktor 481
Abplatzungen 179
Abriss 1
Abrundungen 377
Abschrägungen 377
Absetz-Versuch 177
Absieben 430
absolute Feuchte 44, 467
absolute Temperatur 431
Absorber 42
Absorption 32, 35, 404
Abstandhalter 391, 402
Abstichgewichte 294
Abstichloch 293
Abstrahlung 432
Abtragung 12
Abweichungen 20
Abziehlack 341
Achs- und Gleitlager 343
Adhäsion 431, 529
Adiabate 470
adiabatischer Prozess 470
Aerogel 42
Aerosole 535
Affinität 328, 437
Aggregatzustand 44, 470
aggressive Ionen 268
aktiver Korrosionsstoff 327
Akustikplatten 369
Alaun 144
Albedo 36
Algonkium 9
Alkalibasis 67
Alkali-Borsäure-Glas 394
Alkalien 179
Alkaligehalt 223
alkalisches Milieu 269
Alkalisilikate 394
Alkalitreiben 179
allgemein anerkannten Regeln der Technik (a.a.R.d.T.) 2
Allgemeine Baustähle 300
Allgemeiner Oxigenstahl 327
Alpha-Halbhydrat 216
Alterung 452, 529
Alterungsschutzmittel 452
alto 16
Aluminium 338
Aluminiumbronze 346
amerikanische Pappel 357
Amethyst 52
Aminoplaste 369, 460
Ammoniten 59
amorph 438
Analyse 436
Anatexis 12
Anfangsstück 428
Anforderungsprofil 391
angelassen 314
Anhydritbinder 149
Anhydritbindermörtel 204
Anhydrit-Estrich 144
Anhydritgestein 60
anionische Emulsionen 533
anisotrop 438
Anisotropie 347
Anker 65
Ankerkörper 323
Anlassfarben 300
Anmachwasser 204, 225, 241
Anmachwassermenge 241
Annahmekriterien 259
Anobium punctatum 375
Anode 328, 338
anodische Oxidation 339
anorganische Chemie 443
Ansetzgips 144
Anströmungen 27
anthropogene Quellen 14
Antioxidantien 453
Antipoden 37
antizyklisch 32
Antizyklon 22
Anziehungskraft 436
apparativ 32
Applikationsmaterialien 211
äquivalente Schallabsorptionsfläche 487
Arbeitskleidung 384
Arbeitsschutzvorschriften 384
Archaikum 9
archimedisches Prinzip 421
Argon 404
Asbest 55
Asphalt 527
Asphaltbeton 176
Asphaltmastix 66, 519, 535
Asphaltmischgut 529
Asphaltsee 534
Assimilation 348
Asthenosphäre 11
Ästigkeit 347, 360

asymmetrischer Aufbau 408
Atmosphäre 10, 14
Atome 435
ätzend 442
Aufbereiten 68
Auffälligkeiten 47
aufgespult 323
Aufgleiten 20
Auflagetiefe 124
Auflast 526
Aufspritzen 331
Augit 55
Ausblühungen 69, 101, 179
Ausbreitversuch 261
Ausdehnung 432
Ausfallkörnungen 186
Ausgangsmischung 252
Ausgangsstoff 288
Ausgasung 14
Ausgleichsfeuchte 141, 350
Ausgussbeton 239
Aushärtungsvorgang 461
Auspressen 326
Aussagewahrscheinlichkeit 418
Ausschalfrist 167
Außenbereich 366
Außenelektronen 439
Außenklima 47
Außenputz 204, 211
äußere Belastung 427
äußere Weichmachung 455
austenitisches Gusseisen 292
Austrocknen 250
Auswaage 188
Auswaschversuch 177
Automatenstähle 312
axialsymmetrisch 25
Axone 31
Azimutausrichtung 33
Azimutwinkel 32
Azorenhoch 22

B

Backenbrecher 174
Bakterien 374
Balken 322, 358
Balkenschichtholz 360
Balkonbrüstungen 399
ballwurfsicher 399
Bandgeschwindigkeit 393
Bandgießen 296
Bandverzinken 331
Bankenglas 400
barometrische Höhenstufe 18
Barren 288, 339
Baryt 174
Barytbeton 174
Basalt 51
Basalttuff 51
Base 441, 442
basischer Charakter 165
Basiseinheiten 416
Basis für Baustoffe 1
Basisglas 395
Basisgröße 2
Basizität 165
Bast 348
Bastzellen 348
Baufeuchtigkeit 203
Baufurniersperrholz 369
Baugipse 143
Bauglas 394
Bauholz 350
Baukalke 152
Baulärm 484
Bauschnittholz 358
Bausperrholz 369
Baustahl 303, 335
Baustahlmatten 314
Baustellenbeton 233
Baustellenmörtel 202
Baustoff 418
Baustoffklassen 513
Baustoffprüfungen 416
Bautagebuch 259
Bautenschutzlack 530
Bauüberwachung 255
Bauwerksabdichtung 518
Bauxit 338
Beaufort-Skala 24
Befestigungsmittel 409
beflammt 63
Begasungsverfahren 384
begehbares Glas 399
begrenzte Belastungsdauer 427
Behandlungszustand 303
Beharrungszustand 473
Beheizung 480
Beizen 342
Bekämpfungsmaßnahmen 383
Belastung 427
Belastungsklassen 17
Belebungsbecken 536
Belemniten 59
Beleuchtung 31
Belichtung 31
Bentonit 61
Benzol 529
Bergkristall 52
Beschaffenheit 360
Beschichtungen 270, 312
Beschleuniger 227
Bessemer-Verfahren 292
Bestrahlung 32
Beton 178
Betonabsprengung 268
Betondeckungsmaße 277
Betonfamilie 259
Betonfertigbauteile 251
Betonfertigteile 233
Betonfestigkeitsklasse 239
Betongläser 411
Betonherstellung, Baustellenbeton
– Mischanweisung 245
Betonkapillarporen 226
Betonkonsistenz 239, 241
Beton nach Eigenschaften 233
Beton nach Zusammensetzung 233

Betonrandzone 250
Betonstahl 276, 314, 318
– in Ringen 323
Betonstein 51
Betonüberdeckung 165
Betonverflüssiger 226
Betonwerkstein 125
Beton-Würfeldruckfestigkeit 240
Betonzusammensetzung 239
Betonzusatzmittel 225
Bewegungsenergie 431, 468
Bewehrung 165, 276
Bewehrungselemente 323
Bewehrungskorrosion 268
Bezugskurve 488
Biegebeanspruchung 399
Biegefestigkeit 427
Biegerollen 431
Biegespannungen 429
biegesteif 493
Biegeversuch 429
biegeweich 495
Biegezugfestigkeit 169
Bierleitungen 344
Bims 61
Bindemittel 140, 173, 527
binokular 31
Biosphäre 1
Biotit 55
Bitumen 330, 527
Bitumenbahnen 519
Bitumendickbeschichtungen 519
Bitumenemulsionen 530, 533
Bitumengrundstoffe 530
bitumenhaltige Stoffe 519
Bitumenlösungen 530
bitumenmodifiziert 533
Bitumenpapiere 530
Bitumenpappen 530
Bitumenüberschuss 534
Bitumen-Voranstrichmittel 519
Blähglas 174
Blähkork 512
Blähschiefer 174
Blähton 174, 512
Blankstahl 314
Bläschen 395
Blasen 396, 455
Blasverfahren 410
Blätter 348
Bläuepilz 376
Blauer Engel 384
Blaufärbung 350
Blech 313
Blei 342
Blei-Antimon-Legierungen 343
Bleibleche 343
Bleicarbonat 342
Bleidraht 343
Bleidruckgusslegierungen 343
Blei-Gusslegierungen 343
Bleilegierungen 343
Bleisulfat 342
Bleiverglasungen 343
Bleiwolle 343
Blitzableiter 344
Blitzrisse 350
Blockguss 295
Bluten 186
Bodendruckfeld 22
Bodenfeuchtigkeit 350
Bodenschicht 17
Bodenverfestigung 533
Bohlen 349, 358
Bohrkerne 265
Bohrlochzement 163
Bongossiholz 357
Borcalcit 174
Borcarbid 174
Borke 348
Borkenkäfer 374
Borosilicatglas 399
bossiert 63
Boucherieverfahren 379
B-Plan 42
Brammen 296
Brandeinwirkung 277
Brandgase 409, 410
Brandhitze 410
Brandraum 516
Brandschutz 391
Brandschutz-Doppelgläser 409
Brandschutzputze 213
Brandschutzverglasungen 398, 409
Brandverhalten 385, 510
Brauneisenstein 61
Braunfäule 376
Brechpunkt 528
Brechsand 51
Brechung 30
Breitengrade 467
Breitflachstahl 314
Brennen 68
Brennstoffzelle 32
Brennzone 70
Bretter 349, 358
Brettschichtholz 347, 360
Brinell 430
Brinellhärte 430
Bronze 344, 346
Bruch 427
Bruchdehnung 326, 452
bruchrau 63
Bruchsteinmauerwerk 64
Bruchverhalten 395, 399
Brückenbeläge 535
Brüstungen 398
Buche 357
Bügelautomat 323
Buna 464
Buntmetall 345
büschelartig 356
Butadien 464
Butyl 35

C

Calcit 52
Calciumaluminatferrit 161

Calciumcarbid-Methode 200
Calciumhydrogencarbonat 58
Calciumsulfatestrich 215
Carbidkalk 152
Carborund 287
Carborundum 174
Cathodic Control 269
Cathodic Protection 269
Celsius 416
Celsius-Skala 431
Chemikalienbeständigkeit 462
chemische Prozesse 436
chemischer Holzschutz 377
chemisches Bindevermögen 437
Chiasma opticum 31
Chloride 178, 329
Chlorophyll 348
cirrus 16
Coils 344
Colcrete-Verfahren 239
Compoundmittel 150
Coniophora puteana 376
Contractor-Verfahren 239
Control of Anodic Areas 269
Copolymerisate 448
Corex-Verfahren 288
Corioliskraft 20
CSH-Phase 164
Cyanobakterien 14
Cyclohexan 422

D

Dachabdichtung 519
Dachlatten 358
Dachplatten 135
Dachrinnen 344
Dachüberstände 377
Dachziegel 51
DAfStB-Richtlinie 224
Daltonsches Gesetz 19
Dämmer 163
Dämmerungssehen 28, 31
Dämmschicht 385
Dampfbremse 216, 472
Dampfdiffusion 216
Dampfdiffusionswiderstand 472
Dampfdruckgefälle 472
Dampfpunkt 431
Dampfsperre 216, 341, 472
Dampfstrahlen 67
Darrgewicht 45
Datenerhebung 47
Datenlogger 468
dauerelastisch 447
Dauerfestigkeit 427
Dauerhaftigkeit 221
Dauerschwingfestigkeit 427
Dauerstandfestigkeit 427
Deckaufstrichmittel 519
Deckbeschichtung 270
Deckenziegel 51
Deckschichten 534
Dehnungsmaß 167
Dehnungsmessstreifen 420
Dendriten 59
Depassivierung 268
Deposition 14
Desoxidation 292
Destillation 527
Destillationsbitumen 527, 530
Devon 9
Dezibel 433
Diagenese 12
Diagramm 427, 467
Diamant 53
Dicalciumsilicat 161
Dicarbonsäuren 461
Dichte 17, 416
Dichteverhältnis 188
Dichtungen 409
Dielenböden 374
Dienkautschuk 464
Differenzverfahren 194
diffundiert 472
diffusionsdicht 472
diffusionshemmend 472
diffusionsoffen 472
Diffusionswiderstandszahl 472
Dilatation 36
DIN 68 800 366, 377
Dinassteine 98
Diorit 51
Direct Reduced Iron 288
Direktreduktion 288
Direktreduktionsverfahren 288
diskontinuierlich 331
Diskontinuität 11
Dispersionsfarben 211
Dissoziation 442
Dissoziationsgrad 442
Dithionit 330
divergierend 22
Dolomit 51, 391
Dolomitfeinkalk 153
Doppelfalz 340
doppellagig 207
Doppelpfeile 442
Doppelstäbe 321
Doppelter Randverbund 402
Douglasie 357
Douglastanne 357
Drahteinlage 393
Drahtverzinken 331
Drahtziegelgewebe 207
Dränanlagen 519
Dränleitung 524
Dränschicht 524
Drehwuchs 347, 350
dreidimensional 24, 448
Drittelspunkte 429
Druck 17
druckbelastet 24
Druckbewehrung 276
drückendes Wasser 523
Druckfestigkeit 70, 427
Druckfestigkeitsklassen 229
Druckflächen 20
Druckgefälle 20

Druckkraft 419, 430
druckpoliert 314
Druckspannung 419
Druckveränderung 18
Druckverteilungsbild 25
Druckvorspannung 399
Drusen 52
Duktilitätskategorien 318
Dünnbettmörtel 205
Dünnbrammengießen 296
Dünnschichttechnik 412
Duobalken 360
Duplex-System 331
Duralumin 341
durchbruchhemmend 400
Durchgasung 286
Durchlasswiderstand 476
Durchschnittsprobe 188
durchschusshemmend 400
Durchströmung 28
durchwurfhemmend 400
Duromere 459

E

E 378
Ebenflächigkeit 252
echter Hausschwamm 376
Edelbrechsand 184
Edelgase 437
Edelgaskonfiguration 438
Edelputzmörtel 211
Edelsplitt 184
Edelstahl 296
Edeltanne 355
Eiche 356
Eigenfeuchte 199, 473
Eigengewicht 17
Eigenschaft 418
Eigenspannungen 299
Eigenüberwachung 89
Einbautemperaturen 533
Einbringverfahren 379
Eindringtiefe 379, 528
Eindruckfläche 430
Einfallswinkel 32
einfärbbar 447
Einheitstemperaturkurve 516
Einkornbeton 255
Einlagenputzmörtel 211
Einlagerungs-Mischkristall 284
einlagig 207
Einpressmörtel 213
Einscheiben-Sicherheitsglas 399
Einschmelzvergaser 288
Einschnitt 351
Einschnittart 351
Einstreumenge 143
Eintauchabstände 249
Einwaage 177, 188
Einzelstäbe 321
Eisenoxiddeckschicht 310
Eisenwerkstoff 283
Eispunkt 431
Ekmanschicht 17
Elastizitätsmodul 278, 452
Elastomer-Dichtungsbahnen 526
Elektrokorund 174, 331
Elektrolyseur 32
Elektrolyt 328
Elektrolytische Oxidation 341
elektrolytische Überzüge 330
Elektrolytkupfer 345
Elektromagnetische Dämpfung 391
elektromagnetische Kraftkompensation 420
elektromagnetische Schwingung 433
Elektronen 435
Elektrostahl-Verfahren 293
Element 435
elliptisch 37
Eloxal 341
Eloxal-Verfahren 339
Eloxieren 341
Eloxierung 339
Emaille 330, 394
Emaille-Schlicker 394
Emissionsklasse 368
Empfangsraum 486
Endfestigkeit 221
Endhärte 300
Endlosband 392
endotherme Umsetzung 436
Energie 28
Energieausweis 480
Energieernte 34
Engobe 71
Entflammbarkeit 385
Entglasung 391
Entkohlung 295
Entlastungskurve 428
Entmischungen 226
Entmischungsneigung 186
Entschwefelung 290
Entzündungstemperatur 385
Epoxidharze 461
EP RuK 528
Erdachse 32, 37
Erdaltertum 9
Erdbodennähe 17
erdfeucht 44
Erdfrühzeit 9
Erdgeschichte 4
Erdkern 11
Erdkreisbahn 37
Erdkruste 11, 54
Erdmantel 11
Erdmittelalter 9
Erdneuzeit 9
Erdöldestillation
– zweistufige Destillationsanlage 528
Erdumlaufbahn 32
Erdurzeit 9
Ergänzungssiebsatz 183
Erhärten 223
Erhärtungsbedingungen 221
Erhärtungsbeschleuniger 227
Erhärtungszeit 202
Erkalten 392
Erle 357

Erosionsfester Beton 239
Erstarren 223
Erstarrungsbedingungen 291
Erstarrungsverhalten 225
Erstarrungsverzögerer 227
Erstarrungsverzögerung 226
Erstarrungszeiten 167
Erstprüfung 255
Erwärmungsdauer 385
Erweichungsbereich 394
Erweichungspunkt 528, 530
Erze 55, 286
Erzvorbereitung 286
ESG 399
ESG-H 399
Essigsäure 385
Estriche
– Verschleißwiderstandsklassen 215
Estriche auf Trennschicht 215
Estrich-Elemente 148
Estrichgips 144
Exosphäre 15
exotherm 5, 164
exotherme Umsetzung 436
Expansion 36
Expositionsklassen 219, 234
extraterrestrisch 32

F

fahrzeuggemischter Transportbeton 233
Falzmuffe 132
Falztechnik 346
Farbbeschichtung 35, 312
Farbpigmente 228
Farbsehen 31
Faserbrei 371
Fasern 173, 350
Faserplatten 366
Fasersättigungspunkt 350, 352, 363
Faserschichtgläser 404
Faserverlauf 347
Faserzement 51, 135
Fäulnis 347
Federstahl 327
Feinband 314
Feinblech 313
Feinblei 343
Feinerze 286
Feinheitsmodul 192
Feinheitsziffer 192
Feinkornbaustähle 311
Feinkornsonderbaustahl 335
Feinstäube 467
Feinstblech 313
Feinstkornanteile 224
Feinststäube 45, 467
Feinzink 344
Feldspat 55
Feldspate 391
Fensteranteil 481
Fensterlüftung 49
Fernordnung 438
Ferrel-Zirkulation 21
Ferrolegierungen 294
Ferrozement 163
Fertigerzeugnisse 312
Fertigparkett-Elemente 374
Fertigplatten 323
Festbeton-Trockenrohdichte 228
fester Körper 431
Festigkeit 416, 427
Festigkeitsentwicklung 166
Festigkeitsklassen 74, 166, 172
Festigkeitsprüfung 427
Festigkeitsverlauf 172
Festlegung 233
Feststoff 420
Feuchtbereich 366
Feuchte 43, 467
Feuchtigkeit 518
Feuchtigkeitsdehnungen 278
Feuchtigkeitsschwankungen 352
Feuchtigkeitstransport 349
Feuchtigkeitsverhältnisse 221
feuerfeste Mörtel 213
feuerpoliert 397, 411
feuerresistent 335
Feuerschutz 335
Feuerschutzbeschichtungen 335
Feuerschutzmittel 385
Feuerverzinken 330
Feuerverzinnung 344
Feuerwiderstandsdauer 335
Feuerwiderstandsklassen 513
F-Gläser 409
Fichte 355
Filterschicht 525
Fischgrätmuster 374
Fixieren 31
Flachdachrichtlinien 526
Flacherzeugnisse 296, 302, 312
Flachglasstücke 411
Flachglas-Ziehverfahren 392
Flachpressplatten 369
Flachstahl 315
fladenförmig 376
Fladerholz 349
Fladern 349
Flammen 410
Flammstrahlen 330
Flankenneigung 124
Flechtmuster 374
Fließbereich 429
Fließbeton 239
Fließestrich 144
Fließmittel 226
Fließrichtung 20
Fließtemperatur 455
Fließverhalten 225
Floatglas 393, 395
Floatverfahren 393
Flotation 345
Flugasche 223, 228
Fluglöcher 374
Flugrost 328
Flüssigkeit 431
flüssigkeitsdichter Beton 239
Flüssigkeitsschichten 329

Flüssigkeitströpfchen 376
Flussmittel 69, 391
Flüsterasphalt 531
Fluxbitumen 533
Fluxen 533
Fluxöle 533
Folien 447
Formaldehyd 368, 459
Formaldehydabgabe 368
Formgebung 68
Formstabilität 361
Formveränderungen 335
Formvollholz 366
Fossilien 59
Fourcault-Verfahren 392
Fraaß (BP Fr) 528
fraktionierte Destillation 527
Fraßmehl 374
freies Wasser 350
Freiformschmieden 298
Freiluftanlagen 350
Freispiegelleitung 44, 132
Fremdüberwachung 89
Frequenzbereich 485
Frischbeton 199
Frischbetontemperatur 248
Frischen 292
Frischeprozess 295
Frischholzinsekten 374
Frischluft 49
Frostbeständigkeit 71
Frostbeständigkeitskategorien 181
Frostrisse 350
Frostschutzmaterial 51
Frostwiderstand 181
Fruchtkörper 376
Frühholz 348
Frühschwinden 250
FSH 372
Fugengips 144
Fugenmörtel 204
Fugenverguss 536
Fugenvergussmasse 530
Füller 183, 534
Fuller-Parabel 187
Füllstoffe 144, 330, 461
Funktionsglas 391
Furniere 368
Furnierschichtholz 366, 372
Furniersperrholz 368
Furnierstreifen 368
Furnierstreifenholz 372

G
Gabbro 51
Galmei 344
galvanische Elemente 330
galvanische Vorgänge 328
Gangart 55, 286
Ganzglasfassade 399
Gartenblankglas 395
Gartenklarglas 395
Gas 431
Gasbläschen 391
Gasdurchlässigkeit 286
gasförmig 44
Gasgemisch Luft 17
gasig-amorph 453
Gattersägen 62
Gauß'sche Glockenkurve 418
Gebäudenutzfläche 479
gebeilt 63
Gebrauchsanweisung 384
Gebrauchslast 280
Gebrauchszustand 473
gebundenes Kohlendioxid 347
gebundenes Wasser 350
Gefährdungsklasse 378
gefast 361
geflächt 63
gefräst 63
Gefrierbeständigkeit 248
Gefügeänderungen 143
gefügedichter Leichtbeton 254
gegossen 399
Gehirnhälfte 31
gehobelt 361
gekrönelt 63
Geländer 398
Gelfüllung 409
Gelporen 279
Gelwasser 164
Gemenge 173
Gemischkomponenten 19
geodätisch 44
geodätische Höhe 18
geographische Breite 34
geopotentiell 24
gereckt 323
gesamte Dehnung 429
Gesamtkonstruktion 409
Gesamtmasse 18, 437
Gesamtvolumen 71
Gesamtzuschlagmenge 253
gesandelt 63
geschält 314
geschliffen 63, 314
geschlossenzellig 463
geschurrt 63
Geschweißte Profile 315
Geschwindigkeit 418
Gesenkschmieden 298
Gesichtsfelder 31
gespitzt 63
gestaltlos 453
Gestaltungsmittel 391
Gestein 51
gesteinsbildende Phase 10
Gesteinskörnung 51, 173, 182
– Feinanteile 183
– feine 183
– Füller 183
– grobe 183
– Grundsiebsatz 183
– Grundsiebsatz plus Ergänzungssiebsatz 183
– Korngemisch 183
– Korngruppe 183
– Mischkreuz-Verfahren 195

– Überkorn 183
– Unterkorn 183
– Unterkorn-Überkorn-Verfahren 195
Gesteinskörnungsgemisch 183
Gesteinsproben 181
Gesteinsschlacke 287
Gesteinsspalten 52
Gesteinsstaub 177
gestockt 63
gewalzt 399
gewalzte Vollstäbe 314
Gewicht 17, 419
Gewichtskraft 419
gezahnt 63
gezogen 314, 399
gezogener Draht 314
G-Gläser 410
Gießharz 400, 461
Gießpfanne 295
Gießwalzen 296
Gipsbausteine 149
Gipsdielen 149
Gipsfaserplatten 147
Gipskarton-Bauplatten B (GKB) 145
Gipskarton-Bauplatten F 146
Gipskartonplatten 145
Gipskarton-Putzträgerplatten (GKP) 146
Gipsmörtel 211
Gipsstein 51, 60
Gipstreiben 143
Gips-Wandbauplatten 146
Gitternetz 52
Gitterträger 323
Glas 390
Glasband 393
Glasfäden 412
Glasfarbe 394
glasfaserverstärkte Kunststoffe 462
Glasfliesen 411
Glasgespinst 512
Glas-Hohlsteine 410
glasig-amorph 394
Glasinnentüren 399
Glaskapillarplatte 404
Glaskeramik 394
Glaspulver 298
Glasseiden-Gespinst 404
Glasstahlbeton 411
Glas-Vollsteine 410
Glaswatte 512
Glaswolle 412, 512
Glaubersalz 391
Gleichgewicht 468
Gleichgewichtszustände 14
gleichmäßige Luftdruckverteilung 20
Gleichungen 439
Gleisoberbauerzeugnisse 314
Glimmermineral 174
Glockenmuffe 132
Glühen 299
Granit 51
Granuliten 339
Graphen 47
Graphitelektroden 293
gravierend 41
Gravitation 419
Gravitationskraft 2, 17
Greenheart 357
Grenzwertfestlegungen 185
Grieß 339
Grobband 314
Grobblech 313
grobporig 357
Großgrün 42
Größtkorn 534
Grubenausbauprofile 314
Grundgleichung 418
Grundschicht 16
Grundsiebsatz 183
Grünpellets 286
Grünstandfestigkeit 232
Gummiüberzüge 330
Gussasphalt 519
Gussasphaltestrich 216
Gussasphaltkocher 535
Gusseisen 290
Gussglas 393, 395, 398
Gusslegierungen 338, 341
Gütegruppen 303
Güteklasse 350
Güteüberwachung 89

H

Haarriss 67
Haarröhrchen 431
Hadley-Zirkulation 21
Haften 344
Haftgrund 270
Haftkraft 431
Haftung 211, 276
Haftwasser 522
halbstabile Emulsionen 533
halbsynthetische Kunststoffe 465
Halbwertzeit 5
Halbzeug 340
Halbzeugerzeugnisse 312
Halbzeugkupfersorten 346
Harmonisierung 173
Harnstoffharz 360
Härte 53
harte Hölzer 364
Härten 299
harte oder mittelharte Platten 371
Hartguss 292
Hartstoffestriche 216
Harzfluss 355
Harzkanäle 355
haufwerkporiger Leichtbeton 254
Hauptgruppen 436
Hauptgruppenelemente 436
Hauptgüteklassen 300
Hausbockkäfer 374
Heißhärtung 461
Heißluftverfahren 384
Heißpressen 371
Heizenergie 32
Heizestriche 215
Heizgradtage 41

Hellebezugswert 35
Helligkeit 28
hermetisch 391
Herstellerangaben 368
herzgetrennt 351
heterogen 11
Hilfskorngruppe 195
Hinterhauptlappen 31
Hirnfläche 373
Hirnschnitt 348
Hobeldielen 374
hochaktiver Trockenstoff 402
Hochdruckgürtel 20
Hochdruckwasserstrahlen 62
Hochfester Beton 255
Hochgerippte Stäbe 318
hochhydraulischer Kalk 154
Hochkantlamellenparkett 374
Hochofenschlacke 174
Hochofenzement 161
Höchstwerte 479
Hochvakuumbitumen 530
Höhe der Tropopause 18
Höhendifferenzierung 18
Höhenwinkel 32
Hohlblöcke 113
Hohlprofile 315
Hohlquerschnitte 330
Hohlraum 421
Holz
– Kennwerte (Tafel) 353
– Resistenzklasse 353
Holzbauplatten 347
Holzbock 374
Holzeigenschaften 347
Holzfaserdämmplatten 371
Holzfeder 374
Holzfeuchte 347, 350, 360
Holzgeist 385
Holzinhaltsstoffe 348
Holzkohlebildung 385
Holzkohleschicht 385
Holzpflaster 373
Holzpolyosen 348
Holzporen 379
Holzschliff 355
Holzschutzmittel 378
Holzspäne 371
Holzstrahlen 350
Holzwerkstoff 347
Holzwerkstoffklasse 20 366
Holzwerkstoffklasse 100 368
Holzwerkstoffklasse 100 G 368
Holzwespe 374
Holzwirtschaft 347
Holzwolle-Leichtbauplatten 152, 511
Holzzellen 348, 349
Holzzerstörende Pilze 376
Holzzerstörer 374
Hooke'sche Gerade 428
horizontale Luftströmungen 20
Horizontalstranggießen 296
Hornblende 55
Hornhaut 30
Hot Briquetted Iron 288
H-Profile 314
HRB (engl. Hydraulic Road Binder) 171
HS-Zement 162
Hüllrohre 326
Hurrikan-Skala 24
Hüttenaluminium 339
Hüttenbims 174
Hüttenblei 343
Hüttenkupfer 345
Hüttensand 174
Hüttensandzement 157
Hüttenstein 51
Hüttenwerk 339
Hüttenzink 344
Hydratation 157
Hydratationswärme 164
Hydraulefaktoren 152, 160
hydraulische Mörtel 202
hydraulische Pressen 298
Hydrazinsulfat 330
Hydrocrete-Beton 239
hydrolytisch 399
hydrophob 465
Hydrophobierung 67
Hydrophobierungsmittel 465
Hydrosphäre 1, 14
hydrostatischer Druck 522
hygroskopisch 347, 350
Hylotrupes bajalus 374
Hyphen 376

I

Ib-Mittel 383
imprägnierbar 348
Imprägnieren 347
Imprägnierungen 270
Increasing Resistivity 269
Indexzahlen 177, 180
Indikatorpapier 442
Induktionsöfen 290
Industrieatmosphäre 310
Inertgas 293
infrarot 29
Injektion 272
Injektionsmittel 394
Injektionszement 163
Inkrustationen 44
Innenputze 144
Innenräume 467
Innenraumklima 43
Innenraumkondition 45
Innenrüttler 249
Innenstege 124
innere Weichmachung 455
Insekten 374
Insektenfraß 361
Installationsgeräusche 485
Instandhaltung 1
Instandsetzung 1
instationär 32
– Bedingungen 2
– Zustände 22
Integralschäume 463

Intrallam 372
in Verkehr bringen 2
Inversionen 16
Ionenbindung 438
I-Profile 314
Irdengut 68
Islandtief 22
Isobaren 22
Isohypsen 24
Isolierglas 391
Isoliervollholz 366
Isopren 464
Isotope 435, 438
IV 378

J
Jahresheizwärmebedarf 476
Jahresmittel 38
Jahres-Primärenergiebedarf 479
Jahresring 348
Jahresringbreite 347
Jura 9
Jurakalkstein 59

K
Kabelblei 343
Käfer 374
kalibriert 296
Kalibrierung 297
Kaliumcarbonat 391
Kaliwasserglas 394
Kalkmergel 51
Kalk-Natronglas 395
Kalksandstein 51
Kalkstein 391
Kalkzementmörtel 211
Kaltabsäuern 67
Kaltbitumen 533
Kalteinbau 533
Kalthärtung 461
Kaltluft 20
Kaltprofile 315
Kaltstrang 295
Kaltumformen 299
Kaltverfestigung 299
Kaltverwinden 299
Kaltwalzen 299
kaltzähe Stähle 312
Kaltziehen 299
Kambium 348
Kambrium 9
Kanalklinker 79
Kanteln 366
Kantenwinkel 52
Kantholz 349, 358
Kaolin 68
Kapillaren 350
kapillare Steighöh 431
Kapillarität 416, 431
Kapillarporen 174, 279
Kapillarwasser 522
Kapillarwirkung 348, 518
Karbon 9
Karbonatisierung 219, 268
Karri-Holz 357
Katalysator 348, 461
Kategoriegrenzen 181
Kathode 328, 338
kathodischer Korrosionsschutz 269, 331
kationische Emulsionen 533
kaustisch 151
Kegelbrecher 174
keilförmig 20
Kellenputz 207
Kellerschwamm 376
Kelvin 416
Kelvin-Skala 431
Kerbschlagarbeit 303, 429
Kerbschlagbiegeversuch 429, 430
Kern 347
Kernfeuchte 199
Kernholz 348
Kernholzbäume 348
Kerosin 422
Kerto 372
Kesselasche 174
Kesseldrucktränkung 379
Kesselsand 174
Kettenreaktion 451
KH-Platten 372
Kiengeruch 355
Kies 51
Kieselsäureester 67
Kiessandvorkommen 193
Kilo-Joule 431
kinetische Energie 431
Klärbecken 536
Klebemassen 519
kleben 455
Klebharz 461
Klemmplatten 314
Klima 19
klimatisiert 470
Klinker 51
Klinkerphasen 161
Klopfen 421
Klopfkäfer 375
knetbar 338
Knetlegierungen 338
Knötchen 396
Knüppel 296
Kohäsion 54
Kohlenhydrate 14
Kohlenstoffkreislauf 14
Kokille 295
Koks 286
Koksgrus 286
Kollergang 69
kolloidal 164
Kolloid-System 528
komplexe System 412
Kompositzement 162
kompressibel 17
Kondensat 467
Kondenswasser 329, 402
Kondenswasserbildung 330
Konformität 89
Konformitätsnachweis 259

Konsistenz 232, 528, 530
Konsistenzbereiche 232
Konsistenzmessung 232
Konsistenz-Messverfahren 247
konsolenförmig 376
konstante Proportionen 437
konstanter Druck 423
konstantes Volumen 423
Konstruktionsvollholz 361
kontinuierlich 297, 331
Kontraktion 36
Kontrolleinrichtungen 524
Kontrollen 330
Konvektion 432
Konvektionsbewegung 11
konvergierend 20
Konverter 287
konzentrisch 11
Kornform 176, 180
Kornformkennzahlen 180
Korngröße 173, 300
Korngrößenbegrenzung 184
Korngrößenverteilung 183
Korngruppe 183
Korngruppen 178
Kornklasse 182
Kornoberfläche 529
Kornrohdichtebestimmung 421
Körnungsziffer 192
Kornvolumen 421
Kornzusammensetzung 186
Körper 421
Körperschall 485
Korrosion 219, 277, 327
Korrosionsbeständigkeit 291, 340
Korrosionsgefährdung 331
Korrosionsgeschwindigkeit 329
Korrosionsprodukte 328
Korrosionsschutzmaßnahme 266
Korrosionsschutzpigmente 330
Korrosionsschutzstoff 529
Korrosionsschutz von Stahl
– Reinheitsgrade von Stahloberflächen (Tafel) 334
– Verfahren zum Entfernen artfremder Schichten (Übersicht) 332
– Verfahren zum Entfernen von Verunreinigungen (Übersicht) 332
– Vorbereitungsgrade von Stahloberflächen (Tafel) 334
Korund 53, 287
Kraft 418
Kraft-Verformungs-Linien 427
Kranbau 315
Kranschienen 314
Kratzer 395
Kratzputz 207
Kreide 9
Kreisbahn 435
Kreislauf 181
Kreislaufschrott 286
Kreuzbalken 360
Kreuzungspunkte 318
Kriechen 278, 452
Kristall 51
Kristallbildung 283
kristallin 438, 453
kristallines amorphes Gemenge 390
Kristallisationsdruck 182
Kristallisationskeime 394
Kristallite 52
Kristallklassen 53
Kristallwasser 51, 141
Krümmung 360
Kryosphäre 1
Krypton 404
Kugelgraphit 291
Kugelporen 119
Kugelschale 430
Kunstharzbeton 462
Kunstharzmörtel 213
Kunstharz-Pressholz 366
Kunstharzputze 212
künstliches Altern 431
Kunstmarmor 144
Kunststoff-Dichtungsbahnen 519
Kunststoffe 447
– Ausgangsstoffe für die Herstellung (Übersicht) 450
Kupfererze 345
Kupferglanz 345
Kupferkies 345
Kupferkokille 295
Kupferriffelband 346
Kupolöfen 290
Kurvenschar 44
Kurztauchen 379
Kurzzeichen 439, 447
Kurzzeitdipol 439

L

lagerhaft 63
Lagermatten 318
Lagerung 347
Lambda 473
Lamellen 360, 366
Lamellengraphit 291
Lamparkett 374
Landmassen 20
Längenänderung 429
Längenausdehnungskoeffizienten 72, 432
Längengrad 38
Langerzeugnisse 297, 302, 312
Langholz 349
längliche Störungen 396
Längsrichtung 352
Längsstäbe 321
Lärche 356
Lärm 484
Larve 374
Laschen 314
Lastkraftwagenbau 315
Latex 464
Latten 349, 358
Laubholz 349
Lauge 442
Läuterung 391
Lautstärke 433
Lava 57
Lebensdauer 347

Lebenszyklus 49, 391
Legierte Edelstähle 301
Legierte Qualitätsstähle 301
Legiertes Elektroblech 301
Legierung 283
Legierungselemente 284, 340
Lehmbauregeln 102
Lehmsteine 102
Leichtbeton 228
Leichtgips 144
Leichtlehm 512
Leichtmörtel 205
Leichtputzmörtel 211
leicht spaltbar 356
Leimfuge 360
Leimwasser 144
Libbey-Owens-Verfahren 392
Licht 28
Lichtbogenofen 287
Lichtempfindlichkeit 31
Lichtgeschwindigkeit 433
Lichtquelle 28
Lichtstrahlen 30
lichtstreuend 395
Lieferbedingungen 173
Lieferlänge 322
Liefertypen 181
Lignin 348
Ligninsulfonate 226
Lignozellulosefasern 371
linear 18, 448
lineare Wärmedehnzahl 432
Linksgewinde 323
Linse 30
Liquidus-Linie 285
Listenmatten 318
Lithosphäre 1, 14
Lochfraß 328
logarithmisch 18
Löschwasser 335
lösemittelhaltig 347
Löslichkeit 529
Löss 61
Lösungsmittel 447
Lösungsmittelemissionen 385
Lötzinn 344
L-Profile 315
Luftabtransport 20
Luftaustausch 474
Luftblasen 421
Luftdichte 18
Luftdruck 18, 431
Luftdruckschwankungen 486
Luftfeuchte 347
Luftgehaltsprüfer 262
Luftgeschwindigkeit 351, 467
lufthygienisch 49
Luftkalke 152
Luftkalkmörtel 203, 211
Luftporen 473
Luftporenbildner 227
Luftschall 485
Luftschicht 377, 474
Lufttemperatur 18
lufttrocken 363
Lüftung 481
Lüftungsleistung 49
Lüftungswärmeverlust 476
luftverdünnter 410
Luftwechselrate 49
Luftzirkulation 20, 480
Luftzufuhr 20
Lyctus spec. 375

M

Magmatit 51, 57
Magmenbildung 12
Magnesiaestrich 151
Magnesiaestriche 216
Magnesitsteine 98
Magnesium 342
Magnetfelder 286
Mahagoni 357
Mahlfeinheit 68
makromolekular 447
Makromoleküle 448
Makromolekül-Knäuel 448
Mantelrohre 343, 344
marginal 467
Marienglas 60
Markröhre 348
Marmor 51
Marmorgips 144
Martensit 299
Maschendraht 335
Maschinenputzgips 144
Masselgießmaschinen 288
Masseln 288, 339
Massenanziehung 419
Massenbeton 223
Massenverhältnis 221
Masse/Stoffmenge 436
Maßgenauigkeit 299
Massivholz 361
Massivholzplatten 366
Massivparkett 374
Materialbeschaffenheit 32
materialspezifisch 45
Matrize 298
Mattenbreite 321
Mattenlänge 321
Mauerbinder 211
Mauerklinker 51
Mauermörtel 173
Mauerziegel 51
Mauktürme 69
MC-Binder 170
mean sea level 18
Mechanik 418
Mehlkorn 173
Mehrkammer-Silomörtel 203
mehrlagig 207, 321
Mehrscheiben-Isolierglas 391
Mehrscheibenverglasung 35
Mehrschichtparkett 374
Mehrschichtplatten 369, 370
Melaminharz 360
Meldepflicht 374, 383

meros 448
Mesosphäre 15
Messergebnisse 416
Messfehler 418
Messgröße 418
Messing 346
Messproben 418
Messzylinder 421
Metalle 436
Metallhüttenschlacke 331
Metallhüttenschlacken 174
metallische Überzüge 330
Metalloxide 328
Metamorphit 51, 57
Metamorphose 12
Meter 416
Methanol 385
Microffam 372
Migration 455
mikroporös 385
Mindestprüfgutmenge 188
Mindestprüfmenge 188
Mindestwärmeschutz 480
Mindestzementgehalt 228
Mineral 51
Mineralauflösung 12
Mineralfarben 211
Mineralfaser 510
Mineralgemenge 55
mineralisch gebundene Flachpressplatten 370
Mineralöldestillate 529
Mineralwasserleitungen 344
Minuspol 338
Mischbinder 170
Mischen 221
Mischfahrzeuge 246
Mischgut 533, 534
Mischkreuz-Verfahren 195
Mischtemperaturen 533
mitteldichte Holzfaserplatten 371
mittelharte Hölzer 364
mittelstarke Schwindung 357
Mittelwert 418
mittleres Gesichtsfeld 31
M-Mittel 383
Moaholz 357
Mohs'sche Härteskala 53, 430
Mol 436
molare Masse 436
Molarität 436
Molekularstruktur 448, 452
Molekülbewegung 431
Moleküle 435
Molekülenden 451
Möller 287
Mollier-h,x-Diagramm 44
monokular 31
monolithisch 41
monos 448
Montagespannweiten 323
Mörser 430
Mörtel 173
Mörtelsand 207
Mörtelwasser 203
Mosaikparkettlamellen 374
Muffen 323
Muldenkorrosion 328
Multifunktionsglas 391
multiple Proportionen 437
Muskovit 55
Muttern 335
Mycel 376

N

Nachbehandlung 219, 221, 239, 250
Nachbehandlungsverfahren 295
Nachhallzeit 487
Nachspülen 67
Nachtlüftung 481
Nadelpenetration 528, 530
Nadelschnittholz 361
Nagekäfer 375
Nahordnung 438
nahtlos 315
– Rohre 297
Naphthalinsulfonate 226
Nasenseite 31
Nassfäule 376
Nassverfahren 371
Natriumsulfat 391
Natriumsulfitin 330
Natronglas 394
Natronwasserglas 394
Naturasphalte 534
Naturasphaltrohmehl 537
Naturkautschuk 464
Naturkork 512
Naturprodukt 347
Naturstein
– Eigenschaften (Übersicht) 175
Naturwerkstein 51
NA-Zement 162
Nebel 329
Nebelisotherme 44, 467
Nebengruppen 436
Nebengruppenelemente 436
Neigung 322
NE Metalle Löten . siehe Löten
Nennweite 99
Nervenfasern 31
Nervenzellen 31
Netzhaut 30
Netzwerkverzerrer 394
Neusilber 346
Neutronen 435
Newton 416
nichtdrückendes Wasser 522
nichthydrauliche Mörtel 202
Nichtmetalle 436
nichtproportionale Dehnung 429
nichtrostende Stähle 300, 302
nichtsichtbare Konstruktionen 361
nichtstauendes Sickerwasser 522
nichttragende Platten 371
nichttransparent 480
Niederschlagsmenge 44
Nordhalbkugel 20
Normalbeton 224, 228

normale Duktilität 318
Normalglühen 299
Normalmörtel 205
Normal-Null 18
Normalputzmörtel 211
Normen 2
Normendruckfestigkeit 221
Norm-Trittschallpegel 488
Nörpelung 395
Nullpunkte 431
Nutzeransprüche 467
Nutzungsdauer 1
n-wertig 439
NW-Zement 162

O
Oberbau 534
Oberflächenfeuchte 241
Oberflächengestalt 323
Oberflächenqualitäten 361
Oberflächenrüttler 249
Oberflächenschutz 310, 379
Oberflächenschutzsystem 271
Oberflächenspannung 226
Oberflächentemperatur 29, 35, 467
Oberflächenverbund 276
Oberflächenwasser 328
Oberflächenzugfestigkeit 271
Oberputz 211, 212
Oberschicht 17
OH-Gruppe 338
Ökopflaster 127
Öle 374
ölig 347
Oligozän 6
Olivin 55
Ölpapier 379
opak 32, 390
Opferanode 330
Ordnungsstrukturen 182
Ordnungszahl 435
Ordovicium 9
organische Chemie 443
organisches Wachstum 10
Ornamentglas 393
orographische Windeinflüsse 27
Ortbeton 233
Ortgang 25
Orthoklas 55
ortsspezifisch 42
OSB = Oriented Strand Board 370
OSB-Platten 366
Osmoseverfahren 379
ovale Fraßgänge 374
Oxidation 345, 436
Oxidationsbitumen 530
Oxidationsprozess 10
oxidierbare Substanzen 14
oxidische Schutzschicht 339
Oxidschicht 328
Ozeane 20
Ozonbildung 14

P
P 378
Palisander 357
Panzerglas 400
Parallam PSL 372
parallel Strand Lumber 372
parallel zur Stammrichtung 347
Parameter 43, 467
Parenchymzellen 349
Parkett 373
Parkettriemen RI 374
Parkettstäbe ST 374
Partialdrücke 19
passiver Korrosionsschutz 327
Patentieren 300
Patina 345
PCC – polymer cement concrete 269
Peblopause 16
Pechkiefer 357
Pectracrete 163
Pelletieren 286
Pendelhammer 429
perforiert 402
Periodensystem 435
Perlite 174, 510
Perm 9
Petroleum 422
Pfannenwagen 287
pflanzliche Fasern 510
Pflasterfugenmörtel 214
Pflasterstein 51
Pflasterüberzüge 535
Pflasterziegel 79
Phenolphtaleinlösung 268
Phenolresorcinharz 360
Phenolresorcinharze 368, 369
Phenoplaste 368, 369, 459
Phon 433
Photorezeptorzellen 31
Photosynthese 14
Photovoltaik 32
pH-Wert 165, 442
Pilzbefall 350
Pilze 374
Pilzsporen 376
Pitchpine 357
Plagioklase 55
Planet 10
Planumsversiegelungen 536
Planziegel 75
Plasmaöfen 293
plastisch 447
plastisch erweichbar 447
plastisches Fließen 528
plastisch fließbar 447
Platinwanne 412
Plattentektonik 11
Plattieren 331
Plattigkeit 180
Plattigkeitskennzahlen 180
plötzlicher Trennbruch 430
Pluspol 338
Plutonismus 12
Plutonite 57

Polarzirkulation 21
polierbar 356
poliert 63, 314
polierte Hartmetallkugel 430
polwärts 20
poly 448
Polyaddition 448
Polyaddukte 448
Polyamide 452, 458
Polycarbonat 458
Polycarboxylate 226
Polyethylen 456
Polyisocyanate 463
Polyisopren 464
Polykondensate 448
Polykondensation 448
Polymerbitumenbahnen 526
Polymere 448
Polymerisate 448
Polymerisation 448
Polymerisationsgrad 451
polymermodifiziertes Bitumen 530
Polymermolekül 451
Polymethylmetacrylat 457
Polypbewehrung 174
Polyphenole 461
Polyphenylethen 457
Polypropylen 456
Polyurethan 360
Polyurethan = DD-Siegel 374
Polyurethane 463
Polyvinylacetat 458
Polyvinylbutyral 400
Polyvinylchlorid 454
Porenbeton 51
Porenvolumen 71, 420
Porigkeit 421
poröser Rost 328
Porosität 71, 421
Portlandflugaschezement 162
Portlandkalksteinzement 162
Portlandkompositzement 162
Portlandölschieferzement 253
Portlandschieferzement 162
Portlandstone 160
Portlandzement 160
Portlandzementklinker 161
Porzellan 68
Porzellanerde 68
positive Energiebilanz 390
Pottasche 391
Prägemerkmal 318
Prallmühlen 174
Prandtlschicht 17
Präzisionsrohre 299
Prepact-Verfahren 239
Preserving or Restoring Passivity 269
Pressen 455
Pressstempel 298
Presstemperatur 298
Pressverklebung 373
Pressvollholz 366
Prilwasser 341
primäres Sehfeld 30
prismatische Form 349
Prismen 143, 169
Probekörper 263
Probestab 427
Probewürfel 242
Produkthaftung 2
Produktionskontrolle 255
Profilbauglas 398
Profile 297
Protonen 435
Prüfgut 430
Prüfkörper 169
Prüfstreuung 418
pulmonal 45
Pumpbeton 186
punktförmige Störungen 396
Puppe 374
PUR-Elastomere 463
Putz
– Mischungsverhältnisse 208
– Mörtelgruppen 211
Putzgips 143
Putzgrund 207, 211
Putzlagen 211
Putzmaschinen 144
Putzmörtel 173
– Einteilung 211
– Mischungsverhältnisse 208
– Mörtelgruppen 211
Putzrisse 211
Putzschäden 213
Putzträger 207, 212
Puzzolan 156
Pyknometer 421

Q

Q-Matten 321
Quadratmillimeter 427
Qualitätskontrolle 89
Qualitätsmerkmale 361
Qualitätsstreuung 418
Quartär 9
Quarz 55
Quarzglas 394
Quarzsand 174, 391
Quellen 14, 278, 347
Quellzement 163
Querlüftung 49
Querschnitt 427
Querschnittsanhäufung 321
Querschnittsberechnung 427
Querschnittsformen 296
Querstäbe 321
Quotienten 421

R

Rabitzgewebe 207
Radialrichtung 352
Radialschnitt 349
Radiatio optica 31
Rahmen 409
Rammrohre 314
Randlage 321
Randschutz 379

Randsparmatten 321
Randverbund 35
Rapputz 207
Raumbehaglichkeit 391
Raumbeständigkeit 167, 173
Rauminnentemperatur 44
Raumklima 467
Raumkonditionen 46
räumliches Netz 451
Raumtemperatur 427, 467
Rauputz 207
Reaction Injection Molding 463
Reaktionen 436
Reaktionsgefäße 287
Reaktionsgleichungen 442
Reaktionsharzestriche 216
Reaktionsoberfläche 166
Reaktorbau 343
Rechtsgewinde 323
Recycling 286
Recyclingglas 174
Reduktion 344, 437
Reduktionsanlagen 286
Reduktionsgase 288
Reduzierbarkeit 286
Referenzbeton 259
Referenzwert 47
Reflexion 32, 404
Reflexionswert 36
Regeldachneigungen 89
Regelkonsistenz 218, 232
Regelwerkstruktur 173
Regenfallrohre 344
Regensicherheit 89
Reglersubstanzen 464
Reibung 276
Reibungsverringerung 226
Reifholz 348
Reinaluminium 339
Reinheit 68, 331
Reinstaluminium 339
relative Feuchte 350, 467
relative Helleempfindlichkeit 30
relative Luftfeuchte 18, 44
Relaxation 278
Remix 536
Repave 536
reproduzierbare Ergebnisse 2
Reproduzierbarkeit 49
Reservestoffe 350
Reshape 536
Restgesteinskörnung 254
Restmörtel 254
Restsauerstoff 293
Restwasser 254
Rezyklierte Gesteinskörnungen 176
Rezyklierter Beton 253
Richtanlage 323
Riemchen 68
Riffelblei 343
Rillenbildung 528
Rinde 348
Ringklüfte 350
Ringschluss 451
Ring und Kugel 528
Rippenlochmetall 207
Rippenstreckmetall 207
Rissbewegungen 272
Rissbildung 238, 361
Rissbreiten 272
Risse 179
Rissflanken 272
Rissfüllung 272
Rissinstandsetzung 272
Risszone 272
Ritzhärte 53, 430
R-Matten 321
Rohblock 119
Rohdichte 42, 71, 363, 420
Roheisen 286
Roheisenmasseln 290
Rohkupfer 345
Rohling 298
Rohlinge 71
Rohrblei 343
Rohre 315, 346
röhrenförmige Zellen 349
Rohrquerschnitt 44
Romankalk 154
Röntgenräume 343
Rösten 344
Rostschutz 165
Rostungsprozess 310
Rotationskörper 10
Rotbuche 357
Rotguss 346
Rotorglätter 252
rotwarm 410
Rubinglas 394
Rückbiegeversuch 430
Rückformen 535
Rückprallhammer 265
Rückstände 188
Rückstauebene 44
Rückverformung 530
ruhende Belastung 427
Rundblöcke 297
Rundholzausnutzung 358
Rundholzsegmente 360
Rund- und Vierkantstahl 315
Rüster 357
Rüttelgassen 277

S

Saftleitung 349
Saftverdrängungsverfahren 379
sägerau 361
Salze 178, 441
Salzpaste 379
Sammelschrott 286
Sand 51
Sandstrahlen 67
Sanierputze 213
Sanierputzmörtel 211
Sanitärkeramik 51
Santorinerde 156
Sarra-Jarrah 357
Sättigung 44

Sauerstoff 14
Sauerstoffangebot 329
Sauerstoffblasverfahren 292, 327
sauerstofffreie Atmosphäre 14
Sauerstoffgehalt 14
Saugfähigkeit 227
Saugvermögen 207
Saul'scher Reifegrad 166
Säure 442
Säurebasis 67
Säure-Beständigkeit 399
Säuren 441
Säurerest 338
Schachtofen 288
Schäftung 372
Schalen 435
Schälfurnierstreifen 372
Schall 416
Schallabsorption 485
Schallabsorptionsfläche 487
Schallabsorptionsgrad 487
Schallabsorptionsvermögen 486, 487
Schalldämmmaß-Sollkurve 488
Schalldämmung 485
Schalldruck 433
Schalldruckpegel 486
Schallempfindung 433
Schallgeschwindigkeit 433
Schallintensität 433
Schallpegel 433
Schallquelle 485
Schallschluckung 485
Schallschutz 391, 485
Schallübertragung 485
Schall- und Strahlenschutz 343
Schallwellen 433
Schälrisse 350
Schalungselemente 247
Schalungsrüttler 249
Schamotte 69, 174, 287
Schamottematerial 392
Schamottesteine 98
scharriert 63
Schaumglas 174, 510
Schaumschicht 335, 385
Scheiben 392
Scheibenzwischenraum 402
Scherben 68, 70
Scherbeneis 223
scherfest 318
Scherfestigkeit 427
Schichtdicke 341
Schichtenmauerwerk 64
Schienen 314
Schiffsbodenmuster 374
Schimmelbildung 480
Schimmelpilzbefall 467
Schimmelpilze 45
schirmartig 355
Schlacke 292
Schlackenwolle 512
Schläfenseite 31
Schlag 399
schlagartig 399
Schlagfestigkeit 427
Schlagregen 165
Schlagversuch 429
Schlagzertrümmerungswert 430
Schlämmen 69
Schlämmeschicht 177
Schläuche 349
Schlauchkübel 248
Schleimhaut 45
Schlieren 395, 396
Schlitzweiten 180
Schluff 61
Schmelze 52, 390
schmelzen 431
Schmelzfolgezeiten 294
Schmelzpunkt 416, 431
Schmelzreduktionsverfahren 288
Schmelztemperatur 392, 423
Schmelzwanne 392
Schmiermittel 298
Schnellarbeitsstähle 312
Schnellzement 163
Schnittholz 347
Schocktisch 169
Schotter 51
Schrägrippen 318
Schrägwalzen 297
Schraubanker 65
Schrauben 335
Schrott 286
Schubbewehrung 276
Schüttdichte 421
Schütteln 421
Schüttrohre 248
Schüttsteinverguss 536
Schüttvolumen 421
Schutzfunktionen 391
Schutzlacke 385
Schutzschicht 339, 523
schwache Rotglut 335
Schwarzerle 357
Schwefelkies 56
Schweißeignung 303
schweißen 299, 455
Schweißgeeignete Feinkornbaustähle 301
Schwellen 314
Schwerbeton 228
Schwimmende Estriche 215
Schwinden 186, 278, 347
Schwindrisse 350
Schwindverformung 279
schwingende Belastung 427
schwingender Körper 433
Schwitzwasserbildung 326
Sedimentation 12
Sedimente 57
Sedimentgestein 51
Seheindrücke 30
Sehnenschnitt 349
Sehnerv 31
Sehnervenkreuzung 31
Sehrinde 31
sehr weiche Hölzer 364
Sehstrang 31

Seigerungen 295
Seildrähte 300
Sekunde 416, 418
Self Compacting Concrete 227
Senderaum 486
Sendzimir-Verfahren 331
Senken 14
senkrecht zur Stammrichtung 347
Serpentin 55
Serpentinit 51
Serpula lacrymans 376
Setzsteinverguss 536
Setzversuch 261
Setzzeitversuch 262
Sheradisieren 331
Shore-Härte 455
Shredderanlagen 286
sichelförmig 322
Sicherheitsgläser 395
sichtbar 29
– Konstruktionen 361
Sichtbeton 252
Sickerschicht 525
Siebdurchgang 183
Sieblinie 221
Siebrückstand 171, 192
sieden 431
Siedepunkt 431
Siedetemperatur 423
SI-Einheiten 416
Siemens-Martin-Verfahren 292
Silane 67, 465
Silicastaub 156
Silicasteine 98
Silicatglas 392
Siliciumdioxid 391
Siliconharz 67
Silikone 465
Silikonharze 465
Silikonkautschuk 465
Silikonöle 465
Silikosegefahr 331
Siloxane 465
Silur 9
Sintergrenze 70
Sintern 286
Sinterung 68
Sklerenchymzellen 349
Soak-Test 399
Sockelputze 211
Soda 391
Sogverteilungsbild 25
Solar 28
Solarkonstante 32
Solarstrahlung 32
Solarthermie 32
Solidus-Linie 285
Solnhofener Platten 59
sommerlicher Wärmeschutz 480
Sommersonnenwende 37
Sonderbaustahl 335
Sondergussarten 292
Sonderlänge 322
Sonneneintrag 481
Sonnenenergie 28
Sonnenenergienutzung 391
Sonnenscheindauer 32
Sonnenschutz 391, 404
Sonnenschutzgläser 481
Sonnenschutzvorrichtungen 481
Sonnenstandslinien 39
Sortenrein 181
Sortenverzeichnis 246
Sortierklasse 350
Sortierklassen S 358
Spachtelgips 143, 144
Spaltbarkeit 53
Spaltplatten 68
spaltrau 63
Spaltzugfestigkeit 266
spanabhebend 447
Spannbeton 178
Spannbetonverfahren 281
Spanndrähte 299
Spannglieder 282
Spannkraftverluste 326
Spannlitzen 300
Spannstähle 326
Spannung 223, 419
Spannungs-Dehnungs-Linie 278, 427
Spanplatten 369
Spartränkung 379
Spätholz 348
Speicherfähigkeit 480
Spektrum 31
Sperrholz 347
spezifische Dichte 435
spezifischer Schmelzpunkt 435
spezifischer Siedepunkt 435
spezifische Wärme 431, 482
Spiegelglas 392
Spiegelschnitt 349
Spiralnahtrohre 297
Spiralschweißnaht 315
Splint 347
Splintholz 348
Splintholzkäfer 375
Splitt 51
Splittbeton 224
Spontanbrüche 399
Sporen 376
sprengwirkungshemmend 400
Spritzbeton 252, 335
Spritzbewurfschicht 212
Spritzen 330
Spritzmetallüberzüge 330
Spritzschatten 331
Sprödbruch 303, 326
Sprödbruchempfindlichkeit 303, 430
spröde 390
Sprossenblei 343
Sprühen 379
Spüleinrichtungen 524
Spundwanderzeugnisse 314
Stäbchen-Sperrholz 368
Stäbchenzellen 28, 31
Stabdurchmesser 321
stabile Atmosphäre 5

stabile Edelgaskonfiguration 435
Stabilisatoren 452
Stabzwischenraum 184
staffelbar 321
Stahl 283
– Gütegruppen von unlegierten Baustählen 304
Stahlband 297
Stahlbeton 276
Stahlbetonrippendecke 323
Stahlgranulat 174
Stahlguss 296
Stahlkugel 430
Stahlquerschnittsfläche 321
Stahlrammpfähle 314
stahlsand- oder diamantgesägt 63
Stahlskelettbau 315
Stammachse 349
Stammmitte 349
Stammquerschnitt 348
Stampfen 249
Standardabweichung 418
Standardbeton 233
Standortgeschwindigkeit 2
Stanniol 344
Stapelung 350
Stärke 348
Stäube 45, 467
Stauchung 428
Staudruck 24
Steckdorn 65
Steineiche 356
Steingut 68
Steinkohlenflugasche 156
Steinsalz 5
Steinwolle 51
Steinzeugfliesen 68
Steinzeugrohr 51
Stempelpresse 69
Sterndelrabitz 207
Stichprobenumfang 418
Stieleiche 356
Stirnflächen 377
Stochern 249
stöchiometrische Berechnungen 436
Stoffe 467
Stoffkreisläufe 1, 14
Stoffmengenkonzentration 436
Stoffpartner 529
Stoffraumrechnung 243
Stoffschicht 472
Stoffwert 418
Stoffwerte 423
störender Schall 484
Stoßbereich 321
Stoßfläche 72
Stoßlänge 321
Stoßprüfung 395
Strahlen 269, 330
Strahlen-Parenchymzellen 349
Strahlenschutz 342, 394
Strahlung 10, 32
Strahlungsanteil 404
Strahlungsleistung 32
Strahlungsmaximum 29
strahlungsreduziert 409
Strands 370
Stränge 376
Stranggießen 295
Strang-Parenchymzellen 349
Strangpresse 69
Strangpressplatten 370
Straßenbaubitumen 530
Straßenfertiger 534
Stratosphäre 15
stratus 16
Streckgrenze 299, 326
Streckmetall 207
Streichen 379
Streuung 418
Stuckgips 143
Stückkalk 153
Stückverzinken 331
Stützen 322
Stützgewebe 349
Subduktionszone 11
Sublimation 426
Substanz 420
Substrat 41
subtropischer Hochdruckgürtel 22
Südhalbkugel 20
Sulfathüttenzement 163
Sulfattreiben 143, 178
Sumpfhäuser 69
Superverflüssiger 226
Suspension 394
Suspensionen 528
Symbole 439
Synthese 436
Synthesekautschuk 464
synthetisch 447
synthetischer Anhydrit 149
Systemschnitt 24
SZR 402

T

Tafelglas 395
Tagessehen 28, 30
Tag- und Nachtgleiche 37
Talk 55
Tallowood 357
Tangentialholz 349
Tangentialrichtung 352
Tangentialschnitt 349
Tanne 355
Tannenblättling 376
Tauchen 379
Taupunkt 467
Taupunktgrenze 44
Taupunkttemperatur 402, 473
Tausalze 227, 329
Tauwasser 473
Tauwasserschäden 468
Teakholz 357
technische Trocknung 351
Tectocrete-Verfahren 239
Teer 527
Teerpech 527
Teilaufschmelzung 12

Teilchenabstand 468
teilkristallin 453
Teilschutz 379
TEL-Verfahren 412
Temperatur 43, 221, 350, 467
Temperaturabhängigkeit 452
Temperaturabnahme 18
Temperaturanstieg 516
Temperatur der Tropopause 18
Temperaturdifferenz 431, 473
Temperaturgradient 11, 41
Temperaturspanne 431
Temperguss 291
Tenside 226
Terrazzo 126
terrestrisch 32
Tertiär 9
Tetraeder 54, 394
Textilglas 412
Thermoplaste 447, 452
Thermosphäre 15
Thermoswagen 534
Thiokol 35
Thomas-Verfahren 292
Tiefbohrzement 163
Tiefdruckzone 20
Tiefenschutz 379
Tiefenwirkung 379
tiefgerippte Stäbe 318
Tiefziehen 455
Timber Strand 372
Titanzink 344
Toluol 529
Tonerde 163
Tonerdeschmelzzement 287
Tongehalt 59
Tonschiefer 51
Topographie 17
Torf 512
Torkretbeton 252
Torpedopfannen 292
Torstahl 299
TOR-Verfahren 412
Totalreflexion 35
Totenuhr 375
Totluftsee 24
Tracheiden 349
Trachyt 51
Tractus opticus 31
Trägermaterial 335
Trägheit der Masse 419
Tragschichtbinder 171
Tragschichten 534
Tränkung 272, 530
Tränkvollholz 366
Transformationsbereich 394
Transmission 404
Transmissionswärmeverlust 476
transmittierend 32
transparent 32
– Gelfüllung 409
Transparenz 390
Transpiration 44
Transportbeton 233, 246
Transportbetonwerk 233
Trapezprofile 299
Trass 156
Trasszementmörtel 204
Traubenzucker 348
traufseitig 24
Travertin 60
Trennbruch 431
Trennmittel 248
Trennwände 398
Treppengeländerausfachungen 399
Trias 9
Tricalciumaluminat 161
Tricalciumsilicat 161
Trinidad-Epuré 534
Triobalken 360
Trittschall 485
Trockenbereich 366
Trockenbeton 233
Trockengewicht 350
Trockenholzinsekten 374
Trockenkammer 351
Trockenkernholz 348
Trockenmasse 177
Trockenschrank 200
Trockenverfahren 371
Trockenzeiten 376
Trocknungsrisse 350
Trocknungszustand 347
Trogsaugverfahren 379
Trog- und Einstelltränkung 379
Tropopause 15
Trübung 391
Tunnelofen 70
Tüpfel 349
Tüpfelprobe 341
TVG 399

U

Überdeckungsmaß 277
Überfangglas 394
Übergangstemperaturbereiche 452
Überkorn 183
Überlappung 372
Überschusswasser 141
Überzug 303
ubiquitär 36, 47
Ulme 357
Ultrahochleistungsbeton 255
ultraviolett 29
Umbau 1
Umfassungsfläche 480
Umformbarkeit 284, 300
Umgebungsluft 474
umgekehrtes Druckgefälle 20
umgespult 323
Umkristallisationen 143
Ummantelungen 335
Umschmelzblei 343
Umschmelzzink 344
Umsetzungen 436
Umwandlungsprozesse 14
umweltneutral 32
Umweltschutz 391

Umweltverträglichkeit 416
unedle Metalle 328
Ungenauigkeiten 418
Ungesättigte Polyesterharze 461
Ungleichmäßigkeiten 395
unhydratisiert 164
unklare Duktilität 318
unkontrollierte Lüftung 49
unlegierte Edelstähle 301
unlegiertes Aluminium 340
unlegierte Stähle 300
unstabile Emulsionen 533
Unterdächer 89
Unterdeckungen 89
Unterkorn 183
Unterkorn-Überkorn-Verfahren 195
Unterlagen 314
Unterlegscheiben 335
Unterputz 211, 212
Unterspannungen 89
Untersuchungsmaterial 422
Unterwasserbeton 239
Unterwasserwägung 421
Unterzüge 322
U-Profile 315
Uratmosphäre 14
Urozean 14
UV-Absorber 453
UV-Strahlung 14
U-Wert 41

V
Vakuumbehandlung 295
Vakuumbeton 252
Vakuumtränkung 379
Valenz 439
Valenzelektronen 438, 439
Van-der-Waals-Kraft 439
Verankerungen 323
Verarbeitbarkeit 186
Verarbeitungskonsistenz 202
verbauter Zustand 347
Verbindungselektronen 439
Verbundbaustoff 276
Verbundestriche 215
Verbundglas 395
Verbund-Gleitlager 343
Verbundplatten 148
Verbundsicherheitsglas 398
Verdichten 221
Verdichtung 186
Verdichtungsporen 231
Verdichtungsversuch 261
verdickte Rippe 323
Verdunster 470
Verdunstung 378
Verfärbungen 361
Verformung 427, 431
Verformungsarbeit 430
Verformungsbruch 431
verfüllter Rippenzwischenraum 323
Vergießbarkeit 291
Vergussmörtel 214
Vergüten 299, 300
vergütetes Holz 366
Vergütungsstähle 312
Verhältnis A/V 479
Verhärtung 529
Verhüttung 55
Verkehrslärm 484
Verkoksen 286
Verkrümmungen 351
Verlegeeinheiten 374
Verlegemuster 374
Vermiculite 174, 510
vermulmt 384
Verschiebeziegel 76
Verschleißangriff 219
Verschleißfestigkeit 463
Verschneiden 533
Verschnittbitumen 533
Verschnittölen 533
verschweißtes Drahtnetz 398
Versenkung 12
Versiegelungsmittel 374
Verspröden 295
Versprödung 430, 452
Versteifungsbeginn 143
Verstemmen 343
Versuche 422
Versuchsdurchführung 418
vertikale Luftbewegungen 20
Vertrauensbereich 418
Verwerfungen 351
Verwitterung 12
verzerrungsfrei 392
verzinntes Stahlblech 299
Verzögerer 227
Vibrationstisch 169
Vicat-Gerät 167
Vier-Ziegel-Eck 90
Viskosität 393
visuell 28
Vlies 371
Vollholz 358
Volltränkung 379
Volumenanteil 225
Vorbandgießen 296
vorbeugende Maßnahmen 377
vorbeugender Brandschutz 514
vorgespanntes Flachglas 399
vorgespanntes Glas 395
Vornässen 67
Vorratsholz 358
Vorspannen 281
Vorspritzen 533
Vortriebsrohr-Muffe 132
Vorwärmzone 70
VSG 400
– Verglasung 400
Vulkanismus 12

W
W 378
Waagschale 422
Wachse 374
Wachstumsschicht 348
Waggonbau 315

Wahrnehmungsgang 30
Walzasphalt 530, 534
Walzdraht 299, 314
Walzenabstand 297
Walzenbrecher 174
Walzenprofil 297
Walzgerüste 296
Walz-Kurve 240
Walzstraße 299
Wandbekleidungen 135
Warmarbeitsstähle 312
Warmbehandlung 251
Wärme 416, 431
Wärmeausdehnung 455
Wärmebehandlungen 291
Wärmebrücken 480
wärmedämmende Schaumschicht 335
Wärmedämmmörtel 205
Wärmedämmputzmörtel 211
Wärmedämmputzsysteme 212
Wärmedämmung 71
Wärmedämm-Verbundsysteme 212, 511
Wärmedämmwert 473
Wärmedehnung 71
Wärmedurchgang 475
Wärmedurchgangskoeffizient 404, 476
Wärmedurchlass 473
Wärmedurchlasswiderstand 473
Wärmeeindringzahl 483
Wärmeenergie 431
Wärmeentwicklung 223
Wärmekapazität 431
Wärmeleitfähigkeit 423, 473
Wärmeleitfähigkeitsgruppen 510
Wärmeleitung 432
Wärmemenge 431
Wärmeschutznachweis 480
Wärmespeichervermögen 482
Wärmespritzverfahren 447
Wärmestau 223
Wärmestrahlung 432
Wärmeübertragung 432
Wärmezufuhr 431
warmfeste Stähle 312
warmgewalzte Profile 314
Warmwalzen 296, 299
Warzenschwamm 376
Waschbeton 126
Wasseransammlungen 330
Wasseranspruch 192
Wasseranspruchzahl 193
Wasseraufnahme 71, 181
Wasseraufnahmefähigkeit 71
Wasseraufsaugevermögen 71
Wasserbau 536
Wasserbeaufschlagung 219
Wasserbedarf 241
Wasser-Bindemittelwert 240
Wasserdampf 44
Wasserdampfdiffusion 67, 472
wasserdampfdiffusionsäquivalente Luftschichtdicke sd 472
Wasserdichtheit 225
Wasserdurchlässigkeit 213
Wassereindringtiefe 238
Wassereinsparung 226
Wassergehalt 363
Wassergipswert 143
Wasserglas 394
Wasserkalkmörtel 211
Wasserlack 374
Wasserlöslichkeit 143, 347
Wassermoleküle 468
Wasserstoffbrücken 438
Wasserstoffbrückenbildung 468
Wasserüberschuss 203
wasserundurchlässiger Beton 238
Wasserverdrängung 421
Wasserzementwert 218, 226, 228, 164
Watt 475
Wechseldrucktränkung 379
Wechselverhältnis 467
weichelastisch 510
weichfedernd 495
Weichglühen 299
Weichlot 343, 344
Weißblech 299
Weißbuche 357
weißer Zement 163
weiße Wanne 238
Weißfäule 376
Weißfeinkalk 153
Weißtanne 355
Weißzement 253
Wellenlänge 28
Wellplatten 138
Wendekreis 37
Werkblei 343
Werk-Frischmörtel 203
werkgemischter Transportbeton 233
Werkkennzeichen 318, 322
Werkmörtel 202
Werkstoff 427
Werkstofffeuchte 473
Werk-Trockenmörtel 203
Werk-Vormörtel 203
Werkzeugstähle 312
Wetterbeständigkeit 356, 366
wetterfeste Baustähle 310
Widerstand 427
Widerstandspunktschweißung 318
Wiederverwertung 181
Wiensches Verschiebungsgesetz 29
Winddüse 27
Windformen 286
Windlasten 17
Windsog 24
Winkelbelastungskurve 428
Winkelkonstanz 52
Winkelveränderung 35
winterlicher Wärmeschutz 480
Wintersonnenwende 37
Wirbelschichtofen 288
Wirbelsintern 330
Wirkungsgrad 32
Witterung 19
Witterungseinflüsse 518
WU-Beton 238

Wuchs 350
Wulstbildung 528
Würfeldruckfestigkeit 418
würfelförmig 376
Würfelmuster 374
wurmsicher 356

Y

Yellowpine 357

Z

Zähigkeit 300, 430
zähplastisch 528
Zapfenzellen 28, 31
Zeitabläufe 4
Zeitschwingfestigkeit 427
Zeitstandfestigkeit 427, 452
Zeitzone 38
Zellfäden 376
Zellsaft 379
Zellulose 348, 376
Zellulosederivat 144
Zellwände 350, 379
Zement 51, 157
Zementestrich 215
Zementfaserplatten 372
Zementgehalt 218
Zementgel 164
Zementhaut 271
Zementit 299
Zementleim 186
Zementmörtel 206, 211
Zementstein 164, 279
Zeolith 402
zerkrümeln 399
zermahlen 421
Zersetzung 452
Zersetzungstemperatur 455
Zerspanbarkeit 291
Ziegel . siehe Mauerziegel
Ziegelmehl 156
Ziegelrabitz 207
Ziegelsplitt 174
Ziegeltrümmergut 174
Ziehhol 299
Ziehstreifen 396
Zielfestigkeit 259
Zinkabfälle 344
Zinkanoden 331
Zinkblende 344
Zinkcarbonat 344
Zink-Druckguss 344
Zinkfarben 344
Zinkspat 344
Zinkweiß 344
Zinnbad 393
Zinnoberfläche 393
Zinnstein 343
ZTV Beton 173
Zugabemenge 225, 227, 253
Zugabewasser 223, 199
Zugabezeitpunkt 246
Zugänglichkeit 330
Zugbewehrung 276
Zugfestigkeit 326, 427
Zugkraft 419
Zug-Prüfmaschine 427
Zugspannung 419
Zugzone 276
zulässige Festigkeit 427
Zulegen 321
Zuluft 49
Zusammensetzung 219
Zuschläge 203
Zuschläge für Mörtel und Beton
- Bauwerkbrechsand 181
- Bauwerksplitt 181
- Betonbrechsand 181
- Betonsplitt 181
- Mauerwerkbrechsand 181
- Mauerwerksplitt 181
- Mischbrechsand 181
- Mischsplitt 181
- rezyklierte Gesteinskörnungen 181
Zustandsbereich 528
Zuwachsring 348
Zwei-Ebenen-Stoß 321
Zweirollen-Gießverfahren 296
Zwischenbeschichtungen 270
Zwischenglühen 299
zwischenharter Zustand 340
zyklogenetisch 22
Zyklon 22
Zyklopenmauerwerk 64